SUITE A LA CHIMIE DE BERZELIUS.

TRAITÉ
DE CHIMIE
ORGANIQUE,

PAR

M. CHARLES GERHARDT.

TOME DEUXIÈME.

PARIS,

CHEZ FIRMIN DIDOT FRÈRES, LIBRAIRES,
IMPRIMEURS DE L'INSTITUT DE FRANCE,
RUE JACOB, N° 56.

MÊME MAISON A LEIPZIG.

1854.

TRAITÉ

DE

CHIMIE ORGANIQUE.

L'Auteur se réserve le droit de traduction.

PARIS. — IMPRIMERIE DE FIRMIN DIDOT FRÈRES, RUE JACOB, 56.

TRAITÉ

DE

CHIMIE ORGANIQUE,

PAR

M. CHARLES GERHARDT.

TOME DEUXIÈME.

PARIS,

CHÊZ FIRMIN DIDOT FRÈRES,

IMPRIMEURS DE L'INSTITUT DE FRANCE,
RUE JACOB, Nº 56.

MÊME MAISON A LEIPZIG.

M DCCC LIV.

TRAITÉ
DE CHIMIE ORGANIQUE.

DEUXIÈME PARTIE.

SÉRIE ACÉTIQUE.

V.

GROUPE TARTRIQUE.

§ 574. Les principaux termes qui composent ce groupe sont, avec leurs isomères :

L'acide tartrique anhydre. . . . . $C^8H^4O^{10}$,

L'acide tartrique. . . . . $C^8H^6O^{12}$,

Les amides tartriques $\begin{cases} \text{l'acide tartramique. . . } C^8H^7N\,O^{10}, \\ \text{la tartramide. . . . . } C^8H^8N^2O^8. \end{cases}$

Aux composés précédents nous rattacherons deux produits peu connus de l'action de la chaleur sur l'acide tartrique, savoir :

L'acide pyrotartrique. . . . . $C^{10}H^8O^8$,

L'acide pyruvique. . . . . $C^6\,H^4O^6$.

Les composés tartriques se relient directement aux composés du groupe acétique : en effet, lorsqu'on traite l'acide tartrique par un excès d'hydrate de potasse, à une température élevée, il se convertit en un mélange d'acétate et d'oxalate de potasse ; de même, on obtient, entre autres produits, de l'acide acétique, lorsqu'on soumet l'acide tartrique à la distillation sèche. La métamorphose inverse n'a pas encore réussi.

La transformation que certains tartrates, notamment le tartrate de chaux, éprouvent en présence des ferments, rattachent les composés tartriques à la série propionique, et probablement aussi à la série butyrique.

ACIDE TARTRIQUE ANHYDRE.

Composition : $C^8H^4O^{10}$.

§ 575. Il existe deux modifications isomères de l'acide tartrique anhydre : l'une soluble dans l'eau, l'autre insoluble dans ce liquide. L'une et l'autre s'obtiennent par l'action de la chaleur sur l'acide tartrique [1].

§ 576. *Acide tartrique anhydre insoluble.* — Voici comment M. Frémy prescrit de le préparer : on met dans une capsule de porcelaine 15 à 20 grammes d'acide tartrique en poudre, et on pose le tout sur un petit fourneau dans lequel on a mis quelques charbons ardents ; la matière fond d'abord, et se convertit peu à peu en une masse très-boursouflée et blanche. L'opération ne doit pas durer plus de quatre ou cinq minutes ; on détache ensuite la masse, et on la porte dans une petite étuve à huile, où on la chauffe pendant quelques instants à 150° environ. On la lave à l'eau froide, on l'exprime bien entre des doubles de papier joseph, et on la dessèche dans le vide.

Suivant les expériences de MM. Laurent et Gerhardt, c'est l'acide tartrique anhydre soluble qui, dans cette opération, devient insoluble par suite d'une simple transposition moléculaire.

Le produit est insoluble dans l'eau, l'alcool et l'éther ; quand on le laisse pendant plusieurs heures en contact avec l'eau, il se transforme en une gelée, et finit par se reconvertir en acide tartrique.

Cette transformation s'effectue rapidement dans l'eau bouillante. Une dissolution de potasse agit d'une manière semblable.

L'acide tartrique anhydre insoluble absorbe le gaz ammoniaque avec dégagement de chaleur.

L'acide paratartrique donne, sous l'influence de la chaleur, un produit semblable à l'acide tartrique anhydre insoluble.

§ 577. *Acide tartrique anhydre soluble*, dit aussi acide tartrélique, acide isotartridique. — On l'obtient en chauffant brusquement l'acide tartrique, à feu nu, dans une capsule, pendant

[1] FRÉMY (1838), *Ann. de Chim. et de Phys.*, LXVIII, 372. — LAURENT et GERHARDT, *Compt. rend. des trav. de Chimie*, 1849, p. 1.

quelques minutes, jusqu'à ce qu'il se soit transformé en une masse spongieuse.

C'est une substance jaunâtre et déliquescente. Sa solution présente une réaction acide.

Lorsqu'on la maintient dans une étuve à la température de 180°, elle se transforme, sans changer de poids, en acide tartrique anhydre insoluble.

Sa solution aqueuse se convertit, par l'ébullition, en acide métatartrique, et finalement en acide tartrique.

Lorsqu'on met l'acide tartrique anhydre soluble en contact avec un alcali aqueux, il se convertit immédiatement en isotartrate. Sa solution trouble l'eau de chaux.

§ 578. L'acide tartrique anhydre soluble est remarquable, en ce qu'il est susceptible d'échanger 1 atome d'hydrogène pour du métal, de manière à donner des sels (*tartrélates* de M. Frémy) contenant

$$C^8H^3MO^{10},$$

et qui présentent la composition des bitartrates moins 2 HO.

On obtient ces sels sous forme sirupeuse en versant la solution de l'acide tartrique anhydre dans la solution d'un acétate. Les sels à base de chaux, de baryte et de strontiane sont insolubles dans l'eau et l'alcool; ils se décomposent par l'ébullition avec l'eau, en donnant du tartrate ou du métatartrate, ainsi que de l'acide tartrique ou métatartrique libre. La solution de l'acide tartrique anhydre ne précipite pas le nitrate de baryte.

Le *sel de baryte*, $C^8H^3BaO^{10}$, se précipite sous la forme d'un sirop insoluble dans l'eau.

Le *sel de strontiane*, $C^8H^3SrO^{10}$, présente les mêmes caractères que le sel de baryte.

Le *sel de chaux* contient $C^8H^3CaO^{10}$. C'est le sel poisseux obtenu par M. Braconnot[1] en chauffant l'acide tartrique au-dessus de son point de fusion, et saturant par la craie la solution du produit. Pour préparer ce sel à l'état de pureté, MM. Laurent et Gerhardt prescrivent d'opérer de la manière suivante : on fait une solution concentrée d'acide tartrique anhydre, et on la fait tomber goutte à goutte dans une solution concentrée d'acétate de chaux ou de chlorure de calcium, qu'on a soin de maintenir en excès, et en agitant constamment avec une baguette; on décante, et on lave rapidement

<hr>

[1] BRACONNOT (1831), *Ann. de Chim. et de Phys.*, XLVIII, 299.

avec de l'alcool. Le précipité, d'abord sirupeux, se concrète en peu d'instants sous l'influence de l'alcool; il est entièrement insoluble dans l'eau. Cette insolubilité est si grande, qu'une goutte d'acide tartrique anhydre soluble trouble encore une solution d'acétate de chaux fort étendue, alors que le tartrate d'ammoniaque ordinaire ne la précipite plus.

Le *sel de plomb*, $C^6H^3PbO^{10}$, est un précipité insoluble dans l'eau et l'alcool, qu'on obtient en versant l'acide tartrique anhydre dans une solution d'acétate de plomb maintenue en excès. Le précipité s'acidifie promptement pendant les lavages, et se convertit en méta-tartrate ou en tartrate de plomb.

Lorsqu'on chauffe à 150° l'acide tartrique anhydre soluble, mélangé avec un excès de massicot, il se dégage une quantité d'eau sensiblement égale à la quantité nécessaire pour transformer l'acide tartrique anhydre en un sel de plomb $C^8H^2Pb^2O^{10}$. Il paraîtrait, d'après cela, que les sels qu'on obtient en versant l'acide tartrique anhydre dans les acétates représentent des sels acides, tandis que le sel de plomb précédent constitue un sel neutre. Cette manière de voir se trouve appuyée par la composition de plusieurs tartrates à 200°, notamment des tartrates à base d'antimoine; ces sels, en effet, perdent, à cette température, la même quantité d'eau ($2\,HO$) que l'acide tartrique lui-même lorsqu'il se convertit en acide tartrique anhydre. (Voy. § 595, *Tartrates d'antimoine.*)

ACIDE TARTRIQUE.

Composition : $C^8H^6O^{12} = C^8H^4O^{10}, 2\,HO.$

§ 579. On connaît plusieurs acides qui, à égalité de composition et de réactions chimiques, diffèrent, eux et leurs sels, par certains caractères physiques, tels que la forme cristalline, le pouvoir rotatoire, la solubilité, la pyroélectricité.

L'*acide tartrique* et ses sels donnent des cristaux hémièdres et agissent sur le plan de polarisation des rayons lumineux. Il se présente sous deux modifications particulières, qui se distinguent par le caractère hémiédrique et le sens du pouvoir rotatoire : nous les appellerons *acide tartrique droit* et *acide tartrique gauche*[1]. Ces deux modifications présentent entre elles la plus grande ressem-

[1] PASTEUR, *Ann. de Chim. et de Phys.*, [3] XXIV, 442; XXVIII, 56. *Compt. rend. de l'Acad.*, XXXV, 176; XXXVII, 162.

blance : même aspect physique, même solubilité, même poids spécifique, mais l'une dévie le plan de polarisation à droite, tandis que
l'autre le dévie à gauche de la même quantité. Leurs formes cristallines sont aussi identiques dans toutes leurs parties respectives,
mais elles ne sont pas superposables : la forme cristalline de l'une
est la forme symétrique de l'autre ; le cristal d'acide tartrique droit,
présenté devant une glace, offre une image qui est exactement la
forme de l'acide tartrique gauche.

L'*acide paratartrique* et ses sels ne sont pas hémièdres, et n'ont
aucun pouvoir rotatoire. On l'obtient par la combinaison directe
de l'acide tartrique droit avec l'acide tartrique gauche ; on le dédouble de nouveau en ces deux acides, lorsqu'on le transforme en
sel double à base de soude et d'ammoniaque, ou en sel à base de
certains alcalis organiques tels que la cinchonicine ou la quinicine.

L'*acide tartrique inactif* n'exerce aucune action sur la lumière
polarisée, et ne peut pas être dédoublé, comme l'acide paratartrique, en acide tartrique droit et en acide tartrique gauche. Il se
produit par l'action de la chaleur sur certains paratartrates.

Enfin l'*acide métatartrique* et *l'acide isotartrique* sont des corps
déliquescents qui se produisent par la fusion de l'acide tartrique
droit non combiné. Leurs caractères optiques n'ont pas encore été
étudiés. Leurs sels se distinguent des tartrates et des paratartrates
par la forme et par une plus grande solubilité. Les métatartrates
neutres ont exactement la composition des tartrates et des paratartrates neutres ; les isotartrates neutres ont la même composition
que les bitartrates ou tartrates acides. D'ailleurs les métatartrates
et les isotartrates se retransforment aisément, par la chaleur et au
contact de l'eau, en tartrates ordinaires.

§ 580. ACIDE TARTRIQUE, $C^8H^6O^{12}$. — Nous venons de dire qu'il
faut distinguer l'acide tartrique droit et l'acide tartrique gauche ;
l'acide tartrique droit est l'acide ordinaire, depuis longtemps connu.
Ces deux acides tartriques sont parfaitement identiques pour tout
ce qui n'est pas hémiédrie et sens du phénomène rotatoire. Ajoutons toutefois que cette identité n'existe qu'autant que les deux
acides sont unis à des combinaisons inactives sur la lumière polarisée. Mais les place-t-on, eux ou leurs dérivés, en présence de
produits ayant une action quelconque sur le plan de polarisation,
alors toute identité cesse d'avoir lieu. Les combinaisons correspon-

dantes n'ont plus ni la même composition, ni la même solubilité, et ne se comportent plus de la même manière sous l'influence d'une température élevée.

Ainsi l'acide tartrique droit donne très-facilement, avec l'asparagine, une combinaison cristallisée; l'acide tartrique gauche ne donne avec elle qu'une liqueur sirupeuse et incristallisable. Le bitartrate droit d'ammoniaque se combine équivalent à équivalent avec le bimalate d'ammoniaque actif ordinaire; le bitartrate gauche ne se combine dans aucun cas avec ce bimalate. Le tartrate neutre droit de cinchonine contient 4 atomes d'eau, se dissout aisément dans l'alcool absolu, perd son eau et commence déjà à se colorer à 100°; le tartrate gauche à même base ne renferme qu'un atome d'eau, est extrêmement peu soluble dans l'alcool, perd aussi son eau à 100°, mais peut supporter une température de 140° sans se colorer. Les tartrates gauches et droits de quinine, de brucine et de strychnine présentent des différences semblables.

§ 581. α. *Acide tartrique droit,* ou acide dextroracémique. Marggraf, Duhamel, Rouelle le jeune et d'autres chimistes ont admis dans le tartre l'existence d'un acide particulier; mais c'est Scheele qui le premier, en 1770, est parvenu à l'isoler. Cette découverte marque le début de Scheele dans la carrière scientifique qu'il a tant illustrée depuis[1].

Les anciens chimistes, Van Helmont entre autres, savaient que le tartre qui se dépose dans les vins est déjà contenu dans les raisins. Les recherches de la chimie moderne démontrent l'extrême diffusion de l'acide tartrique dans le règne végétal : on l'y rencontre, en effet, aussi fréquemment que l'acide citrique et l'acide malique; sa présence, à l'état libre ou à l'état de sel de potasse ou de chaux, a été constatée dans les tamarins, les baies de sorbier n'ayant pas atteint la maturité, la racine de garance, les pommes de terre, les topinambours, l'oseille, les cornichons, les mûres, les ananas, le poivre noir, les feuilles de la grande chélidoine, etc.

On prépare l'acide tartrique en décomposant le tartrate de chaux par l'acide sulfurique. A cet effet, on traite une solution bouillante de crème de tartre (bitartrate de potasse) par de la craie, de manière à la transformer en tartrate de chaux insoluble et en tartrate de potasse neutre soluble; on jette le mélange sur un filtre, on re-

---

[1] Retzius et Scheele, *Mémoires de l'Acad. des Sciences de Suède,* 1770. — Richter, *Neuere Gegenst.,* VI, 39. — Thénard, *Ann. de Chimie,* XXXVIII, 30.

cueille la solution du sel de potasse, et on la mélange avec une solution de chlorure de calcium pour la transformer aussi en tartrate de chaux insoluble. Les deux précipités calcaires sont alors bouillis avec une quantité convenable d'acide sulfurique étendu d'eau; puis on évapore le liquide filtré à une douce chaleur, et on le concentre à consistance de sirop. Abandonné dans un endroit chaud, il dépose encore du sulfate de chaux, et finit par donner des cristaux d'acide tartrique. La présence d'un excès d'acide sulfurique favorise beaucoup la cristallisation de ce corps.

La forme cristalline de l'acide tartrique appartient au système monoclinique[1]. Combinaison ordinaire, oP. ∞ P ∞. $+$ P ∞. $-$ P ∞. [P∞]. ∞ P; plus rarement avec les faces $-$ P et [$\frac{1}{2}$ P ∞]. Inclinaison des faces, ∞ P ∞ : $-$ P∞ $=$ 145° 32'; ∞ P ∞ : oP $=$ 100° 32'; oP : $-$ P ∞ $=$ 135° 0'; oP : $+$ P ∞ $=$ 122° 30'; ∞ P ∞ : ∞ P $=$ 134° 30'; oP : [P ∞] $=$ 128° 32'; [P∞] : [P∞] $=$ 102° 54'. Rapport des axes, diagonale droite a : diagonale oblique b : axe principal c : : 0,7845 : 1 : 0,8054. Angle des axes $=$ 79° 43'. Clivage facile et très brillant parallèlement à oP. Les cristaux sont souvent hémièdres : les faces ∞ P sont alors entièrement effacées d'un côté par le développement des faces [P∞] intermédiaires, tandis que de l'autre côté ces dernières sont moins développées et laissent apparaître les faces ∞ P; plus souvent cependant les faces ∞ P existent à gauche et à droite, seulement elles sont plus développées d'un côté; enfin, dans quelques cas très-rares, les cristaux sont parfaitement homoèdres, et les faces ∞ P ont des dimensions égales à gauche et à droite.

Les cristaux de l'acide tartrique sont incolores; leur poids spécifique est de 1,75; ils ne s'altèrent point à l'air et ne renferment point d'eau de cristallisation; ils sont fort solubles dans l'eau et l'alcool; l'éther ne les dissout pas. Leur solution aqueuse se couvre à la longue de moisissures. Voici, suivant Osann, les quantités d'acide cristallisé contenues dans les solutions aqueuses de différentes densités[2] :

---

[1] DE LA PROVOSTAYE, *Ann. de Chim. et de Phys.*, [3] III, 131. — PASTEUR, *ibid.*, XXVIII, 66. — Voy. aussi : PÉCLET, *Ann. de Chim. et de Phys.*, XXXI, 78. — HANKEL, *Ann. de Poggend.*, XLIX, 500. — BERNHARDI, *N. Journ. d. Pharm. von Trommsdorff.*, VII, 2, 40. — E. WOLFF, *Journ. f. prakt. Chem.*, XXVIII, 138.

[2] OSANN, *Arch. f. d. gesammte Naturl. v. Karsten*, III, 204 et 269; V, 107. — L'auteur a omis d'indiquer la température à laquelle ces densités ont été prises.

Densité de la solution.	Acide contenu dans 100 p. de solution.
1,274	51,42
1,208	40,00
1,174	34,24
1,155	30,76
1,122	25,00
1,109	22,27
1,068	14,28
1,023	5,00
1,008	1,63

La solution de l'acide tartrique dévie à droite le plan de polarisation de la lumière[1] ; $[\alpha]_r = + 9° 6'$ à la température de 21° ; son pouvoir rotatoire diminue avec la température.

L'acide tartrique est fortement pyroélectrique. Les moyens les plus grossiers de constater la présence de telle ou telle électricité permettent de voir que les cristaux d'acide tartrique se chargent des deux électricités lorsqu'on les chauffe ou qu'on les refroidit. Si l'électroscope est très-sensible, on peut reconnaître que la chaleur de la main accuse déjà les pôles. Par refroidissement, c'est le côté droit du cristal qui se charge d'électricité positive, et le côté gauche d'électricité négative ; par échauffement, c'est le contraire.

La solution de l'acide tartrique précipite en blanc les eaux de chaux, de baryte, de strontiane, ainsi que l'acétate de plomb ; mais elle n'occasionne pas de précipité dans les chlorures de baryum, de calcium et de strontium.

Ajoutée en excès à un sel de potasse, elle y occasionne, surtout par l'agitation du mélange, la formation d'un précipité blanc et cristallin de bitartrate de potasse, insoluble dans l'acide chlorhydrique. Cette réaction ne réussit qu'autant que le sel de potasse n'est pas trop étendu.

Les cristaux[2] de l'acide tartrique fondent entre 170 et 180°, et se transforment en un isomère, l'acide métatartrique (§ 584) ; si l'on maintient la chaleur, on obtient de l'acide isotartrique (§ 585) ; mais cette transformation est promptement suivie d'une perte d'eau et de la formation de la modification soluble de l'acide tartrique anhydre (§ 577). Une température encore plus élevée détermine

---

[1] Biot, *Mémoires de l'Institut*, 1836 et 1837. *Ann. de Chim. et de Phys.*, X, 316, 385 ; XI, 82.

[2] Voy. sur les modifications que l'acide tartrique éprouve par la chaleur : — Frémy, *Ann. de Chim. et de Phys.*, LXVIII, 367 ; [3] XXXI, 329. — Laurent et Gerhardt, *Compt. rend. des trav. de Chim.*, 1849, 1 et 97. — Laurent, *Compt. rend. de l'Acad.*, XXXV, 742.

Selon M. Frémy, l'acide tartrique ne se modifierait pas sans perdre de l'eau.

une décomposition profonde, et donne lieu à la formation de l'acide pyrotartrique (§ 621) et de l'acide pyruvique (§ 626).

Calciné au contact de l'air, l'acide tartrique se boursoufle, prend feu et brûle en répandant une odeur de caramel. Lorsqu'on le mêle avec de l'éponge de platine, et qu'on le chauffe dans un courant d'oxygène, il commence à donner de l'acide carbonique et de l'eau à la température de 160°; la décomposition s'accomplit déjà au-dessous de 250°.

Si l'on dissout l'acide tartrique dans une grande quantité d'acide sulfurique concentré, ou mieux d'acide fumant, et qu'on chauffe avec beaucoup de lenteur, il se dégage un mélange de 4 volumes d'oxyde de carbone et de 1 volume d'acide sulfureux, sans trace d'acide carbonique; toutefois, vers la fin de l'opération, on voit toujours arriver de l'acide carbonique; il reste en dissolution un composé renfermant les éléments de l'acide sulfurique.

Lorsqu'on broie de l'acide tartrique avec du minium, en ajoutant un peu d'eau, de manière à former une bouillie, le minium blanchit, et l'on remarque une forte odeur d'acide formique. Lorsqu'on fait bouillir l'acide tartrique ou un tartrate avec du peroxyde puce de plomb, il se produit du formiate de plomb et de l'acide carbonique.

Un mélange de parties égales d'acide tartrique et de bichromate de potasse avec peu d'eau s'échauffe peu à peu jusqu'à l'ébullition, en développant beaucoup d'acide carbonique et en laissant un liquide vert brun foncé, presque noir, qui contient de l'acide formique.

Bouillie avec une solution du nitrate d'argent, la solution de l'acide tartrique réduit l'argent à l'état métallique. Elle réduit aussi à l'ébullition le chlorure d'or et le bichlorure de platine.

Fondu avec de l'hydrate de potasse, l'acide tartrique se convertit en un mélange d'acétate et d'oxalate de potasse; on a d'ailleurs :

$$1 \text{ moléc. d'ac. tartriq. } C^8H^6O^{12} = \begin{cases} 1 \text{ moléc. d'ac. acétique. } & C^4H^4O^4 \\ 1 \quad\text{---}\quad \text{ d'ac. oxalique. } & \underline{C^4H^2O^8} \\ & C^8H^6O^{12} \end{cases}$$

L'acide nitrique concentré transforme l'acide tartrique en acide nitrotartrique (§ 616); par une réaction ultérieure, celui-ci peut être converti en acide oxalique et en un autre acide (§ 617) qui paraît être l'homologue de l'acide malique.

Le chlore attaque à peine la solution de l'acide tartrique. Saturé de potasse, l'acide tartrique se comporte tout autrement, sous l'influence du brome, que l'acide citrique; il y a seulement formation de bromure et de bitartrate, puis l'action s'arrête. Le brome peut donc servir à reconnaître de petites quantités d'acide citrique mélangées à l'acide tartrique par la production si caractéristique du bromoforme. (Cahours.)

L'acide tartrique est employé dans les fabriques d'indiennes, comme rongeant, aux mêmes usages que l'acide oxalique ou citrique. On le fait également servir à la préparation des boissons rafraîchissantes.

§ 582. β. *Acide tartrique gauche*, ou acide lévoracémique[1]. — La matière première qui sert à préparer l'acide tartrique gauche, c'est le paratartrate double à base de soude et d'ammoniaque.

Si l'on sature des poids égaux d'acide paratartrique par de la soude et de l'ammoniaque, et qu'on mêle les liqueurs neutres, il se dépose, par refroidissement ou par l'évaporation spontanée, un sel double en cristaux d'une grande beauté, et qu'on peut obtenir en trois ou quatre jours avec des dimensions extraordinaires. En examinant attentivement les cristaux qui se déposent dans cette opération, M. Pasteur a reconnu qu'il y a deux sortes de cristaux, les uns hémièdres à droite, les autres hémièdres à gauche, et exactement en même poids, quelle que soit l'époque de la cristallisation. La solution des cristaux hémièdres à droite dévie à droite le plan de polarisation, celle des cristaux hémièdres à gauche dévie à gauche, de la même quantité absolue toutes deux, et, à part la disposition des facettes hémiédriques, les deux espèces de cristaux sont d'une identité parfaite sous tous les rapports. Pour séparer ces deux sels, il faut examiner successivement chaque cristal, en distinguer le caractère hémiédrique, et mettre ensemble tous ceux dont les facettes hémiédriques ont la même orientation. Si l'on fait recristalliser séparément ces deux sels, le caractère hémiédrique se conserve pour chacun : la solution de tartrate gauche ne donne aucun cristal qui porte à droite les facettes hémiédriques, et, réciproquement, la solution de tartrate droit n'en donne aucun qui les porte à gauche.

Pour extraire les acides correspondants, on traite la solution des cristaux par un sel de baryte, ou mieux encore par du nitrate de plomb. Le précipité obtenu avec le sel de plomb est d'abord

[1] PASTEUR (1849), *loc. cit.*

gélatineux et ne tarde pas à devenir cristallin, surtout à chaud.

Le tartrate droit à base de plomb, étant traité par l'acide sulfurique à une douce température, donne l'acide tartrique droit ordinaire avec toutes ses propriétés physiques, optiques, pyroélectriques, etc.

De même, le sel de plomb obtenu par le tartrate gauche donne l'acide tartrique gauche qui cristallise par l'évaporation lente, surtout s'il est mêlé d'acide sulfurique, en très-beaux cristaux limpides, volumineux, d'une grande netteté. Il n'y a entre lui et l'acide tartrique droit d'autre différence que l'hémiédrie et le sens de la déviation du plan de la polarisation des rayons lumineux. Angles des faces, aspect physique, solubilité, poids spécifique, propriétés chimiques, composition, tout se ressemble dans ces deux acides ; mais la forme cristalline de l'un est la forme symétrique de l'autre.

Tout récemment, M. Pasteur est aussi parvenu à dédoubler l'acide paratartrique au moyen des paratartrates de cinchonicine et de quinicine. Quand on prépare le paratartrate de cinchonicine, il arrive toujours, pour une certaine concentration de la liqueur, que la première cristallisation est en majeure partie formée de tartrate gauche de cinchonicine ; le tartrate droit reste dans l'eau-mère. Pareil résultat se présente avec la quinicine ; seulement, dans ce cas, c'est le tartrate droit qui se dépose le premier.

Lorsqu'on mêle des solutions concentrées d'acide tartrique droit et d'acide tartrique gauche, il se forme à l'instant, avec un dégagement de chaleur très-sensible à la main, des cristaux abondants d'acide paratartrique.

§ 583. Acide paratartrique, ou racémique, $C^8H^6O^{12} + 2$ aq. — Ce composé, découvert en 1822, par M. Kestner, fabricant d'acide tartrique à Thann (Haut-Rhin), se trouve tout formé dans les tartres des raisins. On le rencontre en petite quantité dans les tartres bruts d'Autriche, de Hongrie, de Saintonge, et particulièrement dans ceux d'Italie [1]. Nous venons de dire comment il se produit par la combinaison de l'acide tartrique droit et de l'acide tartrique gauche ; nous devons ajouter qu'il prend aussi naissance par l'action de la chaleur sur l'éther tartrique, ainsi que sur les combinaisons de l'acide tartrique, droit ou gauche, avec

____

[1] *Voy.* sur l'origine de l'acide paratartrique : *Compt. rend. de l'Acad.*, XXIX, 526 et 557 ; XXXVI, 17, 18 et 19.

certains alcalis organiques, tels que la quinine ou la cinchonine. On doit à M. Pasteur la découverte de ces transformations curieuses.

L'acide paratartrique se concentre dans les eaux-mères, lors du raffinage des tartres : ces eaux-mères étant traitées par la craie, et le sel de chaux insoluble étant décomposé par l'acide sulfurique, comme dans la préparation de l'acide tartrique, on obtient, par la concentration de la liqueur acide, des cristaux d'acide paratartrique et d'acide tartrique. Ordinairement, lorsque ce dernier acide constitue encore la plus grande partie du produit, il se dépose dans les cristallisoirs, sous la forme de gros cristaux, dont les cavités, formées par les parties saillantes, sont occupées par de petites aiguilles d'acide paratartrique, se détachant en blanc sur les cristaux volumineux et limpides de l'acide tartrique. Il suffit de faire recristalliser ces aiguilles dans l'eau (l'acide paratartrique est très-peu soluble dans une solution concentrée d'acide tartrique), pour obtenir, par l'évaporation, de gros cristaux d'acide paratartrique.

Pour préparer l'acide paratartrique par le tartrate de cinchonine (droit ou gauche), on soumet ce sel à une température graduellement croissante. Il devient d'abord tartrate de cinchonicine; si l'on continue de chauffer, la cinchonicine s'altère, elle perd de l'eau, se colore, et se transforme en cinchonidine. De son côté, l'acide tartrique se modifie alors, et, après 5 à 6 heures d'une température soutenue à 170°, une partie est transformée en acide paratartrique. On brise la fiole, on traite à diverses reprises par l'eau bouillante la masse résineuse noire qu'elle renferme, et, après le refroidissement, on ajoute du chlorure de calcium en excès à la liqueur filtrée; celui-ci précipite immédiatement tout l'acide paratartrique à l'état de sel de chaux, d'où il est facile ensuite d'extraire l'acide.

Voici les caractères qui distinguent l'acide paratartrique de l'acide tartrique.

Il est bien moins soluble dans l'eau ; il exige 5,7 p. d'eau à 15°, et 48 p. d'alcool de 0,809 à la température ordinaire. Il cristallise avec 2 atomes d'eau qu'il perd à 100°, tandis que l'acide tartrique cristallise sans eau.

La solution de l'acide paratartrique précipite les solutions de nitrate de chaux, de sulfate de chaux et de chlorure de calcium;

le sel de chaux ainsi produit se dissout dans l'acide chlorhydrique, et en est reprécipité par l'ammoniaque ; la solution de l'acide tartrique ne précipite pas les sels de chaux. La solution de l'acide paratartrique n'exerce aucune action sur le plan de polarisation des rayons lumineux.

La forme cristalline de l'acide paratartrique est aussi bien différente de celle de l'acide tartrique ; elle appartient au système triclinique [1]. Combinaison dominante, ∞ ,'P. ∞ P̄ ∞ . ∞ P'. ∞ P̆ ∞. P̄' ∞ . ,P̄, ∞ . 'P̆, ∞ , quelquefois avec oP. P'. ,P̆' ∞. Inclinaison des faces, 'P̈, $\infty : \infty$ P̈ $\infty = 128° 33'$; 'P̄' $\infty : \infty$ P̄ $\infty = 123° 32'$; ∞ ,'P :∞ P̆ $\infty = 110° 45'$; ∞ ,'P :∞ P̄ $\infty = 129° 51'$; ∞ P̄ $\infty : \infty$ P', $= 152° 54'$; ∞ P', $: \infty$ P̆ $\infty = 146° 30'$; 'P̄' $\infty :$,P̄, $\infty = 111° 57'$; 'P̄' $\infty : \infty$ P', $= 113° 32'$; 'P̈, $\infty : \infty$,'P $= 107° 28'$; 'P̄' $\infty : \infty$ P̆ $\infty = 84° 26'$; 'P̄' $\infty : \infty$,'P $= 120° 32'$. Rapport des axes, $a : b : c ::$ 0,48434 : 1 : 0,80602. Angles des axes, $\alpha = 120°$; $\beta = 96° 19'$; $\gamma = 76° 5'$.

Sous l'influence de la chaleur, l'acide paratartrique se comporte comme l'acide tartrique ; après avoir perdu son eau de cristallisation, il se conserve sans altération jusqu'à 200°, mais à une température plus élevée, il se modifie en donnant d'abord un ou deux acides isomères, puis un produit ayant la composition de l'acide tartrique anhydre. Ces métamorphoses n'ont pas encore été complétement étudiées ; il est certain, d'ailleurs, que l'acide paratartrique se modifie d'abord sans perdre de l'eau. En le faisant fondre, on obtient un acide qui paraît être l'analogue de l'acide métatartrique. En effet, l'acide paratartrique fondu précipite par l'ammoniaque un bisel, dont l'aspect, au microscope, n'est pas le même que celui du bisel de l'acide non modifié : ce dernier bisel se présente en tables formées par la réunion de deux rectangles dont les extrémités ne sont pas symétriquement tronquées, et qui donnent ainsi lieu à des angles rentrants, tandis que le bisel d'ammoniaque de l'acide modifié constitue des parallélogrammes obliquangles dont l'angle obtus est tronqué [2].

Les métamorphoses chimiques de l'acide paratartrique sont les mêmes que celles de l'acide tartrique.

Nous avons déjà dit (p. 10) comment on peut dédoubler l'acide paratartrique en acide tartrique droit et en acide tartrique gauche.

---

[1] DE LA PROVOSTAYE, *loc. cit.*
[2] LAURENT et GERHARDT, *loc. cit.*

§ 583[a]. *Acide tartrique inactif*[1]. — Lorsqu'on maintient pendant quelques heures le paratartrate de cinchonine à 170°, une portion notable de l'acide paratartrique se transforme en acide tartrique inactif.

Celui-ci s'obtient aussi, en même temps que l'acide paratartrique, par l'action de la chaleur sur le tartrate de cinchonine. Si, après l'addition du chlorure de calcium (p. 12), on filtre immédiatement la liqueur, afin d'isoler le paratartrate de chaux, on voit, dans l'espace de vingt-quatre heures, se déposer une nouvelle cristallisation, qui est du tartrate de chaux inactif à l'état de pureté.

L'acide tartrique inactif cristallise parfaitement, n'exerce aucune action sur la lumière polarisée, et ne peut pas, comme l'acide paratartrique, être dédoublé en acide tartrique droit et en acide tartrique gauche.

Il donne des sels qui, par la beauté de leurs formes, ne le cèdent ni aux tartrates ni aux paratartrates.

§ 584. ACIDE MÉTATARTRIQUE[2], $C^8H^6O^{12}$. — Cette modification de l'acide tartrique forme des sels cristallisables qui ne se distinguent des tartrates ordinaires que par la forme et par une plus grande solubilité. On l'obtient aisément par une simple fusion de l'acide tartrique. Si l'on opère sur un acide réduit en poudre fine et desséché préalablement au bain-marie pour qu'il ne retienne pas d'eau hygrométrique, on constate qu'il se modifie sans changer de poids. Pour faire cette expérience, on met un gramme environ d'acide tartrique dans un petit tube, et l'on place celui-ci dans un bain d'huile, qu'on chauffe peu à peu jusqu'à ce que l'acide entre en fusion; ce changement d'état s'effectue en peu d'instants entre 170 et 180°. Dès que la liquéfaction est complète, on retire immédiatement le tube du bain, car l'acide commence à dégager de l'eau déjà à quelques degrés au-dessus de la température indiquée.

Voici quels sont les caractères de l'acide tartrique simplement fondu. Il a l'apparence d'une gomme transparente, et est fort déliquescent; il donne avec l'ammoniaque et la potasse des sels acides d'une autre forme cristalline, et bien plus solubles que les bi-

[1] PASTEUR (1853), *Compt. rend. de l'Acad.* XXXVII, 162.

[2] BRACONNOT, *Ann. de Chim. et de Phys.*, XLVIII, 299. — ERDMANN, *Ann. der Chem. u. Pharm.*, XXI, 9. — LAURENT et GERHARDT, *Compt. rend. des trav. de Chim.*, 1849, p. 1 et 97.

tartrates correspondants; il ne précipite pas les sels de chaux, et, si on le sature par l'ammoniaque, il ne les précipite qu'en solution concentrée, et même seulement au bout d'un certain temps; le précipité est soluble dans beaucoup d'eau, et possède une autre forme que le tartrate correspondant.

L'acide vitreux, légèrement et lentement réchauffé, se dévitrifie en partie en cristallisant; cette dévitrification s'opère aussi à la longue, sans l'aide de la chaleur.

M. Biot[1] a observé que l'acide fondu agit sur la lumière polarisée, et présente, pendant qu'il est encore chaud et liquide, un pouvoir rotatoire très-énergique vers la droite; cette action s'affaiblit peu à peu par le refroidissement et la solidification de l'acide, et, à 3° 5′, la déviation du plan de polarisation est fort sensible vers la gauche.

L'acide métatartrique n'est pas seul contenu dans l'acide tartrique simplement fondu, si la fusion a été longtemps maintenue. Dans ce dernier cas, on y trouve alors, en outre, de l'acide isotartrique.

§ 585. ACIDE ISOTARTRIQUE, ou tartralique[2], $C^8H^6O^{12}$. — Lorsqu'on maintient longtemps l'acide tartrique en fusion, il se produit, en même temps que l'acide métatartrique, une autre modification isomère, dont la quantité est plus ou moins grande suivant la durée de la fusion.

L'acide isotartrique qu'on obtient ainsi est remarquable par la composition de ses sels neutres, composition qui est identique à celle des bitartrates. Le sel de chaux de l'acide isotartrique est sirupeux, incristallisable, fort soluble, neutre au papier; sa solution se décompose par l'ébullition en déposant du métatartrate de chaux insoluble, en même temps que la liqueur devient acide.

Dérivés métalliques de l'acide tartrique. Tartrates.

§ 586. L'acide tartrique est bibasique; il donne des sels neutres et des sels acides dont la composition se représente d'une manière générale par les formules suivantes :

Tartrates neutres. . . . . $C^8H^4M^2O^{12} = C^8H^4O^{10}, 2\,MO.$

Bitartrates, ou tartrates acides. $C^8H^5MO^{12} = C^8H^4O^{10}, \left.\begin{array}{l} MO \\ HO \end{array}\right\}.$

---

[1] BIOT, *Ann. de Chim. et de Phys.*, [3] XXVIII, 351; XXIX, 35, 45, 311.

[2] FRÉMY, *loc. cit.* — LAURENT et GERHARDT, *loc. cit.*

Plusieurs tartrates s'obtiennent en décomposant les carbonates métalliques par une solution aqueuse d'acide tartrique ; l'acide tartrique dissous dans l'alcool ne décompose pas les carbonates, les tartrates métalliques étant insolubles dans ce liquide. La solution aqueuse et diluée de la plupart des tartrates se couvre à la longue de moisissures.

La solution de tous les tartrates dévie le plan de polarisation des rayons lumineux ; la plupart d'entre eux sont cristallisables, leurs cristaux sont hémièdres.

Si l'on compare, selon M. Pasteur, les formes cristallines des tartrates, on remarque que, dans toutes, plusieurs facettes se trouvent inclinées entre elles de la même manière. En plaçant toutes les formes les unes auprès des autres, on a une série de prismes diversement modifiés aux extrémités et sur les arêtes des pans. Mais les modifications des arêtes se répètent de la même manière dans tous les prismes, lorsque les arêtes sont inclinées de la même manière, ou à très-peu près. Les formes peuvent appartenir à des systèmes différents, et à côté du prisme rhomboïdal on trouve le prisme rectangulaire droit ou oblique, ou même le prisme tout à fait oblique du système triclinique ; néanmoins les angles des pans ou ceux des facettes de modification diffèrent très-peu les uns des autres. Quand deux formes ne sont pas du même système, l'une est pour l'autre une forme limite. Il faut faire ici abstraction des extrémités des prismes, et, en effet, c'est par les extrémités seules des prismes que diffèrent entre elles les formes cristallines des tartrates : la composition chimique a beau varier, ces rapports ne cessent pas d'avoir lieu, et on les retrouve dans les tartrates neutres, comme dans les bitartrates et dans les tartrates doubles.

Les alcalis solubles forment, avec l'acide tartrique, des sels neutres fort solubles dans l'eau, et des sels acides peu solubles dans ce liquide. Les sels neutres de la plupart des autres bases sont peu solubles ou insolubles dans l'eau, mais ils deviennent solubles par l'addition de l'acide tartrique ; l'acide chlorhydrique et l'acide nitrique dissolvent également les tartrates insolubles dans l'eau. Ceux-ci, à part les tartrates à base d'argent et de mercure, se dissolvent aussi dans la potasse et la soude employés en excès. L'ammoniaque elle-même dissout les tartrates insolubles, à part le tartrate de mercure.

Lorsqu'on ajoute du bisulfate de potasse à la solution aqueuse ou acide d'un tartrate, il s'y produit au bout de quelque temps un précipité de bitartrate de potasse.

Calcinés à l'air, les tartrates répandent l'odeur du sucre brûlé.

Les relations de forme, de pouvoir rotatoire et de propriétés chimiques que M. Pasteur a signalées entre les acides tartriques droit et gauche, se reproduisent fidèlement entre tous les sels métalliques de ces deux acides. Toutes les propriétés chimiques des tartrates droits se retrouvent, jusque dans les moindres détails, dans les tartrates gauches correspondants. A un tartrate droit quelconque répond un tartrate gauche, qui n'en diffère que par la position des facettes hémiédriques, et le sens inverse du pouvoir rotatoire. Il y a, du reste, identité parfaite entre les angles des faces, la valeur absolue du pouvoir rotatoire, le poids spécifique, la composition chimique, la solubilité, les propriétés optiques de la double réfraction, etc.

La composition des tartrates a été établie par les travaux de plusieurs chimistes, notamment par les analyses de Berzélius, MM. Dulk, Werther, Dumas et Piria [1]. MM. de la Provostaye [2] et Pasteur ont déterminé la forme cristalline d'un grand nombre de tartrates; M. Biot et M. Pasteur ont étudié les caractères optiques de ces sels.

§ 587. *Tartrates d'ammoniaque.* — On en connaît deux.

α. *Sel neutre,* $C^8H^4(NH^4)^2O^{12}$. On l'obtient en cristaux prismatiques en évaporant une dissolution d'acide tartrique, neutralisée par du carbonate d'ammoniaque. Il est fort soluble dans l'eau ; les cristaux s'effleurissent à l'air, en perdant de l'ammoniaque.

La forme cristalline de ce sel appartient au système monoclinique [3]. Combinaison ordinaire, $+ P \infty . oP. \infty P \infty . [P \infty]$, avec les faces $\pm P$ subordonnées. Inclinaison des faces, $\infty P \infty : oP = 88° 9'$; $oP : + P \infty = 127° 40'$; $\infty P \infty : + P \infty = 140° 29'$; $[P \infty] : [P \infty] = 110° 10'$; $[P \infty] : oP = 124° 55'$; $[P \infty] : \infty P \infty = 88° 56'$; $[P \infty] : + P \infty = 110° 28'$. Rapport des axes, diagonale droite a : diagonale oblique b : axe principal c ::

<hr>

[1] Berzélius, *Ann. de Chim.*, XCIV, 177. *Ann. de Poggend.*, XIX, 305 ; XXXVI, 4. *Ann. de Chim. et de Phys.*, LXVII, 303. — Dulk, *Journ. f. Chem. u. Phys. von Schweigger*, LXIV, 180 et 193. En extrait : *Ann. der Chem. u. Pharm.*, II, 39. — Werther, *Journ. f. prakt. Chem.*, XXXII, 383. — Dumas et Piria, *Ann. de Chim. et de Phys.*, [3] V, 353.

[2] De la Provostaye, *Ann. de Chim. et de Phys.*, [3] III, 129.

[3] De la Provostaye, *loc. cit.*

0,8684 : 1 : 1,244. Angle des axes $= 88° 9'$. Clivage net et facile parallèlement à oP. On peut obtenir des cristaux sans les faces $[P \infty]$; mais, lorsque ces faces se présentent, on n'en observe que la moitié de celles qui devraient exister d'après la loi de symétrie; le tartrate d'ammoniaque est donc hémièdre.

Le pouvoir rotatoire du tartrate d'ammoniaque droit est $[\alpha]_r = + 29°$.

β. *Sel acide*, ou bitartrate, $C^8H^5(NH^4)O^{12}$. Lorsqu'on ajoute de l'acide tartrique à la solution du sel précédent, le bitartrate d'ammoniaque se précipite sous la forme d'une poudre cristalline, qui se présente au microscope sous la forme de belles lames brillantes, formant des parallélogrammes obliquangles ou des tables hexagonales, allongées, souvent hémitropiques. Il est peu soluble dans l'eau froide, mais fort soluble dans l'eau bouillante.

Les cristaux de ce sel appartiennent au système rhombique[1]. Combinaison ordinaire, $P. \bar{P} \infty . \infty P . \infty \bar{P} 2 . \infty \bar{P} 3 . \infty \bar{P} \infty : \infty \bar{P} \infty$. Inclinaison des faces, $P : \bar{P} \infty = 141° 12'$ environ; $\bar{P} \infty : P \infty = 110° 32'$; $P : P = 127° 12'$ environ; $\infty P : \infty P = 109° 16'$; $\infty \bar{P} \infty : P = 116° 24'$; $\infty \check{P} \infty : \bar{\infty} P = 125° 22'$. Rapport des axes, petite diagonale a : grande diagonale b : axe vertical $c ::$ $0,7099 : 1 : 0,6932$. Clivage facile et net parallèlement à ∞P, et un autre également facile parallèlement à $\infty \bar{P} \infty$. Les cristaux sont hémièdres, les faces P étant toujours inégalement développées : quatre d'entre elles, dont deux à chaque extrémité, sont très-petites ou nulles, et les quatre autres, beaucoup plus larges, sont situées de manière à donner lieu, étant suffisamment prolongées, au tétraèdre irrégulier $\frac{P}{2}$. On peut rendre hémièdres tous les cristaux du bitartrate d'ammoniaque, en faisant cristalliser ce sel dans une dissolution chargée de bitartrate de soude.

Le bitartrate droit d'ammoniaque se combine équivalent à équivalent avec le bimalate d'ammoniaque actif ordinaire; le bitartrate gauche ne se combine dans aucun cas avec ce même bimalate.

Tartrates de potasse. — Il en existe deux.

α. *Sel neutre*, $C^8H^4K^2O^{12}$. On le prépare en saturant le sel acide par du carbonate de potasse; il cristallise difficilement.

On ne l'obtient qu'en prismes courts, appartenant au système monoclinique[2]; les faces sont en général fort peu brillantes. Combinaison

---

[1] DE LA PROVOSTAYE, *loc. cit.*

[2] DE LA PROVOSTAYE, *loc. cit.* — Voy. aussi : BROOKE, *Annals of Philos.*, XXIII,

ordinaire, ∞ P. + P ∞ . — P ∞. oP. ∞ P ∞. [∞ P ∞]. Inclinaison des faces, — P ∞ : + P ∞ = 89° 30′, — P ∞ : oP = 142° 13′; + P∞ : oP = 127″ 17′; ∞ P : ∞ P = 134″ 50′; ∞ P : ∞ P ∞ = 112° 35′; + P∞ : ∞ P = 103″ 35′; oP : ∞ P = 95° 35′. Rapports des axes, diagonale droite a : diagonale oblique b : axe principal c :: 0,4021 : 1 : 1,0085. Angle des axes 75° 12′. Clivages nets et faciles parallèlement à oP et à ∞ P ∞. Les cristaux sont hémièdres. 1 p. de tartrate neutre de potasse se dissout à 2″ dans 0,75, à 14° dans 0,66, à 23° dans 0,63 et à 64° dans 0,47 p. d'eau. (Osann.) Il est extrêmement peu soluble dans l'alcool bouillant.

La plupart des acides précipitent du bitartrate de la solution du tartrate neutre de potasse; le même précipité se produit par une addition de brome, sans que l'acide tartrique en soit autrement attaqué.

β. *Sel acide,* ou bitartrate, $C^8H^5KO^{12}$. Ce sel, qui se rencontre dans le verjus et dans beaucoup d'autres sucs végétaux, se dépose souvent dans les vins, à l'état de croûtes dures et épaisses qui portent le nom de *tartre cru;* on l'obtient pur et incolore en le soumettant à de nouvelles cristallisations. Le sel pur est connu sous le nom de *crème de tartre.* Il se forme toutes les fois qu'on ajoute de l'acide tartrique en excès à la dissolution d'un sel de potasse.

Il est peu soluble dans l'eau froide; 1 p. de sel se dissout dans 240 p. d'eau à 10°, et dans 15 p. d'eau bouillante. Il est insoluble dans l'alcool, et fort soluble dans les acides minéraux concentrés. Sa solution rougit le papier de tournesol; elle dissout un grand nombre d'oxydes métalliques, en donnant des tartrates neutres à deux bases différentes.

Les cristaux du bitartrate de potasse appartiennent au système rhombique, et sont isomorphes avec ceux du bitartrate d'ammoniaque. Combinaison ordinaire[1], P avec P ∞, ∞ P et d'autres prismes verticaux (∞ P̊ 2 et ∞ P̊ 3), ainsi qu'avec les faces modifiantes ∞ P̊ ∞ et ∞P̊ ∞. Inclinaison des faces, P ∞ : P ∞ = 109°; ∞ P : ∞ P = 107° 30′; ∞ P ∞ : P = 117° 2′; ∞ P ∞ : ∞ P = 126° 15′. Rapport des axes, petite diagonale a : grande diagonale b : axe vertical c :: 0,7332 : 1 : 0,7133. L'hémiédrie est encore plus prononcée dans ce sel que dans le bitartrate d'ammoniaque. Suivant MM. Hai-

161. — Bernhardi, *Neues Journ. f. Pharm. v. Trommsdorff.*, VII, 2, 51. — Hankel, *Ann. de Poggend.*, LIII, 620.

[1] Brooke, *Annals of Philos.*, XXIII, 161. — Voy. aussi : Schabus, *Sitzungsb. der Acad. der Wissensch. zu Wien,* juin, 1850, p. 42.

dinger et Schabus, on y voit dominer tantôt les facettes $+\frac{P}{2}$, tantôt les facettes $-\frac{P}{2}$; ce fait n'est pas conforme aux observations de M. Pasteur, suivant lesquelles on n'observerait qu'une seule espèce de facettes hémiédriques dans les tartrates droits, tandis que l'espèce opposée ne se présenterait que dans les tartrates gauches.

Soumis à la calcination, le bitartrate de potasse exhale une fumée piquante, ayant l'odeur du pain grillé, et laisse un résidu de carbonate de potasse mêlé de charbon. C'est le *sel fixe de tartre*, ou *alcali du tartre* des anciens chimistes; ils calcinaient aussi le tartre avec du nitrate de potasse, et se procuraient ainsi, suivant les proportions du mélange, un résidu noir ou blanc, *flux noir* ou *flux blanc*, qu'ils employaient comme fondant dans les opérations métallurgiques.

La crème de tartre est un des mordants les plus fréquemment usités pour les laines. Mêlée avec de la craie et de l'alun en poudre fine, elle est très-avantageuse pour le nettoyage de l'argenterie.

Tartrate de potasse et d'ammoniaque, $C^8H^4K(NH^4)O^{12}$. — On l'obtient en saturant le bitartrate de potasse par de l'ammoniaque caustique ou carbonatée. Il cristallise dans le système monoclinique; les cristaux sont isomorphes avec le tartrate de potasse neutre. Ils s'altèrent promptement à l'air en dégageant de l'ammoniaque; ils sont fort solubles dans l'eau.

Tartrates de soude. — On en connaît deux.

α. *Sel neutre*, $C^8H^4Na^2O^{12} + 4$ aq. On le prépare en saturant l'acide tartrique par du carbonate de soude. Il forme des cristaux limpides, inaltérables à l'air, solubles dans 5 p. d'eau froide, fort solubles dans l'eau chaude, insolubles dans l'alcool absolu.

Ce sel cristallise dans le système rhombique[1]. Combinaison ordinaire, $\infty P. \infty \bar{P} \infty. \infty \bar{P} \infty. \bar{P} \infty$. Inclinaison des faces, $\infty P : \infty P = 104° 50'$; $\infty P : \bar{P} \infty = 108° 31'$; $\bar{P} \infty : \bar{P} \infty = 132° 44'$; $\infty P : \infty \bar{P} \infty = 142° 25'$; $\infty P : \infty \bar{P} \infty = 127° 35'$. Rapport des axes, $a : b : c = 0,3366 : 1 : 0,7696$.

Les cristaux fondent, par la chaleur, dans leur eau de cristallisation. Par une cristallisation brusque, le sel s'obtient ordinairement en aiguilles groupées en faisceaux.

β. *Sel acide*, ou bitartrate, $C^8H^5NaO^{12} + 2$ aq. La solution du sel neutre, additionnée à chaud de $^1/_2$ p. d'acide tartrique, dépose,

<hr>

[1] DE LA PROVOSTAYE, *loc. cit.* — BERNHARDI, *loc. cit.*

par le refroidissement, des cristaux de bitartrate. Ceux-ci se dissolvent dans 9 p. d'eau froide et dans 1,8 p. d'eau bouillante ; ils sont insolubles dans l'alcool.

Le bitartrate de soude s'obtient difficilement en beaux cristaux. Si l'on fait cristalliser une goutte d'une dissolution chaude de ce sel sous le microscope, on ne tarde pas à voir de petits cristaux de la plus grande netteté, ayant la forme de prismes droits à base rhombe ∞ P, portant un biseau à chaque extrémité formé par les faces hémièdres $\frac{P}{2}$.

Tartrate de soude et d'ammoniaque, $C^8H^4Na(NH^4)O^{12} + 8$ aq. — On l'obtient en saturant le bitartrate d'ammoniaque par le carbonate de soude. Les cristaux, souvent assez gros, qu'on obtient par la concentration de la liqueur appartiennent au système rhombique, et sont isomorphes avec ceux du tartrate de soude et de potasse. Combinaison ordinaire, ∞ P. ∞ $\bar{P}$2. ∞ $\bar{P}$ ∞. ∞ $\breve{P}$ ∞. $\bar{P}$ ∞. oP. Inclinaison des faces, ∞ P : ∞ P, dans le plan de la grande diagonale et de l'axe vertical, $= 81° 28'$; ∞ $\bar{P}$ 2 : ∞ $\bar{P}$ 2, dans ce plan, $= 45° 10'$; $\bar{P}$ ∞ : $\bar{P}$ ∞, dans le plan de la base $= 54° 0'$. Rapport des axes, petite diagonale a : grande diagonale b : axe vertical c : : $0,8592 : 1 : 0,4378$. Les cristaux présentent les facettes hémiédriques $\frac{P}{2}$. Pouvoir rotatoire : $[\alpha]_j = + 26°,0$.

Tartrate de soude et de potasse, $C^8H^4NaKO^{12} + 8$ aq. — Ce composé[1], depuis longtemps connu sous le nom de *sel de Seignette* (du nom d'un pharmacien de la Rochelle qui le découvrit en 1672), s'obtient en saturant le bitartrate de potasse par du carbonate de soude. On porte à l'ébullition 12 p. d'eau, et l'on y ajoute, par parties et successivement, 4 p. de crème de tartre et 3 p. environ de carbonate de soude cristallisé ; quand tout est ajouté, on essaye la liqueur, qui doit être légèrement alcaline, et on la concentre par l'évaporation. La liqueur dépose, par le refroidissement, de beaux cristaux de sel de Seignette ; les eaux-mères en fournissent davantage, mais il arrive un moment où elles ne déposent plus que des aiguilles de tartrate de soude ; il faut alors tout redissoudre dans l'eau, et ajouter assez de tartrate de potasse pour saturer cet excès de sel sodique ; la dissolution fournit alors de nouveaux cristaux de sel de Seignette. On purifie celui-ci par de nouvelles cristallisations.

[1] H. KOPP, *Einleit. in die Krystallogr.*, p. 265. — Voy. aussi : BROOKE, *Ann. of. phil.*, XXI, 251. — BERNHARDI, *Neues Journ. d. Pharm. v. Trommsdorff.*, VII, 2, 43.

Les cristaux de ce sel, souvent assez gros, sont des prismes appartenant au système rhombique[1]. Combinaison ordinaire, ∞P. $\infty \breve{P} 2. \infty \breve{P} \infty. \infty \dot{P} \infty. 2 \dot{P} \infty. \dot{P} \infty. oP$. Inclinaison des faces, $\infty P : \infty P$, dans le plan de la grande diagonale et de l'axe vertical, $= 79° 30'$; $\infty \breve{P} 2 : \infty \breve{P} 2$, dans ce plan, $= 45°,10'$; $2 \dot{P} \infty : 2 \dot{P} \infty$, dans le plan de la base, $= 82° 20'$. Rapport des axes, petite diagonale a : grande diagonale b : axe vertical $c :: 0,8317 : 1 : 0,4372$. Les cristaux portent les facettes hémiédriques $\frac{P}{2}$.

Tartrates de lithine. — Le *sel neutre* est blanc, déliquescent et incristallisable.

Le *sel acide*, $C^8H^5LiO^{12} + 3$ aq., constitue, suivant M. Dulk, de petits cristaux fort solubles dans l'eau.

Le *tartrate de lithine et de potasse*, $C^8H^4LiKO^{12} + 2$ aq., s'obtient, en saturant la crème de tartre par le carbonate de lithine, sous la forme de gros prismes fort solubles dans l'eau.

Le *tartrate de lithine et de soude*, $C^8H^4LiNaO^{12} + 4$ aq., ressemble au sel précédent.

§ 588. *Tartrates de baryte.* — Le *sel neutre*, $C^8H^4Ba^2O^{12}$ (dans le vide), se précipite sous la forme de flocons blancs qui deviennent cristallins par le repos, lorsqu'on mélange le tartrate de potasse avec le chlorure de baryum. Le même sel se précipite par l'addition de l'acide tartrique à l'eau de baryte; le précipité ne se redissout pas dans un excès d'acide tartrique.

Le *tartrate de baryte et de potasse*, $C^8H^4BaKO^{12} + 2$ aq., s'obtient sous la forme d'un précipité pulvérulent, très-peu soluble dans l'eau, lorsqu'on évapore une solution de bitartrate de potasse avec de l'eau de baryte.

Le *tartrate de baryte et de soude*, $C^8H^4BaNaO^{12} + 2$ aq., se précipite par le mélange d'une solution de sel de Seignette avec une solution de chlorure de baryum; si les liqueurs sont étendues, la combinaison ne se dépose qu'au bout de quelque temps sous la forme d'aiguilles; elle est peu soluble dans l'eau, plus soluble dans une solution aqueuse de sel de Seignette.

Tartrates de strontiane. — Le *sel neutre*, $C^8H^4Sr^2O^{12} + 8$ aq., se dépose sous la forme de prismes monocliniques[2] ($oP : \infty P = 92° 35'$; $\infty P : \infty P = 125° 20'$), lorsqu'on mélange à froid du tartrate de potasse avec du nitrate de strontiane. Le sel se dissout

[1] Voy. les citations précédentes.
[2] TESCHEMACHER, *Philos. Magaz. and Annals*, III, 29.

dans 147 p. d'eau à 16°; il est assez soluble dans une solution de chlorhydrate d'ammoniaque.

L'acide tartrique trouble l'eau de strontiane; l'excès d'acide fait disparaître le trouble. L'eau de strontiane neutralisée par l'acide tartrique donne des cristaux par l'évaporation. Le tartrate de potasse neutre donne, avec le chlorure de strontium, des flocons blancs qui deviennent cristallins au bout de quelques instants; avec le nitrate de strontiane, il ne se produit qu'un léger précipité qui se redissout par une douce chaleur, et se dépose, par l'ébullition, en cristaux brillants.

Le *tartrate de strontiane et de potasse*, $C^8H^4SrKO^{12} + 2$ aq., s'obtient comme le tartrate de baryte et de potasse.

Le *tartrate de strontiane et de soude*, $C^8H^4SrNaO^{12}$ (après dessiccation), s'obtient à l'état d'une masse gommeuse, fort soluble dans l'eau, lorsqu'on sature l'eau de strontiane par le bitartrate de soude, et qu'on évapore la liqueur.

Lorsqu'on ajoute à froid de la potasse ou de la soude caustique à une solution de tartrate de strontiane, on obtient une liqueur qui se coagule par la chaleur; le précipité disparaît de nouveau par le refroidissement, à moins qu'on n'ait trop longtemps chauffé la matière. (Osann.)

Tartrates de chaux. — α. *Sel neutre*, $C^8H^4Ca^2O^{12} + 8$ aq. Ce sel se rencontre dans beaucoup de plantes, notamment dans les raisins; on le distingue quelquefois en petits cristaux dans le tartre qui se dépose dans le suc de ce fruit. Il se précipite sous la forme d'une poudre blanche cristalline lorsqu'on mélange du tartrate de potasse avec une solution de chlorure de calcium; si les liqueurs sont étendues, le précipité n'apparaît qu'au bout de quelques minutes. L'acide tartrique donne, avec l'eau de chaux, d'abondants flocons blancs, qui deviennent cristallins au bout de quelque temps; le précipité se redissout dans un excès d'acide tartrique; la solution dépose par le repos des cristaux de tartrate neutre de chaux.

Ce sel se présente sous la forme de petits cristaux durs et brillants, ayant la forme d'un prisme rhomboïdal droit ∞ P, modifié par les faces de l'octaèdre P sur les angles de la base[1] (∞ P : ∞ P $= 97°30'$; P : P $= 122°15'$). Il est fort peu soluble dans l'eau froide, un peu plus soluble dans l'eau bouillante; les acides minéraux, l'acide acétique et le bitartrate de potasse le dissolvent aisément. La

---

[1] Pasteur, *loc. cit.*

solution du sel ne précipite pas immédiatement par l'ammoniaque, si les liqueurs ne sont pas très-concentrées, mais le mélange dépose, au bout de quelque temps, des cristaux de tartrate neutre de chaux.

Lorsqu'on précipite le chlorure de calcium par le tartrate neutre de potasse, le précipité floconneux qui se produit ainsi se redissout dans le chlorhydrate d'ammoniaque; pour peu qu'elle soit concentrée, la solution dépose des cristaux de tartrate de chaux.

Dans la préparation de l'acide tartrique par le tartre brut, il arrive souvent, pendant les chaleurs de l'été, que le tartrate de chaux, contenant encore des matières fermentescibles, se met subitement à fermenter et se transforme, au bout de peu de temps, en un acide qu'on a pris longtemps pour de l'acide acétique. A la suite d'un accident de ce genre, M. Noellner [1] satura le produit par l'oxyde de plomb, et obtint ainsi de beaux octaèdres, qu'un examen attentif lui fit considérer comme le sel d'un acide particulier, distinct de l'acide acétique, et auquel il donna le nom d'*acide pseudo-acétique*. Une expérience entreprise avec du tartre brut, sans addition de chaux, ne fournit que de l'acide acétique.

Dans son rapport annuel de 1843, p. 132, Berzélius fut amené à envisager l'acide de M. Noellner comme un mélange d'acide acétique et d'acide butyrique. Cependant M. Noellner avait obtenu un sel de plomb cristallisant en octaèdres, un sel de soude également octaédrique et un sel magnésien en mamelons, toutes formes qui ne se retrouvent pas dans les sels correspondants des acides acétique et butyrique. Plus tard, M. Nicklès [2] précisa la question en établissant, par la voie de l'analyse, la composition de l'acide particulier produit dans la fermentation du tartrate de chaux : il trouva dans cet acide les mêmes rapports $C^6H^6O^4$, que dans l'acide propionique ; mais, croyant avoir observé à son produit une certaine tendance à se dédoubler en acide acétique et en butyrique, M. Nicklès le désigna sous le nom d'*acide butyro-acétique*. Ce furent enfin MM. Dumas, Malaguti et Leblanc [3] qui reconnurent l'identité de l'acide propionique, préparé au moyen du cyanure d'éthyle, et de l'acide butyroacétique provenant du tartrate de chaux fermenté.

β. *Sel acide* ou bitartrate de chaux, $C^8H^5CaO^{12}$ (cristallisé). Il

[1] Noellner, *Ann. der Chem. u. Pharm.*, XXXVIII, 299.
[2] Nicklès, *ibid.*, LXI, 343.
[3] Dumas, Malaguti et Leblanc, *Compt. rend. de l'Acad.*, XXV, 781.

paraît exister dans les fruits du *Rhus Typhinum* [1]. On l'obtient, suivant M. Dulk, en ajoutant de l'acide tartrique à de l'eau de chaux jusqu'à ce que le précipité se soit redissous; si l'on abandonne le mélange à lui-même, il ne dépose que des cristaux de tartrate de chaux neutre, mais, si on l'évapore immédiatement, on obtient des octaèdres rhomboïdaux de bitartrate. (Angle des arêtes culminantes aiguës de l'octaèdre, $= 82°5o'$; id. des arêtes culminantes obtuses, $= 153°$ environ.) Les cristaux sont transparents, rougissent le tournesol, sont peu solubles dans l'eau froide, plus solubles dans l'eau bouillante.

Le *tartrate de chaux et de potasse* paraît s'obtenir à l'état cristallisé par l'évaporation spontanée d'un mélange de crème de tartre et d'eau de chaux.

Le tartrate de chaux se dissout, à une douce chaleur, dans la potasse caustique; la solution saturée précipite une partie du tartrate de chaux par l'addition de l'eau; si on la porte à l'ébullition, elle se convertit en une masse épaisse, semblable à de l'empois; la liqueur s'éclaircit de nouveau par le refroidissement.

Lorsqu'on fait bouillir le tartrate de chaux avec une solution de tartrate de potasse neutre, le premier sel se dissout; et, si l'on évapore la liqueur à consistance de sirop, on obtient, par le refroidissement, une masse d'aiguilles.

Le *tartrate de chaux et de soude* se précipite sous la forme de flocons, lorsqu'on mélange une solution de sel de Seignette avec du chlorure de calcium. Si les liqueurs sont étendues, le précipité n'apparaît qu'au bout de quelque temps, à l'état de petites aiguilles, peu solubles dans l'eau, plus solubles dans un excès de sel de Seignette, et encore plus solubles dans le chlorure de calcium.

La soude caustique se comporte comme la potasse avec le tartrate de chaux.

§ 589. *Tartrates de magnésie.* — α. *Sel neutre,* $C^8H^4Mg^2O^{12}$ + 8 aq. Lorsqu'on met en digestion une solution étendue d'acide tartrique avec un excès de magnésie blanche, et qu'on évapore la liqueur filtrée, on obtient des croûtes cristallines de tartrate neutre de magnésie. Ce sel se dissout dans 122 p. d'eau à 16°.

β. *Sel acide* ou bitartrate de magnésie, $C^8H^5MgO^{12}$ (cristallisé). Il se produit, dans la préparation précédente, par l'emploi d'un

---

[1] JOHN, *Chemische Schriften,* IV, 175.

excès d'acide tartrique. Il constitue des croûtes cristallines, solubles dans 52 p. d'eau à 16°.

Le *tartrate de magnésie et de potasse*, $C^8H^4MgKO^{12}$ + 8 aq., s'obtient en faisant bouillir la crème de tartre avec de l'eau et un excès de magnésie blanche; la liqueur filtrée dépose des cristaux de cette combinaison; l'eau-mère donne par l'évaporation une masse gommeuse.

Le *tartrate de magnésie et de soude*, $C^8H^4MgNaO^{12}$ + 10 aq., se dépose sous la forme de prismes monocliniques (∞ P : ∞ P = 129°; oP : ∞ P ∞ = 103°), par l'évaporation d'un mélange de sel de Seignette et de chlorure de magnésium.

Tartrate d'alumine. — Masse gommeuse, non déliquescente, fort soluble dans l'eau. On rencontre ce sel dans le *Lycopodium clavatum*.

Ni le tartrate d'alumine, ni les autres sels d'alumine additionnés d'acide tartrique ne sont précipités par les alcalis caustiques ou carbonatés.

La solution du tartrate neutre de potasse dissout à chaud beaucoup d'alumine, sans devenir alcaline; la liqueur dépose des gouttes huileuses par l'addition de l'alcool; la solution aqueuse des gouttes huileuses se dessèche, par l'évaporation, en une masse gommeuse contenant à la fois de la potasse et de l'alumine. Le bitartrate de potasse dissout aussi l'alumine, en donnant une masse amorphe que les alcalis ne précipitent pas.

§ 590. *Tartrate de zinc.* — Lorsqu'on mélange à chaud des solutions concentrées de sulfate de zinc et de tartrate neutre de potasse, on obtient une poudre cristalline d'un blanc jaunâtre; si l'on mélange à froid les mêmes solutions étendues d'eau, il se produit peu à peu de petits cristaux. Ce sel est fort peu soluble dans l'eau, à chaud et à froid; il se dissout aisément à froid dans la potasse et la soude caustiques.

Lorsqu'on met en digestion du bitartrate de potasse avec un excès de zinc ou d'oxyde de zinc, on obtient une solution qui dépose une poudre blanche, et se dessèche en une masse gommeuse.

Tartrate de cadmium. — Aiguilles lanugineuses, à peine solubles dans l'eau.

Tartrate de nickel. — Lorsqu'on sature une solution bouillante d'acide tartrique par de l'hydrate ou par du carbonate de nickel, il se précipite une poudre verte, cristalline, presque insoluble dans l'eau.

Les sels de nickel additionnés d'acide tartrique ne sont précipités ni par les alcalis caustiques, ni par les alcalis carbonatés. Lorsqu'on fait bouillir le carbonate de nickel avec une solution de bitartrate de potasse, on obtient une masse gommeuse, incristallisable, fort soluble dans l'eau.

Le tartrate de nickel se dissout aisément à chaud dans la potasse et la soude caustiques, ainsi que dans le carbonate de soude ; la solution se prend par le refroidissement en une masse semblable à de l'empois.

Tartrate de cobalt. — Sel rouge cristallisable. Les sels de cobalt additionnés d'acide tartrique ne sont précipités ni par les alcalis caustiques, ni par les carbonates alcalins.

Le *tartrate de cobalt et de potasse* constitue de gros cristaux rhomboïdaux.

Tartrate de cuivre, $C^8H^4Cu^2O^{12} + 6$ aq. — Poudre cristalline d'un vert clair, qui se précipite par le mélange d'une solution de tartrate neutre de potasse avec une solution de sulfate ou de nitrate de cuivre. Le sel se dissout dans 1715 p. d'eau froide et dans 310 p. d'eau bouillante. Il se dissout à froid dans l'acide nitrique, mais il est insoluble dans l'acide tartrique.

Le *tartrate de cuivre et de potasse* s'obtient sous la forme de cristaux bleus, lorsqu'on fait bouillir l'oxyde ou le carbonate de cuivre avec du bitartrate de potasse. Le tartrate de cuivre se dissout dans la potasse caustique en donnant une liqueur bleue. Les sels de cuivre additionnés d'acide tartrique ne sont pas précipités par les alcalis.

Le *sous-tartrate de cuivre et de soude,* $C^8H^4NaCuO^{12},2CuO + 7$ aq.(?), s'obtient si l'on fait dissoudre, à l'ébullition, du tartrate de cuivre dans une solution de carbonate de soude ; la liqueur bleue dépose, par la concentration, de petites tables groupées en mamelons et fort solubles dans l'eau. Si l'on maintient trop longtemps l'ébullition de la liqueur, il se précipite du protoxyde de cuivre.

§ 591. *Tartrates de fer.* — α. *Sels ferreux.* Lorsqu'on ajoute de l'acide tartrique à une solution concentrée de sulfate ferreux, il se précipite, surtout à chaud, une poudre blanche et cristalline de tartrate ferreux.

Lorsqu'on mélange une solution de sulfate ferreux avec une solution de tartrate neutre de potasse, il se précipite une poudre d'un vert pâle ; celle-ci se dissout aisément dans les alcalis caustiques,

ques, en donnant une liqueur qui s'oxyde promptement à l'air.

La solution de l'acide tartrique dissout le fer avec dégagement d'hydrogène, en précipitant une poudre blanche de tartrate ferreux, peu soluble dans l'eau.

Lorsqu'on met en digestion, à l'abri de l'air, de la limaille de fer avec de l'eau et du bitartrate de potasse, on obtient des aiguilles d'un blanc verdâtre, d'une saveur astringente, et peu solubles dans l'eau. Ce sel n'est précipité ni par les alcalis caustiques, ni par les carbonates alcalins.

β. *Sels ferriques*. L'acide tartrique dissout le peroxyde de fer hydraté récemment précipité; si l'on fait bouillir, il se dégage de l'acide carbonique. La solution étant évaporée à une température inférieure à $50°$ donne une masse amorphe qui paraît être le tartrate ferrique. La solution de ce sel n'est pas précipitée par les alcalis.

Le *tartrate de fer et d'ammoniaque*, $C^8H^4(Fe^2O^3)(NH^4)O^{12} + 4$ à 5 aq., s'obtient en faisant dissoudre à chaud l'hydrate de peroxyde de fer récemment précipité dans une solution de bitartrate d'ammoniaque. La solution brun foncé donne, par l'évaporation au bain-marie, des paillettes d'un rouge grenat. Ce sel exige pour sa solution un peu plus de 1 p. d'eau; la solution ne s'altère pas par l'ébullition; elle est précipitée par l'alcool.

Le *tartrate de fer et de potasse*, $C^8H^4(Fe^2O^2)KO^{12}$ (à $100°$), constitue en grande partie les *boules de Nancy* ou *tartre martial soluble* des pharmacopées, qu'on emploie contre les contusions. Pour l'obtenir, on met en digestion de l'hydrate de peroxyde de fer récemment précipité avec une dissolution de bitartrate de potasse; on jette la masse sur un filtre et l'on concentre à une douce chaleur. Il se produit ainsi des paillettes brillantes d'une couleur brune presque noire, et qui paraissent d'un beau rouge quand on les place entre l'œil et lumière. Ce sel se décompose déjà à $150°$ en émettant de l'eau et de l'acide carbonique. Les acides en précipitent un sous-sel de fer qu'ils redissolvent quand on les emploie en excès. Il présente une composition semblable à celle de l'émétique[1].

Tartrates de manganèse. — Les sels manganeux, additionnés d'acide tartrique, ne sont pas précipités par les alcalis. Lorsqu'on mélange à chaud du chlorure de manganèse avec du tartrate neutre de potasse, il se dépose d'abord du bitartrate de potasse, puis de

---

[1] Soubeiran et Capitaine, *Journ. de Pharm.*, XXV, 738.

petits cristaux incolores d'un tartrate de manganèse, que l'eau bouillante décompose en un sel acide soluble et en un sous-sel insoluble.

Lorsqu'on fait dissoudre le carbonate de manganèse dans le bitartrate de potasse, on obtient un sel fort soluble, difficile à obtenir cristallisé.

§ 592. *Tartrates de bore* [1]. — Les tartrates de bore paraissent avoir une composition analogue à celle des émétiques, le groupe (B^2O^2) y fonctionnant comme hydrogène ou métal.

Lorsqu'on broie ensemble de l'acide tartrique et de l'acide borique, on obtient un mélange qui paraît contenir une combinaison définie; car il tombe en déliquescence à l'air humide, tandis qu'aucun des deux acides employés pour le produire ne présente cette propriété. L'acide borique se dissout aussi mieux dans l'eau contenant de l'acide tartrique que dans l'eau pure; toutefois tout l'acide borique se dépose de nouveau par l'évaporation de la solution.

Le *tartrate de bore et de potasse*, dit aussi *borotartrate de potasse*, $C^8H^4(B^2O^2)KO^{12}$ (à 100°), est connu sous le nom de *crème de tartre soluble*. On obtient ce sel en évaporant à siccité 1 p. d'acide borique, 2 p. de crème de tartre et 24 p. d'eau, et en reprenant la masse par l'alcool, qui s'empare de l'acide borique excédant.

C'est une masse blanche, non cristalline, fort soluble dans l'eau et insoluble dans l'alcool. Les acides minéraux ne précipitent de sa solution ni de l'acide borique, ni du bitartrate de potasse. A 280°, le tartrate de bore et de potasse perd 2 at. d'eau, et présente alors une composition, $C^8H^2(B^2O^2)KO^{10}$, correspondant à celle de l'acide tartrique anhydre; il se comporte, sous ce rapport, comme l'émétique.

En maintenant en ébullition, pendant quelques heures, 1 p. d'acide borique et 12 p. de crème de tartre avec beaucoup d'eau, enlevant le dépôt de crème de tartre après avoir laissé refroidir la liqueur, évaporant à siccité, reprenant le résidu par un peu d'eau froide, enlevant, s'il y a lieu, le nouveau dépôt de crème de tartre, répétant ces opérations jusqu'à ce que l'eau froide ne sépare plus ce dernier sel, et traitant enfin par l'alcool bouillant, on

[1] MEYRAC, *Journ. de Pharm.*, III, 8.—SOUBEIRAN, *ibid.*, 399; XI, 560; XXV, 241.—SOUBEIRAN et CAPITAINE, *ibid.*, XXV, 741.—DUFLOS, *Journ. de Schweigg.*, LXIV, 333.—VOGEL, *Journ. de Pharm.*, III, 1.—ROBIQUET, *ibid.*, [3] XXI, 197.—WACKENRODER, *Arch. f. Pharm.*, [2] LVIII, 4. — WITTSTEIN, *Repert. f. Pharm.*, [3] VI, 1 et 177.

Sur les caractères optiques du tartrate de bore : BIOT, *Ann. de Chim. et de Phys.*, [3] XI, 82.

obtient un sel qui contient 11,4 p. c. d'acide borique (B^2O^3), et paraît être une combinaison de tartrate de bore et de potasse avec la crème de tartre 2 $C^8H^4(B^2O^2)KO^{12}$, $C^8H^5KO^{12}$.

La crème de tartre soluble s'emploie en médecine comme purgatif; elle a sur la crème de tartre ordinaire l'avantage de donner des solutions complètes, même avec de petites quantités d'eau et à la température ordinaire. On l'emploie aussi à l'extérieur en lotions sur des ulcères saignants, fongueux ou atoniques.

Le *tartrate de bore et de soude* paraît s'obtenir comme le sel précédent. Le bitartrate de soude donne avec le borax, ainsi qu'avec le borate d'ammoniaque, un sel gommeux et déliquescent.

Lorsqu'on fait dissoudre ensemble 1 p. de borax et 3 p. de crème de tartre, et qu'on évapore à siccité, on obtient un sel gommeux et déliquescent, contenant, suivant MM. Duflos et Vogel, 3,6 p. de borax, et qui peut se représenter par 2 $C^8H^4(B^2O^2)KO^{12}$, $C^8H^4(B^2O^2)NaO^{12}$ + 12 aq.

Le *tartrate de bore et de chaux* s'obtient, suivant M. Wittstein, en combinaison avec du tartrate de chaux, lorsqu'on précipite par le chlorure de calcium une solution de crème de tartre soluble, neutralisée par l'ammoniaque.

§ 593. *Tartrates de chrome*[1]. — L'hydrate de chrome se dissout dans l'acide tartrique en donnant une solution vert foncé par réflexion, et violacée par transmission. Cette solution n'est pas précipitée par les alcalis, et se dessèche en une masse saline violette, qui paraît être un tartrate neutre de chrome.

Un *tartrate de chrome et de potasse*, d'une nature particulière, se produit lorsqu'on mélange de l'acide tartrique avec du bichromate de potasse; mais la réaction est compliquée. M. Berlin ajoute, par petites portions, de l'acide tartrique en poudre à une solution aqueuse et chaude de bichromate de potasse, et ne continue ces additions que tant qu'il se dégage de l'acide carbonique, parce qu'un excès d'acide tartrique précipiterait de la crème de tartre. La solution vert foncé donne, par l'évaporation, une masse vitreuse fort soluble dans l'eau, et que l'alcool précipite : ce produit (*chromotartrate de potasse*) contient, suivant M. Malaguti, $C^8H^4(Cr^2O^2)KO^{12}$ + 7 aq. Lorsqu'on jette ce sel sur des charbons ardents, il ne répand pas l'odeur de caramel comme les au-

[1] BERLIN, *Traité de chim. de Berzélius*. — MALAGUTI, *Comptes rend. de l'Acad.*, XVI, 457. — LOEVEL, *ibid.*, XVI, 862.

tres tartrates[1]. La solution, étant mélangée avec une solution concentrée de tartrate de potasse neutre, dépose des grains cristallins d'un vert foncé (contenant 1 at. de potasse pour 3 at. d'oxyde de chrome, Berlin).

Lorsqu'on mélange le tartrate de chrome et de potasse avec l'acétate de plomb, il se produit un précipité vert bleuâtre, lequel, décomposé par l'hydrogène sulfuré, donne un tartrate de chrome (*acide chromotartrique*) dont la composition paraît correspondre à celle du sel précédent, et se représente probablement par $C^8H^5(Cr^2O^2)O^{12}$.

M. Berlin n'a pas pu obtenir de tartrate de chrome et de potasse en traitant l'hydrate de chrome par une solution aqueuse de tartre.

§ 594. *Tartrates d'urane.* — α. *Sous-sel uraneux*, $C^8H^4U^2O^{12}$,UO + aq., (à 100°). L'acide tartrique donne, avec le chlorure uraneux, un abondant précipité vert grisâtre. Le sel séché à l'air perd 11,76 p. c. d'eau à 100°. Il est fort soluble dans l'acide chlorhydrique, et en est précipité par l'ammoniaque; si l'on ajoute de l'acide tartrique à la solution chlorhydrique, l'ammoniaque ne fait que colorer la liqueur en jaune brun, sans la précipiter. Le précipité est un peu soluble dans l'acide tartrique; la solution est incristallisable et n'est pas précipitée par les alcalis. Il se dissout également dans le bitartrate de potasse; la solution brun foncé donne, par l'évaporation spontanée, une masse amorphe.

β. *Sel uranique* ou d'uranyle, $C^8H^4(U^2O^2)^2O^{12}$ + 2 aq. et 8 aq. La solution jaune de l'oxyde d'urane dans l'acide tartrique donne, par la concentration, des cristaux à 2 at. d'eau; et, par l'évaporation spontanée dans le vide, des cristaux à 8 at. d'eau. Ces derniers perdent, à 150°, 6 atomes d'eau; le sel n'éprouve pas de perte ultérieure[2] par la dessication à 200°.

Les sels uraniques précipitent par les alcalis, lors même qu'ils ont été mélangés avec de l'acide tartrique. (H. Rose.)

Tartrate de bismuth, $C^8H^4bi^2O^{12}$ + 4 aq. = 3 $C^8H^4O^{10}$, 2 BiO^3 + 12 aq. — Lorsqu'on ajoute une solution chaude et concentrée de 4 p. d'acide tartrique à une solution chaude et moyennement concentrée de 5 p. d'oxyde de bismuth dans l'acide nitrique, le mélange reste d'abord limpide, mais il dépose par le repos une grande quantité de petits cristaux[3] de tartrate de bismuth qui se rassem-

---

[1] Il paraîtrait, d'après cette composition, que le chrome peut, comme l'urane et l'antimoine, donner des sels dans lesquels un groupe (Cr^2O^2, *chromyle*) remplace H.

[2] PÉLICOT, *Ann. de Chim. et de Phys.*, [3] XII, 463.

[3] SCHNEIDER, *Ann. de Poggend.*, LXXXVIII, 54.

blent au fond en une croûte blanche et ferme. On lave les cristaux avec une solution froide et diluée d'acide tartrique. L'eau pure décompose le sel.

Le tartrate de bismuth paraît aussi se précipiter par l'addition de l'acide tartrique à la solution du chlorure ou du sulfate de bismuth.

Si l'on délaye le tartrate de bismuth dans 6 à 8 fois son poids d'eau bouillante, et qu'on y ajoute avec précaution de petites quantités de potasse caustique, il se produit d'abord un trouble blanc qui disparaît entièrement par l'addition d'une plus grande quantité de potasse.

Lorsqu'on fait bouillir une solution de crème de tartre avec un excès d'oxyde de bismuth, la liqueur filtrée dépose, par la concentration, une poudre cristalline entièrement blanche, contenant[1], à 100°, $C^8H^2K(BiO^2)O^{10}$. Elle présente par conséquent la composition de l'émétique desséché à 200°.

§ 595. *Tartrates d'antimoine.* — Dans les tartrates d'antimoine, le groupe SbO^2 représente un équivalent d'hydrogène ou de métal. Ces sels sont remarquables en ce qu'ils peuvent, comme l'acide tartrique, perdre par la chaleur 2 atomes d'eau, de manière à présenter alors une composition correspondant à celle de l'acide tartrique anhydre[2]. Ainsi, on a :

Acide tartrique. . . .	$C^8H^6O^{12}$.	Acide tartriq. anhydre. .	$C^8H^4O^{10}$.
Tart. d'ant. neutre. .	$C^8H^4(SbO^2)^2O^{12}$.	Tart. d'ant. neut. à 190°.	$C^8H^2(SbO^2)^2O^{10}$.
Tart. acide.	$C^8H^5(SbO^2)O^{12}$.	Tart. acide à 160°. . . .	$C^8H^3(SbO^2)O^{10}$.
Émétique. .	$C^8H^4K(SbO^2)O^{12}$.	Émétique à 200°. . .	$C^8H^2K(SbO^2)O^{10}$.
Émétique d'argent.	$C^8H^4Ag(SbO^2)O^{12}$.	Émét. d'arg. à 160°. . . .	$C^8H^2Ag(SbO^2)O^{10}$.

α. *Sel neutre,* $C^8H^4(SbO^2)^2O^{12} + 2$ aq. C'est, selon Berzélius, le précipité blanc et grenu qui se forme lorsqu'on précipite par l'alcool une dissolution d'oxyde d'antimoine dans l'acide tartrique aqueux. Ce sel, qui est insoluble dans l'eau, perd, à 100°, ses deux

---

[1] SCHWARZENBERG, *Ann. der Chem. u. Pharm.*, LXI, 244.

[2] LIEBIG, *Ann. der Chem. u. Pharm.*, XXVI, 132. — BERZÉLIUS, *Journ. f. prakt. Chem.*, XIV, 235. *Ann. de Poggend.*, XLII, 315. — DUMAS et PIRIA, *Ann. de Chim. et de Phys.*, [3] V, 353.

atomes d'eau de cristallisation ; mais, à 190°, il éprouve une nouvelle perte de 2 HO, de manière qu'il reste $C^8H^2(SbO^2)^2O^{10}$, formule
qui correspond à celle de l'acide tartrique anhydre.

β. *Sel acide*, $C^8H^5(SbO^2)O^{12}$ (?). Il paraît s'obtenir par l'addition
de l'alcool[1] à la dissolution concentrée du sel suracide. Séché à
160°, le précipité contient $C^8H^3(SbO^2)O^{10}$, et correspond aussi à
l'acide tartrique anhydre.

γ. *Sel suracide*, $C^8H^5(SbO^2)O^{12}$, $C^8H^6O^{12}$ + 5 aq. — En abandonnant à un long repos une dissolution sirupeuse de tartrate d'antimoine obtenue en faisant dissoudre de l'oxyde dans l'acide tartrique, M. Péligot[2] a obtenu un tartrate d'antimoine en cristaux
volumineux, dérivant d'un prisme rectangulaire droit. Ce sel est
très-soluble dans l'eau, et tombe en déliquescence à l'air humide.
A 160°, il perd 23,1 p. c. d'eau.

δ. *Sels doubles*. On connaît plusieurs tartrates doubles à base
d'antimoine et d'autres métaux.

Le *tartrate d'antimoine et d'ammoniaque*, ou émétique d'ammoniaque, $C^8H^4(SbO^2)(NH^4)O^{12}$ + aq., s'obtient en faisant bouillir
une dissolution aqueuse de bitartrate d'ammoniaque avec de l'oxyde
d'antimoine. On concentre la solution filtrée et on l'abandonne à
l'évaporation spontanée. Les cristaux, d'une assez grande dimension, qui se déposent les premiers, se présentent sous la forme
d'octaèdres rhomboïdaux. Combinaison ordinaire, P. 2 P. oP. ∞ P.
Inclinaison des faces, P : P = 101° 8′ ; P : 2P = 165° 27′ ; P : oP
= 121° 39′ ; 2 P : oP = 107° 7′ ; ∞ P : oP = 90°. Rapport des
axes, petite diagonale a : grande diagonale b : axe vertical : :
0,8923 : 1 : 1,0801. Clivage parallèle à oP. Les cristaux sont souvent hémièdres, la moitié des faces P étant plus développées que
les autres, et faisant même disparaître celles-ci entièrement. Ils
sont isomorphes avec l'émétique ordinaire, mais il sont plus solubles dans l'eau que ce dernier ; ils s'effleurissent à l'air, et perdent de
l'ammoniaque quand on les chauffe à quelques degrés au-dessus
de zéro.

Lorsqu'une solution d'émétique d'ammoniaque a donné, par
refroidissement, des cristaux isomorphes avec l'émétique de potasse, et qu'on enlève ce premier dépôt, les eaux-mères donnent,
en très-peu de temps, de beaux cristaux prismatiques, beaucoup

---

[1] Soubeiran et Capitaine, *Journ. de Pharm.*, XXV, 742.
[2] Péligot, *Ann. de Chim. et de Phys.*, [3] XX, 289.

plus efflorescents que le sel précédent. Ce nouveau sel cristallise en prismes droits rhomboïdaux ($\infty P : \infty P = 127°$); les cristaux sont hémièdres, deux arêtes seulement à chaque base du prisme ∞P, étant modifiées par les facettes $\frac{P}{2}$ de manière à donner un biseau de 85° 3o' qui, à l'autre base, est placé en sens inverse. (Pasteur.) Chauffés à 1oo°, les cristaux perdent 15,3 p. c. = 5 atomes d'eau[1].

Le *tartrate d'antimoine et de potasse* renferme $C^8H^4(SbO^2)KO^{12}$ + aq. C'est le *tartre stibié* ou *émétique*, déjà connu des anciens chimistes; on en attribue généralement la découverte à Adrien de Mynsicht (vers 1631), mais il en est déjà fait mention par Basile Valentin, dès la fin du 15ᵉ siècle.

On prépare ce composé en faisant bouillir pendant une demi-heure un mélange de 3 p. d'oxyde d'antimoine et de 4 p. de crème de tartre délayés dans l'eau, en ayant soin de renouveler l'eau à mesure qu'elle s'évapore; on filtre le mélange pendant qu'il est encore chaud; l'émétique se dépose alors en cristaux. On peut, dans cette préparation, remplacer l'oxyde d'antimoine par l'oxychlorure (poudre d'Algaroth), ou l'oxysulfure (verre d'antimoine).

L'émétique de potasse cristallise sous la même forme que l'émétique d'ammoniaque, avec lequel il est parfaitement isomorphe. Son pouvoir rotatoire est $[\alpha]_j = + 156°,2$.

Il renferme 1 at. d'eau de cristallisation, qu'il perd par la dessiccation à 1oo°; cette déshydratation s'effectue déjà en partie par l'exposition du sel à l'air, en même temps que les cristaux deviennent opaques. Lorsqu'on le chauffe à 2oo°, il perd encore un atome d'eau, et présente alors une composition, $C^8H^2(SbO^2)KO^{10}$, qui correspond à celle de l'acide tartrique anhydre. Il exige pour sa solution 14,5 p. d'eau froide et 1,9 p. d'eau bouillante. La solution aqueuse donne par l'alcool un précipité cristallin; elle rougit le tournesol, et possède une saveur métallique et nauséabonde.

L'ammoniaque trouble à peine la solution diluée de l'émétique; elle produit dans la solution concentrée, surtout à chaud, un précipité blanc et floconneux d'oxyde d'antimoine, insoluble dans un excès d'ammoniaque. La potasse caustique précipite en blanc la solution concentrée; le précipité est soluble dans un excès de potasse. Les carbonates alcalins ne la précipitent peu à peu que d'une manière incomplète. Tous ces précipités sont solubles dans l'acide tartrique.

[1] BERLIN, *Ann. der Chem. u. Pharm.*, LXIV, 358.

Les acides chlorhydrique, sulfurique et nitrique produisent, dans la solution de l'émétique, des précipités blancs de sous-sels d'antimoine, solubles dans un excès de ces acides, ainsi que dans l'acide tartrique.

Le sublimé corrosif y produit un précipité de calomel.

L'hydrogène sulfuré donne un précipité orangé de sulfure d'antimoine.

Une infusion de noix de galles précipite l'émétique en flocons blancs ; elle trouble même une solution étendue de ce sel.

Les sels de chaux, de baryte, de strontiane, de plomb, d'argent produisent, dans la solution de l'émétique, des précipités blancs, composés de tartrates doubles à base d'antimoine et de chaux, baryte, strontiane, etc.

Lorsqu'on chauffe l'émétique au rouge blanc, il donne un alliage de potassium et d'antimoine, mêlé de charbon, qui décompose l'eau avec dégagement d'hydrogène. Ce mélange, extrêmement pyrophorique, est dangereux à manier, car il donne lieu, par le contact de quelques gouttes d'eau, à une détonation semblable à celle d'une forte arme à feu.

L'émétique exerce sur l'économie animale une action extrêmement énergique. Les médecins le prescrivent à la dose de 5 à 10 centigrammes pour provoquer le vomissement ; pris à la dose de quelques décigrammes, il détermine des accidents très-violents et peut même donner la mort. On l'emploie aussi en potions ou en tisanes, dans le traitement de la colique des peintres, et à l'extérieur, sous forme de bains, de pommades ou d'emplâtres, dans le traitement des dartres, du prurit, de la coqueluche, des catarrhes chroniques, etc.

On trouve ordinairement dans les eaux-mères de la préparation de l'émétique un autre sel gommeux qu'on obtient aussi en dissolvant dans l'eau bouillante un mélange de 9 p. d'émétique ordinaire et 4 p. d'acide tartrique, et en évaporant à une douce chaleur. D'abord la solution dépose des cristaux d'émétique ; mais, par le repos, quand elle est sirupeuse, elle finit par donner des cristaux confus qui renferment, suivant M. Knapp [1], $C^8H^4(SbO^2)KO^{12}$, $C^8H^6O^{12} + 5$ aq. C'est donc une *combinaison d'émétique et d'acide tartrique*. Elle se présente en prismes rhomboïdaux obliques, qui s'effleurissent à l'air, et perdent, à 100°, 9,22 p. c. d'eau. L'alcool

____

[1] KNAPP, *Ann. der Chem. u. Pharm.*, XXXII, 76.

produit dans sa solution aqueuse un précipité d'émétique, en même temps que de l'acide tartrique reste en dissolution.

M. Knapp a obtenu, en faisant bouillir 10 p. d'émétique avec 16 p. de crème de tartre en solution concentrée, un autre sel sous forme de paillettes nacrées, peu solubles dans l'eau, et contenant $C^8H^4(SbO^2)KO^{12}$, $3\,C^8H^5KO^{12}$. C'est une *combinaison d'émétique et de crème de tartre*. Lorsqu'on ajoute goutte à goutte du carbonate de potasse à la solution de ce sel, tant qu'il y a effervescence, et qu'on évapore, on obtient des aiguilles groupées en mamelons, comme la wawellite, et fort solubles dans l'eau; c'est peut-être une combinaison d'émétique et de tartrate neutre de potasse. L'acide tartrique en précipite des paillettes du sel précédent.

L'*acide antimonique* se dissout aussi dans la crème de tartre; la liqueur n'est pas précipitée par l'acide chlorhydrique, et se dessèche, par l'évaporation, en une masse gommeuse[1]. Celle-ci renferme probablement, $C^8H^4K(SbO^4)O^{12}+x\,aq.$, comme la combinaison correspondante de l'acide arsénique.

Le *tartrate d'antimoine et de soude*, ou émétique de soude, $C^8H^4(SbO^2)NaO^{12}+aq.$, se prépare comme l'émétique ordinaire. Il attire l'humidité de l'air. Les cristaux appartiennent au système rhombique. (Combinaison ordinaire, $\infty\,P.\;\infty\,\check P\infty.\infty\,\check P\infty.\,oP.$ $P\infty.\;{}^1/_2\,\check P\infty$. Rapport des axes, $a:b:c::1,08:1:0,9217$. Inclinaison des faces, $\infty\,P:\infty\,P=85°\,20'$; $\infty\,P:\infty\,\check P\infty=137°\,20'$.)

Le *tartrate d'antimoine et de lithine* s'obtient sous la forme d'une gelée transparente, dans laquelle il se forme, au bout de quelques instants, de petits prismes.

Le *tartrate d'antimoine et de baryte*, $C^8H^4(SbO^2)BaO^{12}+2\,aq.$, s'obtient sous forme de paillettes en précipitant l'émétique ordinaire par un sel de baryte; desséché à 250°, il renferme $C^8H^2(SbO^2)BaO^{10}$.

Le *tartrate d'antimoine et de strontiane*[2], $C^8H^4(SbO^2)SrO^{12}$, est un précipité cristallin, presque insoluble dans l'eau bouillante, et s'obtient par le mélange de solutions saturées d'émétique et de nitrate de strontiane. La solution de ce dernier sel dissout une

[1] GEICER et REIMANN, *Magaz. f. Pharm.*, XVII, 128. — MITSCHERLICH, *Ann. de Chim. et de Phys.*, LXXIII, 396.

[2] KESSLER, *Ann. de Poggend.*, LXXV, 410.

plus grande quantité du précipité que l'eau pure, et le dépose par l'ébullition sous la forme de petits prismes anhydres.

Lorsqu'on met en digestion, à 30 ou 35°, 1 p. de nitrate de strontiane avec 2 p. d'eau et un excès de tartrate d'antimoine et de strontiane, réduit en poudre fine, la solution filtrée dépose, par l'évaporation spontanée, de gros cristaux fort solubles dans l'eau froide, et contenant $C^8H^4(SbO^2)SrO^{12}$, NO^6Sr + aq. La solution de ce sel dépose, par l'ébullition, du tartrate d'antimoine et de strontiane.

Le *tartrate d'antimoine et de chaux* s'obtient en précipitant la solution d'un sel de chaux par l'émétique.

Le *tartrate d'antimoine et d'uranyle*[1], $C^8H^4(SbO^2)(UO^2)O^{12}$ + 8 aq., s'obtient sous la forme d'aiguilles soyeuses, de couleur jaune, en mélangeant des solutions aqueuses d'émétique et de nitrate d'uranyle, et en faisant redissoudre le précipité gélatineux dans l'eau bouillante. Le sel desséché à 200° présente la composition, $C^8H^2(SbO^2)(UO^2)O^{10}$.

Le *tartrate d'antimoine et de plomb*, $C^8H^4(SbO^2)PbO^{12}$, est le précipité blanc qui se produit avec l'acétate de plomb et une solution d'émétique. A 230°, le précipité contient $C^8H^2(SbO^2)PbO^{10}$.

Le *tartrate d'antimoine et d'argent*, $C^8H^4(SbO^2)AgO^{12}$, est le précipité blanc qu'on obtient avec le nitrate d'argent et l'émétique. Il perd 4,4 p. c. d'eau à 160°, et se compose alors de $C^8H^2(SbO^2)AgO^{10}$.

§ 596. *Tartrates d'arsenic*[2]. — L'acide arsénieux et l'acide arsénique peuvent se dissoudre dans les bitartrates à base d'alcali, et produire des sels doubles, analogues aux émétiques. Ceux qu'on obtient avec l'acide arsénieux contiennent le groupe (AsO^2), semblable au groupe (SbO^2) des émétiques à base d'antimoine. Les sels produits par l'acide arsénique renferment le groupe (AsO^4).

α. *Tartrates arsénieux.* Le *tartrate d'arsenic et d'ammoniaque*, $C^8H^4(AsO^2)(NH^4)O^{12}$ + aq., se prépare en faisant bouillir longtemps de l'acide arsénieux avec une solution de bitartrate d'ammoniaque; la liqueur filtrée dépose d'abord des croûtes de bitartrate d'ammoniaque, avec un peu d'acide arsénieux, puis, la

[1] PÉLIGOT, *Ann. de Chim. et de Phys.*, [3] XII, 466.

[2] MITSCHERLICH, *Traité de Chimie.* — PELOUZE, *Ann. de Chim. et de Phys.*, [3] VI, 63. — WERTHER, *loc. cit.*

liqueur étant fort concentrée, de gros cristaux du sel double. Ceux-ci s'effleurissent promptement.

Le *tartrate d'arsenic et de potasse*, et le *tartrate d'arsenic et de soude*, s'obtiennent de la même manière, mais cristallisent moins bien.

β. *Tartrate arsénique*. Voici comment M. Pelouze obtient le *tartrate d'arsenic et de potasse*, $C^8H^4(AsO^4)KO^{12} + 5$ aq., correspondant à l'acide arsénique. On dissout 1 p. d'acide arsénique dans 5 ou 6 p. d'eau et l'on y ajoute un peu moins de 1 at. de bitartrate de potasse, puis on porte le mélange à l'ébullition; il se précipite alors une poudre cristalline qui présente la composition indiquée. Il vaut encore mieux ajouter de l'alcool qui précipite le sel, laver ce dernier avec de l'alcool et le faire sécher à l'air. Le sel est très-soluble dans l'eau, qui ne tarde pas à le décomposer en mettant du bitartrate de potasse en liberté. Il perd son eau de cristallisation à 100°; il ne dégage plus d'eau à une température supérieure, sans s'altérer complétement.

§ 597. *Tartrate d'étain*, $C^8H^4Sn^2O^{12}$. — Ce sel[1] se prépare facilement en versant dans une dissolution bouillante d'acide tartrique une dissolution concentrée de protoxyde d'étain dans l'acide acétique. L'addition de l'acétate d'étain détermine immédiatement la formation d'un nuage léger, qui ne tarde pas à disparaître; on continue à verser la solution d'acétate, jusqu'à ce que la liqueur commence à cristalliser. Bientôt on voit se former, au sein de la liqueur bouillante et acide, des cristaux dont la quantité croît rapidement.

Ce sel est blanc; les cristaux examinés au microscope paraissent être des prismes à base rectangulaire; il est soluble dans l'eau froide, plus soluble dans l'eau bouillante et indécomposable par l'eau, même à la température de l'ébullition; il est plus soluble encore dans l'eau acidulée par l'acide tartrique, et sa dissolution n'est pas précipitée par l'ammoniaque.

Sous l'influence de la chaleur, le tartrate d'étain se décompose en dégageant l'odeur de caramel, caractéristique pour les tartrates, et en laissant un résidu d'acide stannique.

En traitant le bitartrate de potasse et le bitartrate d'ammoniaque par le protoxyde d'étain, on obtient des sels qui cristallisent parfaitement, et paraissent fort stables en présence de l'eau.

---

[1] BOUQUET, *Recueil des trav. de la Soc. d'émulat. pour les sciences pharmac.*, janvier 1847, p. 8.

Tartrate de plomb, $C^8H^4Pb^2O^{12}$. — Précipité blanc et cristallin qu'on obtient en précipitant le nitrate ou l'acétate de plomb par l'acide tartrique. Si l'on mélange l'acétate de plomb avec le tartrate de potasse, le précipité retient un peu d'acétate.

Le tartrate de plomb est fort soluble dans l'acide nitrique et dans l'acide tartrique; la solution dans l'acide nitrique ne dépose par l'évaporation que du tartrate de plomb neutre.

Ce sel, bouilli avec de l'eau et du peroxyde de plomb ou de manganèse, se transforme en formiate de plomb.

Il se dissout aisément dans le tartrate d'ammoniaque; la solution concentrée se prend en une masse gélatineuse.

Tartrate d'argent [1], $C^8H^4Ag^2O^{12}$. — Lorsqu'on mélange à froid une solution étendue de nitrate d'argent, avec une solution étendue de sel de Seignette, aiguisée d'un peu d'acide nitrique, on obtient un précipité de tartrate d'argent, caillebotté et amorphe; si l'on mélange les solutions diluées bouillantes, elles brunissent et déposent des lamelles brunes d'argent métallique. Mais si l'on ajoute une solution chaude et moyennement cencentrée de sel de Seignette à une solution de nitrate d'argent diluée et chauffée à 80°, jusqu'à ce que le précipité commence à devenir persistant (une certaine quantité du sel d'argent doit rester non décomposée), on obtient par le refroidissement des paillettes blanches, douées d'un éclat métallique.

Ce sel est à peine soluble dans l'eau; il noircit à la lumière. Soumis à l'action de la chaleur, il dégage, sans se boursoufler, de l'acide carbonique et de l'acide pyrotartrique, en laissant un résidu spongieux et brillant d'argent métallique.

Lorsqu'on fait passer du chlore sur le sel sec, il se décompose promptement en donnant du chlorure d'argent, ainsi que des produits empyreumatiques. Si l'on dirige le chlore dans de l'eau tenant en suspension le tartrate d'argent, il se dégage de l'acide carbonique, et l'on obtient du chlorure d'argent, ainsi que de l'acide tartrique non altéré.

La solution du tartrate d'argent dans l'ammoniaque dépose, par l'ébullition, de l'argent métallique, tandis qu'il reste en dissolution un sel d'ammoniaque particulier. Celui-ci cristallise par le refroidissement; il est moins soluble dans l'eau que le tartrate d'am-

[1] Liebig et Redtenbacher, *Ann. der Chem. u. Pharm.*, XXXVIII, 132. — Erdmann, *Journ. f. prakt. Chem.*, XXV, 504.

moniaque, et sa solution aqueuse donne, avec les sels de chaux, un précipité non cristallin qui se dissout dans l'acide chlorhydrique plus difficilement que le tartrate de chaux, et dont la solution chlorhydrique est déjà précipitée par l'ammoniaque, alors que la liqueur rougit encore beaucoup le tournesol[1].

A froid, la potasse et la soude caustique décomposent le tartrate d'argent, en donnant de l'oxyde de ce métal; il paraît rester en dissolution un tartrate double d'argent et de potasse ou de soude.

Tartrates de mercure[2]. — α. *Sel mercureux*. Ce sel se précipite lorsqu'on mélange une solution de nitrate mercureux avec une solution de tartrate neutre de potasse, ou qu'on ajoute de l'acide tartrique à une solution de nitrate mercureux.

Il se présente sous la forme d'une poudre blanche et cristalline, ou sous celle d'aiguilles ou de paillettes brillantes. Il est insoluble dans l'eau, fort soluble dans l'acide nitrique; l'eau bouillante le décompose en le rendant gris.

Un *tartrate double de mercure et de potasse* paraît s'obtenir par l'ébullition de l'oxyde ou du tartrate mercureux avec le bitartrate de potasse; il constitue de petits prismes incolores, peu solubles dans l'eau, fort solubles dans l'acide nitrique.

β. *Sels mercuriques*. Le tartrate mercurique constitue un précipité blanc qu'on obtient en mélangeant l'acétate ou le nitrate mercurique avec l'acide tartrique ou avec le tartrate de soude neutre. Il est insoluble dans l'eau, mais fort soluble dans l'acide nitrique dilué.

Le *tartrate de mercure et d'ammoniaque* forme de petits prismes, solubles dans l'eau, qu'on obtient en faisant bouillir une solution de bitartrate d'ammoniaque avec l'oxyde mercurique.

Lorsqu'on délaye le tartrate de mercure dans l'ammoniaque, il paraît se produire un *tartrate de mercurammonium*[3] : c'est une poudre blanche insoluble dans l'eau. Ce composé paraît être le même que celui qu'on obtient en chauffant du bioxyde de mercure avec une solution de tartrate neutre d'ammoniaque; dans ces circonstances, le bioxyde se dissout avec dégagement d'ammoniaque, et, si

[1] WERTHER, *loc. cit.*

[2] HARFF, *Archiv d. Apothekervereins v. Brandes*, V, 269. — BURCKHARDT, *ibid.*, [2] XI, 257.

[3] HIRZEL, *Ahn. der Chem. u. Pharm.*, LXXXIV, 263.

l'on emploie un excès de bioxyde, il se sépare un composé blanc; la liqueur filtrée donne, par la concentration, des aiguilles, et, si l'on y ajoute de l'eau, il se produit un précipité blanc, contenant C^8H^4 $(NHHg^3)^2O^{12} + 6$ aq.

Le *tartrate de mercure et de potasse* forme de petits prismes, peu solubles dans l'eau, qu'on obtient en mettant le bitartrate de potasse en digestion avec de l'oxyde de mercure.

Lorsqu'on fait bouillir du bitartrate de potasse avec du chlorure de mercurammonium (chloramidure de mercure, ou *précipité blanc*), il se dégage beaucoup d'acide carbonique; la liqueur filtrée dépose, par l'évaporation, des sels peu solubles dans l'eau et contenant du mercure. Les eaux-mères donnent des aiguilles qui paraissent être une combinaison[1] de *bitartrate de potasse et de bichlorure de mercure*, $2\,C^8H^5KO^{12}, HgCl + 6\,aq$.

Tartrate de palladium. — Les tartrates alcalins précipitent le nitrate palladeux en jaune clair.

Dérivés métalliques de l'acide paratartrique. Paratartrates.

§ 598. L'acide paratartrique est bibasique, comme son isomère l'acide tartrique. La composition des paratartrates se représente donc par les mêmes formules que la composition des tartrates :

Paratartrates neutres. . . . . . $C^8H^4M^2O^{12} = C^8H^4O^{10}, 2\,MO$.

Paratartr. acides, ou biparatartr. $C^8H^5MO^{12} = C^8H^4O^{10}, \left.\begin{array}{l} MO \\ HO \end{array}\right\}$.

Les paratartrates ressemblent au plus haut degré aux tartrates, toutefois les paratartrates cristallisés ne sont pas hémièdres, et leur solution n'exerce aucune action sur le plan de polarisation des rayons lumineux.

La faible solubilité du paratartrate de chaux permet aussi de distinguer les paratartrates des tartrates. En effet, le paratartrate de chaux est encore moins soluble dans l'eau que le sulfate à même base, tandis que le tartrate de chaux présente à peu près la même solubilité que ce sulfate; aussi la solution du sulfate de chaux n'est précipitée ni par l'acide tartrique ni par les tartrates, alors que l'acide paratartrique et les paratartrates produisent, au bout de quelque temps, dans cette solution, un précipité de paratartrate de chaux.

[1] KOSMANN, *Ann. de Chim. et de Phys.*, [3] XXVII, 245.

Lorsqu'on ajoute du chlorure de calcium à la solution d'un paratartrate, qu'on dissout le précipité dans l'acide chlorhydrique dilué, et qu'on verse un peu d'ammoniaque dans la solution chlorhydrique, il se précipite presque aussitôt du paratartrate de chaux, sous la forme d'une poudre blanche qui se dépose lentement. Si l'on fait la même réaction avec un tartrate, il ne se forme aucun précipité par l'addition de l'ammoniaque à la solution chlorhydrique, et ce n'est qu'au bout de quelques heures qu'on voit les parois du verre se tapisser de cristaux de tartrate de chaux.

L'analyse de la plupart des paratartrates a été faite par M. Frésénius[1].

§ 599. *Paratartrates d'ammoniaque.* — α. *Sel neutre*, $C^8H^4(NH^4)^2O^{12}$. On l'obtient en abandonnant à l'évaporation spontanée une solution d'acide paratartrique neutralisée par l'ammoniaque. Il cristallise en prismes du système rhombique[2]. Combinaison dominante, ∞ P. ∞ $\dot{P}$ 2. ∞ $\dot{P}$ ∞ . P. $\bar{P}\infty$. $^3/_2 \bar{P} \infty$. Inclinaison des faces, ∞ P : ∞ P $= 99^\circ$ 30′; ∞ P : ∞ $\dot{P}$ 2 $= 160^\circ$ 50′, $\bar{P} \infty$: $\bar{P} \infty$ $= 118^\circ$; $\bar{P} \infty$: $^3/_2 \bar{P} \infty = 169^\circ$. Rapport des axes, $a : b : c :: 0,5087 : 1 : 0,8466$. Les cristaux ternissent à l'air en perdant de l'ammoniaque; ils sont fort solubles dans l'eau, à peine solubles dans l'alcool.

β. *Sel acide*, $C^8H^5(NH^4)O^{12}$. Lorsqu'on neutralise par l'ammoniaque 1 p. d'acide paratartrique, et qu'on y ajoute 1 p. du même acide, le biparatartrate d'ammoniaque se précipite sous la forme d'une poudre cristalline. Ce sel se dissout dans 100 p. d'eau à 20°; il est bien plus soluble dans l'eau bouillante. Il rougit le tournesol, et ne se dissout pas dans l'alcool. Par un refroidissement lent de sa solution aqueuse, il cristallise en prismes monocliniques qui prennent souvent la forme de tables par la prédominance de la face terminale oP.

Paratartrates de potasse. — α. *Sel neutre*, $C^8H^4K^2O^{12}$ + 4 aq. Lorsqu'on sature l'acide paratartrique par le carbonate de potasse, on obtient, par l'évaporation lente, des tables hexagonales appartenant au système rhombique[3], (oP. ∞ $\dot{P}$ ∞. ∞ P. Inclinaison des faces, ∞ $\dot{P}$ ∞ : ∞ P $= 128^\circ$ 20′.) Les cristaux se dissolvent dans 0,97 p.

---

[1] FRÉSÉNIUS, *Ann. der Chem. u. Pharm.*, XLI, 1 ; LIII, 230.
[2] DE LA PROVOSTAYE, *loc. cit.*
[3] PASTEUR, *loc. cit.*

d'eau à 25°; ils sont presque insolubles dans l'alcool. Ils perdent à 100° toute leur eau de cristallisation. Si l'on ajoute à leur solution aqueuse un acide minéral ou de l'acide paratartrique, il se précipite du biparatartrate de potasse.

β. *Sel acide* ou biparatartrate de potasse, $C^8H^5KO^{12}$. On l'obtient comme le sel d'ammoniaque correspondant. Les cristaux exigent pour leur solution, 180 p. d'eau à 19°, 139 p. d'eau à 25° et 14,3 p. d'eau bouillante; ils sont insolubles dans l'alcool, mais ils se dissolvent aisément dans les acides minéraux.

Lorsqu'on abandonne dans le vide, sur de la chaux, le biparatartrate de potasse saturé par de l'ammoniaque, on n'obtient, suivant M. Frésénius, que des mélanges de tartrate de potasse et de tartrate d'ammoniaque. Selon M. Pasteur, le *paratartrate de potasse et d'ammoniaque* cristallise mal, et s'obtient, par l'évaporation lente, en cristaux aiguillés, striés longitudinalement. Ce sont des prismes rhombiques ($\infty \breve{P} \infty : \infty P = 130°\,45'$) sans modifications aux extrémités.

Paratartrates de soude. — α. *Sel neutre*, $C^8H^4Na^2O^{12}$. Il cristallise aisément en prismes du système rhombique, anhydres, solubles dans 2,63 p. d'eau à 25°, insolubles dans l'alcool.

β. *Sel acide*, $C^8H^5NaO^{12} + 2$ aq. On l'obtient en dissolvant dans un peu d'eau, atomes égaux de sel neutre et d'acide paratartrique, et en précipitant la liqueur par l'alcool; si l'on fait cristalliser le précipité dans l'eau chaude, on obtient des prismes monocliniques, dont les pans sont striés. Ce sel présente une agréable saveur acide, et perd, à 100°, 9,41 p. c. = 2 atomes d'eau de cristallisation. Il exige, pour sa solution, 11,3 p. d'eau à 19°, et beaucoup moins d'eau bouillante; il est insoluble dans l'alcool.

Paratartrate de soude et d'ammoniaque. — Lorsqu'on fait cristalliser une solution aqueuse de biparatartrate de soude saturée par l'ammoniaque, on obtient un mélange de quantités égales de tartrate gauche et de tartrate droit à base de soude et d'ammoniaque [1]. Le paratartrate de soude et d'ammoniaque ne peut donc exister qu'en solution aqueuse.

Il en est de même du *paratartrate de soude et de potasse.*

§ 600. *Paratartrate de baryte*, $C^8H^4Ba^2O^{12} + 5$ aq. — L'acide paratartrique donne, avec l'eau de baryte, des flocons blancs, qui

____

[1] Voy. p. 10.

se dissolvent dans un excès d'acide ; mais la liqueur se trouble après quelques instants, et dépose la presque totalité du paratartrate de baryte, sous la forme d'un précipité cristallin. Le paratartrate de soude donne le même précipité avec le chlorure de baryum.

Le paratartrate de baryte est presque insoluble dans l'eau froide ; il ne se dissout que dans 200 p. d'eau bouillante ; il se dissout aisément dans l'acide chlorhydrique et dans l'acide nitrique. Il est insoluble dans l'acide acétique et dans la potasse caustique. Il perd, à 200°, toute son eau de cristallisation = 13,8 p. c. ou 5 atomes.

Paratartrate de strontiane, $C^8H^4Sr^2O^{12} + 8$ aq. — L'acide paratartrique précipite dans l'eau de strontiane des flocons blancs épais. Le paratartrate de potasse donne, avec le chlorure de strontium, un précipité cristallin, contenant 22,87 p. c. $= 8$ atomes d'eau de cristallisation qui se dégagent à 100°. Ce sel est presque insoluble dans l'eau froide, et très-peu soluble dans l'eau bouillante. Il se dissout aisément dans l'acide chlorhydrique, mais il ne se dissout pas dans l'acide acétique.

Paratartrate de chaux, $C^8H^4CaO^{12} + 8$ aq. — L'acide paratartrique produit, dans l'eau de chaux, des flocons blancs qui se redissolvent dans un excès d'acide paratartrique ; mais la solution se trouble promptement en déposant du paratartrate de chaux neutre à l'état cristallin. La solution de l'acide paratartrique précipite même, au bout de quelque temps, la solution aqueuse du sulfate de chaux.

Le paratartrate de chaux se présente sous la forme d'un précipité blanc amorphe, ou sous celle de fines aiguilles. Les cristaux perdent, à 200°, 27,75 p. c. $= 8$ atomes d'eau de cristallisation. Le sel est presque insoluble dans l'eau froide, mais il se dissout dans l'acide chlorhydrique, et en est précipité par l'ammoniaque. Il est insoluble dans l'acide acétique ; il ne se dissout pas non plus dans l'acide paratartrique, une fois qu'il est devenu cristallin.

§ 601. *Paratartrate de magnésie*, $C^8H^4Mg^2O^{12} + 10$ aq. — On l'obtient en dissolvant du carbonate de magnésie dans une solution bouillante d'acide paratartrique, et en laissant la liqueur refroidir lentement ; le sel cristallise en petits prismes droits rhomboïdaux. Par un refroidissement brusque ou une évaporation prolongée, il se précipite sous la forme d'une poudre blanche. Il s'effleurit à l'air sec, et perd, à 100°, 8 atomes ou 27,24 pour cent d'eau de cristallisation ; il ne perd les deux autres atomes d'eau qu'à 200°, mais sans se décomposer; il renferme, en tout, 34,25 pour cent d'eau. A 19°, 1 partie de sel exige 120 parties d'eau pour se dissoudre ; il se dissout dans une quantité moindre d'eau bouillante. Il est insoluble dans l'alcool. Il se dissout dans l'acide paratartrique, mais la liqueur ne dépose que du sel neutre et des cristaux d'acide libre.

Lorsqu'on sature les biparatartrates alcalins, à la température de l'ébullition, par du carbonate de magnésie, il ne se dépose, par le refroidissement, que du sel magnésien; mais, par l'évaporation prolongée de la liqueur, l'on obtient une masse sirupeuse qui se prend peu à peu, par le refroidissement, en un sel double amorphe, d'où l'eau, même bouillante, n'extrait qu'une très-petite quantité de paratartrate alcalin.

Paratartrate de zinc. — L'acide paratartrique dissout le zinc avec dégagement d'hydrogène, et la solution donne, par l'évaporation, des aiguilles incolores de paratartrate de zinc. L'acide paratartrique produit dans l'acétate de zinc un précipité gélatineux, à peine soluble dans l'eau, et difficile à dessécher.

Paratartrate de nickel, $C^8H^4Ni^2O^{12}$ + 10 aq. — Lorsqu'on évapore, avec de l'acide paratartrique, une solution aqueuse d'acétate de nickel, on obtient des aiguilles vertes, qui s'effleurissent lentement à l'air et très-rapidement à 100°. Ce sel est peu soluble dans l'eau, à moins qu'on n'y ajoute de l'acide paratartrique. Il se dissout dans la potasse avec une couleur verte ; il se dissout également à chaud dans le carbonate de soude, en donnant une liqueur qui se prend, par le refroidissement, en une masse gélatineuse. Il renferme 30,2 pour cent, ou 10 atomes d'eau.

Paratartrate de cobalt. — Le protoxyde de cobalt, récemment précipité, se dissout dans l'acide paratartrique; la liqueur donne, par l'évaporation, une croûte cristalline rouge pâle, qui ne se dissout que légèrement dans l'eau froide ainsi que dans l'eau bouillante, à moins qu'on n'y ajoute de l'acide paratartrique. La potasse caustique la dissout avec une belle couleur violette ; la solution ne s'altère pas par l'ébullition , et, si on l'étend d'eau, il se dépose un précipité bleu sale, tandis que la liqueur s'éclaircit.

Paratartrates de cuivre. — α. *Sel cuivreux.* On l'obtient en mettant l'acide paratartrique en digestion avec du protoxyde de cuivre dans un flacon bien bouché. Il est assez soluble dans l'eau, et se dépose, par le refroidissement, en prismes incolores, rhomboïdaux. Il s'oxyde à l'air, en se transformant en sous-paratartrate cuivrique.

β. *Sels cuivriques*. Lorsqu'on mélange à chaud des solutions concentrées d'acide paratartrique et de sulfate de cuivre, il s'y dépose, au bout de quelque temps, des tables d'un vert pâle. Une solution étendue d'acétate de cuivre donne, avec l'acide paratartrique, des aiguilles bleu pâle, contenant $C^6H^4Cu^2O^{12} + 4$ aq. Ce sel est peu soluble dans l'eau; il perd à 100° son eau de cristallisation (14,5 p. c.); il se dissout aisément dans l'acide chlorhydrique; la solution se colore en beau bleu par la potasse, mais elle n'en est pas décolorée, même à l'ébullition.

Les paratartrates alcalins donnent avec les sels de cuivre un précipité vert.

Le paratartrate de cuivre se comporte avec les alcalis comme le tartrate de cuivre.

Lorsqu'on ajoute de l'alcool à une solution saturée de paratartrate de cuivre dans la soude caustique, il se dépose, sur les parois du vase, des cristaux aciculaires d'un bleu foncé, tandis que le fond se tapisse de tables d'un bleu clair. Il est facile de distinguer les cristaux à leur forme et à leur couleur; malgré ces différences, ils ont la même composition, $C^6H^4Na^2O^{12}$, 2 CuO $+$ 8 aq.

Ce sel se dissout difficilement dans l'eau froide; il est plus soluble dans l'eau bouillante, et il supporte une ébullition prolongée sans déposer d'oxyde cuivreux. Mais quand on y ajoute de l'alcali en excès, il se forme, par une ébullition prolongée, de l'oxyde cuivreux, bien qu'à froid ce changement ne s'effectue pas même à la longue.

On obtient un autre sel, en octaèdres bleu foncé, en ajoutant de l'alcool à la solution, incomplétement saturée, du paratartrate de cuivre dans la soude caustique.

Le carbonate de soude se comporte avec le paratartrate de cuivre comme avec le tartrate; il y a réaction, mais sans qu'il se produise de sel cristallisé. L'alcool sépare de la solution un composé qui paraît être un sous-sel à base de soude et de cuivre.

Paratartrate de fer. — On obtient le paratartrate ferrique en dissolvant l'hydrate ferrique dans l'acide paratartrique, et en séparant, par le filtre, le sous-sel formé en même temps: la liqueur se réduit, par l'évaporation, en une masse brune amorphe, facile à réduire en poudre, très-soluble dans l'eau, et non précipitable par les alcalis.

Avec la potasse, le paratartrate ferrique donne un sel double qui, après l'évaporation, présente l'aspect d'une masse brun foncé, grenue et déliquescente. Il est soluble dans l'acide paratartrique.

Paratartrate de manganèse, $C^8H^4Mn^2O^{12} + 2$ aq. — En traitant l'acétate de manganèse par de l'acide paratartrique, et en évaporant la liqueur, on obtient le paratartrate de manganèse en petits cristaux d'un blanc jaunâtre, inaltérables à l'air, même à 100°. Ils sont peu solubles dans l'eau, très-solubles dans les acides, aussi bien que dans les alcalis, même dans l'acide acétique et dans l'ammoniaque. Les solutions alcalines ne sont pas précipitées par les acides; les solutions acides ne le sont pas non plus par les alcalis.

§ 602. *Paratartrates de bore.* — Lorsqu'on fait dissoudre ensemble 1 at. d'acide borique et 2 at. de biparatartrate de potasse, et qu'on évapore la liqueur au bain-marie, on obtient, suivant M. Frésénius, une masse blanche, acide, presque cristalline, friable, fort soluble dans l'eau, mais non déliquescente.

On obtient des produits semblables en faisant dissoudre ensemble du borax et du biparatartrate de potasse, ou du borax et du biparatartrate de soude. Ces produits attirent l'humidité de l'air.

Paratartrates de chrome. — Lorsqu'on traite l'hydrate de chrome par l'acide paratartrique, on obtient une solution violette acide qui, après l'évaporation, laisse une masse cristalline violette, soluble dans l'eau; l'alcool précipite de la solution un sous-sel violet, qui noircit par la dessiccation, et ne se dissout dans l'eau que par l'addition de l'acide paratartrique.

Avec la potasse, le paratartrate de chrome donne une liqueur qui, après l'évaporation, laisse une masse amorphe d'un violet foncé presque noir. La solution est complétement précipitée par l'eau de chaux.

§ 603. *Paratartrate d'antimoine.* — Le paratartrate d'antimoine ressemble au tartrate correspondant.

Le *paratartrate d'antimoine et de potasse*, $C^8H^4(SbO^2)KO^{12} + $ aq., s'obtient en saturant une solution bouillante de biparatartrate de potasse par l'oxyde d'antimoine. Le sel cristallise, par le refroidissement de la solution saturée, en prismes rhomboïdaux terminés par les facettes d'un octaèdre fort surbaissé[1]. (Combinaison observée, ∞ P. $^1/_3$ P. Inclinaison des faces, ∞ P : ∞ P $= 85°$ $20'$; ∞ P : $^1/_3$ P $= 118°2'$; $^1/_3$ P : $^1/_3$ P $= 140°0'$; *id.* par derrière $= 142°$ $55'$. Axes, $a : b : c :: 1,074 : 1 : 0,9217$.)

[1] DE LA PROVOTAYE, *loc. cit.*

Comme l'émétique, ce sel, séché à 100°, perd encore à 260° 5,5 p. c. d'eau.

Paratartrates d'arsenic [1]. — La préparation de ces sels est difficile, et ne réussit pas toujours. M. Werther les obtient en traitant une solution bouillante de paratartrate neutre à base d'alcali, d'abord avec un peu d'acide arsénieux, puis avec de l'acide paratartrique, et ainsi alternativement jusqu'à ce qu'il se soit formé une quantité suffisante de sel, tandis qu'il reste toujours un grand excès de biparatartrate dans la liqueur. Par l'évaporation, le sel double et l'excès de biparatartrate se déposent séparément.

Le *paratartrate d'arsenic et d'ammoniaque*, $C^8H^4(AsO^2)(NH^4)O^{12}+$ aq., s'obtient en petits cristaux efflorescents, solubles dans 10,62 p. d'eau à 15°. La solution du sel se décompose en grande partie, par l'évaporation, en acide arsénieux et en biparatartrate d'ammoniaque.

Le *paratartrate d'arsenic et de potasse*, $C^8H^4(AsO^2)KO^{12}+$ 3 aq., constitue des cristaux bien définis, d'un éclat nacré qui s'effleurissent à 100°, en perdant 4,23 pour cent d'eau. Le restant de l'eau ne s'en va qu'entre 155 et 170°. Le sel supporte une température de 250° sans s'altérer; à 255° il dégage de l'eau et des produits empyreumatiques. Le sel anhydre se dissout dans une très-petite quantité d'eau chaude, mais on ne saurait évaporer la solution jusqu'à cristallisation, sans qu'elle se décompose en partie, en déposant du biparatartrate de potasse, tandis que de l'acide arsénieux reste dans l'eau-mère. Le sel se dissout à 16° dans 7,96 parties d'eau.

Le *paratartrate d'arsenic et de soude*, $C^8H^4(AsO^2)NaO^{12}+$ 5 aq., s'obtient plus facilement que le précédent : il ne se dépose en même temps qu'une très-petite quantité de biparatartrate. Il renferme 14,9 pour cent d'eau, dont 10,65 pour cent, ou 4 atomes, s'en vont à 100°; le cinquième atome n'est expulsé qu'à 130°. Il forme de gros cristaux nacrés, non efflorescents, et solubles dans 14,6 p. d'eau à 19°.

§ 604. *Paratartrate d'étain.* — Sel fort soluble et cristallisable.

Paratartrate de plomb, $C^8H^4Pb^2O^{12}$ (à 100°). — On l'obtient cristallisé, en versant goutte à goutte une solution d'acide paratartrique dans une solution chaude d'acétate de plomb, jusqu'à ce que le précipité cesse de se redissoudre. Par le refroidissement, le sel cristallise en grains brillants et quelquefois en aiguilles déliées. Le sel se dissout à chaud dans l'acide paratartrique.

---

[1] WERTHER. *loc. cit.*

Paratartrate d'argent, $C^8H^4Ag^2O^{12}$. — Lorsqu'on ajoute une solution moyennement concentrée et chaude de biparatartrate d'ammoniaque à une solution de nitrate d'argent chauffée à 80 ou 85°, jusqu'à ce que le précipité commence à persister, on obtient, par le refroidissement, de belles paillettes brillantes de paratartrate d'argent, moins solubles dans l'eau que le tartrate d'argent.

Il se dissout dans l'ammoniaque caustique.

Paratartrate de mercure. — L'acide paratartrique produit dans le nitrate mercureux un précipité blanc, pesant, qui ne tarde pas à se colorer à la lumière. Ce précipité est insoluble dans l'eau et dans l'acide paratartrique, mais il se dissout aisément dans l'acide nitrique.

Dérivés métalliques de l'acide métatartrique. Métatartrates.

§ 605. Les métatartrates ont la même composition que les tartrates et les paratartrates.

La forme et la solubilité du bimétatartrate d'ammoniaque et du métatartrate de chaux distinguent ces sels des tartrates correspondants.

En solution aqueuse, les métatartrates se transforment promptement par l'ébullition en tartrates.

Les métatartrates connus ont été décrits et analysés par MM. Laurent et Gerhardt[1].

§ 606. *Métatartrate d'ammoniaque.* — Le *sel acide*, C^8H^5 $(NH^4)O^{12}$, ou bimétatartrate d'ammoniaque, s'obtient aisément en ajoutant de l'ammoniaque en quantité insuffisante à une solution concentrée d'acide tartrique simplement fondu : au bout de quelques instants, il se forme un dépôt cristallin qu'on lave d'abord avec de l'eau un peu alcoolisée, puis avec de l'alcool. On distingue aisément au microscope le bimétatartrate du bitartrate d'ammoniaque : le bimétatartrate se précipite toujours en petites aiguilles groupées ensemble, et qui prennent ordinairement l'aspect de fuseaux un peu renflés au milieu. Le bimétatartrate est d'ailleurs bien plus soluble que le bitartrate, et, pour peu que les liquides soient étendus, il ne se précipite pas.

La manière dont les deux sels se comportent avec le chlorure de calcium ne permet pas non plus de les confondre. Le biméta-

---

[1] LAURENT et GERHARDT, *loc. cit.*

tartrate ne précipite pas le sel calcique, tandis que le bitartrate le précipite ; si l'on sature d'ammoniaque le bimétatartrate, on n'obtient de précipité qu'avec des solutions concentrées, et ce précipité de métatartrate de chaux neutre et cristallin se distingue aussi par la forme du tartrate correspondant.

On peut faire recristalliser le bimétatartrate d'ammoniaque dans l'eau tiède, sans le modifier ; mais l'ébullition le convertit bientôt en bitartrate.

Métatartrate de potasse. — Le *sel acide*, $C^8H^5KO^{12}$, ou bimétatartrate de potasse, présente le même aspect, les mêmes réactions et la même composition que le sel d'ammoniaque.

Quand on neutralise l'acide métatartrique par de la potasse, et qu'on y verse de l'alcool, il se précipite une huile limpide qui cristallise lentement sous la forme de tartrate neutre de potasse, et dont la solution donne, avec les sels de chaux, un précipité de tartrate de chaux en octaèdres rectangulaires.

Métatartrate de baryte, $C^8H^4Ba^2O^{12} + 2\,aq.$ — Il s'obtient par double décomposition avec du métatartrate d'ammoniaque neutre, sous la forme de globules, comme collés les uns contre les autres. Comme le tartrate correspondant, ce sel renferme à 160° 2 at. d'eau de cristallisation.

Métatartrate de chaux. — Le *sel neutre*, $C^8H^4Ca^2O^{12} + 8\,aq.$, est plus soluble que le tartrate correspondant, et ne se précipite pas immédiatement dans une solution diluée, quand on mêle du métatartrate d'ammoniaque neutre avec un sel calcique ; il ne se précipite pas du tout par l'emploi du bimétatartrate. Le précipité, quelquefois floconneux au premier instant, devient grenu au bout de quelques secondes, et se présente alors au microscope sous une forme bien différente de celle du tartrate. Celui-ci s'obtient toujours en petits octaèdres rectangulaires, souvent allongés, tandis que le métatartrate forme tantôt des grains irréguliers et lenticulaires, tantôt de petits prismes dont les deux extrémités ne sont pas symétriques, l'une d'elles étant arrondie, tandis que l'autre est droite ou terminée par un angle obtus.

A 160°, le métatartrate de chaux ne renferme plus que 2 at. d'eau de cristallisation, et à 230° le sel est anhydre.

Une fois déposé à l'état cristallin, le métatartrate neutre de chaux ne se dissout que très-difficilement dans l'eau bouillante en se transformant en tartrate ; mais il se dissout aisément à froid, si l'on aiguise l'eau d'un peu d'acide nitrique ou chlorhydrique ; en neutralisant ensuite le liquide par l'ammoniaque, on le voit, au bout d'un certain temps, déposer de nouveau du métatartrate de chaux avec la forme qui le distingue du tartrate.

En dissolvant dans l'acide chlorhydrique, et en précipitant par l'ammoniaque le métatartrate séché à 220°, MM. Laurent et Gerhardt n'ont obtenu que des octaèdres de tartrate.

Dérivés métalliques de l'acide isotartrique. Isotartrates.

§ 607. Les isotartrates neutres présentent la composition des bitartrates et des biparatartrates :

$$Isotartrates\ neutres. \ldots \ldots C^8H^5MO^{12}.$$

On obtient à l'état de pureté les isotartrates à base d'alcali en traitant par les alcalis l'acide tartrique anhydre soluble. Ils sont insolubles dans l'alcool, qui les précipite de leurs solutions aqueuses sous forme de sirop. L'isotartrate de chaux est remarquable par sa grande solubilité.

Lorsqu'on fait bouillir la solution d'un isotartrate, elle devient acide, et donne du tartrate ou du métatartrate.

Les isotartrates ont été décrits et analysés par MM. Laurent et Gerhardt [1].

§ 608. *Isotartrate d'ammoniaque.* — C'est un sel déliquescent qu'on obtient par le même procédé que le sel de potasse. Quand on chauffe légèrement le sel sirupeux, il se concrète peu à peu, en se transformant en bimétatartrate cristallin, sans dégager d'ammoniaque : c'est que l'isotartrate neutre et le bimétatartrate d'ammoniaque sont isomères.

Isotartrate de potasse, $C^8H^5KO^{12}$. — Il se précipite sous la forme d'une huile, lorsqu'on ajoute à froid de l'acide tartrique anhydre soluble à une solution alcoolique de potasse maintenue en léger excès ; on n'a plus qu'à le rincer avec de l'alcool pour l'avoir pur. Il est incristallisable et déliquescent. Lorsqu'on expose le sel sirupeux à l'action d'une douce chaleur, il se transforme peu à peu et en partie en bimétatartrate.

Il est remarquable que ce sel, dont la composition correspond à celle d'un tartrate acide, se forme même en présence d'un excès de potasse.

[1] LAURENT et GERHARDT, *loc. cit.* — Voy. aussi les sources citées p. 8.

4.

Isotartrate de chaux, $C^8H^5CaO^{12}$ (à 150°). — MM. Laurent et Gerhardt préparent ce sel [1], à l'état de pureté, au moyen de l'acide tartrique anhydre soluble, qu'on obtient aisément en chauffant l'acide tartrique jusqu'au boursouflement. On dissout ce produit dans l'eau froide, et on le sature par de l'ammoniaque ; un léger excès de ce dernier est sans inconvénient. Cette saturation effectuée, on verse le liquide dans une solution concentrée d'acétate de chaux ; les liqueurs restent entièrement limpides. Ensuite on verse dans le mélange, goutte à goutte, de l'alcool, en agitant avec une baguette de manière à rassembler le précipité gluant, qui se rend ainsi au fond sous la forme d'une huile épaisse, transparente et à peine colorée. Il faut éviter de verser dans le mélange trop d'alcool à la fois, car l'isotartrate se précipiterait ainsi en flocons qui ne se rassembleraient plus, et qu'il faudrait soumettre au lavage sur un filtre, ce qui aurait pour effet de décomposer le sel en partie. Quand on a précipité une quantité suffisante d'isotartrate, on décante tout le liquide surnageant, et l'on verse de l'alcool sur le précipité en continuant de le pétrir avec la baguette ; au bout de quelques instants, il se solidifie alors brusquement et devient comme cristallin. Mais cette cristallisation n'est qu'apparente, et le produit ne présente au microscope aucune forme régulière. On l'écrase avec la baguette, en le rinçant deux ou trois fois avec de l'alcool, et on l'étend ensuite sur du papier buvard. Dans cet état, il est parfaitement propre à l'analyse, et n'a besoin que d'être desséché dans l'étuve. Il se dissout très-facilement dans l'eau froide, et donne une solution entièrement neutre au papier de tournesol. L'essentiel, dans cette préparation, c'est d'opérer vite ; quelques minutes suffisent à la préparation de la matière nécessaire à l'analyse.

Le sel séché à 150° est anhydre et se redissout très-facilement dans l'eau, sans laisser de partie insoluble. Il est entièrement insoluble dans l'alcool, qui le précipite de sa solution aqueuse en flocons blancs très-volumineux ; ces flocons, recueillis sur un filtre, se des-

---

[1] M. Frémy a décrit sous le nom de *tartralate de chaux* un sel de chaux très-soluble qu'il obtient en saturant par la craie la solution de l'acide tartrique maintenu longtemps en fusion, et en précipitant ensuite par l'alcool. Mais le sel de chaux ainsi obtenu n'est qu'un mélange : il se dédouble par la dessiccation en une partie soluble et en une partie insoluble (métatartrate de chaux). L'isotartrate de chaux, préparé d'après le procédé que nous avons décrit, se redissout parfaitement dans l'eau, après avoir été desséché.

sèchent à l'air avec une grande difficulté, et donnent un résidu visqueux, en partie décomposé, car il rougit le tournesol.

Lorsqu'on porte à l'ébullition sa solution aqueuse, elle devient acide, et dépose des cristaux de métatartrate neutre de chaux.

Isotartrate de cuivre, $C^8H^5CuO^{12}$ (à 150°). — Quand on mélange une solution d'isotartrate d'ammoniaque avec de l'acétate ou du sulfate de cuivre, il ne se forme pas de précipité; mais, au moyen de l'alcool, on en précipite l'isotartrate de cuivre à l'état d'une masse visqueuse, de couleur verte, qu'on obtient propre à l'analyse par le même procédé que le sel de chaux.

Isotartrate de plomb. — Il se produit, sous la forme d'un précipité blanc, insoluble dans l'eau, lorsqu'on mélange une solution d'isotartrate de chaux avec l'acétate de plomb. Il se décompose promptement par les lavages.

Isotartrate d'argent. — C'est un précipité blanc, soluble dans beaucoup d'eau.

*Dérivés méthyliques, éthyliques, amyliques.... de l'acide
tartrique. Éthers tartriques.*

§ 609. Les éthers tartriques représentent des tartrates dans lesquels le métal est remplacé par son équivalent de méthyle, d'éthyle ou d'amyle :

$$\text{Ac. méthyl-tartr. } C^{10}H^8O^{12} = C^8H^5(C^2H^3)O^{12} = \left. \begin{array}{l} C^8H^4O^{10}, C^2H^3O \\ HO \end{array} \right\}.$$

$$\text{Tartr. de méth. } C^{12}H^{10}O^{12} = C^8H^4(C^2H^3)^2O^{12} = \left. \begin{array}{l} C^8H^4O^{10}, C^2H^3O \\ C^2H^3O \end{array} \right\}.$$

$$\text{Ac. éthyl-tartr. } C^{12}H^{10}O^{12} = C^8H^5(C^4H^5)O^{12} = \left. \begin{array}{l} C^8H^4O^{10}, C^4H^5O \\ HO \end{array} \right\}.$$

$$\text{Tartr. d'éthyle. } C^{16}H^{14}O^{12} = C^8H^4(C^4H^5)^2O^{12} = \left. \begin{array}{l} C^8H^4O^{10}, C^4H^5O \\ C^4H^5O \end{array} \right\}.$$

$$\text{Ac. amyl-tartr. } C^{18}H^{16}O^{12} = C^8H^5(C^{10}H^{11})O^{12} = \left. \begin{array}{l} C^8H^4O^{10}, C^{10}H^{11}O \\ HO \end{array} \right\}.$$

§ 610. *Acide méthyl-tartrique*[1], ou tartrométhylique, $C^{10}H^8O^{12}$. — L'acide tartrique se dissout plus aisément dans l'esprit de bois

[1] DUMAS et PÉLIGOT (1836), *Ann. de Chim. et de Phys.*, LXI, 200. — GUÉRIN-VARRY, *ibid.*, LXII, 77. — DUMAS et PIRIA, *ibid.*, [3] V, 373.

que dans l'alcool, et produit plus vite l'acide vinique correspondant.

Après avoir dissous, à l'aide de l'ébullition, de l'acide tartrique
dans son poids d'esprit de bois, on rapproche la liqueur à consistance de sirop à une température inférieure à 100°. Après s'être
assuré de l'absence de l'acide tartrique dans le résidu, on dissout
celui-ci dans la moitié de son poids d'eau, et l'on évapore la dissolution au-dessous de 100°; on obtient ainsi un liquide sirupeux
qui donne, par l'évaporation spontanée, des prismes d'acide méthyl-tartrique, blancs, inodores, et d'une saveur acide.

Ce corps s'altère à peine par l'humidité de l'air; il est très-soluble dans l'eau froide, et se dissout en toutes proportions dans ce
liquide bouillant. L'alcool et l'esprit de bois le dissolvent aisément;
il est peu soluble dans l'éther.

Maintenue en ébullition, sa dissolution aqueuse fixe deux atomes
d'eau et régénère de l'esprit de bois ainsi que de l'acide tartrique.

Par l'action de la chaleur, les cristaux donnent, entre autres produits, de l'eau, de l'esprit de bois et de l'acétate de méthyle.

Sa solution dissout le fer et le zinc avec dégagement d'hydrogène. Elle forme avec les eaux de baryte et de chaux des précipités
qui se dissolvent dans un léger excès d'acide. Elle ne précipite pas
le sulfate de potasse; dans l'acétate de plomb, elle détermine un
précipité pulvérulent.

Les *méthyl-tartrates* se convertissent, par l'ébullition de leur solution aqueuse, en tartrates et en esprit de bois.

Le *sel de potasse*, $C^{10}H^7KO^{12}$, cristallise en prismes droits rectangulaires; l'eau en dissout beaucoup plus à chaud qu'à froid.
Dans le vide sec il perd 4,2 p. c. d'eau de cristallisation (Guérin;
selon MM. Dumas et Piria, le sel est anhydre). Bouilli longtemps
avec de l'eau, il se convertit en esprit de bois et en bitartrate de
potasse.

Le *sel de soude* se produit sous la forme d'un précipité grenu,
lorsqu'on verse l'acide méthyl-tartrique dans de la soude; ce précipité se dissout dans beaucoup d'eau.

Le *sel de baryte* paraît contenir $C^{10}H^7BaO^{12} + aq$. En mélangeant une solution de baryte dans l'esprit de bois avec de l'acide
tartrique dissous dans le même liquide, on obtient un précipité de
méthyl-tartrate de baryte qui se décompose rapidement en tartrate
par les lavages à l'eau.

Le méthyl-tartrate de baryte est blanc et d'une saveur amère ; il cristallise en prismes droits, quelquefois terminés par des biseaux. Il est plus soluble dans l'eau chaude que dans l'eau froide. Les cristaux chauffés à 160° fournissent un liquide sirupeux d'une odeur alliacée, contenant de l'eau, de l'esprit de bois, de l'acétate de méthyle, et une substance cristallisée qu'on obtient par l'évaporation.

Le *sel de plomb* se précipite lorsqu'on ajoute l'acide méthyl-tartrique à de l'acétate de plomb ; en présence d'un excès d'acide, ce précipité devient cristallin.

Le *sel d'argent* se précipite par l'addition de l'acide méthyl-tartrique à une solution concentrée de nitrate d'argent.

Tartrate de méthyle[1], $C^{12}H^{10}O^{12}$. — On l'obtient par le même procédé que le tartrate d'éthyle.

§ 611. *Acide éthyl-tartrique*[2], ou tartrovinique, $C^{12}H^{10}O^{12}$. — Si l'on maintient pendant quelque temps de l'alcool absolu en ébullition avec de l'acide tartrique, et qu'on sature ensuite le liquide, après l'avoir étendu d'eau, par du carbonate de baryte, on obtient du tartrate de baryte insoluble et une solution d'éthyl-tartrate de baryte qui se dépose par la concentration à l'état cristallisé. Décomposé par une quantité convenable d'acide sulfurique, ce sel fournit l'acide éthyl-tartrique.

Il forme des prismes allongés à bases obliques, incolores, sans odeur, et d'une saveur agréable, à la fois sucrée et acide. Il attire promptement l'humidité de l'air. Il est fort soluble dans l'alcool et insoluble dans l'éther. Sa solution aqueuse se décompose complétement, par une ébullition prolongée, en alcool et en acide tartrique. Elle dissout le fer et le zinc, avec dégagement d'hydrogène.

L'acide éthyl-tartrique se décompose par la distillation sèche en donnant de l'alcool, de l'eau, de l'éther acétique, de l'acide acétique, du gaz oléfiant, de l'acide pyrotartrique, etc.

L'acide nitrique le convertit en acide acétique, acide carbonique et acide oxalique.

L'acide éthyl-tartrique, dissous dans l'eau et versé goutte à goutte dans l'eau de baryte, y produit un précipité qui diminue à mesure que la liqueur approche de la neutralité ; à l'état neutre, elle est

---

[1] DEMONDESIR, *Compt. rend. de l'Acad.*, XXXIII, 227.
[2] MORIN (1814), *Journ. de pharm. de Trommsdorff*, XXIII, 2, 13. — TROMMS-DORFF, *ibid.*, XXIV, 1, 11. — GUIBIN-VARRY, *Ann. de Chim. et de Phys.*, LXII, 57.

encore trouble; si l'on continue d'y verser de l'acide, le précipité reparaît. Ce dernier résultat est tout à fait opposé à celui qui se présente avec l'acide tartrique. Dans tous les cas, l'acide nitrique fait disparaître ces précipités, mais plus difficilement lorsqu'il y a un excès d'acide éthyl-tartrique.

Avec l'eau de chaux, on obtient un précipité qui se dissout dans un excès d'acide. Avec la potasse ou la soude, il ne se fait pas de précipité, quel que soit l'état de la liqueur.

Avec l'acétate neutre de plomb, on obtient de petits prismes insolubles dans l'acide éthyl-tartrique, et insolubles dans l'acide nitrique. Avec le nitrate d'argent en solution concentrée, il se produit un précipité insoluble dans un excès d'acide.

Les *éthyl-tartrates*, ou tartrovinates, cristallisent en général fort bien, sont gras au toucher et sans odeur. Ils sont presque tous fort solubles dans l'eau, moins solubles dans l'alcool. Ils se décomposent, par l'ébullition de leur solution, en tartrates et en alcool.

Le *sel d'ammoniaque* s'obtient en fibres soyeuses, par l'évaporation spontanée de l'acide éthyl-tartrique, saturé par du carbonate d'ammoniaque.

Le *sel de potasse*, $C^{12}H^9KO^{12}$, forme des prismes incolores, et peu solubles dans l'alcool. Une solution aqueuse de ce sel dépose, par l'ébullition, du bitartrate de potasse. Les cristaux de l'éthyl-tartrate de potasse appartiennent au système rhombique[1]. Combinaison ordinaire, $\infty \dot{P}2 . \infty \dot{P}\infty . \dot{P}\infty . P$. Inclinaison des faces, $\infty \dot{P} 2 : \infty \dot{P} 2 = 120° 8'$; $\infty \dot{P} 2 : \infty \dot{P} \infty = 119° 56'$; $\infty \dot{P} 2 : \dot{P} \infty = 101° 5'$; $\infty \dot{P} \infty : \dot{P} \infty = 112° 39'$; $\dot{P} \infty : \dot{P} \infty = 134° 41'$. Rapport des axes, $a : b : c :: 0,4174 : 1 : 0,2879$. Clivage facile parallèlement à $\infty \dot{P} \infty$.

Le *sel de soude* forme des lames tantôt rhomboïdales, tantôt rectangulaires.

Le *sel de baryte*, $C^{12}H^9BaO^{12} + 2$ aq., offre des groupements de beaux cristaux flabelliformes, paraissant appartenir au système rhombique; il est incolore et d'une saveur légèrement amère.

Le *sel de chaux*, $C^{12}H^9CaO^{12} + 5$ aq., constitue des prismes ou des lames rectangulaires. Les cristaux éprouvent à 100° la fusion aqueuse.

Le *sel de zinc* forme des prismes rectangulaires, groupés les uns sur les autres et très-gras au toucher.

[1] DE LA PROVOSTAYE, *loc. cit.*

Le *sel de plomb* se présente en petits prismes d'un aspect nacré, insolubles dans l'acide éthyl-tartrique, mais solubles dans l'acide nitrique. On l'obtient avec l'acide éthyl-tartrique et l'acétate de plomb.

Le *sel de cuivre*, $C^{12}H^9CuO^{12} + 6$ aq., forme des aiguilles bleues, soyeuses et efflorescentes. On l'obtient en dissolvant l'oxyde de cuivre dans l'acide éthyl-tartrique.

Le *sel d'argent*, $C^{12}H^9AgO^{12}$, cristallise en prismes, quelquefois renflés vers le milieu, et peu solubles dans l'eau froide. On l'obtient en ajoutant de l'acide éthyl-tartrique ou un éthyl-tartrate alcalin à une solution d'argent. On ne peut pas le chauffer à 100° sans qu'il se décompose.

Tartrate d'éthyle[1], ou éther tartrique, $C^{16}H^{14}O^{12}$. — On l'obtient en faisant passer du gaz chlorhydrique dans une solution d'acide tartrique dans l'alcool ; on neutralise par un carbonate la liqueur acide, et on l'agite à plusieurs reprises avec de l'éther ; celui-ci s'empare du tartrate d'éthyle, et par la chaleur l'abandonne comme résidu.

Le tartrate d'éthyle est un liquide miscible à l'eau en toutes proportions, et agissant sur la lumière polarisée. Il peut supporter une température élevée, sans se détruire ; il fournit, par la chaleur, des quantités notables d'acide paratartrique[2] ; la distillation sèche le détruit entièrement.

Traité par l'ammoniaque, il donne, suivant que la réaction est plus ou moins prolongée, du tartramate d'éthyle ou de la tartramide.

§ 612. *Acide amyl-tartrique*[3], ou tartramylique, $C^{18}H^{16}O^{12}$. — Quand on traite l'acide tartrique par l'alcool amylique dans un appareil distillatoire, on obtient un résidu sirupeux qui, dans l'espace de vingt-quatre heures, laisse déposer une matière blanche qu'on peut priver, au moyen de l'éther, de la liqueur visqueuse au milieu de laquelle elle s'est formée. Cette dernière est très-amère ; traitée par le carbonate de chaux, elle donne de l'*amyl-tartrate de chaux*, qui cristallise en lamelles nacrées, gras au toucher.

La dissolution de ce sel, précipitée par une dissolution concentrée de nitrate d'argent, donne de l'*amyl-tartrate d'argent*, $C^{18}H^{15}AgO^{12}$, peu soluble et d'un aspect nacré.

[1] Demondésir (1851), *loc. cit.*
[2] Pasteur, *Compt. rend. de l'Acad.*, XXXVII, 163.
[3] Balard (1844), *Ann. de Chim. et de Phys.*, [3] XII, 309.

Les amyl-tartrates se convertissent, par l'ébullition de leur solution aqueuse, en alcool amylique et en tartrates.

Dérivés méthyliques, éthyliques.... de l'acide paratartrique.
Éthers paratartriques.

§ 613. Les éthers paratartriques ont la même composition que les éthers tartriques correspondants. On n'a encore isolé que les suivants :

Acide méthyl-paratartrique. . $C^{10}H^8O^{12} = C^8H^5(C^2H^3)O^{12}$;

Acide éthyl-paratartrique. . . $C^{12}H^{10}O^{12} = C^8H^5(C^4H^5)O^{12}$.

§ 614. *Acide méthyl-paratartrique*[1], $C^{10}H^8O^{12}$. — Il se prépare comme l'acide méthyl-tartrique. Il cristallise en prismes droits rectangulaires, tronqués sur les arêtes longitudinales et passant à des prismes rhomboïdaux. L'eau, l'alcool et l'éther agissent sur lui comme sur l'acide méthyl-tartrique. L'eau bouillante le décompose en esprit de bois et en acide paratartrique qui cristallise.

La solution de l'acide méthyl-paratartrique dissout le fer et le zinc, avec dégagement d'hydrogène.

Avec l'eau de baryte, elle donne un précipité soluble dans un excès d'acide et dans l'eau. Avec l'eau de chaux, elle donne un précipité composé de prismes aciculaires, groupés autour d'un centre commun ; ce précipité est insoluble dans un excès d'acide. Elle ne précipite ni la soude ni le carbonate de soude.

Le *sel de potasse*, $C^{10}H^7KO^{12}$ + aq., forme des prismes droits qui se décomposent, par une ébullition prolongée, en esprit de bois et en paratartrate acide de potasse.

Lorsqu'on ajoute un excès d'acide méthyl-paratartrique à de la potasse aqueuse, il se produit un précipité pulvérulent, soluble dans beaucoup d'eau.

Le *sel de baryte*, $C^{10}H^7BaO^{12}$ + 4 aq., cristallise en prismes monocliniques ; l'angle de deux faces adjacentes est de 119° ; l'inclinaison de la base sur l'une des faces est de 87°, tandis que sur l'autre elle est de 113°. Ce sel renferme 4 atomes d'eau de cristallisation, qu'il perd en partie par la dessiccation à l'air. Non effleuri, il se ramollit à 60°, et à 100° il laisse dégager des vapeurs qui viennent se condenser en belles lames cristallines. Il est plus soluble dans

GUÉRIN-VARRY (1836), *loc. cit.*

l'eau chaude que dans l'eau froide ; l'esprit de bois et l'alcool absolu ne le dissolvent pas.

Le *sel de plomb* se précipite lorsqu'on verse l'acide méthyl-paratartrique dans une solution d'acétate de plomb ; un excès d'acide
redissout le précipité.

Le *sel d'argent* se précipite par l'addition de l'acide méthyl-
paratartrique à une solution assez concentrée de nitrate d'argent ;
le précipité se dissout également dans un excès d'acide méthyl-paratartrique.

§ 615. *Acide éthyl-paratartrique*[1], ou paratartrovinique,
$C^{12}H^{10}O^{12}$.—Il s'obtient comme l'acide éthyl-tartrique ; mais, comme
l'acide paratartrique est moins soluble dans l'alcool que l'acide
tartrique, on emploie 1 p. d'acide paratartrique pour 4 p. d'alcool
absolu ; on chauffe doucement dans une cornue en cohobant, jusqu'à ce que la solution, évaporée à consistance de sirop, ne dépose plus rien par le refroidissement. On étend d'eau, on sature
par du carbonate de baryte, on évapore à 5o ou 6o° la solution
filtrée, et l'on décompose par l'acide sulfurique le sel de baryte
cristallisé.

L'acide éthyl-paratartrique cristallise en prismes semblables à
ceux de l'acide éthyl-tartrique, seulement la base est plus inclinée
sur l'axe dans ce dernier que dans l'acide éthyl-paratartrique ; les
cristaux sont déliquescents.

Il se comporte avec l'eau, l'alcool et l'éther comme l'acide éthyl-
tartrique. La solution n'a aucune action sur la lumière polarisée.
Elle se décompose, par l'ébullition, en alcool et en acide paratartrique qui se dépose à l'état cristallisé.

La chaleur, les acides sulfurique et nitrique, le zinc et le fer
agissent sur lui comme sur l'acide éthyl-tartrique.

Avec la potasse, il donne un précipité pulvérulent. Dans la soude
ou le carbonate de soude, il produit un précipité opalin, qui apparaît un peu avant que la liqueur soit neutre, et qui augmente avec
la quantité d'acide ; ce précipité est insoluble dans l'eau froide.

Son action sur l'eau de baryte est la même que celle de l'acide
éthyl-tartrique. Avec l'eau de chaux, il donne un précipité insoluble dans un excès d'acide et d'eau, mais soluble dans l'acide
nitrique.

Il ne trouble pas le sulfate de chaux, ni le sulfate de soude.

[1] GUÉRIN-VARRY (1836), *loc. cit.*

Il précipite l'acétate de plomb en blanc, ainsi que le nitrate d'argent en solution concentrée.

Les *éthyl-paratartrates* présentent les mêmes propriétés chimiques que les éthyl-tartrates, mais ils ne donnent pas d'aussi beaux cristaux, et quelques-uns d'entre eux renferment plus d'eau de cristallisation que les éthyl-tartrates correspondants. Cette eau peut leur être enlevée dans le vide sec.

Le *sel de potasse*, $C^{12}H^9KO^{12} + 2$ aq., forme des prismes qui paraissent appartenir au système monoclinique. Il perd dans le vide 7,56 p. c. d'eau.

Le *sel de baryte*, $C^{12}H^9BaO^{12} + 2$ aq., cristallise en petits prismes qui, par leur assemblage, engendrent des mamelons. Il est beaucoup plus soluble dans l'eau à chaud qu'à froid. L'alcool absolu et l'esprit de bois ne le dissolvent pas.

Le *sel d'argent*, $C^{12}H^9AgO^{12}$, a les mêmes caractères que l'éthyl-tartrate correspondant.

Dérivés nitriques de l'acide tartrique[1].

§ 616. *Acide nitrotartrique*. — L'acide tartrique, en poudre très-fine, se dissout rapidement dans $4 \frac{1}{2}$ p. d'acide nitrique monohydraté ; si l'on ajoute à la solution un volume égal d'acide sulfurique, le mélange se prend en une bouillie blanche et ferme, qui rappelle l'empois d'amidon. Ce produit constitue l'acide nitrotartrique. On l'abandonne un ou deux jours, entre deux plaques poreuses, sous une cloche, afin d'enlever la plus grande partie de l'acide sulfurique ; on obtient ainsi une masse légère, blanche et d'aspect soyeux, qui à l'air dégage d'abondantes vapeurs blanches ; on la purifie en la dissolvant dans de l'eau à peine tiède, et refroidissant aussitôt la solution à 0° ; la liqueur se prend ainsi en une masse composée de cristaux soyeux et enchevêtrés qui, broyés sur un entonnoir, abandonnent une eau-mère abondante et diminuent beaucoup de volume ; on achève de purifier les cristaux en les pressant entre des feuilles de papier à filtrer.

L'acide nitrotartrique est fort instable. En effet, saturé par de l'ammoniaque, puis chauffé après addition de sulfhydrate d'ammoniaque, il se décompose avec effervescence et dépôt abondant de

---

[1] DESSAIGNES (1852), *Compt. rend. de l'Acad.*, XXXIV, 731.

soufre; la solution filtrée donne, par la concentration, des cristaux de tartrate neutre d'ammoniaque.

De même, l'acide brut, abandonné à l'air humide, émet des vapeurs blanches d'acide nitrique et finit par se retransformer entièrement en acide tartrique.

§ 617. *Acide produit par la métamorphose de l'acide nitrotartrique*, $C^6H^4O^{10}$. — L'acide nitrotartrique en dissolution dans l'eau et abandonné à la décomposition spontanée, ou traité par un courant d'hydrogène sulfuré, ou bien encore combiné avec la potasse ou avec l'oxyde de plomb, donne naissance à un acide particulier qui paraît être un homologue de l'acide malique.

La solution aqueuse de l'acide nitrotartrique, à quelques degrés seulement au-dessus de zéro, ne tarde pas à dégager des bulles gazeuses composées d'un mélange de bioxyde d'azote et d'acide carbonique; ce dégagement augmente peu à peu et persiste pendant plusieurs jours. Chauffe-t-on alors la liqueur à 40 ou 50°, il se fait une vive effervescence, due à de l'acide carbonique pur, et, par la concentration, on n'obtient presque que de l'acide oxalique. Au contraire, si l'on abandonne, dans une étuve chauffée à peine à 30°, la liqueur qui ne dégageait plus de gaz à froid, elle recommence à en produire quelques bulles quand elle est concentrée, et finit par donner des cristaux d'un acide particulier.

Celui-ci se présente sous la forme de prismes assez volumineux, tantôt restant transparents à l'air, tantôt devenant à demi-opaques et comme fibreux. Ces derniers ne perdent pas d'eau à 100°. Chauffés au bain d'huile, ils ne fondent que vers 175°, émettent du gaz et à peine de l'eau, et laissent un résidu non cristallin, peu coloré et presque insoluble dans l'eau. Distillé rapidement, à la chaleur de la lampe, le nouvel acide produit un autre acide très-soluble, critallin et un peu volatil.

En dissolution dans l'eau, le nouvel acide ne s'altère pas à l'ébullition. Il ne précipite pas les chlorures de calcium et de baryum, ni l'acétate de potasse, ni les sulfates de magnésie et de cuivre, ni le chlorure ferrique, même avec de l'ammoniaque en excès. Mais il précipite les nitrates de plomb et d'argent, le nitrate mercureux et le chlorure mercurique; tous ces précipités deviennent promptement lourds et manifestement cristallins. Il précipite, de même, les acétates de baryte, de cuivre et de chaux; le chlorhydrate d'ammoniaque redissout le précipité formé dans l'acétate de chaux.

Le *sel neutre d'ammoniaque* précipite les chlorures de calcium et de baryum.

Le *sel acide d'ammoniaque* cristallise en beaux prismes.

Le *sel d'argent* est un précipité renfermant $C^6H^2Ag^2O^{10}$.

AMIDES TARTRIQUES.

§ 618. Les amides qui correspondent aux deux sels ammoniacaux de l'acide tartrique, sont l'*acide tartramique* et la *tartramide ;*

Acide tartramique. . . . $C^8H^7NO^{10} = C^8H^5(NH^4)O^{12} - 2\,HO.$
$$\text{Bitartr. d'ammon.}$$

Tartramide. . . . . . . $C^8H^8N^2O^8 = C^8H^4(NH^4)^2O^{12} - 4\,HO.$
$$\text{Tartr. d'ammon.}$$

§ 619. ACIDE TARTRAMIQUE [1], $C^8H^7NO^{10}$. — Lorsqu'on fait passer un courant de gaz ammoniaque sur de l'acide tartrique anhydre arrosé d'alcool, on obtient deux couches liquides. La supérieure est de l'alcool ; l'inférieure renferme le *tartramate d'ammoniaque.*

Ce sel est insoluble dans l'alcool, soluble en toutes proportions dans l'eau. L'alcool le précipite de sa dissolution aqueuse à l'état liquide. Sous l'influence de la chaleur, il perd de l'eau et devient solide en prenant une structure légèrement cristalline. Sa dissolution aqueuse ne décompose pas le chlorure de calcium ; mais, si l'on verse de l'alcool dans le mélange de ces deux sels, il se forme un abondant précipité qui s'agglutine par l'ébullition.

Le *tartramate de chaux* ne donne pas de précipité avec le bichlorure de platine.

Lorsqu'on fait bouillir sa dissolution, elle donne peu à peu du tartrate acide de chaux ainsi que de l'ammoniaque.

Le *tartramate d'éthyle* [2] (ou tartraméthane) s'obtient par l'action ménagée de l'alcool ammoniacal sur le tartrate d'éthyle. Décomposé avec soin par les alcalis, il fournit l'acide tartramique. L'ammoniaque le convertit en tartramide.

§ 620. TARTRAMIDE [3], $C^8H^8N^2O^8$. — On l'obtient par l'action prolongée de l'ammoniaque sur le tartrate d'éthyle. C'est un corps cristallisable qui agit sur la lumière polarisée.

Cristallisée dans l'eau pure, la tartramide n'est jamais ou que très-rarement hémiédrique. Mais si, au moment où l'on met à cris-

---

[1] LAURENT (1845), *Compt. rend. des trav. de Chim.*, 1845, p. 153.
[2] DEMONDÉSIR (1851), *Compt. rend. de l'Acad.*, XXXIII, 229.
[3] DEMONDÉSIR (1851), *loc. cit.* — PASTEUR, *Compt. rend. de l'Acad.*, XXXV, 170.

talliser une solution chaude de tartramide, on ajoute quelques
gouttes d'ammoniaque à la liqueur, presque tous les cristaux offrent
des facettes hémiédriques, souvent très-développées.

La tartramide droite et la tartramide gauche se combinent toutes
deux avec la malamide active ordinaire. Les combinaisons ont la
même composition, mais leurs formes cristallines sont différentes,
ainsi que leurs solubilités. La combinaison où entre la tartramide
gauche est beaucoup plus soluble que l'autre.

ACIDE PYROTARTRIQUE ANHYDRE.

Composition : $C^{10}H^6O^6$.

§ 621. Il se produit[1] en petite quantité par la distillation de l'a-
cide pyrotartrique; pour déshydrater celui-ci d'une manière complète, il le faut distiller avec de l'acide phosphorique vitreux.

C'est une huile incolore, sans odeur à 20°, mais d'une odeur de
vinaigre à 40°; sa saveur, d'abord douceâtre, est ensuite âcre et
acide comme celle de l'acide pyrotartrique hydraté. Elle est plus
pesante que l'eau; elle ne se solidifie pas par un froid de — 10°; elle
est parfaitement neutre, et bout sans altération à 230°.

L'alcool la dissout aisément; l'eau la précipite de la solution alcoolique, et la transforme peu à peu en cristaux d'acide pyrotartrique hydraté. Les alcalis la transforment promptement en pyrotartrate alcalin.

ACIDE PYROTARTRIQUE.

Composition : $C^{10}H^8O^8 = C^{10}H^6O^6$, 2 HO.

§ 622. Cet acide[2], dont l'existence a été signalée pour la première fois par Guyton-Morveau, se produit par la distillation sèche
de l'acide tartrique ou paratartrique.

La distillation sèche de l'acide tartrique, comme celle des autres acides fixes, donne des produits très-divers et en quantité fort
variable, suivant la température à laquelle on l'effectue. Faite à feu
nu, elle fournit, suivant M. Pelouze, des huiles empyreumatiques,

[1] Arppe (1847), *De acido pyrotartarico*, Helsingfors 1847. En extrait : *Ann. der Chem. u. Pharm.*, LXVI, 73.

[2] Val. Rose, *Journ. f. Chem. u. Phys. v. Gehlen*, III, 598. — Goebel, *Neues Journ. d. Pharm. v. Trommsdorff*, X, 1, 26. — Gruner, *ibid.*, XXIV, 2,55 — Pelouze, *Ann. de Chim. et de Phys.*, LVI, 297. — Weniselos, *Ann. der Chem. u. Pharm.*, XV, 148. — Arppe, *loc. cit.*

du gaz hydrogène carboné, de l'eau, de l'acide carbonique, de l'acide acétique et une très-faible quantité d'acide pyrotartrique ; du charbon reste en abondance dans la cornue. Entre 200 et 300°, les mêmes produits apparaissent encore, mais il y a beaucoup plus d'acide carbonique et d'acide pyrotartrique. Entre 175 et 190°, à peine remarque-t-on des traces d'huile ; mais l'eau, l'acide carbonique et l'acide pyrotartrique abondent.

M. Weniselos, qui s'est également occupé des produits de la distillation sèche de l'acide tartrique, n'a obtenu par ce procédé que de l'acide pyruvique, tandis que la distillation de la crème de tartre lui a fourni l'acide pyrotartrique en grande quantité.

D'après la réaction observée par M. Pelouze, 2 molécules d'acide tartrique donneraient 1 moléc. d'acide pyrotartrique, 6 moléc. d'acide carbonique et 4 moléc. d'eau :

$$2\ C^8H^6O^{12} = C^{10}H^8O^3 + 6\ CO^2 + 4\ HO.$$

Ac. tartriq.   Ac. pyrotartr.

Suivant M. Schlieper [1], l'acide pyrotartrique se produirait aussi par l'action prolongée de l'acide nitrique sur l'acide sébacique.

Pour extraire l'acide pyrotartrique du liquide provenant de la distillation sèche de l'acide tartrique, on introduit ce liquide dans une cornue de verre, et on le distille jusqu'à ce que le résidu ait acquis une consistance de sirop. On change alors de récipient, et l'on continue la distillation jusqu'à siccité. On expose le dernier liquide distillé à un froid très-vif ou à une évaporation spontanée dans le vide. Il s'en sépare, dans les deux cas, des cristaux irréguliers qu'on purifie par le charbon animal ; on les obtient ainsi incolores et sans odeur (Pelouze).

Pour préparer l'acide pyrotartrique par la distillation du tartre, on procède ainsi, suivant M. Weniselos : on remplit de tartre une cornue de verre jusqu'aux deux tiers, et on la munit d'un récipient tubulé ; on chauffe d'abord lentement, puis, en activant peu à peu le feu, on voit apparaître des vapeurs blanches, formées en grande partie d'eau, d'acide acétique et de carbure d'hydrogène. Immédiatement après viennent se condenser, dans le récipient, des gouttes d'un liquide brun, acide, qui est accompagné d'une huile brun foncé. On continue l'opération jusqu'à ce qu'il ne passe plus

---

[1] SCHLIEPER, *Ann. der Chem. u. Pharm.*, LXX, 121. — Suivant une communication verbale qui m'a été faite par M. Bouis, on n'obtiendrait que de l'acide succinique, cide nitrique et l'acide sébacique.

de liquide. On l'arrête ensuite, et on retire le récipient, contenant le produit liquide ; à l'aide d'un filtre, on enlève la matière huileuse. La liqueur filtrée a une faible réaction acide, une couleur jaunâtre et une saveur piquante ; pour en extraire l'acide pyrotartrique, on l'évapore au bain-marie, jusqu'à ce qu'il ne se forme plus à la surface de petits groupes de cristaux, et on l'abandonne ensuite à l'évaporation spontanée au soleil. Au bout de quelque temps, la liqueur dépose l'acide pyrotartrique en grains cristallins. Mais, pour obtenir les cristaux parfaitement purs, il faut les redissoudre dans l'eau distillée, et les faire cristalliser de nouveau : on répète cette opération jusqu'à ce que le produit soit incolore. L'eau-mère renferme encore une grande quantité d'acide pyrotartrique, mêlé d'un peu de matière huileuse ; pour l'en débarrasser, on traite l'eau-mère par une petite quantité d'acide nitrique fumant (le charbon animal étant sans effet) : l'acide nitrique décompose l'huile empyreumatique par une douce chaleur, en laissant l'acide pyrotartrique intact. On évapore la liqueur, pour en chasser l'acide nitrique ; puis on dissout le résidu dans l'eau pure, et on le purifie par des cristallisations répétées. On obtient ainsi une quantité assez considérable d'acide pyrotartrique.

Suivant M. Arppe, les procédés précédents sont bien moins avantageux que la méthode de MM. Millon et Reiset, qui consiste à distiller l'acide tartrique après l'avoir mélangé avec de la pierre ponce en poudre [1]. A cet effet, on fait un mélange par parties égales et on le distille lentement à feu nu, dans une cornue spacieuse ; la réaction s'effectue avec calme, il se dégage de l'acide carbonique, et il passe de l'eau, un peu d'acide acétique et de l'huile empyreumatique qui nage à la surface du produit distillé. On mélange celui-ci avec de l'eau, on filtre à travers un filtre mouillé, et l'on concentre par l'évaporation la liqueur filtrée. Elle se prend alors, par le repos, en une masse cristalline colorée ; on exprime celle-ci, et on la purifie en l'exposant sur des doubles de papier buvard, humecté d'alcool, ou en l'abandonnant sous une cloche à côté d'un vase rempli d'alcool ; les vapeurs d'alcool se condensent sur le produit et dissolvent l'huile empyreumatique qui pénètre ainsi dans le papier buvard. On peut compléter la purification de l'acide pyrotartrique en le mettant en digestion avec de l'acide nitrique ; il est à remarquer toutefois qu'il ne faudrait pas

---

[1] Millon et Reiset, *Ann. de Chim. et de Phys*, [3] VIII, 255.

traiter par cet agent de l'acide pyrotartrique encore très-impur, attendu que l'acide nitrique, qui n'attaque presque pas l'acide pyrotartrique pur, décompose parfaitement l'acide très-impur. En procédant comme on vient de le dire, on obtient en acide pyrotartrique, suivant M. Arppe, 7 p. c. de l'acide tartrique employé, tandis que, si l'on se borne à distiller l'acide tartrique ou le tartre sans pierre ponce, le produit ne s'élève guère à plus de 1 p. c. Un autre avantage de l'emploi de la pierre ponce consiste en ce que la réaction est bien plus nette et que l'acide pyrotartrique est infiniment moins coloré.

Cet acide cristallise en prismes obliques à base rhombe, tronqués sur les arêtes latérales ; il est fort soluble dans l'eau, l'alcool et l'éther; 1 p. d'acide pyrotartrique se dissout dans 1 $^1/_2$ p. d'eau à 20°. Il fond à 10°, commence à bouillir à 190°, et se volatilise ensuite en se transformant en partie en acide anhydre.

Une dissolution concentrée d'acide pyrotartrique ne trouble pas les eaux de chaux, de baryte et de strontiane. Elle forme dans le sous-acétate de plomb un précipité blanc, abondant, caillebotté, insoluble dans l'eau, mais très-soluble dans un excès de sous-acétate et dans un excès d'acide. Elle ne trouble ni l'acétate neutre ni le nitrate de plomb.

Le chlore ne paraît pas l'altérer.

L'acide sulfurique concentré le charbonne à chaud.

L'acide chlorhydrique, l'acide nitrique et l'acide acétique le dissolvent sans l'altérer.

Dérivés métalliques de l'acide pyrotartrique. Pyrotartrates.

§ 623. L'acide pyrotartrique est bibasique et donne deux espèces de sels :

$$\text{Pyrotartrates neutres.} \ldots \quad C^{10}H^6M^2O^8 = C^{10}H^6O^6, 2\,MO.$$
$$\text{Pyrotartrates acides} \ldots \quad C^{10}H^7M\,O^8 = C^{10}H^6O^6, \begin{cases} MO \\ HO \end{cases}$$

L'acide pyrotartrique a une grande tendance à former des sels acides cristallisables; les sels neutres solubles s'obtiennent difficilement à l'état cristallisé.

La composition des pyrotartrates a particulièrement été établie par les analyses de MM. Pelouze, Weniselos et Arppe.

§ 624. *Pyrotartrates d'ammoniaque.* — α. Le *sel neutre* est déli-

quescent; il perd de l'ammoniaque par l'évaporation, et se convertit en sel acide.

β. *Sel acide*, $C^{10}H^7(NH^4)O^8$. On l'obtient en saturant par l'ammoniaque une certaine quantité d'acide pyrotartrique, et en ajoutant
à la liqueur une quantité d'acide pyrotartrique égale à la quantité
déjà employée. Il forme de beaux prismes rhomboïdaux, fort
solubles dans l'eau, acides et inaltérables à l'air.

Pyrotartrates de potasse. — α. *Sel neutre*, $C^{10}H^5K^2O^8$ + 2 aq. Il
est fort soluble, déliquescent, et s'obtient difficilement, à l'état de
cristaux feuilletés, par l'évaporation de sa solution dans une étuve.

β. *Sel acide*, $C^{10}H^7KO^8$. En neutralisant l'acide pyrotartrique par
du carbonate de potasse, et en y ajoutant ensuite autant d'acide
pyrotartrique qu'on en a déjà employé, on obtient, par l'évaporation
spontanée, des prismes rhomboïdaux obliques, incolores, inaltérables à l'air. Ils sont fort solubles dans l'eau et possèdent une réaction acide.

Pyrotartrates de soude. — α. *Sel neutre*, $C^{10}H^6Na^2O^8$ + 12 aq. Lames
fort solubles dans l'eau, insolubles dans l'alcool, même bouillant;
les cristaux s'effleurissent à l'air en perdant de l'eau.

β. *Sel acide*, $C^{10}H^7NaO^8$. On le prépare comme le sel de potasse;
il ne cristallise pas aussi aisément. Il se présente sous la forme de
petits prismes rhomboïdaux, fort solubles dans l'eau et d'une réaction acide.

Pyrotartrates de baryte. — α. *Sel neutre*, $C^{10}H^6Ba^2O^8$ + 4 aq.
Poudre cristalline, composée de petits prismes rhomboïdaux, fort
solubles dans l'eau, insolubles dans l'alcool.

β. *Sel acide*, $C^{10}H^7BaO^8$ + 2 aq. On l'obtient en cristaux, groupés sous forme d'étoiles, et fort solubles dans l'eau, en saturant l'a-
cide pyrotartrique par le carbonate de baryte, et en ajoutant à la
liqueur une quantité d'acide pyrotartrique égale à la quantité déjà
employée.

Pyrotartrates de strontiane. — α. *Sel neutre*, $C^{10}H^6Sr^2O^8$ + 2 aq.
Prismes fort solubles dans l'eau, insolubles dans l'alcool, qu'on
obtient en saturant à chaud l'acide pyrotartrique par le carbonate
de strontiane.

β. *Sel acide*, $C^{10}H^7SrO^8$ + 2 aq. Paillettes nacrées, solubles dans
l'eau.

Pyrotartrates de chaux. — α. *Sel neutre*, $C^{10}H^6Ca^2O^8$ + 4 aq. Il
est peu soluble, et se précipite sous la forme d'une poudre blanche

et cristalline, lorsqu'on mélange une solution de pyrotartrate de potasse avec du chlorure de calcium. Il est fort soluble dans les acides acétique, chlorhydrique, nitrique, mais insoluble dans l'alcool.

β. *Sel acide.* La solution du sel neutre dans l'acide pyrotartrique donne, par l'évaporation, des cristaux renfermant, suivant M. Arppe, $C^{10}H^7CaO^8$; $2\ C^{10}H^8O^8 + 2$ aq.

Pyrotartrate de magnésie. — α. *Sel neutre*, $C^{10}H^6Mg^2O^8 + 6$ aq. et 12 aq. La magnésie blanche se dissout aisément dans l'acide pyrotartrique en donnant une solution neutre qui, évaporée sur l'acide sulfurique, laisse une masse gommeuse, très-friable, paraissant contenir 6 at. d'eau.

Si l'on évapore à consistance sirupeuse la solution du sel précédent, et qu'on y ajoute quelques gouttes d'eau, on obtient une masse cristalline fort soluble dans l'eau. Ces cristaux contiennent 12 at. d'eau.

β. *Sel acide.* Il est gommeux.

Pyrotartrate d'alumine. — L'alumine hydratée, encore humide, se dissout aisément dans l'acide pyrotartrique, et donne, par la concentration, des cristaux.

Lorsqu'on mélange du chlorhydrate neutre d'alumine avec du pyrotartrate neutre de soude, il se précipite un sel contenant, suivant M. Arppe, $C^{10}H^8O^8$, Al^2O^3. Le même sel se produit, sous la forme d'une poudre pesante, insoluble dans l'eau, lorsqu'on fait bouillir l'alumine humide avec une quantité d'acide pyrotartrique moindre qu'il n'en faut pour la dissoudre.

Pyrotartrate de glucine. — L'acide pyrotartrique, saturé de glucine, donne une liqueur qui laisse sur l'acide sulfurique une masse cristalline d'un sel acide, $C^{10}H^7GO^8$, $C^{10}H^8O^8$. Ce sel émet des vapeurs acides, quand on le chauffe, et laisse à 180° du pyrotartrate neutre de glucine.

Pyrotartrate de zinc. — α. *Sel neutre*, $C^{10}H^6Zn^2O^8 + 6$ aq. Le carbonate de zinc se dissout aisément à chaud dans l'acide pyrotartrique; la solution, presque neutre, donne, par l'évaporation, un sirop épais, déposant peu à peu des grains cristallins qui augmentent par l'addition d'une petite quantité d'eau. Ce sel est soluble dans l'eau; il retient encore, à 200°, 2 atomes d'eau de cristallisation.

Le zinc se dissout dans l'acide pyrotartrique, avec dégagement

d'hydrogène; la solution acide précipite par l'alcool une poudre entièrement soluble dans l'eau.

β. *Sous-sel*. Il reste à l'état insoluble lorsque l'on concentre
beaucoup par la chaleur la solution acide du zinc dans l'acide pyrotartrique, et qu'on reprend le résidu par l'eau.

Pyrotartrate de cadmium. — α. *Sel neutre*, $C^{10}H^6Cd^2O^8 + 6$ aq.
La solution du carbonate de cadmium dans l'acide pyrotartrique
donne, par la concentration, des grains cristallins fort solubles
dans l'eau, insolubles dans l'alcool. Le sel retient, à 200°, 2 atomes
d'eau.

β. *Sel acide*. Masse visqueuse dans laquelle se forment peu à peu
quelques longues aiguilles.

Pyrotartrate de nickel. — α. *Sel neutre*, $C^{10}H^6Ni^2O^8 + 4$ aq. L'hydrate de nickel se dissout aisément dans l'acide pyrotartrique; la
solution verte, étant évaporée et reprise par l'alcool, laisse une
poudre verte et cristalline, peu soluble dans l'eau. A 200°, le sel est
anhydre.

β. *Sel acide*, $C^{10}H^7NiO^8, C^{10}H^8O^8 + 2$ aq. Si l'on abandonne sur
l'acide sulfurique la solution de l'hydrate de nickel dans l'acide pyrotartrique, on finit par obtenir une masse cristalline qui présente
cette composition.

Pyrotartrate de cobalt. — L'hydrate de cobalt se dissout lentement dans l'acide pyrotartrique en donnant une liqueur fort acide,
qui dépose, par l'évaporation, des cristaux incolores d'acide pyrotartrique, mélangés d'un sel rouge insoluble. Si on neutralise par
l'ammoniaque la liqueur acide, il se produit une poudre cristalline,
rosée, qui se dissout dans l'eau en se décomposant.

Pyrotartrates de cuivre. — α. *Sel neutre*, $C^{10}H^6Cu^2O^8 + 4$ aq.
L'acide pyrotartrique ne précipite pas les sels de cuivre; mais le
pyrotartrate de soude donne avec eux un précipité bleu, soluble
dans environ 250 p. d'eau, fort soluble dans les acides et dans l'ammoniaque. Ce précipité retient, à 100°, 2 atomes d'eau.

La solution bleue du pyrotartrate de cuivre dans l'ammoniaque
se dessèche en une masse qui est probablement un pyrotartrate de
cuprammonium.

β. *Sous-sel*, $C^{10}H^6Cu^2O^8, 2\ CuO + 4$ aq. Flocons verdâtres qui
se déposent, lorsqu'on évapore la solution du sel neutre dans
l'ammoniaque, après y avoir ajouté de l'eau.

Pyrotartrates de fer. — α. *Sel ferreux*. L'acide pyrotartrique dissout le fer, avec dégagement d'hydrogène. La solution rougit promptement, et donne, par l'eau ou l'alcool, des flocons rouges.

β. *Sel ferrique.* Le précipité rouge et visqueux, qui se produit avec le perchlorure de fer et le pyrotartrate de soude, contient, suivant M. Arppe, $C^{10}H^6O^8,Fe^2O^3 + 3$ aq. Le même auteur admet aussi l'existence de deux sous-sels ferriques.

Pyrotartrate de manganèse. — *Sel neutre,* $C^{10}H^6Mn^2O^8 + 6$ aq. Le carbonate de manganèse se dissout à chaud dans l'acide pyrotartrique, en donnant une liqueur qui laisse, par l'évaporation, une masse gommeuse. Ce sel est fort soluble dans l'eau, insoluble dans l'alcool.

Pyrotartrate de chrome. — L'hydrate de chrome vert se dissout un peu dans l'acide pyrotartrique bouillant; la solution verte, fort acide, donne, par la concentration, des cristaux d'acide pyrotartrique tachetés de points verts. L'hydrate de chrome bleu se dissout à froid dans l'acide aqueux, en donnant une liqueur bleue; celle-ci se décolore presque entièrement par l'évaporation.

Pyrotartrate d'urane. — L'acide pyrotartrique aqueux dissout aisément l'hydrate uranique; la solution jaune dépose, par l'évaporation, une poudre de même couleur, fort soluble dans l'eau, insoluble dans l'alcool. Suivant M. Arppe, celle-ci renfermerait $2\,C^{10}H^7(UO^2)O^8,C^{10}H^6(UO^2)^2O^8 + 4$ aq.

Pyrotartrate de bismuth. — L'acide pyrotartrique ne dissout qu'en petite quantité l'hydrate de bismuth récemment précipité; la solution saturée se trouble par l'ébullition, mais elle s'éclaircit de nouveau par le refroidissement. Elle donne, par l'eau, un précipité contenant $2\,C^{10}H^7(BiO^2)O^8, C^{10}H^6(BiO^2)^2O^8 + 2$ aq.

Pyrotartrate d'antimoine. — L'oxyde d'antimoine ne se dissout pas dans l'acide pyrotartrique.

Pyrotartrate d'étain. — L'acide pyrotartrique ne dissout pas l'étain métallique, mais il dissout aisément le protoxyde d'étain. La solution, séparée par le filtre d'un sous-sel jaune insoluble, donne une liqueur qui se trouble beaucoup par l'eau; l'alcool y occasionne un précipité, paraissant contenir $C^{10}H^6Sn^2O^8, 2\,SnO$.

Pyrotartrate de plomb, $C^{10}H^6Pb^2O^8 + 4$ aq. — Il ne se précipite, par voie de double décomposition, qu'au bout de quelques heures; il forme alors de beaux cristaux aciculaires dans la liqueur contenant de l'acide libre; mais, lorsque celle-ci est neutre, le précipité est pulvérulent. Il se dissout en petite quantité dans l'eau bouillante qui le dépose en aiguilles par le refroidissement; il se dissout aussi dans le nitrate de plomb.

L'acide pyrotartrique donne, avec le carbonate de plomb, le même sel, qui reste en grande partie en dissolution dans la liqueur acide.

Avec le sous-acétate de plomb et l'acide pyrotartrique, on obtient un précipité blanc, caillebotté, insoluble dans l'eau, fort soluble dans un excès de sous-acétate et dans un excès d'acide.

Pyrotartrate de mercure. — Le sel mercureux et le sel mercurique constituent des précipités blancs.

Pyrotartrate d'argent, $C^{10}H^6Ag^2O^8$. — Précipité blanc, caillebotté, qui noircit promptement à la lumière. Lorsqu'on le chauffe dans un courant de gaz hydrogène sec, et qu'on lave le produit à l'eau pour enlever l'acide devenu libre, on obtient une poudre brune qui constitue du pyrotartrate argenteux.

Dérivés méthyliques, éthyliques.... de l'acide pyrotartrique.
Éthers pyrotartriques.

§ 625. Le *pyrotartrate d'éthyle,* $C^{18}H^{16}O^8 = C^{10}H^6(C^4H^5)^2O^8$, est le seul éther pyrotartrique décrit jusqu'à présent [1]. On l'obtient en éthérifiant l'acide pyrotartrique par l'alcool et l'acide chlorhydrique. C'est un liquide incolore, transparent, d'une odeur aromatique et d'une saveur amère. Sa densité est de 1,016 à 18,5°; il bout à 218°, en se décomposant en partie. Il se dissout en toutes proportions dans l'alcool et l'éther; l'eau en dissout fort peu. Le contact de l'eau l'acidifie peu à peu en régénérant de l'alcool. L'ammoniaque sèche ne l'attaque pas.

ACIDE PYRUVIQUE.

Composition : $C^6H^4O^6 = C^6H^3O^5,HO$.

§ 626. Ce corps, découvert par Berzélius [2] en 1834, se produit dans la distillation sèche de l'acide tartrique et de l'acide paratartrique. Voici comment on le prépare : on introduit l'acide dans une cornue de verre tubulée, et munie d'un récipient également tubulé; on

---

[1] GRUNER (1832), *loc. cit.* — MALAGUTI, *Ann. de Chim et de Phys.,* LXIV, 275. — ARPPE, *loc. cit.*
[2] BERZÉLIUS (1834), *Annal. de Poggend.,* XXXVI, 1.

chauffe la cornue au bain de sable, dans un fourneau dont on puisse régler la température. L'acide entre en fusion, se boursoufle; il devient jaune, puis brun, et enfin noir. La température ne doit pas dépasser 200°, au moins au commencement de l'opération. La masse fondue se boursoufle sans cesse, et déborde même volontiers si l'on n'a pas soin, de temps à autre, de l'agiter avec un gros fil de cuivre ou de platine. Il distille d'abord un liquide incolore, doué d'une odeur acide particulière, mais dans laquelle il est aisé de reconnaître l'odeur de l'acide acétique. Pendant toute la durée de l'opération, il se dégage du gaz acide carbonique, qui entraîne à l'état de vapeur une certaine quantité d'acide acétique et d'acide pyruvique. Le produit de la distillation prend ensuite une teinte jaune qui devient de plus en plus foncée, mais qui ne passe jamais au brun si, vers la fin, la température ne dépasse pas 220°. Le résidu, dans la cornue, finit par devenir noir comme du charbon, perd sa viscosité et bout sans se boursoufler. L'opération est terminée lorsqu'il ne se dégage plus rien à 220°, et que le résidu noir est demi-fluide. Si l'on élevait la température au-dessus de ce point, le résidu se décomposerait à son tour en gaz combustibles, en une huile pyrogénée et en un liquide brun, qui se mêleraient au produit de la distillation, et en rendraient la purification très-difficile. Après le refroidissement, ce résidu est dur et légèrement poreux, présente l'aspect du charbon, est insoluble dans l'eau, mais soluble en grande partie dans l'alcool, surtout à chaud, et davantage encore dans les carbonates alcalins, qui laissent une poudre noire contenant une petite quantité de silice provenant de la cornue. Ce résidu est composé de plusieurs substances noires ou brunes, ayant les caractères d'acides faibles, mais difficiles à séparer les unes des autres.

L'acide distillé qu'on recueille dans les premières portions est à peu près exempt d'huile pyrogénée, mais le produit qui passe à la fin se trouble par l'addition de l'eau. L'odeur qu'il exhale est semblable à celle du vinaigre, mais en même temps empyreumatique; il a une saveur acide et brûlante, une couleur jaune, et la consistance de l'acide sulfurique. La portion qui passe en dernier lieu est tellement concentrée, que sa densité peut s'élever à 1,28. Le produit de la distillation contient d'autant moins d'acide acétique et répand une odeur d'autant moins acide qu'il est moins concentré; il renferme des traces d'un corps plus volatil et plus léger que l'eau (probablement de l'acétone), de l'acide acétique, de l'acide pyruvique, de l'acide pyrotartrique et plusieurs matières particulières, extractives ou résineuses. Pour séparer les acides volatils, on distille le tout au bain-marie, en ayant soin de ne pas luter le récipient, à cause du dégagement de l'acide carbonique ; la distillation marche très-lentement, et il reste à la fin un sirop brun foncé, qui dépose quelquefois, par le refroidissement, des cristaux d'acide pyrotartrique. Mêlé avec de l'eau, ce sirop se trouble en précipitant une substance résineuse.

Cependant l'acide distillé au bain-marie n'est pas incolore ; et l'on ne peut même pas l'obtenir dans cet état par la distillation dans le vide ; il ne paraît pas résister à la distillation, ni même à l'évaporation, sans se décomposer partiellement : aussi donne-t-il toujours à la distillation un sirop brun, qui ne diffère du produit précédent que par l'absence des cristaux d'acide pyrotartrique. L'acide distillé au bain-marie consiste principalement en acide acétique et en acide pyruvique ; on n'y trouve pas d'acide formique.

Pour obtenir l'acide pyruvique pur et exempt d'acide acétique, on le sature par du carbonate de plomb récemment précipité et encore humide ; celui-ci s'y dissout d'abord sans résidu, mais, au bout de quelque temps, on voit se précipiter un sel de plomb sous la forme de petits grains ténus, qui finissent par remplir toute la masse. On continue l'addition du carbonate jusqu'à ce qu'il ne se dégage plus d'acide carbonique ; mais il faut opérer à froid, autrement l'acide s'altère aussitôt. Le sel de plomb ne se précipitant pas immédiatement d'une manière complète, on laisse reposer la masse pendant 24 heures dans un lieu froid ; ensuite on recueille le précipité sur un filtre, et on le lave avec une petite quantité d'eau froide dans laquelle le sel est légèrement soluble. On laisse l'eau-mère s'évaporer spontanément, ou dans le vide sur l'acide sulfurique ; l'acide acétique se volatilise, et il reste un pyruvate de plomb incolore, acide et gommeux. Si, pendant l'évaporation, ce sel a pris une teinte jaune, il ne donne plus d'acide pur. Le pyruvate de plomb est ensuite délayé dans une très-petite quantité d'eau, et décomposé par l'hydrogène sulfuré ; la dissolution acide est évaporée dans le vide sur l'acide sulfurique. Récemment préparée, elle est parfaitement incolore ; mais elle devient jaunâtre pendant l'évaporation.

L'acide pyruvique ainsi obtenu forme un sirop épais, qui ne cristallise ni ne se concentre davantage, quelque long temps qu'on le laisse séjourner dans le vide sur l'acide sulfurique. A froid, il est sans odeur; chauffé, il exhale une odeur faible, mais acide, piquante et semblable à celle de l'acide chlorhydrique. Il possède une saveur acide et âcre, avec un arrière-goût amer. Il se mêle en toutes proportions avec l'eau, l'alcool et l'éther.

La composition de l'acide pyruvique a été établie par l'analyse de son sel d'argent. Il renferme :

$$C^6H^4O^6 = C^6H^3O^5,HO.$$

Comme il n'est pas volatil sans décomposition, il est probable qu'il est bibasique, et que la formule précédente doit être doublée :

$$C^{12}H^8O^{12} = C^{12}H^6O^{10}, 2\,HO.$$

Quant à la réaction qui donne naissance à l'aide pyruvique, on la conçoit en considérant que cet acide renferme les éléments de l'acide tartrique, moins ceux de l'eau et de l'acide carbonique :

$$C^8H^6O^{12} = C^6H^4O^6 + 2\,HO + 2\,CO^2.$$

Ac. tartriq.   Ac. pyruviq.

Les produits qui accompagnent l'acide pyruvique, dans la distillation de l'acide tartrique, proviennent sans doute d'une réaction secondaire, car on les obtient aussi en distillant l'acide pyruvique.

L'acide sulfurique décompose à chaud l'acide pyruvique et le noircit. L'acide nitrique le convertit, par une douce chaleur, en acide oxalique.

La solution du chlorure platineux et celle du chlorure platinique ne sont pas décomposés par l'acide pyruvique, même à l'ébullition. Mais le chlorure d'or et les chloraurates se réduisent à l'état métallique lorsqu'on les fait bouillir avec l'acide pyruvique ou avec un pyruvate.

L'acide pyruvique s'altère aussi à la longue en vase clos. Un acide conservé à l'état sirupeux pendant onze ans dégagea avec violence de l'acide carbonique quand on déboucha le flacon qui le contenait, de manière à projeter au dehors la partie d'acide non décomposée.

L'acide pyruvique déplace l'acide acétique lorsqu'on l'évapore avec la solution d'un acétate, ou qu'on l'ajoute à la solution d'un acétate dont la base forme un sel insoluble avec l'acide pyruvique.

§ 627. *Matière noire provenant de la décomposition de l'acide pyruvique.* — La matière noire et poisseuse en laquelle se convertit l'acide pyruvique par la distillation, et qui constitue le résidu dans la préparation de cet acide, est peu soluble dans l'eau, plus soluble dans l'alcool, et se compose d'un mélange de plusieurs corps. Réduite en poudre, et traitée par une faible lessive de carbonate de soude, ajoutée par petites portions, elle lui cède d'abord un corps soluble, que les acides en séparent de nouveau sous la forme d'un précipité couleur de rouille. C'est une espèce d'acide ulmique, peu soluble dans l'eau. La majeure partie de la matière est insoluble dans le carbonate alcalin, mais elle se dissout dans les alcalis caustiques en les colorant en brun foncé ; la solution précipite, par les acides, une gelée noire, qui se dissout peu à peu dans l'eau de lavage. La dessiccation rend ce produit presque insoluble dans l'eau. C'est un acide noir que Berzélius appelle *acide ménique* (du grec μένω, je reste); il rougit le tournesol, et expulse l'acide carbonique des carbonates. Il décompose aussi les acétates alcalins, lorsqu'on les évapore mélangés avec lui. Il forme des sels qui n'offrent pas le moindre indice de cristallisation ; leur couleur est noire ou d'un brun foncé ; les sels terreux et métalliques sont assez peu solubles pour être précipités par double décomposition, mais ils se dissolvent peu à peu par les lavages, avec une couleur brune, après la séparation de la liqueur saline, où ils sont insolubles.

Le *sel d'argent* est noir, floconneux et pulvérulent après la dessiccation. Suivant Berzélius, il renferme $C^{48}H^{19}O^{14},AgO$ (?). Il se dissout aisément dans l'ammoniaque caustique ; et cette solution, évaporée dans le vide sur l'acide sulfurique, laisse un résidu extractiforme, qui se redissout facilement dans l'eau froide.

Dérivés métalliques de l'acide pyruvique. Pyruvates.

§ 628. L'acide pyruvique donne, avec les bases, des sels dont plusieurs cristallisent très-bien. Comme cet acide se décompose aisément sous l'influence de la chaleur, il convient de l'employer à l'état étendu pour saturer les bases ; autrement on obtient des produits jaunes ou bruns.

Ces sels se présentent sous deux modifications, l'une *cristalline*, et l'autre *gommeuse*. On les obtient à l'état cristallin lorsqu'on les prépare sans le concours de la chaleur, on réussit d'autant mieux à les obtenir sous cette forme qu'on les prépare à une température plus basse. La modification gommeuse se produit par l'ébullition et l'évaporation de la solution étendue des sels. La transformation de la modification cristalline en modification gommeuse a lieu avec quelques sels, par exemple avec ceux des terres alcalines, déjà par l'effet d'une chaleur très-douce ; la transformation inverse n'a pas encore pu être réalisée. Lorsqu'on prend un sel cristallin et qu'on en sursature l'eau bouillante, le plus souvent une partie du sel se prend de nouveau en cristaux par le refroidissement; aussi faut-il, pour que la transformation s'opère d'une manière complète, que la solution qu'on fait bouillir soit un peu étendue.

A l'état sec, les sels des deux modifications ne supportent pas l'action de la chaleur sans jaunir. Plusieurs d'entre eux jaunissent déjà à 100°, d'autres résistent à cette température; mais, à 120°, ils deviennent tous d'un jaune citrin; cette teinte passe à l'orangé par une chaleur plus forte. Les pyruvates se comportent donc, sous l'influence de la chaleur, comme l'acide pyruvique lui-même.

L'acide sulfurique concentré décompose les pyruvates secs, mais on n'en peut pas extraire l'acide pyruvique par la distillation; lorsqu'on chauffe légèrement le mélange, il exhale une odeur acide et piquante, analogue à celle du gaz chlorhydrique très-étendu. Lorsqu'on le distille au bain-marie, il passe une petite quantité d'acide pyruvique non altéré, mais la masse noircit, et la majeure partie de l'acide se décompose en donnant de l'acide acétique.

Les pyruvates sont en général peu solubles dans l'alcool, et ils s'y dissolvent d'autant moins qu'il est plus concentré ; toutefois plusieurs d'entre eux sont légèrement solubles même dans l'alcool absolu; mais ils sont insolubles dans l'éther. Les sels insolubles dans l'eau se dissolvent le plus souvent dans les alcalis caustiques, et même dans les alcalis carbonatés.

Un des caractères distinctifs des pyruvates en solution consiste à devenir d'un rouge foncé lorsqu'on y verse goutte à goutte la solution d'un sel ferreux, ou qu'on y introduit un fragment de cristal de sulfate ferreux. Un cristal de sulfate de cuivre détermine, dans une solution moyennement concentrée d'un pyruvate, la formation d'un précipité presque blanc, qui toutefois n'apparaît qu'au bout de quelques heures.

La plupart des pyruvates se présentent à l'état sec, sous la forme de substances translucides, gommeuses, rougissant le tournesol. Beaucoup d'entre eux, surtout ceux qui, à l'état neutre, sont insolubles dans l'eau, sont décomposés par ce liquide, d'autres ne sont pas décomposés par l'eau, mais ils le sont par l'alcool.

§ 629. *Pyruvate d'ammoniaque.* — Il s'obtient difficilement à l'état solide. Le mélange aqueux d'acide pyruvique et d'ammoniaque donne, par l'évaporation spontanée, une masse jaune et déli-

quescente, extrêmement amère, presque insoluble dans l'alcool absolu, et insoluble dans l'éther.

Pyruvate de potasse. — Il est déliquéscent. Par l'évaporation sur
l'acide sulfurique, on l'obtient sous la forme de petites paillettes
qui se liquéfient de nouveau à l'air. Lorsqu'on fait bouillir doucement une solution un peu étendue de ce sel, et qu'on l'évapore ensuite sur de l'acide sulfurique, elle se dessèche en une masse transparente, incolore, fendillée et gommeuse, qui attire l'humidité de l'air.

Pyruvates de soude. — α. *Sel neutre.* Il cristallise par l'évaporation spontanée. Une eau-mère contenant de l'acétate de soude le
fournit sous la forme de gros prismes aplatis, coupés à angles droits
aux extrémités; les cristaux n'acquièrent pas le même volume au
sein d'une solution exempte de cette matière étrangère. Avec une
solution pure, on l'obtient tantôt sous la forme de tables rectangulaires, tantôt sous celle de lames allongées. Les cristaux sont
un peu flexibles, leur poudre est douce au toucher comme du talc.
Ils ne contiennent pas d'eau de cristallisation et ne jaunissent pas
à 100°. Ils renferment 28,25 p. c. de soude.

Le pyruvate de soude est soluble dans l'eau. La solution saturée
à l'ébullition se prend, par le refroidissement, en une masse cristalline. Il est très-légèrement soluble dans l'àlcool anhydre et bouillant, l'alcool aqueux le dissout mieux; cependant une solution
aqueuse du sel, saturée à froid, peut être précipitée par l'alcool de
0,833, de manière qu'il ne reste plus que peu de sel dans la liqueur. Cette faible solubilité du pyruvate de soude dans l'alcool
permet d'en séparer aisément l'acétate de soude.

La modification gommeuse du pyruvate de soude s'obtient en
évaporant sur l'acide sulfurique une solution très-étendue du sel,
après l'avoir fait bouillir; on obtient ainsi une masse fendillée, incolore et limpide.

β. *Sel acide.* Lorsqu'on broie le sel neutre avec de l'acide pyruvique un peu concentré, il se produit un sel acide qui ne tarde pas
à se prendre en une gelée transparente; celle-ci se dessèche en
une masse fendillée. Lorsqu'on traite ce sel à l'état sec par l'alcool,
celui-ci extrait l'excédant d'acide pyruvique, et laisse une poudre
blanche, légère et gonflée, acide aux papiers, et d'une saveur
amère, un peu aigrelette. Lorsqu'on redissout cette poudre et
qu'on évapore de nouveau la solution, on obtient une masse blanche et fendillée.

Pyruvate de lithine. — Il est peu soluble, et se prend en une croûte composée de grains cristallins. Sa solution presque saturée peut être évaporée par la chaleur sans devenir jaune ou gommeuse; mais, lorsqu'on prend une solution très-étendue et qu'on l'évapore au bain-marie jusqu'à siccité, on obtient un sel gommeux, incolore, dur, mais non fendillé, qui se dissout plus aisément dans l'eau que le sel cristallin.

§ 630. *Pyruvate de baryte*. — Il cristallise en paillettes larges et brillantes, inaltérables à l'air. Il est assez soluble dans l'eau, et contient 5,45 ou 1 atome d'eau de cristallisation, qui se dégage à 100°. La solution du sel perd la propriété de cristalliser. Pour peu qu'on la chauffe, elle donne alors une masse gommeuse, qui, desséchée à l'air, contient 10,33 pour cent ou 2 atomes d'eau, et se dissout très-difficilement, même dans l'eau bouillante.

Pyruvate de strontiane. — Il est moins soluble que le sel précédent et se prend en une masse cristalline par l'évaporation spontanée. Délayé dans l'eau, le sel sec prend un éclat satiné. Sa solution, saturée à l'ébullition, cristallise, par le refroidissement, en paillettes douées du même éclat. Il contient 12 pour cent ou 2 atomes d'eau de cristallisation. La modification gommeuse du sel est incolore et transparente; elle se fendille et devient d'un blanc de lait par l'action d'une douce chaleur, en perdant son eau.

Pyruvate de chaux. — Il se prend en grains cristallins, qu'on peut faire cristalliser de nouveau en les dissolvant dans l'eau froide, et en laissant la solution s'évaporer spontanément à une basse température; mais la moindre chaleur, même celle de la main, suffit pour faire passer le sel à l'état gommeux.

Pyruvate de magnésie. — Il est difficile de l'obtenir autrement que sous la modification gommeuse; cependant on y remarque quelques indices de cristaux grenus. Il jaunit aisément sous l'influence d'une douce chaleur.

Pyruvate d'alumine. — Il se dessèche en un sirop qui reste mou. L'hydrate d'alumine employé en excès donne un sous-sel gonflé et gélatineux. La solution du sel n'est précipitée ni par les alcalis caustiques, ni par les carbonates alcalins.

Pyruvate de glucine. — Il se dessèche en une masse transparente, fendillée, et douée d'une saveur douce. Un excès de glucine le transforme en sous-sel. Le sel dissous n'est précipité ni par les alcalis caustiques, ni par les alcalis carbonatés.

Pyruvate d'yttria. — Il se dessèche en une masse dure, non fendillée, d'une saveur sucrée. Lorsqu'on le redissout dans l'eau, il s'en dépose une partie sous la forme de flocons blancs, et le sel dissous se dessèche de nouveau en une masse gommeuse. La manière la plus avantageuse de préparer le pyruvate d'yttria consiste à mélanger une solution de chlorure yttrique avec une solution concentrée de pyruvate de soude; le sel se prend alors, au bout de quelques heures, en une croûte composée de grains blancs. Il n'est pas très-soluble dans l'eau. Sa solution est précipitée par les alcalis caustiques et carbonatés, mais le précipité se redissout dans un excès de réactif.

Pyruvate de zircone. — Il est soluble dans l'eau. La solution n'est pas précipitée par l'ammoniaque caustique.

Pyruvate de thorine. — Il se comporte de même.

§ 631. *Pyruvate de zinc.* — Lorsqu'on fait dissoudre du carbonate de zinc dans l'acide pyruvique, le mélange s'échauffe; aussi, pour l'empêcher de jaunir, faut-il préalablement étendre l'acide de son volume d'eau. Le carbonate de zinc, en se dissolvant, produit d'abord une liqueur claire, qui dépose ensuite une poudre grenue d'un blanc de neige, à mesure qu'elle approche de la saturation; l'eau-mère en se desséchant, laisse un sursel incolore et gommeux, qui, traité par l'eau, se décompose en donnant beaucoup de sel neutre.

Le pyruvate de zinc neutre est peu soluble dans l'eau ; à 100°, il ne change ni de poids ni d'aspect, mais, à une température plus élevée, il prend une couleur jaune de plus en plus foncée, et finit par perdre son eau de cristallisation, dont la quantité s'élève à 18,37 pour cent ou à 3 atomes, et qu'il retient, même dans l'air sec, à 100°.

La modification gommeuse s'obtient le mieux en dissolvant du zinc, à chaud, dans l'acide préalablement étendu d'eau, continuant la digestion tant qu'il se dégage encore du gaz hydrogène, et faisant ensuite évaporer la dissolution au bain-marie ; il se produit ainsi une masse transparente et jaunâtre, qui se redissout aisément dans l'eau. Si l'on opère à froid la dissolution du zinc, on obtient une masse épaisse, composée d'un mélange de sel gommeux dissous et de sel cristallin précipité, mais qu'il suffit d'évaporer au bain-marie pour la transformer complétement en sel gommeux.

Pyruvate de nickel. — Ce sel, sous l'une et l'autre modification, se comporte absolument comme le sel de cobalt, avec cette seule différence, qu'il est d'un vert de pomme, et qu'il se dissout encore plus difficilement dans l'eau.

Pyruvate de cobalt. — Lorsqu'on introduit du carbonate de cobalt dans l'acide pyruvique, le sel se dissout avec effervescence, et l'on obtient une liqueur rouge, qui dépose une poudre grenue et rosée, à mesure qu'elle approche de la saturation. Une fois précipité, ce sel est très-peu soluble dans l'eau froide, même aiguisée d'acide pyruvique. Mais, en favorisant l'action de l'eau par la chaleur, on obtient une solution rouge pâle, qui laisse, après l'évaporation, un sel rouge, gommeux, fendillé, et très-soluble dans l'eau. Le même sel s'obtient en dissolvant du carbonate de cobalt dans l'acide étendu et bouillant; ce moyen est le plus avantageux pour l'obtenir en grande quantité. Le pyruvate de cobalt est insoluble dans les alcalis fixes, tant caustiques que carbonatés.

Pyruvate de cuivre, $C^6H^5CuO^6 + aq.$ — Le carbonate de cuivre se dissout avec effervescence dans l'acide pyruvique, en donnant une liqueur verte qui, à un certain degré de saturation, dépose le sel neutre sous la forme d'un précipité pulvérulent, de couleur verte. L'eau-mère se dessèche en une gomme verte, formée par un sursel; elle se décompose lorsqu'on la reprend par l'eau.

Le sel neutre s'obtient aussi lorsqu'on introduit un gros cristal de sulfate de cuivre dans une solution de pyruvate de soude; peu à peu la masse s'épaissit en déposant un précipité presque blanc. Ce sel étant fort peu soluble dans l'eau froide, on peut le laver sans perte considérable. Il devient bleu, par la perte de l'eau hygrométrique, lorsqu'on l'abandonne sur l'acide sulfurique; mais, dans cet état, il retient encore 1 atome d'eau de cristallisation.

Il est un peu plus soluble dans l'eau bouillante que dans l'eau froide; la solution a une couleur verte. Par l'évaporation de cette solution au bain-marie, on obtient le sel sous la forme d'une masse verte, transparente, gommeuse, assez soluble dans l'eau.

Le pyruvate de cuivre se dissout dans les alcalis caustiques et dans les carbonates alcalins, sans donner de précipité; la solution fournit, par l'évaporation, une masse transparente, d'un vert foncé. La solution dans la potasse caustique est d'un bleu foncé; elle se trouble quand on l'étend d'eau, et se colore en vert; elle dépose, par l'ébullition, de l'oxyde de cuivre noir.

Pyruvate de fer. — α. *Sel ferreux.* On l'obtient à l'état cristallin, en introduisant un cristal de sulfate ferreux dans une solution froide et presque saturée de pyruvate de soude, et en versant de l'huile à la surface de la liqueur, pour prévenir la formation d'un sous-sel ferrique par le contact de l'air. La liqueur devient immédiatement d'un rouge foncé, et, au bout de 24 heures, on la voit remplie de grains cristallins d'une couleur rouge plus claire que celle de la liqueur. On peut purifier les cristaux de l'eau-mère par des lavages à l'eau froide, dans laquelle ils sont peu solubles. Le sel lavé, et desséché sur l'acide sulfurique, est couleur de chair, à peu près comme un sel de cobalt, et n'éprouve pas d'altération, à l'état sec, de la part de l'air. Il est très-peu soluble dans l'eau.

Le pyruvate ferreux s'obtient à l'état gommeux, lorsqu'on dissout à chaud du fer dans l'acide un peu étendu et recouvert d'une couche d'huile. La dissolution s'opère lentement, et la liqueur prend peu à peu une couleur rouge tellement foncée, qu'elle paraît tout à fait opaque. Quand tout dégagement de gaz hydrogène a cessé, la liqueur est épaisse, et possède une saveur douceâtre et astringente. Elle se dessèche par la chaleur en une masse molle qui durcit par le refroidissement. Ce produit a une couleur presque noire ; il se redissout aussi bien dans l'alcool que dans l'eau, en les colorant en rouge foncé ; quand on évapore à chaud la solution un peu étendue, elle précipite un sous-sel ferrique, tandis que la liqueur retient en dissolution un sel ferrique neutre, d'une teinte beaucoup plus claire.

β. *Sel ferrique.* Préparé en saturant l'acide au moyen de l'hydrate ferrique encore humide, il a la couleur ordinaire des sels ferriques. Il se dessèche en une masse rouge, soluble dans l'eau et dans l'alcool. Sa solution n'est précipitée ni par les alcalis caustiques ni par les alcalis carbonatés.

Le sel ferrique qui se forme, par l'oxydation à l'air, quand on évapore le sel ferreux gommeux, donne par les alcalis un précipité brun, fort peu soluble dans un excès d'alcali.

Le *sous-sel ferrique* qui se précipite par l'oxydation, à l'air, du sel ferreux, se dissout dans l'ammoniaque avec une couleur rouge foncée.

Pyruvate de manganèse. — C'est une masse d'un blanc de lait, cristallisée irrégulièrement, et composée de petites paillettes cristallines tout à fait semblables au sel de strontiane. Une fois séparé à l'état solide, le sel se dissout difficilement dans l'eau froide ; l'eau chaude le dissout mieux, mais l'évaporation, par la chaleur, le fait passer à l'état gommeux. Il brunit facilement; mais la majeure partie du sel coloré ne se redissout plus dans l'eau. Le sel gommeux est très-soluble dans ce liquide.

§ 632. *Pyruvate d'urane.* — Sel soluble dans l'eau, d'une très-belle couleur jaune.

Pyruvate de bismuth. — L'oxyde de bismuth se dissout lentement dans l'acide pyruvique; on obtient une combinaison qui se dessèche en un sirop visqueux, soluble dans l'eau; la solution n'est précipitée ni par les alcalis caustiques ni par les carbonates alcalins.

Pyruvate de plomb, $C^6H^3PbO^6$ + aq. (à 100°). — On fait dissoudre dans l'acide pyruvique du carbonate de plomb récemment précipité; dès que le mélange commence à être saturé, il dépose une poudre grenue et pesante. Pour débarrasser ce précipité du carbonate de plomb excédant, on l'abandonne pendant 24 heures dans l'eau-mère non saturée, qu'on agite de temps à autre.

On obtient aussi le pyruvate de plomb en versant l'acide pyruvique dans une solution concentrée d'acétate de plomb; il ne se forme pas immédiatement de précipité, mais au bout de quelques heures la masse s'épaissit, et dépose le sel sous la forme d'une poudre grenue. Le sel sec jaunit déjà à 100°, mais ne diminue pas sensiblement de poids. Chauffé à 110°, il devient d'un jaune citrin en perdant une partie de son eau de cristallisation, laquelle se dégage complètement à 120°; mais alors le sel est d'un jaune foncé. Il contient 1 atome ou 4,48 pour cent d'eau. Le sel jaune, décomposé par le carbonate de soude, donne du carbonate de plomb jaune, ainsi qu'une solution citrine de pyruvate de soude, dont la plus grande partie se trouve sous la modification gommeuse.

Lorsqu'on sature par du carbonate de plomb, aussi complètement que possible, la liqueur acide d'où le pyruvate de plomb grenu s'est déposé, et qu'on abandonne la liqueur à l'évaporation spontanée, on obtient une masse gommeuse et acide, que l'eau décompose en laissant un sel neutre insoluble.

On obtient le pyruvate de plomb gommeux par double décomposition avec un autre sel gommeux, par exemple, avec le sel de chaux ou de baryte, dont on mélange la solution aqueuse avec de l'acétate de plomb. Il se produit ainsi un précipité léger et floconneux qui ne s'agglutine pas.

Un *sous-sel de plomb,* $C^6H^3PbO^6$, 2 PbO + aq., s'obtient en traitant le sel neutre par l'ammoniaque caustique étendue d'eau. Le sous-sel ainsi obtenu se dissout en petite quantité par les lavages. On dessèche le sel sur l'acide sulfurique, pour qu'il n'attire point l'acide carbonique.

Pyruvate d'argent, $C^6H^3AgO^6$. — La meilleure manière de le préparer consiste à saturer à froid l'acide pyruvique par de l'oxyde d'argent encore humide. Le sel se dépose immédiatement sous la forme d'une masse feuilletée et cristalline. Dès que l'acide paraît saturé, on y ajoute de l'eau bouillante, jusqu'à ce que le sel soit entièrement dissous; on filtre la liqueur bouillante, et on la laisse refroidir dans un endroit obscur. Le pyruvate d'argent cristallise alors en larges écailles brillantes.

On peut aussi préparer ce sel en mélangeant une solution saturée de pyruvate de soude avec du nitrate d'argent neutre; il ne se précipite pas immédiatement, mais, après quelques instants, le mélange se prend en une masse cristalline. On sépare l'eau-mère, on exprime les cristaux, et, après les avoir dissous dans une petite quantité d'eau bouillante, on les fait cristalliser de nouveau.

Le sel d'argent, desséché dans l'obscurité sur l'acide sulfurique, se présente sous la forme d'écailles brillantes, semblables à l'acide borique, et d'un blanc de lait. Il est doux au toucher, comme le talc. Il brunit au soleil. Il est anhydre, et supporte une température de 100° sans jaunir. Il est fort peu soluble dans l'eau froide; sa solution dans l'eau bouillante dépose, par l'évaporation, une poudre brune; si on la maintient longtemps en ébullition, elle jaunit, dégage de l'acide carbonique et dépose du carbure d'argent (?), sous la forme d'une poudre grise et métallique.

L'ammoniaque dissout le pyruvate d'argent; les carbonates alcalins le décomposent, sans le dissoudre.

On obtient le pyruvate d'argent sous la modification gommeuse, en mélangeant un pyruvate gommeux avec du nitrate d'argent. Il se produit immédiatement un précipité qui se redissout d'abord, mais qui ne tarde pas à reparaître et à persister. Il est blanc, floconneux et léger, un peu plus soluble dans l'eau chaude que dans l'eau froide; par le refroidissement, il se dépose de nouveau à l'état amorphe. Cette modification ne supporte pas une température aussi élevée que la modification cristalline, et se colore plus facilement.

Pyruvate de mercure. — α. *Sel mercureux*. Il se dépose sous la forme d'un précipité blanc et amorphe, lorsqu'on mêle du nitrate mercureux avec une solution de pyruvate de soude. Il est légèrement soluble dans l'eau bouillante, mais une partie du sel non dissous s'altère en même temps, en devenant grise. La même altération s'opère après quelques instants sans le concours de la chaleur, lorsqu'on mêle du nitrate mercureux avec la solution d'un pyruvate gommeux.

β. *Sel mercurique.* La meilleure manière de le préparer consiste à ajouter de l'oxyde mercurique en poudre fine à l'acide pyruvique dilué, jusqu'à ce qu'il ne se dissolve plus rien. Lorsque l'acide est très-concentré, une partie du sel se dépose longtemps avant que l'acide ait atteint le point de saturation. On laisse la liqueur saturée pendant quelques heures en digestion avec l'oxyde non dissous, ensuite on la filtre. Elle elle est incolore; par l'évaporation spontanée, elle dépose d'abord une croûte blanche de sel neutre, puis elle se dessèche en une masse vitreuse et jaunâtre composée d'un sel acide. Celui-ci donne, avec l'eau, un sel soluble plus acide encore, et un sous-sel insoluble. L'eau décompose également le sel neutre.

Lorsqu'on dissout 1 atome de pyruvate de soude dans la solution saturée de 1 atome de chlorure mercurique, il ne se produit pas de précipité ; mais le mélange abandonné à l'évaporation spontanée dépose le pyruvate mercurique sous la forme d'une croûte blanche.

La solution du pyruvate mercurique dans l'eau est précipitée par les carbonates alcalins ; mais le précipité se redissout dans un excès de réactif, en donnant une liqueur qui dépose peu à peu un sel mercureux blanc. L'ammoniaque caustique précipite le pyruvate mercurique, sans redissoudre le précipité.

Le *sous-sel mercurique* qu'on obtient en traitant le sel neutre par l'eau est d'un blanc de neige, et insoluble dans l'eau bouillante.

VI.

GROUPE CITRIQUE.

§ 633. Ce groupe comprend l'*acide citrique* et les produits de la métamorphose de cet acide. Sous l'influence de la chaleur, l'acide citrique se convertit d'abord en *acide aconitique,* puis en *acide pyrocitrique hydraté* et en *acide pyrocitrique anhydre.*

D'après cela, le groupe citrique comprend les termes principaux suivants :

Acide citrique. . . . . $C^{12}H^8 O^{14}$,

Amides citriques.
- Citramide. . . . . $C^{12}H^{11}N^3O^8$,
- Acide citrobiamique. . . . $C^{12}H^{10}N^2O^{10}$,
- Citrimide. . . . . $C^{12}H^8 N^2O^8$,
- Acide citramique. . . . . $C^{12}H^7 N O^{10}$,

Acide aconitique. . . . . $C^{12}H^6 O^{12}$,

Acide pyrocitrique anhydre. . . . . $C^{10}H^4 O^6$,

Acides pyrocitriques isomères (ac. itaconique,
  citraconique, mésaconique, lipique). . . . $C^{10}H^6 O^8$,

Chlorure pyrocitrique. . . . . $C^{10}H^4 O^4 Cl^2$,

Amides pyrocitriques.
- Pyrocitramide. . . . . $C^{10}H^8 N^2O^4$,
- Ac. pyrocitramique. . $C^{10}H^7 N O^6$,
- Pyrocitrimide. . . . . $C^{10}H^5 N O^4$.

L'acide aconitique renferme 2 HO de moins que l'acide citrique, et l'acide pyrocitrique contient 2 CO^2 de moins que l'acide aconitique.

Plusieurs réactions rattachent le groupe citrique au groupe acétique : par la distillation sèche, l'acide citrique donne de l'acétone (§ 461) ; par l'hydrate de potasse, le même acide se convertit, à une température élevée, en acétate et en oxalate de potasse.

Le groupe citrique se rattache aussi au groupe succinique (*Série propionique*) : l'aconitate de chaux se convertit par la fermentation en succinate de chaux.

ACIDE CITRIQUE.

Composition : $C^{12}H^8O^{14}$ + 2 aq.

§ 634. On doit à l'illustre Scheele [1] les premières notions sur l'acide citrique, qu'il parvint à isoler du jus de citron, en 1784, après l'avoir su distinguer de l'acide tartrique, avec lequel il a beaucoup de ressemblance.

Outre les citrons, beaucoup d'autres fruits lui doivent leur aci-

. SCHEELE (1784), *Opuscula* II, 181. — BERZÉLIUS, *Ann. de Chimie*, XCIV, 171. *Ann. de Chim. et de Phys.*, LII, 424 et 432 ; LXVII, 303 ; LXX, 215. *Ann. de Poggend*, XXVII, 281 ; XLVII, 309. — ROBIQUET, *Ann. de Chim. et de Phys.*, LXV, 68. *Journ. de Pharm.*, XXV, 77. — LIEBIG, *Ann. der Chem. u. Pharm.*, V, 134 ; XXVI, 119 et 152 ; XLIV, 57. — MARCHAND, *Journ. f. prakt. Chem.*, XXXIII, 60.

dité : on le rencontre à l'état libre, dans les groseilles, les framboises, les fraises, les cerises, les oranges, les cédrats, les limons, les baies d'airelle, les fruits de l'églantier, les baies de sorbier, la pulpe des tamarins, etc. Il est plus rare de le trouver dans les plantes, à l'état de sel de chaux ou de potasse.

On emploie avec avantage le jus de citron pour la préparation de l'acide citrique. A cet effet, on abandonne d'abord ce jus jusqu'à ce qu'il éprouve un commencement de fermentation; de cette manière on le débarrasse presque entièrement des parties mucilagineuses qu'il tient en suspension, car elles viennent alors se déposer et peuvent aisément être séparées à l'aide du filtre. Quand le liquide s'est bien éclairci, on le sature à chaud par de la craie; mais comme les dernières portions d'acide éprouvent de la difficulté à réagir sur ce carbonate, on complète la saturation par de la chaux vive. On obtient ainsi un sel de chaux insoluble qu'on purifie par des lavages à l'eau chaude; en le décomposant ensuite par une quantité convenable d'acide sulfurique employé en léger excès, on obtient une solution d'acide citrique que l'on concentre par l'évaporation pour obtenir des cristaux. 100 kilogrammes de bons citrons fournissent environ 5 $^1/_2$ kilogrammes d'acide cristallisé.

L'acide citrique se colore facilement pendant la concentration; il faut donc le soumettre à des cristallisations répétées, jusqu'à ce qu'il soit décoloré. Si l'opération se fait en petit, il est avantageux d'ajouter un peu d'alcool à la liqueur concentrée, avant de l'abandonner à la cristallisation : l'alcool diminue la solubilité de l'acide dans l'eau-mère.

En Angleterre, où l'on prépare l'acide citrique en grand pour la teinture du coton, on prend, sur 5 kilogr. de jus de citron saturé de craie, 4 $^1/_2$ kilogr. d'acide sulfurique de 1,845 densité, qu'on étend de 28 kilogr. d'eau ; on met le citrate de chaux en digestion avec l'acide sulfurique, sans le concours d'une chaleur extérieure. Lorsqu'on verse sur le sel calcaire l'acide sulfurique encore chaud après avoir été étendu d'eau, il arrive quelquefois que le sulfate de chaux, produit par la réaction s'agglomère au point d'emprisonner une certaine quantité de citrate non décomposé. On prévient cet inconvénient par une agitation forte et prolongée; on décante la liqueur acide, et on broie la masse compacte qui reste, afin de ne pas perdre l'acide citrique qu'elle renferme encore; on filtre ensuite, et on lave le sulfate de chaux à l'eau froide. On concentre la liqueur

acide filtrée, en la faisant bouillir à feu nu dans une chaudière
en plomb, jusqu'à ce qu'elle ait une densité de 1,13 ; puis on la
verse dans une petite chaudière plate, et on la réduit par l'évaporation au bain-marie à la consistance d'un sirop fluide. Dès
que la surface du sirop commence à se couvrir d'une pellicule,
on le retire du bain-marie, et on l'abandonne au refroidissement :
au bout de vingt-quatre heures, la cristallisation est terminée. Si
l'on concentrait davantage, on s'exposerait à charbonner l'acide
citrique. Les cristaux sont jaunes ; pour les avoir incolores, il faut
les faire cristalliser encore quatre ou cinq fois. L'eau-mère d'où ils
se déposent est noire. Pour en extraire l'acide citrique qu'elle contient encore, on l'étend d'eau, et on recommence l'opération comme
pour le jus de citron.

Fourcroy avait proposé de préparer le citrate de chaux dans la pa-
trie même des citronniers, et de l'expédier de là dans d'autres pays.
Un Anglais essaya de réaliser cette idée en Sicile ; et, en 1809 à 1810,
il fabriqua environ 250,000 kilogr. de citrate de chaux. Mais, les
habitants du pays étant impropres à ce genre de travail, l'entrepre-
neur en tira fort peu de bénéfice ; en outre, la saison avancée
rendit difficile la dessiccation du sel, qui s'altéra ainsi en partie
par un commencement de fermentation ; enfin les fabricants, for-
cés de faire venir d'Angleterre la craie et les tonneaux qu'on ne
pouvait pas se procurer en Sicile, ne tardèrent pas à renoncer à
cette entreprise.

On a proposé de saturer le jus de citron par un alcali, et de le
précipiter ensuite par de l'acétate de plomb. Mais le jus de citron
renferme, outre l'acide citrique, de l'acide malique, de la gomme
et une substance extractive, toutes matières précipitables par l'a-
cétate de plomb ; ce procédé ne donne donc pas de l'acide citrique pur.

Parmi les fruits de notre pays, les groseilles à maquereau renferment le plus d'acide citrique ; il est avantageux de les cueillir pour
cela avant leur maturité. On en exprime le suc, et on le traite
comme le jus de citron. M. Tilloy [1], pharmacien de Dijon, fait cette
préparation de la manière suivante : il écrase les groseilles et les
fait fermenter ; lorsque la fermentation s'est opérée, il distille la
masse à feu nu pour retirer l'alcool qu'elle contient, sépare le li-

[1] Tilloy, *Journ. de Pharm.*, XIII, 305.

quide du marc, et soumet celui-ci à la presse. Pendant que le liquide est encore chaud, il le sature avec de la craie, lave à plusieurs
reprises le citrate de chaux, puis exprime ce sel, le délaye dans
l'eau, de manière à en faire une bouillie claire, et le décompose
à chaud par de l'acide sulfurique étendu du double de son poids
d'eau. Le liquide acide qui résulte de ce traitement, et qui est un
mélange d'acide citrique et d'acide sulfurique, est de nouveau saturé par la craie. Le précipité, recueilli sur un filtre, lavé à grande
eau, puis soumis à la presse, est traité par l'acide sulfurique, et la
liqueur claire contenant l'acide citrique est décolorée par le charbon animal, et enfin évaporée. La liqueur étant suffisamment réduite, on laisse déposer, on tire à clair, et on l'achève la cristallisation dans des étuves chauffées à 25 ou 30°. Les cristaux qu'on
obtient sont colorés; on les purifie par un lavage analogue au
terrage des sucres; on les fait redissoudre et cristalliser. 2800 kil.
de groseilles ont donné à M. Tilloy 21 kil. d'acide citrique.

§ 635. L'acide citrique cristallise sous deux formes, suivant la
température à laquelle on l'obtient. Une solution concentrée et saturée à froid dépose, par l'évaporation spontanée, de beaux cristaux appartenant au système rhombique. Ces cristaux renferment
2 atomes = 8,5 p. c. d'eau, qu'ils perdent par la dessiccation à
100°. L'acide du commerce présente cette composition.

Les cristaux d'acide citrique présentent ordinairement la com-
binaison[1] ∞P. $\bar{\text{P}}\infty$. $\check{\text{P}}\infty$, avec les faces P subordonnées, et plus
rarement avec les faces $\frac{1}{2}\bar{\text{P}}\infty$, $\frac{1}{2}\check{\text{P}}\infty$, oP. Inclinaison des faces,
∞P : ∞P à la petite diagonale = 112° 2'; ∞P : $\bar{\text{P}}\infty$ = 118°
37'; $\dot{\text{P}}\infty$: $\bar{\text{P}}\infty$ = 101° 10'; ∞P : $\check{\text{P}}\infty$ = 140° 13'; $\check{\text{P}}\infty$: $\bar{\text{P}}\infty$
à la petite diagonale = 135° 51'. Rapport des axes, petite diago-
nale a : grande diagonale b : axe vertical c :: 1 : 1,483 : 2,465.
Clivage parallèle à oP.

Lorsqu'on dissout cet acide dans l'eau bouillante, qu'on évapore
la solution en la faisant bouillir jusqu'à pellicule, et qu'on la
laisse ensuite refroidir, il s'y dépose des cristaux d'une autre forme,
contenant 1 at. d'eau de cristallisation (Marchand)[2].

---

[1] HEUSSER, *Ann. de Poggend.*, LXXXVIII, 122. — Voy. aussi : BROOKE, *Annals of Philos.*, [2] VI, 119. — KOPP, *Einleit. in die Krystall.*, p. 264.

[2] Suivant M. Gmelin (*Handb. der Chemie*, V, 833), ces cristaux présentent probablement la composition de l'acide desséché à 100°, et ne contiennent qu'un peu d'eau
d'interposition.

L'acide avec 2 at. d'eau de cristallisation se dissout dans 0,75 p. d'eau froide et dans 0,5 p. d'eau bouillante. Il se dissout aussi dans l'alcool et dans l'éther.

La solution aqueuse se décompose à la longue en se couvrant de moisissures; elle contient alors de l'acide acétique. Elle ne précipite pas l'eau de chaux; mais quand on ajoute à de l'eau de chaux quelques gouttes d'acide citrique, et qu'on porte à l'ébullition le liquide limpide, il se trouble, et dépose peu à peu un précipité blanc de citrate de chaux neutre, soluble dans les acides sans effervescence. Elle ne précipite pas la potasse. Ces réactions distinguent l'acide citrique de l'acide tartrique.

Elle dissout le fer et le zinc avec dégagement d'hydrogène. Elle réduit le perchlorure d'or.

Lorsqu'on chauffe dans une cornue l'acide citrique cristallisé, ce corps, après s'être fondu dans son eau de cristallisation, entre en vive ébullition, en même temps que cette eau de cristallisation se condense dans le récipient. Mais, au bout de quelques minutes, on remarque dans le col de la cornue des nuages blancs d'une odeur acide et spiritueuse; ils renferment de l'acétone (§ 461), et sont accompagnés d'un dégagement d'oxyde de carbone; cette décomposition commence à 175°. A cette époque on trouve aussi dans la cornue de l'acide aconitique (§ 654). Si l'on pousse plus loin la chaleur, on voit arriver dans le récipient des stries huileuses qui se concrètent en une masse cristalline d'acide itaconique (§ 663); elles sont accompagnées d'un dégagement d'acide carbonique. Enfin, si l'on distille les derniers cristaux à plusieurs reprises, on obtient une masse huileuse d'acide citraconique anhydre (§ 661) qui ne se concrète plus. Robiquet a remarqué qu'en distillant l'acide citrique à une chaleur progressive, on n'obtient presque pas de résidu.

Ces métamorphoses s'expliquent par les équations suivantes :

$$C^{12}H^8O^{14} = 2\,HO + C^{12}H^6O^{12}$$
Ac. citrique.   Ac. aconitique.

$$C^{12}H^6O^{12} = 2\,CO^2 + C^{10}H^6O^8$$
Ac. aconitique.   Ac. itaconique.

$$C^{10}H^6O^8 = 2\,HO + C^{10}H^4O^6.$$
Ac. citracon. anhydre.

L'acétone et l'oxyde de carbone, dont on observe aussi la formation dans la distillation sèche de l'acide citrique, sont probablement le résultat d'une décomposition secondaire, car on a :

$$C^{12}H^6O^{12} = 4\,CO^2 + 2\,CO + C^6H^6O^2.$$
Ac. aconitiq.   Acétone.

Chauffé avec de la pierre ponce, l'acide citrique dégage de l'a-cide carbonique pur, déjà à 155°. (Millon et Reiset.)

Fondu avec de l'hydrate de potasse, l'acide citrique se trans-forme en oxalate et en acétate. (Gay-Lussac.) On a d'ailleurs :

$$1 \text{ at. d'ac. citr., } C^{12}H^8O^{14} + 2\,HO = \begin{cases} 1 \text{ at. d'ac. oxalique. } C^4H^2O^8 \\ 2 \text{ at. d'ac. acétique. } C^8H^6O^6 \end{cases}$$
$$\overline{C^{12}H^{10}O^{16}}$$

Lorsqu'on verse de l'acide sulfurique concentré sur de l'acide citrique desséché, il se dégage de l'oxyde de carbone pur, presque sans le secours de la chaleur ; ce dégagement continue pendant longtemps, si l'on maintient la température du mélange entre 30 et 40°. Si l'on chauffe plus fort, il se dégage en même temps de l'a-cide carbonique, et l'on sent l'odeur de l'acétone. Il est remarqua-ble que ce soient là les mêmes produits volatils qui se produisent dans la première phase de la métamorphose que l'acide citrique éprouve sous l'influence de la chaleur. Lorsqu'on étend d'eau le mélange chauffé au bain-marie, et qu'on sature par du carbonate de soude, il se précipite une matière brune, résinoïde, soluble dans l'alcool, tandis qu'on a en solution le sel d'un acide parti-culier. Celui-ci donne des sels fort solubles avec la potasse, la ba-ryte et la strontiane. (Robiquet.)

Lorsqu'on chauffe l'acide citrique avec un mélange d'alcool et d'acide sulfurique, on obtient, suivant la durée de la réaction et la température du mélange, soit de l'éther citrique (Dumas, Malaguti), soit de l'éther aconitique ou citraconique. (Marchand.)

Un mélange de peroxyde de manganèse et d'acide sulfurique étendu transforme l'acide citrique en acide formique et en acide carbonique.

L'acide nitrique étendu n'attaque pas l'acide citrique ; mais, si l'on traite celui-ci pendant quelque temps par de l'acide nitrique concentré, il donne de l'acide oxalique, de l'acide acétique et de l'acide carbonique.

Le chlore gazeux n'est absorbé que fort lentement par une so-lution concentrée d'acide citrique, mais la lumière solaire directe accélère un peu l'absorption. Il ne se dégage pas d'acide carboni-que. La solution met en liberté une huile pesante. Il se forme aussi des produits particuliers par l'action du chlore et du brome sur les citrates alcalins. (Voy. § 646, *Dérivés chlorés et bromés de l'acide citrique et des citrates.*)

L'acide citrique est fréquemment employé dans la teinture et dans la fabrication des indiennes. On s'en sert pour isoler le rouge de carthame et pour aviver les nuances de cette matière colorante ; on l'utilise aussi pour préparer une dissolution d'étain qui donne de plus beaux écarlates avec la cochenille, surtout sur la soie et le maroquin. Les indienneurs en font usage comme rongeant et pour faire des réserves. Les relieurs de livres l'emploient pour préparer une dissolution de fer destinée à donner à la peau un aspect marbré.

Les pharmaciens composent avec l'acide citrique des sirops et des limonades. La *limonade sèche* est un mélange, en poudre fine, de sucre (125 gr.) et d'acide citrique (4 gr.) aromatisé avec quelques gouttes d'essence de citron ; quelquefois, dans la composition de cette limonade, on remplace l'acide citrique par l'acide tartrique, mais la saveur de la boisson est alors moins agréable.

Le jus de citron remplace souvent l'acide citrique dans ses différents emplois, particulièrement dans l'économie domestique. Il est vanté par les marins comme préservatif contre le scorbut.

Dérivés métalliques de l'acide citrique. Citrates métalliques.

§ 636. L'acide citrique est un acide tribasique ; en cette qualité, il peut former trois espèces de sels dont la composition se représente par les formules suivantes :

$$\text{Citrates neut. trimétalliques.} \quad C^{12}H^5M^3O^{14} = C^{12}H^5O^{11}, \ 3\,MO,$$

$$\text{— ac. bimétalliques.} \quad C^{12}H^6M^2O^{14} = C^{12}H^5O^{11}, \ \left.\begin{array}{l} 2\,MO \\ HO \end{array}\right\rbrace,$$

$$\text{— ac. monométalliq.} \quad C^{12}H^7M\ O^{14} = C^{12}H^5O^{11}, \ \left.\begin{array}{l} MO \\ 2\,HO \end{array}\right\rbrace.$$

On rencontre quelquefois des citrates dans les plantes, par exemple, le citrate de chaux, dans les oignons, les feuilles de pastel, les pommes de terre ; le citrate de chaux et le citrate de magnésie, dans les feuilles et les tiges de la gaude ; le citrate de potasse, dans les topinambours et les pommes de terre.

Les citrates à base d'alcali sont très-solubles dans l'eau ; plusieurs autres citrates tels que ceux à base de magnésie, de zinc, de fer, de cobalt, de nickel, etc., s'y dissolvent également ; les sels neutres à base de chaux, de baryte, de strontiane y sont peu solubles. Les citrates solubles empêchent la précipitation, par les alcalis, des dissolutions de fer, de manganèse, d'alumine.

La solution des citrates n'est pas précipitée à froid par l'eau de chaux; mais si, après y avoir ajouté un grand excès d'eau de chaux, on la porte à l'ébullition, il se produit un précipité blanc de citrate tricalcique qui, étant plus soluble à froid qu'à chaud, se redissout presque entièrement par le refroidissement.

Le chlore et le brome attaquent les citrates. (Voy. § 646.)

Chauffé à 230°, les citrates se colorent et donnent naissance à des produits empyreumatiques qu'on n'a pas encore examinés.

La composition des citrates a été particulièrement étudiée par M. Heldt[1].

§ 637. *Citrates d'ammoniaque.* — α. *Sel neutre triammonique.* On ne parvient pas à obtenir ce sel à l'état cristallisé. Une solution d'acide citrique neutralisée par de l'ammoniaque perd une partie de l'alcali par l'évaporation, et donne, par la concentration, le sel biammonique.

Lorsqu'on neutralise par l'ammoniaque une solution d'acide citrique dans l'alcool, pendant qu'elle est en ébullition, elle dépose, par le refroidissement, des gouttes huileuses; ce produit ne cristallise pas par un long repos.

β. *Sel acide biammonique*, $C^{12}H^6(NH^4)^2O^{14}$. Il cristallise par la concentration d'une solution d'acide citrique saturée par l'ammoniaque, et s'obtient souvent en prismes enchevêtrés, anhydres, et qui attirent promptement l'humidité de l'air. Il se dissout dans l'alcool bouillant, et se dépose par le refroidissement à l'état huileux.

Les cristaux du citrate biammonique appartiennent au système rhombique[2]. Combinaison ordinaire, ∞P. $\bar{P}\infty$. $\infty \acute{P}\infty$. P. P'_2, avec la face oP très-dominante, de manière que les cristaux offrent l'aspect de tables. Inclinaison des faces, $\bar{P}\infty : P\infty = 134° 38'$; $\infty P : \infty \bar{P}\infty = 119° 53'$. Rapport des axes, petite diagonale a : grande diagonale b : axe vertical c : : 1 : 1,74022 : 2,39253. Suivant M. Heusser, les cristaux du citrate biammonique sont ordinairement hémièdres, de telle sorte qu'on n'y remarque que la moitié des faces P qu'il devrait y en avoir d'après la loi de symétrie :

[1] HELDT, *Ann. der Chem. u. Pharm.*, XLVII, 57.
[2] HEUSSER, *loc. cit.*

en effet, on y rencontre tantôt $-\frac{P}{2}$, tantôt $+\frac{P}{2}$; il en est de même des facettes $P\frac{1}{2}$. Mais la solution des cristaux, hémièdres à droite ou hémièdres à gauche, n'exerce aucune action sur le plan de polarisation des rayons lumineux.

Suivant M. Heldt, le citrate biammonique cristallisant lentement par un grand froid appartiendrait au système monoclinique, tout en ayant la même composition que le sel rhombique.

γ. *Sel acide monoammonique,* $C^{12}H^7(NH^4)O^{14}$. Lorsqu'à une solution de carbonate d'ammoniaque, neutralisée par l'acide citrique, on ajoute une quantité d'acide citrique double de celle qu'on a déjà employée pour la neutralisation, on obtient, par l'évaporation spontanée, de petits prismes tricliniques de citrate monoammonique anhydre.

Un sel semblable, cristallisé en prismes tricliniques, s'obtient par l'évaporation spontanée d'une solution de carbonate d'ammoniaque neutralisée par l'acide citrique, et additionnée d'une quantité d'acide citrique égale à celle qu'il a fallu employer pour la neutralisation. Ce nouveau sel[1] paraît être une combinaison de citrate monoammonique et de citrate biammonique, $C^{12}H^7(NH^4)O^{14}$, $C^{12}H^6(NH^4)^2O^{14}$.

Citrates de potasse. — On en compte trois :

α. *Sel neutre trimétallique,* $C^{12}H^5K^3O^{14} + 2$ aq. En abandonnant une dissolution de carbonate de potasse saturée par de l'acide citrique, on obtient des cristaux aciculaires, transparents et groupés en étoiles, d'une saveur alcaline, fort déliquescents et insolubles dans l'alcool absolu. Ils perdent leur eau de cristallisation vers 200°.

β. *Sel acide bimétallique,* $C^{12}H^6K^2O^{14}$. Lorsqu'on neutralise une quantité pesée d'acide citrique par du carbonate de potasse, et qu'on ajoute au liquide moitié autant d'acide citrique qu'il en renferme déjà, la dissolution se dessèche, par l'évaporation spontanée, en une croûte amorphe, d'une saveur acide agréable, et insoluble dans l'alcool absolu. M. Heusser a obtenu le même sel en prismes monocliniques.

γ. *Sel acide monométallique,* $C^{12}H^7KO^{14} + 4$ aq. Ce sel se produit par l'évaporation spontanée à 40° du sel tripotassique, auquel on a ajouté autant d'acide citrique qu'il en renferme déjà. Il

---

[1] HEUSSER, *loc. cit.*

se présente sous forme de gros cristaux prismatiques, enchevêtrés et confus. Il a une saveur acide, se dissout légèrement dans l'alcool bouillant, et se conserve à l'air sans altération. A 100°, il fond dans son eau de cristallisation, et la perd entièrement (13,48 p. c.) en se transformant en un liquide gommeux qui cristallise par le refroidissement.

Citrate de potasse et d'ammoniaque, $C^{12}H^4K^3O^{14}$, $C^{12}H^6(NH^4)^2O^{14}$. Lorsqu'on sursature par de l'ammoniaque une solution de citrate bipotassique, on obtient, par l'évaporation spontanée, des prismes transparents qui se liquéfient promptement à l'air.

Citrates de soude. — Il en existe trois.

α. *Sel neutre trimétallique*, $C^{12}H^5Na^3O^{14}$ + 11 aq. Lorsqu'on sature l'acide citrique par une solution de carbonate de soude, et qu'on abandonne la liqueur à l'évaporation spontanée, on obtient de gros prismes enchevêtrés, présentant cette composition ; ils perdent, à 100°, 17,5 p. c. = 7 atomes d'eau de cristallisation. Ils sont peu solubles dans l'alcool.

Leur forme appartient au système rhombique[1]. Combinaison observée, $\infty \bar{P} \infty$. ∞P. $\infty P \frac{2}{3}$. $\infty \breve{P} \infty$. $P \infty$. $P\frac{1}{2}$. $P1$. Inclinaison des faces, $\infty \bar{P} \infty : \infty P = 127° \; 55'$; $\infty P : \infty P \frac{2}{3} = 169° \; 2'$; $\infty P \frac{2}{3} : \infty \breve{P} \infty = 133° \, 3'$; $P \infty : P \infty$ à l'axe vertical $= 137° \, 4'$; $P \infty : P\frac{1}{2} = 155° \, 21'$; $P\frac{1}{2} : P\frac{1}{3} = 170° \, 7'$. Rapport des axes, petite diagonale a : grande diagonale b : axe vertical $c :: 1 : 1,59517 : 0,39323g$. Clivage imparfait parallèlement à $\infty P \infty$ et $\infty \breve{P} \infty$.

Si l'on évapore la solution du citrate trisodique à 60° ou à une température plus élevée, on obtient des cristaux ne contenant que 4 atomes d'eau, c'est-à-dire autant que le sel précédent séché à 100°; ces 4 at. d'eau ne se dégagent pas non plus à cette température ; ces nouveaux cristaux appartiennent au système monoclinique.

β. *Sel acide bimétallique*, $C^{12}H^6Na^2O^{14}$ + 2 aq. Cristaux prismatiques, groupés en étoiles, solubles dans l'alcool bouillant ; ils perdent leur eau de cristallisation par la dessiccation sur l'acide sulfurique. Ils ont une saveur agréable, et se dissolvent dans l'alcool bouillant.

γ. *Sel acide monométallique*, $C^{12}H^7NaO^{14}$ + 2 aq. On le prépare comme le sel de potasse correspondant. Lorsqu'on abandonne dans un endroit chaud la solution du sel assez concentrée pour être

<hr>

[1] HEUSSER, *loc. cit.*

presque gommeuse, elle se prend en une masse de cristaux aciculaires, et cristallise jusqu'à la dernière goutte.

Citrate de soude et d'ammoniaque. — Il forme une croûte confusément cristallisée.

Citrate de soude et de potasse, $C^{12}H^5Na^3O^{14}$, $C^{12}H^5K^3O^{14} + 11$ aq.
— On l'obtient en dissolvant atomes égaux de citrate trisodique
et de citrate tripotassique, et en concentrant la solution par l'évaporation. Le sel se dépose, au bout de quelques jours, sous forme d'aiguilles groupées en étoiles, d'un éclat soyeux et inaltérables à l'air.

Citrates de lithine. — Le sel neutre se réduit, par la dessiccation, en une masse compacte, transparente, incristallisable, et qui
se ramollit à l'air. Les deux sels acides ne s'obtiennent pas non
plus à l'état cristallisé.

§ 638. *Citrates de baryte.* — On en connaît trois :

α. *Sel neutre trimétallique*, $C^{12}H^5Ba^3O^{14} + 7$ aq. Lorsqu'on
ajoute goutte à goutte une dissolution de citrate de soude à une
dissolution de chlorure de baryum, le précipité qui se forme d'abord
se redissout; mais bientôt le liquide se prend en une masse gélatineuse qui ne devient pas cristalline par l'ébullition; ce sel est plus
soluble dans l'eau froide que dans l'eau chaude.

β. *Sel acide bimétallique.* On ne l'a pas encore isolé; mais
on connaît une combinaison de sel tribarytique et de sel bibaryti-
que, $C^{12}H^5Ba^3O^{14}$, $C^{12}H^6Ba^2O^{14} + 7$ aq. Elle s'obtient en mettant le
sel trimétallique en digestion avec une quantité d'acide citrique
moindre qu'il n'en faut pour le dissoudre entièrement; par l'évaporation de la liqueur, on obtient une poudre cristalline qu'on purifie par des lavages à l'alcool.

Berzélius prépare le même sel en ajoutant du citrate tribarytique
à un mélange bouillant de chlorure de baryum et d'acide citrique,
tant que le précipité se redissout. Chauffé à 160°, le sel éprouve
une perte de 7,75 p. c.

γ. *Sel acide monométallique.* Par l'évaporation spontanée de
la solution du citrate tribarytique dans l'acide citrique, évaporée à
consistance de sirop, il reste une masse gommeuse où se forment
des points cristallins.

Citrates de strontiane. — α. *Sel neutre trimétallique*, $C^{12}H^5Sr^3O^{14}$
+ 5 aq. Une solution d'acétate de strontiane donne immédiatement, avec l'acide citrique et avec les citrates alcalins, un précipité blanc volumineux de citrate tristrontique, que la chaleur ne

rend pas cristallin. Ce sel ne se dissout qu'en partie dans l'acide acétique, mais les acides minéraux dilués le dissolvent aisément. L'ammoniaque ne le précipite pas de cette solution; mais le sel dissous se précipite de nouveau par l'ébullition de la liqueur. Il perd, à 210°, 12,2 p. c. $= 5$ at. d'eau.

β. *Sel acide bimétallique*, $C^{12}H^6Sr^2O^{14} + 2$ aq. Le sel trimétallique se dissout en partie dans l'acide citrique, à chaud. Par l'évaporation, la liqueur filtrée dépose le sel bimétallique sous la forme de croûtes nacrées, insolubles dans l'eau.

Citrates de chaux. — α. *Sel neutre trimétallique*, $C^{12}H^5Ca^3O^{14} + 4$ aq. Lorsqu'on ajoute goutte à goutte une solution de chlorure de calcium à une solution de citrate de soude, le précipité formé d'abord se redissout; mais, à un certain moment, la liqueur s'épaissit brusquement par l'agitation, et se prend en une bouillie blanche que la chaleur met cristalline. Si l'on met en ébullition la liqueur incomplétement saturée, tout le sel calcaire dissous se précipite.

Ce citrate de chaux est moins soluble dans l'eau bouillante que dans l'eau froide; aussi, quand on mélange des solutions par trop concentrées d'eau de chaux et d'acide citrique, il ne se précipite rien à froid, tandis que l'ébullition du liquide détermine la formation d'un précipité cristallin; celui-ci se redissout de nouveau, en partie, par le refroidissement du liquide.

L'acide acétique et les acides minéraux dissolvent aisément le citrate tricalcique, et l'ammoniaque ne précipite pas la solution; mais tout le citrate de chaux se précipite par l'ébullition.

Ce sel renferme 12,5 p. c. $= 4$ at. d'eau de cristallisation.

Le citrate de chaux brut, tel qu'on l'obtient en saturant le jus de citron par la craie, ne se conserve pas longtemps sans altération : il fermente, dégage du gaz, et finit par se transformer entièrement. Cette métamorphose est surtout rapide si l'on abandonne le citrate de chaux avec un peu de levûre de bière; la matière acquiert alors une odeur désagréable, il se dégage un mélange d'hydrogène et d'acide carbonique, et tout le citrate disparaît pour faire place à un mélange de butyrate et d'acétate de chaux.[1]

β. *Sel acide bimétallique*, $C^{12}H^6Ca^2O^{14} + 2$ aq. Le sel précé-

---

[1] PERSONNE, *Compt. rend. de l'Acad.*, XXXVI, 197. — Voy. aussi : How, *Journ. s. prakt. Chem.*, LVI, 208. Ce chimiste paraît avoir obtenu un mélange de propionate et d'acétate de chaux.

dent se dissout aisément à chaud dans l'acide citrique; la solution donne, par l'évaporation, des feuillets brillants qui se décomposent en partie par les lavages. Ils renferment 7,3 p. c. = 2 at. d'eau de cristallisation; le sel desséché à 150° est anhydre.

Citrate de magnésie, $C^{12}H^5Mg^3O^{14} + 14$ aq. — La solution du sulfate de magnésie n'est pas précipitée par le citrate de soude neutre même quand les liqueurs sont concentrées. Le carbonate de magnésie se dissout aisément dans l'acide citrique en donnant un liquide qui se prend, par la concentration, en une bouillie volumineuse; l'alcool précipite le sel de sa solution aqueuse. Chauffé à 210°, ce sel perd 35,4 p. c. = 14 at. d'eau.

Lorsqu'on ajoute à la solution du sel trimagnésique, une quantité d'acide citrique égale à celle qu'il renferme déjà, la liqueur se convertit peu à peu en une masse gommeuse; que la chaleur ne rend pas cristalline.

Si l'on met du carbonate de magnésie en digestion avec du citrate bisodique, et qu'on laisse évaporer la solution filtrée dans un endroit chaud, il s'en sépare peu à peu de petits groupes de cristaux contenant de la soude et de la magnésie.

§ 639. *Citrate d'alumine.* — Il existe un citrate d'alumine insoluble dans l'eau; on ignore s'il est neutre ou basique. Par l'addition d'un excès d'acide, on produit des combinaisons gommeuses très-solubles.

Le *citrate de glucine* est soluble dans l'eau et gommeux.

Le *citrate d'yttria* (contenant du citrate de terbium et d'erbium) forme de petits cristaux quelquefois jaunâtres.

Le *citrate de zircone* est encore inconnu; on sait seulement que la zircone n'est pas précipitée par le citrate de soude.

Le *citrate de thorine* s'obtient en saturant l'acide citrique par la thorine. Il est insoluble et pulvérulent. Le sel acide est soluble dans l'eau, et donne, par l'évaporation, une masse sirupeuse non cristalline, d'une saveur plutôt acide qu'astringente. Le sel neutre et le sel acide se dissolvent dans l'ammoniaque caustique, et, après l'évaporation de l'excès d'ammoniaque, il reste une masse gommeuse, transparente, parfaitement soluble dans l'eau.

Citrate de cérium (contenant du citrate de lanthane et du citrate de didyme). — L'acide citrique ne précipite pas les sels de cérium; mais les citrates alcalins y précipitent du citrate de cérium, insoluble dans l'eau et pulvérulent. Celui-ci se dissout dans l'acide citrique en excès ; la solution donne, par l'évaporation, une masse gommeuse ; l'alcool en dissout l'excédant d'acide, et laisse le sel neutre.

§ 640. *Citrates de zinc.* — α. *Sel neutre trimétallique*, $C^{12}H^5Zn^3O^{14}$ + 2 aq. Le zinc métallique se dissout dans l'acide citrique avec dégagement d'hydrogène ; le carbonate de zinc s'y dissout également avec facilité ; par l'ébullition du liquide, le citrate trizincique se sépare à l'état d'une poudre grenue et cristalline. Il est peu soluble dans l'eau.

β. *Sel acide bimétallique.* Il n'a pas encore été isolé. Lorsqu'on ajoute un peu d'acide citrique à la solution du sel trimétallique, de manière à rendre le liquide légèrement acide, il se dépose, par la concentration à une douce chaleur, une croûte formée de cristaux transparents, mais mal déterminés. Ce sel peut être considéré comme une combinaison de sel trizincique et de sel bizincique, $C^{12}H^5Zn^3O^{14}$, $C^{12}H^6Zn^2O^{14}$ + 2 aq.

Le citrate bisodique dissout le carbonate de zinc, en donnant un liquide qui cristallise, par l'évaporation spontanée, en paillettes brillantes, inaltérables à l'air. C'est un *citrate de soude et de zinc.*

Citrate de cadmium. — Le sel neutre constitue une poudre cristalline peu soluble dans l'eau.

Citrate de nickel, $C^{12}H^5Ni^3O^{14}$ + 14 aq. — L'oxyde de nickel se dissout dans l'acide citrique, en donnant un liquide vert, d'une saveur sucrée, qui se prend peu à peu, par l'évaporation, en une bouillie verte. Si l'on concentre la solution à une douce chaleur, elle se dessèche en un vernis vert olive, qui se redissout dans l'eau. L'alcool précipite le sel de sa solution aqueuse. Le sel perd, à 200°, 31 p. c. = 14 at. d'eau.

Citrate de cobalt, $C^{12}H^5Co^2O^{14}$ + 14 aq. — Le carbonate de cobalt se dissout aisément à chaud dans l'acide citrique ; la solution se prend, par la concentration, en une bouillie d'un rose clair ; la liqueur se dessèche en un vernis violet clair, fort soluble dans l'eau, insoluble dans l'alcool. Ce sel perd, à 220°, 31,4 p. c. = 14 at. d'eau.

Le citrate bicobaltique et le citrate cobaltique sont des vernis incristallisables.

Le citrate bisodique dissout l'oxyde de cobalt en donnant une liqueur d'un rouge foncé, qui se dessèche en une masse gommeuse incristallisable.

Citrate de cuivre. — Une solution d'acétate de cuivre n'est pas précipitée par le citrate de soude , même à l'ébullition.

Lorsqu'on chauffe une solution d'acétate de cuivre avec de l'acide citrique, il se précipite une poudre verte et cristalline, qu'on reconnaît au microscope comme un assemblage de petits rhomboèdres. C'est un *sous-sel* contenant $C^{12}H^5Cu^3O^{14},CuO,HO + 2$ aq. A 100°, celui-ci perd 5,4 p. c. $= 2$ at. d'eau de cristallisation et devient d'un beau bleu azuré. A 150°, il éprouve une nouvelle perte et à 170° il se décompose.

Ce sous-citrate de cuivre se dissout dans l'ammoniaque caustique en donnant une liqueur bleue qui se trouble par l'alcool et dépose, au bout de quelques temps, des gouttes huileuses bleu foncé, qui ne deviennent pas cristallines.

Citrates de fer. — α. *Sel ferreux*. Le fer métallique se dissout dans l'acide citrique avec dégagement d'hydrogène. La solution saturée précipite par l'alcool des flocons blancs de citrate triferreux.

β. *Sel ferrique*. L'hydrate de fer récemment précipité se dissout à chaud dans l'acide citrique, en donnant un liquide brun rougeâtre, d'une saveur douceâtre, et que l'alcool précipite.

La solution de ce sel ferrique se dessèche, par l'évaporation, en un vernis brun et brillant; c'est sous cette forme que les médecins l'administrent, particulièrement en Angleterre.

Le citrate bisodique dissout également l'hydrate de fer.

Citrate de manganèse, $C^{12}H^6Mn^2O^{14} + 2$ aq. — La solution du citrate de soude ne précipite pas les sels manganeux. Mais, si l'on met le carbonate de manganèse en digestion avec de l'acide citrique, il se dépose du citrate bimanganeux sous la forme d'une poudre blanche et cristalline. Ce sel est insoluble dans l'eau, peu soluble dans l'acide acétique, fort soluble dans l'acide chlorhydrique. Il ne perd rien de son poids à 150°, mais, à 220°, la perte est de 6,86 p. c. $= 2$ at. d'eau.

Le citrate bisodique dissout le carbonate de manganèse en produisant une liqueur brune qui se dessèche en une masse gommeuse, incristallisable.

§ 641. *Citrate d'urane.* — Le sel neutre uranique constitue une poudre jaune, insoluble.

Citrate de vanadium. — Il forme une dissolution bleue. Desséché, il est d'un bleu foncé, presque noir. Il n'offre pas d'indice de cristallisation, et se dissout lentement dans l'eau froide, en donnant une solution bleu foncé. L'ammoniaque caustique le dissout avec une couleur jaune foncé, qui disparaît complétement par suite de la suroxydation du vanadium au contact de l'air.

Citrate de tellure. — On l'obtient en saturant l'acide citrique par de l'acide tellureux, et en abandonnant la liqueur à l'évaporation spontanée : le sel cristallise en gros prismes, incolores, transparents, qui se redissolvent aisément dans l'eau.

Citrate d'antimoine et de potasse. — M. Thaulow[1] prépare ce sel comme l'émétique ; mais, comme le citrate de potasse acide ne cristallise pas, ce chimiste partage en deux moitiés une solution d'acide citrique, et, après en avoir saturé l'une par de la potasse, il y ajoute l'autre moitié. Ensuite il fait bouillir cette liqueur avec de l'oxyde d'antimoine. La solution filtrée dépose des prismes entièrement blancs, groupés sous forme de houppes très-dures.

La composition des cristaux peut être représentée par la formule

$$\left. \begin{array}{l} C^{12}H^6K(SbO^2)O^{14} \\ C^{12}H^6K^2 \qquad O^{14} \end{array} \right\} + 3\ aq.$$

Mais, à 190°, le sel éprouve une perte de 6,69 p. c. (5 aq.); reste à savoir si, à cette température, il constitue encore un citrate.

Lorsqu'on ajoute du nitrate d'argent à la solution du citrate d'antimoine et de potasse, il se produit un composé insoluble, dans lequel le potassium est remplacé par l'argent ; toutefois la composition de ce précipité n'est pas analogue à celle du citrate d'antimoine et de potasse, car il renferme $C^{12}H^5Ag^2(SbO^2)O^{14}$.

Citrate d'étain. — M. Bouquet[2] obtient le citrate d'étain par le même procédé que le tartrate de ce métal. Le sel est susceptible de cristalliser, mais il se décompose promptement par l'eau.

§ 642. *Citrates de plomb.* — α. *Sel neutre trimétallique*, $C^{12}H^5Pb^3O^{14}$(à 120°). On l'obtient en précipitant le citrate trisodique par de l'acétate de plomb ; le précipité qui se forme d'abord se redissout au commencement ; cependant il finit par persister, mais il retient toujours une certaine quantité de soude, et, si on essaye de le laver, il se convertit en sous-sel. Il vaut donc mieux précipiter une solution alcoolique d'acétate de plomb par une solution également alcoolique d'acide citrique, et laver le précipité par l'alcool. Il est grenu, si l'on opère à chaud.

Lorsqu'on ajoute un excès d'acétate de plomb à une solution

<hr>

[1] THAULOW, *Ann. der Chem. u. Pharm.*, XXVII, 333.
[2] BOUQUET, *Recueil des trav. de la Soc. d'émulat. pour les Scienc. pharmac.*, janvier 1847, p. 3.

d'acide citrique, il se produit un précipité blanc de citrate tri-plombique, très-peu soluble dans l'ammoniaque, et fort soluble dans le citrate d'ammoniaque. En ajoutant, au contraire, un excès d'acide citrique à une solution d'acétate de plomb, on détermine la formation du même précipité, mais qui se redissout aisément dans l'ammoniaque, parce que la liqueur renferme un excès d'acide citrique avec lequel l'ammoniaque forme un sel.

β. *Sel acide bimétallique*, $C^{12}H^6Pb^2O^{14} + 2$ aq. Il se produit quand on met le sel précédent en digestion avec de l'acide citrique en excès, ou qu'on ajoute, goutte à goutte, une solution d'acétate de plomb à une solution bouillante et diluée d'acide citrique, tant que le précipité qui se forme d'abord, se redissout. Par l'évaporation de la solution, le sel cristallise en petits prismes transparents, fort solubles dans l'eau. L'ammoniaque dissout ce sel; la solution dépose, au bout de quelque temps, du citrate tri-plombique.

Lorsqu'on traite ce dernier par une solution concentrée d'acide citrique, il reste une poudre pesante et cristalline, qu'on peut considérer comme une combinaison de sel trimétallique et de sel bimétallique, $C^{12}H^5Pb^3O^{14},C^{12}H^6Pb^2O^{14}$.

γ. *Sous-sels*. En mettant le citrate triplombique en digestion avec de l'ammoniaque caustique, Berzélius a obtenu une poudre blanche et pesante contenant $C^{12}H^5Pb^3O^{14},PbO +$ aq. Le même citrate triplombique a donné par la digestion avec un excès de sous-acétate de plomb une poudre insoluble et non cristalline, $C^{12}H^5Pb^3O^{14}$, 3 PbO + aq.

Enfin M. Heldt dit avoir obtenu un sel, $C^{12}H^5Pb^3O^{14}$, 2 PbO + 3 aq., en maintenant, pendant deux jours, le citrate triplombique en digestion avec de l'ammoniaque; c'est une poudre blanche, insoluble, fort volumineuse.

Citrate d'argent. — α. *Sel argentique*, $C^{12}H^5Ag^3O^{14}$. Précipité blanc et pesant, qui se décompose avec déflagration à une température très-élevée.

β. *Sel argenteux.* Lorsqu'on expose le sel précédent à 100°, dans un courant de gaz hydrogène, il se transforme en une masse brun foncé, qui consiste en un mélange d'acide citrique et de *citrate tri-argenteux* [1]; l'eau extrait d'abord l'acide citrique, puis elle dissout en petite quantité le sel argenteux avec une couleur rouge. Cette

WOEHLER, *Ann. der Chem. u. Pharm*, XXX, 1.

solution rouge, étant portée à l'ébullition, prend une couleur chatoyante, verte et bleue, puis dépose de l'argent métallique et se décolore. Le citrate triargenteux laisse, par la calcination, 76 p. c. d'argent métallique.

Citrate d'argent et de chaux, $C^{12}H^5Ag^2CaO^{14},CaO$. — C'est le précipité blanc qu'on obtient en mélangeant avec une solution d'argent[1] une solution de citrate tricalcique, dans beaucoup d'eau.

Citrates de mercure. — α. *Sel mercureux*. Poudre blanche cristalline, insoluble dans l'eau; elle se transforme par l'eau bouillante en sous-sel.

β. *Sel mercurique*. L'oxyde de mercure récemment précipité se dissout à chaud dans l'acide citrique; la solution dépose, par le refroidissement, une poudre blanche. Ce sel est décomposé par l'eau.

Citrate de palladium. — Les citrates alcalins précipitent le citrate de palladium en jaune clair.

Dérivés méthyliques, éthyliques... de l'acide citrique.
Éthers citriques.

§ 643. Les éthers citriques représentent des citrates dans lesquels le métal est remplacé par son équivalent de méthyle ou d'éthyle :

Acide méthyl-
citrique. . $C^{14}H^{10}O^{14} = C^{12}H^7(C^2H^3)O^{14} = C^{12}H^5O^{11},\ \left.\begin{array}{l} C^2H^3O \\ 2\,HO \end{array}\right\}$

Ac. diméthyl-
citrique. , $C^{16}H^{12}O^{14} = C^{12}H^6(C^2H^3)^2O^{14} = C^{12}H^5O^{11}, \left.\begin{array}{l} 2C^2H^3O \\ HO \end{array}\right\}$

Citrate de mé-
thyle. . . $C^{18}H^{14}O^{14} = C^{12}H^5(C^2H^3)^3O^{14} = C^{12}H^5O^{11},3C^2H^3O$

Citrate d'é-
thyle. . . $C^{24}H^{20}O^{14} = C^{12}H^5(C^4H^5)^3O^{14} = C^{12}H^5O^{11},3C^4H^5O.$

§ 644. *Acide méthyl-citrique*[2], ou citromono-méthylique. — Il se produit dans la préparation du citrate de méthyle par l'acide chlorhydrique et une solution alcoolique d'acide citrique.

Le *sel de chaux* est très-soluble dans l'eau et insoluble dans l'alcool.

---

[1] CHODNEW, *Ann. der Chem. u. Pharm.*, LIII, 283.
[2] DEMONDÉSIR (1851), *Compt. rend. de l'Acad.*, XXXIII, 227.

Acide diméthyl-citrique, ou citrobiméthylique. — On l'obtient aussi dans la préparation du citrate de méthyle.

Le *sel de chaux* est fort soluble dans l'eau et l'alcool.

Citrate de méthyle [1], $C^{18}H^{14}O^{14} = C^{12}H^5(C^2H^3)^3O^{14}$. — En dissolvant à chaud l'acide citrique dans l'esprit de bois et en y faisant passer jusqu'à refus un courant d'acide chlorhydrique sec, puis chauffant légèrement pour se débarrasser de l'excès d'esprit de bois et de chlorure de méthyle, on voit passer à la température de 90° un liquide légèrement coloré en jaune. Abandonné à lui-même pendant 24 heures, il laisse déposer des cristaux prismatiques dont quelques-uns atteignent 3 à 4 centimètres de longueur, et qui se présentent souvent sous forme d'étoiles. C'est le citrate de méthyle.

§ 645. *Citrate d'éthyle* [2], ou éther citrique, $C^{24}H^{20}O^{14} = C^{12}H^5(C^4H^5)^3O^{14}$. — Voici les proportions qu'il convient d'employer, suivant M. Malaguti, pour la préparation de l'éther citrique : 90 p. d'acide cristallisé, 110 p. d'alcool de 0,814, et 50 p. d'acide sulfurique concentré. On introduit dans une cornue tubulée l'acide citrique en poudre et l'alcool ; ensuite on y verse par petites portions l'acide sulfurique. On chauffe graduellement jusqu'à l'ébullition, et l'on arrête quand il se manifeste un dégagement très-sensible d'éther ordinaire, ce qui arrive après qu'on a distillé un tiers environ du volume de l'alcool employé. On retire le résidu de la cornue, et l'on y ajoute deux fois son volume d'eau distillée ; l'éther citrique vient alors se réunir au fond, sous la forme d'une matière huileuse. On le lave plusieurs fois à l'eau chaude, ensuite à l'eau alcalisée ; puis on le dissout dans l'alcool ; on met la solution en digestion avec du charbon animal pour la décolorer ; on évapore au bain-marie, et l'on achève la dessiccation dans la vide. Si l'on agit sur 250 grammes d'acide citrique, l'expérience n'exige qu'une heure environ, jusqu'à l'achèvement des lavages, et le produit est de 15 grammes à peu près.

D'après les expériences de M. Marchand, on obtient de l'éther aconitique ou de l'éther citraconique, quand le mélange d'acide sulfurique, d'acide citrique et d'alcool est porté à une température à laquelle l'éther citrique se détruit lui-même.

[1] Saint-Èvre (1845), *Compt. rend. de l'Acad.*, XXI, 1441.

[2] Thénard, *Mém. de la Soc. d'Arcueil*, II, 12. — Malaguti, *Ann. de Chim. et de Phys.*, LXIII, 197. — Dumas, *Compt. rend. de l'Acad.*, VIII, 528. — Marchand, *Journ. f. prakt. Chem.*, XX, 318. — Heldt, *loc. cit.* — Demondésir, *loc. cit.*

Un procédé de préparation plus avantageux que le précédent consiste, suivant M. Demondésir, à saturer une solution d'acide citrique dans l'alcool par l'acide chlorhydrique gazeux. On neutralise par un carbonate la liqueur acide, et on l'agite à plusieurs reprises avec de l'éther. Celui-ci s'empare du citrate d'éthyle, et l'abandonne, par la chaleur, comme résidu. 250 grammes d'acide citrique donnent par ce procédé 200 grammes de citrate d'éthyle, tandis que par l'emploi de l'acide sulfurique l'éther n'extrait du mélange que 75 grammes de citrate d'éthyle.

Le citrate d'éthyle constitue un liquide huileux, jaunâtre et transparent ; son odeur rappelle celle de l'huile d'olive ; sa saveur est amère et fort désagréable. Sa densité est de 1,142 à $+ 21°$. On ne peut pas le distiller, sans qu'il s'altère ; il se colore à $270°$, et bout à 280, en se décomposant. Il est fort soluble dans l'alcool et l'éther, et un peu soluble dans l'eau ; la solution aqueuse s'acidifie promptement. Les alcalis le convertissent en citrate alcalin et en alcool.

L'acide nitrique l'attaque vivement, et donne, entre autres produits, de l'acide oxalique. Le chlore n'y agit pas sensiblement à $115°$.

Il est probable que l'éther citrique se décompose, par la chaleur, en éther aconitique ou citraconique.

Une solution alcoolique d'ammoniaque convertit l'éther citrique en citramide ; outre ce produit, on obtient plusieurs composés intermédiaires qui n'ont pas encore été isolés.

Dérivés chlorés et bromés de l'acide citrique et des citrates métalliques.

§ 646. *Dérivés chlorés.* — Le chlore gazeux n'est absorbé que très-lentement par une dissolution concentrée d'acide citrique, mais l'action directe de la lumière solaire accélère un peu l'absorption. Suivant les expériences de M. Plantamour[1], il ne se dégage pas d'acide carbonique, mais il se sépare peu à peu un corps oléagineux et pesant qui se rassemble au fond de la liqueur. Cette réaction toutefois est si lente qu'il faut employer un très-grand flacon dans lequel on introduit une couche de quelques lignes de

[1] PLANTAMOUR, *Rapport annuel de Berzélius,* 7e année, édit. française, p. 243.

la solution citrique, et qu'on expose ensuite au soleil, après l'avoir rempli de chlore.

Le produit huileux, après avoir été rectifié, est incolore, d'une saveur douceâtre, mais brûlante, et d'une odeur particulière, extrêmement irritante. Sa densité est de 1,75 à 10°. Il ne se concrète pas à 0°, et bout entre 200 et 201°. Il ne rougit pas immédiatement le tournesol, mais seulement après quelques instants de contact; il produit sur le papier une tache grasse, qui disparaît à la longue.

M. Plantamour représente cette huile par les rapports $C^8Gl^8O^3$; les analyses sur lesquelles cette formule est basée n'ont pas été publiées. Agitée avec de l'eau et refroidie à $+ 6°$, l'huile se prend en cristaux ($C^8Gl^8O^3 + 3$ HO), fusibles à 15°, et laissant échapper toute l'eau à cette température. La volatilité de l'huile rend peu probable la formule de M. Plantamour[1]. Elle est attaquée par une solution alcoolique de potasse qui la transforme en un sel contenant $C^8Gl^4O^6$, 2 KO.

§ 647. Lorsqu'on fait passer un courant de chlore dans une dissolution concentrée de citrate de soude, on obtient d'autres produits qu'avec l'acide citrique. La réaction est cependant assez lente, même à la lumière solaire; elle donne lieu à un dégagement d'acide carbonique. La liqueur devient laiteuse, par l'effet de la formation d'un corps oléagineux, qui se ressemble peu à peu sous forme de gouttes et gagne le fond de la dissolution; celle-ci dépose du citrate de soude acide sous la forme d'aiguilles groupées en étoiles.

Le corps oléagineux, formé en premier lieu, présente une odeur éthérée douceâtre, qui rappelle celle du chloroforme; mais cette odeur disparaît peu à peu, pour faire place à une odeur excessivement âcre et irritante. L'action du chlore se ralentit d'ailleurs de plus en plus.

Le produit huileux est un mélange de plusieurs corps. Lorsqu'après l'avoir lavé avec de l'eau on le soumet à la distillation, il entre en ébullition entre 60 et 66°, et donne du chloroforme; l'ébullition s'arrête ensuite pour ne recommencer qu'entre 188 et 190°, température à laquelle il passe une autre huile; puis la température s'élève de nouveau, et, à 200°, il passe un troisième

---

[1] M. Laurent (*Compt. rend. de l'Acad.*, XXVI, 36) suppose que la véritable formule de l'huile est $C^1Cl^5O^4$

corps oléagineux, tandis qu'il ne reste dans la cornue qu'un léger résidu brun.

Le produit intermédiaire rectifié possède les propriétés suivantes : c'est une huile volatile, très-fluide et incolore, dont l'odeur, irritante au plus haut degré, provoque le larmoiement et cause une douleur cuisante dans les yeux ; sa saveur est brûlante ; sa pesanteur spécifique est de 1,66 à 15°,5. Elle bout d'une manière constante à 190°. Récemment distillée, elle émet à l'air des fumées d'acide chlorhydrique. Elle ne se combine pas avec l'eau.

M. Plantamour représente cette huile par la formule $C^{10}Cl^8O^1$.

Une solution alcoolique de potasse la transforme en chlorure de potassium, et en un *sel de potasse chloré*, $C^8Cl^4O^6$, 2 KO. Celui-ci se présente en écailles satinées, fort solubles dans l'eau. C'est le même sel qu'on obtient aussi en traitant par la potasse alcoolique l'huile qui se forme par l'action du chlore sur l'acide citrique (§ 646). Le *sel d'argent* qu'on obtient par double décomposition, avec ce sel de potasse, est fort peu stable, et se réduit promptement à l'état métallique, même à froid.

M. Plantamour donne le nom d'*acide bichloroxalique* à l'acide contenu dans ces deux sels ; il est à remarquer que cet acide présente la composition d'un acide succinique perchloré.

La liqueur où s'est déposé l'huile chlorée, après le traitement du citrate de soude par le chlore, renferme encore d'autres produits. Quand on la concentre par la distillation, il passe un liquide acide et un peu d'huile. On arrête la distillation quand le produit n'est plus acide ; en saturant par du carbonate de soude, on obtient d'abord des cristaux de chlorure, puis un sel de soude organique. Ce dernier, précipité par le nitrate d'argent, a donné un sel $C^8H^4O^6$, 2 AgO, isomère du succinate à même base. M. Plantamour appelle l'acide correspondant *acide élaïloxalique*; ses propriétés ne sont pas les mêmes que celles de l'acide succinique.

Il y aurait de l'intérêt à reprendre l'étude de ces produits.

§ 648. *Dérivés bromés*[1]. — Le brome se comporte avec les citrates autrement que le chlore. Lorsqu'on ajoute à une solution concentrée de citrate de potasse du brome par petites portions, ce corps disparaît aussitôt et le liquide s'échauffe, en même temps qu'il se manifeste une effervescence assez vive d'acide carbonique.

---

[1] CAHOURS, *Ann. de Chim. et de Phys.*, [3] XIX, 488.

Si l'on continue d'ajouter le brome jusqu'à ce que l'effervescence
cesse, et qu'on enlève ensuite l'excès de brome à l'aide d'une solution diluée de potasse, on voit se précipiter une huile incolore
qui est un mélange de trois corps. La partie la plus volatile de
cette huile se compose de bromoforme ($ 377$); la partie la moins
volatile est solide, cristallisable, et a reçu de M. Cahours le nom de
bromoxaforme; quant à la troisième substance, elle ne se forme
qu'en faible proportion, et n'a pu être isolée. Le bromoxaforme
renferme

$$C^6HBr^5O^4.$$

Insoluble dans l'eau, ce corps se dissout, surtout à chaud, dans
l'alcool qui le dépose, par le refroidissement, en aiguilles soyeuses
d'un blanc éclatant, ou, par l'évaporation spontanée, en larges tables
incolores, fusibles entre 74 et 75°. Ces cristaux s'altèrent en partie à
la distillation en dégageant du brome, et se transforment à chaud,
par la potasse concentrée, en bromure de potassium, oxalate de
potasse, et bromoforme :

$$C^6HBr^5O^4 + 4\,HO = 2\,HBr + C^4H^2O^8 + C^2HBr^3.$$

Bromoxaforme. Ac. oxalique. Bromoforme.

Les citrates de soude et de baryte se comportent de la même
manière, sous l'influence du brome, que le citrate de potasse.
Quant au citrate d'ammoniaque, il donne naissance à un dégagement considérable d'acide carbonique, mais il ne précipite pas la
moindre trace de matière huileuse.

AMIDES CITRIQUES.

§ 649. L'acide citrique étant un acide tribasique, on doit pouvoir obtenir des amides correspondant à chaque espèce de sel
d'ammoniaque qu'il est susceptible de former :

Citramide. . . . . . . $C^{12}H^{11}N^3O^8 = C^{12}H^5(NH^4)^3O^{14} - 6\,HO$,
Citrate triammoniq.

Acide citrobiamique. $C^{12}H^{10}N^2O^{10} = C^{12}H^6(NH^4)^2O^{14} - 4\,HO$,
Citrate biammoniq.

Citrimide. . . . . . . $C^{12}H^8\,N^2O^8 = C^{12}H^6(NH^4)^2O^{14} - 6\,HO$,
Citrate biammoniq.

Acide citramique. . $C^{12}H^7\,N\,O^{10} = C^{12}H^7(NH^4)\,O^{14} - 4\,HO$.
Citrate ammoniq.

De ces quatre amides, on n'a encore isolé que la *citramide*[1];

[1] DÉMONDÉSIR (1851), *loc. cit.*

mais on connaît les *phényl-amides*[1] (anilides) correspondantes :

Phényl-citramide, ou ci-
tranilide. . . . . $C^{12}H^8(C^{12}H^5)^3N^3O^8 = C^{48}H^{23}N^3O^8$,

Acide phényl-citrobiami-
que ou citrobianilique. $C^{12}H^8(C^{12}H^5)^2N^2O^{10} = C^{36}H^{18}N^2O^{10}$,

Phényl-citrimide, ou ci-
trobianile. . . . . . . $C^{12}H^6(C^{12}H^5)^2N^2O^8 = C^{36}H^{16}N^2O^8$,

Acide phényl-citramique
ou citranilique. . . . . $C^{12}H^6(C^{12}H^5) N O^{10} = C^{24}H^{11}N O^{10}$,

§ 650. CITRAMIDE, $C^{12}H^{11}N^3O^8$. — Composé cristallisable, peu soluble dans l'eau, qu'on obtient par l'action de l'alcool ammoniacal sur le citrate de méthyle ou le citrate d'éthyle.

Phényl-citramide, ou citranilide, $C^{48}H^{23}N^3O^8$. — Pour préparer ce corps, on dissout dans l'alcool concentré la poudre jaune, insoluble dans l'eau bouillante, qu'on obtient dans l'action de la chaleur sur un mélange d'aniline et d'acide citrique (Voy. *Citrate d'aniline*), et l'on décolore la solution par le charbon animal. Cette solution dépose deux espèces de cristaux : des tables hexagones et des prismes minces ; ceux-ci se composent en grande partie de citranilide.

Ce corps renferme les éléments du citrate trianilique, moins 6 atomes d'eau :

$$C^{12}H^8O^{14} + 3 C^{12}H^7N = C^{48}H^{23}N^3O^8 + 6 HO.$$

Ac. citriq.   Aniline.   Citranilide.

La citranilide est peu soluble ou insoluble dans l'eau, assez peu soluble dans l'alcool bouillant, qui la dépose, par l'évaporation spontanée, sous la forme de prismes aplatis, souvent très-fins, ordinairement groupés concentriquement, striés longitudinalement et d'un éclat nacré. La solution n'agit pas sur les papiers colorés.

Ni la potasse ni l'ammoniaque ne l'attaquent à l'ébullition ; ces agents peuvent servir pour cela à la séparer des tables hexagones de citrobianile dont elle est mêlée.

§ 651. ACIDE CITROBIAMIQUE, $C^{12}H^{10}N^2O^{10}$. — Il n'a pas encore été isolé.

Acide phényl-citrobiamique, ou citrobianilique, $C^{36}H^{18}N^2O^{10}$. — Cet acide se produit toujours, à l'état de sel d'ammoniaque, lorsqu'on fait bouillir le citrobianile avec de l'ammoniaque concentrée. L'acide chlorhydrique précipite de la solution l'acide citro-

[1] PEBAL (1852), *Ann. der Chem. u. Pharm.*, LXXXII. 78.

bianilique sous la forme d'un précipité caillebotté, qui cristallise dans l'alcool en aiguilles groupées concentriquement.

Cet acide est fort soluble dans l'alcool, peu soluble dans l'eau. Il fond à environ 153°, en dégageant de l'eau, et en se transformant de nouveau en citrobianile.

L'acide citrobianilique renferme les éléments du citrate bianilique, moins 4 at. d'eau :

$$C^{12}H^8O^{14} + 2 C^{12}H^7N = C^{36}H^{18}N^2O^{10} + 4 HO.$$
Ac. citrique.   Aniline.   Ac. citrobianiliq.

Le *sel de baryte*, $C^{36}H^{17}BaN^2O^{10}$, constitue un précipité blanc, amorphe, qu'on obtient en mélangeant une solution de chlorure de baryum avec une solution aqueuse de l'acide neutralisé par l'ammoniaque.

Le *sel d'argent*, $C^{36}H^{17}AgN^2O^{10}$, est également un précipité blanc.

Le *sel d'aniline*, $C^{36}H^{18}N^2O^{10}$, $C^{12}H^7N$, cristallise en lamelles incolores, lorsqu'on met en digestion l'acide citrobianilique avec de l'aniline contenant de l'eau.

§ 652. CITRIMIDE, $C^{12}H^8N^2O^8$. — Ce corps n'a pas encore été obtenu.

Phényl-citrimide, ou citrobianile, $C^{36}H^{16}N^2O^8$. — Les tables hexagones dont est mélangée la citranilide brute (p. 108), représentent le citrobianile, c'est-à-dire un citrate bianilique moins 6 at. d'eau :

$$C^{12}H^8O^{14} + 2 C^{12}H^7N = C^{36}H^{16}N^2O^8 + 6 HO.$$
Ac. citrique.   Aniline.   Citrobianile.

Elles sont fort peu solubles dans l'eau, très-solubles dans l'alcool bouillant; la solution ne rougit pas le tournesol. L'ammoniaque bouillante les convertit en acide citrobianilique.

§ 653. ACIDE CITRAMIQUE, $C^{12}H^7NO^{10}$. — On ne l'a pas encore obtenu.

Acide phényl-citramique, ou citranilique, $C^{24}H^{11}NO^{10}$. — Lorsqu'on maintient en fusion, à 140 ou 150°, le citrate monoanilique, tant qu'il se dégage de l'eau, le résidu se prend, en partie déjà pendant qu'on chauffe, en une masse cristalline. Celle-ci se dissout aisément dans l'eau, si l'on a eu soin d'éviter l'emploi d'un excès d'aniline, et se dépose, par l'évaporation spontanée, soit en globules cristallins, soit en croûtes mamelonnées, composées de petits prismes. On traite la solution par le charbon animal, et l'on purifie le produit par une nouvelle cristallisation. L'alcool dissout aisément les cristaux. Leur solution rougit le tournesol.

L'acide citranilique renferme les éléments de 1 at. de citrate mononoanilique moins 4 at. d'eau :

$$C^{12}H^8O^{14} + C^{12}H^7N = C^{24}H^{11}NO^{10} + 4\,HO.$$

Ac. citrique.   Aniline.   Ac. citraniliq.

Le *sel d'argent*, $C^{24}H^{10}AgNO^{10}$, s'obtient en neutralisant par l'ammoniaque une solution alcoolique de l'acide, et en mélangeant la liqueur avec une solution aqueuse de nitrate d'argent; il se produit alors un précipité blanc, et la liqueur filtrée dépose des globules cristallins qui offrent la composition indiquée.

Lorsqu'on sature par l'ammoniaque la solution aqueuse de l'acide citranilique, il se produit un précipité blanc caillebotté d'un *sous-sel d'argent*, $C^{24}H^{10}AgNO^{10}$, AgO, HO.

Le *sel d'aniline*, $C^{24}H^{11}NO^{10}$, $C^{12}H^7N$, s'obtient en saturant l'acide avec de l'aniline. Il forme des mamelons sphériques, très-solubles dans l'alcool.

ACIDE ACONITIQUE.

Syn. : Acide équisétique ou citridique.

Composition : $C^{12}H^6O^{12} = C^{12}H^3O^9, 3\,HO.$

§ 654. Cet acide a été trouvé par Peschier[1], à l'état de sel de chaux, dans le suc d'*Aconitum Napellus* et d'autres aconits. L'aconitate de chaux se dépose, dans l'extrait aqueux de ces plantes, sous la forme de grains blancs, souvent assez copieux.

Le même acide se rencontre dans certaines espèces de prêles (*Equisetum fluviatile, limosum*, etc.), ce qui lui a valu le nom d'*acide équisétique*, donné par M. Braconnot. Confondu d'abord avec son isomère l'acide fumarique ou paramaléique, l'acide équisé-

---

[1] PESCHIER (1820), *N. Journ. der Pharm. v. Trommsdorff*, V, 1, 93 ; VIII, 1, 266. — BRACONNOT, *Ann. de Chim. et de Phys.* XIX, 10. — L. A. BUCHNER, *Repert. f. d. Pharm. v. Buchner*, LXIII, 145. — DAHLSTROEM, *Journ. f. prakt. Chem.*, XIV, 355. — CRASSO, *Ann. der Chem. u. Pharm.*, XXXIV, 56. — BAUP, *Ann. de Chim. et de Phys.*, [3] XXX, 312.

Plusieurs chimistes représentent l'acide aconitique par la même formule que l'acide maléique et l'acide fumarique, $C^8H^4O^8$; mais cette formule ne peut se déduire de la formule de l'acide citrique que par une équation assez compliquée. La formule $C^{12}H^6O^{12}$ me paraît donc préférable ; il faudrait, pour la vérifier, faire l'analyse des acides viniques et des amides de l'acide aconitique.

tique a été définitivement reconnu pour de l'acide aconitique, grâce aux derniers travaux de M. Baup.

Enfin M. Dahlstroem a le premier signalé l'identité de l'acide aconitique et de l'acide qui se produit par la métamorphose de l'acide citrique sous l'influence de la chaleur.

Pour extraire l'acide aconitique de l'aconit, M. Buchner prescrit d'opérer de la manière suivante. On exprime le suc de cette plante, et on le concentre avec précaution au bain-marie ; l'aconitate de chaux cristallise alors dans l'extrait, au bout de quelque temps. Une fois séparé, ce sel se redissout difficilement dans l'eau. Quand la cristallisation est complète, on décante la partie aqueuse. Le sel qui s'est déposé est si peu soluble, qu'on peut en séparer les parties extractiformes, en le lavant d'abord à l'eau froide, puis à l'alcool. On dissout ensuite l'aconitate de chaux dans de l'acide nitrique très-étendu, on filtre la liqueur et on la précipite par l'acétate de plomb. On lave bien l'aconitate de plomb ainsi obtenu, et on le décompose encore humide par l'hydrogène sulfuré ; l'acide aconitique reste en dissolution dans l'eau. On filtre la liqueur acide, on évapore au bain-marie jusqu'à siccité ; on réduit en poudre le résidu desséché, et on le traite par l'éther, qui laisse à l'état insoluble une petite quantité d'aconitate et de phosphate de chaux qui s'était précipitée avec le sel de plomb et avait été dissoute par l'acide libre. La partie insoluble dans l'éther peut servir à une nouvelle préparation. On chasse l'éther de la solution éthérée, on reprend le résidu par de l'eau distillée, et l'on évapore la solution dans le vide.

On a proposé, pour éviter la précipitation du sel de chaux dans la préparation précédente, de décomposer l'aconitate de chaux par un carbonate alcalin, et de précipiter l'aconitate alcalin par l'acétate de plomb, après avoir préalablement saturé par l'acide acétique l'excédant du carbonate employé.

Voici comment M. Regnault[1] procède pour obtenir l'acide équisétique : les tiges fraîches de prêles, cueillies au moment de la floraison, sont hachées, puis pilées avec de l'eau dans un mortier. Le suc est ensuite exprimé au moyen d'une petite presse. On le fait bouillir pendant une demi-heure pour en coaguler les parties albumineuses, puis on le passe à travers un filtre ; on sature le liquide

---

[1] REGNAULT, *Ann. de Chim. et de Phys.* LXII, 298.

par du carbonate de soude, on y verse de l'acétate de baryte pour précipiter les sulfates et les phosphates ; puis, après avoir de nouveau filtré, on précipite par de l'acétate de plomb. L'équisétate de plomb ainsi obtenu est décomposé par l'hydrogène sulfuré.

Le meilleur procédé de préparation est, sans contredit, celui qui est basé sur la décomposition de l'acide citrique par la chaleur. M. Crasso distille cet acide jusqu'à ce qu'il apparaisse des stries huileuses dans le récipient, retire alors le feu, et dissout le résidu dans cinq fois son poids d'alcool absolu. Après avoir saturé la solution par du gaz chlorhydrique, il y verse beaucoup d'eau, de manière à en séparer l'éther aconitique qui s'est formé dans ces circonstances. Avec cet éther on obtient l'acide aconitique en le décomposant par la potasse caustique, mélangeant l'aconitate alcalin avec un sel de plomb, et traitant ensuite l'aconitate de plomb par l'hydrogène sulfuré.

L'acide aconitique reste à l'état d'une croûte mamelonnée lorsqu'on abandonne sa solution éthérée à une évaporation lente ; on ne peut pas en déterminer la forme. Il est très-soluble dans l'eau, l'alcool et l'éther ; sa solution s'effleurit beaucoup par l'évaporation.

Lorsqu'on le chauffe, il brunit à 130°, se liquéfie à 140°, et bout déjà à 160° ; mais alors il se décompose complétement en donnant un liquide huileux qui se concrète par le refroidissement, et qui n'est autre chose que de l'acide itaconique :

$$C^{12}H^6O^{12} = 2\,CO^2 + C^{10}H^6O^8 ;$$
Ac. aconitiq.Ac. itaconique.

Vers la fin de la distillation il se produit aussi une huile empyreumatique, et on finit par avoir un résidu de charbon.

Les caractères précédents distinguent parfaitement l'acide aconitique de ses isomères, l'acide fumarique (§ 558) et l'acide maléique (§ 557). En effet, l'acide fumarique est bien moins soluble dans l'eau, et l'acide maléique donne des cristaux déterminables ; l'acide fumarique fond très-difficilement et se sublime sans résidu[1] lorsqu'on le chauffe au-dessus de 200° ; l'acide maléique fond à 130°, et se transforme en acide fumarique. L'aconitate et le fumarate d'ammoniaque précipitent le chlorure ferrique, tandis que le maléate d'ammoniaque ne précipite pas ce dernier sel.

L'acide aconitique se convertit en acide succinique lorsqu'il est

---

[1] En se transformant en acide maléique anhydre. — Voy. § 655.

mis, à l'état de sel de chaux, en fermentation avec du fromage. (Dessaignes.)

Dérivés métalliques de l'acide aconitique. Aconitates.

§ 655. L'acide aconitique, représenté par la formule que nous avons adoptée, constitue un acide tribasique; d'après cette formule, il y a trois espèces d'aconitates, dont voici la composition :

Aconitates neutres trimétalliques. $C^{12}H^3M^3O^{12} = C^{12}H^3O^9, 3\,MO,$

Aconitates acides bimétalliques. . $C^{12}H^4M^2O^{12} = C^{12}H^3O^9, \left.\begin{array}{l} 2\,MO \\ HO \end{array}\right\rangle \cdot$

Aconitates acides monométalli- $C^{12}H^5M\,O^{12} = C^{12}H^3O^9, \left.\begin{array}{l} MO \\ 2\,HO \end{array}\right\rangle \cdot$
ques. . . . .

Les aconitates solubles donnent, avec les solutions d'acétate de plomb et de nitrate d'argent, des précipités blancs et floconneux. Ces précipités ne deviennent cristallins ni par un séjour prolongé dans la liqueur, ni par l'ébullition; ce caractère distingue les aconitates des fumarates et des maléates dont les précipités avec les sels d'argent et de plomb sont cristallins.

La composition des aconitates n'a pas encore été étudiée d'une manière complète. Quelques dosages dus à MM. Buchner jeune et Baup sont les seuls renseignements qu'on possède sur eux.

§ 656. *Aconitates d'ammoniaque.* — On en connaît trois.

α. *Sel neutre triammonique.* Il est fort soluble et incristallisable. On l'obtient en saturant l'acide aconitique par l'ammoniaque.

β. *Sel acide biammonique.* C'est peut-être le sel (improprement appelé biaconitate d'ammoniaque) qu'on obtient en ajoutant $\frac{1}{2}$ p. d'acide aconitique à 1 p. du même acide, neutralisé par l'ammoniaque, et évaporant à une douce chaleur. Il se dépose, après quelque temps, en croûtes cristallines, consistant en prismes microscopiques. On ne peut pas le redissoudre dans l'eau sans qu'il se décompose en sel neutre et en aconitate acide monoammonique, qui se précipite à l'état pulvérulent.

Le sel acide biammonique ne se transforme pas par la chaleur, comme le bifumarate et le bimaléate, en une substance insoluble (fumarimide, § 573) donnant de l'acide aspartique par l'acide chlorhydrique. (Dessaignes.)

γ. *Sel acide monoammonique,* $C^{12}H^5(NH^4)O^{12}$. On peut le préparer en ajoutant 2 p. d'acide à 1 p. d'acide déjà neutralisé par l'ammoniaque. Il se dépose ordinairement en cristaux distribués en amas hémisphériques. Lorsque la cristallisation s'est effectuée très-lentement, on y reconnaît des lamelles triangulaires, isocèles, transparentes, tronquées parallèlement à leur base. Il est soluble dans 6 $^1/_2$ p. d'eau à 15°, et en plus forte proportion à chaud.

Aconitates de potasse. — Il en existe trois.

α. *Sel neutre.* Il est incristallisable, et se réduit, par l'évaporation, en une masse gommeuse, fort hygrométrique.

β. *Sel acide bipotassique.* Si l'on ajoute 1 p. d'acide aconitique libre à 1 p. d'acide aconitique neutralisé par la potasse, on obtient, dans les premières cristallisations, de l'aconitate monopotassique; en évaporant davantage les eaux-mères, on finit par avoir un sel qui paraît être l'aconitate bipotassique[1]. Si l'on dissout celui-ci dans l'eau, il se décompose aussitôt, en déposant de l'aconitate monopotassique sous forme de poudre cristalline, pendant que du sel neutre reste en dissolution. L'aconitate bipotassique cristallise en lamelles quadrangulaires ou en prismes très-aplatis, transparents, inaltérables à l'air.

γ. *Sel acide monopotassique,* $C^{12}H^5KO^{12}$. On l'obtient en ajoutant à 1 p. d'acide neutralisé par la potasse 2 p. d'acide libre. Il cristallise ordinairement en petites lames triangulaires, superposées, formant de petits paquets disposés concentriquement, le sommet des triangles isocèles au centre de leur base à la circonférence; souvent aussi il se dépose sous forme de poudre cristalline. Les cristaux, transparents d'abord, deviennent complétement opaques, après un temps plus ou moins long, sans que le sel change de poids. Ils sont moins solubles dans l'eau que le sel précédent; ils exigent 11 p. d'eau à 15°.

Aconitates de soude. — α. *Sel neutre trisodique.* Il forme une masse hygrométrique, sans traces de cristallisation; il est insoluble dans l'alcool.

β. *Sel acide bisodique.* Il se dépose, d'une solution très-concentrée, sous forme de poudre cristalline. Pour l'obtenir mieux cristallisé, en feuillets micacés, il faut ajouter de l'alcool à une solution

---

[1]. Suivant M. Baup, ce sel renferme 29,16 p. c. de potasse, et doit se représenter par $KO, 2C^4HO^3, 2HO$; mais, comme ce chimiste n'a pas dosé l'eau contenue dans le sel, l'exactitude de cette formule ne me paraît pas suffisamment établie.

Il en est de même de la formule de l'aconitate acide, dans lequel M. Baup suppose $NaO, 2C^4HO^3, 2HO$, et que je considère, en attendant des analyses plus complètes, comme de l'aconitate bisodique.

saturée de ce sel dans l'eau. Le sel s'effleurit promptement dans l'air sec, et se dissout dans 2 p. d'eau a 15°.

§ 657. *Aconitate de baryte.* — Il s'obtient, suivant M. Buchner, à l'état d'un précipité gélatineux lorsqu'on ajoute un excès d'eau de baryte à de l'acide aconitique. Il ne cristallise pas, et se présente, après la dessiccation, à l'état d'une masse amorphe. Séché sur l'acide sulfurique, il paraît contenir 4 at. d'eau de cristallisation, car, à 140°, il éprouve une perte de 13,75 p. c.

Lorsque, suivant M. Regnault, on verse de l'eau de baryte dans une dissolution un peu concentrée d'acide équisétique, il se forme un léger précipité qui se redissout tant que la liqueur est acide. Quand elle est devenue neutre, le précipité n'est encore que très-peu abondant ; mais, au bout de quelques minutes, la liqueur se prend complétement en une masse gélatineuse blanche, tremblotante, semblable à l'hydrate d'alumine. Cette masse se présente, après la dessiccation, sous forme de petites paillettes cristallines. Séché à l'air, ce sel renferme 2 at. d'eau de cristallisation, qu'il perd à 150°.

Aconitate de chaux, $C^{12}H^3Ca^3O^{12} + 6$ aq. — Ce sel se trouve en grande quantité dans l'extrait d'aconit. On peut l'obtenir cristallisé en mélangeant de l'aconitate de soude avec du chlorure de calcium, ou en dissolvant la chaux dans l'acide aconitique. Si on laisse évaporer une solution d'aconitate de chaux à une légère chaleur, sans l'agiter, elle peut être réduite jusqu'à consistance sirupeuse et au delà, sans donner d'indices de cristallisation ; si on l'abandonne alors à l'air, une portion s'élève vers le milieu de la capsule en une masse gélatiniforme, qui finit par se dessécher, en se fendillant et en prenant l'aspect de la gomme arabique. Si, au contraire, on a mis dans la solution à évaporer quelques fragments de sel cristallisé, alors toute la masse se dépose en cristaux très-fins, à mesure que l'évaporation avance. Une fois cristallisé, le sel n'est presque plus soluble dans l'eau.

L'aconitate de chaux se dissout dans 98 à 99 p. d'eau à 15°. A 100°, le sel ne perd pas toute son eau de cristallisation ; pour la chasser entièrement, il faut augmenter la chaleur, et alors le sel jaunit.

Aconitate de magnésie. — C'est un sel fort soluble, qu'on trouve dans le suc des prêles.

§ 658. *Aconitate de zinc.* — Sel fort soluble dans l'eau.

Aconitate de cuivre. — Il s'obtient sous la forme d'une masse vert bleuâtre, peu soluble, en traitant l'acide aconitique par un excès d'oxyde de cuivre, à une douce chaleur, et en évaporant la solution verte.

Aconitate de fer. — L'aconitate ferrique se précipite quand on ajoute une solution d'aconitate neutre d'ammoniaque à une solution de chlorure ferrique; cette réaction distingue l'acide aconitique de l'acide maléique, dont le sel d'ammoniaque neutre ne précipite pas le chlorure ferrique. (Dessaignes.)

Aconitate de manganèse, $C^{12}H^3Mn^3O^{12} + 12$ aq. — Ce sel s'obtient directement avec l'acide aconitique et le carbonate manganeux, par une ébullition prolongée; la dissolution évaporée cristallise d'abord difficilement. On purifie le sel par de nouvelles cristallisations; il s'obtient alors en petits octaèdres rosés, transparents, inaltérables à l'air et peu solubles dans l'eau froide. Si l'on dissout ces cristaux, à la température de l'ébullition, la solution se trouble, à moins qu'on n'ait ajouté d'abord un peu d'acide; il ne se produit aucun trouble lorsqu'on dissout le sel dans l'eau froide ou tiède.

§ 659. *Aconitate de plomb,* $C^{12}H^3Pb^3O^{12} + 3$ aq. (?). — L'acétate de plomb neutre occasionne dans la solution de l'acide aconitique ou des aconitates alcalins la formation d'un précipité blanc, brillant, sans apparence cristalline. Ce précipité est peu soluble dans l'eau bouillante. Par la dessiccation à 140°, il perd 5,29 p. c. d'eau.

Aconitate d'argent, $C^{12}H^3Ag^3O^{12}$. — Le nitrate d'argent n'est pas précipité par l'acide aconitique, mais les aconitates alcalins y produisent un précipité blanc d'aconitate d'argent, amorphe et fort peu soluble dans l'eau. Bouilli avec de l'eau, ce précipité se réduit en partie à l'état métallique; il se produit, dans ces circonstances, un autre sel d'argent, peu soluble dans l'eau, et dont l'acide peut s'isoler au moyen de l'hydrogène sulfuré. (Buchner.) Suivant M. Regnault, l'équisétate d'argent constitue un précipité blanc et caillebotté, qui ne renferme pas d'eau de cristallisation. Soumis à l'action de la chaleur, il se décompose subitement déjà à 148° avec une petite explosion, et se transforme en un carbure d'argent très-homogène, gris foncé, et d'un éclat métallique; il se développe en même temps beaucoup d'acide carbonique, ainsi que de petites gouttelettes jaunâtres, cristallisant en quelques endroits, solubles dans l'eau, et manifestant alors une réaction fort acide. Chauffé à l'état sec, l'aconitate d'argent brûle avec déflagration, en produisant des efflorescences semblables à des choux-fleurs.

Aconitates de mercure. — α. *Sel mercureux.* Il constitue un précipité blanc, grenu.

β. *Sel mercurique.* Il ne précipite pas, ou il ne se précipite qu'en petite quantité, quand on mêle une solution de chlorure mercurique avec de l'aconitate de soude. Mais, en traitant à une douce chaleur l'oxyde mercurique par l'acide aconitique jusqu'à saturation, on obtient l'aconitate mercurique sous la forme d'une poudre blanche, insoluble. Il devient gris par une ébullition prolongée dans l'eau.

Dérivé éthylique de l'acide aconitique. Éther aconitique.

§ 660. *Aconitate d'éthyle,* ou éther aconitique[1], $C^{12}H^3(C^4H^5)^3O^{12} = C^{24}H^{18}O^{12}$. — On le prépare en dissolvant l'acide aconitique dans 5 fois son poids d'alcool absolu, et en saturant la solution par du gaz chlorhydrique; par l'addition de l'eau, l'éther se sépare du résidu, sous forme huileuse.

On l'obtient aussi en distillant un mélange d'alcool, d'acide citrique et d'acide sulfurique, en cohobant plusieurs fois les produits. Par l'addition de l'eau au résidu, l'éther s'en sépare alors, comme précédemment. (Marchand.)

L'éther aconitique constitue un liquide incolore, d'une odeur aromatique et d'une saveur fort amère; sa densité est de 1,074 à 14°. Il bout à 236°, en se décomposant en partie; il dégage alors d'épais nuages blancs, et laisse un résidu noir, gras au toucher, tandis qu'une petite partie seulement de l'éther distille sans altération.

Lorsqu'on y fait passer du chlore, il donne une masse poisseuse[2].

ACIDE PYROCITRIQUE ANHYDRE.

Syn. : Acide citraconique anhydre.

Composition : $C^{10}H^4O^6$.

§ 661. Cet anhydride[3] constitue en majeure partie le produit huileux qui passe dans la distillation sèche de l'acide citrique. En

[1] CRASSO, *loc. cit.* — MARCHAND, *Journ. f. prakt. Chem.,* XX, 319.

[2] MALAGUTI, *Ann. de Chim. et de Phys.,* [3] XVI, 84.

[3] ROBIQUET (1837), *Ann. de Chim. et de Phys.,* LXV, 78. — CRASSO, *Ann. der Chem. u. Pharm.,* XXXIV, 68.

chauffant ce produit dans un appareil distillatoire, jusqu'à l'ébullition, on obtient dans le récipient deux liquides de densité différente ; la couche supérieure est de l'eau, la couche plus pesante est l'acide pyrocitrique anhydre ; il est huileux et ne se prend pas en masse. On le purifie par une nouvelle distillation.

On obtient le même anhydride en chauffant l'acide itaconique jusqu'à l'ébullition.

C'est un liquide très-fluide, sans couleur ni odeur ; sa densité à + 14° est de 1,247. Il attire l'humidité de l'air, et quand on l'agite avec l'eau, il s'y dissout à la longue en se transformant en acide citraconique. Il se volatilise déjà avec les vapeurs d'eau, cependant il n'entre en ébullition qu'à 212°.

Il absorbe vivement l'ammoniaque sèche en dégageant beaucoup de chaleur ; le produit constitue une masse vitreuse, très-déliquescente, et qui renferme atomes égaux d'ammoniaque et d'acide citraconique anhydre : c'est peut-être l'acide citraconamique ; en effet, quand on évapore sa solution aqueuse, on obtient du citraconate d'ammoniaque acide.

Il se combine également avec l'aniline en produisant le citraconanile (phényl-citraconimide § 678).

L'acide pyrocitrique anhydre est isomère de l'acide pyromucique.

ACIDES PYROCITRIQUES.

Composition : $C^{10}H^6O^8 = C^{10}H^4O^6$, $2HO$.

§ 662. Je réunis sous la dénomination d'acides pyrocitriques plusieurs acides de même composition, mais différents sous le rapport de la forme et de la solubilité. Ces acides isomères sont : l'*acide itaconique*, produit par la distillation sèche de l'acide citrique ; l'*acide citraconique*, produit par la combinaison de l'eau avec l'acide pyrocitrique ou citraconique anhydre ; l'*acide mésaconique*, résultant d'une transposition moléculaire de l'acide citraconique sous l'influence de l'acide nitrique ; et enfin l'*acide lipique*, un des produits de l'action de l'acide nitrique sur certaines matières grasses.

§ 663. ACIDE ITACONIQUE[1], $C^{10}H^6O^8$. — Le meilleur procédé pour préparer l'acide itaconique consiste, suivant M. Crasso, à distiller l'acide citrique dans une cornue chauffée par une lampe à esprit

[1] BAUP, (1836), *Ann. de Chim. et de Phys.*, LXI, 182. — CRASSO, *Ann. der Chem. u. Pharm.*, XXXIV, 61. — GOTTLILB, *ibid.*, LXXVII, 265.

de vin, jusqu'à ce qu'il apparaisse des vapeurs jaunâtres; il passe ainsi une matière huileuse, et, si l'on a soin de ne présenter à la flamme de la lampe que le fond de la cornue, et d'en préserver autant que possible les parois, on en obtient des quantités considérables. Le produit distillé se solidifie par le refroidissement; on exprime les cristaux entre du papier joseph sur une plaque chauffée à 100°, on les dépouille des dernières traces de matières huileuses en les pressant de nouveau entre du papier joseph imbibé d'alcool absolu, on les dissout dans six fois leur poids d'eau, et l'on évapore doucement à cristallisation. Les eaux-mères fournissent une nouvelle quantité de cristaux.

Suivant M. Baup, les premiers cristaux déposés par la solution aqueuse du produit de la distillation sèche de l'acide citrique consisteraient en acide citraconique; aussi ce chimiste conseille de mettre à part ce premier dépôt, et de continuer l'évaporation jusqu'à ce que la liqueur donne de petits cristaux aiguillés. Dès ce moment, on ne recueille plus que de l'acide itaconique; il est aisé de le séparer de l'acide citraconique par des solutions et des cristallisations répétées, vu la grande différence de solubilité des deux acides [1].

L'acide itaconique est sans odeur, et d'une saveur fort acide. Cristallisé dans l'eau, il présente ordinairement la forme d'un octaèdre rhomboïdal, dans lequel l'inclinaison des faces adjacentes aux arêtes de la base est de 136° 20', et celle des faces pyramidales entre elles de 124° et de 73° 15'. Sa forme primitive est un prisme droit rhomboïdal. Tous les cristaux d'acide itaconique sont facilement clivables, en lames brillantes, parallèlement à un plan passant par les arêtes pyramidales obtuses de l'octaèdre, et correspondant à la petite diagonale d'un prisme rhomboïdal; un second clivage, bien moins net que le premier, a lieu dans quelques cristaux suivant la grande diagonale du même prisme. Les arêtes de la base de l'octaèdre sont souvent remplacées par un plan tangent, ainsi que les angles solides latéraux aigus et les angles solides des sommets; cette dernière modification se présente quelquefois seule, mais tellement prononcée, qu'alors les cristaux ne consistent plus qu'en une lame rhomboïdale à bords biselés.

[1] Il y a ici une contradiction entre les indications de M. Baup et celles de M. Crasso relativement à la solubilité de l'acide citraconique et de l'acide itaconique; car, suivant le dernier chimiste, l'acide itaconique serait le moins soluble des deux.

Il est soluble dans 17 p. d'eau à 10°, et dans 12 p. seulement à 20°; sa solubilité augmente beaucoup avec la température; aussi cristallise-t-il abondamment par le refroidissement d'une solution faite à chaud. À 15°, il se dissout dans 4 p. d'alcool de 88 centièmes. Il est soluble aussi dans l'éther.

Lorsqu'on chauffe l'acide itaconique jusqu'à l'ébullition, il passe de l'acide citraconique anhydre.

L'acide itaconique précipite l'acétate et le sous-acétate de plomb, et communique aux sels ferriques une teinte rougeâtre.

Il ne donne pas d'acide mésaconique, lorsqu'on le traite par l'acide nitrique.

§ 664. ACIDE CITRACONIQUE[1], dit aussi acide pyrocitrique ou citribique, $C^{10}H^6O^8$. — Pour préparer l'acide citraconique, il convient, suivant M. Crasso, d'employer le produit huileux qu'on obtient dans la distillation sèche de l'acide citrique, et qui se compose en plus grande partie d'acide citraconique anhydre. En chauffant de nouveau ce produit dans un appareil distillatoire, il passe deux liquides de densité différente : la couche supérieure est de l'eau, la couche inférieure est de l'acide citraconique anhydre. Celui-ci attire promptement l'humidité : abandonné à l'air ou dans des flacons mal bouchés, il se prend d'abord en une masse cristalline qui finit par se liquéfier tout à fait. Pour obtenir à l'état de pureté les cristaux, il faut les exprimer entre des doubles de papier joseph, et les dessécher à une température ne dépassant guère 50°.

L'acide citraconique se produit aussi dans la distillation sèche de l'acide lactique (§ 453).

Les cristaux d'acide citraconique sont des prismes à quatre pans, terminés par une face unique et tronqués sur les arêtes. Ils se dissolvent dans 8 p. d'eau à 10°; l'alcool et l'éther les dissolvent aisément. Ils fondent à 80°; si l'on maintient la matière fondue pendant longtemps à 100°, elle se convertit en acide itaconique. (Robiquet, Gottlieb.) Cette transformation ne réussit qu'avec de petites quantités de matière. Si on distille l'acide citraconique, il passe d'abord de l'eau, puis de l'acide citraconique anhydre.

L'acide citraconique est sans odeur, d'une saveur à la fois acide et un peu amère; il rougit le tournesol.

[1] LASSAIGNE (1822), *Ann. de Chim. et de Phys.*, XXI, 100. — DUMAS, *ibid.*, LII, 295. — ROBIQUET, *ibid.*, LXV, 78. — LIEBIG, *Ann. der Chem. u. Pharm.*, XXVI, 119 et 152. — CRASSO, *ibid.*, XXXIV, 68. — ENGELHARDT, *ibid.*, LXX, 246. — GOTTLIEB, *ibid.*, LXXVII, 265. — BAUP, *Ann. de Chim. et de Phys.*, [3] XXXIII, 192.

Lorsqu'on chauffe légèrement l'acide citraconique avec de l'a-
cide nitrique concentré, il s'effectue une réaction très-vive, accompagnée souvent d'un dégagement de gaz si tumultueux qu'il
en résulte une véritable explosion. Il se produit, entre autres, une
substance huileuse qui se prend par le refroidissement en une
masse cristalline jaunâtre. L'alcool dédouble celle-ci en deux corps
cristallisables de solubilité différente (*eulyte* et *dyslyte* de M. Baup);
ce sont des produits nitrés qui mériteraient d'être analysés.

L'action est plus calme si l'on fait bouillir l'acide citraconique
avec de l'acide nitrique dilué : il se produit alors un acide isomère,
l'*acide mésaconique,* une matière azotée indéterminée, et de l'acide
oxalique.

Quand on chauffe l'acide citraconique avec de l'acide sulfurique
concentré, il se dégage immédiatement de l'oxyde de carbone : ce
n'est que vers la fin que la masse noircit, et qu'il se développe
de l'acide sulfureux. Le produit de la réaction, étant étendu d'eau
et saturé par du carbonate de plomb, donne un sel d'une saveur
astringente, nauséabonde et à réaction acide; la solution de ce sel
dépose, par l'évaporation, une poudre cristalline, insoluble dans
l'alcool, mais très-soluble dans l'acide nitrique.

§ 665. ACIDE MÉSACONIQUE[1] ou citracartique, $C^{10}H^6O^8$. — On
l'obtient en maintenant à une température voisine de l'ébullition,
pendant un quart d'heure ou une demi-heure, une solution étendue d'acide citraconique avec environ le sixième de son volume
d'acide nitrique. La réaction est calme et se manifeste par le dégagement de petites bulles de gaz. La liqueur dépose, par le refroidissement, des masses cristallines de l'aspect de la porcelaine ;
on en obtient encore davantage par l'évaporation des eaux-mères.
Le produit a besoin d'être purifié, par de nouvelles cristallisations
ou par l'ébullition avec du charbon animal, d'une certaine matière
nitrée qui se forme en même temps et qui le colore plus ou moins
en jaune.

L'acide pur se présente sous la forme d'un amas de fines aiguilles, un peu brillantes. Il est peu soluble dans l'eau froide, fort soluble dans l'eau bouillante; sa solution aqueuse s'effleurit volontiers. 1 p. d'acide se dissout dans 38 p. d'eau à 14° et dans 29 p.
d'eau à 22°.

[1] GOTTLIEB (1851), *Ann. der Chem. u. Pharm.,* LXXVII, 267. — PEBAL, *ibid.,*
LXXVIII, 129. — BAUP, *Ann. de Chim. et de Phys.,* XXXIII, 192.

L'alcool et l'éther le dissolvent également ; 2,6 p. d'alcool de 88 centièmes dissolvent à 22° 1 p. d'acide.

Il fond à 208° en un liquide limpide, qui se prend par le refroidissement en une masse cristalline ; il se sublime sans altération déjà avant de fondre.

La solution de l'acide mésaconique rougit le tournesol, et décompose les carbonates avec effervescence.

Elle précipite en blanc par le sous-acétate de plomb et par le nitrate mercureux. Avec l'acétate de plomb neutre, elle donne, au bout de quelques instants, un dépôt cristallin. Elle précipite le chlorure de fer en flocons jaune rougeâtre.

§ 666. ACIDE LIPIQUE[1], $C^{10}H^6O^8$ + 2 aq. — Les eaux-mères acides provenant de l'action de l'acide nitrique sur l'acide oléique, stéarique ou margarique, et dont on a déjà séparé les acides pimélique et subérique, renferment encore d'autres acides solides et solubles dans l'eau. Pour les obtenir, il faut d'abord chasser le reste de l'acide nitrique autant que possible, en ayant soin toutefois d'empêcher que la masse noircisse par une trop forte concentration ; on recueille les nouveaux cristaux, qui se composent d'acide adipique et d'acide lipique ; on les sèche et on les fait dissoudre à chaud dans l'éther, qui laisse insolubles quelques matières étrangères brunes ; on laisse la dissolution s'évaporer à moitié spontanément ; on décante le liquide qui recouvre les cristaux, et on le fait évaporer. On reprend séparément les deux produits de l'évaporation de l'éther par l'alcool bouillant, qu'on laisse à son tour évaporer à l'air. En répétant plusieurs fois ces opérations, on obtient d'un côté un acide cristallisé en grains arrondis, tuberculeux et groupés, c'est l'acide adipique ; et d'autre part, un acide très-bien cristallisé en lamelles un peu allongées, c'est l'acide lipique.

Ce dernier est assez soluble dans l'eau froide. Lorsqu'on en chauffe quelques décigrammes sur une feuille de verre, de manière à ne pas fondre le tout, l'acide, en se refroidissant, cristallise en masse fibreuse, pendant qu'une partie se volatilise et se condense sur la partie non fondue, sous la forme de belles aiguilles qui sont des prismes à bases rectangulaires.

L'acide cristallisé dans l'eau renferme 2 at. d'eau de cristallisation qu'il perd par la sublimation. Sa vapeur répandue dans l'air est très-suffocante et excite la toux.

[1] LAURENT (1837), *Ann. de Chim. et de Phys.*, LXVI, 169. *Revue scientif.*, X, 125.

L'acide sans eau de cristallisation ne fond qu'entre 140 et 145°. Il est plus soluble dans l'eau que l'acide pimélique et l'acide adipique.

Dérivés métalliques de l'acide itaconique. Itaconates.

§ 667. L'acide itaconique est bibasique, les itaconates renferment :

$$\text{Itaconates neutres. } C^{10}H^4M^2O^8 = C^{10}H^4O^6, 2MO$$
$$\text{Itaconates acides. . } C^{10}H^5M\,O^8 = C^{10}H^4O^6, \left.\begin{array}{l} MO \\ HO \end{array}\right\} .$$

Les sels alcalins sont solubles et précipitent en blanc les sels de plomb, d'argent et de mercure. Il existe un certain nombre d'itaconates acides ; toutefois la tendance à former des sels acides est moins prononcée chez l'acide itaconique que chez l'acide citraconique.

La solution des itaconates alcalins donne par le brome les mêmes produits que la solution des citraconates (§ 672).

§ 668. *Itaconates d'ammoniaque.* — α. *Sel neutre.* Il ne cristallise pas, ou, s'il le fait, ce n'est qu'après avoir perdu de l'ammoniaque par l'évaporation, et s'être ainsi transformé en sel acide.

β. *Sel acide*, $C^{10}H^5(NH^4)O^8$. Il peut cristalliser à l'état anhydre ou hydraté. On obtient le sel anhydre en le faisant cristalliser à une température d'environ 20°, et même un peu inférieure, pourvu que la solution soit très-concentrée ou qu'on ait placé un cristal au fond du vase pour hâter la cristallisation. Il est alors en cristaux tubulaires ou prismatiques, transparents et inaltérables à l'air. A la température ordinaire ou à une basse température, il se dépose avec 2 at. d'eau de cristallisation ; il cristallise alors en longs prismes, amincis à leurs extrémités, ou en longues aiguilles, qui s'effleurissent assez promptement à l'air en perdant leur eau de cristallisation.

Itaconates de potasse. — α. *Sel neutre.* Il ne peut s'obtenir cristallisé ; réduit par l'évaporation à l'état concret, il se résout bientôt en un liquide, en attirant l'humidité de l'air. Il est insoluble dans l'alcool.

β. *Sel acide*, $C^{10}H^5KO^8$. Il est très-soluble dans l'eau, et cristallise en feuillets éclatants ; on l'obtient en neutralisant l'acide itaconique par du carbonate de potasse et en ajoutant au produit une quantité d'acide égale à celle qui a été employée. Les cristaux renferment 7,08 d'eau p. c. de cristallisation.

Itaconates de soude. — α. *Sel neutre.* Il est déliquescent.

β. *Sel acide.* Il se présente en cristaux opaques, fibreux, très-solubles.

Itaconates de baryte. — α. *Sel neutre,* $C^{10}H^4Ba^2O^8$ + 2 aq. Il s'obtient en longues aiguilles groupées en étoiles, par l'évaporation d'une solution d'acide itaconique saturée par du carbonate de baryte; exprimé entre du papier buvard, il forme un tissu confus de l'aspect du coton. Il ne perd pas d'eau à 100°.

β. *Sel acide,* $C^{10}H^5BaO^8$ + aq. Il est soluble dans quelques parties d'eau, plus à chaud qu'à froid; suivant M. Baup, il cristallise par le refroidissement en petites tables rhomboïdales, dont les arêtes obtuses sont arrondies. Ces cristaux sont inaltérables à l'air. Selon M. Crasso, ce sel s'obtient par l'évaporation, à l'état d'une masse cristalline confuse.

Itaconates de strontiane. — α. *Sel neutre,* $C^{10}H^4Sr^2O^8$ + 2 aq. Il se prend en cristaux filamenteux (Crasso), ou en croûtes formées de petits cristaux aciculaires. (Baup.)

β. *Sel acide.* Il se présente en cristaux lamelleux, inaltérables à l'air, solubles dans quelques parties d'eau.

Itaconates de chaux. — α. *Sel neutre.* Il cristallise par l'évaporation en petits prismes aciculaires entrelacés. A 18°, il se dissout dans 45 p. d'eau; il n'est pas sensiblement plus soluble à chaud qu'à froid; il est insoluble dans l'alcool.

β. *Sel acide.* Il se présente sous la forme de petits cristaux lamelleux, inaltérables à l'air, solubles dans 13 parties d'eau à 12°. (Baup.)

M. Crasso dit n'avoir pu obtenir sous forme définie ni l'un ni l'autre sel de chaux.

Itaconates de magnésie. — α. *Sel neutre.* Il ne cristallise pas, mais il se dessèche en une masse gommeuse.

β. *Sel acide.* Il est très-soluble, et cristallise en lames brillantes.

Itaconate de manganèse. — Il s'obtient en croûtes cristallines rosées, solubles dans quelques parties d'eau.

Itaconate de nickel. — Il constitue une poudre très-peu soluble, d'un vert bleuâtre très-pâle.

Itaconate de cuivre. — Il forme des cristaux aciculaires, microscopiques, bleu verdâtre, peu solubles.

Itaconate d'argent. — Le *sel neutre,* $C^{10}H^4Ag^2O^8$, forme une poudre blanche et cristalline. Le nitrate d'argent n'est pas précipité par l'acide itaconique, mais seulement quand on y ajoute de l'ammoniaque. Le précipité est presque insoluble dans l'eau bouillante, et très-soluble dans un excès d'ammoniaque; il brûle avec une sorte de déflagration, en produisant des végétations contournées.

L'itaconate d'argent n'est pas dissous par l'acide itaconique, et ne donne pas de sel acide. (Gottlieb.)

Itaconate de mercure. — Les itaconates alcalins précipitent le nitrate mercureux en blanc.

Dérivés métalliques de l'acide citraconique. Citraconates.

§ 668. Les citraconates présentent la même composition que leurs isomères, les itaconates, les mésaconates et les lipates.

Les sels à base d'alcali se décomposent par le brome en donnant des acides bromés particuliers. (Voy. § 672.)

Citraconates d'ammoniaque. — Le *sel acide,* $C^{10}H^5(NH^4)O^8$, forme de petites lamelles brillantes. On obtient ce sel en neutralisant l'acide citraconique par l'ammoniaque, et en évaporant la solution.

Citraconates de potasse. — α. *Sel neutre.* Il s'obtient, par l'évaporation de l'acide citraconique saturé avec du carbonate de potasse, sous la forme d'une masse pulvérulente, fort soluble dans l'eau.

β. *Sel acide.* Si l'on emploie le double de la quantité d'acide nécessaire à la neutralisation, on obtient des paillettes brillantes de citraconate de potasse acide, fort solubles dans l'eau.

Suivant M. Baup, il existerait aussi un sel suracide.

Citraconates de soude. — Ni le sel neutre ni le sel acide ne s'obtiennent à l'état cristallisé; ils se dessèchent en des masses blanches extrêmement solubles dans l'eau.

Citraconates de baryte. — α. *Sel neutre,* $C^{10}H^4Ba^2O^8$ (à 100°). Il s'obtient en saturant par du carbonate de baryte une solution concentrée et bouillante d'acide citraconique; il se dépose, par le refroidissement, à l'état d'une poudre blanche et cristalline, peu soluble dans l'eau froide, très-soluble dans l'eau bouillante.

Le sel obtenu avec l'acide provenant de la distillation sèche de l'acide lactique cristallise par le refroidissement en paillettes nacrées, perdant, à 100°, 14,62 p. c. = 5 atomes d'eau. (Engelhardt.)

β. *Sel acide.* Il cristallise, dans une solution faite à chaud, en gros mamelons composés de fines aiguilles soyeuses. Ce sel contient 37,01 p. c. de baryte, et ne perd rien de son poids à 100°.

Citraconates de strontiane. — α. *Sel neutre.* Il ne cristallise que d'une manière confuse, et s'effleurit considérablement par l'évaporation de sa solution.

β. *Sel acide,* $C^{10}H^5SrO^8 + 3$ aq. Il forme de gros prismes incolores, d'un éclat vitreux, dont les arêtes longitudinales sont souvent tronquées. A 100°, les cristaux ternissent et deviennent d'un blanc de lait, en perdant 26,19 p. c. de leur poids. A 100°, un dégagement d'acide se fait sentir.

Citraconates de chaux. — α. *Sel neutre.* Il se dessèche en une masse blanche et amorphe, qui grimpe sur les bords des vases. Il est fort soluble dans l'eau.

β. *Sel acide,* $C^{10}H^5CaO^8 + 3$ aq. Il se présente sous la forme de petits cristaux lamellaires et inaltérables à l'air, renfermant 15,5 p. c. d'eau de cristallisation. Si on le chauffe à 140°, il s'en dégage de l'acide citraconique, en même temps que la masse noircit; avant de brûler, le sel se boursoufle en brunissant.

Citraconate de magnésie. — Il se présente après la dessiccation sous la forme d'une substance diaphane, à cassure cristalline et fort soluble dans l'eau.

Citraconates de nickel. — Le *sel neutre* forme une masse verte gommeuse. Le *sel acide* constitue des croûtes cristallines vertes.

Citraconate de cobalt. — Le *sel neutre* forme des grains cristallins rouges.

Citraconate de fer. — Le peroxyde de fer hydraté ne se dissout que lentement dans l'acide citraconique.

Citraconate de manganèse. — Masse opaque et visqueuse.

Citraconate d'étain. — Les citraconates alcalins précipitent en blanc le protochlorure d'étain.

Citraconates de plomb. — α. *Sel neutre,* $C^{10}H^4Pb^2O^8 + 2$ aq. et 4 aq. Lorsqu'on ajoute de l'acétate de plomb à une solution d'acide citraconique additionnée d'une petite quantité d'ammoniaque, et qu'on porte le mélange à l'ébullition, une petite quantité du précipité blanc de citraconate de plomb se dissout, tandis que la plus grande partie du précipité se convertit en une poudre cristalline et anhydre.

La liqueur bouillante, séparée du précipité à l'aide du filtre, dépose, par le refroidissement une poudre volumineuse fort légère, non cristalline, peu soluble dans l'eau froide, très-soluble dans l'eau bouillante, et renfermant 4,95 p. c. (2 at.) d'eau de cristallisation.

Lorsqu'on ajoute à froid une solution d'acétate de plomb neutre à du citraconate d'ammoniaque neutre, on obtient un précipité gélatineux fort volumineux, qui se dissout entièrement, si on le fait bouillir dans le liquide surnageant. Mais, quelques instants après, la solution dépose une poudre cristalline qui ne se dissout plus, même par une ébullition prolongée; ce dépôt est le sel anhydre que nous venons de mentionner. Si l'on sèche, au contraire, le précipité sans l'avoir chauffé, on obtient un corps transparent jaunâtre, de l'aspect de la gomme. Ce sel renferme 9,3 p. c. (4 atomes) d'eau, qu'il perd à 100°.

β. *Sel acide*, $C^{10}H^5PbO^8$ (à 140°). Il se dépose à l'état de petits cristaux jaunâtres, si l'on fait dissoudre le sel neutre dans un grand excès d'acide citraconique.

γ. *Sous-sel*, $C^{10}H^4Pb^2O^8$, 2 PbO. On l'obtient, sous la forme d'une poudre blanche, cristalline, et presque insoluble dans l'eau, en précipitant un citraconate alcalin par le sous-acétate de plomb.

Citraconates d'argent. — α. *Sel neutre*, $C^{10}H^4Ag^2O^8$. Il cristallise soit à l'état anhydre, soit avec 2 at. d'eau. Dans une solution aqueuse d'acide citraconique, le nitrate d'argent ne produit de précipité que par l'addition d'un peu d'ammoniaque; ce précipité est fort volumineux et se dissout dans l'eau bouillante; la solution le dépose sous forme d'aiguilles fort allongées, déliées et brillantes : c'est le sel anhydre. Si l'on évapore doucement le liquide séparé, à l'aide du filtre, du sel précédent, il s'y forme de petits prismes hexagones du sel hydraté; ces cristaux sont transparents et d'un éclat de diamant. Quand on les chauffe, ils brûlent en projetant de l'argent.

Dissous dans l'ammoniaque, ce sel d'argent donne, par l'évaporation dans le vide, une masse épaisse fort soluble dans l'eau.

β. *Sel acide*, $C^{10}H^5AgO^8$. Il s'obtient en faisant dissoudre à chaud le sel neutre dans une solution d'acide citraconique; il se dépose, par l'évaporation, sous forme de gros cristaux réunis en faisceaux et bien plus solubles que le sel neutre. (Gottlieb.)

Citraconate de mercure. — Les citraconates alcalins précipitent le nitrate mercureux en blanc.

Dérivés métalliques de l'acide mésaconique. Mésaconates.

§ 669. Les mésaconates ont la même composition que leurs isomères les itaconates, les citraconates et les lipates.

Mésaconate d'ammoniaque. — α. *Sel neutre.* Il est incristallisable et perd de l'ammoniaque par l'ébullition.

β. *Sel acide,* $C^{10}H^5(NH^4)O^8$. Il cristallise en petits prismes, terminés par un sommet trièdre ; il se dissout dans 8 p. d'eau à 15°.

Mésaconates de potasse. — Le *sel neutre* est fort soluble dans l'eau, et même déliquéscent ; il est moins soluble dans l'alcool. Il se dépose, dans les solutions fort concentrées, en aiguilles soyeuses.

Mésaconates de soude. — α. *Sel neutre.* Il est fort soluble dans l'eau et cristallise en petits prismes à sommets tronqués (suivant M. Baup, on ne l'obtient pas cristallisé).

β. *Sel acide.* Il cristallise en petits prismes rhomboïdaux, inaltérables à l'air.

Mésaconate de baryte. — α. *Sel neutre,* $C^{10}H^4Ba^2O^8$ + 8 aq. Il s'obtient en saturant par le carbonate de baryte une solution bouillante d'acide mésaconique. Il forme des prismes ou des tables inaltérables à l'air. Il est assez soluble dans l'eau, et perd à 100° la plus grande partie de son eau de cristallisation. Il se boursoufle considérablement quand on le calcine.

Une solution aqueuse et concentrée de mésaconate de baryte dépose, par l'évaporation spontanée, des cristaux monocliniques, qui présentent la combinaison ∞ P. ∞ P ∞. + P ∞. — P ∞. Inclinaison des faces, ∞ P ; ∞ P dans le plan de la diagonale droite et de l'axe principal = 68° 30' ; — P ∞ : ∞ P ∞ = 144° 26' ; + P ∞ : ∞ P ∞ = 141° 50'. Clivage parfait, parallèlement à [∞ P ∞].

β. *Sel acide,* $C^{10}H^5BaO^8$ + 2 aq. Il s'obtient difficilement à l'état de pureté. On le prépare en divisant en deux parts une solution d'acide mésaconique, saturant l'une par du carbonate de baryte, et ajoutant l'autre part. La solution dépose, par la concentration, des mamelons cristallins ou des tables hexagones d'un éclat nacré. Ces cristaux retiennent souvent de l'acide mésaconique libre, qu'on ne parvient pas à enlever complétement par de nouvelles cristallisations.

Mésaconate de chaux. — Le *sel neutre,* $C^{10}H^4Ca^2O^8$ + 2 aq., forme de petites aiguilles agglomérées, solubles dans $16\frac{1}{2}$ p. d'eau à 20°, insolubles dans l'alcool. Le sel ne perd son eau qu'à une température élevée.

Mésaconate de cuivre. —Le *sel neutre*, $C^{10}H^4Cu^2O^8 + 4$ aq., s'obtient par le mélange d'une solution d'acide mésaconique avec une solution d'acétate de plomb, et se dépose, par la concentration, sous la forme de petits cristaux grenus d'un bleu d'azur. Lorsqu'on mélange un mésaconate neutre avec de l'acétate ou du sulfate de cuivre, on obtient, outre le sel précédent, un sous-sel d'un vert pâle, et qui s'effleurit beaucoup à l'air.

Mésaconates de plomb. — α. *Sel neutre*, $C^{10}H^4Pb^2O^8$ (à 130°). Il s'obtient en précipitant, par l'acétate de plomb, une solution d'acide mésaconique neutralisée avec de l'ammoniaque, ou, par le nitrate de plomb, une solution de mésaconate neutre de baryte. Le précipité qui se produit à la température ordinaire est cristallin, peu soluble dans l'eau, fort soluble dans une solution de nitrate de plomb; il paraît renfermer 1 at. d'eau de cristallisation.

Lorsqu'on fait la précipitation à l'ébullition, le mésaconate précipité est résinoïde et s'attache aux parois du vase; le liquide filtré dépose, par la concentration, le même sel en courtes aiguilles.

β. *Sel acide*, $C^{10}H^5PbO^8$ (à 100°). Il s'obtient en faisant dissoudre le sel neutre dans une solution bouillante d'acide mésaconique. Il cristallise en petites aiguilles incolores.

Mésaconates d'argent. — α. *Sel neutre*, $C^{10}H^4Ag^2O^8$. Il se dépose sous la forme d'un précipité cristallin, peu soluble dans l'eau. Lorsqu'on le calcine il se décompose brusquement en se boursouflant considérablement et en laissant de l'argent métallique d'un aspect vermiforme.

Si l'on ajoute de l'alcool à l'eau-mère, séparée, par le filtre, du précipité précédent, il se dépose un précipité volumineux et amorphe, qui est le mésaconate d'argent neutre, lequel, séché sur l'acide sulfurique, renferme encore 2 atomes d'eau.

β. *Sel acide*, $C^{10}H^5AgO^8$. Il s'obtient en dissolvant le sel neutre dans une solution bouillante d'acide mésaconique. Il forme des aiguilles assez solubles dans l'eau chaude.

Dérivés métalliques de l'acide lipique. Lipates.

§ 670. Les lipates ont la même composition que les itaconates, les citraconates et les mésaconates. Chauffés, à l'état sec, avec de l'acide sulfurique, les lipates laissent dégager de l'acide lipique en aiguilles.

Le *sel d'ammoniaque* cristallise en longs prismes.

Le *sel de baryte* renferme $C^{10}H^4Ba^2O^8$ (à 140°). Une dissolution de chlorure de baryum versée dans le lipate d'ammoniaque n'y fait rien d'abord; mais, au bout de quelques minutes, il se forme des cristaux de lipate de baryte, dont la forme paraît être un prisme à base carrée, passant à l'octaèdre.

La solution du lipate d'ammoniaque produit, dans une solution de chlorure de calcium, au bout de quelque temps, de petits prismes à base carrée.

Elle précipite les sels de fer, de cuivre et d'argent; elle ne précipite ni les sels de magnésie, ni ceux de manganèse.

Le *sel d'argent* renferme $C^{10}H^4Ag^2O^8$.

Dérivés éthyliques des acides pyrocitriques. Éthers pyrocitriques.

§ 671. On connaît trois isomères du pyrocitrate d'éthyle[1] :
$$C^{18}H^{14}O^8 = C^{10}H^4(C^4H^5)^2O^8.$$

Itaconate d'éthyle, éther itaconique ou pyrocitrique, $C^{18}H^{14}O^8$. — On distille l'acide itaconique avec de l'alcool et de l'acide chlorhydrique ; quand le tiers environ de l'alcool employé a passé, on ajoute de l'eau au résidu. L'éther itaconique se sépare alors.

C'est une huile incolore et transparente, d'une légère odeur aromatique, d'une saveur amère. Sa densité est de 1,040 à 18° 5. Son point d'ébullition est à 225° sous la pression de 758^{mm}, mais ce point s'élève immédiatement par l'effet d'une décomposition partielle de l'éther.

L'éther itaconique se dissout en toutes proportions dans l'alcool et l'éther, et d'une manière à peine sensible dans l'eau.

Le contact prolongé de l'eau le rend acide. L'acide chlorhydrique n'y agit ni à chaud ni à froid. L'acide sulfurique l'attaque à chaud avec dégagement d'acide sulfureux et dépôt de charbon.

L'eau de baryte, l'eau de chaux, et le nitrate d'argent y occasionnent un précipité soluble dans l'acide nitrique.

Citraconate d'éthyle, ou éther citraconique, $C^{18}H^{14}O^8$. — On

[1] MALAGUTI, *Ann. de Chim. et de Phys.*, LXIV, 275. — CRASSO, *loc. cit.* — PEBAL, *loc. cit.*

l'obtient en éthérifiant l'acide citraconique au moyen de l'alcool et de l'acide chlorhydrique (Malaguti), ou bien en distillant un mélange d'alcool, d'acide citrique et d'acide sulfurique concentré, de manière à décomposer l'éther citrique, qui se produit en premier lieu (Marchand).

C'est un liquide incolore, amer, d'une densité de 1,040 à 18°,5. Il bout à 225°, en se décomposant en partie. Il se mélange en toutes proportions avec l'alcool et l'éther ; d'une manière à peine sensible avec l'eau. Par un contact prolongé avec ce dernier liquide, il s'acidifie et régénère de l'alcool.

Mésaconate d'éthyle, ou éther mésaconique, $C^{18}H^{14}O^8$. — On le prépare en distillant un mélange d'acide mésaconique, d'acide sulfurique, et d'alcool. On peut aussi faire passer du gaz chlorhydrique dans une solution de l'acide mésaconique dans l'alcool.

C'est un liquide incolore, fort mobile, d'une agréable odeur de fruits et d'une saveur amère. Sa densité est de 1,043, à + 20°. Il bout d'une manière constante à 220°, et distille sans altération.

Il est peu soluble dans l'eau froide ; l'eau bouillante en dissout davantage ; la solution devient laiteuse par le refroidissement.

Le gaz ammoniac ne l'altère pas. Lorsqu'on le fait bouillir avec de l'eau de baryte, il se produit de l'alcool et du mésaconate de baryte.

Dérivés bromés des acides pyrocitriques[1].

§ 672. *Acide bromotriconique*, $C^8H^6Br^2O^4$. — Lorsqu'on fait arriver du brome par petites portions dans une dissolution aqueuse de citraconate neutre de potasse, il se développe de l'acide carbonique, et l'on obtient une huile jaunâtre pesante, qui est formée de deux substances : l'une acide, qu'on peut séparer en faisant agir sur le mélange une dissolution étendue de potasse caustique ; l'autre neutre, qui est insoluble dans la potasse. Si l'on verse un acide affaibli dans la liqueur alcaline, il se sépare aussitôt, tantôt une huile pesante de couleur jaunâtre, tantôt de fines aiguilles. L'analyse a constaté l'identité de composition la plus parfaite entre ces deux produits.

L'itaconate neutre de potasse donne, avec le brome, exactement les mêmes produits.

[1] CAHOURS (1847), *Ann. de Chim. et de Phys.*, [3] XIX, 484.

L'acide liquide, que M. Cahours appelle acide *bromotriconique*, est d'une couleur légèrement ambrée et d'une odeur particulière, assez faible à la température ordinaire, mais irritante à chaud. Sa pesanteur spécifique est beaucoup plus considérable que celle de l'eau ; sa saveur est piquante. L'eau le dissout en petite quantité ; l'alcool et l'éther le dissolvent en toutes proportions. Soumis à la distillation, cet acide s'altère en partie, dégage des vapeurs d'acide bromhydrique, et laisse un résidu charbonneux. Il reste quelquefois liquide pendant des mois entiers ; il arrive aussi, quoique les circonstances soient identiques, qu'il se forme des cristaux dans l'intérieur du liquide, et bientôt celui-ci se prend en masse.

L'acide nitrique de concentration moyenne l'attaque à peine ; à l'aide de l'ébullition, il se dégage quelques vapeurs rutilantes. L'acide sulfurique concentré le dissout à l'aide d'une douce chaleur ; l'eau ajoutée à la liqueur acide précipite une portion de la matière huileuse.

La potasse en dissolution concentrée s'échauffe fortement lorsqu'on la met en contact avec la matière huileuse ; il se dégage une odeur toute particulière. Un acide versé dans la dissolution alcaline, même concentrée, ne précipite plus d'huile.

Le *sel d'ammoniaque* de l'acide bromotriconique, $C^8H^5Br^2(NH^4)$ O^4, $C^8H^6Br^2O^4$, se présente sous la forme d'écailles d'un blanc légèrement jaunâtre, un peu grasses au toucher. Il est très-soluble dans l'eau et dans l'alcool, et cristallise fort bien par l'évaporation spontanée.

Le *sel d'argent*, $C^8H^5Br^2AgO^4$, s'obtient lorsqu'on verse du nitrate d'argent dans une solution aqueuse du sel d'ammoniaque ; il se produit ainsi un dépôt caillebotté qui se dissout assez sensiblement dans l'eau froide. Lorsqu'on l'abandonne pendant quelque temps à lui-même, il se réunit en une masse poisseuse.

L'*éther bromotriconique*, $C^8H^5Br^2(C^4H^5)O^4 = C^{12}H^{10}Br^2O^4$, est liquide, sensiblement incolore, plus pesant que l'eau, dans laquelle il se dissout en petite quantité. Il se décompose en partie par la distillation.

La composition de l'acide bromotriconique correspond à celle d'un acide butyrique bibromé. M. Cahours a essayé, sans succès, de le reproduire en faisant agir du brome, soit sur l'acide butyrique libre, soit sur le butyrate de potasse.

Nous venons de dire que l'acide bromotriconique se change quelquefois spontanément en une matière cristallisée. Celle-ci s'obtient aussi souvent en traitant le citraconate de potasse par le brome, ajoutant de la potasse à l'huile brute, afin de séparer la matière acide de l'huile neutre, et décomposant le sel de potasse par l'acide nitrique affaibli. Il se précipite alors des flocons cristallins, qu'on jette sur un filtre et qu'on lave avec la moindre quantité possible d'eau froide, car ils s'y dissolvent assez facilement.

Cette matière cristallise dans l'éther en longues aiguilles incolores et soyeuses. Soumise à une distillation ménagée, elle se volatilise presque tout entière, et ne laisse qu'un faible résidu charbonneux.

Elle fournit, avec la potasse, la soude et l'ammoniaque, des sels solubles et cristallisables.

Chauffée avec une dissolution concentrée de potasse, elle laisse dégager une odeur semblable à celle qu'on observe quand on traite de la même manière l'acide liquide. Un acide versé dans la solution alcaline, même concentrée, ne laisse rien déposer.

Soumis à l'analyse, les cristaux ont donné les mêmes nombres que l'acide liquide.

§ 673. *Acide bromitonique*, $C^6H^4Br^2O^4$. — Lorsque, au lieu d'employer du citraconate de potasse neutre, on a fait agir du brome sur du citraconate contenant un excès d'alcali, on obtient un produit différent de l'acide bromotriconique. La réaction se passe d'une manière toute semblable : il se dégage beaucoup d'acide carbonique et il se précipite une huile jaunâtre. Une dissolution affaiblie de potasse caustique étant ajoutée au produit brut, la majeure partie se dissout, tandis qu'il reste une matière huileuse très-mobile et douée d'une odeur aromatique agréable. Un acide versé dans la liqueur alcaline précipite d'abondants flocons blancs et cristallins.

Ce produit constitue l'acide bromitonique. Il cristallise dans l'alcool et dans l'éther en longs prismes; l'eau froide le dissout assez bien, et l'eau bouillante le dépose, par refroidissement, sous la forme d'aiguilles minces et soyeuses; soumis à l'action d'une chaleur ménagée, il se volatilise presque entièrement sans éprouver d'altération. Les acides nitrique et sulfurique, la potasse et la soude caustique se comportent avec lui comme avec l'acide précédent.

L'acide bromitonique présente la composition d'un acide propionique bibromé.

§ 674. *Huile neutre*, $C^6H^3Br^3O^2$. — Nous avons dit que, par l'action du brome sur les sels alcalins des acides pyrocitriques, il se produit, outre les deux acides précédemment décrits, un produit neutre, doué d'une odeur aromatique assez semblable à celle du bromoforme. Ce produit ne se forme jamais qu'en petite quantité; de plus, la chaleur lui fait subir une décomposition partielle : aussi ne l'obtient-on pur qu'avec beaucoup de difficulté.

Lavé à plusieurs reprises avec une eau alcaline, puis avec de l'eau pure, et séché dans le vide au-dessus de l'acide sulfurique, ce produit se présente sous la forme d'une huile assez fluide, d'une couleur ambrée, et d'une densité très-considérable. La chaleur l'altère en partie : de l'acide bromhydrique devient libre, et l'on obtient un résidu charbonneux. Il est entièrement insoluble dans l'eau pure et dans les dissolutions alcalines; l'alcool et l'éther le dissolvent en toutes proportions.

Il a donné à l'analyse :

	Cahours.	Calcul.
Carbone. . .	11,71—11,81—11,41—	12,20
Hydrogène. . .	1,13— 1,20— 1,12—	1,02
Brome	82,93—83,54	82,71

La formule $C^6H^3Br^3O^2$, qu'on déduit des nombres précédents, est celle de l'acétone tribromée, ainsi que de l'hydrure de propionyle tribromé.

CHLORURE PYROCITRIQUE.

Composition : $C^{10}H^4O^4Cl^2$.

§ 674ª. Ce corps[1] s'obtient par l'action du perchlorure de phosphore sur l'acide citraconique anhydre. Lorsqu'on verse sur du perchlorure de phosphore le produit liquide et rectifié de la distillation sèche de l'acide citrique, il se produit une vive effervescence; le mélange étant soumis à la distillation, on recueille d'abord beaucoup d'oxychlorure de phosphore. Le chlorure de pyrocitryle ne passe que vers 175°, mais il est ordinairement encore mélangé d'acide citraconique anhydre, ce qui en élève le point d'ébullition; pour l'avoir entièrement pur, il faut le distiller deux ou trois fois sur du perchlorure de phosphore, ne recueillir que ce qui passe entre 175° et 190°, et soumettre à la rectification le produit ainsi obtenu.

[1] GERHARDT et CHIOZZA (1853), *Compt. rend. de l'Acad.*, XXXVI, 1052.

Le chlorure pyrocitrique est un liquide assez fluide, fumant, très-réfringent, et d'une odeur rappelant celle de la paille mouillée. Sa densité est d'environ à 1,4 à 15°. Il bout à 175°, en s'altérant légèrement.

A l'air humide, il se transforme en acide chlorhydrique et en cristaux d'acide citraconique hydraté.

Il s'échauffe beaucoup au contact de l'alcool absolu, et l'eau sépare du mélange un liquide pesant, d'une odeur de fruits, et qui présente les caractères de l'éther citraconique.

Il s'échauffe également avec l'aniline en donnant des lamelles micacées d'itaconanilide.

AMIDES PYROCITRIQUES.

§ 675. En partant de la composition des deux sels d'ammoniaque formés par les différents isomères de l'acide pyrocitrique, on trouve que la composition des amides pyrocitriques doit se représenter par les formules suivantes :

Pyrocitramide. . . . . . . $C^{10}H^8N^2O^4 = C^{10}H^4(NH^4)^2O^8 - 4HO$;
Pyrocitr. d'amm. neut.

Acide pyrocitramique. . $C^{10}H^7N\,O^6 = C^{10}H^5(NH^4)\,O^8 - 2HO$;
Pyrocitr. d'amm. acide.

Pyrocitrimide. . . . . . . $C^{10}H^5N\,O^4 = C^{10}H^5(NH^4)\,O^8 - 4HO.$
Pyrocitr. d'amm. acide.

A chacune des amides précédentes correspond une anilide ou phényl-amide, qu'on obtient en substituant l'aniline ou phényl-ammoniaque à l'ammoniaque dans la réaction qui leur donne naissance.

Les différents isomères de l'acide pyrocitrique ne donnent pas ces composés amidés avec la même facilité : tantôt c'est l'imide qui s'obtient de préférence à l'amide, tantôt c'est l'acide-amidé qui se produit le plus facilement. Voici la liste des amides et des phényl-amides aujourd'hui connues :

Phényl-itaconamide,
  ou itaconanilide. . $C^{10}H^6(C^{12}H^5)^2N^2O^4$ $= C^{34}H^{16}N^2O^4$,.
Acide phényl-itacona-
  mique, ou itacona-
  nilique. . . . . . . $C^{10}H^6(C^{12}H^5)\,NO^6$ $= C^{22}H^{11}N\,O^6$,
Acide   citraconami-
  que. . . , ... $C^{10}H^7NO^6$,

Acide phényl-citraco-
    namique, ou citra-
    conanilique. . . . $C^{10}H^6(C^{12}H^5)NO^6$ $= C^{22}H^{11}NO^6$,

Acide dinitro-phényl-
    citraconamique. . $C^{10}H^6(C^{12}H^3(NO^4)^2)NO^6 = C^{22}H^9 N^3O^{14}$,

Citraconimide. . . . $C^{10}H^5NO^4$,

Phényl - citraconimi-
    de, ou citraconanile. $C^{10}H^4(C^{12}H^5)NO^4$ $= C^{22}H^9 NO^4$,

Iodophényl - citraco-
    nimide, ou citra-
    coniodanile. . . . $C^{10}H^4(C^{12}H^4I)NO^4$ $= C^{22}H^8INO^4$,

Dinitrophényl - citra-
    conimide, ou ci-
    tracondinitranile. . $C^{10}H^4(C^{12}H^3(NO^4)^2)NO^4 = C^{22}H^7 N^3O^{12}$.

§ 676. Pyrocitramides, $C^{10}H^8N^2O^4$. — A part la phényl-itaconamide, on n'a encore obtenu d'amide neutre avec aucun des acides
pyrocitriques.

Phényl-itaconamide[1], ou itaconanilide, $C^{10}H^6(C^{12}H^5)^2N^2O^4 = C^{34}H^{16}N^2O^4$. — Lorsqu'on mélange l'acide itaconique avec un
excès d'aniline, et qu'on chauffe le mélange, dans une cornue, un
peu au-dessus de 182°, il distille de l'eau et l'excès d'aniline, et le
résidu se prend, par le refroidissement, en une masse cristalline. Il
se compose en plus grande partie d'itaconanilide. On le purifie par
des cristallisations dans l'alcool bouillant.

Le même corps se produit aussi par la réaction du chlorure
pyrocitrique et de l'aniline.

L'itaconanilide se dépose en larges paillettes, légères et tendres,
d'un éclat nacré, rappelant celui des acides gras. Elle est presque
insoluble dans l'eau froide ; l'eau bouillante en dissout très-peu.
L'alcool et l'éther la dissolvent aisément.

Elle fond à 185°, et se prend, par le refroidissement, en une
masse cristalline. On peut la sublimer en petite quantité.

Les acides et les alcalis aqueux n'y agissent pas à l'ébullition.

L'acide sulfurique concentré la dissout en se colorant en brun ;
l'eau l'en reprécipite sans altération.

Un mélange d'acide sulfurique et d'acide nitrique concentré dissout aisément l'itaconanilide ; l'eau précipite de la liqueur une
poudre jaune pâle, amorphe, insoluble dans l'eau et l'alcool, et

---

[1] Gottlieb (1851), *Ann. der Chem. u. Pharm.*, LXXVII, 215.

représentant l'itaconanilide quintinitrée : $C^{34}H^{11}(NO^4)^5N^2O^4$. Ce produit ne donne pas de nitraniline par les alcalis.

§ 677. ACIDES PYROCITRAMIQUES, $C^{10}H^7NO^6$. — On a obtenu l'acide citraconamique, l'acide phényl-itaconamique, l'acide phényl-citraconamique, et l'acide dinitrophényl-citraconamique.

Acide itaconamique. — Lorsqu'on chauffe l'itaconate d'ammoniaque à 170°, on obtient une masse brunâtre, semblable au caramel, d'une saveur à la fois acide et amère, plus soluble dans l'eau que la citraconimide, et formant avec l'ammoniaque un sel fort soluble. C'est peut-être l'acide itaconamique; mais les sels de cet acide sont extrèmement instables et difficiles à purifier.

Acide phényl-itaconamique [1], ou acide itaconanilique, $C^{10}H^6(C^{12}H^5)NO^6 = C^{22}H^{11}NO^6$. — On le prépare aisément en évaporant une solution d'acide itaconique avec de l'aniline, évaporant à siccité, et chauffant le résidu un peu au-dessus de 100°. Si l'on emploie l'acide itaconique en excès, toute l'aniline est transformée. On fait cristalliser le résidu dans l'eau bouillante.

L'acide itaconanilique forme de larges aiguilles incolores. Il est bien plus stable que son isomère, l'acide citraconanilique. Il est plus soluble dans l'alcool que dans l'eau.

Sa solution n'est pas colorée par le chlorure de chaux.

Il fond à 189°, en se décomposant en partie. Si on le chauffe jusqu'à 260°, il se décompose en plus grande partie en eau, citraconanile, acide citraconique, itaconanilide et acide itaconique; les deux derniers produits demeurent dans le résidu, tandis que les autres distillent.

Les *sels* de l'acide itaconanilique, tout en étant bien plus stables que les sels de l'acide citraconanilique, s'altèrent néanmoins légèrement quand on fait bouillir leur solution.

Cette solution donne, par les acides minéraux, un précipité blanc et cristallin d'acide itaconanilique.

Le *sel de soude* est fort soluble.

Le *sel de baryte*, $C^{22}H^{10}BaNO^6$ (à 170°), s'obtient en chauffant l'acide itaconanilique, avec de l'eau et du carbonate de baryte. La liqueur donne, par l'évaporation, une matière gommeuse et incristallisable, fort soluble dans l'eau.

Le *sel de cuivre*, $C^{22}H^{10}CuNO^6$ (à 160°), s'obtient, avec le sulfate de cuivre, sous la forme d'un précipité cristallin d'un bleu clair

---

[1] GOTTLIEB (1851), *loc. cit.*

contenant de l'eau qui ne s'en va qu'à une température plus élevée, le sel devenant alors d'un vert bleuâtre.

Le *sel de plomb* forme un précipité blanc et caillebotté, qui devient cristallin en séjournant dans le liquide où il s'est formé.

Le *sel d'argent*, $C^{22}H^{10}AgNO^6$ (à 100°), forme un précipité blanc et cristallin qui se dissout assez facilement dans l'eau bouillante, en se réduisant légèrement; la solution dépose le sel, par le refroidissement, sous la forme de larges aiguilles brillantes.

Acide citraconamique[1], $C^{10}H^7NO^6$. — Il paraît s'obtenir en combinaison avec l'ammoniaque par l'ébullition de la citraconimide avec l'ammoniaque. Il est possible aussi que le produit de la réaction de l'anhydride citraconique et de l'ammoniaque sèche soit l'acide citraconamique libre.

Ses sels sont incristallisables.

Le *sel de baryte* est soluble dans l'eau, et en est précipité par l'alcool en flocons jaunâtres; il fond aisément à une douce chaleur, tant qu'il est humide. Le sel desséché ne fond pas encore à 100°.

Le *sel de plomb* et le *sel d'argent* sont également emplastiques à l'état humide.

L'acide citraconique anhydre s'échauffe dans l'ammoniaque gazeuse, en l'absorbant en grande quantité. Il se produit ainsi une masse jaune visqueuse, qui durcit par le refroidissement. Ce produit est déliquescent et se dissout aisément dans l'eau et l'alcool; la solution aqueuse donne, par l'évaporation, des cristaux de bicitraconate d'ammoniaque[2].

Acide phényl - citraconamique[3], ou acide citraconanilique, $C^{10}H^6(C^{12}H^5)NO^6 = C^{22}H^{11}NO^6$. — Cet acide s'obtient, à l'état de sel d'ammoniaque, lorsqu'on maintient en ébullition le citraconanile avec de l'ammoniaque étendue. Il est difficile de l'obtenir pur sans en perdre une certaine quantité, car il se transforme aisément, par l'ébullition de ses sels, en acide citraconique et en aniline. Après avoir maintenu l'ébullition pendant un quart d'heure environ, on laisse refroidir, et l'on ajoute au liquide de l'acide acétique en excès.

L'acide citraconanilique se dépose alors sous la forme d'un

[1] GOTTLIEB, *loc. cit.*
[2] CRASSO, *Ann. der Chem. u. Pharm.*, XXXIV, 68.
[3] GOTTLIEB (1851), *loc. cit.*

précipité cristallin, qu'on lave à l'eau froide, où il est peu soluble ; mais il reste mélangé de citraconanile. On l'en débarrasse en le dissolvant à chaud dans un mélange de parties égales d'éther et d'alcool de 80 centièmes ; les premiers cristaux que cette solution dépose se composent d'acide citraconanilique pur ; les dépôts suivants sont mêlés de citraconanile.

L'acide citraconanilique ainsi purifié forme de petits cristaux brillants, dont la solution réagit acide ; l'eau froide le dissout à peine.

Il est extrêmement peu stable. Lorsqu'on le fait fondre, il se convertit en eau et en citraconanile.

Lorsqu'on le sature par l'ammoniaque et qu'on y ajoute du nitrate d'argent, il se produit un précipité blanc qui noircit surtout par l'ébullition avec de l'eau ; la solution rouge dépose des cristaux de citraconate d'argent.

Si l'on chauffe l'acide citraconanilique avec de l'eau et du carbonate de baryte, ou n'obtient aussi que du citraconate de baryte.

Acide dinitrophényl-citraconamique, $C^{10}H^6(C^{12}H^3(NO^4)^2)NO^6 = C^{22}H^9(NO^4)^2O^6 = C^{22}H^9N^3O^{14}$. — Cet acide s'obtient à l'état de sel de soude, lorsqu'on fait bouillir la dinitrophényl-citraconimide avec une solution étendue de carbonate de soude, en ayant soin de ne pas maintenir trop longtemps l'ébullition ; si l'on ajoute de l'acide chlorhydrique à la liqueur refroidie, il se produit un précipité jaune et cristallin qui cristallise dans l'alcool en larges aiguilles presque incolores. Mais il y adhère ordinairement une matière étrangère, jaune foncé, dont il est difficile de débarrasser les cristaux.

Le *sel d'argent*, obtenu en précipitant par le nitrate d'argent l'acide neutralisé par l'ammoniaque, se présente sous la forme de paillettes jaune pâle.

§ 678. Pɪʀᴏᴄɪᴛʀɪᴍɪᴅᴇꜱ, $C^{10}H^5NO^4$. — On connaît la citraconimide, la phényl-citraconimide, l'iodophényl-citraconimide et la dinitrophényl-citraconimide.

M. Gottlieb a essayé de produire une imide avec l'éthyl-aniline (éthylphényl-ammoniaque) ; mais cet alcali n'en donne pas.

Lorsqu'on fait bouillir de l'aniline avec une solution aqueuse et concentrée d'acide mésaconique, on n'obtient pas d'imide comme dans le cas de l'acide citraconique ; la liqueur ne donne, par l'évaporation, qu'un sel d'aniline. Si l'on distille ce produit, il ne passe qu'un mélange d'aniline, d'eau et de phényl-citraconimide.

Citraconimide, $C^{10}H^5NO^4$. — On prépare ce corps en dissolvant l'acide citraconique dans un excès d'ammoniaque, évaporant à siccité, et chauffant le résidu, dans une cornue, jusqu'à la température de 180°. La matière se boursoufle considérablement, et il reste enfin une masse amorphe, huileuse et d'un jaune d'ambre. C'est la citraconimide ; il ne faut pas chauffer plus fort, car elle se détruirait.

Ce corps est insoluble dans l'eau froide ; il se dissout en petite quantité dans l'eau bouillante, en même temps que la partie non dissoute fond en une masse poisseuse. La solution, en se refroidissant, dépose la citraconimide sous forme de gouttelettes qui finissent par se concréter. L'alcool la dissout aussi en petite quantité.

Réduite en poudre, la citraconimide est fort hygrométrique.

Si on la fait bouillir avec de l'ammoniaque, elle paraît se convertir en citraconamate d'ammoniaque.

Phényl - citraconimide[1], ou citraconanile, $C^{10}H^4(C^{12}H^5)NO^4 = C^{22}H^9NO^4$. — Lorsqu'on mélange l'acide citraconique anhydre avec de l'aniline, le mélange s'échauffe considérablement ; si on le maintient ensuite pendant quelque temps au bain-marie, il se prend en une masse composée de cristaux de citraconanile. Le même corps s'obtient lorsqu'on porte à l'ébullition ou que l'on concentre au bain-marie une solution aqueuse d'acide citraconique additionnée d'aniline.

La production du citraconanile s'effectue même dans les conditions les moins favorables, car la tendance de l'acide citraconique a se transformer en ce corps, en présence de l'aniline, est si grande, qu'on ne parvient pas à obtenir le citraconate d'aniline, en ajoutant l'aniline à une solution d'acide citraconique, ou de bicitraconate d'ammoniaque.

On obtient encore le citraconile en distillant un mélange d'aniline et d'acide mésaconique.

Enfin le même corps se produit aussi par l'action de la chaleur sur l'acide itaconanilique (phényl-itaconamique).

Préparé d'une manière ou de l'autre, le citraconanile est encore souillé de petites quantités d'une matière poisseuse, dont on le débarrasse en le faisant cristalliser dans l'eau bouillante.

Le citraconanile cristallise en aiguilles incolores qui fondent à

[1] GOTTLIEB (1851), *loc. cit.*

96° en une huile jaunâtre; il se liquéfie dans l'eau bouillante et l'huile vient se déposer au fond. Il se sublime aisément et sans décomposition, quand on le chauffe doucement et en petite quantité, au-dessus de 100°. Sa vapeur excite la toux et répand une légère odeur de roses.

Il est peu soluble dans l'eau, fort soluble dans l'alcool et l'éther.

Sa solution n'est pas altérée par le chlorure de chaux.

Il se dissout déjà à froid dans l'acide sulfurique concentré, en le colorant en brun rouge; l'eau l'en reprécipite sans altération.

Iodophényl-citraconimide, ou citraconiodanile, $C^{10}H^4(C^{12}H^4I)NO^4 = C^{22}H^8INO^4$. — Lorsqu'on fait bouillir l'iodaniline avec un excès d'acide citraconique, on obtient un produit peu soluble dans l'eau qui constitue le citraconiodanile. On le purifie par la cristallisation dans l'eau bouillante.

Il cristallise en fines aiguilles, qui ressemblent beaucoup au citraconanile, mais plus petites et légèrement jaunâtres. Il est fort soluble dans l'alcool. Lorsqu'on le fait fondre, il se décompose, en développant des vapeurs, tandis qu'une certaine portion paraît se sublimer sans altération.

Dinitrophényl-citraconimide [1], ou citracondinitranile, $C^{10}H^4(C^{12}H^3(NO^4)^2)NO^4 = C^{22}H^7(NO^4)^2NO^4 = C^{22}H^7N^3O^{12}$. — On obtient ce composé en introduisant la phényl-citraconimide dans un mélange d'acide nitrique et d'acide sulfurique concentré; comme la réaction est fort énergique et qu'elle peut occasionner la formation d'un produit secondaire, résinoïde, il faut placer la liqueur acide dans de la glace, et ne pas y introduire trop de matière organique à la fois. On verse ensuite la dissolution dans de l'eau glacée, de manière à précipiter le produit nitré. Après avoir lavé celui-ci, on le fait dissoudre dans l'alcool bouillant; on obtient ainsi des aiguilles jaunes qu'on purifie par le charbon animal.

La dinitrophényl-citraconimide forme des aiguilles incolores, réunies par groupes concentriques, fort solubles dans l'alcool, surtout à chaud, très-peu solubles dans l'eau. Elle fond par la chaleur, et se décompose avec une légère explosion.

Les acides ne paraissent pas l'attaquer. Mais les carbonates alcalins en séparent de la dinitraniline, en produisant du citraconate alcalin; si l'on ne prolonge pas assez longtemps la réaction, il se produit d'abord du dinitrophényl-citraconamate.

[1] GOTTLIEB (1852), *Ann. der Chem. u. Pharm.*, LXXXV, 17.

VII.

GROUPE MUCIQUE.

§ 679. Ce groupe comprend des corps qui résultent de la méta-morphose des composés du groupe glucique (*Série propionique*), tels que le sucre, la gomme, l'amidon, etc., sous l'influence des agents d'oxydation. Ces corps sont : l'acide mucique et son isomère l'acide saccharique, l'acide pyromucique, le furfurol et les dérivés de ces produits.

Les termes principaux du groupe mucique se représentent par les formules suivantes :

Acide mucique et saccharique. . . . . $C^{12}H^{10}O^{16}$,

Amide mucique. . . . . $C^{12}H^{12}N^2O^{12}$,

Acide pyromucique. . . . . $C^{10}H^4O^6$,

Amide pyromucique. . . . . $C^{10}H^5NO^5$,

Furfurol (hydrure de pyromucyle). . . . . $C^{10}H^4O^4$.

L'acide pyromucique ne diffère de l'acide mucique que par les éléments de l'eau et de l'acide carbonique, et se produit par l'ac-tion de la chaleur sur l'acide mucique :

$$C^{12}H^{10}O^{16} = 6\,HO + 2\,CO^2 + C^{10}H^4O^6.$$
$$\text{Ac. mucique.} \qquad\qquad\qquad \text{Ac. pyromucique.}$$

Il est probable que l'acide pyromucique présente une constitu-tion analogue à celle des autres acides monobasiques volatils, et qu'il dérive du type eau dans lequel H est remplacé par le groupe $C^{10}H^3O^4$, qu'on pourrait appeler *pyromucyle ;* dans cette hypothèse, l'amide pyromucique représenterait l'azoture de pyromucyle, et le furfurol, l'hydrure de pyromucyle :

Acide pyromucique. . . . . $\left.\begin{array}{l} C^{10}H^3O^4.O \\ HO \end{array}\right\}$

Furfurol, ou hydrure de pyromucyle. . . . . . $\left.\begin{array}{l} C^{10}H^3O^4 \\ H \end{array}\right\}$

Pyromucamide, ou azoture de pyromucyle. $N\left\{\begin{array}{l} C^{10}H^3O^4 \\ H \\ H \end{array}\right.$

D'après les formules précédentes, il y aurait, entre l'acide pyro-mucique et le furfurol, les mêmes relations qu'entre l'acide sali-cylique et l'hydrure de salicyle. Il est vrai de dire toutefois qu'on n'a pas encore transformé le furfurol en acide pyromucique; mais, comme ces deux corps ont une origine semblable, il est à présumer qu'on ne tardera pas à réaliser cette métamorphose.

Les composés du groupe mucique se rattachent au groupe acétique par la métamorphose que l'acide mucique et son isomère, l'acide saccharique, éprouvent sous l'influence de l'hydrate de potasse et d'une température élevée : ces deux corps se dédoublent alors en acide acétique et en acide oxalique. On a d'ailleurs,

$$1 \text{ moléc. d'acide mucique ou saccharique.} = \begin{cases} 2 \text{ moléc. d'ac. acétique.} \dots C^8 H^8 O^8 \\ 1 \text{ moléc. d'ac. oxalique.} \dots C^4 H^2 O^8 \\ \hline \quad\quad\quad\quad C^{12} H^{10} O^{16}. \end{cases}$$

Il est digne de remarque que l'acide citrique, qui se convertit aussi en acide oxalique et en acide acétique sous les mêmes influences, renferme, à l'état cristallisé (avec 2 at. d'eau) les mêmes éléments que l'acide saccharique ou mucique. Il est donc permis d'espérer qu'on opérera un jour directement la métamorphose du sucre et des matières analogues en acide citrique.

ACIDE MUCIQUE ET ACIDE SACCHARIQUE.

Composition : $C^{12}H^{10}O^{16} = C^{12}H^8O^{14}, 2 HO$.

§ 680. Ces deux isomères prennent naissance lorsqu'on traite par l'acide nitrique le sucre, le glucose, la mannite, ou les isomères de ces corps.

Ils se distinguent aisément en ce que l'un, l'acide mucique, est très-peu soluble dans l'eau froide et non déliquescent, tandis que l'autre, l'acide saccharique, est fort déliquescent et fort soluble dans l'eau.

Ils constituent l'un et l'autre deux acides bibasiques bien déterminés.

§ 681. ACIDE MUCIQUE[1], $C^{12}H^{10}O^{16}$. — L'acide mucique, découvert par Schèele, se produit par l'action de l'acide nitrique sur le sucre de lait, le dulcose, les gommes, les mucilages.

On prépare l'acide mucique en chauffant 1 p. de sucre de lait

[1] SCHÈELE (1780), *Opuscula* II, 111. — LAUGIER, *Ann. de Chim.*, XLI, 79. — PROUT, *Journ. de Pharm.*, XIV, 240. — BERZÉLIUS, *Ann. de Chim.*, XCII, 141; XCIV, 5; XCV, 51. — MALAGUTI, *Ann. de Chim. et de Phys.*, LX, 195; LXIII, 86. — LIEBIG et PELOUZE, *ibid.*, LXIII, 131. — HAGEN, *Ann. de Poggend.*, LXXI, 531.

avec 4 ou 5 p. d'acide nitrique étendu de la moitié de son poids d'eau; dès que l'effervescence a cessé, on abandonne le mélange qui dépose l'acide mucique, par le refroidissement. On le purifie en le redissolvant dans la potasse, où le sucre de lait est peu soluble, et en précipitant la solution par de l'acide chlorhydrique. Il ne faudrait pas pousser trop loin l'ébullition du sucre de lait avec l'acide nitrique, car on détruirait ainsi l'acide mucique.

On peut remplacer le sucre de lait par 3 p. de gomme arabique; mais, comme ce corps renferme des sels calcaires, il ne faut pas négliger de redissoudre le produit dans la potasse et de l'en précipiter par l'acide chlorhydrique.

Le maximum d'acide mucique s'obtient par l'emploi d'un acide nitrique moyennement concentré. Un acide nitrique trop concentré donne moins d'acide mucique; un acide fort étendu fournit presque exclusivement de l'acide oxalique. 100 p. de sucre de lait ont donné à M. Hagen, comme maximum, 35,9 p. d'acide mucique.

L'acide mucique se présente sous la forme d'une poudre blanche et cristalline qui craque sous la dent; sa saveur est légèrement acide. Il est très-peu soluble dans l'eau froide, un peu plus soluble dans l'eau bouillante et insoluble dans l'alcool.

Lorsqu'on le fait bouillir avec de l'eau, qu'on évapore le liquide à siccité, et qu'on reprend le résidu avec de l'alcool, on obtient, par l'évaporation du liquide, une croûte cristalline, où l'on distingue très-bien des feuillets rectangulaires parfaitement déterminés (Laugier, Malaguti). Ces cristaux (*acide paramucique*) paraissent être une modification isomère de l'acide mucique; ils sont plus solubles dans l'eau[1] que l'acide mucique, et se dissolvent dans l'alcool. Par la dessiccation des cristaux, cette modification soluble se convertit de nouveau en acide insoluble; elle donne des sels métalliques qui ne diffèrent des sels obtenus par l'acide ordinaire que par une plus grande solubilité. Du reste, il n'existe aucune différence chimique entre ces deux modifications; elles donnent à la distillation sèche le même acide pyrogéné (*acide pyromucique*):

$$C^{12}H^{10}O^{16} = 6\,HO + 2\,CO^2 + C^{10}H^4O^6.$$

Ac. mucique.   Ac. pyromucique.

L'acide sulfurique concentré dissout l'acide mucique en prenant une teinte rouge; le mélange brunit par la chaleur, et ren-

---

[1] 100 p. d'eau bouillante dissolvent 5,8 p. d'acide paramucique et seulement 1,5 p. d'acide mucique non modifié (Malaguti.)

ferme alors un acide copulé; si l'on abandonne ce mélange avec
de l'alcool, il s'y produit des cristaux d'éther mucique. A chaud,
l'acide nitrique convertit l'acide mucique en acide oxalique.

Fondu avec de l'hydrate de potasse, l'acide mucique se convertit
en un mélange d'oxalate et d'acétate. (§ 679.)

Sa solution aqueuse forme dans les eaux de baryte, de strontiane
et de chaux, des précipités solubles dans un excès d'acide.

§ 682. ACIDE SACCHARIQUE, ou oxalhydrique, $C^{12}H^{10}O^{16}$. — L'a-
cide saccharique est le produit de l'action de l'acide nitrique sur
le sucre, le glucose, la mannite. Découvert par Schèele [1] qui le
prit pour de l'acide malique, il a été étudié par MM. Guérin-
Varry, O. L. Erdmann, Hess, et plus récemment par MM. Thaulow et Heintz, qui en ont établi la composition.

Suivant M. Thaulow, on le prépare de la manière suivante :
On dissout à chaud 1 p. de sucre dans 2 p. d'acide nitrique étendu
de 10 p. d'eau, et on continue de chauffer tant qu'il y a une réaction ;
après avoir neutralisé la dissolution par du carbonate de chaux, on
précipite la liqueur filtrée par une dissolution neutre d'acétate de
plomb ; le précipité ayant été lavé, on le décompose par l'hydrogène
sulfuré. Ensuite on fait bouillir la solution filtrée pour en chasser
l'excédant de ce dernier ; on sature par un léger excès de potasse,
de manière que le liquide précipite la matière noire qui le colore,
et dont on le sépare à l'aide du filtre ; on sature par de l'acide acétique, puis on précipite de nouveau par l'acétate de plomb. Le précipité, ayant été lavé à son tour, est décomposé par l'hydrogène
sulfuré. L'acide qu'on obtient après toutes ces manipulations est
évaporé et concentré jusqu'à un certain point.

Il est difficile, en employant l'acide nitrique étendu pour la
préparation de l'acide saccharique, d'éviter la formation simultanée
de l'acide oxalique ; aussi M. Heintz trouve plus d'avantage à se servir d'un acide nitrique de 1,25 à 1,30, et à opérer en même temps
à une température ne dépassant pas 50°. Voici la marche prescrite
par ce chimiste : on fait dissoudre dans une capsule spacieuse, et à
une très-douce chaleur, ½ kilogr. de sucre dans 1 ½ kilogr. d'acide

---

[1] SCHÈELE, *Opusc.* II, 203. — GUÉRIN-VARRY, *Ann. de Chim. et de Phys.*, XLIX,
280; LII, 318; LXV, 332. — ERDMANN, *Ann. der Chem. u. Pharm.*, XXI, 1. *Journ. f.
prakt. Chem.*, IX, 257; XV, 480. — HESS, *Ann. de Poggend.*, XLII; 347. *Ann. der
Chem. u. Pharm.*, XXVI, 1; XXX, 302. — THAULOW, *Ann. der Chem. u. Pharm.*,
XXVII, 113. — LIEBIG, *ibid.*, XXX, 313. — HEINTZ, *Ann. de Poggend.*, LXI, 315.

nitrique de la concentration indiquée ; on élève ensuite la température jusqu'au point où se développent quelques bulles de vapeurs nitreuses, et on enlève aussitôt la capsule de dessus le feu, afin de laisser s'accomplir la première réaction, qui est d'abord très-violente. Dès que la température est redescendue à 50°, on place sous la capsule une petite lampe à esprit de vin dont la flamme soit assez faible pour que la température du liquide se maintienne au même degré, et l'on agite pour faciliter le dégagement des vapeurs nitreuses. Dès qu'il ne s'en développe plus, on laisse refroidir et l'on étend le liquide de la moitié de son volume d'eau ; on sature par du carbonate de potasse sec, et l'on ajoute assez d'acide acétique pour que l'odeur en devienne sensible. Au bout de quelques jours de repos, on trouve alors dans le liquide un dépôt de cristaux de saccharate acide de potasse. Cette cristallisation s'effectue fort lentement, et continue pendant quelques semaines, après qu'on a enlevé le premier dépôt. Le sel ainsi obtenu est encore coloré ; on l'exprime entre des doubles de papier joseph, on le fait dissoudre dans l'eau bouillante, et on répète les cristallisations jusqu'à parfaite décoloration du produit.

M. Heintz trouve que l'extraction de l'acide saccharique par la décomposition du saccharate de plomb au moyen de l'hydrogène sulfuré, ne donne pas un produit pur, attendu que le saccharate de plomb renferme toujours une certaine quantité du sel qu'on a employé pour le précipiter ; il est préférable, suivant ce chimiste, de se procurer le saccharate de cadmium, et de décomposer celui-ci par l'hydrogène sulfuré.

L'acide saccharique s'obtient, par l'évaporation de sa solution dans le vide, sous la forme d'une masse cassante qui tombe rapidement en déliquescence. Il n'a pas encore pu être obtenu à l'état cristallisé ; il est fort soluble dans l'eau et l'alcool, mais peu soluble dans l'éther ; sa saveur acide est désagréable ; il rougit fortement la teinture de tournesol.

L'acide concentré ne se décompose pas à l'air, mais l'acide étendu se recouvre promptement de moisissures. Si l'on fait bouillir l'acide saccharique en solution concentrée, il s'altère et brunit.

A la distillation sèche, il ne répand pas, comme l'acide tartrique, l'odeur de sucre brûlé.

Il précipite les eaux de baryte et de chaux ; le précipité disparaît par un excès d'acide. Sa solution aqueuse ne précipite ni ne réduit à chaud la solution du nitrate d'argent ; mais si, avant de chauffer le mélange, on y verse quelques gouttes d'ammoniaque, les parois du vase où on fait bouillir le liquide se recouvrent d'un miroir d'argent métallique.

Il dissout le zinc et le fer avec dégagement d'hydrogène. L'acide nitrique le convertit, à chaud, en acide oxalique et en acide carbonique ; un mélange de peroxyde de manganèse et d'acide sulfurique le convertit en acide formique.

Il empêche la précipitation des sels ferriques par les alcalis.

On peut le faire bouillir avec de la potasse caustique sans qu'il s'altère ; mais, si on le fait fondre à 250° avec de l'hydrate de potasse, il se dédouble en oxalate et en acétate (§ 679). Suivant M. Heintz, le produit de la fusion de l'acide saccharique avec la potasse dégage aussi, par l'acide sulfurique, l'odeur de l'acide butyrique.

On n'est pas encore parvenu à éthérifier l'acide saccharique.

Dérivés métalliques de l'acide mucique. Mucates.

§ 683. L'acide mucique est bibasique et donne deux espèces de sels :

Mucates neutres. . . . . $C^{12}H^8M^2O^{16} = C^{12}H^8O^{14}, 2\,MO$.

Mucates acides, ou bimucates. $C^{12}H^9MO^{16} = C^{12}H^8O^{14}, MO \atop HO$.

A part les sels à base d'alcali qui sont fort solubles, les mucates se distinguent en général par leur faible solubilité dans l'eau. La solution aqueuse des mucates précipite de l'acide mucique par l'addition d'autres acides.

Soumis à l'action de la chaleur, les mucates exhalent une odeur semblable à celle que les tartrates répandent dans ces circonstances.

La plupart des mucates ont été analysés par M. Hagen.

§ 684. *Mucates d'ammoniaque.* — *Sel neutre,* $C^{12}H^8(NH^4)^2O^{16}$. On l'obtient en prismes aplatis et sans saveur, en projetant des cristaux de bicarbonate d'ammoniaque dans une dissolution chaude d'acide mucique, et en abandonnant la solution à elle-même.

Ce sel se ramollit à 220°, et, à quelques degrés au-dessus, dégage de l'acide carbonique, de l'eau, du carbonate d'ammoniaque, de l'acide pyromucique, de la pyromucamide biamidée, tandis qu'il reste un mélange de charbon et de paracyanogène.

Lorsqu'on dissout dans l'ammoniaque une dissolution de l'acide mucique modifié (p. 144), saturée à chaud, il se précipite un sel d'ammoniaque en lames presque insolubles dans l'eau bouillante; dans les mêmes circonstances, l'acide mucique ordinaire ne dépose des cristaux qu'à la longue.

Mucates de potasse. — α. *Sel neutre*, $C^{12}H^8K^2O^{16}$ + aq. (à 100°). — Il s'obtient en saturant l'acide mucique par la potasse caustique ou carbonatée. Il se dépose dans une solution bouillante, sous la forme de grains blancs et cristallins. A 150°, le sel est anhydre.

β. *Sel acide*, $C^{12}H^9KO^{16}$ + aq. On le prépare en saturant par le carbonate de potasse une certaine quantité d'acide mucique, et en ajoutant au produit autant d'acide mucique qu'on a déjà employé. Il forme de petits cristaux transparents, plus solubles dans l'eau que le sel neutre.

Mucate de soude. — *Sel neutre*, $C^{12}H^8Na^2O^{16}$ + 9 aq. Il s'obtient en cristaux limpides qui perdent, à 100°, 8 atomes d'eau.

Mucate de lithine. — Aiguilles incolores et brillantes, fort solubles dans l'eau.

Mucate de baryte, $C^{12}H^8Ba^2O^{16}$ + aq. Le chlorure de baryum ne précipite pas l'acide mucique, mais il se produit un précipité cristallin par l'addition de l'ammoniaque. Quand on mélange une solution de chlorure de baryum avec une solution de mucate d'ammoniaque, le précipité ne se forme pas immédiatement, et ce n'est qu'en frottant les parois du verre avec une baguette qu'on le voit s'y déposer. La précipitation s'active par l'ébullition.

Mucate de strontiane. — Il ressemble au sel de baryte.

Mucate de chaux, $C^{12}H^8Ca^2O^{16}$ + 3 aq. (à 100°). Une solution d'acide mucique n'est pas précipitée par le chlorure de calcium; mais le mucate d'ammoniaque donne, avec ce dernier sel, un précipité de mucate de chaux, soluble dans l'acide acétique.

Mucate de magnésie, $C^{12}H^8Mg^2O^{16}$ + 4 aq. (à 100°). Une solution d'acide mucique n'est pas précipitée par le sulfate de magnésie; mais il se précipite du mucate de magnésie quand on mélange du mucate d'ammoniaque avec ce dernier sel.

Mucate d'alumine. — L'acide mucique et le mucate de potasse ne précipitent pas l'alun. L'alumine hydratée se dissout lentement dans une solution aqueuse et bouillante d'acide mucique, en donnant une liqueur acide et astringente, qui dépose, par le refroidissement, le mucate d'alumine neutre, presque insoluble dans l'eau bouillante. La liqueur surnageante donne, par la concentration, un sel acide sous la forme de croûtes cristallines, fort solubles dans l'eau bouillante et d'une saveur astringente.

Mucate de zinc. — L'acide mucique ne précipite pas le sulfate de zinc.

Mucate de cuivre, $C^{12}H^8Cu^2O^{16} + aq$ (à 100°). — On l'obtient en précipitant une solution de mucate d'ammoniaque pas le sulfate de cuivre. Il se présente sous la forme d'une poudre bleuâtre, insoluble dans l'eau.

Mucate de fer, $C^{12}H^8Fe^2O^{16} + 4\,aq$ (à 100°). — Si l'on précipite une solution de sulfate ferreux avec du mucate de soude ou d'ammoniaque, on obtient une poudre blanche qui ne s'altère pas au contact de l'air. Chauffé à 150 ou 160°, ce sel se convertit en une masse brune qui prend feu au contact de l'air.

Mucate de manganèse. — L'acide mucique ne précipite pas le sulfate de manganèse.

Mucate de chrome. — Lorsqu'on traite le bichromate de potasse par l'acide mucique, on obtient, suivant M. Malaguti [1], un sel contenant $KO,Cr^2O^3,C^{12}H^4O^{14} + 7\,aq$.

Mucate de plomb, $C^{12}H^8Pb^2O^{16} + 2\,aq$ (à 100°). On l'obtient en précipitant une solution d'acide mucique par l'acétate de plomb. C'est une poudre blanche et grenue, insoluble dans l'eau. Il retient encore de l'eau à 100°; mais à 150° il devient anhydre en prenant une couleur cannelle.

Une solution de mucamide, mise en contact avec de l'acétate de plomb ammoniacal, donne un précipité de mucate de plomb ammoniacal, *mucate de plomb et de plombammonium*, $C^{12}H^8Pb(NH^3Pb)$ $+ 6\,aq$. Décomposé par l'hydrogène sulfuré, ce sel donne du sulfure de plomb et du mucate d'ammoniaque acide.

Avec le sous-acétate de plomb et le mucate d'ammoniaque, on peut aussi obtenir un ou deux sous-mucates de plomb, insolubles dans l'eau.

Mucate d'argent, $C^{12}H^8Ag^2O^{16}$. En versant du nitrate d'argent dans une solution de mucate d'ammoniaque, on obtient un précipité blanc et caillebotté, qui présente la composition indiquée.

Dans le sel d'argent préparé avec l'acide mucique modifié, M. Malaguti a trouvé moins d'argent que dans le mucate d'argent ordinaire, ce qui semble indiquer que l'acide mucique modifié diffère de l'acide mucique ordinaire par les éléments de l'eau.

---

[1] MALAGUTI, *Compt. rend. de l'Acad.*, XVI, 457.

Mucate de mercure. — L'acide mucique précipite le nitrate mercureux en blanc.

Dérivés métalliques de l'acide saccharique. Saccharates.

§ 685. L'acide saccharique est bibasique, comme l'acide mucique; les saccharates ont la même composition que les mucates. Soumis à la distillation sèche, ils ne répandent pas, comme les tartrates, l'odeur du sucre brûlé.

Beaucoup de saccharates insolubles s'obtiennent à froid, sous la forme de précipités floconneux qui s'agglomèrent par la chaleur en produisant une masse épaisse qui ne se solidifie complétement que par une ébullition prolongée.

La composition des saccharates a été établie par les analyses de M. Thaulów et de M. Heintz.

§ 686. *Saccharates d'ammoniaque.* — α. *Sel neutre.* On l'obtient sous la forme d'une masse gommeuse en sursaturant l'acide saccharique par de l'ammoniaque, et en évaporant le produit dans le vide sur l'acide sulfurique. La solution de ce sel faite à froid n'agit pas sur les papiers colorés.

β. *Sel acide,* $C^{12}H^9(NH^4)O^{16}$. Si l'on chauffe la solution du sel précédent, tant qu'elle dégage de l'ammoniaque, elle dépose, par le refroidissement, des prismes quadrilatères de bisaccharate d'ammoniaque. Ce sel a une réaction acide, et est peu soluble dans l'eau ; il y est toutefois un peu plus soluble que le bisaccharate de potasse.

Saccharate de potasse. — α. *Sel acide,* $C^{12}H^9KO^{16}$. Quand on divise en deux parts égales une solution d'acide saccharique, qu'on en sature l'une par de la potasse, et qu'on y mélange ensuite l'autre, on obtient un sel qui se prend, par l'évaporation spontanée, en aiguilles ou en prismes obliques à base rhombe , entièrement incolores. Ce sel est peu soluble dans l'eau froide, assez soluble dans l'eau chaude, où il cristallise aisément. Il exige, pour se dissoudre, 88 à 90 p. d'eau à 6° ou 8°. Lorsqu'on le chauffe, il se boursoufle considérablement sans fondre, et finit par se charbonner.

β. *Sel neutre,* $C^{12}H^8K^2O^{16}$. Il constitue une croûte cristalline, fort soluble, qu'on obtient en saturant le sel précédent par de la potasse, évaporant à consistance de sirop, et abandonnant pendant plusieurs semaines.

Saccharate de soude. — α. *Sel acide.* Lorsqu'on sature par le carbonate de soude une solution fort concentrée d'acide saccharique, et qu'on y ajoute de l'acide acétique, on obtient un liquide qui ne dépose pas de bisaccharate de soude, même par une forte concentration.

β. *Sel neutre.* Il ne s'obtient aussi que sous la forme d'une masse gommeuse.

Saccharates de baryte. — α. *Sel neutre*, $C^{12}H^8Ba^2O^{16}$. Lorsqu'on mélange une solution de bisaccharate de potasse avec du chlorure de baryum, et qu'on y ajoute un excès d'ammoniaque, il se dépose un précipité floconneux. Le même sel s'obtient si l'on précipite l'acide saccharique par un excès d'eau de baryte. Il est fort peu soluble dans l'eau.

β. *Sel acide.* Le sel neutre se dissout dans l'acide saccharique, et donne, par l'évaporation, une matière gommeuse.

Saccharate de chaux. — α. *Sel neutre*, $C^{12}H^8Ca^2O^{16}$. — On l'obtient, sous la forme d'un précipité blanc, en mélangeant le saccharate neutre de potasse avec du chlorure de calcium. Le sel n'est pas insoluble dans l'eau, surtout bouillante, qui le dépose, par le refroidissement, sous la forme de cristaux microscopiques.

β. *Sel acide.* Le sel neutre se dissout dans l'acide saccharique ; la solution dépose des cristaux.

Saccharate de magnésie, $C^{12}H^8Mg^2O^{16} + 6$ aq. — Lorsqu'on mélange du saccharate de potasse neutre avec du sulfate de magnésie, il ne se produit pas de précipité, même par l'ébullition, à moins qu'on ne réduise considérablement le liquide par la concentration ; mais, si l'on fait bouillir l'acide saccharique ou le bisaccharate de potasse avec un excès de magnésie, on obtient une poudre peu soluble et cristalline de saccharate de magnésie. On peut faire recristalliser ce sel dans l'eau bouillante, qui le dissout en petite quantité.

Saccharate de zinc, $C^{12}H^8Zn^2O^{12} + $ aq. (à 100°). — On peut l'obtenir, soit en dissolvant du zinc dans l'acide saccharique aqueux, soit en précipitant le saccharate neutre de potasse par un sel de zinc. C'est un sel blanc, peu soluble dans l'eau bouillante, qui le dépose à l'état cristallin.

Saccharate de cadmium, $C^{12}H^8Cd^2O^{16}$. — Sel blanc peu soluble dans l'eau froide, un peu plus soluble dans l'eau bouillante ; on l'obtient en précipitant le saccharate neutre de potasse par le nitrate ou le sulfate de cadmium. Lorsqu'on emploie des solutions bouillantes, le précipité est cristallin.

Saccharates de fer. — α. *Sel ferreux.* Lorsqu'on fait bouillir l'acide saccharique avec du fer métallique, le métal se dissout avec dégagement d'hydrogène, et la solution donne, par l'évaporation, une masse gommeuse incristallisable.

β. *Sel ferrique.* L'acide saccharique dissout le peroxyde de fer hydraté, en donnant une liqueur jaune. La solution du bisaccharate de potasse dissout aussi le même oxyde; mais il est difficile d'effectuer, à l'aide du filtre, la séparation du mélange.

Saccharate de cuivre. — Lorsqu'on traite à froid l'hydrate de cuivre par un excès d'acide saccharique, on obtient une solution verte; si l'on évite l'emploi d'un excès d'acide, celle-ci dépose un précipité de même couleur, qui ne noircit pas par l'ébullition. L'eau avec laquelle on lave ce précipité le dissout peu à peu, et la solution se dessèche au bain-marie en une masse amorphe.

Saccharate de bismuth. — On obtient ce sel en précipitant une solution de nitrate de bismuth dans beaucoup d'eau par du saccharate neutre de potasse. C'est un précipité floconneux, insoluble dans l'eau. L'analyse de ce produit, qui est probablement un sous-sel, n'a pas donné des résultats constants.

Saccharate de plomb, $C^{12}H^8Pb^2O^{16}$. — En versant dans une solution de bisaccharate de potasse une dissolution neutre d'acétate de plomb en léger excès, et en évaporant le mélange jusqu'à consistance de bouillie épaisse, on obtient un précipité granuleux qui renferme toujours de l'acétate. Quand on fait bouillir la solution de l'acide saccharique avec de l'oxyde de plomb, on n'obtient que difficilement du saccharate de plomb pur.

En faisant bouillir une solution de nitrate de plomb avec du saccharate de potasse neutre, on obtient un sel cristallisé presque insoluble dans l'eau, et renfermant $C^{12}H^8Pb^2O^{16}$, $2\,NPbO^6$. Ce produit fait explosion quand on le chauffe.

Saccharate d'argent, $C^{12}H^9Ag^2O^{16}$. — On l'obtient en mélangeant une solution de saccharate de potasse neutre avec du nitrate d'argent, sous la forme d'un précipité blanc qui conserve sa blancheur par l'ébullition si la liqueur renferme un excès de saccharate de potasse; il devient même alors cristallin. Ce précipité est fort soluble dans l'ammoniaque; il se réduit à l'état métallique si l'on fait bouillir la solution ammoniacale.

Dérivés méthyliques et éthyliques de l'acide mucique.
Éthers muciques.

§ 687. Les éthers muciques représentent des mucates dans lesquels le métal est représenté par du méthyle ou de l'éthyle :

Muc. de méthyle. $C^{16}H^{14}O^{16} = C^{12}H^8(C^2H^3)^2O^{16} = C^{12}H^8O^{14}, 2C^2H^3O.$

Ac. éthyl-muciq. $C^{16}H^{14}O^{16} = C^{12}H^9(C^4H^5_2) O^{16} = C^{12}H^8O^{14}, \quad \left. \begin{array}{l} C^4H^5O \\ H\ O \end{array} \right\}$

Mucate d'éthyle. $C^{20}H^{18}O^{16} = C^{12}H^8(C^4H^5)^2O^{16} = C^{12}H^8O^{14}, 2C^4H^5O.$

§ 688. *Mucate de méthyle*[1], $C^{16}H^{14}O^{16}$. — On le prépare comme le mucate d'éthyle. Il est solide, incolore, fixe et insipide ; on peut l'obtenir cristallisé, dans l'alcool et dans l'eau, en lamelles ou en prismes à six pans aplatis. Il est très-soluble dans l'eau bouillante, et très-peu soluble dans l'alcool bouillant. Il se décompose à 163° avant de fondre, et se change alors en un liquide noir qui se boursoufle et dégage du gaz carburé.

§ 689. *Acide éthyl-mucique*[2], ou mucovinique, $C^{16}H^{14}O^{16}$. — Dans la préparation de l'éther mucique, il arrive quelquefois qu'une dissolution aqueuse de cet éther non encore pur dégage subitement une odeur alcoolique très-prononcée, et donne par l'évaporation une matière dont l'aspect n'a aucun rapport avec celui de l'éther mucique. On purifie cette matière par des traitements à l'alcool, qui enlève l'éther mucique dont elle est mêlée ; on dissout le résidu dans l'eau, et on le fait cristalliser deux ou trois fois. Le produit est pur, lorsque sa dissolution n'est pas troublée par l'ammoniaque.

Ainsi préparé, l'acide éthyl-mucique est blanc, et d'un aspect asbestoïde. La forme de ses cristaux est celle d'un prisme droit à base rhombe. Il est assez soluble dans l'eau et très-peu soluble dans l'alcool. Il a une saveur franchement acide, et fond à 190°, en s'altérant : la masse fondue prend, par le refroidissement, un aspect vitreux ; mais, au bout d'un temps très-long, la masse redevient opaque et se ramollit.

Le *sel d'ammoniaque*, $C^{16}H^{13}(NH^4)O^{16}$, est très-soluble, sans goût et d'une réaction faiblement acide. La dissolution précipite les sels d'argent, de plomb, de cuivre, de baryum, de strontium ;

---

[1] MALAGUTI (1836), *Ann. de Chim. et de Phys.*, LXIII, 86.

[2] MALAGUTI (1846), *Compt. rend. de l'Acad.*, XXII, 857.

elle précipite très-peu les sels de calcium, et ne précipite pas les sels de zinc, de magnésium, etc. Tous ces précipités sont solubles dans l'acide acétique.

Lorsqu'on fait bouillir une solution d'acide éthyl-mucique avec de l'oxyde d'argent, il y a dégagement d'acide carbonique, réduction d'une portion de l'oxyde, et formation d'un composé argentique, doué de la propriété de faire explosion lorsqu'on le chauffe légèrement.

Mucate d'éthyle[1], ou éther mucique, $C^{20}H^{18}O^{16}$. — Pour préparer cet éther, on dissout 1 p. d'acide mucique dans 4 p. d'acide sulfurique concentré à l'aide d'une douce chaleur ; quand ce mélange est devenu noir, on le laisse refroidir, et l'on y verse 4 p. d'alcool d'une densité de 0,814. Après vingt-quatre heures de repos, la masse est figée ; on l'agite avec de l'alcool, et on la jette sur un filtre. On obtient ainsi une masse cristalline, qu'on purifie par de nouvelles cristallisations dans l'alcool bouillant.

Cet éther cristallise en prismes à quatre pans, terminés par une seule face droite, et d'une limpidité parfaite. Il est insipide d'abord, cependant il laisse un arrière-goût d'amertume. Il fond à 150°, et se prend, à 135°, en une masse cristalline. Une plus forte chaleur le décompose en alcool, eau, acide carbonique, acide acétique, hydrogène carboné, acide pyromucique et charbon.

Il est insoluble dans l'éther, très-soluble dans l'alcool bouillant, et très-peu soluble dans l'alcool froid ; il est très-soluble dans l'eau bouillante, qui le dépose, par le refroidissement, en cristaux parfaitement déterminés.

Les alcalis hydratés le décomposent comme tous les éthers.

L'ammoniaque le convertit en mucamide.

AMIDE MUCIQUE.

Composition : $C^{12}H^{12}N^2O^{12}$.

§ 690. Cette amide[2] renferme les éléments du mucate d'ammoniaque moins 4 at. d'eau :

$$C^{12}H^{12}N^2O^{12} = C^{12}H^8(NH^4)^2O^{16} - 4\,HO.$$
Mucamide.   Mucate d'ammon.

L'éther mucique, mis en contact avec l'ammoniaque liquide, se convertit sur-le-champ en mucamide.

[1] MALAGUTI (1836), *Ann. de Chim. et de Phys.*, LXIII, 86.
[2] MALAGUTI (1846), *Compt. rend. de l'Acad.*, XXII, 834.

Cette substance est blanche, très-légèrement soluble dans l'eau bouillante, d'où elle se précipite, par le refroidissement, en cristaux microscopiques ayant la forme d'un octaèdre à base rhombe tronqué aux deux sommets, et présentant l'aspect de tables biselées.

Elle est sans goût, et ne se dissout ni dans l'alcool ni dans l'éther. Sa densité est de 1,589 à 13°,5. Sous l'influence de l'eau, elle se convertit en mucate d'ammoniaque, entre 136° et 140°.

Une solution bouillante de mucamide, mise en contact avec de l'acétate de plomb ammoniacal, donne un précipité d'un mucate de plomb ammoniacal.

Une dissolution de mucamide, saturée et bouillante, donne avec le nitrate d'argent ammoniacal une couche miroitante d'argent métallique, au bout d'un certain temps, quelquefois très-court.

La mucamide brunit à quelques degrés au-dessus de 200°, et donne, à la distillation sèche, de l'eau, de la pyromucamide biamidée, un peu d'acide pyromucique, de l'acide carbonique et du carbonate d'ammoniaque ; le résidu renferme du charbon et du paracyanogène.

ACIDE PYROMUCIQUE.

Composition : $C^{10}H^4O^6 = C^{10}H^3O^5, HO$.

§ 691. On prépare l'acide pyromucique[1] en desséchant au bain-marie les produits de la distillation sèche de l'acide mucique, et en soumettant le résidu à la sublimation à la température de 140°. On purifie le sublimé par la cristallisation dans l'eau. 100 parties d'acide mucique ne donnent que 5 à 7 p. d'acide pyromucique. La matière brute est mélangée d'une huile empyreumatique, et d'acide acétique, provenant sans doute d'une réaction secondaire.

L'acide pyromucique s'obtient sous forme de lames allongées, incolores et brillantes, fusibles à 130° et volatiles sans décomposition. Il se dissout dans 28 p. d'eau à 15° et dans 4 p. d'eau bouillante ; il est plus soluble dans l'alcool que dans l'eau.

Il est isomère de l'acide pyroméconique ; mais voici par quels caractères il s'en distingue : l'acide pyroméconique produit dans

---

[1] SCHÉELE (1780), *Opuscul.*, II, 114. — HOUTON-LABILLARDIÈRE, *Ann. de Chim. et de Phys.*, IX, 365. — BOUSSINGAULT, *ibid.*, LVIII, 106. — MALAGUTI, *ibid.*, LX, 200 ; LXIV, 279 ; LXX, 371. *Compt. rend. de l'Acad.* XXII, 857. — STENHOUSE, *Journ. f. prakt. Chem.*, XXXII, 262.

les persels de fer une belle coloration rouge, l'acide pyromucique n'y détermine qu'une teinte vert sale; le sous-acétate de plomb est précipité par l'acide pyromucique, mais il ne l'est pas par l'acide pyroméconique; l'acide pyromucique réduit les sels d'argent avec dégagement de gaz en laissant déposer une poudre noire, l'acide pyroméconique produit un miroir métallique; par l'ébullition d'un mélange d'acide pyromucique, d'alcool et d'acide sulfurique, on obtient un éther, tandis que l'acide pyroméconique n'en donne pas. L'acide citraconique anhydre présente aussi la même composition que l'acide pyromucique.

L'acide pyromucique n'est pas altéré par l'ébullition avec l'acide nitrique.

Dérivés métalliques de l'acide pyromucique. Pyromucates.

§ 692. L'acide pyromucique est monobasique, et donne des sels neutres dont la composition se représente par la formule suivante :

$$\text{Pyromucates.} \ldots C^{10}H^3MO^6 = C^{10}H^3O^5, MO.$$

Ces sels ont particulièrement été étudiés par Houton-Labillardière.

La solution du pyromucate de potasse est vivement attaquée par le brome, et donne une huile rouge pesante, en même temps qu'il se développe une odeur pénétrante, la même qu'on remarque dans la réaction du brome et du citraconate de potasse. (Cahours.)

Le *sel d'ammoniaque* devient acide par l'évaporation, et cristallise ensuite.

Le *sel de potasse* se prend, par la concentration de sa solution, en une masse grenue, très-soluble dans l'eau et l'alcool, et déliquescente.

Le *sel de soude* cristallise difficilement, et est moins déliquescent que le sel de potasse.

Les *sels de baryte*, de *strontiane* et *de chaux* constituent de petits cristaux inaltérables à l'air, plus solubles dans l'eau chaude que dans l'eau froide, insolubles dans l'alcool.

Le *sel de magnésie* ne se précipite pas par le mélange d'un pyromucate alcalin avec un sel de magnésie.

Le *sel de zinc* s'obtient en dissolvant à chaud le zinc métallique dans une solution aqueuse d'acide pyromucique; le liquide se prend en masse par l'évaporation.

Le *sel de nickel* constitue un précipité vert pomme.

Le *sel de cuivre* forme de petits cristaux bleu verdâtre, peu solubles dans l'eau.

Le *sel ferreux* est très-soluble, et s'obtient par la dissolution du
fer métallique dans l'acide aqueux.

Le *sel de plomb* ne se produit qu'avec le sous-acétate de plomb ;
le précipité constitue sans doute un sous-pyromucate. L'acide pyromucique libre et les pyromucates alcalins ne précipitent pas l'a-
cétate neutre de plomb.

Lorsqu'on chauffe une solution d'acide pyromucique avec du
carbonate de plomb, on obtient une solution neutre à la surface de
laquelle viennent se rendre, pendant l'évaporation, des gouttes
brunes, transparentes et oléagineuses, jusqu'à ce qu'enfin toute la
masse soit ainsi transformée. Ce produit est le pyromucate de plomb ;
après le refroidissement, il est d'abord poisseux, puis il devient dur
et opaque.

Le *sel d'argent*, $C^{10}H^3AgO^6$, s'obtient en dissolvant l'oxyde d'argent dans une solution d'acide pyromucique ; il cristallise en petites
paillettes blanches. La solution du sel brunit par l'évaporation.

Le *sel mercureux* est un précipité blanc insoluble.

Dérivé éthylique de l'acide pyromucique. Éther pyromucique.

§ 693. *Pyromucate d'éthyle*[1], ou éther pyromucique, $C^{10}H^3$
$(C^4H^5)O^6 = C^{14}H^8O^6$. — On prépare cet éther en distillant ensemble,
jusqu'à réduction de la moitié du volume, un mélange de 10 p.
d'acide pyromucique, 20 p. d'alcool à 0,814 et 5 p. d'acide chlorhydrique. On cohobe quatre ou cinq fois ; à la dernière cohoba-
tion on pousse la distillation jusqu'à ce qu'on remarque que le liquide qui distille, commence à se colorer ; on verse ensuite de
l'eau sur le produit de la distillation. Il se précipite ainsi une matière huileuse qui se prend bientôt en cristaux. On purifie ceux-ci
par une nouvelle distillation.

L'éther pyromucique cristallise en prismes à base tantôt hexa-
gone ou octogone, tantôt carrée ; il est incolore, fort gras au toucher, d'une odeur forte et d'une saveur âcre. Sa densité est de
1,297 à 20° ; il fond à 34°, bout entre 208 et 210°, et donne une
vapeur dont la densité est égale à 4,859. Il s'altère à la longue.
La potasse et les acides le décomposent comme les autres éthers.

---

[1] MALAGUTI (1837), *Ann. de Chim. et de Phys.*, LXIV, 279.

Les eaux de chaux et de baryte occasionnent dans sa solution alcoolique un précipité qui disparaît par l'addition de quelques gouttes
d'eau.

Cet éther fond dans le chlore sec en s'échauffant considérablement, et si les matières sont sèches, il ne se dégage pas d'acide
chlorhydrique. On finit par obtenir un liquide parfaitement
transparent, d'une consistance sirupeuse, d'une odeur forte et
agréable, d'une saveur amère, lente à se développer, mais intense
et persistante. Ce produit renferme, suivant M. Malaguti, $C^{14}H^8O^6$,
$2 Cl^2$. Sa densité est de 1,496 à 19°,5. On ne peut pas le distiller
sans qu'il se décompose. Il se dissout aisément dans l'alcool et l'é-
ther ; à l'air humide, il s'altère. La potasse bouillante en développe des vapeurs d'alcool, mais ne donne pas de pyromucate.

AMIDE PYROMUCIQUE.

Composition : $C^{10}H^5NO^4$.

§ 694. Cette amide[1] présente la composition du pyromucate d'ammoniaque moins 2 atomes d'eau :

$$C^{10}H^5NO^4 = C^{10}H^3(NH^4)O^6 - 2HO.$$

Elle cristallise en prismes droits à quatre pans à base rectangulaire ; son goût est à peine sucré ; elle est soluble dans l'alcool,
l'éther et l'eau. Elle fond entre 130 et 132° en se colorant, et se
charbonne par une plus forte chaleur. La portion distillée est
brune ; mais, une fois décolorée par le charbon animal, elle reparaît
avec tous les caractères de pureté.

M. Malaguti a décrit sous le nom de *pyromucamide biamidée*,
une substance dont la composition est assez remarquable : elle
renferme $C^{10}H^6N^2O^2$, c'est-à-dire 1 atome d'acide pyromucique
plus 2 atomes d'ammoniaque moins 4 atomes d'eau. On l'obtient,
avec plusieurs autres produits, en distillant le mucate d'ammoniaque ou la mucamide ; comme elle est plus soluble dans l'eau, on
peut la débarrasser par des cristallisations réitérées, de l'acide pyromucique qui l'accompagne souvent. Elle s'obtient alors en lames
hexagones ou octogones, douées d'un goût fort sucré. Elle est
soluble dans l'alcool et l'éther, et ne dégage de l'ammoniaque que
par l'ébullition avec les alcalis. Elle fond à 150°, en se colorant ; elle
commence à bouillir vers 260°, en se décomposant.

Il y aurait de l'intérêt à compléter l'histoire de ce corps.

[1] MALAGUTI (1846), *Compt. rend. de l'Acad.* XXII, 854.

FURFUROL.

Composition : $C^{10}H^4O^4$.

§ 695. Dans la préparation de l'acide formique par un mélange de sucre ou de fécule, d'acide sulfurique étendu et de peroxyde de manganèse, il se produit une matière huileuse qui a été observée pour la première fois par Doebereiner[1], et désignée par ce chimiste sous le nom de *künstliches Ameisenoel* (huile de fourmis artificielle). Elle résulte, à ce qu'il paraît, d'une oxydation du sucre ou de l'amidon, car on a :

$$C^{12}H^{10}O^{10} + O^4 = 2\,CO^2 + C^{10}H^4O^4 + 6\,HO.$$

Amidon. Furfurol.

Suivant les expériences de Doebereiner, confirmées par celles de M. Cahours, on n'obtient pas ce produit en distillant les mêmes matières simplement avec de l'acide sulfurique étendu, sans peroxyde de manganèse; toutefois M. Emmet[2] affirme en avoir obtenu en distillant le sucre, l'amidon, la gomme ou le bois avec de l'acide sulfurique assez étendu pour qu'il ne carbonisât pas ces matières : dès que le résidu était assez concentré pour noircir, il ne passa plus que de l'acide formique.

Il résulte d'ailleurs des expériences de MM. Stenhouse et Fownes, que cette matière huileuse, connue aujourd'hui sous le nom de *furfurol* (du latin *furfur*, son, et *oleum*, huile), se produit toujours lorsqu'on distille, avec l'acide sulfurique étendu, le son, la farine de blé ou d'avoine, l'épeautre, le tourteau de graine de lin, la coquille de noix de coco, la sciure de bois, particulièrement de bois d'acajou. Il paraîtrait que c'est la partie dite *matière incrustante* qui donne naissance au furfurol. On peut même traiter ces substances par l'acide chlorhydrique; mais l'acide sulfurique est plus avantageux, parce qu'il ne distille pas avec le furfurol.

Suivant les expériences de M. Vœlckel, le furfurol est aussi contenu dans les parties huileuses qu'on obtient par la distillation sèche du sucre.

La manière dont on prépare le furfurol est fort simple : on mélange intimement, dans un petit alambic en cuivre, 1 kil. de fa-

---

[1] DOEBEREINER (1831), *Ann. der Chem. u. Pharm.*, III, 141. — STENHOUSE, *ibid.*, XXXV, 301; LXXIV, 278. — FOWNES, *ibid.*, LIV, 52. — CAHOURS, *Ann. de Chim. et de Phys.*, [3] XXIV, 277. — VOELCKEL, *Ann. der Chem. u. Pharm.*, LXXXV, 61

[2] EMMET, *Journ. de Silliman*, XXXII, 140.

rine ou de son, 1 kil. d'eau et ¹/₂ kil. d'acide sulfurique concentré, et l'on chauffe ce mélange jusqu'à ce qu'il soit devenu bien fluide; puis, après avoir luté le récipient à l'alambic, on chauffe plus fort. Dès qu'il se dégage du gaz sulfureux, on verse sur la masse 500 gr. d'eau, et l'on continue de distiller jusqu'à ce que ce gaz se développe en plus grande quantité. On remet dans l'alambic le produit distillé; on chauffe jusqu'à ce que la moitié en ait passé, on neutralise le produit distillé par de l'hydrate de chaux, et l'on distille encore une fois. Il passe alors une huile jaune et pesante, dont on obtient une nouvelle portion par la rectification du liquide aqueux passé en même temps. On la dessèche sur le chlorure de calcium, et on la rectifie une dernière fois.

M. Cahours trouve de l'avantage à diminuer, dans cette préparation, la dose de l'acide sulfurique. 6 kilogr. de son, 5 kil. d'acide sulfurique et 12 litres d'eau lui ont donné 158 grammes de furfurol, soit 2,6 p. c.

Le furfurol brut renferme toujours de l'acétone en quantité notable, ainsi qu'une autre huile[1], très-oxydable et qui se résinifie promptement. On l'en débarrasse aisément par la rectification. Le produit qu'on retire du bois d'acajou est plus pur que le furfurol préparé avec le son ou le tourteau de graine de lin. (Stenhouse.)

D'après des expériences récentes de M. Babo[2], on obtient également du furfurol en distillant du son avec une solution concentrée de chlorure de zinc; le produit est même plus abondant que par l'emploi de l'acide sulfurique ou de l'acide chlorhydrique. Les proportions les plus avantageuses sont 15 p. de son pour 5 à 6 p. de chlorure de zinc; on ajoute assez d'eau au mélange pour en former une pâte épaisse, qu'on distille dans un alambic en cuivre ou dans une cornue de verre, jusqu'à ce que le résidu se charbonne. Il passe d'abord de l'eau, puis du furfurol; plus tard, il distille, en outre, de l'acide chlorhydrique et une matière grasse

---

[1] M. Stenhouse donne à cette huile le nom de *métafurfurol*. Son point d'ébullition est beaucoup plus élevé que celui du furfurol. A la distillation, elle se transforme en partie en une résine brune qui a la propriété de prendre une belle couleur rouge pourpre lorsqu'on la mélange avec quelques gouttes d'acide chlorhydrique, nitrique ou sulfurique concentré. Ce métafurfurol ne produit pas avec l'ammoniaque de combinaison cristallisable, mais on n'obtient qu'une matière brune et résineuse; avec l'acide nitrique, il donne un acide azoté cristallisable, qui se transforme en chloropicrine (§ 374) par l'action de l'acide chlorhydrique ou d'une solution de chlorure de chaux.

[2] BABO, *Ann. der. Chem. u. Pharm.*, LXXXV, 100.

solide[1] qui surnage. Lorsque la distillation est terminée, on enlève la matière grasse, en passant le liquide distillé par un linge; on le neutralise par de la potasse, on le sature par du sel marin, et on le soumet à une nouvelle rectification. L'eau où le furfurol s'est déposé en renferme en solution encore une certaine quantité qu'on peut transformer en furfuramide, pour en extraire ensuite le furfurol. 3 kilogr. de son traités par le procédé précédent donnent, selon M. Babo, de 30 à 60 grammes de furfurol pur, et quelquefois même davantage.

Ni l'amidon pur ni la pectine ne donnent de furfurol par le chlorure de zinc. On n'en obtient pas non plus en distillant du son avec une solution de chlorure de calcium.

§ 695[a]. Récemment préparé, le furfurol constitue une huile presque incolore; mais il s'altère peu à peu au contact de l'air, et finit même par noircir. A l'état humide, il paraît être moins altérable. Son odeur ressemble à celle d'un mélange d'huile de cannelle et d'huile d'amandes amères, sans être aussi agréable. Il colore l'épiderme en jaune. La densité du furfurol est de 1,168 à 15°, 5.

Il bout à 162°5 (Cahours, Fownes; à 166° Stenhouse), et distille sans altération. La densité de sa vapeur a été trouvée égale à 3,342 — 3,346. (Cahours.)

L'eau en dissout beaucoup à froid; l'alcool le dissout très-aisément.

L'acide sulfurique concentré le dissout à froid sans le colorer en rouge, s'il est pur; à chaud, le mélange se charbonne. L'acide chlorhydrique concentré se comporte d'une manière semblable. L'acide nitrique l'attaque vivement à chaud, en donnant de l'acide oxalique, qui paraît être le seul produit.

Le chlore et le brome ne donnent avec le furfurol que des produits résinoïdes.

La potasse caustique le dissout lentement à froid, en formant un liquide brun foncé, d'où les acides précipitent une matière résineuse : cette réaction s'accomplit promptement à chaud. Le potassium agit avec violence quand on chauffe.

La réaction la plus caractéristique du furfurol, c'est la manière dont il se comporte avec l'ammoniaque : abandonné avec elle

---

[1] Elle paraît être un mélange d'acide margarique avec une petite quantité d'un hydrocarbure.

pendant quelques heures, il finit par se convertir entièrement en une masse jaunâtre et légèrement cristalline de furfuramide.

Le furfurol se dissout dans la méthylamine, ainsi que dans l'éthylamine, sans qu'il y ait réaction à froid ; mais, si l'on chauffe, le liquide noircit, et il se sépare une matière noire et résineuse qui ne renferme que des traces d'azote. (Wurtz.)

§ 696. *Fucusol, isomère du furfurol.* — Suivant les expériences de M. Stenhouse, les algues marines (*Fucus vesiculosus, F. nodosus, F. serratus*), distillées avec l'acide sulfurique étendu, donnent une huile qui a la composition du furfurol, mais dont certains caractères diffèrent de ceux de ce dernier. M. Stenhouse appelle cet isomère *fucusol;* les mousses et les lichens paraissent aussi en donner. L'odeur, la saveur et la densité des deux huiles sont sensiblement les mêmes ; mais le point d'ébullition du fucusol est un peu plus élevé (170-171°). Leur solubilité est assez différente : le fucusol se dissout dans 14 p. d'eau à 13°, tandis que le furfurol n'en exige que 11 p. à la même température ; le fucusol se dissout dans 12 p. d'ammoniaque concentrée à 13°,5, et le furfurol se dissout dans 9 p. du même liquide. Le fucusol se distingue en outre du furfurol par une moindre stabilité : l'acide chlorhydrique colore le fucusol en vert; l'acide nitrique le colore en jaune, l'acide sulfurique le colore en brun verdâtre.

Du reste, on obtient avec le fucusol et l'ammoniaque la *fucusamide*, isomère de la furfuramide, et donnant les mêmes dérivés.

Dérivés ammoniacaux du furfurol.

§ 697. On connaît deux composés isomères, résultant de l'action de l'ammoniaque sur le furfurol : la *furfuramide* et la *furfurine*. Ces deux produits renferment les éléments de 3 at. de furfurol, plus 2 at. d'ammoniaque, moins 6 at. d'eau :

$$C^{30}H^{12}N^2O^6 = 3\,C^{10}H^4O^4 + 2\,NH^3 - 6\,HO.$$

Furfuramide et furfurine.   Furfurol.

La furfuramide se produit directement par le furfurol et l'ammoniaque; sous l'influence des acides, elle régénère du furfurol et de l'ammoniaque. La furfurine résulte d'une transposition moléculaire de la furfuramide au contact des alcalis.

§ 698. *Furfuramide,* $C^{30}H^{12}N^2O^6$. — Le produit de l'action de l'ammoniaque sur le furfurol est entièrement insoluble dans l'eau.

On le place sur un filtre, et, quand l'ammoniaque s'est toute écoulée, on le dessèche dans le vide sur de l'acide sulfurique.

La furfuramide[1] est d'un jaune pâle, presque blanche ; à l'état sec,
elle n'a presque point d'odeur ; elle est insoluble dans l'eau froide,
très-soluble dans l'alcool et l'éther. Sa solution alcoolique, saturée
à chaud, la dépose en faisceaux d'aiguilles minces et raccourcies.
Cependant on l'obtient plus pure et plus blanche en ajoutant de
l'ammoniaque à une solution aqueuse de furfurol ; elle se dépose
alors au bout de quelques jours.

L'eau bouillante et même l'alcool bouillant la décomposent lentement en ammoniaque et en furfurol qui se régénère. Cette métamorphose s'accomplit aussi, mais avec lenteur, dans une atmosphère
humide, à la température ordinaire.

Quand on la chauffe, elle fond, s'enflamme et brûle avec une
flamme fuligineuse, en laissant un léger résidu charbonneux. Les
acides la décomposent instantanément, en produisant un sel ammoniacal et du furfurol.

L'action des alcalis sur la furfuramide est fort remarquable.
Bouillie avec beaucoup de potasse diluée, elle se dissout sans le
moindre dégagement d'ammoniaque, et, par le refroidissement, le
liquide dépose alors des aiguilles blanches et soyeuses d'un alcali,
la furfurine, qui présente la même composition que la furfuramide.

Une dissolution alcoolique de furfuramide se transforme par
l'hydrogène sulfuré en furfurol sulfuré.

L'isomère du furfurol, le fucusol, donne aussi, avec l'ammoniaque, un composé isomère de la furfuramide. Cette *fucusamide*
est moins stable que la furfuramide ; elle se comporte d'ailleurs
comme celle-ci, sous l'influence de la potasse et de l'acide sulfhydrique.

§ 699. *Furfurine*, $C^{30}H^{12}N^2O^6$. — Voici, suivant M. Fownes, un
excellent procédé pour obtenir aisément la furfurine à l'état de
pureté. On introduit la furfuramide, séchée dans le vide, dans un
grand excès d'une solution bouillante de potasse diluée, placée dans
un ballon. La métamorphose s'accomplit dans 10 ou 15 minutes,
et la furfurine se dépose alors au fond, le mélange ayant été retiré
du feu, sous la forme d'une huile qui se concrète par le refroidissement, en même temps que toute la substance dissoute se dé-

---

[1] Fownes, (1845), *loc. cit.*

11.

pose aussi à l'état cristallin. Apres avoir lavé le produit, on le dissout dans un grand excès d'une solution étendue et bouillante d'acide oxalique; le liquide, filtré à chaud, dépose de gros feuillets d'oxalate acide plus ou moins coloré. On décolore ce sel par du charbon animal. Le sel purifié donne la furfurine en cristaux très-purs, si on le dissout dans l'eau et qu'on sépare la furfurine par l'ammoniaque versée dans la solution bouillante.

La furfurine cristallise dans l'eau bouillante en fines aiguilles blanches, soyeuses et fort semblables à la théine. Elle n'a que fort peu de saveur, mais ses sels sont fort amers; elle est sans odeur.

Les cristaux de la furfurine appartiennent au système rhombique[1]. Forme ordinaire, ∞ P avec les faces modifiantes $\infty \ddot{P} \infty$ et la face terminale o P. Rapport des diagonales dans l'octaèdre primitif, 1 : 0,882. Inclinaison des faces, ∞ P : ∞ P $= 97° 10'$. Clivage parallèle à ∞ P ∞.

Cet alcali fond, à une température bien inférieure au point d'ébullition de l'eau, en un liquide huileux presque incolore, qui redevient dur et cristallin par le refroidissement. Chauffé fortement à l'air, il prend feu et brûle avec une flamme fuligineuse, en laissant une trace de charbon.

La furfurine se dissout dans environ 135 p. d'eau bouillante; mais elle se dépose presque en totalité par le refroidissement. L'alcool et l'éther la dissolvent très-facilement; la solution alcoolique la dépose, par l'évaporation spontanée, en cristaux soyeux très-beaux; sa solution est alcaline.

Elle ne donne pas de furfurol sulfuré, lorsqu'on fait passer long-temps un courant de gaz sulfhydrique dans sa solution alcoolique.

§ 700. Les *sels de furfurine* s'obtiennent aisément par la dissolution de la furfurine dans les acides; ceux-ci en sont complétement neutralisés. Les alcalis minéraux en séparent de nouveau la furfurine.

Les sels de furfurine ne précipitent pas les solutions de fer, de cuivre, d'argent, de calcium et de baryum; mais le chlorhydrate de furfurine précipite le sublimé en blanc et le bichlorure de platine en jaune. La teinture de noix de galle ne précipite pas ces sels.

Bouillie avec une solution de sel ammoniac, la furfurine en déplace l'ammoniaque.

Le *chlorhydrate de furfurine*, $C^{30}H^{12}N^2O^6,HCl + 2$ aq., s'obtient aisément en saturant à chaud l'acide chlorhydrique étendu par l'al-

<hr>

[1] DAUBER, *Ann. der. Chem. u. Pharm.*, LXXIV, 204.

cali. Ce sel est parfaitement neutre et forme des faisceaux d'aiguilles soyeuses, semblables au chlorhydrate de morphine. Il est fort soluble dans l'eau, moins soluble dans un excès d'acide chlorhydrique.

Le *chloroplatinate de furfurine,* $C^{30}H^{12}N^2O^6$, HCl, PlCl^2, se dépose à l'état d'un précipité cristallin, jaune clair; ce composé s'altère par la chaleur. Il cristallise dans l'alcool en aiguilles longues et minces.

Le *perchlorate de furfurine* forme de longs prismes, très-minces, cassants, d'un éclat vitreux, fort solubles dans l'alcool et l'eau. Les cristaux deviennent opaques à 60°, et fondent entre 150 et 160° en une masse limpide; ils contiennent 4,04 p. c. d'eau de cristallisation. Leur forme appartient au système rhombique[1]. Combinaison ordinaire, ∞ P. ∞ P̄ ∞. P̆ ∞. Inclinaison des faces, ∞ P : ∞ P = 72° 33'. Valeurs des axes, $a : b : c$ (vertical) = 1 : 0,7338 : 0,4792. Clivage parallèle à ∞ P̆ ∞.

Le *nitrate de furfurine,* $C^{30}H^{12}N^2O^6$, NHO^6, forme des cristaux durs et transparents, fort solubles dans l'eau, peu solubles dans un excès d'acide chlorhydrique. Les cristaux s'effleurissent à l'air sec, et présentent alors la composition indiquée. Les cristaux qui se déposent dans l'alcool sont bien définis, et appartiennent au système rhombique[2]. Combinaison ordinaire, P. P̆ ∞. ∞ P̄ ∞. ∞ P̆ 3. ∞ P̆ $^3/_2$. Angle des arêtes culminantes de l'octaèdre primitif P, = 144° 16' et 135° 18'; id. des arêtes latérales, = 58° 44. Inclinaison des faces P̆ ∞ : P̆ ∞, dans le plan de la petite diagonale et de l'axe vertical, = 141° 20'. Clivage parfait parallèlement à ∞ P̆ ∞.

L'*oxalate neutre de furfurine* cristallise en aiguilles réunies par faisceaux. L'*oxalate acide,* $C^{30}H^{12}N^2O^6$, $C^4H^2O^8$, est fort peu soluble à froid; mais il cristallise avec facilité dans une solution préparée à chaud; il forme des tables incolores, dont la solution présente une réaction acide.

L'*acétate de furfurine* est très-soluble et ne cristallise qu'avec difficulté.

§ 701. M. Stenhouse désigne sous le nom de *fucusine* l'alcali, isomère de la furfurine, qu'on obtient, suivant ce chimiste, en traitant par la potasse ou la soude bouillante la fucusamide, isomère de la furfuramide. Il se forme ainsi une masse brunâtre emplastique, sans aucun indice de cristallisation, et composée d'un mélange de

---

[1] DAUBER, *loc. cit.*

[2] MILLER, *Ann. der. Chem. u. Pharm.,* LXXIV, 293.

fucusine et d'une matière résineuse. Ce produit ne se laisse pas purifier par le même procédé que la furfurine ; il ne donne rien de cristallisé par l'emploi des différents solvants. Mais comme les sels, et particulièrement le nitrate de fucusine cristallisent, au contraire, avec facilité, on met le produit emplastique en digestion avec l'acide nitrique à une très-douce chaleur, et l'on fait recristalliser dans l'eau bouillante les cristaux de nitrate ainsi obtenus. La solution de ce sel précipite la fucusine en petits cristaux aplatis, groupés en étoiles. Ceux-ci se distinguent de la furfurine, non-seulement par l'aspect, mais encore par la solubilité, qui est moitié moindre : aussi, lorsqu'on laisse refroidir une solution de furfurine dans l'eau bouillante, l'alcali se dépose immédiatement en longues aiguilles, tandis qu'une solution de fucusine, faite dans les mêmes circonstances, se trouble par le refroidissement, et ne dépose des cristaux qu'après quelques heures de repos. La solubilité dans l'alcool aqueux est aussi différente : la fucusine y est beaucoup moins soluble, à la température ordinaire, que la furfurine.

§ 702. Les sels de fucusine présentent la même composition que les sels correspondants à base de furfurine ; il y a toutefois quelques différences de caractères.

Le *chloroplatinate de fucusine* diffère surtout par l'aspect du chloroplatinate de furfurine ; car il se dépose dans l'alcool en larges prismes quadrilatères, tandis que ce dernier sel s'obtient en aiguilles minces.

Le *nitrate de fucusine* cristallise dans le même système que le nitrate de furfurine, mais les angles ne sont pas tout à fait les mêmes[1]. Combinaison ordinaire, $\infty P. \infty \bar{P} \infty. P. \bar{P} \infty$. Angle des arêtes culminantes de l'octaèdre primitif P, $= 136° 12'$ et $119° 18'$; *id.* des arêtes latérales, $= 71° 0'$. Inclinaison des faces, $\infty P : \infty P = 95° 42'$; $\bar{P} \infty : \bar{P} \infty$, dans le plan de la grande diagonale et de l'axe vertical, $= 116° 0'$. Clivage parfait parallèlement à $\infty \bar{P} \infty$; moins prononcé parallèlement à $\bar{P} \infty$ et P.

L'*oxalate acide de fucusine* cristallise en aiguilles soyeuses, peu solubles dans l'eau froide, très-solubles dans l'eau et l'alcool bouillants.

---

[1] MILLER, *loc. cit.*

Dérivés sulfurés et séléniés du furfurol[1].

§ 703. *Furfurol sulfuré*, ou thiofurfol, $C^{10}H^4O^2S^2$. — Ce produit prend naissance lorsqu'on fait agir le sulfhydrate d'ammoniaque sur une dissolution de furfurol. On l'obtient aussi en traitant par l'hydrogène sulfuré une dissolution alcoolique de furfuramide ; si cette dissolution est étendue, et que le courant de gaz sulfhydrique soit très-lent, il se sépare, au bout de quelque temps, une poudre blanche d'apparence cristalline ; si la dissolution est chaude et concentrée, et que le courant soit rapide, le furfurol sulfuré se sépare sous la forme d'une résine.

Le furfurol sulfuré fond par la chaleur, en répandant une odeur forte et désagréable ; si on le chauffe fortement à l'air, il brûle avec une flamme bleuâtre, un peu fuligineuse, en répandant une forte odeur d'acide sulfureux ; par la distillation sèche, il se décompose entièrement, en donnant une matière cristallisée contenant $C^{18}H^8O^4$, en vertu de l'équation suivante :

$$2\,C^{10}H^4O^2S^2 = 2\,CS^2 + C^{18}H^8O^4.$$

Purifié par une ou deux cristallisations dans l'alcool, ce produit se présente sous la forme de longues aiguilles, incolores ou légèrement jaunâtres, très-brillantes. Les cristaux sont durs et faciles à réduire en poudre. Insolubles dans l'eau froide, ils se dissolvent en petite quantité dans l'eau bouillante ; l'alcool les dissout assez bien, surtout à chaud ; l'éther les dissout également. Leur dissolution alcoolique s'altère lentement à l'air en prenant une teinte brune. L'acide nitrique les attaque énergiquement et les convertit en acide oxalique.

§ 704. *Furfurol sélénié*, $C^{10}H^4O^2Se^2$. — L'acide sélenhydrique exerce sur la solution alcoolique de la furfuramide une réaction analogue à celle que détermine l'hydrogène sulfuré ; la liqueur claire se trouble, et dépose une matière résinoïde, fort altérable, qui constitue le furfurol sélénié.

VIII.

GROUPE MÉCONIQUE.

§ 705. On a réuni dans ce groupe *l'acide méconique* et ses dérivés pyrogénés, *l'acide coménique* et *l'acide pyroméconique*. On

---

[1] CAHOURS (1848), *Ann. de Chim. et de Phys.*, [3] XXIV, 281.

ne connaît pas encore les relations que ces composés présentent avec les autres groupes sériés, si ce n'est qu'on trouve de l'acide acétique parmi les produits que l'acide méconique donne sous l'influence de la chaleur.

L'acide coménique et l'acide pyroméconique ne diffèrent de l'acide méconique que par les éléments de l'acide carbonique :

$$C^{14}H^4O^{14} = 2CO^2 + C^{12}H^4O^{10}$$

Ac. méconique.   Ac. coménique.

$$C^{12}H^4O^{10} = 2CO^2 + C^{10}H^4O^6.$$

Ac. pyromécon.

Voici les formules des principaux termes du groupe méconique .

Acide méconique. . . . . $C^{14}H^4O^{14}$.

Amide méconique (ac. méconamique). . $C^{14}H^5NO^{12}$.

Acide coménique. . . . . $C^{12}H^4O^{10}$.

Amide coménique (ac. coménamique). . $C^{12}H^5NO^8$.

Acide pyrocoménique. . . . . $C^{10}H^4O^6$.

ACIDE MÉCONIQUE.

Composition : $C^{14}H^4O^{14} + 6$ aq. $= C^{14}HO^{11}, 3 HO + 6$ aq.

§ 706. Cet acide[1] a été découvert par Sertürner en même temps que la morphine, avec laquelle il se trouve combiné dans l'opium. Le mot *méconique* dérive du nom de *méconium*, qu'on applique quelquefois, en pharmacologie, aux qualités inférieures de l'opium. Les propriétés et les transformations de l'acide méconique ont été étudiées par Robiquet; sa composition a été déterminée par M. Liebig.

Jusqu'à présent on n'a trouvé l'acide méconique que dans l'opium, et encore est-il des variétés d'opium où l'on n'en rencontre que des traces. Suivant Choulant, les capsules des pavots de nos climats contiendraient de l'acide méconique.

On prépare cet acide d'après un procédé indiqué par Robiquet, et modifié par M. Grégory. On épuise l'opium, convenablement divisé avec de l'eau tiède (à 38°); on sature par du marbre

[1] SERTURNER, *Neues Journ. d. Pharm. v. Trommsdorff,* XIII, 1, 234 ; XIV, 1, 47. *Annal. d. Phys. v. Gilbert,* LV, 72 ; LVII, 183 ; LXIV, 65. — SEGUIN, *Ann. de Chim.,* XCII, 228. — CHOULANT, *Annal. d. Phys. v. Gilbert,* LVI, 349. — ROBIQUET, *Ann. de Chim. et de Phys.,* V, 282. — A. VOGEL, *Journ. f. Chem. u. Phys. v. Schweigger.,* XX, 196. — MERCK, *Magaz. f. Pharm.,* XV, 147. — LIEBIG, *Ann. der Chem. u. Pharm.,* VII, 237 ; XXVI, 115. — GRÉGORY, *ibid,* XXIV, 43. — HOW, *ibid.,* LXXXIII, 350.

en poudre grossière l'acide libre contenu dans l'extrait, et l'on évapore la liqueur à consistance sirupeuse dans un vase étamé. On ajoute au sirop un excès d'une solution concentrée de chlorure de calcium; on fait bouillir quelques minutes, et on laisse refroidir. Le méconate de chaux se sépare ainsi, et d'une manière d'autant plus complète, que la liqueur est plus concentrée; on ajoute de l'eau, et, après avoir recueilli le précipité sur un filtre, on l'exprime. La liqueur filtrée sert à l'extraction de la morphine.

On délaye le méconate de chaux ainsi obtenu (1 partie) dans 20 parties d'eau chauffées presque à l'ébullition; on y ajoute 3 p. d'acide chlorhydrique ordinaire; on agite le mélange et on le chauffe, de manière toutefois à ne pas faire bouillir, et jusqu'à ce que tout le méconate soit dissous. Par le refroidissement la liqueur dépose des cristaux de méconate de chaux acide; on recueille le dépôt sur un linge, on le lave et on l'exprime. Après avoir ensuite délayé le sel de chaux dans un poids égal d'eau chaude, on y ajoute une quantité d'acide chlorhydrique égale à celle qu'on a déjà employée précédemment, et l'on chauffe, sans faire bouillir, de manière à tout dissoudre; la liqueur dépose alors, par le refroidissement, des cristaux d'acide méconique, qu'on exprime, après les avoir préalablement rincés avec un peu d'eau. Le produit ainsi obtenu n'est pas encore pur; il est toujours coloré, et contient ordinairement une certaine quantité de chaux. Pour achever la purification de l'acide méconique, on le dissout à chaud dans les $^4/_5$ de la quantité d'eau précédemment employée, et l'on ajoute à la solution limpide les $^2/_3$ de la quantité d'acide chlorhydrique déjà employée. Cette addition d'acide a non-seulement pour effet de maintenir la chaux en dissolution, mais encore d'opérer d'une manière plus complète la séparation de l'acide méconique. On délaye les cristaux, ordinairement colorés, dans 3 à 4 fois leur poids d'eau, on sature la solution par de la potasse caustique, on chauffe pour tout dissoudre, et on laisse refroidir; la liqueur se prend ainsi en une bouillie qu'on fait dissoudre dans très-peu d'eau bouillante, après l'avoir convenablement exprimée; on soumet de nouveau à l'action de la presse les cristaux qui se déposent par le refroidissement de la solution. On peut précipiter, par l'acide chlorhydrique, l'acide méconique resté dans les eaux-mères, et le traiter comme précédemment.

Après s'être ainsi procuré du méconate de potasse parfaitement blanc, on fait dissoudre ce sel dans 16 p. d'eau chaude, et l'on ajoute à la solution 2 à 3 p. d'acide chlorhydrique. La liqueur dépose, par le refroidissement, du méconate de potasse acide. Celui-ci, étant dissout dans 16 p. d'eau chaude et décomposé par 2 à 3 p. d'acide chlorhydrique, donne enfin des cristaux d'acide méconique pur.

Suivant M. How, il est plus avantageux, dans la préparation de l'acide méconique, d'employer l'ammoniaque, au lieu de la potasse, pour dissoudre l'acide méconique brut. Le sel d'ammoniaque cristallise avec facilité, et s'obtient plus aisément à l'état incolore que le sel de potasse. L'emploi de l'ammoniaque permet aussi d'utiliser pour certaines autres préparations les eaux-mères très-colorées, encore fort chargées d'acide méconique.

Dans les préparations précédentes, il convient d'employer de la toile pour les filtrations, ou du moins, si l'on se sert pour cela de papier, faut-il préalablement laver les filtres avec de l'acide chlorhydrique, afin d'enlever le fer, qui colorerait l'acide méconique en rouge.

On pourrait aussi ajouter d'abord de l'ammoniaque à l'extrait aqueux de l'opium, afin d'en précipiter la morphine, et verser ensuite du chlorure de calcium dans la liqueur pour précipiter le méconate de chaux. Mais l'ammoniaque précipite toujours de l'extrait d'opium une certaine quantité d'acide méconique à l'état de sel de chaux.

§ 707. L'acide méconique cristallise en paillettes nacrées, douces au toucher, d'une saveur à la fois aigre et astringente; on l'obtient aussi quelquefois en aiguilles qui se présentent au microscope sous la forme de prismes droits rhomboïdaux. Il renferme 21,5 p. c. = 6 at. d'eau de cristallisation, qu'il perd complétement à 120°; il est peu soluble dans l'eau froide; 4 parties d'eau bouillante suffisent pour le dissoudre; il se dissout également dans l'alcool, et en petite quantité dans l'éther.

Il faut éviter de maintenir en ébullition la solution aqueuse de l'acide méconique, parce qu'elle se décompose peu à peu en se colorant.

Les plus faibles quantités d'acide méconique peuvent se découvrir à l'aide de la coloration rouge de sang que les sels ferriques communiquent à cet acide. Cette coloration ressemble à celle qu'on observe avec les sulfocyanures; elle ne disparaît pas non plus par les acides faibles, même à l'ébullition ; mais elle résiste à l'action du chlorure d'or, tandis que la coloration rouge, produite par les sulfocyanures, disparaît en présence de cet agent (Vogel). Les hypochlorites alcalins font disparaître promptement la coloration rouge occasionnée par les sels ferriques dans la solution de l'acide méconique. La décoloration est plus lente par l'effet de certains agents réducteurs, tels que l'hydrogène sulfuré ; mais elle reparaît par une nouvelle addition de chlorure ferrique.

La même coloration rouge s'observe avec les sels ferriques et les deux acides (coménique et pyroméconique) qui résultent de la métamorphose de l'acide méconique.

Nous avons dit tout à l'heure que l'acide méconique dissous dans l'eau se décompose par l'ébullition : il se dégage alors de l'acide carbonique, et il se produit de l'acide coménique :

$$C^{14}H^4O^{14} = 2\,CO^2 + C^{12}H^4O^{10}.$$

Ac. méconique. Ac. coménique.

Une addition d'acide sulfurique ou chlorhydrique au liquide bouillant hâte la décomposition au point qu'elle a lieu avec effervescence.

L'acide méconique solide subit la même décomposition lorsqu'on le chauffe à 200°. A une température encore plus élevée (à 260°), l'acide coménique se métamorphose à son tour, et se dédouble en acide carbonique et en acide pyroméconique, qui se sublime en feuillets brillants :

$$C^{12}H^4O^{10} = 2\,CO^2 + C^{10}H^4O^6.$$

Ac. coménique. Ac. pyroméconique.

L'acide pyroméconique avait été pris toutefois pour de l'acide méconique sublimé.

L'acide nitrique attaque violemment l'acide méconique, en produisant de l'acide oxalique et de l'acide cyanhydrique.

Bouilli avec de la potasse concentrée, l'acide méconique donne de l'oxalate et du carbonate, ainsi qu'une matière brune

Le chlore et le brome attaquent vivement l'acide méconique. Il se dégage de l'acide carbonique, et l'on obtient de l'acide chlorocoménique ou bromocoménique (§ 725), ou, comme produit secondaire, de l'acide oxalique.

Dérivés métalliques de l'acide méconique. Méconates.

§ 708. L'acide méconique est tribasique, et donne lieu à trois espèces de sels :

Méconates trimétalliques. . $C^{14}H\,M^3O^{14} = C^{14}HO$, 3 MO;

—   bimétalliques. . . $C^{14}H^2M\,O^{14} = C^{14}HO$, $\left.\begin{array}{c} 2\,MO \\ HO \end{array}\right\rangle$;

—   monométalliques. $C^{14}H^3MO^{14} = C^{14}HO$, $\left.\begin{array}{c} MO \\ 2\,HO \end{array}\right\rangle$;

Les sels à 1 ou à 2 atomes de métal sont incolores, à moins que
la base ne soit elle-même colorée. Les sels trimétalliques constituent en général des précipités jaunes ; l'acide méconique prend
aussi une teinte jaune lorsqu'on le mélange avec un excès d'alcali.

L'acide méconique n'est pas précipité de ses sels par l'acide acétique ; beaucoup de méconates, insolubles dans l'eau, se dissolvent
d'ailleurs dans l'acide acétique.

Comme l'acide méconique, les méconates se colorent en rouge
par les sels ferriques.

La composition des méconates a été étudiée par MM. Liebig,
Stenhouse et How.

§ 709. *Méconates d'ammoniaque.* — α. *Sel neutre triammonique.* Prismes quadrilatères, solubles dans 1 ¹/₂ fois leur poids d'eau.

β. *Sel acide biammonique,* $C^{14}H^2(NH^4)^2O^{14}$ (à 100°). Lorsqu'on
chauffe l'acide méconique au bain-marie avec environ deux fois
son poids d'eau, et qu'on y ajoute de l'ammoniaque caustique jusqu'à ce que tout soit dissous, le méconate biammonique cristallise
par le refroidissement en fines aiguilles radiées, d'une réaction
acide. Les cristaux paraissent contenir des quantités variables
d'eau de cristallisation ; le sel séché à 100° est fort hygrométrique.

Une solution aqueuse de méconate biammonique peut être
maintenue en ébullition sans subir d'altération ; mais, si on la fait
bouillir après y avoir ajouté un excès d'ammoniaque, elle se décompose, et il se produit du coménamate d'ammoniaque (§ 730).

γ. *Sel acide monoammonique,* $C^{14}H^3(NH^4)O^{14}$ + 2aq. Lorsqu'on fait passer du chlore dans la solution du sel précédent, il se
dépose des cristaux durs et grenus de méconate monoammonique. Ils sont peu solubles dans l'eau froide ; on les fait recristalliser dans l'eau bouillante ; les grains cristallins se présentent au

microscope sous la forme d'aiguilles groupés concentriquement; ils perdent, à 100°, 7,65 p. c. $=$ 2 atomes d'eau.

Les eaux-mères provenant de la préparation de ce sel donnent, par la concentration, des cristaux d'acide chlorocoménique; les dernières eaux-mères fournissent de l'acide oxalique.

Méconates de potasse. — α. *Sel neutre tripotassique.* Il se produit par l'addition d'un excès de potasse au sel bipotassique; porté en ébullition avec de la potasse, il se prend, après le refroidissement, en une bouillie d'oxalate de potasse, mélangée de carbonate et d'une matière brune.

β. *Sel acide bipotassique,* $C^{14}H^2K^2O^{14}$ (à 100°). Aiguilles soyeuses qu'on obtient en ajoutant une lessive de potasse à une solution de méconate de chaux; elles sont peu solubles dans l'eau froide et assez solubles dans l'eau chaude.

γ. *Sel acide monopotassique.* Aiguilles brillantes qu'on obtient en traitant une solution de méconate bipotassique par une quantité d'acide chlorhydrique insuffisante pour une neutralisation complète.

Méconates de soude. — α. *Sel neutre trisodique.* Il est cristallisable, fort soluble dans l'eau et efflorescent.

β. *Sel acide bisodique* (?). Sertürner paraît avoir obtenu ce sel en mélangeant un extrait alcoolique d'opium avec une dissolution alcoolique d'acétate de soude; le méconate de soude se précipite, et peut être lavé à l'alcool. On l'obtient aussi en mettant du méconate de baryte en digestion avec une dissolution aqueuse de sulfate de soude. Ce méconate de soude exige, pour sa solution, cinq parties d'eau, et cristallise, par l'évaporation, en fines aiguilles, contenant beaucoup d'eau de cristallisation.

γ. *Sel acide monosodique.* Il se présente en grains durs, peu solubles dans l'eau.

Méconates de baryte. — Le sel bibarytique est peu soluble dans l'eau. Les méconates alcalins précipitent, par le chlorure de baryum, des flocons blancs, solubles dans l'acide acétique.

La solution de l'acide méconique donne, avec l'eau de baryte, un précipité volumineux de couleur jaune, composé probablement de méconate tribarytique.

Méconates de chaux. — α. *Sel neutre tricalcique.* Il ne paraît pas encore avoir été obtenu.

β. *Sel acide bicalcique,* $C^{14}H^2Ca^2O^{14}$ + 2 aq. Sursaturée d'ammoniaque, la solution du méconate bipotassique donne par le chlorure de calcium un précipité jaunâtre et gélatineux de méconate bicalcique.

γ. *Sel acide monocalcique*, $C^{14}H^3CaO^{14} + 2$ aq. On obtient ce sel en ajoutant une solution de chlorure de calcium à une infusion d'opium, dont on a préalablement séparé les alcaloïdes par une addition de potasse ou d'ammoniaque ; après avoir saturé le mélange par de l'acide chlorhydrique ou acétique, on l'abandonne à lui-même. Il se produit alors un précipité de méconate monocalcique impur, qu'on fait cristalliser dans l'eau chaude aiguisée d'acide chlorhydrique.

Une solution de méconate bipotassique, saturée à froid, ne trouble pas la solution de chlorure de calcium ; mais, si elle est chaude et concentrée, on obtient un précipité blanc qui cristallise, dans l'eau bouillante acidulée, en lamelles incolores et brillantes.

Méconates de magnésie. — Le *sel bimagnésique* est peu soluble. Le *sel acide monomagnésique* se dissout facilement ; il cristallise en aiguilles aplaties, brillantes et transparentes ; sa saveur est acide et en même temps amère.

Méconate d'yttria. — Sel peu soluble dans l'eau. L'acide méconique ne précipite pas les sels d'yttria.

§ 710. *Méconate de cuivre.* — Le sel monocuivrique s'obtient sous la forme d'un précipité vert jaunâtre, lorsqu'on ajoute de l'acide méconique à une solution d'acétate de cuivre. Soumis à la distillation sèche, il donne de l'acide pyroméconique en grande quantité.

Le méconate de potasse précipite l'acétate de cuivre en vert émeraude.

Méconates de fer. — α. *Sel ferreux.* Sel incolore très-soluble, qui devient rouge à l'air, et plus promptement encore quand on y ajoute de l'acide nitrique.

β. *Sel ferrique.* Lorsqu'on mélange un méconate soluble avec un persel de fer, il devient d'un rouge de sang, mais il ne se forme pas de précipité, lors même que les liquides sont concentrés ; les agents réducteurs (acide sulfureux, protochlorure d'étain), et même la chaleur, décolorent le mélange ; les agents oxydants font reparaître la teinte rouge.

En traitant du sulfate ferrique neutre par du méconate d'ammoniaque, on obtient, au bout d'un instant, un précipité rouge cinabre, pulvérulent, qu'on peut laver à l'eau froide. Il est soluble dans l'eau bouillante ainsi que dans les acides étendus, et peu soluble dans l'alcool. Quand on mêle sa solution aqueuse avec de la potasse, il se précipite de l'oxyde ferrique, en même temps qu'il se dégage de l'ammoniaque, et que la coloration rouge disparaît; en y ajoutant de l'acide chlorhydrique jusqu'à saturation de l'alcali, on fait reparaître la couleur rouge, qui disparaît de nouveau par un excès d'acide. Le précipité rouge ne s'altère pas à 100°, s'il a été préalablement séché à l'air.

M. Stenhouse a trouvé dans le précipité séché à 100° (provenant de cinq préparations différentes) :

$$\begin{array}{llll} \text{Carbone} & . & . & . & . & . & 3o,4 & - & 3\mathrm{i},\mathrm{i}. \\ \text{Hydrogène} & . & . & . & 2,\mathrm{i} & - & 2,5. \\ \text{Azote} & . & . & . & . & . & 3,4 & - & 3,5. \\ \text{Peroxyde de fer} & . & 22,6 & - & 24,3. \end{array}$$

Ces résultats se rapprochent le plus des rapports suivants : $6 \, (C^{14}HO^{11}) + 10 \, Fe^2O^3 + 4 \, NH^3 + 18$ aq. Ces rapports sont inadmissibles.

Lorsqu'on mélange des solutions d'acide méconique et de perchlorure de fer dans l'éther exempt d'eau, il se précipite des flocons rouge brun, fort solubles dans l'eau froide. Desséché à 100°, ce composé a donné, dans trois préparations différentes :

Stenhouse.

$$\begin{array}{lll} \text{Carbone} & . & . & . & . & . & 25,3 & - & 25,9. \\ \text{Hydrogène} & . & . & . & \mathrm{i},7 & - & \mathrm{i},9. \\ \text{Peroxyde de fer} & . & 3o,3 & - & 3\mathrm{i},2. \end{array}$$

Méconate d'étain. — Le protochlorure d'étain donne, avec les méconates alcalins, un précipité fort soluble dans un excès de sel stanneux.

Les sels de bioxyde d'étain donnent, avec les méconates alcalins, un abondant précipité blanc, peu soluble dans l'acide acétique, fort soluble dans l'acide nitrique.

Méconates de plomb. — α. *Sel neutre,* $C^{14}HPb^3O^{11} + 2$ aq. L'acide méconique, ajouté en excès à une solution d'acétate neutre de plomb, donne un précipité blanc et floconneux, insoluble dans l'eau à froid et à chaud.

β. *Sous-sel.* Avec le sous-acétate de plomb et les méconates alcalins, on obtient des précipités contenant de 68,4 à 74,76 p. c. d'oxyde de plomb; ces précipités sont insolubles dans l'eau et l'acide acétique, peu solubles dans l'acide nitrique.

Méconates d'argent. — α. *Sel triargentique,* $C^{14}HAg^3O^{14}$ (à 120°).

Le nitrate d'argent précipite la solution de l'acide méconique légèrement sursaturée d'ammoniaque sous la forme d'une bouillie jaune de méconate triargentique. Le sel sec se décompose par la chaleur avec une légère explosion.

β. *Sel biargentique*, $C^{14}H^2Ag^2O^{14}$ (à 120°). Une solution neutre de nitrate d'argent étant mélangée avec une solution aqueuse d'acide méconique saturée à chaud, on obtient du méconate biargentique sous la forme d'une poudre blanche insoluble dans l'eau et soluble dans les acides. Quelquefois ce précipité devient cristallin pendant les lavages. Chauffé dans l'eau bouillante, il jaunit et se convertit en méconate triargentique.

Le méconate biargentique se dissout dans une petite quantité d'acide nitrique concentré, de manière à former une liqueur limpide. Si l'on chauffe la solution, il se produit une vive effervescence, en même temps qu'il se dépose un précipité blanc, caillebotté, de cyanure d'argent. Ce dernier est détruit par un excès d'acide nitrique. Il reste en solution de l'oxalate d'argent, qui se précipite par la saturation de l'acide.

Méconates de mercure. — α. *Sel mercureux.* Il se précipite, par voie de double décomposition, sous forme de flocons jaune clair, insolubles dans l'eau, et peu solubles dans l'acide nitrique.

β. *Sel mercurique.* Il se précipite également en flocons jaune pâle, assez solubles dans les acides nitrique et acétique, ainsi que dans une solution de sel marin.

Dérivés éthyliques de l'acide méconique. Éthers méconiques.

§ 711. Les éthers méconiques représentent des méconates dans lesquels le métal est remplacé par son équivalent d'éthyle :

Ac. éthyl-méco-
nique: . . . $C^{18}H^8O^{14} = C^{14}H^3(C^4H^5)O^{14} = C^{14}HO^{11}, \left. \begin{array}{l} C^4H^5O \\ 2\,HO \end{array} \right\}$;

Ac. diéthyl-mé-
conique. . . $C^{22}H^{12}O^{14} = C^{14}H^2(C^4H^5)^2O^{14} = C^{14}HO^{11}, \left. \begin{array}{l} 2\,C^4H^5O \\ HO \end{array} \right\}.$

§ 712. *Acide éthyl-méconique* [1], $C^{18}H^8O^{14} = C^{14}H^3(C^4H^5)O^{14}$. — Lorsqu'on fait passer un courant d'acide chlorhydrique desséché dans une solution d'acide méconique dans l'alcool absolu, jusqu'à ce que la liqueur soit fumante, et qu'on abandonne ensuite celle-ci,

---

[1] How (1852), *loc. cit.*

elle dépose, au bout d'un certain temps, des cristaux plumeux d'acide éthyl-méconique. On soumet le produit à une nouvelle cristallisation dans l'eau chaude.

L'acide éthyl-méconique s'obtient en petites aiguilles, fort solubles dans l'eau bouillante, solubles à chaud dans l'éther et dans l'alcool ordinaire, moins solubles dans l'alcool absolu. Les cristaux sont anhydres. Ils fondent à 158° en une liqueur jaunâtre, d'où se subliment des rhombes brillants.

La solution aqueuse de l'acide éthyl-méconique a une réaction fort acide, décompose les carbonates avec effervescence, et coagule promptement l'albumine. Elle donne avec les sels ferriques une coloration rouge foncé.

·§ 713. Les *éthyl-méconates* sont des sels fort stables ; on peut en extraire de nouveau l'acide éthyl-méconique. Les sels neutres renferment 2 at. de métal, les sels acides 1 atome :

$$\text{Éthyl-méconates neutres.}\quad C^{14}H\,M^2(C^4H^5)O^{14} = C^{14}HO^{11},\ 2\,MO \atop C^4H^5O$$

$$\text{Éthyl-méconates acides.}\quad C^{14}H^2M\,(C^4H^5)O^{14} = C^{14}HO^{11},\ \genfrac{}{}{0pt}{}{MO}{HO} \atop C^4H^5O$$

Les sels acides cristallisent aisément. Il est difficile d'obtenir à l'état de pureté des sels neutres à base d'alcali, un excès de potasse ou de soude caustique transformant promptement les éthyl-méconates en méconates. Un excès d'ammoniaque décompose aussi promptement l'acide éthyl-méconique.

Le *sel de baryte neutre* s'obtient en saturant à 100° l'acide éthyl-méconique par le carbonate de baryte ; il se présente en petites aiguilles jaunes, raccourcies.

Par l'emploi d'un excès de carbonate il paraît se produire un sous-sel insoluble.

Le *sel de baryte acide*, $C^{14}H^2Ba(C^4H^5)O^{14}$ (à 100°), s'obtient en ajoutant, par petites portions, du carbonate de baryte, à de l'eau recouvrant de l'acide éthyl-méconique solide ; celui-ci se dissout ainsi promptement et avec effervescence ; il se produit en même temps une petite quantité d'un sel jaune insoluble. La liqueur filtrée dépose, par la concentration, des rhombes brillants et jaunes d'éthyl-méconate de baryte acide. Les cristaux renferment de l'eau, qu'ils perdent par la dessiccation.

Le *sel de cuivre* est un précipité vert pâle qu'on obtient avec le sulfate de cuivre et le sel de baryte acide.

Le *sel de fer* est un précipité brun rouge qui se produit par le chlorure ferrique et l'éthyl-méconate de baryte acide ; ce précipité se dissout aisément dans un excès de chlorure ferrique, en produisant une liqueur rouge foncé.

Le *sel de plomb* est un précipité blanc jaunâtre qui se produit avec l'acétate de plomb et l'éthyl-méconate de baryte acide.

Le *sel d'argent acide*, $C^{14}H^2Ag(C^4H^5)O^{14}+2$ aq., se précipite lorsqu'on mélange l'éthyl-méconate de baryte acide avec du nitrate d'argent. Dissous dans l'eau bouillante, il se dépose en petits cristaux étoilés, blancs et brillants. Ce sel se conserve longtemps à la lumière sans noircir ; il perd à 100° son eau de cristallisation ($5,08$ p. c. $= 2$ atomes).

§ 714. Lorsqu'au lieu d'employer de l'alcool absolu, pour préparer l'acide éthyl-méconique, on se sert d'alcool simplement rectifié, il se précipite ordinairement une substance amorphe, après qu'on a séparé par le filtre les cristaux d'acide éthyl-méconique. Cette substance amorphe se dissout aisément dans 2 ou 3 p. d'eau bouillante, et se précipite de nouveau, par le refroidissement, sous la forme d'une poudre non cristalline.

Ce produit a donné à l'analyse :

	How.		Calcul.
Carbone.	44,80 —	44,53 —	44,85.
Hydrogène.	3,12 —	2,73 —	2,80.

M. How déduit de ces nombres les rapports $C^{32}H^{12}O^{28}$, qui représentent une combinaison de 1 at. d'acide méconique avec 1 at. d'acide éthyl-méconique :

$$C^{14}H^4O^{14},C^{14}H^3(C^4H^5)O^{14}.$$

Lorsqu'on sursature par l'ammoniaque la solution aqueuse et chaude de ce produit, la liqueur jaunit sans rien précipiter ; l'alcool toutefois précipite de la solution concentrée des aiguilles soyeuses de couleur jaune.

§ 715. *Acide diéthyl-méconique* [1], $C^{22}H^{12}O^{14} = C^{14}H^2(C^4H^5)^2O^{14}$. — Ce composé se trouve en quantité considérable dans l'eau-mère acide d'où s'est déposé l'acide éthyl-méconique, ainsi que la substance amorphe dont on vient de parler. On évapore cette eau-

____
[1] How (1852), *loc. cit.*

mère au bain-marie tant qu'il se dégage des vapeurs acides ; on obtient ainsi une huile épaisse qui se concrète par le refroidissement. On fait recristalliser ce produit une ou deux fois.

L'acide diéthyl-méconique s'obtient sous la forme de prismes aplatis, incolores, fusibles à 110° environ ; il fond dans l'eau bouillante avant de s'y dissoudre ; l'alcool le dissout aussi fort aisément.

Sa solution a une réaction fort acide, décompose les carbonates avec effervescence, et coagule rapidement l'albumine.

Elle se colore en rouge par les sels ferriques.

Le *sel d'ammoniaque*, $C^{14}H(NH^4)(C^4H^5)^2O^{14}$, cristallise en aiguilles jaunes, soyeuses et anhydres. Il est fort soluble dans l'eau froide; aussi faut-il le préparer avec de l'ammoniaque gazeuse et une solution alcoolique d'acide diéthyl-méconique.

Le *sel de baryte*, $C^{14}HBa(C^4H^5)^2O^{14}$ (à 100°), est un précipité jaune clair, semi-gélatineux, insoluble dans l'eau bouillante, mais fort soluble dans un excès de chlorure de baryum.

Le *sel de strontiane* et le *sel de chaux* ressemblent au sel de baryte.

Le *sel de magnésie* est un précipité cristallin.

Le *sel de cuivre* est un précipité vert et gélatineux.

Le *sel de plomb* est un précipité blanc jaunâtre.

Le *sel d'argent* forme un précipité jaune et gélatineux, insoluble dans l'eau bouillante.

AMIDES MÉCONIQUES.

§ 716. On ne connaît qu'une combinaison amidée de l'acide méconique, combinaison qui renferme les éléments du méconate d'ammoniaque acide moins ceux de l'eau :

$$\text{Acide méconamique. } C^{14}H^5NO^{12} = C^{14}H^3(NH^4)O^{14} - 2HO.$$
Mécon. ammoniq.

§ 717. *Acide méconamique*[1], $C^{14}H^5NO^{12}$. — Lorsqu'on fait dissoudre à chaud l'acide éthyl-méconique (§ 712) dans l'eau ou dans l'alcool, et qu'on y ajoute une solution concentrée d'ammoniaque aqueuse ou alcoolique, la liqueur se colore en jaune foncé, et se remplit bientôt d'une matière semi-gélatineuse de même couleur. Ce produit, lavé à l'alcool faible, se dessèche à l'air en une masse amorphe. C'est le sel d'ammoniaque de l'acide méconamique. Dis-

[1] How (1852), *loc. cit.*

sous dans l'eau bouillante, et additionné d'acide chlorhydrique, ce sel donne un précipité blanc d'acide méconamique.

La solution concentrée de l'acide méconamique dépose ce corps sous la forme d'une croûte cristalline.

Lorsqu'on le chauffe avec de la potasse caustique, l'acide méconamique dégage de l'ammoniaque, et la liqueur dépose ensuite, par l'addition de l'acide chlorhydrique, un précipité cristallin de méconate de potasse acide.

Voici les analyses que M. How a faites de l'acide méconamique séché à 100° :

Carbone. . . . .   39,73 — 39,65 — 39,50
Hydrogène. . . . . .   3,30 — 3,32 — 3,26
Azote. . . . .   7,84 — 8,05 — 7,70

M. How calcule de ces nombres les rapports fort compliqués $C^{84}H^{33}N^{7}O^{72}$, qui me paraissent inadmissibles; l'acide méconamique ne s'obtenant pas à l'état cristallisé, il est probable que le produit analysé par ce chimiste n'était pas entièrement pur.

Le *méconamate d'ammoniaque* constitue une poudre jaune amorphe. Il se dissout aisément dans l'eau bouillante; la solution a l'odeur de l'ammoniaque. Il est très-peu soluble dans l'alcool bouillant. Le sel perd peu à peu de l'ammoniaque par la dessiccation à 100°. L'analyse de ce sel a donné à M. How des nombres assez éloignés des nombres théoriques, savoir :

Carbone. . . . .   36,47 — 36,38
Hydrogène. . .   4,60 — 4,96
Azote. . . . . .   15,99 — 16,08 — 15,86.

Il est probable que la matière analysée n'avait pas été pure.

Le *sel de baryte* est un précipité jaune et amorphe, insoluble dans l'eau bouillante.

Le *sel d'argent* est un précipité jaune, gélatineux, devenant noir par la dessiccation.

Acide coménique.

Syn. : Acide paraméconique, acide métaméconique.

Composition : $C^{12}H^4O^{10} = C^{12}H^2O^8, 2\,HO.$

§ 718. Cet acide[1] a été découvert par Robiquet ; M. Liebig en a établi la composition exacte.

Quand on soumet à une ébullition soutenue la solution de l'acide méconique, en ayant soin de renouveler l'eau à mesure qu'elle s'évapore, il se dégage constamment de l'acide carbonique en même temps que la liqueur se colore de plus en plus ; par le refroidissement, elle dépose alors des cristaux durs et grenus d'acide coménique qu'on purifie en les dissolvant dans une lessive de potasse affaiblie, faisant bouillir, ajoutant de l'acide chlorhydrique et décolorant les nouveaux cristaux par du charbon animal.

Les méconates peuvent aussi être transformés en coménates par la simple ébullition ; cette transformation est plus prompte si l'on maintient les méconates en ébullition après y avoir ajouté un acide.

Enfin on parvient aussi à transformer l'acide méconique en acide coménique en le chauffant jusqu'à 230° ; il développe alors de l'acide carbonique, et se convertit en une poudre grise et cristalline qui possède toutes les propriétés de l'acide coménique.

La meilleure manière de préparer l'acide coménique consiste, suivant M. Stenhouse, à faire bouillir le méconate de chaux avec un grand excès d'acide chlorhydrique. Par le refroidissement de la liqueur, l'acide coménique se dépose en cristaux rouges compactes ; on les fait dissoudre à chaud dans une solution concentrée de potasse, on sature la liqueur aussi exactement que possible, et on la filtre bouillante. Le coménate de potasse s'y dépose alors exempt de chaux. L'eau-mère est fort colorée ; on la décante, et l'on rince les cristaux avec un peu d'eau froide. On décompose ensuite le sel par l'acide chlorhydrique bouillant. L'acide coménique ainsi obtenu est encore un peu coloré ; on le dissout dans l'eau bouillante, on traite la solution par le charbon animal, et on fait recristalliser le produit deux ou trois fois. On en reconnaît la

---

[1] Robiquet (1832), *Ann. de Chim. et de Phys.*, LI, 243. — Liebig, *Ann. der Chem. u. Pharm.*, VII, 237 ; XXVI, 148. — Stenhouse, *ibid.*, XLIX, 18. — How, *ibid.*, LXXX, 65.

pureté en le brûlant sur une lame de platine; il ne doit laisser aucun résidu.

Au lieu de dissoudre l'acide coménique brut dans la soude ou la potasse caustiques, il est plus avantageux, selon M. How, d'employer pour cela de l'ammoniaque, le bicoménate d'ammoniaque pouvant s'obtenir tout aussi aisément à l'état incolore, et étant de plus bien moins soluble dans l'eau froide que le sel de soude; seulement il faut éviter d'ajouter un excès d'ammoniaque et de faire bouillir trop longtemps, une ébullition prolongée, en présence d'un excès d'ammoniaque, donnant naissance à de l'acide coménamique ainsi qu'à une matière qui colore beaucoup le produit. Lorsqu'on abandonne au repos la solution ammoniacale, le bicoménate d'ammoniaque se dépose sous la forme de cristaux durs, qu'on dissout dans l'eau chaude et qu'on précipite par l'acide chlorhydrique concentré.

L'acide coménique cristallise en petits grains ou en mamelons extrêmement durs; quelquefois aussi on l'obtient en groupes de prismes raccourcis ou en cristaux feuilletés; à l'état pur il est tout à fait incolore, mais il a ordinairement une teinte jaune ou rougeâtre.

Les cristaux sont anhydres. Ils exigent pour leur solution 16 fois leur poids d'eau à 100°. Ils ne s'altèrent pas à l'air ni à la température ordinaire, ni à la température de 120°. L'alcool absolu ne les dissout pas.

Leur solution possède une saveur légèrement acide.

Lorsqu'on soumet l'acide coménique à la distillation sèche, il fournit de l'acide pyroméconique, dont les premières portions passent incolores et sont toujours accompagnées d'humidité et de vapeurs d'acide acétique. A cette époque de la distillation, il ne se dégage aucun gaz; mais, lorsque la chaleur devient plus intense, il se produit une huile empyreumatique qui se fige avec l'acide pyroméconique dans le col de la cornue, et colore le produit; en même temps il se développe de l'acide carbonique mélangé d'une très-petite quantité de gaz inflammable. Sur la fin de l'opération, et lorsque la chaleur est toujours soutenue, on voit se grouper à la voûte de la cornue quelques aiguilles d'un blanc mat, et ramifiées en barbes de plume. (*Acide paracoménique.*)

L'acide nitrique, même étendu, attaque aisément l'acide coménique : il se produit de l'acide carbonique, de l'acide oxalique et de l'acide cyanhydrique. La réaction est violente par l'emploi de l'acide nitrique concentré.

L'acide sulfureux et l'hydrogène sulfuré n'attaquent pas l'acide coménique.

Le chlore attaque l'acide coménique, en suspension dans l'eau, en produisant de l'acide chlorocoménique (§ 725) et beaucoup d'acide oxalique. Le brome détermine une réaction semblable. L'iode ne paraît pas attaquer l'acide coménique.

Lorsqu'on fait passer du gaz chlorhydrique dans de l'acide coménique en suspension dans l'alcool, cet acide se dissout, et l'on obtient de l'acide éthyl-coménique (§ 723). On ne réussit pas à obtenir le même produit en faisant agir sur l'acide coménique un mélange d'alcool et d'acide sulfurique.

La solution de l'acide coménique colore en rouge les sels ferriques. Elle ne précipite pas les sels de baryte, de strontiane, de chaux; elle ne précipite pas non plus le chlorure mercurique, mais elle précipite en blanc l'acétate de plomb.

§ 719. *Acide paracoménique*, $C^{12}H^4O^{10}$. — Ce corps se sublime, en petite quantité, dans la distillation sèche de l'acide coménique, et s'obtient en aiguilles groupées en barbes de plume, peu fusibles, très-acides, peu solubles, et rougissant les sels ferriques. Il présente exactement la composition de l'acide coménique. (Stenhouse.)

Il est moins soluble à froid, dans l'eau et dans l'alcool, que l'acide pyroméconique. Il possède d'ailleurs les propriétés chimiques de l'acide coménique, et n'en diffère qu'en deux points : il ne précipite pas l'acétate de cuivre, tandis que l'acide coménique y détermine une précipitation vert jaunâtre abondante; il précipite légèrement l'acétate de plomb neutre, mais le précipité se redissout par l'agitation, tandis que l'acide coménique forme, dans ce sel, un précipité abondant et insoluble.

Les sels qu'on obtient avec l'acide paracoménique présentent les mêmes caractères que les coménates correspondants.

Dérivés métalliques de l'acide coménique. Coménates.

§ 720. L'acide coménique est un acide bibasique, donnant deux espèces de sels :

$$\text{Coménates neutres.} \quad C^{12}H^2M^2O^{10} = C^{12}H^2O^8,\ 2\,MO;$$

$$\text{Coménates acides.} \quad C^{12}H^3MO^{11} = C^{12}H^2O^8,\ \left.\begin{array}{l} MO \\ HO \end{array}\right\}.$$

Les sels neutres à base d'alcali ne s'obtiennent qu'en solution; l'acide coménique prend d'ailleurs aisément une teinte jaune par la présence d'un excès d'alcali caustique. Les sels acides à base d'alcali cristallisent facilement.

Les coménates, comme les méconates, se colorent en rouge de sang par les sels ferriques.

La composition des coménates a particulièrement été étudiée par MM. Liebig, Stenhouse et How[1].

§ 721. *Coménates d'ammoniaque.* — α. *Sel neutre.* Sa solution perd de l'ammoniaque par l'évaporation.

β. *Sel acide*, ou bicoménate d'ammoniaque, $C^{12}H^5(NH^4)O^{10}$ + 2 aq. Quand on mélange une dissolution chaude d'acide coménique avec un léger excès d'ammoniaque, la liqueur jaunit légèrement; par l'évaporation dans le vide, elle donne une masse confuse, composée de petits prismes, qui perdent 9 p. c. d'eau par la dessiccation à 100°. Ce sel se dissout aisément dans l'eau bouillante, et se dépose, par le refroidissement, sous la forme de beaux prismes radiés. Il est un peu soluble dans l'alcool; il a une forte réaction acide. Il se précipite même d'une solution de l'acide coménique dans l'ammoniaque bouillante, si l'on ne maintient pas trop longtemps l'ébullition.

Lorsqu'on ajoute de l'alcool à une solution d'acide coménique dans un excès d'ammoniaque, il se précipite des prismes radiés de bicoménate d'ammoniaque contenant 3 at. = 13,5 p. c. d'eau de cristallisation.

Le bicoménate d'ammoniaque sec résiste à une température de 177° sans se décomposer. Mais, si on le chauffe à 200° dans un tube fermé, il noircit, fond et donne une certaine quantité d'acide coménamique.

Coménates de potasse. — α. *Sel neutre.* Il n'est pas connu.

β. *Sel acide*, $C^{12}H^3KO^{10}$. Chauffé avec un léger excès de potasse caustique, l'acide coménique se dissout aisément, et dépose, par le refroidissement, des prismes courts de bicoménate de potasse. On purifie ce sel par de nouvelles cristallisations dans l'eau bouillante; il est difficile de l'avoir incolore. Il a une forte réaction acide, et ne renferme pas d'eau de cristallisation.

Coménates de soude. — α. *Sel neutre.* Il n'est pas connu.

---

[1] Liebig, *Ann. der. Chem. u. Pharm.*, XXVI, 148. — Stenhouse, *ibid.*, XLIX, 18; LI, 231. — How, *ibid.*, LXXX, 65.

β. *Sel acide*, $C^{12}H^3NaO^{10}$. Chauffé avec une solution de soude caustique, l'acide coménique donne par le refroidissement des cristaux de bicoménate de soude. On les fait recristalliser dans l'eau chaude; ils sont plus solubles que les bicoménates de potasse et d'ammoniaque, et se déposent, par la concentration, sous la forme de groupes mamelonnés, composés de petits prismes. Ces cristaux ont une réaction acide et sont anhydres.

Coménates de baryte. — α. *Sel neutre*, $C^{12}H^2Ba^2O^{10}$ + 10 aq. Une solution d'acide coménique dans un excès d'ammoniaque donne immédiatement, avec le chlorure de baryum, un précipité composé de petits cristaux radiés. Si les solutions sont étendues, les cristaux n'apparaissent qu'au bout de quelque temps. Ce sel est insoluble dans l'eau bouillante, et ne perd pas son eau de cristallisation à 100°; si on le chauffe à 121°, il perd les ⁴/₅ de son eau (8 atomes = 18,9 p. c.). Bouilli dans l'eau, il se convertit en partie en un *sous-sel*.

β.' *Sel acide*, $C^{12}H^3BaO^{10}$ + 6 ¹/₂ aq. Lorsqu'on mélange une solution saturée de bicoménate d'ammoniaque avec une solution de chlorure de baryum, il se produit immédiatement un précipité cristallin de bicoménate de baryte. Si les liqueurs sont étendues, ce sel se dépose plus lentement sous la forme de rhombes transparents. Il est fort soluble dans l'eau bouillante et présente une réaction très-acide. Il perd lentement son eau de cristallisation à 100°; le sel desséché fond par la calcination.

Coménates de strontiane. — Ils ressemblent entièrement aux sels de baryte, mais ils sont plus solubles.

Coménates de chaux — α. *Sel neutre*, $C^{12}H^2Ca^2O^{10}$ + 2 aq. (à 121°). On l'obtient sous la forme de grains cristallins en mélangeant du chlorure de calcium avec une solution d'acide coménique dans un excès d'ammoniaque. Il est insoluble dans l'eau, et renferme plus ou moins d'eau de cristallisation, suivant l'état de concentration de la liqueur où il s'est déposé. Avec des liqueurs étendues, on obtient des cristaux brillants avec 13 atomes d'eau; dans d'autres circonstances, il se dépose des prismes avec 7 atomes d'eau.

Bouilli avec de l'eau, le coménate de chaux neutre se convertit en *sous-sel*.

β. *Sel acide*, $C^{12}H^3CaO^{10}$ + 7 aq. Lorsqu'on mélange une solution de chlorure de calcium avec une solution de bicoménate d'ammoniaque aqueuse et saturée à froid, il se dépose peu à peu de petits rhombes transparents de bicoménate de chaux. Ces cristaux sont fort solubles dans l'eau bouillante; leur eau de cristallisation ne se dégage que lentement à 100°; à 121°, le sel est tout à fait anhydre.

Coménates de magnésie. — α. *Sel neutre*, $C^{12}H^2Mg^2O^{10} + 11$ aq. Lorsqu'on mélange du sulfate de magnésie avec une solution d'acide coménique dans un excès d'ammoniaque, il se produit, surtout par l'agitation, un précipité composé de grains cristallins qui s'attachent aux parois du verre. Ce précipité est insoluble dans l'eau bouillante. Chauffé à 100°, il ne perd que 8 atomes d'eau de cristallisation.

β. *Sel acide*, $C^{12}H^3MgO^{10} + 8$ aq. Il cristallise, au bout de quelque temps, sous la forme de petits rhombes, lorsqu'on mélange à froid des solutions concentrées de bicoménate d'ammoniaque et de sulfate de magnésie. On l'obtient en cristaux d'une assez grande dimension par l'évaporation lente des mêmes liqueurs étendues. Il a une forte réaction acide, et est bien plus soluble dans l'eau que les bicoménates de baryte et de chaux. Le sel séché à 100° renferme encore 2 atomes d'eau.

§ 722. *Coménate de cuivre.* — *Sel neutre*, $C^{12}H^2Cu^2O^{10} + 2$ aq. Lorsqu'on mélange une solution de sulfate de cuivre avec une solution chaude d'acide coménique, la couleur bleue du liquide passe au vert foncé, et, au bout de quelques instants, il se dépose un précipité cristallin, de la couleur du vert de Scheele. Ce précipité se compose de petits octaèdres allongés.

Le même sel se précipite à l'état de flocons vert jaunâtre, par le mélange du sulfate de cuivre avec le bicoménate d'ammoniaque.

L'acide coménique fait aussi passer au vert la couleur de l'acétate de cuivre, mais il n'y produit qu'un précipité extrêmement faible.

Coménate de fer. — *Sel acide ferrique*, $C^{12}H^3feO^{10} + 2$ aq. $= C^{24}H O^{23}, Fe^2O^3 + 4$ aq. Lorsqu'on ajoute du persulfate de fer à une solution concentrée et froide d'acide coménique, le mélange se colore en rouge de sang, et dépose peu à peu de petits cristaux entièrement noirs, brillants et durs. Ces cristaux sont fort peu solubles dans l'eau froide; ils communiquent à l'eau bouillante une teinte rougeâtre. Si, au lieu d'opérer à froid, on maintient le mélange pendant quelques heures à 66°, les cristaux noirs ne se dé-

posent plus, mais on obtient alors des cristaux jaunâtres d'un sel
ferreux qui n'est plus du coménate. (Stenhouse; suivant M. How,
il se dégage de l'acide carbonique, et la liqueur retient beaucoup
d'oxyde ferreux et d'acide oxalique.)

Coménate de plomb. — *Sel neutre*, $C^{12}H^2Pb^2O^{10} + 2$ aq. L'a-
cétate de plomb neutre occasionne, dans une solution d'acide
coménique, un précipité blanc et grenu, qui se redissout dans un
excès d'acide coménique ; le précipité obtenu par l'acétate de
plomb et le bicoménate d'ammoniaque présente la même composition.

Coménate d'argent. — α. *Sel neutre*, $C^{12}H^2Ag^2O^{10}$. Quand on
sature l'acide coménique par de l'ammoniaque et qu'on y ajoute
du nitrate d'argent, il se produit un précipité jaune et volumineux
qui, séché à 100°, présente la composition indiquée.

β. *Sel acide*, $C^{12}H^3AgO^{10}$. Une solution d'acide coménique,
étant versée dans le nitrate d'argent, donne ce sel sous la forme
d'un précipité blanc et grenu.

Dérivés éthyliques de l'acide coménique. Éthers coméniques.

§ 723. *Acide éthyl-coménique*[1], $C^{16}H^8O^{10} = C^{12}H^3(C^4H^5)O^{10}$. On
l'obtient aisément en mettant de l'acide coménique pulvérisé en
suspension dans l'alcool, et en faisant passer dans la liqueur un courant de gaz chlorhydrique, jusqu'à ce que tout l'acide coménique
soit dissous ; on évapore la solution au bain-marie jusqu'à siccité,
à une température un peu inférieure à 100°, et l'on fait dissoudre
le résidu dans l'eau chaude, sans faire bouillir la liqueur.

L'acide éthyl-coménique cristallise, par le refroidissement,
sous la forme de grosses aiguilles. Les cristaux ne renferment pas
d'eau de cristallisation. Ils se dissolvent aisément dans l'eau
chaude, et la solution peut être bouillie pendant quelque temps
sans se décomposer ; mais, à la longue, il se régénère de l'acide
coménique. L'alcool dissout aussi fort aisément l'acide éthyl-coménique.

Chauffé à l'état sec, l'acide éthyl-coménique commence à
émettre des vapeurs à 100" ; il fond à 135°, en donnant un liquide
qui se prend par le refroidissement en une masse cristalline. Si
l'on maintient l'acide éthyl-coménique à la température de son

---

[1] How (1851), *loc. cit.*

point de fusion, il brunit légèrement et se sublime sans altération en longs prismes aplatis et brillants, d'une grande beauté.

Malgré cette grande stabilité de l'acide éthyl-coménique sous l'influence de la chaleur, il se décompose promptement par l'action des alcalis.

Sa solution aqueuse coagule l'albumine. Elle se colore en rouge foncé par les sels ferriques.

§ 724. Les *éthyl-coménates* sont fort peu stables.

Le *sel d'ammoniaque* s'obtient sous la forme d'aiguilles soyeuses lorsqu'on fait passer de l'ammoniaque sèche dans une solution de l'acide éthyl-coménique dans l'alcool absolu. Il perd promptement son ammoniaque dans une atmosphère sèche.

Les autres *sels des alcalis* et *des alcalis terreux* sont fort solubles.

Le *sel d'argent* est gélatineux, et se décompose promptement, même dans l'obscurité.

Dérivés chlorés et bromés de l'acide coménique.

§ 725. *Acide chlorocoménique*[1], $C^{12}H^3ClO^{10} + 3$ aq. — Lorsqu'on met l'acide coménique en suspension dans l'eau, et qu'on y fait passer un courant de chlore, une partie de l'acide se dissout, et la liqueur limpide dépose, au bout de quelque temps, des cristaux d'acide chlorocoménique.

Il est plus avantageux, pour la préparation de ce produit, d'employer le bicoménate d'ammoniaque, à cause de sa plus grande solubilité. Si l'on traite par le chlore une solution alcaline d'acide coménique dans l'ammoniaque, il se précipite d'abord du bicoménate d'ammoniaque. Après, que le chlore a passé pendant quelques heures dans la solution de ce dernier sel, la liqueur dépose des groupes de longues aiguilles d'acide chlorocoménique dont la quantité augmente par l'addition de l'acide chlorhydrique. On obtient une nouvelle portion du même produit, mais coloré, par une douce évaporation des eaux-mères; les dernières eaux-mères donnent de l'acide oxalique. On lave à l'eau froide les cristaux d'acide chlorocoménique, et on les fait redissoudre dans l'eau bouillante.

L'acide chlorocoménique s'obtient en prismes courts, contenant

[1] How (1851), *loc. cit.*

12,47 = 3 atomes d'eau de cristallisation qui se dégagent à 100°. Il est fort soluble dans l'eau bouillante, moins soluble dans l'eau froide ; il est aussi fort soluble à chaud dans l'alcool.

Soumis à la distillation, il fond et noircit en dégageant beaucoup d'acide chlorhydrique ; vers la fin, on voit se sublimer une petite quantité d'un composé cristallin qui paraît être de l'acide pyroméconique.

Il donne avec les sels ferriques la même coloration rouge que produisent l'acide méconique et l'acide coménique.

Lorsqu'on introduit de la grenaille d'étain dans la solution aqueuse de l'acide chlorocoménique, il se dégage lentement du gaz hydrogène, et l'on a ensuite dans la liqueur de l'acide chlorhydrique et du zinc.

L'acide nitrique décompose promptement l'acide chlorocoménique, en produisant de l'acide chlorhydrique, de l'acide cyanhydrique, de l'acide carbonique et de l'acide oxalique.

§ 726. Les *chlorocoménates* ressemblent beaucoup aux coménates, mais ils sont en général plus solubles que ces derniers.

Les *sels neutres d'ammoniaque, de potasse et de soude* s'obtiennent difficilement ; mais les *sels acides* des mêmes bases cristallisent aisément.

Les *sels acides de baryte et de chaux* se présentent sous la forme d'aiguilles radiées qui se produisent, plus ou moins promptement, suivant la concentration des liqueurs, par le mélange d'une solution de bichlorocoménate d'ammoniaque avec les solutions de chlorure de baryum et de chlorure de calcium. Les sels neutres des mêmes bases paraissent être des précipités amorphes et insolubles.

Le *sel de magnésie acide* se produit, au bout de quelque temps, à l'état cristallisé, par le mélange du sulfate de magnésie et du bichlorocoménate d'ammoniaque. Le *sel neutre* paraît être insoluble et amorphe.

Le *sel de cuivre acide* est un précipité cristallin qui se produit immédiatement par le mélange du sulfate de cuivre et du bichlorocoménate d'ammoniaque. Le *sel neutre* paraît être insoluble et amorphe.

§ 727. Le *sel d'argent neutre*, $C^{12}HAg^2ClO^{10}$, s'obtient sous la forme de flocons jaunes et amorphes, lorsqu'on mélange avec du nitrate d'argent une solution d'acide chlorocoménique dans un léger excès d'ammoniaque. Il est insoluble dans l'eau bouillante; par la dessiccation, il prend la consistance et l'aspect de l'argile.

Le *sel d'argent acide*, $C^{12}H^2AgClO^{10}$, se précipite sous la forme de cristaux blancs plumeux, lorsqu'on mélange avec du nitrate d'argent une solution aqueuse d'acide chlorocoménique. Le précipité cristallise dans l'eau bouillante en aiguilles. Suivant M. How, les cristaux contiendraient 3 at. d'eau (4,44 p. c.) pour 2 at. de sel.

§ 728. *Acide bromocoménique*[1], $C^{12}H^3BrO^{10} + 3$ aq. — L'acide coménique se dissout aisément dans l'eau bromée, en donnant une liqueur incolore si le brome n'est pas en excès. Cette liqueur dépose, au bout de quelques heures, des cristaux d'acide bromocoménique; les eaux-mères retiennent de l'acide oxalique provenant sans doute d'une décomposition secondaire.

On obtient aussi de l'acide bromocoménique en versant de l'eau bromée sur l'acide méconique.

L'acide bromocoménique s'obtient en beaux cristaux prismatiques, peu solubles dans l'eau froide, assez solubles dans l'eau bouillante, ainsi que dans l'alcool chaud. Il ressemble beaucoup à l'acide chlorocoménique.

Le zinc le décompose. L'acide nitrique le transforme en acides bromhydrique, cyanhydrique, carbonique et oxalique.

§ 729. Les *bromocoménates* ressemblent aux chlorocoménates.

Les *sels neutres à base d'alcali* s'obtiennent difficilement.

Le *sel d'ammoniaque acide* cristallise en longues aiguilles. Les *sels acides* à base de *soude et de potasse* cristallisent également.

Les *sels acides des alcalis terreux* sont fort solubles ; les *sels neutres* sont insolubles et amorphes.

Le *sel d'argent neutre* s'obtient sous la forme d'un précipité jaune et amorphe, lorsqu'on mélange du nitrate d'argent avec une solution d'acide bromocoménique dans un léger excès d'ammoniaque. Le sel desséché présente le même aspect que le chlorocoménate correspondant.

Le *sel d'argent acide*, $C^{12}H^2AgBrO^{10}$, se précipite sous la forme de flocons, lorsqu'on mélange à chaud une solution aqueuse d'acide bromocoménique avec une solution de nitrate d'argent. Les flocons, peu solubles dans l'eau froide, cristallisent dans l'eau bouillante à l'état de petits prismes brillants.

---

[1] How (1851), *loc. cit.*

AMIDES COMÉNIQUES.

§ 730. On ne connaît que l'amide coménique correspondant
au bicoménate d'ammoniaque :

$$C^{12}H^5NO^8 = C^{12}H^3(NH^4)O^{10} - 2\,HO.$$

Ac. coménamique.   Bicomén. d'ammon.

§ 731. *Acide coménamique*[1], $C^{12}H^5NO^8 + 4$ aq. — On peut obtenir cet acide en soumettant le bicoménate d'ammoniaque à l'action
d'une température élevée. Mais il est plus avantageux de le préparer de la manière suivante : on maintient en ébullition une solution
de coménate d'ammoniaque, jusqu'à ce qu'elle ne dégage plus d'ammoniaque ; la liqueur se colore, et dépose, par le refroidissement,
un sédiment gris, composé de coménamate d'ammoniaque impur. .
On le dissout dans l'eau, additionné d'une petite quantité d'acide
chlorhydrique ; la liqueur dépose alors, par le refroidissement, des
paillettes encore colorées d'acide coménamique. Il faut, dans cette
préparation, éviter l'emploi d'un excès d'acide chlorhydrique qui
dissoudrait aisément l'acide coménamique. On purifie le produit
par plusieurs cristallisations dans l'eau bouillante, ou à l'aide du
charbon animal, exempt de fer.

On peut aussi, pour la préparation de l'acide coménamique,
employer les eaux-mères colorées provenant de la purification de
l'acide méconique ; on les sursature d'ammoniaque, et on les
maintient, pendant quelques heures, à une température voisine de
l'ébullition. Puis on ajoute de l'acide chlorhydrique à la liqueur
refroidie, de manière à précipiter l'acide coménamique.

L'acide coménamique se présente sous la forme de tables incolores, ou de paillettes brillantes, contenant 18,84 p. c. = 4 atomes
d'eau de cristallisation qui se dégagent à 100°. Exposés dans une atmosphère sèche, les cristaux perdent leur brillant et s'effleurissent.

Il est très-peu soluble dans l'eau froide. Il se dissout dans l'alcool ordinaire bouillant, mais il n'est que fort peu soluble dans
l'alcool absolu ; sa solution a une forte réaction acide. Il est fort
soluble dans les acides minéraux et dans les alcalis. Lorsqu'on ajoute
à sa solution dans les acides minéraux assez d'ammoniaque pour ne
pas la neutraliser tout à fait, il se forme un précipité grenu de coménamate d'ammoniaque.

---

[1] How (1851), *loc. cit.*

Sa solution aqueuse colore les sels ferriques en très-beau rouge pourpré ; cette coloration disparaît par l'addition de quelques gouttes d'un acide minéral, pour reparaître si l'on étend la liqueur de beaucoup d'eau.

Bouilli avec de la potasse caustique, l'acide coménamique dégage de l'ammoniaque, et se convertit en coménate.

§ 732. Les *coménamates*, sont des sels monobasiques ; on connaît aussi plusieurs sous-sels.

Lorsqu'on ajoute une certaine quantité d'ammoniaque, de potasse ou de soude à l'acide coménamique, on obtient des sels à réaction acide et aisément cristallisables ; mais ces sels constituent des coménamates neutres. Une solution de l'acide coménamique dans peu d'eau reste entièrement limpide lorsqu'on la sursature par un alcali ; si l'on emploie pour cela de l'ammoniaque et qu'on évapore la liqueur au bain-marie jusqu'à siccité, le résidu est composé d'un sel à réaction acide.

La solution de l'acide coménamique dissout les carbonates terreux avec effervescence ; si l'on emploie un excès d'acide, on obtient un sel cristallin d'une réaction acide ; si, au contraire le carbonate est pris en excès, presque tout l'acide reste à l'état insoluble sous la forme d'un sous-sel.

Le *coménamate d'ammoniaque*, $C^{12}H^4(NH^4)NO^8$, est un sel anhydre. L'acide coménamique se dissout aisément dans l'ammoniaque ; si cet alcali est employé en excès, la solution ne dépose rien, même par un repos prolongé. Mais, si l'on ajoute à une solution bouillante d'acide coménamique une quantité d'ammoniaque telle que la liqueur conserve encore une réaction acide, le coménamate d'ammoniaque cristallise, par le refroidissement, sous la forme de petits grains qui se présentent au microscope à l'état de faisceaux groupés concentriquement. Ces cristaux se dissolvent aisément dans l'eau bouillante ; mais ils ne se déposent pas rapidement par le refroidissement. Lorsqu'on rend alcaline leur solution, par l'addition de l'ammoniaque, cette solution, vue par réflexion, offre de beaux effets de miroitement.

Le *coménamate de baryte*, $C^{12}H^4BaNO^8 + 2$ aq., se dépose en groupes radiés, lorsqu'on mélange une solution de coménamate d'ammoniaque avec une solution de chlorure de baryum ; il offre aux papiers une réaction acide, et peut être recristallisé dans l'eau bouillante.

Lorsqu'on mélange du chlorure de baryum avec une solution ammoniacale de coménamate d'ammoniaque, on obtient un précipité blanc et pesant de *sous-coménamate de baryte*, $C^{12}H^4BaNO^8,BaO,HO$ + aq. Ce sel perd, à 100°, 2,83 p. c. = 1 at. d'eau.

Le *coménamate de chaux* ressemble au sel de baryte. Il existe aussi un *sous-sel* à base de chaux.

Le *coménamate de cuivre* est un précipité gris qu'on obtient avec le sulfate de cuivre et une solution de coménamate d'ammoniaque.

Le *coménamate de plomb* est un précipité blanc qu'on obtient avec le coménamate d'ammoniaque et l'acétate de plomb. Avec le coménamate d'ammoniaque rendu ammoniacal, on obtient un autre précipité blanc qui paraît être un *sous-sel*.

Le *coménamate d'argent* se dépose sous la forme d'un précipité blanc et gélatineux, lorsqu'on mélange le nitrate d'argent avec une solution de coménamate d'ammoniaque ; ce précipité se décompose en partie dans l'eau bouillante. Si l'on rend ammoniacale la solution du coménamate d'ammoniaque, on obtient des flocons jaunes qui noircissent presque instantanément.

ACIDE PYROMÉCONIQUE[1].

Syn. : acide méconique sublimé de Sertürner.

Composition : $C^{10}H^4O^6 = C^{10}H^3O^5,HO$.

§ 733. Lorsqu'on chauffe de l'acide méconique à 220°, il dégage de l'acide carbonique, et se convertit en acide coménique: ce dernier étant porté à une température encore plus élevée, il distille de l'acide pyroméconique dont la quantité s'élève au cinquième environ de l'acide méconique employé; la distillation s'opère aisément, mais en même temps il s'effectue une décomposition secondaire, de manière qu'il passe un peu d'eau et d'acide acétique, tandis qu'il reste dans la cornue une matière non volatile qui donne également des produits pyrogénés par une plus forte chaleur.

On purifie l'acide pyroméconique en l'exprimant entre des doubles de papier joseph et en le sublimant à une douce chaleur. On peut aussi le dissoudre à chaud, soit dans l'eau, soit dans l'alcool, pour l'obtenir cristallisé par refroidissement.

---

[1] SERTÜRNER (1817), *Ann. de Phys. v. Gilbert*, LVII, 173. — ROBIQUET, *Ann. de Chim. et de Phys.*, V, 282: LI, 236. — STENHOUSE, *loc. cit.*

Suivant M. Stenhouse, on peut se procurer l'acide pyroméconi-que en grande quantité par la distillation de biméconate de cuivre; la distillation sèche du méconate de cuivre neutre ne le donne qu'en petite quantité.

L'acide pyroméconique est incolore; il cristallise en aiguilles, en tables ou en octaèdres allongés. Sa saveur est fort acide et présente un arrière-goût d'amertume. Il fond entre 120 et 125°, et coule alors comme une huile; il se sublime sans résidu. Il est fort solu-ble dans l'eau et l'alcool; sa solution rougit à peine le tournesol, réduit les sels d'or à la température de l'ébullition, et colore en rouge les persels de fer.

Il se volatilise entièrement si on le maintient à la température de 100°; ce caractère est un indice de la pureté de l'acide pyromécо-nique. L'acide paracoménique, ordinairement contenu dans le pro-duit de la première sublimation, ne se volatilise pas dans ces circons-tances.

Le chlore agit vivement sur l'acide pyroméconique en donnant de l'acide oxalique. Le brome transforme l'acide pyroménique en acide bromopyroméconique (§ 735) et en acide oxalique.

Suivant M. Cahours, le brome agit vivement sur une solution d'acide pyroméconique dans la potasse, en produisant une huile rougeâtre pesante, en même temps qu'il se développe une odeur ir-ritante. L'acide nitrique attaque énergiquement l'acide pyroméconi-que, en produisant de l'acide oxalique et de l'acide cyanhydrique. L'acide sulfurique n'agit pas à froid, mais à chaud l'acide pyro-méconique s'y dissout, et se dépose de nouveau par le refroidisse-ment.

La solution aqueuse de l'acide pyroméconique ne produit au-cun précipité dans les solutions de chlorure de baryum, de chlo-rure de calcium, de chlorure de strontium, de sulfate de magnésie, ni à chaud ni à froid, ni par l'addition d'un peu d'ammoniaque. Avec le bichlorure de mercure, elle donne, au bout de quelque temps, un précipité blanc et amorphe, qui se dissout par l'ébullition.

La solution de l'acide pyroméconique ne précipite pas l'acétate de plomb.

On ne parvient pas à éthérifier l'acide pyroméconique par un mélange d'alcool et d'acide sulfurique, ni en faisant passer du gaz chlorhydrique dans une solution de l'acide pyroméconique dans l'alcool absolu.

L'acide pyroméconique est isomère de l'acide pyromucique; nous avons déjà dit (§ 691) à quels caractères on distingue ces deux acides.

Dérivés métalliques de l'acide pyroméconique. Pyroméconates.

§ 734. L'acide pyroméconique est un acide faible, monobasique; ses sels neutres contiennent :

Pyroméconates. . . $C^{10}H^3MO^6 = C^{10}H^5O^5,MO.$,

Les sels à base d'alcali ne s'obtiennent qu'en solution.

L'acide pyroméconique ne décompose pas les carbonates. Une seule goutte de potasse, ajoutée à la solution de l'acide pyroméconique, communique à la liqueur une réaction alcaline.

Les pyroméconates ont particulièrement été étudiés par MM. Stenhouse et Brown [1]; ils présentent la même composition que les pyromucates correspondants.

§ 735. *Pyroméconate d'ammoniaque.* — Il ne paraît pas exister. La solution de l'acide pyroméconique dans l'ammoniaque ne donne, par l'évaporation spontanée, que des cristaux d'acide pyroméconique.

Pyroméconate de potasse. — On ne peut pas l'obtenir. Une solution d'acide pyroméconique dans la potasse caustique ne donne que des cristaux d'acide pyroméconique.

Pyroméconate de baryte, $C^{10}H^3BaO^6$ + aq. — Lorsqu'on mélange à chaud une solution ammoniacale d'acide pyroméconique avec de l'acétate de baryte, il se précipite, au bout de quelque temps, de petites aiguilles soyeuses et incolores de pyroméconate de baryte. Dans les liqueurs étendues, le sel ne se dépose qu'à la longue. Il est plus soluble dans l'eau que les autres pyroméconates terreux; mais il est peu soluble dans l'alcool. Il ne perd rien de son poids à 100°.

Pyroméconate de strontiane, $C^{10}H^3SrO^6$ + aq. — Lorsqu'on mélange une solution alcoolique de nitrate de strontiane avec une solution également alcoolique d'acide pyroméconique, rendue ammoniacale, il se produit un précipité composé de petites aiguilles soyeuses. Ce sel est peu soluble à froid dans l'eau et dans l'alcool; il y est plus soluble à chaud, et présente une forte réaction alcaline. Il ne perd rien de son poids à 100°; à une température plus élevée il brûle avec une légère explosion.

<hr>

[1] STENHOUSE, *Ann. der Chem. u. Pharm.*, XLIX, 18. — BROWN, *ibid.*, LXXXIV, 32.

Pyroméconate de chaux, $C^{10}H^3CaO^6$ + aq. — On obtient ce sel sous la forme de petites aiguilles soyeuses, en ajoutant une dissolution d'acétate de chaux, prise en excès, à une dissolution chaude et ammoniacale d'acide pyroméconique. Le même sel se produit lorsqu'on chauffe une dissolution d'acide pyroméconique avec de l'hydrate de chaux.

Il est peu soluble dans l'alcool bouillant, et peu plus soluble dans l'eau qui le dépose par le refroidissement en cristaux d'une assez grande dimension.

Pyroméconate de magnésie, $C^{10}H^3MgO^6$. — Une solution aqueuse et chaude d'acide pyroméconique donne avec l'acétate de magnésie un précipité blanc, amorphe, insoluble dans l'eau et l'alcool. Ce précipité est anhydre.

Pyroméconate de cuivre, $C^{10}H^3CuO^6$. — Lorsqu'on maintient un excès d'hydrate d'oxyde de cuivre en ébullition avec une solution d'acide pyroméconique, la liqueur se colore en vert, et dépose par le refroidissement un sel couleur d'émeraude, en aiguilles minces, fort peu solubles dans l'eau et l'alcool. Le même sel s'obtient par le mélange d'une solution de sulfate de cuprammonium (de cuivre ammoniacal) avec une solution aqueuse et chaude d'acide pyroméconique.

Pyroméconate de fer, $C^{10}H^3feO^6 = 3C^{10}H^3O^5$, Fe^2O^3. — Quand on fait bouillir le peroxyde de fer hydraté avec une solution d'acide pyroméconique, il se produit une poudre brun-rouge, insoluble dans l'eau ; mais, par l'addition de quelques gouttes d'acide, elle se dissout avec une belle couleur rouge, et dépose par le refroidissement des cristaux couleur de cinabre. On les obtient aussi très-bien définis en ajoutant du persulfate de fer à une solution d'acide pyroméconique étendue et bouillante ou du perchlorure de fer à une solution du même acide concentrée et bouillante ; les cristaux sont alors d'un rouge de sang, et représentent des rhomboèdres bien distincts. Ils sont anhydres.

Pyroméconate de plomb, $C^{10}H^3PbO^6$. — L'acide pyroméconique dissout l'oxyde de plomb hydraté ; dès que le liquide approche de la saturation, le pyroméconate de plomb se dépose à l'état d'une poudre blanche qui présente la composition indiquée.

Pyroméconate d'argent, $C^{10}H^3AgO^6$. — Une solution d'acide pyroméconique étant mise en contact avec de l'oxyde d'argent, il se produit une combinaison volumineuse d'un gris clair, qui se décompose déjà à froid en noircissant. Lorsqu'on ajoute du nitrate d'argent à une solution d'acide pyroméconique, il ne se produit pas de précipité, et la liqueur ne se colore pas; mais, si l'on fait bouillir, l'argent se réduit en partie. Quand on ajoute d'abord quelques gouttes d'ammoniaque à la solution du nitrate d'argent, l'acide pyroméconique y occasionne immédiatement un précipité jaune et gélatineux ; ce précipité brunit rapidement, même dans le vide.

Dérivés bromés et iodés de l'acide pyroméconique [1].

§ 735. *Acide bromo-pyroméconique,* $C^{10}H^3BrO^6$. — Lorsqu'on ajoute de l'eau bromée à une solution aqueuse et concentrée d'acide pyroméconique, l'eau bromée se décolore et la liqueur dépose, par le repos, des prismes incolores d'acide bromopyroméconique. Il faut éviter, dans cette préparation, l'emploi d'un excès d'eau bromée, qui, donnant lieu à une décomposition secondaire, ne produirait que de l'acide oxalique.

L'acide bromopyroméconique est peu soluble dans l'eau froide, un peu plus soluble dans l'eau bouillante; la solution rougit le tournesol. L'alcool bouillant le dissout aisément et le dépose en belles tables fibreuses, ou, si le refroidissement est lent, en prismes raccourcis.

Il se colore par les sels ferriques en rouge pourpre foncé.

L'acide sulfurique le dissout sans altération ; l'acide nitrique le décompose avec effervescence.

Soumis à la distillation, l'acide bromopyroméconique fond, noircit et dégage de l'acide bromhydrique en abondance. Si l'on maintient la chaleur, il se sublime une matière cristalline.

L'acide bromopyroméconique est un acide monobasique. Il ne précipite pas le nitrate d'argent, et ne le réduit pas par l'ébullition à l'état métallique. Il ne précipite pas, même en présence de l'ammoniaque, les solutions de chlorure de baryum, de chlorure de calcium, de sulfate de magnésie. A froid il ne réagit pas sur le sulfate de cuivre ammoniacal, mais à chaud il y produit un précipité bleuâtre.

Le *sel de plomb* renferme $C^{10}H^2BrPbO^6$ (+ aq., suivant M. Brown). Une dissolution alcoolique et chaude d'acide bromo-

____

[1] Brown (1852), *loc. cit.*

pyroméconique donne, avec une solution alcoolique d'acétate de plomb, un précipité blanc composé de petites aiguilles qui se déposent promptement. Ce sel est insoluble dans l'eau et l'alcool. On l'obtient aussi, mais à l'état coloré, en mélangeant une solution aqueuse d'acide pyroméconique avec une solution d'acétate de plomb ammoniacal.

§ 736. *Acide iodopyroméconique.* — Ce composé peut s'obtenir, suivant M. Brown.

SÉRIE PROPIONIQUE.

§ 737. Cette série dont le pivot est l'acide propionique (§ 903), comprend les six groupes suivants :

> *Groupe éthylique,*
> *Groupe allylique,*
> *Groupe propionique,* ou éthyl-formique,
> *Groupe succinique,* ou éthyl-oxalique,
> *Groupe angélique,*
> *Groupe glucique.*

Les composés faisant partie de ces groupes ont leurs homologues dans les séries déjà décrites : le groupe éthylique est homologue du groupe méthylique (§ 318); le groupe propionique est homologue du groupe acétique (§ 424) et du groupe formique (§ 126); le groupe angélique est homologue du groupe acrylique (§ 512); le groupe succinique est homologue du groupe oxalique (§ 137). Le groupe allylique et le groupe glucique n'ont pas leurs semblables jusqu'à présent.

I.

GROUPE ÉTHYLIQUE.

§. 738. Les combinaisons qui forment ce groupe sont, pour la plupart, connues sous le nom d'*éthers éthyliques* ou *viniques* ; elles sont homologues des combinaisons du groupe méthylique, dans la série acétique, et représentent, comme ces dernières, la plupart des composés de la chimie minérale, l'hydrogène de ces composés étant remplacé par son équivalent du radical *éthyle* C^4H^5. Les métamorphoses des composés éthyliques sont aussi entièrement semblables à celles des composés méthyliques ; et, de même que ceux-ci se transforment par l'oxydation en acide formique, les composés éthyliques se convertissent par l'oxydation en acide acétique ou en dérivés de cet acide. Dans le groupe éthylique, on retrouve aussi un hydrocarbure C^4H^4, l'éthylène ou gaz oléfiant, l'homologue du méthylène dans le groupe méthylique.

Voici les termes principaux du groupe éthylique :

$$\text{Éthylène ou gaz oléfiant.} \quad C^4H^4,$$

$$\text{Éthyle.} \quad C^8H^{10} \quad = \left. \begin{array}{l} C^4H^5 \\ C^4H^5 \end{array} \right\rbrace,$$

$$\text{Hydrure d'éthyle.} \quad C^4H^6 \quad = \left. \begin{array}{l} C^4H^5 \\ H \end{array} \right\rbrace,$$

$$\text{Hydrate d'éthyle, ou alcool.} \quad C^4H^6O^2 \quad = \left. \begin{array}{l} C^4H^5.O \\ HO \end{array} \right\rbrace,$$

$$\text{Oxyde d'éthyle, ou éther.} \quad C^8H^{10}O^2 \quad = \left. \begin{array}{l} C^4H^5.O \\ C^4H^5.O \end{array} \right\rbrace,$$

$$\text{Sulfhydrate d'éth., ou mercaptan.} \quad C^4H^6S^2 \quad \left. \begin{array}{l} C^4H^5.S \\ HS \end{array} \right\rbrace,$$

$$\text{Sulfure d'éthyle, ou éther sulfhydrique.} \quad C^8H^{10}S^2 \quad = \left. \begin{array}{l} C^4H^5.S \\ C^4H^5.S \end{array} \right\rbrace,$$

$$\text{Bisulfure d'éthyle.} \quad C^8H^{10}S^4 \quad = \left. \begin{array}{l} C^4H^5.S^2 \\ C^4H^5.S^2 \end{array} \right\rbrace,$$

Sulfites d'éthyle.

$$a.\ \text{Acide éthyl-sulfureux.} \quad C^4H^6S^2O^6 \quad = \left. \begin{array}{l} C^4H^5.O \\ HO \end{array} \right\rbrace S^2O^4,$$

$$b.\ \text{Chlor. éthyl-sulfureux.} \quad C^4H^5ClS^2O^4 \quad = \left. \begin{array}{l} C^4H^5 \\ Cl \end{array} \right\rbrace S^2O^4,$$

$$c.\ \text{Sulfite d'éth.} \quad C^8H^{10}S^2O^6 \quad = \left. \begin{array}{l} C^4H^5.O \\ C^4H^5.O \end{array} \right\rbrace S^2O^4,$$

Sulfates d'éthyle.

$$a.\ \text{Acide éthyl-sulfurique.} \quad C^4H^6S^2O^8 \quad = \left. \begin{array}{l} C^4H^5.O \\ HO \end{array} \right\rbrace S^2O^6,$$

$$b.\ \text{Sulfate d'éthyle.} \quad C^8H^{10}S^2O^8 \quad = \left. \begin{array}{l} C^4H^5.O \\ C^4H^5.O \end{array} \right\rbrace S^2O^6,$$

$$\text{Séléniures d'éthyle.} \begin{cases} a.\ \text{Sélénhydrate d'éthyle. . . . } C^4 H^6 Se^2 = \left. \begin{array}{l} C^4H^5.Se \\ HSe \end{array} \right\}' \\[2ex] b.\ \text{Séléniure d'éthyle. . . . } C^8 H^{10}Se^2 = \left. \begin{array}{l} C^4H^5.Se \\ C^4H^5.Se \end{array} \right\}' \end{cases}$$

$$\text{Tellurure d'éthyle. . . . . } C^8 H^{10}Te^2 = \left. \begin{array}{l} C^4H^5.Te \\ C^4H^5.Te \end{array} \right\}'$$

$$\text{Fluorure d'éthyle. . . . . } C^4 H^5 F = \left. \begin{array}{l} C^4H^5 \\ F \end{array} \right\}'$$

$$\text{Chlorure d'éthyle. . . . . } C^4 H^5 Cl = \left. \begin{array}{l} C^4H^5 \\ Cl \end{array} \right\}'$$

$$\text{Bromure d'éthyle. . . . . } C^4 H^5 Br = \left. \begin{array}{l} C^4H^5 \\ Br \end{array} \right\}'$$

$$\text{Iodure d'éthyle. . . . . } C^4 H^5 I = \left. \begin{array}{l} C^4H^5 \\ I \end{array} \right\}'$$

$$\begin{array}{l} \text{Azotures d'éth. ou} \\ \text{amides éthyliq.} \end{array} \begin{cases} a.\ \text{Éthylamine. . } C^4 H^7 N = N \left\{ \begin{array}{l} C^4H^5 \\ H, \\ H \end{array} \right. \\[3ex] b.\ \text{Diéthylamine. . . . . } C^8 H^{11}N = N \left\{ \begin{array}{l} C^4H^5 \\ C^4H^5, \\ H \end{array} \right. \\[3ex] c.\ \text{Triéthylamine. } C^{12}H^{15}N = N \left\{ \begin{array}{l} C^4H^5 \\ C^4H^5, \\ C^4H^5 \end{array} \right. \\[3ex] d.\ \text{Hydrate de tétréthylammon. } C^{16}H^{21}NO^2 = \left. \begin{array}{l} N(C^4H^5)^4.O \\ H\ O \end{array} \right\} \end{cases}$$

$$\text{Nitrite d'éthyle. . . . . } C^4 H^5 NO^4 = \left. \begin{array}{l} C^4H^5 \\ NO^4 \end{array} \right\}'$$

$$\text{Nitrate d'éthyle. . . . . } C^4 H^5 NO^6 = \left. \begin{array}{l} C^4H^5.O \\ NO^4.O \end{array} \right\}'$$

$$\text{Acide éthyl-phosphoreux. . . . . . } C^4 H^7 PO^6 = \left. \begin{array}{l} C^4H^5.O \\ HO \\ HO \end{array} \right\}PO^3,$$

$$\text{Phosphates d'éthyle} \begin{cases} a.\ \text{Acide éthyl-} \\ \quad \text{phosphoriq.} \ \ C^4 H^7 PO^8 = \begin{matrix} C^4H^5.O \\ HO \\ HO \end{matrix} \Big\} PO^5, \\[1em] b.\ \text{Acide diéthyl-} \\ \quad \text{phosphoriq.} \ \ C^8 H^{11}PO^8 = \begin{matrix} C^4H^5.O \\ C^4H^5.O \\ HO \end{matrix} \Big\} PO^5, \\[1em] c.\ \text{Phosphate d'é-} \\ \quad \text{thyle} \ \ \ \ \ C^{12}H^{15}PO^8 = \begin{matrix} C^4H^5.O \\ C^4H^5.O \\ C^4H^5.O \end{matrix} \Big\} PO^5, \end{cases}$$

$$\text{Borate d'éthyle.} \ \ldots\ldots\ C^{12}H^{15}BO^6 = \begin{matrix} C^4H^5.O \\ C^4H^5.O \\ C^4H^5.O \end{matrix} \Big\} BO^3,$$

$$\text{Silicate d'éthyle.} \ \ldots\ldots\ C^{16}H^{20}O^8Si^2 = \begin{matrix} C^4H^5.O \\ C^4H^5.O \\ C^4H^5.O \\ C^4H^5.O \end{matrix} \Big\} Si^2O^4,$$

$$\text{Antimoniure d'éthyle.} \ \ldots\ C^{12}H^{15}Sb = Sb \begin{cases} C^4H^5 \\ C^4H^5, \\ C^4H^5 \end{cases}$$

$$\text{Bismuthure d'éthyle.} \ \ldots\ C^{12}H^{15}Bi = Bi \begin{cases} C^4H^5 \\ C^4H^5, \\ C^4H^5 \end{cases}$$

$$\text{Stannure d'éthyle.} \ \ldots\ldots\ C^4 H^5 Sn = \begin{matrix} C^4H^5 \\ Sn \end{matrix} \Big\}.$$

L'alcool ou hydrate d'éthyle est la matière première au moyen de laquelle on obtient les combinaisons précédentes, ordinairement par double décomposition ; il se produit par la métamorphose du glucose (§ 981, *Groupe glucique*), sous l'influence des ferments.

Les combinaisons éthyliques se rattachent au groupe propionique par le cyanure d'éthyle (§ 202) ; ce corps, en effet, se transforme par la potasse bouillante en propionate de potasse, avec dégagement d'ammoniaque ; de son côté, le propionate d'ammoniaque peut être converti par les agents déshydratants en cyanure d'éthyle (propionitrile). Ces réactions sont les mêmes que celles qu'on observe avec le cyanure de méthyle et l'acétate d'ammoniaque, homologues dans la série acétique du cyanure d'éthyle et du propionate d'ammoniaque. On peut donc considérer l'acide propionique comme de l'acide formique dans lequel l'hydrogène non basique est remplacé par de l'éthyle [1].

Les combinaisons éthyliques paraissent aussi se rattacher directement au groupe malique (*Série acétique*), et subséquemment au groupe succinique (*Série propionique*) ; c'est qu'on trouve de l'acide malique dans le résidu de la préparation du nitrate d'éthyle par l'alcool et l'acide nitrique, et ce résidu, mis en fermentation, donne de l'acide succinique.

Enfin, ainsi que nous l'avons dit plus haut, les combinaisons éthyliques se relient au groupe acétique par la métamorphose qu'ils éprouvent par les agents d'oxydation. Nous ajouterons que le chlore fait subir la même transformation à la plupart des composés éthyliques : l'aldéhyde ou hydrure d'acétyle, le chloral ou hydrure d'acétyle trichloré, l'acide acétique, etc., sont les principaux produits acétiques qu'on peut obtenir avec le chlore et les composés éthyliques. Souvent le chlore, en agissant sur ces derniers, commence par enlever H^2 de l'éthyle, pour mettre à la place Cl^2. Les éthers éthyliques où s'est opéré cette substitution s'attaquent par la potasse caustique et donnent de l'acétate, comme si le radical chloré $C^4H^3Cl^2$ représentait de l'acétyle dans lequel l'oxygène serait remplacé par du chlore :

$$C^4H^5, \text{éthyle} ;$$
$$C^4H^3O^2, \text{acétyle} ;$$
$$C^4H^3Cl^2, \text{chloracétyle}.$$

Ces relations sont les mêmes que celles qui existent entre le méthyle, le formyle et le chloroformyle (§ 319).

GAZ OLÉFIANT OU ÉTHYLÈNE.

Syn. : hydrogène bicarboné, élaïle, éthérène.

Composition : C^4H^4.

§ 739. Ce corps a été découvert [2] en 1795 par quatre chimistes

---

[1] Voyez § 425 les développements que nous avons donnés à l'égard de la même théorie appliquée à l'acide acétique.

[2] DEIMAN, etc. (1795), *Ann. de Chim.*, XXI, 48. — BERTHOLLET, *Mémoires de l'Institut*, IV, 269. — TH. DE SAUSSURE, *Ann. de Chim.*, LXXVIII, 57. — FARADAY, *Biblioth. univers. de Genève*, nouv. sér. LIX, 144. — MARCHAND, *Journ. f. prakt. Chem.*, XXVI, 478.

hollandais, Deiman, Paets van Troostwyk, Bondt et Lauwerenburgh.
Il se produit dans la distillation sèche de beaucoup de matières organiques, particulièrement des résines, des matières grasses, du caoutchouc, de la houille, etc. ; c'est lui qui constitue la partie lumineuse du gaz de l'éclairage. On l'obtient aussi en chauffant l'alcool avec un excès d'acide sulfurique ou d'acide borique.

Pour le préparer à l'état de pureté, on chauffe légèrement un mélange de 1 p. d'alcool et de 6 ou 7 p. d'acide sulfurique concentré, et l'on recueille le gaz après l'avoir fait passer dans des flacons de Woulf renfermant du lait de chaux pour retenir le gaz sulfureux, et de l'acide sulfurique concentré pour fixer les vapeurs d'éther et d'alcool. Peu à peu le résidu noircit dans la cornue, et finit par prendre une consistance gélatineuse[1]. Abstraction faite des produits secondaires, la réaction, dans toute sa simplicité, consiste en une déshydratation de l'alcool :

$$C^4H^6O^2 = C^4H^4 + 2\,HO.$$

Alcool. Gaz oléfiant.

Il est probable toutefois qu'il se produit d'abord une combinaison de l'acide sulfurique avec l'alcool (acide éthyl-sulfurique), laquelle est détruite par la chaleur, et donne alors le gaz oléfiant.

On peut aussi, à l'exemple de M. Mitscherlich[2], faire passer la vapeur de l'alcool de 80 centièmes et bouillant dans un ballon où l'on maintient en ébullition (à 160 ou 165°) un mélange de 10 p. d'acide sulfurique concentré et 3 p. d'eau. Le gaz a aussi besoin d'être purifié, pár des lavages, de la vapeur d'alcool et d'éther qu'il entraîne.

Une autre méthode de préparation, proposée par M. Ebelmen[3], est fondée sur la décomposition de l'éther borique par la chaleur. On mêle dans une cornue 4 parties d'acide borique fondu, réduit en poudre fine, avec 1 p. d'alcool absolu; lorsqu'on chauffe convenablement ce mélange, il s'en dégage une grande quantité de gaz oléfiant, qui n'a besoin, pour être pur, que d'un lavage à l'eau; ce qui reste dans la cornue peut servir à une nouvelle opération. Quand on prépare le gaz oléfiant par ce procédé, il faut prendre garde à ce que

---

[1] Voy. sur le résidu noir (*acide thiomélanique*) de la préparation du gaz oléfiant : G. Bischof, *Journ. f. Chem. u. Phys. von Schweigger*, XLI, 319. — Erdmann et Marchand, *Journ. f. prakt. Chem.*, XV, 13. — Lose, *Ann. de Poggend.*, XLVII, 619. — Erdmann, *Journ. f. prakt. Chem.*, XXI, 291.

[2] Mitscherlich, *Ann. de Chim. et de Phys.*, [3] VII, 12.

[3] Ebelmen, *ibid.*, [3] XVI, 136.

les tubes par lesquels il se dégage ne s'obstruent par de l'acide borique, et il convient d'employer pour cela des tubes très-larges.

Le gaz oléfiant est incolore, sans saveur, d'une légère odeur
particulière. Sa densité est de.o,9784 (Saussure). Il se liquéfie par
l'action simultanée d'une forte pression et d'un froid de — 110°
produit par un mélange d'éther et d'acide carbonique solide. Le liquide condensé est limpide et ne bout pas encore à — 110° (Faraday).

Le gaz oléfiant est irrespirable. Il est fort peu soluble dans l'eau,
et ne se dissout aussi qu'en petite quantité dans l'acide sulfurique
concentré, l'alcool et l'éther.

Il est inflammable, et brûle avec une flamme blanche et lumineuse.
Mêlé d'oxygène ou d'air, il détone, soit par l'étincelle électrique,
soit par l'approche d'un corps enflammé. Suivant Doebereiner, le
noir de platine transforme en acide acétique le mélange de gaz oléfiant et d'oxygène [1].

L'acide sulfurique anhydre l'absorbe en grande quantité en produisant des cristaux d'acide éthionique anhydre (§ 760).

Un mélange de 2 vol. de chlore et de 1 vol. de gaz oléfiant brûle
avec une flamme rouge, par l'approche d'un corps en combustion,
en déposant beaucoup de charbon et en dégageant de l'acide chlorhydrique. Le gaz oléfiant se combine d'ailleurs directement avec
le chlore, le brome et l'iode (Voy. *Dérivés chlorés, bromés et iodés
du gaz oléfiant*, §§ 743, 750 et 753). Le chlorure d'iode absorbe le
gaz oléfiant en produisant un liquide incolore, d'une odeur éthérée,
et qui se prend à 0° en une masse cristalline. Le protochlorure de
soufre donne, avec le gaz oléfiant, un liquide visqueux et fétide [2].

Le gaz oléfiant se décompose à la chaleur rouge en charbon et
en hydrure de méthyle (gaz des marais) :

$$C^4H^4 = C^2 + C^2H^4.$$

Gaz oléfiant.   Hydr. de méthyle.

§ 740. *Gaz de l'éclairage.* — On attribue généralement à Phi-
lippe Lebon l'invention de l'art d'éclairer par le gaz; cet ingénieur,
en effet, conçut, dès 1785, l'idée de faire servir à l'éclairage des
maisons le gaz qui se produit par la distillation des matières grasses, du bois et de la houille; il fit sur ce sujet un grand nombre
d'expériences, et mit ses résultats en pratique en établissant à

[1] DOEBEREINER, *Ann. der Chem. u. Pharm.*, XIV, 14.
[2] DESPRETZ, *Ann. de Chim. et de Phys.*, XXI, 438.

Paris même plusieurs appareils qui fonctionnèrent avec succès.

A peu près à la même époque, un Anglais, lord Dundonald, s'occupa de cette question, et fit de son côté plusieurs essais sur l'emploi du gaz de la houille. Ce n'est toutefois que quelques années plus tard que l'invention de Lebon reçut, en Angleterre surtout, des perfectionnements assez complets pour devenir une des industries les plus importantes de notre siècle. En 1805, plusieurs fabriques de Birmingham, et entre autres les ateliers du célèbre Watt, furent éclairés au gaz, par les soins de Windsor et de Murdoch. La première usine pour l'éclairage public fut établie à Londres en 1810.

Les matières premières employées pour la production du gaz de l'éclairage renferment toutes de fortes proportions de carbone et d'hydrogène, les deux éléments constitutifs du gaz oléfiant, qui forme la partie essentielle du gaz de l'éclairage : les huiles de poisson brutes, la résine, la tourbe, les huiles de schiste, la lie de vin, la matière grasse extraite des eaux de savon des fabriques de drap, enfin et surtout la houille, servent, dans divers pays, à l'extraction du gaz de l'éclairage. De toutes ces matières, c'est la houille qui fournit le gaz à meilleur marché, et c'est elle qui est généralement employée : on l'introduit dans de grands cylindres de fonte, dits cornues, qu'on entretient à la température du rouge cerise jusqu'à ce que la décomposition soit complétement opérée.

Les produits de cette décomposition[1] sont nombreux, et dépendent du degré de température à laquelle elle s'effectue, ainsi que de la qualité de la houille employée. On peut distinguer trois espèces de produits : un liquide noir et huileux, dit *goudron de houille,* contenant des huiles empyreumatiques, de l'hydrate de phényle, de la benzine, de la naphtaline, de l'anthracène et d'autres hydrocarbures solides ; un liquide aqueux chargé d'ammoniaque ; et enfin des gaz et des vapeurs que l'on confond sous le nom de *gaz de la houille.* Le résidu de la distillation de la houille constitue un charbon noir et compacte, connu sous le nom de *coke.*

Le gaz de la houille se compose principalement de gaz oléfiant (hydrogène bicarboné), de gaz des marais (hydrogène protocarboné ou hydrure de méthyle), d'oxyde de carbone, d'hydrogène, d'acide carbonique, de vapeurs d'hydrocarbures huileux très-volatils, et de petites quantités d'azote. On y rencontre, en outre, de faibles proportions d'hydrogène sulfuré et de vapeur de sulfure de carbone,

---

[1] Voy. aussi, dans la TROISIÈME PARTIE, *Produits pyrogénés.*

lorsque la houille, d'où le gaz provient, contenait de la pyrite; quelquefois aussi on y découvre des traces d'acide cyanhydrique ou de cyanhydrate d'ammoniaque dues à la réaction de l'ammoniaque sur le charbon.

Tel qu'il sort des cornues, le gaz de la houille ne pourrait pas immédiatement servir à l'éclairage : il a une odeur infecte , une action fâcheuse sur l'économie, et son pouvoir éclairant serait trop faible , en raison des gaz étrangers dont il est souillé. On est donc obligé de l'*épurer* préalablement ; à cet effet, on dirige d'abord tous les produits de la distillation dans un premier vase en tôle ou en fonte, appelé *barillet*, rempli aux deux tiers d'eau et où ces produits sont soumis à un premier lavage ; de là, ils passent dans le *condenseur*, appareil composé d'un système de tubes offrant un grand développement, ordinairement verticaux, et servant à condenser l'huile, le goudron, les sels ammoniacaux qui ont échappé à l'action du barillet ; du condenseur, le gaz arrive dans un troisième appareil de purification, dit *dépurateur*, composé de cuves ou de caisses contenant des substances chimiques qui dépouillent le gaz de l'hydrogène sulfuré, de l'acide carbonique, de l'ammoniaque, etc. Enfin, du dépurateur, le gaz se rend dans le *gazomètre*, grande cloche en tôle vernie, renversée dans un bassin rempli d'eau, et mise en communication avec les tuyaux de distribution qui transportent le gaz aux lieux de consommation.

Les substances chimiques qu'on emploie pour l'épuration du gaz de la houille sont : la chaux en poudre humectée , l'acide sulfurique étendu, des dissolutions métalliques de peu de valeur, telles que sulfate de fer, chlorure de manganèse, etc.

Toutes les houilles ne sont pas également bonnes à la fabrication du gaz de l'éclairage ; les meilleures sont les houilles grasses à longue flamme. Les houilles de Mons et de Commentry, qu'on emploie généralement à Paris, donnent, en moyenne, 23 mètres cubes de gaz par 100 kilogrammes. Les houilles de Saint-Étienne produisent un gaz très-chargé d'hydrogène sulfuré.

§ 741. La théorie chimique de la fabrication du gaz de l'éclairage a été étudiée par plusieurs hommes distingués, particulièrement en Angleterre [1] : Henry, Brande, et plus récemment M. Leigh, ont pu-

---

[1] Henry, *Philos. Transact.* 1821, 126. *Annals of Philos.*, XXV, 428. — Brande, *Philos. Transact.*, 1820, 11. — Leigh, *Mem. of the Manchester Lit. and Philos. Soc.*, XIV. — Frankland, *Ann. der Chem. u. Pharm.*, LXXXII, I.

blié des travaux estimables sur la composition du gaz de la houille, sur les proportions qu'on en extrait aux différentes époques de la distillation, sur la qualité de la houille qui convient plus particulièrement à cette extraction, sur les différents modes d'épuration du gaz, etc.; mais on doit surtout à M. Frankland des expériences précises sur les questions théoriques, relatives à cette industrie.

Il est reconnu aujourd'hui qu'une même qualité de houille donne toujours à peu près la même proportion de coke, quelles que soient les variations de la température à laquelle s'opère la distillation. Mais il n'en est pas de même des produits gazeux et huileux : la nature et les proportions de ces produits dépendent entièrement du degré de chaleur auquel est porté la houille. Sous ce dernier rapport, on peut dire, en général, que moins la température est élevée, plus les produits huileux abondent au détriment des produits gazeux, et que plus la température est, au contraire, élevée, plus aussi s'accroît la proportion des produits gazeux, celle des produits huileux étant en même temps diminuée. Mais le degré de chaleur influe aussi sur la nature chimique des gaz, et si ceux-ci sont moins abondants à une basse température qu'aux températures plus élevées, leur quantité se trouve compensée par leur qualité; car le gaz produit à une basse température possède généralement un pouvoir lumineux supérieur à celui du gaz obtenu à des températures supérieures.

Le gaz combustible, convenablement épuré par des moyens mécaniques et chimiques, se compose de deux espèces de principes dont le rôle, dans l'éclairage, n'est pas le même : il renferme des *parties éclairantes* et des *parties non éclairantes* dont les proportions varient dans le mélange gazeux, suivant la température à laquelle la houille a été distillée.

Les parties non éclairantes comprennent : l'hydrogène, l'hydrogène protocarboné (gaz des marais) et l'oxyde de carbone. Les parties éclairantes sont principalement représentées par le gaz oléfiant (hydrogène bicarboné) et les vapeurs de quelques hydrocarbures volatils, ayant pour formule générale $C^n H^n$ (tritylène, tétrylène) ou $C^n H^{n-6}$ (benzine, toluène).

Les hydrocarbures de cette dernière classe constituent donc l'élément éclairant du gaz de la houille. Ils ont tous la propriété de se décomposer entièrement au rouge blanc, et plus lentement au rouge cerise, de manière à déposer la totalité ou une portion de leur carbone sous la forme de particules fort ténues qui deviennent autant de centres lumineux, dans la flamme du gaz ; dans la combustion de ces hydrocarbures, l'hydrogène brûle le premier et abandonne le carbone, qui, déposé momentanément dans l'intérieur de la flamme, parvient à la température du rouge blanc, et concourt alors à donner à la flamme sa blancheur éclatante et la vive lumière qu'elle répand. Plus est grand le nombre de ces particules de carbone en combustion dans la flamme, plus évidemment celle-ci sera lumineuse ; d'après cela, la valeur des hydrocarbures dont nous parlons, comme source de lumière, est en raison directe de la quantité de carbone qu'ils renferment sous un volume donné, et ne dépend nullement de la quantité d'hydrogène combinée avec ce carbone ; aussi les hydrocarbures les plus denses, ou ceux dont les vapeurs se condensent le plus aisément, sont aussi ceux qui possèdent le plus fort pouvoir éclairant.

Ainsi que nous venons de le dire, les hydrocarbures éclairants se décomposent plus ou moins rapidement à la chaleur rouge : aussi, dans les usines à gaz, voit-on toujours l'intérieur des cornues tapissé d'une couche de carbone, provenant de cette décomposition.

Quant aux parties combustibles non éclairantes contenues dans le gaz de la houille, elles ont aussi leur part d'influence dans l'éclairage. En effet, si les hydrocarbures cités possèdent seuls un pouvoir lumineux, à l'exclusion de l'hydrogène, de l'hydrogène protocarboné, et de l'oxyde de carbone, ces trois derniers gaz sont indispensables comme moyens de dilution du mélange combustible, pour empêcher la production de la fumée, et par conséquent l'affaiblissement du pouvoir lumineux de la flamme dans les cas où l'accès de l'air ne suffit pas à une combustion complète du carbone. On se rappelle que les hydrocarbures éclairants se décomposent déjà en partie dans les cornues à gaz, quand la température y est trop-élevée : l'étendue de cette décomposition est évidemment en raison du temps pendant lequel le gaz reste exposé à cette chaleur, et du nombre des molécules gazeuses qui viennent en contact avec les parois incandescentes ; on peut donc atténuer cette décomposition, soit en abrégeant la durée du contact, c'est-à-dire en expulsant rapidement le gaz hors des cornues, soit en étendant le gaz éclairant d'une certaine quantité de gaz non-éclairant. En effet, si, par exemple, on étend le gaz oléfiant d'un volume égal de gaz hydrogène, le nombre des molécules de gaz oléfiant arrivant en contact avec la surface incandescente ne sera plus que la moitié de ce qu'il serait, le gaz oléfiant étant sans mélange.

Les gaz non éclairants ont encore une utilité d'un autre genre : ils servent de dissolvants pour les vapeurs des hydrocarbures, qui sont liquides ou solides à la température ordinaire ; en se saturant de ces vapeurs, ils augmentent donc la proportion des parties lumineuses. Une expérience bien simple permet de vérifier ce fait : qu'on fasse passer de l'hydrogène dans l'huile volatile du goudron houille ; le gaz, après avoir traversé ce liquide, même à froid, brûlera avec une flamme très-lumineuse. Supposons que 100 centimètres cubes de gaz oléfiant se saturent de 3 centimètres cubes de la vapeur d'un hydrocarbure volatil, contenant, sous le même volume, trois fois plus de carbone que le gaz oléfiant ; si l'on prend pour unité le pouvoir éclairant d'un centimètre cube de gaz oléfiant, le pouvoir éclairant des 103 centimètres cubes du mélange précédent sera égal à 109, puisque, ainsi qu'on l'a dit précédemment, le pouvoir éclairant des hydrocarbures est en raison directe de la proportion de carbone qu'ils renferment. Qu'on ajoute maintenant 100 c.c. de gaz hydrogène à ces 103 c.c., le nouveau mélange sera capable de se saturer encore de 3 c. c. de vapeur hydrocarburée ; on aura ainsi 206 c. c. d'un gaz dont le pouvoir éclairant sera égal à 118. L'addition du gaz hydrogène aura donc effectué un accroissement de pouvoir éclairant équivalant au pouvoir éclairant de 9 c. c. de gaz oléfiant, c'est-à-dire à celui de près de 4,5 p. c. du volume des gaz mélangés. Ce rôle des gaz non lumineux, semblables à l'hydrogène, ne saurait être contesté si l'on considère que l'huile du goudron de houille renferme toujours des hydrocarbures très-volatils, qui ne se sont évidemment condensés qu'après avoir saturé de leur vapeur le gaz de l'éclairage.

Il semble, au premier abord, qu'il soit indifférent, pour ce rôle de dissolvant des vapeurs hydrocarburées, de choisir l'un ou l'autre des trois gaz non-lumineux que nous avons nommés, l'hydrogène aussi bien que l'hydrogène protocarboné ou l'oxyde de carbone. Cependant un examen plus approfondi démontre que l'hydrogène mérite la préférence : en effet, un point qu'il importe toujours de prendre en considération dans les questions de l'éclairage au gaz, c'est le degré de l'altération que le gaz fait subir par sa combustion à l'air ambiant ; à égalité de pouvoir éclairant, le gaz qui

consomme le moins d'oxygène et produit le moins d'acide carbonique est évidemment le plus avantageux. Or, sous ce rapport, l'hydrogène est incontestablement préférable à l'hydrogène protocarboné ; car l'hydrogène n'exige que le quart de l'oxygène nécessaire à la combustion d'un volume égal d'hydrogène
protocarboné, et, de plus, il ne produit pas d'acide carbonique. Une
autre circonstance rend l'hydrogène préférable à l'hydrogène protocarboné, lorsqu'il s'agit de l'éclairage d'appartements clos, destinés à des réunions nombreuses : c'est que la quantité de chaleur
dégagée par la combustion de l'hydrogène n'est qu'environ le tiers
de la quantité de chaleur dégagée par la combustion d'un volume
égal d'hydrogène protocarboné. Quant à l'oxyde de carbone, il
consomme la même quantité d'oxygène, et développe à peu près
la même quantité de chaleur qu'un volume égal d'hydrogène ; l'a-
vantage reste donc encore à ce dernier gaz, puisque sa combustion
ne donne pas lieu à de l'acide carbonique.

Les considérations précédentes indiquent suffisamment les différents points sur lesquels le fabricant de gaz doit principalement
porter son attention, lorsqu'il veut utiliser pour son industrie les
données théoriques de la science. Tout d'abord il visera évidemment à extraire de ses matériaux la plus grande quantité possible
de parties éclairantes ; il cherchera ensuite à obtenir, dans son
produit, un rapport convenable entre les parties éclairantes et les
parties non éclairantes, afin que, d'un part, la combustion du gaz
soit complète et qu'elle ne soit accompagnée ni de fumée ni de
mauvaise odeur, et que, de l'autre, elle produise un maximum
d'effet lumineux avec la moindre dépense de gaz ; enfin, en troisième lieu, il tâchera d'augmenter la proportion de l'hydrogène,
parmi les parties non éclairantes, et de diminuer au contraire la
proportion de l'hydrogène protocarboné et de l'oxyde de carbone, afin d'atténuer ainsi l'altération causée dans l'air ambiant
par la combustion du gaz. L'analyse chimique du gaz produit
aux différentes époques de la distillation donne, à cet égard, des
renseignements précieux.

Il va sans dire que les conditions physiques dans lesquelles le
gaz se brûle, la forme et la dimension de la flamme, la disposition
des brûloirs ou becs, la forme de la cheminée, etc., sont à considérer dans l'appréciation des effets éclairants du gaz ; mais nous n'a-
vons pas à nous en occuper ici.

§ 742. On a fait de nombreux essais pour déterminer le pouvoir lumineux du gaz de l'éclairage, en prenant pour base les résultats de l'analyse chimique. Henry appréciait ce pouvoir à l'aide du volume d'oxygène consommé par le mélange gazeux; mais cette méthode conduisait à des résultats erronés, car ce ne sont pas toujours les gaz les plus éclairants qui, à volume égal, consomment le plus d'oxygène. Un mélange, par exemple, de 10 p. c. de gaz oléfiant, de 20 p. c. d'hydrogène protocarboné et de 70 p. c. d'hydrogène, exige, pour sa combustion, bien moins d'oxygène qu'un mélange ne contenant que 5 p. c. de gaz oléfiant, l'hydrogène carboné et l'hydrogène y étant dans un rapport inverse du précédent; et cependant ce dernier mélange ne possède que la moitié du pouvoir éclairant du premier.

M. Leith a fait un pas de plus dans la question : ayant reconnu que la lumière produite par les hydrocarbures est d'autant plus forte qu'ils sont plus denses, il évalue le pouvoir lumineux du gaz de l'éclairage, en déterminant l'oxygène consommé par les hydrocarbures contenus dans le mélange gazeux. Mais ce procédé est également défectueux; car, sans compter que l'hydrogène protocarboné n'est pas à comprendre parmi les substances éclairantes, le procédé de ce chimiste ne saurait donner des résultats précis, à cause des rapports variables qui existent entre le carbone et l'hydrogène contenus dans les hydrocarbures éclairants. En effet, il est de ces derniers dans lesquels l'hydrogène se trouve en proportion bien moindre que dans le gaz oléfiant, et comme la consommation de l'oxygène dépend à la fois du carbone et de l'hydrogène, le chiffre de l'oxygène consommé ne donne donc pas la mesure exacte du pouvoir éclairant. Aussi, pour avoir cette mesure, n'est-ce pas l'oxygène consommé qu'il faut déterminer, mais le carbone contenu dans les hydrocarbures éclairants. C'est cette dernière méthode qui a été adoptée par M. Frankland.

Voici, suivant ce chimiste, la marche qu'il convient de suivre : on commence par faire détoner avec un excès d'oxygène une certaine quantité du gaz de l'éclairage, et l'on note la proportion de l'acide carbonique produit; on traite ensuite une autre portion du même gaz par l'acide sulfurique fumant, afin d'absorber le gaz oléfiant et la vapeur des autres hydrocarbures éclairants; enfin on fait détoner avec de l'oxygène une certaine quantité du mélange ainsi dépouillé de ces hydrocarbures, et l'on note encore la proportion de l'acide carbonique produit. Ces opérations[1] donnent la proportion des hydrocarbures éclairants contenus dans le mélange gazeux ; 2° le volume total de l'acide carbonique produit par les hydrocarbures éclairants et par les autres gaz non éclairants ; 3° le volume de l'acide carbonique produit par les gaz non éclairants seulement. A l'aide de ces données, on calcule ensuite la quantité d'acide carbonique consommée par un volume des hydrocarbures éclairants.

Soit a la proportion centésimale des hydrocarbures absorbés par l'acide sulfurique ; b, le volume de l'acide carbonique produit par 100 volumes du mélange primitif ; c, le volume de l'acide carbonique obtenu avec le résidu du mélange traité par l'acide sulfurique ; x, le volume de l'acide carbonique produit par la combustion des hydrocarbures éclairants. On a évidemment l'équation

$$x = b - c.$$

Cette équation donne,[*] pour la quantité d'acide carbonique produite par 1 volume des hydrocarbures, l'expression

$$\frac{b - c}{a}.$$

Or, puisque 1 volume de vapeur de carbone produit, en brûlant, 1 volume d'acide carbonique, l'expression précédente indique également la quantité de vapeur de carbone contenue dans 1 volume des gaz éclairants.

Pour rendre les expériences comparables, dans la pratique, il est avantageux de représenter la proportion des gaz éclairants par un volume équivalent de gaz oléfiant. 1 volume de gaz oléfiant contenant 2 vol. de vapeur de carbone, on n'a qu'à diviser par 2 l'expression précédente, ce qui donne

$$\frac{b - c}{2\,a}.$$

Si l'on avait, par exemple, dans 100 vol. d'un mélange gazeux, 10 volumes d'hydrocarbures éclairants dont chaque volume contiendrait 3 volumes de vapeur de carbone, ces 10 volumes de gaz éclairants correspondraient à 15 volumes de gaz oléfiant. On comprend combien il importe de ramener ainsi à une unité de comparaison le pouvoir lumineux du gaz de l'éclairage, si l'on se rappelle les variations considérables que présente la composition des

---

[1] Voy. les détails relatifs à ces operations dans le chapitre de l'*Analyse eudiométrique*, § 59 et suivants.

nydrocarbures éclairants : en effet les quantités de vapeur de carbone contenues dans 1 volume d'hydrocarbure condensable par l'acide sulfurique fumant (ou par le chlore à l'abri de la lumière) peuvent varier de 2,54 à 4,36 volumes, de sorte que deux mélanges gazeux peuvent différer de plus de 71 p. c. dans leur pouvoir lumineux, tout en contenant les mêmes proportions de gaz condensables par l'acide sulfurique (ou par le chlore).

Dérivés chlorés du gaz oléfiant.

§ 743. On distingue deux espèces de dérivés chlorés du gaz oléfiant : les uns (les *éthylènes chlorés*) renferment les éléments de ce gaz, l'hydrogène y étant plus ou moins remplacé par son équivalent de chlore; les autres (les *chlorures d'éthylène*) sont des combinaisons de chlore avec les composés précédents :

Chlorures d'éthylène.	Éthylènes chlorés.
C^4H^4,Cl^2, chlor. d'éthyl. ou liqueur des Hollandais,	
C^4H^3Cl,Cl^2, chlor. d'éthyl. chloré,	C^4H^3Cl, éthylène chloré.
$C^4H^2Cl^2,Cl^2$, chlor. d'éthyl. bichloré,	$C^4H^2Cl^2$, éthyl. bichloré.
$C^4H Cl^3,Cl^2$, chlor. d'éthyl. trichloré,	$C^4H Cl^3$, éthyl. trichloré.
C^4Cl^4,Cl^2, chlor. d'éthyl. perchloré, ou protochlor. de carbone.	C^4Cl^4, éthyl. perchloré ou sesquichlor. de carbone.

Le chlorure d'éthylène est le premier produit de l'action du chlore sur le gaz oléfiant; traité par la potasse alcoolique, il élimine HCl et se convertit en éthylène chloré. Celui-ci, mis en présence du chlore, absorbe Cl^2, et produit le chlorure d'éthylène chloré, lequel, traité par la potasse alcoolique, élimine à son tour HCl, et se convertit en éthylène bichloré. Ce dernier donne, par le chlore, le chlorure d'éthylène bichloré, lequel se transforme par la potasse en éthylène trichloré, etc.

Les chlorures d'éthylène sont seuls attaqués par les alcalis (le chlorure d'éthylène perchloré ne l'est que par les sulfures alcalins); les éthylènes chlorés résistent à l'action des alcalis, sous toutes les formes.

§ 744. *Chlorure d'éthylène*[1], ou liqueur des Hollandais, C^4H^4,Cl^2.

[1] Deiman, Troostwyk, Bondt et Lauwernburch (1795), *Chem. Annal. v. Crell.*, II, 200. — Liebig, *Magaz. f. Pharm.*, XXXIV, 49. *Ann. der Chem. u. Pharm.*, I, 213; IX, 20. — Dumas, *Ann. de Chim. et de Phys.*, XLVIII, 185. — Laurent, *ibid.*, LXIII,

— A l'état sec, le chlore et le gaz oléfiant ne réagissent pas (Regnault); mais, lorsqu'on abandonne sur l'eau un mélange de volumes égaux des deux gaz, on voit peu à peu se condenser des gouttelettes huileuses de chlorure d'éthylène (de là le nom de *gaz oléfiant*, donné à l'hydrogène bicarboné).

Le chlorure d'éthylène se produit aussi quand on fait passer le gaz oléfiant dans l'oxychlorure de chrome (acide chlorochromique) ou dans le perchlorure d'antimoine, ou qu'on y fait fondre du chlorure de cuivre[1].

On prépare le chlorure d'éthylène en faisant arriver dans un grand ballon du gaz oléfiant auquel on fait traverser d'abord une série de flacons de Woulf, renfermant, le premier, de la potasse liquide qui retient le gaz sulfureux; le second, de l'alcool, qui dissout la vapeur l'éther; le troisième, de l'eau, qui à son tour retient la vapeur alcoolique. Quand le ballon a reçu depuis quelque temps l'hydrogène carboné, on y fait arriver du chlore gazeux humide. Bientôt on voit le chlorure d'éthylène se condenser sur les parois du ballon sous la forme d'une huile.

Le chlorure d'éthylène s'obtient plus aisément en saturant par le chlore du beurre d'antimoine maintenu en fusion à une douce chaleur et refroidi vers la fin de l'opération, et en dirigeant ensuite le gaz oléfiant pur dans ce perchlorure, tant qu'il s'en absorbe. Le produit, soumis à la distillation, donne le chlorure d'éthylène, qu'on recueille jusqu'à ce que la matière qui passe ne sépare plus d'huile par l'addition de l'eau. Après avoir décanté l'huile, on l'agite avec de l'acide sulfurique jusqu'à ce qu'elle ne noircisse plus, et on la distille ensuite au bain-marie.

Le chlorure d'éthylène est une huile incolore, d'une saveur douceâtre, aromatique, et d'une odeur éthérée particulière. Sa densité est de 1,247 à 18° (Liebig; de 1,256 à 12°, Regnault). Il bout à 82°,5 sous la pression de 756^{mm} (Regnault; à 85° sous 770^{mm}, Dumas). La densité de sa vapeur est de 3,4434 (Gay-Lussac; 3,46, Dumas; 3,478, Regnault). Il ne rougit pas le tournesol. Il est presque insoluble dans l'eau, à laquelle il communique néanmoins son odeur; il se dissout au contraire dans l'alcool et l'éther.

---

377. *Revue scientif.*, IX, 33. — REGNAULT, *ibid.*, LVIII, 301; LXIX, 151; LXXI, 371. — MALAGUTI, *Ann. de Chim. et de Phys.*, [3] XVI, 6 et 14. — PIERRE, *Compt. rend. de l'Acad.*, XXV, 430.

[1] WOEHLER, *Ann. de Poggend.*, XIII, 297.

Abandonné sous l'eau au soleil[1], il se décompose peu à peu en acétate d'éthyle et en acide chlorhydrique,

$$2(C^4H^4Cl^2) + 4\,HO = C^8H^8O^4 + 4\,HCl.$$
Chlor. d'éthylène.   Acét. d'éthyle.

Il est inflammable, et brûle avec une flamme verte, très-fuligineuse, en répandant des vapeurs chlorhydriques.

Lorsqu'on le dirige à travers un tube chauffé au rouge, il donne du charbon, et un mélange de gaz chlorhydrique et de gaz hydrocarburé, brûlant avec une flamme bleuâtre.

On peut le mélanger avec l'acide sulfurique concentré et le distiller sur sur ce corps sans qu'il s'altère.

Le gaz ammoniaque n'agit pas sur le chlorure d'éthylène liquide; mais, lorsque ce gaz le rencontre à l'état de vapeur, il donne du sel ammoniac et produit un gaz inflammable[2].

La potasse aqueuse n'y agit presque pas, mais une solution alcoolique de potasse le dédouble en acide chlorhydrique et en gaz éthylène chloré,

$$C^4H^4Cl^2 = HCl + C^4H^3Cl.$$
Chlor. d'éthylène.   Éthyl. chloré.

Lorsqu'on mélange le chlorure d'éthylène avec une solution alcoolique de sulfure de potassium ou de sulfhydrate de potasse, on obtient du chlorure de potassium, et des corps sulfurés, (Voy. § 754.)

Chauffé avec du potassium, le chlorure d'éthylène s'attaque vivement et donne une masse poreuse, en même temps qu'il se dégage un mélange de gaz éthylène chloré et de gaz hydrogène,

$$2\,C^4H^4Cl^2 + K^2 = 2\,KCl + H^2 + 2\,C^4H^3Cl.$$
Chlor. d'éthylène.   Éthylène chl.

Lorsqu'on fait passer le chlorure d'éthylène en vapeur dans un tube chauffé au rouge, on obtient du chlorure de carbone, du charbon, et des cristaux de naphtaline.

Le chlore transforme peu à peu le chlorure d'éthylène, surtout sous l'influence de la chaleur et de la lumière, en chlorure d'éthylène chloré, bichloré, trichloré et perchloré.

Le chlorure d'éthylène dissout à chaud beaucoup de phosphore.

Éthylène chloré[3], ou chlorure d'aldéhydène, C^4H^3Cl. — Il se

---

[1] Selon M. Liebig il n'y a que l'huile impure qui donne au soleil de l'éther acétique; lorsqu'elle est bien pure, elle ne devient pas même acide au soleil.

[2] ROBIQUET et COLIN, *Ann. de Chim. et de Phys.*, I, 213; II, 206.

[3] REGNAULT (1835), *Ann. de Chim. et de Phys.*, LVIII, 308.

produit par le dédoublement du chlorure d'éthylène sous l'influence de la potasse alcoolique. Pour le préparer, on mélange,
dans un appareil à gaz, du chlorure d'éthylène avec une solution
alcoolique de potasse, et l'on chauffe au bain-marie, après quelques jours de repos et après que le chlorure de potassium s'est déposé. La liqueur se met à bouillir entre 20 et 25°, en dégageant
beaucoup de gaz éthylène chloré qu'on purifie de la manière suivante : on le fait d'abord passer dans un ballon entouré de glace,
puis dans deux appareils à boules de Liebig, dont l'un renferme de
l'acide sulfurique concentré, pour fixer l'alcool, et l'autre, de la
potasse pour absorber l'acide chlorhydrique ; de là on lui fait traverser un tube rempli de chlorure de calcium, puis un petit ballon
refroidi à — 13°, où il dépose quelques traces de chlorure d'éthylène, et enfin on le recueille dans un petit récipient refroidi à
— 22°, où il se condense à l'état liquide. Il est néanmoins encore
souillé d'un peu de chlorure d'éthylène.

C'est un liquide très-mobile, qui bout déjà à — 18 ou — 15°.
Le gaz a une odeur alliacée, s'enflamme difficilement, et brûle avec
une flamme rouge bordée de vert; sa densité est égale à 2,166. Le
chlore et le perchlorure d'antimoine le convertissent en chlorure
d'éthylène chloré. Le potassium n'y agit pas à froid ; mais, quand
on chauffe légèrement, la matière devient incandescente, et l'on obtient du charbon avec un peu de naphtaline.

A l'état liquide, le chlorure d'éthylène est peu soluble dans l'eau ;
mais l'éther et l'alcool le dissolvent en toutes proportions.

§ 745. *Chlorure d'éthylène chloré* [1], C^4H^3Cl,Cl^2. — Il s'obtient
directement par le chlore et le gaz oléfiant, ou par le chlore et le
chlorure d'éthylène.

Lorsqu'on fait arriver ensemble, dans un flacon sec, du chlore
et du gaz éthylène chloré, il n'y a pas d'action sensible à la lumière diffuse. Sous l'influence des rayons solaires, il s'établit une
réaction ; mais, comme il est difficile de régler à volonté les proportions des gaz mélangés, les produits sont variables et toujours peu
abondants. On réussit, au contraire, très-bien en employant le
perchlorure d'antimoine à la place du chlore gazeux. Lorsqu'on
fait arriver le gaz éthylène chloré dans un appareil renfermant du
perchlorure d'antimoine, l'absorption est complète, et l'on est

---

[1] REGNAULT (1838), *Ann. de Chim. et de Phys.*, LXIX, 151.

obligé au commencement de refroidir l'appareil. On lave le produit distillé avec de l'eau pour enlever l'acide chlorhydrique, et on le rectifie sur de la chaux vive.

Le chlorure d'éthylène chloré ressemble à la liqueur des Hollandais par l'aspect et l'odeur; il est huileux et bout à 115°; sa densité est de 1,422 à 17°; celle de sa vapeur a été trouvée égale à 4,722—4,672.

Versé dans une dissolution alcoolique de potasse, il produit aussitôt un abondant précipité de chlorure de potassium, avec dégagement de chaleur, en même temps qu'il se dissout de l'éthylène bichloré :

$$C^4H^3Cl,Cl^2 = C^4H^2Cl^2 + HCl.$$
Chlor. d'éthyl. chlor.　　Éthyl. bichl.

Éthylène bichloré[1], $C^4H^2Cl^2$. — Il se produit par le dédoublement du chlorure d'éthylène chloré sous l'influence de la potasse alcoolique.

Lorsqu'on distille au bain-marie un mélange de chlorure d'éthylène chloré et d'une dissolution alcoolique de potasse, et qu'on reçoit les vapeurs dans un récipient refroidi avec de la glace, on obtient un produit qui, lavé plusieurs fois avec de l'eau, fournit l'éthylène bichloré.

C'est un liquide très-volatil qui bout entre 35 et 40°; son odeur est alliacée, tout à fait analogue à celle de l'éthylène chloré. Sa densité, à l'état liquide, est de 1,250 à 15°; à l'état de vapeur, elle est de 3,321. Il est très-peu stable; abandonné à lui-même dans un tube scellé à la lampe, il devient bientôt trouble et laisse déposer une matière blanche non cristalline qui en est une simple modification isomère.

Versé dans un flacon rempli de chlore, sous l'influence solaire, il s'enflamme et dépose du charbon. Si on l'y verse à l'ombre et qu'ensuite on l'abandonne pendant douze heures à la lumière diffuse, et finalement au soleil, il se convertit tout entier en cristaux de chlorure d'éthylène perchloré (sesquichlorure de carbone).

§ 746. *Chlorure d'éthylène bichloré*[2], $C^4H^2Cl^2,Cl^2$. — On l'obtient par l'action prolongée du chlore sur le chlorure d'éthylène, ou sur le chlorure d'éthylène chloré.

---

[1] Regnault (1838), *loc. cit.*

[2] Laurent (1836), *Ann. de Chim. et de Phys.*, LXIII, 377. — Regnault, *loc. cit.*

C'est un liquide dont l'odeur est analogue à celle des corps chlorés précédents. Sa densité est de 1,576 à 19°. Il bout à 135°; la densité de sa vapeur a été trouvée égale à 5,796.

Une dissolution alcoolique de potasse le décompose rapidement en produisant du chlorure de potassium et un liquide qui paraît être l'éthylène trichloré :

$$C^4H^2Cl^2,Cl^2 = HCl + C^4HCl^3.$$
Chlor. d'éthyl. bichl.   Éthyl. trichloré.

Éthylène trichloré, C^4HCl^3. — Huile qui se produit par l'action de la potasse alcoolique sur le chlorure d'éthylène bichloré; elle dégage de l'acide chlorhydrique à la distillation.

§ 747. *Chlorure d'éthylène trichloré* [1], C^4HCl^3,Cl^2. — Il se produit aussi dans l'action du chlore sur le chlorure d'éthylène.

C'est une substance encore liquide à 0°; elle bout à 153°,8, sous la pression de 763^{mm},35. Son poids spécifique à 0° est de 1,66267. Son odeur, assez agréable, a quelque chose de miellé; sa saveur est sucrée et chaude, mais beaucoup moins que celle du chlorure d'éthylène. La densité de sa vapeur est de 7,087.

Mis en présence d'une solution alcoolique de potasse, il se décompose avec beaucoup de chaleur : il perd les éléments de l'acide chlorhydrique, en donnant un dépôt de chlorure de potassium ainsi que de l'éthylène perchloré,

$$C^4HCl^3,Cl^2 = C^4Cl^4 + HCl.$$

Éthylène perchloré, ou protochlorure de carbone [2], C^4Cl^4. — Il se forme dans plusieurs réactions : par le dédoublement du chlorure d'éthylène trichloré sous l'influence de la potasse alcoolique; par l'action de la chaleur rouge sur le sesquichlorure de carbone ou chlorure d'éthylène perchloré; par l'action d'une solution alcoolique de sulfhydrate de potasse sur le chlorure d'éthylène perchloré; par l'action de la chaleur rouge sur le bichlorure de carbone (§ 473).

Lorsque, suivant M. Faraday, on fait passer le sesquichlorure de carbone, C^4Cl^6, à travers un tube rempli de fragments de verre et chauffé au rouge, une grande quantité de chlore devient libre, et il se condense un liquide coloré en jaune par du chlore dissous. Pour l'avoir pur, il faut réitérer sur ce produit la même opération,

[1] J. PIERRE (1848), *Compt. rend. de l'Acad.*, XXV, 430.

[2] FARADAY (1821), *Philos. Transact.*, 1821, 47; en extr. *Ann. de Chim. et de Phys.*, XVIII, 48 et 269. — REGNAULT, *Ann. de Chim. et de Phys.*, LXX, 104; LXXI, 372 et 386. — KOLBE, *Ann. der Chem. u. Pharm.*, LIV, 181.

l'agiter avec du mercure, et le distiller ensuite à une température aussi basse que possible.

On peut aussi, suivant M. Regnault, chauffer le sesquichlorure de carbone avec une dissolution alcoolique de sulfhydrate de potasse saturée d'hydrogène sulfuré; il ne tarde pas à s'établir ainsi une réaction des plus vives, avec dégagement d'hydrogène sulfuré et précipitation de chlorure de potassium. Il est convenable de n'ajouter le sesquichlorure de carbone que par petites portions, autrement le mélange serait projeté. Quand le dégagement de gaz a cessé, on distille et on étend d'eau la liqueur alcoolique qui a passé à la distillation. Il se dépose aussitôt un liquide plus dense que l'eau et que le sulfhydrate n'attaque plus. Ce procédé est préférable à celui de M. Faraday.

L'éthylène perchloré constitue un liquide très-fluide, d'une densité de 1,619 à 20°; il bout à 122° (Regnault; suivant M. Faraday, à 77°). La densité de sa vapeur est égale à 5,82. Il ne se congèle pas à — 18°.

Il est insoluble dans l'eau, les acides et les alcalis aqueux, mais il se dissout dans l'alcool, l'éther, les huiles essentielles et les huiles grasses.

Lorsqu'on le fait passer en vapeur sur de la baryte chauffée au rouge, il produit, avec une vive ignition, du chlorure de baryum, de l'acide carbonique, et un peu de charbon.

Il absorbe, au soleil, le chlore sec, en produisant des cristaux de chlorure d'éthylène perchloré :

$$C^4Cl^4 + Cl^2 = C^4Cl^2,Cl^2.$$

De même, avec le brome, il donne du bromure d'éthylène perchloré; mais, si on l'abandonne dans une atmosphère de chlore, sous une couche d'eau, il produit de l'acide trichloracétique (Kolbe) :

$$C^4Cl^4 + 4HO + Cl^2 = C^4HCl^3O^4 + 3HCl.$$
Ac. trichloracétiq.

§ 748. Lorsqu'on dirige la vapeur du protochlorure de carbone ou du chloroforme (§ 371) dans un tube de porcelaine chauffé au rouge sombre, il se décompose en chlore gazeux et en un corps, C^4Cl^2, connu sous le nom de *chlorure de carbone de Julin*[1], et qui se condense en aiguilles sur les parties froides du tube,

$$C^4Cl^4 = C^4Cl^2 + Cl^2;$$

<hr>

[1] JULIN, *Ann. de Chim. et de Phys.*, XVIII, 269. — REGNAULT, LXX, 104; LXXI, 381 et 386.

si la chaleur est trop élevée, on obtient aussi un dépôt de charbon. On enlève ces aiguilles par l'éther, et on les purifie par une nouvelle sublimation.

Ce chlorure de carbone a été découvert en 1821 par Julin, d'Abo en Finlande, propriétaire d'une fabrique où l'on préparait l'acide nitrique en distillant du sulfate de fer calciné avec du nitre brut, dans des cornues en fonte, et en recueillant les produits dans des flacons de Woulf. Julin observa qu'en employant une espèce particulière de sulfate de fer, obtenue avec les eaux de la mine de Fahlun, et contenant une légère proportion de pyrites, le premier flacon contenait du soufre, et le second de petits cristaux blancs plumeux, dont la quantité, à chaque distillation, ne s'élevait qu'à quelques grains. Le chlore du nitre brut donnait probablement lieu à ce dernier composé par son action sur le charbon de la fonte.

Le chlorure de carbone de Julin forme des aiguilles incolores, soyeuses, fusibles, bouillant et se sublimant entre 175 et 200° ; cependant on peut déjà le sublimer à 120° sans qu'il fonde. Il est sans saveur, mais il a une faible odeur qui rappelle celle du blanc de baleine ; à froid, cette odeur n'est presque pas sensible. Il est insoluble dans l'eau, très-soluble dans l'alcool, soluble dans l'éther et dans l'essence de térébenthine bouillante, où il cristallise par le refroidissement.

Si on le fait passer à travers un tube de porcelaine chauffé au rouge et rempli de fragments de cristal de roche, il se décompose en charbon et en chlore. Il brûle dans une bougie avec une flamme bleu verdâtre, mais il s'éteint dès qu'on retire la bougie.

L'acide nitrique, l'acide chlorhydrique, l'acide sulfurique, la potasse bouillante, ne le dissolvent ni le décomposent.

Le chlore y est sans action, même au soleil.

Sa solution alcoolique ne précipite pas le nitrate d'argent.

Le potassium brûle dans sa vapeur, avec une vive ignition, en produisant du chlorure de potassium et un dépôt de charbon.

§ 749. *Chlorure d'éthylène perchloré*[1], sesquichlorure ou perchlorure de carbone, C^4Cl^4, Cl^2. — Ce corps a été découvert en 1821 par M. Faraday. Il se produit par l'action prolongée du chlore sur le gaz oléfiant, les chlorures et les dérivés chlorés de ce

---

[1] FARADAY (1821), *Philos. Transact.*, 1821. — REGNAULT, *Ann. de Chim. et de Phys.*, LXIX, 165; LXXI, 371. — LAURENT, *ibid.*, LXIV, 328. — MALAGUTI, *ibid*, [3] XVI, 6 et 14.

gaz, ainsi que par l'action prolongée du chlore sur le chlorure d'éthyle et sur ses dérivés chlorés.

On obtient encore le sesquichlorure de carbone : par l'action d'une chaleur rouge sur le bichlorure de carbone (§ 373), par la distillation sèche de plusieurs éthers perchlorés (oxyde d'éthyle, carbonate d'éthyle, succinate d'éthyle, etc.); par l'action du chlore sur le sulfite d'éthyle au soleil , et sans doute encore sur d'autres combinaisons éthyliques.

M. Faraday prépare le sesquichlorure de carbone en exposant au soleil la liqueur des Hollandais dans un flacon rempli de chlore, et en y ajoutant de temps à autre un peu d'eau pour absorber le gaz chlorhydrique qui se produit dans la réaction. On renouvelle le chlore tant que ce gaz attaque. On lave les cristaux produits avec un peu d'eau , on les exprime entre du papier buvard, et on les sublime; on fait dissoudre le sublimé dans l'alcool, on pré- cipite par de l'eau alcaline pour enlever les dernières traces d'acide chlorhydrique, et on lave à l'eau.

Suivant M. Liebig, on peut aussi faire passer du chlore dans la liqueur des Hollandais maintenue en ébullition, tant qu'il se dé- gage de l'acide chlorhydrique; cependant toute la liqueur ne se transforme pas ainsi en cristaux de sesquichlorure; on sépare ceux-ci au moyen de la glace.

M. Laurent introduit de l'éther chlorhydrique dans un flacon rempli de chlore sec, abandonne le mélange pendant 24 heures à l'ombre, puis renouvelle le chlore, et expose la matière au soleil.

M. Regnault chauffe de l'alcool avec de l'acide chlorhydrique concentré, fait passer l'éther chlorhydrique d'abord dans l'eau et dans l'acide sulfurique pour le laver, puis dans un flacon, où il rencontre du chlore gazeux, le tout étant exposé au soleil, en été.

Le sesquichlorure de carbone se présente sous la forme d'un prisme droit rhomboïdal ∞ P, modifié par les faces $\infty \overset{\smile}{P} \infty$ et par le prisme horizontal $\overset{\smile}{P} \infty$. Angles du prisme ∞ P, $= 58°$ et $122°$, suivant M. Brooke; $= 59°$ et $121\tfrac{1}{2}°$, suivant M. Laurent[1]. Les cris- taux sont incolores, limpides, presque sans saveur, d'une odeur aromatique et camphrée , d'une densité d'environ 2,0, d'un pou- voir réfringent égal à 1,5767. Ils ont la dureté du sucre, et se laissent aisément réduire en poudre. Ils ne conduisent pas l'élec-

---

[1] Brooke, *Annals of Philos.*, XXIII, 364. — Laurent, *Revue Scientif.*, IX, 33.

tricité. Ils fondent à 160°, et entrent en ébullition à 182°, en se sublimant. Ils se vaporisent déjà à la température ordinaire. La densité de leur vapeur est égale à 8,157.

Ce corps est insoluble dans l'eau, à chaud et à froid, et se dissout au contraire dans l'alcool et surtout dans l'éther; ces dissolutions ne sont pas troublées par le nitrate d'argent. Il se dissout aussi dans les huiles grasses et les huiles essentielles.

Lorsqu'on le distille à plusieurs reprises, ou qu'on le fait passer à travers un tube de porcelaine chauffé au rouge, il se dédouble en éthylène perchloré C^4Cl^4 liquide, et en chlore gazeux.

$$C^4Cl^4,Cl^2 = C^4Cl^4 + Cl^2.$$

Chlor. d'éthyl.   Éthyl. perchl.
perchl.

Il brûle dans la flamme d'une lampe à alcool, en la colorant en rouge, et en produisant de l'acide chlorhydrique; mais il s'éteint quand on retire la flamme.

Lorsqu'on le fait fondre à une douce chaleur avec du soufre, du phosphore, ou de l'iode, il se convertit en éthylène perchloré C^4Cl^4, en cédant du chlore à ces matières.

Presque tous les métaux, chauffés dans la vapeur du sesquichlorure de carbone, se convertissent en chlorures avec dépôt de charbon; le potassium détermine cette métamorphose avec ignition.

Dirigée sur de la baryte, de la strontiane ou de la chaux chauffées au rouge, la vapeur du sesquichlorure de carbone se décompose avec ignition, en donnant du charbon, du chlorure et du carbonate. Avec l'oxyde de zinc, on obtient quelquefois du gaz chlorocarbonique; avec les oxydes d'étain, de cuivre, de mercure, et avec le peroxyde de plomb, du chlorure et du gaz carbonique.

Le sesquichlorure de carbone peut être distillé avec une solution aqueuse ou alcoolique de potasse, sans subir d'altération; mais une solution alcoolique de sulfhydrate de potasse l'attaque vivement à une douce chaleur, en développant de l'hydrogène sulfuré et en précipitant du chlorure de potassium; le mélange étant ensuite distillé donne de l'alcool chargé d'éthylène perchloré, tandis que le résidu renferme du chlorure et un corps brun sulfuré, provenant probablement d'une réaction secondaire; on a d'ailleurs :

$$C^4Cl^6 + 2KS,HS = C^4Cl^4 + 2KCl + 2HS + S^2.$$

Le sesquichlorure de carbone n'est pas attaqué par l'ammoniaque, l'acide nitrique et l'acide sulfurique. Il se dissout dans l'acide nitrique bouillant, et s'en sépare en plus grande partie par le refroidissement; le reste se précipite quand on ajoute de l'eau.

Il ne se produit pas d'acide trichloracétique lorsqu'on met le sesquichlorure en contact avec du chlore et de l'eau.

Dérivés bromés du gaz oléfiant.

§ 750. La composition et le mode de formation des dérivés bromés du gaz oléfiant sont les mêmes que pour les dérivés chlorés de ce corps.

Voici les dérivés bromés aujourd'hui connus :

Bromure d'éthylène.	C^4H^4,Br^2,
Éthylène bromé.	C^4H^3Br,
Éthylène perbromé.	C^4Br^4,
Bromure d'éthyl. perchloré. . .	C^4Gl^4,Br^2.

M. Cahours[1] indique encore l'existence des corps suivants, sans toutefois les décrire :

Bromure d'éthylène bromé. . .	C^4H^3Br,Br^2,
Éthylène bibromé.	$C^4H^2Br^2$,
Bromure d'éthylène bibromé. .	$C^4H^2Br^2,Br^2$,
Éthylène tribromé.	$C^4H\,Br^3$,
Bromure d'éthylène tribromé. .	$C^4H\,Br^3,Br^2$.

Suivant le même chimiste, les bromures d'éthylènes bromés sont d'autant mieux attaqués par une dissolution alcoolique de potasse, qu'ils renferment plus de brome; outre le bromure de potassium et l'éthylène bromé, il se produit alors des sels de potasse formés par des acides bromés qui n'ont pas encore été examinés.

§ 751. *Bromure d'éthylène*[2], hydrocarbure de brome, bromhydrate de bromure d'acétyle ou d'aldéhydène, C^4H^4,Br^2. — Lorsqu'on fait tomber goutte à goutte du brome dans du gaz oléfiant, le brome se décolore presque instantanément et se change en un liquide éthéré qu'on purifie, après l'avoir lavé à l'eau alcaline, en le distillant alternativement avec de l'acide sulfurique et de la baryte caustique.

---

[1] CAHOURS, *Compt. rend. de l'Acad.*, XXXI, 293.

[2] BALARD (1826), *Ann. de Chim. et de Phys.*, XXXII, 375. — LOEWIG, *Das Brom u. sein chem. Verhalten.*, Heidelberg, 1829, p. 47. — SÉRULLAS, *Ann. de Chim. et de Phys.*, XXXIX, 228. — DARCET, *l'Institut*, 1825, n° 105. — REGNAULT, *Ann. de Chim. et de Phys.*, LIX, 358.

C'est un liquide incolore, très-fluide, d'une saveur sucrée et d'une odeur agréable. Il tache le papier, mais ces taches disparaissent en très-peu de temps. Sa densité est de 2,163 à 21°. Il bout à 129°,5, sous la pression de 762^{mm}. Soumis à un froid de — 12 ou — 15°, il se congèle en une masse cristalline blanche, ressemblant au camphre. La densité de sa vapeur a été trouvée égale à 6,485. Il est insoluble dans l'eau, soluble dans l'alcool et l'éther. Il est attaqué par le chlore au soleil. Il ne paraît pas se décomposer par le contact prolongé avec le brome. Une dissolution alcoolique de potasse caustique le convertit en bromure et en éthylène bromé :

$$C^4H^4Br^2 = C^4H^3Br + HBr.$$

Bromure d'éthylène. Éthyl. bromé.

L'acide sulfurique concentré ne l'attaque pas sensiblement.

Le potassium l'attaque à une douce chaleur ; si l'on chauffe plus fort, il se produit une ignition.

Éthylène bromé [1], ou bromure d'aldéhydène, C^4H^3Br. — Il se produit par le dédoublement du bromure d'éthylène sous l'influence de la potasse alcoolique.

Lorsqu'on maintient à 30 ou 40° un mélange de bromure d'éthylène et de potasse alcoolique, il passe un gaz, qu'on purifie en lui faisant traverser une petite quantité d'eau, puis un long tube de chlorure de calcium ; on le condense enfin dans un récipient entouré de glace et de sel.

L'éthylène bromé est un liquide incolore, extrêmement mobile, d'une odeur alliacée et éthérée, d'une densité d'environ 1,52. Il bout déjà à la température ordinaire. La densité de son gaz est de 3,691.

Le chlore l'attaque en produisant une matière huileuse. Exposé avec du brome pendant quelques jours au soleil, il donne un liquide plus bromé.

Le potassium l'attaque à chaud avec ignition. Une solution alcoolique d'ammoniaque n'attaque pas l'éthylène bromé à 100°, dans un tube scellé à la lampe, et par un contact prolongé (Cahours).

Éthylène perbromé [2], ou bromure de carbone, C^4Br^4. — Il se produit par l'action du brome sur l'alcool et sur l'éther :

$$C^4H^6O^2 + 4 Br^2 = C^4Br^4 + 4 HBr + 2 HO.$$

Alcool.

$$C^8H^{10}O^2 + 8 Br^2 = 2 C^4Br^4 + 8 HBr + 2HO.$$

Éther.

[1] Regnault (1835), *loc. cit.*

[2] Loewig (1829), *loc. cit. Ann. der Chem. u. Pharm.*, III, 292.

On ajoute peu à peu du brome à de l'alcool de 36 degrés jusqu'à
ce que le liquide, qui s'échauffe beaucoup, se mette à bouillir vivement; après le refroidissement, on y ajoute de la potasse alcoolique de manière à le décolorer, puis de l'eau, et l'on fait évaporer
l'alcool à une douce chaleur. Il se dépose, par le refroidissement
du liquide, une huile jaune, puis de l'éthylène perbromé qu'on
dissout, pour le purifier, dans l'alcool, et qu'on précipite ensuite
par l'eau.

On peut aussi distiller de l'alcool absolu avec du brome, et agiter
avec de la potasse la couche inférieure et jaune rouge du produit
distillé qui renferme du bromure d'éthyle coloré par un excès de
brome; la liqueur décolorée se trouble au bout de quelques jours
en déposant de l'éthylène perbromé.

Enfin un autre procédé consiste à distiller une solution éthérée
de brome ayant été abandonnée pendant quelque temps; il passe
d'abord de l'acide bromhydrique, puis du bromure de carbone liquide (probablement du bromure d'éthylène); on ajoute au résidu brunâtre d'abord de la potasse, ensuite de l'eau, de manière
à précipiter des cristaux d'éthylène perbromé [1].

L'éthylène perbromé constitue des paillettes incolores et opaques,
grasses au toucher, semblables à du camphre, plus pesantes que
l'eau, peu solubles dans ce liquide, très-solubles dans l'alcool et
l'éther. Il fond à 50° en une huile incolore, et se sublime à 100° en
aiguilles nacrées. Il possède une odeur aromatique, semblable à
celle de l'éther nitreux, et une saveur épicée mordicante, avec un
arrière-goût rafraîchissant et sucré très-persistant.

Il brûle dans la flamme d'une lampe à esprit de vin, en répandant
des vapeurs bromhydriques; mais il s'éteint dès qu'on le retire de
la flamme. Le chlore l'attaque quand il est en fusion, en produisant
immédiatement du chlorure de brome.

Lorsqu'on le chauffe avec de l'oxyde de mercure, ou qu'on le fait
passer sur de l'oxyde de fer, de zinc ou de cuivre chauffé au rouge,
il donne du bromure métallique et du gaz carbonique.

Sa vapeur dirigée sur du zinc, du fer ou du cuivre chauffés au
rouge, donne du bromure métallique, sans dégagement de gaz.

L'acide sulfurique, l'acide chlorhydrique et l'acide nitrique n'y
agissent pas.

---

[1] En répétant ce dernier procédé, M. Voelckel (*Ann. der Chem. u. Pharm.*, XLI,
119) n'a obtenu rien de solide, mais seulement une huile.

Sa solution alcoolique n'est point précipitée par le nitrate d'argent, et n'est pas décomposée par l'ébullition avec la potasse.

§ 752. *Bromure d'éthylène perchloré*[1], ou bromure de chloréthose, $C^4Cl^4Br^2$. — Il se forme, suivant M. Malaguti, lorsqu'on expose l'éthylène perchloré avec du brome à la lumière directe. Il cristallise dans l'alcool en prismes droits rectangulaires isomorphes avec le chlorure d'éthylène perchloré (Nicklès). Sa densité est de 2,3 à + 21°. Il se décompose, par la chaleur, en brome et en éthylène perchloré ; les sulfures alcalins déterminent la même décomposition.

Dérivés iodés du gaz oléfiant.

§ 753. On ne connaît que l'iodure d'éthylène et l'éthylène iodé.

Iodure d'éthylène[2], C^4H^4,I^2. — Il se produit par la combinaison directe du gaz oléfiant avec l'iode, ou par l'action de la chaleur sur l'iodure d'éthyle :

$$2\,C^4H^5I = C^4H^4I^2 + C^4H^4 + H^2.$$
Iod. d'éthyle   Iod. d'éthylène.   Gaz oléfiant.

M. Faraday le prépare en remplissant un flacon de gaz oléfiant, et en y introduisant ensuite de l'iode ; après avoir bouché le flacon, il l'expose aux rayons directs du soleil. L'iode absorbe le gaz peu à peu, en produisant une combinaison cristalline. La réaction terminée, on ouvre le flacon, et l'on verse sur le produit une faible lessive de potasse pour enlever l'excédant d'iode. On lave ensuite le produit avec de l'eau, et on le fait cristalliser dans l'alcool bouillant.

M. Regnault chauffe de l'iode dans un matras à long col, au bainmarie, entre + 50 et 60°, et y fait arriver le gaz oléfiant pur. L'iode fond, absorbe le gaz, et toute la masse finit par se transformer en un corps jaune ou blanc, qui se sublime en grande partie, et qu'on purifie comme précédemment.

Suivant M. E. Kopp, on fait passer des vapeurs de l'iodure d'éthyle (éther iodhydrique) à travers un tube de porcelaine incandescent. On condense les produits dans un récipient bien refroidi : l'iodure d'éthylène qui s'y dépose étant encore

---

[1] MALAGUTI (1844), *Ann. de Chim. et de Phys.*, [3] XVI, 14.

[2] FARADAY (1821), *Annals of Philos.*, XVIII, 118. *The Quart. Journ. of Sc.*, XIII, 429.—REGNAULT, *Ann. de Chim. et de Phys.*, LIX, 367. — DARCET, *l'Institut*, 1835, n° 105. — E. KOPP, *Journ. de Pharm.*, [3]. VI, 110.

souillé d'iode, on le traite par la potasse et on le fait cristalliser dans l'alcool bouillant.

L'iodure d'éthylène forme de longues aiguilles soyeuses, des prismes ou des tables incolores, flexibles, d'une odeur éthérée pénétrante qui cause des maux de tête, et d'une saveur douceâtre. Il fond, à 73°, en une huile jaunâtre qui se prend par le refroidissement en une masse cristalline.

Il peut se sublimer dans une atmosphère de gaz oléfiant ; mais, à + 85°, il se décompose, tant à l'air que dans le vide, en iode libre et en gaz oléfiant. Il se décompose aussi peu à peu sans le concours de la chaleur ; il jaunit surtout sous l'influence de la lumière.

Il est insoluble dans l'eau ; mais il se dissout dans l'alcool, en proportion moindre cependant que le chlorure et le bromure d'éthylène.

Il ne brûle que dans la flamme d'une lampe à esprit-de-vin, en dégageant de l'iode et de l'acide iodhydrique.

L'acide sulfurique concentré le décompose entre 150 et 200°. L'acide nitrique concentré dégage immédiatement des vapeurs nitreuses, en séparant de l'iode.

Bouilli avec de la potasse aqueuse et concentrée, il se vaporise en grande partie sans altération ; une petite quantité seulement se dédouble en gaz oléfiant et en iode.

Lorsqu'on le fait bouillir avec une solution alcoolique de potasse, il se dédouble entièrement, soit en gaz oléfiant et en iode, soit en éthylène iodé et en acide iodhydrique.

Le potassium l'attaque déjà à une douce chaleur.

Lorsqu'on y fait passer du chlore, il s'échauffe, et donne du chlorure d'éthylène, ainsi que des cristaux jaunes de chlorure d'iode ; le brome produit, de même, du bromure d'éthylène et du bromure d'iode.

Chauffé avec du *cyanure de mercure*, l'iodure d'éthylène donne de l'iodure de mercure, de l'iodure de cyanogène et du gaz combustible. Une solution alcoolique d'iodure d'éthylène donne avec le cyanure de mercure des aiguilles blanches, fusibles, résistant à 80°, et se décomposant par une plus forte chaleur en iodure de mercure, iodure de cyanogène et gaz oléfiant. Ce produit renferme probablement $C^4H^4I^2,CyHg$ (E. Kopp).

Éthylène iodé [1], ou iodure d'aldéhydène, C^4H^3I. — On distille

<hr>

[1] REGNAULT (1835), *loc. cit.* — E. KOPP, *Compt. rend. de l'Acad.*, XVIII, 871.

l'iodure d'éthylène avec une solution alcoolique et concentrée de potasse, en ayant soin de refroidir beaucoup le récipient, et l'on ajoute au liquide distillé de l'eau, qui sépare l'éthylène iodé.

C'est un liquide incolore, d'une odeur alliacée très-forte; il est insoluble dans l'eau, très-soluble dans l'alcool et l'éther. Il bout à 56°; sa densité est de 1,98. Les acides sulfurique, chlorhydrique et nitrique ne l'attaquent point à froid. L'acide nitrique fumant le décompose en dégageant de l'iode et des vapeurs rutilantes.

Dérivés sulfurés du gaz oléfiant.

§ 754. Lorsqu'on fait agir les sulfures alcalins sur le chlorure d'éthylène, il se produit, par double décomposition, du chlorure de potassium, et l'on obtient des composés sulfurés[1] dont voici les formules :

$$\text{Sulfure d'éthylène} \ldots \ldots C^4H^4S^2,$$
$$\text{Sulfhydrate d'éthylène} \ldots C^4H^4S^2, 2\,HS,$$
$$\text{Bisulfure d'éthylène} \ldots \ldots C^4H^4S^4.$$

§ 755. *Sulfure d'éthylène*, ou monosulfure d'éthérine, $C^4H^4S^2$. — Lorsqu'on abandonne à l'air une solution alcoolique de monosulfure de potassium contenant de la liqueur des Hollandais (chlorure d'éthylène), il se dépose un précipité blanc, qui est le sulfure d'éthylène.

C'est une poudre amorphe, insoluble dans l'eau, très-peu soluble dans l'alcool. Elle se détruit par la chaleur en donnant des produits sulfurés.

MM. Lœwig et Weidmann expliquent la formation du sulfure d'éthylène, en admettant la production préalable de la combinaison $C^4H^4S^2, 2\,KS$, qui se détruirait par l'action de l'air.

Lorsqu'on met une solution alcoolique de monosulfure de potassium en contact avec la liqueur des Hollandais à l'abri complet de l'air, le mélange se colore en rouge clair au bout de quelque temps, sans qu'il se forme de précipité, même après plusieurs semaines. Si l'on éloigne l'alcool par la distillation, il reste un sel brun et déliquescent qui répand une odeur très-fétide. La solution aqueuse de ce produit, étant saturée par un acide, dégage de l'hydrogène sulfuré, et dépose un corps jaunâtre; celui-ci fond en une résine brune et huileuse déjà au-dessous de 100°.

---

[1] Lœwig et Weidmann, *Annal. de Poggend.*, XLVI, 84; XLIX, 123.

§ 756. *Sulfhydrate d'éthylène*, ou sulfhydrate de sulfure d'é-laïle, $C^4H^6S^4 = C^4H^4S^2$, 2 HS. — Lorsqu'on mélange une solution alcoolique de sulfhydrate de potasse avec la liqueur des Hollandais, à l'abri de l'air, il se produit bientôt beaucoup de chlorure de potassium; le liquide reste incolore et prend une odeur fort désagréable. Par la distillation, il s'en dégage un peu d'hydrogène sulfuré, en même temps qu'il passe un liquide alcoolique.

Après avoir été traité par un peu d'acétate de plomb qui enlève l'hydrogène sulfuré, cette solution présente une odeur très-fétide. Étendue d'eau, elle donne avec les sels ferriques un précipité vert, avec les sels de cuivre un précipité bleu, avec les sels de plomb un précipité jaune de soufre et devenant bleu au bout de quelque temps. Les sels d'argent en sont précipités en jaune, le sublimé corrosif en blanc, le perchlorure d'or et le bichlorure de platine en jaune.

L'eau ne trouble pas la solution alcoolique, mais à l'air celle-ci devient peu à peu laiteuse.

Le *sel de plomb* a donné à l'analyse les relations $C^4H^4Pb^2S^4 = C^4H^4S^2$, 2 PbS, combinaison de sulfure d'éthylène et de sulfure de plomb.

§ 757. *Bisulfure d'éthylène*, ou bisulfure d'éthérine, $C^4H^4S^4$. — Lorsqu'on abandonne dans un vase bouché la liqueur des Hollandais avec la solution alcoolique du bisulfure de potassium (obtenu par la calcination du sulfate de potasse avec le charbon) le mélange dépose, au bout de quelques jours, une poudre blanche, fusible un peu au-dessus de 100°, et d'une saveur douceâtre.

Ce produit constitue le bisulfure d'éthylène. Il donne à la distillation des gaz inflammables et un liquide sulfuré, en laissant un charbon également sulfuré. La potasse concentrée et bouillante ne l'attaque presque pas.

§ 758. Selon MM. Loewig et Weidmann, on obtiendrait aussi un *quintisulfure d'éthylène* en traitant la liqueur des Hollandais par une solution alcoolique de trisulfure ou de quintisulfure de potassium. C'est une poudre blanche, semblable aux corps sulfurés précédents. La potasse ne l'attaque presque pas.

Lorsqu'on chauffe avec de l'acide nitrique dilué l'un ou l'autre des corps sulfurés précédents, il se produit, outre de l'acide sulfurique, un acide particulier donnant des sels solubles. On évapore au bain-marie, on étend d'eau, on évapore de nouveau pour chasser l'acide nitrique, on sature par le carbonate de baryte, et l'on concentre par l'évaporation. Le sel de baryte s'obtient ainsi en cristaux incolores, qui ne perdent pas d'eau à 140°; par une plus forte chaleur, il donne de l'eau, des produits empyreumatiques, contenant de l'acide sulfureux et du soufre, en laissant un mélange de sulfate de baryte et de charbon.

M. Loewig a trouvé dans ce sel de baryte :

Carbone.	7,25	7,33
Hydrogène.	1,79	1,67
Soufre.	20,53	21,20
Oxygène.	30,11	29,45
Baryte.	40,32	41,35
	100,00	100,00

Il déduit de ces résultats les rapports, $C^4H^6O^{14}S^5$, 2 BaO, qui ne présentent aucune vraisemblance.

Quand on décompose ce sel de baryte par une quantité convenable d'acide sulfurique, on obtient ce que le même chimiste appelle l'acide *sulfoparacétylo-sulfurique*.

Tout ce sujet est à reprendre, les analyses sur lesquelles ont été calculées les formules des sulfures d'éthylène n'étant pas fort concordantes.

Dérivés sulfuriques du gaz oléfiant.

§ 759. Le gaz oléfiant se combine avec l'acide sulfurique anhydre en produisant l'*acide éthionique anhydre;* l'eau transforme celui-ci en *acide éthionique hydraté*, et la solution de ce dernier se convertit par l'ébullition en acide iséthionique :

Acide éthionique anhydre. $C^4H^4S^4O^{12} = C^4H^4$, 4 SO³ ;

Acide éthionique. . . . . $C^4H^6S^4O^{14} = C^4H^4$, 4 SO³, 2 HO ;

Acide iséthionique. . . . . $C^4H^6S^2O^8 = C^4H^4$, 2 SO³, 2 HO.

L'acide éthionique est bibasique, et l'acide iséthionique monobasique.

§ 760. *Acide éthionique anhydre*[1], ou sulfate de carbyle $C^4H^4S^4O^{12} = C^4H^4$, 4 SO³. — Pour obtenir ce composé avec le gaz oléfiant, on fait arriver ensemble ce gaz et les vapeurs de l'acide sulfurique anhydre dans un tube recourbé en U : les cristaux

[1] REGNAULT (1837), *Ann. de Chim. et de Phys.*, LXV, 98. — MAGNUS, *Ann. de Poggend.*, XLVII, 509.

d'acide éthionique anhydre se produisent en même temps que la température s'élève considérablement.

Le même corps peut s'obtenir avec l'alcool. Lorsqu'on fait absorber de l'acide sulfurique anhydre par de l'alcool absolu, il se forme dans ce liquide, sous l'influence de circonstances particulières, des cristaux blancs, soyeux, quelquefois parfaitement conformés. On les obtient de la manière suivante : on prépare l'acide sulfurique anhydre en distillant de l'acide de Nordhausen, dont on condense les vapeurs dans un récipient refroidi avec de la glace ; puis on ferme le récipient avec un bouchon de verre, après y avoir placé un petit tube contenant de l'alcool absolu. Il est très-rare qu'on obtienne immédiatement les cristaux ; souvent il faut mettre le tube avec l'alcool dans un second vase avec de nouvel acide sulfurique, et même dans un troisième. La formation des cristaux a lieu sans dégagement d'acide sulfureux ; on en trouve aussi dans le récipient, mais mélangés avec de l'acide sulfurique anhydre dont il est difficile de les dépouiller. On les place sur une brique légèrement échauffée et on les porte ainsi dans le vide sur de l'acide sulfurique concentré, où on les laisse pendant plusieurs jours, jusqu'à ce qu'ils ne fument plus à l'air.

On n'obtient pas l'acide éthionique anhydre en traitant l'oxyde d'éthyle (l'éther ordinaire) par l'acide sulfurique anhydre ; il se produit toujours, dans cette réaction, du sulfate d'éthyle.

Les cristaux de l'acide éthionique anhydre fondent à 80°, et tombent à l'air en déliquescence. Ils se mélangent à l'eau et à l'alcool avec dégagement de chaleur, mais l'évaporation ne les sépare plus de leur dissolution : en effet, ils fixent alors 2 atomes d'eau, en se transformant en acide éthionique hydraté.

Si la chaleur produite par la réaction est trop forte, on obtient en même temps de l'acide iséthionique,

$$\text{C}^4\text{H}^6\text{S}^4\text{O}^{14} + 2\,\text{HO} = \text{C}^4\text{H}^6\text{S}^2\text{O}^8 + 2\,(\text{SO}^3,\text{HO}).$$
Ac. éthioniq.   Ac. iséthion.   Ac. sulfuriq.

§ 761. *Acide éthionique*[1], $\text{C}^4\text{H}^6\text{S}^4\text{O}^{14} = \text{C}^4\text{H}^4, 2\,\text{HO}, 4\,\text{SO}^3$. — Il se produit lorsqu'on dissout dans l'eau froide les cristaux d'acide éthionique anhydre, ou qu'on étend d'eau froide l'alcool absolu ou l'éther préalablement saturé d'acide sulfurique anhydre.

On peut l'obtenir en solution en décomposant son sel de ba-

<hr>

[1] MAGNUS (1833), *Ann. de Poggend.*, XXVII, 378 ; XLVII, 514. — MARCHAND, *ibid.*, XXXII, 466.

ryte par une proportion convenable d'acide sulfurique dilué. Mais cette solution ne peut pas être évaporée, même dans le vide sec, sans qu'elle s'altère. Chauffée à 100°, elle se décompose, lors même qu'elle est très-étendue, en acide iséthionique et en acide sulfurique.

§ 762. Les *éthionates* paraissent contenir, à l'état sec :

Éthionates neutres. . . $C^4H^4M^2S^4O^{14} = C^4H^4, 2\,MO, 4\,SO^3$.

D'après la formule précédente, l'acide éthionique constitue un acide bibasique.

Les éthionates sont solubles dans l'eau, et sont en général précipités de leur solution par l'alcool. Soumis à la distillation sèche, ils dégagent des produits empyreumatiques, ainsi que de l'acide sulfurique, en laissant un résidu charbonneux, mêlé de sulfate.

Le *sel d'ammoniaque* cristallise très-facilement.

Le *sel de potasse*, $C^4H^4K^2S^4O^{14} + $ aq., se prépare avec le sel de baryte et le sulfate de potasse. Il cristallise très-facilement et ne perd rien dans le vide sec. Il ne donne point d'eau lorsqu'on le chauffe, si ce n'est en se décomposant. A une haute température, il se boursoufle et noircit; chauffé dans un tube de verre, il donne un sublimé de soufre. Lorsqu'on le chauffe avec de l'hydrate de potasse, il donne du sulfate et du sulfite, dont les proportions varient d'ailleurs suivant les conditions où l'on opère.

Le *sel de soude*, $C^4H^4Na^2S^4O^{14} + 2$ aq., s'obtient avec le sel de baryte et le sulfate de soude. Les cristaux ne perdent rien dans le vide, ni lorsqu'on les chauffe à 150°; il paraît néanmoins, d'après l'analyse de M. Magnus, qu'ils renferment 2 at. d'eau de cristallisation, qui ne s'en dégage pas sans que le sel s'altère.

Le *sel de baryte*, $C^4H^4Ba^2S^4O^{14} + $ aq., s'obtient en ajoutant d'abord de l'alcool absolu aux cristaux d'acide éthionique anhydre, puis de l'eau, en ayant soin que le liquide ne s'échauffe pas; ensuite on sature par du carbonate de baryte. On évapore la solution à une température inférieure à 100°, jusqu'à ce que la précipitation commence; on la complète en ajoutant de l'alcool absolu de manière que la liqueur acquière une densité de 0,9, et on lave le précipité avec de l'alcool faible. Il est nécessaire de redissoudre le sel ainsi obtenu et de le précipiter de nouveau par l'alcool; il est d'ailleurs assez difficile de l'obtenir parfaitement pur, et surtout exempt d'iséthionate.

Le sel séché à l'air perd dans le vide 4,24 p. c. $= 1$ at. d'eau

(Marchand); une température de 100° le décompose déjà. A une plus haute température, il dégage de l'acide sulfurique et une substance particulière d'une odeur empyreumatique; le résidu noir contient du sulfate et du sulfure de baryum. Chauffé dans un tube de verre, l'éthionate de baryte donne un sublimé de soufre.

Il se dissout dans environ 10 parties d'eau à 20°; la dissolution étendue peut être mise en ébullition sans qu'elle se décompose, ce qui n'a pas lieu si elle est concentrée. Sa solution aqueuse est précipitée par l'alcool.

Le *sel de chaux* ne cristallise pas.

Le *sel de cuivre* cristallise difficilement.

Le *sel de plomb* est incristallisable.

§ 763. M. Liebig [1] a décrit, sous le nom de *méthionate de baryte*, un sel qui présente une grande analogie avec l'éthionate à même base. Voici comment il s'obtient : on sature l'éther par l'acide sulfurique anhydre sans refroidir le mélange ; on étend d'eau la solution acide, on la fait bouillir tant qu'elle dégage des vapeurs d'alcool, on sature par le carbonate de baryte, on concentre par l'évaporation la liqueur filtrée, et on la précipite par un volume d'alcool égal au volume de la liqueur. Le méthionate de baryte se précipite ainsi : on n'a plus qu'à le laver à l'alcool et à le purifier par de nouvelles cristallisations dans l'eau.

En décomposant ce sel par de l'acide sulfurique, on obtient l'acide méthionique. La solution de ce corps est fort acide, et peut être bouillie sans qu'elle se décompose.

Suivant M. Wetherill, l'acide méthionique se produit aussi, en même temps que l'acide éthyl-sulfurique et son isomère, l'acide iséthionique, lorsqu'on fait bouillir avec de l'eau le sulfate d'éthyle.

Le méthionate de baryte cristallise en lames incolores, transparentes, d'un grand éclat, et anhydres comme le chlorate de potasse. Il se dissout dans 40 p. d'eau froide, et plus aisément dans l'eau bouillante ; la solution ne précipite pas les autres sels métalliques. Il est insoluble dans l'alcool. Chauffé à 100°, il ne perd pas de son poids ; mais, à une température plus élevée, il se colore, et se convertit en sulfate de baryte, en dégageant de l'eau, de l'acide sulfureux et du soufre. Il se décompose lorsqu'on le fait fondre avec l'hydrate de potasse ; le résidu ne renferme pas de sulfite.

<hr>

[1] LIEBIG (1835), *Ann. der Chem. u. Pharm.*, XIII, 35. — REDTENBACHER, *ibid.*, XXXIII, 356. — WETHERILL, *ibid.*, LXVI, 122.

M. Liebig représente le méthionate de baryte par les rapports $CH^3O, BaO, 2SO^3$; cette formule s'accorde assez bien avec les analyses, mais elle ne rend pas compte du mode de formation du sel. Voici les résultats de l'analyse :

	Liebig.		Redtenbacher.		Wetherill.	Compos. de l'éthion. de baryte supposé sec.
Carbone.	3,58	»	11,63	3,42	2,78	7,0
Hydrogène. . . .	1,80	»	1,81	1,78	1,93	1,2
Baryte.	43,75	43,89	»	»	44,25	44,7
Soufre.	»	»	18,60	»	»	18,8

On remarque que les dosages du soufre et de la baryte s'accordent sensiblement avec la formule de l'éthionate de baryte supposé sec. Les deux analyses de M. Redtenbacher ne s'accordent pas entre elles pour le carbone, mais ce chimiste attribue l'excédant obtenu à la première analyse à un dégagement d'acide sulfureux.

Si l'on considère que l'acide méthionique se produit par l'action de l'eau sur le sulfate d'éthyle, on est conduit à penser que cet acide n'est peut-être qu'un isomère de l'acide éthionique. Au reste, le méthionate de baryte est, comme l'éthionate, insoluble dans l'alcool, et, comme ce sel, il dégage du soufre par la distillation sèche.

§ 764. *Acide iséthionique*[1], $C^4H^6S^2O^8 = C^4H^4, 2HO, 2SO^3$. — Ce corps, isomère de l'acide éthyl-sulfurique (§ 803) se produit par l'ébullition de l'acide éthionique (§ 761).

Il se forme aussi par l'action prolongée de l'acide sulfurique sur l'alcool; on le trouve dans les résidus de la préparation de l'éther. L'éther lui-même donne de l'acide iséthionique par l'action prolongée de l'acide sulfurique concentré.

Pour préparer l'acide iséthionique, on dirige doucement les vapeurs de l'acide sulfurique anhydre dans de l'alcool absolu, maintenu dans un mélange réfrigérant de sel marin et de glace, de manière à obtenir un liquide jaunâtre et huileux; puis on y ajoute de l'eau et l'on fait bouillir pendant quelque temps. Ensuite on sature la liqueur par du carbonate de baryte. Si l'addition de l'eau se fait peu à peu et qu'on ne porte pas le liquide en ébullition, on obtient de l'éthionate, mais point d'iséthionate.

On peut préparer le même produit en saturant l'éther par de l'acide sulfurique anhydre; l'eau ajoutée au mélange en sépare l'éther

[1] Magnus (1833), *Ann. der Chem. u. Pharm.*, VI, 162. — Liebig, *ibid.*, XIII, 32; XXV, 39. — Regnault, *Ann. de Chim. et de Phys.*, LXV, 98. — Woskresensky, *Ann. der Chem. u. Pharm.*, XXV, 113. — Berzélius, *ibid.*, XXVIII, 5.

excédant, chargé d'huile de vin pesante ; la dissolution, chauffée jusqu'à l'ébullition, abandonne d'abord de l'éther, puis beaucoup d'alcool, et ne contient enfin que de l'acide sulfurique et de l'acide iséthionique.

L'iséthionate de baryte donne les autres iséthionates, par double décomposition avec des sulfates solubles.

Pour obtenir l'acide iséthionique, on décompose avec précaution le sel de baryte par une dose convenable d'acide sulfurique étendu, et l'on évapore le liquide filtré, d'abord à une douce chaleur, puis dans le vide sur l'acide sulfurique.

L'acide iséthionique est un liquide visqueux, très-acide, qui décompose le sel marin, ainsi que les acétates. Il supporte une température de 150° sans se décomposer; mais il noircit par une plus forte chaleur.

Il donne avec les oxydes métalliques des sels solubles et cristallisables.

§ 765. Les *iséthionates* se représentent d'une manière générale par la formule :

Iséthionates neutres. . . $C^4H^5MS^2O^8 = C^4H^4,HO,MO, 2SO^3$.

Ces sels se distinguent de leurs isomères, les éthyl-sulfates ou sulfovinates, par une grande stabilité; on peut, en général, chauffer à 200° les iséthionates sans qu'ils se décomposent. Lorsqu'on fait fondre un iséthionate avec de la potasse caustique, il se dégage de l'hydrogène, tandis qu'il reste un mélange de carbonate, d'oxalate, de sulfate et de sulfite. La nature et la proportion de ces produits varient suivant la température à laquelle on chauffe le mélange.

Le *sel d'ammoniaque*, $C^4H^5(NH^4)S^2O^8$, constitue des octaèdres très-bien déterminés, qui conservent leur transparence dans le vide, et n'éprouvent pas de perte à 120°.

Le *sel de potasse*, $C^4H^5KS^2O^8$, constitue des prismes rhomboïdaux, inaltérables à l'air, et qui peuvent être chauffés à 300° sans se décomposer. Le sel fond, entre 300° et 350°, en un liquide qui se prend par le refroidissement en une masse fibreuse, semblable à de la porcelaine. Il cristallise aisément dans l'alcool bouillant.

Le *sel de baryte*, $C^4H^5BaS^2O^8$, s'obtient en saturant par du carbonate de baryte la dissolution bouillante du produit de l'action sulfurique anhydre sur l'alcool ou sur l'éther. La solution donne par la concentration des tables hexagones et transparentes; ces cristaux ne renferment pas d'eau de cristallisation, et peuvent être chauffés à 300° sans éprouver la moindre perte. Ils fondent à 320°, en un liquide incolore. Le sel se détruit par une plus forte chaleur, en noircissant et en se boursouflant considérablement, de manière à prendre plus de 100 fois son volume primitif; en même temps il dégage un liquide d'une odeur pénétrante particulière.

Le *sel de cuivre*, $C^4H^5CuS^2O^8$ + 2 aq., forme des prismes droits à base rhombe, avec biseau reposant sur les angles aigus, d'un vert pâle. Il blanchit par le dessiccation à 140°, en perdant 19,7 p. c. d'eau de cristallisation.

ÉTHYLE.

Composition : $C^8H^{10} = C^4H^5, C^4H^5$.

§ 766. Cet hydrocarbure [1] qui représente le métal des combinaisons éthyliques, se produit par la réaction de l'iodure d'éthyle et du zinc métallique :

$$2 C^4H^5I + Zn^2 = 2 ZnI + C^8H^{10}.$$

Comme l'iodure d'éthyle n'est attaqué par le zinc qu'à une température supérieure à son point d'ébullition, il faut faire la réaction sous une certaine pression. M. Frankland prend un tube de verre de Bohême de 1,3 millimètre d'épaisseur, 10 millim. de diamètre, et environ 34 centim. de longueur; il le ferme par un bout à l'aide du chalumeau, et en ayant soin de lui conserver partout une égale épaisseur, puis il y introduit du zinc granulé et étire l'extrémité ouverte, de manière à donner à l'effilure l'épaisseur d'une paille. Cette partie du tube étant ensuite recourbée à angle droit, on introduit l'éther iodhydrique par aspiration, on fait le vide jusqu'à ce que le liquide entre en ébullition, et enfin, à l'aide du chalumeau, on dessoude le tube capillaire à la naissance du gros tube. L'appareil ainsi privé d'air est placé dans un bain d'huile. Le zinc décompose l'éther iodhydrique à environ 150°; la décomposition avance rapidement si le métal présente une grande surface. Le zinc et les parois internes du tube se tapissent de cristaux blancs, et il reste un liquide incolore, très-mobile, n'occupant plus que la moitié du volume de l'éther employé. Au bout de deux heures de traitement on laisse refroidir, et l'on brise la pointe capillaire sous l'eau. Le liquide contenu dans le tube disparaît alors, en se réduisant à l'état de gaz (en-

---

[1] FRANKLAND (1849), *Ann. der Chem. u. Pharm*, LXXI, 171.

viron 40 fois le volume du tube). On laisse reposer le gaz pendant 24 heures sur l'eau, afin de faire absorber les vapeurs d'éther iodhydrique qui n'auraient pas été décomposées. Le gaz est de l'éthyle, mélangé de gaz oléfiant et d'hydrure d'éthyle ($C^4H^4 + C^4H^6 = C^8H^{10}$) provenant d'une métamorphose secondaire. Comme l'éthyle est moins volatil que ces derniers gaz, on parvient à l'obtenir à l'état de pureté, en ne recueillant que les dernières portions du gaz qui se développe, après l'ouverture du tube, par l'ébullition du liquide qu'il renferme.

L'éthyle pur est un gaz incolore doué d'une odeur légèrement éthérée, provenant peut-être d'une trace de substance étrangère. Il brûle avec une flamme très-éclairante. Sa densité est de 2,00394 Il résiste à une température de — 18° c., mais, sous une pression de 2 $^1/_4$ atmosphères, il se liquéfie déjà à + 3° c. pour reprendre l'état gazeux dès que la pression a cessé.

Insoluble dans l'eau, il est très-soluble dans l'alcool ; à une température de 14°, 2 c. et sous une pression de 744^{mm}, 8, 1 volume d'alcool absolu en absorbe 18,13 volumes. Lorsqu'on verse quelques gouttes d'eau dans cette dissolution, le liquide devient laiteux et le gaz ne tarde pas à se dégager.

L'acide sulfurique fumant est sans action sur l'éthyle ; l'acide nitrique concentré et l'acide chromique ne le modifient pas sensiblement. Le soufre et l'iode ne s'y unissent pas, même quand on chauffe. Le soufre le décompose ; il se forme de l'hydrogène sulfuré, et il se dépose du charbon dès que la température approche du rouge.

Mêlé à un demi-volume d'oxygène et dirigé sur l'éponge de platine, il ne se modifie pas à la température ordinaire ; par une chaleur légère, l'éponge devient rouge, il se dépose un peu de charbon, et il se forme de l'eau, ainsi qu'un gaz, probablement de l'hydrure de métyle.

L'éthyle n'est pas absorbé par le perchlorure d'antimoine, même quand on fait intervenir les rayons solaires. Le chlore n'y agit pas dans l'obscurité, mais à la lumière diffuse il y a décomposition immédiate ; le volume de l'éthyle diminue et il se forme un liquide incolore.

Le brome n'agit sur l'éthyle que sous l'influence des rayons solaires et d'une légère chaleur.

HYDRURE D'ÉTHYLE.

Composition : $C^4H^6 = C^4H^5,H$.

§ 767. Cet hydrocarbure[1] se produit par la réaction de l'iodure d'éthyle et du zinc, en présence de l'eau.

$$2\,C^4H^5I + Zn^2 + 2\,HO = 2\,(ZnI,ZnO) + 2\,C^4H^6;$$

Sous-iodure de zinc.   Hydr. d'éthyle.

ou par l'action de l'eau sur l'éthylure de zinc,

$$C^4H^5Zn + 2\,HO = ZnO,HO + C^4H^6.$$

Hydrate de zinc.   Hydr. d'éthyle.

On l'obtient aussi par l'action du potassium sur le cyanure d'éthyle (§ 202).

La meilleure manière de préparer l'hydrure d'éthyle consiste à enfermer un mélange de parties égales d'éther iodhydrique et d'eau avec de la grenaille de zinc dans un tube de verre fort, et, après avoir fermé le tube au chalumeau, à l'exposer à la chaleur d'un bain d'huile. (Voy. la préparation de l'éthyle, § 766.) Pour se garantir des explosions, M. Frankland entoure son appareil d'une cage en bois ouverte par derrière, et munie par devant d'une vitre double qui permet de surveiller la marche de l'opération. La décomposition est beaucoup plus rapide qu'avec l'éther iodhydrique anhydre. Le liquide contenu dans le tube s'épaissit, et ne tarde pas à se prendre en une masse blanche et amorphe de sous-iodure de zinc. Au bout de deux heures, on retire le tube du bain, et on l'ouvre sous l'eau. L'hydrure d'éthyle se dégage alors avec violence. La quantité d'éther iodhydrique qui convient à un tube de la dimension indiquée ne doit pas aller au delà de $3\frac{1}{2}$ grammes, et la température ne doit pas dépasser 180°. Un seul tube fournit 300 c. c. de gaz.

Lorsqu'on veut préparer l'hydrure d'éthyle au moyen du cyanure d'éthyle, on décompose cet éther par le potassium dans un appareil particulier. Celui-ci consiste en un ballon fermé par un bouchon percé de deux trous ; l'un de ces trous reçoit une sorte de pipette à pointe recourbée par le bas. Cet instrument, destiné à recevoir l'éther cyanhydrique, peut être fermé à volonté au moyen d'un robinet, adapté à sa branche supérieure. La décomposition s'opère dans le ballon, et le gaz se dégage à travers le tube engagé dans

[1] FRANKLAND et KOLBE (1848), *Ann. der. Chem. u. Pharm.* LXV, 269. — KOLBE. *ibid.*, LXIX, 279. — FRANKLAND, *ibid.*, LXXI, 203 et 213.

l'autre trou du bouchon ; ce tube débouche sous une cloche remplie d'eau bouillie. Les premières gouttes d'éther cyanhydrique qui
tombent sur le potassium déterminent une réaction très-vive ; on
perd les premières portions de gaz pour laver le ballon, et, quand on
s'est assuré que tout l'air est chassé, on introduit le tube de dégagement sous la cloche. Quand l'opération est terminée, on laisse le
gaz reposer sur l'eau pendant quelques heures, et même pendant un
jour, pour donner à l'eau le temps d'absorber les vapeurs d'éther
cyanhydrique. Le résidu, dans le ballon, renferme du cyanure de
potassium ainsi qu'un alcaloïde, polymère de l'éther cyanhydrique, la *cyanéthine* (§ 202).

L'hydrure d'éthyle constitue un gaz incolore, inodore, permanent
à 18° au-dessous de zéro. Sa densité a été trouvée égale à 1,075. Il
est insoluble dans l'eau ; l'alcool en absorbe 1,13 fois son volume.

L'acide sulfurique concentré n'y agit pas.

Ni le soufre ni l'iode ne se combinent avec lui, quand on les y
chauffe.

Il absorbe son volume de chlore, à la lumière diffuse, en produisant un mélange de volumes égaux d'hydrure de chloréthyle et de
gaz chlorhydrique,

$$C^4H^6 + Cl^2 = C^4H^5Cl + HCl.$$
Hydr. d'éthyl.   Hydr. d'éth.
                      chloré.

En présence d'un excès de chlore et sous l'influence solaire, il
donne des cristaux qui paraissent être le chlorure d'éthylène perchloré (sesquichlorure de carbone).

Il n'est point absorbé par le perchlorure d'antimoine.

Dérivés métalliques de l'hydrure d'éthyle.

§ 768. *Éthylure de zinc* [1], ou zinc-éthyle, C^4H^5Zn. — Il s'obtient, comme son homologue méthylique, par la réaction du zinc
métallique et de l'iodure d'éthyle. C'est un liquide incolore, transparent, très-réfringent, et d'une odeur particulière et pénétrante.
Il est moins volatil que le méthylure de zinc, et se décompose au

[1] FRANKLAND (1849), *Ann. der Chem. u. Pharm.*, LXXI, 214 ; LXXXV, 360.

contact de l'eau en hydrure d'éthyle et en hydrate de zinc :

$$\left.\begin{array}{c} C^4H^5 \\ Zn \end{array}\right| + \left.\begin{array}{c} H\ O \\ H\ O \end{array}\right|$$

Éthyl. de zinc.   Eau.

$$= \left.\begin{array}{c} C^4H^5 \\ H \end{array}\right| + \left.\begin{array}{c} ZnO \\ HO \end{array}\right|$$

Hydr. d'éthyle. Hydr. de zinc.

L'éthylure de zinc se combine directement avec le chlore, le brome et l'iode.

Lorsqu'on lui fait lentement absorber de l'oxygène, il se transforme en un oxyde blanc et amorphe. Il ne s'enflamme au contact de l'air que s'il y est exposé en quantité un peu notable.

Dérivés chlorés de l'hydrure d'éthyle.

§ 769. *Hydrure de chloréthyle* [1], C^4H^5Cl. — L'hydrure d'éthyle absorbe son volume de chlore, en produisant 1 vol. de gaz chlorhydrique, et 1 vol. d'hydrure de chloréthyle. Celui-ci constitue un gaz qui ne se condense pas même à — 18°. Il est isomère du chlorure d'éthyle. L'eau en absorbe environ deux fois plus que de chlorure d'éthyle. Il brûle avec la même flamme que ce dernier.

ALCOOL OU HYDRATE D'ÉTHYLE.

Composition : $C^4H^6O^2 = C^4H^5O,HO$.

§ 770. Ce corps, qui a donné son nom à toute une classe de composés organiques, a été découvert, dit-on, par Arnauld de Villeneuve, médecin célèbre qui vivait à Montpellier vers l'an 1300. Th. de Saussure [2] en a le premier fait l'analyse exacte.

C'est un produit de la fermentation du sucre, ou plutôt du glucose (§ 981); on l'obtient en soumettant à la distillation les liquides sucrés qui ont éprouvé la fermentation spiritueuse; cette opération se pratique en grand sur les vins (de là le nom d'*esprit-de-vin*), ainsi que sur des liqueurs fermentées préparées avec la pomme de terre ou avec certaines céréales.

On obtient l'alcool à l'état de pureté (*alcool absolu*) en soumet-

[1] FRANKLAND et KOLBE (1848), *Ann. der Chem. u. Pharm.*, LXV, 269.

[2] TH. DE SAUSSURE, *Journ. de Phys., de Chim., d'hist. natur. et des arts.*, LXIV, 316. *Annales de Chimie*, XLII, 225; LXXXIX, 273. — GAY-LUSSAC, *ibid.*, LXXXVI, 175; XCV, 311. *Ann. de Chim. et de Phys.*, II, 130.

tant à des rectifications ménagées les liqueurs provenant de ces distillations, et en les faisant passer en dernier lieu sur de la chaux vive. (On peut remplacer la chaux par le carbonate de potasse rougi, ou bien par l'acétate de potasse fondu.) Il faut opérer sur d'assez fortes quantités de matière pour avoir un produit chimiquement pur, c'est-à-dire dont la densité ne change plus par de nouvelles distillations. On remplit une cornue aux deux tiers de petits fragments de chaux vive, et l'on y verse ensuite l'alcool, déjà convenablement rectifié, de manière à couvrir à peine la chaux ; celle-ci s'éteint promptement, et la chaleur qu'elle développe alors est presque assez forte pour faire bouillir l'alcool ; on laisse celui-ci en digestion avec la chaux pendant deux ou trois heures, et l'on distille ensuite au bain-marie, en ayant soin de refroidir. Le produit n'est cependant pas toujours complétement anhydre, et exige une nouvelle rectification sur la chaux. Quelquefois même il faut encore avoir recours à l'hydrate de potasse fondu : on en dissout quelques fragments dans le produit, et l'on distille à feu nu ou dans un bain de chlorure de calcium, jusqu'à ce que les trois quarts du liquide aient passé. On ne perd pas mal de substance par l'emploi de la potasse caustique, et le résidu est toujours coloré en brun, par suite d'une altération que la potasse fait subir à l'alcool.

Un procédé de concentration a depuis longtemps été remarqué par Soemmering[1] : il consiste à enfermer la liqueur alcoolique dans une vessie animale ; l'eau traverse peu à peu la membrane et s'évapore, tandis que l'alcool se concentre ainsi de plus en plus.

M. Casoria[2] emploie le sulfate de cuivre anhydre pour reconnaître si l'alcool est exempt d'eau. Ce sel reste blanc si on l'abandonne avec de l'alcool anhydre dans un flacon bouché ; il devient bleu si l'alcool renferme encore de l'eau.

Suivant M. Gorgeu[3], on peut aisément constater la présence de l'eau dans l'alcool, en mettant à profit la propriété qu'il possède de troubler la benzine lorsqu'il est aqueux, et de se mélanger avec ce liquide, en ne produisant que des stries, lorsqu'il est anhydre. Pour déceler la présence de l'eau dans l'alcool, il suffit de verser une seule goutte de ce liquide dans 3 à 4 centimètres cubes de benzine.

[1] Soemmering, *Denkschriften d. K. Akad. d. Wissensch. zu München.*, 1711, 1814, 1820 et 1824.
[2] Casoria, *Journ. de Chimie médic.*, juillet 1846.
[3] Gorgeu, *Compt. rend. de l'Acad.*, XXX, 691.

Si la goutte tombe au fond du tube où se fait l'expérience, sans produire de trouble, l'alcool contient plus du tiers de son poids d'eau. Pour s'assurer que l'alcool contient trop d'eau pour qu'aucun trouble se produise, il suffit d'ajouter de l'alcool absolu à une petite quantité du liquide et de recommencer l'essai. Toutes les fois qu'il y a production d'un trouble accompagné de gouttelettes, on peut être certain que le titre de l'alcool est compris entre 65 et 93 degrés centésimaux. S'il ne se produit qu'un nuage, le liquide sur lequel on opère contient au plus 7 centièmes d'eau. Dans ce cas, on peut faire disparaître le trouble par une addition d'alcool d'autant plus considérable que l'alcool était lui-même plus aqueux. L'expérience se fait, au moyen de benzine saturée d'eau, dans de petits tubes fermés par un bout, secs, courts, et d'un diamètre de 12 millimètres environ.

Les eaux-de-vie communes avec lesquelles on prépare l'alcool renferment ordinairement de petites quantités de matières huileuses (*fuselœl* des Allemands, *hydrate d'amyle* § 1084, *hydrate de trityle*, § 1026[b]) qui leur communiquent une odeur et une saveur désagréables, et qu'il est difficile d'enlever d'une manière complète par la simple distillation. Le moyen le plus commode pour en débarrasser l'esprit-de-vin consiste à le laisser en digestion avec du charbon de bois, en poudre fine; on décante ensuite le liquide, et on le rectifie par la distillation. L'emploi de la potasse caustique donne aussi un bon résultat, mais il revient trop cher dans les péroations exécutées en grand.

§ 771. A l'état de pureté, l'alcool absolu est un liquide incolore, très-fluide, plus mobile que l'eau, et d'une densité de 0,792 à 20°. Suivant Gay-Lussac, il bout à 78°,4 sous la pression de 760[mm]. Sa saveur âcre et brûlante diminue considérablement quand on l'étend d'eau; son odeur est faible, mais enivrante. Il n'a pas encore été solidifié; la densité de sa vapeur est de 1,6133 = 4 volumes d'après la formule adoptée. Il est très-inflammable, et brûle avec une flamme pâle.

Il absorbe rapidement l'humidité de l'air; son affinité pour l'eau est en effet très-grande, et, quand on le mêle avec ce liquide, il se dégage un peu de chaleur; il se produit même une contraction qui augmente peu à peu, jusqu'à ce que le mélange se trouve composé de 100 p. d'alcool et de 116 p. d'eau[1]. Il enlève l'eau aux parties

---

[1] RUDBERG, *Ann. de Chim. et de Phys.*, XLVIII, 33.

vivantes avec lesquelles on le met en contact, et en provoque la coagulation lorsqu'elles sont de nature albumineuse ; c'est ce qui le rend très-propre à la conservation des préparations anatomiques ; c'est encore par la même raison qu'il détermine la mort quand on l'injecte dans les veines (Voy. § 773, les densités de l'alcool à différents degrés de concentration).

Il dissout très-bien les résines, les éthers, les huiles essentielles, les matières grasses, les alcaloïdes, ainsi que beaucoup d'acides organiques. De même il dissout l'iode, le brome, et, en petite quantité, le soufre, le phosphore [1], ainsi que plusieurs gaz. Il ne dissout ni les carbonates ni les sulfates. On peut dire qu'en général l'alcool est un bon dissolvant pour les matières fort hydrogénées.

La vapeur de l'alcool, dirigée à travers un tube de porcelaine rempli de pierre ponce et porté au rouge, fournit du charbon, des gaz hydrocarbonés, de l'aldéhyde, de la naphtaline, de la benzine, de l'acide phénique et diverses autres substances [2].

Les acides produisent avec l'alcool une foule de combinaisons éthyliques [3].

L'acide sulfurique donne, suivant les proportions, le degré de chaleur et l'état de concentration du mélange, de l'acide éthyl-sulfurique, de l'oxyde d'éthyle, du sulfate d'éthyle (huile de vin), du gaz éthylène, ou des hydrocarbures huileux.

L'acide perchlorique paraît se comporter avec l'alcool comme l'acide sulfurique ; quand on chauffe le mélange, on obtient de l'oxyde d'éthyle, et plus tard des hydrocarbures huileux, en même temps que la masse noircit ; l'éthérification par l'acide perchlorique [4] est aussi illimitée que par l'acide sulfurique. L'acide chlorique enflamme l'alcool.

Les acides chlorhydrique, bromhydrique, iodhydrique, produisent du chlorure, du bromure et de l'iodure d'éthyle.

---

[1] Substances particulières formées dans la solution alcoolique du phosphore : ZEISE, *Ann. der. Chem. u. Pharm.*, XLI, 35.

[2] MARCHAND, *Journ. f. prakt. Chem.*, XV, 7. — REICHENBACH, *Journ. f. Chem. u. Phys. v. Schweigger.*, LXI, 493. — BERTHELOT, *Compt. rend. de l'Acad.*, XXXIII, 210.

[3] Voy. Sur l'éthérification : J. DUMAS et BOULLAY, *Ann. de Chim. et de Phys.*, XXXVI, 294. — HENNELL, *ibid.*, XLII, 77. — SÉRULLAS, *ibid.*, XXXIX, 152. — LIEBIG, *Ann. der Chem. u. Pharm.*, IX, 1; XXIII, 39; XXX, 129. — MAGNUS, *Ann. de Poggend.*, XXVII, 367. — H. ROSE, *Ann. de Poggend.*, XLVIII, 463. — WILLIAMSON, *Compt. rend. des trav. de Chim.*, 1850, p. 354, et *Ann. der Chem. u. Pharm.*, LXXVII, 37; LXXXI, 73. — GRAHAM, *ibid.*, LXXV, 108. — GERHARDT, *Revue scientif.*, XIX, 304.

[4] WEPPEN, *Ann. der Chem. u. Pharm.*, XXIX, 317.

Plusieurs acides organiques (oxalique, butyrique) s'éthérifient directement avec l'alcool; la plupart des autres acides organiques exigent pour cela le concours de l'acide chlorhydrique ou de l'acide sulfurique.

L'acide nitrique, suivant son état de concentration, donne du nitrate ou du nitrite d'éthyle, de l'acide acétique, de l'acide oxalique, etc.

Le nitrate mercurique transforme l'alcool en nitrate d'éthyle et de mercure (§ 840); le nitrate mercureux n'attaque pas l'alcool. Une dissolution alcoolique de nitrate d'argent dépose du fulminate d'argent (§ 834) lorsqu'on y fait passer de l'acide nitreux ; on obtient aussi des fulminates en chauffant l'alcool avec de l'acide nitrique et de l'argent ou du mercure métalliques.

L'acide chromique oxyde vivement l'alcool ; la réaction est si énergique que le liquide s'enflamme.

M. Pelouze[1] a signalé plusieurs anomalies singulières auxquelles les acides mélangés avec l'alcool donnent naissance dans leur action sur d'autres corps : ainsi l'acide sulfurique concentré, mêlé d'alcool pur, n'agit sur aucun carbonate neutre, mais il agit, au contraire, sur l'acétate de potasse. L'acide chlorhydrique dissous dans l'alcool n'attaque pas le carbonate de potasse, mais il décompose les carbonates de chaux et de soude. L'acide nitrique mêlé d'alcool ne décompose pas le carbonate de potasse, mais il agit vivement sur le carbonate de chaux et sur d'autres carbonates, etc. Ces faits prouvent qu'une liqueur alcoolique peut sembler neutre aux papiers et à certains réactifs, bien qu'elle soit réellement acide.

A l'état pur, l'alcool ne s'altère pas à l'air ; mais, lorsqu'il renferme en dissolution des matières organiques altérables, il s'acidifie à la longue en se transformant en acide acétique.

Lorsqu'on fixe un fil de platine tourné en spirale au-dessus de la mèche d'une lampe alimentée par de l'alcool, et qu'on éteint ensuite la flamme dès que le fil est rouge, celui-ci reste incandescent tant qu'il y a de l'alcool dans la lampe. On remarque alors une odeur particulière, et, si l'on renverse sur la lampe un appareil propre à condenser les vapeurs, on recueille un liquide acide composé d'un mélange de plusieurs produits d'oxydation[2]: acide acétique, acide formique, aldéhyde, acétal (§ 784).

---

[1] Pelouze, *Ann. de Chim. et de Phys.*, L. 314 et 444.

[2] Voy. sur la combustion lente de l'alcool : Doebereiner, *Journ. f. Chem. u. Physsik. v. Schweigger*, XLVII, 120 ; LIV, 416; LXIII, 233. — Liebig, *Ann. de Poggend.*,

Au contact du noir de platine, l'alcool se convertit promptement en acide acétique. Il se transforme également en acétate lorsqu'on le chauffe avec de la chaux potassée[1]. Il donne de l'aldéhyde lorsqu'on le distille avec un mélange de peroxyde de manganèse et d'acide sulfurique, ou avec un mélange de bichromate de potasse et d'acide sulfurique.

Les dissolutions alcooliques de soude et de potasse brunissent peu à peu à l'air, en se chargeant d'acétate et d'une matière résinoïde (*résine d'aldéhyde*, § 429). Lorsqu'on fait passer de la vapeur d'alcool sur de la baryte caustique fortement échauffée, il se produit du carbonate de baryte, et un mélange gazeux composé de gaz oléfiant, d'hydrure de méthyle et de gaz hydrogène[2].

Le chlore attaque l'alcool en produisant un mélange d'huiles chlorées (*huile chloralcoolique*) et finalement du chloral (§ 437). Le brome se comporte d'une manière semblable. L'iode se dissout dans l'alcool avec une couleur brune; si l'on chauffe la solution, il se produit de l'acide iodhydrique et de l'iodure d'éthyle.

Plusieurs chlorures et fluorures métalliques se combinent avec l'alcool (Voy. § 772, *alcoolates*). Le chlorhydrate d'ammoniaque éthérifie l'alcool chauffé avec ce sel à 260°, dans un tube fermé; vers 400° la décomposition de l'alcool est à peu près complète; le liquide contenu dans le tube se sépare en deux couches, l'une aqueuse, l'autre éthérée; la formation du gaz oléfiant est peu abondante; la couche aqueuse contient en solution les chlorhydrates des éthyl-ammoniaques (§ 821), parmi lesquels domine le chlorhydrate d'éthylamine.

L'iodhydrate d'ammoniaque réagit sur l'alcool d'une manière semblable, déjà à 360 degrés[3].

§ 772. *Alcoolates ou combinaisons de l'alcool.* — L'alcool forme avec plusieurs sels des combinaisons cristallisables[4], peu stables en général, et que l'eau décompose presque toujours.

Le *nitrate de magnésie*, étant dissous dans l'alcool, donne une

XVII, 105. *Ann. der Chem. u. Pharm.*, XIV, 138; XVII, 67. — E. DAVY, *Journ., f. Chem. u. Phys. v. Schweigger.*, XXXI, 340.

[1] DUMAS et STAS, *Ann. de Chim. et de Phys.*, LXXIII, 116 et 158.

[2] DUMAS et STAS, *Ann. de Chim. et de Phys.* LXXIII, 158. — Voy. aussi : PELOUZE et MILLON, *Compt. rend. de l'Acad.*, X, 255.

[3] BERTHELOT, *Compt. rend. de l'Acad.*, XXXIV, 802.

[4] GRAHAM, *The Philos. Magaz. and Annals.*, IV, 265 et 331. — EINBRODT, *Ann. der Chem. u. Pharm.*, LXV, 115. — CHUDNEW, *ibid.*, LXXI, 241.

masse cristalline semblable à la margarine, et contenant $3\ C^4H^6O^2$, NO^6Mg.

Le *chlorure de calcium* fondu se dissout dans l'alcool anhydre, et, si l'on place la solution dans de la glace, on obtient des cristaux contenant $2\ C^4H^6O^2,CaCl$. Soumis à la distillation sèche, cette combinaison ne donne que de l'hydrogène carboné.

Si l'on chauffe, en vase clos, de l'alcool absolu avec du chlorure de calcium cristallisé, il se développe de l'oxyde d'éthyle à 300°; à 360° on obtient de l'éther et du gaz oléfiant. Le *chlorure de strontium* agit de même, mais avec moins d'énergie. Dans les mêmes circonstances, le *chlorure de baryum*, les *chlorures des métaux alcalins*, l'*iodure* et le *bromure de potassium*, le *fluorure de calcium*, paraissent sans action sur l'alcool, même à 360 degrés [1].

Le *perchlorure de fer* s'échauffe beaucoup avec l'alcool en donnant un produit épais; si l'on distille la combinaison, il passe, à 150°, beaucoup d'acide chlorhydrique, ainsi que du chlorure mélangé d'oxyde d'éthyle; le résidu renferme du peroxyde de fer.

Le *perchlorure d'antimoine* se comporte d'une manière semblable.

Le *chlorure de zinc* anhydre se dissout dans l'alcool absolu en donnant une combinaison cristallisée, renfermant 15 p. c. d'alcool, $C^4H^6O^2, ZnCl$; cette combinaison ne donne, par la distillation sèche, que de l'alcool, du chlorure d'éthyle, de l'acide chlorhydrique et de l'oxyde de zinc. Si le chlorure de zinc est hydraté, on obtient, à la distillation, beaucoup d'oxyde d'éthyle.

Le *bichlorure d'étain* [2] se combine immédiatement avec l'alcool par le simple contact; il faut employer les deux corps à l'état anhydre, et les placer dans un mélange réfrigérant. La combinaison étant faite, on l'expose dans le vide au-dessus de l'acide sulfurique et de la potasse en morceaux. Au bout de quelques jours, la combinaison se présente sous la forme de petits cristaux prismatiques qui se dissolvent aisément dans un excès d'alcool, de sorte qu'on peut facilement les faire cristalliser de nouveau. Il ne faut cependant pas exposer ces cristaux pendant trop longtemps dans le vide, car ils s'y altèrent facilement. Ces cristaux renferment $C^8H^{11}O^4Sn^2Cl^3 + aq. = 2\ C^4H^5Cl,HCl,\ 2\,SnO^2 + aq.$, combinaison de chorure d'éthyle, d'acide chlorhydrique et de bioxyde d'étain.

---

[1] Berthelot, *loc cit.*

[2] Lewy, *Compt. rend. de l'Acad.*, XXI, 371.

Les cristaux distillent à 80°, presque sans se décomposer; mais quand on distille un mélange d'alcool et de bichlorure d'étain, on obtient de l'acide chlorhydrique, du chlorure d'éthyle, et de l'oxyde d'éthyle, dont les quantités varient suivant la température; le résidu renferme du bioxyde d'étain.

Le *bichlorure de mercure* paraît, dans certaines circonstances, réagir sur l'alcool de manière à produire un chlorure de mercuréthyle (Voy. § 841).

Le *fluorure* de bore, le *fluorure de silicium*, et plusieurs autres fluorures, se combinent aussi avec l'alcool, en donnant des liquides qui produisent, à la distillation, de l'oxyde d'éthyle.

Dans toutes ces réactions entre l'alcool et les chlorures, on observe toujours, à la fin de la distillation, quand la température du mélange est fort élevée, la formation d'hydrogènes carbonés, huileux ou gazeux, dans lesquels les atomes du carbone sont à ceux de l'hydrogène :: 1 : 1, et dont la composition ne diffère par conséquent de celle de l'alcool que par les éléments de l'eau.

Ces hydrogènes carbonés, qui sont isomères du gaz oléfiant, figurent, dans les traités de chimie, sous le nom d'*huile de vin douce*. Leur nature chimique n'est pas encore bien établie.

M. Kuhlmann [1] a particulièrement étudié les différentes phases qu'on observe dans ces réactions entre l'alcool et les chlorures.

§ 773. *Alcoométrie.* — Les liquides spiritueux connus dans le commerce sous le nom d'*esprits* [2] sont toujours évalués d'après la quantité d'alcool absolu qu'ils renferment : il suffit, pour cela, de prendre leur densité à une température déterminée, car on a construit des tables qui indiquent immédiatement leur richesse, rapportée à ces données. Ce procédé peut s'employer pour tout mélange d'eau et d'alcool, mais il conduirait à des résultats inexacts si on l'appliquait à des liquides complexes, comme les vins ou les eaux-de-vie, renfermant en dissolution à la fois de l'alcool, de l'eau et quelque substance saline ou sucrée. Nous exposerons plus loin (§§ 777

---

[1] KUHLMANN, *Ann. der Chem. u. Pharm.*, XXXIII, 97 et 192. — Voy. aussi : MASSON, *Ann. de Chim. et de Phys.*, LXIX, 240. — MARCHAND, *Journ. f. prakt. Chem.*, XIII, 499.

[2] L'alcool ordinaire du commerce, marquant 33° à l'aréomètre de Cartier, est souvent désigné sous le nom de *trois-six*. Cette expression dérive d'un ancien mode d'évaluation des esprits, qu'on rapportait autrefois à l'alcool, dit *preuve de Hollande*, marquant 19° Cartier et renfermant environ la moitié de son volume d'alcool absolu : un alcool dont 3 mesures ajoutées à 3 mesures d'eau faisaient 6 mesures d'esprit à 19°, était un *esprit trois-six*.

et suiv.) les méthodes qui servent pour ce genre de liquides.

Autrefois on employait dans le commerce l'aréomètre Cartier pour la détermination de la richesse alcoolique des esprits ; cet instrument marquait 0° dans l'eau pure et 44° dans l'alcool absolu, l'intervalle entre ces deux points était divisé en 44 parties. Aujourd'hui l'aréomètre légal est, en France, celui de Gay-Lussac, qui indique immédiatement les centièmes en volumes d'alcool absolu, contenus dans ces liquides. L'expérience doit être faite à 15° ; si la température est plus haute ou plus basse, on a recours à des tables de correction qui donnent alors le titre réel.

Au lieu de consulter ces tables de correction, on peut faire le calcul à l'aide d'une formule de Francœur. Soit c le nombre des degrés que marque l'alcoomètre dans un esprit à la température t, au-dessus ou au-dessous de 15° ; x exprimant la richesse de l'esprit, c'est-à-dire le nombre des centièmes en volumes d'alcool absolu à la température de 15°, contenus dans cet esprit, on a l'équation

$$x = c \pm 0{,}4\, t.$$

Supposons que l'esprit marque 59 centièmes à la température de 25°, la formule précédente donnera :

$$x = 59 - 0{,}4 \times 10$$
$$= 55.$$

Le tableau suivant indique les densités qui correspondent aux divers degrés de l'alcoomètre de Gay-Lussac[1] ; ces degrés, ainsi que nous l'avons dit, expriment des centièmes du volume de la liqueur en alcool absolu, à la température de 15° centigrades :

Degrés de l'alcoomètre.	Densités.	Degrés de l'alcoomètre.	Densités.	Degrés de l'alcoomètre.	Densités.
0	1,000	16	0,980	32	0,964
1	0,999	17	0,979	33	0,963
2	0,997	18	0,978	34	0,962
3	0,996	19	0,977	35	0,960
4	0,994	20	0,976	36	0,959
5	0,993	21	0,975	37	0,957
6	0,992	22	0,974	38	0,956
7	0,990	23	0,973	39	0,954
8	0,989	24	0,972	40	0,953
9	0,988	25	0,971	41	0,951
10	0,987	26	0,970	42	0,949
11	0,986	27	0,969	43	0,948
12	0,984	28	0,968	44	0,946
13	0,983	29	0,967	45	0,945
14	0,982	30	0,966	46	0,943
15	0,981	31	0,965	47	0,941

[1] GAY-LUSSAC, *Instruction pour l'usage de l'alcoomètre centésimal et des tables qui l'accompagnent,* Paris, 1824.

Degrés de l'alcoomètre.	Densités.	Degrés de l'alcoomètre.	Densités.	Degrés de l'alcoomètre.	Densités.
48	0,940	66	0,902	84	0,854
49	0,938	67	0,899	85	0,851
50	0,936	68	0,896	86	0,848
51	0,934	69	0,893	87	0,845
52	0,932	70	0,891	88	0,842
53	0,930	71	0,888	89	0,838
54	0,928	72	0,886	90	0,835
55	0,926	73	0,884	91	0,832
56	0,924	74	0,881	92	0,829
57	0,922	75	0,879	93	0,826
58	0,920	76	0,876	94	0,822
59	0,918	77	0,874	95	0,818
60	0,915	78	0,871	96	0,814
61	0,913	79	0,868	97	0,810
62	0,911	80	0,865	98	0,805
63	0,909	81	0,863	99	0,800
64	0,906	82	0,860	100	0,795
65	0,904	83	0,857		

Comme on trouve quelquefois, dans le commerce surtout, le titre de l'alcool exprimé en degrés de l'aréomètre de Cartier, il peut être utile de consulter la table suivante de M. Marozeau [1], indiquant les densités qui correspondent à ces degrés, pour la température de $12^\circ,5$.

Degrés de Cartier.	Densités.	Degrés de Cartier.	Densités.	Degrés de Cartier.	Densités.
10	1,000	22	0,916	34	0,845
11	0,992	23	0,909	35	0,840
12	0,985	24	0,903	36	0,835
13	0,977	25	0,897	37	0,830
14	0,970	26	0,890	38	0,825
15	0,963	27	0,885	39	0,819
16	0,956	28	0,879	40	0,814
17	0,949	29	0,872	41	0,809
18	0,942	30	0,867	42	0,804
19	0,935	31	0,862	43	0,799
20	0,929	32	0,856	44	0,794
21	0,922	33	0,851		

Les aréomètres de Cartier ne marquant pas toujours fort exactement zéro dans l'eau distillée, il est évident que les valeurs de la table précédente ne sont qu'approximatives.

§ 774. Les expériences de Gay-Lussac sur l'alcoométrie ont été précédées, en Angleterre et en Allemagne, de celles d'autres physiciens, dont les travaux méritent une mention particulière.

Depuis l'année 1730, on employait en Angleterre, pour les essais des esprits, un aréomètre connu sous le nom d'*hydromètre de Clarke;* c'était un aréomètre à poids variables, servant à enfoncer l'instrument jusqu'à un certain point d'affleurement. Les poids correspondaient aux variations de température ; toutes les détermina-

---

[1] MAROZEAU, *Traité de chimie de M. Dumas,* V, 480.

tions étaient rapportées à un esprit, dit d'*épreuve*, de 0,916 à 60°
Fahr. (15°,5 centigrades). On commençait par s'assurer de la température de la liqueur, et l'on chargeait l'instrument du poids correspondant à la température observée, pour l'introduire ensuite dans
la liqueur. L'instrument s'enfonçait dans la liqueur d'épreuve jusqu'à un certain point d'affleurement marqué sur la tige ; au-dessus
et au-dessous de ce point la tige était graduée : les degrés supérieurs
étaient appelés *over proof ;* les degrés inférieurs, *under proof*. Ces
degrés indiquaient combien il fallait ajouter d'eau à la liqueur ou
combien il en fallait retrancher, pour que la liqueur fût au même
titre que l'esprit d'épreuve.

Mais ce genre d'essai n'avait pas l'exactitude nécessaire, et le
Parlement ordonna que la question fût mise à une étude spéciale. Sir Charles Blagden se chargea de ce travail, conjointement
avec Gilpin , et leurs premières expériences furent publiées en
1790. Les résultats de ces deux physiciens n'étant pas encore
exempts de toute erreur, Gilpin dut seul reprendre le même travail une seconde et même une troisième fois ; à la suite de ses recherches, il publia, en 1794, des tables qui ont depuis servi de
base à la plupart des travaux relatifs aux essais des esprits [1]. Gilpin détermina la densité, à 60° Fahr., de différents mélanges
faits avec des quantités d'eau et d'alcool de 0,825 exactement pesées ; il prépara quarante mélanges semblables pour chaque température , ainsi qu'une autre série de mélanges pour chaque cinquième degré de l'échelle de Fahrenheit, depuis + 30° jusqu'à 100°
(c'est-à-dire de — 1°,11 à + 37°,8 centigrades) ; le total des
pesées s'élevait à 600. Après Gilpin, Atkins et Syke introduisirent
plusieurs perfectionnements dans l'exécution pratique des essais, tels
qu'on les faisait alors en Angleterre.

Dès la fin du siècle dernier, Richter construisit, en Allemagne,
des pèse-liqueurs qui indiquaient les densités des esprits ; il cal-
cula aussi [2] une table de correspondance entre ces densités et les
poids d'alcool contenus dans les liqueurs essayées ; mais comme ,
dans les transactions du commerce, l'évaluation des esprits se faisait d'après le volume , les tables de Richter nécessitaient encore
d'autres calculs, peu connus encore à cette époque. C'est dans ces
circonstances que le gouvernement prussien chargea l'Académie

[1] BLAGDEN et GILPIN, *Philos. Transact. of the Roy. Soc. of London,* 1794.
[2] RICHTER, *Ueber die neuern Gegenst. d. Chemie,* n° 8, p. 74.

des sciences de Berlin d'un nouvel examen de la question. L'exécution de ce travail fut confié à Tralles [1]. Ce savant prit pour base de ses déterminations les résultats antérieurs de Gilpin, et publia, eu 1811, une série de tables d'une grande précision. La densité d'un mélange alcoolique étant donnée, ces tables déterminent rigoureusement sa teneur en volumes d'alcool absolu; on peut donc les consulter toutes les fois qu'on aura pris la densité d'un mélange alcoolique pour en connaître la richesse. La table suivante de Tralles a été calculée pour la température de 60° Fahr. ou 15°,5 centigrades :

TABLE I.

Alcool en centièmes du volume.	Densités à 15°,5 C.	Différences entre les densités.	Alcool en centièmes du volume.	Densités à 15°,5 C.	Différences entre les densités.
0	0,9991		40	0,9510	16
1	9976	15	41	9494	16
2	9961	15	42	9478	16
3	9947	14	43	9461	17
4	9933	14	44	9444	17
5	9919	14	45	9427	17
6	9906	13	46	9409	18
7	9893	13	47	9391	18
8	9881	12	48	9373	18
9	9869	12	49	9354	19
10	0,9857	12	50	0,9335	19
11	9845	12	51	9315	20
12	9834	11	52	9295	20
13	9823	11	53	9275	20
14	9812	11	54	9254	21
15	9802	10	55	9234	20
16	9791	11	56	9213	21
17	9781	10	57	9192	22
18	9771	10	58	9170	22
19	9761	10	59	9148	22
20	0,9751	10	60	0,9126	22
21	9741	10	61	9104	22
22	9731	10	62	9082	22
23	9720	10	63	9059	23
24	9710	10	64	9036	23
25	9720	10	65	9013	23
26	9689	11	66	8989	24
27	9679	10	67	8965	24
28	9668	11	68	8941	24
29	9657	11	69	8817	24
30	0,9646	11	70	0,8892	25
31	9634	12	71	8867	25
32	9622	12	72	8842	25
33	9609	13	73	8817	25
34	9596	13	74	8791	26
35	9583	13	75	8765	26
36	9570	13	76	8739	26
37	9556	14	77	8712	27
38	9541	15	78	8685	27
39	9526	15	79	8658	27

[1] TRALLES, *Ann. d. Phys. v. Gilbert*, XXXVIII, 386.

Alcool en centièmes du volume.	Densités à 15°,5 C.	Différences entre les densités.	Alcool en centièmes du volume.	Densités à 15°,5 C.	Différences entre les densités.
80	0,8631	27	90	0,8332	33
81	8603	28	91	8299	33
82	8575	28	92	8265	34
83	8547	28	93	8230	35
84	8518	29	94	8194	36
85	8488	30	95	8157	37
86	8458	30	96	8118	39
87	8428	30	97	8077	41
88	8397	31	98	8034	43
89	8365	32	99	7988	46
			100	7939	49

La troisième colonne, dans la table précédente, indique les différences entre deux densités qui se suivent; ces différences permettent de calculer la proportion d'alcool contenue dans une liqueur dont la densité, à 15°,5, est comprise entre deux nombres donnés par la seconde colonne. Supposons, par exemple, que la densité de la liqueur spiritueuse soit de 0,9260, ce chiffre indique une proportion d'alcool comprise entre 53 et 54 centièmes. Le chiffre immédiatement supérieur à 0,9260 est 0,9275, qui correspond à 53 centièmes; si on le retranche de 0,9260, on a un reste de 0,0015. Or la différence entre les deux densités correspondant à 53 et à 54 centièmes d'alcool est, d'après la table, égale à 0,0021 ; si ce dernier chiffre représente l'accroissement de la densité de la liqueur spiritueuse, sa teneur en alcool passant de 53 à 54 centièmes, c'est-à-dire augmentant de 1 p. 100, il est aisé d'en déduire, par une simple proportion, l'augmentation de titre à laquelle correspond un accroissement de 0,0015 dans la densité. On a, en effet,

$$0,0021 : 0,0015 :: 1,00 : x,$$
$$x = 0,71 ;$$

c'est-à-dire que, pour un accroissement de 0,0015, l'augmentation du titre est égale à 0,71 ; donc une liqueur spiritueuse d'une densité de 0,9260, à 15°5, renfermera 53,71 centièmes d'alcool en volume.

Lorsqu'il s'agit, au contraire, de déterminer la quantité d'alcool en poids contenue dans 100 p. d'esprit, on multiplie le volume de l'alcool par 0,7939, et alors le nombre qui exprime la densité de la liqueur est au produit de cette multiplication comme 100 est au nombre cherché. Dans l'exemple précédent, on aura : 53,71 $\times$ 0,7939 = 42,64, donc

$$0,9260 : 0,4264 :: 100 : x,$$
$$x = 46.$$

D'où il suit que la liqueur contient 46 p. c. de son poids d'alcool.

§ 775. Lorsqu'on veut déterminer la richesse des liqueurs spiritueuses, il n'est pas toujours facile de les porter uniformément et dans toute leur masse à la température normale, à laquelle se rapportent les indications de la table précédente ; il est donc nécessaire de corriger les résultats obtenus à d'autres températures, avant de leur appliquer les richesses données par cette table. C'est ce qu'on fait aisément au moyen d'une autre table de Tralles, qui donne les nombres qu'il faut, suivant la température, ajouter à la densité ou en retrancher, pour obtenir la densité correspondante à 15°,5 C. ou 60° Fahr.

Dans cette table, les densités sont corrigées de la dilatation du verre ; ce sont des densités absolues :

TABLE II.

Alcool en cent. du volume.	Densité normale à 15°,5 C.	Valeurs à *ajouter* à la densité normale.						Valeurs à *retrancher* de la densité normale.							
		− 1°,1	+ 1°,7	+ 4°,4	+ 7°,2	+ 10°	+ 12°,8	+ 18,3	+ 21°,1	+ 23°,9	+ 26°,7	+ 29°,4	+ 32°,2	+ 35°	+ 37°,8
0	0,9991	7	9	9	9	7	4	5	11	17	24	32	40	50	60
5	9919	9	10	10	9	7	4	5	11	18	25	33	42	51	62
10	9857	15	15	14	12	9	5	6	13	20	29	37	47	57	68
15	9802	25	23	21	17	12	6	7	15	25	34	44	55	67	79
20	9751	39	35	29	23	16	8	9	19	30	41	53	66	79	93
25	9700	56	48	39	31	21	10	11	24	36	50	63	78	93	109
30	9646	73	62	51	39	26	13	14	28	43	59	75	91	108	125
35	9583	89	75	61	46	31	16	17	33	50	68	86	104	122	141
40	9510	103	87	70	52	35	18	18	37	56	75	94	114	134	154
45	9427	112	94	76	57	39	19	20	40	60	80	101	122	143	164
50	9335	118	99	80	60	40	20	21	42	63	84	106	128	150	178
55	9234	124	104	84	63	42	21	22	43	65	87	109	132	155	173
60	9126	127	107	86	65	43	22	22	44	67	90	113	136	159	183
65	9013	130	109	88	67	45	22	22	45	68	92	115	138	162	187
70	8892	133	112	90	68	45	22	23	46	69	93	117	141	165	190
75	8765	135	113	91	68	46	23	23	46	70	94	119	143	167	192
80	8631	137	115	92	70	47	23	23	47	71	96	120	144	169	194
85	8488	139	116	93	70	47	23	24	48	72	96	121	145	170	195
90	8332	140	117	94	71	48	24	24	48	72	97	121	146	171	196

Voici une autre table de Tralles, plus commode pour la pratique que la précédente. Elle donne les densités apparentes, telles qu'on les obtient immédiatement, au moyen de l'aréomètre ou par la pesée du liquide dans un petit flacon, sans tenir compte de la dilatation du verre.

TABLE III.

Alcool en centièm.	Densités à la température de											
	− 1°,1	+ 1°,7	+ 4°,4	+ 7°,2	+ 10°	+ 12°,8	+ 15°,5	+ 18°,3	+ 21°,1	+ 23°,9	+ 26°,7	+ 29°,4
0	0,9994	0,9997	0,9997	0,9998	0,9997	0,9994	0,9991	0,9987	0,9981	0,9976	0,9970	0,9962
5	9924	9926	9926	9926	9925	9922	9919	9915	9909	9903	9897	9889
10	9868	9868	9868	9867	9865	9861	9857	9852	9845	9839	9831	9823
15	9823	9822	9820	9817	9813	9807	9802	9796	9788	9779	9771	9761
20	9786	9782	9777	9772	9766	9759	9751	9743	9733	9723	9713	9700
25	9752	9745	9737	9729	9720	9709	9700	9690	9678	9666	9653	9640
30	9715	9705	9694	9683	9671	9658	9646	9633	9619	9605	9590	9574
35	9668	9655	9641	9627	9612	9598	9583	9567	9551	9535	9518	9500
40	9609	9594	9577	9560	9544	9527	9510	9493	9474	9456	9438	9419
45	9535	9518	9500	9482	9464	9445	9427	9408	9388	9369	9350	9329
50	9449	9431	9413	9393	9374	9354	9335	9315	9294	9274	9253	9232
55	9354	9335	9316	9295	9275	9254	9234	9213	9192	9171	9150	9128
60	9249	9230	9210	9189	9168	9147	9126	9105	9083	9061	9039	9016
65	9140	9120	9099	9078	9056	9034	9013	8992	8969	8947	8924	8901
70	9021	9001	8980	8958	8936	8913	8892	8870	8847	8825	8801	8778
75	8896	8875	8854	8832	8810	8787	8765	8743	8720	8697	8673	8649
80	8764	8743	8721	8699	8676	8653	8631	8609	8585	8562	8538	8514
85	8623	8601	8579	8556	8533	8510	8488	8465	8441	8418	8394	8370
90	8469	8446	8423	8401	8379	8355	8332	8309	8285	8262	8238	8214

Plusieurs calculs, très-faciles d'ailleurs, peuvent se présenter dans l'emploi des deux tables précédentes. Il peut arriver, par

exemple, que la température observée coïncide avec une des températures indiquées dans la table, sans que la densité observée y
soit portée ; il s'agit alors de trouver par le calcul la quantité d'alcool qui correspond à la densité observée. Un exemple fera comprendre comment on procède dans ce cas. Supposons que la température, au moment de l'observation, soit de 10° C., et la densité
observée égale à 0,8980. On cherche, dans la colonne comprenant
les densités qui se rapportent à la température de 10°, les deux densités 0,9056 et 0,8936 entre lesquelles est comprise la densité
observée ; puis on cherche, dans la colonne des titres de l'alcool,
les titres qui correspondent à ces deux densités. Ces titres sont 65
et 70 centièmes. Si l'on prend la différence entre les deux densités 0,9056 et 0,8936, correspondant à ces deux titres, on obtient
le chiffre 0,0120, dont s'accroît la densité de la liqueur alcoolique,
son titre augmentant de 5 pour 100. Prenant ensuite la différence
entre la densité observée 0,8980 et la densité 0,9056 immédiatement supérieure, c'est-à-dire 0,0076, une simple proportion
donnera l'augmentation du titre de la liqueur par un accroissement, égal à cette différence, de sa densité :

$$0,0120 : 0,0076 :: 5 : x,$$
$$x = 3,89.$$

Le nombre 3,89, étant ajouté au nombre 65, donne 68,89, c'est-à-
dire le titre correspondant à la densité observée 0,8980.

Lorsque la température observée n'est pas marquée dans les
tables, on procède de la manière suivante. Supposons que la
liqueur essayée ait une densité de 0,9360 à 25°. Cette température
étant comprise entre les deux températures 23°,9 et 26°,7, inscrites dans les tables, on voit immédiatement que la densité trouvée
correspond à un titre de 40 à 45 centièmes. Pour avoir le chiffre
exact de ce titre, on commence par prendre la différence entre les
deux densités qui correspondent à 40 centièmes, pour les températures 23°,9 et 26°,7 : soit cette différence 0,9456 — 0,9438 =
0,0018. Ceci veut dire que la densité est diminuée de 0,0018 par
une élévation de température de 2°,8 ; mais la température observée, 25°, étant de 1°,1 supérieure à la température 23°,9, inscrite
dans la table, on a la proportion

$$2,8 : 1,1 :: 0,0018 : x,$$
$$x = 0,0007.$$

Ce nombre 0,0007, étant déduit de la densité de l'alcool de 40 centièmes à 23°,9, donne la densité de l'alcool de 40 centièmes à 25°, savoir 0,9456 — 0,0007 = 0,9449. On trouve de la même manière que l'alcool de 45 centièmes a une densité de 0,9362 à 25°, car 0,9369 — 0,9350 = 0,0019, et 2,8 : 1,1 :: 0,0019 : 0,0007.

Après avoir ainsi trouvé qu'à 25° la densité de l'alcool de 40 centièmes est égale à 0,9449, et la densité de l'alcool de 45 centièmes, égale à 0,9362, on n'a plus qu'à faire le même calcul que dans l'exemple précédent : on retranchera donc la densité observée (0,9360 à 25°) de la densité correspondant à 40 centièmes : 0,9449 — 0,9360 = 0,0089 ; prenant, de même, la différence entre les deux densités correspondant à 40 et à 45 centièmes, on aura 0,9449 — 0,9362 = 0,0087 ; 0,0087 élevant le titre de 5 centièmes, 0,0089 l'élèvera de x centièmes, etc.

§ 776. Les tables précédentes peuvent servir à résoudre cette question : combien de centièmes d'alcool contient un volume donné d'esprit, dont la température est à 15°,5 ? Mais si l'esprit, au moment où on le mesure et où on l'essaye, se trouve à une autre température, le résultat obtenu n'indique le titre de la liqueur qu'en centièmes du volume qu'elle prendrait si on ramenait sa température à 15°,5, et nullement en centièmes de son volume à la température de l'observation. Il est donc nécessaire de s'en tenir à une température normale déterminée, non-seulement pour l'essai du titre, mais aussi pour la mesure de la liqueur ; et comme il n'est guère possible de la chauffer ou de la refroidir, pour la porter à cette température normale, il est nécessaire de calculer le volume qu'elle occuperait à la température normale, d'après celui qu'elle occupe à la température de l'observation. Ces calculs sont tout faits dans la table suivante, qui donne la quantité d'alcool absolu à 15°,5 C. que renferme une liqueur alcoolique, dont on détermine la densité à une température quelconque : l'alcool est évalué en centièmes du volume qu'aurait la liqueur, si elle était ramenée à 15°,5.

TABLE IV.

Alcool pour cent.	Densités pour une température de											
	—1°,1	+ 1°,7	+ 4°,4	+ 7°,2	+ 10°	+ 12°,8	+ 15°,6	+ 18°,3	+ 21°,1	+ 23°,9	+ 26°,7	+ 29°,4
0	0,9994	0,9997	0,9997	0,9998	0,9997	0,9994	0,9901	0,9987	0,9981	0,9970	0,9970	0,9962
5	9924	9926	9926	9926	9925	9922	9919	9915	9909	9903	9897	9889
10	9868	9869	9868	9867	9865	9861	9857	9852	9845	9839	9831	9823
15	9823	9822	9820	9817	9813	9807	9802	9796	9788	9779	9771	9761
20	9786	9782	9777	9772	9766	9759	9751	9743	9733	9722	9711	9700
25	9753	9746	9738	9729	9720	9709	9700	9690	9678	9665	9652	9638
30	9717	9707	9695	9684	9672	9659	9646	9632	9618	9603	9588	9572
35	9671	9658	9644	9629	9614	9599	9583	9566	9549	9532	9514	9495
40	9615	9598	9581	9563	9546	9528	9510	9471	9472	9452	9433	9412
45	9544	9525	9506	9486	9467	9447	9427	9406	9385	9364	9342	9320
50	9460	9440	9420	9399	9378	9356	9335	9313	9290	9267	9244	9221
55	9368	9347	9325	9302	9279	9256	9234	9211	9187	9163	9139	9114
60	9267	9245	9222	9198	9174	9150	9126	9102	9076	9051	9026	9000
65	9162	9138	9113	9088	9063	9038	9013	8988	8962	8936	8909	8882
70	9046	9021	8996	8970	8944	8917	8892	8866	8839	8812	8784	8756
75	8925	8899	8873	8847	8820	8792	8765	8738	8710	8681	8652	8622
80	8798	8771	8744	8716	8688	8659	8631	8602	8573	8544	8514	8483
85	8668	8635	8606	8577	8547	8517	8488	8458	8427	8396	8365	8333
90	8517	8486	8455	8425	8395	8363	8332	8300	8268	8236	8204	8171

§ 777. Lorsqu'il s'agit de déterminer la proportion d'alcool contenue dans un vin ou dans une autre boisson spiritueuse, on distille une portion de la liqueur, on note le volume de l'alcool faible obtenu, et l'on détermine le titre de cet alcool, à l'aide de l'aréomètre. Descroizilles a imaginé pour ces essais un petit alambic dont la construction a été perfectionnée par Gay-Lussac, et plus récemment par M. Dunal.

Un ancien procédé, proposé déjà en 1830 par M. Tabarié[1] pour la détermination de la richesse alcoolique des vins et d'autres liqueurs spiritueuses, consiste à faire bouillir ces liqueurs dans une chaudière découverte, et à laisser l'alcool se perdre dans l'atmosphère. On apprécie la quantité de l'alcool par la différence de densité entre le vin et le résidu de la distillation, après avoir remplacé exactement par de l'eau le volume du liquide évaporé. L'appareil se compose d'une petite chaudière chauffée avec une lampe à esprit-de-vin ; une traverse horizontale, près du fond de la chaudière, indique, au moment où elle n'est plus baignée par le liquide, que la réduction a été suffisante pour le dépouiller entièrement d'alcool. Les densités du liquide, avant et après l'opération, sont déterminées par un aréomètre à double échelle.

§ 778. MM. l'abbé Brossard-Vidal et Conaty[2] ont proposé d'estimer la richesse d'une liqueur alcoolique au moyen de la température d'ébullition que marque un thermomètre dont le réservoir plonge dans cette liqueur, au moment où elle entre en ébullition. Comme l'eau bout à 100°, sous la pression de 760^{mm}, et que l'alcool absolu ne bout qu'à 78°,4, il est clair qu'un mélange d'eau et d'alcool entrera en ébullition à une température intermédiaire, d'autant plus rapprochée de 100° qu'il contiendra plus d'eau. Il suffit alors de construire une table qui indique les températures d'ébullition correspondant aux différents mélanges d'eau et d'alcool, et qui soit déduite d'expériences directes, faites avec le même thermomètre sur des mélanges d'un titre connu.

Ce procédé donne même des résultats assez exacts avec les boissons, qu'il s'agit de titrer pour les besoins de la consommation, l'expérience ayant, en effet, démontré que le sucré et les sels qu'ils renferment n'influent pas d'une manière sensible sur leur température d'ébullition. L'appareil, construit par MM. Lerebours et Secrétan pour ces sortes d'essais, se compose d'une bouilloire en cuivre, destinée à recevoir une petite quantité du liquide qu'il s'agit de titrer. Une lampe à esprit-de-vin chauffe le liquide et le fait bouillir au bout de cinq minutes ; un thermomètre à mercure, gradué expérimentalement, porte les divisions des degrés alcooliques sur une échelle mobile, correspondant aux degrés centési-

---

[1] Tabarié, *Ann. de Chim. et de Phys.*, XLV, 222.

[2] Rapport de M. Despretz à l'Académie des sciences, *Compt. rend. de l'Acad.*, XXVII, 374. *Journ. de Pharm.*, [3] XX, 332.

17.

maux de l'alcoomètre de Gay-Lussac. Ce thermomètre est plongé dans la bouilloire; à mesure que le liquide s'échauffe, la colonne de mercure s'élève et s'arrête, au moment de la pleine ébullition, assez longtemps pour permettre de lire le titre du liquide. Afin que les variations de la pression atmosphérique n'occasionnent pas d'erreur dans ces indications, l'échelle qui porte les divisions est mobile le long du tube thermométrique. Chaque fois, avant d'essayer les vins ou les liquides spiritueux à titrer, on fait une expérience préalable en faisant bouillir de l'eau, et l'on amène le zéro de l'échelle qui représente l'ébullition de l'eau pure, devant le sommet de la colonne de mercure. De cette façon l'instrument est réglé, et donne pour les essais suivants des résultats qui ne nécessitent pas d'autre correction.

La température d'ébullition d'un vin ou d'un liquide spiritueux mêlé à une matière étrangère n'est pas constante comme celle de l'eau, de l'alcool absolu, ou de tout autre liquide homogène; toutefois elle reste stationnaire pendant un certain nombre de secondes. Quand l'ébullition est commencée, c'est cette température qu'il faut saisir, ce qui n'offre pas de difficultés lorsqu'on a l'habitude de ces sortes de manipulations ; néanmoins il est toujours prudent de répéter l'opération afin de prendre la moyenne.

§ 779. M. Silbermann[1] préfère aux procédés précédents un autre, de son invention, basé sur la dilatation des liqueurs alcooliques. L'alcool absolu ayant, entre 0° et 100°, une dilatation triple de celle de l'eau, et même, entre 25° et 50°, une dilatation encore plus considérable, la dilatation d'un mélange d'alcool et d'eau est évidemment d'autant plus grande qu'il est plus riche en alcool. Les sels et les substances végétales, en dissolution ou en suspension dans les liqueurs, n'affectent pas sensiblement les résultats.

Le petit appareil nécessaire à l'application de ce procédé a été approprié par M. Silbermann aux usages du commerce et de l'industrie. Sur une plaque métallique sont fixés deux thermomètres, dont l'un à mercure indiquant, seulement par deux traits, les températures initiales et finales, soit 25 et 50°. L'autre thermomètre, destiné à contenir le liquide à essayer, est une véritable pipette; il est ouvert par les deux bouts, effilé à la partie inférieure du réservoir, et terminé par un tube large à la partie supérieure de

---

[1] J. F. SILBERMANN, *Compt. rend. de l'Acad.*, XXVII, 418.

sa tige. Pour que ce second thermomètre retienne le liquide, il est pressé à sa partie effilée et inférieure par un petit obturateur en liége convenablement fixé sur un ressort. On commence par porter le liquide à essayer à la température de 25°, et on le fait monter par un mouvement d'aspiration, déterminé à l'aide d'un petit piston, dans la tige supérieure divisée, jusqu'à ce qu'il affleure rigoureusement à la division zéro. On ajuste alors l'obturateur, on porte immédiatement l'appareil dans un vase contenant de l'eau à 50°, et l'on note la division à laquelle s'arrête le niveau du liquide. Cette division donne immédiatement le titre du liquide, l'instrument ayant été gradué directement par des expériences directes, faites sur des mélanges d'alcool et d'eau, d'une composition connue.

§ 780. *Liqueurs fermentées : vin, eau-de-vie, bière, cidre.* — Les principales liqueurs alcooliques que l'homme prépare pour ses besoins journaliers sont : le vin, l'eau-de-vie, la bière, le cidre, etc.

Le *vin* est le suc fermenté du fruit de la vigne. Les raisins étant mûrs, on les foule dans de grandes cuves en bois ou en pierre, et on abandonne le moût dans une cave, à la température de 20 à 25°. Au bout de quelques jours, la fermentation s'annonce par l'échauffement de la masse, et par une sorte d'ébullition qui soulève les débris solides du fruit, et produit une mousse épaisse; lorsque la fermentation se ralentit, on la ranime en agitant la masse. Finalement l'effervescence se calme, le moût s'éclaircit, et le vin peut alors être soutiré dans les tonneaux.

Renfermé dans les tonneaux, le vin continue néanmoins de fermenter; au commencement il donne même du ferment, mais celui-ci se dépose en majeure partie au fond des tonneaux, où il est retenu par le bitartrate de potasse qui se précipite en même temps, à mesure que le vin se charge de plus d'alcool; en effet, la liqueur dissout d'autant moins de bitartrate qu'elle est plus riche en alcool. La masse qui s'est déposée constitue ce qu'on appelle la *lie;* c'est un mélange des sels du vin, de ferment, de matière colorante et de débris du fruit. Lorsque le vin s'est bien dépouillé de sa lie, on le *colle,* pour enlever les matières encore tenues en suspension. Les vins rouges se collent avec du blanc d'œuf, du sang de bœuf ou de la gélatine : ces substances, en se coagulant avec le tannin et avec une partie du principe colorant du vin, entraînent les substances étrangères qui rendent le vin trouble. La colle de poisson s'emploie au même usage pour les vins blancs.

La couleur des vins rouges provient d'une matière colorante bleue, contenue dans les pellicules des raisins, avec lesquelles on a fait fermenter le moût ; cette matière bleue est rougie par les acides contenus dans le liquide. Dans certaines localités, on exalte la couleur des vins rouges, en laissant longtemps cuver le moût sur les pellicules, et en retardant la fermentation par une addition de plâtre. Outre la matière colorante, le vin enlève aux pellicules une quantité assez considérable de tannin qui lui communique de l'âpreté.

Les vins deviennent mousseux lorsqu'on met le moût en bouteilles avant qu'il ait fini de fermenter ; l'acide carbonique, continuant alors de se produire, se dissout dans le liquide et s'y accumule en raison de la pression à laquelle le gaz est soumis. Pendant longtemps la Champagne avait le monopole de la fabrication de semblables vins, mais on en prépare aujourd'hui dans beaucoup d'autres pays.

Les principes qu'on trouve généralement dans les vins, en quantités variables, sont l'eau, l'alcool, des matières gommeuses et extractives, des matières azotées et albuminoïdes, des matières colorantes, de petites quantités de glucose non décomposé, de l'acide acétique, du bitartrate de potasse, et des sels minéraux (chlorures, sulfates, phosphates à base de soude, de potasse, de chaux, etc.). De petites quantités de matières volatiles, semblables aux éthers ou aux huiles essentielles, donnent aux vins leur odeur particulière ; l'*éther œnantique* (ou pélargonique, § 1181) paraît être le principe qui communique au vin, non ce bouquet spécial propre à chaque cru, mais cette odeur vineuse caractéristique, commune à tous les vins à un degré plus ou moins marqué.

La proportion d'alcool contenue dans les vins varie, suivant les pays, avec la nature du sol, le climat, l'exposition et la culture de la vigne, l'époque de la récolte du raisin, les procédés de fermentation. Les vins des climats chauds sont plus alcooliques que les vins des pays du nord : ceux-ci contiennent plus d'acide, et possèdent en général plus de bouquet. Le vin d'un même pays n'a pas d'ailleurs, chaque année, le même degré de spirituosité. Voici, suivant les expériences de Brande[1], les proportions moyennes d'alcool

[1] BRANDE, *Ann. de Chim. et de Phys.*, VII, 76.

de 0,825 à 15°5 (contenant 8 centièmes d'eau[1]) qu'on trouve dans les vins de différentes localités :

Noms des vins.	Proportion d'alcool de 92 centièmes, en 100 volumes de vin.
Lissa	25,41
Vin de raisin sec	25,12
Marsala	25,9
Madère	22,27
Vin de groseilles	20,55
Xérès	19,17
Ténériffe	19,79
Colares	19,75
Lacryma Christi	19,70
Constance blanc	19,75
Id. rouge	18,92
Lisbonne	18,94
Malaga (de 1666)	18,94
Bucellas	18,49
Madère rouge	20,35
Muscat du Cap	18,25
Madère du Cap	20,51
Carcavello	18,65
Vidonia	19,25
Alba flora	17,26
Malaga	17,26
Hermitage blanc	17,43
Roussillon	18,13
Vin de Bordeaux	15,10
Malvoisie de Madère	16,40
Lunel	15,52
Chiras	15,52
Syracuse	15,28
Sauterne	14,22
Bourgogne	14,57
Vin du Rhin	12,08
Nice	14,63
Barsac	13,86
Tinto	13,30
Champagne	13,80
Champagne mousseux	12,61
Hermitage rouge	12,32
Grave	13,37
Frontignan	12,79
Côte rôtie	12,32
Tokai	9,88

[1] Si l'on voulait ramener les nombres inscrits dans la table à de l'alcool absolu, il faudrait les multiplier par 0,92.

Voy., sur les effets du froid et de la congélation sur les vins : VERGNETTE-LAMOTTE, *Ann. de Phys. et de Chim.*, [3] XXV, 353. — BOUSSINGAULT, *ibid.*, 363. — Sur la cause de la graisse des vins, et sur le moyen de la détruire ou de la prévenir : FRANÇOIS, *Ann. de Chim. et de Phys.*, XLVI, 212.

M. Christison a donné le tableau suivant[1] :

	Alcool absolu en 100 parties.
Vin de Porto	14,97
— moyenne de 7 espèces	16,20
Vin de Porto, fort	17,10
— blanc	14,97
Xérès faible	13,98
— moyenne de 13 espèces vieilles	15,37
— fort	16,17
— moyenne de 9 espèces conserv. aux Grandes-Indes	14,72
Madre da Xérès	16,90
Madère conservé longtemps dans une cave aux Gr.-Indes	16,90
— plus faible	14,09
Ténériffe	13,64
Cercial	15,15
Lisbonne sec	16,14
Amontillado	12,65
Claret de 1811	7,72
Château-Latour de 1815	7,78
Château-la-Rose de 1825	7,61
Claret ou vin de Bordeaux ordinaire, 1re qualité	8,99
Rivesaltes	9,31
Malmsey	12,86
Vin de Rüdesheim, 1re qualité	8,40
— — ordinaire	6,90
Vin de Hambach, 1re qualité	7,35
Ale d'Édimbourg, avant la mise en bouteilles	5,70
— — après 2 ans de bouteille	6,06
Porter de 4 mois	5,36

§ 781. L'*eau-de-vie* se prépare, dans les pays vignobles, par la
distillation des vins de qualité inférieure. Dans les pays du Nord,
on emploie, pour cette préparation, le moût d'orge et le moût de
pommes de terre fermentés.

Le mode de distillation varie beaucoup; cependant il revient toujours à une des deux méthodes suivantes : l'une consiste à distiller
la liqueur fermentée, de manière à obtenir un produit alcoolique
faible, qui, soumis à une seconde distillation, fournit une liqueur plus
forte, l'eau-de-vie proprement dite; l'autre méthode donne, dès la
première distillation, un produit plus fort, qu'on étend d'eau pour
le transformer en eau-de-vie. En France, E. Adam, Cellier-Blumen-
thal, Ch. Derosne et Laugier se sont particulièrement occupés de la
construction des appareils les plus avantageux pour les distilleries
d'eau-de-vie.

L'eau-de-vie provenant de la distillation des vins est ordinairement colorée en jaune par une matière extractive particulière; elle a
une saveur caractéristique qu'elle doit en partie à de l'éther acétique.

Les eaux-de-vie de grains et de pommes de terre sont beaucoup
moins agréables que les eaux-de-vie de vin, parce qu'elles ren-

---

[1] CHRISTISON, *Ann. der Chem. u. Pharm.*, XXXVII, 125.

ferment des huiles essentielles âcres, parmi lesquelles on remarque l'alcool amylique ou hydrate d'amyle (§ 1084).

L'eau-de-vie qu'on prépare aux Antilles en faisant fermenter le moût de la canne à sucre est connue sous le nom de *tafia* ; le *rhum* est une eau-de-vie plus forte qu'on obtient avec la mélasse et l'écume du sirop de la canne. Le *kirsch* se prépare dans les Vosges, en Suisse et en Allemagne, au moyen des cerises écrasées et fermentées avec leur noyaux. Le *slibowitza* des Hongrois est le produit de la fermentation des prunes mûres délayées dans l'eau. Le *rack* ou *arack* des Orientaux est une eau-de-vie très-forte, préparée avec du riz ou avec la séve de palmier fermentée. Dans quelques pays, on distille l'eau-de-vie de grains sur des substances contenant des huiles aromatiques, afin de lui donner une saveur qui la rende plus agréable comme boisson ; c'est ainsi encore qu'on obtient le *genièvre* ou *gin* en mêlant au moût en fermentation des baies de genièvre pilées.

Lorsqu'on dissout dans les eaux-de-vie aromatisées autant de sucre qu'elles en peuvent prendre, on obtient ce qu'on appelle des *liqueurs*.

Voici les proportions d'alcool de 92 centièmes, contenues, suivant Brande, dans 100 volumes des eaux-de-vie suivantes :

Eau-de-vie de vin	53,39
Rhum	53,68
Genièvre	51,60
Eau-de-vie de grains d'Écosse (whiskey)	54,32

§ 782. La *bière* est une infusion fermentée d'orge germée. L'orge, comme les graines des autres céréales, ne contient presque pas de principe sucré ; mais, si on la fait germer, il se développe de la diastase, par le contact de laquelle l'amidon de l'orge peut être converti en glucose. La première opération des brasseurs de bière consiste dans le *maltage* ou transformation de l'orge en malt : ils font ramollir et gonfler l'orge dans l'eau, puis ils l'étendent en couches minces sur un plancher, à une température moyenne ; dans ces circonstances, l'orge ne tarde pas à germer.

La germination exige le concours de l'humidité de l'air et d'une température de 15° environ ; ces conditions se réalisent le mieux en automne et au printemps : de là le nom de *bière de mars*, qu'on donne à la fabrication du printemps, regardée comme supérieure à celle des autres saisons. Lorsque le germe a acquis à peu près la longueur du grain, on arrête la germination en desséchant rapidement l'orge, dans une étuve à courant d'air chaud, appelée *touraille*. Le grain desséché est ensuite débarrassé des radicelles par une espèce de tamisage, et réduit en poudre grossière : dans cet état, il constitue le *malt*.

Pour préparer le *moût de bière* avec ce malt, on fait tremper celui-ci dans de grandes cuves, avec de l'eau chauffée à 60° environ ; pendant cette infusion, la diastase du malt rend l'amidon soluble et le convertit bientôt en glucose ; l'eau se charge donc de glucose, de dextrine et des autres principes solubles du grain. On fait ensuite écouler le liquide sucré dans un réservoir, d'où on le fait passer dans les chaudières, pour le soumettre au traitement par le houblon.

La fleur de houblon, avec laquelle on fait ensuite bouillir le moût, lui donne une saveur et un arome particuliers ; d'ailleurs, sans le principe amer et aromatique du houblon, la bière ne se conserverait pas et éprouverait promptement la fermentation acide.

Lorsque le moût houblonné est suffisamment concentré, on le reçoit, après en avoir séparé le houblon, dans des réservoirs, dits *rafraichissoirs*, où on le fait refroidir le plus rapidement possible. De là il passe dans une cuve très-profonde, dite *guilloire*, où on le fait fermenter, après y avoir délayé une certaine quantité de levûre de bière ou de ferment provenant d'opérations antérieures. Bientôt la fermentation alcoolique s'établit et marche avec une grande activité pendant plusieurs jours ; elle produit beaucoup d'écume qui, rassemblée et exprimée dans des sacs, constitue ce qu'on appelle la *levûre de bière*. On laisse la fermentation s'achever, après avoir transvasé la liqueur dans des tonneaux ; quand elle ne produit plus d'écume, elle peut être livrée aux consommateurs. On la colle comme le vin, puis on la met en bouteilles.

Considérée chimiquement, la bière contient beaucoup d'eau, de petites quantités d'alcool, de l'acide carbonique libre, et des proportions variables de glucose, de matière azotée albuminoïde, de matière gommeuse, d'acide acétique et de sels minéraux (phosphates à base de chaux et de magnésie, dissous par les acides). On désigne généralement sous le nom d'*extrait de malt* les parties de la bière autres que l'eau, l'alcool et l'acide carbonique.

Brande[1] donne les proportions suivantes d'alcool de 92 centièmes pour les bières d'Angleterre :

```
Ale de Burton . . . . . . . . . . . . . . . . . . . . . . . . . . . . . . .   8,88
Ale d'Édimbourg. . . . . . . . . . . . . . . . . . . . . . . . . . . .   6,20
Ale de Dorchester . . . . . . . . . . . . . . . . . . . . . . . . . .   5,56
Brown stout. . . . . . . . . . . . . . . . . . . . . . . . . . . . . . .   6,80
Porter de Londres . . . . . . . . . . . . . . . . . . . . . . . . . .   4,20
Petite bière de Londres. . . . . . . . . . . . . . . . . . . . . . .   1,28
```

Voici la composition de quelques bières d'Allemagne[2] :

	Eau.	Extrait de malt.	Alcool.	Acide carbon.
Bière double de Munich, dite Augustiner Doppelbier.	88,36	8,0	3,6	0,14
Id. dite Salvatorbier	87,62	8,0	4,2	0,18
Id. dite Bockbier	88,64	7,2	4,0	0,16
Bière de Bavière de la campagne.	92,94	4,0	2,9	0,16
Bock de Brunswick, façon de Munich.	88,50	6,5	5,0	indét.
Bière de mars, façon de Bavière	91,10	5,4	3,5	indét.
Petite bière douce de Brunswick.	84,70	14,0	1,3	indét.
Mumme de Brunswick	59,20	39,0	1,8	0,1.

Centièmes en poids.

Le *cidre* et le *poiré* sont des boissons qu'on prépare, particulièrement en Normandie et dans quelques contrées d'Allemagne, avec le jus de pommes et de poires fermenté. Ces boissons sont moins spiritueuses que les vins. Brande y indique les proportions suivantes d'alcool de 92 centièmes, sur 100 volumes :

```
Cidre, le plus spiritueux . . . . . . . . . . . . . . . . . . . . . . .   9,87
Id., le moins spiritueux . . . . . . . . . . . . . . . . . . . . . . .   5,21
Poiré . . . . . . . . . . . . . . . . . . . . . . . . . . . . . . . . . . . .   7,26
```

Dérivés métalliques de l'alcool.

§ 783. *Oxyde d'éthyle et de potassium*[3], éthylate de potasse ou alcool potassé, $C^4H^5KO^2$. — L'alcool absolu dégage de l'hydrogène au contact du potassium ; le produit se dissout à chaud dans l'alcool, et finit par s'y prendre en gros cristaux transparents ; si on laisse le liquide se refroidir, toute la masse se prend en cristaux. Ceux-ci peuvent être desséchés dans le vide sur de l'acide sulfurique, et se conservent à l'abri de l'humidité et de l'acide carbo-

---

[1] BRANDE, *loc. cit.*

[2] OTTO, *Handwœrt der Chem. v. Liebig u. Poggend.* 1, 790.

[3] LIEBIG, *Ann. der Chem. u. Pharm.*, XXIII, 31. — LOEWIG, *Ann. de Poggend.*, XLII, 399.

nique; ils supportent + 80° sans se décomposer. L'eau les convertit immédiatement en hydrate de potasse et en alcool.

Le *sodium* donne une combinaison semblable, qui se présente en larges lames.

Dérivés par oxydation de l'alcool[1].

§ 784. *Acétal*, $C^{12}H^{14}O^2$. — Ce composé[2], homologue du méthylal (§ 335), est un des produits de l'oxydation de l'alcool, sous l'influence du noir de platine. Voici comment M. Stas l'obtient à l'état de pureté. On prend des fragments de pierre ponce lavée à l'acide chlorhydrique, puis calcinée en rouge; on les humecte d'alcool à peu près anhydre, et on les introduit dans un ballon de 40 à 50 litres de capacité. On dispose sur la ponce autant de capsules de verre que le ballon peut en contenir; ces capsules doivent être aussi plates que possible et recouvertes d'une mince couche de noir de platine. On recouvre le col d'une plaque de verre parfaitement dressée, et l'on abandonne l'appareil à lui-même dans un lieu dont la température soit au moins de 20 degrés, jusqu'à ce que tout l'alcool à peu près se soit converti en acide acétique. Alors on fait arriver au fond du ballon 1 à 2 litres d'alcool de 60 centièmes ; on recouvre de nouveau le col de sa plaque, et on laisse l'appareil en repos à la même température que précédemment. Au bout de quinze à vingt jours, si l'on a la précaution d'y faire entrer de l'air de temps à autre, on remarque que le liquide qui se trouve au-dessous de la pierre ponce est plus ou moins visqueux. Alors on soutire ce liquide, et on le remplace par une quantité équivalente d'alcool. Quand on a ainsi réuni quelques litres de liquide très-acide, on le neutralise par du carbonate de potasse, et on y dissout autant de chlorure de calcium qu'il peut en prendre. On distille avec précaution et on ne recueille que le premier quart du produit dans un récipient bien refroidi. Le liquide distillé est saturé par du chlorure de calcium fondu qui en sépare immédiatement une quantité très-notable d'un liquide très-volatil et d'une odeur fort suffocante. En ajoutant avec précaution un peu d'eau à la solution saline, on peut en séparer une nouvelle quan-

---

[1] Voy. plus haut, § 771, l'indication des dérivés qu'on obtient avec l'alcool, sous l'influence de différents agents d'oxydation.

[2] LIEBIG, *Ann. der Chem. u. Pharm.*, V, 25; XIV, 156. — STAS, *Ann. de Chim. et de Phys.*, [3] XIX, 146.

tité de ce liquide. C'est un mélange d'aldéhyde, d'éther acétique, d'alcool et d'acétal. M. Stas isole ce dernier en distillant le mélange d'abord au bain-marie, jusqu'à ce que le liquide qui passe ne réduise plus l'acétate d'argent ammoniacal, laissant ensuite en contact avec de la potasse très-concentrée qui décompose l'éther acétique, lavant avec de l'eau, desséchant sur du chlorure de calcium, et rectifiant le produit.

L'acétal ainsi obtenu est un liquide éthéré, incolore, assez fluide, d'une odeur suave particulière, d'une saveur franche qui laisse un arrière-goût prononcé de noisette. Sa densité est de 0,821 à 22°4; sous la pression de 768^{mm}, il bout entre 104 et 106°. La densité de sa vapeur a été trouvée égale à 4,069—4,11—4,24.

L'eau, à la température de 25°, en dissout environ la dix-huitième partie de son volume; elle en prend d'autant moins que la température est plus élevée. L'éther et l'alcool le dissolvent en toute proportion. Il se conserve sans altération dans l'air sec et dans l'air humide.

Sous l'influence du noir de platine ou de l'air, il se transforme très-rapidement, d'abord en aldéhyde, puis en acide acétique concentré. Les matières oxydantes en général produisent le même effet.

Hors du contact de l'air, la potasse et la soude en solutions saturées, ainsi que les alcalis solides, n'ont aucune influence sur lui, ni à une basse température ni à une température élevée.

L'acide sulfurique le dissout, puis le décompose en noircissant. Le chlore lui enlève de l'hydrogène en donnant des corps chlorés.

M. Stas a observé que l'acétal ne se produit pas toujours par des causes oxydantes : il l'a aussi obtenu par l'action du chlore sur l'alcool, et même l'acétal est alors le produit principal, aussi longtemps que le chlore n'agit pas par substitution.

Dérivés chlorés de l'alcool.

§ 785. Nous avons déjà décrit (§ 437) le produit chloré (chloral) qu'on obtient par l'action prolongée du chlore sur l'alcool absolu; la réaction peut s'exprimer par l'équation suivante :

$$C^4H^6O^2 + 8\,Cl = C^4HCl^3O^2 + 5\,HCl.$$
$$\text{Alcool.} \qquad\qquad \text{Chloral.}$$

Le chloral paraît n'être lui-même que le produit d'une réaction secondaire entre le chlore et l'aldéhyde (hydrure d'acétyle), et l'on aurait donc d'abord :

$$C^4H^6O^2 + 2\ Cl = C^4H^4O^2 + 2\ HCl.$$
Alcool.   Aldéhyde.

Comme il se forme de l'acide chlorhydrique dans ces réactions, on conçoit que cet acide agisse de son côté sur une autre portion d'alcool pour produire du chlorure d'éthyle (éther chlorhydrique).

Enfin il est aisé de comprendre que si l'on traite par le chlore l'alcool hydraté, au lieu de l'alcool absolu, la réaction se complique d'une oxydation due à une décomposition de l'eau : dans ces circonstances, on voit alors se former de l'acide acétique et de l'acétate d'éthyle.

ÉTHER OU OXYDE D'ÉTHYLE.

Syn. : éther sulfurique, éther hydrique.

Composition : $C^8H^{10}O^2 = C^4H^5O, C^4H^5O$.

§ 786. La découverte de ce corps remarquable est attribuée à Valerius Cordus, qui paraît l'avoir décrit le premier en 1540, sous le nom d'*oleum vini dulce;* beaucoup de chimistes s'en sont occupés dans les temps modernes, et c'est particulièrement aux travaux de Hennel, Boullay, Gay-Lussac, MM. Dumas, Liebig, et Williamson [1], etc., que l'on doit des notions précises sur son mode de formation et sur sa composition chimique.

L'éther se produit lorsqu'on chauffe l'alcool avec certains acides, tels que l'acide sulfurique, l'acide phosphorique, l'acide arsénique, ou bien avec certains chlorures ou fluorures, comme le bichlorure d'étain, le fluorure de bore, le chlorure de zinc, etc.

L'acide sulfurique est l'agent le plus généralement employé pour l'éthérification de l'alcool. Le meilleur procédé est celui qui a été proposé par Boullay. Il consiste à chauffer un mélange d'alcool et d'acide sulfurique, et à y faire arriver un filet d'alcool au fur et à mesure que les premières portions s'éthérifient. Pour cela, on place une cornue assez spacieuse et tubulée dans un bain de sable, et l'on y adapte un récipient convenablement refroidi. On emplit cette cornue, à la moitié seulement, d'un mélange de 5 p. d'alcool de 90 centièmes, et de 9 p. d'acide sulfurique concentré : les deux liquides doivent avoir été mélangés d'avance dans un vase

---

[1] Voy. p. 243, l'indication des sources relatives à l'éthérification.

entouré d'eau froide ; puis on fixe dans la tubulure de la cornue un tube de verre, dont l'une des extrémités communique avec un réservoir d'alcool, et dont l'autre, effilée en pointe, plonge au-dessous du mélange éthérifiant contenu dans la cornue. On chauffe alors ce mélange, et l'on règle l'écoulement de l'alcool renfermé dans le réservoir, de manière à maintenir le liquide en ébullition sensiblement au même niveau. Il faut aussi avoir soin de bien re-froidir le récipient. Le produit ainsi obtenu est chargé d'eau et d'un peu d'alcool ; pour l'avoir chimiquement pur, on le dépouille d'abord d'alcool par des lavages à l'eau, et on le rectifie ensuite au bain-marie, à plusieurs reprises, sur du chlorure de calcium ou sur de la chaux vive.

On voit, par ce qui précède, qu'une même quantité d'acide sul-furique peut servir indéfiniment à la préparation de l'éther ; cette circonstance avait, dans le principe, conduit à une théorie entière-ment erronée, d'après laquelle l'éthérification était un simple effet de contact (effet catalytique) de la part de l'acide sulfurique mis en pré-sence de l'alcool. La distillation simultanée de l'eau dans la formation de l'éther prouve, d'ailleurs, que ce dernier n'est pas le résultat d'une simple déshydratation, comme le semblent indiquer les rap-ports de composition qui existent entre l'alcool et l'éther. Aussi, M. Williamson a démontré par une série d'expériences précises que la production continue de l'éther, sous l'influence de la même quantité d'acide sulfurique, est le résultat de deux doubles décom-positions qui s'accomplissent successivement : l'une, s'opérant entre une molécule d'acide sulfurique et une première molécule d'alcool, donne naissance à de l'acide éthyl-sulfurique, et à de l'eau :

$$\left.\begin{matrix} HO \\ HO \end{matrix}\right\} S^2O^6 \ + \ \left.\begin{matrix} C^4H^5.O \\ HO \end{matrix}\right\},$$

Acide sulfurique.   Alcool.

$$= \left.\begin{matrix} C^4H^5.O \\ HO \end{matrix}\right\} S^2O^6 \ + \ \left.\begin{matrix} HO \\ HO \end{matrix}\right\};$$

Acide éthyl-sulfuriq.   Eau.

l'autre, s'effectuant entre l'acide éthyl-sulfurique ainsi formé et une nouvelle molécule d'alcool, produit de l'éther et régénère l'a-cide sulfurique.

$$\left.\begin{matrix} C^4H^5.O \\ HO \end{matrix}\right\} S^2O^6 \ + \ \left.\begin{matrix} C^4H^5.O \\ HO \end{matrix}\right\},$$

Acide éthyl-sulfuriq.   Alcool.

$$= \left.\begin{array}{l}HO\\HO\end{array}\right\} S^2O^6 + \left.\begin{array}{l}C^4H^5.O\\C^4H^5.O\end{array}\right\}.$$

Acide sulfurique.   Éther.

L'acide sulfurique régénéré se décompose avec une troisième molécule d'alcool, pour donner de l'eau, et de l'acide éthyl-sulfurique, lequel, sous l'influence d'une quatrième molécule d'alcool, produit de l'éther et régénère l'acide sulfurique; et ainsi de suite.

D'après cette interprétation, l'acide éthyl-sulfurique qui se produit à la fin d'une préparation d'éther n'est donc pas le même que celui qui se forme au commencement. M. Williamson le démontre d'une manière fort ingénieuse par l'expérience suivante : il prépare de l'acide amyl-sulfurique, homologue de l'acide éthyl-sulfurique, en dissolvant l'alcool amylique dans l'acide sulfurique :

$$\left.\begin{array}{l}HO\\HO\end{array}\right\} S^2O^6 + \left.\begin{array}{l}C^{10}H^{11}.O\\HO\end{array}\right\},$$

Acide sulfurique.   Hydrate d'amyle.

$$= \left.\begin{array}{l}C^{10}H^{11}.O\\HO\end{array}\right\} S^2O^6 + \left.\begin{array}{l}HO\\HO\end{array}\right\};$$

Acide amyl-sulfuriq.   Eau.

Puis M. Williamson traite cet acide amyl-sulfurique par de l'alcool ordinaire, comme dans la préparation continue de l'éther, jusqu'à ce qu'il recueille ce dernier à la distillation. En examinant ensuite le résidu, au lieu d'y trouver de l'acide amyl-sulfurique, il n'y trouve plus que de l'acide éthyl-sulfurique; de plus, dans les premières portions qui passent à la distillation, il trouve l'éther mixte amyl-éthylique (oxyde d'amyle et d'éthyle). Les formules suivantes mettent bien en évidence ces réactions :

$$\left.\begin{array}{l}C^{10}H^{11}.O\\HO\end{array}\right\} S^2O^6 + \left.\begin{array}{l}C^4H^5.O\\HO\end{array}\right\} = \left.\begin{array}{l}HO\\HO\end{array}\right\} S^2O^6 + \left.\begin{array}{l}C^{10}H^{11}.O\\C^4H^5.O\end{array}\right\},$$

Ac. amyl-sulfuriq.   1re moléc. d'alcool.   Ac. sulfuriq.   Éther amyl-éthylique.

$$\left.\begin{array}{l}HO\\HO\end{array}\right\} S^2O^6 + \left.\begin{array}{l}C^4H^5.O\\HO\end{array}\right\} = \left.\begin{array}{l}C^4H^5.O\\HO\end{array}\right\} S^2O^6 + \left.\begin{array}{l}HO\\HO\end{array}\right\},$$

Acide sulfuriq.   2e moléc. d'alcool.   Ac. éthyl-sulfuriq.   Eau.

$$\left.\begin{array}{l}C^4H^5.O\\HO\end{array}\right\} S^2O^6 + \left.\begin{array}{l}C^4H^5.O\\HO\end{array}\right\} = \left.\begin{array}{l}HO\\HO\end{array}\right\} S^2O^6 + \left.\begin{array}{l}C^4H^5.O\\C^4H^5.O\end{array}\right\}.$$

Acide éthyl-sulfuriq.   3e moléc. d'alcool.   Ac. sulfuriq.   Éther.

Le même éther mixte s'obtient encore si l'on fait agir l'acide sulfurique sur un mélange de quantités équivalentes d'alcool ordinaire et d'alcool amylique ; en traitant ce mélange, comme dans la préparation continue de l'éther, on recueille, à la distillation, de l'eau et un liquide éthéré composé d'éther ordinaire et d'éther amyl-éthylique.

Tous ces faits sont en parfaite harmonie avec la théorie de l'éthérification, telle que nous venons de l'exposer.

Quant à la formation de l'éther par l'alcool et les chlorures, elle ne saurait être continue comme dans l'emploi de l'acide sulfurique, la production de l'éther n'étant due qu'à la décomposition que les combinaisons de l'alcool avec ces chlorures éprouvent sous l'influence de la chaleur.

Une autre formation de l'éther, intéressante au point de vue de la théorie, c'est celle qu'on observe en faisant réagir l'oxyde de potassium et d'éthyle (§ 783) sur le chlorure ou sur l'iodure éthyle. On a, en effet :

$$\left.\begin{array}{c} C^4H^5O \\ KO \end{array}\right\} \;+\; \left.\begin{array}{c} C^4H^5 \\ I \end{array}\right\},$$

Oxyde d'éthyle et de potassium.   Iodure d'éthyle.

$$=\left.\begin{array}{c} C^4H^5.O \\ C^4H^5.O \end{array}\right\} \;+\; \left.\begin{array}{c} K \\ I \end{array}\right\}.$$

Oxyde d'éthyle.   Iod. de potassium.

§ 787. A l'état de pureté, l'éther est un liquide incolore, entièrement limpide et d'une grande mobilité; sa saveur est d'abord âcre et brûlante, puis fraîche. Il est parfaitement neutre aux papiers, et réfracte beaucoup la lumière. Sa densité, à l'état liquide, est de 0,723 à 12°,5, et, à l'état de vapeur, de 2,565 $= 4$ volumes pour la formule $C^8H^{10}O^2$. Il bout à 35°,6 sous la pression de 0,76 (Gay-Lussac). Refroidi jusqu'à 31° au-dessous de 0°, il cristallise en lames blanches et brillantes.

Il est très-inflammable. Mêlée avec de l'air, en certaines proportions, la vapeur d'éther détone avec violence à l'approche d'un corps enflammé. Comme la vapeur d'éther se répand très-promptement à une assez grande distance, il est toujours dangereux de transvaser de l'éther dans un lieu où il y a quelque corps en combustion. Pol. Boullay est mort à vingt-neuf ans, en 1835, des suites d'une horrible brûlure que lui occasionna la rupture, entre ses mains, d'un flacon d'éther, à peu de distance d'un foyer allumé.

L'éther se mélange avec l'alcool en toutes proportions; 9 parties d'eau dissolvent 1 partie d'éther.

Il dissout en petite quantité le soufre et le phosphore. Le brome et l'iode s'y dissolvent également. De même, il dissout le chlorure d'or, le chlorure de fer, le sublimé corrosif, le nitrate de mercure. Quant aux substances organiques, il dissout en général fort bien les matières très-hydrogénées, telles que les résines et les corps gras que l'alcool attaque mal, tandis qu'il est sans action sur d'autres substances qui se dissolvent dans l'alcool.

Si l'on fait passer les vapeurs d'éther à travers un tube de porcelaine chauffé au rouge, elles se décomposent complétement en donnant à peu près les mêmes produits que l'alcool, savoir : du gaz des marais, du gaz oléfiant, de l'oxyde de carbone, de l'eau, de l'aldéhyde, etc.

Quand on mélange peu à peu l'éther bien exempt d'alcool avec son volume d'acide sulfurique concentré, le liquide s'échauffe considérablement, souvent jusqu'à 70°. On peut porter le produit à 120° sans qu'il dégage rien. Si l'on y ajoute ensuite de l'eau, il se dissout complétement en ne séparant que de légères traces d'huile; la solution ne contient que de l'acide éthyl-sulfurique.

Si, au lieu d'arrêter l'action de l'acide sulfurique dès que la température s'est élevée à 120°, on chauffe davantage le mélange, il commence à bouillonner à 130°, développe une légère odeur d'huile de vin douce, et, à 150°, dégage du gaz sulfureux sans qu'il se condense rien à cette température. À 180°, le liquide est en pleine ébullition, et il passe alors de l'huile de vin, ainsi qu'une eau chargée de gaz sulfureux; en même temps le résidu se charbonne considérablement. On y trouve de l'acide iséthionique et de l'acide éthionique.

Le chlore gazeux, indépendamment des dérivés par substitution, donne naissance à de l'aldéhyde, à du chloral, à du chlorure d'éthyle et à de l'acide chlorhydrique.

L'acide nitrique décompose l'éther à chaud, en donnant de l'acide carbonique, de l'acide acétique et de l'acide oxalique.

Abandonné à l'air avec une dissolution de potasse, l'éther donne peu à peu de l'acétate, comme l'alcool.

Saturé par du gaz chlorhydrique, il donne, à la distillation, du chlorure d'éthyle comme l'alcool.

Le potassium et le sodium l'attaquent lentement en dégageant du gaz hydrogène.

L'éther absorbe le gaz ammoniaque en grande quantité. Chauffé à 400°, en vase clos, avec de l'iodhydrate d'ammoniaque, l'éther donne un liquide aqueux, contenant en solution les iodhydrates des éthyl-ammoniaques (Berthelot).

Il se combine directement avec le *bichlorure d'étain*[1]. La combinaison $C^8H^{10}O^2$, $SnCl^2$, cristallise en tables rhombes d'un aspect brillant ; elle est volatile sans décomposition, se dissout aisément dans un excès d'éther, et se décompose au contact de l'eau.

§ 787[a]. *Oxyde d'éthyle et de méthyle*[2], méthylate d'éthyle ou éthylate de méthyle, $C^6H^8O^2 = C^4H^5O,C^2H^3O$. — On peut obtenir cette combinaison, soit par l'action de l'iodure d'éthyle sur l'oxyde de méthyle et de sodium (méthylate de soude), soit par l'action de l'iodure de méthyle sur l'oxyde d'éthyle et de sodium (éthylate de soude). Le premier procédé est préférable, le point d'ébullition de l'iodure d'éthyle étant tellement supérieur au point d'ébullition de l'oxyde d'éthyle et de méthyle que tout excès d'iodure d'éthyle peut aisément être séparé par la distillation.

L'oxyde d'éthyle et de méthyle est un liquide bouillant déjà à 11°. La densité de sa vapeur a été trouvée égale à 2,151 ; ce nombre correspond à 4 volumes pour la formule indiquée.

Oxyde d'éthyle et d'amyle. — Voy. § 1086, Série caproïque, *Groupe amylique*.

Dérivés chlorés de l'oxyde d'éthyle.

§788. Le chlore, en agissant sur l'éther pur, donne lieu à des produits de substitution dont voici la composition :

$$\text{Oxyde d'éthyle chloré.} \quad\quad C^6H^8Cl^2O^2 = \begin{cases} C^4H^4Cl\,.O \\ C^4H^4Cl\,.O \end{cases}$$

$$\text{Oxyde d'éthyle bichloré.} \quad\quad C^8H^6Cl^4O^2 = \begin{cases} C^4_2H^3Cl^2.O \\ C^4H^3Cl^2.O \end{cases}$$

$$\text{Oxyde d'éthyle perchloré} \quad\quad C^8Cl^{10}O^2 = \begin{cases} C^4Cl^5\,.O \\ C^4Cl^5\,.O \end{cases}$$

$$\text{Oxyde d'éthyle perchloro-bromé.} \quad C^8Cl^6Br^4O^2 = \begin{cases} C^4Cl^3Br^2.O \\ C^4Cl^3Br^2.O \end{cases}$$

Lorsque le chlore agit sur l'éther en présence de l'eau, il peut, comme dans le cas de l'alcool, se former des produits d'oxydation,

---

[1] Lewy, *Compt. rend. de l'Acad.*, XXI, 371.
[2] Williamson (1850), *Ann. der Chem. u. Pharm.*, LXXXI, 77.

tels que l'acide acétique. L'aldéhyde et le chloral ont aussi été observés dans certaines circonstances.

§ 789. *Oxyde d'éthyle chloré*, $C^8H^5Cl^2O^2$. — Ce corps paraît avoir été obtenu par F. Darcet[1], au moyen du chlore et du gaz oléfiant brut, préparé par l'acide sulfurique et l'alcool, et renfermant sans doute encore des vapeurs d'oxyde d'éthyle. En distillant au bain-marie la liqueur brute provenant de cette réaction, le chlorure d'éthylène (liqueur des Hollandais) passa le premier; bientôt la distillation s'arrêta, et l'on trouva dans la cornue un liquide d'apparence huileuse, qui ne commença à bouillir que vers 140°, et dont le point d'ébullition s'éleva bientôt jusqu'à 180°, où il devint stationnaire. Ce liquide était environ le quart ou le cinquième du produit primitif, suivant que les flacons de lavage du gaz oléfiant avaient été refroidis avec plus ou moins de soin.

Ce corps (*chloréthéral* de Darcet) se présente sous la forme d'un liquide extrêmement fluide, limpide, incolore, d'une odeur douceâtre et éthérée; la densité de sa vapeur a été trouvée égale à 4,93.

Oxyde d'éthyle bichloré, $C^8H^6Cl^4O^2$. — C'est le premier produit qu'on obtient[2] par l'action directe du chlore sur l'éther.

Lorsqu'on fait passer du chlore sec dans l'éther, en ayant soin de refroidir le mélange au commencement de l'opération, il se développe beaucoup d'acide chlorhydrique, et il est aisé de reconnaître la formation de l'éther chlorhydrique. Bientôt le dégagement de ces deux produits se ralentit, et l'on est même obligé d'aider l'action du chlore en élevant la température du mélange jusqu'à 30°. On obtient ainsi un liquide jaune, acide et fumant, et plus pesant que l'eau. On le lave avec de l'eau, et on l'abandonne dans le vide sec.

C'est un liquide limpide, d'une densité de 1,5008, d'une odeur et d'une saveur de fenouil. Il se décompose avant de bouillir, en brunissant et en dégageant du gaz chlorhydrique. L'acide sulfurique concentré le transforme en une masse noire et poisseuse, en dégageant le même gaz. La potasse aqueuse n'y agit pas immédiatement, mais une solution alcoolique de potasse l'attaque aussitôt en produisant du chlorure et de l'acétate potassiques :

$$C^8H^6Cl^4O^2 + 3\,(KO,HO) = 2\,C^4H^3KO^4 + KCl + 3\,HCl.$$
Ox. d'éthyle bichloré.   Acétate de potasse.

[1] F. DARCET (1837), *Ann. de Chim. et de Phys.*, LXVI, 108.
[2] M. MALAGUTI (1839), *ibid.*, LXX, 338.

Traité par l'ammoniaque aqueuse, il s'échauffe jusqu'à bouillir, s'épaissit et noircit, en développant des fumées blanches, et en exhalant une odeur désagréable. Si le corps est dissous dans l'alcool absolu, l'ammoniaque sèche n'y paraît pas agir, et le colore à peine; mais, en présence de l'eau, il se produit de l'acétate d'ammoniaque. L'éther bichloré disparaît d'ailleurs peu à peu dans l'eau seule, en se transformant probablement en acide acétique et en acide chlorhydrique.

Le potassium attaque l'éther bichloré quand on l'y chauffe légèrement; il se produit du chlorure de potassium, et un gaz brûlant avec une flamme verte [1].

Le chlore gazeux n'agit pas sur l'éther bichloré, à l'ombre et à la température de 90 ou 95°; mais, au soleil, il le transforme en éther perchloré.

L'hydrogène sulfuré tantôt attaque l'éther bichloré, tantôt ne l'attaque pas. Lorsqu'il réagit, il y a une légère élévation de température et dégagement d'acide chlorhydrique : deux liquides distillent, dont l'un est huileux, pesant et insoluble dans l'eau, et l'autre, soluble dans l'eau et très-fétide. Si l'on abandonne à lui-même le produit huileux, il se prend, au bout de quelques jours, en une masse molle et cristalline. On dédouble celle-ci par des cristallisations dans l'alcool bouillant en deux corps : l'un, cristallisé en aiguilles prismatiques, renferme $C^8H^6S^4O^2$, c'est-à-dire $C^8H^6Cl^4O^2 + 4\,HS - 4\,HCl$. Ces cristaux (*éther sulfuré* de M. Malaguti) ont une odeur très-légère qui rappelle le chlorure de soufre; ils sont fusibles entre 120 et 123°, sont insolubles dans l'eau, mais solubles dans l'alcool et l'éther; la potasse alcoolique les décompose en sulfure et en acétate.

L'eau-mère où se sont déposées ces aiguilles abandonne des paillettes (*éther chlorosulfuré* de M. Malaguti), grasses au toucher, jaunâtres, fétides, fusibles entre 70 et 72°, insolubles dans l'eau, solubles dans l'alcool et l'éther. Elles renferment $C^8H^6Cl^2S^2O^2$, c'est-à-dire $C^8H^6Cl^4O^2 + 2\,HS - 2\,HCl$. Une solution alcoolique de potasse les transforme en sulfure, chlorure et acétate.

La séparation nette de ces deux matières est très-difficile.

Ces produits sulfurés, ainsi que l'éther bichloré d'où ils résultent,

---

[1] M. Malaguti a trouvé dans ce gaz les rapports $C : H : Cl : : 44 : 5 : 65$; il suppose que c'est un corps $C^8H^6Cl^2O^2$ (*éther sous-chloruré*). Ne serait-ce pas plutôt de l'éthylène chloré, C^4H^3Cl?

présentent des relations fort simples avec l'acide acétique anhydre, comme l'indiquent les formules suivantes[1] :

$$\text{Acide acétique anhydre, ou oxyde d'acétyle.} \quad \left.\begin{array}{l} C^4H^3O^2 .O \\ C^4H^3O^2 .O \end{array}\right\}$$

$$\text{Éther bichloré, ou oxyde de chloracétyle.} \quad \left.\begin{array}{l} C^4H^3Cl^2.O \\ C^4H^3Cl^2.O \end{array}\right\}$$

$$\text{Éth. chlorosulfuré, ou oxyde de sulfochloracétyle.} \quad \left.\begin{array}{l} C^4H^3Cl^2.O \\ C^4H^3S^2 \ .O \end{array}\right\}$$

$$\text{Éther sulfuré, ou oxyde de sulfacétyle.} \quad \left.\begin{array}{l} C^4H^3S^2 \ .O \\ C^4H^3S^2 \ .O \end{array}\right\}$$

Les composés précédents se transforment tous, par la potasse, en acétate ; ils peuvent donc être considérés comme de l'acide acétique anhydre dans lequel l'oxygène (de l'acétyle) est remplacé par son équivalent de chlore et de soufre.

§ 790. *Oxyde d'éthyle perchloré*[2], ou éther perchloré, $C^8Cl^{10}O^2$. — Ce corps se produit par l'action prolongée du chlore sur l'éther, sous l'influence solaire. Dans ces circonstances, on finit par avoir une cristallisation abondante d'une substance qui ressemble complétement, au premier aspect, au sesquichlorure de carbone, mais qui s'en distingue en ce qu'elle est plus fusible.

Il est convenable, dans la préparation des dérivés chlorés de l'éther, de ne pas trop refroidir au commencement de l'expérience, afin de permettre au chlorure d'éthyle qui se produit en grande abondance, de se dégager ; sans cela, on s'expose à avoir des produits très-complexes, et notamment du chlorure d'éthyle perchloré ou sesquichlorure de carbone.

D'ailleurs l'éther perchloré peut lui-même se convertir en ce dernier corps.

Les cristaux[3] de l'éther perchloré se présentent sous la forme d'octaèdres à base carrée P, dont les angles culminants sont quelquefois tronqués par la face oP. Longueur de l'axe principal $= 0{,}952$, par conséquent très-rapprochée de 1, ce qui a fait confondre d'abord les cristaux avec des octaèdres réguliers ; inclinaison des faces formant les arêtes latérales de P $= 106° 46'$. Clivage parallèle à oP. Densité des cristaux $= 1{,}9$ à $14°{,}5$.

[1] Voy. § 475 et § 738.

[2] REGNAULT (1839), *Ann. de Chim. et de Phys.*, LXXI, 392. — MALAGUTI, *ibid.*, [3] XVI, 5.

[3] NICKLÈS, *Ann. de Chim. et de Phys.*, [2] XXII, 28.

L'éther perchloré possède une odeur rappelant celle du sesquichlorure de carbone et du chloral. Il fond à 69°, et se dédouble
à environ 300°, en sesquichlorure de carbone et en chlorure de
trichloracétyle :

$$C^8Cl^{10}O^2 = \begin{cases} C^4Cl^6 \text{ sesquichlor. de carbone,} \\ C^4Cl^4O^2 \text{ chlorure de trichloracétyle.} \end{cases}$$

Le potassium agit sur l'éther perchloré avec une violence extrême ; mais cet effet n'a lieu qu'à une température voisine de celle
de la décomposition de l'éther perchloré. Le chlore et le gaz ammoniaque, les acides nitrique et chlorhydrique sont sans action sur lui.

L'acide sulfurique agit à une lenteur extrême, à + 210°; il y a
dégagement de vapeurs, qui, condensées dans l'eau, produisent une
dissolution d'acides trichloracétique, sulfurique et chlorhydrique.
La théorie indique la réaction suivante :

$$C^8Cl^{10}O^2 + 2\,(SO^3HO) = C^8Cl^8O^4 + 2\,HCl + 2\,SO^3$$
Éther perchloré.

$$C^8Cl^{10}O^4 + 4\,HO = 2\,HCl + 2\,C^4HCl^0O^4.$$
Ac. trichlora-
cétique.

Une solution alcoolique de potasse attaque l'éther perchloré; la
réaction paraît se compliquer de la présence de l'alcool.

Quand on chauffe l'éther perchloré avec une solution alcoolique
de monosulfure de potassium, on obtient du chlorure de potassium, un dépôt de soufre, et un corps que M. Malaguti appelle
chloroxéthose $C^8Cl^6O^2$:

$$C^8Cl^{10}O^2 + 4\,KS = 4\,KCl + 4\,S + C^8Cl^6O^2.$$
Éther perchloré.   Chloroxéthose.

Sous l'influence du chlore, ce chloroxéthose régénère de l'éther
perchloré.

Oxyde d'éthyle perchlorobromé, éther perchlorobromé, ou bromure de chloroxéthose, $C^8Cl^6Br^4O^2$. — Il s'obtient, suivant M. Malaguti, si l'on expose le chloroxéthose à l'action du brome, sous
l'influence solaire.

Il cristallise en octaèdres isomorphes (Nicklès) avec ceux de l'éther
perchloré, incolores et inodores, d'une densité de 2,5 à 18°, fusibles
à 96°, et se décomposant à + 180° en brome et en chloroxéthose.
Les sulfures alcalins déterminent le même dédoublement.

§ 791. *Chloroxéthose* [1], $C^8Cl^6O^2$. — Quand on chauffe un mé-

[1] MALAGUTI (1843), *Ann. de Chim. et de Phys.*, [3] XVI, 19.

lange de dissolutions alcooliques de monosulfure de potassium et d'éther perchloré, il se dépose du chlorure, le liquide se fonce notablement, et, si l'on abandonne le produit, on le trouve le lendemain d'un jaune d'or, en même temps que le dépôt de chlorure est recouvert de cristaux de soufre. Si l'on ajoute ensuite de l'eau au liquide, il s'en sépare une huile jaunâtre, qui est le chloroxéthose. M. Malaguti recommande d'employer, pour cette préparation, 50 p. de monosulfure de potassium, 16 p. d'éther perchloré et 200 p. d'alcool à 95 degrés centésimaux. Si le produit renfermait encore de l'éther perchloré, il faudrait le soumettre de nouveau à l'action du sulfure.

Le chloroxéthose est une huile limpide, incolore, douée d'une odeur fort agréable qui rappelle la reine des prés, et d'une saveur sucrée. Sa densité, déterminée à 20°, est égale à 1,654. Il entre en ébullition à + 210°, en s'altérant légèrement. Il est insoluble dans l'eau, mais il se dissout dans l'alcool et l'éther. L'air l'altère à la longue. Les alcalis et l'acide nitrique ordinaire ne l'attaquent pas; l'acide nitrique de 1,5 l'attaque avec énergie à chaud, en l'altérant profondément.

Si l'on expose le chloroxéthose à la lumière solaire, dans une atmosphère de chlore sec, on voit apparaître au bout de quelques jours des cristaux d'éther perchloré :

$$C^8Cl^6O^2 + 2\,Cl^2 = C^8Cl^{10}O^2,$$

Chloroxéthose.   Éth. perchloré.

Il absorbe également le brome au soleil, et produit de l'éther perchlorobromé.

Si le chloroxéthose est placé sous une couche d'eau, et qu'on le soumette alors à l'action du chlore, il se produit en même temps de l'acide-chlorhydrique et de l'acide trichloracétique; d'ailleurs

$$C^8Cl^6O^2 + 2\,Cl^2 + 6\,HO = 4\,HCl + 2\,C^4HCl^3O^4.$$

Chloroxéthose.   Ac. trichloracétiq.

SULFURES D'ÉTHYLE.

§ 792. Les sulfures d'éthyle présentent la composition suivante :

$$\text{Acide éthyl-sulfhydrique ou sulf-hydrate d'éthyle} \dots\dots C^4H^6S^2 = \left.\begin{array}{l} C^4H^5.S \\ H\,S \end{array}\right\}$$

$$\text{Sulfure d'éthyle} \dots\dots\dots C^8H^{10}S^2 = \left.\begin{array}{l} C^4H^5.S \\ C^4H^5.S \end{array}\right\}$$

$$\text{Bisulfure d'éthyle} \ldots \ldots \ldots C^8H^{10}S^4 = \left.\begin{array}{l} C^4H^5.S^2 \\ C^4H^5.S^2 \end{array}\right\}$$

§ 793. Acide éthyl-sulfhydrique [1], ou sulfhydrate d'éthyle, $C^4H^6S^2$. — Cet éther se produit, dans une foule de réactions, par la double décomposition du sulfhydrate de potasse avec d'autres éthers (le chlorure d'éthyle, les éthyl-sulfates alcalins, le disulfo-carbonate d'éthyle, etc.).

Le procédé le plus expéditif pour le préparer consiste, suivant M. Woehler, à saturer par de la potasse le mélange d'alcool et d'acide sulfurique tel qu'on l'emploie pour la préparation des éthyl-sulfates ; à décanter le liquide du précipité de sulfate de potasse, à mélanger avec un excès de potasse caustique, à saturer par du gaz hydrogène sulfuré, et à soumettre le mélange à la distillation.

M. Zeise l'obtient en distillant de l'éthyl-sulfate de chaux cristallisé avec une dissolution de sulfhydrate de baryte. On reçoit le produit dans un ballon bien refroidi; on en décante les parties aqueuses; et, après l'avoir distillé sur une petite quantité d'oxyde de mercure, on le met en digestion avec du chlorure de calcium.

On peut aussi, suivant M. Regnault, saturer par l'hydrogène sulfuré une solution de potasse dans l'alcool, puis traiter ce liquide par la vapeur de l'éther chlorhydrique.

C'est un liquide incolore, transparent, très-mobile, d'une odeur fétide qui rappelle celle des oignons. Sa densité à l'état liquide est de 0,835 à 21° (Liebig); à l'état de vapeur, elle a été trouvée égale à 2,11 (Bunsen). Il bout entre 61 et 63° (Zeise). Il est très-inflammable, et brûle avec une flamme bleue. Lorsqu'on en agite vivement une goutte suspendue à une baguette de verre, elle se solidifie par l'effet du froid causé par sa volatilisation. Il est fort peu soluble dans l'eau, sans réaction sur les couleurs végétales, et se mêle en toutes proportions avec l'alcool et l'éther. Il dissout le soufre, le phosphore et l'iode. Le potassium et le sodium y développent de l'hydrogène, en s'y substituant.

Lorsqu'on le fait bouillir avec l'acide nitrique moyennement concentré, il se colore en rouge, et, au bout de quelque temps, il se précipite une huile particulière. Si l'on continue l'ébullition avec

[1] Zeise (1833). *Ann. de Poggend.*, XXXI, 369. — Liebig, *Ann. der Chem. u. Pharm.*, XI, 10 et 14; XXIII, 34. — Regnault, *Ann. de Chim. et de Phys.*, LXXI, 390. — Debus, *Ann. der Chem. u. Pharm.*, LXXII, 18.

l'acide nitrique, cette huile disparaît, et l'on finit par n'avoir que de l'acide éthyl-sulfureux.

La solution alcoolique de l'acide éthyl-sulfhydrique précipite les sels de plomb en jaune, l'acétate de cuivre en blanc, les sels mercuriques en blanc, le chlorure d'or en blanc. Ces précipités sont des éthyl-sulfures.

§ 794. Les *éthyl-sulfures*, dits aussi *mercaptides*, sont des sels monobasiques.

L'*éthyl-sulfure de potassium* s'obtient directement par le sulfhydrate d'éthyle et le potassium, avec dégagement d'hydrogène. C'est une masse blanche, grenue et sans éclat, très-soluble dans l'eau, moins soluble dans l'alcool. Elle peut être chauffée bien au delà de 100° sans se décomposer; mais une très-forte chaleur la charbonne. Sa solution aqueuse se décompose promptement à l'air, en se carbonatant; l'acide chlorhydrique et l'acide sulfurique dilués la décomposent avec une vive effervescence.

La solution aqueuse, récemment préparée, de l'éthyl-sulfure de potassium précipite en jaune les sels de plomb; mais, quand on fait bouillir, le précipité est blanc. La solution altérée de l'éthyl-sulfure de potassium précipite les sels d'argent en rouge brique.

On ne peut pas obtenir l'éthyl-sulfure de potassium par la potasse et l'acide éthyl-sulfhydrique.

L'*éthyl-sulfure de sodium* s'obtient comme le sel de potassium; il se dissout aisément dans l'eau, en donnant un liquide alcalin.

L'*éthyl-sulfure de plomb* se précipite, par le mélange d'une solution alcoolique d'acétate de plomb avec une solution alcoolique d'acide éthyl-sulfhydrique, sous la forme d'un précipité jaune cristallin, soluble dans un excès d'acétate de plomb. Ce précipité noircit par la chaleur; la potasse caustique ne paraît pas le décomposer. Le nitrate de plomb n'est pas précipité par l'acide éthyl-sulfhydrique.

L'*éthyl-sulfure de cuivre* s'obtient si l'on abandonne de l'oxyde de cuivre en poudre fine, dans un flacon fermé, avec de l'acide éthyl-sulfhydrique; le mélange se prend alors en une masse presque incolore. Lorsqu'on précipite une solution alcoolique d'acétate de cuivre par une solution alcoolique d'acide éthyl-sulfhydrique, on obtient un précipité blanc et gélatineux.

L'*éthyl-sulfure de mercure*, $C^4H^5HgS^2$, se produit aisément si l'on met de l'oxyde de mercure en contact avec l'acide éthyl-sulfhydrique huileux ou dissous dans l'alcool. C'est une masse blanche et cristalline, fusible à 85°, grasse au toucher. Elle n'a presque pas d'odeur, même à l'état fondu. Elle se dissout dans 12 à 15 p. d'alcool bouillant de 85 centièmes, et se précipite par le refroidissement en paillettes blanches d'un éclat argentin. Quand on chauffe ce sel au-dessus de son point du fusion, il jaunit, puis exhale une vapeur étourdissante, ainsi que du mercure métallique. A 130°, il émet une huile qui paraît être du bisulfure d'éthyle.

L'acide chlorhydrique concentré le dissout entièrement à chaud, en donnant un liquide que la potasse rend laiteuse. L'acide chlorhydrique dilué, mis longtemps en digestion avec l'éthyl-sulfure de mercure, donne un liquide qui dépose, par le froid ou par l'addition de la potasse, des cristaux très-brillants.

L'acide sulfurique concentré n'agit que fort peu sur l'éthyl-sulfure de mercure. L'hydrogène sulfuré le décompose en sulfhydrate d'éthyle et en sulfure de mercure.

La potasse bouillante ne le décompose pas. Quand on le fait fondre avec du bichlorure de mercure, il dégage, par une plus forte chaleur, un liquide éthéré incolore, d'une odeur différente de celle de l'acide éthyl-sulfhydrique et du bisulfure d'éthyle.

Lorsqu'on mélange une solution alcoolique d'acide éthyl-sulfhydrique avec du bichlorure de mercure, on obtient un volumineux précipité, qui se prend au bout de quelques temps en paillettes cristallines. C'est, suivant M. Debus, une *combinaison d'éthyl-sulfure et de chlorure mercuriques*, $C^4H^5HgS^2$, $HgCl$. Elle est très-peu soluble dans l'eau, l'alcool et l'éther; l'alcool bouillant en dissout une petite quantité, qu'il dépose par le refroidissement en paillettes blanches et brillantes.

L'*éthyl-sulfure d'argent* paraît être le précipité blanc qu'on obtient avec l'acide éthyl-sulfhydrique aqueux et le nitrate d'argent; le précipité toutefois paraît encore retenir du nitrate.

L'*éthyl-sulfure d'or*, $C^4H^5AuS^2$, est une masse blanche et gélatineuse qu'on obtient en mélangeant des solutions alcooliques de chlorure d'or et d'acide éthyl-sulfhydrique; la réaction, très-énergique avec les substances non dissoutes, est accompagnée d'un dégagement de gaz chlorhydrique. L'éthyl-sulfure d'or ne s'altère pas jusqu'à 190°; à partir de 225°, il brunit, et dégage un liquide jaunâtre (probablement du bisulfure d'éthyle) sans gaz, en laissant de l'or métallique.

L'*éthyl-sulfure de platine*, $C^4H^5PtS^2$, est un précipité jaune clair, boueux, qu'on obtient avec une solution alcoolique d'acide éthyl-sulfhydrique et de bichlorure de platine (ce dernier ne doit pas être employé en excès).

§ 795. SULFURE D'ÉTHYLE[1], ou éther sulfhydrique, $C^8H^{10}S^2$. — On le prépare en faisant agir le chlorure d'éthyle sur une dissolution alcoolique de monosulfure de potassium. On opère comme dans la préparation du sulfure de méthyle (§ 346). On purifie le produit en l'agitant à plusieurs reprises avec de l'eau, décantant et distillant sur du chlorure de calcium.

On peut aussi, suivant M. Lœwig, distiller du sulfure de potassium sec avec de l'éthyl-sulfate de baryte également desséché.

C'est un liquide incolore, d'une odeur alliacée, très-pénétrante et désagréable. Sa densité, à 20°, est de 0,825 ; il bout à 73° ; sa densité de vapeur est égale à 3,1.

Il est vivement attaqué par le chlore, avec dégagement de gaz chlorhydrique ; il prend feu lorsqu'on le projette dans un flacon rempli de chlore sec. En opérant avec les précautions convenables, on obtient une huile jaune, d'une odeur très-fétide et persistante, d'une densité de 1,673 à 24°. C'est le *sulfure d'éthyle quadrichloré*, $C^8H^2Cl^8S^2$. Il bout vers 160°, en se décomposant.

Dans l'action du chlore sur le sulfure d'éthyle, il se produit aussi beaucoup de chlorure d'éthyle, et, si l'opération est conduite rapidement, du chlorure d'éthyle chloré. De même, il s'y forme aisément du chlorure de soufre.

§ 795[a]. *Combinaisons du sulfure d'éthyle avec les chlorures*[2]. — Le sulfure d'éthyle se combine avec le bichlorure de mercure et avec le bichlorure de platine.

La *combinaison mercurielle* renferme $C^8H^{10}S^2$, $2 HgCl$. Elle se dépose sous la forme de fines aiguilles incolores, lorsqu'on ajoute une solution alcoolique de sulfure d'éthyle à une solution de bichlorure de mercure ; si la proportion de sulfure d'éthyle est trop forte, le précipité est visqueux, mais il se transforme en aiguilles par l'addition d'une nouvelle quantité de bichlorure. On le purifie par la cristallisation dans l'alcool bouillant. Par une évaporation lente de sa dissolution dans l'éther ou dans l'esprit de bois, on

---

[1] DOEBEREINER (1831), *Journ. de Schweigger*, LXI, 377. — REGNAULT, *Ann. de Chim. et de Phys.*, LXXI, 387.

[2] LOIR (1853), *Compt. rend. de l'Acad.*, XXXVI, 195.

l'obtient sous la forme de prismes monocliniques (∞ P : ∞ P $=$ 103° 40'; ∞ P : oP $=$ 73° 10'). Les cristaux répandent une odeur fort désagréable, et perdent du sulfure d'éthyle par l'exposition à l'air; ils sont entièrement fondus, à 90°, en un liquide qui se prend par le refroidissement en une masse radiée. Soumis à la distillation, ils répandent d'épaisses vapeurs fétides, et donnent beaucoup de charbon et de mercure métallique.

L'hydrogène sulfuré décompose les cristaux en mettant le sulfure d'éthyle en liberté. L'acide nitrique les attaque déjà à froid, en dégageant des vapeurs rutilantes; l'acide sulfurique bouillant les décompose, en les colorant en noir; la potasse et la chaux les jaunissent. Une solution éthérée des cristaux donne, avec l'ammoniaque, du chloramidure de mercure (chlorure de mercurammonium).

La *combinaison platinique*, $C^8H^{10}S^2$, $PtCl^2$, se produit dans les mêmes circonstances que la précédente, et se présente sous la forme de petites aiguilles jaune-orangé. Ses propriétés sont semblables à celles de la combinaison mercurielle. Elle fond à 108°; chauffée dans une capsule, elle brûle avec une flamme verte très-fuligineuse, et laisse un résidu de platine métallique. Les sels de potasse sont précipités par sa dissolution alcoolique.

§796. Bisulfure d'éthyle[1], $C^8H^{10}S^4$. — Il se produit par la réaction des éthyl-sulfates et du bisulfure de potassium, ainsi que dans la distillation sèche de quelques éthyl-sulfures.

On distille un mélange de 2 p. de quintisulfure de potassium avec 3 p. d'éthyl-sulfate de potasse, étendu de son poids d'eau, jusqu'à ce que le résidu dans la cornue commence à s'épaissir; puis on y ajoute une nouvelle portion d'eau, et l'on distille encore une fois, tant qu'on obtient du bisulfure d'éthyle. Après l'avoir agité avec de l'eau, on le rectifie et on le dessèche sur du chlorure de calcium. Il est évident que, dans cette réaction, le quintisulfure de potassium passe d'abord à l'état de bisulfure; en effet, on trouve dans le résidu du soufre libre. Quand on rectifie le produit brut, on obtient vers la fin un liquide jaunâtre très-peu volatil, qui paraît être le *trisulfure d'éthyle*. (Cahours.)

Le bisulfure d'éthyle est un liquide incolore, d'une odeur allia-

[1] Zeise (1834), *Ann. de Poggend.*, XXXI, 371. — Pyr. Morin, *Biblioth. univers. de Genève*, 1839, nov. 1850; trad. dans *Ann. de Poggend.*, XLVIII, 483, et *Journ. f. prakt. Chem.*, XIX, 417. — Loewig, *Ann. de Poggend.*, XXXVII, 550. — Loewig et Weidmann, *ibid.*, XLIX, 326. — Cahours, *Ann. de Chim et de Phys.*, [3] XVIII, 263.

cée fort désagréable. Il ne s'altère point à l'air, n'agit pas sur les couleurs végétales, se dissout fort peu dans l'eau, et est fort soluble dans l'éther et l'alcool.

Sa densité, à l'état liquide, est à peu près la même que celle de l'eau. A l'état de pureté, il bout à 151°. Densité de sa vapeur $= 4,27$.

Il brûle avec une flamme bleue, en dégageant du gaz sulfureux.

Le bioxyde de mercure se convertit peu à peu en une masse jaune au contact du bisulfure d'éthyle. La solution alcoolique de ce corps donne avec l'acétate de plomb un précipité blanc jaunâtre, et avec le sublimé corrosif un précipité blanc et floconneux.

L'acide sulfurique concentré le décompose à chaud en développant du gaz sulfureux ; une lessive de potasse concentrée l'attaque également.

Bouilli avec de l'acide nitrique concentré, il se convertit en acide éthyl-sulfureux.

Lorsque, selon M. Lœwig, on mélange une solution alcoolique d'éther oxalique avec une solution alcoolique de quintisulfure de potassium, il se précipite une substance blanche, fusible, très-soluble dans l'alcool, d'une saveur sucrée, et brûlant avec une flamme bleue en répandant des vapeurs sulfureuses. M. Lœwig suppose que c'est un *quintisulfure d'éthyle*, $C^8H^{10}S^{10} = C^4H^5S^5, C^4H^5S^5$.

SULFITES D'ÉTHYLE.

§ 797. Sous l'influence des agents d'oxydation, les sulfures d'éthyle fixent de l'oxygène et se convertissent en acide éthyl-sulfureux. Le sulfite d'éthyle s'obtient avec l'alcool et le chlorure de soufre.

$$\text{Acide éthyl-sulfureux} \ldots : C^4H^6S^2O^6 = \left. \begin{array}{l} C^4H^5.O \\ HO \end{array} \right\} S^2O^4$$

$$\text{Chlorure éthyl-sulfureux} \ldots C^4H^5ClS^2O^4 = \left. \begin{array}{l} C^4H^5 \\ Cl \end{array} \right\} S^2O^4$$

$$\text{Sulfite d'éthyle} \ldots \ldots C^8H^{10}S^2O^6 = \left. \begin{array}{l} C^4H^5.O \\ C^4H^5.O \end{array} \right\} S^2O^4$$

§ 798. ACIDE ÉTHYL-SULFUREUX [1], dit aussi acide hyposulféthy-

[1] LOEWIG et WEIDMANN (1839), *Ann. de Poggend.*, XLVII, 153 ; XLIX, 329. — H. KOPP, *Ann. der Chem. u. Pharm.*, XXXV, 346. — MUSPRATT, *ibid.*, LXV, 251 ; avec

lique, $C^4H^6S^2O^6$. — Lorsqu'on fait agir l'acide nitrique de 1,23 sur le sulfhydrate d'éthyle en chauffant légèrement le mélange, la réaction est violente : il se dégage beaucoup de vapeurs nitreuses, et il se produit une huile plus pesante que l'eau, sur laquelle on continue de faire agir l'acide nitrique, tant qu'elle est attaquée[1]. On évapore au bain-marie, pour chasser l'acide nitrique excédant; on étend d'eau, on traite le résidu par du carbonate de plomb, et l'on concentre le liquide filtré; puis, quand le sel a cristallisé, on décompose sa solution par de l'hydrogène sulfuré. On évapore de nouveau au bain-marie la partie filtrée. On obtient, dans cette préparation d'autant plus d'acide sulfurique que l'acide nitrique est plus concentré.

L'acide éthyl-sulfureux s'obtient aussi avec le sulfocyanure d'éthyle (§ 248). L'acide nitrique attaque vivement cet éther, en développant des vapeurs rutilantes, du deutoxyde d'azote et du gaz carbonique; il se produit en même temps de l'acide sulfurique dont la quantité dépend de la concentration de l'acide nitrique employé. Si l'on prend de l'acide nitrique assez étendu et qu'on distille doucement, on ne trouve dans le liquide que des traces d'acide sulfurique. On cohobe à plusieurs reprises le produit distillé. Après cinq ou six distillations, on évapore le résidu au bain-marie, jusqu'à expulsion de tout acide nitrique. Il

mes observations, *Compt. rend. des trav. de Chim.*, 1848, p. 110. *The Quart. Journ. of Chem. Society*, avril 1850, 18.

[1] L'huile pesante (*sulfite de sulfure d'éthyle*) que l'on obtient d'abord, dans l'action de l'acide nitrique sur le mercaptan, a une densité de 1,24, et bout entre 130 et 140°; elle distille sans altération avec l'eau; mais elle se décompose quand on la distille seule, en laissant un charbon poreux. Les analyses qu'ont faites de cette huile MM. Lœwig, Weidmann et H. Kopp, n'ont pas donné des résultats concordants :

	Lœw. et Weidm.		H. Kopp.
Carbone.	31,58	31,15	31,12
Hydrogène. . . .	5,26	6,49	6,46
Soufre.	42,11	41,52	46,56—47,84

La formule $C^8H^{10}S^4O^4$ exigerait : carbone, 31,17; hydrog., 6,49; soufre, 41,56.

Mise en digestion avec de la potasse, l'huile donne du bisulfure d'éthyle, de l'alcool, qu'on peut séparer par la distillation, et un sel que MM. Lœwig et Weidmann appellent *bisulfosulfacétylate de potasse*, et qu'ils représentent par la formule $C^4H^6S^4O^7$, 2 KO. Ce sel a donné à l'analyse :

Carbone.	10,82
Hydrogène.	2,53
Soufre.	25,12
Potasse.	38,48

Ce sel est déliquescent et soluble dans l'alcool. Il ne précipite pas les sels de plomb, de cuivre et d'argent, mais il précipite en blanc le sublimé corrosif, et en noir le nitrate mercureux.

reste ainsi un liquide dense comme l'acide sulfurique, qu'on étend d'eau et qu'on sature par du carbonate de baryte. La solution fournit, par l'évaporation, des cristaux d'éthyl-sulfite de baryte qu'on peut aisément convertir en acide éthyl-sulfureux en précipitant sa solution aqueuse par l'acide sulfurique, mettant la partie filtrée en digestion avec du carbonate de plomb, filtrant de nouveau, et décomposant par l'hydrogène sulfuré. Le liquide filtré, évaporé au bain-marie, fournit l'acide à l'état de pureté.

On peut aussi obtenir l'acide éthyl-sulfureux en traitant le sulfocyanure d'éthyle par un mélange d'acide chlorhydrique et de chlorate de potasse.

L'acide éthyl-sulfureux est une huile d'une densité de 1,30, dans laquelle se forment, surtout par le froid, des cristaux limpides. Il est sans odeur, et d'une saveur très-acide, avec un arrière-goût désagréable, rappelant l'hydrogène phosphoré. Il est soluble en toutes proportions dans l'eau et l'alcool. Il attire même l'humidité de l'air.

Il supporte une haute température sans se décomposer ; cependant, par une forte chaleur, il donne d'abord des vapeurs d'acide sulfurique, et vers la fin seulement du gaz sulfureux.

Fondu avec de l'hydrate de potasse, il donne un produit d'où l'acide chlorhydrique ou sulfurique dégage beaucoup d'acide sulfureux.

§ 799. Les *éthyl-sulfites*, $C^4H^5MS^2O^6$, sont des sels solubles, d'une saveur désagréable, semblable à celle de l'acide éthyl-sulfureux. Ils ne se décomposent que par une forte chaleur, en noircissant et en donnant du gaz sulfureux, ainsi que des vapeurs sulfurées fétides qui brûlent avec une flamme violette.

L'*éthyl-sulfite d'ammoniaque* s'obtient en saturant l'acide par l'ammoniaque, et en concentrant le liquide par l'évaporation ; il forme des tables déliquescentes, très-solubles dans l'alcool.

L'*éthyl-sulfite de potasse*, $C^4H^5KS^2O^6$ (à 120°), s'obtient en saturant l'acide par le carbonate de potasse, ou en décomposant le sel barytique par une quantité convenable de sulfate de potasse. Il se dépose, dans une solution saturée à l'ébullition, en cristaux lamellaires, incolores et opaques, déliquescents, peu solubles dans l'alcool froid, plus solubles dans l'alcool bouillant. Chauffé à 120°, dans un courant d'air sec, il perd 6,75 p. c. d'eau ; une plus forte chaleur le fait fondre, le décompose en développant des vapeurs fétides, et en laissant un mélange de sulfure et de sulfates potassiques [1].

L'*éthyl-sulfite de soude*, $C^4H^5NaS^2O^6$ + x aq., forme des cristaux déliquescents, peu solubles dans l'alcool froid, plus solubles dans l'alcool bouillant. On ne peut pas le fondre sans le décomposer.

L'*éthyl-sulfite de baryte*, $C^4H^5BaS^2O^6$ + aq., est si soluble qu'on ne peut l'obtenir en beaux prismes obliques rhomboïdaux que par l'évaporation lente d'une solution concentrée. Il renferme 5,0 p. c. d'eau de cristallisation, qu'il perd complétement à 100°. Il est très-soluble dans l'alcool ordinaire et dans l'eau, mais il ne se dissout pas dans l'alcool absolu ; celui-ci le précipite d'une solution aqueuse et concentrée en belles aiguilles soyeuses. Il donne, à la distillation sèche, des produits fétides, et un résidu charbonneux pyrophorique. Fondu avec de l'hydrate de potasse, il dégage, par l'addition des acides, du gaz sulfureux, tandis qu'il reste du sulfate de baryte insoluble.

L'*éthyl-sulfite de chaux*, $C^4H^5CaS^2O^6$ (à 100°), s'obtient en saturant l'acide aqueux par du carbonate de chaux, sous la forme de cristaux limpides, semblables à ceux du sel barytique, très-solubles non-seulement dans l'eau, mais encore dans l'alcool.

L'*éthyl-sulfite de magnésie* cristallise, par le refroidissement, en prismes qui perdent leur eau de cristallisation par la chaleur, et se dissolvent aisément dans l'eau et l'alcool.

L'*éthyl-sulfite de zinc* se prépare en saturant à chaud du carbonate de zinc par l'acide éthyl-sulfureux. Il constitue des cristaux confus, réunis sous forme de dendrites, efflorescents dans l'air sec, et attirant l'eau de l'air humide. Le sel cristallisé fond par la chaleur, et se prend par le refroidissement en une masse cristalline. Il est très-soluble dans l'eau et l'alcool. Il perd à 120° 8,72 p. c., et à 180° en tout 22,96 p. c. d'eau (5 aq.). Le sel séché à 180° contient encore 3 aq.

L'*éthyl-sulfite de cuivre*, $C^4H^5CuS^2O^6$ + 5 aq., se prépare par le carbonate de cuivre et l'acide éthyl-sulfureux ; il forme des prismes bleu clair, qu'on n'obtient d'ailleurs que difficilement bien déterminés. Il est très-soluble dans l'eau et l'alcool. Les cristaux perdent, à 120°, 3 atomes d'eau.

---

[1] MM. Lœwig et Weidmann ont trouvé dans le sel fondu 33,42, dans le sel desséché à 120° 31,31, et dans le sel cristallisé 30,41 p. c. de potasse. H. Kopp a trouvé dans le sel séché à 100° : carbone, 16,24 ; hydrog., 4,0 ; potasse, 31,25. Ces nombres correspondent à la formule du sel sec, que nous avons adoptée. Il est probable que le sel fondu est déjà en partie décomposé.

L'éthyl-sulfite de fer s'obtient en dissolvant du fer métallique dans une solution concentrée et bouillante de l'acide ; il se prend par le refroidissement en prismes incolores, très-solubles dans l'eau et l'alcool.

L'éthyl-sulfite de manganèse s'obtient en saturant à chaud une solution de l'acide par le carbonate de manganèse ; il se présente sous la forme d'aiguilles incolores, très-solubles dans l'eau et l'alcool.

L'éthyl-sulfite de plomb, $C^4H^5PbS^2O^6$ (à 100), s'obtient par le carbonate de plomb et l'acide ; il cristallise dans une solution chaude et concentrée en belles tables incolores, très-solubles dans l'eau et l'alcool. Il se boursoufle par la distillation sèche, et donne un résidu de sulfure et de sulfate plombiques.

L'éthyl-sulfite d'argent, $C^4H^5AgS^2O^6$, obtenu par la saturation de l'acide aqueux et bouillant avec du carbonate d'argent, cristallise par le refroidissement en lames incolores, solubles dans l'eau et l'alcool.

§ 800. **Chlorure éthyl-sulfureux** [1], $C^4H^5ClS^2O^4$. — On l'obtient aisément en distillant de l'éthyl-sulfite de soude avec un excès d'oxychlorure de phosphore. C'est un liquide incolore, légèrement fumant, insoluble dans l'eau, fort soluble dans l'alcool, d'une densité de 1,357 à 22°,5, et bouillant à 171°. La potasse caustique le convertit en un mélange d'éthyl-sulfite et de chlorure alcalins.

§ 801. **Sulfite d'éthyle** [2], ou éther sulfureux, $C^8H^{10}S^2O^6$. — Pour préparer cet éther, on ajoute de l'alcool absolu à du chlorure de soufre, tant que la masse s'échauffe en dégageant du gaz chlorhydrique, et que le mélange dépose du soufre ; puis on distille en changeant de récipient dès que le point d'ébullition est entre 150° et 170°. L'éther sulfureux passe alors.

C'est un liquide limpide et incolore, d'une odeur éthérée particulière et un peu analogue à celle de la menthe ; il bout à 160°, et a une densité de 1,085 à 16°. Il se dissout en toutes proportions dans l'alcool et l'éther ; l'eau l'en précipite et le décompose peu à peu. La densité de sa vapeur a été trouvée égale à 4,78.

L'éther sulfureux est vivement attaqué par le chlore ; sous l'influence d'une forte insolation, on obtient des cristaux de sesquichlorure de carbone C^4Cl^6, ainsi qu'un liquide très-fumant ren-

[1] Gerhardt et Chancel (1852), *Compt. rend. de l'Acad.*, XXXV, 691.

[2] Ebelmen et Bouquet (1845), *Ann. de Chim. et de Phys.*, [3] XVII, 66.

fermant du chlorure de trichloracétyle (aldéhyde perchloré) et du chlorure de sulfuryle (acide chlorosulfurique).

SULFATES D'ÉTHYLE.

§ 802. Les sulfates d'éthyle se représentent par les formules suivantes :

$$\text{Acide éthyl-sulfurique.} \ldots \; C^4H^6S^2O^8 = \left. \begin{array}{l} C^4H^5.O \\ HO \end{array} \right\} S^2O^6,$$

$$\text{Sulfate d'éthyle.} \ldots \ldots \; C^8H^{10}S^2O^8 = \left. \begin{array}{l} C^4H^5.O \\ C^4H^5.O \end{array} \right\} S^2O^6.$$

§ 803. ACIDE ÉTHYL-SULFURIQUE [1], ou sulfovinique, $C^4H^6S^2O^8$. — Lorsqu'on ajoute de l'acide sulfurique concentré à de l'alcool absolu, le liquide s'échauffe, et l'on obtient un mélange d'acide éthyl-sulfurique, d'acide sulfurique étendu, et d'alcool non altéré ; la présence de l'acide éthyl-sulfurique se reconnaît aux sels solubles de baryte, de chaux ou de plomb qu'on obtient en saturant le produit par les carbonates correspondants.

Pour préparer les éthyl-sulfates, on mêle environ parties égales d'acide sulfurique concentré et d'alcool absolu (ou du moins bien rectifié), et l'on chauffe au bain-marie le mélange ; on l'étend d'eau, et on le sature par un carbonate ; on sépare par le filtre le sulfate insoluble, et l'on évapore à une douce chaleur le liquide filtré, de manière à le faire cristalliser. On obtient l'acide éthyl-sulfurique en décomposant l'éthyl-sulfate de baryte par une dose convenable d'acide sulfurique, ou bien l'éthyl-sulfate de plomb par l'hydrogène sulfuré. On concentre dans le vide le liquide filtré.

On peut aussi préparer les éthyl-sulfates en faisant passer des vapeurs d'éther (oxyde d'éthyle) dans l'acide sulfurique concentré, maintenu à 100°, et en saturant comme précédemment par un carbonate la liqueur étendue d'eau.

Quand on étend l'acide sulfurique de 1 atome d'eau, SO^3, HO + aq., il perd la faculté de transformer à froid l'alcool en

[1] DABIT (1800), *Ann. de Chimie*, XXXIV, 300 ; XLIII, 101. — SERTÜRNER, *Annal. de Gilbert*, LX, 53 ; LXIV, 67. — A. VOGEL, *ibid.*, LXIII, 81. — GAY-LUSSAC, *Ann. de Chim. et de Phys.*, XIII, 76. — HENNELL, *Philos. Transact.*, pour 1826, p. 240 ; pour 1828, p. 365. — DUMAS et BOULLAY, *Ann. de Chim. et de Phys.*, XXXVI, 300. — SÉRULLAS, *ibid.*, XXXIX, 153. — LIEBIG et WOEHLER, *Ann. der Chem. u. Pharm.*, I, 37. — LIEBIG, *ibid.*, XIII, 27. — MAGNUS, *ibid.*, VI, 52. — R. F. MARCHAND, *Ann. de Poggend*, XXVIII, 454 ; XXXII, 345 ; XLI, 595.

acide éthyl-sulfurique ; et comme, dans l'action de l'acide sulfurique concentré, il s'élimine une molécule d'eau pour chaque molécule d'acide, il est évident que, par le simple mélange d'acide
concentré et d'alcool, tout l'acide ne pourra pas se combiner;
aussi, selon M. Magnus[1], la moitié seulement de l'acide sulfurique
concentré se convertit alors en acide éthyl-sulfurique. Cette circonstance explique pourquoi, en maintenant un mélange d'alcool et d'a-
cide sulfurique concentré à 100° (température à laquelle il ne produit pas encore d'éther), on ne trouve pas d'alcool absolu dans le
produit distillé, tandis que celui-ci renferme toujours beaucoup d'eau.

Suivant M. Millon[2], le temps produit à la longue le même effet
que la chaleur dans la formation de l'acide éthyl-sulfurique.
Quand on mélange 1 proportion d'acide sulfurique concentré, SO^3,
HO, avec 1 prop. d'alcool anhydre, $C^4H^6O^2$, ou hydraté, $C^4H^6O^2$,
+ aq., en ayant soin d'éviter toute élévation de température à
l'aide d'un mélange réfrigérant, il ne se fait d'abord aucune combinaison ; mais, avec le temps (à 10 ou 15°), le mélange finit par contenir à l'état d'acide éthyl-sulfurique jusqu'à 77 centièmes de l'a-
cide sulfurique employé. Cette transformation s'effectue en quelques minutes, si l'on maintient le mélange au bain-marie ; elle est
instantanée, si l'on verse tout d'un coup l'alcool dans l'acide sulfurique, de manière à produire un grand échauffement. Un mélange de 2 prop. d'alcool et de 1 prop. d'acide se comporte de la
même manière, et permet d'éviter encore plus aisément, au moyen
du refroidissement, la production de l'acide éthyl-sulfurique. Mais,
si l'on emploie 1 prop. d'alcool et 2 prop. d'acide sulfurique concentré, il se fait toujours de l'acide éthyl-sulfurique ; bien plus, la
proportion de ce dernier est toujours la même (54 centièmes de l'a-
cide sulfurique employé), de quelque manière qu'on opère, soit
qu'on abandonne le mélange à lui-même, soit qu'on le chauffe ou
qu'on le refroidisse. Cette quantité n'est pas dépassée par l'application d'une chaleur de 100°.

L'acide éthyl-sulfurique, concentré dans le vide, se présente
sous la forme d'un liquide sirupeux, incolore et fort aigre. Il se dissout en toutes proportions dans l'eau et dans l'alcool ; l'éther ne le
dissout pas.

[1] MAGNUS, *Ann. de Poggend.* XXVII. 274. — MITSCHERLICH, *Ann. de Chim. et de
Phys.*, [3] VII, 8.
[2] MILLON, *Ann. de Chim. et de Phys.*, [3] XIX, 227.

Il s'altère à la longue. Lorsqu'on chauffe l'acide concentré, il donne de l'éther et de l'acide sulfurique étendu ; une plus forte chaleur le charbonne, avec dégagement de gaz oléfiant et de gaz sulfureux. L'acide étendu d'eau régénère promptement, par l'ébullition, de l'alcool et de l'acide sulfurique.

L'acide nitrique et l'acide sulfurique le décomposent à chaud.

L'eau de Rabel des pharmaciens renferme de l'acide éthyl-sulfurique ; on la colore avec des pétales de coquelicots.

§ 804. Les *éthyl-sulfates*, $C^4H^5MS^2O^8$, sont solubles dans l'eau ; ils sont ordinairement nacrés et gras au toucher. Ils se décomposent à la distillation sèche en donnant du gaz oléfiant, de l'huile de vin pesante (qui est probablement un mélange de sulfate d'éthyle et d'hydrocarbures huileux), de l'eau, de l'acide carbonique et du gaz sulfureux, et laissent un résidu de sulfate, mélangé de charbon. Quand on les distille à l'état sec avec de l'hydrate de potasse, ils donnent de l'alcool ; distillés à l'état sec avec de l'acide sulfurique additionné d'un quart d'eau, ils fournissent un mélange d'alcool et d'éther.

Leur solution aqueuse se décompose par l'ébullition. Quelques gouttes de potasse ajoutées à la solution de l'éthyl-sulfate de potasse empêchent entièrement cette décomposition (Kolbe).

Les éthyl-sulfates peuvent servir à produire d'autres combinaisons éthyliques, par double décomposition avec des sulfures, des oxalates, etc., à base d'alcali.

L'*éthyl-sulfate d'ammoniaque*, $C^4H^5(NH^4)S^2O^8$, forme des cristaux anhydres, fusibles à 62°, très-déliquescents, très-solubles dans l'eau, l'alcool et l'éther. On l'obtient par double décomposition avec l'éthyl-sulfate de baryte ou de plomb et le carbonate d'ammoniaque, ou avec l'éthyl-sulfate de chaux et l'oxalate d'ammoniaque.

L'*éthyl-sulfate de potasse*, $C^4H^5KS^2O^8$, cristallise aisément en grandes tables ou en lames incolores, semblables au chlorate de potasse, et sans eau de cristallisation ; sa saveur est à la fois sucrée et salée. Il est insoluble dans l'alcool absolu et dans l'éther, et ne s'altère pas à l'air. Il se dissout dans 0,8 p. d'eau à 17°, et tombe en déliquescence à l'air humide.

L'*éthyl-sulfate de soude*, $C^4H^5NaS^2O^8 + 2$ aq., cristallise en tables hexagones qui s'effleurissent dans l'air chaud, et renferment 10,78 p. c. d'eau de cristallisation. Il fond à $+ 86°$ en un liquide incolore; le sel anhydre ne fond pas et se décompose au-dessus de 100°. Le sel anhydre se dissout dans 0,61 p. d'eau à 17°, et est encore plus déliquescent que le sel de potasse.

L'*éthyl-sulfate de lithine*, $C^4H^5LiS^2O^8 + 2$ aq., forme des cristaux déliquescents.

L'*éthyl-sulfate de baryte*, $C^4H^5BaS^2O^6 + 2$ aq., s'obtient sous forme de beaux prismes à base rhombe, inaltérables à l'air. Il renferme 8,48 p. c. d'eau de cristallisation, qu'il perd dans le vide; le sel anhydre ne s'altère pas à 100°, mais le sel hydraté se décompose légèrement à cette température. Le sel hydraté se dissout dans 0,92 p. d'eau à 17°; il se dissout aussi dans l'alcool ordinaire.

Lorsqu'on maintient sa solution aqueuse en ébullition, elle se trouble, devient acide, et dépose du sulfate de baryte; si l'on enlève le dépôt et qu'on sature le liquide filtré par du carbonate de baryte, on obtient du *parathionate* de baryte, isomère de l'éthyl-sulfate (§ 805).

Chauffé à 250° en vase clos avec de l'ammoniaque, l'éthyl-sulfate de baryte paraît donner de l'éthylamine[1].

L'*éthyl-sulfate de strontiane*, $C^4H^5SrS^2O^8$, se présente en gros cristaux anhydres, très-solubles dans l'eau.

L'*éthyl-sulfate de chaux*, $C^4H^5CaS^2O^8 + 2$ aq., forme des tables hexagones, allongées et minces, inaltérables à l'air, contenant 11,0 p. c. d'eau de cristallisation qu'elles perdent dans le vide, ainsi que par une chaleur de 80°. 1 p. de sel se dissout dans 1 p. d'eau à 8°, dans 0,8 p. à 17°, dans 0,63 p. à 30°, et en toutes proportions dans l'eau bouillante. L'alcool le dissout plus difficilement que l'eau; l'éther ne le dissout pas. Le sel sec commence à se décomposer vers 120°.

L'*éthyl-sulfate de magnésie*, $C^4H^5MgS^2O^8 + 4$ aq., donne des cristaux très-solubles dans l'eau, insolubles dans l'alcool et l'éther, contenant 20,8 p. c. d'eau de cristallisation, dont la moitié se dégage à 80°, et l'autre moitié à 90°.

L'*éthyl-sulfate d'alumine* est gommeux et déliquescent.

L'*éthyl-sulfate de zinc*, $C^4H^5ZnS^2O^8 + 2$ aq., constitue de grosses tables incolores, très-solubles dans l'alcool et l'eau, insolubles dans l'éther.

L'*éthyl-sulfate de cadmium*, $C^4H^5CdS^2O^8 + 2$ aq., forme de longs

---

[1] BERTHELOT, *Compt. rend. de l'Acad.*, XXXVI, 1099; XXXVII, 1.

prismes limpides, très-solubles dans l'eau et l'alcool, insolubles dans l'éther, et qui perdent leur eau de cristallisation dans le vide.

L'*éthyl-sulfate de nickel*, $C^4H^5NiS^2O^8$ + 2 aq., forme des cristaux grenus de couleur verte et très-solubles.

L'*éthyl-sulfate de cobalt*, $C^4H^5CoS^2O^8$ + 2 aq., constitue des cristaux rouge foncé, inaltérables à l'air, très-solubles dans l'eau et l'alcool, insolubles dans l'éther.

L'*éthyl-sulfate de cuivre*, $C^4H^5CuS^2O^8$ + 4 aq., cristallise en prismes droits à base rectangulaire ou en lames d'un beau bleu, très-solubles dans l'eau et l'alcool, insolubles dans l'éther.

L'*éthyl-sulfate de fer* (ferrosum) s'obtient en prismes verdâtres, très-altérables, par la dissolution du fer dans l'acide éthyl-sulfurique aqueux. — Le *sel ferrique* cristallise difficilement en tables jaunes, déliquescentes, solubles dans l'eau et l'alcool, insolubles dans l'éther. On l'obtient en dissolvant l'oxyde ferrique dans l'acide éthyl-sulfurique.

L'*éthyl-sulfate de manganèse*, $C^4H^5MnS^2O^8$ + 4 aq., forme des tables couleur aurore, inaltérables à l'air, très-solubles dans l'eau et l'alcool, insolubles dans l'éther.

L'*éthyl-sulfate d'urane* cristallise difficilement, et est déliquescent. — Le *sel d'uranyle* forme une matière jaune qui se décompose déjà à 60° ou 70°.

L'*éthyl-sulfate de plomb*, $C^4H^5PbS^2O^8$ + 2 aq., cristallise en tables incolores et transparentes, très-solubles dans l'eau et l'alcool, et d'une réaction acide. Il renferme 7,28 p. c. d'eau de cristallisation, qu'il perd dans le vide, ainsi que par la chaleur. Les cristaux s'altèrent à la longue.

En mettant la solution de ce sel en digestion avec de l'oxyde de plomb récemment précipité, on obtient un *sous-sel* incristallisable, soluble dans l'eau et l'alcool, $C^4H^5PbS^2O^4$,PbO. Lorsqu'on sursature l'éthyl-sulfate de plomb neutre par de l'ammoniaque, qu'on évapore la liqueur, et qu'on reprend le résidu par l'eau, on obtient, par l'évaporation de la solution, des paillettes contenant du plomb et de l'ammoniaque.

L'*éthyl-sulfate d'argent*, $C^4H^5AgS^2O^8$ + 2 aq., forme des paillettes brillantes, solubles dans l'eau et l'alcool, qui ne perdent leur eau de cristallisation qu'à une température où le sel se détruit.

L'*éthyl-sulfate de mercure* (sel mercurique) est fort altérable et déliquescent.

§ 805. *Acides isomères de l'acide éthyl-sulfurique.* — On connaît plusieurs isomères de l'acide éthyl-sulfurique.

α. *Acide iséthionique.* Il a déjà été décrit § 764.

β. *Acide parathionique*[1]. On ne le connaît qu'à l'état de sel de baryte.

Lorsqu'on maintient en ébullition la solution de l'éthyl-sulfate de baryte, elle se trouble, devient acide, et dépose du sulfate de baryte. Si l'on enlève le dépôt et qu'on sature le liquide filtré par du carbonate de baryte, on obtient un sel de baryte cristallisable, dont la composition à 100° est exactement la même que celle de l'éthyl-sulfate. Ce nouveau sel ne se décompose pas par l'ébullition. Quand on le calcine, il ne se boursoufle pas comme l'iséthionate ; mais il émet des vapeurs d'huile de vin pesante, prend feu et brûle alors tranquillement.

γ. *Acide althionique*[2]. Il se produit, selon M. Regnault, lorsqu'on chauffe de l'alcool avec un excès d'acide sulfurique, jusqu'au moment où il se dégage du gaz oléfiant. Il est nécessaire qu'il y ait un excès d'acide sulfurique ; on l'obtient aussi, en chauffant de l'acide sulfurique et de l'éther, jusqu'à ce qu'il se dégage du gaz oléfiant, c'est-à-dire jusqu'à 160 ou 180°.

M. Magnus a vainement cherché à obtenir ce produit : il n'a trouvé, dans les résidus de la préparation du gaz oléfiant, que de l'acide éthionique et de l'acide iséthionique, et quelquefois aussi de l'acide éthyl-sulfurique.

Le *sel d'ammoniaque* forme de petits feuillets déliquescents, fort solubles dans l'eau.

Le *sel de baryte*, $C^4H^5BaS^2O^8 + 2$ aq., a été obtenu au moyen des résidus de la préparation du gaz oléfiant (par un mélange de 6 p. d'acide sulfurique et 1 p. d'alcool), étendus d'eau et saturés par du carbonate de baryte. La dissolution du sel de baryte peut être concentrée, même par l'ébullition, jusqu'à un certain point ; mais ensuite il faut continuer l'évaporation à une chaleur modérée, ou mieux dans le vide : sans cela le sel se décompose comme l'éthyl-sulfate. La dissolution ne commence à cristalliser que quand elle est devenue presque sirupeuse. L'althionate de baryte est beaucoup plus soluble que l'éthyl-sulfate à même base, et cristallise plus facilement. Quand l'éva-

---

[1] GERHARDT, *Compt. rend. des travaux de Chimie.*, 1845, p. 176.

[2] REGNAULT, *Ann. de Chim. et de Phys.*, LXV, 98. — MAGNUS, *Ann. de Poggend.*, XLVII, 523.

poration a été trop rapide, il ne forme que des croûtes amorphes à la surface de l'eau-mère et contre les parois de la capsule; mais par l'évaporation spontanée on obtient des groupes sphériques de prismes très-fins et rayonnés. Ce sel est inaltérable à l'air; il perd dans le vide 8,2 p. c. d'eau de cristallisation. Sa dissolution se décompose par une ébullition prolongée en devenant acide et en déposant beaucoup de sulfate; la liqueur saturée par du carbonate de baryte donne un sel soluble.

Le *sel de chaux* ne cristallise pas; sa dissolution, évaporée à une douce chaleur, se prend complétement en masse.

Le *sel de cuivre* est d'un vert pâle, et cristallise en lames rhomboïdales très-minces; l'angle aigu des rhombes est d'environ 60°.

§ 806. SULFATE D'ÉTHYLE [1], ou éther sulfurique, $C^8H^{10}S^2O^8$. — Il se produit par la combinaison directe de l'oxyde d'éthyle avec l'acide sulfurique anhydre.

Pour le préparer, on entoure d'un mélange de glace et de sel marin un ballon contenant de l'éther pur, et l'on y fait arriver les vapeurs de l'anhydride sulfurique, telles que les dégage l'acide sulfurique fumant. Le liquide finit ainsi par devenir sirupeux; on l'agite alors avec son volume d'éther et avec quatre fois son volume d'eau. Après que le mélange s'est séparé en deux couches, on enlève la couche supérieure qui renferme le sulfate d'éthyle; la couche inférieure et fort acide contient de l'acide sulfurique, ainsi que quelques produits de décomposition du sulfate d'éthyle. On agite le liquide éthéré avec du lait de chaux, afin de le débarrasser de l'acide sulfureux et de le décolorer; puis on le lave avec de l'eau, on le filtre, et on le chauffe dans une cornue pour en chasser l'éther ordinaire. Ensuite on introduit le résidu dans une capsule, on le lave avec une petite quantité d'eau, on enlève celle-ci avec soin à l'aide de bandes de papier joseph, et l'on abandonne le produit dans le vide sur de l'acide sulfurique.

Le sulfate d'éthyle est un liquide oléagineux, d'une saveur âcre et brûlante, et d'une odeur de menthe poivrée. Il tache le papier, mais les taches disparaissent au bout de quelque temps. Sa densité est de 1,120. A l'état pur, il est incolore; mais ordinairement il est coloré en jaune. Ce n'est qu'en observant de grandes précautions qu'on peut le distiller sans altération; car il noircit déjà à 130 ou 140° en donnant du gaz sulfureux, de l'alcool, et plus tard du gaz oléfiant.

---

[1] WETHERILL (1848), *Ann. der Chem. u. Pharm.*, LXVI, 117.

Le chlore ne le décompose pas à froid, mais il en est absorbé. L'hydrogène sulfuré n'y agit pas à froid. Le sulfhydrate de potasse le convertit en sulfhydrate d'éthyle et en sulfate de potasse.

L'acide nitrique fumant le dissout, l'eau l'en précipite de nouveau. Si l'on ajoute au mélange de la potasse jusqu'à ce qu'il soit presque neutre, il se produit à chaud de l'éther nitreux. Traité de la même manière par l'acide chlorhydrique et la potasse, il donne une huile plus pesante que l'eau et d'une odeur de pommes.

Le potassium l'attaque à chaud avec ignition, en donnant, entre autres produits, du sulfhydrate d'éthyle.

Mis en contact avec l'eau, le sulfate d'éthyle disparaît à froid au bout de quelque temps ; cette dissolution est instantanée si l'on chauffe. Il se produit ainsi une liqueur acide. Lorsqu'on fait bouillir celle-ci, elle dégage de l'alcool, et le liquide, saturé par du carbonate de baryte, donne des sels de baryte solubles. Évaporée doucement, la solution filtrée dépose, avant qu'elle soit bien concentrée, une petite quantité de paillettes ; si l'on ajoute de l'alcool à la liqueur, il s'en précipite davantage. M. Wetherill suppose que c'est le méthionate de baryte (§ 763). L'eau-mère contient un sel qui cristallise dans l'alcool en fines aiguilles, et qui a la même composition que l'éthyl-sulfate ou l'iséthionate de baryte.

Le sulfate d'éthyle absorbe le gaz ammoniaque sec en s'échauffant, sans dégager ni alcool ni eau. Le produit se dissout aisément dans l'eau et dans l'alcool, et laisse, par l'évaporation, des cristaux feuilletés de sulféthamate d'ammoniaque (§ 808).

$$2\ C^8H^{10}S^2O^8 + 2\ NH^3 = C^{16}H^{22}(NH^4)NS^4O^{16}.$$

Sulfate d'éthyle.   Sulféth. d'ammon.

§ 807. On a désigné sous le nom d'*huile de vin douce*, ou d'*huile de vin pesante*, un corps huileux plus pesant que l'eau, qu'on rencontre quelquefois dans les résidus de la fabrication de l'éther. Plusieurs chimistes l'ont analysé, mais avec des résultats entièrement différents. Cette huile semble n'être qu'un mélange de sulfate d'éthyle et d'hydrocarbures isomères du gaz oléfiant.

L'eau, en effet, en sépare un liquide (*huile de vin légère, éthérine, éthérole*), ayant la même composition que le gaz oléfiant, bouillant à 280°, et d'une densité de 0,917 (Sérullas) ; son point d'ébullition correspondrait à la formule $C^{32}H^{32}$. Refroidie à — 35°, cette huile légère dépose des cristaux fusibles à 110° et bouillant à 260°. Il reste de l'acide éthyl-sulfurique en dissolution dans l'eau.

On obtient cette même huile pesante par la distillation sèche des éthyl-sulfates; elle se produit aussi lorsqu'on chauffe l'éther avec de l'acide sulfurique concentré, ou qu'on le met en contact avec de l'acide sulfurique anhydre.

Les huiles de vin qu'on obtient avec des agents autres que l'acide sulfurique, par exemple avec le chlorure de zinc, ne paraissent être aussi que des hydrocarbures homologues du gaz oléfiant.

Dérivés ammoniacaux du sulfate d'éthyle.

§ 808. *Acide sulféthamique* [1], $C^{16}H^{23}NS^4O^{16}$. — Le sulfate d'éthyle absorbe le gaz ammoniaque en s'échauffant (§ 806); le produit se dissout aisément dans l'eau ou l'alcool, et donne, par l'évaporation de la solution, des cristaux feuilletés et agglomérés de sulféthamate d'ammoniaque. Celui-ci se convertit en sel de plomb au moyen de l'oxyde de ce métal : le sel de plomb donne l'acide au moyen de l'hydrogène sulfuré. La solution de l'acide sulféthamique peut se concentrer par l'évaporation ; toutefois elle se décompose par l'ébullition en donnant de l'acide sulfurique libre.

Le *sel d'ammoniaque*, $C^{16}H^{22}(NH^4)NS^4O^{16}$, tombe en déliquescence à l'air humide, fond déjà au-dessous de 100°, et brûle par une plus forte chaleur avec une flamme peu lumineuse, en développant une odeur semblable à celle du sulfure d'éthyle. Il se dissout aisément dans l'eau et dans l'alcool ; l'éther ne le dissout pas. La solution est neutre aux papiers et d'une saveur fade ; elle ne précipite pas les solutions métalliques.

A froid, les alcalis en dégagent de l'ammoniaque.

Si l'on y ajoute du chlorure de baryum et de l'acide nitrique, il ne se produit pas de précipité de sulfate de baryte ; mais le mélange se trouble et dépose ce sel par une ébullition prolongée.

Lorsqu'on chauffe le sulféthamate d'ammoniaque humide à 100° ou un peu au-dessus, il devient promptement acide ; la solution du sel est alors précipitée par les sels de baryte et renferme de l'acide sulfurique. Si l'on précipite l'ammoniaque d'une solution de sulféthamate d'ammoniaque par une addition de bichlorure de platine et d'acide chlorhydrique, et qu'on évapore au bain-marie le liquide, renfermant l'excès de bichlorure, on obtient des cristaux de chlo-

[1] STRECKER (1850), *Ann. der. Chem. u. Pharm.*, LXXV, 46.

roplatinate d'éthylamine. D'après cela, l'acide sulféthamique se décompose par la chaleur, sous l'influence des acides, en éthylamine, en acide sulfurique libre, et en d'autres produits qui n'ont pas été examinés. Peut-être se forme-t-il, dans cette réaction, de l'alcool et de l'acide iséthionique, car on a :

$$C^{16}H^{23}NS^8O^{16} + 4HO = C^4H^7N + C^4H^6S^2O^4 + 2\,C^4H^6O^2 + 2\,(SO^3,HO)$$

Ac. sulféthamiq.   Éthylamine.   Ac. iséth.   Alcool.   Ac. sulfur.

Évaporé au bain-marie avec de la baryte, le sulféthamate d'ammoniaque ne laisse que du sulfate de baryte.

Lorsqu'on fait bouillir le sulféthamate d'ammoniaque, avec du carbonate de baryte ou avec de l'oxyde de plomb jusqu'à expulsion de toute l'ammoniaque, et qu'on distille ensuite avec de la potasse, on obtient de l'éthylamine.

Le *sel de baryte* s'obtient en faisant bouillir avec du carbonate de baryte la solution aqueuse du sel d'ammoniaque ; il reste, par l'évaporation, sous la forme d'une masse très-soluble, cristallisant difficilement.

Le *sel de plomb* s'obtient en faisant bouillir le sel d'ammoniaque avec de l'oxyde de plomb, et en éloignant l'excès de plomb par un courant d'acide carbonique ; il cristallise en aiguilles très-solubles dans l'eau et l'alcool ordinaire, peu solubles dans l'alcool absolu.

SÉLÉNIURES D'ÉTHYLE.

§ 809. Les deux composés suivants représentent de l'hydrogène sélénié dans lequel l'hydrogène est remplacé en partie ou en totalité par de l'éthyle :

$$\text{Acide éthyl-sélénhydrique.}\quad C^4H^6\,Se^2 = \left\{ \begin{array}{l} C^4H^6.Se, \\ HSe \end{array} \right.$$

$$\text{Séléniure d'éthyle} \ldots \ldots \quad C^8H^{10}Se^2 = \left\{ \begin{array}{l} C^4H^5.Se \\ C^4H^5.Se \end{array} \right.$$

ACIDE ÉTHYL-SÉLÉNHYDRIQUE [1], sélénhydrate d'éthyle ou mercaptan sélénié, $C^4H^6Se^2$. — On prépare ce corps en distillant l'éthylsulfate de chaux avec du sélénhydrate de potasse. Il passe ainsi un liquide jaune, très-fétide, qu'on soumet à la rectification, après l'avoir desséché sur du chlorure de calcium. Deux liquides distillent alors : le plus volatil constitue le sélénhydrate d'éthyle ; celui qui distille à une température plus élevée est le séléniure d'éthyle.

---

[1] WOEHLER et SIEMENS (1846), *Ann. der. Chem. u. Pharm.*, LXI, 360.

Le sélénhydrate d'éthyle est incolore, très-fluide, d'une odeur extrêmement désagréable. Il est plus pesant que l'eau, qui ne le dissout pas. Il bout bien au-dessous de 100°. Il est fort inflammable et brûle avec une flamme bleue, en répandant d'abondantes vapeurs de sélénium et d'acide sélénieux.

Il se combine avec l'oxyde mercurique, comme le sulfhydrate d'éthyle, en s'échauffant beaucoup, et en produisant une substance jaune, très-fusible, et soluble dans l'alcool bouillant. Une solution alcoolique de sélénhydrate d'éthyle produit un abondant précipité jaune dans le bichlorure de mercure.

§ 810. SÉLÉNIURE D'ÉTHYLE [1], sélénéthyle ou éther sélénhydrique, $C^8H^{10}Se^2$. — Lorsqu'on chauffe doucement, dans une cornue, du séléniure de potassium mélangé en poudre fine avec de l'oxalate d'éthyle, il passe un liquide qui a l'odeur et la saveur du sulfure d'éthyle, et qui brûle avec une odeur de radis, en déposant du sélénium.

On peut aussi, pour préparer le séléniure d'éthyle, distiller du séléniure de potassium avec une solution aqueuse d'éthyl-sulfate de potasse. A cet effet, on fait dissoudre de l'hydrate de potasse dans 4 p. d'eau, on divise la solution en deux parts, on en sature l'une par de l'hydrogène sélénié, et on y ajoute ensuite l'autre part. On mélange toute la liqueur avec une solution concentrée d'éthyl-sulfate de potasse, et l'on soumet ce mélange à la distillation, tant qu'il distille du séléniure d'éthyle avec les vapeurs d'eau. M. Joy emploie à cette préparation, pour 1 p. de sélénium, 2 p. d'hydrate de potasse et 4 p. d'éthyl-sulfate.

Le séléniure d'éthyle est un liquide jaune clair, bien plus pesant que l'eau, et d'une odeur extrêmement désagréable. Il répand, en brûlant, des vapeurs rouges de sélénium. Il est sans action sur les sels de mercure.

§ 810ᵃ. Suivant les expériences de M. Joy [2], le séléniure d'éthyle se comporte comme un corps simple, à la manière du tellurure d'éthyle.

Le *nitrate de sélénéthyle* se produit lorsqu'on fait dissoudre, à chaud, le séléniure d'éthyle dans de l'acide nitrique moyennement concentré. La dissolution s'effectue avec dégagement de bioxyde

[1] LOEWIG (1826), *Ann. de Poggend.*, XXXVII, 552, — SIEMENS, *Ann. der Chem. u. Pharm.*, LXI, 360. — JOY, *ibid.*, LXXXVI, 35.

[2] JOY (1853), *loc. cit.*

d'azote; si on la concentre davantage par l'évaporation, elle commence à se décomposer.

Le *chlorure de sélénéthyle*, $C^8H^{10}Se^2Cl^2$, se dépose sous la forme d'une huile jaunâtre par l'addition de l'acide chlorhydrique à la solution du nitrate de sélénéthyle. Il est légèrement soluble dans l'eau et dans l'acide chlorhydrique, et paraît être sans odeur à l'état de pureté.

En même temps que l'huile précédente, il se produit aussi au bout de quelque temps, dans la liqueur chlorhydro-nitrique, de gros cristaux incolores d'une autre combinaison dont la nature n'est pas connue. Cette combinaison, fort soluble dans l'eau et l'alcool, se dépose sans altération de sa solution ; celle-ci possède une réaction acide et n'est pas troublée par l'acide chlorhydrique. Cette combinaison paraît être un acide particulier : elle donne avec l'ammoniaque un produit cristallin d'où la potasse expulse l'ammoniaque. L'acide sulfhydrique en sépare du sélénium. Elle a donné à l'analyse :

Joy.

Carbone	13,68
Hydrogène	4,30
Chlore	20,65

Elle contient donc C^8 pour Cl^2.

L'*oxychlorure de sélénéthyle* renferme $C^8H^{10}Se^2Cl^2$, $C^8H^{10}Se^2O^2$. Le chlorure de sélénéthyle se dissout aisément dans l'ammoniaque, en produisant du chlorure d'ammonium et de l'oxychlorure de sélénéthyle ; si l'on évapore la solution, on peut, au moyen de l'alcool absolu, séparer ce dernier du chlorure d'ammonium. L'oxychlorure de sélénéthyle cristallise en cubes incolores, très-brillants, et ordinairement groupés en étoiles. Si l'on ajoute de l'acide chlorhydrique à sa solution aqueuse, il se précipite du chlorure de sélénéthyle ; l'acide sulfureux précipite de cette solution un mélange liquide et fétide de sélénéthyle et de chlorure de sélénéthyle.

Le *bromure de sélénéthyle*, $C^8H^{10}Se^2Br^2$, se sépare sous la forme d'une huile jaune, plus pesante que l'eau, si l'on ajoute de l'acide bromhydrique à la solution du nitrate de sélénéthyle. Cette huile est fort soluble dans l'ammoniaque.

L'*iodure de sélénéthyle*, $C^8H^{10}Se^2I^2$, se produit lorsqu'on mélange avec de l'acide iodhydrique la solution du nitrate ou du chlorure de sélénéthyle. C'est une huile noire, d'un éclat presque métallique, plus pesante que l'eau, et semblable au brome ; cette huile est sans odeur et ne se concrète pas à zéro ; elle est fort soluble dans l'ammoniaque.

TELLURURE D'ÉTHYLE.

§ 811. Le tellurure d'éthyle[1] représente de l'hydrogène telluré dans lequel tout l'hydrogène est remplacé par son équivalent de tellure :

$$\text{Tellurure d'éthyle. } C^8H^{10}Te^2 = \left.\begin{array}{l} C^4H^5.Te \\ C^4H^5.Te \end{array}\right\}$$

Ce composé se comporte comme un corps simple, en ce qu'il est susceptible de donner un oxyde, un chlorure, un nitrate et d'autres sels.

§ 812. TELLURURE D'ÉTHYLE, telluréthyle, ou éther tellurhydrique, $C^8H^{10}Te^2$. — On l'obtient aisément en faisant réagir du tellurure de potassium et de l'éthyl-sulfate de potasse. Pour se procurer le tellurure nécessaire à cette préparation, on calcine ensemble un mélange de 1 p. de tellure en poudre, et de charbon provenant de 10 p. de crème de tartre. Comme le tellurure de potassium qu'on obtient ainsi est pyrophorique, cette calcination ne peut guère se faire dans un creuset ; il vaut mieux employer pour cela une cornue en porcelaine, à laquelle on adapte un long tube de verre, recourbé à angle droit ; on maintient la cornue au rouge pendant 3 à 4 heures, tant qu'il se dégage encore de l'oxyde de carbone. Quand ce dégagement a cessé, on enfonce le tube de verre, fixé à la cornue, dans un grand ballon rempli d'acide carbonique, afin que par le refroidissement ce gaz s'introduise dans la cornue, au lieu de l'air. Lorsque la cornue est entièrement refroidie, on y verse la plus grande partie de la solution d'éthyl-sulfate de potasse nécessaire à la décomposition, on rebouche la cornue hermétiquement, et on la chauffe pendant quelque temps à 40 ou 50°, en ayant soin d'agiter fréquemment. La solution de l'éthyl-sulfate doit être concentrée, et préparée avec de l'eau purgée d'air par l'ébullition. On emploie 3 à 4 parties d'éthyl-sulfate sec pour chaque partie de tellure. Pendant la digestion du mélange, on remplit d'acide carbonique le ballon qui doit servir à la distillation ; on y vide ensuite rapidement le contenu de la cornue, on remplit celle-ci d'acide carbonique, on y verse le restant de la so-

[1] WOEHLER (1840), Ann. der Chem. u. Pharm., XXXV, 112 ; LXXXIV, 69. — MALLET, ibid., LXXIX, 223.

lution de l'éthyl-sulfate de potasse afin de la rincer, et, après
avoir bouché de nouveau la cornue, on la chauffe légèrement
comme précédemment. Ces précautions sont indispensables, si l'on
ne veut pas perdre la plus grande partie du telluréthyle, qui
s'oxyde bien vite au contact de l'air. Après avoir adapté le récipient au ballon, on fait doucement bouillir le mélange; le ballon
se remplit alors de vapeurs jaunes, qui se condensent sous l'eau à
l'état d'une huile pesante. Les dernières portions de la distillation
se composent d'un liquide encore plus dense, d'un rouge presque
noir, et qui paraît être le *bitellurure d'éthyle*.

Le telluréthyle est un liquide d'un rouge jaunâtre foncé, plus pesant que l'eau, d'une odeur nauséabonde très-forte et persistante.
Son point d'ébullition est au-dessous de 100°. Il s'enflamme aisément et brûle avec une flamme blanche, en répandant des vapeurs
d'acide tellureux. Le contact de l'air l'altère promptement.

Oxyde de telluréthyle. — Il se produit par l'oxydation directe
du telluréthyle à l'air, surtout quand cet éther est dissous dans
l'alcool. On l'obtient aussi en décomposant le chlorure ou l'oxychlorure de telluréthyle par l'oxyde d'argent, ou le sulfate de telluréthyle par la baryte.

Par la concentration de la solution aqueuse, séparée, à l'aide du
filtre, du précipité de chlorure d'argent ou de sulfate de baryte,
on obtient une masse poisseuse très-alcaline, et dans laquelle il
se produit peu à peu quelques traces de cristaux.

Cette substance se décompose d'ailleurs promptement par une
plus forte concentration, en noircissant et en dégageant du telluréthyle. Par la distillation, elle donne du tellure métallique
et une huile fétide. Chauffée à l'air, elle brûle avec une flamme
bleue.

L'acide sulfureux réduit sa solution en produisant du telluréthyle,
qui se précipite en gouttes rouges.

L'acide chlorhydrique en précipite du chlorure de telluréthyle
en gouttes incolores.

La solution de l'oxyde de telluréthyle précipite le bichlorure de
platine en jaune, et le bichlorure de mercure en blanc.

Sulfure de telluréthyle. — Lorsqu'on ajoute de l'hydrogène sulfuré à la solution du nitrate de telluréthyle, on obtient un précipité jaune orangé qui fond, par la chaleur, en gouttelettes noires :
c'est probablement le sulfure de telluréthyle.

Sulfate de telluréthyle. — Ce sel s'obtient si l'on traite le telluréthyle par l'acide sulfurique et le peroxyde de plomb.

On peut aussi le préparer en faisant tomber goutte à goutte, dans une solution d'oxychlorure de telluréthyle, une solution de sulfate d'argent saturée à chaud, tant qu'il se précipite du chlorure d'argent. La liqueur filtrée donne, par la concentration, de petits prismes incolores de sulfate de telluréthyle. Ce sel est fort soluble dans l'eau ; sa solution rougit le tournesol. Lorsqu'on chauffe le sel sec, il dégage un gaz et du telluréthyle, en laissant du tellure métallique. L'acide sulfureux précipite du telluréthyle huileux de sa solution aqueuse.

Séché à 100°, le sel a donné 15,1 p. c. d'acide sulfurique anhydre ; ce dosage correspond aux rapports $2\,(C^8H^{10}Te^2O^2)$, $2\,(SO^3,HO)$.

Fluorure de telluréthyle. — L'acide fluorhydrique ajouté à la solution de l'oxychlorure de telluréthyle, en précipite du chlorure de telluréthyle, tandis qu'il reste en solution un fluorure soluble, d'où l'acide chlorhydrique précipite du chlorure de telluréthyle.

La solution du nitrate de telluréthyle n'est pas précipitée par l'acide fluorhydrique.

L'oxyde de telluréthyle libre donne, avec l'acide fluorhydrique, une combinaison cristalline fort soluble.

Chlorure de telluréthyle, $C^8H^{10}Te^2Cl^2$. — Il se précipite, par l'addition de l'acide chlorhydrique au nitrate de telluréthyle, sous la forme d'un liquide pesant, doué d'une odeur désagréable. Il peut distiller à une température élevée. Il est un peu soluble dans l'eau et dans l'acide chlorhydrique concentré.

L'*oxychlorure de telluréthyle*, $C^8H^{10}Te^2Cl^2$, $C^8H^{10}Te^2O^2$, se produit lorsqu'on dissout le chlorure de telluréthyle dans l'ammoniaque ou dans la potasse caustiques, et qu'on évapore à cristallisation ; l'emploi de l'ammoniaque est le plus avantageux pour cette préparation. Le sel cristallise, à mesure que l'alcali se volatilise, sous la forme de prismes à 6 faces, incolores et brillants, peu solubles dans l'eau froide.

L'ammoniaque dissout ce corps beaucoup mieux que l'eau pure ; l'alcool bouillant le dissout aussi, et le dépose, par le refroidissement, en beaux cristaux. Lorsqu'on le fait fondre, il se décompose en bouillonnant vivement : il se produit ainsi un gaz fétide et inflammable contenant du tellure, une huile consistant en telluréthyle, et un résidu de tellure métallique.

Sa solution précipite, par l'acide chlorhydrique, du chlorure de telluréthyle huileux. L'acide sulfurique précipite aussi, de sa solution, du chlorure de telluréthyle, tandis que du sulfate de telluréthyle reste en solution. L'acide sulfureux en précipite une huile jaune foncé et pesante, composée d'un mélange de telluréthyle et de chlorure de telluréthyle.

L'analyse de l'oxychlorure de telluréthyle a donné les nombres suivants :

	Wœhler.	Calcul.
Carbone.	19,94	20,89
Hydrogène. . . .	4,96	4,35
Tellure	56,22	55,87
Chlore.	15,49	15,43
Oxygène.	3,39	3,43
	100,00	100,00

Bromure de telluréthyle. — On l'obtient en ajoutant de l'acide bromhydrique à la solution du nitrate ou de l'oxychlorure de telluréthyle ; le bromure de telluréthyle se sépare du mélange laiteux sous la forme d'une huile pesante, jaune pâle. Le point d'ébullition de cette huile paraît être très-élevé.

L'*oxybromure de telluréthyle* s'obtient en dissolvant le bromure de telluréthyle dans l'ammoniaque caustique. Il cristallise en prismes incolores, semblables, pour la forme et les caractères, à l'oxychlorure.

Iodure de telluréthyle. — C'est un précipité orangé qui se produit lorsqu'on ajoute de l'acide iodhydrique à la solution du nitrate, de l'oxychlorure ou de l'oxybromure de telluréthyle, ou qu'on verse de l'acide iodhydrique sur le chlorure de telluréthyle.

Chauffé dans l'eau, ce précipité fond à 50° en un liquide rouge jaunâtre et pesant, qui se prend, par le refroidissement, en une masse cristalline jaune rougeâtre, opaque et composée de larges feuillets ; ce produit se laisse aisément cliver comme du mica. Il se dissout dans l'alcool bouillant, et s'y dépose, par le refroidissement, sous la forme de prismes minces orangés ; si l'on sature la liqueur à l'ébullition, une partie du sel se sépare d'abord à l'état de gouttes. Il se dissout aussi dans l'eau en petite quantité.

Si l'on chauffe l'iodure de telluréthyle au-dessus de son point de fusion, il se décompose en donnant un huile jaune rougeâtre et un sublimé noir, en même temps qu'il laisse un résidu de tellure fondu.

Lorsqu'on emploie de l'acide iodhydrique déjà devenu brun pour préparer l'iodure de telluréthyle, le précipité est presque d'un rouge de sang ; ce précipité fond en un liquide rouge noir, qui se prend, par le refroidissement, en une masse composée de larges feuillets ; celle-ci paraît être mélangée d'une combinaison plus iodurée.

L'*oxyiodure de telluréthyle* s'obtient en dissolvant l'iodure de telluréthyle dans l'ammoniaque, et en abandonnant le liquide à l'évaporation spontanée. A mesure que l'ammoniaque s'évapore, la combinaison cristallise, car elle est fort soluble dans l'ammoniaque et peu soluble dans l'eau. Elle forme des prismes transparents, d'un jaune pâle, isomorphes avec l'oxychlorure et l'oxybromure de telluréthyle. Elle devient orangée par l'exposition à l'air chargé de vapeurs acides.

Sa solution aqueuse précipite, par l'acide chlorhydrique, un liquide jaune rougeâtre, pesant, composé d'un mélange de chlorure de telluréthyle et d'iodure de telluréthyle. L'acide sulfurique produit, dans cette solution, un précipité orangé d'iodure de telluréthyle ; la liqueur filtrée précipite, par l'acide chlorhydrique, du chlorure de telluréthyle incolore.

L'acide sulfureux précipite, de la solution de l'oxyiodure, un mélange très-fusible de telluréthyle et d'iodure de telluréthyle.

Nitrate de telluréthyle. — Il s'obtient lorsqu'on dissout le telluréthyle dans l'acide nitrique, à chaud. Il se dégage des vapeurs nitreuses, et, par l'évaporation de la liqueur à siccité, il reste une masse cristalline, entièrement soluble dans l'eau. Ce sel ne précipite pas par les alcalis. L'acide sulfureux le réduit immédiatement, en précipitant des gouttes rouge foncé de telluréthyle.

Oxalate de telluréthyle. — Il se forme lorsqu'on met en digestion de l'oxychlorure de telluréthyle, réduit en poudre et en suspension dans l'eau, avec un excès d'oxalate d'argent. La liqueur filtrée dépose le sel sous la forme de petits prismes réunis par groupes. Il est peu soluble dans l'eau, et rougit le tournesol. Il fond par la chaleur, bouillonne, dégage beaucoup de telluréthyle, ainsi qu'un sublimé cristallin, et laisse un résidu de tellure métallique. Le sel séché à 100° a donné 51,31 p. c. de tellure, et 14,86 p. c. d'acide oxalique supposé anhydre ; ces résultats correspondent aux rapports $2(C^5H^{10}Te^2O^2)$, $2(C^2O^3, HO)$.

Cyanure de telluréthyle. — On ne l'a pu obtenir ni par l'oxyde, ni par l'oxychlorure de telluréthyle, mis en présence de l'acide cyan-hydrique.

FLUORURE D'ÉTHYLE.

Syn. : éther fluorhydrique.

Composition : C^4H^5F.

§ 812. On l'obtient, d'après M. Reinsch[1], en distillant, dans un vase de platine, du spath fluor avec de l'acide sulfurique concentré, et en recevant l'acide fluorhydrique dans de l'alcool absolu refroidi. On distille ensuite un quart de cet alcool dans un vase de platine ou de plomb, et l'on recueille le produit dans un vase de même métal. L'eau en précipite l'éther fluorhydrique.

C'est un liquide mobile, très-volatil, dont l'odeur rappelle celle du raifort. Il brûle avec une flamme bleue, en dégageant de l'acide fluorhydrique. On ne peut pas le conserver dans des flacons de verre.

CHLORURE D'ÉTHYLE.

Syn. : éther chlorhydrique

Composition : C^4H^5Cl.

§ 813. Les anciens chimistes[2], Rouelle entre autres, connaissaient déjà ce corps.

Il se produit par la réaction de l'alcool et de l'acide chlorhydrique, ainsi que des chlorures suivants : protochlorure de phosphore, chlorure de soufre, chlorure d'aluminium, protochlorure d'antimoine, perchlorure d'antimoine, chlorure de bismuth, chlorure de zinc (l'eau étant entièrement exclue), perchlorure d'étain, perchlorure de fer, protochlorure de platine et bichlorure de platine. Le chlorure d'éthyle qu'on obtient avec ces chlorures est souvent mélangé d'oxyde d'éthyle. (Voy. § 772.)

On obtient également le chlorure d'éthyle par l'action du chlore sur l'éther iodhydrique, et par celle de l'acide chlorhydrique sur l'éther acétique.

On le prépare soit en saturant l'alcool absolu, ou du moins

---

[1] SCHEELE, *Opuscula*, II, 137. — REINSCH, *Journ. f. prakt. Chem.*, XIX, 314.

[2] GEHLEN, *Neues allgem. Journ. der Chem.*, de Gehlen, II, 206. — THÉNARD, *Mémoir. de la Société d'Arcueil*, I, 115, 140 et 337. *Ann. de Chim.*, LXIII, 49. — P. F. G. BOULLAY, *Ann. de Chim.*, LXIII, 90. *Bulletin de Pharmac.*, I, 147. — ROBIQUET, et COLIN, *Ann. de Chim. et de Phys.*, I, 348. — KUHLMANN, *Ann. der Chem. u. Pharm.*, XXXIII, 108.

très-concentré, par du gaz chlorhydrique, soit en distillant un mélange de 5 p. d'alcool, 5 p. d'acide sulfurique concentré et 12 p. de sel marin, soit aussi en distillant avec de l'alcool les perchlorures d'étain, de bismuth, d'antimoine, d'arsenic ou de fer.

Le meilleur procédé consiste à saturer l'alcool par du gaz chlorhydrique et à distiller le liquide au bain-marie : on dirige le produit dans un flacon contenant de l'eau et entouré d'eau à 20 ou 25° c., et de là dans un autre récipient entouré de glace ; on lave le produit avec de l'eau, ou avec de l'eau salée, pour enlever l'alcool, puis on le rectifie sur de la magnésie.

C'est un liquide incolore, d'une odeur aromatique assez forte, douceâtre et un peu alliacée. Suivant M. Thénard, sa densité, à l'état liquide, est de 0,874 à + 5° ; il ne se concrète point par un froid de — 29° (suivant M. Lœwig, au contraire, il se solidifierait à — 18°). La densité de sa vapeur a été trouvée égale à 2,219. Il bout à + 12°, sous la pression de 750^{mm} ; il brûle avec une flamme lumineuse bordée de vert. L'eau en dissout $^1/_{50}$ de son poids, ou un volume de vapeur d'éther chlorhydrique égal au sien ; la solution est neutre aux papiers, et ne précipite pas les sels d'argent. L'alcool le dissout en toutes proportions ; la solution ne précipite pas non plus les sels d'argent.

L'éther chlorhydrique dissout le soufre, le phosphore, les huiles grasses, les huiles essentielles, les résines, et beaucoup d'autres corps.

Lorsqu'on le fait passer dans un tube de porcelaine chauffé au rouge, il se décompose en gaz oléfiant et en acide chlorhydrique. L'acide sulfurique concentré le détruit à chaud quand on l'y dirige en vapeur, en développant du gaz chlorhydrique, du gaz oléfiant et du gaz sulfureux, en même temps que le mélange se charbonne.

L'acide sulfurique anhydre absorbe en grande quantité la vapeur de l'éther chlorhydrique, en donnant un liquide fumant, bouillant à 130°, qui passe en partie sans altération, tandis que le résidu brunit et dégage de l'acide sulfureux. L'eau sépare du liquide fumant une huile un peu plus dense qu'elle, d'une odeur alliacée, et qui excite le larmoiement ; peu soluble dans l'eau froide, cette huile s'y dissout beaucoup à chaud. La liqueur dont cette huile s'est séparée contient un acide semblable à l'acide éthylsulfurique, et qui, mélangé à chaud avec du chlorure de baryum, dépose, par le refroidissement, des aiguilles soyeuses (Kuhlmann).

Lorsqu'on dirige la vapeur de l'éther chlorhydrique dans de l'acide nitrique bouillant, il se produit de l'acide chlorhydrique et un peu d'éther nitreux.

L'ammoniaque convertit peu à peu le chlorure d'éthyle en chlorhydrate d'éthylamine :

$$C^4H^5Cl + NH^3 = C^4H^7N, HCl.$$

Chlor. d'éthyl.   Chlorhyd. d'éthylamine.

La potasse aqueuse ne le colore pas en brun, s'il est exempt d'aldéhyde ; toutefois elle l'attaque peu à peu. La potasse alcoolique le décompose rapidement, en donnant du chlorure. Si l'on enferme, dans un tube scellé à lampe, de l'éther chlorhydrique avec de la potasse alcoolique, et qu'on chauffe à 100°, il se dépose du chlorure de potassium, et le liquide renferme de l'oxyde d'éthyle (Balard) :

$$2\,C^4H^5Cl + KO, HO = C^4H^{10}O^2 + KCl + HCl.$$

Chlor. d'éthyl.   Oxyde d'éthyle.

Lorsqu'on fait passer la vapeur du chlorure d'éthyle sur de la chaux potassée, légèrement échauffée, elle donne du gaz oléfiant très-pur :

$$C^4H^5Cl = C^4H^4 + HCl.$$

Chlor. d'éthyl.

Une dissolution alcoolique de monosulfure de potassium convertit, à chaud, le chlorure d'éthyle en chlorure de potassium et en sulfure d'éthyle ; le sulfhydrate de potasse transforme le chlorure d'éthyle en chlorure de potassium et en sulfhydrate d'éthyle.

Lorsqu'on met des fragments de potassium en contact avec du chlorure d'éthyle pur dans un petit tube de verre fermé par un bout, il s'établit une réaction très-vive, et le métal se convertit en une substance blanche sans qu'il se dégage aucun gaz, si ce n'est quelques vapeurs d'éther chlorhydrique volatilisées par l'effet de la chaleur de la réaction. La substance blanche a donné à l'analyse du carbone et de l'hydrogène dans le rapport atomique de 4 : 5 ; elle est un mélange de chlorure de potassium et d'un composé organique renfermant ce même métal. Au contact de l'eau, elle produit un dégagement d'hydrogène. Si l'on sature ensuite la solution alcaline par de l'acide nitrique, et qu'on y ajoute du nitrate d'argent, ce réactif y dénote la présence du chlorure de potassium. Si l'on agite la solution aqueuse avec un peu d'éther, et qu'ensuite on fasse évaporer le mélange dans le vide à une basse température, il reste un liquide oléagineux qui se volatilise également au bout de quelque temps. Ce liquide brûle avec une flamme brillante, et possède une odeur particulière ainsi qu'une saveur analogue à celle du savon et en même temps styptique[1].

Suivant M. Kuhlmann, le chlorure d'éthyle est absorbé par le perchlorure d'antimoine et le perchlorure d'étain, avec lesquels il produit des liquides qui fument à l'air et sont décomposés par l'eau. Il est également absorbé par le perchlorure de fer, avec lequel il donne une masse confusément cristallisée, que l'eau décompose également.

L'éther chlorhydrique s'emploie en médecine aux mêmes usages que l'éther ordinaire; on l'a recommandé dans les affections catarrhales. Comme son extrême volatilité le rendrait d'un usage incommode, on l'emploie mélangé avec son poids d'alcool; c'est *l'éther muriatique alcoolisé* des pharmacopées.

Dérivés chlorés du chlorure d'éthyle[2].

§ 814. Le chlore décompose l'éther chlorhydrique avec dégagement de chaleur et d'acide chlorhydrique. Si la réaction est brusque, la matière s'enflamme quelquefois et il se dépose du charbon; mais si elle se fait avec lenteur, d'abord à la lumière diffuse, et plus tard seulement au soleil, on obtient successivement les corps chlorés suivants :

Chlorure d'éthyle chloré. . . . $C^4H^4Cl^2$,
    —   —   bichloré. . . $C^4H^3Cl^3$,
    —   —   trichloré. . . $C^4H^2Cl^4$,
    —   —   quadrichloré. $C^4H\,Cl^5$,
    —   —   perchloré. . . C^4Cl^6.

Le chlore n'a pas d'action sur l'éther chlorhydrique dans un endroit peu éclairé; mais quand la lumière est un peu vive, ou mieux

---

[1] M. Loewig (*Annal. de Poggend.*, XLV, 346), à qui l'on doit cette observation, considère le composé potassique comme de l'éthylure de potassium, C^4H^5K, d'après l'équation $C^4H^5Cl + K^2 = C^4H^5K + KCl$, et le liquide huileux, produit par l'action de l'eau, comme de l'éthyle, C^4H^5. Mais l'éthyle est un gaz, d'après M. Frankland. L'étude de cette réaction a donc besoin d'être reprise.

[2] Laurent, *Ann. de Chim. et de Phys.*, LXIV, 328. — Regnault, *ibid.*, LXXI, 355.

quand le ballon dans lequel on réunit les deux gaz est exposé aux rayons directs du soleil, la réaction s'établit avec développement de chaleur, il se dégage de l'acide chlorhydrique, et il se condense en abondance une liqueur éthérée.

Les dérivés chlorés du chlorure d'éthyle ont été récemment employés en médecine comme moyens anesthésiques[1].

§ 815. *Chlorure d'éthyle chloré*, $C^4H^4Cl^2 = C^4H^4Cl, Cl$. — Suivant M. Regnault, on prépare ce corps de la manière suivante : On produit le chlorure d'éthyle en chauffant dans un grand ballon un mélange d'acide chlorhydrique et d'alcool ; le gaz traverse un premier flacon renfermant un peu d'eau, puis un second contenant de l'acide sulfurique concentré, enfin un troisième flacon laveur renfermant de l'eau ; de là il se rend dans un ballon à deux tubulures et à pointe, dans lequel on fait arriver en même temps le chlore. La pointe du ballon est engagée dans un flacon dans lequel se condense une portion du produit ; l'autre partie se rend dans un flacon à moitié rempli d'eau et bien refroidi, qui retient en même temps l'acide chlorhydrique qui se produit en abondance. Le ballon où se réunissent les deux gaz doit être exposé au soleil, au moins au commencement de l'expérience ; car, une fois que la réaction est établie, elle continue à l'ombre et ne s'arrête même pas quand le jour vient à tomber. Il faut avoir soin de tenir l'éther chlorhydrique en excès par rapport au chlore ; sans cela, celui-ci exerce une action subséquente sur le chlorure d'éthyle chloré. Il est, au reste, assez difficile, dans une opération qui dure longtemps, d'éviter la formation d'une petite quantité de chlorure d'éthyle bichloré ; mais, comme il est moins volatil, il s'arrête presque en totalité dans le premier flacon récipient. Quand les deux gaz arrivent en proportions convenables, il ne sort presque rien du second récipient, et la liqueur éthérée se produit en telle abondance qu'il est facile, dans une opération durant 6 à 8 heures, de s'en procurer 250 à 300 grammes. Il est convenable de ne pas mélanger ensemble les liqueurs qui se sont condensées dans les deux flacons récipients, surtout si l'on a remarqué qu'à certains moments de l'expérience le chlore est arrivé en excès. On lave la

[1] Voy. à ce sujet : ARAN, *Compt. rend. de l'Acad.*, XXXI, 845. — MIALHE, *ibid.*, 848. — WIGGERS, *Ann. der. Chem. u. Pharm.*, LXXXII, 218. Ce dernier chimiste rapporte aussi quelques observations relatives à la préparation des dérivés chlorés du chlorure d'éthyle.

liqueur plusieurs fois avec de l'eau, puis on la distille au bain-marie; enfin on la distille sur de la chaux vive pour la priver entièrement d'eau et d'acide chlorhydrique. Les premières gouttes qui passent à la distillation doivent être rejetées ; elles renferment souvent un peu d'éther chlorhydrique non altéré, resté en dissolution ; on met également de côté le dernier quart, qui peut renfermer une petite quantité d'un produit plus chloré.

Le chlorure d'éthyle chloré est un liquide incolore, très-fluide, ayant une odeur tout à fait semblable à celle de la liqueur des Hollandais (chlorure d'éthylène), dont il est l'isomère. Sa saveur est sucrée et poivrée à la fois. Sa densité à 17° est de 1,174. Il bout à 64° ; la densité de sa vapeur a été trouvée égale à 3,478.

Il se distingue de la liqueur des Hollandais en ce qu'il n'est que légèrement altéré par une solution alcoolique de potasse ; si l'on soumet le mélange à la distillation, et qu'on étende d'eau le produit distillé, il se sépare du chlorure d'éthyle chloré non altéré. Il se forme toujours, au moins par la distillation, un léger dépôt de chlorure de potassium, et une résine brune visqueuse qui se sépare quand on reprend le résidu par l'eau. Le résidu alcalin présente l'odeur désagréable qui caractérise la dissolut ion de potasse ayant décomposé une certaine quantité d'aldéhyde. Peut-être se forme-t-il réellement de l'aldéhyde, car $C^4H^4Cl^2 + 2KO = 2KCl + C^4H^4O^2$. Au reste, il ne se décompose ainsi qu'une très-petite fraction du chlorure d'éthyle chloré, soumis à l'action de la potasse.

Le chlorure d'éthyle chloré distille sans altération sur le potassium; ce métal y conserve son brillant.

Chlorure d'éthyle bichloré, $C^4H^3Cl^3 = C^4H^3Cl^2, Cl$. — Il se produit par l'action du chlore sur le composé précédent. Le chlore n'agit pas sensiblement à la lumière diffuse sur le chlorure d'éthyle chloré; mais ce gaz s'y dissout en grande quantité et colore la liqueur en jaune très-intense. Si l'on expose au soleil le flacon qui renferme la substance saturée de chlore, il s'établit instantanément une réaction des plus vives ; et, si l'on ne prend quelques précautions, la liqueur est violemment projetée hors du vase. Au bout de quelques minutes la substance est entièrement décolorée, après avoir dégagé des torrents d'acide chlorhydrique.

Si l'on verse une petite quantité de chlorure d'éthyle chloré dans un grand flacon rempli de chlore, et qu'on expose ensuite celui-ci au soleil, on obtient, au bout de quelque temps, des cristaux de chlorure d'éthyle perchloré C^4Cl^6 (§ 749, perchlorure de carbone). Mais, avant de donner ce produit final, le chlorure d'éthyle chloré passe par plusieurs états intermédiaires qu'on parvient à isoler en opérant avec soin et sur une grande quantité de matière. La préparation de ces produits intermédiaires est difficile et délicate. Elle est fondée sur ce que ces substances chlorées s'attaquent d'autant moins facilement par le chlore qu'elles ont déjà perdu plus d'hydrogène. Voici comment M. Regnault conseille d'opérer. On place 600 à 700 gr. de chlorure d'éthyle chloré dans une grande éprouvette à pied, et on les recouvre d'une couche d'eau ; on fait arriver un courant de chlore au fond de cette éprouvette, qu'on met en communication avec un récipient refroidi, destiné à condenser le liquide qui peut distiller par l'élévation de température produite dans la réaction. L'éprouvette est d'abord placée dans un endroit peu éclairé. Le liquide se sature ainsi de chlore, sans qu'il y ait réaction. L'éprouvette étant ensuite portée dans un endroit plus éclairé, ou même au soleil, la réaction s'établit, et elle s'exerce de préférence sur le produit le moins chloré. Quand le chlore a agi pendant environ deux jours, on distille le liquide, et on le fractionne en deux parties : la première moitié est soumise de nouveau, pendant un certain temps, à l'action du chlore, puis réunie à la seconde. La totalité est ensuite distillée dans une cornue munie d'un thermomètre ; on met de côté le premier et le dernier quart, et le produit moyen, qui doit bouillir à une température sensiblement constante, est recueilli à part. On peut d'ailleurs fractionner ce produit moyen en plusieurs parties ; on est plus sûr ainsi d'isoler dans un état de parfaite pureté la substance cherchée. Les flacons qui renferment celle-ci sont conservés ; quant aux autres, ils servent à préparer les produits suivants plus chlorés ; on les verse successivement dans l'éprouvette pour les traiter de nouveau par le chlore, en commençant par les produits les moins chlorés.

Le liquide qui se volatilise pendant l'action du chlore, et qui vient se condenser dans le récipient refroidi, doit être conservé pour la préparation du dernier produit, le chlorure d'éthyle perchloré. Ce liquide ayant distillé au milieu d'une atmosphère plus ou moins chargée de chlore, est composé de produits à différents degrés de chloruration.

Les premiers produits chlorés s'obtiennent assez facilement ; mais la préparation des derniers est bien moins aisée, parce que la quantité de liquide, soumise à l'action du chlore, diminue beaucoup pendant l'opération, ce qui rend plus difficile la séparation par la distillation. On est obligé de faire de temps en temps une analyse de la substance, afin de ne pas dépasser le degré de chloruration qu'on cherche à obtenir.

Le chlorure d'éthyle bichloré a une odeur semblable à celle du chlorure monochloré. Sa densité est de 1,372 à 16°. Il bout à 75°; la densité de sa vapeur est de 4,530. Il est à peine altéré par une solution alcoolique de potasse, même à l'ébullition; ce n'est qu'après plusieurs distillations réitérées avec une semblable solution qu'on obtient une quantité un peu notable de chlorure et d'acétate potassiques :

$$C^4H^5Cl^3 + 4\,KO,HO = 3\,KCl + C^4H^3KO^4 + 4\,HO.$$
Acét. de potasse.

Une solution alcoolique de sulfhydrate de potasse ne l'attaque pas.

Chlorure d'éthyle trichloré, $C^4H^2Cl^4 = C^4H^2Cl^3,Cl$. — Il ressemble par ses caractères extérieurs aux corps chlorés précédents. Sa densité est de 1,530 à 17°. Il bout à 102°; la densité de sa vapeur est de 5,799. Quand on le chauffe avec une solution alcoolique de potasse, on obtient une certaine quantité de chlorure de potassium. Le sulfhydrate de potasse ne le décompose pas.

Chlorure d'éthyle quadrichloré, $C^4HCl^5 = C^4HCl^4,Cl$. — Il s'obtient difficilement à l'état de pureté. Un produit qui n'était pas d'une pureté parfaite avait une densité de 1,644; point d'ébullition à 146°; densité de vapeur $= 6,975$. Il est plus facilement attaqué par une solution alcoolique de potasse que les corps chlorés précédents; il se développe beaucoup de chaleur, du chlorure de potassium se dépose, et la liqueur distillée, étendue d'eau, laisse déposer une matière huileuse.

Cette liqueur huileuse a présenté à M. Regnault une composition variable suivant le nombre des distillations qu'elle avait subies sur la potasse.

Le potassium n'agit pas à froid sur le chlorure d'éthyle quadrichloré; mais, si l'on chauffe, il se fait une explosion extrêmement violente, avec dépôt de charbon.

Chlorure d'éthyle perchoré, $C^4Cl^6 = C^4Cl^5,Cl$. — C'est le cinquième et dernier produit de l'action du chlore sur le chlorure d'éthyle. Il est identique au chlorure d'éthylène perchloré ou sesquichlorure de carbone (§ 749).

Chloroplatinate d'éthyle[1].

§ 816. *Acide éthyl-chloroplatinique*, $C^4H^4Pt^2Cl^2 = C^4H^4Pt,PtCl^2$.
— Lorsqu'on distille l'alcool avec du bichlorure de platine, il
passe de l'aldéhyde, de l'éther chlorhydrique et de l'acide chlorhydrique ; le résidu liquide brun foncé dépose une grande quantité d'une poudre noire explosive, et contient, outre de l'acide chlorhydrique, une substance particulière, désignée par Zeise sous le
nom de *chlorure de platine inflammable*, et que nous appelerons *acide.
éthyl-chloroplatinique*.

C'est une matière gommeuse d'un jaune de miel, soluble dans
l'eau et l'alcool, n'attirant pas l'humidité de l'air, mais noircissant à
la lumière. Ses dissolutions possèdent une réaction acide, et sont
fort altérables.

Ce produit n'a été analysé qu'à l'état de sel d'ammonium ou en
combinaison avec des chlorures. Il est probable qu'il renferme
$C^4H^4Pt^2Cl^2$; voici, du moins, l'équation qui rendrait compte de sa
formation :

$$2\,C^4H^6O^2 + 2\,PtCl^2 = C^4H^4Pt^2Cl^2 + C^4H^4O^2 + 2\,HO + 2\,HCl.$$

Alcool.   Ac. éthyl-chloroplat.   Aldéhyde.

Pour préparer l'acide éthyl-chloroplatinique on fait dissoudre
1 p. de bichlorure de platine, exempt autant que possible de protochlorure, dans 1 p. d'alcool de 0,823 , et l'on réduit le liquide,
par la distillation, au sixième de son volume. Vers la fin, il faut
chauffer modérément pour éviter les soubresauts. On sépare par le
filtre le dépôt noir, on évapore à siccité avec beaucoup de soin le
liquide filtré ; on traite le résidu brun noir par l'eau froide ; on filtre et l'on évapore de nouveau, le mieux dans le vide, où il ne se
forme plus que très-peu de matière brune ; on redissout encore
une fois dans l'eau pour séparer les parties insolubles qui se
sont produites, et l'on abandonne le liquide filtré dans le vide sur
de la potasse. On obtient ainsi le corps assez pur.

On peut aussi précipiter par une solution concentrée de bichlorure de platine la combinaison de l'acide éthyl-choroplatinique
avec le chlorhydrate d'ammoniaque, filtrer rapidement, et évaporer dans le vide d'abord sur de l'acide sulfurique concentré, plus
tard sur cet acide et de la potasse en morceaux ; laver avec peu

<hr>

[1] Zeise (1830), *Ann. de Poggend.*, XXI, 497 et 542; XL, 234.

d'eau froide le résidu gommeux, le dissoudre ensuite dans une plus grande quantité d'eau tiède, filtrer pour séparer le chloroplatinate d'ammoniaque, et évaporer encore dans le vide. Ce procédé donne le produit le plus pur.

Soumis à la distillation sèche, l'acide éthyl-chloroplatinique dégage beaucoup de gaz chlorhydrique et de carbure d'hydrogène, en laissant un résidu noir qui brûle à l'air avec ignition en laissant du platine métallique.

Chauffé à l'air, il s'enflamme, et finit par laisser du platine métallique.

Portée à l'ébullition, sa solution aqueuse se trouble promptement, et dépose presque tout le platine à l'état métallique. Préalablement additionnée de beaucoup d'acide chlorhydrique, elle supporte l'ébullition sans se décomposer.

Mélangée à froid avec un excès de potasse, sa solution aqueuse dépose, au bout de quelques jours, un précipité visqueux d'un gris brunâtre, mais il reste beaucoup de platine en dissolution. Si l'on chauffe après avoir ajouté la potasse, il se dégage un gaz et une matière particulière de l'odeur du suif, en même temps qu'il se dépose une poudre noire qui, desséchée, enflamme l'alcool et produit une vive explosion quand on la chauffe.

Le *noir de platine* qui se précipite dans cette réaction est probablement un mélange de platine métallique et d'oxyde de platine, et c'est peut-être à la présence de cet oxyde qu'il doit la propriété de faire explosion. Il se produit aussi, selon Zeise, lorsqu'on distille l'alcool avec le protochlorure de platine, mais le produit ainsi préparé détone moins que celui qui s'obtient par la potasse et l'acide éthyl-chloroplatinique. La poudre de ce noir de platine, portée sur du papier trempé dans l'alcool, produit bientôt une légère explosion, qui enflamme ordinairement l'alcool. Un mélange d'hydrogène et d'air, dirigé sur le noir, s'enflamme bientôt. A la longue, le noir de platine perd la propriété de faire explosion par la chaleur, mais il conserve celle d'enflammer l'alcool. Le noir de platine s'altère par les lavages; même en employant de l'eau bouillie, on le voit alors dégager des bulles de gaz.

La magnésie se comporte avec l'acide d'éthyl-chloroplatinique comme la potasse à froid.

Lorsqu'on ajoute du nitrate d'argent à sa solution aqueuse, tant qu'il se forme un précipité blanc jaunâtre et pulvérulent, et qu'on filtre, le liquide filtré se trouble au bout de quelques minutes, en déposant du noir de platine dont la quantité augmente beaucoup par la chaleur ; le liquide filtré de nouveau donne encore un précipité de chlorure d'argent par le nitrate.

Le cuivre et le mercure précipitent du noir de platine de la solution aqueuse de l'acide éthyl-chloroplatinique.

L'hydrogène sulfuré la décolore, en dégageant un gaz particulier et en produisant un précipité jaune, puis noir ; le liquide ne renferme que de l'acide chlorhydrique.

L'ammoniaque, en léger excès, et le carbonate d'ammoniaque produisent dans sa solution un précipité jaune clair, qui noircit à l'air et à la lumière. C'est l'*éthyl-chloroplatinate d'ammoniaque*, $C^4H^3(NH^4)Pt^2Cl^2$. Ce précipité se produit aussi par l'addition de l'ammoniaque à la combinaison de l'acide éthyl-chloroplatinique avec le chlorure d'ammonium ou de potassium ; il est peu soluble dans l'eau, un peu plus soluble dans l'alcool. Il dégage de l'ammoniaque par la potasse. L'acide chlorhydrique le rend plus foncé, et le convertit en éthyl-chloroplatinate de chlorure d'ammonium.

§ 817. *L'éthyl-chloroplatinate de chlorure d'ammonium*, $C^4H^4Pt^2Cl^2$, $(NH^4)Cl + 2$ aq., forme des prismes obliques rhomboïdaux, d'un jaune citron, transparents et brillants, souvent d'un demi-pouce de long ; ces cristaux se recouvrent d'un enduit noir à l'air et à la lumière.

Pour préparer ce sel, on ajoute 4 fois son volume d'eau au liquide filtré (p. 316), obtenu dans le traitement de l'alcool par le bichlorure de platine (ce liquide ne doit pas précipiter par une solution concentrée de chlorure de potassium), et l'on y dissout, après avoir enlevé le dépôt de noir de platine, une quantité de chlorhydrate d'ammoniaque égale à 18 centièmes du bichlorure employé on réduit le liquide au tiers par l'évaporation ; on décante l'eau-mère acide de la masse cristalline qui se forme par le refroidissement ; on dissout les cristaux dans une petite quantité d'eau chaude ; on évapore à une douce chaleur, et l'on refroidit pour faire cristalliser ; les nouveaux cristaux sont ensuite dissous dans une plus grande quantité d'eau, et la solution est abandonnée dans le vide. Comme cette solution ne renferme plus d'acide chlorhydrique libre, on ne pourrait pas l'évaporer à chaud sans l'altérer.

Ce sel perd son eau de cristallisation à 100°, ainsi que dans le vide, sans se décomposer. Il laisse, par la calcination, du platine métallique. Il se dissout dans 5 p. d'eau froide; il est moins soluble dans l'alcool; sa solution, portée à l'ébullition ou traitée par la potasse, présente les mêmes métamorphoses que la solution de l'acide éthyl-chloroplatinique; quand on l'évapore avec de la potasse, elle donne un précipité blanc. Le bichlorure de platine en précipite du chloroplatinate d'ammoniaque.

L'*éthyl-chloroplatinate de chlorure de potassium*, $C^4H^4Pt^2Cl^2,KCl$, donne de gros prismes obliques rhomboïdaux ($\infty P : \infty P = 103°58'$; $o P : \infty P = 112°5'$) d'un jaune citronné, rougissant le tournesol, d'une saveur métallique et astringente.

On obtient ce sel en étendant de 4 fois son volume d'eau le liquide filtré (p. 316), séparant par le filtre le dépôt de noir de platine, faisant dissoudre dans le liquide filtré une quantité de chlorure de potassium égale au quart du bichlorure de platine employé, et procédant ensuite comme précédemment. Le sel cristallisé se recouvre d'un enduit noir à l'air et à la lumière. Il s'effleurit dans l'air sec, et perd à 100°, ainsi que dans le vide, ses 4,72 p. c. d'eau de cristallisation. Il se dissout dans 5 p. d'eau tiède; il est moins soluble dans l'alcool. Le sel sec noircit à environ 200°, et dégage, sans se boursoufler, 2 vol. de gaz chlorhydrique pour 1 vol. de gaz inflammable, en laissant une masse grise, contenant du platine et du chloroplatinate de potasse.

Le chlore agit à chaud sur le sel sec, en produisant du gaz chlorhydrique et du perchlorure de carbone C^4Cl^6. Dans la solution aqueuse du sel, le chlore, le brome et l'iode développent une odeur éthérée.

Sa solution aqueuse dépose du platine métallique quand on y fait passer du gaz hydrogène. Elle présente avec le nitrate d'argent la même réaction que l'acide éthyl-chloroplatinique.

Avec l'ammoniaque elle donne un précipité jaune d'éthyl-chloroplatinate d'ammoniaque. Mélangée à froid avec de la potasse, elle se décolore presque entièrement, en déposant une matière brune et visqueuse; à chaud, elle donne du noir de platine.

Sa solution aqueuse commence déjà à se décomposer à 90°; l'addition des acides sulfurique, chlorhydrique et nitrique empêche la décomposition de la solution bouillante. Un excès de chlorure de potassium paraît produire le même effet.

Quelques chimistes [1] admettent de l'oxygène dans le composé que nous venons de décrire, mais l'absence de l'oxygène, parmi les produits de la distillation sèche du sel, s'oppose évidemment à cette manière de voir. Voici, d'ailleurs, les résultats de l'analyse du sel desséché :

	Zeise.	Calcul.
Carbone.	6,40	6,46
Hydrogène. . . .	1,07	1,07
Platine.	52,92	53,31
Chlore.	28,64	28,60
Potassium. . . .	10,64	10,56

On remarque que l'analyse de Zeise s'accorde entièrement avec la formule proposée par ce chimiste, et que nous avons adoptée.

L'*éthyl-chloroplatinate de chlorure de sodium* cristallise assez difficilement, et se dissout dans l'alcool.

PERCHLORATE D'ÉTHYLE.

Syn. : éther perchlorique.

Composition probable : $C^4H^5ClO^8 = C^4H^5.O, ClO^7$.

§ 818. Pour préparer cet éther [2], on mélange intimement 1 prop. de perchlorate de baryte avec 1 prop. d'éthyl-sulfate de baryte cristallisé, et l'on introduit, à cause des explosions, tout au plus 4 grammes du mélange dans une petite cornue à laquelle se trouve adapté un tube recourbé servant de récipient, et placé dans un mélange réfrigérant. On place la cornue dans un bain d'huile muni d'un thermomètre, et qu'on chauffe avec une lampe qui puisse s'enlever facilement. Un écran, muni d'ouvertures garnies de plaques de verres épaisses, sépare le manipulateur de la cornue. Jusqu'à 100°, et tant que l'eau de cristallisation n'a point passé, on n'a aucune explosion à craindre ; à partir de 100°, il faut chauffer doucement jusqu'à 171°, température à laquelle l'opération est terminée. Le récipient renferme l'éther perchlorique recouvert d'une couche d'eau. On enlève celle-ci à l'aide d'une bande de papier buvard, sans prendre le récipient avec la main ;

---

[1] LIEBIG, *Ann. der Chem. u. Pharm.*, XXXIII, 12. — MALAGUTI, *Ann. de Chim. et de Phys.*, LXX, 403.

[2] CLARK HARE et M. BOYLE (1841), *Philos. Magaz.*, XIX, 370.

car le mouvement pourrait produire une explosion. Pour pouvoir conserver l'éther sans danger, on le mêle avec de l'alcool absolu ; l'eau sépare sans altération l'éther de cette dissolution. Il ne faut pas manier ce corps sans se garantir les mains et les yeux au moyen de gants solides et d'un bon masque muni de verres épais.

L'éther perchlorique est un liquide plus pesant que l'eau, d'une odeur agréable, d'une saveur d'abord sucrée, puis mordicante comme la cannelle. A 100°, il ne bout ni ne fait explosion. Il est insoluble dans l'eau, mais soluble dans l'alcool.

Il explosionne plus fortement que tous les corps connus, par la chaleur, le frottement, le choc, souvent sans cause apparente.

Si l'on verse la solution alcoolique de l'éther perchlorique dans l'eau, qu'on décante le liquide aqueux, de manière à isoler la goutte d'éther qui s'est séparée, puis qu'on enlève le reste de l'eau avec du papier buvard, on peut faire détoner cette goutte par un corps chaud ou par le marteau. La plus petite goutte réduit en morceaux la capsule de porcelaine sur laquelle elle se trouve.

L'éther perchlorique ne se décompose pas par le séjour sous l'eau ; mais il se décompose en partie quand on le sépare par l'eau de sa solution alcoolique. Lorsqu'on ajoute une solution alcoolique de potasse à sa solution alcoolique, il se dépose immédiatement beaucoup de perchlorate de potasse.

La solution de l'éther perchlorique dans une quantité d'alcool suffisante brûle entièrement sans explosion quand on l'enflamme.

Avec l'acide perchlorique et l'alcool, on n'obtient pas de perchlorate d'éthyle, mais seulement de l'oxyde d'éthyle[1].

BROMURE D'ÉTHYLE.

Syn. : éther bromhydrique.

Composition : C^4H^5Br.

§ 819. Pour le préparer, d'après Sérullas[2], on ajoute peu à peu, dans une cornue, 7 à 8 p. de brome à 40 p. d'alcool de 38° Baumé et 1 p. de phosphore ; il se produit ainsi de l'acide bromhydrique et de l'acide phosphoreux ; on distille à une douce chaleur, et on

[1] WEPPEN, Ann. der Chem. u. Pharm., XXIX, 317.

[2] SÉRULLAS (1827), Ann. de Chim. et de Phys., XXXIV, 99. — LOEWIG, Ann. der Chem. u. Pharm., III, 291. — PIERRE, Ann. de Chim. et de Phys., [3] XV, 366.

sépare par l'eau l'éther bromhydrique contenu dans le produit distillé ; si le produit est acide, on l'agite avec un peu de potasse très-
faible.

M. Lœwig mélange peu à peu, dans une cornue, de l'alcool absolu avec 3 fois son volume de brome ; si l'on chauffe doucement,
il distille un liquide, composé de deux couches. La couche inférieure est rougeâtre et renferme l'éther bromhydrique, mélangé
d'un peu d'éthylène perbromé C^4Br^4 et de brome libre ; on l'agite
avec un peu de potasse diluée, jusqu'à décoloration, puis on la
rectifie. On recueille le produit dans un récipient convenablement
refroidi.

Le bromure d'éthyle est un liquide incolore, d'une odeur et
d'une saveur pénétrantes et éthérées. Sa densité est de 1,40,
(Lœwig ; de 1,4329 à 0°, Pierre). Il bout à + 40°,7 sous la pression
de 757^{mm}. Quand on le distille, il ne commence à bouillir qu'à + 50°,
et même un peu au-dessus ; mais, dès qu'il est entré en ébullition,
le thermomètre descend à + 40°7, et s'y maintient constant jusqu'à
la fin (Pierre). La densité de sa vapeur est égale à 3,754.

On peut le conserver sous l'eau, qui ne le dissout que très-peu ; il
se mêle en toutes proportions avec l'alcool et l'éther.

Lorsqu'on le fait passer en vapeur à travers un tube chauffé au
rouge sombre, il se décompose en gaz oléfiant et en acide bromhydrique ; une plus forte chaleur donne lieu à un dépôt de charbon (Lœwig).

$$C^4H^5Br = C^4H^4 + HBr.$$
Brom. d'éthyle.   Gaz oléfiant.

Il brûle difficilement, avec une belle flamme verte, non fuligineuse, en dégageant de l'acide bromhydrique.

L'acide nitrique, l'acide sulfurique concentré et le potassium ne
le décomposent pas (Lœwig).

L'ammoniaque le convertit peu à peu en éthylamine et en acide
bromhydrique, qui reste en combinaison avec l'éthylamine.

$$C^4H^5Br + NH^3 = C^4H^7N + HBr.$$
Brom. d'éthyle.   Éthylamine.

IODURE D'ÉTHYLE.

Syn. : éther iodhydrique.

Composition : C^4H^5I.

§ 820. On prépare cet éther [1] en distillant soit de l'alcool saturé de gaz iodhydrique, soit un mélange d'alcool, d'iode et de phosphore.

Le procédé qui en fournit le plus, suivant M. Émile Kopp, consiste à dissoudre de l'iode dans l'alcool de 85 centièmes, à ajouter du phosphore à la solution jusqu'à ce qu'elle soit décolorée, et à y introduire une nouvelle quantité d'iode, puis encore du phosphore, en ayant soin de refroidir la liqueur pour éviter une trop grande élévation de température. On continue ces additions alternatives d'iode et de phosphore jusqu'à ce qu'il se dégage de l'hydrogène phosphoré non spontanément inflammable. Par la distillation on obtient alors la presque totalité du produit indiqué par la théorie. Le résidu est formé d'un liquide très-acide (contenant de l'acide phosphorique, de l'acide éthyl-phosphorique et un peu d'acide iodhydrique) et d'un résidu solide, qui est du phosphore dans sa modification rouge.

R. F. Marchand modifie ce procédé de la manière suivante. On met dans un flacon 200 à 300 grammes d'alcool absolu et 50 grammes d'iode qui n'a pas besoin d'y être dissous. On y introduit ensuite un morceau de phosphore attaché à un fil de platine, qui lui-même est fixé par l'autre bout à un bouchon de liége ; il faut avoir soin que le phosphore ne touche pas l'iode non dissous ; car autrement la matière s'échaufferait trop, et l'on obtiendrait un iodure de phosphore rouge-brun. On bouche le flacon hermétiquement. Dès que la liqueur s'est décolorée, on en retire le phosphore, on y ajoute une nouvelle portion d'iode, et l'on y plonge encore le phosphore comme précédemment. En agitant l'iode de temps à autre, on en hâte la dissolution, et par conséquent la production de l'éther iodhydrique. 1 kilogramme d'alcool exige 680 grammes d'iode, qu'on y introduit par portions de 20 grammes, et

---

[1] Gay-Lussac (1815), *Ann. de Chimie*, XCI, 89. — Sérullas, *Ann. de Chim. et de Phys.*, XXV, 323 ; XLII, 119. — E. Kopp, *Journ. de Pharm.*, [3] VI, 109. — R. F. Marchand, *Journ. f. prakt. Chem.*, XXXIII, 186. — Frankland, *Ann. der Chem. u. Pharm.*, LXXI, 171.

200 grammes de phosphore. L'opération est terminée dans trois jours. La liqueur devient à la fin huileuse, et dissout tant de phosphore que le produit fume à l'air; il faut alors, avant de le rectifier, y ajouter une dissolution alcoolique d'iode. Si le produit renferme un excès d'iode, on enlève celui-ci par l'agitation avec du mercure.

L'iodure d'éthyle est un liquide incolore, neutre, d'une odeur éthérée et pénétrante. A 23°,3 sa densité est de 1,9206 (Gay-Lussac; de 1,97546 à 0°, Pierre; de 1,9464 à 16°, Frankland). Il bout à 64°,6 (Gay-Lussac; à 70°, sous une pression de 751^{mm}, Pierre; à 72°,2, sous 746^{mm},5, Frankland). La densité de sa vapeur a été trouvée égale à 5,475 (Gay-Lussac; à 5,417, R. F. Marchand). Il est peu soluble dans l'eau et très-soluble dans l'alcool.

Il brûle difficilement. Lorsqu'on le verse sur des charbons ardents, il répand des vapeurs violettes sans s'enflammer. Il se colore légèrement à l'air par de l'iode mis en liberté; cette coloration est surtout rapide sous l'influence de l'insolation.

Chauffé avec de l'eau, dans un tube hermétiquement fermé, à environ 150°, il donne de l'éther ordinaire et une solution d'acide iodhydrique (Frankland):

$$2\ C^4H^5I + 2\ HO = C^6H^{10}O^2 + 2\ HI.$$

Iod. d'éthyle.   Oxyde d'éthyle.

Lorsqu'on le dirige en vapeur à travers un tube de porcelaine chauffé au rouge sombre, il se décompose en iodure d'éthylène (quelquefois coloré par de l'iode), en gaz oléfiant, et en gaz hydrogène (E. Kopp):

$$2\ C^4H^5I = C^4H^4I^2 + C^4H^4 + H^2.$$

Iod d'éthyle.   Iod. d'é-   Gaz oléf.
                thylène.

Lorsqu'on y fait passer bulle à bulle du chlore gazeux, il se dépose de l'iode, et l'on obtient du chlorure d'éthyle. Si le courant de chlore passe longtemps, il se produit du chlorure d'iode.

L'acide nitrique en sépare immédiatement de l'iode. L'acide sulfurique concentré aussi le brunit rapidement.

La potasse aqueuse ne l'attaque pas immédiatement. Lorsqu'on fait passer sa vapeur sur de la chaux potassée, il se dégage du gaz oléfiant pur:

$$C^4H^5I + KO, HO = C^4H^4 + KI + 2\ HO.$$

Iod. d'éthyle.   Gaz oléfiant.

Bouilli avec de l'oxyde d'argent, en présence de l'eau, l'iodure d'éthyle se convertit en iodure d'argent et en alcool (Hofmann).

M. Frankland a fait de nombreuses expériences sur la manière dont les métaux se comportent avec l'iodure d'éthyle.

Lorsqu'on chauffe l'iodure d'éthyle avec du zinc métallique, à $150°$ dans un tube scellé à la lampe, au moyen d'un bain d'huile, il donne des cristaux d'iodure de zinc, et un liquide très-mobile qui se réduit promptement à l'état de gaz, après l'ouverture du tube. Le gaz est un mélange d'éthyle d'hydrure d'éthyle et de gaz oléfiant :

$$2\,C^4H^5I + Zn^2 = 2\,ZnI + C^8H^{10}$$

Iod. d'éthyle.

$$C^8H^{10} = C^4H^6 + C^4H^4.$$

Éthyle.   Hydr. d'éth.   Gaz oléf.

Le cadmium métallique se comporte avec l'iodure d'éthyle d'une manière semblable [1].

Lorsqu'on fait agir du zinc sur l'iodure d'éthyle dans les mêmes circonstances, en présence de l'eau, il se produit de l'hydrure d'éthyle et du sous-iodure de zinc :

$$2\,C^4H^5I + 2\,HO + 2\,Zn^2 = 2\,C^4H^6 + 2\,(ZnI, ZnO).$$

Iod. d'éthyle.   Hydr. d'éthyle.   Sous-iod. de zinc.

En présence de l'alcool absolu, l'iodure d'éthyle et le zinc donnent de l'hydrure d'éthyle, de l'oxyde d'éthyle et du sous-iodure de zinc :

$$2\,C^4H^5I + 2\,C^4H^6O^2 + 4\,Zn^2 = 2\,C^4H^6 + C^8H^{10}O^2 + 2\,(ZnI, ZnO).$$

Iod. d'éth.   Alcool.   Hydr. d'éth.   Ox. d'éth.   Sous-iod. de zinc.

Lorsqu'on chauffe volumes égaux d'iodure d'éthyle et d'oxyde d'éthyle avec du zinc, à environ $150°$, dans un tube fermé, on obtient une masse épaisse qui ne se concrète pas par le refroidissement. Lorsqu'on casse la pointe du tube, il ne s'en dégage que peu de gaz ; mais, si l'on ajoute de l'eau au résidu, il s'en dégage en abondance un mélange gazeux d'éthyle, d'hydrure d'éthyle, et de gaz oléfiant.

Le plomb n'attaque pas l'iodure d'éthyle. (Suivant MM. Cahours et Riche, ce métal le décomposerait, au contraire, avec facilité.)

Le fer, le cuivre et le mercure n'agissent pas sur l'iodure d'éthyle entre 150 et $200°$; mais l'arsenic le décompose promptement. A $160°$ environ, ce dernier métal produit un liquide rouge qui se prend, par le refroidissement, en beaux cristaux (probablement

---

[1] SCHULER, *Ann. der Chem. u. Pharm.*, LXXXVII, 55.

d'iodure arsénieux AsI^3); il ne se dégage pas de gaz, et la masse cristalline n'en développe pas non plus au contact de l'eau. L'étain se comporte comme l'arsenic, en produisant un liquide jaunâtre qui se prend, par le refroidissement, en une masse cristalline; celle-ci renferme de l'iodure de stannéthyle et de l'iodure de distannéthyle (§ 861).

Le potassium décompose aussi l'iodure d'éthyle déjà à 130°, en donnant les mêmes produits que le zinc.

L'alliage d'antimoine et de potassium agit vivement sur l'iodure d'éthyle, en produisant de l'antimoniure d'éthyle (§ 853) et de l'iodure de potassium.

Le phosphore attaque aisément l'iodure d'éthyle sans qu'il se dégage du gaz. Le phosphure d'étain donne, avec l'iodure d'éthyle, de l'iodure de stannéthyle, de l'iodure de distannéthyle et un autre iodure liquide. Le phosphure de cuivre n'est pas attaqué par l'iodure d'éthyle.

AZOTURES D'ÉTHYLE OU ÉTHYL-AMMONIAQUÉS.

§ 821. On connaît quatre alcalis dont les combinaisons avec les acides correspondent à des sels d'ammonium dans lesquels 1, 2, 3 ou 4 atomes d'hydrogène sont remplacés par leur équivalent d'éthyle.

A l'état isolé, trois de ces alcalis correspondent au type ammoniaque :

$$\text{Éthylamine} \ldots \quad C^4H^7N = N(C^4H^5)H^2 = N\begin{cases} C^4H^5 \\ H, \\ H \end{cases}$$

$$\text{Diéthylamine} \ldots \quad C^8H^{11}N = N(C^4H^5)^2H = N\begin{cases} C^4H^5 \\ C^4H^5, \\ H \end{cases}$$

$$\text{Triéthylamine} \ldots \quad C^{12}H^{15}N = N(C^4H^5)^3 = N\begin{cases} C^4H^5 \\ C^4H^5. \\ C^4H^5 \end{cases}$$

Le quatrième alcali se rapporte au type hydrate d'ammonium :

$$\text{Hydr. de tétréthyl-ammonium.} \quad C^{16}H^{21}NO^2 = N(C^4H^5)^4.O \Big\}_{HO}$$

A ces alcalis il faut encore ajouter quelques autres contenant à la fois de l'éthyle, du méthyle ou de l'amyle.

Une circonstance digne de remarque, c'est la sériation qu'on observe dans la solubilité de ces alcalis et de leurs combinaisons. L'éthylamine est presque aussi soluble dans l'eau que l'ammoniaque ; la diéthylamine l'est moins, et la triéthylamine encore moins. Mais, de son côté, l'hydrate de tétréthyl-ammonium est si soluble dans l'eau, qu'il se mélange avec ce liquide en toutes proportions, et qu'on peut à peine l'obtenir à l'état sec. Un rapport analogue mais inverse, se remarque entre les chloroplatinates de ces bases : quant aux trois premières, la solubilité de leurs chloroplatinates est d'autant plus grande que la base qu'ils renferment est plus éthylée, de telle sorte que le chloroplatinate d'éthylamine est pour ainsi dire soluble en toutes proportions ; mais, à son tour, le chloroplatinate de tétréthyl-ammonium sort brusquement de la série, car il n'est pas plus soluble dans l'eau que le chloroplatinate d'ammonium.

§ 822. ÉTHYLAMINE [1], ou éthyl-ammoniaque, $C^4H^7N = N(C^4H^5)H^2$. — Cet alcali se produit par la réaction du bromure ou de l'iodure d'éthyle et de l'ammoniaque :

$$C^4H^5Br + NH^3 = C^4H^7N, HBr ;$$

Brom. d'éthyle. Éthylamine.

par l'action de la potasse sur l'éther cyanique et sur l'éther cyanurique (§ 218 et 221) ; par l'action des acides minéraux sur l'acide sulféthamique (§ 808). L'alcool et l'éther donnent aussi de l'éthylamine lorsqu'on les chauffe en vase clos avec du chlorhydrate ou avec de l'iodhydrate d'ammoniaque.

Une solution aqueuse d'ammoniaque agit assez lentement sur le bromure d'éthyle ; toutefois, au bout de quelques jours, on y constate la présence d'une certaine quantité de bromhydrate d'éthylamine. L'action est plus prompte avec une solution alcoolique. Mais c'est surtout en faisant intervenir la chaleur d'un bain-marie qu'on réussit facilement à faire de l'éthylamine avec l'ammoniaque et le bromure ou l'iodure d'éthyle (Hofmann).

Pour faire cette préparation, on mélange de l'iodure d'éthyle avec son volume d'alcool absolu, et l'on fait passer de l'ammoniaque sèche dans la liqueur maintenue en légère ébullition. Comme la chaleur volatilise de la matière, il convient de disposer l'appareil de telle façon que les vapeurs puissent de nouveau se condenser ; on peut employer pour cela une cornue tubulée dont

---

[1] WURTZ (1849), *Ann. de Chim. et de Phys.*, [3] XXX, 467. — HOFMANN, *ibid.*, XXX, 87. *Ann. der Chem. u. Pharm.*, LXXV, 362. — STRECKER, *ibid.*, LXXV, 46. — BERTHELOT, *Compt. rend. de l'Acad.*, XXXIV, 802. — DUNHAUPT, *Ann. der Chem. u. Pharm.*, LXXXVI, 374.

on refroidit bien le col, après l'avoir placé verticalement. Après le refroidissement de la liqueur, on continue encore d'y faire passer de l'ammoniaque pendant quelque temps, puis on l'abandonne plusieurs jours dans un flacon bouché. Quand tout l'iodure d'éthyle est transformé, la liqueur n'est plus troublée par l'eau. On évapore ensuite au bain-marie, et l'on introduit le résidu salin dans un ballon muni d'un tube de dégagement et d'un autre tube terminé en entonnoir. On verse, par ce dernier tube, une lessive concentrée de potasse, on chauffe doucement, et l'on reçoit dans l'eau l'éthylamine gazeuse. Si l'on veut se procurer cet alcali à l'état liquide et anhydre, on dessèche le gaz en lui faisant traverser un tube en U rempli de fragments de potasse caustique, et en le condensant ensuite dans un tube refroidi par un mélange de glace et de sel marin, et qu'on puisse sceller à la lampe après l'opération.

M. Wurtz prépare l'éthylamine en distillant l'éther cyanique ou cyanurique avec de la potasse, recueillant les vapeurs dans l'acide chlorhydrique, faisant cristalliser le chlorhydrate, et traitant de nouveau par la potasse. L'appareil est le même que pour la préparation de la méthylamine (§ 383); seulement, comme l'éthylamine est liquide à la température ordinaire et se condense facilement, on fait arriver le tube de dégagement dans un matras d'essayeur entouré de glace, ou mieux encore d'un mélange réfrigérant.

Un autre procédé, fort avantageux, suivant M. Strecker, consiste à faire absorber les vapeurs de l'acide sulfurique anhydre par de l'éther maintenu dans un mélange réfrigérant, à agiter avec de l'eau pour enlever l'excédant d'acide, puis avec de l'éther, et enfin à faire passer de l'ammoniaque sèche dans le produit séparé de l'éther. On fait bouillir le produit (sulféthamate d'ammoniaque, § 808) avec du carbonate de baryte ou avec de l'oxyde de plomb, jusqu'à expulsion de toute l'ammoniaque, on ajoute ensuite une lessive de potasse et l'on distille dans une cornue.

L'éthylamine est un liquide léger, mobile, et parfaitement limpide. Il bout à 18°,7. Versé sur la main, il se volatilise instantanément en produisant la sensation d'un froid très-vif. Il ne se solidifie pas dans un mélange d'acide carbonique solide et d'éther. Sa densité à 8° est de 0,6964. A l'état de vapeur, elle a été trouvée égale à 1,57—1,60.

Elle possède une odeur ammoniacale extrêmement pénétrante; sa causticité est comparable à celle de la potasse. Une goutte d'une dissolution concentrée d'éthylamine, déposée sur la langue et laissée un instant seulement, détermine une douleur cuisante et une vive inflammation.

Elle bleuit avec intensité le tournesol rougi, et neutralise les acides aussi complétement que l'ammoniaque. Au contact du gaz chlorhydrique, elle répand des fumées blanches fort épaisses. Chaque goutte d'acide qu'on y verse fait entendre un sifflement au moment où elle se mêle avec l'alcali liquide.

A l'approche d'un corps en combustion, l'éthylamine prend feu et brûle avec une flamme jaunâtre.

Elle se mêle à l'eau en toutes proportions en s'échauffant beaucoup, et en donnant naissance à une dissolution qui se distingue, par une certaine viscosité, de la dissolution d'ammoniaque. Une ébullition prolongée chasse de cette dissolution toute l'éthylamine.

La solution d'éthylamine précipite les sels métalliques et même les sels de magnésie. Dans les sels de cuivre, elle forme d'abord un précipité bleu qu'elle redissout ensuite (moins bien que la méthylamine) en formant une liqueur d'un bleu d'azur; elle précipite les sels de nickel en vert; mais un excès d'éthylamine ne dissout pas le précipité, comme le fait l'ammoniaque. Le bichlorure de platine n'est pas précipité immédiatement par l'éthylamine moyennement concentrée.

Un fait digne de remarque, c'est la solubilité de l'alumine dans l'éthylamine. Lorsqu'on précipite une solution d'alun par de l'éthylamine, on obtient un précipité floconneux qui disparaît dans un excès de réactif, exactement comme par la potasse. M. Wurtz pense que l'éthylamine pourrait s'employer dans l'analyse pour séparer l'alumine de l'oxyde de fer.

L'éthylamine déplace l'ammoniaque de ses combinaisons salines. Lorsqu'on ajoute un grand excès d'éthylamine à du sel ammoniac, et qu'on évapore à siccité, il ne reste que du chlorhydrate d'éthylamine. Lorsqu'on sature à moitié par l'acide sulfurique un mélange d'un excès d'éthylamine avec de l'ammoniaque, le résidu renferme du sulfate d'éthylamine, mêlé de quelques traces seulement de sulfate d'ammoniaque.

Dirigée à travers un tube de porcelaine chauffé au rouge, l'éthylamine donne beaucoup d'acide cyanhydrique et de gaz hydrogène, ainsi que de l'ammoniaque et un peu de gaz carburé.

Le chlore réagit immédiatement sur la solution d'éthylamine, en donnant du chlorhydrate d'éthylamine et de l'éthylamine bichlorée (§ 831).

Lorsqu'on traite une solution concentrée d'éthylamine par du brome, on observe une réaction très-vive, et l'on obtient un composé particulier qui est probablement l'éthylamine bibromée, dont une partie se dissout dans le bromhydrate d'éthylamine formé en même temps.

L'iode réagit immédiatement sur une solution d'éthylamine en donnant lieu à un dégagement de chaleur, et en se transformant en un liquide fort épais, opaque et coloré en bleu noir contenant de l'éthylamine biodée. En même temps il se forme de l'iodhydrate d'éthylamine.

L'éthylamine est vivement absorbée par l'essence de moutarde. (Voy. § 887, GROUPE ALLYLIQUE, *Éthyl-thiosinamine.*)

Elle agit comme l'ammoniaque sur l'économie animale, en produisant les mêmes symptômes d'empoisonnement et les mêmes lésions des tissus [1].

§ 823. *Sels d'éthylamine.* — Ils représentent des sels d'ammonium dans lesquels 1 at. d'hydrogène de l'ammonium est remplacé par son équivalent d'éthyle.

Chlorhydrate d'éthylamine, ou chlorure d'éthyl-ammonium, C^4H^7N, HCl. — Il peut s'obtenir en recevant dans l'acide chlorhydrique les vapeurs qui se dégagent quand on décompose le cyanate d'éthyle par la potasse.

On peut opérer comme dans la préparation du chlorhydrate de méthylamine (§ 384). Avec le cyanate d'éthyle, la réaction s'accomplit immédiatement à la température ordinaire, en donnant lieu à un dégagement notable de chaleur. Il convient de se servir, pour cette expérience, d'un flacon à l'émeri, dont on fixe solidement le bouchon, et qu'on a soin de refroidir ; on accélère la décomposition en agitant une ou deux fois. Au bout de cinq minutes, l'éther cyanique a disparu, et l'on ne trouve plus dans la liqueur alcaline que du carbonate de potasse et de l'éthylamine. Pour la séparer, on fait bouillir le liquide dans un ballon surmonté d'un tube à deux angles droits, et l'on dirige les vapeurs d'éthy-

____

[1] ORFILA, *Compt. rend. de l'Acad.*, XXXIV, 99.

lamine dans un flacon renfermant un peu d'eau et refroidi. Après avoir saturé par l'acide chlorhydrique, on évapore à siccité, et l'on dissout le résidu dans l'alcool concentré et bouillant. Le sel cristallise par le refroidissement.

Le chlorhydrate d'éthylamine cristallise en larges feuilles, qui commencent à fondre à 76°. Le sel fondu se prend, par le refroidissement, en une masse cristalline. Il est fort déliquescent; sa dissolution aqueuse le laisse déposer sur quelques points en beaux prismes striés. Il est aussi fort soluble dans l'alcool absolu.

Lorsqu'on le chauffe au-dessus de son point de fusion, il émet des vapeurs et entre en ébullition à 315 ou 320 degrés. Par le refroidissement, il se prend en une masse d'un blanc laiteux qui n'a plus rien de cristallin. Le sel ainsi modifié ne fond plus, après le refroidissement, que vers 260°.

Traitée par un amalgame de potassium, la solution d'éthylamine dégage de l'hydrogène, et il se dissout de l'éthylamine.

Lorsqu'on jette un cristal de nitrite de potasse dans une solution de chlorhydrate d'éthylamine additionnée d'acide chlorhydrique, il se dégage immédiatement du nitrite d'éthyle [1] :

$$C^4H^7N + 2NO^3 = C^4H^5NO^4 + 2HO + N^2.$$

Éthylamine.   Ac. nitreux.   Nitrite d'éthyle.

Lorsqu'on distille une solution de chlorhydrate d'éthylamine avec du nitrite d'argent ou de potasse, il se produit une vive effervescence d'azote, et il passe du nitrite d'éthyle. On recueille aussi dans cette réaction, en très-petite quantité, une huile aromatique, très-âcre, plus légère que l'eau.

Une *combinaison* [2] *de chlorhydrate d'éthylamine et de cyanure de mercure*, $C^4H^7N, HCl, HgCy$, s'obtient sous la forme de gros feuillets incolores, lorsque l'on concentre au bain-marie une solution de cyanure de mercure mélangée avec une solution de chlorhydrate d'éthylamine. Cette combinaison est fort soluble dans l'eau et peu soluble à froid dans l'alcool. Elle ne s'altère pas à la chaleur du bain-marie.

Chloromercurate d'éthylamine, $C^4H^7N, HgCl, HCl$. — Il s'obtient en mélangeant équivalents égaux de chlorure mercurique et de chlorhydrate d'éthylamine. Il cristallise plus facilement que le sel

[1] Hofmann, *Ann. der Chem. u. Pharm.*, LXXV, 362.
[2] Kohl et Swoboda, *ibid.*, LXXXIII, 342.

de méthylamine correspondant, mais il ne forme pas des cristaux aussi volumineux. Il se dépose en petites paillettes blanches de sa dissolution alcoolique.

Chloraurate d'éthylamine, C^4H^7N, $AuCl^3$, HCl. — Il s'obtient comme le sel précédent, et forme de très-beaux cristaux prismatiques, d'un jaune d'or, solubles dans l'eau, l'alcool et l'éther.

§ 824. *Chloroplatinites d'éthylamine.* — Les combinaisons produites par l'éthylamine et le chlorure platineux sont analogues à celles que l'ammoniaque et la méthylamine donnent avec le même chlorure.

α. Le composé, $2 C^4H^7N + 2 PtCl = C^8H^{13}PtN^2$, $PtCl$, HCl, correspondant au sel vert de Magnus, se présente sous la forme d'une poudre chamois, insoluble dans l'eau, et se produit immédiatement, avec dégagement de chaleur, par l'action de l'éthylamine sur le chlorure platineux.

β. Lorsqu'on chauffe le composé précédent avec un excès d'éthylamine, on obtient un sel contenant les éléments de 2 atomes d'éthylamine et de 1 atome de chlorure platineux, $2 C^4H^7N + PtCl = C^8H^{13}PtN^2$, HCl. C'est le chlorhydrate de la base contenue dans le chloroplatinite précédent; il correspond au chlorhydrate de diplatosamine de M. Reiset.

Il forme de magnifiques cristaux prismatiques, incolores, assez solubles dans l'eau, peu solubles dans l'alcool.

On fait bien, pour ne pas perdre d'éthylamine, de faire la préparation de ce sel dans un matras d'essayeur, fermé à la lampe et placé dans un bain-marie. Au bout de quelque temps le chloroplatinite se dissout quelquefois en entier, d'autres fois en laissant un résidu noir qui détone lorsqu'on le chauffe, et qui correspond probablement au platine fulminant. On filtre, et l'on évapore à cristallisation.

Avec le sel précédent et le sulfate d'argent on obtient par double décomposition un *sulfate*, $2 C^8H^{13}PtN^2$, $2 (SO^3, HO)$, sous la forme de cristaux blancs assez volumineux, solubles dans l'eau, insolubles dans l'alcool.

Chloroplatinate d'éthylamine, C^4H^7N, $PtCl^2$, HCl. — On le prépare en mêlant des solutions concentrées de chlorure platinique et de chlorhydrate d'éthylamine, et ajoutant de l'alcool. Le précipité, cristallisé dans l'eau bouillante, se dépose, par le refroidissement, en belles tables d'un jaune orangé foncé.

Chloropalladites d'éthylamine[1]. — Le chlorure palladeux se comporte avec l'éthylamine comme le chlorure platineux.

α. Lorsqu'on mélange une solution de chlorure palladeux avec de l'éthylamine exempte d'ammoniaque, il se produit un précipité jaune rougeâtre et cristallin, qui est probablement $2\,C^4H^7N + 2\,PdCl = C^8H^{13}PdN^2, PdCl, HCl$. Il est soluble dans un excès d'éthylamine. Si l'on ajoute de l'acide chlorhydrique à sa solution incolore, on obtient un précipité jaune pâle qui, au bout de quelque temps, devient cristallin et d'un jaune foncé.

β. Le sel jaune précédent, étant dissous dans l'éthylamine, donne une solution incolore qui dépose, par l'évaporation, des prismes incolores renfermant probablement $2\,C^4H^7N + PdCl = C^8H^{13}PdN^2, HCl$.

γ. Lorsqu'on concentre au bain-marie une solution aqueuse de chlorhydrate d'éthylamine mélangée avec un excès de chlorure palladeux, on obtient de gros cristaux noirs par réflexion, d'un beau rouge par transparence, et groupés sous forme de barbes de plume. Ces cristaux renferment $C^4H^7N, PdCl, HCl$.

δ. Lorsqu'on verse une solution aqueuse d'éthylamine sur du chlorhydrate de palladamine (protochlorure de palladium ammoniacal, $NH^3, PdCl = NH^2Pd, HCl$), la couleur jaune de ce chlorhydrate disparaît peu à peu, et, si l'on chauffe légèrement le mélange, on obtient une solution incolore qui dépose, par le refroidissement, des cristaux incolores contenant probablement $C^4H^7N, NH^3, PdCl$. L'acide chlorhydrique produit, dans la solution de ce sel, un précipité de chlorhydrate de palladammine.

A part le sel γ, les combinaisons précédentes n'ont pas encore été analysées.

§ 825. *Nitrate d'éthylamine.* — On l'obtient en saturant l'éthylamine avec de l'acide nitrique. La solution, évaporée au bain-marie, dépose quelquefois une très-petite quantité de lamelles légères et fort déliquescentes, mais la plus grande partie du produit reste à l'état sirupeux et incristallisable. Ce produit se décompose à la distillation sèche, en donnant beaucoup de gaz inflammable, ainsi qu'un liquide aqueux et brun à la surface duquel nagent quelques gouttelettes huileuses, dont l'odeur est particulière et désagréable ; la cornue retient un résidu de charbon.

[1] RECKENSCHUSS, *Ann. der Chem. u. Pharm.*, LXXXIII, 343. — MULLER, *ibid.*, LXXXVI, 366.

Sulfhydrate d'éthylamine. — On l'obtient aisément à l'état cristallisé, si l'on fait arriver de l'hydrogène sulfuré dans un ballon renfermant de l'éthylamine anhydre, et entouré de glace.

Il faut avoir soin de remplir le ballon d'hydrogène avant d'y faire arriver l'hydrogène sulfuré.

Le sulfhydrate d'éthylamine forme des cristaux très-fusibles et volatils ; par le refroidissement, le sel fondu se prend de nouveau en fort beaux cristaux, qui paraissent être des prismes obliques à base rectangulaire, terminés par des pointements à 4 faces. La vapeur de ce sel est inflammable. A l'air, il se colore en jaune et attire rapidement l'humidité, en se transformant en gouttelettes jaunes. Sa dissolution dissout le sulfure d'antimoine, en donnant une liqueur incolore qui laisse déposer par l'évaporation une poudre orangée.

Sulfate d'éthylamine. — C'est un sel déliquescent, incristallisable, très-soluble dans l'alcool, et se desséchant dans le vide en une masse transparente, d'apparence gommeuse.

La solubilité de ce sel dans l'alcool permet de séparer l'éthylamine de la méthylamine. Si l'on avait un mélange d'ammoniaque, de méthylamine et d'éthylamine, on pourrait, pour séparer ces trois alcalis, commencer par saturer par l'acide chlorhydrique, évaporer à siccité et reprendre par l'alcool absolu. La presque totalité du chlorhydrate d'ammoniaque resterait comme résidu, tandis que les deux autres chlorhydrates se dissoudraient. Après les avoir transformés en sulfate, on les traiterait de nouveau par l'alcool, qui ne dissoudrait que le sulfate d'éthylamine.

§ 826. *Carbonate d'éthylamine.* — Le sel anhydre qu'on obtient avec l'éthylamine sèche et le gaz carbonique sec est l'éthyl-carbamate d'éthylamine (§ 124).

Oxalate neutre d'éthylamine, $C^4H^2O^8, 2\,C^4H^7N$. — Il se prépare directement en saturant l'éthylamine par l'acide oxalique. La solution donne, par l'évaporation, des prismes rhomboïdaux obliques[1] ; les cristaux sont petits, aplatis et très-brillants ; ($\infty P : \infty P = 67°35; + P \infty : \infty P = 115°; \infty P : - P = 114°10'; \infty P : \infty P \infty = 116°.$)

Lorsqu'on chauffe l'oxalate d'éthylamine, il se décompose aisément en perdant de l'eau, et en se transformant en diéthyl-oxamide (§ 156) :

$$C^4H^2O^8, 2\,C^4H^7N = C^{12}H^{12}N^2O^4 + 4\,HO.$$

Oxalate d'éthylamine.   Diéthyl-oxamide.

[1] Niklès, *Compt. rend. des trav. de Chim.* 1849, p. 354.

Lorsqu'on mélange l'oxalate d'éthylamine avec un excès d'acide oxalique et qu'on chauffe à 180°, il se produit une certaine quantité d'acide éthyl-oxamique (§ 161).

Acétate d'éthylamine. — Il s'obtient sous la forme d'une masse cristalline d'une blancheur éclatante, et fort déliquescente, lorsqu'on fait arriver des vapeurs d'éthylamine dans un ballon renfermant de l'acide acétique cristallisable et entouré de glace. L'acide phosphorique anhydre réagit vivement sur l'acétate d'éthylamine et le charbonne, sans donner de nitrile correspondant.

§ 827. DIÉTHYLAMINE [1], ou diéthyl-ammoniaque, $C^8H^{11}N =$ $N(C^4H^5)^2H$. — Cet alcali se produit par la réaction de l'éthylamine et du bromure d'éthyle.

Une solution aqueuse d'éthylamine s'attaque rapidement à chaud par le bromure d'éthyle ; la liqueur dépose, après le refroidissement, des cristaux aciculaires de *bromhydrate de diéthylamine.* On peut en séparer la base en distillant ce sel avec la potasse : la diéthylamine passe alors sous la forme d'un liquide très-volatil et inflammable, très-soluble dans l'eau et d'une réaction très-alcaline.

Elle bout à 57°. Si on la dissout dans l'acide chlorhydrique, et qu'on y ajoute du bichlorure de platine, on obtient un *chloroplatinate,* $C^8H^{11}N,PtCl^2$, HCl, cristallisé en grains d'un rouge orangé.

§ 828. TRIÉTHYLAMINE [2], ou triéthyl-ammoniaque, $C^{12}H^{15}N =$ $N(C^4H^5)^3$. — On obtient cet alcali par la réaction de la diéthylamine et du bromure d'éthyle.

Le mélange d'une solution concentrée de diéthylamine et de bromure d'éthyle se prend, après une courte ébullition, en une masse de très-beaux cristaux fibreux, quelquefois longs de plusieurs pouces, et qui constituent le *bromhydrate de triéthylamine.* L'alcali peut s'obtenir par la distillation du sel avec la potasse : il se présente sous la forme d'un liquide incolore, très-alcalin, très-volatil, inflammable, assez soluble dans l'eau, moins cependant que la diéthylamine.

Un bon procédé pour obtenir la triéthylamine consiste à distiller l'hydrate de tétréthyl-ammonium, l'iodure correspondant à cet hydrate s'obtenant aisément par la réaction de l'ammoniaque et d'un excès d'iodure d'éthyle.

---

[1] HOFMANN (1850), *Ann. de Chim. et de Phys.*, [3] XXX, 87. *Ann. der Chem. u. Pharm.*, [3] LXXVIII, 283.

[2] HOFMANN (1850), *loc. cit.*

Le *chloroplatinate de triéthylamine*, $C^{12}H^{15}N,PtCl^2,HCl$, est un sel magnifique. Il est fort soluble dans l'eau, et cristallise par le refroidissement d'une solution concentrée en beaux rhombes orangés, très-réguliers et d'une assez forte dimension (un pouce de diamètres), même si l'on emploie de petites quantités de matière. Il fond légèrement à 100°.

Mélangée avec de l'iodure d'éthyle, la triéthylamine produit de l'iodure de tétréthyl-ammonium :

$$N(C^4H^5)^3 + C^4H^5I = N(C^4H^5)^4I.$$

Triéthylamine. Iod. d'éthyl. Iod. de tétréthyl-amm.

[Voy. §§ 1107 et 1108, SÉRIE CAPROÏQUE, *Groupe amylique,* les alcalis homologues : *diéthylamylamine* et *méthyléthylamylamine.*]

§ 829. COMBINAISONS DE TÉTRÉTHYL-AMMONIUM [1]. — L'iodure de tétréthyl-ammonium se produit par la combinaison directe de l'iodure d'éthyle avec la triéthylamine.

Lorsqu'on mélange de l'iodure d'éthyle bien sec avec de l'éthylamine également desséchée sur de l'hydrate de potasse, la matière s'échauffe et se trouble légèrement. A la température ordinaire la réaction est entièrement calme, et, au bout de quelques instants, toute la matière se trouve convertie en une masse de cristaux d'iodure de tétréthyl-ammonium. Si, au lieu d'abandonner le mélange, on l'expose pendant quelques instants à la température de l'eau bouillante, la réaction est tumultueuse, et l'on perd de la matière, à moins d'opérer dans de longs tubes en verre, scellés après avoir reçu le mélange. On fait cristalliser le produit dans l'eau. C'est par la double décomposition de cet iodure avec des combinaisons d'argent qu'on obtient les autres composés de tétréthylammonium.

Hydrate de tétréthyl-ammonium, $C^{16}H^{21}NO^2 = N(C^4H^5)^4.O,HO.$ — Lorsqu'on ajoute de l'oxyde d'argent récemment précipité à une solution d'iodure de tétréthyl-ammonium, en chauffant légèrement, il se précipite de l'iodure d'argent, et la liqueur renferme en dissolution l'hydrate de tétréthyl-ammonium.

Cette solution présente, avec les papiers colorants, une réaction fort alcaline; sa saveur est à la fois amère et caustique. Concentrée, elle agit sur l'épiderme comme une solution de soude ou de potasse, et manifeste une odeur de lessive. Elle saponifie les corps gras. Comme la potasse, elle transforme la furfuramide en furfurine; elle décompose l'éther oxalique en acide oxalique et en

---

[1] HOFMANN (1851), *Ann. der. Chem. u. Pharm.*, LXXVIII, 253.

alcool ; elle dégage l'ammoniaque déjà à froid des sels ammoniacaux. Avec une solution de sucre ou de glucose, additionnée de
sulfate de cuivre, elle donne un précipité bleu clair, soluble avec
une couleur bleue dans un excès ; si l'on fait bouillir le précipité
produit dans la solution de sucre, il se transforme lentement et
d'une manière incomplète en protoxyde de cuivre ; si l'on traite de
la même manière le précipité produit dans la solution de glucose,
il se réduit instantanément.

Voici les réactions que la solution de l'hydrate de tétréthyl-ammonium présente avec les sels métalliques :

Sels de baryte.	Précipité blanc, insoluble dans un excès.
— de strontiane.	Même réaction.
— de chaux.	Même réaction.
— de magnésie.	Même réaction.
— d'alumine.	Précipité blanc gélatineux, soluble dans un excès de base.
— de chrome.	— verdâtre de sesquioxyde de chrome, insoluble dans un excès de base.
— de nickel.	— vert pomme, insoluble dans un excès.
— de cobalt.	— rougeâtre, insoluble dans un excès.
— de manganèse.	— blanc, insoluble dans un excès.
— de ferrosum.	— vert, insoluble dans un excès.
— de ferricum.	— brun, insoluble dans un excès.
— de zinc.	— blanc, soluble dans un excès.
— de plomb.	— même réaction.
— d'argent.	— brun, insoluble dans un excès.
— de mercurosum.	— noir, insoluble dans un excès.
— de mercuricum.	— rouge (probablement de sel double), qu'un excès de base transforme en oxyde jaune.
— de cuivre.	— bleu, qui noircit par l'ébullition.
— de cadmium.	— blanc, insoluble dans un excès.
— de bismuth.	— même réaction.
— d'antimoine.	— blanc, soluble dans un excès.
— d'or.	— jaune de sel double.
— de platine.	— même réaction.

L'amalgame de potassium n'exerce pas la moindre action sur la solution de l'hydrate de tétréthyl-ammonium.

Une solution d'iodure de potassium, préalablement rendue alcaline, précipite, par cette solution, des cristaux d'iodure de tétréthyl-ammonium, ce sel étant insoluble dans une liqueur alcaline.

Une solution moyennement concentrée d'hydrate de tétréthyl-ammonium peut être portée à l'ébullition sans qu'elle s'altère; on n'observe une décomposition que si la solution est presque évaporée à siccité, même au bain-marie. Toutefois on peut obtenir la base à l'état sec, en l'évaporant dans le vide sur de l'acide sulfurique : la solution concentrée dépose, au bout de quelque jours, de longues aiguilles capillaires, qui sont extrêmement déliquescentes et qui attirent vivement l'acide carbonique de l'air.

Lorsqu'on distille une solution d'hydrate de tétréthyl-ammonium, on obtient de l'eau, de la triéthylamine, et du gaz oléfiant :

$$C^{16}H^{21}NO^2 = 2\ HO + C^{12}H^{15}N + C^4H^4.$$

Hydr. de tétréthylam.   Triéthylamine.   Gaz oléf.

Bouillie avec de l'iodure d'éthyle, la solution de l'hydrate de tétréthyl-ammonium donne de l'hydrate d'éthyle (alcool) et de l'iodure de triéthyl-ammonium.

Le chlore, le brome et l'iode convertissent la base en des corps dérivés par substitution, n'ayant plus de propriétés alcalines. La combinaison bromurée cristallise dans l'alcool en magnifiques aiguilles orangées. La combinaison iodurée est aussi fort belle; on l'obtient soit en ajoutant de l'iode à la solution de la base, soit en exposant l'iodure de tétréthyl-ammonium à l'action de l'air.

L'acide cyanique produit avec la base un composé cristallin qui représente la tétréthyl-urée, c'est-à-dire de l'urée dans laquelle 4 at. d'hydrogène sont remplacés pas leur équivalent d'éthyle.

Les sels de tétréthyl-ammonium s'obtiennent soit en saturant l'hydrate par les acides correspondants, soit en traitant l'iodure par des sels d'argent.

Iodure de tétréthyl-ammonium, $C^{16}H^{20}NI = N(C^4H^5)^4$. I. — La préparation de ce sel a été indiquée plus haut. Il forme de gros cristaux fort solubles dans l'eau, solubles dans l'alcool, insolubles dans l'éther. Lorsqu'on veut faire cristalliser ce sel, il faut éviter l'emploi de l'eau bouillante, parce qu'il se forme toujours, sous l'influence de l'air, une petite quantité d'une combinaison iodurée cristalline [1] qui rend le sel impur.

Il est insoluble dans une liqueur alcaline : aussi, lorsqu'on ajoute de la potasse à sa solution aqueuse, celle-ci se prend immédiatement en une masse cristalline.

Lorsqu'on le chauffe brusquement, il fond et se décompose en iodure d'éthyle et en triéthylamine, qui distillent d'abord séparément, mais qui se recombinent de nouveau dans le récipient.

Il donne, par double décomposition avec des sels d'argent, de l'iodure d'argent et d'autres sels de tétréthyl-ammonium.

Iodomercurate de tétréthyl-ammonium, $C^{16}H^{20}NI, 5\,HgI = N(C^4H^5)^4$. $I, 5\,HgI$. — Il se produit lorsqu'on fait bouillir de l'iodure de mercure avec une solution d'iodure de tétréthyl-ammonium ; on obtient ainsi une combinaison jaune qui fond et se rend au fond du mélange, sous la forme d'une huile pesante qui cristallise par le refroidissement. Le même iodomercurate s'obtient lorsqu'on ajoute un grand excès de chlorure mercurique à une solution d'iodure de tétréthyl-ammonium : il se produit ainsi un précipité blanc et cristallin qui est un mélange d'iodomercurate et de chloromercurate de tétréthyl-ammonium ; on effectue la séparation de ces deux sels par l'eau bouillante qui dissout le chloromercurate, tandis que l'iodomercurate reste à l'état d'une masse fondue et insoluble.

Chlorure de tétréthyl-ammonium. — C'est un sel cristallisable, fort soluble et déliquescent.

Chloromercurate de tétréthyl-ammonium, $C^{16}H^{20}NI, 5\,HgCl = N$ $(C^4H^5)^4.I, 5\,HgCl$. — Lorsqu'on mélange des solutions de chlorure mercurique et de chlorure de tétréthyl-ammonium, il se précipite des paillettes, aisément solubles, surtout à chaud, dans l'eau et dans l'acide chlorhydrique.

---

[1] Suivant M. WELTZIEN (*Ann. der Chem. u. Pharm.*, LXXXVI, 292), la substance qui se produit par l'action de l'air sur l'iodure de tétréthyl-ammonium, forme des prismes rouge foncé, presque noirs, semblables au permanganate de potasse. Ces cristaux se dissolvent dans l'alcool en se décomposant ; ils se dissolvent également dans une solution d'iodhydrate d'ammoniaque ou d'éthylamine, ainsi que dans une solution alcoolique d'iodure de potassium, et s'y déposent de nouveau sans altération. Ils ont donné à l'analyse : carbone, 18,3—17,7 ; hydrogène, 4,6—4,5 ; iode, 73,4—73,08; azote, 1,2—1,6. Bouillis avec de l'acide nitrique concentré, les cristaux dégagent de l'iode ; calcinés avec un mélange de chaux et de soude caustique, ils dégagent une combinaison iodurée. Lorsqu'on fait bouillir les cristaux avec de la potasse concentrée, ils donnent de l'iodure de potassium, ainsi que de l'iodate de potasse, et, si l'on neutralise la liqueur par de l'acide nitrique, elle dépose une autre combinaison iodurée, qui cristallise dans l'alcool.

22.

Chloroplatinate de tétréthyl-ammonium, $C^{16}H^{20}NCl,PtCl^2 = N$ $(C^4H^5)^4.Cl,PtCl^2$. — Précipité cristallin, de couleur orangée, qui se produit par le mélange d'une solution de bichlorure de platine et d'une solution de chlorure de tétréthyl-ammonium. Il est soluble dans beaucoup d'eau, à peine soluble dans l'alcool, et insoluble dans l'éther. La solution aqueuse le donne cristallisé en beaux octaèdres.

Chloraurate de tétréthyl-ammonium, $C^{16}H^{20}NCl$, $AuCl^3 = N$ $(C^4H^5)^4.Cl, AuCl^3$. — Poudre légèrement cristalline, d'un jaune citroné, qui se produit par le mélange des solutions de chlorure de tétréthyl-ammonium et de chlorure d'or. L'eau froide et l'acide chlorhydrique ne le dissolvent que fort peu ; mais on peut le faire recristalliser dans l'eau bouillante.

Bromure de tétréthyl-ammonium. — Sel cristallisable et déliquescent.

Nitrate de tétréthyl-ammonium. — Aiguilles fort déliquescentes.

Sulfate de tétréthyl-ammonium. — Sel cristallisable et déliquescent.

Phosphates de tétréthyl-ammonium. — On obtient le pyrophosphate et le phosphate ordinaire en chauffant un excès du sel d'argent correspondant avec une solution d'iodure de tétréthyl-ammonium. Ce sont des sels cristallisables et déliquescents. Le phosphate a une réaction fort alcaline.

Carbonate de tétréthyl-ammonium. — Sel cristallisable et fort soluble.*

§ 830. COMBINAÏSONS DE MÉTHYLTRIÉTHYL-AMMONIUM [1]. — Un mélange de triéthylamine et d'iodure de méthyle se prend au bout de quelque temps, à la température ordinaire, en une masse cristalline ; celle-ci se produit instantanément par l'ébullition. Elle constitue l'*iodure de méthyltriéthyl-ammonium*, c'est-à-dire l'iodure d'un ammonium dont 1 at. d'hydrogène est remplacé par du méthyle, et les 3 autres atomes par de l'éthyle, $C^{14}H^{16}NI = N(C^2H^3)(C^4H^5)^3, I$. Ce sel a les mêmes propriétés que l'iodure de tétréthyl-ammonium. Il est extrêmement soluble dans l'eau ; la solution est neutre et fort amère. Il est insoluble dans une liqueur alcaline.

L'*hydrate de méthyl-triéthyl-ammonium* s'obtient avec cet iodure et l'oxyde d'argent. Sa solution est extrêmement caustique et amère. Elle se dessèche dans le vide en une masse cristalline, dont les ca-

---

[1] HOFMANN (1851), *Ann. de Chem. u. Pharm.*, LXXVIII, 277.

ractères sont les mêmes que ceux de l'hydr   de tétréthyl-ammonium.

Il donne des sels cristallisables, fort solubles, avec les acides sulfurique, nitrique, oxalique et chlorhydrique.

Le *chloroplatinate*, $C^{14}H^{18}NCl,PtCl^2$, se précipite par le mélange d'une solution de bichlorure de platine avec une solution de chlorure de méthyltriéthyl-ammonium.

[Voy. § 1108 et 1109, dans la SÉRIE CAPROÏQUE, les combinaisons homologues à base d'*amyltriéthyl-ammonium* et de *méthyldiéthylamyl-ammonium*.]

Dérivés chlorés, bromés et iodés de l'éthylamine [1].

§ 831. *Éthylamine bichlorée*, $C^4H^5Cl^2N$. — Le chlore réagit immédiatement sur la solution d'éthylamine ; la réaction se fait avec dégagement de chaleur. Pour préparer l'éthylamine bichlorée, on fait arriver du chlore lavé dans une solution d'éthylamine assez étendue et renfermée dans un tube large de 3 centimètres, auquel se trouve soudé, à la partie inférieure, un tube de 1 centimètre seulement de diamètre. A mesure que le chlore arrive dans la solution il est absorbé, et, si l'on n'avait soin de refroidir la liqueur en plongeant le tube dans la glace, la chaleur développée par la réaction pourrait occasionner une décomposition partielle du produit. L'éthylamine bichlorée, qui se forme avec la plus grande facilité, tombe en grosses gouttes au fond de la solution et vient se rassembler dans le tube étroit dans lequel le produit se trouve soustrait à l'action ultérieure d'un excès de chlore. La réaction est terminée lorsque le chlore n'est plus absorbé. On trouve alors, dans le tube inférieur, un liquide jaune, souvent rempli de petits cristaux, provenant sans doute de l'action d'un excès de chlore. Pour le purifier, on l'agite avec un peu d'eau pure, et on le rectifie sur le chlorure de calcium.

L'éthylamine bichlorée est un liquide très-fluide, d'un jaune clair. Son odeur est pénétrante, et provoque la toux et le larmoiement. Elle bout à 91°, et distille aisément, en se condensant en un liquide limpide qui, conservé pendant quelques jours, laisse déposer souvent de petites paillettes incolores. Lorsqu'on surchauffe sa vapeur dans un tube, elle détone, sans cependant le briser.

[1] WURTZ (1850), *Ann. de Chim et de Phys.*, [3] LXXX, 474.

Un excès de chlore solidifie l'éthylamine bichlorée en la transformant en un composé cristallisé en petites paillettes.

L'ammoniaque liquide la décompose et la dissout du jour au lendemain. La potasse caustique la décompose lentement; il se forme de l'acétate de potasse, de l'ammoniaque, et du chlorure de potassium :

$$C^4H^5Cl^2N + 4\,HO \qquad C^4H^4O^4 + NH^3 + 2\,HCl.$$

Éthylam. bichlor.   Ac. acétique.

L'éthylamine bichorée ne se combine pas avec les acides [1].

Éthylamine bibromée, $C^4H^5Br^2N$. — Lorsqu'on traite une solution concentrée d'éthylamine par du brome, on observe une réaction fort vive qui donne lieu à un dégagement considérable de chaleur. Pour modérer la réaction, il est bon d'ajouter le brome petit à petit, et de refroidir à la glace la solution d'éthylamine. Chaque goutte de brome, en tombant dans le liquide, détermine à la surface la formation de nuages blancs très-épais; après quelques instants de contact, la goutte de brome qui est tombée au fond se décolore, diminue peu à peu, et finit par se dissoudre dans le liquide. Il se formes ans doute de l'éthylamine bibromée, se dissolvant dans la solution concentrée de bromhydrate d'éthylamine, qui se produit en même temps. Quand la réaction est terminée, ce qu'on reconnaît à ce que le brome ne se décolore plus dans le liquide coloré en jaune orangé et neutre, on trouve au fond du liquide aqueux une petite quantité d'une huile colorée, qui est probablement l'éthylamine bibromée. La plus grande partie de cette substance demeure dans le liquide aqueux; on peut la retirer en agitant celui-ci avec de l'éther et en laissant évaporer dans une soucoupe la solution éthérée. On obtient ainsi un liquide coloré en rouge orangé, et qui, agité avec une solution faible de potasse, perd le petit excès de brome qui lui donne cette coloration.

---

[1] La transformation qu'éprouve l'éthylamine bichlorée sous l'influence de la potasse, est semblable à celle que les éthers éthyliques chlorés présentent dans les mêmes circonstances (Voy. § 738) : le chlore convertit l'éthyle en chloracétyle, c'est-à-dire en un acétyle dans lequel O^2 est remplacé par Cl^2. Dans cet ordre d'idées l'éthylamine bichlorée est le correspondant de l'acétamide :

Éthylamine bichlorée. . . . . $N \begin{cases} C^4H^3Cl^2 \\ H \\ H \end{cases}$

Acétamide . . . . $N \begin{cases} C^4H^3O^2 \\ H \\ H \end{cases}$

L'éthylamine bibromée est un liquide plus dense que l'eau ; son odeur est piquante et analogue à celle de l'éthylamine bichlorée.

L'analyse de ce corps n'a pas été faite.

Éthylamine biiodée, $C^4H^5I^2N$. — Liquide fort épais, opaque et coloré en bleu noir. Quand on le distille, il laisse dégager de l'iode si l'on élève la température ; il passe en même temps un liquide brun foncé, et il reste un résidu de charbon. L'alcool et l'éther le dissolvent. La potasse caustique ne le décompose qu'au bout d'un certain temps : il se forme de l'iodure de potassium, un peu d'iodate de potasse, et une quantité assez notable d'un corps jaune cristallin, peu soluble dans l'eau, soluble dans l'alcool, mais ne cristallisant pas de cette dissolution.

Cette substance paraît être un mélange de plusieurs matières : M. Wurtz n'a pas trouvé sa composition constante.

NITRITE D'ÉTHYLE.

Syn. : éther nitreux.

Composition : $C^4H^5NO^4 = C^4H^5.O, NO^3$.

§ 832. Cet éther[1], découvert par Kunkel en 1681, se produit par l'action de l'acide nitreux sur l'alcool et sur l'éthylamine ; il se forme aussi, en même temps que l'aldéhyde et plusieurs autres substances, par la réaction de l'alcool et l'acide nitrique ; enfin il se dégage lorsqu'on verse de l'acide nitrique concentré sur la brucine (Gerhardt).

Le meilleur procédé pour préparer l'éther nitreux consiste, suivant M. Liebig, à faire passer un courant de gaz nitreux dans de l'alcool étendu, en condensant le produit dans un récipient convenablement refroidi. A cet effet on chauffe au bain-marie, dans une cornue spacieuse, 1 p. d'amidon et 10 p. d'acide nitrique de 1,3, et l'on dirige le gaz dans un flacon à deux tubulures, rempli environ aux deux tiers de 2 p. d'alcool de 85 centièmes et de 1 p. d'eau, et entouré d'eau froide. A ce flacon on adapte un long tube fixé à un récipient également refroidi, de manière que le produit puisse y distiller. Si l'on n'a pas soin de refroidir l'alcool, il s'é-

---

[1] Navier et Geoffroy, *Mém. de l'Acad. de Paris*, 1742, p. 515. — Thénard, *Mém. de la Soc. d'Arcueil*, I, 75 et 358. — Dumas et P. Boullay, *Ann. de Chim. et de Phys.*, XXXVII, 15. — Liebig, *Ann. der Chem. u. Pharm.*, XXX, 142. — E. Kopp, *Revue Scientif.*, XXVII, 273.

chauffe assez pour entrer en ébullition. On agite le produit avec son volume d'eau, et, après l'en avoir décanté, on le rectifie sur du chlorure de calcium.

M. James Grant a proposé de modifier le procédé précédent en chauffant ensemble l'alcool, l'acide nitrique et l'amidon, au lieu de produire séparément l'acide nitreux; il recommande d'employer 22 p. d'acide nitrique de 1,36, 17 p. d'alcool rectifié et 32 p. d'amidon. La réaction s'établit souvent sans qu'on ait besoin de chauffer, et se maintient pendant quelque temps; si elle devient trop tumultueuse, on plonge dans l'eau froide la cornue contenant le mélange.

Voici le procédé de préparation proposé par M. Thénard, et tel que le décrivent MM. Dumas et Boullay. On met dans une cornue d'une grande capacité 500 grammes d'alcool à 35° et autant d'acide nitrique à 32°. Cette cornue communique par des tubes avec cinq flacons disposés en appareil de Woulf : le premier flacon est vide, et les quatre autres sont à moitié remplis d'eau saturée de sel. Chacun d'eux est d'ailleurs placé dans un vase entouré d'un mélange de glace et de sel marin. Quand l'appareil est ainsi disposé, on échauffe la cornue à l'aide de quelques charbons incandescents, et bientôt l'ébullition de la liqueur commence. On retire aussitôt le feu, et, comme la réaction va toujours croissant, on est ordinairement obligé de la modérer en versant de temps en temps de l'eau froide sur la cornue. Sans cette précaution, l'action devient tellement tumultueuse que la cornue, ne résistant pas quelquefois à l'expansion des gaz qui se produisent, finit par éclater avec fracas. L'opération est terminée lorsque l'ébullition cesse d'elle-même; il reste dans la cornue un résidu qui forme un peu plus du tiers de la quantité d'alcool et d'acide employée. En démontant l'appareil on trouve dans le premier flacon un liquide jaunâtre, formé d'alcool, d'eau, d'acide nitrique, d'acide nitreux et d'éther nitreux; le second contient presque la totalité de l'éther qui nage au-dessus de l'eau salée, et qui renferme un peu d'acide et d'alcool. Le troisième flacon ne donne qu'une couche très-mince de liqueur éthérée. On sépare ces différentes couches au moyen d'un entonnoir effilé, on les réunit, et l'on distille le tout à l'aide d'une très-légère chaleur en recueillant le premier produit dans un récipient entouré de glace. L'éther qui passe est pur, quand on l'a mis en digestion pendant une demi-heure avec de la chaux vive en poudre qui lui enlève quelques traces d'acide. Un mélange de 500 grammes d'alcool et de 500 grammes d'acide nitrique fournit environ 100 grammes d'éther pur. Plus la quantité de mélange sur laquelle on opère est petite, plus l'opération est facile à conduire, et plus on obtient proportionnellement de produit.

Berzélius considère comme la plus avantageuse la méthode suivie par Black. Voici la description qu'en donne l'illustre chimiste suédois : on verse dans un flacon cylindrique 9 p. d'alcool de 0,83 au moyen d'un entonnoir qui se rend jusqu'au fond du flacon, et dont l'ouverture est très-étroite ; on fait arriver sous l'alcool 4 p. d'eau distillée, en ayant soin que les deux liquides ne se mêlent pas ; enfin on fait arriver sous l'eau 8 p. d'acide nitrique fumant, en prenant la même précaution. Le flacon contient alors trois couches : l'acide au fond, l'alcool à la surface, et l'eau entre les deux ; il doit être empli aux quatre cinquièmes et être trois fois plus haut que large, sans quoi la couche d'eau ne serait pas assez épaisse. On abandonne le flacon dans un lieu dont la température n'excède pas + 15°, et on le ferme à l'aide d'un bouchon traversé par un tube mince et recourbé, plongeant dans l'alcool, qui dissout la vapeur d'éther nitreux qu'entraîneraient les gaz produits dans la réaction. L'alcool et l'acide se rencontrent peu à peu au milieu de l'eau qui se trouble d'abord un peu, devient ensuite bleue, puis verte, et à la fin limpide et incolore ; il se dégage d'abord un peu de gaz carbonique, puis du bioxyde d'azote, dont la quantité va en augmentant, tandis que le dégagement du gaz carbonique décroît insensiblement, sans cependant cesser tout à fait. D'ailleurs la quantité de ces gaz n'est pas grande. Peu à peu les trois liquides se mêlent si bien, qu'il ne finit par rester que deux couches : la supérieure, jaune, consiste en éther nitreux, l'inférieure est incolore et acide. L'opération est terminée au bout de 48 ou 60 heures au plus. On décante l'éther surnageant à l'aide d'un siphon. Cette méthode a l'avantage que la plus grande partie de l'alcool et de l'acide nitrique ne subit que la métamorphose nécessaire à la formation de l'éther nitreux, sans être entraînée à des réactions secondaires, comme dans la distillation d'un semblable mélange ; toutefois il me paraît probable que le produit doit toujours renfermer beaucoup d'aldéhyde.

Une modification fort heureuse a été faite aux procédés précédents par M. Émile Kopp. Ce chimiste introduit dans un appareil distillatoire volumes égaux d'alcool et d'acide nitrique, avec de la limaille ou de la rognure de cuivre. La réaction n'est alors jamais tumultueuse, même par l'emploi de fortes quantités, et la distillation se termine presque sans l'aide d'une chaleur extérieure. La vapeur, dirigée d'abord dans un flacon rempli d'eau, puis à travers un long tube rempli de chlorure de calcium, se condense dans le récipient entouré de glace, sous la forme d'un liquide presque entièrement pur, et surtout exempt d'aldéhyde, comme on peut s'en assurer par la potasse qui n'y produit aucune coloration brune.

§ 833. L'éther nitreux est un liquide d'une couleur jaune pâle, d'une odeur de pomme de reinette fort agréable, d'une saveur très-piquante, d'une pesanteur spécifique de 0,947 à 15°. Il est très-inflammable et brûle avec une flamme blanche. Il bout à 21° (Thénard ; à 16°,4, Liebig); la densité de sa vapeur a été trouvée égale à 2,627. Il produit un froid considérable en se vaporisant à l'air, si bien que lorsqu'on le verse sur un volume égal d'eau et qu'on y souffle légèrement, l'eau se congèle. Il se dissout dans 48 parties d'eau, mais en donnant une solution acide si l'eau est échauffée. Il se mêle en toutes proportions avec l'alcool et l'éther ordinaire.

Il colore en noir la solution du sulfate ferreux.

L'éther nitreux s'altère à la longue en devenant acide, et en dégageant du bioxyde d'azote. Cette décomposition est très-prompte en présence de l'eau, et surtout au contact des liqueurs alcalines. Selon Berzélius, la plus grande partie de l'acide qu'on trouve dans l'éther spontanément décomposé consiste en acide malique ; l'éther nitreux, dit ce chimiste, a une si grande tendance à produire de l'acide malique que si on le mêle, par petites portions, avec une solution de sulfate ferreux, le liquide se colore bientôt en noir par du bioxyde d'azote ; si l'on ajoute à cette dissolution, en la remuant bien, une certaine quantité d'éther nitreux, et qu'on laisse ensuite reposer le mélange pendant 12 heures, on trouve au fond du flacon un dépôt assez considérable de sous-malate ferrique. Lorsqu'on introduit l'éther nitreux avec du lait de chaux dans un flacon muni d'un tube propre à éconduire les gaz, l'éther disparaît peu à peu, et il se dégage du bioxyde d'azote ; la chaux non dissoute se colore en jaune, et la liqueur contient du malate et du nitrate de chaux, mais on n'y trouve pas la plus légère trace d'acétate. M. Reich[1] a confirmé les

[1] Reich, *Archiv. der Pharm.*, LXII, 118, et, en extrait, *Ann. der Chem. u. Pharm.*, LXXVI, 280.

indications de Berzélius relatives à la formation de l'acide malique par l'éther nitreux ; il est même parvenu à transformer en acide succinique le malate de chaux provenant des résidus de la préparation de l'éther nitreux. Selon le même chimiste, il y aurait aussi de l'acide oxalique et de l'acide saccharique.

Lorsqu'on fait passer l'éther nitreux à travers un tube de porcelaine chauffé au rouge, il donne un produit composé d'un mélange d'eau, de cyanhydrate d'ammoniaque, de carbonate d'ammoniaque et d'une matière huileuse, ainsi qu'un mélange gazeux composé d'azote, de bioxyde d'azote, d'hydrogène carboné et d'oxyde de carbone, avec un léger dépôt de charbon.

Lorsqu'on dirige, suivant M. Kuhlmann, la vapeur de l'éther nitreux sur de l'éponge de platine, il se produit, à 400°, du bioxyde d'azote; par une chaleur plus élevée, on obtient de l'hydrure de méthyle, de l'oxyde de carbone, de l'acide cyanhydrique, de l'ammoniaque et du charbon.

L'acide sulfurique concentré attaque vivement l'éther nitreux avec effervescence.

Le sulfhydrate d'ammoniaque le décompose avec beaucoup d'énergie, en produisant de l'alcool, de l'ammoniaque, de l'eau et du soufre (E. Kopp).

$$C^4H^5NO^4 + 6\,HS = C^4H^6O^2 + NH^3 + 2\,HO + 6\,S.$$

Nitrite d'éthyle.   Alcool.

Distillé sur du chlorure de calcium, l'éther nitreux donne une certaine quantité d'éther chlorhydrique (Duflos).

Il dissout le soufre et le phosphore en petite quantité.

L'éther nitreux est employé en médecine, comme excitant et diurétique, contre le hoquet et la colique flatulente. Sa grande volatilité et sa prompte décomposition rendent plus commode l'emploi d'un mélange à volumes égaux d'alcool rectifié et d'éther nitreux (*éther nitrique alcoolisé*, ou *liqueur anodine nitreuse*).

§ 834. ACIDE FULMINIQUE, $C^4H^2N^2O^4$. — Cet acide se rattache au nitrite d'éthyle par la composition et le mode de formation : si le nitrite d'éthyle renferme les éléments d'une molécule d'alcool plus une molécule d'acide nitreux moins 2 atomes d'eau, l'acide fulminique contient les éléments d'une moléc. d'alcool plus 2 moléc. d'acide nitreux moins 6 at. d'eau :

$$C^4H^6O^2 + \quad NO^3, HO \quad — 2\,HO = C^4H^5NO^4,$$

Alcool.   Ac. nitreux.   Nitrite d'éthyle.

$$C^4H^6O^2 + 2\,(NO^3,\ HO) - 6\,HO = C^4H^2N^2O^4.$$

Alcool.   Ac. nitreux.   Acide fulminiq.

L'acide fulminique n'est pas connu à l'état libre. On obtient des fulminates en chauffant l'alcool avec de l'acide nitrique et de l'argent ou du mercure métalliques. La production de ces sels est due évidemment à la réaction de l'acide nitreux, car, suivant M. Liebig, lorsqu'on dirige des vapeurs nitreuses dans une dissolution alcoolique de nitrate d'argent, il s'en sépare promptement de grosses aiguilles de fulminate d'argent, sans que le liquide entre en ébullition.

Avec les fulminates de mercure et d'argent, on produit d'autres fulminates [1].

Ces sels, remarquables en ce qu'ils se détruisent tous avec explosion par la chaleur ou par le choc, renferment souvent deux bases différentes. On connaît particulièrement, sous ce rapport, des sels de zinc et des sels d'argent. Dans le sel neutre d'argent la solution du chlorure de potassium ou de sodium ne précipite que la moitié de l'argent.

A part le sel d'argent, les fulminates n'ont pas encore été analysés ; toutefois on peut admettre d'après la composition du sel d'argent, que ces sels sont bibasiques. On aurait donc :

Fulminate d'argent neutre. . . . . . $C^4Ag^2N^2O^4$,

Id.   d'argent acide. . . . . . . $C^4AgHN^2O^4$,

Id.   d'argent et de potassium. $C^4AgKN^2O^4$.

Quant à la constitution moléculaire des fulminates, il est difficile de s'en rendre compte ; on peut seulement affirmer, en considérant leurs propriétés explosives et leur mode de formation, qu'ils renferment le groupe NO^2 ou NO^4.

§ 835. *Fulminates d'argent.* — Le *sel neutre*, $C^4Ag^2N^2O^4$, forme de petites aiguilles blanches, opaques, brillantes, d'une forte saveur métallique un peu amère, et très-vénéneuses.

On le prépare en dissolvant à une douce chaleur 1 p. d'argent dans 10 p. d'acide nitrique de 1,36 ; on verse ensuite la dissolution dans 20 p. d'alcool de 85 ou 90 centièmes. Dès que le mé-

---

[1] HOWARD (1800), *Philos. Transact.* — LIEBIG, *Ann. de Chim. et de Phys.*, XXIV, 298 ; XXXII, 316. *Ann. de Poggend.*, XV, 564. *Ann. der Chem. u. Pharm.*, XXVI, 146 ; L, 129. — GAY-LUSSAC et LIEBIG, *Ann. de Chim. et de Phys.*, XXV, 285. — PAGINSTECHER, *Archiv. de Brandes*, VII, 293. — ED. DAVY, *Transact. of the Dublin Society*, 1829 — DESCOTILS, *Ann. de Chim. et de Phys.*, LXII, 198. — FEHLING, *Ann. der Chem. u. Pharm.*, XXVII, 130. — GLADSTONE, *ibid.*, LXVI, 1.

lange, exposé à une douce chaleur, entre en ébullition, on le retire du feu et on l'abandonne à lui-même. La liqueur se trouble, par le refroidissement, en déposant le sel à l'état cristallisé. On le recueille sur un filtre, et l'on étale celui-ci sur une assiette chauffée à la vapeur d'un bain-marie.

Il se dégage, dans cette préparation, comme dans celle du sel de mercure, des vapeurs nitreuses chargées d'éther nitreux, d'acide acétique, d'acide formique, d'aldéhyde ; les eaux-mères renferment aussi de l'acide oxalique.

Ce sel ne détone pas à 100° ni même à 130°, mais le plus léger frottement entre deux corps durs suffit pour le faire détoner, même quand il est délayé dans l'eau. C'est donc un produit fort dangereux, qu'il faut manier avec beaucoup de précaution, avec des cuillers en papier ou en bois tendre. Il détone violemment quand on le frappe avec un marteau, ou qu'on le touche avec un tube humecté d'acide sulfurique concentré. Les explosions sont plus fortes qu'avec le fulminate de mercure ; elles sont surtout favorisées par l'état de siccité du sel ; elles sont plus faibles, et quelquefois même nulles, quand le fulminate est mélangé avec d'autres corps, par exemple, avec du sulfate de potasse. On peut même distiller un pareil mélange, et alors le fulminate se décompose en gaz carbonique, azote, cyanure d'argent et argent métallique :

$$2\,C^4Ag^2N^2O^4 = 4\,CO^2 + N^2 + 2\,C^2AgN + Ag^2.$$

Fulmin. d'arg.   Cyan. d'arg.

On peut aussi le chauffer, sans qu'il fasse explosion, après l'avoir mélangé avec quarante fois au moins son poids d'oxyde de cuivre ; il dégage alors tout son carbone et tout son azote à l'état de gaz (4 vol. CO^2 pour 2 vol. N).

Il est très-peu soluble dans l'eau froide ; il se dissout dans 36 p. d'eau bouillante. Il se dissout davantage dans l'ammoniaque, et y cristallise sans altération, par l'évaporation spontanée. (Descotils.) Il fait explosion dans le chlore gazeux. Lorsqu'il est baigné d'eau, et qu'on y dirige du chlore, il absorbe ce gaz en grande quantité, et se convertit, sans dégager d'acide carbonique, en chlorure d'argent et en une huile jaune plus pesante que l'eau, excessivement caustique, et dont l'odeur affecte vivement les yeux.

Bouilli avec de l'acide nitrique, il se décompose en donnant du nitrate d'ammoniaque et du nitrate d'argent. L'acide sulfurique dilué et l'acide oxalique le décomposent, sans effervescence, en donnant de l'acide cyanhydrique et de l'ammoniaque. L'acide chlor-hydrique dilué convertit tout l'argent du fulminate en chlorure, en dégageant l'odeur de l'acide cyanhydrique.

Suivant MM. Gay-Lussac et Liebig, il se produit, par l'acide chlorhydrique, un acide chloré particulier (*acide chlorocyanhy-drique*) renfermant une quantité de chlore qui paraît être 2,5 fois celle du chlore contenu dans le chlorure d'argent précipité. Cet acide ne précipite pas le nitrate d'argent, et se décompose peu à peu, surtout à chaud, en produisant de l'ammoniaque. Après avoir été saturé par un alcali, il colore en rouge foncé les sels ferriques.

L'acide iodhydrique transforme le fulminate d'argent en iodure, et en un acide iodé qui précipite le chlorure ferrique en rouge foncé ; on ne remarque pas d'odeur cyanhydrique dans la forma-tion de cet acide.

L'hydrogène sulfuré aqueux décompose le fulminate d'argent en sulfure d'argent et en acide cyanique :

$$C^4 Ag^2 N^2 O^4 + 2\,HS = 2\,AgS + 2\,C^2 HNO^2.$$
Fulm. d'argent.   Ac. cyaniq.

Un excès d'hydrogène sulfuré donne du sulfure d'argent et de l'acide sulfocyanhydrique :

$$C^4 Ag^2 N^2 O^4 + 6\,HS = 2\,AgS + 2\,C^2 HNS^2 + 4\,HO.$$
Fulm. d'arg.   Ac. sulfocyanh.

Les sulfures alcalins, par exemple, le sulfure de barium, employés en quantité insuffisante, donnent du sulfure d'argent et un fulmi-nate double d'argent et de métal alcalin ; un excès de sulfure alcalin paraît donner à froid un fulminate alcalin (qui se détruit par l'é-vaporation), et à chaud le sel alcalin d'un acide différent de l'acide sulfocyanhydrique.

Les alcalis aqueux fixes, ainsi que la magnésie, éliminent à chaud un peu moins de la moitié de l'argent à l'état d'oxyde noir, tandis qu'il reste en solution du fulminate double d'argent et de potasse, soude ou baryte, etc. Une partie du fulminate d'argent pa-raît résister à l'action décomposante.

Les chlorures alcalins en dissolution, employés même en excès, précipitent exactement la moitié de l'argent, à l'état de chlorure, en produisant du fulminate d'argent et de potassium, etc. 100 p. de fulminate d'argent, traités par un excès de chlorure de po-tassium, ont donné 53,38 p. de chlorure d'argent et une solution qui, traitée par l'acide chlorhydrique, a encore fourni 53,73 p. de chlorure d'argent (Gay-Lussac et Liebig).

Le cuivre et le mercure, bouillis avec de l'eau et du fulminate d'argent, déplacent tout l'argent, et donnent du fulminate de cuivre ou du fulminate de mercure. Lorsqu'on ne fait pas bouillir longtemps avec le mercure, on obtient du fulminate d'argent et de mercure. Le zinc ne donne que du fulminate d'argent et de zinc, même par une ébullition de plusieurs jours. La limaille de fer produit un liquide rouge qui dépose, par l'évaporation, des feuillets rougeâtres de fulminate de fer.

Le *sel d'argent acide* se précipite sous la forme d'une poudre blanche, lorsqu'on ajoute de l'acide nitrique (non en excès) à la solution d'un fulminate double d'argent et de métal alcalin. Il se dissout aisément dans l'eau bouillante, et y cristallise par le refroidissement; sa solution rougit le tournesol. Lorsqu'on le fait bouillir avec l'oxyde d'argent, il donne du fulminate d'argent neutre, et avec l'oxyde de mercure, du fulminate d'argent et de mercure.

Le *sel d'argent et d'ammoniaque* cristallise en grains blancs cristallins par le refroidissement d'une solution du sel d'argent neutre dans l'ammoniaque bouillante. Il détone bien plus violemment que ce dernier sel, même sous le liquide, quand on le touche avec une baguette de verre; toutefois l'explosion ne se propage pas si le liquide contient un excès d'ammoniaque. Il est très-peu soluble dans l'eau.

Le *sel d'argent et de potasse* cristallise en feuillets allongés et brillants, d'une saveur métallique désagréable, fort explosibles, solubles dans 8 p. d'eau bouillante, et dans une plus grande quantité d'eau froide. On l'obtient en mélangeant le sel d'argent neutre avec une solution bouillante de chlorure de potassium, tant qu'il se forme un précipité de chlorure d'argent, filtrant et laissant refroidir. L'acide nitrique, non employé en excès, produit dans la solution du sel un précipité de fulminate d'argent acide.

L'acide chlorhydrique produit, dans la solution du sel additionnée de potasse, un précipité qui se redissout jusqu'à ce que toute la potasse soit transformée en chlorure; puis il se précipite du chlorure d'argent, en même temps qu'il se forme de l'acide cyanhydrique, de l'acide carbonique et du sel ammoniac. Le cuivre précipite tout l'argent, et produit du fulminate de cuivre et de potassium. La solution du sel ne précipite pas le sulfate ferrique, et ne donne pas de bleu de Prusse par l'addition de l'acide chlorhydrique.

Le *sel d'argent et de soude* s'obtient comme le sel d'argent et de potasse, et forme des lamelles brillantes d'un brun rouge (probablement impures), plus solubles dans l'eau que ce dernier.

Le *sel d'argent et de baryte* constitue des grains d'un blanc sale, très-explosibles, peu solubles dans l'eau.

Le *sel d'argent et de strontiane* ressemble au composé précédent.

Le *sel d'argent et de calcium* forme des grains cristallins jaunes, très-lourds, très-solubles dans l'eau froide.

Le *sel d'argent et de magnésie* forme des cristaux blancs, filamenteux, très-explosibles. Il paraît exister aussi un sous-sel rosé, insoluble dans l'eau, qu'on obtient en faisant bouillir le sel d'argent neutre avec de l'eau et de la magnésie; il décrépite simplement par la chaleur, en dégageant du gaz carbonique et de l'ammoniaque, et en laissant de la magnésie et de l'argent.

Le *sel d'argent et de zinc* se produit quand on fait bouillir le sel d'argent neutre avec du zinc et de l'eau; par l'évaporation de la solution, on obtient des cristaux jaunes explosibles, et une poudre de même couleur qui n'explosionne pas.

Le *sel d'argent et de mercure* s'obtient lorsqu'on fait bouillir le sel d'argent acide avec de l'oxyde mercurique et de l'eau, ou qu'on ne fait pas bouillir trop longtemps le sel d'argent neutre avec du mercure et de l'eau. Il cristallise, dans le liquide filtré, en petites aiguilles brillantes.

§ 836. *Fulminate de mercure.* — Ce sel[1], découvert par Howard dès 1800, forme des aiguilles blanches et soyeuses, douces au toucher, d'une saveur métallique douceâtre, très-explosibles, très-peu solubles dans l'eau froide, plus solubles dans l'eau bouillante, solubles dans l'ammoniaque. On l'obtient en chauffant du mercure ou du bioxyde de mercure avec de l'acide nitrique concentré et de l'alcool. Il se produit aussi quand on fait bouillir le fulminate d'argent neutre avec du mercure et de l'eau, ou qu'on précipite le sel de zinc par une solution de bichlorure de mercure.

Pour le préparer, on fait dissoudre 1 p. de mercure dans 12 p.

[1] Le fulminate de mercure n'a pas été complétement analysé. Howard y indique 64,7 p. c. et M. Liebig 56,9 p. c. de mercure. Le calcul en exige 70,42. Il est possible toutefois que le sel renferme de l'eau de cristallisation.

d'acide nitrique de 1,3, et l'on ajoute à la dissolution refroidie
11 p. d'alcool de 85 ou 88 degrés centésimaux. Le mélange, chauffé
au bain-marie, entre en ébullition; on le retire du feu dès que la
liqueur commence à se troubler, on laisse refroidir, on décante et
l'on reçoit le fulminate sur un filtre. On le fait recristalliser dans
l'eau bouillante. Les eaux-mères en donnent une nouvelle quantité
par l'évaporation. Il se dégage dans cette préparation un mélange de vapeurs nitreuses, de bioxyde et de protoxyde d'azote,
d'acide carbonique, d'acide cyanhydrique, d'aldéhyde, d'éther
acétique, d'acide acétique, d'acide formique, de beaucoup d'éther
nitreux, etc. La nature et la quantité de ces produits varient suivant les proportions du mélange, la durée de la réaction, la chaleur employée, etc.

M. Cloëz a trouvé dans les eaux-mères de la préparation du fulminate de mercure un acide particulier, semblable à l'acide lactique. (Voy. *Acide homolactique*, § 132.)

Le fulminate de mercure produit une violente explosion quand
on le chauffe à 186°, ou qu'on le soumet à une forte percussion. Il
en est de même du simple contact des acides sulfurique et nitrique
concentrés; il se produit, pendant l'explosion, du gaz azote, du
gaz acide carbonique et de la vapeur de mercure. L'étincelle électrique et les étincelles d'un briquet d'acier le font également détoner.
Il ne présente aucun danger quand il est humide; mais il n'en est
plus de même lorsqu'il est sec, et on ne doit le manier alors qu'avec
beaucoup de précaution.

Le fulminate de mercure forme la base des poudres fulminantes
servant d'amorces aux armes à feu[1]. Les amorces ordinaires, connues sous le nom d'*amorces à capsule*, renferment environ 16 milligrammes de fulminate; celles dites *amorces cirées*, sont en pilules
contenant environ 33 milligrammes de fulminate incorporé avec
de la cire. On mélange ordinairement de la poudre à canon ou du
nitre au fulminate, avant de l'introduire dans les capsules, dans la
proportion de 6 p. de poudre pour 10 p. de fulminate. Ce mélange
communique mieux l'inflammation à la charge du fusil.

1 gr. de fulminate de mercure donne, par l'explosion, $0^{lit.}$, 155
de gaz permanents à 0° et 760 mm.; mais ce volume, au moment

[1] Voy., pour l'explosion et l'emploi du fulminate de mercure, le rapport de MM. Au-
bert, Pélissier et Gay-Lussac sur les poudres fulminantes pouvant servir d'amorces aux
armes à feu, *Annal. de Chim. et de Phys.*, XLII, 7.

de l'explosion, est beaucoup plus considérable, parce qu'il est dilaté par la chaleur et mêlé avec de la vapeur mercurielle. 1 gr. de poudre à canon donne à peu près un volume double de fluides élastiques.

La force explosive du fulminate de mercure est de beaucoup supérieure à celle de la meilleure poudre de chasse. On s'est assuré, par exemple, qu'en détonant sous une masse creuse de cuivre, elle l'élève à une hauteur 15 à 30 fois plus considérable.

Avec 1 kilogr. de mercure, on obtient 1 kilogr. $^1/_4$ de fulminate, qui peut fournir environ 40,000 amorces à capsules.

De terribles accidents n'ont que trop appris aux chimistes les précautions avec lesquelles il faut manier le fulminate de mercure et les fulminates en général. Barruel a eu une partie de la main droite emportée par la détonation du fulminate de mercure qu'il broyait dans un mortier de silex. Hennell a péri victime, en 1842, d'une explosion effroyable produite par le même sel.

Le fulminate de mercure se décompose par l'acide sulfurique dilué, sans explosion, en développant de la chaleur et du gaz. L'acide nitrique le décompose à chaud, en produisant de l'acide acétique et de l'acide carbonique. L'acide chlorhydrique dilué le convertit en chlorure mercurique et en oxalate mercureux (Howard).

Suivant M. Thénard, l'acide chlorhydrique produirait du chlorure mercureux et du sel ammoniac. Selon Ittner, cet acide produirait beaucoup d'acide cyanhydrique.

L'hydrogène sulfuré transforme le fulminate de mercure en sulfure de mercure et en acide sulfocyanhydrique,

$$C^4Hg^2N^2O^4 + 6HS = 2HgS + 2C^2HNS^2 + 4HO.$$
Ac. sulfocyanh.

La potasse bouillante sépare du sel beaucoup d'oxyde mercurique, sans qu'il se dégage d'ammoniaque; la liqueur filtrée dépose des aiguilles explosibles qui paraissent être un sel de mercure et de potasse. La baryte, la chaux et la strontiane se comportent de la même manière (Liebig).

Selon Pagenstecher, on n'obtiendrait pas, par la potasse, la baryte, etc., des fulminates doubles, mais il se produirait simplement du carbonate. [On a d'ailleurs : $C^4Hg^2N^2O^4 + 4KO,HO + 2HO$ $= 4(CO^2,KO) + 2HgO + 2NH^3.$]

La solution du fulminate de mercure dans l'ammoniaque aqueuse et bouillante dépose, par le refroidissement, des grains jaunes, très-

explosibles, et, par une plus longue ébullition, une poudre jaune
qui n'explosionne plus (Liebig).

Suivant Pagenstecher, le fulminate de mercure se dissout aisément
dans l'ammoniaque, sans séparer d'oxyde; la solution dépose, par
l'évaporation spontanée, des cristaux de sel non altéré.

Le zinc, le cuivre ou l'argent, bouillis avec de l'eau et du fulminate de mercure, en séparent tout le mercure et donnent du
fulminate de zinc, de cuivre ou d'argent.

Le fer agit aussi sur le fulminate de mercure. Lorsqu'on chauffe
modérément une bouillie composée de fulminate de mercure, de fer
et d'eau, la matière s'échauffe, et se dessèche presque entièrement
en une masse brun rouge; celle-ci, traitée par l'eau tiède et filtrée,
donne un liquide qui laisse, par l'évaporation, un faible résidu salé,
contenant de l'ammoniaque; le filtre retient une matière brun noir,
contenant des globules de mercure, et donnant avec l'acide chlorhydrique du bleu de Prusse; cette matière projette de vives étincelles
quand on la chauffe à l'état sec, sans cependant détoner (Pagenstecher).

§ 837. *Fulminates de zinc.* — Le *sel neutre* s'obtient sous la
forme de tables rhombes, limpides, sans saveur, détonant violemment à 192, ainsi que par le choc et par le contact de l'acide sulfurique concentré. Pour préparer ce sel, on abandonne sous l'eau
1 p. de fulminate de mercure avec 2 p. de limaille de zinc, en agitant fréquemment jusqu'à ce que tout le mercure soit précipité et
amalgamé, et on laisse évaporer spontanément le liquide filtré.

Si l'on évapore le liquide à une douce chaleur, on obtient une
croûte jaune foncé, avec des aiguilles, insolubles dans l'eau froide
et dans l'alcool, peu solubles dans l'eau bouillante, très-solubles
dans l'ammoniaque. Ce produit n'explosionne pas au contact de
l'acide sulfurique, mais la chaleur le fait détoner, moins fort cependant que les tables rhombes.

Le *sel acide* avait été d'abord pris pour de l'acide fulminique.
On l'obtient sous la forme d'une solution aqueuse, ayant une odeur
forte semblable à celle de l'acide cyanhydrique, et une saveur d'a-
bord douce, puis piquante et astringente. Il se prépare en précipitant par un excès d'eau de baryte le liquide aqueux provenant
de la décomposition du fulminate de mercure par le zinc, enlevant
l'excès de baryte par un courant de gaz carbonique, filtrant pour
séparer l'oxyde de zinc et le carbonate de baryte, décomposant le

liquide filtré (renfermant du fulminate de zinc et de baryte) par une quantité convenable d'acide sulfurique, et filtrant de nouveau.

La solution aqueuse du fulminate de zinc acide perd avec le temps son odeur et dépose une poudre jaune. Elle précipite, par le nitrate d'argent, du fulminate d'argent. Quand on la sature avec certains oxydes, elle donne des fulminates à deux métaux. Ces sels font tous explosion entre 175 et 230°, sont presque tous solubles dans l'eau, et ont une saveur douceâtre et astringente; leur solution précipite le nitrate d'argent.

Le *sel de zinc et d'ammoniaque* est cristallin et déliquescent.

Le *sel de zinc et de potasse* forme des prismes rhomboïdaux, limpides, alcalins, déliquescents, insolubles dans l'alcool.

Le *sel de zinc et de soude* constitue des prismes obliques rhomboïdaux, terminés par des sommets dièdres, et efflorescents.

Le *sel de zinc et de baryte* cristallise, dans une solution sirupeuse, en prismes aplatis, alcalins, solubles dans l'alcool.

Le *sel de zinc et de strontiane* forme de petites aiguilles transparentes.

Le *sel de zinc et de chaux* forme de petits cristaux, alcalins, déliquescents, peu solubles dans l'eau.

Le *sel de zinc et de magnésie* se présente sous la forme de prismes allongés et aplatis, opaques, neutres, très-solubles dans l'eau et l'alcool.

Le *sel de zinc et d'alumine* cristallise confusément, est très-soluble et explosionne faiblement.

Le *sel de zinc et de chrome* forme de petits cristaux vert jaunâtre, très-solubles dans l'eau.

Le *sel de zinc et de manganèse* est une masse visqueuse, très-explosible.

Le *sel de zinc et de cadmium* constitue des aiguilles blanches et opaques, jaunissant lentement à l'air et plus vite par la chaleur, très-explosibles, un peu solubles dans l'eau.

Le *sel de zinc et de plomb* est une poudre blanche et cristalline.

Le *sel de zinc et de cobalt* forme de fines aiguilles jaunes, peu solubles dans l'eau froide, un peu plus solubles dans l'eau chaude.

Le *sel de zinc et de nickel* s'obtient sous la forme d'une croûte jaune ou vert jaunâtre, très-explosible, peu soluble dans l'eau.

Le *sel de zinc et d'or*, obtenu par le sel de zinc et de baryte et une solution diluée de chlorure d'or, est une poudre brune, explosible, soluble dans l'ammoniaque, l'acide chlorhydrique et l'acide sulfurique concentré. La solution du sel dans ce dernier acide précipite par l'eau une poudre pourpre foncé. Le liquide séparé, par le filtre, de la poudre brune, donne par l'évaporation, en même temps qu'un dépôt d'or métallique, des prismes hexagones, explosibles, insolubles dans l'eau et l'acide chlorhydrique, solubles dans l'eau régale.

Le *sel de zinc et de platine*, obtenu par le fulminate de zinc et de baryte et le sulfate de platine, est un précipité brun, qui explosionne sans détoner; le liquide filtré donne, par l'évaporation, de petits prismes brun jaunâtre qui détonent très-fort.

Le *sel de zinc et de palladium* est un précipité brun, explosible, insoluble dans l'eau.

§ 838. *Fulminates de cuivre.* — Le *sel neutre* s'obtient sous forme de cristaux verts, très-peu solubles dans l'eau bouillante, très-explosibles, lorsqu'on fait bouillir le fulminate de mercure avec de l'eau et du cuivre, et qu'on filtre le liquide bouillant.

Lorsqu'au lieu d'employer le fulminate de mercure on se sert de fulminate d'argent, on obtient un produit bleu verdâtre, moins explosible, et très-peu soluble dans l'eau avec une couleur azurée.

Le *sel de cuivre et d'ammoniaque* s'obtient en solution aqueuse en traitant le fulminate d'argent neutre par du cuivre métallique et beaucoup d'eau, de manière à précipiter tout l'argent, décantant et ajoutant un excès d'ammoniaque. Si l'on verse de l'hydrogène sulfuré dans ce liquide, tout le cuivre se précipite à l'état de sulfure, et l'on trouve en dissolution de l'acide sulfocyanhydrique et de l'urée (Gladstone) :

$$2\,C^4Cu(NH^4)N^2O^4 + 2\,HS = 2\,C^4H(NH^4)N^2O^4 + 2\,CuS$$
Fulmin. de cuiv. et d'amm.   Fulm. d'amm.

$$C^4H(NH^4)N^2O^4 = CyHO^2 + Cy(NH^4)O^2,$$
Fulm. d'Amm.   Ac. cyaniq.   Cyan. d'amm.

$$CyHO^2 + 2\,HS = CyHS^2 + 2\,HO.$$
Ac. cyaniq.   Ac. sulfocyan.

Le *sel de cuivre et de potasse* s'obtient en solution, si l'on met le sel d'argent et de potasse en digestion avec du cuivre métallique. Cette solution n'est pas précipitée par la potasse, et ne bleuit pas par l'ammoniaque, à moins d'avoir été d'abord décomposée par l'acide chlorhydrique.

NITRATE D'ÉTHYLE.

Syn. : ether nitrique

Composition : $C^4H^5NO^6 = C^4H^5O,NO^5$.

§ 839. Ce corps[1] s'obtient en chauffant doucement un mélange de 1 vol. d'acide nitrique concentré de 1,401, et de 2 vol. d'alcool à 35 degrés, mélange auquel on a ajouté 1 ou 2 grammes de nitrate d'urée pour éviter la formation des vapeurs nitreuses. Il convient de ne pas agir sur une trop grande masse, et le mélange d'acide et d'alcool ne doit pas dépasser 150 à 120 grammes. Le premier produit de la distillation ne contient que de l'alcool affaibli; mais bientôt l'éther nitrique s'annonce par une odeur particulière, et, si l'on ajoute alors de l'eau au produit distillé, il s'en sépare un liquide plus pesant que l'eau; c'est l'éther nitrique. Plus tard ce produit est si abondant qu'il forme une couche plus dense dans le récipient même. Il ne faut pas pousser trop loin la distillation, autrement la réaction se complique. On lave le produit avec une solution alcaline, et, après l'avoir laissé ensuite pendant quelque temps en contact avec du chlorure de calcium, on le rectifie.

L'éther nitrique a une odeur douce et suave; il possède une saveur très-sucrée qui laisse un arrière-goût d'amertume légère. Il bout à $+85°$; sa densité est de 1,112 à 17°. Il est inflammable et brûle avec une flamme blanche très-prononcée; il se décompose souvent avec explosion à une température un peu supérieure à son point d'ébullition. Il est entièrement insoluble dans l'eau, mais il se dissout aisément dans l'alcool.

Une solution aqueuse de potasse caustique concentrée est sans action sur lui; mais la potasse alcoolique le décompose même à froid, et donne des cristaux abondants de nitrate de potasse.

L'acide nitrique, l'acide chlorhydrique et l'acide sulfurique concentré le détruisent. Le chlore l'attaque promptement. L'iode s'y dissout en le colorant en violet.

Lorsqu'on le dissout dans de l'alcool ammoniacal, et qu'on y fait passer de l'hydrogène sulfuré, en chauffant légèrement, le mélange dépose beaucoup de soufre, et donne à la distillation de l'ammoniaque et du sulfhydrate d'éthyle (E. Kopp) :

$$C^4H^5NO^6 + 10\,HS = C^4H^6S^2 + NH^3 + 6\,HO + 8\,S.$$

Nitrate d'éthyle.   Sulfh. d'éthyle.

[1] MILLON (1843), *Ann. de Chim. et de Phys.*, [3] VIII, 233.

§ 840. *Nitrate d'éthyle et de mercure*[1], $C^4H^5O,NO^5 + NO^5, 3HgO$.
— Ce composé se produit par la réaction de l'alcool et du nitrate
de mercure. Lorsqu'on mélange de l'alcool avec du nitrate mercurique très - concentré, il se forme à froid un précipité blanc et
amorphe de sous-nitrate mercurique ; si le sel de mercure renferme
un excès d'acide nitrique, on n'observe aucune précipitation à
froid. Mais, si l'on chauffe, il se dépose, avant même que le liquide
soit en ébullition, un sel blanc et cristallin, qui est le nitrate d'é-
thyle et de mercure. L'eau-mère où ce sel s'est déposé contient
beaucoup de sous-nitrate mercureux qui y cristallise en petites aiguilles. Il ne se dégage aucun gaz dans cette réaction, mais le mélange, après avoir été chauffé, a une très-forte odeur d'aldéhyde.

Le nitrate d'éthyle et de mercure présente au microscope une
forme très-caractéristique : il constitue des étoiles à 6 pointes, ou
des tables hexagones, ombrées sur les bords, de manière à figurer
intérieurement de semblables étoiles dont les pointes viennent
aboutir aux six angles des tables. Il est insoluble dans l'eau et l'alcool. Lorsqu'on le chauffe dans un petit tube, il se décompose
brusquement avec explosion, sans pourtant détoner.

Desséché sur l'acide sulfurique, il a donné à l'analyse :

	Gerhardt.	Calcul.
Carbone.	2,9	3,0
Hydrogène.	0,5	0,6
Mercure.	78,4	78,4
Azote.	3,3	3,6

Le sel se dissout entièrement dans l'acide chlorhydrique, sans
laisser aucune trace de chlorure mercureux, mais en dégageant un
corps odorant particulier ; la solution chlorhydrique précipite en
jaune par la potasse caustique, comme les sels mercuriques[2].

Si l'on verse de la potasse concentrée sur le nitrate d'éthyle et

[1] Sobrero et Selmi (1851), *Compt. rend. de l'Acad.*, XXXIII, 67. — Gerhardt,
Revue scientif., janvier, 1852, p. 29.

[2] C'est en partant de cette réaction que j'avais d'abord considéré le sel comme une
combinaison du nitrate mercurique avec un nitrate d'éthyle dans lequel 5 at. d'hydrogène étaient remplacés par 5 at. de mercure. Mais, en songeant depuis à la coloration
noire que la potasse communique au sel, à la forte odeur d'aldéhyde qui se développe
dans sa formation, et à la quantité abondante de nitrate mercureux qu'on trouve dans
les eaux-mères, il m'a semblé plus exact de représenter le sel comme une simple combinaison de nitrate d'éthyle et de sous-nitrate de mercure.

D'ailleurs, à part l'hydrogène qui n'est que de 0,3 d'après mon ancienne formule, les
deux formules exigent sensiblement les mêmes nombres en centièmes.

de mercure, il devient gris; l'ébullition avec cet agent le rend même
noir, sans toutefois le décomposer entièrement. Le dépôt noir est
toujours mêlé de cristaux, quelque prolongée que soit l'ébullition.
Ce dépôt ne se dissout plus dans l'acide chlorhydrique, sans laisser
beaucoup de chlorure mercureux.

L'ammoniaque produit un effet semblable.

L'hydrogène sulfuré attaque le nitrate d'éthyle et de mercure,
en donnant, outre du sulfure de mercure, un produit ayant l'odeur
caractéristique du mercaptan. Il faut donc, dans le dosage du mercure, détruire d'abord la matière organique en faisant bouillir
le sel avec un peu d'eau régale, évaporer presque à siccité et reprendre par l'eau.

Le nitrate mercureux est sans action sur l'alcool. Lorsqu'on
mélange une solution acide de nitrate mercureux avec de l'alcool
de 36 degrés, et qu'on chauffe le mélange, il se produit un dépôt
de cristaux blancs de sous-nitrate mercureux, ne renfermant pas
de matière organique.

§ 841. Au nitrate d'éthyle et de mercure se rattache un composé, obtenu par MM. Sobrero et Selmi, dans des circonstances
qui auraient besoin d'être précisées [1].

Lorsque, suivant ces chimistes, on fait une dissolution de bichlorure de mercure dans l'alcool à 40 degrés, et qu'on en précipite l'oxyde par une dissolution alcoolique de potasse, de manière
à rendre la liqueur fortement alcaline, on obtient un précipité
jaune contenant du carbone, de l'hydrogène, du mercure et de
l'oxygène. Dans la préparation de ce produit, il convient d'opérer
à une température de 50° environ.

Le précipité résiste, sans se décomposer, à une température de
200° à peu près; mais, à une température plus élevée, il se décompose violemment en produits gazeux, sans résidu. Lorsqu'on
chauffe le précipité encore humide dans un tube de verre, il se décompose moins violemment et fournit du mercure métallique, de
l'eau et de l'acide acétique.

Il se dissout entièrement même à froid, dans l'acide chlorhydrique, en dégageant une matière volatile, douée d'une odeur irritante
qui rappelle celle de l'acide cyanhydrique; si l'on condense les vapeurs et qu'on mélange du nitrate d'argent avec la liqueur, on ob-

[1] Je n'ai pas réussi à produire ce composé. M. Werther (*Journ. f. prakt. Chem.*,
LV, 253) n'a pas été plus heureux.

tient, avec le précipité de chlorure, un sel d'argent soluble et cristallisable.

L'acide sulfurique dissout le précipité mercuriel, et produit avec lui des composés cristallins.

L'acide nitrique le dissout aussi; la dissolution nitrique fournit, par la potasse caustique, un précipité gris cendré qui, traité par l'acide chlorhydrique, dégage un produit volatil. L'acide acétique dissout également le précipité mercuriel, et donne, par l'évaporation, un composé cristallisable.

Bouilli avec une solution de chlorhydrate d'ammoniaque, le précipité mercuriel en chasse l'ammoniaque, et produit un sel cristallisable. Enfin on obtient encore un composé cristallin en faisant bouillir le précipité mercuriel avec une dissolution de bichlorure de mercure.

Il paraîtrait, d'après les faits précédents, que le précipité mercuriel constitue une base, et que c'est un oxyde ou un hydrate de mercuréthyle. Il y aurait beaucoup d'intérêt à soumettre ce produit à une étude approfondie.

BORATES D'ÉTHYLE.

Syn. : éthers boriques.

§ 842. Il existe plusieurs éthers boriques. On obtient le borate d'éthyle neutre[1], correspondant à un acide borique tribasique,

$$C^{12}H^{15}BO^6 = \left.\begin{array}{c} C^4H^5.O \\ C^4H^5.O \\ C^4H^5.O \end{array}\right\} BO^3,$$

Borate d'éthyle.

en traitant l'alcool absolu par le chlorure de bore; ce gaz est vivement absorbé, la liqueur s'échauffe et se sépare en deux couches au bout de quelque temps; la couche supérieure renferme le borate d'éthyle; la couche inférieure n'est que de l'alcool chargé d'acide chlorhydrique. Par une rectification convenable, on obtient le borate d'éthyle à l'état de pureté.

Ce corps constitue un liquide très-mobile, tout à fait incolore, d'une odeur particulière assez agréable, d'une saveur chaude et amère. Sa densité est de 0,8849; à l'état de vapeur, elle a été trouvée égale à 5,14 = 4 vol. pour la formule précédente. Il bout

[1] EBELMEN et BOUQUET (1846), *Ann. de Chim. et de Phys.*, [3] XVII, 55. — BOWMAN, *Philos. Magaz.*, XXIX, 546.

d'une manière constante à 119°. Il se dissout immédiatement dans l'eau, mais, au bout de quelques instants, la liqueur dépose de l'acide borique; il se dissout en toutes proportions dans l'alcool; l'air humide le décompose. Il brûle au contact d'un corps en combustion, avec une belle flamme verte accompagnée de fumées épaisses d'acide borique, mais sans laisser de résidu solide.

L'alcool et l'éther le dissolvent en toutes proportions.

§ 843. Lorsqu'on évapore de l'acide borique sur de l'alcool, la perte occasionnée par l'acide volatilisé est beaucoup plus considérable que dans le cas où l'on évapore de l'eau sur cet acide. M. Ebelmen[1] a, en effet, reconnu qu'il se produit par l'alcool un éther particulier, différent du composé précédent.

Lorsqu'on mêle ensemble des poids égaux d'alcool absolu et d'acide borique fondu, réduit en poudre fine, il se manifeste bientôt un dégagement considérable de chaleur. En cherchant à chasser l'alcool par la distillation, on trouve que la température peut s'élever, dans l'intérieur de la cornue, bien au delà du point d'ébullition de l'alcool, avant que tout le liquide ait disparu. En arrêtant la distillation vers 110°, puis traitant la masse refroidie par l'éther anhydre, décantant la solution éthérée et la chauffant progressivement au bain d'huile jusqu'à 200°, on obtient, pour résidu de cette distillation, un liquide un peu visqueux qui répand à cette température des fumées blanches assez abondantes et qui se solidifient par le refroidissement. Ce produit se ramollit déjà à la température moyenne, et peut se tirer en longs fils à 40 ou 50°; il présente une légère odeur éthérée et une saveur mordicante. L'eau le décompose, avec dégagement de chaleur, en alcool et en acide borique. Quand on le chauffe à 300°, il se boursoufle en se décomposant, et donne du gaz oléfiant, de la vapeur d'alcool, de la vapeur d'eau, et de l'acide borique fondu, sans charbon.

Cet éther borique a donné à l'analyse des nombres que M. Ebelmen traduit par la formule $C^4H^5.O, 2\,BO^3$ (*biborate d'éthyle*), semblable à celle du borax anhydre :

	Ebelmen.	Calcul.
Carbone.	19,8	22,5
Hydrogène.	4,4	4,7
Ac. boriq. anhydre. . .	66,7	

[1] EBELMEN, *Ann. de Chim. et de Phys.*, [3] XVI, 129.

On remarque que le calcul exige plus de carbone et d'hydrogène qu'il n'en a été trouvé à l'analyse[1].

SILICATES D'ÉTHYLE.

Syn. : éthers siliciques.

§ 844. Il existe plusieurs éthers siliciques[2]. Le produit (*protosilicate éthylique*) de la réaction de l'alcool et du chlorure de silicium contient :

$$C^{16}H^{20}Si^4O^8 = \left.\begin{array}{l} C^4H^5.O \\ C^4H^5.O \\ C^4H^5.O \\ C^4H^5.O \end{array}\right\} 4\,SiO.$$

Quand on verse peu à peu de l'alcool absolu dans du chlorure de silicium, il se produit une réaction très-vive, accompagnée d'un dégagement abondant de gaz chlorhydrique et d'un abaissement considérable de température ; le liquide reste limpide et incolore. Soumis à la distillation, il dégage de l'acide chlorhydrique, puis vers 90° un produit fort acide ; à partir de ce moment la température s'élève rapidement, et quand elle a atteint 160°, on change de récipient pour recueillir l'éther silicique qui distille alors.

C'est un liquide limpide, d'une odeur éthérée assez agréable, d'une saveur forte et poivrée, d'une densité de 0,933 à 20°. Il est insoluble dans l'eau qui le décompose peu à peu, en séparant de la silice gélatineuse. Il est combustible et brûle avec une flamme éclatante, accompagnée d'une poussière blanche de silice extrêmement divisée. Il bout sans altération entre 165 et 166° ; la densité de sa vapeur a été trouvée égale à 7,32 = 4 volumes pour la formule précédente.

Les alcalis et même l'ammoniaque le dissolvent aisément en le décomposant.

§ 845. M. Ebelmen a décrit deux autres éthers siliciques, auxquels il donne les formules suivantes :

Bisilicate éthylique. . . . $C^4H^5.O, 2\,SiO.$

Quadrisilic. éthylique. . $C^4H^5.O, 4\,SiO.$

Le bisilicate éthylique s'obtient quand on fait agir le chlorure

---

[1] Voy., sur ce sujet, les observations de M. Laurent (*Compt. rend. des trav. de Chim.* 1850, p. 34).

[2] EBELMEN (1844), *Ann. de Chim. et de Phys.*, [3] XVI, 144.

de silicium sur l'alcool aqueux; c'est un liquide incolore, bouillant à 350°, d'une densité de 1,079 et d'une odeur faible. L'eau le décompose en mettant de la silice en liberté. Quand on laisse cet éther en contact prolongé avec une atmosphère humide, la silice se solidifie en une masse transparente qui se contracte de plus en plus, et acquiert, au bout de deux ou trois mois, l'éclat et la cassure vitreuse du quartz hyalin; en même temps cette substance devient dure et susceptible de rayer le verre, bien qu'avec difficulté. Dans certaines circonstances, on obtient, par la décomposition de l'éther silicique, une véritable hydrophane.

Le quadrisilicate éthylique se produit quand on ajoute un peu d'alcool aqueux à l'éther précédent. C'est une masse vitreuse et transparente d'une couleur un peu ambrée, et qui se ramollit par la chaleur. Quand on la chauffe plus fort, elle se décompose en se boursouflant; le protosilicate éthylique distille alors, et il reste de la silice. Elle se dissout dans l'éther, l'alcool anhydre et les autres éthers siliciques.

Phosphite d'éthyle.

§ 846. *Acide éthyl-phosphoreux*, $C^4H^7PO^6 = C^4H^5.O, 2\,HO, PO^3$. — Cet acide[1] se produit par la réaction de l'alcool, du proto-chlorure de phosphore et de l'eau.

Sa dissolution aqueuse se décompose promptement en acide phosphoreux et en alcool.

Les *éthyl-phosphites* ont plus de stabilité, mais ils n'affectent pas, en général, des formes bien définies; il n'y a que celui de plomb qui cristallise facilement.

Le *sel de potasse* se prépare par double décomposition avec le sel de baryte et le sulfate de potasse. Sa dissolution, concentrée dans le vide, se prend en un sirop très-épais qui refuse de cristalliser.

Le *sel de baryte* s'obtient en saturant par le carbonate de baryte la liqueur produite par la réaction de l'alcool et du chlorure phosphoreux, et débarrassée de l'acide chlorhydrique par l'évaporation. Il ne cristallise pas, et se présente sous la forme d'une masse blanche, friable, déliquescente. Il est très-soluble dans l'eau et dans l'alcool ; sa dissolution alcoolique est précipitée par l'éther.

---

[1] A. WURTZ (1845). *Ann. de Chim. et de Phys.*, [3] XVI, 218.

A l'état sec, il ne s'altère pas à l'air, mais sa solution aqueuse ne tarde pas à devenir acide ; si elle est concentrée, elle laisse déposer peu à peu des cristaux de phosphite acide, en même temps qu'il se forme de l'alcool. A une température élevée, le sel se décompose complétement en se boursouflant ; il se dégage d'abord des produits hydrocarburés inflammables , puis on voit apparaître de l'hydrogène phosphoré, et il reste un résidu rouge composé d'une matière phosphorée et de phosphate de baryte.

Pour préparer l'éthyl-phosphite de baryte, on verse peu à peu du protochlorure de phosphore dans un excès d'alcool à 36°. Il faut avoir soin de n'opérer ce mélange que goutte à goutte et de refroidir l'alcool, car la réaction est très-violente et dégage beaucoup de chaleur. Les produits qui se forment dans ces circonstances sont l'acide éthyl-phosphoreux, l'acide chlorhydrique et le chlorure d'éthyle ; en outre il se forme toujours, comme produit accidentel , une certaine quantité d'acide phosphoreux. On se débarrasse de l'acide chlorhydrique en concentrant la liqueur à une douce chaleur ; il est bon de la chauffer dans le vide, en interposant entre le ballon qui la renferme et la machine pneumatique un long tube rempli de fragments de potasse caustique. La liqueur acide et sirupeuse qui reste est ensuite saturée par le carbonate de baryte ; il se forme un abondant dépôt de phosphite de baryte, et l'éthyl-phosphite reste en dissolution. La liqueur est évaporée à siccité dans le vide, et le résidu redissous dans l'alcool absolu, pour séparer les traces de chlorure qu'il peut renfermer.

La solution alcoolique fournit, par une nouvelle évaporation dans le vide, l'éthyl-phosphite de baryte à l'état de pureté.

Le *sel de plomb*, $C^4H^6PbPO^6$, s'obtient en saturant l'acide éthyl-phosphoreux, obtenu à l'aide du sel de baryte, par du carbonate de plomb, et en évaporant la solution dans le vide. Il se présente sous la forme de paillettes brillantes, grasses au toucher, inaltérables à l'air et dans le vide sec, solubles dans l'eau et dans l'alcool, insolubles dans l'éther ; sa dissolution se décompose à la longue en déposant du phosphite.

Le *sel de cuivre* se prépare par double décomposition comme le sel de potasse ; il ne cristallise pas et se dessèche dans le vide en une masse bleue, molle et déliquescente, qui se réduit peu à peu en donnant du cuivre métallique.

PHOSPHATES D'ÉTHYLE.

Syn. éthers phosphoriques.

§ 847. On connaît trois éthers phosphoriques, correspondant aux trois espèces de sels que l'acide phosphorique est susceptible de donner en qualité d'acide tribasique :

$$\text{Acide éthyl-phosphorique. . } C^4H^7PO^8 = \left.\begin{array}{l} C^4H^5.O \\ H\ O \\ H\ O \end{array}\right\} PO^5.$$

$$\text{Acide diéthyl-phosphorique. } C^8H^{11}PO^8 = \left.\begin{array}{l} C^4H^5.O \\ C^4H^5.O \\ H\ O \end{array}\right\} PO^5.$$

$$\text{Phosphate d'éthyle neutre. . } C^{12}H^{15}PO^8 = \left.\begin{array}{l} C^4H^5.O \\ C^4H^5.O \\ C^4H^5.O \end{array}\right\} PO^5.$$

§ 848. ACIDE ÉTHYL-PHOSPHORIQUE[1], ou phosphovinique, $C^4H^7PO^8$. — On l'obtient si l'on chauffe l'alcool avec de l'acide phosphorique vitreux, ou qu'on agite l'oxyde d'éthyle avec de l'acide phosphorique sirupeux. Il se produit aussi des éthyl-phosphates par l'action de la chaleur sur certains diéthyl-phosphates.

Pour préparer l'acide éthyl-phosphorique, on opère, d'après M. Pelouze, de la manière suivante : on chauffe un mélange de 100 grammes d'alcool de 95 centièmes et de 100 grammes d'acide phosphorique vitreux, de manière à produire un sirop épais qu'on abandonne pendant 24 heures. On ajoute au mélange sept ou huit fois son volume d'eau, on le sature par du carbonate de baryte, et on fait bouillir pour chasser l'excédant d'alcool ; puis on refroidit à + 70° et l'on filtre ; par le refroidissement complet il se précipite un sel de baryte qu'on dissout dans l'eau et qu'on décompose par de l'acide sulfurique. 100 p. de sel cristallisé exigent pour cela 25 $^1/_3$ p. d'acide sulfurique concentré. Après avoir enlevé le sulfate de baryte, on évapore d'abord au bain de sable, puis dans le vide.

M. Vœgeli agite l'acide phosphorique sirupeux avec de l'éther rectifié ; la combinaison s'effectue avec dégagement de chaleur, et,

---

[1] LASSAIGNE (1820), *Ann. de Chim. et de Phys.*, XIII, 294. — PELOUZE, *ibid.*, LII, 37. — LIEBIG, *Ann. der Chem. u. Pharm.*, VI, 149.

si l'on n'a pas soin de refroidir, le produit noircit. En saturant par du carbonate de baryte, on obtient alors de l'éthyl-phosphate de baryte.

L'acide éthyl-phosphorique est un liquide incolore et sirupeux, d'une saveur très-acide; il se mêle en toutes proportions avec l'eau, l'alcool et l'éther. On peut chauffer sa solution jusqu'à l'ébullition, sans qu'elle se décompose; mais, par la distillation sèche, l'acide donne d'abord de l'éther et de l'alcool, puis des gaz inflammables et un résidu de charbon. Lorsqu'il est très-concentré on parvient quelquefois à l'obtenir cristallisé. Il coagule l'albumine.

La solution de l'acide éthyl-phosphorique dissout le zinc et le fer avec dégagement d'hydrogène.

Les *éthyl-phosphates neutres* se représentent d'une manière générale par la formule

$$C^4H^5M^2PO^3 = {C^4H^5.O \atop 2\,MO} \Big) PO^5.$$

L'acide éthyl-phosphorique est donc bibasique.

Le *sel de potasse* est fort déliquescent et cristallise difficilement.

Le *sel de baryte*, $C^4H^5Ba^2PO^8$ + 12 aq., cristallise en lamelles incolores, d'un éclat nacré. Il se dissout en assez grande quantité dans l'eau à 40°, mais il est moins soluble dans l'eau bouillante, de sorte que, si l'on fait bouillir une solution saturée à 40°, elle se prend en une bouillie cristalline. 1 p. de sel se dissout à 0° dans 29,4, à 5° dans 30,3, à 20° dans 14,9, à 40° dans 10,7, à 50° dans 12,5, à 55° dans 11,2, à 60° dans 12,4, à 80° dans 22,3, et à 100° dans 35 p. d'eau. Il est insoluble dans l'alcool et l'éther. Il renferme 29,1 p. c. d'eau qui se dégagent complétement a 150°. Il s'effleurit déjà à l'air, en prenant un aspect nacré, mais sans perdre toute l'eau de cristallisation.

Il précipite les sels de plomb, d'argent et de mercure, mais il ne précipite pas les sels de fer, de nickel, de cuivre, d'or, de platine.

Le *sel de chaux* forme des paillettes micacées, peu solubles dans l'eau pure.

Le *sel de plomb*, $C^4H^5Pb^2PO^5$, est le moins soluble de tous les éthyl-phosphates.

Le *sel d'argent* est cristallin, peu soluble.

§ 849. *Acide éthyl-sulfophosphorique.* — Il n'est connu qu'à l'état de combinaison métallique.

Les *sels de potasse* et *de soude* s'obtiennent aisément, suivant

M. Cloëz [1], en décomposant le sulfochlorure de phosphore par une dissolution alcoolique de potasse ou de soude.

Le *sel de baryte* est cristallisé, et renferme, $C^4H^5Ba^2PO^6S^2$ + aq.

§ 850. ACIDE DIÉTHYL-PHOSPHORIQUE [2], $C^8H^{11}PO^8$. — Au contact de l'alcool absolu ou de l'éther, l'acide phosphorique anhydre s'échauffe en produisant un bruissement considérable et en se réduisant peu à peu à l'état de sirop. Étendu d'eau et saturé par du carbonate de plomb, ce produit donne un mélange de phosphate et d'éthyl-phosphate de plomb qui se précipitent, tandis que du diéthyl-phosphate à même base reste en dissolution. Par la concentration du liquide, il se sépare une nouvelle quantité de paillettes nacrées d'éthyl-phosphate de plomb et le liquide devient acide ; on sature encore par du carbonate de plomb, et le liquide dépose alors, par la concentration, des groupes cristallins de diéthyl-phosphate. Ce dernier sel donne, par l'hydrogène sulfuré, l'acide diéthyl-phosphorique.

Cet acide s'obtient sous la forme d'un sirop qui se décompose par la chaleur.

Le *sel de chaux*, $C^8H^{10}CaPO^8$, est cristallisable, très-soluble dans l'eau, peu soluble dans l'alcool absolu.

Le *sel de plomb*, $C^8H^{10}PbPO^8$, s'obtient en groupes cristallins qui ont l'aspect de la caféine. Il est fort soluble dans l'eau, peu soluble à froid dans l'alcool absolu, très-soluble à chaud. Il fond à 180°, et se prend, par le refroidissement, en une masse cristalline ; il se décompose à quelques degrés au-dessus de son point de fusion.

Les autres sels sont aussi très-solubles dans l'eau.

Lorsqu'on soumet à l'action de la chaleur les sels précédents, ils dégagent de l'éther phosphorique. La décomposition est surtout nette avec le sel de plomb, quand on ne dépasse pas 190° ; ce sel se décompose alors exactement en éther phosphorique et en éthyl-phosphate de plomb, lequel se décompose à son tour à une température plus élevée :

$$2\ C^8H^{10}PbPO^8 = C^{12}H^{15}P\ O^8 + C^4H^5Pb^2PO^8.$$
Diéthyl-ph. de plomb.   Éther phosph.   Éthyl-phosph. de plomb.

§ 851. PHOSPHATE D'ÉTHYLE, ou éther phosphorique, $C^{12}H^{15}PO^8$. — On l'obtient, suivant M. Voegeli [3], en chauffant à 190° le dié-

---

[1] CLOEZ (1847), *Compt. rend. de l'Acad.*, XXIV, 388.
[2] VOEGELI (1849), *Ann. de Poggend.*, LXXV, 282.
[3] VOEGELI (1849), *loc. cit.*

thyl-phosphate de plomb. C'est une huile d'une saveur fade et nauséabonde, neutre aux papiers, se mélangeant avec l'alcool, l'éther et même avec l'eau. Elle bout vers 101°.

ARSÉNIURE D'ÉTHYLE.

§ 851[a]. L'arsenic agit sur l'iodure d'éthyle en donnant un produit qui s'enflamme à l'air par une légère chaleur, et qui répand une odeur d'ail insupportable.

L'arséniure de potassium s'échauffe au contact de l'iodure d'éthyle; celui-ci entre aussitôt en ébullition, et l'on obtient des produits qui s'enflamment avec la plus grande facilité.

L'arséniure de zinc est rapidement attaqué par l'iodure d'éthyle, et donne une matière blanche cristallisée, se représentant par la formule [1], $(C^4H^5)^3AsI,(C^4H^5)ZnI$.

L'arséniure de cuivre et l'iodure d'éthyle ne paraissent pas réagir.

ARSÉNIATE D'ÉTHYLE.

§ 852. *Acide diéthyl-arsénique.* — Lorsqu'on traite l'alcool par l'acide arsénique, comme dans la préparation de l'acide éthyl-phosphorique, on obtient un sel de baryte contenant 54,9 d'arséniate de baryte, ou 27,20 baryum, 15,31 arsenic, 19,21 carbone, 3,33 hydrogène et 34,95 oxygène. Félix Darcet[2] déduit de ces résultats les rapports $C^8H^{10}BaAsO^8$, qui en feraient un *diéthyl-arséniate de baryte*, mais L. Gmelin fait observer qu'il y a erreur dans ce calcul, et que les résultats précédents correspondent plutôt aux rapports, $C^{16}H^{16}O^{14}$, 2 BaO, AsO^5, qui diffèrent entièrement de ceux de l'acide éthyl-phosphorique.

ANTIMONIURE D'ÉTHYLE.

§ 853. L'antimoniure d'éthyle[3], ou stibéthyle, représente de l'hydrogène antimonié dans lequel l'hydrogène est remplacé par de l'éthyle :

---

[1] CAHOURS et RICHE, *Compt. rend. de l'Acad.*, XXXVI, 1004.

[2] F. DARCET, *Journ. de Chim. médic.*, XII, 11; trad. dans *Ann. der Chem. u. Pharm.*, XIX, 202. — L. GMELIN, *Handb. d. Chem.*, IV, 770.

[3] LOEWIG et SCHWEIZER (1850), *Journ. f. prakt. Chem.*, XLIX, 385, et *Ann. der Chem. u. Pharm.*, LXXV, 315.

$$C^{12}H^{15}Sb = Sb \begin{cases} C^4H^5 \\ C^4H^5. \\ C^4H^5 \end{cases}$$

Il se produit, par double décomposition, avec l'antimoniure de potassium et le chlorure, le bromure ou l'iodure d'éthyle.

Il se comporte comme un corps simple, en s'unissant directement à l'oxygène, au chlore, au soufre, etc. Voici les combinaisons qu'on a obtenues :

Stibéthyle (équivalent de H^2). $C^{12}H^{15}Sb$

Oxyde de stibéthyle. . . . . $C^{12}H^{15}Sb.O^2$.

Sulfure de stibéthyle. . . . . $C^{12}H^{15}Sb.S^2$.

Sulfate de stibéthyle. . . . . $C^{12}H^{15}Sb.O^2,S^2O^6$.

Nitrate de stibéthyle. . . . . $C^{12}H^{15}Sb.O^2, 2\,NO^5$.

Séléniure de stibéthyle. . . . $C^{12}H^{15}Sb.Se^2$.

Chlorure de stibéthyle. . . . $C^{12}H^{15}Sb.Cl^2$.

Bromure de stibéthyle. . . . $C^{12}H^{15}Sb.Br^2$.

Iodure de stibéthyle. . . . . $C^{12}H^{15}Sb.I^2$.

Le stibéthyle se combine aussi avec l'iodure d'éthyle et avec l'iodure de méthyle, en produisant l'iodure d'un ammonium dans lequel l'atome d'azote est remplacé par son équivalent d'antimoine, et les 4 atomes d'hydrogène par leur équivalent de méthyle ou d'éthyle. L'alcali qu'on obtient avec cet iodure se rapporte au type hydrate d'ammonium, comme les alcalis (hydrate de tétréthyl-ammonium, etc.) décrits par M. Hofmann.

On a, en effet,

Hydrate d'ammonium. . . . . $\left. \begin{array}{l} NH^4.O \\ HO \end{array} \right|$

Hydrate de tétréthyl-ammonium . . . . $\left. \begin{array}{l} N(C^4H^5)^4.O \\ HO \end{array} \right|$

Hydrate de stibéthylium (ou tétréthyl-stibammonium). . . . . $\left. \begin{array}{l} Sb(C^4H^5)^4.O \\ HO \end{array} \right|$

[Voy. § 414, l'antimoniure de méthyle.]

§ 854. ANTIMONIURE D'ÉTHYLE, ou stibéthyle, $C^{12}H^{15}Sb$. — L'iodure d'éthyle convient le mieux à la préparation du stibéthyle. On met cet iodure en contact avec un alliage d'antimoine et de potassium obtenu de la manière suivante : on chauffe doucement, dans un creuset couvert, un mélange intime de 5 p. de tartre et de 4 p. d'antimoine jusqu'à carbonisation du tartre ; puis on l'expose pen-

dant une heure au rouge blanc; on ferme hermétiquement le fourneau, et on le laisse refroidir complétement, ce qui exige au moins
vingt-quatre heures. On obtient ainsi un culot parfaitement cristallisé, très-brillant, qui décompose vivement l'eau, ne s'oxyde que
lentement à l'air, et qu'on peut pulvériser dans une capsule sèche,
mais qui s'échauffe alors et prend bientôt feu. On peut toutefois
éviter cette inflammation, en ajoutant deux à trois parties de
sable quartzeux à la matière à pulvériser. (D'après M. Hilgard d'Il-
linois, cet alliage renferme 12 pour 100 de potassium.) Lorsqu'on met cet alliage en poudre en contact avec l'iodure d'éthyle;
il s'effectue, au bout de quelques minutes, une réaction très-violente, qui peut aller jusqu'à l'inflammation de la matière si la quantité en est considérable.

On ne peut donc pas opérer avec beaucoup de matière à
la fois. Il convient aussi d'employer l'alliage mêlé de sable en grand
excès par rapport à l'iodure d'éthyle qu'on veut décomposer ;
MM. Loewig et Schweizer n'emploient pas plus d'iodure qu'il
n'en faut pour humecter légèrement l'alliage.

Ces chimistes se servent, pour la préparation du stibéthyle, de
petits ballons à col court, et d'une capacité de 100 à 120 grammes;
ils les emplissent aux deux tiers du mélange, récemment broyé,
d'alliage et de sable, et y ajoutent immédiatement l'iodure d'éthyle
dans les proportions indiquées; ils adaptent ensuite à l'ouverture du
ballon un tube recourbé, débouchant dans un petit récipient. La
réaction s'établit au bout de quelques minutes; la chaleur qu'elle développe volatilise l'excès d'iodure d'éthyle et remplit le ballon de la
vapeur de ce corps. Dès qu'il ne distille plus d'iodure d'éthyle, on
débouche vivement le flacon tant qu'il est encore chaud, on enlève
le tube recourbé, et on adapte le ballon à un autre appareil dont
voici la disposition : c'est un verre cylindrique, haut et large, portant un bouchon à trois trous; par l'un de ces trous passe, jusqu'au fond du verre, un tube recourbé extérieurement à angle droit
et en communication avec un appareil dégageant de l'acide carbonique pendant toute la durée de l'opération. Cet acide carbonique est desséché en passant dans un long tube rempli de chlorure de
calcium. L'autre trou, pratiqué dans le bouchon, reçoit un tube
de verre, long d'un à deux pieds, et destiné à donner issue à l'acide
carbonique qui entre par le premier tube; ce second tube ne s'enfonce
dans le verre cylindrique pas plus que le bouchon lui-même. Le troi-

sième trou enfin, plus étroit que les autres, reçoit le tube à distillation proprement dit; celui-ci descend presqu'au fond du verre cylindrique, où se trouve déjà disposé un petit ballon, en partie rempli d'alliage et destiné à recevoir le produit de la distillation.

Avant de commencer l'opération, on balaye l'appareil par un courant rapide de gaz carbonique, au moins pendant une demi-heure. Ensuite on chauffe le ballon contenant la matière, avec une lampe à alcool, d'abord très-peu, puis graduellement jusqu'à ce qu'il ne distille plus de liquide. On enlève alors ce premier ballon, on bouche rapidement le tube à distillation avec de la cire, et l'on y adapte un second ballon, que l'on chauffe comme précédemment, puis un troisième, etc.

L'opération dure tout au plus vingt minutes, pour chaque ballon. Deux opérateurs travaillant ensemble peuvent aisément préparer ainsi, en un jour, 120 à 150 grammes de produit, pourvu qu'ils aient tout prêts environ 20 à 24 petits ballons. On ferme ensuite, dans l'atmosphère d'acide carbonique, le ballon où l'on a recueilli la matière, et on la rectifie après quelques heures dans le même appareil.

Le stibéthyle est un liquide limpide, très-fluide et assez réfringent, d'une odeur d'oignons insupportable qui ne persiste pas. Sa densité à 16° est de 1,3244. Il ne se solidifie pas encore à — 29°. Il commence à bouillir à 150°, sous la pression de 730^{mm}, mais ce point s'élève rapidement à 158°,5, où il reste constant. La densité de sa vapeur a été trouvée égale à 7,438. Il est insoluble dans l'eau, très-soluble dans l'alcool et l'éther.

Porté à l'air au bout d'une baguette de verre, il répand une fumée blanche et épaisse; au bout de quelques instants, il prend feu et brûle avec une flamme blanche très-lumineuse.

Lorsqu'on le fait arriver dans un ballon, en ayant soin qu'il ne s'enflamme pas, il se produit une fumée blanche qui se dépose sur les parois sous la forme d'une poudre; en même temps il se forme une matière épaisse, incolore et transparente, soluble dans l'éther : c'est l'oxyde de stibéthyle. La matière pulvérulente est insoluble dans l'éther, mais elle se dissout aisément dans l'alcool et l'eau; elle constitue un acide particulier que MM. Loewig et Schweizer appellent *acide stibéthylique* [$C^4H^5SbO^5$?] et qui n'a pas encore été étudié. Ses solutions sont acides et décomposent les carbonates; elles s'épaississent quand on les chauffe, en devenant comme de l'empois d'amidon, et se dessèchent en une matière très-friable, semblable à de la porcelaine.

Sous l'eau, l'oxydation du stibéthyle n'a lieu que fort lentement; aussi, pour le conserver, le mieux est de le mettre sous une couche de ce liquide.

Le stibéthyle est pur lorsque sa solution aqueuse n'est ni colorée ni troublée par l'hydrogène sulfuré; une trace seulement d'acide stibéthylique suffit pour colorer immédiatement la solution en jaune.

Lorsqu'on met du stibéthyle en présence du soufre sous l'eau, la combinaison s'effectue immédiatement avec dégagement de chaleur; si l'on chauffe, qu'on décante la solution aqueuse et qu'on l'évapore, on obtient à l'état cristallisé le sulfure de stibéthyle.

Le sélénium se comporte comme le soufre.

L'acide nitrique dilué n'agit pas à froid sur le stibéthyle; mais, quand on chauffe, celui-ci se dissout à la façon d'un métal, en dégageant des vapeurs nitreuses et de l'azote. On obtient, par l'évaporation de la liqueur, des cristaux de nitrate de stibéthyle.

Si l'on introduit du stibéthyle dans du gaz chlorhydrique sur du mercure, le volume du gaz se réduit à la moitié; le résidu est du gaz hydrogène, et le produit de la combinaison consiste en chlorure de stibéthyle,

$$C^{12}H^{15}Sb + 2\ HCl = H^2 + C^{12}H^{15}SbCl^2.$$

Stibéthyle.   Chlor. de stibéthyle.

Avec l'acide chlorhydrique fumant et le stibéthyle, on obtient aussi du chlorure de stibéthyle en même temps qu'il se dégage du gaz hydrogène.

Lorsqu'on fait tomber quelques gouttes de stibéthyle, par l'orifice d'un tube étroit, dans un ballon rempli de gaz chlore, elles s'enflamment et brûlent avec une flamme claire et fuligineuse. Le stibéthyle s'enflamme aussi au contact du brome.

L'iode et le stibéthyle se combinent immédiatement sous l'eau en développant beaucoup la chaleur. Lorsqu'on ajoute de l'iode à une solution de stibéthyle dans l'éther, il se produit momentanément une vive ébullition, et l'iode disparaît aussi rapidement que dans une solution de potasse. On obtient ainsi de l'iodure de stibéthyle.

§ 855. *Oxyde de stibéthyle*, $C^{12}H^{15}SbO^2$. — Il est difficile, par l'oxydation directe du stibéthyle, d'obtenir à l'état de pureté l'oxyde de stibéthyle. Celui-ci se produit en grande quantité lorsqu'on laisse évaporer lentement, dans un verre à pied légèrement couvert, une solution alcoolique et diluée de stibéthyle; il ne se produit ainsi que peu d'acide stibéthylique, tandis que ce dernier se forme en proportion plus forte que l'oxyde de stibéthyle par l'évaporation de la solution éthérée du stibéthyle. On traite le résidu par l'éther, qui dissout l'oxyde de stibéthyle; toutefois celui-ci renferme encore de l'acide stibéthylique, qu'on ne réussit à séparer complétement qu'en dissolvant la matière à plusieurs reprises dans l'éther et en évaporant la solution.

L'oxyde de stibéthyle pur s'obtient le plus aisément au moyen de sa combinaison avec l'acide sulfurique. On dissout celle-ci dans l'eau, on y ajoute de l'eau de baryte, et l'on évapore doucement au bain-marie la solution filtrée; on épuise le résidu par l'alcool, qui dissout une combinaison d'oxyde de stibéthyle et de baryte, combinaison qu'on détruit ensuite par un courant de gaz carbonique. On filtre pour séparer le carbonate de baryte, et l'on évapore la solution alcoolique.

L'oxyde de stibéthyle peut s'extraire du nitrate par le même procédé.

Enfin, lorsqu'on agite une solution alcoolique de stibéthyle avec de l'oxyde de mercure réduit en poudre fine, cet oxyde se réduit rapidement sans dégagement de chaleur, et il se produit aussi de l'oxyde de stibéthyle à l'état de pureté.

Ce corps se présente sous la forme d'une masse visqueuse entièrement limpide, transparente et sans trace de cristallisation. Si on l'abandonne pendant plusieurs jours sous une cloche avec de l'acide sulfurique, il devient assez solide; mais il se ramollit de nouveau au bain-marie. Il se dissout aisément dans l'eau et l'alcool; l'éther le dissout aussi, mais un peu moins. Il possède une saveur fort amère, semblable à celle du sulfate de quinine; il ne paraît pas être vénéneux, car il ne détermine pas même des nausées quand on en prend d'assez fortes quantités en solution aqueuse.

Il n'est pas volatil et ne s'altère pas à l'air. Si on le chauffe dans un tube fermé par un bout, il dégage d'épaisses vapeurs blanches qui brûlent avec une flamme claire, et laisse un résidu charbonné contenant de l'antimoine; toutefois la plus grande partie de l'antimoine est contenue dans les produits de distillation.

Le potassium agit sur lui à une douce chaleur en le transformant en stibéthyle.

L'acide nitrique fumant le décompose avec une vive ignition ; l'acide nitrique dilué le dissout sans dégagement de gaz.

L'acide sulfurique concentré le dissout sans qu'il y ait décomposition.

Lorsqu'on fait passer du gaz chlorhydrique sec sur l'oxyde de stibéthyle, il s'échauffe beaucoup en donnant de l'eau et du chlorure de stibéthyle.

Les acides chlorhydrique, bromhydrique et iodhydrique aqueux se combinent immédiatement avec lui.

L'acide sulfhydrique n'y agit pas d'une manière apparente ; mais, si l'on évapore la solution, on obtient des cristaux de sulfure de stibéthyle.

§ 856. *Sulfure de stibéthyle*, $C^{12}H^{15}SbS^2$. — Il se produit par la combinaison directe du soufre avec le stibéthyle.

On le prépare rapidement en faisant bouillir dans un petit ballon, une solution éthérée de stibéthyle avec des fleurs de soufre préalablement lavées et séchées. Si l'on décante la solution éthérée encore chaude, tout le liquide se prend, au bout de quelques minutes, en une masse d'aiguilles d'un blanc éclatant. On décante l'eau-mère, on abandonne la masse cristalline pendant quelque temps à l'air, pour que le stibéthyle non transformé puisse s'oxyder ; on dissout de nouveau dans l'éther, et l'on fait cristalliser à plusieurs reprises.

Le sulfure de stibéthyle se présente sous la forme d'une masse d'aiguilles très-volumineuses, d'un éclat argentin, d'une odeur désagréable, très-persistante et qui rappelle un peu celle du mercaptan, d'une saveur amère participant de celle du sulfure de potassium. Il est fort soluble dans l'eau et l'alcool, ainsi que dans l'éther chaud ; à froid, l'éther ne le dissout que très-peu. Il fond au-dessus de 100° en un liquide incolore qui se prend, par le refroidissement, en une masse cristalline. Quand il est parfaitement sec, il ne s'altère pas à l'air. Lorsqu'on le chauffe au-dessus de son point de fusion, il se décompose en donnant un produit liquide qui ressemble beaucoup au sulfure d'éthyle. Si l'on introduit un fragment de potassium dans le sulfure de stibéthyle fondu, il se dégage immédiatement des vapeurs de stibéthyle qui s'enflamment à l'air.

La solution aqueuse du sulfure de stibéthyle précipite toutes les solutions métalliques à l'état de sulfures, et convient donc très-bien à la préparation des autres sels de stibéthyle. Les acides étendus en dégagent immédiatement de l'hydrogène sulfuré.

Séléniure de stibéthyle. — Il s'obtient comme le sulfure. Lorsqu'on fait bouillir une solution de stibéthyle dans l'éther avec du sélénium précipité, le séléniure d'éthyle cristallise par le refroidissement. Il partage les principales propriétés avec le sulfure. Cependant il s'altère promptement à l'air, en mettant du sélénium en liberté.

Sulfate de stibéthyle, $C^{12}H^{15}SbO^2,S^2O^6$. — Il s'obtient le mieux en décomposant une solution aqueuse de sulfure de stibéthyle par le sulfate de cuivre. Le sulfate de stibéthyle est fort soluble dans l'eau, et se dépose dans une liqueur sirupeuse à l'état de petits cristaux entièrement blancs. Un excès d'acide sulfurique en empêche la cristallisation, sans toutefois le décomposer. Les cristaux ne s'altèrent pas à 100°, mais ils se ramollissent et fondent à quelques degrés au-dessus en un liquide incolore. Ce sel possède une saveur amère très-persistante, est sans odeur, assez soluble dans l'alcool, et presque insoluble dans l'éther. L'acide chlorhydrique précipite immédiatement du chlorure de stibéthyle de sa solution aqueuse.

§ 857. *Chlorure de stibéthyle,* $C^{12}H^{15}SbCl^2$. — On l'obtient en mélangeant la solution concentrée du nitrate avec de l'acide chlorhydrique fort. C'est une huile pesante, incolore, d'une densité de 1,540, et très-réfringente. Elle a une forte odeur de térébenthine, et une saveur amère ; elle est insoluble dans l'eau, très-soluble dans l'alcool et l'éther, et reste encore liquide à — 12°. Elle paraît se volatiliser en petite quantité avec les vapeurs d'eau. Elle se comporte à la distillation comme le bromure. L'acide sulfurique concentré en développe des vapeurs chlorhydriques ; réciproquement, l'acide chlorhydrique précipite du chlorure de stibéthyle de la solution du sulfate.

Bromure de stibéthyle, $C^{12}H^{15}SbBr^2$. — On l'obtient le mieux en versant peu à peu une solution alcoolique de brome, récemment préparée, dans une solution alcoolique de stibéthyle, tant que la première se décolore. Il faut refroidir avec de la glace le vase où s'opère la réaction. Si l'on ajoute alors à la liqueur une grande quantité d'eau, le bromure de stibéthyle se précipite à l'état d'un liquide incolore et limpide. Il se prend à — 10° en une masse cristalline d'un blanc de neige. Il possède une odeur de térébenthine désagréable, et sa vapeur échauffée irrite vivement les yeux. Il est entièrement insoluble dans l'eau, mais très-soluble dans l'alcool et l'éther.

Il n'est pas volatil, et ne passe même pas avec les vapeurs d'eau. Il brûle avec une flamme blanche, en exhalant des vapeurs fort acides. Lorsqu'on le distille, il donne, entre autres produits, une liqueur fumante qui possède l'odeur insupportable du chloral. L'acide sulfurique le décompose en dégageant des vapeurs bromhydriques ; le chlore en sépare immédiatement du brome.

Iodure de stibéthyle, $C^{12}H^{15}SbI^2$. — On le prépare en ajoutant de l'iode, par petites portions, à une solution alcoolique de stibéthyle placée dans un mélange réfrigérant, tant que la couleur de l'iode disparaît, et en abandonnant à l'évaporation spontanée la solution parfaitement incolore. Le sel cristallise alors en aiguilles incolores, transparentes, souvent d'un demi-pouce de long. On le purifie par de nouvelles cristallisations, d'abord dans l'alcool, puis dans l'éther. Ces cristallisations sont nécessaires parce que, dans la préparation du corps, il se produit toujours une petite quantité d'une poudre jaune insoluble dans l'éther.

L'iodure de stibéthyle possède une faible odeur de stibéthyle, et une saveur très-amère. L'alcool et l'éther le dissolvent aisément ; l'eau le dissout aussi sans le décomposer. Il fond à $70°,5$ en un liquide incolore et transparent qui se prend de nouveau en une masse cristalline. Quand on le maintient pendant quelque temps à $100°$, il se sublime en petite quantité ; mais une faible élévation de température suffit pour déterminer une décomposition qui s'annonce par la formation d'épaisses vapeurs blanches, sans dégagement d'iode.

Le potassium réduit instantanément l'iodure de stibéthyle en fusion. Avec les sels métalliques, la solution de ce sel se comporte comme une solution d'iodure de potassium.

L'acide chlorhydrique le décompose immédiatement en produisant du chlorure de stibéthyle ; le chlore et le brome en éliminent l'iode ; l'acide nitrique produit le même effet en donnant du nitrate. L'acide sulfurique concentré en dégage immédiatement d'épaisses vapeurs d'acide iodhydrique avec un peu d'iode et d'acide sulfureux.

§ 858. *Nitrate de stibéthyle,* $C^{12}H^{15}SbO^2$, $2NO^5$. — Il s'obtient, soit directement en saturant l'acide nitrique dilué par l'oxyde de stibéthyle, soit en dissolvant le stibéthyle lui-même dans le même acide étendu. Le stibéthyle se dissout, à l'instar des métaux, dans l'acide chauffé modérément, en dégageant continuellement des bulles de bioxyde d'azote; lors même qu'on emploie un acide très-dilué, il se produit chaque fois une petite quantité d'oxyde d'antimoine qu'on sépare par le filtre. Comme le nitrate de stibéthyle est peu soluble dans un excès d'acide nitrique, on peut aisément obtenir ce sel en cristaux par l'évaporation de la liqueur acide à une douce chaleur. Si l'on concentre fortement la solution acide au bain-marie, la combinaison se sépare en gouttes huileuses qui se rassemblent au fond du vase et se prennent en cristaux par le refroidissement. On dissout dans un peu d'eau le sel déposé de l'eau-mère acide, et l'on abandonne la solution à l'évaporation spontanée.

Le nitrate de stibéthyle se présente en beaux cristaux rhomboïdaux très-solubles dans l'eau, moins solubles dans l'alcool, et à peine solubles dans l'éther. Les solutions rougissent fortement le tournesol et possèdent la saveur amère de l'oxyde de stibéthyle.

Le sel fond à 62°,5 en un liquide incolore qui se prend à 57° en une masse cristalline d'un blanc éclatant. Quand on le chauffe, il produit une déflagration comme un mélange de charbon et de nitrate. L'acide sulfurique en expulse immédiatement l'acide nitrique; si l'on mélange la solution aqueuse du sel avec de l'acide chlorhydrique concentré, il se produit du chlorure de stibéthyle sous la forme d'une huile incolore. L'hydrogène sulfuré n'agit pas sur le nitrate de stibéthyle.

Cyanure de stibéthyle. — Il paraît s'obtenir par le mélange du sulfure de stibéthyle avec une solution de cyanure de mercure; le liquide, séparé du précipité à l'aide du filtre, possède à un haut degré l'odeur et la saveur de l'acide cyanhydrique, et se comporte avec les sels métalliques comme une solution de cyanure de potassium. Mais, si l'on abandonne ce liquide pendant vingt-quatre heures, il s'altère, et les alcalis en dégagent alors beaucoup d'ammoniaque.

Avec l'iodure de stibéthyle et une solution alcoolique de cyanure de mercure, on obtient des cristaux qui paraissent être une *combinaison de cyanure de stibéthyle et d'iodure de mercure.*

BISMUTHURE D'ÉTHYLE.

Syn.: bisméthyle.

§ 859. Le bismuthure d'éthyle[1] a une composition semblable à celle de l'antimoniure d'éthyle, et s'obtient par le même procédé :

$$\text{Bisméthyle} \dots \dots C^{12}H^{15}Bi = Bi\begin{cases} C^4H^5 \\ C^4H^5 \\ C^4H^5 \end{cases}$$

On prépare ce corps à l'aide de l'iodure d'éthyle et d'un alliage de bismuth et de potassium. Cet alliage s'obtient comme celui d'antimoine et de potassium; mais, comme le bismuth est plus fusible que l'antimoine, il faut avoir soin d'opérer très-rapidement. Le meilleur procédé consiste à charbonner doucement, dans un creuset de Hesse couvert, un mélange de 600 grammes de bismuth en poudre fine et de 180 grammes de tartre également bien pulvérisé; on chauffe ensuite de telle façon que le creuset soit porté presqu'au rouge blanc au plus tard dans une demi-heure; on ferme ensuite le fourneau, et on le laisse refroidir. L'alliage de bismuth et de potassium se rassemble ainsi au fond du creuset sous la forme d'un culot cristallin d'un blanc argentin. Il est très-fusible, et reste souvent liquide ou mou, après le refroidissement. Il peut aisément se conserver en morceaux dans des vases fermés. Le bisméthyle ne pouvant pas être distillé comme le stibéthyle, on procède ensuite de la manière suivante : on réduit l'alliage en poudre fine, et on l'introduit (sans l'addition de sable) dans de petits ballons semblables à ceux qu'emploient MM. Lœwig et Schweizer pour la préparation du stibéthyle; on verse sur l'alliage un excès d'iodure d'éthyle, et l'on bouche rapidement l'appareil avec un long tube étroit, adapté à un réfrigérant qu'on plonge dans de la glace. La réaction s'établit au bout de quelques minutes, et le mélange s'échauffe assez pour que l'excès d'iodure d'éthyle distille dans le récipient. On introduit ensuite dans le ballon de l'eau bien purgée d'air par l'ébullition, on le ferme hermétiquement, et on le maintient au bain-marie jusqu'à ce que la masse se soit ramollie et que l'iodure de potassium se soit dissous. Ces opérations sont répétées sur dix ou douze autres ballons. On en transvase ensuite le contenu, ramolli par l'eau, dans un grand

---

[1] BREED (1852), *Ann. der Chem. u. Pharm.*, LXXXII, 106.

ballon rempli de gaz carbonique, et on l'agite, à plusieurs reprises, avec beaucoup d'éther. Le bisméthyle n'étant que peu soluble dans l'éther, il faut employer celui-ci en assez grande quantité. On ajoute ensuite de l'eau purgée d'air à la solution éthérée, et l'on chasse tout l'éther par la distillation au bain-marie. Après cette opération, le bisméthyle reste dans la cornue, au fond de l'eau. Pour l'avoir pur, on le distille avec de l'eau, on l'agite avec de l'acide nitrique très-étendu qui enlève quelques traces d'oxyde, et on le dessèche finalement sur du chlorure de calcium. Bien entendu, l'accès de l'air doit être entièrement évité dans toutes ces manipulations.

Le bisméthyle se présente sous la forme d'un liquide très-fluide, souvent jaunâtre, et d'une densité de 1,82. Son odeur, fort désagréable, ressemble à celle du stibéthyle; lorsqu'on respire des traces seulement de sa vapeur, on éprouve à l'extrémité de la langue un sentiment de chaleur très-désagréable.

Il exhale à l'air d'épaisses fumées jaunes, et s'enflamme avec une légère explosion, en répandant d'abondants nuages d'oxyde de bismuth. Cette combustion est très-brillante, si l'on en imbibe une bande de papier buvard qu'on expose ensuite à l'air.

Il brûle aussi dans le chlore, en déposant du charbon. De même, il brûle au contact du brome, et présente les mêmes phénomènes que le stibéthyle.

Il est entièrement insoluble dans l'eau, peu soluble dans l'éther, très-soluble dans l'alcool absolu.

Lorsqu'on chauffe le bisméthyle dans une cornue, il se met déjà à bouillir au-dessous de 50°, en émettant un gaz exempt de bismuth et inflammable, tandis qu'il se dépose du bismuth dans le résidu. Si l'on continue de chauffer, le thermomètre monte rapidement au-dessus de 160°, et enfin il se manifeste une forte explosion qui brise tout l'appareil.

§ 860. Le bisméthyle se comporte comme un métal simple. Lorsqu'on ajoute une solution de brome ou d'iode à sa solution alcoolique, il se développe beaucoup de chaleur, le mélange se décolore, et l'on obtient de l'*iodure* ou du *bromure de bisméthyle*. Toutefois ces combinaisons sont moins stables que les combinaisons correspondantes du stibéthyle. En effet, lorsqu'on abandonne une solution d'iodure de bisméthyle, elle dépose rapidement de l'iodure de bismuth.

L'acide nitrique dilué dissout aisément le bisméthyle, et la solution renferme du *nitrate de bisméthyle ;* mais si l'on évapore la solution nitrique, elle ne laisse que du nitrate de bismuth.

STANNURES D'ÉTHYLE.

§ 861. M. Frankland[1] a démontré qu'en faisant agir l'iodure d'éthyle sur l'étain métallique, on obtient l'iodure d'un métal organique, auquel ce chimiste donne le nom de *stannéthyle.* Cet iodure donne naissance, par double décomposition, à un oxyde, à un chlorure, à un nitrate, etc., dont voici les formules :

Stannure d'éthyle, ou stannéthyle. $C^8H^{10}Sn^2$ $= C^4H^5Sn \brace C^4H^5Sn$

Oxyde de stannéthyle. . . . . . . $C^8H^{10}Sn^2O^2$ $= C^4H^5Sn.O \brace C^4H^5Sn.O$

Chlorure de stannéthyle. . . . . . $C^4H^5 SnCl$ $\quad C^4H^5Sn \brace Cl$

Iodure de stannéthyle. . . . . . . $C^4H^5 SnI$ $= C^4H^5Sn \brace I$

Nitrate de stannéthyle. . . . . . . $C^4H^5 SnNO^6 = C^4H^5Sn.O \brace NO^4.O$

MM. Cahours et Riche ont également obtenu ces combinaisons.

On remarque que le chlorure de stannéthyle représente du bichlorure d'étain dans lequel 1 atome de Cl est remplacé par de l'éthyle C^4H^5 :

Bichlorure d'étain. . . . . . . $Sn \begin{cases} Cl \\ Cl \end{cases}$

Chlorure de stannéthyle. . . . $Sn \begin{cases} Cl \\ C^4H^5 \end{cases}$

Aux combinaisons précédentes, M. Lœwig a récemment ajouté un grand nombre d'autres que ce chimiste a obtenues par la réaction de l'iodure d'éthyle et d'un alliage d'étain et de sodium. Il se produit ainsi, non-seulement le stannéthyle et l'iodure de ce mé-

[1] FRANKLAND (1852), *Ann. der Chem. u. Pharm.*, LXXI, 213; LXXXV, 329. — CAHOURS et A. RICHE, *Compt. rend. de l'Acad.*, XXXV, 91; XXXVI, 1001. — LOEWIG, *Ann. der Chem., u. Pharm.*, LXXXIV, 308; et en extrait, *Ann. de Chim. et de Phys.*, [3] XXVII, 343.

tal, mais encore d'autres iodures et métaux organiques dans lesquels M. Lœwig suppose les radicaux suivants :

$$\begin{array}{ll}
\text{Stannéthyle.} & \mathrm{Sn(C^4H^5)}, \\
\text{Méthylène- stannéthyle.} & \mathrm{Sn^2(C^4H^5)^2}, \\
\text{Elaïl-stannéthyle.} & \mathrm{Sn^4(C^4H^5)^4}, \\
\text{Acé-stannéthyle.} & \mathrm{Sn^4(C^4H^5)^3}, \\
\text{Méthyl-stannéthyle.} & \mathrm{Sn^2(C^4H^5)^3}, \\
\text{Éthyl-stannéthyle.} & \mathrm{Sn^4(C^4H^5)^5}, \\
\text{Et le radical.} & \mathrm{Sn^6(C^4H^5)^4}.
\end{array}$$

La nomenclature de ces radicaux ne me paraît pas heureuse, et il ne m'est pas prouvé, d'ailleurs, que toutes les formules précédentes soient exactes. En attendant que ce sujet soit mieux éclairci, je désignerai les stannéthyles de M. Lœwig par les rapports numériques admis par ce chimiste entre l'étain et l'éthyle, et je dirai : $^2/_2$ *stannéthyle* ou *distannéthyle*, $^4/_4$ *stannéthyle*, $^4/_3$ *stannéthyle*, etc.

§ 862. Les produits qu'on obtient par la réaction de l'iodure d'éthyle et de l'alliage d'étain et de sodium sont constitués par les métaux de ces radicaux ou par leurs iodures.

Les métaux stannéthyliques sont, à la température ordinaire, d'une consistance épaisse ou huileuse : ils sont solubles dans l'éther, fort peu solubles dans l'alcool absolu, insolubles dans l'eau. Leur odeur, peu prononcée, rappelle celle qu'exhalent certains fruits pourris ; lorsqu'on en frotte une goutte entre les doigts, il se développe une forte odeur d'étain. Leur saveur est brûlante et désagréable. Ils ne s'enflamment ni ne fument à l'air ; lorsqu'on les allume, ils brûlent avec une flamme éclairante, en lançant des gerbes d'étincelles, et en répandant une épaisse fumée.

Lorsque la solution alcoolique des stannéthyles s'évapore au contact de l'air, ces métaux s'oxydent lentement : les oxydes qu'on obtient ainsi se présentent tantôt sous la forme de poudres amorphes, insolubles dans l'eau, l'alcool et l'éther ; tantôt à l'état de masses sirupeuses, cristallisables, peu solubles dans l'eau, fort solubles dans l'alcool et l'éther. Les oxydes insolubles dans l'alcool se précipitent par l'ammoniaque de leurs solutions salines ; les oxydes solubles dans l'alcool chassent l'ammoniaque de ses combinaisons, et se comportent en général comme des bases puissantes.

Les stannéthyles, qui donnent des oxydes insolubles, produisent des sels cristallisables, n'ayant pas d'odeur. Les autres stannéthyles donnent des combinaisons haloïdes liquides, douées d'une odeur très-forte, qui rappelle celle de l'essence de moutarde.

Dissous dans l'éther, les stannéthyles précipitent immédiatement de l'argent métallique d'une solution alcoolique de nitrate d'argent.

Humectés d'acide nitrique fumant, les métaux stannéthyliques s'enflamment avec explosion. L'acide nitrique étendu agit sur eux comme sur les métaux simples : il se dégage des vapeurs rouges, et il se forme des nitrates.

Les stannéthyles se combinent avec beaucoup d'énergie avec le chlore, le brome et l'iode ; leurs iodures sont solubles dans l'alcool, même aqueux.

Enfin les métaux stannéthyliques décomposent les acides hydratés avec dégagement d'hydrogène ; ils se comportent donc, en général, comme des métaux positifs.

§ 863. Ainsi que nous l'avons dit, c'est en faisant réagir l'iodure d'éthyle sur un alliage d'étain et de sodium, que M. Lœwig produit les différents stannéthyles ou leurs iodures.

Pour préparer l'alliage d'étain et de sodium, on fait fondre 6 p. d'étain dans un creuset de terre ordinaire, et l'on y ajoute, par petites portions, 1 p. de sodium encore humecté d'huile de naphte. Quand le sodium est fondu, on détermine la formation d'un alliage homogène en remuant avec une tige de fer. La petite quantité de naphte dont les globules de sodium sont imprégnés s'enflamme, et les gaz produits par cette combustion empêchent l'accès de l'air au métal. Par le refroidissement, on obtient un alliage cristallin, d'un blanc d'argent, plus aisé à pulvériser et moins oxydable que l'alliage correspondant de potassium ; on le conserve dans un flacon bouché, après l'avoir recouvert de sable quartzeux.

L'alliage qu'on obtient en employant 3 à 4 p. d'étain pour 1 p. de sodium, possède la propriété de se dilater considérablement en se solidifiant, de manière à fendre le creuset où il se refroidit.

Le premier alliage est le plus avantageux pour la préparation des composés dont il s'agit. On opère la réaction dans de petits ballons d'une centaine de grammes de capacité ; dans chacun de ces ballons on introduit un mélange de 60 grammes d'alliage avec 15 à 20 grammes de sable quartzeux. L'alliage ayant été rapidement réduit

en poudre fine, dans un mortier en fer, puis mêlé avec le sable,
on introduit le mélange dans le ballon, et l'on y verse assez d'iodure d'éthyle pour faire une bouillie épaisse; on agite vivement,
et l'on adapte au ballon le tube distillatoire. La réaction commence
après quelques minutes, et s'accomplit d'autant plus vite que l'alliage renferme plus de sodium. La chaleur développée par la réaction suffit pour faire passer à la distillation l'excès d'iodure d'éthyle
employé. Après que la matière s'est refroidie, on bouche hermétiquement le ballon, et l'on répète la même opération sur un autre
ballon. Seize ballons exigent environ 5oo grammes d'iodure
d'éthyle. Après le refroidissement de toute la matière ainsi
traitée, on l'humecte de nouveau avec de l'iodure d'éthyle; ordinairement, après quelques minutes, il se manifeste alors une
nouvelle réaction; si, après le refroidissement, une petite portion de la matière, mise en contact avec de l'eau, dégageait de
l'hydrogène, il faudrait humecter tout le contenu du ballon une
troisième fois avec de l'iodure d'éthyle. Quand la réaction est entièrement terminée, on trouve dans les ballons une matière sèche,
pulvérulente, jaunâtre, et d'une odeur insupportable. On introduit cette matière dans un flacon presque rempli d'éther, et on
l'agite avec ce liquide; les seize ballons exigent environ 2 à 2 $^1/_2$ kilogrammes d'éther. Après une ou deux heures de contact, pendant
lesquelles on a fréquemment agité le mélange, on décante la solution jaune brun dans un flacon rempli de gaz carbonique, et on
l'abandonne pendant une demi-heure ou une heure; il s'en sépare
ainsi un corps brun qui, recueilli sur un filtre, se dessèche à l'air
en une masse blanche, sans odeur.

La liqueur éthérée contient en solution plusieurs stannéthyles et
un certain nombre d'iodures de ces métaux organiques. Les iodures
sont surtout abondants lorsqu'on emploie pour ces expériences un
alliage plus riche en sodium; mais, dans ce cas, la réaction est
parfois si violente que la masse devient incandescente.

Pour effectuer la séparation de ces produits, on ajoute $^1/_{10}$ ou
$^1/_{12}$ d'alcool à la liqueur éthérée, et l'on distille au bain-marie;
lorsque tout l'éther a passé, on trouve au fond de la cornue une
masse rouge foncé, presque noire, et d'une consistance de térébenthine : c'est un mélange de stannéthyles. La solution alcoolique
en dépose encore une certaine quantité, par le refroidissement,
sous la forme d'une huile jaunâtre. L'eau-mère alcoolique d'où cette

huile s'est déposée, en contient aussi une quantité notable qu'on précipite en y ajoutant de l'eau goutte à goutte, jusqu'à ce que la liqueur alcoolique ne réduise plus à l'état métallique la solution alcoolique du nitrate d'argent, mais n'y occasionne qu'un précipité d'iodure d'argent pur. Lorsque cette dernière réaction se présente, la liqueur alcoolique ne contient plus que des iodures de stannéthyle.

La séparation des différents stannéthyles peut se faire en ajoutant de l'iode à leur solution éthérée, tant que la liqueur se décolore; ceci a pour effet de transformer les stannéthyles en iodures dont on peut obtenir quelques-uns à l'état cristallisé. Au moyen de l'oxyde d'argent, on transforme ensuite ces iodures en oxydes de stannéthyle; parmi ces derniers, il en est qui sont solubles dans l'alcool, et d'autres qui y sont insolubles. Enfin la transformation des oxydes de stannéthyle en leurs sulfates, par l'acide sulfurique dilué, permet aussi de séparer par la cristallisation quelques-unes de ces combinaisons.

§ 864. Combinaisons de stannéthyle. — L'iodure de stannéthyle se produit par l'étain métallique et l'iodure d'éthyle. Le métal stannéthyle se rencontre parmi les produits de la réaction de l'iodure d'éthyle et de l'alliage d'étain et de sodium (Loewig); il se précipite lorsqu'on place une lame de zinc dans la solution d'un sel de stannéthyle (Frankland).

Stannéthyle, C^4H^5Sn, C^4H^5Sn. — Ce métal se présente sous la forme d'une huile épaisse, d'une odeur extrêmement irritante, et probablement incolore à l'état de pureté. A — 12°, il n'est pas encore solide. Sa densité est de 1,558 à + 15°.

Il est soluble dans l'éther, peu soluble dans l'alcool absolu, insoluble dans l'eau.

Il entre en ébullition à 150° environ, en se décomposant en étain métallique, et en un liquide incolore, odorant et volatil, qui renferme beaucoup d'étain et ne présente aucune tendance à se combiner avec l'iode ou le brome.

Lorsqu'on laisse s'évaporer à l'air sa solution éthérée, il s'en sépare de l'oxyde de stannéthyle, sous la forme d'une poudre blanche.

Il se combine directement avec le chlore, le brome, et l'iode, en produisant du chlorure, du bromure et de l'iodure de stannéthyle.

Oxyde de stannéthyle, $C^4H^5Sn.O$, $C^4H^5Sn.O$. — Nous venons de dire comment cet oxyde se produit par l'oxydation directe du stannéthyle.

Lorsqu'on verse de l'ammoniaque dans la dissolution des sels de stannéthyle, l'oxyde de stannéthyle se sépare aussi sous la forme d'un précipité blanc, pesant, amorphe, semblable au bioxyde d'étain, mais plus léger. Il a une odeur particulière, légèrement éthérée, et une saveur amère. Il est insoluble dans l'eau, l'alcool et l'éther, mais il se dissout aisément dans les acides en donnant des sels cristallisables. Il se dissout également dans les alcalis fixes. Les sels de stannéthyle sont extrêmement semblables aux sels stanniques.

Sulfure de stannéthyle. — Suivant M. Lœwig, il se sépare, sous la forme d'un précipité blanc, lorsqu'on fait passer de l'hydrogène sulfuré dans la solution acide d'un sel de stannéthyle. C'est une poudre blanche, amorphe, d'une odeur âcre et nauséabonde, rappelant celle du raifort pourri. Il est insoluble dans les acides étendus et dans l'ammoniaque, mais il se dissout dans l'acide chlorhydrique concentré ainsi que dans la solution des alcalis fixes et des sulfures alcalins; il se précipite sans altération par l'addition d'un acide à sa solution dans ces derniers liquides. Il fond par la chaleur en se boursouflant, et en exhalant des vapeurs d'une odeur fort désagréable. L'acide nitrique le décompose à chaud, en produisant du bioxyde d'étain.

D'après MM. Cahours et Riche, le sulfure de stannéthyle s'obtient par l'hydrogène sulfuré et l'iodure de stannéthyle, sous la forme de gouttelettes limpides, insolubles dans l'eau, solubles dans l'alcool; elles se solidifient très-lentement, et le solide, aussi bien que le liquide, a la composition du sulfure de stannéthyle.

Sulfate de stannéthyle, $2\,(C^4H^5Sn.O), S^2O^6$. — Petites écailles nacrées, solubles dans l'eau et l'alcool, qu'on obtient en décomposant l'iodure de stannéthyle par le sulfate d'argent.

Chlorure de stannéthyle, C^4H^5Sn,Cl. — L'acide chlorhydrique dissout l'oxyde de stannéthyle et donne, par l'évaporation, des aiguilles incolores d'une grande beauté, et d'une forte odeur irritante. Ce composé fond à quelques degrés au-dessus de 30°; il est très-volatil, et se sublime, à une douce chaleur, en magnifiques aiguilles dures.

Bromure de stannéthyle, C^4H^5Sn,Br. — On l'obtient directement comme l'iodure de stannéthyle; il cristallise en belles aiguilles aisément fusibles. Il se comporte avec les solvants comme l'iodure de stannéthyle.

Iodure de stannéthyle, C^4H^5Sn,I. — Lorsque, suivant MM. Cahours et Riche, on chauffe au bain d'huile, à une température de 160 à 180°, de la limaille d'étain avec de l'iodure d'éthyle, dans des tubes scellés à la lampe, on voit le liquide diminuer progressivement, et, au bout de vingt à vingt-quatre heures au plus tard, la matière se prend, par le refroidissement, en une masse formée de gros cristaux. Ce produit solide est un mélange de limaille d'étain inaltérée, d'iodures jaune et rouge de ce métal, et d'iodure de stannéthyle. Celui-ci se dissout dans l'eau et mieux dans l'alcool, ce qui permet de le séparer des autres produits.

M. Lœwig est d'avis que, dans la réaction précédente, il doit se former, indépendamment de l'iodure de stannéthyle, une certaine quantité de métal stannéthyle qui resterait mêlé au résidu insoluble dans l'alcool. Suivant MM. Cahours et Riche, il se produit, dans la réaction, une certaine quantité d'iodure de distannéthyle.

M. Lœwig obtient aussi l'iodure de stannéthyle en ajoutant de l'iode à la solution éthérée du stannéthyle, tant que le mélange se décolore, et en abandonnant la solution alcoolique à l'évaporation spontanée.

M. Frankland produit l'iodure de stannéthyle en décomposant l'iodure d'éthyle par l'étain métallique, sous l'influence des rayons solaires. Il enferme l'étain et l'iodure d'éthyle dans des tubes scellés à la lampe, qu'il abandonne ensuite dans le voisinage du foyer d'un grand miroir parabolique concave ; pour éviter que la matière s'échauffe trop, il place les tubes dans de l'eau ou dans une solution de sulfate de cuivre. L'action est terminée au bout de quelques jours d'insolation. A la lumière diffuse, elle est excessivement lente, et exige plusieurs mois pour s'accomplir. On fait dissoudre le produit cristallin dans l'alcool bouillant, et l'on abandonne la solution dans le vide. (Il se produit toujours, dans cette réaction de l'étain et de l'iodure d'éthyle, une petite quantité d'un mélange gazeux, composé de gaz oléfiant et d'hydrure d'éthyle, provenant sans doute d'une réaction secondaire.)

L'iodure de stannéthyle s'obtient sous la forme de longues aiguilles très-brillantes ou en petits prismes droits rectangulaires, qui possèdent une odeur de rave très-prononcée. La couleur jaunâtre de ces cristaux est due à la décomposition d'une petite quantité de la matière, décomposition qui a lieu surtout lorsque le vase contenant la dissolution est frappé par les rayons solaires. Par l'expression entre des doubles de papier buvard, les cristaux deviennent incolores et perdent presque entièrement leur odeur.

Ainsi purifié, ce corps fond à 38° (Cah. et R.; à 42°, Frankl.), et prend l'apparence d'une huile très-limpide; chauffé plus fort, il donne des vapeurs incolores qui se subliment sur les parois du vase sous la forme de longues aiguilles incolores, tandis qu'une très-petite portion seulement du produit s'altère. Il bout à 240°, en se décomposant en partie.

L'eau froide dissout l'iodure de stannéthyle en petite quantité; si l'on chauffe, il entre en fusion et se précipite au fond de l'eau, sous la forme d'une huile incolore qui se dissout peu à peu. La solution aqueuse se décompose par l'ébullition en donnant de l'oxyde de stannéthyle et de l'acide iodhydrique.

L'alcool dissout l'iodure de stannéthyle en forte proportion, surtout à chaud. L'éther anhydre le dissout mieux encore.

La solution de l'iodure de stannéthyle se comporte comme l'iodure de potassium avec les dissolutions métalliques : elle produit les mêmes précipités dans les sels de plomb, de mercure et d'argent.

Nitrate de stannéthyle, $C^4H^5Sn.O,NO^5$. — Si l'on verse goutte à goutte une solution de nitrate d'argent dans une solution d'iodure de stannéthyle, on obtient un précipité d'iodure d'argent; la liqueur filtrée, étant soumise à l'évaporation, laisse déposer du nitrate de stannéthyle. On obtient aussi ce sel en dissolvant l'oxyde de stannéthyle dans l'acide nitrique faible. Il forme d'assez gros cristaux; lorsqu'on le chauffe, il fond d'abord, et brûle ensuite avec une légère explosion.

Phosphate de stannéthyle. — Sel insoluble dans l'eau.

Carbonate de stannéthyle. — Sel insoluble dans l'eau.

Formiate de stannéthyle. — Sel assez soluble dans l'eau et cristallisant parfaitement.

Oxalate de stannéthyle. — Sel insoluble dans l'eau.

Acétate de stannéthyle. — Combinaison cristallisable qu'on obtient en dissolvant l'oxyde de stannéthyle dans l'acide acétique.

Tartrate de stannéthyle. — Sel assez soluble dans l'eau et cristallisant parfaitement.

§ 865. COMBINAISONS DE $^2/_2$ STANNÉTHYLE OU DE DISTANNÉTHYLE. — Le *métal* n'a pas été isolé.

L'*oxyde* s'obtient avec l'iodure de distannéthyle et l'ammoniaque ou l'oxyde d'argent. C'est une substance amorphe, qui produit des sels cristallisables.

Le *chlorure*, $(C^4H^5Sn)^2Cl$, s'obtient en dissolvant l'oxyde dans l'acide chlorhydrique; il cristallise en paillettes brillantes par le refroidissement de sa solution alcoolique. Il est d'ailleurs peu soluble dans l'alcool. Voici les nombres qu'il a donnés à l'analyse :

	Lœwig.			Calcul.
Carbone. . . .	22,14	22,25	22,20	22,69
Hydrogène. . .	4,86	5,00	5,02	4,74
Chlore.	17,06	16,84	16,84	16,78

L'*iodure* de distannéthyle s'obtient en petits cristaux durs, peu solubles dans l'alcool, et qui se déposent de la solution alcoolique bouillante sous la forme de tables. M. Lœwig a obtenu ce sel en abandonnant à l'évaporation spontanée les eaux-mères alcooliques provenant de la préparation des stannéthyles (p. 384).

Dans la réaction de l'étain sur l'iodure d'éthyle, il se forme, suivant MM. Cahours et Riche, outre l'iodure de stannéthyle, qui est le principal produit, une petite quantité d'une huile à odeur de raifort. Celle-ci serait l'iodure de distannéthyle ; elle se forme en grande quantité lorsqu'on arrête la réaction au bout de quelques heures.

§ 866. Combinaisons de ⁴/₄ stannéthyle ou de tétrastannéthyle. — Le *métal* de ce radical n'a pas été obtenu.

L'*oxyde* se présente, comme l'oxyde de stannéthyle, sous la forme d'une poudre amorphe, d'un blanc éclatant, et que l'ammoniaque précipite de ses combinaisons en flocons blancs. La potasse le précipite aussi, mais un excès de réactif dissout le précipité. Il est entièrement insoluble dans l'eau, et se dissout très-peu dans l'alcool et dans l'éther. Avec les acides, il donne des sels incolores, solubles dans l'alcool et dans l'éther, et qui sont précipités par l'addition d'une grande quantité d'eau à leur solution alcoolique.

Le *chlorure* cristallise en dernier lieu lorsqu'on dissout dans l'acide chlorhydrique le mélange des différents oxydes de stannéthyle, et qu'on abandonne la liqueur à l'évaporation spontanée.

Le *bromure* ressemble à l'iodure.

L'*iodure*, $(C^4H^5Sn)^4$, I, cristallise en belles tables rhomboïdales, quelquefois en écailles ou en aiguilles, grasses au toucher et friables. Il est entièrement insoluble dans l'eau, très-soluble dans l'alcool et surtout dans l'éther. On l'obtient en traitant par l'iode les stannéthyles qui se séparent sous forme huileuse lorsqu'on précipite par l'eau (p. 385) la solution des stannéthyles dans l'alcool mélangé d'éther. Il a donné à l'analyse les résultats suivants :

	Lœwig.			Calcul.
Carbone.	19,61	19,14	19,28	20,04
Hydrogène. . . .	4,32	4,28	4,52	4,15
Étain.	49,22	»	»	49,27
Iode.	25,74	26,00	25,10	26,54
				100,00

Le *nitrate* de $^4/_4$ stannéthyle, $(C^4H^5Sn)^4O,NO^5$, s'obtient de la manière suivante : on dissout, dans un mélange d'alcool et d'éther, la portion des stannéthyles qui est précipitée par l'eau de la solution alcoolique primitive ; on ajoute du nitrate d'argent à la liqueur, tant que ce sel est réduit ; on filtre, et l'on évapore à une douce chaleur la liqueur filtrée. Dans le résidu huileux qu'on obtient ainsi, il se forme peu à peu des cristaux, qu'on exprime et qu'on traite par l'éther : cet agent en dissout une partie. Par l'évaporation de la solution éthérée, il se dépose alors des cristaux de nitrate de $^4/_4$ stannéthyle.

§ 867. Combinaisons de $^4/_3$ stannéthyle. — Le *métal* de ce radical n'a pas été isolé à l'état de pureté.

L'*iodure*, $(C^4H^5)^3Sn^4,I$, cristallise ordinairement de sa dissolution éthérée en belles aiguilles groupées en étoiles ; il est sans odeur, insoluble dans l'eau, fort soluble dans l'alcool et dans l'éther. Voici les nombres qu'il a donnés à l'analyse :

	Lœwig.			Calcul.
Carbone.	15,25	15,41	15,50	16,00
Hydrogène. . . .	3,46	3,41	3,45	3,33
Étain.	51,64	»	»	52,45
Iode.	28,06	28,38	28,34	28,22
				100,00

Le *nitrate*, $(C^4H^5)^3Sn^4.O,NO^5$, s'obtient en décomposant exactement une solution alcoolique de l'iodure précédent par du nitrate d'argent. Il forme de petits cristaux, brillants et assez durs, solubles dans l'alcool, et peu solubles dans l'éther.

§ 868. Combinaisons de $^2/_3$ stannéthyle. — Les dernières portions du liquide qui se précipite par l'addition de petites quantités

d'eau à la solution alcoolique et froide des stannéthyles (p. 385),
renferment un mélange de $^2/_3$ stannéthyle et de $^4/_5$ stannéthyle. Ce
mélange, parfaitement incolore, possède une densité de 1,320 et
est volatil.

L'*oxyde* de $^2/_3$ stannéthyle s'obtient de la manière suivante : on
dissout le sulfate de $^2/_3$ stannéthyle dans l'alcool, on décompose la
solution par de l'eau de baryte, et l'on évapore le mélange à siccité, à une température d'environ 80 degrés. Le résidu est agité
avec de l'alcool, et la solution alcoolique est abandonnée sous une
cloche, en présence de l'acide sulfurique concentré. Lorsque la
liqueur a acquis un certain degré de concentration, il s'y forme
de beaux cristaux transparents qui représentent probablement
l'hydrate de $^2/_3$ stannéthyle.

Ces cristaux fondent déjà au-dessous de 100°, en un liquide
huileux, et se volatilisent peu à peu. Lorsqu'on les fait fondre au
bain-marie, et qu'on maintient par-dessus une baguette humectée
d'acide chlorhydrique, on voit se produire des fumées blanches.

L'hydrate de $^2/_3$ stannéthyle est peu soluble dans l'eau, mais il
se dissout aisément dans l'alcool aqueux et dans l'éther. C'est une
base puissante, qui déplace de leurs combinaisons l'ammoniaque,
la magnésie, l'oxyde de zinc, et beaucoup d'autres oxydes. Il bleuit
le tournesol rougi par les acides. Sa saveur est fort caustique. Il
attire l'acide carbonique.

Il forme, avec les acides, des sels qui, à part le nitrate, cristallisent aisément. Ces sels sont tous solubles dans l'alcool et dans
l'éther.

Le *sulfate* s'obtient en beaux prismes, inaltérables à l'air; il a
une légère odeur et provoque l'éternument. Peu soluble dans
l'eau, il se dissout aisément dans l'alcool.

Le *chlorure* est un liquide limpide, fort réfringent, d'une odeur
pénétrante. Il est volatil, et se dissout en toutes proportions dans
l'alcool et dans l'éther. Sa densité est de 1,320.

Le *bromure* a une densité de 1,630, et ressemble au chlorure et
à l'iodure.

L'*iodure*, $(C^4H^5)^3Sn^2, I$, s'obtient en traitant l'oxyde de $^2/_3$ stannéthyle par l'acide iodhydrique aqueux; on ajoute de l'éther, et
l'on agite le mélange. L'iodure de $^2/_3$ stannéthyle se dissout dans
l'éther, et reste, après l'évaporation de cet agent, sous la forme
d'un liquide transparent, mobile, très-réfringent, et d'une forte

odeur d'essence de moutarde. Bien qu'il n'entre en ébullition qu'entre 180 et 200 degrés, ce liquide se volatilise peu à peu entièrement, lorsqu'on le chauffe au bain-marie. Il se mélange en toutes proportions avec l'alcool et l'éther. L'eau ne le dissout qu'en petite quantité. Sa densité est de 1,850. Il a donné à l'analyse les nombres suivants :

	Lœwig.			Calcul.
Carbone.	21,96	22,06	21,83	21,68
Hydrogène. . .	4,58	4,68	4,71	4,26
Iode.	37,93	37,93	37,55	38,22

Le *nitrate* s'obtient difficilement à l'état cristallisé.

§ 869. COMBINAISONS DE $^4/_5$ STANNÉTHYLE. — Ainsi que nous l'avons déjà dit, le *métal* de ce radical est mêlé avec le $^2/_3$ stannéthyle dans le liquide qu'on précipite par l'eau de la solution alcoolique des stannéthyles (p. 385).

L'*oxyde* hydraté cristallise de sa solution alcoolique sous forme de mamelons. Il constitue une base puissante qui sépare l'ammoniaque et les oxydes métalliques de ses dissolutions. Il est insoluble dans l'eau, mais il se dissout aisément dans l'alcool et dans l'éther. Exposé à l'air, il en attire rapidement l'acide carbonique.

Avec les acides il donne des sels cristallisables ; toutefois ses propriétés basiques sont moins tranchées que celles de l'oxyde de $^2/_3$ stannéthyle.

Le *sulfate* cristallise, de sa solution alcoolique, en petites aiguilles qui perdent rapidement leur transparence à l'air. Il est à peine soluble dans l'eau, et se dissout plus difficilement dans l'alcool que le sulfate de $^2/_3$ stannéthyle.

L'*iodure*, $(C^4H^5)^5Sn^4, I$, est un liquide incolore, d'une consistance huileuse et d'une densité de 1,724. Il a donné à l'analyse :

	Lœwig.		Calcul.
Carbone.	23,75	22,92	23,62
Hydrogène. . . .	5,08	5,21	4,90
Iode.	25,62	26,43	25,02

Le *chlorure et le bromure* ressemblent à l'iodure.

Ces sels haloïdes ont la même odeur que les combinaisons correspondantes du $^2/_3$ stannéthyle.

MERCURURE D'ÉTHYLE.

§ 869[a]. Lorsqu'on expose au soleil de l'iodure d'éthyle avec du mercure métallique, on n'obtient pas d'iodure de mercuréthyle : il ne se produit que de l'iodure de mercure, ainsi qu'un mélange gazeux composé d'éthyle, d'hydrure d'éthyle, et de gaz oléfiant[1].

AUTRES COMPOSÉS ÉTHYLIQUES.

§ 870. Les *carbonates d'éthyle*, le *formiate d'éthyle*, les *oxalates d'éthyle*, le *cyanure d'éthyle*, l'*acétate d'éthyle*, et tous les autres éthers formés par les acides organiques, sont décrits, dans le chapitre de leurs acides respectifs, sous le titre de : *Dérivés éthyliques de l'acide....*

II.

GROUPE ALLYLIQUE.

§ 871. Ce groupe comprend l'essence d'ail, l'essence de moutarde et plusieurs dérivés de ces essences. Les combinaisons qui en font partie présentent une grande analogie avec certains termes du groupe éthylique ou de ses homologues : on peut, en effet, admettre, dans les composés allyliques,. un radical C^6H^5, *allyle*, remplaçant 1 atome (double) d'hydrogène, comme l'éthyle et le méthyle. Considérés à ce point de vue, les composés allyliques peuvent se formuler de la manière suivante :

$$\text{Oxyde d'allyle.} \quad C^{12}H^{10}O^2 \;=\; \left. \begin{matrix} C^6H^5.O \\ C^6H^5.O \end{matrix} \right\}$$

$$\text{Sulfure d'allyle (essence d'ail, etc.).} \quad C^{12}H^{10}S^2 \;=\; \left. \begin{matrix} C^6H^5.S \\ C^6H\ .S \end{matrix} \right\}$$

$$\text{Acide allyl-sulfocarbamique.} \quad C^8H^7NS^4 \;=\; \left. \begin{matrix} NH(C^6H^5)(CS)^2.S \\ HS \end{matrix} \right\}$$

$$\text{Cyanate de diallyl-ammonium, diallyl-urée, ou sinapoline.} \quad C^{14}H^{12}N^2O^2 \;=\; \left. \begin{matrix} NH^2(C^6H^5)^2.O \\ GyO \end{matrix} \right\}$$

[1] FRANKLAND, *Ann. der. Chem. u. Pharm.*, LXXVII, 221 ; LXXXV, 364.

$$\text{Cyanallyl-ammoniaque, ou sinamine} \dots \quad C^8\,H^6N^2 \;=\; N \left\{ \begin{array}{l} C^6H^5 \\ H \\ Cy, \end{array} \right.$$

$$\text{Sulfocyanure d'allyle (essence de moutarde)} \dots \quad C^8\,H^5\,NS^2 \;=\; \left. \begin{array}{l} C^6H^5.S \\ CyS \end{array} \right\} ,$$

$$\text{Sulfocyanure d'allyl-ammonium, ou thiosinamine} \dots \quad C^8\,H^8\,N^2S^2 \;=\; \left. \begin{array}{l} NH^3(C^6H^5).S \\ CyS \end{array} \right\} .$$

Acide myronique. . . . . . . Composition inconnue.

On connaît fort peu les relations qui rattachent les composés allyliques aux autres groupes sériés : on sait seulement que les agents oxygénants convertissent le sulfure et le sulfocyanure d'allyle en acides propionique, acétique, formique et oxalique.

OXYDE D'ALLYLE.

Composition : $C^{12}H^{10}O^2 = C^6H^5.O,\ C^6H^5.O.$

§ 872. Ce composé[1] paraît être contenu en petite quantité dans l'essence d'ail brute, car, lorsqu'on mélange une solution alcoolique et concentrée de cette essence avec une très-petite quantité de nitrate d'argent, concentré et dissous dans l'alcool, on obtient des cristaux de nitrate d'argent et d'allyle, sans qu'il se produise du sulfure d'argent.

L'oxyde d'allyle prend naissance par la réaction du nitrate d'argent et du sulfure d'allyle (essence d'ail), ainsi que par la réaction des alcalis caustiques et du sulfocyanure d'allyle (essence de moutarde).

On le prépare en dissolvant dans l'ammoniaque aqueuse les cristaux de nitrate d'argent et d'oxyde d'allyle ; l'oxyde d'allyle vient alors nager à la surface de la liqueur. On le purifie par la rectification.

On peut aussi le préparer, suivant M. Wertheim, en chauffant l'essence de moutarde à 120° avec un mélange de soude et de chaux, dans un tube fermé et recourbé de manière que le produit de la distillation puisse se condenser dans l'une des branches. La réaction est assez lente, et il faut d'abord que l'appareil soit disposé, pendant quelques heures, de telle façon que le produit qui se volatilise retombe toujours sur le mélange de soude et de chaux. Le résidu renferme beaucoup de sulfocyanure.

[1] WERTHEIM (1844), *Ann. der Chem. u. Pharm.*, LI, 309; LV, 297.

L'oxyde d'allyle est une huile limpide, d'une odeur particulière toute différente de l'odeur d'ail. Il s'oxyde promptement à l'air.

§ 873. *Nitrate d'argent et d'allyle*, $C^{12}H^{10}O^2$, 2 NO^6Ag. — Cette combinaison se produit immédiatement à l'état cristallisé, lorsqu'on verse une solution alcoolique de nitrate d'argent sur l'oxyde d'allyle.

Pour la préparer, on mélange de l'essence d'ail rectifiée, avec un excès d'une solution alcoolique et concentrée de nitrate d'argent, et l'on abandonne le mélange dans un endroit obscur. Peu à peu, on le voit alors déposer du sulfure d'argent, en même temps que de l'acide nitrique devient libre :

$$C^{12}H^{10}S^2 + 4NO^6Ag + 2HO = C^{12}H^{10}O^2, 2NO^6Ag + 2NO^6H + 2AgS.$$
Ess. d'ail.   Ox. d'allyle.

Après avoir abandonné ce mélange pendant 24 heures, on le chauffe à l'ébullition, on jette la liqueur bouillante sur un filtre, afin d'en séparer le sulfure d'argent ; on obtient ainsi, par le refroidissement, des prismes radiés, incolores et très-brillants, qu'on lave avec de l'alcool, puis avec un peu d'eau.

Ces cristaux sont fort solubles dans l'eau, peu solubles dans l'alcool froid, bien plus solubles dans l'alcool bouillant et dans l'éther. Ils noircissent assez promptement à la lumière et à 100°, sans s'altérer autrement. Lorsqu'on les chauffe davantage, ils produisent une déflagration, en laissant de l'argent métallique.

L'acide nitrique fumant les décompose promptement. L'acide chlorhydrique en sépare tout l'argent, sous forme de chlorure, en même temps qu'il développe une odeur particulière.

L'hydrogène sulfuré donne, dans la solution des cristaux, un précipité de sulfure d'argent.

L'ammoniaque aqueuse dissout aisément les cristaux, en mettant en liberté des gouttes huileuses d'oxyde d'allyle.

Voici les nombres qu'on a obtenus à l'analyse de ces cristaux :

	Wertheim.		Calcul.
Carbone. . . .	16,22	16,17	16,44
Hydrogène. . .	2,26	2,29	2,28
Argent. . . .	49,21	49,61	49,32
Azote.	6,35·	»	6,39
Oxygène. . . .	»	»	25,37
			100,00

SULFURE D'ALLYLE.

Syn. : essence d'ail.

Composition : $C^{12}H^{10}S^2 = C^6H^5.S, C^6H^5.S$.

§ 874. Le sulfure d'allyle[1] est contenu dans l'huile essentielle qu'on obtient en distillant avec de l'eau les feuilles et les graines de plusieurs asphodélées et crucifères. On trouve surtout du sulfure d'allyle dans l'essence des bulbes d'*Allium sativum* (gousses d'ail), des feuilles d'*Alliaria officinalis*, des feuilles et des graines de *Thlaspi arvense*; l'huile essentielle des deux dernières plantes est un mélange de sulfure d'allyle et de sulfocyanure d'allyle (essence de moutarde). Un semblable mélange s'obtient avec les feuilles et les graines d'*Iberis amara*, et, en très-petite quantité, avec les graines de *Capsella Bursa Pastoris*, *Raphanis raphanistrum*, et *Sisymbrium Nasturtium*[2].

On produit artificiellement le sulfure d'allyle en chauffant l'essence de moutarde (sulfocyanure d'allyle) avec du monosulfure de potassium, dans un tube de verre fermé. Cette métamorphose s'effectue aisément, et réussit à une température qui dépasse à peine 100 degrés (Wertheim).

Le sulfure d'allyle se produit aussi lorsqu'on chauffe doucement l'essence de moutarde avec du potassium[3].

Pour préparer le sulfure d'allyle, on dessèche, avec du chlorure de calcium, l'essence d'ail rectifiée, on y introduit quelques fragments de potassium, et on distille quand il ne se dégage plus de gaz. 3 p. d'essence rectifiée donnent environ 2 p. de sulfure d'allyle pur. L'essence d'ail rectifiée paraît contenir du sulfure d'allyle, avec de l'oxyde d'allyle et un excès de soufre; c'est sur ces deux derniers corps seulement que porte l'action du potassium.

Le sulfure d'allyle est une huile incolore, plus légère que l'eau, et fort réfringente; il distille sans altération. Son odeur est moins désagréable que celle de l'essence d'ail brute. Il est peu soluble dans l'eau, fort soluble dans l'alcool et l'éther.

L'acide nitrique fumant l'attaque avec violence en produisant

---

[1] WERTHEIM, *loc. cit.*
[2] PLESS, *Ann. der Chem. u. Pharm.*, LVIII, 36.
[3] Voy. § 882.

de l'acide oxalique ; la solution étant étendue d'eau, il s'en sépare des flocons jaunâtres. L'acide sulfurique concentré le dissout à froid, avec une teinte pourpre ; l'eau l'en sépare sans altération.

Il absorbe le gaz chlorhydrique en grande quantité, en se colorant en bleu foncé ; le mélange se décolore par la chaleur et par l'addition de l'eau.

Il n'est altéré ni par les acides, ni par les alcalis dilués. L'acide nitrique concentré le transforme en acide formique et en acide oxalique.

Le potassium ne l'attaque pas.

Le sulfure d'allyle précipite plusieurs solutions métalliques.

Lorsqu'on mélange une dissolution de nitrate d'argent avec du sulfure d'allyle, il se produit, au bout de quelque temps, un précipité de sulfure d'argent, en même temps qu'il se forme des cristaux de nitrate d'argent et d'allyle, et que la liqueur devient fort acide.

§ 875. *Combinaisons de sulfure d'allyle.* — Le sulfure d'allyle ne précipite ni l'acétate de plomb, ni le nitrate de plomb, ni l'acétate de cuivre, en solution alcoolique ou aqueuse ; il ne précipite pas non plus la solution de l'acide arsénieux ou arsénique dans le sulfhydrate d'ammoniaque.

Mais le sulfure d'allyle précipite les sels d'argent, de mercure, d'or, de platine et de palladium.

Précipité d'argent. Lorsqu'on mélange une solution de nitrate d'argent dans l'ammoniaque aqueuse avec un excès de sulfure d'allyle, il se produit du sulfure d'argent, de l'oxyde d'allyle et du nitrate d'ammoniaque ; mais cette réaction ne s'effectue pas immédiatement : le précipité est d'abord blanc ou jaune pâle, et renferme probablement $C^{12}H^{10}S^2$, x AgS. Lorsqu'on le lave immédiatement avec de l'alcool, qu'on le sèche entre des doubles de papier, et qu'on le soumet ensuite à la distillation, il passe du sulfure d'allyle, et l'on obtient un résidu de sulfure d'argent. Mais si l'on abandonne le précipité pendant une demi-heure dans le liquide, il brunit de plus en plus, et finit par se convertir entièrement en sulfure d'argent noir.

Précipité de mercure. Lorsqu'on mélange des solutions alcooliques d'essence d'ail et de bichlorure de mercure, il se produit un abondant précipité blanc, dont la quantité augmente encore par le repos, et surtout si l'on étend d'eau le mélange.

Ce précipité est un mélange de deux combinaisons dont l'une peut s'extraire par l'alcool bouillant. Si l'on abandonne au repos l'extrait alcoolique, ou si l'on y ajoute de l'eau, il se dépose une poudre blanche qui paraît contenir $2\,C^{12}H^{10}S^2$, $2\,HgS$, $6\,HgCl$; cette poudre a donné à l'analyse :

	Wertheim.	Calcul.
Carbone.	10,91	11,31
Hydrogène. . . .	1,61	1,57
Mercure.	63,67	62,87
Chlore.	16,41	16,70

Le composé précédent noircit légèrement au soleil. Lorsqu'on le chauffe, il dégage des vapeurs qui ont une odeur de porreau, et donne un sublimé composé de mercure métallique et de proto-chlorure de mercure. La potasse concentrée le colore en jaune clair, en mettant du bioxyde de mercure en liberté; si l'on y ajoute ensuite de l'acide nitrique étendu, celui-ci dissout le bioxyde, et laisse un corps blanc, qui renferme peut-être $2\,C^{12}H^{10}S^2$, $2\,HgS$.

Le même composé mercuriel, extrait par l'alcool, donne de l'essence de moutarde, entre autres produits, lorsqu'on le distille avec du sulfocyanure de potassium.

Quant à la partie du précipité, insoluble dans l'alcool, elle renferme du carbone et de l'hydrogène dans les mêmes rapports atomiques que le composé précédent, mais elle contient beaucoup plus de mercure.

Précipité d'or. Le sulfure d'allyle donne avec le perchlorure d'or un précipité d'un beau jaune, qui s'agglomère peu à peu comme une résine et se recouvre d'une pellicule d'or métallique.

Précipité de platine. L'essence d'ail précipite le bichlorure de platine. La couleur du précipité est d'un beau jaune si l'on emploie des solutions alcooliques, seulement il ne se produit que peu à peu si l'alcool est concentré; mais l'addition de l'eau au mélange le fait apparaître immédiatement. Si l'on ajoute trop d'eau à la fois, le précipité est brun, résineux et difficile à purifier. Il est presque insoluble dans l'eau, très-peu soluble dans l'acool et l'éther. Ni la potasse, ni l'hydrogène sulfuré ne l'attaquent.

M. Wertheim représente sa composition par la formule $3\,(C^6H^5S.\ PtS^2) + C^6H^5Cl$, $PtCl^2$, qui n'offre pas de vraisemblance. Voici les résultats de l'analyse :

	Wertheim.	Calcul.
Carbone.	17,85	17,77
Hydrogène. . . .	2,87	2,47
Platine.	48,53	48,88
Soufre.	18,29	17,77
Chlore.	13,22	13,11

Quelquefois, en employant de l'alcool très-concentré, on obtient des paillettes dorées, mais celles-ci disparaissent immédiatement par l'addition de l'eau.

Lorsqu'on délaye le précipité jaune dans le sulfhydrate d'ammoniaque, il prend une couleur de kermès, et contient alors $C^{12}H^{10}S^2$, 2 PtS². Ce produit dégage l'odeur de l'essence d'ail, lorsqu'on le chauffe à 100°.

Précipité de palladium. Lorsqu'on ajoute peu à peu de l'essence d'ail rectifiée à une solution de nitrate de palladium maintenue en excès, il se produit un précipité brun qui paraît renfermer 2 $C^{12}H^{10}S^2$, 6 PdS.

Le chlorure de palladium donne un précipité jaune, renfermant probablement le composé précédent combiné avec du chlorure de palladium.

§ 876. *Essences contenant du sulfure d'allyle, ou d'autres composés sulfurés semblables.* — On a vu plus haut (§ 874) que plusieurs plantes, distillées avec de l'eau, donnent des huiles essentielles sulfurées contenant du sulfure d'allyle, et quelquefois un mélange de ce sulfure et de sulfocyanure d'allyle (essence de moutarde). Ces deux composés ne préexistent pas toujours dans les parties végétales, et il est nécessaire de faire macérer celles-ci, surtout les graines, avec de l'eau, avant de les soumettre à la distillation. Les graines broyées de *Thlaspi arvense* ne présentent pas d'odeur, ce qui dénote bien l'absence de l'huile essentielle; elles ne donnent pas d'essence, si, avant de les distiller avec de l'eau, on les chauffe à 100° ou qu'on les traite par l'alcool.

Voici comment on opère pour reconnaître le sulfure d'allyle et le sulfocyanure d'allyle dans les huiles essentielles dont nous parlons [1] : on sature ces essences par du gaz ammoniaque, et l'on distille le produit avec de l'eau; s'il y a du sulfocyanure d'allyle, il cristallise de la thiosinamine (§ 885) dans le résidu; on sature

[1] PLESS, *loc. cit.*

ensuite l'ammoniaque du liquide distillé par l'acide sulfurique, et
on distille de nouveau ; il passe ainsi du sulfure d'allyle qu'on
dissout dans l'alcool et qu'on précipite par le bichlorure de platine ;
le poids du précipité platinique donne la proportion du sulfure
d'allyle.

α. *Essence d'ail*. Lorsqu'on distille l'ail avec de l'eau, il passe
une huile pesante, brune et fétide ; 5o kilogrammes d'ail donnent
de 100 à 120 grammes d'huile brute. Celle-ci se décompose déjà
à 140°, si on la soumet à une nouvelle distillation ; elle se colore
alors davantage, dégage des vapeurs fort désagréables, et laisse une
matière brune et gluante.

Lorsqu'on rectifie l'essence brute dans un bain de sel marin, il
en passe les deux tiers sous la forme d'une huile jaunâtre, plus
légère que l'eau. C'est en traitant celle-ci par le potassium qu'on
obtient le sulfure d'allyle pur ; ce métal se sulfure dans l'huile en
dégageant une petite quantité d'un gaz inflammable.

D'ailleurs l'essence d'ail rectifiée présente, avec les solutions
métalliques, les mêmes réactions que le sulfure d'allyle, et c'est
probablement à la présence, dans l'huile d'ail, d'une certaine quantité d'oxyde d'allyle, qu'il faut attribuer les nombres variables
qu'on obtient à l'analyse de l'essence, non traitée par le potassium.

Voici les résultats de l'analyse de trois échantillons d'essence d'ail
simplement rectifiée et desséchée sur le chlorure de calcium :

Carbone.	55,39	59,06	60,57
Hydrogène. . .	7,70	8,19	8,40

L'essence d'ail brute paraît contenir un excès de soufre qui s'en
sépare en grande partie par la rectification.

β. *Essence de cresson*[1]. Lorsqu'on fait macérer dans l'eau les
feuilles ou les graines de *Lepidium ruderale*, *L. sativum*, et *L.
campestre*, après les avoir broyées, et qu'on les distille ensuite, on
obtient une huile jaunâtre, plus pesante que l'eau, extrêmement
âcre et d'une odeur de porreau. On ne peut pas la redistiller seule
sans qu'elle s'altère. Elle contient du soufre : elle précipite le bichlorure de mercure en blanc, le bichlorure de platine (en solution alcoolique) en jaune orangé, le nitrate d'argent tantôt en
blanc, tantôt en noir. La potasse et l'ammoniaque n'y agissent pas.

γ. *Essence de radis*. Distillées avec de l'eau, les racines et les

---

[1] PLESS, *loc. cit.*

graines de *Raphanus sativus* donnent un liquide laiteux, d'où l'on extrait, par la rectification, une petite quantité d'une huile essentielle. Celle-ci est incolore et plus pesante que l'eau ; elle renferme du soufre. Elle précipite le bichlorure de mercure en blanc, le bichlorure de platine en jaune. Elle est assez soluble dans l'eau.

On obtient la même essence en distillant, avec de l'eau, les graines de *Brassica napus*, de *Cochlearia draba*, de *Cheiranthus annuus*[1].

δ. *Essence d'assa-fœtida.* L'assa-fœtida doit son odeur à une huile essentielle qu'on peut en extraire par la distillation avec de l'eau : on en obtient environ 30 grammes par kilogramme.

Cette essence est neutre, et dégage par le repos beaucoup d'hydrogène sulfuré ; elle commence à bouillir vers 135 ou 140°, et ne se compose que de carbone, d'hydrogène et de soufre. M. Hlasiwetz[2], qui l'a soumise à l'analyse, n'y trouve pas des proportions constantes à cause du dégagement continu de l'hydrogène sulfuré. Voici les nombres que ce chimiste a obtenus :

	I.	II.	III.	IV.
Carbone. . .	67,13	64,24	65,46	69,27
Hydrogène. .	10,48	9,55	9,09	10,42
Soufre. . . .	22,37	25,37	25,43	20,17
	99,98	100,16	99,98	99,86

I provenait d'une huile distillée dans un alambic de cuivre, rectifiée et analysée immédiatement après sa préparation ; II provenait d'une autre huile préparée de la même manière et analysée après quelque temps de repos ; III provenait d'une huile distillée dans une cornue de verre et analysée immédiatement après la préparation ; IV provenait d'une huile distillée à 120 ou 130° dans une cornue de verre, sans ébullition. Bien que ces résultats ne soient pas concordants, on y remarque cependant les relations suivantes :

$$
\begin{array}{cccc}
\text{I.} & \text{II.} & \text{III.} & \text{IV.} \\
\left. \begin{array}{l} C^{12}H^{11}S^2 \\ C^{12}H^{11}S \end{array} \right\} &
\left. \begin{array}{l} 3\,C^{12}H^{11}S^2 \\ C^{12}H^{11}S \end{array} \right\} &
\left. \begin{array}{l} 5\,C^{12}H^{11}S^2 \\ 2\,C^{12}H^{11}S \end{array} \right\} &
\left. \begin{array}{l} C^{12}H^{11}S^2 \\ 2\,C^{12}H^{11}S \end{array} \right\}
\end{array}
$$

M. Hlasiwetz conclut de ces résultats que l'huile d'assa-fœtida est un mélange variable du sulfure supérieur et du sulfure inférieur d'un seul et même radical.

[1] PLESS, *loc. cit.*
[2] HLASIWETZ, *Ann. der Chem. u. Pharm.*, LXXI, 23.

Lorsqu'on mélange cette essence avec de l'oxyde d'argent, elle noircit et donne du sulfure d'argent ; à chaud, il se produit de l'eau. Le produit rectifié dégageait encore de l'hydrogène sulfuré et contenait :

Carbone.	65,64	65,57
Hydrogène.	10,00	10,29
Soufre.	24,81	24,81
	100,45	100,67

La dissolution alcoolique de l'essence donne, avec le bichlorure de platine, des précipités jaunes ou bruns dont la composition varie suivant la concentration des liquides et la durée de la réaction. On remarque, d'ailleurs, dans ces précipités les mêmes rapports atomiques $C^{12}H^{11}$ entre le carbone et l'hydrogène, que dans l'essence.

Lorsqu'on agite l'essence d'assa-fœtida avec un mélange concentré de potasse et d'hydrate de plomb récemment précipité, elle prend une odeur de lavande ou de romarin ; après ce traitement, elle a donné à l'analyse :

	I.		II.	
Carbone. . .	59,82	60,46	60,51	61,07
Hydrogène. .	9,42	9,44	9,47	9,57
Soufre. . . .	29,85	29,85	»	»

M. Hlasiwetz déduit de ces nombres les relations $C^{48}H^{44}S^9$, qui ne me paraissent pas admissibles. On obtient une huile semblable, ayant la même composition, en faisant passer du gaz sulfureux dans l'essence brute.

Rectifiée sur un mélange de chaux et de soude, l'huile précédente dégageait un peu d'hydrogène sulfuré, et contenait ensuite : carbone, 60,74 ; hydrogène, 10,33 ; soufre, 29,77. Il se produit aussi dans ce dernier traitement une certaine quantité de valérate et de propionate.

L'action de l'acide nitrique sur l'essence brute est très-énergique : il se produit, entre autres produits, de l'acide acétique, de l'acide propionique et de l'acide oxalique.

Lorsqu'on mélange des solutions alcooliques et concentrées d'essence d'assa-fœtida et de bichlorure de mercure, on obtient un précipité blanc, qui devient peu à peu gris. Le liquide acquiert en même temps une odeur d'ail et réagit fort acide. Le précipité bouilli avec de l'alcool concentré donne un liquide qui dépose, par

le refroidissement, des cristaux microscopiques, dans lesquels on a
trouvé :

Carbone. . .	14,03	14,10	
Hydrogène. .	2,39	2,54	
Chlore. . . .	10,93	»	
Mercure. . .	61,19	62,34	61,08
Soufre. . . .	11,46 (par différence.)		

M. Hlasiwetz déduit de ces nombres les relations 2 $C^{12}H^{10}S^{2}$,
3 HgS, 3 HgCl. Ce serait donc une combinaison semblable à celle
que donne le sulfure d'allyle (§ 878) ; mais on n'obtient cette matière qu'en très-petite quantité, et la plus grande partie du précipité reste à l'état d'une matière insoluble, blanche ou grisâtre.

La potasse colore en jaune les cristaux précédents, tandis qu'elle
noircit la matière insoluble dans l'alcool.

L'essence d'assa-fœtida brute, ainsi que les précipités platiniques,
ne donne pas d'essence de moutarde avec le sulfocyanure de potassium, même à la distillation, tandis que cette dernière essence
se produit immédiatement lorsqu'on broie l'une ou l'autre des
deux combinaisons mercurielles avec ce sulfocyanure. Cette réaction ne laisse aucun doute sur la parenté chimique qui existe entre
les composés allyliques et le principe sulfuré de l'essence d'assa-
fœtida, mais il faudrait de nouvelles expériences pour préciser davantage ces relations.

ACIDE ALLYL-SULFOCARBAMIQUE.

Syn. : acide sulfosinapique.

Composition : $C^{8}H^{7}NS^{4}$.

§ 877. Cet acide[1] représente de l'acide sulfocarbamique (§ 122)
dans lequel 1 at. d'hydrogène est remplacé par son équivalent
d'allyle $C^{6}H^{5}$. Il se produit par l'action de la potasse alcoolique sur
le sulfocyanure d'allyle (essence de moutarde).

Pour préparer l'acide allyl-sulfocarbamique, on introduit goutte
à goutte du sulfocyanure d'allyle dans une solution de potasse dans
l'alcool absolu, en évitant que le mélange s'échauffe trop ; on
enlève par décantation le liquide brun rouge qui nage au-dessus
du dépôt de carbonate de potasse, on l'étend d'eau, on le filtre

[1] WILL (1844), *Ann. der Chem. u. Pharm.*, LII, 30.

à travers un papier mouillé afin d'en séparer l'huile pesante[1], produite en même temps, et l'on évapore le liquide filtré presqu'à consistance de sirop; il dépose alors, par le repos, des cristaux brillants d'allyl-sulfocarbamate de potasse. (Si l'on concentre trop le liquide par l'évaporation, il s'en sépare une huile brune et épaisse qui, dissoute dans l'eau, précipite une poudre jaune.)

On peut aussi, sans l'étendre d'eau préalablement, abandonner dans le vide la liqueur séparée par décantation du carbonate de potasse ; elle se prend alors, au bout de quelques jours, en une masse radiée, qu'on purifie de l'huile adhérente au moyen de l'éther, et qu'on dissout ensuite dans l'alcool absolu ; on filtre alors la solution pour séparer le carbonate de potasse ; la liqueur filtrée contient de l'allyl-sulfocarbamate de potasse avec de la potasse libre. On ne peut guère obtenir l'allyl-sulfocarbamate à l'état de parfaite pureté.

L'allyl-sulfocarbamate de potasse dégage, par la chaleur, de l'essence de moutarde, en laissant une masse brune hépatique ; au contact de l'acide sulfurique, il dégage de l'hydrogène sulfuré, sans essence de moutarde.

Si l'on ajoute à ce sel de l'acide acétique étendu d'un peu d'eau, la liqueur se trouble par un dépôt de soufre. La liqueur filtrée n'a pas d'odeur, même à chaud; elle donne, avec l'acétate de plomb, un précipité jaune citrin, qui rougit peu à peu et devient finalement noir, en développant graduellement l'odeur de l'essence de moutarde; avec les sels de cuivre, elle donne un précipité d'abord vert, puis brun et noir; enfin le précipité qu'elle produit avec les sels d'argent noircit encore plus rapidement, en développant de l'essence de moutarde. Ces précipités se décomposent aussi si on les jette immédiatement sur un filtre et qu'on les lave à l'eau froide.

L'allyl-sulfocarbamate de plomb, $C^8H^6PbNS^4$, peut s'obtenir sans altération si, après avoir étendu de 200 fois son volume d'eau la liqueur aqueuse séparée, à l'aide du filtre, de la matière huileuse qui se produit dans la préparation de l'allyl-sulfocarbamate de potasse, on la neutralise par l'acide acétique qui ne la trouble alors plus, et qu'on précipite par l'acétate de plomb; le précipité, d'abord très-divisé, se rassemble par l'agitation en flocons caillebottés d'un jaune citrin. On jette ce précipité sur un filtre, et, après

____

[1] Voy., sur cette huile pesante, la note p. 412.

l'avoir rapidement lavé à l'eau froide, on l'exprime entre des doubles de papier, et on le dessèche dans le vide. Il est difficile toutefois d'obtenir le sel pur, même par ce procédé, car il se colore toujours légèrement en produisant un peu de sulfure de plomb et d'essence de moutarde.

Lorsqu'on le chauffe à 100°, il se décompose entièrement en donnant des gouttes incolores d'essence de moutarde, tandis qu'on a un résidu de sulfure de plomb et de soufre. [Peut-être se dégage-t-il, dans cette réaction, de l'hydrogène sulfuré, et, dans ce cas, on aurait l'équation : $2\,C^8H^6PbNS^4 = 2\,C^8H^5NS^2 + 2\,PbS + 2\,HS$; le soufre du résidu proviendrait alors d'une décomposition secondaire de l'hydrogène sulfuré, au contact de l'air.]

L'acide sulfurique, versé sur l'allyl-sulfocarbamate de plomb, détermine un abondant dégagement d'hydrogène sulfuré, sans qu'il se forme la moindre trace d'essence de moutarde.

Voici les résultats de l'analyse de l'allyl-sulfocarbamate de plomb :

	Will.	Calcul.
Carbone.	19,72	20,34
Hydrogène. . . .	2,66	2,54
Plomb.	45,20	44,07
Azote.	5,01	5,93
Soufre.	26,73	27,12
	99,32	100,00

SINAPOLINE OU DIALLYL-URÉE.

Syn. : cyanate de diallyl-ammonium.

Composition : $C^{14}H^{12}N^2O^2$.

§ 878. Ce corps [1] représente de l'urée dans laquelle 2 at. d'hydrogène sont remplacés par leur équivalent d'allyle :

Urée, ou cyanate d'ammonium. . . . . $\left. \begin{array}{l} NH^4.O \\ CyO \end{array} \right\}$

Sinapoline, ou cyanate de diallyl-ammonium. $\left. \begin{array}{l} NH^2(C^6H^5)^2.O \\ CyO \end{array} \right\}$.

[1] SIMON (1840), *Ann. der Chem. u. Pharm.*, **XXXIII**, 258. *Ann. de Poggend.*, **L**, 377. — WILL, *Ann. der Chem. u. Pharm.*, **LII**, 25.

Il se produit par l'action de l'hydrate de plomb ou de la baryte sur le sulfocyanure d'allyle (essence de moutarde) :

$$2\,C^8H^5NS^2 + 6\,(PbO, HO) = C^{14}H^{12}N^2O^2 + 4\,PbS$$

Ess. de moutarde.   Sinapoline.

$$+ 2\,(CO^2, PbO) + 4\,HO.$$

On prépare la sinapoline en mettant l'essence de moutarde en digestion au bain-marie avec de l'hydrate de plomb récemment précipité et bien lavé, jusqu'à ce que ce dernier ne noircisse plus. On traite ensuite le résidu par l'eau bouillante qui laisse à l'état insoluble le sulfure et le carbonate de plomb, tandis que la sinapoline cristallise par le refroidissement de la solution bouillante.

On peut aussi faire bouillir l'essence de moutarde avec de l'eau de baryte, évaporer à siccité au bain-marie après la disparition de toute odeur, et reprendre le résidu par l'alcool ou l'éther.

La sinapoline cristallise de sa solution aqueuse en feuillets brillants, gras au toucher, fusibles à la température de l'eau bouillante ; la solution aqueuse présente aux papiers une réaction manifestement alcaline. Elle est soluble dans l'alcool et dans l'éther.

La potasse ne la dissout pas à froid ; à l'ébullition la sinapoline fond, sans dégager d'ammoniaque, en une huile que l'eau dissout et qui se concrète par le refroidissement.

Elle ne perd rien de son poids à 100° ; à une température plus élevée, elle se volatilise en partie, tandis qu'une autre partie se décompose.

Sels de sinapoline. — La sinapoline se dissout aisément dans l'acide sulfurique et dans les autres acides ; l'ammoniaque l'en sépare.

Elle fond dans le gaz chlorhydrique sec, sans qu'il soit nécessaire de chauffer : le *chlorhydrate* ainsi produit, $C^{14}H^{12}N^2O^2$, HCl, forme une masse épaisse qui exhale des vapeurs chlorhydriques à l'air humide ; quand on y ajoute de l'eau, une partie de la sinapoline est mise en liberté.

La solution aqueuse de la sinapoline précipite le bichlorure de mercure et le bichlorure de platine.

SINAMINE OU CYANALLYL-AMMONIAQUE.

Composition : $C^8H^6N^2 = NH(C^6H^5)Cy$.

§ 679. Cet alcali[1], qui représente de l'ammoniaque dans laquelle
2 at. d'hydrogène sont remplacés par leur équivalent d'allyle et de
cyanogène, se produit par l'action de l'oxyde de plomb ou de mercure sur la thiosinamine (sulfocyanure d'allyl-ammonium, § 885) :

$$C^8H^8N^2S^2 + 2\,HgO = C^8H^6N^2 + 2\,HgS + 2\,HO.$$
Thiosinamine.   Sinamine.

Pour préparer la sinamine, on procède, suivant M. Will, de la
manière suivante : on broie la thiosinamine solide avec de l'oxyde
de plomb hydraté, récemment précipité et bien lavé, et on chauffe
la masse au bain-marie, jusqu'à ce qu'une petite portion, prise
pour essai, ne noircisse plus par le mélange de la partie filtrée avec
de la potasse et de l'oxyde de plomb. Dès que la décomposition
est arrivée à son terme, on épuise la masse d'abord par l'eau et
ensuite par l'alcool. L'extrait étant évaporé au bain-marie à consistance de sirop, donne, par un repos prolongé pendant quelques
mois, des cristaux durs et brillants de sinamine.

La sinamine forme des prismes incolores appartenant au système
triclinique ($\infty P : \infty P = 144°$ environ). Ces cristaux contiennent
9,5 p. c. $= 1$ at. d'eau de cristallisation; ils fondent à 100°, en
perdant leur eau de cristallisation; la matière, d'abord rendue sirupeuse par la fusion, se dessèche entièrement quand toute l'eau
de cristallisation est expulsée.

Elle est soluble dans l'eau, l'alcool et l'éther; la solution a une
forte réaction alcaline. Elle n'a pas d'odeur, mais elle est d'une
amertume persistante.

Quand on chauffe la sinamine à 160°, elle commence à s'altérer
en développant de l'ammoniaque, dont le dégagement continue
jusqu'à 200°; on obtient un résidu jaunâtre, résinoïde. Celui-ci
paraît être un nouvel alcali : il est à peine soluble dans l'eau, et
peu soluble dans l'alcool, auquel il communique une réaction alcaline. Sa solution dans l'acide chlorhydrique devient laiteuse par
l'ammoniaque, et dépose de nouveau, quand on la chauffe, une
matière résineuse; la solution chlorhydrique donne aussi, avec
le bichlorure de mercure, un précipité blanc, et avec le bichlorure
de platine, un précipité jaune.

---

[1] Robiquet et Bussy (1839), *Ann. de Chim. et de Phys.*, LXXII, 328. — Will, *loc. cit.*

La solution de la sinamine dans l'acide chlorhydrique n'est pas troublée par la potasse, et ne dégage pas d'ammoniaque ; mais, si l'on a d'abord fait bouillir la solution chlorhydrique, la potasse en dégage de l'ammoniaque, et précipite un corps qui paraît être le même que celui qu'on obtient en chauffant la sinamine à 200°.

Les cristaux de sinamine, exposés à un courant d'hydrogène sulfuré, se colorent promptement en jaune de soufre, sans perdre de l'eau ; exposés ensuite à une douce chaleur, ils fondent en un liquide limpide qui devient d'un brun hépatique, en absorbant plus d'hydrogène sulfuré ; si l'on chauffe davantage, sans cependant pousser jusqu'à 100°, l'eau de cristallisation se dégage, en même temps que du sulfhydrate d'ammoniaque. Finalement on a un résidu brun, transparent et sans odeur, dont les solutions, dans l'eau ou dans l'alcool, colorent en rouge les sels de plomb et n'en précipitent du sulfure qu'à l'ébullition (Will).

§ 880. *Sels de sinamine.* — La sinamine expulse l'ammoniaque de ses sels. Elle précipite les sels de plomb, de fer et de cuivre. Toutefois, à part l'acide oxalique, les acides ne donnent pas avec elle de sels cristallisables ; sa solution dans les acides colore le bois de pin en jaune.

Le *chlorhydrate* s'obtient en faisant passer du gaz chlorhydrique sur les cristaux de sinamine. Une douce chaleur suffit pour dégager du produit des vapeurs épaisses de sel ammoniac, en même temps qu'on obtient un résidu boursouflé.

Le *chloromercurate,* $C^8H^6N^2$, 2 HgCl, est un précipité blanc qu'on obtient en mélangeant la solution chlorhydrique de la sinamine avec un excès d'une solution aqueuse de bichlorure de mercure. Le précipité est fort altérable.

Le *chloroplatinate,* $C^8H^6N^2$, 2 (HCl, PtCl²), s'obtient sous la forme de flocons jaune clair, en mélangeant une solution chlorhydrique de sinamine avec du bichlorure de platine. Séché à 115°, ce précipité contient 39,6 p. c. de platine, et paraît présenter la composition indiquée.

Le *nitrate d'argent et de sinamine* paraît être le précipité poisseux que la sinamine donne avec le nitrate d'argent.

L'*oxalate de sinamine* s'obtient difficilement à l'état cristallisé.

Le *tannin* précipite la solution aqueuse de la sinamine.

§ 881. *Éthyl-sinamine*[1], ou sinéthylamine, $C^{12}H^{10}N^2$. — Cet al-

[1] HINTERBERGER (1852), *Ann. der Chem. u. Pharm.*, LXXXIII, 348.

cali représente de la sinamine dans laquelle 1 atome d'hydrogène est remplacé par son équivalent d'éthyle C^4H^5. Pour obtenir ce corps, on chauffe l'éthyl-thiosinamine (§ 887) avec de l'hydrate de plomb récemment précipité, jusqu'à ce que la liqueur filtrée ne noircisse plus par la potasse et l'hydrate de plomb. On épuise le produit par l'eau bouillante, puis par l'alcool, et l'on concentre les extraits par l'évaporation. On obtient ainsi une masse sirupeuse, d'un jaune foncé, qui se concrète presque entièrement dans l'espace de quelques mois. On enlève l'eau-mère en exprimant ce produit entre des doubles de papier buvard, et on le fait cristalliser dans l'éther.

L'éthyl-sinamine cristallise en aiguilles groupées sous forme de dendrites, d'une saveur très-amère, solubles dans l'alcool et l'éther, insolubles dans l'eau; les solutions ont une réaction alcaline. Elle fond à 100° en un liquide incolore qui se prend, par le refroidissement, en une masse cristalline.

Elle se dissout dans l'acide chlorhydrique.

Le *chloroplatinate d'éthyl-sinamine*, $C^{12}H^{10}N^2$, HCl, $PtCl^2$, se précipite sous la forme de petites aigrettes d'un jaune rougeâtre, lorsqu'on mélange une solution étendue d'éthyl-sinamine, dans l'acide chlorhydrique, avec une solution de bichlorure de platine. Si l'on abandonne un mélange alcoolique de sinamine et de bichlorure de platine, on obtient la même combinaison sous la forme de mamelons.

Le *chloromercurate*, $C^{12}H^{10}N^2$, $3\ HgCl$, se précipite à l'état de flocons blancs, lorsqu'on mélange une solution aqueuse de bichlorure de mercure avec une solution d'éthyl-sinamine. Ce précipité fond au bain-marie en une matière jaune et résineuse qui se prend, par le refroidissement, en une masse cristalline.

SULFOCYANURE D'ALLYLE.

Syn. : Essence de moutarde.

Composition : $C^8H^5NS^2 = C^6H^5S,CyS$.

§ 882. Ce corps[1] constitue plusieurs huiles essentielles, notamment celles de moutarde noire, de raifort et de cochléaria. (Voy.

[1] BOUTRON et ROBIQUET, *Journ. de Pharm.*, XVII, 296. — HENRY et PLISSON, *ibid.*, XVII, 451. — DUMAS et PELOUZE, *Ann. de Chim. et de Phys.*, LIII, 181. — ASCHOFF, *Journ. f. prakt. Chem.*, IV, 314. — ROBIQUET et BUSSY, *Ann. de Chim. et de*

§ 883.) Il se produit aussi lorsqu'on distille, avec du sulfocyanure de potassium, le précipité que le bichorure de mercure occasionne dans une solution alcoolique de sulfure d'allyle.

On se procure le sulfocyanure d'allyle à l'état de pureté en rectifiant l'essence de moutarde, de manière à la débarrasser d'une matière résinoïde qui la colore en brun.

Le sulfocyanure d'allyle est une huile incolore, d'une saveur âcre, et d'une odeur extrêmement pénétrante qui excite le larmoiement. Sa densité, à l'état liquide, est de 1,015 à 20°, et à l'état de vapeur, de 3,4, suivant les déterminations de MM. Dumas et Pelouze (de 1,009—1,010 à 15°, et de 3,54, Will). Il bout à 143° (Dumas et Pelouze; à 148° d'une manière constante, Will). Il se dissout en petite quantité dans l'eau, et en toutes proportions dans l'alcool et dans l'éther.

Appliqué sur la peau, le sulfocyanure d'allyle y détermine une forte vésication.

Il dissout à chaud beaucoup de soufre qui s'en sépare sous forme cristalline, par le refroidissement. Il dissout également à chaud une grande quantité de phosphore, qui se dépose de nouveau par le refroidissement.

Il brunit peu à peu au contact de l'air. Si on l'abandonne pendant quelques années, dans un flacon bien bouché, exposé à la lumière, il dépose un corps orangé, amorphe, semblable au persulfocyanogène (§ 250). Ce produit se dissout à chaud dans la potasse caustique, et en est reprécipité par l'acide acétique; il a donné à l'analyse : carbone 28,6; hydrogène 5,87; soufre 20,72; azote (par différence) 44,81 (Will).

Lorsqu'on fait passer un courant de chlore, avec beaucoup de précaution, dans le sulfocyanure d'allyle, il se précipite des cristaux soyeux d'un corps sublimable, soluble dans l'alcool, insoluble dans l'eau et l'éther; l'hydrate de potasse les convertit en une masse résinoïde; ils s'altèrent au contact de l'air en se colorant. Un excès de chlore rend visqueux le sulfocyanure d'allyle et détruit les cristaux. Le brome résinifie le sulfocyanure d'allyle; l'iode s'y dissout avec une couleur brun rouge.

Quand on traite le sulfocyanure d'allyle par l'acide nitrique

moyennement concentré, la réaction est très-vive : l'huile s'épaissit, devient verte, et se convertit en une matière résineuse (*nitro-
sinapylharz*); l'eau-mère renferme de l'acide sulfurique, de l'a-
cide oxalique et un autre acide nitré (*nitrosinapylsaeure*), ayant
la consistance de la cire, soluble dans l'eau, insoluble dans l'alcool
et l'éther. Le sel de baryte de cet acide nitré constitue une poudre jaune, soluble dans l'eau, insoluble dans l'alcool et l'éther. Il
a donné à l'analyse : carbone, 18,23; hydrogène, 1,66; baryte,
39,25; soufre, 2,74; oxygène, 21,96. Il précipite en jaune le nitrate d'argent et l'acétate de plomb (Loewig et Weidmann). Si l'on
considère comme accidentelle la petite quantité de soufre trouvée
dans le sel de baryte, on est conduit à lui attribuer la formule C^6H^3
$Ba(NO^4)NO^4$, et, à l'acide correspondant, la formule $C^6H^4(NO^4)NO^4$
$= C^6H^4N^2O^8$.

Le sulfocyanure d'allyle absorbe rapidement le gaz ammoniaque
en produisant de la thiosinamine (sulfocyanure d'allyl-ammonium,
§ 885). Une dissolution aqueuse d'ammoniaque détermine la même
combinaison :

$$C^8H^5NS^2 + NH^3 = C^8H^8N^2S^2.$$
Sulfocyan. d'allyle.   Thiosinamine.

Lorsqu'on oxyde le sulfocyanure d'allyle par l'acide chromique,
il se produit beaucoup d'acide acétique et très-peu d'acide propionique (Hlasiwetz).

L'hydrate de plomb, mis en digestion avec le sulfocyanure
d'allyle, produit de la sinapoline (cyanate de diallyl-ammonium,
ou diallyl-urée, § 878), du carbonate de plomb et du sulfure de
plomb :

$$2\,C^8H^5NS^2 + 6\,PbO + 2\,HO = C^{14}H^{12}N^2O^2 + 2\,(CO^2,PbO) + 4\,PbS.$$
Sulfocyan. d'allyle.   Sinapoline.

Longtemps agité en vase clos avec une solution de potasse caustique, le sulfocyanure d'allyle se dissout presque en totalité, et la
liqueur ne conserve que peu d'odeur; mais elle se colore en brun
plus ou moins foncé. Si, après quelques jours de contact, on sature cette liqueur alcaline par de l'acide tartrique, il s'y forme un
dépôt de petits cristaux blancs (probablement de sinapoline); la
liqueur, séparée de ces cristaux, donne, à la distillation, un produit jaune très-alcalin qui noircit les sels de plomb (Boutron et
Frémy). Suivant M. Simon, la potasse, la soude et la baryte
aqueuses transforment le sulfocyanure d'allyle en sinapoline, en sul-

fure et en carbonate alcalin. Si le mélange s'échauffe trop, la réaction est accompagnée d'un dégagement d'ammoniaque. Si l'on chauffe à l'ébullition quelques gouttes d'essence de moutarde avec de l'eau de baryte, il se produit, d'après M. Will, un abondant dépôt de carbonate de baryte, sans dégagement d'ammoniaque, tandis que la liqueur filtrée renferme de la sinapoline et du sulfure de baryum (sans sulfocyanure).

Lorsqu'on fait tomber goutte à goutte du sulfocyanure d'allyle dans une solution d'hydrate de potasse dans l'alcool absolu, le mélange s'échauffe à un point tel, que si l'on y verse trop d'essence à la fois il se met à bouillir violemment; il ne se dégage alors aucun gaz permanent, mais tout au plus un peu d'ammoniaque. Après la réaction, le mélange, coloré en rouge brun, n'a plus l'odeur âcre de la moutarde; mais il possède une odeur de porreau, et dépose, au bout de quelque temps, des cristaux de carbonate de potasse (avec 2 atomes d'eau). Si l'on y ajoute de l'eau, il se trouble, en se dédoublant en une huile pesante[1], et en acide allyl-sulfo-carbamique (§ 877) qui reste dans la solution aqueuse. Pour n'avoir pas des produits trop colorés, il faut refroidir le mélange de potasse alcoolique et de sulfocyanure d'allyle.

[1] Pour isoler cette huile, on en sépare, à l'aide d'un filtre mouillé, la solution aqueuse de l'acide allyl-sulfocarbamique; on lave l'huile avec de l'eau, et on rectifie le mélange aqueux dans un bain de chlorure de calcium. Desséchée sur du chlorure de calcium, cette huile est limpide, d'une densité de 14°, d'une odeur de porreau, et d'une saveur fraîche; elle bout entre 115° et 118°, en dégageant de l'ammoniaque, et en laissant un résidu résineux, même si on la distille dans un courant de gaz. Le résidu résineux dégage beaucoup d'ammoniaque par la chaleur, et cède à l'eau bouillante un alcali volatil qui n'a pas été examiné. Bouillie avec de l'eau de baryte, l'huile donne du sulfure de baryum, ainsi qu'une matière non volatile, qui paraît être alcaline. Celle-ci précipite la solution alcoolique du bichlorure de mercure, et, à l'état concentré, la solution alcoolique du bichlorure de platine. Elle est peu soluble dans l'eau, mais elle se dissout en toutes proportions dans l'alcool et dans l'éther.

Voici les résultats qu'a donnés à l'analyse cette huile soumise à plusieurs rectifications :

	Will.			Calcul.
	1 fois rectif.	2 fois rectif.	3 fois rectif.	$C^{28}H^{25}N^3S^4O^4$.
Carbone.	50,35	50,20	»	50,76
Hydrogène	7,88	7,84	»	7,55
Azote.	12,30	10,40	9,73	12,69
Soufre	20,50	»	»	19,33
Oxygène	8,97	»	»	9,67
	100,00			100,00

Comme l'huile dégage de l'ammoniaque à chaque rectification, il est probable qu'elle renferme, avant la première rectification, $C^{28}H^{25}N^3S^4O^4 + NH^3 = C^{28}H^{28}N^4S^4O^4$, ou, en divisant par 2, $C^{14}H^{14}N^2S^2O^2$.

Cette dernière formule représente la composition d'un sulfure d'allyle et de carbonyl-

Suivant M. Will, l'hydrate de potasse en poudre agit à froid sur le sulfocyanure d'allyle comme la potasse alcoolique, mais avec moins de netteté, parce qu'il est plus difficile d'empêcher l'échauffement du mélange. Il se produit alors aussi de l'allyl-sulfocarbamate de potasse $C^8H^6KNS^4$, sans le moindre dégagement d'hydrogène. Lorsque, d'après MM. Boutron et Frémy, on chauffe le sulfocyanure d'allyle avec de la potasse en poudre grossière, il y a un fort dégagement de gaz hydrogène, et la potasse produit une combinaison soluble dans l'eau, et dont les acides forts séparent un acide huileux, plus léger que l'eau, insoluble dans ce liquide, mais soluble dans l'alcool. Enfin il résulte des expériences de M. Wertheim qu'en maintenant du sulfocyanure d'allyle pendant quelque temps à 120°, en présence d'un mélange de soude et de chaux [1], on le transforme en oxyde d'allyle qu'on peut recueillir par la distillation, tandis que le résidu retient du sulfocyanure de sodium, quelquefois mélangé de sulfure de sodium provenant d'une réaction secondaire :

$$2\ C^8H^5NS + 2\ NaO = C^{12}H^{10}O^2 + 2\ CyNaS^2.$$

Sulfocyan. d'allyle.   Ox. d'allyle.   Sulfocyan. de sodium.

Si l'on chauffe le sulfocyanure d'allyle pendant quelque temps à 120°, avec du monosulfure de potassium, dans un tube scellé à la

ammonium, c'est-à-dire d'un sulfure d'allyle et d'ammonium, dans lequel l'hydrogène de l'ammonium serait remplacé par son équivalent d'allyle C^6H^5 et de carbonyle CO (radical de l'acide carbonique).

On aurait dans cette hypothèse :

Acide allyl-sulfocarbamique .... $NH(C^6H^5)(CS)^2.S$ } HS }

Huile, allyl-sulfocarbamate d'allyle. . . $NH(C^6H^5)(CO)^2.S$ } $(C^6H^5).S$ }

Si telle est la composition de l'huile, l'action de la potasse alcoolique sur le sulfocyanure d'allyle se représenterait par l'équation suivante :

$$3\ C^8H^5NS^2 + 3\ (KO,HO) + 2\ HO = 2\ (CO^2,KO) + C^8H^6KNS^4 + C^{14}H^{14}N^2S^2O^2.$$

[1] Lorsque, suivant M. Hlasiwetz (*Journ. f. prakt. Chem.*, LI, 355), on fait bouillir l'essence de moutarde avec une solution concentrée de soude caustique, de manière que les vapeurs viennent toujours se recondenser sur le mélange, il se dégage de l'ammoniaque, et l'on obtient un huile qui, désulfurée complétement par une solution chaude d'oxyde de plomb dans la potasse, lavée à l'acide sulfurique dilué et à l'eau, puis rectifiée, est incolore et possède l'odeur des poissons marinés ; cette huile renferme 6 C^6H^5 $O^2 + HO$. (Elle se produit aussi, suivant le même chimiste, lorsqu'on traite l'essence de moutarde par un mélange de chaux et d'hydrate de soude.) Le résidu alcalin renferme des traces d'acide propionique, du sulfure de sodium et du carbonate de soude.

lampe, on obtient du sulfure d'allyle (essence d'ail) et du sulfocyanure de potassium :

$$2\,C^8H^5NS^2 + 2\,KS = C^{12}H^{10}S^2 + 2\,CyKS^2.$$

| Sulfocyan. d'allyle. | | Sulf. d'allyle. | Sulfocyan. de potassium. |

Lorsqu'on jette quelques fragments de potassium dans le sulfocyanure d'allyle parfaitement sec, cette essence s'attaque immédiatement ; si l'on favorise la réaction en chauffant doucement
dans une cornue, on voit se déposer du sulfocyanure de potassium
blanc, et passer à la distillation une huile[1] ayant l'odeur et les caractères chimiques de l'essence d'ail ; en même temps il se développe
un gaz qui n'a pas été examiné. Il faut se garder d'élever trop
la température, dans cette réaction, car la matière prend feu volontiers, et fait alors explosion.

Plusieurs métaux pesants se sulfurent au contact du sulfocyanure d'allyle. Ainsi le mercure noircit lorsqu'on l'agite avec ce
corps ; les alambics en cuivre dans lesquels on prépare l'essence de
moutarde se recouvrent aussi intérieurement de sulfure de cuivre.

Le sulfocyanure d'allyle réagit sur plusieurs solutions métalliques ;
avec le nitrate d'argent et l'acétate de plomb, par exemple, en solution alcoolique, il donne des précipités noirs de sulfure. Avec la solution alcoolique du bichlorure de mercure, on obtient un précipité
blanc (dans lequel le chlore et le mercure ne sont pas contenus par
atomes égaux). Dans certaines circonstances, on peut aussi obtenir une combinaison cristallisée de sulfocyanure d'allyle et de bichlorure de platine ; mais cette combinaison se décompose peu à peu
au contact de l'eau, en dégageant de l'acide carbonique et en déposant un corps pulvérulent plus foncé.

§ 883. *Essences contenant du sulfocyanure d'allyle.* — Plusieurs
huiles essentielles qu'on obtient en distillant avec de l'eau certaines
plantes, notamment des crucifères, contiennent du sulfocyanure
d'allyle. Nous avons déjà indiqué (§ 876) comment on y reconnaît
la présence de ce composé.

---

[1] GERHARDT, *Ann. de Chim. et de Phys.*, [3] XIV, 125. — L'huile recueillie à la
distillation précipitait en noir le nitrate d'argent, en blanc le bichlorure de mercure, en
jaune le bichlorure de platine. Elle contenait : Carbone, 58,8 ; hydrogène, 8,4. Ces nombres sont sensiblement les mêmes que ceux qui ont été obtenus par M. Wertheim à
l'analyse de l'essence d'ail rectifiée.

Si l'on fait repasser l'huile sur du potassium, on trouve du sulfure de potassium
dans le résidu. Il est à remarquer que l'essence d'ail rectifiée se comporte d'une manière *semblable*, tandis que le sulfure d'allyle pur n'est plus attaqué par le potassium.

α. *Essence de moutarde noire.* Cette essence ne préexiste pas dans la graine de moutarde noire; mais elle se produit par la transformation de l'acide myronique (§ 890) sous l'influence de l'eau et d'une espèce de ferment, la myrosine (§ 891). Pour préparer l'essence, on réduit la moutarde noire en poudre, et, après avoir extrait l'huile grasse au moyen de la presse, on humecte la farine avec de l'eau, et on l'abandonne pendant quelques heures; ensuite on distille le mélange avec de l'eau. On obtiendrait moins d'huile essentielle, en ne laissant pas macérer la farine pendant quelque temps, avant de la distiller [1].

La moutarde blanche ne donne pas d'huile essentielle par le même traitement.

La farine de moutarde ne développe plus d'huile essentielle après avoir été fortement desséchée, ou bien traitée par l'alcool ou par les acides, attendu que ces agents rendent la myrosine inactive.

L'essence de moutarde présente les caractères du sulfocyanure d'allyle; la manière dont elle se comporte avec l'ammoniaque est surtout caractéristique.

Voici ce qu'indiquent MM. Robiquet et Bussy relativement à l'essence de moutarde: soumise pendant plusieurs heures consécutives à une température de 100°, elle laisse volatiliser une petite quantité d'un produit très-fluide incolore, d'une odeur faible et comme éthérée, ne se mélangeant point à l'eau, mais lui communiquant la saveur sucrée commune à quelques éthers. Le résidu de cette opération, c'est-à-dire la presque totalité de l'essence, donne, par la distillation avec de l'eau, des produits dont la densité va toujours croissant : les premiers sont plus légers et les derniers plus pesants que l'eau. Si l'on rectifie l'essence de moutarde à feu nu, on voit que l'ébullition commence vers 110°, puis qu'elle monte graduellement jusquà 155°, point où elle demeure stationnaire. L'huile recueillie entre 90 et 130° avait une densité de 0,986 ; celle qui passait à 155° pesait 1,015.

D'après les faits précédents, l'essence de moutarde semblerait contenir plusieurs huiles plus volatiles et plus légères que le sulfocyanure d'allyle; mais, suivant M. Will, les expériences qu'on

---

[1] Voy. sur la formation de l'essence de moutarde : BOUTRON et ROBIQUET, *Journ. de Pharm.*, XVII, 294. — FAURÉ, *ibid.*, XVII, 299; XXI, 464. — GUIBOURT, *ibid.*, XVII, 260.— E. SIMON, *Ann. de Poggend.*, XLIII, 651; LI, 383.—BUSSY, *Journ. de Pharm.*, XXVI, 39. — BOUTRON et FRÉMY, *ibid.*, XXVI, 48; XXVI, 112. — WINCKLER, *Jahrb. J. prakt. Pharm.*, III, 93. — LE PAGE, *Journ. de Chim. médic.*, XXII, 171.

vient de citer, ont dû être faites sur une essence falsifiée; car l'essence pure ne se compose que de sulfocyanure d'allyle.

La moutarde ne donne pas beaucoup d'huile essentielle : suivant MM. Boutron et Robiquet, on n'en retire que 0,2 p. 100; suivant M. Aschoff, 0,55 p. 100; suivant M. Wittstock, 0,5 p. 100.

β. *Essence de raifort.* L'huile essentielle qu'on obtient en distillant le raifort (*Cochlearia armoracia*) avec de l'eau présente tous les caractères du sulfocyanure d'allyle. Le raifort renferme cette huile toute formée; car, en le coupant ou en le broyant, on observe immédiatement l'odeur caractéristique de celle-ci; d'ailleurs le raifort renferme beaucoup d'eau, et ne contient pas d'huile grasse, de sorte que si un corps semblable au myronate de potasse se formait dans cette racine, ce corps pourrait immédiatement se métamorphoser en huile essentielle[1].

De l'essence de raifort conservée, pendant quelques années, avec de l'eau dans un flacon bouché, s'y est peu à peu dissoute, et a donné des cristaux aciculaires, âcres, fusibles, entièrement volatils, et se dissolvant lentement dans l'alcool; ces cristaux sentaient d'abord le raifort, puis la menthe et le camphre[2].

γ. *Essence de cochléaria.* Les feuilles de cochléaria (*Cochlearia officinalis*) donnent du sulfocyanure d'allyle par la distillation avec de l'eau. La myrosine qu'elles renferment perd aussi son efficacité par la dessiccation; mais elles donnent de nouveau de l'huile essentielle quand, après les avoir desséchées, on les distille avec un mélange d'eau et de moutarde blanche[3].

La teinture de cochléaria (la dissolution de l'essence dans l'alcool) dépose, à la longue, de fines aiguilles incolores, sans odeur, mais d'une saveur âcre[4].

δ. *Essence d'érisymum.* La racine d'*Erysimum alliaria* (*Alliaria officinalis*) présente l'odeur du raifort, au printemps, avant que les feuilles soient développées. Si on la coupe en tranches et qu'on la distille avec de l'eau, on obtient 0,03 p. c. d'une huile qui présente les caractères de sulfocyanure d'allyle. Les feuilles de la même plante donnent une huile essentielle, composée de sulfure d'allyle[5]. Enfin, la graine d'érisymum fournit aussi une huile es-

[1] Hubatka, *Ann. Chem. u. Pharm.*, XLVII, 153.
[2] Einhof, *Journ. f. Chem. u. Physik. v. Gehlen.*, V, 365.
[3] E. Simon, *loc. cit.*
[4] Riem, *Jahrb. f. prakt. Pharm.*, I, 327.
[5] Wertheim, *Ann. der Chem. u. Pharm.*, LII, 52.

sentielle, composée tantôt de sulfocyanure d'allyle, tantôt d'un mélange de cette substance et de sulfure d'allyle.

L'huile essentielle qu'on extrait des feuilles et des graines d'*Iberis amara* se comporte aussi comme du sulfocyanure d'allyle[1].

Dérivés ammoniacaux du sulfocyanure d'allyle.

§ 884. Le sulfocyanure d'allyle se combine directement avec
l'ammoniaque, et produit la *thiosinamine*, ou sulfocyanure d'allyl-
ammonium. Avec le sulfocyanure d'allyle et d'autres alcalis, tels
que l'éthylamine (éthyl-ammoniaque), l'aniline (phényl-ammoniaque), la naphtalidine (naphtyl-ammoniaque), on obtient de la
thiosinamine dans laquelle 1 atome d'hydrogène est remplacé par
de l'éthyle C^4H^5, du phényle $C^{12}H^5$, ou du naphtyle $C^{20}H^7$.

Voici la composition de ces produits :

Thiosinamine, ou sulfocya-
nure d'allyl-ammonium. $\quad C^8\,H^8\,N^2S^2 = \left. \begin{array}{l} NH^3(C^6\,H^5).S \\ CyS \end{array} \right\}$

Éthyl-thiosinamine. . . . . $\quad C^{12}H^{12}N^2S^2 = \left. \begin{array}{l} NH^2(C^4\,H^5)(C^6H^5).S \\ CyS \end{array} \right\}$

Phényl-thiosinamine. . . . $\quad C^{20}H^{12}N^2S^2 = \left. \begin{array}{l} NH^2(C^{12}H^5)(C^6H^5).S \\ CyS \end{array} \right\}$

Naphtyl-thiosinamine. . . . $\quad C^{28}H^{14}N^2S^2 = \left. \begin{array}{l} NH^2(C^{20}H^7)(C^6H^5).S \\ CyS \end{array} \right\}$

Tous ces composés renferment les éléments de 1 atome de sulfocyanure d'allyle, plus 1 atome d'ammoniaque, d'éthylamine,
d'aniline ou de naphtalidine.

§ 885. THIOSINAMINE[2], rhodalline, combinaison d'ammoniaque
et d'essence de moutarde, $C^8H^8N^2S^2$. — Pour préparer ce corps,
on met l'huile de moutarde ou de raifort en contact, dans un flacon
à l'émeri, avec un excès d'une solution aqueuse d'ammoniaque.
Au bout de quelques jours, l'huile disparaît complétement, et, à
sa place, on trouve une belle masse de thiosinamine. Les cristaux,
redissous dans l'eau, et traités par le charbon animal, se décolorent
parfaitement bien, et se déposent de nouveau par l'évaporation et
le refroidissement. On emploie pour cette préparation 1 volume

[1] PLESS, *Ann. der. Chem. u. Pharm.*, LVIII, 38.

[2] DUMAS et PELOUZE (1834), *Ann. de Chim. et de Phys.*, LIII, 181. — ASCHOFF, *loc.
cit.* — ROBIQUET et BUSSY, *loc. cit.* — LOEWIG et WEIDMANN, *loc. cit.* — E. SIMON, *Ann.
de Poggend.*, L, 377.

d'essence de moutarde et 3 à 4 volumes d'ammoniaque concentrée.

La thiosinamine cristallise en prismes droits rhomboïdaux d'un blanc éclatant, sans odeur, fusibles à 70°, et d'une saveur amère. Ces cristaux se dissolvent aisément dans l'eau chaude, dans l'alcool et dans l'éther; leur solution est neutre. Ils ne sont pas vénéneux, toutefois ils exercent une certaine action sur l'économie, car, ingérés en faible dose, ils déterminent des battements de cœur et des insomnies [1].

Chauffés vers 200°, les cristaux de thiosinamine donnent une vapeur âcre et fort alcaline, qui se condense en une matière huileuse, tandis qu'il reste un résidu de charbon.

Leur solution aqueuse et concentrée se trouble par le chlore; ce trouble disparaît au bout de quelque temps, et la liqueur renferme alors de l'acide chlorhydrique et de l'acide sulfurique. Le brome produit d'abord un précipité blanc qui disparaît promptement; ce précipité reparaît par une nouvelle addition de brome, et, si cet agent est pris en excès, on obtient une huile brune, n'ayant pas l'odeur de l'essence de moutarde. Si l'on fait dissoudre une petite quantité d'iode dans une solution concentrée de thiosinamine, elle jaunit, en déposant une huile brune; la liqueur filtrée rougit le tournesol, et précipite, par l'ébullition, une poudre blanche, contenant du soufre et de l'iode.

L'acide nitrique concentré détruit la thiosinamine en produisant de l'acide sulfurique. Lorsqu'on la distille avec de l'acide sulfurique ou phosphorique dilués, il passe de l'acide sulfocyanhydrique.

Broyée avec de l'oxyde de mercure ou de plomb, la thiosinamine s'échauffe, et il se produit un mélange noir, contenant de la sinamine (cyanallyl-ammoniaque), du sulfure et de l'eau :

$$C^8H^6N^2S^2 + 2HgO = C^8H^6N^2 + 2\,HgS + 2\,HO.$$

Thiosinamine.   Sinamine.

Bouillie avec des alcalis fixes, la thiosinamine ne dégage que lentement de l'ammoniaque. Lorsqu'on la maintient longtemps en ébullition avec de l'eau de baryte, il se dépose du carbonate de baryte, tandis que la liqueur se charge de sulfure de baryum; cette liqueur ne dégage de l'ammoniaque que quand l'eau de baryte s'est plus concentrée. Si l'on enlève la baryte de la liqueur, en y faisant

---

[1] WOEHLER et FRERICHS, *Ann. der Chem. u. Pharm.*, LXV, 342.

passer de l'acide carbonique, on obtient, par l'évaporation, un sirop fort amer, d'une réaction alcaline très-faible, et qui paraît contenir un alcali différent de la sinamine. (Will.)

Lorsqu'on fait fondre du potassium avec la thiosinamine, elle brunit et explosionne légèrement en produisant du sulfure, du sulfocyanure de potassium, ainsi qu'une fumée noire.

La solution aqueuse et concentrée de la thiosinamine se comporte comme celle des autres alcalis avec les solutions métalliques : elle précipite en blanc les sels mercuriques, en gris le nitrate mercureux, en brun jaunâtre le perchlorure d'or, en blanc le nitrate d'argent, etc.

Elle décolore peu à peu la solution du perchlorure de fer, et précipite, par l'ébullition, des flocons. Elle décolore également la solution moyennement concentrée du sulfate de cuivre ; le mélange précipite ensuite, par l'alcool, des flocons bleu clair. Elle dissout à chaud beaucoup de chlorure d'argent récemment précipité, et devient laiteuse par le refroidissement, en précipitant une matière poisseuse contenant de la thiosinamine et du chlorure d'argent.

§ 886. *Sels de thiosinamine.* — La thiosinamine ne donne pas des sels cristallisables avec les acides *sulfurique*, *nitrique*, *acétique* et *oxalique*.

Le *chlorhydrate de thiosinamine* s'obtient en faisant absorber du gaz chlorhydrique par la thiosinamine sèche, à une douce chaleur. Le produit exhale à l'air humide des vapeurs d'acide chlorhydrique.

Le *chloromercurate de thiosinamine*, $C^8H^8N^2S^2$, $4\,HgCl$, s'obtient, sous la forme d'un précipité blanc et caillebotté, par le mélange d'une solution aqueuse de bichlorure de mercure avec une solution chlorhydrique de thiosinamine. Le précipité est soluble dans l'acide acétique.

Le *chloroplatinate de thiosinamine*, $C^8H^8N^2S^2$, HCl, $PtCl^2$, est un précipité jaune et cristallin, qui se forme quand on sature la thiosinamine par le gaz chlorhydrique, et qu'on mélange à froid la solution avec du bichlorure de platine. Le précipité fond à une douce chaleur, en noircissant ; si on le chauffe plus fort, il laisse du sulfure de platine.

Le *nitrate d'argent et de thiosinamine* renferme, à 100°, $C^8H^2N^2S^2$, NO^6Ag. On l'obtient sous la forme d'un précipité blanc et cristallin en mélangeant ensemble des solutions concentrées de thiosinamine et de nitrate d'argent. Le précipité se dissout dans un excès de l'une et de l'autre solution. Il se décompose par l'eau bouillante en sulfure d'argent et en un autre produit qui n'a pas été examiné.

§ 887. *Méthyl-thiosinamine.* — Elle s'obtient, suivant M. Hinterberger[1], sous la forme d'un sirop brun et incristallisable. Son *chloroplatinate* est cristallin.

Éthyl-thiosinamine[2], ou thiosinéthylamine, $C^{12}H^{12}N^2S^2$. — Lorsqu'on verse de l'essence de moutarde dans l'éthylamine, la réaction est si violente que la matière est projetée. Si l'on fait passer de l'éthylamine gazeuse dans l'essence placée dans un mélange réfrigérant, celle-ci s'épaissit peu à peu, son odeur disparaît, et l'on finit par avoir un sirop fluide.

Celui-ci ne cristallise pas, même après plusieurs mois; il a l'odeur de l'éthylamine, et une saveur aromatique et amère.

Chauffé dans un tube, il développe des vapeurs âcres et alcalines qui se condensent en gouttes huileuses, que le perchlorure de fer colore en rouge.

Il donne peu de sels cristallisables avec les acides.

Le *chloroplatinate*, $C^{12}H^{12}N^2S^2$, HCl, $PtCl^2$, s'obtient, à l'état cristallisé, en saturant le sirop précédent par du gaz chlorhydrique sec, dissolvant la matière épaisse dans l'alcool absolu, et ajoutant à la liqueur une solution alcoolique de bichlorure de platine. Le mélange se trouble, au bout de quelque temps, et dépose une grande quantité d'aiguilles jaunes. Ce sel est inaltérable à l'air, et à la température de $100°$. Il est peu soluble dans l'eau et dans l'alcool.

Amyl-thiosinamine. — C'est un sirop incristallisable. Son *chloroplatinate* s'obtient à l'état cristallin (Hinterberger).

§ 888. *Phényl-thiosinamine*[3], $C^{20}H^{12}N^2S^2$. — Lorsqu'on verse de l'essence de moutarde dans une quantité équivalente d'aniline dissoute dans environ quatre fois son poids d'alcool de 90 centièmes, le mélange s'échauffe, et dépose, par le refroidissement, une grande quantité de cristaux feuilletés. Si l'on emploie une solution d'aniline moins concentrée, les cristaux atteignent jusqu'à 4 millimètres de longueur, et présentent la forme de tables à 4 ou à 6 faces; c'est la phényl-thiosinamine.

[1] HINTERBERGER (1852), *Ann. der Chem. u. Pharm.*, LXXXIII, 346.
[2] HINTERBERGER, *loc. cit.*
[3] ZININ (1852), *Journ. f. prakt. Chem.*, LVII, 173.

Ce corps est incolore, transparent, sans odeur ni saveur, insoluble dans l'eau, fort soluble même à froid dans l'alcool et dans l'éther. Il fond à 95° en un liquide incolore qui se prend, par le refroidissement, en une masse radiée. Lorsqu'on le distille, il produit une huile d'une odeur de porreau et qui ne se concrète plus.

Traitée par l'hydrate de plomb, la phényl-thiosinamine se désulfure, et donne une matière fort soluble dans l'alcool, cristallisant en aiguilles soyeuses, ainsi qu'une matière résinoïde incristallisable.

La phényl-thiosinamine se dissout aisément à chaud dans l'acide chlorhydrique concentré; mais l'eau l'en reprécipite sans altération. Elle cristallise également dans une solution alcoolique d'acide chlorhydrique ou sulfurique, sans entrer en combinaison.

L'acide nitrique l'attaque à chaud en produisant une matière résinoïde.

§ 889. *Naphtyl-thiosinamine*[1], $C^{28}H^{14}N^2S^2$. — Lorsqu'on abandonne un mélange d'essence de moutarde et de naphtalidine (naphthyl-ammoniaque) dissoute dans l'ammoniaque, on y trouve, au bout de quelque temps, une croûte cristalline composée d'aiguilles aplaties et réunies par groupes radiés. Ce produit est insoluble dans l'eau, peu soluble dans l'alcool froid, plus soluble dans l'alcool concentré et bouillant, peu soluble dans l'éther. Il fond à 130° en un liquide incolore, qui se prend par le refroidissement en une masse grenue et cristalline. Lorsqu'on le distille avec précaution, il passe sous la forme d'une huile incolore qui ne se concrète qu'à la longue.

Traitée par l'hydrate de plomb, la naphtyl-thiosinamine se désulfure; on obtient une substance qui cristallise dans l'alcool bouillant en petits grains soyeux, ainsi qu'une matière onctueuse encore plus soluble dans l'alcool.

La naphtyl-thiosinamine ne paraît pas se combiner avec les acides; elle cristallise sans altération dans l'alcool additionné d'acide chlorhydrique ou sulfurique.

L'acide nitrique la dissout à chaud, sans la colorer, mais peu à peu il s'établit une réaction énergique, donnant, entre autres produits, une matière résinoïde.

[1] ZININ (1852), *loc. cit.*

ACIDE MYRONIQUE.

§ 890. Suivant les expériences de M. Bussy[1], la moutarde noire
contient cet acide à l'état de sel de potasse. C'est ce sel qui se
transforme en sulfocyanure d'allyle (essence de moutarde), lorsqu'il est mis en présence de l'eau et d'un principe albuminoïde, la
myrosine, contenu dans la même graine. La moutarde blanche ne
contient pas de myronate de potasse (Voy. § 892, APPENDICE).

On prépare l'acide myronique de la manière suivante : on réduit la moutarde noire en poudre, et, après l'avoir séchée à 100°, on
la soumet à l'action de la presse, pour en extraire l'huile grasse ;
puis on l'épuise, dans un appareil de déplacement, par de l'alcool
de 85 centièmes, chauffé à 50 ou 60°. L'alcool se charge des
matières étrangères qui entraveraient la cristallisation du myronate de potasse ; il dissout aussi une très-petite quantité de
ce sel, mais on en extrait de nouveau celle-ci , en évaporant
l'extrait alcoolique, reprenant le résidu par l'eau, et évaporant
la liqueur filtrée. La matière , épuisée par l'alcool, étant de nouveau soumise à l'action de la presse, puis traitée par l'eau froide
ou tiède, on obtient une solution aqueuse de myronate de potasse qu'on concentre par l'évaporation à une douce chaleur,
jusqu'à consistance de sirop fluide ; on traite ensuite la liqueur
concentrée par de l'alcool faible, de manière à précipiter une matière mucilagineuse ; on filtre, et l'on concentre à cristallisation.
On lave les cristaux avec de l'alcool faible pour les rendre incolores.

Pour obtenir l'acide myronique, on mélange des solutions
aqueuses de 100 p. de myronate de potasse et de 38 p. d'acide
tartrique, on concentre, et l'on extrait l'acide myronique par
l'alcool.

Un autre procédé, préférable au précédent, consiste à transformer le sel de potasse en sel de baryte, et à précipiter la solution aqueuse du sel de baryte par une quantité convenable d'acide
sulfurique.

La solution aqueuse de l'acide myronique donne, par l'évaporation, un sirop incristallisable, acide et amer, mais sans odeur. Il
renferme du carbone, de l'hydrogène, de l'azote, du soufre et de
l'oxygène. Il est soluble dans l'alcool, insoluble dans l'éther. Il se

[1] Bussy, *Journ. de Pharm.,* XVI, 39.

décompose par la distillation en donnant différents produits volatils. La solution aqueuse et étendue se décompose à la longue, par l'ébullition, en dégageant de l'hydrogène sulfuré.

L'acide myronique développe du sulfocyanure d'allyle au contact de la myrosine.

Les *myronates* n'ont pas d'odeur; ils donnent également du sulfocyanure d'allyle au contact de la myrosine aqueuse. Ils sont tous solubles dans l'eau, même les sels à base de baryte, de plomb et d'argent.

Les *sels d'ammoniaque*, de *potasse*, de *soude* et de *baryte* sont cristallisables.

Le *sel de potasse* se présente sous la forme de gros cristaux incolores, limpides, inaltérables à l'air, d'une saveur fraîche et amère, un peu solubles dans l'alcool faible, insolubles dans l'alcool absolu. Les cristaux ne perdent pas d'eau à 100°, et ne s'altèrent pas à cette température; mais ils fondent par une plus forte chaleur, et se boursouflent en répandant l'odeur de la poudre à canon brûlée, et en laissant du charbon, chargé de sulfate de potasse.

A chaud, l'acide nitrique attaque le myronate de potasse, en produisant de l'acide sulfurique.

Le blanc d'œuf et l'émulsine des amandes amères ne déterminent pas la transformation des myronates en essence de moutarde.

§ 891. *Myrosine.* — C'est la matière albuminoïde, contenue dans la moutarde noire et dans la moutarde blanche[1].

Suivant M. Lepage[2], elle serait aussi contenue dans la graine des plantes suivantes : *Raphanus sativus*, *Brassica Napus*, *B. oleracea* et *B. campestris*, *Erysimum Alliaria*, *Cheiranthus Cheiri*, *Draba verna*, *Cardamine pratensis* et *C. amara*, *Thlaspi arvense*.

Elle s'obtient de la manière suivante par la moutarde blanche : on traite celle-ci par l'eau froide, on filtre l'extrait, et on l'évapore à une température qui ne dépasse pas 40°. Quand le produit a acquis la consistance d'un sirop, on y ajoute de l'alcool avec précaution ; le coagulum de myrosine qui se sépare alors se dissout entièrement dans l'eau.

La myrosine ressemble aux autres substances albuminoïdes : ses cendres renferment du sulfate de chaux.

---

[1] Bussy, *loc. cit.* — E. Simon, *Ann. de Poggend.*, LI, 383. — Winckler, *Jahr. f. prakt. Pharm.*, III, 93.

[2] Lepage, *Journ. de Chim. médic*, XXII, 171.

Sa solution aqueuse mousse comme l'eau de savon ; elle se coagule par la chaleur, l'alcool et les acides, et dans cet état elle n'agit pas sur les myronates. Mais elle redevient active si on l'abandonne dans l'eau pendant 24 ou 48 heures.

Lorsqu'on mélange la solution de la myrosine avec un myronate, il se développe, au bout de cinq minutes, une légère odeur d'essence de moutarde ; cette odeur devient plus intense si l'on abandonne le mélange plus longtemps ; celui-ci se trouble peu à peu, devient acide, et donne alors, à la distillation, de l'essence de moutarde. Si l'on recueille sur un filtre la matière qui trouble le mélange, après la réaction de la myrosine, on obtient une espèce de crème blanche, qui se présente au microscope comme composée de petits globules; ce produit ne réagit plus sur les myronates.

La myrosine ne dégage pas d'acide cyanhydrique, au contact de l'amygdaline.

APPENDICE AUX COMPOSÉS ALLYLIQUES.

§ 892. Nous rattacherons aux composés allyliques plusieurs combinaisons qui ont été obtenus avec la moutarde blanche, et dont la nature chimique n'est pas encore bien connue.

La moutarde blanche contient le sulfocyanhydrate d'un alcali particulier, la *sinapine*, $C^{32}H^{23}NO^{10}$. Sous l'influence des alcalis minéraux, la sinapine se dédouble en *acide sinapique*, $C^{22}H^{12}O^{10}$ et en un autre alcali, la *sinkaline*, $C^{10}H^{13}NO^{2}$, d'après l'équation suivante :

$$C^{32}H^{23}NO^{10} + 2\,HO = C^{22}H^{12}O^{10} + C^{10}H^{13}NO^{2}.$$

Sinapine.   Ac. sinapique.   Sinkaline.

On doit principalement à MM. Babo et Hirschbrunn l'étude de ces composés.

§ 893. *Sinapine*[1], $C^{32}H^{23}NO^{10}$. — C'est l'alcali qui est contenu dans la moutarde blanche à l'état de sulfocyanhydrate.

On ne parvient pas à l'avoir pur et sec, à cause de la facilité

---

[1] BABO et HIRSCHBRUNN (1852), *Ann. der Chem. u. Pharm.*, LXXXIV, 10. — J'ai retranché 1 atome (double) d'hydrogène de la formule admise par ces chimistes, cette formule donnant un nombre impair pour la somme de l'hydrogène et de l'azote. — Voy. aussi les travaux antérieurs de : HENRY et GAROT, *Journ. de Chim. médic.*, I, 439 et 487. — PELOUZE, *Ann. de Chim. et de Phys.*, XLIV, 214. — E. SIMON, *Ann. de Poggend.*, XLIII, 651 ; XLIV, 593 ; et en extrait, *Ann. der Chem. u. Pharm.*, XXVIII, 291.

avec laquelle il se dédouble, à l'état libre, en acide sinapique et en sinkaline. On obtient la sinapine en solution aqueuse en ajoutant à la solution du sulfate de sinapine la quantité d'eau de baryte nécessaire à la précipitation de tout l'acide sulfurique, sans dépasser cette proportion.

Cette solution est d'un jaune intense; elle a une réaction manifestement alcaline, et précipite un grand nombre de sels métalliques : ainsi elle précipite les sels mercuriques en brun, les sels de cuivre en vert, les sels d'argent en brun. Lorsqu'on abandonne ces précipités à l'air, ou qu'on les chauffe, ils présentent les mêmes phénomènes de réduction que les sels de l'acide sinapique. La solution de la sinapine réduit aussi les sels d'or.

Si l'on évapore la solution de la sinapine, elle brunit peu à peu, et l'on finit par avoir un résidu non cristallin. Elle se comporte sous ce rapport comme la solution des sinapates. Elle n'est précipitée ni par l'alcool ni par l'éther.

Lorsqu'on traite le sulfate de sinapine par l'hydrate de plomb récemment précipité, on n'obtient pas de sinapine libre, mais il se produit une matière gélatineuse, qui paraît être une combinaison de sinapine et d'oxyde de plomb. Le même produit s'obtient lorsqu'on fait bouillir du sulfocyanhydrate de sinapine avec du massicot en poudre fine.

Bouillie avec un excès de baryte ou de potasse, la solution du sulfate acide de sinapine se décompose immédiatement en sinapate et en sinkaline.

§ 894. Les *sels de sinapine* sont incolores, et moins altérables que l'alcali libre.

Le *chlorhydrate* cristallise en aiguilles fort solubles, et s'obtient, par double décomposition, au moyen du sulfate neutre de sinapine et du chlorure de baryum. — Si l'on ajoute du *bichlorure de platine* à la solution chlorhydrique de la sinapine, il se produit un précipité résineux; celui-ci brunit par la moindre chaleur.

Le *sulfate acide*, $C^{32}H^{23}NO^{10}$, 2 (SO^3, HO) + 4 aq., s'obtient en ajoutant un peu d'acide sulfurique concentré à une solution chaude et concentrée de sulfocyanhydrate de sinapine dans l'alcool de 90 centièmes. Après le refroidissement du mélange, le sel se précipite sous la forme de paillettes rectangulaires qui remplissent tout le liquide; on le lave avec de l'alcool absolu, et on le fait recristalliser dans un mélange d'eau et d'alcool. Il a une réaction acide, se dissout aisément dans l'eau et dans l'alcool bouillant, et est presque insoluble dans l'eau. Il renferme 4 atomes d'eau de cristallisation, qui se dégagent à 110°. Le sel, séché à 100°, a donné à l'analyse les résultats suivants :

	Analyse.	Calcul.
Carbone.	46,99	47,17
Hydrogène.	6,37	6,14
Ac. sulfur. anhydre.	19,82	19,65

Le *sulfate neutre* se produit lorsqu'on traite le sel précédent par une quantité convenable de baryte ; la liqueur, étant séparée du précipité de sulfate de baryte, donne, par la concentration, une masse cristalline fort soluble.

Le *nitrate* cristallise en aiguilles fort solubles. On l'obtient par double décomposition, soit avec le sulfate neutre de sinapine et le nitrate de baryte, soit avec le sulfocyanhydrate de sinapine et le nitrate d'argent.

Le *sulfocyanhydrate*, $C^{34}H^{24}N^{2}S^{2}O^{10} = C^{32}H^{23}NO^{10}, CyHS^{2}$, se trouve tout formé dans la moutarde blanche ; c'est la substance qui a été désignée par quelques chimistes sous les noms de *sinapine* et de *sulfosinapisine*. La préparation de cette substance est assez délicate, à cause de la facilité avec laquelle elle s'altère. Après avoir desséché la graine et l'avoir réduite en poudre fine, on l'épuise par l'éther dans un appareil de déplacement, afin d'en extraire toute l'huile grasse ; en chauffant ensuite la masse, on enlève l'éther dont elle reste imprégnée. On la traite alors à froid par l'alcool absolu, jusqu'à ce que ce liquide ne prenne plus qu'une teinte jaunâtre. L'alcool absolu ne dissout que fort peu de sulfo-cyanhydrate de sinapine, mais il s'empare d'une matière sulfurée brune, qui entraverait beaucoup la cristallisation de ce sel ; il dissout en outre une combinaison sinapique particulière, d'où le sulfocyanure de potassium précipite du sulfocyanhydrate de sina-pine. Quand la moutarde blanche a été ainsi épuisée à froid par l'alcool absolu, on fait bouillir le résidu avec de l'alcool de 90 cen-tièmes, et l'on exprime la masse encore chaude ; après un autre traitement semblable, la graine est entièrement épuisée. On filtre les extraits alcooliques, et l'on enlève l'alcool par la distillation ; par le refroidissement le résidu dépose alors le sulfocyanhydrate de sinapine à l'état cristallisé. 1 kilogramme de moutarde donne par ce procédé 1 gramme environ de ce sel.

Quelque simple que soit la méthode d'extraction précédente, elle n'est guère avantageuse, lorsqu'il s'agit de l'appliquer en grand. Voici comment opèrent MM. Babo et Hirschbrunn dans ce dernier cas : ils commencent par enlever au moyen de la presse la plus grande partie de l'huile grasse, ensuite ils épuisent le résidu par de l'alcool de 85 centièmes, d'abord à froid, puis à l'ébullition. On réunit les extraits alcooliques, et on les soumet à la distillation, dans une cornue en verre, de manière à enlever les trois quarts environ de l'alcool ; le résidu se prend alors, par le refroidissement, en deux couches dont la supérieure se compose d'huile grasse, qu'on enlève avec une pipette. La couche inférieure est une solution sirupeuse de sulfocyanhydrate de sinapine ; on l'abandonne à l'évaporation spontanée pour qu'elle dépose ce sel à l'état cristallisé ; il faut environ huit jours pour que la cristallisation soit complète. Les eaux-mères donnent encore des cristaux si l'on y ajoute un peu de sulfocyanure de potassium, une partie de l'acide sulfocyanhydrique s'étant séparée de la sinapine pendant la concentration. Pour réussir en suivant la marche précédente, il importe surtout de bien saisir le point auquel il faut arrêter la distillation des extraits alcooliques ; car, si on laisse trop d'alcool dans la liqueur, il reste trop d'huile grasse avec le sulfocyanhydrate, ce qui empêche la cristallisation de ce sel ; si, au contraire, on pousse trop loin la concentration, la sinapine s'altère et les produits de cette décomposition entravent aussi la cristallisation du sulfocyanhydrate non altéré.

Suivant MM. Henry et Garot, on peut également obtenir ce composé en traitant la moutarde blanche par l'eau ; mais l'extrait aqueux donne plus difficilement des cristaux, à cause de certaines substances étrangères qu'il contient en même temps.

On purifie le sel brut en le faisant cristalliser dans l'alcool bouillant de 90 centièmes, redissolvant les cristaux dans très-peu d'eau bouillante, et décolorant par le charbon animal.

Le sulfocyanhydrate de sinapine cristallise en petites aiguilles, groupées en faisceaux, légèrement jaunâtres et fort volumineuses. Il est peu soluble à froid dans l'eau et dans l'alcool, fort soluble dans les mêmes liquides bouillants, presque insoluble dans l'éther. Le sel séché à 110° a donné à l'analyse les nombres suivants :

	Henry et Garot.	Babo et Hirschbrunn.			Calcul.
Carbone. . . .	57,92	56,01	55,16	55,09	55,43
Hydrogène. . .	7,80	6,88	6,88	6,75	6,52
Azote.	4,94	6,91	7,93	7,80	7,60
Soufre.	9,66	8,81	9,13	»	8,69

Le sel pur peut être porté à 130° sans qu'il s'altère. Il fond à cette température en un liquide jaune qui se prend, par le refroidissement, en une masse vitreuse : si on le chauffe davantage, il brunit en exhalant des vapeurs fétides ; à une température plus élevée, il développe une vapeur alcaline (peut-être de la méthylamine), puis arrivent d'autres gaz et des huiles empyreumatiques contenant du soufre.

Les acides sulfurique et chlorhydrique étendus en dégagent de l'acide sulfocyanhydrique. L'acide nitrique le colore immédiatement en rouge foncé ; si l'on chauffe la solution, il se produit de l'acide sulfurique.

Les alcalis caustiques dissolvent le sulfocyanhydrate de sinapine, en se colorant en jaune intense. Les carbonates alcalins et terreux, le sous-acétate de plomb et l'oxyde de plomb produisent la même coloration. Si l'on ajoute un acide à la solution alcaline, il s'en précipite de nouveau du sulfocyanhydrate de sinapine ; mais, si la solution alcaline a été préalablement bouillie, les acides minéraux y produisent ensuite un précipité cristallin d'acide sinapique.

Lorsqu'on ajoute du nitrate d'argent à la solution du sulfocyanhydrate de sinapine, il se produit un précipité de sulfocyanure d'argent ; si l'on emploie un excès de nitrate d'argent, celui-ci se réduit immédiatement à l'état métallique.

Suivant MM. Babo et Hirschbrunn le sulfocyanhydrate de sinapine se présente sous deux modifications qui offrent toutes deux les réactions précédemment indiquées, mais qui se distinguent en ce que l'une a rougit immédiatement par les sels ferriques, comme c'est le cas de tous les sulfocyanures, tandis que l'autre b ne rougit qu'à chaud par le contact de ces sels. Dans les expériences de ces chimistes, la modification b se déposa la première dans l'extrait alcoolique de la moutarde préalablement épuisée par l'éther, et la modification a cristallisa dans les eaux-mères.

§ 895. *Acide sinapique*[1], $C^{22}H^{12}O^{10}$. — Cet acide se produit, en

[1] BABO et HIRSCHBRUNN (1852), *loc. cit.*

même temps que la sinkaline, par la métamorphose de la sinapine, sous l'influence des alcalis. On l'obtient en faisant bouillir le sulfocyanhydrate de sinapine avec de la potasse caustique, et en sursaturant ensuite la liqueur par de l'acide chlorhydrique ; il se précipite ainsi de l'acide sinapique, qu'on fait cristalliser dans l'alcool faible et bouillant. Si cet acide reste trop longtemps exposé au contact de l'air, il se décompose en partie en brunissant ; à l'aide du charbon animal, on peut alors obtenir à l'état incolore la partie non altérée.

L'acide sinapique cristallise en petits prismes, très-peu solubles dans l'eau froide, un peu plus solubles dans l'eau bouillante, peu solubles dans l'alcool froid, fort solubles dans l'alcool bouillant, insolubles dans l'éther. Il est presque insoluble dans les acides, mais les alcalis le dissolvent aisément. Voici les nombres qu'il a donnés à l'analyse :

	Analyse.		Calcul.
Carbone.	58,67	58,92	58,93
Hydrogène. . . .	4,87	5,67	5,35

Il y a une trop grande différence entre les deux dosages de l'hydrogène pour qu'on en déduise avec certitude la formule.

L'acide sinapique fond entre 150° et 200°, et se prend par le refroidissement en une masse cristalline. Si l'on élève davantage la température, il distille une huile incolore, tandis que le résidu brunit ; cette huile se concrète par l'ammoniaque.

Au contact de l'acide nitrique, il prend une couleur rouge intense, et s'y dissout. Il paraît se produire de l'acide oxalique, et un corps nitré.

L'eau chlorée colore à chaud l'acide sinapique en rouge, sans le dissoudre.

§ 896. Les *sinapates*, à l'exception du sel de baryte, sont fort altérables. Les sels à base d'alcali sont fort solubles et cristallisables ; les autres sels sont peu solubles. L'acide sinapique paraît être bibasique.

Le *sel d'ammoniaque* brunit à l'air.

Le *sel de potasse* et le *sel de soude* brunissent promptement à l'air, surtout à l'état neutre. Si l'on ajoute de l'alcool absolu au sel de potasse, celui-ci se précipite sous forme de feuillets irisés ; mais ces cristaux se décomposent promptement dès qu'on enlève l'alcool. La solution du sel de potasse précipite en blanc le chlorure de

calcium et le chlorure de baryum ; elle précipite de même la solution de l'alun. Avec le perchlorure de fer, elle donne un beau
précipité rouge ; la liqueur surnageante renferme alors un sel ferreux. Elle réduit le chlorure d'or à l'état métallique.

Le *sel de baryte*, $C^{22}H^{10}Ba^2O^{10}$, s'obtient en faisant bouillir l'acide
sinapique avec de l'eau de baryte, à l'abri de l'air, ou bien encore
en précipitant le sinapate d'ammoniaque avec du chlorure de baryum ; dans ce dernier cas, il faut éviter l'emploi d'un excès de
chlorure de baryum, dans lequel le sinapate de baryte est un peu
soluble. Ce sel a donné à l'analyse :

	Analyse.		Calcul.
Carbone.	36,37	36,54	36,80
Hydrogène.	3,06	2,74	2,78
Baryte.	42,09	42,97	42,60

§ 897. *Sinkaline*[1], $C^{10}H^{13}NO^2$. — Cet alcali se produit, en même
temps que l'acide sinapique, par la métamorphose de la sinapine.

Pour l'obtenir, on opère de la manière suivante : on fait chauffer
du sulfocyanhydrate de sinapine avec de l'eau de baryte, jusqu'à
ce que tout l'acide sinapique se soit séparé à l'état de sel de baryte.
Après avoir acidulé le liquide filtré avec de l'acide sulfurique, on
y ajoute un mélange de sulfate de cuivre et de sulfate de fer pour
précipiter l'acide sulfocyanhydrique. En ajoutant ensuite à la liqueur un excès de baryte, on enlève l'acide sulfurique, ainsi que
l'excédant de fer et de cuivre, de manière qu'il ne reste plus en
dissolution que de la sinkaline et de la baryte. On enlève la dernière par un courant d'acide carbonique ; la sinkaline reste alors
en dissolution à l'état de carbonate. Ce sel ayant été transformé en
chlorhydrate, on le met en digestion avec de l'oxyde d'argent ; on
filtre, et l'on évapore au bain-marie ou dans le vide.

La sinkaline ainsi obtenue se présente sous la forme d'une masse
cristalline, incolore ou légèrement brunâtre, qui s'échauffe à l'air
humide en tombant en déliquescence et en se carbonatant. Elle ne
se volatilise pas sans altération ; lorsqu'on la distille, elle exhale
des vapeurs combustibles ayant l'odeur de la méthylamine, et
laisse un résidu de charbon.

[1] BABO et HIRSCHBRUNN (1852), *loc. cit.* — La formule par laquelle se représente
la sinkaline a été déduite de l'analyse du chloroplatinate et du chloraurate de cet alcali.
MM. Babo et Hirschbrunn y supposent 1 at. d'hydrogène de plus ; mais la formule de ces
chimistes ne me paraît pas exacte, car elle donne un nombre impair pour la somme de
l'hydrogène et de l'azote.

Elle précipite la plupart des oxydes métalliques de leurs solutions, sans en excepter la chaux, la baryte, l'oxyde de mercure ; les précipités occasionnés dans les sels d'alumine et de chrome se redissolvent dans un excès de sinkaline, et le précipité chromique se reprécipite par l'ébullition de la solution, comme c'est le cas d'une solution d'oxyde de chrome dans la potasse.

La sinkaline dissout le soufre ; si l'on ajoute un acide minéral à la solution, elle dégage de l'hydrogène sulfuré, et il se précipite du soufre qui rend la liqueur laiteuse.

§ 898. Les *sels de sinkaline* qu'on obtient avec les acides *chlorhydrique, nitrique* et *carbonique* sont extrêmement déliquescents.

Le *chloroplatinate*, $C^{10}H^{13}NO^2$, HCl, $PtCl^2$, s'obtient en magnifiques prismes ou en tables hexagones, de couleur orangée, par l'évaporation d'un mélange de chlorhydrate de sinkaline et de bichlorure de platine. Séché à 110°, il a donné à l'analyse :

	Analyse.		Calcul.
Carbone........	19,73	19,58	19,38
Hydrogène.	5,16	5,10	4,52
Platine.	31,36	«	31,98

Le sel séché à l'air perd, à 110°, 5,32 p. c. = 2 at. d'eau.

Le *chloraurate*, $C^{10}H^{13}NO^2$, HCl, $AuCl^3$, se précipite sous la forme d'une poudre jaune et cristalline, peu soluble dans l'eau froide. Il se dissout aisément dans l'eau bouillante, et cristallise, par le refroidissement, sous la forme d'aiguilles groupées en aigrettes. Le sel séché à 110° contenait :

	Analyse.	Calcul.
Carbone.	13,63	13,57
Hydrogène......	3,38	3,16
Or.	44,54	44,34

III.

GROUPE PROPIONIQUE.

§ 899. Les composés faisant partie de ce groupe sont des homologues des composés formiques (§ 126), acétiques (§ 424), etc., et peuvent être rapportés aux types hydrogène, eau, ammoniaque, dans lesquels H est remplacé par le radical *propionyle*, $C^6H^5O^2$:

Hydrure de propionyle, ou

aldéhyde propionique. . $C^6H^6O^2 \quad = \quad \left. \begin{array}{l} C^6H^5O^2 \\ H \end{array} \right\rangle ,$

Acide propionique. . . . . $C^6H^6O^4 \quad = \quad \left. \begin{array}{l} C^6H^5O^2.O \\ HO \end{array} \right\rangle ,$

Azoture de propionyle, ou

propionamide. . . . . $C^6H^7NO^2 \quad = \quad N \left\{ \begin{array}{l} C^6H^5O^2 \\ H \\ H. \end{array} \right.$

De même que l'acide acétique représente de l'acide méthyl-formique (§ 425), l'acide propionique peut être considéré comme de l'acide éthyl-formique. En effet, le cyanure d'éthyle (§ 202) se convertit par les alcalis en acide propionique et en ammoniaque, de la même manière que le cyanure d'hydrogène se transforme par ces agents en acide formique et en ammoniaque ; réciproquement, le propionate d'ammoniaque se transforme, par les agents déshydratants, en cyanure d'éthyle et en eau, et se comporte ainsi comme le formiate d'ammoniaque, qui produit, dans ces circonstances, du cyanure d'hydrogène et de l'eau :

$$C^2H\,(NH^4)O^4 = CyH \quad + 4\,HO ;$$
Form. d'ammon.   Cyan. d'hydr.

$$C^6H^5(NH^4)O^4 = CyC^4H^5 + 4\,HO.$$
Propion. d'ammon.   Cyan. d'éthyle.

Plusieurs groupes sériés se rattachent par des métamorphoses aux composés propioniques. Dans la série acétique, le groupe glycérique (§ 512) et le groupe tartrique (§ 574) s'y relient par la transformation que la glycérine et certains tartrates éprouvent sous l'influence des ferments. Dans la série propionique, le groupe éthylique (§ 738), le groupe angélique (§ 911) et le groupe glucique (§ 949) contiennent plusieurs corps susceptibles d'être transformés en acide propionique : tels sont le cyanure d'éthyle cité précédemment, l'acide angélique, le glucose, l'amidon, la mannite, etc.

HYDRURE DE PROPIONYLE.

Syn. : aldéhyde métacétique ou propionique.

Composition : $C^6H^6O^2 = C^6H^5O^2, H.$

§ 900. Ce corps est contenu parmi les produits qu'on obtient en distillant la caséine, l'albumine ou la fibrine avec un mélange

---

[1] GUCKELBERGER (1847), *Ann. der Chem. u. Pharm.*, LXIV, 39.

d'acide sulfurique et de peroxyde de manganèse, ou d'acide sulfurique et de bichromate de potasse.

Voici comment on procède, suivant M. Guckelberger, pour
l'extraction de ces produits : on laisse du lait écrémé se coaguler
spontanément, on lave le coagulum avec de l'eau, et on l'exprime
autant que possible pour enlever tout le petit lait ; on fait dissoudre
la masse exprimée dans une solution de carbonate de soude, étendue et chauffée à 60 ou 80°, on la laisse en digestion pendant
quelques heures à cette température, on enlève avec précaution la
pellicule qui s'est formée, on précipite la liqueur par de l'acide sulfurique dilué, et l'on traite le caillot à plusieurs reprises par l'eau
chaude, en l'exprimant après chaque traitement, jusqu'à ce que les
eaux de lavage s'écoulent entièrement claires. Ces opérations ont
pour but d'enlever de la caséine la plus grande partie de la matière grasse. On étend ensuite 4,5 p. d'acide sulfurique concentré
de 9 p. d'eau, et, quand la liqueur s'est refroidie jusqu'à 50 ou 40°,
on y introduit 1 p. de caséine desséchée et réduite en poudre fine,
en agitant continuellement, jusqu'à ce que la matière se soit dissoute au bout de quelques heures ; la solution, brune ou violette,
est recouverte de matière grasse qu'on enlève. Après l'avoir abandonnée pendant un jour, on l'étend de 10 parties d'eau, on l'introduit dans une cornue d'une capacité double de son volume, et où
l'on a déjà mis 1 ½ p. de peroxyde de manganèse, on y ajoute encore
11 p. d'eau, et l'on distille, en refroidissant bien le récipient, aussi
longtemps qu'il passe des produits odorants ; on remet dans la cornue 1 ½ p. de peroxyde de manganèse, ainsi qu'une quantité d'eau
égale à celle qui s'est volatilisée, et l'on distille de nouveau tant que
les produits distillés présentent de l'odeur. Le produit distillé est fort
acide et âcre ; après l'avoir neutralisé par la craie, on le soumet à
une nouvelle distillation, jusqu'à ce que la moitié du liquide environ ait passé ; on obtient ainsi un mélange neutre, composé
d'hydrure d'acétyle (aldéhyde), d'hydrure de propionyle, d'hydrure de butyryle et d'hydrure de benzoïle. On rectifie ce mélange,
en ayant soin de bien refroidir ; on ne recueille que les premières
portions, et l'on arrête quand on voit passer une liqueur laiteuse,
d'où se dépose ensuite par le repos de l'hydrure de benzoïle.

Pour séparer l'hydrure de propionyle des autres matières, on
chauffe d'abord la liqueur laiteuse à 40 ou 50° dans un ballon à
long col, placé au bain-marie, de manière que les parties les plus

volatiles, composées d'hydrure d'acétyle, passent seules dans le refrigérant, et que les vapeurs d'hydrure de propionyle reviennent se condenser dans le col du ballon. Ensuite, on distille le résidu entre 65° et 70°; les premières portions contiennent encore un peu d'hydrure d'acétyle, les dernières portions sont de l'hydrure de propionyle presque pur. Une température plus élevée fait passer l'hydrure de butyryle, et, si l'on pousse la chaleur au-dessus de 100°, l'hydrure de benzoïle distille à son tour. On dessèche, au moyen du chlorure de calcium, la liqueur distillée entre 65° et 70°, et on la soumet à une nouvelle rectification; on obtient ainsi l'hydrure de propionyle dans un état de pureté satisfaisante.

La craie, avec laquelle on sature la première liqueur acide, transforme en sels de chaux les acides formique, acétique, propionique, butyrique, valérique, caproïque et benzoïque, contenus dans cette liqueur. Ces sels de chaux restent dans la cornue, après la volatilisation des hydrures.

L'hydrure de propionyle est un liquide limpide, neutre aux papiers, d'une agréable odeur éthérée, et d'une densité de 0,79 à 15°. Il bout entre 55° et 65°; la densité de sa vapeur a été trouvée égale à 2,111 = 4 volumes pour la formule $C^6H^6O^2$.

Il s'acidifie lentement à l'air, et assez promptement au contact du noir de platine. Il ne réduit pas le nitrate d'argent.

Il présente la même composition que l'acétone. M. Guckelberger n'a pas eu à sa disposition assez de matière pour déterminer les caractères qui distinguent l'acétone de l'hydrure de propionyle. D'ailleurs la substance analysée par ce chimiste n'avait pas un point d'ébullition très-constant; les portions bouillant au-dessous de 60° n'étaient pas sensiblement altérées par la potasse; mais cet agent colorait en jaune les portions bouillant au-dessus de 60°.

Dérivés chlorés de l'hydrure de propionyle.

§ 900ᵃ. *Hydrure de propionyle quintichloré*[1], ou chloral propionique, $C^6HCl^5O^2$. — Ce corps se rencontre parmi les produits de la distillation de l'amidon avec un mélange d'acide chlorhydrique et de peroxyde de manganèse (§ 439.); il est contenu dans les premières portions qui passent, en même temps qu'une matière hui-

---

[1] STAEDELER (1853), *Handwört. der Chem. v. Liebig, Poggend. et Wöchler*, supplém., p. 796.

leuse, lorsqu'on rectifie la liqueur brute sur un peu de chlorure de calcium, après l'avoir saturée par la craie ou par le carbonate de soude. Pour séparer le chloral propionique de la matière huileuse, on agite celle-ci à plusieurs reprises avec de l'eau glacée, on décante la solution saturée à froid, et on la chauffe ensuite : le chloral propionique se sépare alors sous la forme de gouttes pesantes, légèrement colorées en jaune. Si l'on délaye ces gouttes dans une petite quantité d'eau et qu'on les expose à la température de zéro, on obtient des tables rhombes incolores, qu'on purifie de l'huile adhérente en les exprimant à froid entre du papier buvard. Ces cristaux constituent un hydrate avec 8 atomes d'eau.

Dérivés bromés de l'hydrure de propionyle.

§ 900[b]. L'huile bromée, décrite § 674, présente la composition de l'hydrure de propionyle tribromé, $C^6H^3Br^3O^2$.

Il est possible, toutefois, que cette huile dérive de l'acétone (§ 462), qui est isomère de l'hydrure de propionyle.

Dérivés méthyliques, éthyliques, ... de l'hydrure de propionyle.

§ 901. *Propione* [1], $C^{10}H^{10}O^2$. — Ce corps représente de l'hydrure de propionyle dans lequel 1 atome d'hydrogène est remplacé par son équivalent d'éthyle :

$$\text{Hydrure de propionyle.} \quad \left. \begin{array}{l} C^6H^5O^2 \\ H \end{array} \right|$$

$$\text{Propione, ou éthylure de propionyle.} \quad \left. \begin{array}{l} C^6H^5O^2 \\ C^4H^5 \end{array} \right|$$

On obtient la propione en soumettant le propionate de baryte à la distillation sèche ; on dessèche le produit distillé sur du chlorure de calcium, et on le rectifie. Le liquide ainsi obtenu commence déjà à bouillir à 80° environ, et ce point s'élève peu à peu jusqu'à 108°. Si l'on soumet à une nouvelle rectification les dernières portions de la distillation, on obtient un liquide dont le point d'ébullition est constant.

La propione est un liquide incolore ou jaunâtre, d'une odeur agréable, plus légère que l'eau et insoluble dans ce liquide, soluble en toutes proportions dans l'alcool et dans l'éther. Elle bout à

[1] MORLEY (1851), *Ann. der Chem. u. Pharm.*, LXXVIII, 187.

100°. Elle est très-inflammable et brûle avec une flamme bleue pâle, sans déposer de charbon.

Traitée par l'acide nitrique fumant, ou par l'acide nitrique concentré et bouillant, la propione s'attaque vivement, en donnant de l'acide propionique.

§ 902. *Métacétone.* — M. Frémy[1] a donné ce nom à une substance qui présente beaucoup de rapports avec la propione, mais dont la nature chimique n'est pas encore bien établie.

Cette subtance se rencontre parmi les produits de la distillation sèche d'un mélange de sucre, d'amidon, de gomme ou de mannite avec un excès de chaux; on l'a aussi obtenue par la distillation sèche du lactate de chaux[2]. Les huiles volatiles qui se forment par la distillation du bois contiennent également cette substance[3].

Pour préparer la métacétone, on chauffe, suivant M. Frémy, un mélange intime de 1 p. de sucre et de 8 p. de chaux, dans une cornue dont la capacité représente au moins le double du volume du mélange, celui-ci se boursouflant considérablement par la chaleur. Il faut toujours opérer sur 500 grammes de sucre au moins. On chauffe doucement, car l'eau que perd le sucre, rencontrant la chaux vive, élève alors la température au point qu'on peut presque entièrement retirer le feu, et que la réaction s'achève seule et brusquement ; si le mélange a été bien fait, il se dégage à peine quelques bulles de gaz inflammable, et il passe à la distillation une huile complexe. On agite celle-ci avec de l'eau pour dissoudre l'acétone, et l'on rectifie l'huile insoluble qui vient nager sur l'eau, jusqu'à ce que son point d'ébullition soit constant. Il est d'ailleurs difficile de l'avoir parfaitement pure.

On opère de même pour préparer la métacétone avec l'amidon. Celui-ci paraît même donner un peu plus de métacétone que d'acétone; la gomme, au contraire, fournit toujours plus d'acétone que de métacétone.

Suivant M. Gottlieb, on obtient la métacétone en plus grande quantité en n'employant que 3 p. de chaux pour 1 p. de sucre et en ayant soin de refroidir les produits de la distillation.

La métacétone est une huile incolore, d'une odeur agréable,

---

[1] FRÉMY, *Ann. de Chim. et de Phys.*, LIX, 6. — GOTTLIEB, *Ann. der Chem. u. Pharm.*, LII, 127. — CHANCEL, *Compt. rend. de l'Acad.*, XX, 1582 ; XXI, 908.

[2] FAVRE, *Ann. de Chim. et de Phys.*, [3] XI, 80.

[3] CAHOURS, *Compt. rend. de l'Acad.*, XXX, 326.

insoluble dans l'eau, fort soluble dans l'alcool et dans l'éther. Elle bout à 84°.

Lorsqu'on la distille avec un mélange d'acide sulfurique concentré et de bichromate de potasse, elle donne de l'acide carbonique, de l'acide acétique et de l'acide propionique.

Si l'on fait tomber la métacétone sur de la chaux potassée échauffée ou sur de l'hydrate de potasse en fusion, elle passe en grande partie sans altération, et l'on ne trouve dans le résidu que des traces d'acide propionique.

L'analyse de la métacétone a donné les nombres suivants :

	Frémy.		Calcul.
Carbone.	72,1	72,3	73,47
Hydrogène. . . .	10,2	10,0	10,20
Oxygène.	17,7	17,7	16,33
	100,0	100,0	100,00

Si la formule $C^{14}H^{10}O^2$, admise par M. Frémy, est exacte, la métacétone présente la même composition que l'*oxyde de mésityle* (§ 465) et l'*oxyde d'allyle* (§ 872).

ACIDE PROPIONIQUE.

Composition : $C^6H^6O^4 = C^6H^5O^3, HO.$

§ 903. Cet acide [1], dont on doit la découverte à M. Gottlieb, se produit dans plusieurs réactions chimiques; on l'obtient : par l'action de la potasse ou de l'acide sulfurique étendu sur le cyanure d'éthyle (§ 202),

$$C^4H^5Cy + 4HO = C^6H^6O^4 + NH^3;$$

Cyan. d'éthyle.   Ac. propion.

par l'oxydation de la métacétone (§ 902), au moyen d'un mélange d'acide sulfurique et de bichromate de potasse; par le dédoublement de l'acide angélique sous l'influence de la potasse caustique; par l'action de la potasse concentrée sur le sucre, l'amidon, la gomme et la mannite; par la fermentation du tartrate de chaux [2];

[1] GOTTLIEB (1844), *Ann. der Chem. u. Pharm.*, LII, 121. — DUMAS, MALAGUTI et LEBLANC, *Compt. rend. de l'Acad.*, XXV, 656 et 781. — REDTENBACHER, *Ann. der Chem. u. Pharm.*, LVII, 174. — FRANKLAND et KOLBE, *Philos. Magaz.*, XXI, 266 et *Ann. der Chem. u. Pharm.*, LXV, 300.
[2] Voy. § 588.

par la métamorphose de la glycérine en présence des ferments;
par l'oxydation de l'acide oléique au moyen de l'acide nitrique;
par la distillation de la fibrine ou de la caséine avec du peroxyde
de manganèse et de l'acide sulfurique étendu, etc.

Les réactions précédentes ne donnent pas toutes l'acide propionique à l'état de pureté; il est ordinairement mélangé d'acide acétique, d'acide butyrique ou d'autres acides volatils semblables, produits en même temps.

La métamorphose du cyanure d'éthyle fournit le plus aisément
l'acide propionique pur. Suivant MM. Frankland et Kolbe, on
chauffe une solution de potasse alcoolique et concentrée dans une
cornue tubulée, et l'on y fait tomber ce cyanure goutte à goutte;
on cohobe le produit distillé tant qu'il présente encore l'odeur de
l'éther cyanhydrique; quand il n'a plus qu'une odeur franchement
ammoniacale, on distille le résidu de propionate de potasse avec
de l'acide sulfurique ou avec de l'acide phosphorique sirupeux.

Selon M. Willamson[1], il est avantageux d'opérer de la manière
suivante : on mélange de l'iodure d'éthyle brut avec environ 4 fois
son volume d'alcool, et l'on introduit la liqueur dans un ballon
contenant au delà d'un équivalent de cyanure de potassium réduit
en poudre. Le ballon est fixé à un réfrigérant de Liebig, de telle
sorte qu'étant chauffé au bain-marie, les vapeurs y retournent à
mesure qu'elles se condensent. De temps à autre on recueille une
ou deux gouttes du liquide distillé en inclinant l'appareil, et on essaye, à l'aide d'une dissolution de potasse alcoolique et bouillante,
s'il renferme encore de l'iode. Quand la réaction est terminée, on
distille à siccité, et on lessive le résidu salin en distillant dessus un
peu d'alcool. Ensuite on décompose le liquide distillé par la potasse, de la manière ordinaire : on peut, pour cette opération, employer le même appareil que précédemment; il convient aussi d'a-
dapter au réfrigérant un ou deux flacons de Woulf, contenant de
l'acide chlorhydrique pour l'absorption de l'ammoniaque.

Lorsque l'on concentre une solution de potasse assez pour qu'elle
se concrète par le refroidissement, et qu'on y ajoute ensuite du
sucre (1 p. pour 3 p. d'hydrate de potasse), en continuant de
chauffer, la masse brunit, et développe beaucoup de gaz hydrogène; la réaction finit cependant par se calmer, et la coloration
brune qui se manifeste dans les premiers moments disparaît peu

[1] WILLIAMSON, *Philos. Magazine*, septemb. 1853.

à peu. Distillé avec de l'acide sulfurique étendu, ce produit donne
un mélange d'acide formique, d'acide acétique et d'acide propionique. L'acide formique est enlevé à chaud par le bioxyde de mercure; le sel mercuriel est décomposé par l'hydrogène sulfuré, et
le liquide restant est saturé par du carbonate de soude. On obtient
ainsi un mélange d'acétate et de propionate de soude, qu'on sépare en mettant à profit la différence de solubilité de ces deux sels.
Le propionate reste toujours dans les eaux-mères.

D'après les expériences de M. Gottlieb, la métacétone donne
aussi beaucoup d'acide propionique, lorsqu'on l'oxyde à l'aide
d'un mélange d'acide sulfurique dilué et de bichromate de potasse.
On place le mélange dans une cornue spacieuse, et l'on distille,
après que l'effervescence d'acide carbonique a cessé. Il passe d'a-
bord de la métacétone non attaquée, puis un mélange d'acide acétique et d'acide propionique. On sature le produit par du carbonate de soude, et l'on évapore assez pour faire cristalliser la plus
grande partie de l'acétate; on étend d'eau l'eau-mère épaisse, et
l'on évapore de nouveau fort doucement, de manière à obtenir un
nouveau dépôt d'acétate de soude. Après avoir enlevé ce dernier,
on distille la masse avec de l'acide sulfurique.

L'acétone, soumise au même traitement, ne donne pas d'acide
propionique.

M. Redtenbacher est parvenu à produire l'acide propionique
avec la glycérine. Il fait dissoudre ce corps dans beaucoup d'eau,
le mélange avec de la levûre bien lavée, et l'abandonne pendant
plusieurs mois, dans un vase découvert, à la température de 20 ou
30°. La liqueur devient peu à peu acide, et un léger dégagement de
gaz se manifeste. On sature de temps à autre par du carbonate de
soude l'acide formé, on renouvelle l'eau qui s'est évaporée, et on
agite la liqueur pour ramener au fond la levûre qui s'est rendue
à la surface. Quand elle ne devient plus acide, on la filtre et on la
dessèche. Distillée ensuite avec de l'acide sulfurique, elle donne de
l'acide propionique assez concentré, mais renfermant toujours un
peu d'acide acétique et d'acide formique.

Voici un procédé qui, selon M. Keller[1], donne d'assez notables
quantités d'acide propionique. On fait une bouillie de 2 à 3 livres
de son avec dix fois ce poids d'eau, on mêle avec un quart de dé-
chets de cuir (les rognures de cuir de bœuf conviennent très-bien),

---

[1] KELLER, *Ann. der Chem. u. Pharm.*, LXXIII, 205.

on ajoute de la craie en poudre, et on laisse fermenter le tout dans un lieu chaud. L'opération est terminée au bout de trois semaines à un mois en hiver, et dans l'espace de quelques jours en été. On reconnaît ce terme à l'affaissement de la masse d'abord recouverte d'écume. On filtre, on lave à l'eau chaude, on transforme en sel de soude, et, après avoir évaporé, on traite le résidu par l'acide sulfurique. Le produit de cette opération est un mélange d'acide acétique et d'acide propionique.

On obtient aussi de l'acide propionique [1], mêlé d'acide butyrique, en laissant des lentilles ou des pois se putréfier sous l'eau et au soleil.

L'acide propionique, entièrement privé d'eau, cristallise en feuillets et bout à 140°. Il est soluble dans l'eau lorsque ce liquide en est saturé ; l'excédant d'acide surnage sous la forme d'une huile. Il a une saveur fort acide, et une odeur rappelant à la fois celle de l'acide butyrique et de l'acide acrylique.

Dérivés métalliques de l'acide propionique. Propionates.

§ 904. L'acide propionique est un acide monobasique ; les propionates neutres contiennent

$$C^6H^5MO^4 = C^6H^5O^3,MO.$$

Les propionates sont solubles dans l'eau et en grande partie cristallisables. Lorsqu'on les traite par l'acide sulfurique dilué, ils dégagent l'odeur particulière de l'acide propionique.

Plusieurs propionates présentent sur l'eau des mouvemeuts giratoires, au moment de se dissoudre.

Lorsqu'on distille les propionates avec de l'acide arsénieux, il se dégage des produits doués de l'odeur du cacodyle (§ 396).

§ 905. *Propionate d'ammoniaque.* — L'acide phosphorique anhydre convertit ce sel en propionitrile ou cyanure d'éthyle (§ 202).

Propionate de potasse. — Sel nacré, gras au toucher, fort soluble dans l'eau, et déliquescent.

Propionate de soude. — Sel fort soluble dans l'eau, et, à ce qu'il paraît, incristallisable.

M. Gottlieb a obtenu une fois de fines aiguilles, brillantes, fort solubles dans l'eau, paraissant être une combinaison d'*acétate et de propionate de soude*, $C^4H^3NaO^4,C^6H^5NaO^4 + 9$ aq

[1] Bollmet, *Journ. f. Prakt. Chem.* XLI, 278.

Propionate de baryte, $C^6H^5BaO^4$. — Sel anhydre, cristallisant en prismes modifiés qui appartiennent au système monoclinique[1]. Combinaison ordinaire, ∞P, $\infty P \infty$, oP, $+ P \infty$, $— P \infty$. Inclinaison des faces, $oP : + P \infty = 136°\ 4'$; $oP : — P \infty = 136°$, $32'$; $\infty P \infty : + P \infty = 133°$ environ; $\infty P \infty : — P \infty = 133°35$; $\infty P : \infty P = 97°\ 30'$; $\infty P \infty : \infty P = 131°\ 15'$; $+ P \infty : \infty P = 116°\ 25'$; $— P \infty : \infty P = 117°\ 35'$.

Il est fort soluble dans l'eau.

Les cristaux de ce sel tournoient sur l'eau, comme le butyrate de baryte.

Propionate de chaux. — Fibres soyeuses, efflorescentes, et fort solubles dans l'eau.

Propionate de cuivre, $C^6H^5CuO^4$ $+$ aq. — Il cristallise en petits prismes obliques, fort solubles dans l'alcool, très-peu solubles dans l'eau. Chauffé à 100°, dans un courant d'air sec, il abandonne avec son eau une certaine quantité d'acide propionique. Si, à partir de ce point, la température s'élève brusquement au rouge sombre, la décomposition s'opère rapidement avec dégagement de gaz combustibles qui entraînent une partie du sel. Les produits de cette distillation sont : un liquide odorant formé d'acide propionique et d'un corps huileux insoluble dans l'eau, de l'acide carbonique et un carbure d'hydrogène, un résidu de cuivre métallique et de charbon. On n'a pas obtenu de sublimé blanc (sel cuivreux) comme dans la distillation de l'acétate et du butyrate à même base (Nicklès).

Propionate de plomb. — Suivant MM. Frankland et Kolbe, la solution de ce sel a une saveur douce, et se dessèche en une masse blanche, sans donner de cristaux.

Voici des indications de M. Nicklès[2] qui mériteraient d'être précisées davantage. Quand on verse du chlorure de baryum dans une dissolution assez concentrée de propionate de plomb, on obtient d'abord un précipité assez copieux qui disparaît par l'agitation; si l'on continue l'addition du chlorure, il arrive un moment où le précipité formé ne se redissout plus; si alors on filtre et qu'on abandonne la liqueur filtrée à l'évaporation spontanée, il se sépare d'abord du chlorure de plomb, et enfin de magnifiques cristaux limpides qui paraissent appartenir au système tétragonal. Ils se dissolvent aisément dans l'eau et produisent à la surface de ce liquide des

[1] De la Provostaye, *Compt. rend. de l'Acad.*, XXV, 782.
[2] Nicklès, *Ann. der Chem. u. Pharm.*, LXI, 843.

mouvements giratoires. Les réactifs ordinaires y dénotent la présence du chlore (4,15 à 3,88 p. c.), du plomb (35,96—35,70) et du baryum, (24,32 à 24,2).

Propionate d'argent, $C^6H^5AgO^4$. — On convertit le propionate de soude en sel d'argent à l'aide du nitrate de ce métal. Le précipité, étant dissous dans l'eau bouillante, se dépose, par le refroidissement, en petits mamelons qui se présentent à la loupe sous forme d'aiguilles raccourcies. Ce sel noircit peu à peu à la lumière, et s'altère promptement par la chaleur; il fond à une température élevée, et se décompose ensuite sans bruit. Il est moins soluble dans l'eau que l'acétate d'argent.

Une combinaison d'*acétate et de propionate d'argent*, $C^4H^3AgO^4$, $C^6H^5AgO^4$, s'obtient en portant à l'ébullition un mélange de nitrate d'argent et d'une solution contenant à la fois du propionate et de l'acétate de soude. La solution filtrée dépose, par le refroidissement, le sel double sous la forme d'aiguilles dendritiques brillantes. On peut dessécher ces cristaux à 100° sans qu'ils s'altèrent; ils ne fondent pas par une plus forte chaleur, et sont peu solubles dans l'eau; la solution noircit par l'ébullition, une certaine quantité d'argent étant réduite à l'état métallique.

Dérivés méthyliques, éthyliques,..... de l'acide propionique.
Éthers propioniques.

§ 906. *Propionate d'éthyle*[1], éther métacétique ou propionique, $C^{10}H^{10}O^4=C^6H^5O^3,C^4H^5O$. — On l'obtient aisément en faisant bouillir du propionate d'argent avec un mélange d'alcool absolu et d'acide sulfurique; l'eau sépare du produit le propionate d'éthyle, sous la forme d'un liquide plus léger qu'elle et d'une agréable odeur de fruits.

L'ammoniaque le convertit rapidement en propionamide et en alcool.

Dérivés chlorés et bromés de l'acide propionique.

§ 907. On n'a pas encore préparé directement des dérivés chlorés ou bromés de l'acide propionique. L'*acide bromitonique*, que nous avons décrit § 673, présente la composition de l'acide propionique bibromé.

[1] GOTTLIEB, *loc. cit.*

Dérivés nitriques de l'acide propionique.

§ 908. *Acide nitropropionique*[1], nitrométacétique ou butyronitrique, $C^6H^5(NO^4)O^4$. — On le prépare en introduisant 10 à 15 grammes de butyrone (§ 1032) dans un ballon d'un litre à long col, portant le liquide à l'ébullition, et ajoutant ensuite par petites portions un volume à peu près égal d'acide nitrique bouillant. La réaction s'établit aussitôt et sans soubresauts; une fois commencée, elle doit, dans tous les cas, être terminée à froid. Lorsque le dégagement de gaz a entièrement cessé, on verse le produit dans une grande quantité d'eau ; l'acide nitropropionique vient alors se rassembler au fond. Lorsqu'on chauffe ensemble la butyrone et l'acide nitrique, la réaction est tellement brusque et violente, que toute la matière serait projetée, si on ne la refroidissait pas immédiatement.

L'acide nitropropionique se présente sous la forme d'une huile jaune, pesante, peu soluble dans l'eau, soluble dans l'alcool en toutes proportions.

Il ne peut être congelé même par un froid très-intense. Il possède une odeur aromatique et une saveur sucrée très-prononcée.

Il se laisse enflammer aisément, et brûle avec une flamme rougeâtre.

§ 909. Les *nitropropionates* sont des sels ordinairement jaunes et cristallisables. Les acides minéraux en précipitent l'acide nitropropionique sous forme huileuse. A l'exception du sel d'ammoniaque, ils s'enflamment tous à une douce chaleur avec une sorte d'explosion.

Le *sel d'ammoniaque* renferme $C^6H^4(NH^4)(NO^4)O^4$ + 2 aq., et peut être sublimé. Il se décompose spontanément, quand on l'abandonne en vase clos pendant quelques jours; il paraît alors se transformer en deux produits, l'un liquide, l'autre gazeux à la température ordinaire. L'hydrogène sulfuré décompose promptement ce sel, avec dépôt de soufre et formation de nouveaux produits.

Le *sel de potasse*, $C^6H^4 K(NO^4)O^4$ + 2 aq., s'obtient en belles paillettes jaunes lorsqu'on fait dissoudre l'acide nitropropionique dans une dissolution alcoolique de potasse. Il ne perd son eau de cristallisation (10 p. c.) qu'à 140°, et détone à deux ou trois

---

[1] CHANCEL (1844), *Ann. de Chim. et de Phys.*, [3] XII, 146. — LAURENT et CHANCEL, *Journ. de Pharm.*, [3] VII, 355.; [3] XIII, 462.

degrés au-dessus. Il se dissout dans 20 p. d'eau, et est à peine soluble dans l'alcool.

Le *sel de cuivre* est un précipité vert sale.

Le *sel de plomb* est un précipité jaune.

Le *sel d'argent* renferme $C^6H^4Ag(NO^4)O^4 + 2$ aq. Quand on mélange une solution du sel de potasse avec du nitrate d'argent, il se produit un précipité jaune qui est très-probablement un soussel, car, bouilli avec de l'eau, il sépare de l'oxyde d'argent, tandis qu'il reste en dissolution un sel d'argent cristallisant en tables rhomboïdales, et qui présente la composition indiquée.

AZOTURE DE PROPIONYLE, OU PROPIONAMIDE.

Composition : $C^6H^7NO^2 = NH^2 (C^6H^5O^2)$.

§ 910. Ce corps[1] se produit par l'action de l'ammoniaque sur le propionate d'éthyle.

Ses propriétés n'ont pas encore été décrites.

Lorsqu'on le chauffe avec du potassium, il donne du cyanure de potassium, du gaz hydrogène et du carbure d'hydrogène.

Distillé avec de l'acide phorphorique anhydre, il se transforme en cyanure d'éthyle ou propionitrile (§ 202) :

$$C^6H^7NO^2 = 2\ HO + C^4H^5Gy.$$

Propionamide.   Cyan. d'éthyle.

IV.

GROUPE ANGÉLIQUE.

§ 911. Ce groupe, très-peu connu, se compose des termes suivants :

Hydrure d'angélyle. . . . . . $C^{10}H^8 O^2 = \left. \begin{matrix} C^{10}H^7O^2 \\ H \end{matrix} \right\}$,

Acide angélique anhydre. . . $C^{20}H^{14}O^6 = \left. \begin{matrix} C^{10}H^7O^2O \\ C^{10}H^7O^2O \end{matrix} \right\}$,

Acide angélique hydraté . . . $C^{10}H^8 O^4 = \left. \begin{matrix} C^{10}H^7O^2O \\ HO \end{matrix} \right\}$.

L'acide angélique est homologue de l'acide acrylique (§ 525); en effet, sous l'influence de la potasse caustique, l'acide angélique

[1] DUMAS, MALAGUTI et LEBLANC, *Compt. rend. de l'Acad.*, XXV, 657.

se dédouble en acide acétique et en acide propionique, de même que l'acide acrylique se transforme, dans des circonstances semblables, en acide acétique et en acide formique.

HYDRURE D'ANGÉLYLE.

Composition : $C^{10}H^8O^2 = C^{10}H^7O^2,H$.

§ 912. D'après mes expériences[1], ce corps paraît former une des parties constituantes de l'essence de camomille romaine. Il n'a pas encore pu être isolé à l'état de pureté. Lorsqu'on le chauffe avec de la potasse solide, il dégage de l'hydrogène et se transforme en angélate de potasse :

$$C^{10}H^8O^2 + KO, HO = C^{10}H^7O^3, KO + 2H.$$

Hydr. d'angél.   Angélate de potasse.

§ 913. *Essence de camomille romaine.* — L'essence qu'on extrait des fleurs de camomille (*Anthemis nobilis*) est verdâtre, légèrement acide, et possède une odeur suave; elle commence à distiller vers 160°, mais la température d'ébullition s'élève peu à peu à 180°, et même à 190°, point où elle reste longtemps stationnaire; plus des deux tiers de l'essence passent à cette température. Vers la fin, la température s'élève jusque vers 210°; cependant cette élévation est due à la présence d'une certaine quantité de matière résineuse, et n'est pas déterminée par une huile plus fixe qui resterait seule dans les dernières portions. Bien au contraire, on reconnaît, à l'aide de la potasse, que les premières et les dernières portions de la distillation de l'essence de camomille présentent les mêmes réactions, et se composent par conséquent des mêmes principes. Ceux-ci ont des points d'ébullition si rapprochés, qu'il est impossible de les séparer par la distillation.

Voici l'analyse de trois portions d'essence recueillies entre 200° et 210°.

	Gerhardt.		
Carbone.	75,57	76,61	76,00
Hydrogène.	10,57	10,66	10,78
Oxygène.	13,86	12,73	13,22
	100,00	100,00	100,00

Cette composition semble exprimer celle d'un corps unique, mais elle n'appartient qu'à un mélange d'une huile oxygénée, qui

[1] GERHARDT, *Ann. de Chim. et de Phys.*, [3] XXIV, 96.

est probablement l'hydrure d'angélyle, d'une huile hydrocarburée ayant la même composition que l'essence de térébenthine, et d'une petite quantité d'acide angélique.

Les sulfites alcalins ne donnent pas de combinaison avec l'essence de camomille (Bertagnini).

La potasse aqueuse n'agit pas sur elle. Si l'on chauffe légèrement cette essence avec de la potasse solide en poudre, le tout se prend en une masse gélatineuse sans qu'il y ait aucun dégagement de gaz; l'eau ajoutée à la gelée en sépare l'essence non altérée. Il n'en est pas ainsi lorsqu'on chauffe davantage le produit gélatineux : il se dégage alors de l'hydrogène, et il se produit de l'angélate de potasse; sous l'influence d'un excès d'hydrate de potasse, ce dernier produit se convertit en un mélange d'acétate et de propionate de potasse (Voy. § 916). Si l'on opère dans une cornue, on voit se condenser en même temps l'huile hydrocarbonée contenue dans l'essence.

Cette *huile hydrocarbonée*, rectifiée sur de l'hydrate de potasse, contient $C^{20}H^{16}$. Elle a une odeur citronnée fort agréable, et bout à 175°. Elle ne donne pas, avec l'acide sulfurique fumant, de combinaison copulée.

§ 914. Peut-être faut-il encore ranger ici le *gaïacène*[1], $C^{10}H^8O^2$, huile légère qui a été obtenue dans la distillation sèche de la résine de gaïac. Cette huile est incolore, et possède une odeur agréable d'amandes amères. Elle bout à 118°; la densité de sa vapeur a été trouvée égale à 2,92 = 4 vol.; à l'état liquide, sa densité est de 0,874. Elle s'oxyde à l'air, et se transforme en une substance cristallisée en lames d'une grande beauté. Celle-ci est peut-être de l'acide angélique.

ACIDE ANGÉLIQUE ANHYDRE.

Composition : $C^{20}H^{14}O^6 = C^{10}H^7O^3, C^{10}H^7O^3$.

§ 915. On l'obtient[2] aisément en traitant l'angélate de potasse desséché (6 proportions) par l'oxychlorure de phosphore (1 proportion). La réaction s'établit d'elle-même sans qu'on ait besoin de chauffer, et l'on obtient comme produit une huile odorante, mélangée avec les sels de potasse provenant de la décomposition de

----

[1] DEVILLE (1843), *Compt. rend. de l'Acad.*, XVII, 1143; XIX, 134.
[2] CHIOZZA (1853), *Ann. de Chim. et de Phys.*, [3] XXXIX, 210.

l'oxychlorure. On élimine ces sels, ainsi que l'acide libre qui a pu se former pendant la réaction, en traitant la matière par une solution faible de carbonate de soude. On purifie l'acide angélique anhydre, en le dissolvant dans l'éther, et en évaporant la solution éthérée après l'avoir laissée quelque temps en contact avec du chlorure de calcium fondu.

L'acide angélique anhydre se présente sous la forme d'une huile incolore, neutre aux papiers, plus pesante que l'eau, et dont l'odeur, faible à froid, ne présente aucune analogie avec celle de l'acide hydraté. Placé dans un mélange de glace et de sel marin, il conserve entièrement sa fluidité.

L'eau n'acidifie que fort lentement l'acide angélique anhydre ; on peut abandonner celui-ci sous l'eau, pendant plusieurs semaines, sans qu'il dépose des cristaux d'acide hydraté.

Soumis à la distillation, l'acide angélique anhydre passe en grande partie à 280°. Vers la fin de l'opération, le liquide présente une odeur pénétrante qui rappelle celle des produits de la distillation de l'acide citrique, sa couleur se fonce de plus en plus, et, quand la distillation est achevée, il reste dans la cornue un résidu charbonneux. Le liquide distillé contient une assez forte proportion d'acide angélique hydraté, dont une partie se condense en belles aiguilles dans le col de la cornue. En traitant le produit distillé par une solution de carbonate de potasse, et en reprenant par l'éther, on l'obtient de nouveau parfaitement neutre, mais souillé d'un liquide volatil qui présente une odeur pénétrante de menthe poivrée.

Les alcalis caustiques, en solution concentrée et bouillante, transforment immédiatement l'acide angélique anhydre en angélate alcalin. Chauffé avec un petit fragment de potasse caustique, il acquiert une réaction fortement acide et dégage des vapeurs d'acide angélique hydraté. Une solution aqueuse d'ammoniaque le rend d'abord butyreux, et finit par le dissoudre entièrement. Mis en contact avec l'aniline il s'échauffe, et, au bout de quelque temps, le mélange dépose des cristaux qui paraissent être la phényl-angélamide (angélanilide).

§ 915ᵃ. *Acide angélo-acétique anhydre* [1], angélate d'acétyle ou acétate d'angélyle, $C^{14}H^{10}O^6 = C^{10}H^7O^3, C^4H^3O^3$. — On l'obtient par l'action du chlorure d'acétyle sur l'angélate de potasse. C'est une huile assez fluide, plus pesante que l'eau et entièrement neutre

---

[1] CHIOZZA (1853), *loc, cit.*

aux papiers réactifs; son odeur est semblable à celle de l'acide angélique anhydre, toutefois la chaleur la rend beaucoup plus pénétrante. L'eau ne l'acidifie que lentement, mais les solutions alcalines le dissolvent aisément en le transformant en angélate et en acétate.

Acide angélo-benzoïque anhydre[1], angélate de benzoïle ou benzoate d'angélyle, $C^{24}H^{12}O^6 = C^{10}H^7O^3, C^{14}H^5O^3$. — On l'obtient en chauffant légèrement du chlorure de benzoïle avec de l'angélate de potasse. C'est une huile limpide, plus pesante que l'eau, un peu moins fluide que l'acide angélique anhydre et entièrement neutre aux papiers réactifs. Son odeur est la même que celle de ce dernier, mais, quand on le chauffe, il émet des vapeurs beaucoup plus âcres. Dans un mélange de sel et de glace, il s'épaissit légèrement sans cristalliser.

ACIDE ANGÉLIQUE.

Syn. : acide sumbulique.

Composition : $C^{10}H^8O^4 = C^{10}H^7O^3$, HO.

§ 916. Cet acide[2] se rencontre dans la racine de plusieurs espèces d'angélique, et probablement encore dans d'autres ombellifères. Il se produit par la métamorphose du principe oxygéné de l'essence de camomille sous l'influence de l'hydrate de potasse[3].

On prépare l'acide angélique de la manière suivante : on fait bouillir 25 kilogrammes de racine d'angélique coupée en morceaux, avec de l'eau et 1,5 à 2,5 kilogr. d'hydrate de chaux ; on passe la liqueur par une toile, et on exprime le résidu. Le liquide filtré est brun; on le concentre très-fortement par l'évaporation, on le sursature par un peu d'acide sulfurique étendu, et on distille le produit; il passe ainsi une eau laiteuse, sur laquelle nage une huile acide. Le liquide distillé a une odeur aromatique, semblable à celle du fenouil ; on le sursature par du carbonate de potasse, et on l'évapore, ce qui en fait disparaître l'odeur. Le résidu, desséché au bain-marie, est ensuite introduit dans une cornue, et distillé avec de l'acide sulfurique étendu du double de son poids d'eau : il passe d'abord de l'acide valérianique, de l'acide acétique et de l'eau;

---

[1] CHIOZZA (1853), *loc. cit.*

[2] L. A. BUCHNER (1843), *Repert. f. d. Pharm. de Buchner*, LXXVI, 161. En extrait : *Ann. der Chem. u. Pharm.*, XLII, 226. — H. MEYER et D. ZENNER, *ibid.*, LV, 317. — REINSCH, *Jahrb. f. prakt. Pharm.*, VII, 79; XI, 217; XVI, 12.

[3] GERHARDT, *Ann. de Chim. et de Phys.*, [3] XXIV, 96.

puis vient l'acide angélique, qui se dépose en partie dans le col de la cornue, en partie dans le récipient. L'acide angélique passe rapidement, et il est nécessaire, avant que le résidu dans la cornue soit entièrement sec, d'y ajouter une nouvelle quantité d'eau, et de continuer la distillation jusqu'à ce que l'eau n'entraîne plus d'acide angélique. L'acide valérianique oléagineux, qui nage à la surface du produit de la distillation, renferme de l'acide angélique en dissolution; si l'on refroidit le mélange à — 15° ou à — 20°, l'acide angélique cristallise, et l'on peut alors en décanter l'acide valérianique. En exposant également au froid la liqueur aqueuse, on obtient une nouvelle portion de cristaux d'acide angélique. 100 p. de racine d'angélique donnent par ce procédé 0,25 à 0,38 p. d'acide angélique pur.

Le traitement de l'essence de camomille par la potasse caustique fournit l'acide angélique le plus rapidement et en plus grande quantité; mais, en suivant ce procédé, il faut observer certaines précautions, attendu que l'acide angélique est susceptible de se transformer lui-même sous l'influence d'un excès de potasse. Lorsqu'on traite l'essence de camomille par l'hydrate de potasse solide à une douce chaleur, il se produit une masse gélatineuse, et, si l'on continue de chauffer modérément, il arrive un moment où la température du produit s'élève rapidement, en même temps qu'il se dégage du gaz hydrogène. Si l'on retire alors la matière du feu, la réaction continue et s'achève d'elle-même; l'hydrocarbure de l'essence se volatilise, et l'on obtient un résidu salin, composé d'angélate de potasse et de l'excès de la potasse employée. On dissout ce résidu dans l'eau, et, après avoir enlevé avec une pipette l'huile non attaquée, on décompose la solution par l'acide sulfurique étendu l'acide angélique vient ainsi surnager sous la forme d'une huile aromatique qui se prend par le refroidissement en une masse cristalline. Si, dans cette préparation, on cherchait à chasser complétement par la chaleur l'huile hydrocarburée que la potasse n'attaque pas, on s'exposerait à perdre la plus grande partie de l'acide angélique, une légère élévation de température étant suffisante pour transformer cet acide, en présence de l'excès de potasse, en acide acétique et en acide propionique[1].

Il convient, dans cette préparation, d'employer de la potasse caustique ne renfermant pas un grand excès d'eau, ce qui permet

[1] Chiozza, *Compt. rend. de l'Acad.*, XXXVI, 701.

de mieux suivre les différentes phases de la réaction. Lorsque l'acide angélique ne renferme pas les acides qui proviennent de sa décomposition, il cristallise immédiatement, par le refroidissement; mais, si l'on a poussé trop loin l'action de la potasse, l'acide angélique refuse de cristalliser[1]: dans ce dernier cas, il faut le traiter par cinq ou six fois son volume d'eau à 0°. On achève de le purifier par la distillation, et par l'exposition à l'air du produit distillé. 100 grammes d'essence de camomille romaine fournissent par ce procédé environ 20 grammes d'acide angélique.

§ 917. L'acide angélique cristallise en gros prismes, longs, striés, incolores, et sans eau de cristallisation. Il a une saveur acide piquante, et une odeur aromatique particulière. Il fond à + 45°, et se prend, par le refroidissement, en une masse cristalline brillante. Il bout à + 190°, et distille sans altération. Il est peu soluble dans l'eau froide, et se dissout facilement dans l'eau bouillante. Il est très-soluble dans l'alcool, l'éther, l'essence de térébenthine et les huiles grasses.

Chauffé avec un excès de potasse caustique, il dégage de l'hydrogène et donne un mélange d'acétate et de propionate de potasse :

$$C^{10}H^8O^4 + 4\,HO = C^4H^4O^4 + C^6H^6O^4 + 2\,H.$$

Ac. angéliq.   Ac. acétiq.   Ac. propion.

Dérivés métalliques de l'acide angélique. Angélates.

§ 918. L'acide angélique appartient à la classe des acides monobasiques ; les angélates renferment :

Angélates neutres. . . . $C^{10}H^7MO^4 = C^{10}H^7O^3, MO.$

Ces sels sont, en général, très-solubles dans l'eau aussi bien que dans l'alcool. Plusieurs d'entre eux perdent de l'acide déjà par l'évaporation, en se transformant en sous-sels.

§ 919. *Angélate d'ammoniaque.* — Sel soluble dans l'eau et l'alcool.

Angélate de potasse. — Paillettes brillantes, d'aspect gras, très-solubles dans l'eau, assez solubles dans l'alcool.

[1] En traitant l'essence de camomille par la potasse alcoolique, évaporant la solution, et décomposant par l'acide sulfurique le sel desséché, j'ai obtenu un acide liquide qui m'avait paru être de l'acide valérianique (*loc. cit.*, p. 98), d'après deux dosages du sel d'argent et du sel de baryte. Mais je présume que ce produit n'était que de l'acide angélique, rendu incristallisable par la présence d'une petite quantité des produits de sa décomposition. En effet, les valérates et les angélates présentent presque la même composition centésimale.

Angélate de soude. — Sel cristallisable, déliquescent, et soluble dans l'alcool.

Angélate de chaux, $C^{10}H^7CaO^4$ + 2 aq. — Sel très-soluble dans l'eau, et cristallisant en lames brillantes, contenant 2 atomes ou 10,10 pour cent d'eau, qui s'en vont à + 100°.

Angélate de cuivre. — Précipité blanc bleuâtre, soluble dans beaucoup d'eau.

Angélate de fer. — Précipité couleur de chair qu'on obtient avec les sels ferriques et les angélates alcalins.

Angélate de plomb, $C^{10}H^7PbO^4$. — Les angélates alcalins donnent, avec les sels de plomb, un précipité blanc soluble dans l'eau chaude; la solution dépose, par le refroidissement, des mamelons anhydres. Ce sel fond à une douce chaleur en une masse demi-transparente, en dégageant beaucoup d'acide.

Quand on évapore sa solution on obtient un sous-sel qui se dépose en lamelles, tandis que de l'acide angélique est entraîné par les vapeurs d'eau.

Angélate d'argent, $C^{10}H^7AgO^4$. — Les angélates alcalins produisent, dans le nitrate d'argent, un précipité blanc, soluble dans beaucoup d'eau, et qui sépare, au bout de quelque temps, de l'argent métallique.

On obtient aussi l'angélate d'argent en dissolvant l'oxyde d'argent dans une solution chaude d'acide angélique, sans la saturer complétement. Par l'évaporation à une douce chaleur, la liqueur dépose le sel en petits cristaux anhydres, d'un gris clair, solubles dans l'eau et dans l'alcool. L'évaporation du sel parfaitement neutre en dégage de l'acide, et l'on obtient alors, par le refroidissement, un sous-sel cristallisé en lamelles.

Angélate de mercure. — Les angélates alcalins ne précipitent pas le bichlorure de mercure, mais ils donnent un précipité blanc avec le nitrate mercureux.

Dérivés méthyliques, éthyliques... de l'acide angélique.
Éthers angéliques.

§ 920. *Angélate d'éthyle.* — On l'obtient suivant MM. Reinsch et Richter, en distillant l'angélate de soude, avec un mélange de 1 p. d'acide sulfurique concentré de 2 p. d'alcool de 94 centièmes; il

passe alors sous la forme de stries huileuses qu'on sépare du liquide aqueux en y dissolvant du sel marin.

L'angélate d'éthyle possède l'odeur des pommes pourries ;
lorsqu'on en respire la vapeur, il provoque la toux et cause de violents maux de tête ; sa saveur est douceâtre et épicée. Il brûle avec
une flamme bleuâtre.

AMIDE ANGÉLIQUE OU AZOTURE D'ANGÉLYLE.

§ 921. L'amide angélique n'a pas encore été décrite.

La *phényl-angélamide* (angélanilide) paraît être le composé
qu'on obtient par la réaction de l'acide angélique anhydre et
de l'aniline. Ce produit cristallise en aiguilles brillantes, fusibles
dans l'eau bouillante (Chiozza).

V.

GROUPE SUCCINIQUE.

§ 922. Les composés succiniques sont homologues des composés oxaliques (§ 137) : l'acide succinique paraît représenter pour
les groupes éthylique et propionique le même terme que l'acide
oxalique pour les groupes hydrique et formique. On peut, d'ailleurs, obtenir l'acide succinique[1] en soumettant à la fermentation, après l'avoir saturé par la chaux, le produit de la décomposition du nitrite d'éthyle (§ 833).

Parmi les groupes qui se rattachent directement au groupe succinique, il faut encore citer : dans les séries supérieures à la série
propionique, le groupe butyrique, et dans les séries inférieures, le
groupe malique. En effet, l'acide butyrique peut être converti par
l'oxydation en acide succinique, et l'acide malique peut être transformé en acide succinique par la désoxydation, sous l'influence
d'un ferment.

---

[1] Suivant M. Vorwerk (*Jahrb. f. prakt. Pharm.*, XIX, 265), il y aurait aussi de l'a-
cide succinique dans le résidu noir provenant de la préparation du gaz oléfiant par l'alcool et l'acide sulfurique. Ce fait mériterait d'être vérifié.

Les principaux termes du groupe succinique sont :

Acide succinique anhydre. . . . . $C^8H^4O^6$,
Acide succinique hydraté. . . . . $C^8H^6O^8$,
Chlorure de succinyle. . . . . . . $C^8H^4O^4Cl^2$,

Amides suc-
ciniques.
- Succinamide. . . . $C^8H^8N^2O^4$,
- Ac. succinamique. . $C^8H^7NO^6$,
- Succinimide. . . . $C^8H^5NO^4$.

Les composés précédents peuvent se dériver des types eau, acide chlorhydrique et ammoniaque, dans lesquels l'hydrogène H^2 serait remplacé par son équivalent de *succinyle*, $C^8H^4O^4$.

ACIDE SUCCINIQUE ANHYDRE.

Composition : $C^8H^4O^6$.

§ 923. Ce corps[1] s'obtient en distillant une ou deux fois de l'acide succinique hydraté avec de l'acide phosphorique sec; il se produit ainsi une masse cristalline d'une blancheur parfaite. Cette déshydratation s'effectue aussi si l'on fait bouillir très-vite l'acide succinique dans une cornue et qu'on absorbe l'eau à mesure qu'elle vient se condenser.

Enfin on observe la formation de l'acide succinique anhydre en chauffant l'acide succinique hydraté avec du perchlorure de phosphore :

$$C^8H^4O^6, 2\,HO + PCl^5 = C^8H^4O^6 + PCl^3O^2 + 2\,HCl.$$
Acide succin. hydr.   Ac. succ. anh.

L'acide succinique anhydre est moins soluble dans l'eau que l'acide succinique hydraté ; mais, en revanche, sa solubilité dans l'alcool est plus grande.

Lorsqu'on le dissout dans l'eau bouillante, il fixe de nouveau 2 atomes d'eau et se convertit en acide succinique hydraté.

Le gaz ammoniaque sec s'échauffe beaucoup avec lui ; il se produit alors de l'eau, ainsi que de la succinimide :

$$C^8H^4O^6 + NH^3 = 2\,HO + C^8H^5NO^4.$$
Ac. succ. anhyd.   Succinimide.

Le perchlorure de phosphore transforme l'acide succinique anhydre en chlorure de succinyle et en oxychlorure de phosphore (chlorure de phosphoryle) :

[1] F. D'ARCET (1825), *Ann. de Chim. et de Phys.*, LVIII, 282. — GERHARDT et CHIOZZA, *Compt. rend. de l'Acad.*, XXXVI, 1050.

$$C^8H^4O^6 + PCl^5 = C^8H^4O^4Cl^2 + PCl^3O^2.$$
Ac. succ. anhyd.   Chlor. de succin.

Lorsqu'on traite du succinate de soude par du chlorure de benzoïle, on obtient, non de l'acide succino-benzoïque anhydre, mais un mélange d'acide succinique anhydre et d'acide benzoïque anhydre.

ACIDE SUCCINIQUE.

Composition : $C^8H^6O^8 = C^8H^4O^6, 2\,HO$.

§ 924. Cet acide[1] est depuis longtemps connu des chimistes : déjà en 1657, Agricola mentionna le *sel de succin volatil*; Barchhusen, Boulduc et Bœrhave en reconnurent la nature acide; Berzélius en établit la composition.

On l'a obtenu pour la première fois par la distillation sèche du succin ou ambre jaune ; il paraît toutefois qu'il existe tout formé dans cette résine, car, à en croire d'anciennes expériences de Gehlen et de Funke[2], on obtiendrait une certaine quantité d'acide succinique en traitant la poudre de succin par l'eau bouillante ou par l'alcool. Suivant MM. Lecanu et Serbat, la térébenthine donnerait aussi de l'acide succinique par la distillation sèche.

M. Zwenger[3] a reconnu que l'acide succinique est contenu, à l'état de sel de potasse acide, dans les feuilles et les tiges de l'absinthe. La laitue vireuse paraît aussi contenir de l'acide succinique[4].

Plusieurs réactions chimiques donnent naissance à cet acide. On l'obtient par l'action prolongée de l'acide nitrique sur les corps gras, tels que l'acide margarique, le blanc de baleine, la cire[5], etc. M. Dessaignes[6] a transformé l'acide butyrique en acide succinique par le même agent d'oxydation :

$$C^8H^8O^4 + 6\,O = C^8H^6O^8 + 2\,HO.$$
Ac. butyriq.   Ac. succiniq.

[1] Berzélius, *Ann. de Chim.*, XCIV, 187. — Lecanu et Serbat, *Journ. de Pharm.*, VIII, 541 ; IX, 89. *Ann. de Chim. et de Phys.*, XXI, 328. — Liebig et Woehler, *Ann. de Poggend.*, XVIII, 162. — F. D'Arcet, *loc. cit.*

[2] Funke, *Archiv. de Brandes*, VII, 181.

[3] Zwenger, *Ann. der Chem. u. Pharm*, XLVIII, 122. — Suivant M. Luck (*ibid.*, LIV, 112), l'acide de l'absinthe serait différent de l'acide succinique.

[4] Koehnke, *Archiv. d. Pharm.*, XXXIX, 153.

[5] Bromeis, *Ann. der Chem. u. Pharm.*, XXXV, 90. — Sthamer, *ibid.*, XLIII, 346. — Radcliff, *ibid.*, XLIII, 349. — Ronalds, *ibid.*, XLIII, 356. — Sacc, *ibid.*, LI, 229,

[6] Dessaignes, *Compt. rend. de l'Acad.* XXX, 30.

En faisant bouillir la santonine avec de l'acide nitrique concentré, M. Heldt[1] paraît avoir également obtenu de l'acide succinique. Enfin M. Piria et M. Dessaignes[2] sont parvenus à métamorphoser en acide succinique l'asparagine et le malate de chaux, par l'effet de la fermentation, c'est-à-dire d'une action inverse de l'oxydation :

$$C^8H^6N^2O^6 + 6\,HO - 4\,O = C^8H^6O^8 + 2\,NH^3.$$

Asparagine.   Ac. succiniq.

$$C^8H^6O^{10} \qquad -2\,O = C^8H^6O^8.$$

Ac. malique.   Ac. succiniq.

On extrait l'acide succinique de l'ambre jaune en soumettant celui-ci à la distillation sèche ; le produit aqueux renferme l'acide succinique mélangé de matières empyreumatiques, qu'on enlève autant que possible à l'aide d'un filtre mouillé ; puis on le traite par du chlore gazeux ou par de l'acide nitrique qui détruisent les dernières traces de matières huileuses. On concentre le liquide par l'évaporation.

Suivant M. Dœpping, l'ambre jaune donne une plus grande quantité d'acide succinique lorsqu'on le traite par l'acide nitrique bouillant[3].

Lorsqu'on veut préparer l'acide succinique avec des matières grasses, il faut épuiser sur elles l'action de l'acide nitrique, et évaporer ensuite le liquide à cristallisation. Mais cette méthode est longue et dispendieuse.

Le procédé le plus avantageux pour la préparation de l'acide succinique consiste, suivant M. Dessaignes, à mettre le malate de chaux en fermentation avec du fromage pourri. Voici les proportions indiquées par M. Liebig[4] : on prend 1 ¹/₂ kil. de malate de chaux brut, tel qu'on l'obtient avec le suc de sorbier ; après deux ou trois lavages à l'eau, on en fait une pâte dans une terrine, avec 5 kil. d'eau chauffée à 40°, et l'on ajoute à ce mélange 120 grammes de fromage pourri, préalablement réduit avec de l'eau à l'état d'émulsion. Le mélange, abandonné à une température de 30 à 40°, développe bientôt du gaz carbonique ; ce dégagement dure pendant cinq ou six jours. (Dans un essai où l'on

<hr>

[1] Heldt, *Ann. der Chem. u. Pharm.*, LXIII, 40.

[2] Piria, *Compt. rend. de l'Acad.*, XIX, 576. — Dessaignes, *Ann. de Chim. et de Phys.*, [3] XV, 253.

[3] Dœpping, *Ann. der Chem. u. Pharm.*, XLIX, 350.

[4] Liebig, *Ann. der Chem. u. Pharm.*, LXX, 104 et 363.

avait employé 7 ½ kil. de malate, la fermentation était terminée en quatre jours). On rassemble ensuite sur une toile le dépôt cristallin, on le lave plusieurs fois à l'eau, puis on en sépare l'acide succinique au moyen de l'acide sulfurique. A cet effet, on délaye le succinate de chaux (mélangé de carbonate) dans l'acide sulfurique dilué, jusqu'à cessation de toute effervescence, et l'on note la quantité d'acide employée. On ajoute ensuite à la bouillie une nouvelle quantité d'acide égale à la première, et l'on maintient le mélange en ébullition jusqu'à ce qu'il ait perdu toute consistance grenue. On filtre par une toile le liquide qui nage au-dessus du dépôt de sulfate de chaux, et on le concentre par l'évaporation : il contient en dissolution un mélange de bisuccinate de chaux et d'acide succinique. Dès qu'il est assez évaporé pour former pellicule, on y ajoute par petites portions de l'acide sulfurique concentré, jusqu'à ce qu'il ne se précipite plus de sulfate de chaux. Ordinairement le liquide se prend alors en une bouillie qu'on lave pour en extraire l'acide succinique. La solution aqueuse donne ensuite, par la concentration, des cristaux de cet acide qu'on purifie par de nouvelles cristallisations, et au besoin par du charbon animal. On en sépare quelques traces de sulfate de chaux, en le traitant par l'alcool ou par la sublimation.

1 ½ kil. de malate de chaux ont fourni à M. Liebig 450 à 480 grammes d'acide succinique entièrement blanc.

Le procédé précédent donne d'autant plus de produit que la fermentation est plus lente et plus calme; la chaleur ne doit donc pas être trop élevée, ni la dose de levûre de bière ou de fromage pourri trop forte. 125 centimètres cubes de levûre de bière par demi-kilogramme de malate de chaux sec et 3 kil. d'eau sont de très-bonnes proportions. La formation de l'acide succinique est accompagnée de celle de l'acide carbonique et de l'acide acétique. Si l'on observe un dégagement d'hydrogène, celui-ci se rattache à une autre phase de la métamorphose, dans laquelle l'acide succinique disparaît lui-même pour passer à l'état d'acide butyrique. Dans une opération faite avec 9 ½ kil. de malate, M. Liebig a pu ainsi extraire des eaux-mères 800 à 900 grammes d'acide butyrique. Dans cette seconde phase de la fermentation, il se produit aussi une huile essentielle particulière. (Voy. *Malate de chaux*, § 535.)

§ 925. L'acide succinique cristallise en prismes rhomboïdaux appartenant au système monoclinique; il se présente ordinairement en tables rhombes ou en tables hexagones, la face $\infty P \infty$ remplaçant l'arête aiguë du prisme vertical ∞P. Les cristaux sont inaltérables à l'air, d'une saveur acide, mais sans odeur.

Il est soluble dans l'eau, beaucoup plus à chaud qu'à froid; suivant MM. Lecanu et Serbat, il exige, pour sa dissolution, 5 p. d'eau à 16°, et 2,2 p. d'eau à 100°. Il est moins soluble dans l'alcool, et à peine soluble dans l'éther.

Il fond à 180°, mais il émet des vapeurs âcres déjà avant de fondre; il bout à 235° en se décomposant en eau et en acide succinique anhydre.

L'acide nitrique bouillant n'altère pas l'accide succinique. Les vapeurs de l'acide sulfurique anhydre se combinent avec lui, en donnant de l'acide sulfosuccinique. L'acide chromique aqueux ne le décompose pas.

Le chlore n'y agit pas; le mélange d'acide chlorhydrique et de chlorate de potasse ne l'attaque pas non plus. Le perchlorure de phosphore transforme l'acide succinique en acide anhydre, acide chlorhydrique et oxychlorure de phosphore.

Soumis à la distillation sèche avec un mélange de peroxyde de manganèse et d'acide sulfurique, l'acide succinique donne de l'acide acétique (Trommsdorff). Quand on le fait fondre avec un excès de potasse caustique, il produit de l'oxalate ainsi qu'une carbure d'hydrogène (Liebig et Wœhler).

Dérivés métalliques de l'acide succinique. Succinates.

§ 926. L'acide succinique est bibasique, et peut donner deux espèces de sels :

$$\text{Succinates neutres.} \quad C^8H^4M^2O^8 = C^8H^4O^6, 2MO;$$
$$\text{Succinates acides.} \quad C^8H^5M\,O^8 = C^8H^4O^6, \left.\begin{matrix} MO \\ HO \end{matrix}\right\}.$$

Il existe aussi quelques sous-sels.

Les succinates à base d'alcali sont solubles dans l'eau; ils produisent, dans la solution des sels ferriques, un précipité rouge brun.

La plupart des succinates résistent à la température de 200°. Lorsqu'on les distille avec du biphosphate ou avec du bisulfate de soude, ils donnent un sublimé d'acide succinique anhydre.

La composition des succinates a été particulièrement étudiée par M. Dœpping et par M. Fehling [1].

§ 927. *Succinates d'ammoniaque.* — On en connaît deux.

α. *Sel neutre*, $C^8H^4(NH^4)^2O^8$. En sursaturant l'acide succinique par de l'ammoniaque caustique concentrée et en abandonnant le mélange sur de la chaux vive disposée sous une cloche, on obtient des prismes hexagones très-solubles dans l'eau et l'alcool, et qui présentent la composition indiquée. Ils perdent de l'ammoniaque à l'air. Leur solution dissout le chloroplatinate d'ammoniaque et le chloroplatinate de potasse (Dœpping).

Le succinate d'ammoniaque neutre se produit aussi par la putréfaction de l'asparagine (Piria).

Soumis à la distillation, il dégage de l'ammoniaque, et donne ensuite de l'eau et de la succinimide.

β. *Sel acide*, $C^8H^5(NH^4)O^8$. Il se produit quand on évapore à chaud le sel précédent. On l'obtient aisément en cristaux fort solubles dans l'eau et l'alcool, et d'une réaction acide.

Les cristaux du bisuccinate d'ammoniaque appartiennent au système triclinique [2]. Combinaison ordinaire, $oP . {'\bar{P}}, \infty . {,P'} \infty . \infty \bar{P}\infty . \infty P\infty . \infty P'$. Inclinaison des faces, $oP : \infty \bar{P}\infty = 91° 53'$; $oP : \infty P\infty = 93° 25'$; $oP . \infty {,P'} = 91° 45$; $oP : {'\bar{P}}, \infty = 151° 57'$; $oP : {,P'} \infty = 151° 7$; $\infty \bar{P}\infty : \infty \bar{P}\infty = 100° 15'$; $\infty \bar{P}\infty : {'\bar{P}}, \infty = 119° 53'$; $\infty \bar{P}\infty : {,P'} \infty = 117°$; $\infty \bar{P}\infty : \infty P', = 135° 46'$.

Succinates de potasse. — α. *Sel neutre*, $C^8H^4K^2O^8 + 4$ aq. Lorsqu'on neutralise une dissolution d'acide succinique par du carbonate de potasse, et que l'on concentre le mélange, ce sel se prend ordinairement en cristaux confus, déliquescents, solubles dans l'alcool et insolubles dans l'éther. A 100° ils perdent leur 4 at. d'eau de cristallisation.

β. *Sel acide*, $C^8H^5KO^8 + 4$ aq. Ce sel est contenu dans l'absinthe.

Si l'on sature une quantité pesée d'acide succinique par du carbonate de potasse, et qu'on y ajoute ensuite un poids d'acide égal à la quantité déjà employée, on obtient, par l'évaporation du mélange, des prismes à 6 faces, réguliers, transparents, et qui s'effleurissent légèrement à l'air. Ils sont très-solubles dans l'alcool

---

[1] DŒPPING, *Ann. der Chem. u. Pharm.*, XLVII, 253. — FEHLING, *ibid.*, XLIX, 154.

[2] BROOKE, *Annals of Philos.*, XXII, 286.

et l'eau, rougissent le tournesol, et perdent à 100° toute leur eau de cristallisation.

γ. *Sel suracide*, $C^8H^5KO^8$, $C^8H^6O^8$ + 3 aq. (?). Lorsqu'on neutralise, à chaud, 1 p. d'acide succinique, dissous dans l'eau, par du carbonate de potasse, et qu'on y ajoute encore 3 p. d'acide succinique, il cristallise, par le refroidissement, un sel suracide tantôt anhydre, tantôt avec 9,65 p. c. d'eau de cristallisation (Fehling).

Succinates de soude. — α. *Sel neutre*, $C^8H^4Na^2O^8$ + 12 aq. Lorsqu'on sature le carbonate de soude par l'acide succinique, et que l'on concentre la solution, le succinate neutre de soude s'obtient en prismes à base rhombe, très-solubles dans l'eau et l'alcool, neutres au papier, et qui perdent, à 100°, 40,0 p. c. d'eau de cristallisation.

β. *Sel acide*, $C^8H^5NaO^8$ + 6 aq. Lorsqu'on neutralise 1 p. d'acide succinique par du carbonate de soude, et qu'on y ajoute encore 1 p. d'acide succinique, on obtient ordinairement, par la concentration, des prismes aplatis d'une réaction acide, légèrement efflorescents, et contenant 27,8 p. c. = 6 atomes d'eau de cristallisation. Ces cristaux se dessèchent complétement à 100°. Ils appartiennent au système triclinique [1]. Combinaison ordinaire, oP. ∞ ,′P.∞ P′.∞ P̈∞ . *m* P̈∞ . Inclinaison des faces, oP :∞ ′ P = 128°; oP : *m* P̈∞ = 169° 55′; oP : ∞ P̈∞ = 140° 50′; ∞ ′, P : ∞ P̈∞ = 117° 6′; ∞ ′, P : *m* ,P′ *n* = 115° 8′; ∞ P∞ = *m* ′,P̄ *n* = 108° 7′.

Il est plus rare d'obtenir de petits cristaux confus, non efflorescens et qui ne renferment que 20,4 p. c. = 4 atomes d'eau de cristallisation. Redissous dans l'eau, ces cristaux donnent de nouveau le sel précédent.

On ne réussit pas à obtenir des succinates doubles à base de soude et d'ammoniaque, ni à base de soude et de potasse.

Succinate de baryte, $C^8H^4Ba^2O^8$ (à 200°). — Le succinate neutre de soude occasionne dans le chlorure de baryum un précipité blanc et cristallin, peu soluble dans l'eau, assez soluble dans les acides acétique, chlorhydrique et nitrique étendus. Il est insoluble dans l'ammoniaque et dans l'alcool.

M. Dœpping n'a pas pu obtenir de bisuccinate de baryte ; en évaporant à siccité un mélange aqueux d'acide succinique et d'acétate de baryte, et en reprenant par l'alcool, on n'obtient qu'un résidu de succinate de baryte neutre.

[1] Brooke, *loc. cit.*

Succinate de strontiane, $C^8H^4Sr^2O^8$ (à 200°). — Il se précipite sous la forme d'une poudre blanche par le mélange d'un sel de strontiane soluble avec du succinate neutre de soude. Il est insoluble dans l'alcool, peu soluble dans l'eau ; sa solution aqueuse le dépose par l'évaporation à l'état cristallin. Il se dissout dans l'acide acétique et dans l'acide succinique ; sa solution dans ce dernier acide le dépose, par la concentration, à l'état cristallisé.

Succinates de chaux. — α. *Sel neutre*, $C^8H^4Ca^2O^8$ + 6 aq. et 2 aq. Lorsqu'on mélange une solution moyennement concentrée de chlorure de calcium, avec une solution de succinate de soude, le liquide ne se trouble pas ; mais, par le repos, il s'y dépose des cristaux aciculaires, neutres au papier, peu solubles dans l'eau et l'acide acétique, insolubles dans l'alcool, et fort solubles dans les acides chlorhydrique et nitrique étendus. Ces cristaux perdent à 120°, 25,7 p. c. = 6 at. d'eau de cristallisation.

Si l'on opère à l'ébullition, le succinate de chaux se dépose en fines aiguilles, qui ne renferment que 10,3 p. c. = 2 at. d'eau de cristallisation.

En soumettant à l'action du feu, soit le succinate de chaux, soit un mélange intime d'acide succinique et de chaux, on obtient à la distillation un liquide coloré en brun, et d'une odeur empyreumatique fort prononcée ; en redistillant lentement et à plusieurs reprises ce liquide à la température de 120°, on voit se condenser dans le récipient une liqueur incolore, très-fluide et ayant perdu en grande partie l'odeur désagréable du produit brut. F. d'Arcet lui donne le nom de *succinone* ; les analyses que ce chimiste en a faites ne s'accordent pas assez pour qu'il soit possible d'en déduire une formule.

β. *Sel acide*, $C^8H^5CaO^8$ + 2 aq. Les cristaux de succinate de chaux neutre se dissolvent aisément dans une solution d'acide succinique en produisant du bisuccinate ; la solution donne, par la concentration, des prismes peu solubles dans l'eau et d'une réaction acide ; l'alcool les rend troubles en les transformant en sel neutre. Ce sel acide se décompose aussi quand on le chauffe à 150°.

Succinates de magnésie. — α. *Sel neutre*, $C^8H^4Mg^2O^8$ + 12 aq. Cristaux prismatiques qui s'obtiennent par la dissolution du carbonate de magnésie dans l'acide succinique. A 130°, le sel est entièrement sec. Il est fort soluble dans l'eau, mais insoluble dans

l'alcool. Sa solution aqueuse paraît donner, par une forte concentration, des cristaux moins hydratés que les précédents (Fehling).

β. *Sous-sel*, $C^8H^4Mg^2O^8$, 4 MgO, HO, à 100° (?). Précipité blanc
et pulvérulent, produit par l'ammoniaque dans la solution du sel
précédent.

Succinate de magnésie et de potasse, $C^8H^4KMgO^8$ + 5 aq. — Si
l'on neutralise l'acide succinique dissous dans l'eau par du carbonate de magnésie, qu'on y ajoute un poids du même acide égal
à la quantité déjà employée, et qu'on neutralise le tout par du carbonate de potasse, on obtient, par la concentration du mélange, de
belles pyramides doubles à 6 faces, fort solubles dans l'eau, inaltérables à l'air et neutres au papier. Le sel privé d'eau de cristallisation par la chaleur attire l'humidité de l'air.

§ 928. *Succinate de zinc*, $C^8H^4Zn^2O^8$, à 200°. — Lorsqu'on introduit peu à peu du carbonate de zinc récemment précipité dans
une solution bouillante d'acide succinique (prise en léger excès), le
succinate de zinc se dépose à l'état d'une poudre blanche et cristalline. Le sel séché à l'air ne perd à 100° que très-peu d'eau hygrométrique ; passé cette température, la perte est nulle. Il est très-
peu soluble dans l'eau et l'acide succinique ; il se dissout aisément
dans les acides minéraux, l'acide acétique, l'ammoniaque, la potasse ; il est insoluble dans l'alcool.

Le succinate de soude ne précipite pas le chlorure de zinc.

Succinate de cadmium. — Le carbonate de cadmium se dissout
aisément dans l'acide succinique aqueux, en donnant, par l'évaporation, des prismes groupés concentriquement, et fort solubles
dans l'eau. Ce succinate paraît se décomposer par l'alcool en
deux autres sels (John).

Succinate de cobalt. — Les succinates alcalins ne produisent un
précipité couleur fleurs de pêcher, un peu soluble, que dans les solutions concentrées des sels de cobalt.

Succinate de nickel, $C^8H^4Ni^2O^8$ + 8 aq. — La solution vert pâle
de l'hydrate de nickel dans l'acide succinique chaud dépose
de petits mamelons verts, par l'évaporation sur l'acide sulfurique.
Ce sel est soluble dans l'eau, l'acide acétique et l'ammoniaque ; il
est insoluble dans l'alcool. Il perd, à 130°, 29,15 p. c. = 8 atomes
d'eau de cristallisation.

Succinate de cuivre, $C^8H^4Cu^2O^8$, à 200°. — Lorsqu'on introduit
dans une solution bouillante d'acide succinique (prise en léger ex-

cés) du carbonate de cuivre récemment précipité, on obtient un succinate de cuivre sous la forme d'une poudre cristalline d'un vert bleuâtre, qui ne perd à 100° que quelques centièmes d'eau hygrométrique ; passé cette température, le sel n'éprouve plus aucune perte. Il est peu soluble dans l'eau et l'acide succinique ; il est plus soluble dans l'acide acétique. L'alcool et l'éther ne le dissolvent pas.

Succinates de fer. — α. *Sel ferreux.* Les succinates à base d'alcali produisent dans les sels ferreux un précipité vert grisâtre qui s'oxyde à l'air et est peu soluble dans l'eau. L'acide succinique aqueux le dissout plus facilement. Le précipité se dissout aussi en partie dans l'ammoniaque et dans les sels ammoniacaux.

β. *Sel ferrique.* Les succinates alcalins donnent avec le chlorure ferrique un précipité gélatineux brun rouge clair, insoluble dans l'eau froide, très-peu soluble dans l'eau bouillante. C'est un sous-sel qui paraît renfermer [2 $C^8H^4fe^2O^4$, 2 feO, à 200°]. Lorsque, avant de précipiter le chlorure ferrique par le succinate, on y ajoute de l'acétate de soude, le précipité n'est pas gélatineux, mais il se présente alors sous la forme d'une poudre rouge brique clair, que l'eau pure rend gélatineuse. Le précipité se dissout dans l'acide acétique, dans l'acide succinique et dans les acides minéraux.

Lorsqu'on le traite par l'ammoniaque, il paraît donner un sel encore plus basique.

Succinate de manganèse, $C^8H^4Mn^2O^8$ $+$ 8 aq. — La solution du carbonate de manganèse dans l'acide succinique aqueux donne des prismes rhomboïdaux ou des tables quadrangulaires, transparents, de couleur améthyste, neutres et inaltérables à l'air. Les cristaux perdent, à 100°, 29,5 p. c. $=$ 8 atomes d'eau de cristallisation.

Succinate de chrome, $C^8H^4Cr^2O^8$ $+$ 2 aq. — Le succinate de soude produit dans le protochlorure de chrome un précipité écarlate de succinate chromeux.

Le succinate chromique ne paraît pas pouvoir s'obtenir.

Succinates d'urane (d'uranyle). — α. Le *sel neutre,* $C^8H^4(U^2O^2)^2$ O^8 $+$ 2 aq., s'obtient en évaporant à siccité une solution de 4 p. de nitrate d'uranyle cristallisé avec 1 p. d'acide succinique, et en lavant le résidu avec peu d'eau. On peut aussi mélanger une solution de nitrate d'uranyle avec une solution de bisuccinate de soude ; le succinate d'uranyle se sépare alors par l'évaporation à l'état cristallin.

C'est un sel jaune clair, très-peu soluble dans l'eau, insoluble dans l'alcool; il ne perd 2 atomes d'eau qu'entre 230° et 240°. L'eau bouillante en extrait de l'acide succinique.

β. Le *sel d'uranyle et de potasse*, 2 $C^8H^4(U^2O^2)^2O^8$, $C^8H^4K^2O^8$ + 2 aq., s'obtient par l'évaporation d'une solution de nitrate d'uranyle additionnée d'un excès de succinate neutre de potasse ; il se dépose alors sous la forme d'un précipité jaune clair qu'on purifie par des lavages à l'alcool. On peut aussi précipiter le nitrate d'uranyle par de la potasse caustique, bien laver le précipité, et le mettre en digestion avec un excès d'acide succinique ; le précipité, d'abord gélatineux, se contracte ainsi et devient d'un jaune clair ; on évapore à siccité et on lave avec de l'alcool chaud. Le succinate d'uranyle et de potasse est insoluble dans l'eau, mais il se décompose à la longue par les lavages, en succinate de potasse qui se dissout, et en un sous-succinate d'uranyle insoluble. Il ne perd qu'à 220° 2 p. c. = 2 atomes d'eau de cristallisation.

γ. Le *sel d'uranyle et de soude*, 2 $C^8H^4(U^2O^2)^2O^8$, $C^8H^4Na^2O^8$ + 2 aq., s'obtient comme le sel de potasse.

Succinate d'antimoine. — L'acide succinique ne dissout qu'en fort petite quantité l'oxyde d'antimoine récemment précipité.

§ 929. *Succinates de plomb.* — α. *Sel neutre*, $C^8H^4Pb^2O^8$, à 100°. — Lorsqu'on ajoute une solution d'acétate de plomb à du succinate neutre de soude, il se précipite une poudre blanche qui devient cristalline si l'on opère à chaud. Ce produit est très-peu soluble dans l'eau ; l'acide nitrique étendu et la potasse le dissolvent aisément. Le même sel s'obtient si l'on précipite à chaud l'acide succinique par le sous-acétate de plomb.

β. *Sous-sel*, 2 $C^8H^4Pb^2O^8$, 2 PbO. Si l'on mélange du succinate de soude avec du sous-acétate de plomb, il se produit un précipité emplastique qui s'attache aux parois des vases pendant qu'il est chaud, et qui devient cassant par le refroidissement.

Ce sous-sel peut aussi s'obtenir à l'état cristallin de la manière suivante : on introduit, par petites portions, une solution bouillante de succinate neutre d'ammoniaque dans une solution assez concentrée et bouillante de sous-acétate de plomb, jusqu'à ce que le précipité blanc cesse de se dissoudre; le liquide, abandonné dans un flacon, dépose, au bout de quelques jours, des espèces de rosaces (*a*) qui ne perdent à 230° qu'une trace d'eau, en jaunissant ; d'autrefois on obtient ainsi des cristaux (*b*) qui perdent à

100° 1,99 p. c. d'eau. — Lorsqu'on fait bouillir le succinate neutre de potasse ou de soude avec une solution moyennement concentrée de sous-acétate de plomb, et qu'on enlève, par décantation, le liquide qui nage sur le précipité emplastique, ce liquide, enfermé dans un flacon bouché, dépose au bout de quelques mois, des cristaux assez gros (c) qui perdent à 150°, 3,35 p. c. d'eau.

Composition de ce sous-sel :

	Dœpping. à 130°	Fehling.			Calcul du sel sec.
		(a)	(b) séché sur l'ac. sulfuriq.	(c) séché à l'air.	
Carbone.	—	10,71	10,79	9,71	11,01
Hydrogène. . . .	—	0,83	1,19	1,21	0,91
Oxyde de plomb.	76,97	78,33	76,78	75,60	77,07

M. Fehling admet des formules différentes pour les sels (a), (b) et (c). Il considère, entre autres, le sel (a) comme renfermant $C^8H^3Pb^3O^8$. Ce serait donc un succinate neutre dans lequel 3 atomes de Pb remplaceraient 3 atomes d'hydrogène. Il y aurait de l'intérêt à vérifier ce fait par de nouvelles expériences.

γ. *Sous-sel*, $C^8H^4Pb^2O^8$, 4 PbO (à 200°). Lorsqu'on traite le succinate neutre de plomb par un excès d'ammoniaque liquide, il reste une poudre blanche insoluble dans l'eau, fort soluble dans la potasse et dans l'acide nitrique étendu.

Succinate d'argent, $C^8H^4Ag^2O^8$. — Le succinate de soude précipite le nitrate d'argent, mais il ne précipite pas le sulfate de ce métal. Le précipité est blanc, non cristallin, très-peu soluble dans l'eau et l'acide acétique, très-soluble dans l'acide nitrique dilué et dans l'ammoniaque. Il se colore déjà à 150°. Le chlore gazeux le décompose immédiatement. Lorsqu'on le chauffe à 100° dans un courant d'hydrogène, il se colore en jaune citroné en même temps qu'il se sublime de l'acide succinique ; le résidu est du succinate argenteux [1].

Succinates de mercure. — α. *Sel mercureux.* Les succinates alcalins précipitent en blanc le nitrate mercureux ; le précipité est mêlé de nitrate mercureux ; il est insoluble dans l'eau, l'acide succinique et l'alcool, très-soluble dans l'acide nitrique.

β. *Sel mercurique.* Le succinate de soude ne précipite pas le chlorure mercurique ; si l'on évapore le mélange des deux sels, on obtient de fines aiguilles qui paraissent être un sel double. Mais l'acétate mercurique précipite en blanc par le succinate de soude. Si l'on fait bouillir l'oxyde mercurique récemment précipité avec

---

[1] WOEHLER, *Ann. der Chem. u. Pharm.*, XXX, 4.

une solution aqueuse d'acide succinique, il se convertit en partie
en une poudre blanche qui paraît être un sous-succinate de mercure.

Dérivés méthyliques et éthyliques de l'acide succinique.
Éthers succiniques.

§ 930. Les éthers succiniques représentent des succinates dans
lesquels le métal est remplacé par son équivalent de méthyle ou
d'éthyle :

Succinate de méthyle. . $C^{12}H^{10}O^8 = C^8H^4O^6, 2 C^2H^3O$
Succinate d'éthyle. . . $C^{16}H^{14}O^8 = C^8H^4O^6, 2 C^4H^5O$.

§ 931. *Succinate de méthyle*[1], $C^{12}H^{10}O^8$. — Cet éther s'obtient
en faisant réagir le gaz chlorhydrique sur une solution chaude d'a-
cide succinique dans l'esprit de bois ; on maintient le courant de
gaz jusqu'à ce que la liqueur, additionnée d'eau, mette l'éther en
liberté ; on lave celui-ci avec une solution faible de carbonate de
soude, puis avec de l'eau pure ; on le dessèche sur du chlorure de
calcium, et on le rectifie.

Le succinate de méthyle forme une masse cristalline qui fond à
20°, et se concrète au-dessous de 16°. Il est à peine soluble dans
l'eau, mais il se dissout dans l'alcool et dans l'éther ; il bout à 198°.
Sa densité prise à 20° est de 1,179 ; à l'état de vapeur, elle a été
trouvée égale à 5,29.

§ 932. *Succinate d'éthyle*, ou éther succinique[2], $C^{16}H^{14}O^8$. —
On le prépare en distillant ensemble 10 p. d'acide succinique,
20 p. d'alcool et 5 p. d'acide chlorhydrique concentré ; on obtient ainsi une huile jaunâtre qu'on purifie par la distillation sur du
massicot.

On peut aussi, comme dans la préparation du succinate de
méthyle, faire passer un courant de gaz chlorhydrique sec à travers une dissolution d'acide succinique dans l'alcool absolu ; le
produit s'obtient pur par le même procédé que le succinate de
méthyle.

Enfin le succinate d'éthyle se produit lorsqu'on maintient l'a-
cide succinique, dans une cornue tubulée, à une température voi-

---

[1] FEHLING (1844), *Ann. der Chem. u. Pharm.*, XLIX, 195.
[2] F. D'ARCET (1835), *Ann. de Chim. et de Phys.*, LVIII, 291.

sine de son point de vaporisation, et qu'on y fait arriver de l'alcool goutte à goutte (Gaultier de Claubry).

Le succinate d'éthyle est une huile peu soluble dans l'eau, d'une densité de 1,036 ; il bout à 214°, et brûle avec une flamme jaune. La densité de sa vapeur a été trouvée égale à 6,22.

§ 933. Lorsque, suivant les expériences de M. Fehling[1], on met le succinate d'éthyle en contact avec le potassium (ou le sodium), il se dégage de l'hydrogène, et, si le métal est employé en quantité suffisante, il se produit, par le refroidissement, une matière visqueuse d'un jaune foncé. En y ajoutant de l'eau, et en chauffant rapidement jusqu'à l'ébullition, on obtient une liqueur jaune, limpide, sur laquelle nage une couche huileuse, qui se concrète, par le refroidissement, en une masse molle et pultacée. On la sépare à l'aide du filtre ; le liquide qui passe présente une réaction alcaline, et contient du succinate de potasse. On fait cristalliser la matière dans l'alcool bouillant ; on l'obtient alors blanche et d'un aspect velouté. 100 parties d'éther succinique ont donné, par l'action du potassium, 5 à 10 parties de ce produit cristallin.

Cette substance fond à 133°, et se volatilise complétement à 206°. Elle est très-peu soluble dans l'alcool froid ; l'éther la dissout en toutes proportions.

Elle a donné à l'analyse des nombres qui s'accordent avec la formule $C^{12}H^8O^6$, c'est-à-dire avec la composition d'un acide succinique anhydre dans lequel 1 at. d'hydrogène serait remplacé par son équivalent d'éthyle : $C^8H^3(C^4H^5)O^6$.

Chauffée avec un alcali fixe, elle donne de l'alcool et du succinate de potasse :

$$C^{12}H^5O^6 + 2\,(KO,HO) = C^4H^6O^2 + C^8H^4K^2O^8.$$
Alcool.   Succ. de potasse.

Elle donne avec l'ammoniaque un corps d'un jaune clair, cristallisé en aiguilles.

§ 934. Le *succinate d'éthyle perchloré*[2], ou éther chlorosuccinique, $C^{16}Cl^{14}O^8$, s'obtient lorsqu'on fait passer du chlore dans le succinate d'éthyle ; exposé à l'action directe des rayons solaires, ce liquide se prend bientôt en une masse cristalline qu'on exprime entre des

[1] FEHLING (1844), *Ann. der Chem. u. Pharm.* XLIX, 192.

[2] CAHOURS (1843), *Ann. de Chim. et de Phys.*, [3] IX, 206. — MALAGUTI, *ibid.*, XVI, 66. — GERHARDT, *Compt. rend. des trav. de Chimie*, 1846, p. 107 ; 1848, p. 277, et 291. — LAURENT, *Compt. rend. de l'Acad.*, XXXV, 381.

doubles de papier joseph pour la faire cristalliser dans l'éther. Le produit est d'un blanc de neige et cristallisé en petites aiguilles qui se feutrent facilement. Il fond entre 115 et 120°.

M. Cahours admet dans ce corps 13 atomes de chlore seulement et 1 atome d'hydrogène; mais il est probable, suivant M. Laurent, qu'il ne renferme pas d'hydrogène, et que l'eau obtenue à l'analyse provenait d'un mélange d'une petite quantité de matière étrangère. Voici d'ailleurs les résultats de l'analyse :

	Cahours.	Calcul.
Carbone.	15,25	14,5
Hydrogène. . . .	0,67	»
Chlore.	74,25	74,7
Oxygène.	9,83	10,8
	100,00	100,0

Les métamorphoses de l'éther chlorosuccinique s'expliquent fort bien si l'on admet qu'il ne renferme pas d'hydrogène. Il représente alors une combinaison d'acide succinique anhydre perchloré et d'oxyde d'éthyle perchloré :

$$\text{Succinate d'éthyle perchloré. . . } C^8Cl^4O^6,\ \left.\begin{array}{l}C^4Cl^5O\\C^4Cl^5O\end{array}\right\}\ .$$

Lorsqu'on distille l'éther chlorosuccinique, il se dégage de l'acide carbonique, et il passe une huile dense contenant du chlorure de trichloracétyle (aldéhyde perchloré), du sesquichlorure de carbone, ainsi qu'un troisième liquide chloré (*chlorosuccide*[1] de M. Malaguti) qui paraît renfermer $C^6Cl^4O^2$. Le chlorure de trichloracétyle et le sesquichlorure de carbone proviennent évidemment de l'oxyde d'éthyle perchloré :

$$\text{Oxyde d'éth. perchloré. } \left.\begin{array}{l}C^4Cl^5O\\C^4Cl^5O\end{array}\right\} = \left\{\begin{array}{l}C^4Cl^6,\ \text{sesquichlor. de carb.}\\C^4Cl^4O^2,\ \text{chlorure de tri-}\\ \qquad\qquad\quad \text{chloracétyle.}\end{array}\right.$$

L'acide carbonique et le troisième liquide chloré proviennent de l'acide succinique anhydre perchloré :

$$\text{Ac. succin. anhydre perchloré. } C^8Cl^4O^6 = \left\{\begin{array}{l}C^2O^4,\ \text{ac. carboniq.}\\C^6Cl^4O^2,\ \text{liq. chloré.}\end{array}\right.$$

La réaction précédente explique aussi la manière dont l'éther

---

[1] Ce liquide chloré paraît être le chlorure correspondant à l'acide chlorosuccique :

$$\text{Chlorosuccide. . . . . } \left.\begin{array}{l}C^6Cl^3O^2\\Cl\end{array}\right\},$$

$$\text{Ac. chlorosuccique. . . . . } \left.\begin{array}{l}C^6Cl^3O^2.O\\HO\end{array}\right\}.$$

chlorosuccinique se comporte avec la potasse et avec l'alcool. Lorsqu'on chauffe cet éther avec une lessive de potasse, la réaction est très-vive, tout l'éther chloré disparaît, et il se produit du chlorure de potassium, du carbonate de potasse, du formiate de potasse, ainsi que le sel de potasse d'un acide chloré (*acide chlorosuccique* de M. Malaguti) paraissant contenir $C^6HGl^3O^4$. Ce dernier provient évidemment des éléments de l'acide succinique anhydre perchloré, tandis que l'acide formique est dû à une décomposition secondaire de l'acide trichloracétique qui se forme d'abord par la métamorphose de l'oxyde d'éthyle perchloré.

L'alcool dissout à chaud l'éther chlorosuccinique, en le décomposant; l'eau précipite de la solution alcoolique, chargée d'acide chlorhydrique, un mélange huileux contenant du carbonate d'éthyle, du trichloracétate d'éthyle, et probablement aussi la combinaison éthylique de l'acide chloré qui se forme par l'action de la potasse.

Lorsqu'on fait arriver du gaz ammoniaque sec sur l'éther chlorosuccinique, la masse s'échauffe beaucoup : le produit, traité par l'éther, lui cède un mélange de trichloracétamide et d'un sel d'ammoniaque chloré (*chlorazosuccate d'ammoniaque* de M. Malaguti), en laissant du chlorhydrate d'ammoniaque; évaporée à siccité et reprise par l'eau froide, la liqueur éthérée donne une solution qui précipite, par l'acide nitrique, de la chlorosuccinimide (*acide chlorazosuccique*, § 946). La trichloracétamide provient encore des éléments de l'oxyde d'éthyle perchloré; la chlorosuccinimide, des éléments de l'acide succinique anhydre perchloré.

§ 935. *Acide chlorosuccique*[1], $C^6HGl^3O^4$(?). — Cet acide s'obtient par la métamorphose du succinate d'éthyle perchloré. Celui-ci donne, entre autres produits, par l'action de la potasse, le sel de potasse de l'acide chlorosuccique, et, par l'action de l'alcool, l'éther de ce même acide.

Pour préparer l'acide chlorosuccique, M. Malaguti opère de la manière suivante : on fait dissoudre à chaud l'éther chlorosuccinique dans l'alcool, et l'on ajoute quelques fragments de potasse à la solution; bientôt une réaction vive se manifeste, la masse

---

[1] MALAGUTI (1846), *Ann. de Chim. et de Phys.*, [3] XVI, 67, 72 et 82. — J'avais autrefois considéré l'acide chlorosuccique comme de l'acide trichloropropionique, $C^6H^3Cl^3O^4$, en admettant, avec M. Cahours, que l'éther chlorosuccinique renferme encore de l'hydrogène; mais cette formule n'est pas admissible si cet éther est perchloré.

s'échauffe et entre en ébullition ; on agite le mélange, en y ajoutant
un peu d'eau, autrement la masse noircirait et l'opération pourrait manquer. Quand la réaction est terminée, le produit est entièrement soluble dans l'eau ; on y verse un excès d'acide chlorhydrique et l'on évapore : bientôt on voit se séparer au fond de la
capsule une huile ambrée qu'on enlève avec une pipette, pour la
dissoudre dans l'eau. On évapore la dissolution, de manière à précipiter l'huile de nouveau ; on redissout l'huile dans l'eau pure, et
l'on répète ainsi ces dissolutions et ces évaporations jusqu'à ce que
la liqueur aqueuse qui nage sur l'huile précipitée ne se trouble plus
par le nitrate d'argent. On abandonne ensuite l'huile dans le vide,
sur de l'acide sulfurique ; au bout de quelques jours, elle y cristallise en mettant en liberté un peu de chlorure de potassium. On
reprend les cristaux par un peu d'alcool absolu, on décante rapidement, et on abandonne la liqueur dans le vide. Cette liqueur ne
tarde pas à y cristalliser, mais les cristaux sont encore imprégnes
d'une matière onctueuse qu'on enlève par la presse ; pour les avoir
entièrement purs, il faut à plusieurs reprises les redissoudre dans
l'alcool et les soumettre à l'action de la presse. Ces opérations entraînent une perte considérable de matière.

L'acide chlorosuccique est extrêmement acide, et produit sur la
langue une tache blanche. Il fond à 60° ; à 75°, il commence à répandre des fumées qui, par le contact d'un corps froid, se condensent sous la forme de prismes soyeux très-déliés. Par le refroidissement, l'acide fondu se prend en une masse radiée incolore.

L'analyse de l'acide fondu a donné les résultats suivants :

	Malaguti [1].			Calcul.
Carbone. . . .	21,20	21,42	21,12	20,51
Hydrogène. . .	1,25	1,28	1,25	0,57
Chlore.	63,00	»	63,13	60,67
Oxygène. . . .	»	»	»	18,25
				100,00

La solution de l'acide chlorosuccique, même saturée d'ammoniaque, ne précipite pas les solutions métalliques.

Le *sel d'ammoniaque* cristallise en fibres asbestoïdes.

Le *sel d'argent* paraît renfermer $C^6AgCl^3O^4$ + aq. La dissolution

---

[1] M. Malaguti représente l'acide chlorosuccique par la formule $C^6H^2Cl^3O^3$, qui
s'accorde mieux avec les analyses, mais ne rend pas compte de la formation du corps.

étendue de l'acide chlorosuccique n'est pas troublée par le nitrate
d'argent; mais, si elle est concentrée, elle donne immédiatement un
magma cristallin, formé de petits prismes très-brillants, peu sensibles à froid à l'action de la lumière, mais fort altérables à chaud.

L'analyse de ce sel d'argent, desséché dans le vide, a donné :

	Malaguti[1].		Calcul.
Carbone.	12,60	12,82	12,34
Hydrogène.	0,56	0,53	0,34
Argent.	39,09	39,47	36,53

Si la formule que nous avons adoptée pour l'acide chlorosuccique est exacte, ce corps représente l'acide acrylique trichloré.

Dérivés chlorés de l'acide succinique.

§ 936. Parmi les produits de décomposition des citrates alcalins
par le chlore, on trouve une huile que la potasse transforme en un
sel correspondant à un *acide perchlorosuccinique* $C^8H^2Cl^4O^8 =$
$C^8Cl^4O^6$, 2 HO. *Voy.* § 647.

Dérivés sulfuriques de l'acide succinique.

§ 937. *Acide sulfosuccinique*[2], $C^8H^6S^2O^{14} + 2$ aq. $= C^8H^6O^8$, 2 SO^3
$+ 2$ aq. — Lorsqu'on fait passer des vapeurs d'acide sulfurique
anhydre sur de l'acide succinique renfermé dans un ballon, en refroidissant convenablement, ces vapeurs s'absorbent en dégageant
beaucoup de chaleur; il se produit alors une masse transparente et
visqueuse qu'on chauffe pendant quelques heures à 40 ou 50°, avant
d'y ajouter de l'eau. On sature ensuite la solution par du carbonate de plomb; on traite le nouveau sel de plomb soluble par de
l'hydrogène sulfuré, et l'on évapore dans le vide le liquide filtré.
Il dépose alors des cristaux mamelonnés qui présentent la composition indiquée.

L'acide sulfosuccinique est fort soluble dans l'eau, l'alcool et
l'éther; sa saveur est fort acide; il se décompose promptement par
la chaleur en laissant beaucoup de charbon. Il sature parfaitement
les oxydes métalliques, et attaque même les acétates.

Les cristaux attirent l'humidité de l'air. Leur solution aqueuse
se décompose, en partie, par l'évaporation au bain-marie.

[1] Formule de M. Malaguti, $C^6HAgCl^3O^3$.
[2] FEHLING (1841), *Ann. der Chem. u. Pharm.*, XXXVIII, 285 ; XLIX, 203

§ 938. L'acide sulfosuccinique est un acide tribasique; ses sels neutres renferment 3 atomes de métal.

Le *sel d'ammoniaque neutre* contient $C^8H^3(NH^4)^3S^2O^{14}$ + 2 aq. On l'obtient en plaçant sous une cloche, avec de l'ammoniaque, la solution de l'acide sulfosuccinique concentrée à l'état de sirop. Au bout de quelque temps, le liquide se remplit d'aiguilles qui rougissent légèrement le tournesol.

Le *sel de potasse neutre*, $C^8H^3K^3S^2O^{14}$ + 3 aq., s'obtient en saturant l'acide sulfosuccinique par du carbonate de potasse, jusqu'à ce que le liquide soit complétement neutre ou légèrement alcalin; en le concentrant dans le vide à consistance de sirop, on obtient, au bout de quelques jours, un petit nombre de cristaux fort déliquescents; mais, si l'on ajoute encore un peu d'acide à la liqueur, elle se prend bientôt après en une bouillie cristalline. Ce sel est insoluble dans l'alcool absolu; il renferme 3 at. d'eau, dont 1 at. s'échappe par la dessiccation dans le vide, et le reste par la chaleur.

Le *sel de potasse acide*, $C^8H^4K^2S^2O^{14}$ + 4 aq., s'obtient en ajoutant de l'acide sulfosuccinique au sel neutre. Il est fort soluble dans l'eau, et présente une réaction acide.

Le *sel de soude* se prépare en décomposant le sel de baryte par un excès de sulfate de soude, évaporant à siccité et reprenant par l'alcool, qui dissout le sulfosuccinate de soude. Ce sel est aussi fort soluble dans l'eau.

Le *sel de baryte*, $C^8H^3Ba^3S^2O^{14}$ (à 100°), est un précipité blanc qu'on obtient en mélangeant un sulfosuccinate à base d'alcali par un sel de baryte. Ce sulfosuccinate est fort soluble dans les acides chlorhydrique et nitrique. Il se dissout aussi dans l'acide sulfosuccinique; la solution dépose, dans le vide, des cristaux qui constituent probablement un sel acide.

Le *sel de chaux* renferme $C^8H^4Ca^2S^2O^{14}$ (à 100°). L'acide sulfosuccinique dissout aisément le carbonate de chaux; toutefois la solution est acide et ne cristallise pas. Le sel desséché présente la composition indiquée.

Le *sel de magnésie* est incristallisable.

Les *sels de manganèse, de fer, de cobalt, de nickel et de cuivre* paraissent être solubles; du moins, le sulfosuccinate de potasse ne précipite pas les solutions de ces métaux.

Le *sel de plomb neutre*, $C^8H^3Pb^3S^2O^{14}$ + 3 aq., est un précipité blanc qu'on obtient avec l'acétate de plomb neutre et un sulfosuccinate soluble.

On obtient un *sous-sel*, $C^8H^3Pb^3S^2O^{14}$, PbO (à 100°), par l'action de l'ammoniaque sur le sel neutre.

Le *sel d'argent* est un précipité blanc qui s'obtient, par double décomposition, avec le nitrate d'argent et le sulfosuccinate d'ammoniaque. Il se décompose entièrement par les lavages en se colorant en vert foncé.

CHLORURE DE SUCCINYLE.

Composition : $C^8H^4O^4Cl^2$.

§ 939[a]. On obtient aisément ce composé[1] en distillant l'acide succinique anhydre avec une quantité équivalente de perchlorure de phosphore ; il passe ainsi de l'oxychlorure de phosphore, et, à une température plus élevée, du chlorure de succinyle. Pour obtenir celui-ci à l'état de pureté, il ne faut recueillir que les portions de liquide qui distillent entre 180 et 195°, et les soumettre à une seconde rectification, en ne recueillant encore que ce qui passe à 190°. Le liquide qui passe avant cette température contient ordinairement encore des traces d'oxychlorure de phosphore, et la partie qui distille entre 190 et 200° renferme de l'acide succinique anhydre.

C'est une huile fumante, très-réfringente, d'une densité de 1,39 à 19°, et d'une odeur suffocante qui, respirée à distance, rappelle celle de la paille mouillée. Elle bout à 190° environ ; toutefois une petite quantité de la matière s'altère à chaque rectification, en donnant un léger résidu brun, ainsi qu'un peu de gaz chlorhydrique.

A l'air humide, il se transforme rapidement en beaux cristaux d'acide succinique. L'ammoniaque concentrée le dissout immédiatement avec dégagement de chaleur. L'alcool absolu s'échauffe considérablement avec lui en produisant de l'acide chlorhydrique et du succinate d'éthyle. L'aniline le transforme en succinanilide.

---

[1] GERHARDT et CHIOZZA (1853), *Compt. rend. de l'Acad.* XXXVI, 1052.

AMIDES SUCCINIQUES.

Syn. : azotures de succinyle.

§ 939. Les amides succiniques renferment les éléments des succinates d'ammoniaque, moins les éléments de l'eau :

Succinamide. . . . . $C^8H^8N^2O^4 = C^8H^4(NH^4)^2O^8 - 4\ HO$;
Succ. d'amm. neutre.

Acide succinamique. $C^8H^7N\ O^6 = C^8H^5(NH^4)\ O^8 - 2\ HO$;
Succ. d'amm. acide.

Succinimide. . . . . $C^8H^5N\ O^4 = C^8H^5(NH^4)\ O^5 - 4\ HO$.
Succ. d'amm. acide.

Outre ces amides, on connaît des anilides ou phényl-amides succiniques, contenant les éléments des succinates d'aniline (de phényl-ammoniaque), moins les éléments de l'eau.

§ 940. SUCCINAMIDE[1], $C^8H^8N^2O^4$. — Lorsqu'on abandonne un mélange de succinate d'éthyle avec 2 fois son volume d'ammoniaque concentrée, il se produit une infinité de cristaux incolores et grenus de succinamide, ainsi que de l'alcool :

$$C^{16}H^{14}O^4 + 2\ NH^3 = C^8H^8N^2O^4 + 2\ C^4H^6O^2.$$
Succ. d'éthyle.   Succinamide.   Alcool.

Ces cristaux sont presque insolubles dans l'eau froide, et se dissolvent assez bien dans l'eau bouillante ; leur solution ne précipite pas les sels métalliques. Ils sont insolubles dans l'alcool absolu et dans l'éther. Les alcalis caustiques en dégagent de l'ammoniaque.

Lorsqu'on chauffe la succinamide, elle entre en fusion, et développe de l'ammoniaque en se transformant en succinimide :

$$C^8H^8N^2O^4 = NH^3 + C^8H^7NO^4.$$
Succinamide.   Succinimide.

Dissoute dans l'acide nitrique, et exposée à un courant de bioxyde d'azote, la succinamide se transforme en acide succinique, eau et azote :

$$C^8H^8N^2O^4 + 2\ NO^3 = C^8H^6O^8 + 2\ HO + 2\ N^2.$$
Succinamide.   Ac. succinique.

§ 941. *Diphényl-succinamide*[2], ou succinanilide, $C^{32}H^{16}N^2O^4 = C^8H^6(C^{12}H^5)^2N^2O^4$. — Quand on épuise par l'eau bouillante le produit de l'action de l'acide succinique sur l'aniline sèche, il reste un corps insoluble : c'est la succinanilide. Ce corps se produit aussi par la réaction de l'aniline et du chlorure de succinyle.

---

[1] FEHLING (1844), *Ann. der Chem. u. Pharm.*, XLIX, 196.

[2] LAURENT et GERHARDT (1848), *Ann. de Chim. et de Phys.*, [3] XXIV, 179.

La succinanilide se dissout aisément dans l'alcool bouillant, et s'y dépose à l'état de petites aiguilles qui, examinées au miscroscope, ont l'aspect de touffes de cheveux.

Fondue légèrement avec de la potasse, la succinanilide dégage immédiatement de l'aniline. Elle est moins fusible que le succinanile.

§ 942. ACIDE SUCCINAMIQUE, $C^8H^7NO^6$. — Cet acide[1] n'a pas pu être isolé, et n'est connu qu'à l'état de sel d'argent.

Le *succinamate d'argent*, $C^8H^6AgNO^6$, s'obtient lorsqu'on fait longtemps bouillir la succinimide argentique dans l'eau additionnée de quelques gouttes d'ammoniaque. On obtient alors, par la concentration, de petits parallélipipèdes parfaitement nets et brillants, qui représentent des prismes droits, courts, à base rhombe d'environ 75°.

Ce sel est bien plus soluble dans l'eau que la succinimide argentique. Chauffé brusquement dans une capsule, il ne fait pas explosion comme elle.

Quand on décompose par l'acide chlorhydrique le succinamate d'argent, la solution filtrée ne donne, par l'évaporation, que des cristaux de succinimide; cette solution ne précipite pas le bichlorure de platine.

On pourrait aussi considérer le succinamate d'argent comme un succinimidate d'argent hydraté; mais le succinimidate d'argent fait explosion par la chaleur, tandis que le sel précédent ne présente rien de semblable.

§ 943. *Acide phényl-succinamique*, ou acide succinanilique, $C^{20}H^{11}NO^6 = C^8H^6(C^{12}H^5)NO^6$. — Pour obtenir ce corps[2], on dissout le succinanile (§ 948) dans l'ammoniaque étendue et bouillante, additionnée d'un peu d'alcool; on maintient en ébullition pour chasser ce dernier, et l'on neutralise par l'acide nitrique. Il se dépose alors, par le refroidissement, des lamelles allongées qu'on purifie par une nouvelle cristallisation dans l'alcool.

L'acide succinanilique est très-peu soluble dans l'eau froide; il est plus soluble dans l'eau chaude, et la solution rougit le tournesol. Il fond par l'échauffement; une plus forte chaleur le décompose en eau et en succinanile qui se sublime. Il se dissout dans

[1] LAURENT et GERHARDT (1849), *Compt. rend. des trav. de Chimie,* 1849, p. 111.
[2] LAURENT et GERHARDT (1848), *Ann. de Chim. et de Phys.,* [3] XXIV, 179.

l'ammoniaque et dans la potasse; fondu légèrement avec de la potasse, il émet de l'aniline.

Les *phényl-succinamates* ou succinanilates s'obtiennent aisément.

Le *sel d'ammoniaque* cristallise confusément et se dissout assez bien dans l'eau. Sa solution ne précipite pas le chlorure de calcium. Elle trouble à peine la solution du chlorure de baryum ; si les liquides sont étendus, il ne se forme pas de précipité.

Le *sel d'argent*, $C^{20}H^{10}AgNO^6$, s'obtient, en mélangeant le succinanilate d'ammoniaque avec une solution de nitrate d'argent, sous la forme d'un précipité blanc insoluble dans l'eau.

Le succinanilate d'ammoniaque précipite aussi en bleu clair les sels cuivriques, et en blanc jaunâtre les sels ferreux.

§ 944. SUCCINIMIDE[1], dite aussi bisuccinamide, $C^8H^5NO^4 + 2$ aq. — En faisant réagir le gaz ammoniaque sur l'acide succinique anhydre, on observe une formation d'eau considérable et une grande élévation de température ; la matière se fond et se volatilise en se transformant en succinimide :

$$C^8H^4O^6 + NH^3 = C^8H^5NO^4 + 2 HO.$$
Ac. succ. anh.   Succinimide.

Le procédé le plus simple pour obtenir ce corps consiste à neutraliser une solution d'acide succinique par l'ammoniaque, à évaporer la matière jusqu'à siccité et à soumettre le résidu à la distillation. L'ammoniaque et l'eau s'en vont les premières ; la succinimide et un peu d'acide succinique passent en dernier lieu. On purifie le produit par la cristallisation.

La succinimide cristallise en belles tables rhombes, accolées et formant de plus grands rhombes dentés. Ces cristaux appartiennent au système rhombique ; combinaison ordinaire oP. P, avec la face oP dominante ; inclinaison de oP : P = 125°, de ∞ P : ∞ P = 113° environ. Ils renferment 2 at. d'eau de cristallisation qu'ils perdent peu à peu à l'air, en devenant opaques. Ils présentent par conséquent la composition de l'acide succinamique ; on pourrait même les considérer comme constituant cet acide, car ils rougissent légèrement le tournesol, mais on peut les faire cristalliser dans une solution concentrée de potasse sans qu'il y ait combinaison.

La succinimide est fort soluble dans l'eau, assez soluble dans l'alcool et peu soluble dans l'éther. Elle fond à 210°.

---

[1] F. D'ARCET (1835), *Ann. de Chim. et de Phys.*, LVIII, 294. — FEHLING, *Ann. der Chem. u. Pharm.*, XLIX, 198. — LAURENT et GERHARDT, *Compt. rend. des trav. de Chim.*, 1849, p. 108.

La potasse n'en dégage de l'ammoniaque que par la chaleur. Une solution aqueuse de succinimide mêlée de baryte ne précipite pas toute la baryte par l'acide carbonique. Une solution bouillante de succinimide n'attaque que fort peu le carbonate de baryte. L'oxyde de plomb se dissout en grande quantité dans la solution aqueuse de la succinimide, et, en évaporant la liqueur dans le vide, on obtient une masse visqueuse sans aucune apparence de cristallisation. Cette matière desséchée fond au-dessous de 100° sans perdre de son poids; ainsi fondue, elle est transparente, attire fortement l'humidité, et se dissout parfaitement dans l'eau, d'où elle est précipitée par l'alcool [1].

§ 945. La succinimide donne avec l'argent deux sels cristallisables [2].

Le *sel d'argent* renferme $C^8H^4AgNO^4$. Pour obtenir ce composé, on porte à l'ébullition une dissolution alcoolique et concentrée de succinimide, additionnée de quelques gouttes d'ammoniaque, puis on y ajoute du nitrate d'argent et on laisse refroidir. Il se dépose alors des aiguilles de succinimidate d'argent. On peut aussi opérer sur de la succinimide brute contenant encore de l'acide succinique; on la dissout dans l'eau, et on y ajoute à chaud du nitrate d'argent additionné d'un peu d'ammoniaque. Il se dépose ainsi du succinate qu'on sépare par le filtre, tandis que le liquide filtré dépose par le refroidissement des prismes de succinimidate d'argent.

Ce sel est peu soluble dans l'eau froide, fort soluble dans l'eau chaude, peu soluble aussi dans l'alcool à froid; il y est assez soluble à chaud. Il se dépose, par le refroidissement de la solution dans l'eau bouillante, en beaux prismes à quatre faces terminés par une pyramide. Il se dissout dans l'ammoniaque en toutes proportions. A froid, il ne dégage pas d'ammoniaque par la potasse, mais il en dégage immédiatement à chaud.

Le *sel d'argentammonium* contient $C^8H^4(NH^3Ag)NO^4$. Lorsqu'on

---

[1] M. Fehling attribue à ce composé la formule $3\,C^8H^5NO^4, 4\,PbO + 3\,aq$. C'est peut-être plutôt un *succinamate* de plomb basique, $2\,C^8H^6PbNO^6, PbO + aq$. Voici, dans cette dernière hypothèse, les résultats de l'analyse comparés avec le calcul :

	Fehling.		Calcul.
Carbone.	18,69	18,57	17,0
Hydrog.	2,58	2,55	2,3
Azote.	5,23	»	4,9
Ox. de plomb. .	57,55	58,9	59,8

La matière analysée contenait peut-être un léger mélange de succinimide.

[2] LAURENT et GERHARDT (1848), *loc. cit.*

dissout le succinimidate d'argent dans un peu d'ammoniaque, et qu'on soumet le liquide à l'évaporation spontanée, on obtient une liqueur sirupeuse, alcaline, qui se prend à la longue en une masse de prismes droits à base carrée ou rectangulaire, sans modifications. C'est le succinimidate d'argentammonium. Les cristaux, durs et cassants, se distinguent du sel précédent en ce qu'ils dégagent déjà à froid de l'ammoniaque par la potasse. Décomposés par l'acide chlorhydrique étendu, ils donnent une solution qui précipite abondamment par le bichlorure de platine. Lorsqu'on humecte les cristaux d'acide chlorhydrique concentré, ils s'échauffent vivement en émettant des vapeurs de chlorhydrate d'ammoniaque.

Longtemps bouilli avec de l'eau, le succinimidate d'argent se convertit en succinamate (§ 942).

§ 946. *Chlorosuccinimide*, ou acide chlorazosuccique, $C^8HCl^4NO^4$. — Ce corps[1] se produit par l'action de l'ammoniaque sur le succinate d'éthyle perchloré; la réaction est probablement celle-ci :

$$C^{16}Cl^{14}O^8 + 3\,NH^3 = 4\,HCl + 2\,C^4H^2Cl^3NO^2 + C^8HCl^4NO^4.$$

Succ. d'éthyle-perchloré.   Trichloracétamide.   Chlorosuccinim.

Lorsqu'on expose l'éther chlorosuccinique à l'action de l'ammoniaque sèche, la masse s'échauffe considérablement en s'agglutinant; pour épuiser la réaction, il faut réduire le produit en poudre et le soumettre de nouveau à l'action du gaz ammoniaque. Si l'on opère sur beaucoup de matière à la fois, le produit est ordinairement coloré en jaune ou en brun. On le traite par l'éther bouillant qui dissout la trichloracétamide et la chlorosuccinimide, en laissant un résidu de chlorhydrate d'ammoniaque ; on évapore à siccité la solution éthérée, et on reprend par l'eau froide; celle-ci dissout une combinaison ammoniacale de chlorosuccinimide (*chlorazosuccate d'ammoniaque*), et laisse comme résidu la trichloracétamide. On ajoute ensuite, à la solution aqueuse, de l'acide chlorhydrique ou nitrique, qui précipite la chlorosuccinimide à l'état cristallin.

Ce corps cristallise en prismes à quatre pans terminés par des pyramides, d'une saveur extrêmement amère; il est presque insoluble dans l'eau, très-soluble dans l'alcool et l'éther; il fond dans l'eau entre 83 et 85°, et dans l'air à 200°; mais il se sublime déjà à 125° et jaunit à 250°. Il décompose les carbonates.

<hr>

[1] MALAGUTI (1846), *Ann. de Chim. et de Phys.*, [3] XVI, 72. — GERHARDT, *Compt. rend des trav. de Chim.*, 1847, p. 291.

Il a donné à l'analyse[1] :

	Malaguti.		Calcul.
Carbone. . . .	20,56	20,62	20,2
Hydrogène. . .	0,77	0,77	0,4
Chlore.	61,00	61,06	60,0
Azote.	8,00	7,98	5,9
Oxygène. . . .	»	»	13,5
			100,0

En dissolution concentrée et saturée par l'ammoniaque, la chlorosuccinimide présente les réactions suivantes : elle précipite en lilas les sels de cuivre, en blanc cristallin les sels de chaux, en blanc les sels d'argent et les persels de mercure ; elle ne précipite pas les solutions de chlorure de baryum, de sulfate de magnésie, de sulfate de manganèse, de sulfate de zinc.

Le *sel d'argent*, $C^8AgCl^4NO^4$ (?), est un précipité amorphe qui devient cristallin au bout de quelques instants.

§ 947. La solution de la chlorosuccinimide dans l'ammoniaque, étant concentrée dans le vide, donne une masse en partie cristallisée, en partie molle et sirupeuse. Si l'on concentre la solution au bain-marie, elle se décompose avec une vive effervescence ; le résidu, traité par l'éther, laisse beaucoup de sel ammoniac, et cède au solvant une matière particulière qui cristallise dans l'eau bouillante en longues aiguilles prismatiques, incolores, très-solubles dans l'alcool et l'éther, fusibles entre 86 et 87°, volatiles sans décomposition, ne dégageant pas d'ammoniaque à froid par leur contact avec les alcalis hydratés, mais donnant beaucoup d'ammoniaque par l'ébullition avec ces agents. M. Malaguti appelle cette matière *chlorosuccilamide*; elle représente probablement l'amide de l'acide chlorosuccique (§ 935), $C^6H^2Cl^3NO^2$:

	Malaguti[2].		Calcul.
Carbone. . .	20,0	20,14	20,6
Hydrogène. .	1,7	1,7	1,2
Chlore. . . .	59,2	59,3	61,0
Azote.	11,5	11,9	8,1

[1] M. Malaguti représente le corps par la formule $C^6HCl^3NO^2$. D'après cette formule, le sel d'argent devrait contenir 38,2 p. c. d'argent ; dans une expérience, je n'en ai obtenu que 30,2 p. c.

[2] M. Malaguti admet les rapports $C^8H^4Cl^4N^2O^2$, qui s'accordent mieux avec ses analyses, mais ne rendent pas compte de la réaction.

La matière n'a probablement pas été analysée à l'état de pureté.

Si la formule que j'admets est exacte, la formation de la chloro-succilamide doit être accompagnée d'un dégagement d'acide carbonique. On a, en effet :

$$C^8HCl^4NO^4 + 2\,HO = 2\,CO^2 + HCl + C^6H^2Cl^3NO^2.$$

Chlorosuccinimide.   Chlorosuccilamide.

§ 948. *Phényl-succinimide* [1], ou succinanile, $C^{20}H^9NO^4 = C^8H^4(C^{12}H^5)NO^4$. — Quand on fait chauffer dans un ballon de l'acide succinique en poudre avec un excès d'aniline sèche, le mélange fond peu à peu, et, en maintenant la fusion, on voit se développer de l'eau, ainsi que l'excès d'aniline.

Après avoir ainsi chauffé la matière pendant huit ou dix minutes, on a un liquide qui cristallise entièrement par le refroidissement en grosses aiguilles, groupées en sphères. On traite ce produit par une grande quantité d'eau bouillante ; celle-ci en dissout la majeure partie, qui se dépose, par le refroidissement, sous forme de lamelles incolores. Ce produit constitue le succinanile.

L'eau laisse à l'état insoluble une certaine quantité d'une matière grisâtre qu'on fait cristalliser dans l'alcool ; elle est composée de succinanilide (§ 941).

Pour avoir le succinanile à l'état de pureté, on fait cristalliser dans l'alcool les cristaux déposés par l'eau. On obtient ainsi de belles aiguilles, assez longues et enchevêtrées. Ce corps est insoluble dans l'eau froide ; la potasse aqueuse est sans action sur lui, mais la potasse solide en dégage immédiatement de l'aniline. Soumis à la distillation, il paraît passer sans altération.

L'ammoniaque aqueuse et bouillante le convertit en acide succinanilique (§ 943).

VI.

GROUPE GLUCIQUE.

§ 949. On a réuni sous ce titre les substances organisatrices des végétaux, telles que la cellulose, la matière amylacée, les gommes, les sucres, etc. Ces substances, parmi lesquelles plusieurs sont isomères entre elles, se ressemblent au plus haut degré sous le rapport des métamorphoses : elles donnent toutes, soit de l'acide propionique et de l'acide acétique, lorsqu'on les traite par l'hy-

---

[1] LAURENT et GERHARDT (1848), *Ann. de Chim. et de Phys.*, [3] XXIV, 179.

drate de potasse, soit de l'acide saccharique ou de l'acide mucique (§ 680), lorsqu'on les oxyde par l'acide nitrique diluě.

Parmi les composés du groupe glucique, il en est qui renferment l'hydrogène et l'oxygène dans les proportions de l'eau ; on les désigne alors souvent sous le nom d'*hydrates de carbone* ; en voici les principaux :

Cellulose. . . . .)
Matière amylacée, dextrine. $\} C^{12}H^{10}O^{10}$,
Gommes et mucilages. . . .)
Sucre[1] (de canne). . . . . . $C^{22}H^{22}O^{22}$,
Glucose (sucre de raisin). . . $C^{12}H^{12}O^{12}$,
Acide glucique. . . . . . . $C^{12}H^{9} O^{9}$, ou plutôt $C^{24}H^{18}O^{18}$.

L'acide glucique résulte de la métamorphose du glucose ; celui-ci peut s'obtenir avec tous les autres hydrates de carbone par l'action des acides dilués.

D'autres composés du groupe glucique renferment plus d'hydrogène que les hydrates de carbone ; sous ce rapport, il faut surtout citer la mannite (avec ses congénères, le dulcose, la quercite, la phycite) :

Mannite. . . . . $C^{12}H^{14}O^{12}$.

La mannite peut s'obtenir par la métamorphose du glucose.

Enfin plusieurs substances du groupe glucique renferment plus d'oxygène que les hydrates de carbone : la pectine, l'acide pectique, etc., sont particulièrement dans ce cas, mais on n'en a pas encore déterminé la composition d'une manière exacte.

Les transformations que le glucose éprouve sous l'influence des ferments (§ 984) qui le décomposent, soit en acide carbonique et en hydrates d'éthyle (§ 770), de trityle (§ 1026[b]), de tétryle (§ 1051), ou d'amyle (§ 1084), soit en acide lactique (§ 452) ou en acide butyrique (§ 1035), rattachent les composés gluciques au groupe éthylique de la série propionique, ainsi qu'aux séries acétique, butyrique, valérique et caproïque.

---

[1] J'admets que la molécule du sucre doit se représenter par $C^{24}H^{22}O^{22}$, la molécule du glucose étant exprimée par la formule $C^{12}H^{12}O^{12}$: on a ainsi, entre ces deux corps, les mêmes rapports de composition qu'entre l'éther et l'alcool :

Sucre. . . . . $C^{12}H^{11}O^{11}$ }
$\qquad\qquad\qquad\qquad C^{12}H^{11}O^{11}$ } ,
Glucose. . . . . $C^{12}H^{11}O^{11}$ }
$\qquad\qquad\qquad\qquad$ HO }

Cellulose et isomères.

Composition : $C^{12}H^{10}O^{10}$.

§ 950. Cellulose. — La membrane qui forme les parois des
cellules et des vaisseaux chez les plantes, depuis les classes inférieures des cryptogames jusqu'aux familles les plus élevées parmi
les phanérogames, est constituée par la même substance chimique,
désignée par M. Payen sous le nom de *cellulose*. C'est le *ligneux*,
débarrassé des substances étrangères et incrustantes, à l'aide des
différents solvants [1].

La cellulose forme seule les parois des cellules jeunes de tous les
tissus, et se retrouve dans les tissus plus âgés. Elle compose même
seule les parois épaissies de plusieurs périspermes cornés, tels que
ceux de dracaena, des phytelephas, du dattier, et le tissu cellulaire de la moelle de l'aeschinomène. Les parois des utricules qui
forment les filaments des conferves et des oscillatoires, le tissu des
champignons, les feuilles de tous les végétaux, leurs vaisseaux et
leurs tiges ligneux, ont encore la même membrane primitive pour
base; mais il s'y ajoute une quantité plus ou moins considérable
de substances plus carbonées, qui en modifieraient notablement la
composition si on ne parvenait à les dissoudre, ainsi que les
matières contenues dans ces cellules, par certains agents chimiques.

La cellulose appartient non-seulement aux plantes, mais elle est
encore fort répandue chez les animaux inférieurs : en effet, elle
entre dans la composition du manteau des ascidies et des frustulies.
Les parties qui composent les muscles lisses ou rayés des animaux
invertébrés (hannetons, écrevisses, mulètes), présentent aussi la
même composition [2].

La composition et les réactions chimiques de la cellulose sont
partout les mêmes; mais les propriétés qui dépendent de son état

---

[1] Fourcroy, *Syst. des Connais. chim.*, VIII, 87. — Proust, *Journ. de Phys.*
XLVIII, 469. — Payen, *Annales des Sciences naturelles*, 1839 et 1840. — Fromberg,
Scheikund. Onderzœkingen, II, 36; et *Ann. der Chem. u. Pharm.*, XLVIII, 353. —
V. Baumhauer, *Scheikund. Onderzœkingen*, II, 62; et *Ann. der Chem. u. Pharm.*,
XLVIII, 356. — Poumarède et Figuier, *Journ. de Pharm.*, [3] XII, 81. — Mitscherlich,
Ann. der Chem. u. Pharm., LXXV, 305.

[2] Schmidt, *Ann. der Chem. u. Pharm.*, LIV, 284. — Loewig et Koelliker, *Compt.*
rend. de l'Acad., XXII, 38.

d'agrégation présentent de grandes différences, suivant les plantes d'où on l'extrait. Pour l'isoler, le plus simple est de la prendre dans le vieux linge, dans le coton ou dans la moelle de sureau ; après avoir traité ces substances par l'eau, on les fait bouillir avec une solution faible de potasse caustique ; puis on les lave de nouveau et on les délaye dans l'eau, où l'on dirige un courant de chlore. Enfin, quand on les a traitées successivement par l'acide acétique, l'alcool, l'éther et l'eau bouillante, puis séchées à 100°, on les considère comme de la cellulose à l'état de pureté.

Un procédé semblable s'emploie pour obtenir cette substance avec le chanvre, le lin, le coton, le papier, etc.

Dans beaucoup de tissus végétaux, dans le bois, par exemple, la cellulose est tellement pénétrée de substances étrangères, qu'il est difficile de l'en purifier complétement. Ces substances, que l'on comprend généralement sous le nom de *matière incrustante*, varient extrêmement quant à leur cohésion et à leur nature chimique ; tantôt elles sont azotées, tantôt résinoïdes, tantôt elles présentent d'autres caractères. Nous reviendrons plus tard sur la composition des tissus végétaux[1].

La cellulose pure est blanche, solide, diaphane, insoluble dans l'eau froide, l'alcool, l'éther et les huiles. Son poids spécifique est ordinairement de 1,525 ; son état d'agrégation varie d'ailleurs suivant son origine.

Quand elle est pure, elle se conserve à l'air sans altération ; mais, telle qu'elle se trouve dans le bois, où elle est en présence de matières azotées ou d'autres substances fort altérables, elle se détériore peu à peu dans une atmosphère humide. Elle éprouve alors une combustion lente, et se convertit en une matière friable, jaune ou brune, connue sous le nom de *pourri*.

La cellulose se désagrége souvent par l'influence seule de l'eau bouillante ; d'autres fois, quand elle est très-compacte, elle résiste *longtemps* à l'action de l'eau, et même aussi à celle d'autres solvants bien plus énergiques. Le produit de sa désagrégation complète est soluble dans l'eau : c'est la dextrine (§ 953).

Les acides sulfurique et phosphorique concentrés attaquent à froid la cellulose, et la désagrégent sans la colorer ; si l'on fait bouillir le produit après y avoir ajouté de l'eau, on finit par avoir du glucose. Cette expérience a été faite pour la première fois par

[1] Voy. CINQUIÈME PARTIE, *Documents physiologiques*, Chimie végétale.

M. Braconnot[1] : on n'a qu'à prendre du coton, de la toile ou du papier coupés en petites bandes, et à broyer ces substances avec de l'acide sulfurique concentré, qu'on y ajoute goutte à goutte ; elles se convertissent alors en une masse visqueuse et gluante, composée de dextrine. Après l'avoir étendu d'eau, on fait bouillir ce produit ; il finit ainsi par se convertir en glucose. Dans cette réaction, il se forme aussi un acide copulé, très-altérable, que nous décrirons plus bas (§ 967).

Quand on chauffe de la toile avec de l'acide nitrique[2] ou sulfurique, moyennement étendu, elle se convertit d'abord en une bouillie amylacée, qui ne se dissout pas sensiblement dans l'eau, et qui présente encore la composition de la cellulose. En épuisant de la toile avec de l'acide chlorhydrique concentré et bouillant, on la transforme en une poudre fine dont la composition est encore la même[3].

[1] BRACONNOT, *Ann. de Chim. et de Phys.*, XII, 172.

[2] Suivant M. Sacc (*Ann. de Chim. et de Phys.*, [3] XXV, 218), il se produirait de l'acide pectique par l'action de l'acide nitrique dilué sur la fibre ligneuse ; mais M. Porter (*Ann. der Chem. u. Pharm.*, LXXI, 115) conteste, avec raison, l'exactitude de ce fait. Ce dernier chimiste a opéré de la manière suivante : il fit bouillir 200 grammes de copeaux de sapin, pendant quelques heures, avec 2 kilogrammes d'acide nitrique étendu de 400 grammes d'eau ; il se produisit ainsi une masse blanche, de la consistance de l'empois, qu'on lava à l'eau distillée. On la traita ensuite par l'ammoniaque diluée, qui la dissolvait en plus grande partie, en laissant une légère quantité d'un corps sirupeux, et l'on précipita la solution filtrée par l'acide chlorhydrique. Séché à 100°, le précipité était légèrement gris rougeâtre.

M. Porter a fait des essais comparatifs avec cette substance et l'acide pectique préparé avec des navets. Celui-ci devient fibreux pendant les lavages à l'alcool et par la pression, tandis que le produit précédent conserve dans les mêmes circonstances sa consistance visqueuse. L'acide pectique se dissout aisément dans les alcalis, et s'en précipite par les acides sous forme de gelée. L'autre substance ne se dissout que difficilement dans les alcalis ; le précipité qu'occasionnent les acides dans la solution est d'abord transparent, mais il se contracte promptement en donnant des flocons blancs et translucides ; si la solution alcaline est concentrée, la substance se précipite même sous la forme d'une poudre blanche et légère, ce qui ne se présente pas avec l'acide pectique. Une autre différence notable est celle-ci : l'acide pectique donne de l'acide mucique par l'acide nitrique de concentration moyenne, tandis que le produit du ligneux donne, par la même réaction, de l'acide oxalique.

Voici les résultats des analyses de MM. Porter et Sacc :

	Porter.			Sacc.			Composition de la cellulose.
Carbone. . . .	43,38	43,68	43,16	40,83	42,10	42,86	44,44
Hydrogène. . .	5,84	5,97	5,79	5,86	6,00	5,94	6,17

La substance avait été analysée, déduction faite des cendres (en moyenne, 0,37 p. c. dans les expériences de M. Porter). Il est probable qu'à l'état de parfaite pureté, elle aurait donné les chiffres de la cellulose.

[3] A. W. HOFMANN, *Ann. der Chem. u. Pharm.*, XLVIII, 354.

Si l'on plonge, pendant une demi-minute au plus, du papier joseph dans l'acide sulfurique à 66 degrés, qu'on le lave aussitôt pour arrêter l'action de l'acide, et qu'on le laisse ensuite quelques instants dans de l'eau contenant quelques gouttes d'ammoniaque, on obtient une substance qui présente les caractères physiques d'une membrane animale; humectée d'eau, elle donne au toucher l'impression molle et grasse des membranes animales. MM. Poumarède et Figuier donnent le nom de *papyrine* à cette modification de la cellulose.

L'acide nitrique très-concentré agit à froid sur la cellulose, en produisant des dérivés nitriques (*coton-poudre*, *fulmicoton*, § 951).

La potasse et la soude caustiques, à froid et à chaud, gonflent d'abord la cellulose, et ne la désagrégent que fort lentement ; si la cellulose est très-compacte, comme dans les tissus textiles, cette désagrégation ne se fait que d'une manière superficielle.

Si l'on chauffe parties égales de potasse et de cellulose humectée d'eau, dans un vase fermé, il se développe de l'hydrogène, et il distille de l'esprit de bois (§ 332). La potasse retient du formiate, de l'acétate et du carbonate. L'hydrate de potasse fondu convertit la cellulose en oxalate.

Le fluorure de bore noircit immédiatement la cellulose sous toutes ses formes (papier, coton, toile, bois).

Sous l'influence prolongée du chlore, en présence de l'eau, la cellulose éprouve une véritable combustion, en développant de l'acide carbonique ; les hypochlorites de chaux, de potasse et de soude se comportent d'une manière semblable.

Quand elle est fortement agrégée, la cellulose ne colore pas la solution aqueuse de l'iode ; mais elle en est colorée en bleu, si on lui a fait d'abord subir un commencement de désagrégation sous l'influence de l'acide sulfurique concentré ou des alcalis. Le tissu cellulaire de certaines plantes cryptogames se colore en violet par la solution d'iode.

Les substances qui ont été désignées sous les noms de *médulline*[1] et de *fungine*[2] ne sont, suivant M. Payen, que des modifica-

---

[1] John, *Chemische Schriften*, IV, 204.

[2] Braconnot, *Ann. de Chim.*, LXXIX, 276.

tions physiques de la cellulose. Il en est de même de la *subérine* [1] du liége. L'*hordéine* [2] est un mélange d'amidon, de cellulose et d'une matière azotée.

§ 951. MATIÈRE AMYLACÉE, $C^{12}H^{10}O^{10}$. — On trouve cette substance [3] déposée en grains dans les cellules de certaines parties des plantes : la moelle des troncs, le périsperme et les cotylédons des graines sont les organes dans lesquels on la rencontre le plus fréquemment. Elle abonde dans les racines de bryone, de rhubarbe, de carotte, de guimauve, de réglisse, de manioc, d'iris, de massette; dans les tubercules de la pomme de terre, de la patate, des ignames, des souchets, des arum, etc. ; dans les bulbes des lis, des tulipes et des autres liliacées; dans la moelle des palmiers; dans les semences des légumineuses (fèves, haricots, lentilles, pois), des céréales (blé, orge, avoine, seigle, maïs, millet, riz); dans les fruits du chêne, du châtaignier, du maronnier d'Inde, du sarrazin; dans les lichens, etc. Le nom de *fécule* s'applique plus particulièrement à la matière amylacée extraite des pommes de terre; on la nomme *amidon*, lorsqu'elle vient des graines des céréales.

Pour préparer la fécule, on soumet la pomme de terre à l'action de la râpe, et l'on dirige un filet d'eau sur la pulpe placée dans un tamis; l'eau qui s'écoule dépose bientôt une matière blanche qui se tasse peu à peu, et acquiert une certaine cohérence, de manière qu'il est aisé d'en séparer la liqueur surnageante. On soumet ce dépôt à des lévigations à l'eau froide pour enlever quelques particules de tissu cellulaire qui, plus légères que la fécule, restent plus longtemps en suspension dans la liqueur aqueuse et peuvent être séparées par décantation.

[1] FOURCROY, *Syst. des Connaiss. chim.*, VIII, 98. — CHEVREUL, *Ann. de Chimie*, LXII, 323; XCVI, 155. — MITSCHERLICH, *Ann. der Chem. u. Pharm.*, LXXV, 305.

[2] PROUST, *Ann. de Chimie*, V, 339. — BRACONNOT, *Ann. de Chim. et de Phys.*, XXXV, 159.

[3] BERZÉLIUS, *Ann. de Chimie*, XCV, 82. — TH. DE SAUSSURE, *Ann. de Chim. et de Phys.*, II, 387; XI, 379. — CAVENTOU, *ibid.*, XXXI, 337. — MATHIEU DE DOMBASLE, *ibid.*, XIII, 284. — COUVERCHEL, *Journ. de Pharm.*, VII, 267. — COLIN ET GAULTIER DE CLAUBRY, *Ann. de Chimie*, XC, 92. — LASSAIGNE, *Journ. de Pharm.*, V, 300. *Ann. de Chim. et de Phys.*, LIII, 109. — DUBRUNFAUT, *Mémoires de la Soc. centrale d'Agriculture*, 1823, p. 146. — RASPAIL, *Ann. des Sciences natur.*, II, et *Ann. des Sciences d'observation*, III, 216. — FRITZSCHE, *Annal. de Poggend.*, XXXII, 291. — GUIBOURT, *Ann. de Chim. et de Phys.*, XL, 183. — GUÉRIN, *ibid.*, LX, 32; LXI, 225. — DUMAS, *Ann. des Scienc. natur.*, 1839. — JACQUELAIN, *Ann. de Chim. et de Phys.*, LXXIII, 167. — PAYEN, *ibid.*, LXI, 365; LXV, 225. *Ann. des Scienc. natur.*, 1839.

Ainsi extraite de la pomme de terre, la fécule nécessite encore quelques purifications avant de pouvoir être considérée comme un corps unique. On la fait d'abord bouillir avec de l'alcool tenant en dissolution 0,001 de potasse caustique, de manière à enlever une petite quantité de matière grasse, et, finalement, on la lave avec de l'alcool pur et avec de l'eau.

L'extraction de l'amidon de blé se fait d'une manière semblable : on fait une pâte avec de la farine, et on la malaxe sous un filet d'eau, comme pour en séparer le gluten ; on obtient ainsi une eau trouble qui dépose peu à peu l'amidon qu'elle tient en suspension. D'après un procédé plus ancien, on abandonne à la fermentation la farine délayée dans l'eau ; peu à peu les matières azotées se décomposent alors et deviennent solubles, tandis que l'amidon résiste à la fermentation ; on lave le dépôt à grande eau pour en séparer les parties solubles, puis on le met en pains qu'on fait sécher rapidement. Pour favoriser la décomposition de la farine, on la délaye ordinairement dans les eaux sûres provenant d'opérations antérieures ; ces eaux, rendues acides par la production d'un peu d'acide acétique ou lactique provenant de la fermentation du sucre que contiennent toujours des farines, renferment en outre des matières azotées qui servent de levain pour déterminer ou pour activer la fermentation.

Les marrons d'Inde peuvent aussi servir à l'extraction de la matière amylacée ; mais il faut bien laver la pulpe de ces fruits, afin de la débarrasser de la matière qui lui donne de l'amertume. 100 p. de marrons frais donnent environ 19 à 21 p. de fécule sèche[1].

Le tableau suivant[2] indique les proportions de matière amylacée qu'on a trouvées dans différentes substances alimentaires, en 100 parties desséchées :

	Matière amylacée.	
	I.	II.
Fécule de haricots pure.	99,06	»
Farine de blé n° 1.	65,21	66,16
— 2.	66,93	67,42
— 3	57,70	57,21
Blé Talavera.	55,92	56,29
— Whitington.	53,06	51,84
— Sandomier.	53,83	52,92
Farine de seigle n° 1.	61,26	60,56

[1] BELLOC, *Compt. rend. de l'Acad.*, XXVIII, 83. — FLANDIN, *Compt. rend. de l'Acad.*, XXVII, 349. Ce dernier chimiste recommande le carbonate de soude pour le lavage de la pulpe de marron d'Inde.

[2] KROCKER, *Ann. der Chem. u. Pharm.*, LVIII, 212.

Farine de seigle n° 2.	54,84	54,12
— 3.	57 07	57,77
Seigle (*Secale cereale*).	45,39	44,80
— (*Sec. cer. arundin.*).	47,71	47,13
Avoine	27,93	36,90
Avoine Kamschatka.	39,55	40,17
Farine d'orge.	64,63	64,18
Orge.	38,62	37,99
Orge Jérusalem.	42,66	42,03
Farine de blé sarrasin.	65,05	—
Blé sarrasin.	43,80	44,45
Farine de maïs.	77,74	—
Maïs.	65,88	66,80
Millet.	55,51	53,76
Riz.	85,78	86,63
Haricots.	37,71	37,79
Pois.	38,81	38,70
Lentilles.	39,62	40,08
Pommes de terre (simplement séchées à l'air). .	23,20	22,80
id.	18,14	17,98
id.	16,48	16,09

§ 952. La forme et la dimension des grains amylacés sont très-variées : tantôt ils sont sphériques, tantôt ovoïdes, tantôt sinueux et contournés en arc de cercle, ou bifurqués irrégulièrement; ils sont composés de couches intimement superposées, distinctes entre elles par leurs densités propres ou par leur mode d'apposition, et constituées par sections méridiennes autour d'un même point de la superficie du globule (point qu'on a nommé l'*ombilic* ou le *hile*), à peu près comme les côtes d'un melon sont disposées autour du pédoncule par lequel leur alimentation s'est opérée. Cette disposition symétrique devient surtout évidente lorsqu'on observe au microscope les grains de fécule de pommes de terre éclairés avec de la lumière polarisée, et qu'on interpose un rhomboïde de spath d'Islande entre l'objet et l'œil : on distingue alors une croix noire dont le centre se confond avec le hile, et qui est analogue à celle que présentent, dans les mêmes circonstances, les lames minces des cristaux à un axe, taillés perpendiculairement à cet axe [1].

La grosseur absolue des grains amylacés varie considérablement suivant les plantes qui les renferment.

Le tableau suivant de M. Payen indique la longueur, en millièmes de millimètre, des grains amylacés d'origine différente [2] :

[1] Biot, *Compt. rend. de l'Acad.*, V, 905; XVIII, 795. *Ann. de Chim. et de Phys.*, XI, 100.

[2] M. Gottlieb (*Ann. der Chem. u. Pharm.*, LXXV, 51) donne le nom de *Paramylon* a de petits grains, semblables à l'amidon de blé et contenus en grande quantité dans une espèce d'infusoires, l'*Euglena viridis*. Ces grains sont blancs, insolubles dans l'eau, in-

Tubercules des grosses pommes de terre de Rohan   185
Racine de Colombo (*Menispermum palmatum*)   180
Rhizômes volumineux du *Canna gigantea*   175
    id.   *id.* du *Canna discolor*.   150
    id.   de *Maranta arundinacea* (arrow-root du commerce).   140
Plusieurs variétés de pommes de terre.   140
Bulbes de lis   115
Tubercules d'*Oxalis crenata*.   100
Tige d'un très-gros *Echinocactus erinaceus* importé.   75
Sagou importé.   70
Graines de grosses fèves.   75
    — de lentilles.   67
    — de haricots.   36
    — de gros pois   50
Fruit du blé blanc.   50
Sagou non altéré (fécule de la moelle fraîche du sagouier)   45
Grandes écailles des bulbes de jacinthe.   45
Tubercules de patates.   45
    — d'*Orchis latifolia* et *bifolia*   45
Fruit du gros maïs (blanc, jaune et violet).   30
Fruit du sorgho rouge   30
Tiges volumineuses de *Cactus peruvianus*   30
Graine de *Naïas major*   30
Tige de *Cactus pereskia grandiflora*.   22,5
Graine d'*Aponogetum distachyum*.   22,5
Tige du *Ginkgo biloba* (*Salisburia adianthifolia*)   22
Tige de *Cactus brasiliensis*.   20
Fruit du *Panicum italicum*.   16
Graines de *Naïas major* à demi développées   16
Pollen du *Globba nutans*.   15
Tige d'*Echinocactus erinaceus* (de serre)   12
Pollen du *Rupia maritima*.   11
Tige d'*Opuntia tuna* et *Ficus indica*.   10
    — d'*Opuntia curassavica*   10
Fruit du gros millet (*Panicum miliaceum*).   10
Tige de cactus (*Mamillaria discolor*).   8
Écorce d'*Aglanthus glandulosa*.   8
Tige de *Cactus serpentinus*.   7,5
Racine de panais.   7,5
Pollen de *Naïas major*.   7,5
Tige de *Cactus monstruosus*.   6,0
Graine de betterave.   4
Graine du *Chenopodium quinoa*.   2

On voit, par le tableau précédent, que les grains de la fécule de
pommes de terre sont des plus gros, tandis que les grains de l'a-
midon de blé ont bien moins d'épaisseur.

solubles dans les acides étendus, et présentent la composition de la matière amylacée.
Chauffés à 200°, ils se transforment en une masse gommeuse, soluble dans l'eau et sans
saveur; traités par l'acide chlorhydrique fumant, ils se convertissent en glucose.

Purifiée par les lavages des substances étrangères, la matière amylacée constitue une poudre très-blanche, qui grince légèrement quand on la presse; elle est sans odeur ni saveur[1], ne s'altère pas à l'air, et présente un poids spécifique de 1,53. Elle se dessèche complétement dans le vide à 100°; mais, à la température ordinaire, elle renferme toujours une certaine quantité d'eau (de 12 à 18 p. c.), mécaniquement interposée entre les granules.

Tant qu'elle conserve son état d'agrégation naturelle, elle est insoluble dans l'eau, l'alcool et l'éther. Lorsqu'on la met en contact avec de l'eau chaude, celle-ci, pénétrant entre les différentes couches dont se composent les granules, la gonfle et produit ainsi une masse gélatineuse connue sous le nom d'*empois*. Si l'on porte à l'ébullition de l'eau dans laquelle on a mis un ou deux centièmes de fécule, les grains amylacés se gonflent et se désagrégent au point qu'ils paraissent se dissoudre dans l'eau; mais, si l'on expose ensuite la liqueur à une température inférieure à zéro, l'eau se congèle et la matière amylacée, reprenant une certaine agrégation, se sépare du liquide sous la forme de petites pellicules.

Les alcalis[2] et les acides dilués produisent déjà à froid le gonflement et la désagrégation partielle de la matière amylacée. Elle peut être entièrement désagrégée et rendue soluble par l'action de l'eau chargée de deux millièmes d'acide oxalique, si l'on élève suffisamment la température du mélange renfermé dans un vase fermé. Le produit de la désagrégation complète de l'amidon a reçu le nom de *dextrine* (§ 953), en raison de l'énergie avec laquelle il dévie vers la droite le plan de polarisation des rayons lumineux.

Cette désagrégation de la matière amylacée s'effectue aussi lorsqu'on l'expose seule à une température d'environ 160°; elle devient ainsi soluble dans l'eau froide. Elle éprouve la même transformation lorsqu'on la met en contact avec certains ferments, tels que la diastase (extrait d'orge germée), ou les liquides de l'économie animale, la bile, l'urine acide, le sperme, le sérum du sang, etc.[3].

---

[1] Selon M. Payen (*Compt. rend. de l'Acad.*, XXIII, 489), les fécules de diverses provenances, de la pomme de terre, des patates, du sagouier, des céréales, doivent à des essences *préexistantes* leur goût spécial, agréable ou répugnant.

[2] M. Mayet propose d'utiliser l'action de la potasse sur les différentes fécules, pour les distinguer entre elles et apprécier les proportions de leurs mélanges. Voy. *Journ. de Pharm.*, [3] XI, 81.

[3] MAGENDIE, *Compt. rend. de l'Acad.*, XXIII, 189.

Par l'action prolongée des acides dilués ou des ferments, elle se convertit en glucose, en s'assimilant les éléments de l'eau.

L'acide acétique au maximum de concentration peut être bouilli avec la matière amylacée, sans qu'il l'altère, mais l'acide acétique étendu d'eau la transforme promptement en dextrine et en glucose.

Broyée avec de l'acide sulfurique concentré, la matière amylacée donne un acide copulé ($ 967); si l'on chauffe le mélange, il se charbonne. Elle se dissout à froid dans l'acide nitrique concentré; l'eau produit dans la solution un précipité d'amidon nitré (xyloïdine, § 966). Lorsqu'on chauffe la matière amylacée avec de l'acide nitrique, elle s'attaque vivement, avec développement de vapeurs nitreuses, et produit de l'acide oxalique.

Lorsqu'on distille la matière amylacée avec de l'acide chlorhydrique et du peroxyde de manganèse, on recueille, entre autres produits, de l'hydrure d'acétyle trichloré (chloral, § 439) et de l'hydrure de propionyle quintichloré (§ 900[a]).

Une solution aqueuse d'iode colore en bleu foncé l'empois d'amidon; cette coloration est l'effet d'une précipitation mécanique de l'iode, et non celui d'une combinaison chimique particulière de l'iode avec l'amidon [1]. On peut décolorer le liquide par l'ébullition, en volatilisant l'iode; toutefois, si l'on ne fait pas bouillir assez longtemps, de manière qu'il reste de l'iode en dissolution dans l'eau, la coloration bleue reparaît en partie par le refroidissement. On peut la faire disparaître aussi par l'alcool, par la potasse, par l'hydrogène sulfuré, et en général par tous les liquides qui dissolvent l'iode.

Lorsqu'on broie la fécule de pommes de terre dans un mortier, avec de l'eau froide, la liqueur filtrée se colore en bleu par l'iode; cette coloration ne s'observe pas si l'on traite de la même manière l'amidon de blé, dont les grains, bien plus ténus que ceux de la fécule, ne s'écrasent pas sous le pilon [2].

La matière amylacée absorbe lentement à froid le fluorure de bore en se liquéfiant, mais sans se colorer.

L'empois d'amidon s'acidifie peu à peu au contact de l'air, en produisant de l'acide lactique ($ 452).

---

[1] *Préparation de l'iodure d'amidon pour les usages pharmaceutiques.* SOUBEIRAN, *Journ. de Pharm.,* [3] XXI, 329.

[2] REDWOOD, *Repert. de Buchner,* [3] XXXIX, 84.

Soumise à la distillation sèche, la matière amylacée donne les mêmes produits que le sucre et le glucose.

L'importance de la matière amylacée se conçoit si l'on considère qu'elle entre dans la composition d'un grand nombre de substances végétales alimentaires, et notamment dans celle de la farine des céréales. L'industrie en tire également des applications utiles : l'apprêt qu'on donne aux toiles de lin, de chanvre et de coton, pour leur communiquer du lustre et une certaine fermeté, est souvent fait avec de l'empois de fécule de pommes de terre ; on s'en sert aussi dans les papeteries pour le collage des papiers. Les confiseurs font usage de l'amidon de blé pour la confection des dragées. Autrefois on consommait beaucoup d'amidon pour poudrer les cheveux.

§ 953. *Dextrine* [1], ou amidon désagrégé, $C^{12}H^{10}O^{10}$. — Lorsqu'on soumet la matière amylacée à l'action d'une chaleur élevée, ou qu'on la fait bouillir avec un acide étendu, elle devient soluble dans l'eau froide, sans changer de composition ; la solution a la propriété de dévier à droite le rayon de lumière polarisée, d'une manière très-énergique ; de là le nom du produit. Si l'on continue l'ébullition de la dextrine avec un acide étendu, elle finit par se convertir entièrement en glucose.

Sous l'influence de la diastase, l'amidon se convertit aussi en dextrine, avant de se transformer en glucose. C'est en partie à la dextrine que la bière doit sa viscosité.

On peut préparer la dextrine en soumettant la fécule à une légère torréfaction : on la place, à cet effet, en couche peu épaisse, dans une chaudière plate à double fond, qui renferme de l'huile, qu'on chauffe de manière à ne pas dépasser la température de 160° ; on enlève la fécule aussitôt qu'elle commence à jaunir. La *léiocome* du commerce n'est autre chose que de la fécule ainsi torréfiée.

M. Payen obtient une dextrine moins colorée en opérant la transformation de la fécule à l'aide de quelques millièmes d'acide nitrique. On imprègne la fécule d'abord d'environ 0,002 d'acide nitrique à 40°, et, afin de répartir uniformément une aussi minime quantité, on l'étend d'eau en proportions telles que la fécule puisse absorber tout le liquide. La masse ainsi imprégnée est ensuite abandonnée en petits blocs dans un séchoir. Après l'avoir égrénée, on la dessè-

[1] BIOT et PERSOZ, *Ann. de Chim. et de Phys.*, LII, 72. — PAYEN, *Ann. de Chim. et de Phys.*, LV, 225.

che d'abord dans une étuve à courant d'air, en élevant par degrés la température jusqu'à 60 ou 80°, et finalement dans une étuve à température constante, chauffée à environ 110°.

L'emploi de la diastase pour la préparation de la dextrine donne un produit moins pur. Voici le procédé généralement suivi : on introduit environ 400 p. d'eau dans une chaudière, chauffée à la vapeur, et, après avoir porté l'eau à 30°, on y délaye 5 p. de malt en poudre (§682), on élève la température de l'eau à 60°, on y ajoute 100 p. de fécule, et l'on brasse bien le mélange ; on fait en sorte que la température se maintienne à 65° ou 70°, et quand, au bout d'une demi-heure, le mélange est devenu fluide et visqueux, on pousse rapidement la température à 100° : ceci a pour effet d'empêcher en grande partie la diastase du malt d'agir ultérieurement sur la dextrine et de la convertir en glucose. Après que la liqueur s'est éclaircie, on la filtre et on la concentre par l'évaporation, en enlevant avec une écumoire les parties parenchymateuses. On dessèche la masse épaisse dans un séchoir. Le produit qu'on obtient ainsi convient aux usages industriels, mais il renferme encore de l'amidon et du glucose : on peut le purifier en en faisant une solution aqueuse très-concentrée, qu'on précipite par l'alcool de 84 centièmes ; la dextrine mélangée d'amidon se précipite alors, tandis que le glucose reste en dissolution. On redissout le précipité dans l'eau froide, on filtre pour séparer l'amidon, et l'on précipite de nouveau la dextrine par l'alcool.

§954. La solution de la dextrine est parfaitement limpide, devient sirupeuse par la concentration, et prend, par la dessiccation, l'aspect de la gomme arabique. Insoluble dans l'alcool absolu, la dextrine se dissout dans l'alcool faible. Le pouvoir rotatoire de la dextrine est fort considérable ; il s'exerce de 138°,68 vers la droite.

L'iode ne la colore pas.

Quand on mélange une solution de dextrine avec un peu de potasse caustique, et qu'on y ajoute goutte à goutte une solution étendue de sulfate de cuivre, le mélange devient d'un bleu foncé, et reste limpide à froid ; mais, si on le chauffe au-dessus de 85°, il ne tarde pas à déposer un précipité rouge et cristallin de protoxyde de cuivre. La gomme arabique ne présente pas cette réaction [1].

La dextrine ne donne pas d'acide mucique lorsqu'on la traite

[1] TROMMER, *Ann. der Chem. u. Pharm.*, XXXIX, 360.

par l'acide nitrique; on n'obtient que de l'acide oxalique, et probablement de l'acide saccharique.

Nous avons déjà dit que les acides dilués convertissent la dextrine en glucose.

La solution de la baryte dans l'esprit de bois aqueux précipite abondamment la dextrine; le précipité est insoluble dans l'esprit de bois, mais soluble dans un excès d'eau, surtout à chaud. Il contient 46, 7 p. c. de baryte (Payen). La chaux précipite aussi la dextrine.

La solution de la dextrine dans l'eau ou dans l'alcool aqueux ne précipite ni l'acétate de plomb neutre, ni le sous-acétate de plomb, mais, par l'addition de l'ammoniaque, on obtient une *combinaison plombique*, sous la forme d'un précipité blanc. Ce précipité contient $C^{12}H^{10}O^{10}$, 2 PbO. Chauffé à 180°, il jaunit, et paraît alors contenir 1 at. d'eau de moins (Payen).

Le chlorure d'étain précipite la dextrine; le sulfate ferrique ne la précipite pas.

La dextrine présente de nombreuses applications. On l'emploie dans diverses préparations alimentaires, notamment pour édulcorer et gommer des tisanes, pour fabriquer des pains de luxe dits de dextrine. Les chirurgiens s'en servent pour confectionner des bandages destinés à maintenir les fractures. Les fabricants de tissus et de papiers s'en servent fréquemment pour les apprêts, les encollages, les applications des mordants, l'impression des couleurs, le collage des papiers à lavis, etc.

§ 955. Dans la fermentation visqueuse des liquides sucrés, on observe toujours la formation d'une matière gommeuse qui présente beaucoup d'analogie avec la dextrine. Ce produit est soluble dans l'eau, incristallisable, insoluble dans l'alcool, qui le précipite de sa solution aqueuse; desséché au bain-marie, il est vitreux, transparent, et ressemble entièrement à la gomme arabique, dont il possède aussi la composition[1]. L'acide nitrique le transforme en acide oxalique.

§ 956. *Inuline*[2] (dahline, alantine, ményanthine, datiscine),

[1] TILLEY et MACLAGAN, *Philos. Magaz.*, janvier 1846, XXVIII, 12.

[2] V. ROSE (1804), *Neues allgem. Journ. d. Chemie v. Gehlen*, III, 217. — GAULTIER DE CLAUBRY, *Ann. de Chimie*, XCIV, 200. — BRACONNOT, *Ann. de Chim. et de Phys.*, III, 278; XXV, 357. — PAYEN, *Journ. de Pharm.*, IX, 383; *Ann. de Chim. et de Phys.*, XXVI, 102. — MULDER, *Bullet. des Scienc. phys. et natur. en Néerlande*, 1838, p. 41, et *Ann. der Chem. u. Pharm.*, XXVIII, 278. — PARNELL, *Ann. der*

$C^{12}H^{10}O^{10}$(?). — La racine d'aunée, les topinambours, les tubercules
de dahlia, les racines de chicorée, de pyrèthre, de colchique, etc.,
renferment une substance presque insoluble dans l'eau froide,
comme l'amidon, mais qui se dissout dans l'eau bouillante sans
donner d'empois ; l'iode ne la colore pas non plus en bleu. Cette
substance a reçu le nom d'*inuline :* elle s'extrait des tubercules des
dahlias ou des autres racines par le même procédé que l'amidon :
les racines étant réduites en pulpe, on les place sur un tamis très-
fin, et l'on y dirige un filet d'eau, tant qu'il passe un liquide laiteux.
L'inuline se dépose alors : on décante l'eau clairé surnageante, on
lave le dépôt plusieurs fois avec de nouvelle eau, et l'on répète
cette opération jusqu'à ce que l'eau, qui nage sur la bouillie, soit
entièrement limpide. Si l'inuline refuse de se déposer, il faut d'a-
bord porter le liquide à l'ébullition pour coaguler les matières
albumineuses[1].

On peut aussi extraire l'inuline des racines sèches en épuisant
celles-ci par l'eau bouillante ; la décoction ayant été passée toute
chaude à travers un linge, on l'évapore à consistance de sirop ; l'i-
nuline se sépare alors par le refroidissement du liquide.

Suivant M. Woskresensky, l'inuline s'altère dans les préparations
précédentes, par l'action simultanée de la chaleur et de l'eau, de
manière qu'on n'obtient pas un produit pur. Ce chimiste propose
en conséquence le mode d'extraction suivant : on fait bouillir de
la racine de chicorée quelque temps avec de l'eau, on filtre la
bouillie chaude, et l'on ajoute de l'acétate de plomb au liquide,
afin de séparer les substances étrangères qui se sont dissoutes en
même temps que l'inuline. Le liquide filtré est dépouillé de l'excès
du sel de plomb à l'aide de l'hydrogène sulfuré, et évaporé rapidement jusqu'à ce qu'une pellicule commence à se former à la surface. L'inuline se dépose alors, par le refroidissement, à l'état pulvérulent; on la redissout dans un peu d'eau, et on l'en précipite par
de l'alcool fort.

L'inuline s'obtient ainsi sous la forme d'une poudre blanche et

---

Chem. u. Pharm., XXXIX, 213. — Croockewit, *ibid.*, XLV, 184. — Woskresensky,
Bulletin de Saint-Pétersbourg, V, n° 3, et *Journ. f. prakt. Chem.*, XXXVII, 309. —
Bouchardat, *Compt. rend. de l'Acad.*, XXV, 274.

[1] Quoique l'eau distillée dissolve à peine à froid 2 p. c. d'inuline de dahlia, le suc
exprimé des tubercules de cette plante en contient en dissolution près de 12 p. c., qui
se déposent en partie après l'expression du suc. Cette transformation de l'inuline soluble
en inuline insoluble s'opère à l'abri du contact de l'air (Bouchardat).

ténue, semblable à l'amidon. Elle est sans saveur, peu soluble dans l'eau froide, fort soluble dans l'eau bouillante; la solution ne donne pas d'empois comme la solution de l'amidon. Elle ne se dissout pas dans l'alcool; ce liquide la précipite de sa solution aqueuse.

Les chimistes ne sont pas d'accord sur la composition de l'inuline, comme on peut le voir par les analyses suivantes[1] :

	Mulder.		Parnell.		Croockewit.		Woskresensky.	
	a	b	c	c	d	e	f	g
Carbone. .	44,1	44,4	43,4	43,5	43,4	43,8	52,4	49,6
Hydrogène.	6,2	6,3	6,3	6,5	6,2	6,2	6,9	6,9
Oxygène. .	49,7	49,3	50,3	50,0	50,4	50,0	40,7	43,5
	100,0	100,0	100,0	100,0	100,0	100,0	100,0	100,0

Les analyses de MM. Mulder, Parnell et Croockewit donnent sensiblement les mêmes rapports que pour l'amidon $C^{12}H^{10}O^{10}$. Les résultats de M. Woskresensky sont bien différents, et semblent indiquer dans l'inuline bien plus de carbone et d'hydrogène qu'il n'en correspond à ces rapports; ce dernier chimiste attribue à une oxydation de l'inuline, sous l'influence de l'eau et de la chaleur, les divergences qu'on remarque entre les nombres obtenus par lui et ceux des autres chimistes, qui, selon lui, auraient analysé de l'inuline sirupeuse déjà modifiée. M. Mulder[2], d'ailleurs, doute lui-même de la possibilité d'isoler l'inuline à l'état de pureté.

En effet, l'eau seule la convertit peu à peu en un sucre incristallisable[3] et fermentescible; cette transformation est complète par une ébullition de quinze heures (Croockewit). L'acide sulfurique dilué et bouillant détermine cette métamorphose plus promptement.

Suivant M. Bouchardat, l'inuline dévie à gauche les rayons de la lumière polarisée; son pouvoir moléculaire rotatoire est de 26°,16. Sous l'influence des acides étendus, la déviation reste vers la gauche

---

[1] a inuline de racine d'aunée, à 120°; b id. de pissenlit, à 120°; c id. de dahlia; d id. de dahlia à 120°—140 °; e id. d'aunée à 130° ; f id. de chicorée à 100°—120°; g id. de pissenlit.

[2] MULDER, *Versuch einer allgem. physiol. Chemie*, p. 230.

[3] Le sucre d'inuline ne paraît pas être identique au glucose.

D'après M. Bouchardat, le sucre d'inuline dévie à gauche les rayons de la lumière polarisée, comme le sucre de canne interverti; mais le pouvoir rotatoire du sucre d'inuline est trois fois au moins plus considérable.

Le sucre d'inuline amené au bain-marie à l'état solide, sans qu'il ait cristallisé, étant redissous dans l'eau, exerce la rotation vers la gauche, comme avant sa solidification.

Le pouvoir rotatoire du sucre d'inuline décroît comme celui du sucre de canne interverti, lorsqu'on élève la température de la dissolution qui le contient; mais la loi de la décroissance n'est pas la même pour les deux sucres.

en augmentant d'intensité. La diastase ne modifie pas le pouvoir rotatoire de l'inuline.

Chauffée à l'état sec au-dessus de 100°, l'inuline fond et se transforme en une masse douceâtre et poisseuse, fort soluble dans l'eau froide (*pyro-inuline*); à la distillation sèche, on obtient de l'acide acétique coloré en brun, mais sans matière huileuse. Lorsqu'on la jette sur du charbon rouge, elle répand l'odeur du sucre brûlé.

La potasse dissout à froid l'inuline; les acides l'en reprécipitent. L'eau de baryte et le chlorure de baryum additionné de potasse caustique précipitent en blanc la solution de l'inuline.

L'eau de chaux, le chlorure d'étain, l'acétate de plomb, le tannin, les sels mercureux et les sels d'argent ne la précipitent pas; mais on obtient un précipité volumineux lorsque, après avoir mélangé la solution de l'inuline avec de l'acétate ou avec du sous-acétate de plomb, on y ajoute de l'ammoniaque.

L'inuline possède à un haut degré la propriété de réduire, à chaud et en présence de l'ammoniaque, certaines solutions métalliques, par exemple, les sels de cuivre et les sels d'argent; il se produit alors de l'acide formique. Cette propriété réductrice s'étend même aux sels de plomb (Croockewit).

L'acide nitrique concentré dissout l'inuline; l'eau ne précipite pas de xyloïdine de la dissolution. Si l'on chauffe la solution nitrique, on obtient de l'acide oxalique, sans acide mucique.

L'iode ne communique à l'inuline qu'une teinte brune fugitive. Le chlore ne précipite pas sa solution aqueuse.

Les *précipités plombiques* donnent, à l'analyse, des quantités très-variables d'oxyde de plomb (51,23—62,43, Parnell; 53,07 —57,87—43,92—62,14, Croockewit).

§ 957. *Lichénine*[1], $C^{12}H^{10}O^{10}$. — Plusieurs espèces de mousses et de lichens contiennent une substance qui présente la même composition que l'amidon, mais dont les caractères physiques ne sont pas tout à fait les mêmes.

On extrait cette substance du lichen d'Islande par le procédé suivant : on met le lichen bien divisé en macération, pendant 24 heures, avec une grande quantité d'eau froide, additionnée d'un peu de carbonate de soude, et l'on continue ce traitement jusqu'à ce

---

[1] PROUST, *Journ. de Phys., de Chimie, etc.*, LXIII, 81. — BERZÉLIUS, *Journ. f. Chem. u. Physik. v. Schweigger*, VII, 336. — GUÉRIN VARRY, *Ann. de Chim. et de Phys.*, LVI, 247. — MULDER, *Bulletin de Néerlande*, 1838, p. 40, et *Ann. der Chem. u. Pharm.*, XXVIII, 279.

que la liqueur n'offre plus de saveur amère. Ensuite, on fait bouillir
le lichen avec de l'eau, et l'on passe la décoction bouillante à travers un linge ; la liqueur filtrée se prend alors, par le refroidissement, en une espèce de gelée. Celle-ci donne, par la dessiccation,
une matière dure et cassante, qui se dissout de nouveau dans l'eau
bouillante et se dépose à l'état de gelée. Elle est sans saveur, d'une
légère odeur qui rappelle celle des lichens, insoluble dans l'alcool
et l'éther, peu soluble dans l'eau froide ; si on la dissout dans l'eau
bouillante, et que l'on concentre la liqueur par l'évaporation, la lichénine forme une pellicule rugueuse à la surface du liquide.

Par une ébullition longtemps prolongée, la solution de la lichénine perd la propriété de se prendre en gelée par le refroidissement ; elle est alors convertie en une matière gommeuse (dextrine?).
Les acides dilués dissolvent la lichénine et la transforment par
l'ébullition en glucose.

L'acide nitrique étendu la convertit à chaud en acide oxalique.

La solution d'iode ne communique à la lichénine pure qu'une
coloration jaunâtre.

§ 958. Gommes et mucilages, $C^{12}H^{10}O^{10}$. — Ces substances[1],
très-abondantes dans le règne végétal, ont la propriété de former
avec l'eau un liquide épais, mucilagineux, et d'être insolubles dans
l'alcool : elles sont constituées en plus grande partie par un principe
isomère de la matière amylacée et de la cellulose, et susceptible,
comme ces corps, de se transformer en glucose sous l'influence des
acides dilués.

On distingue généralement les gommes en deux espèces : en
gommes proprement dites, qui se dissolvent dans l'eau, à froid ou
à chaud, et en *mucilages* qui ne font que se gonfler dans l'eau
bouillante. Les deux espèces de matières gommeuses donnent de
l'acide mucique et de l'acide oxalique, sous l'influence de l'acide
nitrique.

La gomme artificielle (*dextrine*, § 958) qu'on obtient par la torréfaction de l'amidon ou par l'action des acides sur ce corps, se
distingue des gommes naturelles en ce qu'elle agit différemment sur
le plan de polarisation de la lumière, et qu'elle ne donne pas d'acide
mucique.

[1] Vauquelin, *Ann. de Chimie*, VI, 178 ; LIV, 312 ; LXXX, 314. *Bullet. de Pharm.*,
III, 49. — Berzélius, *Ann. de Chimie*, XCV, 77. — Guérin, *Ann. de Chim. et de
Phys.*, XLIX, 248. — Mulder, *Journ. f. prakt. Chem.*, XVI, 244.

Presque toutes les plantes donnent de la gomme, lorsqu'on les traite par l'eau, qu'on évapore la solution jusqu'à consistance de sirop un peu épais, et qu'on mêle la liqueur avec de l'alcool qui précipite la gomme; ainsi obtenue, cette substance est toujours mélangée de matières étrangères, insolubles dans l'alcool.[1]

La gomme la plus pure est connue sous le nom de *gomme arabique;* elle est fournie par le suc qui découle naturellement de plusieurs espèces d'*Acacia.* Elle se dissout aisément dans l'eau; la solution devient sirupeuse par la concentration; l'alcool absolu la précipite en flocons blancs et caillebottés. Ce produit, que l'on considère comme de la gomme pure, a reçu le nom d'*arabine.* Cependant il renferme toujours de petites quantités de matières minérales qui restent comme cendres quand on le brûle. Pour avoir de la gomme qui ne donne plus de cendres, il faut la précipiter par le sous-acétate de plomb, et décomposer le gommate de plomb par l'hydrogène sulfuré.

La gomme pure ne peut pas être obtenue à l'état cristallisé; elle est incolore, insipide et transparente. Sa pesanteur spécifique est d'environ 1,3. Lorsqu'on la chauffe vers 200°, elle se détruit, en donnant une eau acide, de l'huile empyreumatique, du gaz acide carbonique, du carbure d'hydrogène et un charbon spongieux. Suivant M. Mulder, la gomme commencerait déjà à s'altérer à 135°.

L'eau dissout lentement la gomme, mais complétement, en toutes proportions, et plus promptement à chaud qu'à froid. La dissolution est mucilagineuse, gluante, sans odeur ni saveur; sa viscosité empêche des corps très-divisés de s'y déposer; c'est pour cela qu'on ajoute de la gomme à l'encre, dans laquelle elle tient le gallate de fer en suspension. Si l'on dissout un sel métallique, par exemple, de l'acétate de plomb dans la solution de gomme, et qu'on précipite le sel par l'hydrogène sulfuré, le sulfure de plomb ne se dépose pas. La gomme empêche aussi le sucre et les sels très-solubles de cristalliser.

Abandonnée à elle-même, la solution de gomme devient peu à peu acide. Desséchée à l'air, elle peut retenir jusqu'à 17 p. c. d'eau, qu'on peut expulser au bain-marie (Berzélius).

La gomme n'est dissoute ni par l'alcool ni par l'éther; l'alcool la précipite de ses dissolutions, quoique incomplétement; aussi le liquide précipité conserve longtemps un aspect laiteux.

Séchée à 130°, la gomme présente la composition de l'amidon, ainsi qu'on peut le voir par les analyses suivantes de M. Mulder :

	Gomme arabique.	Gomme du Sénégal.	Gomme de Java.	Calcul.
Carbone. . . .	44,6	44,4	44,7	44,44
Hydrogène. .	6,1	6,1	6,1	6,17
Oxygène. . .	49,3	49,5	49,2	49,39
	100,0	100,0	100,0	100,00

D'après des analyses plus anciennes de MM. Gay-Lussac et Thénard, Gœbel et Berzélius, la gomme séchée à 100° renfermerait encore 1 at. d'eau.

La solution aqueuse de la gomme possède à un haut degré la propriété de dévier à gauche les rayons de lumière polarisée ; si on la fait bouillir avec de l'acide sulfurique étendu, elle se transforme d'abord en dextrine qui produit le même effet vers la droite, et finalement en glucose[1].

Lorsqu'on triture la gomme avec de l'acide sulfurique concentré, il se produit une masse peu colorée qui brunit au bout de quelque temps ; si l'on ajoute de l'eau au mélange, et qu'on sature l'acide par de la craie, on y trouve également de la dextrine. Si l'on chauffe le mélange de gomme et d'acide sulfurique concentré, il noircit en dégageant de l'acide sulfureux.

La gomme en poudre absorbe le gaz chlorhydrique, en produisant une masse noire et molle.

L'acide nitrique attaque à chaud la gomme en produisant de l'acide mucique et de l'acide oxalique ; il paraît se produire, en outre, un acide cristallisable qui n'a pas été examiné. Un mélange d'acide nitrique et d'acide sulfurique concentré transforme la gomme en une substance nitrée, analogue aux produits explosifs, qu'on obtient avec la cellulose et la matière amylacée[2].

Le chlore paraît aussi produire un acide particulier[3], lorsqu'on le fait passer pendant longtemps dans une solution de gomme ; si l'on sature par la craie la liqueur ainsi traitée, que l'on concentre la solution filtrée, et qu'on la précipite par l'alcool, il se sépare un sel de chaux visqueux, qu'on peut redissoudre dans l'eau. Si l'on traite par un excès de chaux la solution aqueuse de ce sel, on obtient une combinaison insoluble, qui, décomposée par l'acide sul-

---

[1] BIOT et PERSOZ, *Ann. de Chim. et de Phys.*, LII, 72.

[2] SVANBERG, *Pharmaceut. Centralblatt,* 1848, p. 702. — REINSCH, *Jahrb. f. prakt. Pharm.*, XVIII, 102.

[3] SIMONIN, *Ann. de Chim. et de Phys.*, L, 319.

furique, donne un acide incristallisable, déliquescent, peu soluble dans l'alcool, et formant des sels amorphes avec toutes les bases.

L'iode ne présente pas de réaction caractéristique avec la gomme.

La gomme absorbe lentement à froid le fluorure de bore en se liquéfiant, mais sans se colorer.

La potasse caustique coagule la solution de la gomme; mais un excès de réactif rend la liqueur limpide. Lorsqu'on fait fondre la gomme avec de l'hydrate de potasse, la réaction est la même qu'avec le sucre : il se dégage de l'hydrogène, et le résidu se compose alors d'un mélange de formiate, d'acétate et de propionate de potasse (Gottlieb).

Distillée avec de la chaux, la gomme donne de la métacétone et beaucoup d'acétone[1].

§ 959. Plusieurs *oxydes* se combinent avec la gomme.

La *combinaison potassique* s'obtient en ajoutant de l'alcool au mélange de potasse et de gomme; on obtient ainsi un précipité caillebotté qui, à l'état sec, se réduit aisément en poudre, et se dissout facilement dans l'eau.

Les combinaisons de la gomme avec les autres alcalis et avec les terres, sont solubles dans l'eau, et peuvent être précipitées par l'alcool.

La *combinaison cuivrique* est également soluble. Si l'on ajoute quelques gouttes de sulfate de cuivre à la solution de gomme mélangée de potasse, il se produit un précipité bleu qui ressemble entièrement à l'hydrate de cuivre; mais ce précipité, insoluble dans la solution, se dissout dans l'eau pure, et la solution peut être bouillie sans déposer de protoxyde de cuivre rouge. Cette réaction établit une distinction bien tranchée entre l'arabine et la dextrine[2].

La *combinaison plombique* s'obtient lorsqu'on mélange une solution de gomme avec une solution de sous-acétate ou de sous-nitrate de plomb, ou bien qu'on verse du nitrate de plomb dans une solution de gomme additionnée d'ammoniaque; il se produit ainsi un précipité caillebotté, insoluble dans l'eau, et contenant 38,25 d'oxyde de plomb, suivant Berzélius ($C^{12}H^{10}O^{10}$,PbO + aq.).

[1] Frémy, *Ann. de Chim. et de Phys.*, LIX, 5.
[2] Trommer, *Ann. der Chem. u. Pharm.*, XXXIX, 360.

Le même composé se produit lorsqu'on met du massicot en digestion avec une solution de gomme.

Le précipité[1] occasionné par les sous-sels de plomb se dissout dans un excès de solution de gomme ; l'acide carbonique de l'air précipite la liqueur.

§ 960. Voici les principales gommes du commerce :

α. *Gomme arabique.* Cette gomme, qui découle naturellement de plusieurs espèces d'*Acacia* (*A. vera, A. arabica,* etc.), nous venait autrefois d'Arabie et d'Égypte, mais depuis fort longtemps on la tire en grande partie du Sénégal, qui en fait un commerce considérable.

La gomme arabique vraie est blanche ou rousse, en petites larmes transparentes qui se fendillent en tous sens à l'air, se divisent aisément en petits fragments, et se dissolvent dans l'eau facilement et d'une manière complète. Traitée à plusieurs reprises par l'alcool concentré et bouillant, elle lui cède un sel de chaux organique (malate?), des chlorures de calcium et de potassium, de l'acétate de potasse et une matière semblable à la cire (chlorophylle). Mais l'alcool ne sépare pas toutes les matières étrangères, car, dans les cendres (2 à 3 p. c.) des gommes en général, on trouve aussi un peu de silice, du fer et du phosphate de chaux.

La gomme arabique présente de nombreuses applications dans les arts et en médecine. On en consomme des quantités considérables pour la fabrication de l'encre et du cirage, le gommage des toiles, le lustrage des tissus et des rubans, l'épaississage des couleurs et des mordants dans les fabriques d'indiennes, etc. Les médecins la prescrivent comme adoucissants sous forme de sirops et de pâtes.

β. *Gomme du pays.* Elle suinte spontanément, dans nos pays, de plusieurs arbres, appartenant à la famille des rosacées, tels que les cerisiers, les pruniers, les abricotiers. Liquide d'abord et incolore, elle se colore et durcit en se desséchant à l'air. On la rencontre, dans le commerce, sous la forme de gros morceaux agglutinés, luisants, transparents, rouges, et souvent salis par des impuretés. Elle n'est qu'imparfaitement soluble dans l'eau, avec laquelle elle forme un mucilage épais ; la partie soluble présente les caractères de l'arabine, la partie qui ne fait que se gonfler dans

---

[1] FREIDANK, *Ann. der Chem. u. Pharm.,* XX, 197. — Suivant M. Mulder, le précipité plombique séché à 130° renferme de l'oxyde de plomb combiné avec $C^{12}H^{10}O^{10}$.

l'eau est appelée *cérasine* par M. Guérin. Suivant ce chimiste, cette cérasine qui constitue environ les 35 centièmes de la gomme de cerisier, aurait la propriété de se convertir en arabine par une ébullition prolongée dans l'eau ; mais M. Guibourt n'est pas parvenu à la dissoudre ainsi [1].

Les chapeliers utilisent les gommes du pays pour l'apprêt du feutre.

γ. *Gomme de Bassora.* Cette gomme, qui paraît provenir d'une espèce de cactus, est blanche ou couleur de miel, comme farineuse et argentée à sa surface, en morceaux plutôt plats et allongés qu'arrondis ; elle est insipide, et se divise sous la dent en produisant une espèce de cri. Mise dans l'eau, elle se gonfle considérablement, et se convertit en une gelée transparente dont les parties n'ont aucune liaison entre elles ; par l'addition d'une plus grande quantité d'eau, les parties gélatineuses se séparent et se suspendent dans le liquide par l'agitation. L'eau n'en extrait qu'environ 1 p. c. d'arabine. On a donné le nom de *bassorine* aux parties insolubles dans l'eau.

La potasse et les acides faibles dissolvent ces dernières à chaud.

δ. *Gomme adragante.* Elle exsude, principalement dans l'Asie mineure, en Arménie et dans les provinces septentrionales de la Perse, d'une espèce d'astragale, décrite par Olivier, sous le nom d'*Astragalus verus.* Elle se présente en lanières ou en filets minces, contournés ou vermiculés ; elle est blanche ou jaune, et opaque ; peu soluble dans l'eau, elle s'y gonfle considérablement, en donnant un mucilage tenace et fort épais. L'eau froide dissout environ la moitié du poids de la gomme adragante ; la solution précipite par le sous-acétate de plomb, et présente les caractères de l'arabine ; la partie insoluble bleuit par l'iode, et contient des grains d'amidon.

Les acides sulfurique, chlorhydrique et oxalique étendus, maintenus en digestion, à 90° ou 100°, avec la gomme adragante, la dissolvent presque entièrement : la liqueur filtrée précipite par l'alcool des flocons d'arabine, tandis que beaucoup de glucose reste en dissolution. Une ébullition prolongée dans une grande quantité d'eau dissout aussi presque entièrement la gomme adragante.

Les pharmaciens emploient la gomme adragante pour la confection de mucilages qui servent à lier les pâtes destinées à la prépa-

---

[1] Guibourt, *Hist. natur. des drogues simples*, III, 294.

ration des pastilles et des tablettes, et à tenir en suspension dans
l'eau les matières huileuses employées à la composition des loochs.

§ 961. Plusieurs graines, telles que celles de lin, de coings, etc.,
donnent par l'eau chaude un mucilage épais qui n'est autre chose
qu'un tissu de cellules emprisonnant une matière soluble, et gon-
flées par l'absorption de l'eau. Lorsqu'on met cette gelée en digestion avec de l'acide sulfurique étendu, à la température de 80°
ou 100°, le tout s'y dissout, et l'on obtient du glucose [1]. Le mucilage est donc une matière quasi-organisée comme l'amidon ; il
donne toujours des cendres, comme les gommes, et même en plus
forte proportion.

Pour obtenir la partie soluble du mucilage, on agite la graine
de lin à froid avec de l'eau distillée ; on filtre et l'on chauffe à l'é-
bullition pour coaguler l'albumine ; puis on concentre et l'on précipite par l'alcool. Afin d'enlever autant que possible les parties
minérales, qu'on ne parvient pas d'ailleurs à enlever d'une manière complète, il est bon d'employer de l'eau acidulée pour
l'extraction du mucilage.

Voici les analyses qui en établissent la composition :

	Schmidt.		
	De graine de lin.	De pepins de coings.	Calcul.
Carbone. . . .	44,6	44,9	44,4
Hydrogène. . .	6,3	6,2	6,2
Oxygène. . . .	49,1	48,9	49,4
	100,0	100,0	100,0

Les mucilages ont donc la même composition que les gommes.

Ils sont moins transparents et moins cassants que la gomme ordinaire ; ils sont également solubles dans l'eau froide, mais leur
solution est moins claire et moins filante. 1 p. de pepins de coings
rend sirupeuses 48 p. d'eau. Cette solution est quelquefois précipitée par des acides et par des sels qui n'occasionnent aucun changement dans la solution de gomme.

Les cendres que donnent les mucilages se composent de carbonate et de phosphate de chaux ; quelquefois elles contiennent
aussi de la magnésie, de la potasse et du fer.

L'acide nitrique transforme les mucilages en acide oxalique et

[1] Schmidt, *Ann. der Chem. u. Pharm.*, LI, 29. — Mulder, *Journ. f. prakt.
Chem.*, XXXVII, 334. — M. Mulder avait confondu antérieurement les mucilages avec
la pectine.

en acide mucique. Nous avons déjà dit que l'acide sulfurique étendu les convertit en glucose.

Le mucilage de certaines malvacées et borraginées n'est, suivant M. Schmidt, qu'une agglomération de granules de matière amylacée.

Dérivés nitriques de la cellulose et de la matière amylacée.

§ 962. *Fulmicoton.* — Lorsqu'on traite la cellulose par de l'acide nitrique concentré, on obtient des substances remarquables par la propriété qu'elles possèdent de faire explosion quand on les chauffe ou qu'on les touche avec un corps incandescent. Ces substances peuvent se préparer avec le coton, le papier, et, en général, avec la plupart des matières ligneuses : elles sont connues sous les noms de *pyroxyle, pyroxyline, poudre-coton, coton-poudre, fulmicoton,* etc.

La composition de ces produits explosifs varie, dans certaines limites, suivant les conditions dans lesquelles ils ont été préparés ; il est même assez difficile de les obtenir d'une composition constante. Toutefois, comme ils s'obtiennent sans qu'il se dégage aucun gaz dans la réaction, on peut affirmer qu'ils renferment les éléments de la cellulose, plus deux ou trois fois les éléments de l'acide nitrique, moins les éléments de l'eau ; on peut donc les représenter par de la cellulose dans laquelle 2 ou 3 atomes d'hydrogène sont remplacés par leur équivalent de vapeur nitreuse NO^4. Les analyses suivantes[1] viennent à l'appui de cette composition :

[1] FLORES DOMONTE et MÉNARD, *Recueil des trav. de la Société d'émulat. pour les sciences pharm.,* avril 1847, p. 104. *Compt. rend. de l'Acad.,* XXIII, 1087. — BÉCHAMP, *Ann. de Chim. et de Phys.,* [3] XXXVII, 207. — GLADSTONE, *Philos. Magaz.,* 1847. — VANKERCKHOFF et REUTER, *Journ. f. prakt. Chem.,* XL, 272. — SCHMIDT et HECKER, *ibid.,* XL, 258. — PELOUZE, *Compt. rend. de l'Acad.,* XXIII, 892. — PÉLIGOT, *ibid.,* XXIII, 1085 ; XXIV, 2. — W. CRUM, *Ann. der Chem. u. Pharm.,* LXII, 240.

L'analyse de MM. Flores Domonte et Ménard a été faite sur du fulmicoton, purifié par l'éther des parties solubles. Les analyses de M. Béchamp portent sur du fulmicoton entièrement soluble dans l'éther (collodion), et séché à 100°.

$C^{12}H^8(NO^4)^2O^{10}$, cellulose binitrée.

	Domonte et Ménard.	Béchamp.		Calcul.
Carbone. . .	28,5	28,5	27,9	28,6
Hydrogène. .	3,5	3,5	3,5	3,2
Azote. . . .	11,6	10,5	11,1	11,1
Oxygène. . .	»	»	»	47,1
				100,0

$C^{12}H^7(NO^4)^3O^{10}$, cellulose trinitrée.

	Gladstone.		Vankerckhoff et Reuter.		Schmidt et Hecker.		Pelouze.		Calcul.
Carbone. . .	26,1	27,9	21,6	25,0	24,8	26,1	25,2	25,8	24,1
Hydrogène. .	3,2	3,3	2,5	2,6	2,7	2,9	2,9	3,2	2,3
Azote. . . .	13,1	14,1	13,8	14,3	12,3	13,5	12,6	13,0	14,1
Oxygène. . .	»	»	»	»	»	»	»	»	59, 5
									100,0

Plusieurs d'entre les analyses précédentes semblent avoir été faites sur des mélanges. Il est possible aussi, comme les acides transforment la cellulose en glucose, que l'acide nitrique commence dans certains cas, par opérer cette transformation avant de produire le composé explosif. Voici, en effet, deux analyses de fulmicoton qui semblent conduire à la composition du glucose binitré, $C^{12}H^{10}(NO^4)^2O^{12}$:

	Péligot.		Calcul.
Carbone. . .	22,3	23,3	22,8
Hydrogène. .	2,6	2,9	2,8
Azote. . . .	»	»	13,6
Oxygène. . .	»	»	6o,8
			100,0

Non-seulement le fulmicoton présente de semblables différences dans sa composition, mais ses propriétés sont aussi sujettes à varier : en effet, suivant la manière dont il a été préparé, il est tantôt soluble, tantôt insoluble dans l'éther alcoolisé. Ces différences de solubilité tiennent à des différences moléculaires qui n'ont pas encore été éclaircies ; elles ne paraissent pas dépendre de la composition de ces produits, car, dans les analyses citées précédemment, on remarque un accord satisfaisant entre les résultats de MM. Domonte et Ménard, et ceux de M. Béchamp, bien qu'ils aient été obtenus avec les deux modifications différentes.

§ 963. Ainsi que nous l'avons dit, les substances ligneuses explosives peuvent se préparer avec du coton, de la toile, du papier, etc. Il suffit, par exemple, de plonger du coton, pendant 12 à 15 minutes, dans de l'acide nitrique monohydraté : la matière ne semble pas changer de nature, mais si, après l'avoir extraite de la liqueur acide, on la lave à grande eau et qu'on la sèche avec précaution, on obtient un produit ayant conservé tout l'aspect du coton, et qui fait subitement explosion par l'approche d'un charbon allumé.

On a proposé une foule de recettes pour la préparation[1] d'un semblable coton fulminant : l'emploi d'un mélange de parties égales d'acide sulfurique concentré et d'acide nitrique fumant a surtout été reconnu avantageux : on plonge le coton dans ce mélange pendant quelques minutes, puis on le lave immédiatement à l'eau froide, et on le dessèche dans une étuve à une température qui n'atteigne pas 100 degrés. La liqueur nitrique peut servir à plusieurs préparations, mais il faut y ajouter de temps à autre de l'acide sulfurique concentré, parce que la réaction produit toujours de l'eau qui affaiblit peu à peu le mélange.

Un procédé encore plus avantageux consiste à tremper le coton dans un bouillie claire, faite avec du nitre en poudre et de l'acide sulfurique concentré.

Si, dans cette opération, la cellulose passe entièrement à l'état de cellulose trinitrée, 100 p. de coton doivent produire 185 p. de coton fulminant; si elle se transforme en cellulose binitrée, 100 p. de coton doivent produire 155 p. de coton fulminant. L'expérience donne un chiffre intermédiaire; en effet, 100 p. de coton ont fourni à

MM. Pelouze (dans 10 expériences) de 168 à 170 p. de fulmicoton.

> Schmidt et Hecker. . . . . . . 169 »   »
> Vankerckhoff et Reuter. . . . . 176,2 »   »
> W. Crum. . . . . 178 »   »

Le fulmicoton est insoluble dans l'eau, l'alcool et l'acide acétique; il ne se dissout pas non plus à froid dans un excès, même considérable, d'acide nitrique (Pelouze); mais il se dissout dans l'acide nitrique monohydraté à l'aide d'une chaleur de 80 à 90°. La solution nitrique précipite, par l'acide sulfurique concen-

<hr>

[1] Voy. sur la préparation et sur les propriétés du fulmicoton, outre les auteurs cités p. 504 : SCHOENBEIN, *Compt. rend. de l'Acad.*, XXIII, 612, 678. — OTTO, KNOP, BLEY, *ibid.*, 807. — GAUDIN, *ibid.*, 980. — PAYEN, *ibid.*, 999; XXIV, 85. — SALMON, *ibid.*, XXIII, 1117. — VRIJ, *ibid.*, XXIV, 19. — BONJEAN, *ibid.*, 22, 190.

tré, des flocons blancs de fulmicoton non altéré ; l'eau précipite, de la solution nitrique, un corps blanc floconneux, d'une saveur amère, soluble dans l'alcool, ainsi que dans une grande quantité d'eau (De Vry).

Suivant les observations de M. Béchamp[1], on peut régénérer le coton par le fulmicoton : lorsqu'on fait agir, à la température de l'eau bouillante, une dissolution concentrée de protochlorure de fer sur le fulmicoton, on voit le sel de fer se foncer en couleur, et bientôt on peut recueillir du bioxyde d'azote pur ; si l'on arrête l'opération dès que le dégagement de gaz a cessé, on peut retirer du ballon des fibres de coton imprégnées de peroxyde de fer.

L'acide sulfurique concentré dissout aussi le fulmicoton, mais plus difficilement que le coton ; si l'on chauffe la solution à 100°, elle brunit et dégage du gaz.

Récemment préparé et encore humide, le fulmicoton ne se dissout que lentement, à la température ordinaire, dans une lessive de potasse moyennement concentrée ; la dissolution s'opère plus rapidement à 60°. Si l'on sursature légèrement la solution par l'acide acétique, elle dégage du bioxyde d'azote ; le sulfate ferreux lui communique une coloration foncée. L'acétate de plomb produit un précipité jaunâtre dans la liqueur saturée par l'acide acétique ; si l'on sépare ce précipité à l'aide d'un filtre, la liqueur filtrée donne un nouveau précipité par le sous-acétate de plomb. Ce dernier précipité, décomposé par l'hydrogène sulfuré, donne une solution qui présente les réactions de l'acide tartrique[2] (Vankerckhoff).

Le fulmicoton pur absorbe légèrement le fluorure de bore sans se colorer ni perdre la propriété de fulminer. Lorsqu'il est mêlé d'un peu de coton ordinaire, ajouté directement ou provenant d'une réaction incomplète de l'acide nitrique, il détone aussitôt dans l'éprouvette même où il rencontre le gaz fluoborique[3].

§ 964. La chaleur détermine l'explosion du fulmicoton, sou-

---

[1] Béchamp, *Compt. rend. de l'Acad.*, XXXVII, 134.

[2] Il y aurait de l'intérêt à vérifier par de nouvelles expériences l'assertion de M. Vankerckhoff. Suivant ce chimiste, la liqueur acide, évaporée au bain-marie, laissa un sirop qui se boursoufla peu à peu, et donna une masse spongieuse et colorée, soluble dans l'eau et l'alcool. Ce produit contenait : $C^8H^5O^{11}$ (c'est de l'acide tartrique hydraté moins HO). Le précipité obtenu avec le sous-acétate de plomb renfermait 3 ($C^8H^4O^{10}$, 2 PbO) $+$ 8 PbO. M. Vankerckhof a trouvé $C^4H^3O^4$, PbO, dans le précipité qui s'était formé, par l'acétate de plomb, dans la solution potassique saturée par l'acide acétique.

[3] Berthelot, *Ann. de Chim. et de Phys.*, [3] XXXVIII, 58.

vent déjà à une température qui n'atteint pas 100 degrés, lorsque la matière est exposée à un courant d'air ; la déflagration se manifeste, par exemple, si on tient le fulmicoton au-dessus de charbons incandescents à une distance telle que la main supporte très-facilement la température du courant d'air. L'explosion est beaucoup retardée, et peut même n'avoir lieu que vers 180°, si l'on chauffe le fulmicoton dans des espaces clos.

Le mélange gazeux qui se produit par l'explosion du coton fulminant se compose d'oxyde de carbone, d'acide carbonique, de bioxyde d'azote, d'azote et de vapeur d'eau. 1 gramme de fulmicoton, séché entre 90 et 100°, a donné, à MM. Schmidt et Hecker, 588 centimètres cubes d'un mélange gazeux (à 0° et 760^{mm}), contenant en 100 parties :

Acide carbonique.	20,8
Bioxyde d'azote.	17,2
Oxyde de carbone.	37,6
Azote.	4,0
Gaz inflammable.	4,6
Vapeur d'eau.	15,8
	100,0

On a également observé, dans l'explosion du fulmicoton, la formation d'une petite quantité d'un composé cyanique, précipitant le nitrate d'argent[1].

La température à laquelle le fulmicoton a été séché n'est pas sans influence sur la composition des gaz produits par l'explosion. Si, après l'avoir séché dans le vide, on le maintient à 100°, il éprouve peu à peu une perte de poids qui, au bout de 12 heures, peut s'élever à plus de 20 p. c. Cette décomposition s'établit déjà à une température inférieure à 100° dans le fulmicoton incomplétement desséché dans le vide. Lorsqu'on le chauffe à 100°, au contact de l'air humide, il dégage des vapeurs d'acide nitrique, et peut perdre ainsi près de 30 p. c. de son poids (Vankerckhoff et Reuter).

M. Schoenbein a proposé de substituer le coton fulminant à la poudre à canon pour l'explosion des armes à feu[2] ; mais de nombreuses expériences faites à cet égard dans différents pays démon-

---

[1] FORDOS et GÉLIS, *Compt. rend. de l'Acad.*, XXIII, 982.

[2] Voy. sur les effets balistiques du fulmicoton : Expériences faites à la direction des poudres et salpêtres de Paris, *Compt. rend. de l'Acad.*, XXIII, 874. — MORIN, *ibid.*, 862 (papier fulminant). — PIOBERT, *ibid.*, 903, 1001. — SÉGUIER, *ibid.*, 906. — COMBES et FLANDIN, *ibid*, 940, 1090.

trent que cette substitution n'offre pas les avantages qu'elle semblait promettre. En effet, si, comme on s'en est assuré, le coton fulminant, employé dans les fusils, donne à la balle la même vitesse initiale qu'un poids de poudre quatre fois plus considérable; s'il ne s'altère pas par l'humidité et qu'il n'encrasse pas les armes comme la poudre à tirer ordinaire, il présente, d'un autre côté, l'inconvénient grave de produire sur les armes des effets brisants, à cause de l'instantanéité de la formation des gaz auxquels il donne lieu en brûlant. Ajoutons à cela que le fulmicoton produit, par l'explosion, une grande quantité de vapeur d'eau, qui est plus gênante pour le tir que la crasse; qu'il coûte plus cher à fabriquer, et que sa fabrication en grand expose à des accidents plus difficiles à prévenir que ceux que peut occasionner la préparation de la poudre à canon.

§ 965. La partie du fulmicoton, soluble dans l'éther alcoolisé, a trouvé plusieurs applications importantes, notamment en chirurgie et en photographie. La solution de cette substance est connue sous le nom de *collodion*[1]; lorsqu'on l'expose à l'air, l'éther qu'elle renferme s'évapore très-rapidement et abandonne la matière solide sous la forme d'un vernis fort ténu, très-adhérent, imperméable à l'eau, et fort électrique. Une bandelette trempée dans le collodion et appliquée sur la peau, sèche très-rapidement, adhère assez pour supporter un poids considérable, et résiste à l'action de l'eau et des humeurs.

M. Legray obtient par le procédé suivant un fulmicoton qui se dissout parfaitement dans l'éther. On met dans un grand verre à expérience ou dans une capsule 80 grammes de nitrate de potasse en poudre, et l'on verse dessus 120 gr. d'acide sulfurique pur (SO^3,HO); on remue bien le mélange, et l'on y ajoute 4 grammes de coton qu'on remue en tous sens avec un agitateur pendant dix minutes; un plus long séjour du coton dans le mélange acide-nuirait à la préparation. On lave immédiatement le produit à grande eau. Le fulmicoton qu'on prépare ainsi donne d'excellent collodion photographique.

M. Mann[2] insiste sur la nécessité de bien observer, dans la préparation du collodion, la concentration de l'acide qu'il s'agit d'em-

---

[1] Voy. sur le collodion : SOUBEIRAN, *Journ. de Pharm.*, [3] XIV, 263. — SOURISSEAU, *ibid.*, 417.

[2] MANN, *Journ. f. prakt. Chem.*, LIX, 141.

ployer. Un acide sulfurique d'une densité de 1,830 à 1,835 à 15 (contenant 94 p. c. de monohydrate) convient le mieux à la décomposition du nitrate de potasse. On met 20 p. de ce sel en poudre dans un verre à pied, et on l'arrose de 31 p. d'acide sulfurique, en agitant la masse jusqu'à ce que tout le salpêtre soit fondu. On introduit ensuite 1 p. de coton dans la masse encore chaude (à 50° au plus), on mélange convenablement, et l'on abandonne le tout pendant 24 heures à la température de 20 à 30°, après avoir recouvert le vase renfermant le mélange. On lave d'abord le produit à l'eau froide, pour enlever tout l'acide, et finalement à l'eau bouillante pour extraire tout le sulfate de potasse. L'auteur ajoute que le collodion est surtout d'excellente qualité si l'on abandonne le coton, dans le mélange acide, pendant 5 ou 6 jours. — On peut aussi préparer le collodion avec le nitrate de soude (salpêtre du Chili), mais alors il convient de prendre 33 p. d'acide sulfurique de 1,830 densité, 17 p. de nitrate de soude, et $\frac{1}{2}$ p. de coton.

Suivant M. Béchamp, on obtient toujours du fulmicoton soluble en plongeant le coton dans le mélange d'acide sulfurique et de nitrate encore chaud, sans attendre qu'il soit refroidi; dans le cas contraire, le produit est insoluble, mais on peut le rendre soluble en l'immergeant une seconde fois dans un mélange chaud d'acide et de nitre.

L'éther acétique, l'acétate de méthyle, et l'acétone dissolvent également le fulmicoton. L'éther exempt d'alcool ne paraît pas le dissoudre.

§ 966. *Xyloïdine*, pyroxam, ou nitramidine. — Si l'on fait un mélange d'amidon avec de l'acide nitrique d'une densité de 1,5, la dissolution de l'amidon est complète au bout de quelques minutes; la liqueur, entièrement limpide, présente une teinte jaune, et aucun gaz ne se dégage. Si l'on y ajoute alors de l'eau, il se précipite une masse blanche et grenue[1], et la liqueur filtrée donne, par l'évaporation, un résidu à peine sensible. La réaction n'est pas aussi nette quand on abandonne le mélange longtemps à lui-même avant de précipiter par l'eau; il se développe alors du deutoxyde d'azote,

---

[1] BRACONNOT (1833), *Ann. de Chim. et de Phys.*, LII, 290. — PELOUZE, *Compt. rend. de l'Acad.*, VII, 713; XXIII, 892. — BUYS BALLOT, *Ann. der Chem. u. Pharm.*, XLV, 47. — Ce dernier chimiste a observé qu'en traitant l'amidon nitré par une lessive de potasse faible, on en dissout une partie, tandis qu'une autre ne s'y dissout pas, même après un contact de plusieurs jours. L'acide acétique précipite en flocons blancs la partie dissoute.

et l'on n'obtient presque pas de précipité. A sa place, on trouve
alors un acide déliquescent (acide saccharique ? § 682), et il ne se
produit ni acide carbonique ni acide oxalique pendant cette réaction. 100 p. d'amidon sec, étant dissoutes dans l'acide nitrique concentré, et précipitées par l'eau immédiatement après la dissolution,
donnent, au plus, de 128 à 130 p. du corps blanc (Pelouze).

Après la dessiccation le précipité se présente sous la forme
d'une poudre blanche[1], qui prend feu à 180°, et brûle avec beaucoup de vivacité, en laissant un résidu considérable de charbon.
Il détone même par le choc. Il est insoluble dans l'eau, l'alcool et
l'éther.

M. Pelouze lui assigne la formule $C^{12}H^9(NO^4)O^{10}$, qui représente la composition de l'amidon mononitré. (D'après cette formule, 100 p. d'amidon doivent donner 128 p. de produit nitré).

Lorsqu'on fait agir un sel ferreux sur la xyloïdine, on peut régénérer de l'amidon (Béchamp).

La xyloïdine se distingue du fulmicoton (cellulose binitrée et
trinitrée) en ce qu'elle se dissout aisément dans l'acide nitrique;
cette dissolution se détruit rapidement, et donne alors le même
acide déliquescent mentionné précédemment. Elle détone aussi
moins violemment que le fulmicoton.

Dérivés sulfuriques de la cellulose et de ses isomères.

§ 967. Lorsqu'on broie la cellulose, la matière amylacée ou la
gomme avec de l'acide sulfurique concentré, il se produit une combinaison qui paraît être la même que celle qu'on obtient avec
le glucose. *Voy.* § 987.

SUCRE.

Syn. : Sucre cristallisable, sucre de canne, sucre ordinaire.

Composition : $C^{12}H^{11}O^{11}$ ou plutôt $C^{24}H^{22}O^{22}$. -

§ 968. Ce corps[2] est extrêmement répandu dans le règne végétal : on le trouve dans la tige des roseaux, du maïs ou blé de

---

[1] Voy. sur le pouvoir rotatoire d'une solution de fécule dans l'acide nitrique concentré :
BIOT, *Ann. de Chim. et de Phys.*, [3] XI, 109.

[2] BOUILLON-LAGRANGE, *Ann. de Chimie*, LXXI, 91. — BERZÉLIUS, *ibid.*, XCV, 59. —
DANIELL, *Ann. de Chim. et de Phys.*, X, 221. — BRACONNOT, *ibid.*, XII, 189; LXVIII,
387. — BIOT, *ibid.*, LII, 58. — PÉLIGOT, *ibid.*, LXVII, 113.

Turquie; dans la séve des arbres, notamment des érables et des bouleaux; dans les racines de betterave, de panais, de carotte, de navet, de persil; dans les patates douces; dans le nectar des fleurs, dans les melons, les citrouilles, les fruits du mangotier, du bananier, et dans la plupart des fruits des tropiques. C'est de la canne et de la betterave qu'on l'extrait pour les besoins de la consommation.

On ne l'a pas encore produit artificiellement.

Connu de toute antiquité en Chine et aux Indes, le sucre ne paraît avoir été introduit en Europe que depuis les conquêtes d'Alexandre le Grand; très-rare d'abord, il n'était employé qu'en médecine, jusqu'à l'époque où des négociants vénitiens le répandirent dans l'Europe méridionale à la suite des croisades; cependant son usage n'est devenu général que depuis la découverte de l'Amérique et l'établissement des plantations de cannes dans ce pays. On attribue aux Arabes la découverte de l'art de faire cristalliser et de raffiner le sucre.

Marggraf de Berlin a le premier observé, en 1747, la présence du sucre dans la betterave; Achard a fait en Prusse les premiers essais pour en opérer l'extraction sur une grande échelle; mais ce n'est que depuis le blocus continental que la fabrication du sucre de betteraves s'est régulièrement constituée.

MM. Gay-Lussac et Thénard, Prout et Berzélius ont établi la composition chimique du sucre.

§ 969. L'extraction du sucre de canne se fait de la manière suivante : lorsque les cannes sont mûres, on les coupe par le pied; et, après avoir enlevé les feuilles et la flèche, on écrase les tiges entre trois gros cylindres de fer, élevés verticalement sur un plan horizontal ou sur une table entourée d'une rigole pour l'écoulement du suc ou *vesou*. La canne exprimée se nomme *bagasse*; on la fait sécher, et on l'emploie comme combustible.

Comme le vesou est susceptible de s'altérer promptement, par l'effet des petites quantités de matières albuminoïdes qu'il renferme, on a besoin d'abord de le *déféquer*, en le chauffant, avec quelques centièmes de chaux, 60° environ, dans une c à haudière en cuivre. Ces matières étrangères forment alors une espèce d'écume qu'on enlève à mesure qu'elle se forme. Lorsque le jus est suffisamment clarifié, on le concentre rapidement jusqu'à ce qu'il marque 23 degrés à l'aréomètre, et on le passe à travers un filtre en laine; on l'évapore ensuite à consistance de sirop très-épais, on le verse dans des réservoirs plats pour en accélérer le refroidissement, puis on le soutire dans des cuviers dont le fond est percé de trous qu'on tient bouchés. Après avoir laissé reposer le sirop pendant quelques heures, on l'agite pour favoriser la cristallisation du sucre, et, quand le sirop s'est pris en masse, on débouche les trous des cuviers pour faire écouler la partie restée liquide, et l'on soumet celle-ci à une nouvelle cuisson, jusqu'à ce qu'elle ne donne plus de cristaux ; les dernières eaux-mères, brunes et épaisses, qui refusent de cristalliser, portent le nom de *mélasse ;* on les utilise principalement pour la fabrication du rhum.

Le sucre solide qu'on obtient par ces opérations s'expédie en Europe sous le nom de *sucre brut,* de *moscouade* ou de *cassonade.* Il nous arrive sous la forme d'une poudre grenue, jaunâtre, encore imprégnée de mélasse, et souillée de substances étrangères qui lui donnent un goût plus ou moins désagréable ; de là la nécessité de le raffiner.

Ce raffinage consiste à le dissoudre dans le tiers environ de son poids d'eau, à faire bouillir la solution avec du noir animal et du sang de bœuf, et à faire cristalliser de nouveau la liqueur décolorée par ces agents. L'albumine du sang, en se coagulant, enveloppe toutes les parties en suspension dans le sirop, et en opère ainsi rapidement la clarification. Des systèmes de filtres particuliers (filtre Taylor, filtre Dumont) servent à séparer les parties solides du sirop ainsi clarifié. On concentre ensuite celui-ci dans des chaudières dans lesquelles on fait le vide par la condensation continue de la vapeur qui s'élève du liquide bouillant (appareil de Howard, perfectionné par Roth, Derosne, Brame-Chevallier, etc.). Lorsque le sirop marque 42 ou 43 degrés à l'aréomètre de Baumé, on le fait écouler dans des rafraîchissoirs, chauffés à la vapeur au moyen d'un double fond, afin que le refroidissement brusque ne donne pas une cristallisation confuse, qui rendrait le sucre gras et empêcherait le sirop de s'écouler. Lorsque le sirop est près de se *grainer,* on le distribue dans des cônes en terre cuite, renversés et percés à leur sommet d'un trou qu'on tient bouché jusqu'à ce que le sirop soit entièrement solidifié ; quand il s'est pris en masse, on débouche le sommet des cônes, pour faire écouler la partie restée liquide.

On procède ensuite au *terrage* des pains de sucre ainsi obtenus : cette opération, qui a pour but de les blanchir, consiste en un lavage, par filtration lente, à l'aide de l'eau graduellement écoulée d'une bouillie de terre argileuse dont on recouvre la base des pains de sucre. Souvent on remplace l'argile par du sirop de sucre bien blanc, ce qui produit le même effet ; dans ce cas, l'opération porte le nom de *clairçage*.

Le sucre parfaitement blanchi par ces traitements est connu dans le commerce sous le nom de *sucre royal*. Les sirops, encore très-chargés de sucre cristallisable, qu'on recueille dans ces différentes opérations, sont traités de nouveau et donnent des qualités inférieures dites *lumps, bâtardes, vergeoises;* le dernier résidu incristallisable (*mélasse*) est livré aux distillateurs.

Lorsqu'on veut avoir le sucre en gros cristaux , dits *sucre candi,* on évapore lentement, dans une étuve, sa solution aqueuse rapprochée à 37 degrés de l'aréomètre.

La variété de sucre connue sous le nom de *sucre d'orge* doit son nom à la faible solution d'orge qui entrait autrefois dans sa confection. On le prépare en faisant cuire rapidement le sirop jusqu'à ce qu'en y plongeant le bout du doigt mouillé et le replongeant aussitôt dans l'eau, on ait alors enlevé une couche de sucre qui, détachée et roulée, soit fragile. C'est du sucre en partie décristallisé par la fusion. Le *sucre de pommes* n'est que du sucre d'orge additionné, pendant sa préparation, d'un peu de gelée de pommes et d'essence de citron pour l'aromatiser.

§ 970. Le procédé qu'on emploie pour l'extraction du sucre de la betterave est, à quelques modifications près, le même que celui qui est suivi pour le traitement de la canne. On déchire, à l'aide d'une râpe, les cellules de la racine qui renferment le jus sucré, et l'on soumet la pulpe à l'action de la presse; le jus est ensuite défécué par la chaux, filtré sur du noir animal, concentré par la cuisson, et cristallisé.

Comme les betteraves sont susceptibles de s'altérer promptement tant qu'elles renferment de l'eau, M. Schuzenbach a proposé de les couper par tranches, de les dessécher dans cet état au moyen de l'air chaud, et de soumettre ensuite à la lixiviation les racines desséchées.

Quelques modifications heureuses ont été apportées , dans ces derniers temps, au procédé de défécation. M. Rousseau [1] opère la défécation avec une quantité de chaux telle que non-seulement les substances ayant plus d'affinité que le sucre pour cette base puissent

[1] RAPPORT de M. PAYEN : *Compt rend. de l'Acad.*, XXXI, 539. — Voy. aussi sur la défécation : KUHLMANN, *ibid.*, XXX, 351.

s'y combiner, mais encore celles qui en ont moins, et par conséquent le sucre lui-même. Il en résulte que le sucrate de chaux reste dissous, tandis que les substances étrangères sont séparées en plus fortes proportions que par la défécation usuelle. Les conditions essentielles de la nouvelle défécation consistent à verser la chaux hydratée en forte émulsion dans le jus de betterave préalablement chauffé à 55° environ : la température s'élève en même temps que la coagulation se prononce davantage, et on cesse de chauffer dès que le thermomètre marque de 80 à 90°, avant que l'ébullition commence. On soutire alors au clair, et l'on sépare, par la filtration, toutes les matières floconneuses en suspension dans le liquide. Le jus filtré s'écoule directement dans une chaudière à double fond, où l'on procède aussitôt à la précipitation de la chaux par l'acide carbonique ; quand toute la chaux dissoute par le sucre est précipitée, on porte à l'ébullition et l'on filtre le liquide sur du noir animal. Les opérations suivantes, l'évaporation, la deuxième filtration sur le noir, et la cuite, s'opèrent comme à l'ordinaire.

M. Melsens[1] a proposé d'employer le bisulfite de chaux pour la défécation du vesou et du jus de betteraves, l'acide de ce sel étant un agent antiseptique qui empêche l'altération, par le contact de l'air, des matières albuminoïdes renfermées dans les jus sucrés. Il ne paraît pas toutefois que ce procédé présente des avantages dans la pratique industrielle.

M. Mialhe[2] pense qu'on pourrait employer l'oxalate d'alumine hydraté pour enlever la chaux des liqueurs sucrées déféquées : par l'addition de ce sel, la chaux se dépose immédiatement à l'état d'oxalate, et l'alumine mise en liberté se précipite à son tour, entraînant en combinaison toute la matière colorante qui peut exister dans le mélange.

§ 971. Les cristaux du sucre (dits *sucre candi*) appartiennent au système monoclinique[3]. Combinaisons ordinaires, ∞ P. oP. ∞ P ∞, et ∞ P. oP. ∞ P ∞. + $\dot{P}\infty$. [P ∞]. Rapport des axes, $a : b : c$ (axe principal) :: 0,7952 : 1 : 0,7. Angle des axes = 76° 44′. Inclinaison des faces, ∞ P : ∞ P dans le plan de la diagonale droite et de l'axe principal = 101° 30′; [P ∞] : [P ∞] dans le plan de la diagonale oblique et de l'axe principal = 98° 50′;

[1] MELSENS, *Ann. de Chim. et de Phys.*, [3] XXVII, 273.
[2] MIALHE, *Compt. rend. de l'Acad.*, XXII, 301.
[3] HANKEL, *Ann. de Poggend.*, XLIX, 495. — E. WOLFF, *Journ. f. Prakt. Chem.*, XXVIII, 129. — H. KOPP, *Einleit. in die Krystallogr.*, p. 294 et 312.

$+ \mathrm{P} \infty : {}_\infty \mathrm{P} \infty = 64° 12'$. Quelquefois les cristaux sont hémièdres et ne présentent que la moitié des faces du prisme [$\mathrm{P} \infty$].

Les cristaux sont durs, et ont une pesanteur spécifique de 1,606. Quand on les broie dans l'obscurité, ils répandent une lueur phosphorescente; ils ne s'altèrent pas à l'air sec, et ne renferment pas d'eau de cristallisation.

Ils fondent, à 160°, en un liquide visqueux et incolore, qui se prend, par le refroidissement, en une masse transparente et amorphe (sucre d'orge); à la longue, celle-ci se trouble en reprenant une texture cristalline. Entre 210 et 220°, le sucre brunit, se boursoufle et perd de l'eau en se transformant en caramel (§ 996).

A une température plus élevée, il dégage des gaz inflammables composées d'oxyde de carbone et d'hydrure de méthyle, de l'acide carbonique, des huiles brunes, de l'acide acétique, de l'acétone, en laissant un abondant résidu de charbon. Les huiles qu'on obtient ainsi renferment une petite quantité de furfurol (§ 695), ainsi qu'une matière amère (*assamare*, § 997); on trouve aussi de l'aldéhyde parmi les produits volatils de la distillation sèche du sucre[1].

Le sucre se dissout dans le tiers de son poids d'eau froide, et en toutes proportions dans l'eau bouillante. Lorsqu'on maintient sa solution à une température voisine de l'ébullition, elle perd peu à peu la propriété de cristalliser (*mélasse, sucre incristallisable*, § 988).

Il est insoluble dans l'alcool absolu et dans l'éther; mais l'alcool aqueux le dissout, surtout à chaud; l'éther le précipite de ses dissolutions.

Tableau[2] *des densités des solutions sucrées, et des proportions de sucre qu'elles renferment à la température de 15°.*

Sucre.	Eau.	Densité.	Degrés Baumé.	Volume.	Sucre dans	
					100 litres.	100 kilogr.
100	50	1,345	37	111$^{\text{lit.}}$,5	89,68	66,6
«	60	1,322	33,75	121	82,64	62,5
«	70	1,297	32	131	76,35	58,8
«	80	1,281	30,50	140,5	71,17	55,5
«	90	1,266	29	150	66,66	52,6
«	100	1,257	27,25	159	62,88	50
«	120	1,222	25	180	55,55	45,4
«	140	1,200	22,50	200	50	41,6
«	160	1,187	21	219	45,66	38,4

[1] Voy. sur la distillation sèche du sucre: Voelckel, *Ann. der Chem. u. Pharm.*, LXXXV, 59; LXXXVI, 63.

[2] Payen, *Traité de Chimie de M. Dumas*, VI, 264.

Sucre.	Eau.	Densité.	Degrés Baumé.	Volume.	Sucre dans	
					100 litres.	100 kilogr.
«	180	1,176	19,50	238	42	35,7
«	200	1,170	18,50	256,25	39	33,3
«	250	1,147	16	305	32,7	28,5
«	350	1,111	12,50	405	24,6	22,2
«	450	1,089	10,15	505	19,8	18,1
«	550	1,074	8,50	605	16,5	15,3
«	650	1,063	7,50	705	14,18	13,3
«	750	1,055	6,50	805	12,42	11,7
«	945	1,045	5	1000	10	9,5
«	1145	1,030	3,50	1500	6,66	6,4
«	1945	1,022	2,50	2000	5	4,8
«	2445	1,018	2	2500	4	3,3
«	2945	1,015	1,75	3000	3,33	3,2

La solution aqueuse du sucre dévie à droite les rayons de lumière polarisée. Ce pouvoir rotatoire, évalué pour le rayon rouge et pour une épaisseur de 100 millimètres, est, suivant M. Biot[1], $[\alpha]_r$ = 54° 76. Lorsque le sucre a d'abord été décristallisé par la fusion, son pouvoir rotatoire est bien plus faible. Additionné d'une très petite quantité d'eau et chauffé peu à peu à quelques degrés au-dessus de 160°, dans un bain de chlorure de zinc, le sucre devient entièrement inactif, tout en conservant sa transparence[2]. Tous les acides introduits dans une solution de sucre intervertissent le sens de son pouvoir rotatoire, et le font passer de droite à gauche[3]; avec l'acide chlorhydrique, des doses même médiocres, telles que $^1/_{10}$ ou $^1/_{11}$ du volume de la liqueur sucrée, suffisent pour opérer à froid le maximum d'inversion dans l'espace de quelques heures; cette inversion est bien plus rapide à chaud. Le pouvoir rotatoire du sucre est aussi interverti lorsqu'on le met à fermenter avec de la levûre de bière; alors le sucre passe d'abord à l'état de sucre incristallisable tournant à gauche, avant de se transformer en acide carbonique et en alcool[4].

Si l'on traite à froid une dissolution de sucre de canne par l'acide sulfurique faible, et qu'on abandonne le mélange à lui-même, le sucre se trouve, au bout de quelque temps, entièrement transformé en sucre incristallisable. L'acide chlorhydrique et la plupart

---

[1] Biot, *Ann. de Chim. et de Phys.*, X, 187. — Voy. aussi, sur la densité et le pouvoir rotatoire des solutions de sucre : Ventzke, *Journ. f. Prakt. Chem.*, XXV, 65; XXVIII, 101.

[2] Mitscherlich, *Journ. de Pharm.*, [3] IV, 216.

[3] Biot, *Compt. rend. de l'Acad.*, XV, 528, 697; XVII, 755.

[4] Dubrunfaut, *Ann. de Chim. et de Phys.*, [3] XVIII, 99. — Soubeiran, *Compt. rend. de l'Acad.*, XVII, 752.

des autres acides, organiques ou minéraux, produisent le même effet.

Si l'on fait intervenir la chaleur, il se produit un corps noir (acide ulmique, § 998, α). Tous les acides, organiques ou minéraux, agissent de la même manière : seulement, il en faut plus ou moins, suivant leur énergie ou leur état de concentration. Si l'air y a de l'accès, il se produit en même temps une certaine quantité d'acide formique [1].

Humecté avec de l'acide sulfurique concentré, le sucre de canne s'échauffe considérablement, en développant du gaz sulfureux et de l'acide formique. Il se convertit alors en une bouillie noire renfermant de l'acide ulmique. Si l'on empêche le mélange de s'échauffer trop, on peut obtenir un acide copulé. L'acide chlorhydrique concentré attaque le sucre de canne, à l'aide de la chaleur, en produisant une pâte noire et épaisse.

Distillé avec un mélange d'acide sulfurique et de peroxyde de manganèse, le sucre de canne donne de l'acide formique, en même temps qu'une masse brune et charbonneuse dans le résidu.

L'acide phosphorique anhydre n'attaque pas le sucre à froid; mais, si l'on chauffe le mélange, il brunit en dégageant de l'acide formique dilué, tandis que le résidu renferme des matières ulmiques. L'acide phosphorique étendu d'eau se comporte avec le sucre comme l'acide sulfurique dilué [2].

Si l'on abandonne le sucre avec 3 p. d'acide nitrique de 1,25 à 1,30, à la température de 50° c., il se convertit complétement en acide saccharique (§ 682) :

$$C^{24}H^{22}O^{22} + 2\, O^6 = 2\, C^{12}H^{10}O^{16} + 2\, HO.$$
Sucre.   Ac. sacchariq.

A la température de l'ébullition, on n'obtient presque que de l'acide oxalique. Un mélange d'acide sulfurique et d'acide nitrique concentrés transforme le sucre en une substance explosive, semblable à celle qu'on obtient, par le même agent, avec la cellulose et la matière amylacée (§980).

On peut triturer le sucre de canne avec des bases alcalines sans qu'il brunisse; il se combine avec elles, en donnant des composés déterminés, connus sous le nom de *sucrates* ou de *saccharates* (§ 978). Quand on le fait fondre avec de l'hydrate de potasse, il

[1] MALAGUTI, *Ann. de Chim. et de Phys.*, LIX, 407.
[2] HANDTKE, *Zeitschrift f. Pharm.*, 1850, p. 37.

finit par se convertir en oxalate et en carbonate, avec dégagement d'hydrogène. Toutefois, si l'on ne pousse pas la réaction si loin, on obtient également de l'acétate et du propionate.

Quand on fait bouillir longtemps une dissolution de sucre, à l'abri de l'air, avec une petite quantité de potasse, celle-ci se sature peu à peu d'un acide noir; si l'on fait l'expérience au contact de l'air, on obtient aussi du formiate.

Distillé avec de la chaux vive, le sucre donne de l'eau, de l'acétone (§ 902), de la métacétone (§ 461), et plusieurs autres liquides volatils dont la nature n'est pas connue [1].

Le sucre de canne exerce une action réductrice sur beaucoup de solutions métalliques, surtout en présence des alcalis. Quand on le chauffe avec du nitrate d'argent, il en précipite une poudre noire; les solutions du deutochlorure de mercure et du deutochlorure de cuivre en sont réduites à l'état de protochlorure; le trichlorure d'or précipite du métal.

Quand on mélange de l'eau sucrée avec un peu de potasse caustique, et qu'on y ajoute ensuite quelques gouttes de sulfate de cuivre, le mélange devient d'un bleu foncé et reste limpide à froid; si la potasse est en excès, on peut même faire bouillir la solution sans qu'il se précipite du protoxyde de cuivre. Toutefois, par une ébullition suffisamment prolongée, on finit par avoir une réduction partielle. Le glucose réduit le sulfate de cuivre déjà à froid [2].

Un mélange d'eau sucrée et de potasse réduit aussi l'indigo bleu.

Le chlore sec n'attaque presque pas le sucre à froid; en opérant à 100°, on obtient une matière brune, en partie soluble dans l'eau. Si on fait passer le chlore dans l'eau sucrée, l'action est lente; il se produit de l'acide chlorhydrique, une matière brune, de l'acide carbonique, et un acide organique incristallisable qui n'a pas encore été examiné.

Les chlorures terreux[3] transforment le sucre en glucose à 100° dans l'espace de quelques heures. Avec le chlorure de calcium, et surtout avec le chlorhydrate d'ammoniaque, l'action va rapidement jusqu'à brunir fortement le sucre. Ces réactions, opérées en vase clos et à 100°, exigent la présence d'une trace d'eau

---

[1] Voy. à ce sujet : Schwarz, *Journ. f. prakt. Chem.*, LI, 374.

[2] Trommer, *Ann. der Chem. u. Pharm.*, XXXIX, 360.

[3] Berthelot, *Compt. rend. de l'Acad.* XXXIV, 801, et *Ann. de Chim. et de Phys.*, [3] XXXVIII, 38.

pour se développer. (L'eau seule agit déjà sur le sucre dans ces conditions, mais avec une extrême lenteur.)

Le chlorure de zinc transforme aussi le sucre en glucose.

Les perchlorures réagissent sur le sucre à la manière du chlore libre, en produisant des matières brunes ou noires ; ils se comportent de la même manière avec les autres hydrates de carbone. M. Maumené [1] utilise cette réaction pour découvrir le sucre et les matières analogues dans un liquide : il prépare, à cet effet, des bandelettes de mérinos blanc qu'il trempe pendant quelques minutes dans une solution aqueuse de perchlorure d'étain, et qu'il sèche ensuite au bain-marie. Ces bandelettes font l'office de papiers réactifs : pour découvrir la matière sucrée dans une liqueur, il suffit d'en verser une goutte sur une semblable bandelette, et de l'exposer au-dessus d'un charbon rouge ou de la flamme d'une lampe ; la présence de la matière sucrée sera accusée alors par la production d'une tache noire sur la bandelette.

Le sucre n'absorbe pas le fluorure de bore et n'en est pas coloré à la température ordinaire ; mais, si l'on chauffe, le gaz est absorbé et la matière noircit.

Sous l'influence de la levûre de bière, le sucre se dédouble en alcool et en acide carbonique ; mais, avant de se dédoubler ainsi, il se convertit d'abord en sucre incristallisable, modification isomère du glucose (§ 988). Lorsque, suivant les expériences de M. Henri Rose [2], on dissout les mêmes poids de sucre de canne et de glucose dans la même quantité d'eau distillée, et qu'on ajoute à chaque solution une même quantité, très-faible, de levûre de bière, on remarque que le glucose entre en fermentation déjà à la température moyenne de l'été (à 20° c.) ; tandis que la solution du sucre de canne se conserve tout à fait sans altération, pendant des mois entiers, même à 30 ou 40°. Si l'on veut déterminer, dans le même temps, la fermentation de cette dernière, il faut y ajouter sept ou huit fois plus de levûre, et celle-ci commence alors par convertir d'abord le sucre de canne en sucre incristallisable.

Toutes les fermentations qu'on attribue au sucre de canne reviennent donc, à proprement parler, au sucre incristallisable ou au glucose [3].

[1] Maumené, *Compl. rend. de l'Acad.*, XXX, 314.
[2] H. Rose, *Journ. f. prakt. Chem.*, XXIII, 393.
[3] Voy. § 984.

Les usages du sucre sont connus. C'est un puissant agent de conservation pour les substances végétales et animales ; il est employé, en cette qualité, pour la préparation des sirops, des confitures, des marmelades, des conserves, etc.

§ 972. *Saccharimétrie, dosage du sucre et du glucose.* — L'importance que l'analyse des liquides sucrés présente au point de vue industriel a provoqué l'invention de plusieurs procédés pour découvrir, dans le sucre cristallisable, les mélanges de glucose ou de sucre incristallisable, et pour déterminer, d'une manière plus ou moins exacte, les proportions de ces mélanges.

Quant aux moyens de reconnaître dans le sucre la présence du glucose (sucre de fécule et sucre incristallisable), ils sont, en général, fondés sur la manière différente dont le sucre et les différentes variétés de glucose se comportent avec les alcalis, avec les acides ou avec les sels de cuivre.

Lorsqu'on porte à l'ébullition une solution de sucre pur, après y avoir ajouté un peu de potasse caustique, elle n'éprouve pas de coloration bien sensible ; si, au contraire, elle renferme du glucose, elle se colore d'autant plus fortement en brun ou en noir que la quantité de glucose est plus considérable. Toutefois, lorsque, dans de semblables essais, la potasse caustique donne une légère coloration, on ne peut pas toujours en inférer une addition frauduleuse de sucre de fécule, attendu que les sucres de betterave et de canne peuvent contenir de très-petites quantités de sucre incristallisable, provenant de l'altération, pendant la fabrication, du sucre cristallisé.

Les réactions différentes que le sucre et le glucose manifestent avec les solutions de cuivre ont été signalées par M. Trommer comme fort propres aux essais saccharimétriques. Si l'on ajoute du sulfate de cuivre à de l'eau sucrée pure, additionnée de potasse caustique, le mélange se colore en bleu foncé, sans qu'il y ait réduction du sel cuivrique ; mais, pour peu qu'il y ait du glucose dans l'eau sucrée, il se produit, déjà à froid et surtout par l'ébullition, un dépôt rouge de protoxyde de cuivre.

M. Reich[1] propose, pour les mêmes essais, l'emploi de l'acide sulfurique concentré : cet acide, en effet, donne avec le glucose une combinaison particulière, l'*acide sulfosaccharique* (§ 987) qui

___

[1] Reich, *Gewerbevereinsblatt der Provinz Preussen*, et *Journ. f. prakt. Chem.*, t. XLIII, p 71.

ne précipite pas les sels de baryte, tandis que le sucre de canne se
charbonne par l'acide sulfurique concentré. Pour découvrir le
sucre de fécule dans le sucre de canne, on ajoute au sirop, concentré autant que possible au bain-marie, de l'acide sulfurique en
léger excès, en refroidissant pour éviter un trop grand échauffement du mélange. Au bout d'une demi-heure de repos, on dissout le sirop acide dans l'eau distillée ; on filtre, et l'on triture le liquide jusqu'à saturation avec du carbonate de baryte. On sépare
à l'aide du filtre le sulfate ainsi formé et l'excédant de carbonate ;
si la liqueur filtrée et neutre précipite par l'acide sulfurique étendu,
il s'est formé de l'acide sulfosaccharique, preuve de la présence du
sucre de fécule.

Un autre procédé du même chimiste consiste dans l'emploi du
bichromate de potasse. Si l'on ajoute une solution de bichromate
concentrée et chaude à du sirop de sucre de canne, et qu'on porte
à l'ébullition, l'action est très-énergique et se continue même sans
l'application de la chaleur, jusqu'à ce que le sirop soit coloré en
vert. Avec le sirop de sucre de fécule ou le sirop de dextrine, le
bichromate ne produit aucun changement. Lorsqu'on mélange du
sirop de fécule avec un tiers ou même avec un huitième seulement de sirop de fécule, celui-ci empêche la réaction, et le mélange ne change pas de couleur par l'ébullition. Des additions
plus faibles n'empêchent pas entièrement la réaction, toutefois
elles l'entravent en partie, et une nuance verte plus pâle annonce
alors la présence du sirop de fécule ou de dextrine. Le bichromate
de potasse peut surtout servir à reconnaître la pureté du sucre de
canne.

Enfin le nitrate de cobalt serait aussi, suivant M. Reich, un
excellent moyen de reconnaître la falsification du sucre de canne
par le sucre de fécule. Lorsqu'on ajoute un fragment de potasse
à une solution concentrée de sucre de canne pur, qu'on porte à
l'ébullition, et qu'après avoir étendu d'eau on ajoute une solution
de nitrate de cobalt, il se produit immédiatement un précipité d'un
beau violet bleuâtre et qui finit par prendre une teinte verdâtre.
Par le même traitement, une solution concentrée de sucre de fécule ne donne pas le même précipité. Si le liquide est suffisamment étendu, il reste limpide après l'addition du sel de cobalt ; si
la solution est concentrée, il se sépare un précipité d'un brun clair
et sale. La présence d'une très-petite quantité de sucre de fécule

dans le sucre de canne empêche déjà la formation du précipité violacé.

§ 973. L'analyse quantitative des liqueurs sucrées peut être faite par des moyens chimiques ou par des procédés optiques.

La méthode chimique la plus ancienne[1] est celle qui consiste à transformer le sucre en alcool, par la fermentation, et à évaluer au moyen de l'alcoomètre centésimal la force de l'alcool ainsi produit. Si la liqueur sucrée contient à la fois du sucre cristallisable et du glucose, on fait un second essai sur une autre portion de la liqueur en détruisant le glucose par l'ébullition avec un alcali, et en soumettant ensuite le produit à une nouvelle fermentation : l'alcool qu'on obtient dans cette dernière opération correspond au sucre cristallisable, tandis que l'alcool de la première fermentation est fourni par les deux matières sucrées ensemble.

Ce procédé, fort long, n'est plus beaucoup en usage.

§ 973[a]. Il peut convenir quelquefois d'isoler en nature le sucre contenu dans les substances qu'on examine. Lorsqu'il s'agit, par exemple, de l'extraire de la betterave, on peut opérer de la manière suivante[2] : on pèse avec soin 25 ou 30 grammes de betterave découpée en tranches minces, prises dans la partie centrale, mais non médullaire, de la racine à analyser ; on les place dans une soucoupe de porcelaine, et on les soumet à une dessication telle que le résidu soit cassant, pulvérisable, et ne perde plus de poids, quand on cherche à l'amener à un plus grand état de siccité. Cette condition se réalise dans le vide sur de l'acide sulfurique, ou dans une étuve. On obtient ainsi un résidu blanc, dont on détermine le poids ; cette opération donne la proportion de l'eau et des matières solides contenues dans la betterave. On réduit ce résidu en poudre, et on le soumet à plusieurs reprises à l'action de l'alcool bouillant, à 0,83 de densité ; celui-ci dissout la matière sucrée. Le produit qui a résisté à l'action dissolvante de l'alcool donne, par une nouvelle dessiccation, le poids de l'albumine végétale et de la matière ligneuse qui constitue les parois solides des cellules de la betterave.

En abandonnant la solution alcoolique dans le vide sur de la chaux vive, l'alcool se concentre peu à peu, et laisse ainsi déposer

[1] Pelouze, *Ann. de Chim. et de Phys.*, XLVII, 409. — Dubrunfaut, *Compt. rend. de l'Acad.*, XXXII, 249.
[2] Péligot, *Recherches sur la betterave à sucre*, p. 4.

le sucre à l'état de petits cristaux incolores et transparents ; l'alcool absolu qui reste au bout de quelques jours ne contient plus rien en dissolution.

Quand la betterave contient du nitrate de potasse, ce sel se dissout dans l'alcool bouillant en même temps que le sucre ; bien qu'il cristallise ensuite avant ce dernier, il devient nécessaire d'incinérer à part, ou le sucre, ou un certain poids de la betterave à analyser, pour en avoir la proportion exacte.

§ 974. M. Barreswil[1] utilise, pour le dosage du sucre et du glucose, la réaction que ces corps présentent avec les sels de cuivre, en présence des alcalis. Le procédé de ce chimiste est basé sur ce que le sucre de canne ne réduit pas l'oxyde de cuivre contenu dans un liquide alcalin, mais qu'il devient apte à réduire cet oxyde, après avoir été transformé en sucre incristallisable par l'acide sulfurique dilué, et que la quantité de bioxyde réduite dans cette réaction est proportionnelle à la quantité de sucre employée.

Les déterminations se font à l'aide d'une liqueur d'épreuve qu'on compose avec du sulfate de cuivre, du tartrate neutre de potasse, et de la potasse ou de la soude caustiques ; ce mélange donne une solution d'un bleu intense, laquelle étant filtrée, se maintient claire et limpide pendant longtemps. Ce mélange a besoin d'être fait dans les proportions convenables ; car il pourrait, sans l'addition du sucre, précipiter du protoxyde de cuivre par l'action seule de la lumière ou de l'ébullition. Voici les proportions les plus avantageuses, suivant M. Fehling : on fait dissoudre 40 grammes de sulfate de cuivre pur et cristallisé dans environ 160 grammes d'eau ; d'autre part, on ajoute 600 à 700 grammes d'une lessive de soude caustique d'une densité de 1,12 à 160 grammes de tartrate neutre de potasse dissous dans peu d'eau ; on verse peu à peu la solution cuivrique dans la liqueur alcaline, et l'on étend le mélange d'assez d'eau pour que le volume total de la liqueur s'élève à 1154,4 centimètres cubes, à 15°.

La liqueur d'épreuve étant ainsi composée, on en fixe le titre en cherchant combien il faut d'une liqueur faite avec un poids connu de sucre candi pur et porté à l'ébullition, après l'addition de quelques gouttes d'acide sulfurique pour décolorer exactement un volume déterminé de la liqueur d'épreuve. Il est nécessaire de

<hr>

[1] BARRESWIL, *Journ. de Pharm.*, VI, 301 — FEHLING, *Ann. der Chem. u. Pharm.*, LXXII, 106.

faire bouillir assez longtemps le sucre avec l'acide pour que sa transformation en glucose soit complète. M. Fehling trouve même préférable de faire le titrage avec du glucose pur, puisqu'on peut toujours, par le calcul en déduire la quantité de sucre correspondante[1]. Ce chimiste a reconnu qu'un atome (180) de glucose ou de sucre incristallisable, $C^{12}H^{12}O^{12}$ réduit toujours 1 atome (1247,5) de sulfate de cuivre, SO^3CuO. 10 centimètres cubes de la liqueur d'épreuve, faites dans les proportions indiquées, correspondent donc à gr. 0,050 de glucose sec.

Pour doser avec cette liqueur d'épreuve, on verse dans un petit ballon un volume déterminé (10 cent. cubes étendus de 40 cent. cubes d'eau), qu'on porte à l'ébullition; puis, au moyen d'une burette graduée, on y fait tomber goutte à goutte le liquide sucré et acide dont on cherche la composition et qu'on a préalablement additionné d'une quantité d'eau déterminée. Dès que les deux liqueurs sont en contact, on voit apparaître un précipité jaune d'hydrate cuivreux, qui peu à peu devient rouge et gagne le fond; à mesure que l'opération avance, la couleur du liquide diminue d'intensité en même temps que le cuivre se précipite à l'état de protoxyde; elle est terminée dès que ce liquide est entièrement décoloré.

Le point délicat de l'opération, c'est de saisir exactement le moment où la précipitation de l'oxyde cuivreux est complète : ce moment s'annonce, soit par la décoloration de la liqueur, si la liqueur sucrée est elle-même incolore, soit par la cessation du précipité jaune nuageux qui précède le dépôt d'oxyde cuivreux. Ce dernier caractère peut seul être constaté, quand le produit à essayer est déjà coloré.

Un excès de sucre ajouté à la liqueur d'épreuve, après la séparation complète de l'oxyde cuivreux, donne la coloration en brun, qui résulte de l'action de l'alcali sur le glucose.

Dans le cas où le liquide sucré dont on cherche la composition, contient tout à la fois du sucre cristallisable et du glucose, on détermine la proportion de ce dernier en faisant un premier essai sur un certain volume du liquide, avant d'y faire agir l'acide sulfurique; le glucose réduit alors seul la dissolution cuivrique que le sucre ordinaire laisse intacte. On fait bouillir ensuite une autre portion du liquide sucré avec l'acide sulfurique, de manière à convertir tout

---

[1] 100 p. de glucose séché à 100°, $C^{12}H^{12}O^{12}$, correspondent à 95 p. de sucre cristallisé, $C^{24}H^{22}O^{22}$.

le sucre de canne en glucose; au moyen d'un second essai, fait avec
la liqueur ainsi modifiée, on a le poids total du glucose qu'il contient désormais; en déduisant celui du glucose préexistant, ce
poids ayant été fourni par le premier essai, on obtient, par la différence, la quantité du sucre cristallisable.

A l'aide du procédé que nous venons de décrire, on peut faire,
dans l'espace d'un quart d'heure environ, des dosages exacts à 2 ou
3 pour 100 près. Il faut, bien entendu, toujours s'assurer, si l'on
veut faire usage de cette méthode, que la substance à essayer ne contient pas d'autres matières susceptibles de réduire les sels de cuivre.

§ 975. Un procédé saccharimétrique, fondé sur l'action différente que les alcalis exercent sur le sucre cristallisable et sur le
glucose, a été indiqué par M. Péligot[1] : il consiste à broyer la liqueur sucrée avec un excès de chaux; à déterminer à l'aide d'une
solution titrée d'acide sulfurique la quantité de chaux dissoute dans
la liqueur filtrée, et à calculer ensuite la proportion de sucre qui
y correspond; mais ceci suppose que le sucrate de chaux dissous
dans l'eau présente une composition constante, ce qui n'est pas
conforme à l'expérience[2].

Lorsque la liqueur sucrée contient à la fois du sucre cristallisable
et du glucose, M. Péligot fait un second essai alcalimétrique sur
une autre portion de la liqueur, après avoir chauffé celle-ci à 100
degrés; à cette température, la chaux détruit tout le glucose et le
transforme en des sels neutres sur lesquels la liqueur normale d'a-
cide sulfurique n'a point d'action; le second essai alcalimétrique
accuse donc une quantité de chaux moins considérable que le premier, et cette quantité appartient tout entière au sucre ordinaire[3].

§ 975ᵃ. M. Dubrunfaut[4] analyse les mélanges de sucre et de
glucose, en tirant parti des réactions que ces corps présentent à la
fois avec les alcalis et avec les acides. Il détermine d'abord, dans
un semblable mélange, par un essai alcalimétrique, la quantité
de soude qui passe à l'état de sel neutre, par l'ébullition de la liqueur sucrée avec de la soude caustique; l'alcali ne détruit ainsi
que le glucose. Ensuite, il traite une autre partie du mélange par
un acide, afin d'en transformer tout le sucre en glucose, et il détermine par un nouvel essai alcalimétrique la quantité de soude

---

[1] PÉLIGOT, *Compt. rend. de l'Acad.*, XXII, 936; XXXII, 335.
[2] Voy. plus bas, *Sucrates de chaux.*
[3] L'eau pure ne dissout que $\frac{1}{1000}$ de son poids de chaux.
[4] DUBRUNFAUT, *Compt. rend. de l'Acad.*, XXXII, 249.

caustique que la liqueur ainsi traitée fait passer à l'état de sel neutre par l'ébullition.

Connaissant la quantité théorique de glucose qui disparaît pour chaque proportion de soude neutralisée, on déduit des deux déterminations précédentes les proportions de sucre et de glucose contenues dans le mélange soumis à l'analyse.

J'ignore si cette méthode est bien exacte, M. Dubrunfaut n'ayant pas publié sur elle assez de détails qui permettent de l'apprécier.

§ 976. Une méthode saccharimétrique extrêmement précise a été fondée par M. Biot[1] sur l'observation des caractères optiques des solutions sucrées. Le sucre de canne, ainsi que nous l'avons déjà dit (§ 971), dévie vers la droite le plan de polarisation[2] des

---

[1] Biot, *Compt. rend. de l'Acad.*, XV, 619, 694; XVII, 755.

[2] On donne le nom de *polarisation* à un ensemble de propriétés particulières que présente la lumière, lorsqu'elle est réfléchie par une surface polie sous un certain angle. Lorsqu'un rayon lumineux tombe, par exemple, sur une lame de verre en formant un angle de 35° 25', ce rayon se réfléchira suivant une ligne droite, en faisant l'angle de réflexion égal à l'angle d'incidence; si l'on reçoit le rayon ainsi réfléchi, dans un point quelconque de son trajet, sur une autre lame de verre, il y subira une seconde réflexion partielle, mais cette réflexion deviendra nulle si la seconde lame forme également un angle de 35° 25' avec le premier rayon réfléchi, et qu'elle soit tournée de manière que la seconde réflexion se fasse dans un plan perpendiculaire au plan dans lequel la première réflexion s'est opérée. Si le rayon lumineux émane d'une bougie allumée, on remarque qu'à mesure qu'on incline la seconde glace, l'image de la bougie s'éteint, pour disparaître enfin complétement lorsque la seconde glace fait l'angle de 35° 25'. La lumière polarisée diffère donc de la lumière ordinaire en ce que celle-ci se réfléchit toujours en même proportion sur une lame de verre inclinée sur le rayon incident, pour tous les azimuts du plan de réflexion, tandis que la lumière polarisée se réfléchit en proportions variables suivant les azimuts du plan de polarisation. On appelle *plan de polarisation* le plan perpendiculaire à la position spéciale du plan de réflexion pour laquelle le rayon réfléchi est nul.

Le verre n'est pas la seule substance capable de polariser ainsi la lumière; la plupart des corps diaphanes possèdent cette propriété, mais ils n'ont pas le même *angle de polarisation* que le verre, c'est-à-dire que l'angle sous lequel ils présentent le phénomène précédent est différent; cet angle dépend de l'indice de réfraction de la substance qui compose le miroir.

Voici d'autres faits non moins remarquables. Dans beaucoup de substances cristallisées, n'appartenant pas au système régulier, la lumière, en se réfractant, se divise en deux faisceaux : qu'on place, par exemple, un cristal de spath d'Islande, par une de ses faces de clivage, sur un papier où l'on ait marqué un trait, et l'on verra ce trait double en le regardant par la face opposée. Les deux images qu'on obtient ainsi ne suivent pas la même loi de réfraction : si l'on tourne le cristal sur le papier de manière qu'il soit toujours en contact avec elle, on remarque que l'une des images, dite *ordinaire*, parce qu'elle suit les lois de la réfraction simple, ne change pas de position tandis que l'autre image, dite *extraordinaire*, prend des positions variables suivant le sens dans lequel on tourne le cristal. Or, un caractère propre à la lumière polarisée, c'est de ne donner qu'une seule image, en passant à travers un prisme biréfringent, lorsque la section prin-

rayons lumineux : lors donc qu'une liqueur renferme du sucre de canne, sans autre substance active, on peut déterminer fort

cipale de ce prisme est parallèle ou perpendiculaire au plan de réflexion, et de donner, au contraire, deux images dans toutes les autres positions.

Ces relations entre la double réfraction et la lumière polarisée sont utilisées par les physiciens pour l'étude des phénomènes de polarisation : ils mettent à profit la double réfraction du spath d'Islande toutes les fois qu'il s'agit de se procurer de la lumière polarisée; mais, comme il faut un rhombe de spath assez épais pour avoir les deux images suffisamment écartées, ils emploient de préférence un prisme taillé dans ce minéral, de manière que les arêtes de ce prisme soient perpendiculaires à la section principale du rhomboèdre. Les deux faisceaux s'isolent suffisamment lorsque l'angle réfringent du prisme est seulement de 5 à 10 degrés, mais les images sont colorées si la lumière incidente n'est pas simple; pour éviter cette coloration, on accole au prisme de spath un prisme de verre d'un angle convenable dont la réfraction, agissant en sens contraire de la réfraction du prisme de spath, neutralise presque entièrement la dispersion des couleurs. Le prisme biréfringent ainsi achromatisé (*prisme analyseur*) permet d'examiner avec facilité les propriétés de la lumière polarisée par réflexion sur une glace.

L'appareil qu'on emploie pour ce genre d'expériences se compose d'une glace polie, qui reçoit les rayons lumineux sous l'angle de polarisation, et les réfléchit vers l'observateur; avant d'arriver à l'œil de l'observateur, ces rayons rencontrent dans leur trajet un prisme biréfringent monté au centre d'une alidade mobile qui tourne sur un cercle perpendiculaire à la direction des rayons. Le plan de polarisation du rayon réfléchi par la glace est vertical : d'après cette disposition, l'image extraordinaire donnée par le prisme biréfringent s'évanouit lorsque sa section principale se trouve dans le plan vertical, et l'alidade correspond alors au zéro de la division. Entre le prisme biréfringent et le miroir se trouve placé un support destiné à recevoir les milieux transparents, par exemple, l'eau, l'alcool ou d'autres liquides sur lesquels on veut expérimenter; ces liquides sont logés dans des tubes fermés aux deux extrémités par une lame de verre.

Les solutions des sels minéraux et de la plupart des substances organiques laissent passer les rayons de lumière polarisée, sans leur faire subir de modification essentielle : il n'en est pas de même d'un certain nombre de matières organiques, telles que le sucre, le glucose, l'acide tartrique, l'asparagine, l'essence de térébenthine, etc. ; ces matières, ainsi que M. Biot l'a le premier observé, modifient complétement les propriétés de la lumière polarisée. D'après la disposition de l'appareil que nous venons d'indiquer, l'image extraordinaire du prisme biréfringent est nulle lorsque l'alidade marque zéro; cette image ne paraît pas davantage, par l'interposition, entre le miroir et le prisme biréfringent, d'un tube rempli d'eau, d'alcool ou de tout autre liquide sans action sur la lumière polarisée; mais on voit paraître l'image extraordinaire si l'on interpose un tube rempli, par exemple, d'eau sucrée. Cependant les rayons lumineux ne sont pas dépolarisés par leur passage à travers ce dernier liquide; seulement leur plan de polarisation n'est plus vertical; ce plan est simplement dévié d'un certain angle vers la droite de l'observateur, car, si l'on fait tourner l'alidade vers la droite d'un certain nombre de degrés, on voit peu à peu l'image extraordinaire s'évanouir complétement.

Cette rotation que l'eau sucrée imprime au plan de polarisation a fait donner au phénomène précédent le nom de *polarisation circulaire*. D'ailleurs l'intensité du pouvoir rotatoire de l'eau sucrée dépend entièrement du nombre des molécules de sucre que le rayon lumineux rencontre dans son trajet. En effet, si l'on remplit d'une même solution sucrée des tubes de longueur différente, on reconnaît que les angles de déviation sont proportionnels aux longueurs des tubes; de même, si l'on remplit successivement de dissolutions différemment concentrées un tube de longueur constante, l'expérience démontre encore que les déviations sont proportionnelles aux quantités de sucre conte-

exactement la quantité de ce sucre en mesurant la déviation que la liqueur produit sur le plan de polarisation.

Pour appliquer cette méthode, on commence par observer la déviation que produit une solution de sucre pur d'un titre connu. A cet effet, on fait dissoudre un certain poids ε de sucre, dans une quantité d'eau distillée, telle que la solution occupe un volume déterminé V; on prend de cette liqueur la quantité nécessaire pour remplir un tube d'une certaine longueur, et l'on mesure la déviation qu'éprouve le plan de polarisation du rayon lumineux passant par cette liqueur; soit α la déviation qu'on obtient ainsi. Que l'on compose ensuite, avec d'autres poids du même sucre, des solutions d'égal volume V, et qu'on observe les déviations produites par ces liqueurs dans le même tube d'épreuve : si les nouvelles déviations sont égales à α′, α″, α‴, les poids de sucre contenus dans le volume V de ces liqueurs seront respectivement représentés par les

nues dans le même volume de liqueur. M. Biot exprime ces relations par la formule :

$$[\alpha] = \frac{\alpha}{l\varepsilon\delta}.$$

[α] représente le pouvoir rotatoire moléculaire ou spécifique de la substance soumise à l'expérience; α indique la déviation observée expérimentalement, ε le poids de la substance active contenue dans l'unité de poids de la solution, δ la densité de la solution, l la longueur du tube avec lequel on a fait l'expérience (100 millimètres étant pris pour unité). La quantité [α] est caractéristique pour toute substance active; elle est la même, à température égale, pour toutes les valeurs de l, de ε et de δ.

Nous avons supposé, dans ce qui précède, que le rayon polarisé est de la lumière simple : on satisfait à cette condition en plaçant entre l'œil et le prisme biréfringent un verre coloré qui ne laisse passer qu'une seule espèce de rayons, par exemple, un verre coloré en rouge par du protoxyde de cuivre, qui ne laisse passer que les rayons rouges et éteint tous les autres. Lorsque le rayon polarisé traversant une substance active est formé de lumière blanche, les deux images présentent des couleurs toujours complémentaires, c'est-à-dire des couleurs qui, étant superposées, reproduisent de la lumière blanche. M. Biot a reconnu d'ailleurs que les déviations qu'on obtient avec les divers rayons simples qui constituent la lumière blanche sont toujours à peu près proportionnelles entre elles, pour toutes les substances douées de pouvoir rotatoire (à l'exception de l'acide tartrique), de manière qu'au lieu de mesurer les déviations sur un même rayon, sur le rayon rouge par exemple, on peut mesurer ces déviations pour lesquelles l'image ordinaire et l'image extraordinaire présentent les mêmes teintes. Toutes les teintes ne se prêtent pas également bien à une mesure précise; les variations sont les plus sensibles pour une certaine teinte violacée de l'image extraordinaire, car, pour peu qu'on tourne l'alidade vers la droite ou vers la gauche, cette teinte passe presque brusquement du bleu au rouge, ou du rouge au bleu; on lui a donné pour cela, le nom de *teinte de passage* ou de *teinte sensible*; c'est à cette teinte particulière qu'on rapporte les déviations, lorsque, dans les expériences sur les pouvoirs rotatoires, on emploie de la lumière blanche, comme celle qui est envoyée par les nuages.

Voy., pour plus de détails : BIOT, *Mémoir. de l'Acad. des sciences*, XIII, 116 ; XV, 100 ; XVI, 241 ; *Ann. de Chim. et de Phys.*, X, 5, 175, 307, 385 ; XI, 82.

produits $\varepsilon . \dfrac{\alpha'}{\alpha}$, $\varepsilon . \dfrac{\alpha''}{\alpha}$, $\varepsilon . \dfrac{\alpha'''}{\alpha}$ etc. Si le sucre essayé, au lieu d'être pur, est mélangé avec d'autres matières non actives, il est évident que ces mêmes produits exprimeront les poids absolus de sucre pur, contenus dans les poids bruts qu'on aura employés pour composer les solutions du volume déterminé V.

On pourrait aussi employer des tubes d'épreuve de longueurs différentes, mais alors il faudrait, par le calcul, réduire les déviations observées à ce qu'elles seraient si on les avait mesurées dans le même tube.

Il arrive souvent que les solutions sucrées qu'il s'agit de doser sont troubles et fortement colorées. On ne peut pas les observer dans cet état, mais il faut alors les clarifier, et sinon les rendre complétement incolores, ce qui n'est pas toujours possible, du moins en affaiblir et modifier la teinte. Ce résultat s'obtient dans la plupart des cas, en précipitant les solutions avec du sous-acétate de plomb, et en soumettant les liqueurs filtrées aux observations optiques.

Lorsque les liqueurs sucrées renferment, outre le sucre de canne, d'autres substances exerçant une action sur le plan de polarisation, on peut très-souvent déterminer les proportions de sucre de canne qu'elles contiennent, en intervertissant, au moyen de l'acide chlorhydrique, le pouvoir rotatoire de ce sucre. On ne connaît, en effet, aucune autre substance sucrée dont le pouvoir rotatoire subisse une semblable inversion dans ces circonstances.

Supposons, par exemple, que la liqueur à examiner, outre du sucre de canne, contienne du glucose (sucre de fécule), dont le pouvoir rotatoire s'exerce dans le même sens que celui du sucre de canne. On observe encore la déviation α' produite par la liqueur : cette déviation est évidemment égale à la somme des déviations séparées x du sucre de canne et y du glucose. On ajoute ensuite à la liqueur $\frac{1}{10}$ de son volume d'acide chlorhydrique, et l'on maintient le mélange pendant dix minutes environ à une température de 6o à 70°; le sucre de canne se transforme ainsi complétement en sucre incristallisable, tournant à gauche, tandis que le pouvoir rotatoire du glucose n'éprouve aucune variation. Cette opération étant faite, on observe la nouvelle déviation α'' de la liqueur : elle se compose maintenant de la déviation y du sucre de fécule primitif diminuée de la déviation du sucre incristallisable produit par le sucre de canne; mais l'état de dilution de la liqueur ayant été changé par l'addition de l'acide chlorhydrique, il faut remplacer la déviation observée α'' par la déviation $\frac{10}{9}\alpha''$ qui aurait été observée si l'on n'avait pas été obligé, pour produire l'inversion, d'ajouter l'acide chlorhydrique. On a donc, en admettant qu'une quantité de sucre de canne déviant de x donne une quantité de sucre incristallisable déviant de rx :

$$\text{Avant l'inversion.} \ldots \quad x + y = \alpha',$$
$$\text{Après l'inversion.} \ldots \quad y - rx = \frac{10}{9}\alpha''.$$

Ces deux équations suffisent pour la détermination des inconnues x et y. Le coefficient d'inversion r se trouve, une fois pour toutes, par une expérience spéciale, faite avec du sucre de canne pur, à la température à laquelle on se propose d'effectuer les essais; suivant M. Biot, ce coefficient est de $-0,38$ pour l'acide chlorhydrique, à la température de $22°$.

Le procédé est le même lorsque le sucre de canne est mélangé avec du sucre incristallisable (sucre de fruits acides) tournant à gauche. Dans ce cas, la déviation initiale α' de la liqueur n'est que la différence entre la déviation x à droite du sucre de canne et la déviation z à gauche du sucre incristallisable. Après le traitement par l'acide chlorhydrique, la déviation α'' se compose de la somme des déviations du sucre incristallisable primitif et du sucre incristallisable produit par l'action de l'acide chlorhydrique. On a donc :

$$\text{Avant l'inversion.} \ldots \quad x - z = \alpha',$$
$$\text{Après l'inversion.} \ldots \quad z + rx = \frac{10}{9}\alpha''.$$

Il est important, pour les dosages de liqueurs contenant du sucre incristallisable, d'opérer toujours à la même température, car le pouvoir rotatoire de cette espèce de sucre varie considérablement avec la température.

Le procédé de dosage que nous venons de résumer est susceptible d'être appliqué au dosage d'autres matières organiques, douées de pouvoir rotatoire. On s'est beaucoup occupé, dans ces derniers temps, d'approprier spécialement à ce genre d'expériences la construction des appareils de polarisation, afin d'en introduire l'usage dans la pratique industrielle. Il faut surtout mentionner, sous ce rapport, un habile opticien, M. Soleil, qui a imaginé un instrument très-avantageux pour la saccharimétrie optique; on doit aussi à M. Clerget de nombreuses expériences par lesquelles l'application de cet instrument a été réglée, ainsi que plusieurs tables qui abrégent le calcul des analyses saccharimétriques[1].

§ 977. Le sucre qu'on extrait de la canne ou de la betterave retient une certaine quantité des principes qui existent avec lui dans la plante, ou qui sont ajoutés aux jus sucrés pour faciliter sa séparation sous forme de cristaux. La valeur commerciale des sucres bruts étant établie d'après la proportion et la nature de ces matières étrangères, il importe de pouvoir aussi déterminer celles-ci par un procédé simple et pratique.

Les matières étrangères qui existent dans les sucres bruts sont nombreuses. L'eau, les matières colorantes, les substances albuminoïdes et gommeuses, les débris organiques, le sable ou la terre, les sels minéraux solubles empruntés au sol par la plante, l'acide acétique ou d'autres acides résultant d'une fermentation partielle qu'éprouve le sucre exotique qui est ordinairement acide; le sucrate de chaux ou de potasse que l'on rencontre dans le sucre indigène, lequel a presque toujours une réaction alcaline; enfin le sucre incristallisable, qui n'y existe d'ailleurs qu'en très-petite quantité : telles sont les différentes substances qui se rencontrent dans ces produits et qui doivent disparaître par le travail du raffineur. Parmi ces matières, les unes nuisent peu à ce travail; l'eau, les débris organiques, le sable diminuent seulement par leur présence la quantité du sucre préexistant, tandis que les matières étrangères solubles, notamment les sels minéraux, abaissent le rendement en sucre raffiné en transformant en mélasse une portion de sucre cristallisable que l'on obtiendrait si elles n'étaient pas présentes, et qui varie, par conséquent, en raison de la proportion même dans laquelle elles se trouvent dans les sucres bruts.

Voici la marche suivie par M. Péligot[2] pour la détermination de ces matières étrangères. La dessiccation de 10 grammes de sucre dans une étuve chauffée à 110 degrés donne la quantité d'eau qu'il contient. Les matières insolubles, telles que le sable, la

[1] CLERGET, Compt. rend. de l'Acad., XXIII, 256 ; XXXII, 249, 305, 502, 546, 590, 622, 685 ; XXXIII, 32. Ann. de Chim. et de Phys., [3] XXVI, 175. — Rapport de M. Babinet sur le saccharimètre de M. Soleil : Compt. rend. de l'Acad., XXVI, 102. Id. sur les expériences de M. Clerget, ibid., XXVI, 240. — Nouveau compensateur pour le saccharimètre, de MM. J. Dubosq et Henri Soleil, ibid., XXXI, 248.
Voy. aussi : DUBRUNFAUT, Ann. de Chim. et de Phys., [3] XVIII, 99 ; XXI, 169, 178. — VENTZKE, Journ. f. prakt. Chem., XXV, 65 ; XXVIII, 101.
[2] PÉLIGOT, Compt. rend. de l'Acad., XXXII, 421.

terre, les débris de bagasse, sont dosées en recevant sur un filtre taré la dissolution sucrée qui tient ces matières en suspension. Ces matières n'existent ordinairement en quantités notables que dans les sucres exotiques : cependant on rencontre quelquefois du sucre indigène qui donne avec l'eau une dissolution rendue trouble par la présence du carbonate de chaux. Ce sel provient, sans doute, de la décomposition que le sucrate de chaux éprouve de la part de l'acide carbonique emprunté à l'air atmosphérique.

Les matières colorantes, albuminoïdes et gommeuses sont précipitées par le sous-acétate de plomb, qu'il faut avoir soin de ne pas employer en excès ; le dépôt qu'elles fournissent est recueilli sur un filtre taré : après qu'il a été pesé, on en brûle une partie pour établir la proportion de matières organiques qu'il représente.

Le dosage des sels minéraux, qui est fort important, s'exécute en brûlant 5 ou 10 grammes de sucre dans le moufle d'un fourneau d'essai. L'incinération doit être faite d'abord à une température aussi basse que possible, afin d'éviter la fusion des cendres ; lorsqu'elle est presque terminée, il faut chauffer davantage, au moins pour les cendres fournies par le sucre indigène, qui sont très-alcalines et très-fusibles, et qu'il est difficile d'obtenir blanches quand elles n'ont pas été maintenues en fusion pendant un certain temps.

Enfin le sucre peut-être dosé au moyen du saccharimètre, mais on peut aussi l'estimer par différence, les matières précédentes ayant été dosées directement.

En suivant cette marche, M. Péligot a trouvé la composition moyenne suivante pour le sucre brut le plus abondant sur le marché parisien (qualité dite *bonne quatrième*) :

	Sucre indigène.	Sucre exotique.
Eau	3,5	4,5
Sels minéraux	1,5	1,0
Matières organiques colorantes, gommeuses (précipitables par le sous-acétate de plomb)	1,0	1,5
Matières insolubles (sable, etc.)	»	1,0
Sucre	94,0	92,0
	100,0	100,0

Dérivés métalliques du sucre.

§ 978. Les combinaisons du sucre avec les bases ont été principalement étudiées par M. Péligot et par M. Soubeiran [1].

[1] PÉLIGOT, *Ann. de Chim. et de Phys.*, LXVII, 113. — SOUBEIRAN, *Journ. de Pharm.*, [3] I, 469.

Sucrate de potasse, $C^{24}H^{22}O^{22}$, 2 KO (?). — Lorsqu'on verse une solution concentrée de potasse dans une solution alcoolique de sucre, il se produit un dépôt semi-fluide, qui prend plus de consistance quand on le broie avec de nouvelles quantités d'alcool. La combinaison se détruit déjà en partie par l'acide carbonique de l'air ; elle est fort soluble dans l'eau, à peine soluble dans l'alcool, fort soluble dans une solution alcoolique de sucre. A 110°, elle s'altère déjà en brunissant. Elle contient 12,6 p. c. de potasse (Brendecke).

Sucrate de soude, $C^{24}H^{22}O^{22}$, 2 NaO (?). — Cette combinaison est aussi difficile à purifier que la précédente, et lui ressemble tout à fait.

Elle contient 8,2 p. c. de soude (Brendecke ; 7,4 p. c. Soubeiran).

Sucre et chlorure de sodium, $C^{24}H^{22}O^{22}$, NaCl. — Pour obtenir cette combinaison, on fait dissoudre ensemble 1 p. de chlorure de sodium et 4 p. de sucre, et, après avoir réduit le mélange à consistance de sirop, on l'abandonne à l'évaporation spontanée dans un air sec. La forme et la saveur des cristaux qui se déposent les premiers permettent de les reconnaître pour du sucre candi ; la dissolution, décantée à plusieurs reprises, finit par donner des cristaux à arêtes vives, de la combinaison de sucre et de sel marin ; à l'air humide, ces derniers tombent en déliquescence. Leur saveur est à la fois douce et salée.

L'analyse de ces cristaux a donné :

	Péligot.		Calcul.
Carbone.	36,8	36,8	36,0
Hydrogène.	5,8	5,6	5,5
Oxygène.	42,9	42,8	44,0
Chlorure de sodium. .	14,5	14,8	14,5
	100,0	100,0	100,0

M. Péligot représente cette combinaison par la formule $C^{24}H^{21}O^{21}$, NaCl. Peut-être le produit analysé par ce chimiste avait-il été légèrement caramélisé par l'effet de la dessiccation à une trop haute température.

Sucre et borate de soude. — Lorsqu'on fait dissoudre ensemble, dans l'eau, du sucre et du borax, la liqueur, évaporée à consistance de sirop, dépose d'abord des cristaux de borax ; l'eau-mère sirupeuse précipite ensuite par l'alcool une matière visqueuse que

M. Sturenberg considère comme une combinaison du sucre et de borate de soude[1].

Sucrate de baryte, $C^{24}H^{22}O^{22}$, $2\,BaO$. — Cette combinaison s'obtient en mettant de l'eau de baryte en contact avec une solution de sucre. Si les liquides, après avoir été mélangés, sont étendus, il faut les faire bouillir ; alors on voit bientôt naître au sein de la liqueur chaude de petits cristaux mamelonnés, qui s'attachent aux parois du vase qui les renferme. Si l'on opère avec des liqueurs plus concentrées, si l'on prend, par exemple, 1 p. de baryte caustique, qu'on dissout dans 3 p. d'eau, et si la liqueur filtrée est mêlée, encore chaude, avec un sirop formé de 2 p. de sucre et de 4 p. d'eau, le mélange se prend peu à peu en un magma cristallin, dont la consistance augmente encore par l'élévation de la température.

Le sucrate de baryte se présente en lamelles brillantes, qui rappellent l'aspect de l'acide borique cristallisé ; il est peu soluble dans l'eau froide ; sa saveur est caustique ; il ramène au bleu la teinture de tournesol rougie, comme le ferait la baryte seule ; les acides le décomposent aisément en séparant du sucre, et même l'acide carbonique effectue cette décomposition très-rapidement, de sorte qu'il faut toujours laver ce corps avec de l'eau récemment bouillie, et le dessécher à l'abri de l'air atmosphérique.

Il ne perd pas d'eau sous l'influence de la chaleur, et présente, après la dessiccation dans le vide, la même composition qu'à 220°. Il est insoluble dans l'esprit de bois.

Voici les analyses qui établissent la composition du sucrate de baryte :

	Péligot.		Stein[2].		Soubeiran.			Calcul.
Carbone. . : .	28,7	27,6	28,3	28,4	29,0	28,8	29,4	29,1
Hydrogène. . .	4,5	4,4	4,5	4,4	4,4	4,5	4,5	4,5
Baryte.	31,0	30,8	31,0	31,0	31,8	30,9	31,1	30,8
Oxygène. . . .	»	»	»	»	»	»	»	35,6
								100,0

En ajoutant de l'alcool absolu à une solution de baryte et de sucre, M. Brendecke a obtenu un précipité contenant 18,5 p. c. de baryte.

[1] STURENBERG, *Archiv. d. Pharm.*, XVIII, 279.

[2] STEIN, *Ann. der Chem. u. Pharm.*, XXX, 82. — Ce chimiste représente le sucrate de baryte par la formule $C^{12}H^{10}BaO^{11}$; il pense que le baryte a dû retenir de l'acide carbonique dans la combustion du sel. Cependant ses analyses, ainsi que celles de M. Soubeiran, ont été faites avec du chromate de plomb.

La formule de M. Stein exige : carbone, 30,2 ; hydrogène, 4,2 ; baryte, 31,9.

§ 979. *Sucrates de chaux*. — On connaît deux combinaisons définies de sucre et de chaux : l'une, contenant r atome de sucre et 1 atome double de chaux, est soluble dans l'eau; l'autre, renfermant 1 atome de sucre et 3 atomes doubles de chaux, est insoluble dans ce liquide.

α. Sel $C^{24}H^{22}O^{22}$, 2 CaO. Pour l'obtenir, on mélange un lait de chaux assez limpide avec une solution de sucre (2 p. de chaux pour 13 p. de sucre), de manière à avoir ce dernier en léger excès; on filtre et l'on précipite par l'alcool; si l'on a pris trop de sucre, le tout reste en dissolution.

On peut aussi ajouter au lait de chaux une solution *cencentrée* de sucre, jusqu'à dissolution de toute la chaux, et précipiter le liquide filtré par l'alcool de 85°.

Le sucrate de chaux s'obtient ainsi sous la forme d'un précipité blanc qui, par la dessiccation, se transforme en une masse cassante résiniforme. Ce corps, quoique non cristallin, présente toujours la même composition, et renferme 14 p. c. de chaux. Il est très-soluble dans l'eau; sa dissolution, de même que celle qu'on obtient par le contact de l'eau sucrée avec la chaux maintenue en grand excès, laquelle se dissout alors en plus grande quantité, possède la propriété de se troubler quand on la chauffe, et même de se coaguler entièrement, comme l'albumine de l'œuf, lorsqu'elle est prise dans un état convenable de concentration. Mais, contrairement à ce qui arrive pour le blanc d'œuf, le précipité calcaire disparaît à mesure que sa température s'abaisse, et le liquide redevient entièrement limpide et transparent, avant même qu'il soit entièrement refroidi.

Exposée à l'air, la solution du sucrate de chaux dépose des rhomboèdres aigus de carbonate de chaux hydraté (Pelouze).

β. Sel $C^{24}H^{22}O^{22}$, 6 CaO (à 110°). C'est le précipité qui se forme par l'ébullition de la solution du sel précédent. On parvient à isoler ce précipité en le séparant, par la filtration, *de la liqueur maintenue bouillante*. Dans cet état, il est presque insoluble, tant dans l'eau froide que dans l'eau chaude. Il contient 32,9 p. c. de chaux [1].

Il est facile de se rendre compte des circonstances qui accompagnent la formation de ce corps : lorsqu'on soumet à l'action de la chaleur une dissolution sucrée saturée par la chaux, de manière à produire un abondant précipité au sein de la liqueur bouillante,

---

[1] Péligot, *Compt. rend. de l'Acad.*, XXXII, 333.

celle-ci contient alors à l'état libre une partie du sucre qui se trouvait en présence de la chaux, quand elle était froide. Vient-on à laisser refroidir le liquide, le sucre libre reprend la chaux qui s'était précipitée sous forme de sucrate tribasique, et celui-ci disparaît à mesure que le refroidissement a lieu. En effet, ce sel, qui est presque insoluble dans l'eau pure, est, au contraire, très-soluble dans l'eau sucrée.

On obtient aussi la précipitation immédiate du sucre, sous la forme d'un composé calcaire, peu soluble ou insoluble, en ajoutant de la chaux en poudre à du sirop marquant 35 degrés Baumé ; le précipité contient, à la vérité, beaucoup de chaux en excès. Cette réaction permet d'extraire, au moyen de la chaux, le sucre qui se trouve encore en grande quantité dans les mélasses [1].

γ. Il paraît exister un troisième sucrate de chaux intermédiaire $C^{24}H^{22}O^{22}$, 4 CaO ; mais on ne parvient pas à l'isoler. On sait seulement que l'eau sucrée peut dissoudre une quantité de chaux supérieure à celle qui correspond à la composition du sucrate monobasique. M. Péligot a reconnu que la quantité de chaux qui se dissout dans l'eau sucrée varie suivant la densité de ce liquide. On peut en juger par le tableau suivant qui représente : la composition et la densité de la liqueur sucrée ; sa densité après qu'elle a été saturée par la chaux ; les quantités de chaux et de sucre contenues dans 100 parties de résidu fourni par l'évaporation à siccité de chacune de ces dissolutions (ce résidu a été séché à 120 degrés) :

SUCRE DISSOUS dans 100 d'eau.	DENSITÉ du liquide sucré.	DENSITÉ du liquide sucré saturé de chaux.	100 DE RÉSIDU SEC CONTIENNENT :	
			Chaux.	Sucre.
40,0	1,122	1,179	21,0	79,0
37,5	1,116	1,175	20,8	79,2
35,0	1,110	1,166	20,5	79,5
32,5	1,103	1,159	20,3	79,7
30,0	1,096	1,148	20,1	79,9
27,5	1,089	1,139	19,9	80,1
25,0	1,082	1,128	19,8	80,2
22,5	1,075	1,116	19,3	80,7
20,0	1,068	1,104	18,8	81,2
17,5	1,060	1,092	18,7	81,3
15,0	1,052	1,080	18,5	81,5
12,5	1,044	1,067	18,3	81,7
10,0	1,036	1,053	18,1	81,9
7,5	1,027	1,040	16,9	83,1
5,0	1,018	1,026	15,3	84,7
2,5	1,009	1,014	13,8	86,2

La chaux, loin d'altérer le sucre dans les travaux des fabriques, lui donne de la stabilité. Une solution de sucre, bouillie pendant

[1] Rousseau, *Compt. rend. de l'Acad.*, XXXII, 421.

48 heures, avec $^1/_2$ atome de chaux, n'a pas subi la moindre altération, tandis qu'une pareille dissolution, bouillie sans chaux dans
les mêmes conditions, avait perdu tout son sucre après douze
heures d'ébullition. Cette expérience justifie la supériorité du travail alcalin sur le travail neutre qui a été recommandé comme un
perfectionnement, dans ces derniers temps pour la fabrication du
sucre[1].

Le sucre, en dissolvant la chaux, perd une partie de ses propriétés rotatoires.

Le sucrate de chaux dissout, déjà à la température ordinaire,
une certaine quantité de phosphate de chaux[2]. Il dissout également
du carbonate de chaux[3].

Sucrate de cuivre et de chaux. — Ni le sucre ni le sucrate de
chaux ne dissolvent l'hydrate de cuivre; mais, si l'on fait réagir le
mélange de ces deux corps, si l'on ajoute, par exemple, du sucre
à une dissolution de sucrate de chaux, qu'on met alors en contact
avec le même hydrate de cuivre, on voit ce dernier corps se dissoudre avec une singulière facilité; la liqueur qu'on obtient ainsi
est alcaline, et présente une riche teinte d'un bleu violacé. Par la
dessiccation dans le vide, elle donne un sel bleu non cristallin.
Cette même liqueur, abandonnée à l'évaporation spontanée, s'altère et dépose peu à peu de l'hydrate jaune de protoxyde de cuivre.

Cette formation du sucrate de cuivre et de chaux, sel parfaitement soluble dans l'eau, explique jusqu'à un certain point pourquoi
les solutions de cuivre, de fer, etc., une fois mélangées avec une
certaine quantité de sirop de sucre, deviennent insensibles à l'action des alcalis qui les précipitent dans les circonstances ordinaires.

Lorsqu'on mélange, suivant M. Barreswil[4], des dissolutions concentrées de sucre et de sulfate de cuivre, il se produit à la longue un
précipité blanc bleuâtre, contenant $C^{24}H^{22}O^{22}$, $2\,SO^4Cu + 8\,aq$. On
peut de nouveau retirer le sucre cristallisable de ce composé, en traitant celui-ci par la baryte, qui précipite l'oxyde de cuivre et l'acide
sulfurique. Dissous dans l'eau, le même composé donne, à chaud,
un précipité rouge de protoxyde de cuivre; desséché à une douce
chaleur, et porté graduellement à 140°, il perd de l'eau et finit par
laisser du sulfate de cuivre anhydre et une matière noire ulmique.

[1] DUBRUNFAUT, *Compt. rend. de l'Acad.*, XXXII, 498.
[2] BOBIERRE, *ibid.*, XXXII, 859.
[3] BARRESWIL, *ibid.*, XXXII, 469.
[4] BARRESWIL, *Journ. de Pharm.*, [3] VII, 29.

Sucrate de plomb, $C^{24}H^{18}Pb^4O^{22}$. — Ce composé[1], s'obtient aisément au moyen du sucre et de l'acétate de plomb ammoniacal; par le contact des dissolutions de ces deux corps, il se produit un précipité gélatineux, qu'on lave à l'eau froide et qu'on dissout ensuite dans l'eau bouillante. En abandonnant cette nouvelle dissolution dans un flacon bouché à l'émeri, on voit, au bout de quelques jours, le sucrate de plomb se précipiter peu à peu sous la forme de cristaux blancs et mamelonnés, quelquefois sous celle d'aiguilles. Il faut mettre le produit à l'abri de l'acide carbonique de l'air. On peut chauffer ce composé jusqu'à 200° sans qu'il s'altère. Il est insoluble dans l'eau froide.

Le même composé s'obtient par le mélange de la solution du sucrate de chaux avec celle de l'acétate de plomb neutre[2].

Enfin on peut aussi le produire en faisant réagir le massicot sur une solution de sucre, à froid; sous l'influence du temps, cet oxyde enlève tout le sucre à la solution[3].

Voici les nombres que le sucrate de plomb a donnés à l'analyse :

	Berzélius.	Péligot.			Soubeiran.			Calcul.
		à 100°	à 100°	à 170°				
Carbone.	»	19,0	19,1	19,0	»	»	»	19,4
Hydrogène.	»	2,7	2,6	2,5	»	»	»	2,3
Oxyde de plomb. .	58,26	59,0	»	59,3	59,5	58,6	59,0	59,0
Oxygène.	»	»	»	»	»	»	»	19,3
								100,0

Dérivés nitriques du sucre.

§ 980. Lorsqu'on traite le sucre de canne, à la température de 2°, par un mélange d'acide nitrique et d'acide sulfurique concentrés, on obtient, suivant M. Schœnbein[4], une matière gluante et insoluble, qui, lavée et desséchée à froid, devient solide et cassante. La formation de ce produit n'est accompagnée d'aucun dégagement de gaz.

Le sucre nitré est incolore, sans saveur ni odeur, et se comporte avec les solvants comme une résine. Il se ramollit par la chaleur,

[1] Berzélius, *Ann. de Chimie*, XCV, 59. — Péligot, *Ann. de Chim. et de Phys.*, LXXIV, 103.

[2] Soubeiran, *Journ. de Pharm.*, [3] I, 476.

[3] Dubrunfaut, *Compt. rend. de l'Acad.*, XXXII, 498.

[4] Schoenbein, *Ann. de Poggend.*, LXX, 167. — Svanberg, *Pharmac. Centralblatt*, 1848, p. 702. — Reinsch, *Jahrb. f. prakt. Pharm.*, XVIII, 102. — Voil, *Ann. der Chem. u. Pharm.*, LXX, 360. — A. Knop et W. Knop, *Journ. f. prakt. Chem.*, LVI, 334.

et fait explosion à une température plus élevée. Suivant M. Reinsch, on peut l'obtenir en petits cristaux groupés en étoiles par l'évaporation spontanée de sa solution alcoolique, faite à froid.

Abandonné dans l'eau, à la température de l'été, le sucre nitré devient mou et gluant, en même temps que l'eau se charge d'acide nitrique.

Sa dissolution dans un mélange d'alcool et d'éther se décompose par l'ébullition avec du sulfite d'ammoniaque; il se dégage un gaz composé principalement d'azote, tandis que le résidu renferme des sels ammoniacaux.

Une solution de protochlorure de cuivre attaque aussi le sucre nitré.

GLUCOSE.

Syn. : sucre en grains, sucre mamelonné, sucre de raisin, sucre de diabète, sucre d'amidon ou de fécule.

Composition : $C^{12}H^{12}O^{12} + 2$ aq.

§ 981. Les grains de sucre contenus dans les raisins secs, et l'enduit farineux dont sont recouverts les pruneaux, les figues et d'autres fruits mûrs, consistent en une substance particulière que Lowitz et Proüst[1] ont les premiers su distinguer du sucre ordinaire. Cette substance, à laquelle on donne aujourd'hui le nom de *glucose* (du grec γλυκύς, doux), est aussi contenue dans le miel, où elle est accompagnée de sucre incristallisable (§ 988); on la rencontre également, en quantité notable, dans l'urine des malades affectés du diabète mellitique[2]. Kirchhoff[3] a le premier démontré que la matière amylacée peut être convertie en glucose par l'ébullition avec de l'acide sulfurique étendu; M. Braconnot[4] a observé la même transformation sur la cellulose. Plusieurs principes végétaux, tels que l'amygdaline des amandes amères, la salicine de l'écorce des saules, la phlorizine de l'écorce des pommiers et des poiriers, le tannin de la noix de galles, etc., peuvent être dédoublés en glucose et en d'autres substances par l'action de l'acide sulfurique étendu[5].

[1] Lowitz, *Chemische Annalen von Dr. Crell*, 1792, I, 218 et 345. — Proust, *Journ. de Phys., de Chimie*, etc., LXIII, 257 ; LXIX, 428. *Ann. de Chimie*, LVII, 131 et 225.

[2] Thénard et Dupuytren, *Ann. de Chimie*, XLIV, 45.

[3] Kirchhoff, *Journ. de Phys., de Chimie*, etc., LXXIV, 199. — De Saussure, *Ann. de Chim. et de Phys.*, XI, 379.

[4] Braconnot, *Ann. de Chim. et de Phys.*, XII, 172.

[5] J'ai remarqué, il y a quelques années, que, si l'on fait bouillir pendant quelques

De Saussure et Proust ont les premiers établi la composition du glucose.

On confond quelquefois le glucose avec le sucre incristallisable ou sucre des fruits acides (§ 988), qui, tout en ayant la même composition et les mêmes caractères chimiques, se distingue du glucose par l'absence de forme cristalline, et par le sens du pouvoir rotatoire qu'il exerce sur le plan de polarisation de la lumière. Au reste, ce sucre incristallisable éprouve à la longue une transposition moléculaire et se convertit lui-même en glucose.

§ 982. On peut, à l'aide de l'alcool, extraire le glucose du miel, et le séparer du sucre incristallisable avec lequel il se trouve mélangé. A froid, l'alcool dissout cette espèce de mélasse, et ne prend qu'une très-petite quantité de glucose qui reste donc en grande partie dans le résidu ; après avoir bien lavé celui-ci à l'alcool, on l'exprime, on le dissout dans l'eau, et l'on traite la solution par le charbon animal et le blanc d'œuf. Par l'évaporation dans une étuve, la solution dépose alors des grains cristallins de glucose. On emploie le même procédé pour extraire ce corps des raisins secs.

S'agit-il de le retirer de l'urine des diabétiques, on la fait évaporer à cristallisation. Après avoir lavé les cristaux par l'alcool froid, on les redissout dans l'eau, et on les soumet à une nouvelle cristallisation.

La transformation de la fécule en glucose s'opère en grand dans les fabriques. Elle consiste à traiter la fécule par de l'eau aiguisée d'un centième d'acide sulfurique, à une température maintenue, à l'aide d'un courant de vapeur d'eau, entre 100 et 104° ; la fécule se convertit d'abord en dextrine (§ 953), et, au bout de quelques heures, sa transformation en glucose se trouve effectuée. On sature alors l'excès d'acide sulfurique par de la craie, on laisse déposer le sulfate de chaux formé, puis on soutire au clair le liquide surnageant, pour le faire rapidement évaporer jusqu'à environ 30 degrés Baumé. Le sirop ainsi rapproché dépose le glucose, au bout de quelque temps, sous la forme de grumeaux agglomérés.

Il est probable que, dans cette saccharification de la matière amylacée, l'acide sulfurique exerce une action semblable à celle

heures la gélatine animale avec de l'acide sulfurique étendu, il se produit une quantité considérable de sulfate d'ammoniaque, en même temps qu'une matière sucrée qui était probablement aussi du glucose ; du moins, elle se décomposait, au contact de la levûre de bière, en alcool et en acide carbonique. J'ai pu, par la fermentation de cette matière sucrée, recueillir assez d'alcool pour l'enflammer.

qu'éprouve de sa part l'alcool dans l'éthérification. Le premier effet de cet acide consiste, sans doute, à produire une combinaison copulée (§ 987); on peut affirmer, du moins, qu'une semblable combinaison s'obtient quand on abandonne l'amidon, le ligneux ou la gomme, avec de l'acide sulfurique concentré, et qu'on sature le produit par de la craie ou par du carbonate de baryte. Par l'effet de la chaleur, la combinaison copulée est détruite, l'acide sulfurique devient libre de nouveau, et la matière amylacée, au lieu de se séparer comme telle, fixe les éléments de 2 at. d'eau, et se sépare à l'état de glucose. On connaît d'ailleurs beaucoup de substances qui se modifient ainsi sous l'influence de l'acide sulfurique.

La matière amylacée se convertit aussi en glucose par l'action de la diastase, espèce de ferment albuminoïde qui est contenu dans l'orge germée et dans la graine d'autres céréales au moment de la germination. Ce ferment surpasse de beaucoup l'acide sulfurique quant à la faculté de convertir la fécule en dextrine et en glucose; 1 p. de diatase suffit pour faire perdre à 2000 p. de fécule la consistance de l'empois, c'est-à-dire pour transformer cette substance en un mélange de glucose et de dextrine. Pour préparer le glucose par cet agent, on arrose la fécule avec un extrait d'orge germée, et l'on maintient le mélange à une température de 70 à 75°; bientôt la masse devient entièrement fluide, et, si l'on a employé assez d'orge, la transformation s'accomplit dans l'espace de quelques heures; elle est complète quand la liqueur n'est plus colorée par l'iode, et que l'acétate de plomb et l'alcool ne la précipitent plus.

§ 983. Le glucose cristallise lentement d'une solution moyennement concentrée, sous la forme de mamelons semi-globulaires ou de choux-fleurs fibreux et indéterminables. En opérant sur de grandes masses, dans une dissolution alcoolique, on réussit quelquefois à l'obtenir en cristaux définis, transparents, limpides, ayant des faces bien nettes, et exerçant la double réfraction[1].

Il est bien moins soluble dans l'eau que le sucre de canne; il exige pour sa dissolution une fois et un tiers son poids d'eau froide; dans l'eau bouillante, il se dissout en toutes proportions, en donnant un sirop dont la saveur est bien sucrée, mais qui n'est pas aussi filant que le sirop du sucre de canne. Porté en poudre sur la langue, il offre une saveur piquante et farineuse qui devient légèrement sucrée à mesure qu'il se dissout. Il en faut deux fois et

[1] Mitscherlich, *Compt. rend. de l'Acad.* XXIII, 909.

demie autant que de sucre de canne pour sucrer au même degré le même volume d'eau.

Sa solubilité dans l'alcool est également moins grande que celle du sucre de canne ; la solution, saturée à l'ébullition, dépose, par le refroidissement, des cristaux irréguliers qui retiennent assez fortement de l'alcool.

La solution du glucose dévie à droite le plan de polarisation de la lumière[1].

Le glucose entre en fusion au bain-marie, c'est-à-dire à 100° ou un peu au-dessous, en perdant 9 p. c. = 2 atomes d'eau de cristallisation. Fondu, il constitue une masse jaunâtre et transparente qui attire l'humidité de l'air, et cristallise de nouveau en une masse grenue quand elle a repris son eau de cristallisation.

Chauffé à 140°, il perd encore de l'eau et se convertit en caramel (§ 996).

Si on le chauffe davantage, il donne les mêmes produits de décomposition que le sucre de canne.

L'acide chlorhydrique ou sulfurique, étendu et bouillant, convertit le glucose en une matière brune ou noire (*ulmine*, *acide ulmique*, § 998, α), et, si l'air intervient, il se forme aussi de l'acide formique.

Quand on broie du glucose bien pur avec de l'acide sulfurique concentré, il se produit un acide copulé (§ 987).

Le glucose se combine avec les bases métalliques, commé le sucre de canne, mais les combinaisons sont bien moins stables et se décomposent plus facilement. Quand on met de la potasse en présence du glucose, et qu'on chauffe le mélange seulement jusqu'à 60 ou 70°, la solution devient brune et répand une odeur de sucre brûlé. Il se produit, dans ces circonstances, de l'acide glucique (§ 995), et de l'acide mélassique (§ 998, β).

Bouilli avec du peroxyde puce de plomb, le glucose se transforme en formiate et en carbonate de plomb, en même temps qu'il se produit une effervescence de gaz carbonique. Cette réaction peut être mise à profit pour la préparation du formiate de plomb[2].

Le glucose réduit certains sels métalliques avec bien plus de facilité que ne le fait le sucre de canne. Quand on ajoute à une

---

[1] Voy. sur les caractères optiques du glucose : DUBRUNFAUT, *Ann. de Chim. et de Phys.*, [3] XVIII, 99 ; XXI, 169.

[2] STURENBERG, *Ann. der Chem. u. Pharm.*, XXIX, 294.

solution de glucose un peu de potasse caustique, puis, goutte à goutte, une solution étendue de sulfate de cuivre, il se produit une liqueur foncée, et au bout de quelques instants, sans qu'on élève la température, il se sépare du protoxyde de cuivre hydraté. Si l'on porte le mélange à l'ébullition, elle ne tarde pas à se décolorer, et tout le cuivre se précipite ainsi. Une liqueur qui ne renferme que 0,00001 de glucose en solution donne encore un précipité rouge sensible, par l'addition de la potasse et de quelques gouttes de sulfate cuivrique; 0,000001 de glucose suffit pour communiquer à la liqueur une teinte rouge qui est sensible suivant la position dans laquelle on la tient contre la lumière. Le sucre de canne ne détermine pas cette réduction à froid[1].

Une semblable réduction s'effectue quand on fait bouillir l'acétate de cuivre avec une solution de glucose; il se dépose de l'hydrate de protoxyde de cuivre, de l'acide acétique se dégage, et la solution retient un sel de cuivre qui n'a pas encore été examiné. Le nitrate de cuivre n'est pas réduit.

Mais le nitrate mercureux dépose du mercure métallique par l'ébullition avec le glucose; de même le sublimé corrosif est réduit à l'état de calomel. Le nitrate d'argent et le chlorure d'or déposent également du métal en présence d'une solution bouillante de glucose.

Le chlore libre et les perchlorures se comportent avec le glucose comme avec le sucre de canne.

Le glucose en sirop ou en masse s'emploie pour la fabrication de la bière, de l'alcool, et pour l'amélioration des vins de qualité inférieure.

§ 984. Sous l'influence des ferments, le glucose éprouve de nombreuses transformations; les produits varient suivant la nature des ferments et les circonstances où l'on opère.

α. Fermentation alcoolique[2]. La levûre, telle qu'elle se sépare du moût de bière, possède au plus haut degré la propriété de décomposer le glucose en acide carbonique et en alcool :

$$C^{12}H^{12}O^{12} = 4\,CO^2 + 2\,C^4H^6O^2.$$

Glucose.   Alcool.

Il paraît qu'une condition essentielle pour qu'un ferment déter-

---

[1] TROMMER, *Ann. der Chem. u. Pharm.*, XXXIX, 360.

[2] CHAPTAL, *Ann. de chimic.*, LXXV; 90. — THÉNARD, *ibid.* XLVI, 294. — PROUST, *ibid.*, LVII, 246. — GAY-LUSSAC, *ibid.*, LXXVI, 245; LXXXVI, 175; XCV, 311. *Ann. de Chim. et de Phys.*, XVIII; 380. — COLIN, *ibid.*, XXVIII, 128; XXX, 42.

mine cette transformation, c'est qu'il soit acide aux papiers colorés ;
il est reconnu d'ailleurs que plusieurs acides organiques, tels que
les acides tartrique, citrique, malique, la crème de tartre, et en
général les acides organiques fixes contenus dans les sucs végétaux,
favorisent cette espèce de fermentation.

Dans certaines circonstances encore mal déterminées, on trouve
dans les liquides fermentés des homologues de l'alcool, l'hydrate de
trityle (§ 1026^b), l'hydrate de tétryle (§ 1051), et particulièrement
l'hydrate d'amyle (§ 1084), auxquels les eaux-de-vie de marc doivent
leur saveur désagréable. La présence de ces substances parmi les produits de la fermentation du moût de vin, du moût de bière, des mélasses de betteraves et du sucre de fécule, semble bien démontrer
qu'elles résultent de la métamorphose du glucose dans une fermentation qui a cessé d'être franchement alcoolique, et qui a dévié de
sa marche normale par l'effet d'une action particulière des ferments. On trouve d'ailleurs des relations extrêmement simples
entre la composition du glucose et celle de ces alcools, ainsi que
le démontrent les équations suivantes [1] :

$$2\,C^{12}H^{12}O^{12} = 8\,CO^2 + \begin{cases} C^4H^6O^2,\ \text{hydr. d'éthyle,} \\ 2\,C^6H^8O^2,\ \text{hydr. de trityle,} \\ 2\,HO. \end{cases}$$

glucose.

$$= 8\,CO^2 + \begin{cases} 2\,C^8H^{10}O^2,\ \text{hydr. de tétryle,} \\ 4\,HO. \end{cases}$$

$$= 8\,CO^2 + \begin{cases} C^6H^8O^2,\ \text{hydr. de trityle,} \\ C^{10}H^{12}O^2,\ \text{hydr. d'amyle,} \\ 4\,HO. \end{cases}$$

β. *Fermentation lactique* [2]. Lorsque les ferments, au lieu d'être
acides, offrent, par l'effet d'une altération spontanée, une réaction
alcaline aux papiers, ils transforment le plus souvent le glucose en
acide lactique (§ 452) sans qu'il se développe aucun gaz. Cette métamorphose est surtout déterminée par le contact du glucose avec
la diastase altérée, avec les membranes animales putréfiées, avec
le vieux fromage, etc. Elle ne s'arrête généralement pas à la formation de l'acide lactique; mais celui-ci se décompose à son tour
sous l'influence du ferment, avec dégagement de gaz hydrogène, en
donnant alors de l'acide butyrique et de l'acide acétique.

Ce genre de transformation du glucose s'effectue souvent dans

---

[1] Chancel, *Compt. rend. de l'Acad.*, XXXVII, 409.
[2] Boutron et Frémy, *Ann. de Chim. et de Phys.*, [3] II. 257.

certaines boissons, telles que le vin ou la bière. On peut l'éviter en ajoutant de l'alcool aux liquides qui sont sujets à s'altérer ainsi.

γ. *Fermentation visqueuse* [1]. Pour la provoquer, il suffit de faire bouillir de la levûre de bière avec de l'eau, et de dissoudre du glucose (ou du sucre) dans cette décoction préalablement filtrée. Le glucose se convertit alors en une matière visqueuse qui ressemble à la gomme arabique (§ 960) : ce phénomène s'accomplit dans les vins blancs, lorsqu'ils deviennent filants et glaireux comme du blanc d'œuf; on l'observe aussi en été dans des potions ou juleps contenant de l'eau, du sucre et quelques matières organiques. Souvent cette fermentation est accompagnée d'un dégagement de gaz très-considérable, ainsi que de la formation d'une certaine quantité de mannite (§ 999).

Le glucose éprouve directement les transformations dont nous venons de parler, sans passer par un état intermédiaire ; le sucre de canne, au contraire, se convertit toujours d'abord en glucose, ou, plus exactement en sucre incristallisable, isomère du glucose.

§ 985. Le *dosage du glucose* se fait par les procédés que nous avons exposés plus haut (§ 972) pour le sucre de canne.

L'observation du pouvoir rotatoire des liqueurs sucrées donne très-rapidement un résultat précis, lorsque ces liqueurs ne contiennent, comme substance active, que du glucose. Si elles renferment, en même temps, du sucre de canne, on applique l'inversion par l'acide chlorhydrique (p. 530). Mais cette méthode est impraticable lorsque le glucose est mélangé avec du sucre incristallisable.

Dérivés métalliques du glucose.

§ 986. La solution du glucose dans les alcalis brunit bien plus rapidement que celle du sucre de canne ; toutefois, en opérant avec certaines précautions, on peut obtenir avec le glucose des combinaisons semblables aux sucrates. Par l'action prolongée des alcalis sur le glucose, on obtient de l'acide glucique (§ 989).

Glucosate de chlorure de sodium [2], $2\,C^{12}H^{12}O^{12}, NaCl + 2\,aq.$ — Ce composé, observé pour la première fois par M. Calloud dans une

---

[1] Desfosses, *Journ. de Pharm.*, XV, 604.

[2] Calloud, *Journ. de Pharm.*, XI, 562. — Péligot, *loc. cit.* — Erdmann et Lehmann, *Journ. f. prakt. Chem.* XIII, 111. — Brunner, *Ann. der. Chem. u. Pharm.*, XXXI, 195. — Suivant M. Péligot, la combinaison cristallisée perdrait 6,0 p. c. par la dessiccation dans le vide à 160°; mais M. Erdmann affirme qu'à cette température le composé est complétement altéré.

urine diabétique, s'obtient très-aisément en évaporant doucement une solution moyennement concentrée de 1 at. de sel marin et de 2 at. de glucose. Il se dépose alors de belles pyramides doubles à 6 faces, dures et incolores ; si l'on prenait un excès de sel marin, celui-ci cristalliserait le premier.

On purifie ce composé par de nouvelles cristallisations. Il est transparent, aisé à réduire en poudre, assez soluble dans l'eau , d'une saveur à la fois salée et douce. Il est fort peu soluble dans l'alcool de 96 centièmes. Par la dessiccation à 100°, il perd 4,3 = 2 atomes d'eau de cristallisation.

Les cristaux de ce composé appartiennent au système rhombique [1] : combinaison ordinaire, $+ P. - P, \dot{P} \infty$. Les cristaux sont hémièdres, et ressemblent à des doubles pyramides du système hexagonal ; mais les angles de la base sont de 120° 12′ et de 119° 54′. Lorsqu'on taille un cristal en lames à faces parallèles, perpendiculairement à l'axe qui joint les sommets des deux pyramides à 6 faces, et qu'on fait traverser ces lames par de la lumière polarisée, on remarque qu'elles ne présentent pas le caractère appartenant aux cristaux du système hexagonal.

Le pouvoir rotatoire d'une solution de glucosate de chlorure de sodium diminue avec le temps, comme c'est le cas d'une solution de glucose ; ce changement est plus rapide à chaud qu'à froid.

Glucosate de baryte, $2 C^{12}H^{11}BaO^{12}, BaO + 6$ aq. (?). — On dissout séparément une certaine quantité de baryte et de glucose dans de l'esprit de bois dilué ; puis on mêle les deux dissolutions, en ayant soin d'employer un petit excès de celle qui contient le glucose ; on obtient immédiatement un précipité floconneux et blanc qu'on lave avec de l'esprit de bois ; on dessèche ensuite le produit dans le vide sur de la chaux vive. Ainsi obtenu, la combinaison de glucose et de baryte peut être chauffée à 100° dans le vide sans subir d'altération ; elle prend seulement une teinte jaune plus claire. Si l'on outrepasse cette température, une altération profonde se manifeste ; la matière se boursoufle et noircit en dégageant de l'eau.

L'analyse du glucosate de baryte a donné :

	Péligot.			Calcul.
Carbone. . . .	22,8	23,3	23,6	23,1
Hydrogène. .	4,7	4,1	4,6	4,4
Baryte. . . .	35,4	35,5	35,0	36,5

[1] PASTEUR, *Ann. de Chim. et de phys.*, [3] XXXI, 92.

Glucosate de chaux. — Il s'obtient en précipitant par l'alcool une dissolution récente de chaux éteinte dans le sirop de glucose; il est aussi altérable que le corps précédent.

Quand on dissout le glucose dans l'eau, et qu'on y ajoute du lait de chaux, la solution, d'abord alcaline, devient peu à peu neutre par un repos prolongé, et alors l'acide carbonique n'en précipite plus la chaux. Si l'on sépare la chaux par l'acide oxalique, il reste de l'acide glucique en dissolution.

Glucosate de plomb [1]. — $C^{12}H^9Pb^3O^{12} + 4$ aq. — On obtient cette combinaison en versant dans une solution aqueuse de glucose une solution d'acétate de plomb ammoniacal. Le précipité qui *tend* à se former se redissout d'abord pendant un certain temps, puis devient permanent; il faut avoir soin de maintenir dans la liqueur un excès de glucose. Le sel de plomb qui a pris naissance est lavé et desséché à la température ordinaire; il faut observer les précautions nécessaires pour éviter l'absorption de l'acide carbonique de l'air. Quand il ne perd plus d'eau dans le vide sec à froid, on peut alors le chauffer à 150° dans le vide sans l'altérer : seulement, de blanc qu'il était en se précipitant, il devient jaunâtre.

Dérivés sulfuriques du glucose.

§ 987. On sait, depuis les expériences de M. Braconnot, qu'en broyant du ligneux, du coton, des chiffons de toile, etc., avec de l'acide sulfurique concentré, on obtient un acide copulé (*acide sulfolignique, végéto-sulfurique* ou *sulfoamidonique*) qui donne des sels solubles avec la baryte et le plomb. Ce produit précède probablement le glucose dans la saccharification de la cellulose, des gommes et de l'amidon, au moyen de l'acide sulfurique. M. Péligot a reconnu, en effet, qu'un acide semblable (*acide sulfoglucique* ou *sulfosaccharique*) s'obtient directement par le glucose et l'acide sulfurique concentré.

Plusieurs chimistes [2] ont cherché à déterminer la composition des acides copulés qu'on obtient dans ces réactions, mais ils n'ont pas pu arriver à des résultats constants, à cause de la grande instabilité de ces acides, ainsi que de leurs sels, qui, en solution aqueuse,

[1] STEIN, *Ann. der Chem. u. Pharm.*, XXX, 82.

[2] PÉLIGOT, *Ann. de Chim. et de Phys.*, LXVII, 68. — BLONDEAU de CAROLLES, *Revue scientif.* XIV, 480. — KALINOWSKY, *Journ. f. prakt. Chem.* XXXV, 193. — FEHLING, *Ann. der Chem. u. Pharm.*, LIII, 134 ; LV, 13.

se transforment promptement en sulfates et en dextrine ou glucose. Cette transformation indique toutefois que ces acides renferment $C^{12}H^{12}O^{12}$ en combinaison avec n fois SO^3; il est même probable que la cellulose, l'amidon et le glucose donnent, avec l'acide sulfurique, la même combinaison.

α. *Acide de la cellulose*. M. Blondeau le prépare à l'aide de son sel de plomb, en décomposant celui-ci par l'hydrogène sulfuré, et en concentrant le liquide après l'avoir séparé du sulfure de plomb; il le purifie en précipitant sa solution aqueuse par un mélange d'alcool et d'éther, où l'acide est tout à fait insoluble.

Ainsi préparé, l'acide sulfolignique se présente avec tous les caractères d'un acide énergique. Il agace fortement les dents; sa saveur rappelle celle des fruits qui n'ont pas atteint la maturité. Il constitue ordinairement une masse sirupeuse, qui refuse obstinément de cristalliser; quelquefois on y remarque néanmoins de petits points cristallins. Il est fort déliquescent, et sa solution se décompose avec la plus grande facilité, sous l'influence de la chaleur, en acide sulfurique et en dextrine (ou glucose?).

Le *sel de baryte* constitue une masse gommeuse qui attire rapidement l'acide carbonique de l'air.

Le *sel de chaux* est aussi une masse gommeuse et déliquescente.

Le *sel de plomb* présente les mêmes caractères.

Pour l'obtenir, on broie du coton avec de l'acide sulfurique concentré jusqu'à ce que le produit soit devenu sirupeux; ensuite on le verse dans beaucoup d'eau, en ayant soin que la masse ne s'échauffe pas trop; on sature le liquide par du carbonate de plomb, et on concentre la solution dans le vide, à une température qui n'atteigne pas 100°, autrement le produit s'altère. On obtient ainsi une masse blanche, friable, très-déliquescente, et qui fond à l'air en une masse gommeuse. Ce composé, si soluble dans l'eau, est entièrement insoluble dans l'alcool; quand on le place dans le vide, il est susceptible de donner lieu à une cristallisation semblable à des barbes de plume; ces cristaux disparaissent toutefois au bout d'un certain temps, par la dessiccation complète du produit.

Soumis à la distillation, ce sel de plomb, ainsi que les autres sels, développe de l'oxyde de carbone, ainsi qu'un liquide volatil qui excite le larmoiement.

β. *Acide de l'amidon*. Ses sels présentent les mêmes caractères que ceux de l'acide qu'on obtient avec la cellulose.

Voici les analyses d'un *sel de chaux* de trois préparations différentes :

	Kalinowsky			Calcul.
	a	b	c	
Carbone	34,36	34,94	33,78	33,6
Hydrogène.	5,65	5,70	5,68	5,0
Ac. sulfuriq. (SO^3) . .	16,83	16,40	13,00	17,4
Chaux	5,70	5,20	4,75	6,1

Pour préparer le sel *a*, M. Kalinowsky broya de la fécule du commerce avec deux fois son poids d'acide sulfurique concentré, et obtint ainsi un liquide semi-fluide qui fut étendu d'eau et saturé *immédiatement* par du carbonate de chaux; le liquide filtré fut évaporé le lendemain au bain-marie. Il se sépara ainsi du sulfate de chaux, sans que le liquide devînt acide; cependant on ne pouvait pas évaporer le liquide à siccité sans qu'il se décomposât; on en précipita par l'alcool le sulfamidonate de chaux, et l'on abandonna le précipité dans le vide. On ne pouvait pas le dessécher à 100°, car il se boursouflait considérablement, sans toutefois se décomposer.

Pour préparer le sel *b*, on laissa l'acide sulfurique en contact avec l'amidon pendant 24 heures, avant de saturer. Le liquide fut évaporé au bain-marie, puis traité par l'alcool; celui-ci, comme dans la préparation précédente, précipita le sulfamidonate et se chargea d'une quantité notable de glucose; le sel obtenu était un peu jaune.

Enfin, pour la préparation du sel *c*, l'amidon fut laissé sept jours en contact avec l'acide sulfurique; le produit était encore plus foncé que le précédent.

Bien que les résultats des analyses précédentes n'offrent pas toute la concordance désirable, on remarque toutefois qu'ils se rapprochent des nombres exigés par la formule :

$$C^{24}H^{23}CaO^{24}, 2\,SO^3.$$

Il faut songer que l'état physique du sel ne permet pas de le dépouiller complétement de glucose, ce qui doit nécessairement augmenter le chiffre du carbone et de l'hydrogène, et diminuer en même temps celui de l'acide sulfurique et de la chaux.

Les expériences de M. Fehling s'accordent à prouver que la composition de l'acide sulfamidonique varie suivant la durée du contact de l'acide sulfurique avec l'amidon. Si l'on fait agir à chaud l'acide sulfurique dilué sur l'amidon, la dextrine et le glucose se produisent très-vite et en grande quantité. Pour éviter la formation de ces matières, M. Fehling mélangea l'amidon avec de l'acide concentré, abandonna pendant quelque temps, et versa ensuite le mélange dans l'eau ; le liquide fut alors saturé par le carbonate de plomb ou de baryte, puis évaporé à 25° dans un courant d'air, séché dans le vide et finalement à 100°. Bien que les produits analysés par M. Fehling ne présentent pas une composition constante, les résultats de ce chimiste indiquent néanmoins, dans tous ces sels, les mêmes rapports entre la chaux et l'acide sulfurique que dans les sels de chaux analysés par M. Kalinowsky.

Un *sel de baryte* obtenu en laissant 1 p. de fécule en contact pendant 36 heures avec 2 p. d'acide sulfurique concentré, renfermait exactement $C^{24}H^{23}BaO^{24}, 2 SO^3$; il présentait donc la composition du sel de chaux analysé par M. Kalinowsky. Mais, dans d'autres préparations, M. Fehling a obtenu des quantités bien différentes de matière organique. Le peu de stabilité des sulfamidonates explique ces divergences.

Ajoutons enfin qu'un *sel de plomb* préparé par M. Blondeau, au moyen de l'amidon, contenait aussi $C^{24}H^{23}PbO^{24}, 2 SO^3 + 2$ aq., comme on peut le voir, en rapprochant les chiffres suivants :

	Blondeau.	Calcul.
Carbone.	24,98	25,6
Hydrogène.	4,48	4,4
Oxyde de plomb. . .	19,62	19,8
Acide sulfurique (SO^3) .	14,11	14,2

γ. *Acide du glucose.* On obtient l'acide sulfoglucique à l'état de liberté, en traitant son sel de plomb par l'acide sulfhydrique. Ainsi préparé, sa dissolution rougit le tournesol, ne précipite pas les sels de baryte, et présente une saveur à la fois douce et acide, comme celle de la limonade. Presque tous les sels qu'il forme sont solubles dans l'eau.

Son instabilité à l'état libre est très-grande ; la chaleur du bain-marie altère rapidement sa dissolution, en produisant du glucose et de l'acide sulfurique. Il se décompose même dans le vide à la température ordinaire.

Pour préparer le *sel de plomb* de cet acide, M. Péligot fait fondre du glucose au bain-marie, et mélange la matière fondue avec 1 ½ p. d'acide sulfurique concentré. Comme la température s'élève

beaucoup, il ne faut opérer le mélange que successivement sur de
petites portions, en ayant soin de refroidir. On étend d'eau le produit, et on le sature par du carbonate de baryte; après avoir filtré
le produit, on y ajoute du sous-acétate de plomb, qui détermine la
formation d'un précipité blanc.

Desséché à 170°, ce précipité renferme :

	Péligot.		Calcul.
Carbone.	17,9	18,2	17,7
Hydrogène. . .	2,4	2,6	2,4
Ox. de plomb. .	55,3	53,2	55,1
Ac. sulfuriq. . .	4,9	4,1	4,8

Cette composition est très-rapprochée de la formule $C^{24}H^{20}Pb^4$
O^{24}, $SO^3 = C^{24}H^{20}O^{20}$, 4 PbO, SO^3.

Congénères du glucose.

§ 988. *Sucre incristallisable*, dit aussi sucre de fruits, sucre interverti, chulariose, $C^{12}H^{12}O^{12}$ (à 100°). — Cette substance se
trouve en dissolution dans beaucoup de sucs végétaux acides, notamment dans les fruits, tels que les raisins, les groseilles, les cerises, les prunes, etc.; elle est aussi contenue dans la séve ascen-
dante du bouleau et dans la séve descendante de l'érable. On la
produit artificiellement par l'action des acides sulfurique ou chlorhydrique étendus sur le sucre de canne; les acides organiques
déterminent la même métamorphose, mais avec plus de lenteur.
Lorsque le sucre de canne est mis en présence d'un ferment, il
se convertit également en sucre incristallisable, avant de se transformer en alcool et en acide carbonique.

Pour extraire le sucre incristallisable des fruits acides, on en
sature d'abord le suc par de la craie, on filtre, et l'on fait bouillir
la liqueur avec du blanc d'œuf, qui, en se coagulant alors, entraîne
les matières mucilagineuses contenues en dissolution. On évapore ensuite au bain-marie la liqueur filtrée.

Desséché au bain-marie, le sucre incristallisable se présente
sous la forme d'une masse vitreuse ayant toute l'apparence de la
gomme. Il est très-déliquescent, fort soluble dans l'eau et dans
l'alcool aqueux, mais insoluble dans l'alcool absolu et dans l'éther.

Sa solution dévie à gauche le plan de polarisation des rayons lumineux.

Elle fermente aisément au contact de la levûre de bière, et se convertit directement en alcool et en acide carbonique.

Elle se comporte avec les sels de cuivre comme une solution de glucose.

Lorsqu'on abandonne longtemps à elle-même une solution sirupeuse de sucre incristallisable, elle dépose peu à peu de petits grains cristallins de glucose ; ce produit, desséché à 100°, présente la même composition que le sucre incristallisable à la même température, mais il tourne à droite le plan de polarisation.

On admet généralement que le sucre incristallisable est le même pour tous les fruits acides ; cette identité toutefois n'est pas encore démontrée par des expériences concluantes, et il serait possible qu'il y en eût plusieurs variétés isomères.

§ 989. *Lactine*[1], lactose ou sucre de lait, $C^{12}H^{12}O^{12} = C^{12}H^{10}O^{10} + 2\,aq.$ — Ce composé, dont Bartholdi fait déjà mention en 1619, n'a été trouvé jusqu'à présent que dans le lait des mammifères ; il est possible toutefois qu'il ait été confondu, dans certains cas, avec le glucose, dont on a signalé l'existence dans le sang, le foie, les œufs des oiseaux[2], etc. Le glucose, en effet, partage certains caractères chimiques avec la lactine (entre autres, la propriété de réduire les sels de cuivre), et, de plus, la lactine est susceptible de se convertir en glucose dans plusieurs circonstances.

On extrait la lactine du lait en traitant celui-ci par l'acide sulfurique étendu, qui précipite le caséum ; on filtre, et l'on évapore le petit-lait jusqu'à cristallisation. On purifie le produit en le traitant par du charbon animal et en lui faisant subir plusieurs cristallisations.

Dans certaines localités, notamment en Suisse, on fait cette

---

[1] Bouillon Lagrange et Vogel, *Journ. de Phys., de Chim., d'Histoire natur., et des Arts*, LXXII, 208. — Berzélius, *Ann. de Chim*, XCV, 67. — Bensch, *Ann. der Chem. u. Pharm.*, LXI, 221. — Vohl, *ibid.*, LXX, 360. — Winckler, *Repertor. d. Pharm.*, XLII, 46.

[2] M. Winckler annonce avoir extrait de la lactine en cristaux d'un blanc d'œuf très-fluide.

Le sucre de lait trouvé par M. Braconnot dans les glands de chêne est de la *quercite*, § 1006.

Les expériences de M. Dumas (*Compt. rend. de l'Acad.*, XXI, 707) sur le lait de chienne semblent indiquer que le sucre disparaît dans ce liquide par un régime exclusivement animal, tandis qu'il s'y trouve toujours en quantité assez notable quand les animaux reçoivent une nourriture végétale. Suivant M. Bensch, cependant, il n'en serait pas ainsi : le sucre de lait se modifie souvent, pendant les manipulations, de manière à devenir incristallisable, et c'est cette circonstance qui aurait induit en erreur M. Dumas.

préparation en grand, en utilisant pour cela le petit-lait provenant de la fabrication du fromage.

Le sucre de lait se dépose de sa dissolution aqueuse sous la forme de parallélipipèdes terminés par quatre faces octaédriques; il est blanc, demi-transparent, dur, et craque sous la dent. Les cristaux ne perdent pas d'eau à 100°, mais à 120° ils dégagent 12 p. c. d'eau (environ 2 HO); la matière fondue est incolore, et se prend, par le refroidissement, en une masse cristalline. Si on la chauffe davantage, elle jaunit, et à 150° elle se transforme en une masse brune extractiforme.

Il exige, pour se dissoudre, 5 à 6 p. d'eau froide, et 2 1/2 p. d'eau bouillante. La solution a une saveur sucrée très-faible. Il est insoluble dans l'alcool froid et dans l'éther. Il se dissout mieux dans les solutions acides ou alcalines que dans l'eau pure.

Sa solution aqueuse dévie à droite le plan de polarisation des rayons lumineux; 201,9 p. de sucre de lait produisent la même rotation que 164,7 p. de sucre de canne (Poggiale).

Les acides dilués, tant les acides minéraux que les acides organiques énergiques, convertissent le sucre de lait en glucose; cette métamorphose s'opère avec lenteur à froid, et rapidement à chaud. Les acides concentrés, notamment l'acide chlorhydrique et l'acide sulfurique, décomposent le sucre de lait, comme le glucose, en des matières brunes ou noires.

Le gaz acide chlorhydrique est absorbé en grande quantité par le sucre de lait; il se produit une masse grise, d'où l'acide chlorhydrique se dégage avec effervescence par l'addition de l'acide sulfurique.

L'acide nitrique attaque vivement le sucre de lait à une douce chaleur, et le transforme en acide mucique (§ 681) ; il se produit aussi, en même temps, une certaine quantité d'acide oxalique. Un mélange d'acide sulfurique concentré et d'acide nitrique dissout le sucre de lait sans l'oxyder; si l'on ajoute de l'eau à la solution, il se sépare une substance nitrée qu'on peut faire cristalliser dans l'alcool bouillant ; ce produit explosionne à une température supérieure à 100° (Vohl).

Les bases se combinent avec le sucre de lait (§ 990). Lorsqu'on chauffe le sucre de lait avec un alcali, à l'abri de l'air, il se colore immédiatement en jaune; si l'on évapore la liqueur, on finit par avoir un résidu brun et amer, insoluble dans l'alcool; il se produit, dans ces circonstances, les mêmes composés (acides glucique et mélassique) auxquels le glucose donne naissance.

Lorsqu'on ajoute de la potasse à la solution d'un mélange de sulfate de cuivre et de sucre de lait, il se produit d'abord un précipité bleu clair qui se redissout, avec un eteinte bleu foncé, par l'addition d'une plus grande quantité de potasse. Cette solution dépose déjà à froid, et plus rapidement à chaud, un précipité de protoxyde de cuivre ; on ne connaît pas la nature des produits d'oxydation qui accompagnent la formation de ce précipité, mais ces produits ont nécessairement une composition constante, car la même quantité de sucre de lait réduit toujours la même quantité de sel de cuivre.

D'autres sels aisément désoxydables, tels que les sels d'argent et de mercure, sont aussi réduits par le sucre de lait, en présence de la potasse.

Les ferments transforment également le sucre de lait. Une semblable métamorphose s'effectue dans le lait lorsqu'il s'aigrit : le caséum, en s'altérant au contact de l'air, agit comme ferment, et transforme le sucre de lait en acide lactique (§ 452); celui-ci coagule ensuite le lait, et en précipite le reste du caséum. La caillette de veau fraîche produit le même effet sur le sucre du lait. Certaines substances animales en putréfaction, par exemple, le caséum, transforment le sucre de lait en glucose, dans des conditions encore mal connues ; ce glucose se convertit ensuite lui-même en alcool et en acide carbonique[1]. C'est sur cette métamorphose qu'est fondée la préparation de certaines boissons alcooliques que les Kalmouks et les Kirghises se procurent avec le lait de jument et de vache.

§ 990. Les *combinaisons de la lactine avec les bases* sont peu connues[2].

L'*ammoniaque* est vivement absorbée par le sucre de lait ; il s'en fixe environ 12,5 p. c. qui se dégagent de nouveau par le repos du produit à l'air.

La *potasse* concentrée dissout le sucre de lait, en produisant un liquide épais d'où l'alcool précipite des flocons blancs, très-solubles dans l'eau, et fort alcalins. Ces flocons jaunissent aisément ; lavés à l'alcool, ils renferment 12,4 p. c. de potasse (1 atome de potasse pour 2 atomes de lactine); les acides, même l'acide carbonique, en séparent de nouveau le sucre de lait non altéré.

[1] Hess, *Ann. de Poggend.*, XLI, 194.
[2] Brendecke, *Archiv. d. Pharm.*, [2] XXIX, 88.

La *soude* se comporte avec le sucre de lait comme la potasse ; la combinaison contient 8,3 p. c. de soude.

La *chaux* produit une combinaison semblable. Le lait de chaux dissout aisément la lactine ; la liqueur se trouble par l'addition de l'alcool, et, si l'on opère sur des solutions concentrées, on obtient ainsi un précipité blanc, qui, lavé et séché sur l'acide sulfurique, contient de 11,2 à 15,7 p. c. de chaux.

La *baryte* donne un composé semblable, contenant 40,1 p c. de baryte.

L'*oxyde de plomb* chauffé légèrement avec le sucre de lait, en dégage de l'eau. Si l'on met une solution aqueuse de sucre de lait en digestion avec de l'oxyde de plomb, à une température inférieure à 50°, une partie de l'oxyde se dissout, tandis qu'une combinaison insoluble reste en suspension ; à l'état sec, celle-ci contient 63,5 p. c. d'oxyde de plomb. Par l'évaporation dans le vide, la partie dissoute laisse une masse gommeuse, soluble dans l'eau, et contenant 18,1 p. c. d'oxyde de plomb ; l'ammoniaque précipite de la solution une combinaison insoluble.

§ 991. Le *dosage de la lactine* contenue dans une liqueur, par exemple, dans le lait, peut être effectué par le même procédé que le dosage du glucose, à l'aide d'un sel de cuivre[1]. La liqueur d'épreuve dont on a besoin pour ce genre d'analyse se prépare en ajoutant du bitartrate de potasse à une solution de sulfate de cuivre, et en dissolvant par la potasse le précipité qui se produit ainsi. On détermine ensuite, avec beaucoup de soin, le titre de la solution alcaline. Ce titre est fixé par la quantité de sucre de lait qu'il faut employer pour décolorer un volume connu de la liqueur. M. Poggiale emploie, pour composer la liqueur d'épreuve, les proportions suivantes : 10 grammes de sulfate de cuivre cristallisé, 10 grammes de bitartrate de potasse, 30 grammes de potasse caustique et 200 grammes d'eau distillée ; le liquide, étant filtré, est limpide et d'un bleu intense.

Pour doser la lactine, il est indispensable de séparer par la coagulation la matière grasse et le caséum du lait. On y parvient aisément en mettant 50 ou 60 grammes de lait dans un petit ballon, en y ajoutant quelques gouttes d'acide acétique, et en élevant la température à 40 ou 50° ; on obtient, par la filtration, un liquide transparent. C'est sur ce petit-lait qu'on opère de la manière sui-

[1] POGGIALE, *Compt. rend. de l'Acad.*, XXVIII, 505.

vante : on prend, avec une pipette, 20 centimètres de la liqueur d'épreuve[1], on l'introduit dans un petit ballon, et on la chauffe à l'ébullition; d'un autre côté, on remplit de petit-lait une burette dont chaque division égale un centième de centimètre cube, et l'on fait tomber le petit-lait goutte à goutte dans la liqueur, en agitant celle-ci continuellement et en la chauffant après chaque addition de petit-lait. On continue ainsi jusqu'à ce que la teinte bleue ait complétement disparu; il se forme d'abord un précipité jaune de protoxyde de cuivre hydraté qui ne tarde pas à devenir rouge, et qui se porte au fond du ballon. Lorsque l'opération est terminée, on lit sur la burette la quantité de petit-lait qui a été employée.

On a aussi proposé de doser le sucre de lait[2] par les procédés optiques qu'on emploie pour les autres sucres.

§ 992. *Sorbine*, $C^{12}H^{12}O^{12}$. — Cette substance a été trouvée dans les baies de sorbier[3]. Le suc de ces fruits avait été abandonné à lui-même pendant treize à quatorze mois; il s'y était formé, à plusieurs reprises, des dépôts et des végétations, puis la liqueur s'était éclaircie spontanément. Évaporée à une douce chaleur, jusqu'à consistance d'un sirop épais, cette liqueur a laissé déposer des cristaux d'un brun foncé, que deux traitements par le charbon ont suffi pour décolorer complétement; les eaux-mères ont donné, par la concentration, de nouvelles quantités de cristaux qu'on a purifiés de la même manière.

La sorbine est incolore, d'une saveur franchement sucrée; les cristaux, transparents et durs, croquent sous la dent comme le sucre candi; leur densité est de 1,654 à 15°; ils constituent des octaèdres rectangulaires appartenant au système rhombique. Combinaison ordinaire[4], $\bar{P}\infty . \dot{P}\infty . oP. m\bar{P}\infty$. Inclinaison des faces, $P\infty : \bar{P}\infty$ à la base $= 142° 53'$, id. au sommet $= 36° 26'$; $\check{P}\infty : \dot{P}\infty = 141° 11$; $\dot{P}\infty : \dot{P}\infty = 96° 32'$; $\dot{P}\infty : m\bar{P}\infty = 164° 20'$; $\dot{P}\infty : oP = 108° 10'$. Rapport des axes, dans l'octaèdre P, $a : b : c$ vertical $:: 0,336 : 0,352 : 1$; id. dans l'octaèdre $m\bar{P}$, $:: 0,450 : 0,352 : 1$.

<hr>

[1] D'après les expériences de M. Poggiale, 1000 grammes de lait fournissent 923 grammes de petit-lait, ce qui donne, pour 1000 grammes de lait, 57 grammes de sucre environ; les 20 grammes de liqueur d'épreuve correspondent à 2 décigrammes de petit-lait.

[2] POGGIALE, *Journ. de Pharm.*, [3] XV, 413.

[3] PELOUZE, (1852), *Ann. de Chim et de Phys.*, [3] XXXV, 222.

[4] BERTHELOT, *ibid.*, 232.

L'eau dissout à peu près le double de son poids de sorbine; l'alcool bouillant n'en dissout qu'une quantité minime. Une dissolution concentrée de sorbine ressemble au sirop de sucre ordinaire, seulement elle est un peu plus dense. On peut chauffer la sorbine jusqu'à la fondre, sans qu'elle perde de poids; une plus forte chaleur la transforme en une matière rouge foncée (*acide sorbinique*, § 993). Jetée sur un charbon rouge, elle répand une forte odeur de caramel.

La solution aqueuse de la sorbine dévie à gauche le plan de polarisation des rayons lumineux. Pouvoir rotatoire $[\alpha]_r = -35°$ 97' à 7° 5 ; il paraît varier avec la température, mais la présence des acides ne le modifie pas sensiblement.

Dissoute dans l'eau et mise en contact avec de la levûre de bière, la sorbine ne montre aucun indice de fermentation. L'acide sulfurique faible ne lui fait subir aucune altération et ne la rend pas fermentescible.

L'acide sulfurique concentré attaque rapidement la sorbine en la colorant en rouge jaunâtre ; sous l'influence d'une douce chaleur, le mélange noircit. L'acide nitrique la décompose vivement à chaud, et la transforme en acide oxalique.

Chauffée avec des alcalis, la solution de sorbine se colore fortement en jaune, en exhalant une odeur de caramel; l'eau contenant $\frac{1}{2000}$ de sorbine jaunit très-sensiblement lorsqu'on la chauffe avec de la potasse. La sorbine dissout une proportion assez considérable de chaux ; la liqueur filtrée se colore en jaune par la chaleur, et laisse déposer un précipité floconneux, en même temps qu'il se manifeste une odeur prononcée de caramel. La baryte se comporte avec la sorbine de la même manière que la chaux.

L'oxyde de plomb se dissout à chaud dans la sorbine, en donnant une solution jaune d'une odeur de sucre brûlé.

La sorbine ne trouble pas le sous-acétate de plomb, mais l'addition de l'ammoniaque au mélange détermine la formation d'un précipité blanc. Celui-ci a donné à l'analyse des nombres variant entre 73,63 et 75,39 p. c. pour l'oxyde de plomb (peut-être $C^{12}H^9O^9$, 4 PbO).

La sorbine dissout l'hydrate de cuivre ; la dissolution, d'un bleu très-intense, laisse peu à peu déposer un précipité rouge de protoxyde. Le tartrate de cuivre et de potasse en est également réduit.

Elle s'unit au sel marin avec lequel elle produit des cristaux qui, vus au microscope, paraissent cubiques.

§ 993. L'*acide sorbinique* est une matière rouge foncé, qu'on obtient en maintenant pendant quelque temps la sorbine à une température de 150 à 180°; la sorbine dégage, dans ces circonstances, des vapeurs d'eau légèrement acides, et laisse l'acide sorbinique pour résidu. On dissout ce résidu dans la potasse ou l'ammoniaque, on filtre la dissolution, et on la sursature par l'acide chlorhydrique dilué. On en précipite ainsi d'abondants flocons d'un rouge très-intense, qu'on lave avec de l'eau distillée, et qu'on dessèche ensuite dans une étuve à 120 ou 150°.

Ce produit est amorphe, et d'un rouge si foncé qu'il paraît noir. Il est insoluble dans l'eau, l'alcool et les acides faibles, mais il est fort soluble dans la potasse, la soude et l'ammoniaque, avec lesquelles il forme des solutions d'une teinte sépia très-riche. Il suffit d'une trace d'acide sorbinique pour communiquer une teinte sensible à une eau alcaline.

Une analyse de l'acide sorbinique a donné les résultats suivants :

	Pelouze.
Carbone.	57,96
Hydrogène.	5,51
Oxygène.	36,53
	100,00

(M. Pelouze représente ces résultats par la formule $C^{32}H^{18}O^{15}$.)

Les *sorbinates* alcalins donnent des précipités volumineux jaune rougeâtre avec les sels solubles de chaux, de baryte, d'alumine, de fer, d'étain, d'or et de platine.

Le sulfate de cuivre y produit un précipité vert jaunâtre, soluble dans un excès d'ammoniaque, auquel il communique une couleur d'un vert très-intense.

Les sels de cobalt et de nickel se comportent d'une manière différente avec le sorbinate d'ammoniaque. Les premiers y forment un précipité brun, ocreux, insoluble dans un excès d'ammoniaque, tandis que les sels de nickel y produisent un précipité brun rougeâtre, facilement et entièrement soluble dans l'ammoniaque, avec laquelle il donne une liqueur rouge, semblable à celle du sorbinate d'ammoniaque.

Le sorbinate de plomb contient 51,35 p. c. d'oxyde.

§ 994. *Inosite*[1], $C^{12}H^{12}O^{12} + 4$ aq. — Cette substance a été découverte par M. Scherer dans les eaux-mères provenant du traitement de la chair musculaire (en grec ἴς, ἰνός, muscle) pour l'extraction de la créatine (§.302). On concentre les eaux-mères d'où la créatine s'est déposée, et l'on précipite par l'acide sulfurique étendu l'excès de baryte qu'elles renferment; on chasse par la chaleur la plus grande partie des acides gras volatils qui sont ainsi mis en liberté, et l'on agite le résidu avec de l'éther, pour enlever les dernières traces d'acides volatils, ainsi que l'acide lactique libre. Après avoir décanté la solution éthérée, on ajoute peu à peu de l'alcool concentré à la liqueur aqueuse restante jusqu'à ce qu'elle commence à se troubler, et on l'abandonne ensuite à elle-même; par ce moyen, presque tout le sulfate vient se déposer. Si l'on continue les additions d'alcool, on voit bientôt apparaître, en même temps que ce sel, des cristaux qui ressemblent au gypse naturel. Il est aisé, par un simple triage, d'opérer la séparation des deux espèces de cristaux, après les avoir rassemblés sur des doubles de papier joseph. On peut aussi traiter le mélange par une petite quantité d'eau chaude qui dissout très-vite les cristaux d'inosite, et abandonner la solution à l'évaporation.

Les cristaux d'inosite, le plus souvent groupés sous forme de choux-fleurs, acquièrent quelquefois, lorsqu'ils sont isolés, une longueur d'un centimètre; ils constituent des prismes, plus ou moins modifiés, et paraissent appartenir au système monoclinique.

L'inosite présente une saveur franchement sucrée. Elle est très-soluble dans l'eau, peu soluble dans l'alcool fort, insoluble dans l'alcool absolu et l'éther. Sa solution alcoolique, saturée à l'ébullition, cristallise presque entièrement, par le refroidissement, en feuillets nacrés et brillants, semblables à la cholestérine.

Les cristaux, déposés dans l'eau, deviennent opaques dans l'air sec, en perdant de l'eau de cristallisation. A 100°, la perte d'eau s'élève à 16,6 — 17 pour 100 = 4 atomes. On peut ensuite dessécher le corps à 210° sans qu'il s'altère; ce n'est qu'au delà de 210° qu'il entre en fusion en donnant un liquide limpide. Si on laisse brusquement refroidir la masse fondue, elle se prend en cristaux aciculaires; mais, si le refroidissement est lent, elle donne une matière amorphe et cornée.

---

[1] SCHERER (1850), *Ann. der Chem. u. Pharm.*, LXXIII, 322; LXXXI, 375.

L'analyse du corps desséché a donné la composition du glucose sec, $C^{12}H^{12}O^{12}$:

	Scherer.		Calcul.
Carbone.	40,25	40,00	40,00
Hydrogène. . .	6,67	6,72	6,66
Oxygène.	53,08	53,28	53,34
	100,00	100,00	100,00

Soumise à la distillation, l'inosite se boursoufle, dégage des gaz inflammables, et laisse du charbon.

Quelques essais incomplets, faits par M. Scherer, semblent indiquer que l'inosite n'éprouve pas la fermentation alcoolique, mais qu'elle donne, au contact des ferments, de l'acide butyrique et de l'acide lactique.

L'inosite ne s'altère pas quand on l'évapore à siccité avec de l'acide chlorhydrique; il en est de même de l'acide sulfurique dilué. L'acide sulfurique concentré le rend brunâtre à la chaleur du bain-marie.

Voici une réaction caractéristique de l'inosite. Lorsque ce corps, ou un mélange qui en renferme, est évaporé à siccité sur une lame de platine avec de l'acide nitrique, et que le résidu sec est humecté avec de l'ammoniaque et un peu de chlorure de calcium, puis évaporé de nouveau à siccité, on observe sur la lame de platine une belle coloration rose. L'amidon, le glucose, le sucre et le sucre de lait ne présentent pas cette réaction, qui est tellement sensible pour l'inosite qu'un demi-milligramme de cette substance donne encore une coloration rose très-marquée.

Lorsque l'inosite est évaporée à siccité avec de l'acide nitrique, au bain-marie, et que le résidu, redissous dans l'eau, est abandonné à lui-même dans un vase bouché, la solution se remplit de moisissures. Évaporée et mélangée avec de l'ammoniaque et du chlorure de calcium, elle ne donne plus la coloration rose; mais le résidu se colore en brun violacé très-intense. On ne trouve pas d'acide oxalique dans le produit de la réaction de l'acide nitrique sur l'inosite.

La potasse et la baryte caustiques, à l'état étendu, ne l'altèrent pas par l'ébullition. La potasse très-concentrée et bouillante ne la colore pas comme le glucose.

Le sulfate de cuivre et la potasse produisent dans la solution de l'inosite un précipité vert bleuâtre qui se redissout promptement par un excès de potasse. Il ne se forme pas d'oxyde cuivreux, ni à chaud ni à froid.

ACIDE GLUCIQUE.

Syn. : Acide kalisaccharique.

Composition : $C^{12}H^9O^9$, ou plutôt $C^{24}H^{18}O^{18}$ (?)

§ 995. Lorsqu'on sature par de la chaux ou de la baryte une solution de glucose, et qu'on abandonne la liqueur à elle-même pendant quelques semaines, elle perd peu à peu sa réaction alcaline, et les bases qu'elle contient n'en sont plus alors précipitéés par un courant de gaz carbonique. Si l'on ajoute à la liqueur du sous-acétate de plomb, elle donne un précipité blanc volumineux de sous-glucate de plomb; celui qui est décomposé par l'hydrogène sulfuré fournit l'acide glucique[1].

Si l'on mêle une dissolution chaude et saturée d'hydrate de baryte avec du glucose fondu à 100° dans son eau de cristallisation, une réaction des plus vives ne tarde pas à se manifester : la température de la masse s'élève assez pour qu'une partie du mélange soit souvent projetée hors du vase, par suite du développement subit d'une grande quantité de vapeur d'eau. La potasse et la soude produisent toujours cet effet. Le produit de la réaction prend une teinte brune qui devient très-intense si la température se maintient élevée. En arrêtant l'opération, dès le premier moment, on obtient beaucoup d'acide glucique, facile à extraire, même quand la dissolution est brune; car le sous-acétate de plomb, ajouté peu à peu, précipite la matière colorante avant de précipiter l'acide glucique lui-même.

Cet acide se produit aussi, suivant M. Mulder, lorsqu'on fait bouillir le sucre de canne, au contact de l'air, avec de l'acide sulfurique étendu. On sépare, à l'aide d'un filtre, les matières noires ulmiques qui se produisent dans ces circonstances; on sature par la craie la liqueur filtrée; on évapore à siccité la solution saturée, et on la reprend par très-peu d'eau; la liqueur brune et sirupeuse qu'on obtient ainsi contient, outre un peu de sulfate de chaux, du sucre incristallisable, du glucate de chaux acide, et le sel de chaux d'un acide brun (*acide apoglucique*, § 997); on précipite ce dernier

---

[1] PELIGOT (1838), *Ann. de Chim. et de Phys.*, LXVII, 154. — MULDER, *Ann. der Chem. u. Pharm.*, XXXVI, 243.

par l'alcool, et l'on décolore par du charbon animal la liqueur
filtrée. Si l'on ajoute de la chaux caustique au sirop décoloré, en
proportion telle que le sirop reste encore limpide, il perd sa réaction acide, et si l'on y ajoute ensuite de l'alcool, on obtient un
précipité blanc et floconneux de glucate neutre de chaux, qu'on
dessèche dans une atmosphère exempte d'acide carbonique. Pour
extraire l'acide glucique de ce sel de chaux, on dissout celui-ci
dans l'eau ; on précipite la solution par le sous-acétate de plomb ;
on décompose le glucate de plomb par l'hydrogène sulfuré, et l'on
évapore dans le vide la liqueur filtrée.

L'acide glucique est une matière incolore, incristallisable, semblable au tannin, fort soluble dans l'eau et dans l'alcool. Il n'attire
pas l'humidité de l'air (Mulder ; à l'état sec, il attire fortement
l'humidité de l'air, Péligot). Il a une saveur acide très-franche. Il
se décompose à une température supérieure à 100°, en dégageant
beaucoup d'eau et en brunissant fortement.

Bouillie au contact de l'air, sa solution aqueuse se colore en
brun ; il en est de même lorsqu'on la fait bouillir avec de l'acide
chlorhydrique ou sulfurique dilué. Lorsqu'on traite l'acide glucique
par les mêmes acides concentrés, il donne une matière noire ulmique, insoluble dans l'eau.

Sa solution aqueuse ne décompose qu'en partie le carbonate
de chaux, en produisant du glucate de chaux acide.

Les *glucates* neutres et acides sont solubles dans l'eau.

Le *glucate de chaux neutre*, récemment préparé, se présente sous
la forme d'une gelée légèrement jaunâtre, qui attire l'acide carbonique. Desséché à 100°, il ne s'altère pas à l'air. Lorsqu'on le
calcine, il répand l'odeur du papier brûlé. Le sel séché à 100°
paraît renfermer $C^{24}H^{15}Ca^3O^{18}$ + aq. ; en effet, il a donné à l'a-
nalyse :

	Mulder.	Calcul.
Carbone.	38,42	38,81
Hydrogène. . . .	4,46	4,03
Chaux.	23,22	22,58

Ce sel est fort soluble dans l'eau, peu soluble dans l'alcool.
L'acide carbonique décompose sa solution aqueuse en glucate de
chaux acide et en carbonate de chaux.

Le *glucate de chaux acide* cristallise en aiguilles, solubles dans
l'alcool.

Le *sous-glucate de plomb* constitue un précipité, insoluble dans l'eau. Il paraît renfermer $C^{24}H^{15}Pb^3O^{18}$, 3 PbO + aq., comme on peut le voir par les analyses suivantes :

	Péligot.		Calcul.
Carbone.	14,8	14,2	15,0
Hydrogène.	1,9	»	1,7
Oxyde de plomb. .	69,3	70,5	70,0

§ 996. *Caramel*[1], ou acide caramélique, $C^{12}H^9O^9$, ou plutôt $C^{24}H^{18}O^{18}$. — C'est le produit de l'action de la chaleur sur le sucre et sur le glucose. Il paraît être isomère de l'acide glucique. Pour obtenir le caramel, on maintient du sucre dans un bain à 210 ou 220°, en ayant soin de ne pas dépasser cette température; le sucre brunit alors et se fonce de plus en plus, sans qu'il se dégage aucun gaz : seulement, les vapeurs d'eau qui se développent renferment des traces d'acide acétique et d'une matière huileuse. Quand le boursouflement a cessé, on trouve dans la cornue un produit noir qui se dissout entièrement dans l'eau. Pour l'obtenir pur, on le dissout dans une petite quantité de ce liquide, et on le précipite par l'alcool. Le glucose est moins avantageux pour le préparer.

A l'état de pureté, le caramel est insipide ; sa dissolution aqueuse présente une riche teinte de sépia, et est insipide comme la gomme arabique. Sous l'influence de la levûre de bière, elle ne manifeste aucun signe de fermentation.

Quand on porte le caramel à une température élevée, il donne un produit noir[2], insoluble dans l'eau, et dans lequel l'hydrogène est encore dans les proportions de l'eau (suivant M. Voelckel, $C^{24}H^{13}O^{13}$, *caramélan*). Enfin, par la distillation sèche, il donne les mêmes produits que le sucre.

Le caramel joue le rôle d'un acide faible ; il précipite l'acétate de plomb ammoniacal très-abondamment, ainsi que l'eau de baryte.

Le *précipité barytique* est brun, volumineux, insoluble dans l'eau chaude ; il a donné à l'analyse de 20 à 21 p. c. de baryte $=$ $C^{24}H^{17}BaO^{18}$.

§ 997. Lorsqu'on soumet le caramel à la distillation sèche, il passe les mêmes produits que dans la distillation sèche du sucre. La partie goudronneuse renferme une matière amère qui a reçu le nom d'*assamare* (du latin *assare*, griller, et *amarus*, amer).

[1] PÉLIGOT, *Ann. de Chim. et de Phys.*, LXVII, 172
[2] Voy. § 998. *Matières ulmiques.*

C'est aussi à cette substance que le pain grillé doit son amertume[1].

Pour l'isoler, on neutralise par du carbonate de soude la partie aqueuse du goudron de sucre, et l'on évapore la liqueur au bain-marie; on épuise le résidu sirupeux par de l'alcool absolu et bouillant, et l'on ajoute à la solution alcoolique une grande quantité d'éther, tant que ce liquide la trouble. Cette addition a pour but de séparer l'acétate de soude, et une matière brune particulière. On distille ensuite au bain-marie la solution éthéro-alcoolique, et l'on traite le résidu sirupeux par de l'éther anhydre; celui-ci dissout l'assamare, et en sépare une petite quantité de matière étrangère. Enfin on chasse l'éther, en distillant la solution au bain-marie, on reprend le résidu par un peu d'eau, et, après avoir filtré la liqueur, on l'abandonne dans le vide sur l'acide sulfurique concentré.

L'assamare s'obtient ainsi sous la forme d'un sirop épais[2], jaune rougeâtre, transparent, et fort hygrométrique, qu'on ne parvient pas à solidifier en l'abandonnant pendant plusieurs semaines dans le vide. On ne réussit pas à le décolorer par le charbon, qui s'en empare d'ailleurs entièrement. Il devient plus fluide quand on le chauffe, mais il commence déjà à se décomposer à quelques degrés au-dessus de 120°, en se colorant davantage; dans cet état, il ne se dissout plus complétement dans l'eau.

Il est possible que l'acide brun soluble (*acide apoglucique*), obtenu par M. Mulder[3] par l'action de l'acide sulfurique étendu sur le sucre, soit le même corps que l'assamare.

La composition de l'assamare se représente, comme celle du caramel, par du charbon plus les éléments de l'eau; la formule $C^{24}H^{13}O^{13}$ se rapproche des nombres trouvés par l'expérience :

	Voelckel[4].			Mulder (acide apoglucique).	Calcul.
Carbone. . . .	54,8	54,7	54,6	54,1	55,1
Hydrogène. .	5,4	5,4	5,3	5,4	5,0
Oxygène. . . .	»	»	»	»	39,9
					100,0

[1] Reichenbach, *Ann. der Chem. u. Pharm.*, XLIX, 1. — Voelckel, *ibid.*, LXXXV, 74.

[2] M. Reichenbach décrit l'assamare comme une substance solide, mais, suivant M. Voelckel, il est déjà altéré sous cette forme.

[3] Mulder, *Ann. der Chem. u. Pharm.*, XXXVI, 260. Ce chimiste représente son acide apoglucique par la formule $C^{18}H^{11}O^{10}$.

[4] M. Voelckel admet les rapports $C^{24}H^{13}O^{13}$.

La solution aqueuse de l'assamare est neutre ; si l'on y ajoute de l'ammoniaque, elle réduit à chaud le nitrate d'argent. Bouillie avec du bichromate de potasse, elle se colore en brun. Elle ne précipite pas l'acétate de plomb ; si l'on ajoute de l'eau au mélange, il se produit un précipité jaunâtre, soluble dans beaucoup d'eau.

Bouilli avec de l'acide chlorhydrique dilué, l'assamare donne une matière brune ulmique ; il se produit en même temps en très-petite quantité de l'acide formique et une huile volatile odorante.

La potasse colore l'assamare en brun-rouge foncé, surtout à chaud ; les acides séparent du produit un corps brun ulmique, paraissant contenir $C^{12}H^5O^5$ ou $C^{24}H^{10}O^{10}$. Lorsqu'on fait bouillir la solution potassique, on observe, comme précédemment, la formation d'une petite quantité d'acide formique et d'une huile volatile, ayant une agréable odeur de rhum.

§ 998. *Matières ulmiques.* — On désigne généralement sous les noms de *matières ulmiques* ou *humiques,* d'*ulmine,* de *géine,* d'*acide ulmique, humique* ou *géique,* les matières noires ou brunes qu'on rencontre dans le terreau, la terre d'ombre, la tourbe, les fumerons, les eaux de fumier, certaines eaux minérales, et qui sont produites par la putréfaction des parties végétales ou animales, au contact de l'air et de l'humidité. Des substances semblables s'obtiennent artificiellement par l'action des acides ou des alcalis sur la cellulose, la matière amylacée, le sucre, le glucose, la fibrine, l'albumine, etc., mais la composition de ces produits ulmiques semble varier suivant les circonstances où ils se forment et suivant la nature des matières qui servent à les préparer. Lorsqu'on évapore les extraits aqueux ou alcooliques de certaines parties végétales, on obtient souvent des dépôts incristallisables plus ou moins colorés en brun ou en noir (*apothèmes*), qui ressemblent beaucoup aux produits précédents.

α. *Produits ulmiques formés par l'action des acides sur les substances organiques.* La cellulose, le sucre, la gomme et la matière amylacée donnent des produits bruns ou noirs par l'ébullition prolongée avec des acides minéraux étendus : il est probable qu'avant de donner des produits ulmiques, toutes ces matières se transforment d'abord sous l'influence des acides en glucose ou en sucre incristallisable.

On a particulièrement étudié les produits ulmiques qu'on obtient ainsi avec le sucre[1]. Lorsqu'on maintient le sucre en ébullition avec de l'acide chlorhydrique, nitrique ou sulfurique, étendu d'eau, (p. ex., avec de l'acide sulfurique étendu de 30 parties d'eau), on obtient un dépôt composé de petites paillettes brunes ou noires ; si l'opération a lieu au contact de l'air, il se produit en même temps de l'acide formique. Les acides organiques énergiques déterminent la même transformation du sucre. Le contact de l'air n'est pas nécessaire pour la formation de l'acide ulmique : on a observé, en effet, qu'elle a lieu dans une atmosphère d'azote, pourvu que la température du liquide bouillant soit assez élevée.

On recueille le dépôt sur un filtre, et, après l'avoir lavé avec de l'eau, on le fait dissoudre dans l'ammoniaque ; celle-ci laisse quelquefois une certaine quantité d'une matière noire insoluble (ulmine) en laquelle d'ailleurs l'acide ulmique se transforme par une ébullition prolongée. Cette matière, insoluble dans les alcalis, présente la même composition que la partie soluble, précipitée de l'ammoniaque par un acide. Il s'en produit d'autant moins que la température du mélange bouillant est moins élevée.

Précipité par un acide de sa solution alcaline, l'acide ulmique se présente sous la forme de flocons bruns ou noirs, ordinairement gélatineux, insolubles dans un liquide contenant de l'acide libre ou du sulfate de potasse, mais solubles dans l'eau pure. Par une forte dessiccation, il perd en partie sa solubilité dans les alcalis ; ce passage à l'état insoluble est encore plus rapide lorsqu'on met l'acide ulmique en digestion avec de l'acide chlorhydrique concentré ; d'un autre côté, les alcalis concentrés rendent de nouveau soluble, du moins en partie, l'acide ulmique devenu insoluble dans les alcalis dilués.

Voici les résultats de la combustion des produits ulmiques obtenus avec le sucre[2] :

	P. Boullay.	Malaguti.	Stein.		Mulder.				
					a	b	c	d	e
Carbone. . .	56,7	57,4	64,2	64,8	65,3	64,7	65,6	64,0	64,7
Hydrogène .	4,8	4,7	4,6	4,8	4,3	4,5	4,5	4,4	4,3
Oxygène . .	48,5	47,9	31,2	30,4	30,4	30,8	29,9	31,6	31,0
	100,0	100,0	100,0	100,0	100,0	100,0	100,0	100,0	100,0

Les analyses de MM. Stein et Mulder diffèrent beaucoup, pour le

---

[1] P. Boullay, *Ann. de Chim. et de Phys.*, XLIII, 273. — Malaguti, *ibid.*, LIX, 407. — Stein, *Ann. der Chem. u. Pharm.*, XXX, 84. — Mulder, *ibid.*, XXXVI, 245.

[2] Les analyses sont calculées avec l'ancien poids atomique du carbone. — a mélange brun d'ulmine et d'acide ulmique, séché à 165° ; b id. d'une autre préparation ; c ulmine brune insoluble dans l'ammoniaque, séchée à 140° ; d acide ulmique noir séché à 140° ; e ulmine noire, insoluble dans la potasse, et séchée à 140°.

carbone, des analyses de MM. Boullay et Malaguti; il est probable
que ces dernières ont été faites sur des matières desséchées à une température moins élevée, ou qu'elles ont donné trop peu de carbone
par l'effet d'une combustion incomplète. M. Stein adopte la formule
$C^{24}H^9O^9$, qui diffère de la formule du sucre par les éléments de l'eau ;
M. Mulder distingue des produits bruns (*humine*, *acide humique*)
et des produits noirs (*ulmine*, *acide ulmique*) pour lesquels il admet
des formules différentes, qui me paraissent fort contestables[1]. Les
rapports de M. Stein présentent d'autant plus de vraisemblance que
les matières ulmiques se produisent par l'action seule de la chaleur
sans le concours de l'air ; on peut donc admettre que ces matières,
comme le caramel, renferment les éléments du sucre moins les
éléments de l'eau.

Les matières ulmiques ne résultent pas directement de la métamorphose du sucre ; M. Mulder a, en effet, remarqué que la liqueur
colorée qu'on sépare, à l'aide du filtre, du dépôt brun ou noir
formé par l'ébullition de la liqueur sucrée acide, renferme en solution du sucre incristallisable, de l'acide glucique, et un acide
brun coloré (*acide apoglucique*, §997); c'est donc le sucre incristallisable qui passe d'abord à l'état d'acide glucique, et c'est ce dernier qui, par une métamorphose ultérieure, donne des produits bruns
ou noirs, différant de l'acide glucique par les éléments de l'eau.

Comme des produits semblables s'obtiennent par l'action seule de
la chaleur sur le sucre (§ 996), il est probable que les composés ulmiques sont des hydrates de carbone comme le sucre et la cellulose ;
les corps qu'on a désignés sous les noms de *caramel, assamare, caramélan, acide apoglucique*, ne seraient d'après cela que différentes
modifications d'acide ulmique, c'est-à-dire de la cellulose plus ou
moins déshydratée, plus ou moins voisine du charbon :

Cellulose . . . . $C^{24}H^{20}O^{20}$.

Caramel . . . . $C^{24}H^{18}O^{18}$.

Assamare, acide apoglucique . . . $C^{24}H^{13}O^{13}$.

Produit brun, par l'action des aci-
des sur l'assamare. . . . . $C^{24}H^{10}O^{10}$.

Acide ulmique, brun et noir, par
l'action des acides sur le sucre. $C^{24}H^9O^9$.

[1] Ulmine, $C^{40}H^{16}O^{14}$.
  Acide ulmiq. $C^{40}H^{14}O^{12}$.
  Humine, $C^{40}H^{15}O^{15}$.
  Acide humiq. $C^{40}H^{12}O^{12}$.

Je ne donne les formules précédentes que pour faire ressortir les rapports de composition qui semblent exister entre certaines substances ulmiques et la cellulose, sans prétendre exprimer le poids moléculaire de ces produits.

La solution, dans les alcalis, de l'acide ulmique du sucre précipite plusieurs solutions métalliques.

L'*ulmate de cuivre* est un précipité brun-noir qu'on obtient en mélangeant le sel de potasse avec le sulfate de cuivre ; il contient 10,9-10,8 p. c. d'oxyde de cuivre (Malaguti ; 10,2 p. c. Mulder).

L'*ulmate d'argent* est un précipité rouge marron, contenant 24,5-24,14 p. c. d'argent. Par la dessiccation, il se divise en petits fragments anguleux d'une nuance cuivreuse ; son aspect est celui du sulfure de fer grossièrement pulvérisé.

Suivant M. Mulder, on obtient les mêmes produits ulmiques qu'avec le sucre, en faisant bouillir l'albumine avec de l'acide de chlorhydrique.

β. *Produits ulmiques formés par l'action des alcalis sur les substances organiques.* Lorsqu'on fait bouillir le sucre, la gomme ou la matière amylacée avec des alcalis caustiques, il se produit des substances brunes ou noires semblables à celles qu'on obtient par l'action des acides.

Si l'on fait fondre du glucose à 100°, et qu'on y ajoute une solution chaude et saturée d'hydrate de baryte, une réaction des plus vives ne tarde pas à se manifester ; la température de la masse s'élève tellement qu'une partie du mélange est souvent projetée hors du vase qui le contient ; la potasse, la soude et la chaux produisent le même effet. Il se forme d'abord de l'acide glucique (§ 995); mais, si l'on maintient pendant quelque temps le mélange · à une température élevée, il se colore de plus en plus, par suite de la formation d'un acide noir qui a reçu le nom d'*acide mélassique*[1]. Le résidu de la réaction, étant dissous dans l'eau et précipité par l'acide chlorhydrique, dépose l'acide mélassique sous la forme de flocons noirs, insolubles dans l'eau, mais solubles dans l'alcool. Ce produit a donné à l'analyse :

[1] PÉLIGOT, *Ann. de Chim. et de Phys.*, LXVII, 157.

	Péligot.		Calcul.
Carbone.	61,9	61,0	61,9
Hydrogène. . . .	5,3	5,4	4,3
Oxygène	32,8	33,6	33,8
	100,0	100,0	100,0

La formule $C^{24}H^{10}O^{10}$ s'accorde avec les résultats de l'analyse quant au carbone; mais l'hydrogène trouvé est trop fort.

Plusieurs matières organiques possèdent, comme le glucose, la propriété de donner des substances brunes ou noires au contact de l'air et des alcalis ; l'acide gallique, le tannin, l'acide particulier du cachou, etc., sont dans ce cas ; on ne connaît pas d'une manière exacte la composition des produits ulmiques qu'on obtient avec ces matières.

M. Braconnot[1] a observé le premier qu'on peut préparer de l'acide ulmique en faisant réagir le ligneux et l'hydrate de potasse en fusion. Selon M. Péligot, qui a fait quelques expériences sur le même sujet, l'intervention de l'air n'est pas nécessaire pour la formation de l'acide ulmique artificiel : qu'on mette, en effet, dans un matras de la potasse et du ligneux humide avec quelques kilogrammes de mercure pour équilibrer la température, et qu'on chauffe jusqu'à l'ébullition de ce métal, il se dégagera bientôt de la vapeur aqueuse, puis de l'hydrogène, et il se formera de l'acide ulmique. L'acide ulmique ainsi préparé n'est pas d'ailleurs un produit constant : si l'on chauffe peu, il est jaune ou brun ; si l'on élève la température davantage, il est noir. Il ne constitue pas non plus, à beaucoup près, le seul produit de la réaction, car on observe en même temps la formation de substances huileuses, d'esprit de bois, etc., et le résidu renferme du carbonate, du formiate et de l'oxalate de potasse. M. Péligot a fait, sur l'acide ulmique du ligneux, plusieurs analyses dont voici les résultats :

	Acide ulmique jaune chamois.		Acide ulmique noir.		
Carbone. . . .	65,8	67,6	72,3	71,5	72,1
Hydrogène. . .	6,3	6,2	6,2	6,1	5,8
Oxygène. . . .					

Sans insister davantage sur ces résultats pour lesquels il me semble inutile de calculer des formules, les produits analysés ne

[1] BRACONNOT, *Ann. de Chimie*, LXI, 287 ; LXXX, 289. *Ann. de Chim. et de Phys.*, XII, 289, XXXI, 40 — PÉLIGOT, *ibid.*, LXXIII, 208.

présentant aucune garantie de pureté, je ferai seulement remarquer que M. Péligot trouve, dans l'acide ulmique du ligneux, bien plus de carbone et d'hydrogène que d'autres expérimentateurs n'en ont trouvé dans des matières brunes ou noires semblables, et que, de plus, les nombres obtenus par ce chimiste pour l'hydrogène et l'oxygène ne sont plus dans les rapports de l'eau.

γ. *Produits ulmiques formés par la putréfaction des matières organisées*[1]. Les feuilles, les racines, le bois, et, en général, toutes les parties végétales, subissent, après la mort, des réactions chimiques particulières, par l'effet desquelles elles perdent leur structure et leur cohésion, et se transforment peu à peu en des matières friables et colorées en brun plus ou moins foncé. Les parties animales, après avoir, en se putréfiant, dégagé des gaz fétides, finissent aussi par laisser de semblables produits ulmiques. On comprend généralement ceux-ci sous le nom de *pourri*, et l'on désigne sous le nom d'*humus* de semblables débris végétaux contenus dans le sol.

L'humidité, le contact de l'air, et un certain degré de chaleur favorisent la formation du pourri par les parties végétales. Mais les différentes substances dont elles se composent ne sont pas également aptes à se transformer ainsi : les substances solubles dans l'eau pourrissent plus rapidement que les substances insolubles, et certaines d'entre ces dernières, comme les résines et les matières grasses, résistent même assez longtemps à ce genre d'altération pour qu'on puisse souvent les extraire de l'humus au moyen de l'alcool ou de l'éther. Les parties végétales pourrissent surtout très-promptement lorsqu'elles renferment des principes azotés fort altérables, lesquels communiquent leur état d'altération à la cellulose et aux autres substances qui se trouvent en contact avec elles : ainsi le bois pourrit bien plus facilement s'il contient encore les matières azotées de la séve que si l'on a d'abord extrait ces dernières, et, une fois que cette décomposition s'est établie, elle se propage sans autre intermédiaire et se communique de proche en proche aux parties saines.

M. Mulder, et plus récemment M. Hermann, ont analysé un grand nombre de matières brunes ou noires qu'on peut extraire du ter-

[1] TH. DE SAUSSURE, *Biblioth. univers. de Genève*, décembre 1841, p. 345. — BERZÉLIUS, *Ann. de Poggend.*, XIII, 84. — SPRENGEL, *Archiv. de Karsten.*, VII, 164 ; VIII, 145. — MULDER, *Ann. der Chem. u. Pharm.*, XXXVI, 243. *Journ. f. prakt., Chem.*, XXXII, 321. — HERMANN, *Journ. f. prakt. Chem.*, XXII, 65 ; XXIII, 375 ; XXV, 189 ; XXXIV, 156.

reau, de la tourbe et d'autres débris végétaux. La composition et les caractères de ces matières les rapprochent beaucoup de celles qu'on obtient par l'action des alcalis ou des acides sur le sucre ; mais, comme elles ne présentent aucune garantie de pureté, nous nous dispenserons de rapporter les formules, fort peu concordantes d'ailleurs, que ces chimistes assignent aux produits analysés par eux.

Berzélius a donné les noms d'*acide crénique* et d'*acide apocrénique* (du grec κρήνη, source)à deux substances ulmiques qu'il a extraites de l'eau minérale de Porla en Suède, et qui existent, selon lui, dans le terreau et dans les dépôts ocreux des eaux ferrugineuses. Suivant Berzélius, le dépôt jaune qui se forme dans les eaux ferrugineuses retient ces acides sous forme de sous-sels. Voici comment on les extrait. On fait bouillir le dépôt pendant une demi-heure avec de la potasse, on filtre, on sursature le liquide avec de l'acide acétique, et on y ajoute une dissolution d'acétate de cuivre, aussi longtemps qu'il se forme un précipité brun foncé. Ce dernier contient l'acide apocrénique. On filtre, on sature le liquide par du carbonate d'ammoniaque, dont on peut mettre un très-petit excès, et l'on ajoute de nouveau de l'acétate de cuivre aussi longtemps qu'il se forme un précipité blanc verdâtre. On achève la précipitation en chauffant jusqu'à 80° le mélange qui contient l'acide crénique ; celui-ci est le plus abondant. On décompose ces précipités en les mêlant avec très-peu d'eau et en y faisant passer un courant d'hydrogène sulfuré.

On isole l'acide crénique en évaporant dans le vide la liqueur séparée, par le filtre, du sulfure de cuivre. Le produit qu'on obtient ainsi contient encore des crénates terreux dont on le débarrasse au moyen de l'alcool absolu, qui ne dissout que l'acide crénique ; on évapore dans le vide la solution alcoolique.

L'acide crénique ainsi obtenu est jaune pâle, incristallisable, transparent, dur et fendillé, d'une saveur d'abord acide, ensuite astringente. Les sels neutres et les bisels qu'il forme avec les alcalis sont incristallisables, solubles dans l'eau, insolubles dans l'alcool, et semblables par leur aspect à un extrait végétal. Ils sont jaunes et brunissent à l'air par la production d'acide apocrénique.

L'acide apocrénique est brun, peu soluble dans l'eau, plus soluble dans l'alcool anhydre, et d'une saveur fort astringente. Les apocrénates à base d'alcali ressemblent aux crénates, mais ils sont noirs.

Ces deux acides déplacent l'acide acétique par l'évaporation.
L'acide apocrénique se dissout immédiatement dans les acétates
alcalins.

Les sels ferreux de ces deux acides sont solubles dans l'eau, mais
leurs sels ferriques ne s'y dissolvent pas.

Suivant Berzélius, l'acide crénique et l'acide apocrénique renferment de l'azote, et donnent de l'ammoniaque à la distillation
sèche. Selon M. Mulder, l'azote serait dans ces acides à l'état
d'ammoniaque, et pourrait être entièrement enlevé au moyen de
l'acide acétique. Les formules, fort contestables d'ailleurs, que
M. Mulder assigne à ces deux acides, sont :

$$\text{Acide crénique.} \ldots \quad C^{24}H^{12}O^{16},$$
$$\text{Acide apocrénique.} \ldots \quad C^{48}H^{12}O^{24}.$$

δ. Nous passerons sous silence les produits (*acide bichlorohumi-
que, acide sesquichlorohumique, acide nitrohumique*), que M. Mulder a obtenus par l'action du chlore et de l'acide nitrique sur les
matières ulmiques, ces produits n'offrant pas les caractères de principes définis.

MANNITE.

Syn. : sucre de champignons, grenadine, fraxinine.

Composition : $C^{12}H^{14}O^{12}$.

§ 999. Ce corps, découvert par Proust[1], est fort répandu dans
la végétation ; M. Liebig en a établi la composition. On le rencontre tout formé dans la manne (exsudation de plusieurs espèces
de frênes, *Fraxinus rotundifolia*, *F. ornus*), dans l'écorce de frêne[2],
dans le céleri ordinaire et le céleri-rave[3], dans la racine de grena-
dier[4], dans la racine de chiendent[5], dans l'écorce de cannelle blan-

---

[1] Proust, *Journ. f. Chem. u. Phys. v. Gehlen*, II, 83. – Liebig, *Ann. der Chem. u. Pharm.* IX, 25.

[2] Rochleder et Schwarz, *Ann. der Chem. u. Pharm.*, LXXXVII, 198.

[3] Hubner, *Neues Journ. der Pharm. v. Trommsdorff.*, IV, 1, 308. — Payen, *Ann. de Chim. et de Phys.*, LV, 219.

[4] Boutron Charlard et Guillemette, *Journ. de Pharm.*, avril 1835, p. 169.

[5] Voelker, *Ann. der Chem. u. Pharm.*, LIX, 380. — M. Stenhouse n'a trouvé dans la racine de chiendent qu'un sucre incristallisable, mais point de mannite. Il parait d'ailleurs que la mannite qu'on rencontre dans les plantes, n'est elle-même que le pro- duit de la métamorphose d'un sucre, et il se peut fort bien qu'à une certaine époque de la végétation on n'y trouve pas encore de mannite.

che[1], dans la graine d'avocat[2] et dans beaucoup d'exsudations végétales. On trouve aussi la mannite dans les champignons[3], tels que *Cantharellus esculentus*, *Claveria coralloïdes*, *Agaricus pipperatus*; dans le seigle ergoté[4], dans les algues[5], telles que *Laminaria saccharina* (12 p. c.), *Halydris siliquosa* (5 à 6 p. c.), *Laminaria digitata*, *Alaria esculenta*, *Fucus serratus*, *Rodomenia palmata*, *Fucus vesiculosus* (1 à 2 p. c.), *Fucus nodosus* (fort peu), etc.

La mannite se produit par la métamorphose du sucre et du glucose, particulièrement dans ce qu'on appelle la *fermentation visqueuse* : on la trouve, en effet, dans le miel altéré par la fermentation[6], dans le suc fermenté de betteraves[7], d'oignons[8], etc. De même, elle se produit accessoirement dans la transformation de l'amidon en glucose par l'ébullition avec l'acide sulfurique étendu (Frémy).

La manne est généralement employée pour l'extraction de la mannite. Mettant à profit la facilité avec laquelle ce principe cristallise dans l'alcool, on traite la manne par de l'alcool bouillant ; la solution dépose alors, par le refroidissement, des cristaux de mannite qu'il suffit de soumettre à quelques nouvelles cristallisations, pour les avoir purs[9].

On peut aussi préparer la mannite en coagulant par l'ébullition le suc de céleri, filtrant et abandonnant à cristallisation.

S'agit-il enfin d'extraire la mannite du suc de betteraves qui a subi la fermentation, on évapore celui-ci à consistance de sirop, on précipite par l'alcool la substance gommeuse à laquelle le suc doit sa viscosité, et on laisse cristalliser le liquide alcoolique. Si le produit n'était pas blanc, on le décolorerait par le charbon animal. Il est bon aussi de détruire d'abord par la fermentation toutes les parties sucrées contenues dans les sucs d'où l'on veut extraire la mannite.

---

[1] PETROZ et ROBINET, *Journ. de Pharm.*, VIII, 198.
[2] MELSENS, *Ann. de Chim. et de Phys.*, LXXII, 199.
[3] KNOP et SCHNEDERMANN, *Ann. der Chem. u. Pharm.*, XLIX, 243.
[4] PELOUZE et LIEBIG, *ibid.*, XIX, 282.
[5] STENHOUSE, *ibid.*, LI, 349.
[6] GUIBOURT, *Ann. de Chim. et de Phys.*, XVI, 371.
[7] BRACONNOT, *Ann. de Chimie*, LXXXV, 95. — KIRCHER, *Ann. der Chem. u. Pharm.*, XXXI, 337.
[8] FOURCROY et VAUQUELIN, *Ann. de Chimie*, LXV, 166.
[9] Voy. aussi sur la préparation de la mannite : RUSPINI, *Ann. der Chem. u. Pharm.*, LXV, 203.

Dans la fermentation lactique du sucre, il se produit une petite quantité de mannite qu'on extrait des eaux-mères du lactate de chaux, en précipitant la chaux par l'acide oxalique, concentrant la liqueur par l'évaporation et traitant le résidu par l'alcool : celui-ci dissout alors la mannite, qu'on peut précipiter par l'éther.

§ 1000. La mannite cristallise en prismes quadrilatères, minces, incolores et doués d'un éclat soyeux. Elle ne renferme pas d'eau de cristallisation. Elle est fort soluble dans l'eau et communique à ce liquide une saveur légèrement sucrée. Peu soluble dans l'alcool à froid, elle s'y dissout aisément à l'ébullition ; l'éther ne la dissout pas. Sa solution ne s'altère pas en présence des ferments[1]. Elle n'exerce aucune action sur la lumière polarisée.

La mannite fond à 166° en un liquide incolore qui se prend par le refroidissement en une masse cristalline ; une chaleur plus élevée la décompose, en la charbonnant.

La mannite se dissout dans l'acide sulfurique concentré avec dégagement de chaleur, mais sans se colorer ; le produit, étendu d'eau, renferme de l'acide sulfomannitique (§ 1003). Cette réaction distingue la mannite du sucre de canne qui noircit immédiatement, dès qu'on le chauffe avec l'acide sulfurique.

Quand on chauffe une solution de sulfate de cuivre avec de la mannite, celle-ci empêche complétement la précipitation du cuivre par la potasse ; cet agent ne fait que colorer le mélange en bleu foncé, sans opérer de réduction ; dans les mêmes circonstances, le glucose précipite immédiatement du protoxyde de cuivre.

De même, la mannite se dissout sans coloration dans une dissolution bouillante de potasse ou de soude, tandis que le glucose prend par ces agents une teinte brun foncé.

L'acide nitrique convertit la mannite en acide saccharique et en acide oxalique, sans acide mucique. L'acide nitrique fumant, ou

---

[1] Suivant M. Frémy (*Compt. rend. de l'Acad*, VIII, 98 ; IX, 46 et 165), la mannite se convertirait en acide lactique par son contact avec des membranes animales.

Suivant M. Lhermite (*Compt. rend. de l'Acad.*, XXXIV, 114), la mannite serait susceptible de se transformer en sucre (en glucose?) ; cette transformation s'opérerait à la longue dans la manne. Cette substance, en effet, récente et très-pure, est blanche, opaque, sèche, presque friable, et ne subit pas la fermentation alcoolique ; mais, au bout d'un certain temps, elle devient rousse, translucide, gluante et assez hygrométrique pour se dissoudre dans l'eau qu'elle emprunte de l'atmosphère, et cette dissolution, au contact de la levûre de bière, se convertit bientôt en alcool et en acide carbonique. Le fait précédent mériterait d'être vérifié par des expériences précises.

un mélange d'acide sulfurique et d'acide nitrique concentrés, la transforme en nitromannite (§ 1002).

Sa solution aqueuse dissout l'oxyde de plomb en donnant une liqueur alcaline qui est précipitée par l'ammoniaque caustique. Elle réduit par l'ébullition le nitrate d'argent et le chlorure d'or.

Distillée avec huit fois son poids de chaux anhydre, la mannite dégage une grande quantité d'hydrogène, et donne naissance à un produit huileux qui possède les caractères de la métacétone (§ 902).

Fondue avec de l'hydrate de potasse, la mannite dégage du gaz hydrogène, en donnant un mélange de formiate, d'acétate et de propionate de potasse :

$$C^{12}H^{14}O^{12} = C^2H^2O^4 + C^4H^4O^4 + C^6H^6O^4 + H^2.$$

Mannite.   Ac. formiq.   Ac. acétiq.   Ac. propion.

Lorsqu'on humecte le noir de platine avec une solution concentrée de mannite, le métal s'échauffe, et il se produit de l'eau, de l'acide carbonique et un acide particulier (Dœbereiner).

§ 1001. Le *mannitate de plomb* [1] renferme $C^{12}H^{10}Pb^4O^{12}$. Lorsqu'on verse une dissolution concentrée de mannite dans une solution chaude d'acétate de plomb ammoniacal, cette dernière étant maintenue en excès, il s'y produit, par le refroidissement, de minces lamelles amiantacées qui présentent la composition indiquée. On obtient le même corps en précipitant par l'alcool une solution d'acétate de plomb ammoniacal contenant de la mannite. Il se décompose par les lavages en donnant des sels surbasiques.

Suivant M. Riegel [2], il existerait une *combinaison de mannite et de sel marin*, en cristaux incolores, durs, solubles dans l'eau, presque insolubles dans l'alcool, d'une saveur à la fois douce et salée. MM. Knop et Schnedermann ont vainement cherché à produire cette combinaison.

Une *combinaison de mannite et d'acide formique* [3], $C^{12}H^{14}O^{12}$, $2\,C^2H^2O^4 + x$ aq., s'obtient de la manière suivante : on fait fondre de l'acide oxalique cristallisé avec de la mannite, dans une étuve, à 110°, en laissant peu à peu la température descendre à 95°, point auquel on la maintient pendant quelques heures; il se produit ainsi une matière sirupeuse, très-acide et presque incolore, tandis que de l'acide carbonique et de l'acide formique se déga-

[1] FAVRE, *Ann. de Chim. et de Phys.*
[2] RIEGEL, *Pharmac. Centralblatt.*, 1841, p. 693.
[3] KNOP, *Ann. der Chem. u. Pharm.*

gent. Le résidu sirupeux se concrète presque entièrement par le
refroidissement ; il se dissout assez facilement dans l'alcool de 90
centièmes, mais quelque temps après il se dédouble en mannite
et en acide formique. Cette décomposition est plus prompte par
l'emploi des bases. Si on fait bouillir la matière avec du carbonate
de chaux, de zinc ou de baryte, on obtient une solution qui laisse,
par l'évaporation, un mélange de formiate et de mannite, dans les
rapports de 2 C^2HMO^4 à $C^{12}H^{14}O^{12}$.

Dérivés nitriques de la mannite.

§ 1002. *Nitromannite,* $C^{12}H^5(NO^4)^6O^{14}$ (Strecker). — Cette substance se prépare[1] de la manière suivante : on délaye 1 p. de
mannite, réduite en poudre fine, dans un peu d'acide nitrique
de 1,5 et l'on broie le mélange dans un mortier jusqu'à ce que
tout soit dissous ; on y ajoute ensuite un peu d'acide sulfurique,
puis alternativement de l'acide nitrique et de l'acide sulfurique, jusqu'à ce qu'on ait employé 4 $^1/_2$ p. d'acide nitrique et
10 $^1/_2$ p. d'acide sulfurique. On obtient ainsi une bouillie assez
ferme qu'on met à égoutter sur un entonnoir bouché avec des
fragments de verre. On lave le produit à l'eau froide, et, après l'a-
voir exprimé entre des doubles de papier, on le traite par l'alcool
bouillant. Il s'y dissout aisément et s'en sépare en grande partie
par le refroidissement. Le mélange d'acide nitrique et d'acide sulfurique précipite une nouvelle portion assez considérable de nitromannite si l'on y ajoute de l'eau. On peut donc tout d'abord ajouter
de l'eau à toute la matière, et séparer le dépôt à l'aide du filtre. Il
est essentiel, dans cette préparation, d'employer de l'acide nitrique
le plus fort possible ; car si l'on prend de l'eau-forte ordinaire, il ne
se sépare point de nitromannite.

La nitromannite, cristallisée dans l'alcool, se présente sous la
forme de fines aiguilles blanches, feutrées et d'un éclat soyeux. L'alcool froid ne la dissout que fort peu ; elle est insoluble dans l'eau.
L'éther chaud la dissout aisément.

L'acide sulfurique dilué ne la décompose pas à l'ébullition ; l'a-

<hr>

[1] Flores et Domonte (1847), *Récueil des trav. de la Société d'émulat. pour les
Sciences Pharmac.,* avril 1847, p. 104. — Strecker, *Ann. der Chem. u. Pharm.,*
LXXIII, 66. — Sobrero, *Compt. rend. de l'Acad.,* XXV, 121. — A. Knop et W. Knop
Journ. f. prakt. Chem., LVI, 354.

cide sulfurique concentré la dissout aisément et sans dégager de gaz ; si l'on ajoute de la limaille de cuivre à cette solution, on n'observe pas de réaction, mais l'addition de quelques gouttes d'eau détermine un abondant dégagement de vapeurs rouges, en même temps que le liquide se colore en vert par du cuivre.

La potasse diluée n'agit pas sur la nitromannite ; la potasse concentrée la dissout à l'ébullition, en se colorant en brun rouge ; la potasse en solution alcoolique produit déjà cet effet à froid. Suivant M. Reinsch[1], il se produit dans cette réaction un alcali particulier.

Chauffée avec précaution dans un petit tube, la nitromannite fond en dégageant quelques légères vapeurs rouges, et se prend de nouveau, par le refroidissement, en une masse composée d'aiguilles groupées concentriquement. Si l'on chauffe plus fort, la matière fait explosion sans laisser de résidu ; cette explosion n'est pas très-forte, de sorte qu'on peut chauffer dans le tube des quantités assez notables sans qu'il se brise. Mais la nitromannite détone violemment quand on la frappe avec un marteau ; elle ne produit pas d'explosion quand on la broie dans un mortier.

Elle paraît se décomposer à la longue quand on la conserve dans des vases fermés.

Lorsqu'on traite la nitromannite par le sulfhydrate d'ammoniaque très-concentré, il se dégage de l'ammoniaque, en même temps que du soufre se dépose, et qu'il se régénère de la mannite[2]. Le sulfite d'ammoniaque décompose lentement la nitromannite.

La solution alcoolique de la mannite se décompose aussi à chaud par le fer métallique ; on obtient alors du peroxyde de fer, des sels ammoniacaux et des produits gazeux.

On a proposé de faire servir la nitromannite à la fabrication des capsules à percussion, mais cet usage ne paraît pas être avantageux.

Dérivés sulfuriques de la mannite.

§ 1003. *Acide sulfomannitique*[3], $C^{12}H^{14}O^{12}$, $6 SO^3$. — La mannite pure se dissout dans l'acide sulfurique concentré sans coloration ; si l'on étend d'eau et qu'on sature par le carbonate de

[1] REINSCH, *Jahrb. f. prakt. Pharm.*, XVIII, 102.

[2] DESSAIGNES, *Compt. rend. de l'Acad.*, XXXIII, 462.

[3] KNOP et SCHNEDERMANN (1844), *Ann. der Chem. u. Pharm.*, LI, 134. — FAVRE, *Ann. de Chim. et de Phys.*, [3] XI, 77.

plomb, à une douce chaleur, on obtient la solution d'un sel de plomb fort acide, et qui se décompose, par une forte concentration, en sulfate de plomb et en mannite. Tous les sulfomannitates éprouvent d'ailleurs, par la chaleur, une décomposition semblable.

Le *sel d'ammoniaque* ressemble au sel de soude et au sel de potasse ; il s'obtient difficilement à l'état sec.

Le *sel de potasse*, $C^{12}H^{11}K^3O^{12}$, $6\,SO^3$, se prépare par double décomposition du sel de plomb avec le sulfate de potasse ; c'est un sel gommeux, fort déliquescent.

Le *sel de soude*, $C^{12}H^{11}Na^3O^{12}$, $6\,SO^3$, s'obtient de la même manière.

Le *sel de baryte*, $C^{12}H^{11}Ba^3O^{12}$, $6\,SO^3$, se prépare avec le carbonate de baryte, et s'obtient par une douce évaporation, sous la forme de grains cristallins ; si on le concentre trop, il se prend en une masse gélatineuse, mélangée d'un peu de sulfate ; il est insoluble dans l'alcool, et sa solution en est précipitée sous la forme d'une poudre cristalline.

Il a donné à l'analyse :

	K. et Schn[1].	Calcul.
Carbone.	11,07	11,54
Hydrogène.	2,03	1,76
Soufre.	15,32	15,40
Baryte.	36,35	36,59

Le *sel de plomb*, $C^{12}H^{11}Pb^3O^{12}$, $6\,SO^3$, forme une masse amorphe, déliquescente et fort altérable.

Le *sel de cuivre et le sel d'argent* sont encore plus altérables que le sel de plomb, et fort solubles dans l'eau.

Congénères de la mannite.

§ 1004. *Dulcose*[2], ou dulcine, $C^{12}H^{14}O^{12}$. — On ne connaît pas la plante qui produit cette substance ; le seul renseignement qu'on possède sur son origine, c'est qu'elle a été expédiée en 1848 de Madagascar à Paris, sous la forme de rognons plus ou moins

---

[1] MM. Knop et Schnedermann représentent la mannite par $C^8H^9O^8$, et les sulfomannitates par $C^8H^7M^2O^8$, $4\,SO^3$. Ces formules exigent toutes bien moins d'hydrogène qu'il n'en a été trouvé dans les analyses de ces substances.

[2] LAURENT, *Compt. rend. des trav. de Chim.*, 1850, p. 364 ; 1851, p. 29. — JACQUELAIN, *ibid.*, 1851, p. 21.

arrondis, cristallisés dans toute leur masse, et recouverts extérieurement de particules terreuses.

Cette substance se purifie aisément par l'eau bouillante; la liqueur filtrée dépose le dulcose à l'état cristallisé. L'eau-mère donne encore, par l'évaporation, des cristaux, et, finalement, il reste un sirop presque incolore et incristallisable.

Le dulcose pur est incolore et inodore; il possède une légère saveur sucrée semblable à celle de la mannite; il croque sous la dent. Sa solution aqueuse n'agit pas sur la lumière polarisée. Les cristaux, très-brillants, ont la forme d'un prisme monoclinique. Combinaison ordinaire, suivant M. Laurent, ∞ P. ∞ P ∞. $+$ P. $-$ P. oP. Inclinaison des faces, ∞ P : ∞ P dans le plan de la diagonale oblique et de l'axe principal $=$ 112°; ∞ P ∞ : ∞ P $=$ 146°; ∞ P : $-$ P $=$ 149° 3o'; oP : $-$ P $=$ 14o°; ∞ P : $+$ P $=$ 135° 3o'; oP : $+$ P $=$ 115°.

Les analyses du dulcose conduisent à la composition de la mannite :

	Laurent.		Jacquelain.		Formule de la mannite.
Carbone.	39,2	39,2	39,6	39,8	39,55
Hydrogène. . . .	7,7	7,6	7,8	7,8	7,68
Oxygène.	53,1	53,2	52,6	52,4	52,77
	100,0	100,0	100,0	100,0	100,00

Le dulcose fond à 182°, et cristallise de nouveau par le refroidissement. Chauffé à 275°, il se décompose, sans coloration, en donnant de l'oxyde de carbone, ainsi que des traces d'acétone et d'acide acétique; si l'on distille, il ne reste pas de charbon dans la cornue.

Il est très-peu soluble dans l'alcool bouillant, et, par le refroidissement, il s'y dépose sous la forme de très-petits cristaux brillants qui sont des octaèdres obliques. La solution aqueuse ne fermente pas au contact de la levûre de bière.

La potasse en dissolution étendue et chaude dissout le dulcose, et le laisse cristalliser inaltéré par le refroidissement; mais, avec une dissolution très-concentrée et bouillante, il se forme un sirop épais et incolore qui ne donne pas de précipité par l'alcool. Lorsqu'on verse de l'eau de baryte dans une dissolution chaude et concentrée de dulcose, la liqueur, évaporée à l'abri de l'air, dépose de petits prismes rectangulaires, surmontés d'une pyramide assez aiguë ; ces cristaux contiennent 29,7 p. c. de baryum, et dégagent, à 170°, 27,4 p. c. d'eau; ces résultats correspondent aux rapports $C^{12}H^{14}O^{12}$, 2 BaO + 14 aq.

L'acide sulfurique concentré dissout très-lentement le dulcose. Si l'on chauffe la dissolution jusqu'à ce qu'elle commence à se colorer très-légèrement, et si l'on sature l'acide par la baryte, on obtient une dissolution qui, évaporée à consistance de sirop, reprise par l'alcool, filtrée et évaporée de nouveau à siccité, laisse une matière gommeuse et amère.

Traité par l'acide nitrique, le dulcose donne de l'acide mucique.

L'action prolongée du chlore sur une solution de dulcose produit un acide formant un sel neutre et incristallisable avec la baryte.

La solution aqueuse du dulcose n'occasionne aucun phénomène apparent dans les solutions d'acétate de plomb, de sous-acétate de plomb, de nitrate d'argent, de chlorure d'or, même à la température de l'ébullition.

§ 1005. *Phycite*, $C^{12}H^{14}O^{12}$ (?). — Cette substance a été trouvée dans une espèce d'algue ou phycée, le *Protococcus vulgaris*[1]. On l'obtient en faisant bouillir cette plante pendant quelques heures avec de l'eau; on évapore le liquide filtré jusqu'à consistance de sirop, et l'on y verse de l'alcool à 95 centièmes ou du sous-acétate de plomb pour précipiter les matières gommeuses; la partie liquide, abandonnée à une évaporation lente, laisse alors déposer des cristaux de phycite.

Cette substance cristallise aisément en prismes rectangulaires, souvent tronqués sur les angles de la base de manière à représenter des octaèdres; ces cristaux s'obtiennent aisément isolés, parfaitement limpides, transparents, et assez volumineux. Leur densité est égale à 1,59 à 20°. Ils sont fort solubles dans l'eau, même à froid, très-peu solubles au contraire dans l'alcool absolu; dans ce dernier liquide un peu étendu, on les obtient en petits octaèdres rhomboïdaux. Ils ont une saveur sucrée, très-franche et très-fraîche.

La phycite fond à 112° environ en un liquide incolore, sans abandonner de l'eau. Vers 160°, il se manifeste une espèce d'ébullition, accompagnée d'une odeur qui rappelle celle de la farine légèrement brûlée; à une température plus élevée, la matière se

[1] LAMY (1852), *Ann. de Chim. et de Phys.*, [3] XXXV, 129.

décompose entièrement, sans boursouflement. Projetée sur des charbons incandescents, elle répand l'odeur du sucre brûlé.

Sa solution est sans action sur la lumière polarisée. Elle ne fermente pas non plus en présence de la levûre de bière.

La composition[1] de la phycite paraît être la même que celle de la mannite, $C^{12}H^{14}O^{12}$; en effet, on y a trouvé :

	Lamy.			Formule de la mannite.
Carbone. . .	39,14	39,32	38,85	39,55
Hydrogène. .	8,51	7,96	8,23	7,68
Oxygène. . .	52,35	52,72	52,92	52,77
	100,00	100,00	100,00	100,00

La phycite est sans action sur les couleurs végétales ; elle ne précipite pas par le sous-acétate de plomb, mais elle précipite par le sous-acétate de plomb ammoniacal.

L'ammoniaque, la potasse, la soude, la baryte, la chaux, ne l'altèrent que difficilement, même à la température de l'ébullition, et ne paraissent pas se combiner avec elle.

L'acide sulfurique la dissout déjà à froid, et paraît produire un acide copulé. L'acide nitrique l'attaque à chaud, en produisant de l'acide oxalique.

§ 1006. *Quercite*, ou sucre de glands[2], $C^{12}H^{12}O^{10}$. — Lorsqu'on écrase les glands de chêne, et qu'on lave la bouillie avec de l'eau, celle-ci donne une liqueur à la fois sucrée et astringente, qui s'éclaircit par le repos en déposant de l'amidon ; on la traite à chaud par un peu de chaux éteinte pour en précipiter le tannin et une petite quantité de matière azotée, on filtre, on concentre par l'évaporation, et l'on abandonne à lui-même le sirop ainsi obtenu. Au bout d'un certain temps, il s'y dépose alors des cristaux grenus de quercite, qu'on fait recristalliser dans l'eau bouillante, après les avoir lavés à froid avec de l'alcool affaibli.

Concentrée convenablement, la solution aqueuse de la quercite dépose ce corps sous la forme de petits prismes inaltérables à l'air, durs, croquant sous la dent, d'une saveur légèrement sucrée, comme terreuse. Les cristaux se dissolvent dans huit à dix fois leur poids d'eau froide ; ils se dissolvent également à chaud dans

---

[1] M. Lamy suppose dans la phycite $C^{12}H^{15}O^{12}$.

[2] BRACONNOT (1849), *Ann. de Chim. et de Phys.*, [3] XXVII, 392. — DESSAIGNES, *Compt. rend. de l'Acad.*, XXXIII, 308, 462.

l'alcool affaibli qui les dépose par le refroidissement à l'état de prismes parfaitement transparents.

L'analyse de ce corps conduit à la formule $C^{12}H^{12}O^{10}$, qui représente les éléments de la mannite moins 2 HO :

	Dessaignes.		Calcul.
Carbone. . .	43,6o	43,88	43,9o
Hydrogène. .	7,6o	7,47	7,3ı
Oxygène. . .	48,8o	48,65	48,79
	100,00	100,00	100,00

Chauffée à 210°, la quercite ne perd rien de son poids ; à 235° elle fond, et émet alors une vapeur qui se condense sous la forme d'un léger sublimé cristallin ; à cette haute température une très-petite quantité de quercite est altérée, et produit une matière noire.

Mêlée avec de la levûre de bière, la quercite ne subit pas la fermentation alcoolique. Elle ne s'altère pas non plus par son contact avec du fromage pourri, à la chaleur de l'été.

Chauffée avec de l'acide nitrique ordinaire, elle ne donne que de l'acide oxalique, sans mélange d'acide mucique. Broyée avec de l'acide sulfurique concentré, elle s'y dissout sans se colorer, et forme un acide copulé, dont le sel de chaux ne cristallise pas.

Traitée par un mélange d'acides nitrique et sulfurique concentrés, la quercite donne une matière résinoïde, la *nitroquercite*, incristallisable, détonante, insoluble dans l'eau, soluble à chaud dans l'alcool ; si l'on traite ce composé nitré par le sulfhydrate d'ammoniaque, on régénère la quercite.

La solution aqueuse de la quercite peut être chauffée quelque temps avec la potasse caustique, sans se colorer et sans dégager l'odeur du caramel. Elle dissout très-peu la chaux ; elle dissout aisément la baryte. La dissolution barytique est gommeuse et incristallisable ; séchée dans le vide, elle contient 29,41 p. c. de baryte ; chauffée ensuite à 150°, elle perd 5,92 p. c. d'eau. Ces nombres vont assez bien avec les rapports $C^{12}H^{12}O^{10}$, BaO + 2 aq.

Mélangée avec une solution d'acétate de cuivre, la quercite peut-être bouillie fort longtemps sans qu'il y ait réduction. Lorsqu'on la chauffe avec du sulfate de cuivre et de la potasse, c'est à peine si, par une ébullition d'un quart d'heure, il se précipite une parcelle d'oxyde cuivreux.

Le sous-acétate de plomb ne précipite pas la quercite, mais l'addition de l'ammoniaque détermine à chaud la formation d'un abondant précipité qui ne cristallise pas par le refroidissement.

PECTINE, ACIDE PECTIQUE, APIINE, etc.

§ 1007. Il existe, suivant M. Frémy, dans la pulpe des fruits verts, comme les pommes et les poires, ainsi que dans la pulpe de certaines racines, telles que les carottes, les navets, etc., une matière particulière, la *pectose*, insoluble dans l'eau, et qui se transforme, sous l'influence des acides, en une substance soluble, la *pectine*, découverte par M. Braconnot, la même à laquelle les fruits arrivés à maturité doivent la propriété de se prendre en gelée (en grec πηκτίς), lorsqu'on en fait bouillir le suc, dans certaines conditions[1].

La pectose accompagne presque constamment la cellulose dans le tissu des végétaux ; mais comme elle est insoluble dans l'eau, l'alcool et l'éther, et que d'ailleurs elle s'altère par un grand nombre de réactifs, on n'a pas encore pu l'isoler. C'est la pectose qui donne aux fruits verts leur dureté. Il est probable qu'elle est isomère de la pectine, ou qu'elle n'en diffère que par les éléments de l'eau.

La pectine ne se trouve toute formée que dans les fruits qui sont dans un état de maturation avancée. Elle prend naissance quand les fruits sont soumis à l'influence de la chaleur ; sa formation est due alors à l'action des acides citrique et malique. Pour s'en assurer, il suffit d'exprimer la pulpe d'une pomme verte et d'en extraire le jus : le liquide qu'on en retire ne contient pas de traces de pectine ; mais, si on le fait bouillir pendant quelques instants avec la pulpe du fruit, on voit bientôt la pectine apparaître, et donner à la liqueur cette viscosité qui caractérise le jus de tous les fruits cuits.

La pectine peut encore se former par l'ébullition des pulpes de carottes ou de navets avec une liqueur faiblement acidulée.

Sous l'influence des acides et des alcalis, la pectine se modifie elle-même peu à peu, et finit par se transformer en un composé

---

[1] VAUQUELIN, *Ann. de Chim.*, V, 100 ; VI, 282. — PAYEN, *Journ. de Pharm.*, X, 390. — BRACONNOT, *Ann. de Chim. et de Phys.*, XXVIII, 173 ; XXX, 96. — GUIBOURT, *Journ. de Chim. médic.*, I, 27.

fort acide, l'*acide métapectique*. Avant de donner ce dernier corps,
elle passe par une série de modifications intermédiaires que
M. Frémy appelle *parapectine, métapectine, acide pectosique, acide
pectique* et *acide parapectique.*

Un grand nombre de chimistes[1] se sont occupés de ces substances, sans réussir à en établir la composition d'une manière positive; cela tient à l'état incristallisable de ces corps, et aux difficultés qu'on éprouve à les dépouiller complétement de toute matière étrangère, et surtout de toute partie minérale. Il me paraît
probable d'ailleurs, en comparant entre elles les différentes analyses, que les composés dont je parle ne sont que des modifications
isomères d'un même principe chimique.

§ 1008. La pectine éprouve ces transformations, non-seulement par les moyens artificiels employés dans les laboratoires,
mais elle les subit aussi dans la végétation. Suivant M. Frémy, en
effet, tous les tissus végétaux qui contiennent de la pectose (la
matière primitive d'où résulte la pectine) renferment aussi une
espèce de ferment, la *pectase,* comparable, pour les effets, à la
diastase de l'orge germée et à la synaptase des amandes amères.
Cette pectose est une substance incristallisable, qu'on peut obtenir en précipitant par de l'alcool du jus de carottes nouvelles;
après cette précipitation, la pectose, qui d'abord était soluble, devient insoluble dans l'eau, sans perdre cependant son action sur
les substances pectiques. Introduite dans une dissolution de pectine, elle transforme en peu de temps ce corps en un produit gélatineux et insoluble dans l'eau froide; cette transformation s'effectue à la température de 40 degrés environ. Abandonnée dans
l'eau pendant deux ou trois jours, elle se décompose rapidement, se
couvre de moisissures et n'agit plus alors comme ferment pectique;
une ébullition prolongée paralyse aussi son action sur la pectine.

Le ferment pectique existe dans l'organisation végétale sous
deux états différents : il peut être soluble et insoluble. Les racines telles que les carottes ou les betteraves renferment de la
pectase soluble; leur suc, en effet, produit la fermentation pectique, tandis que les sucs des pommes ou d'autres fruits acides n'a-

[1] Mulder, *Bulletin de Néerlande*, 1838, p. 13, et *Journ. f. prakt. Chem.*, XIV,
270. — Regnault, *Journ. de Pharm.*, [2] XXIV, 201. — Frémy, *ibid.*, [2] XXVI, 368.
— Fromberg, *Ann. der Chem. u. Pharm.*, XLVIII, 58. — Chodnew, *ibid.*, LI, 360. —
Poumarède et Figuier, *Journ. de Pharm.*, [3] XII, 87. — Frémy, *Ann. de Chim. et
de Phys.*, [3] XXIV, 1.

gissent pas sur la pectine. La pectase se trouve dans ces fruits à
l'état insoluble, et accompagne la partie insoluble des pulpes ; en
mettant de la pulpe de pommes vertes dans une dissolution de
pectine, on voit cette dissolution devenir en peu de temps gélatineuse : il s'est alors formé deux acides gélatineux insolubles dans
l'eau, l'acide pectosique et l'acide pectique. On peut transformer
la pectase soluble en pectase insoluble par la coagulation au
moyen de l'alcool.

§ 1009. Lorsqu'un fruit, tel qu'une poire, une pomme, une
prune, est soumis à l'action de la chaleur en présence de l'eau,
il éprouve, suivant M. Frémy, les modifications suivantes : l'acide
qu'il contient, et qui est ordinairement un mélange d'acide malique et d'acide citrique, réagit d'abord sur la pectose et la transforme en pectine ; une partie de cette pectine reste dans le suc,
lui donne de la viscosité, et masque par sa présence l'acidité du
fruit. En outre, la pectase, agissant sur la pectine, produit une certaine quantité d'acide pectosique, qui se prend en gelée par le refroidissement. Si l'action de la pectase est prolongée, l'acide pectosique peut se changer en acide pectique. Lorsque le fruit est
chauffé rapidement, la pectase se trouve aussitôt coagulée, perd
son efficacité, et n'agit plus sur la pectine. Dans la coction d'un
fruit, la pectose est seule altérée, tandis que la cellulose n'éprouve
aucune modification.

Lorsqu'on examine les sucs de fruits verts, tels que ceux de
pommes, de poires, de prunes, de groseilles, on n'y trouve pas de
traces de pectine ; le précipité peu abondant que ces sucs produisent
quand on les traite par l'alcool est uniquement dû à la précipitation d'une matière albumineuse. Les pulpes de ces fruits verts contiennent de la pectose ; en les faisant bouillir dans une liqueur acide,
on en retire des quantités considérables de pectine. Le fruit vert ne
contient donc que de la pectose.

A mesure que la maturation s'avance, le fruit perd peu à peu
sa dureté ; les cellules se distendent, prennent une demi-transpa-
rence, et l'on trouve alors, dans le suc du fruit, de la pectine qui
ne précipite pas l'acétate neutre de plomb. Quand le fruit est mûr,
le suc du fruit est devenu gommeux ; on y trouve en abondance
de la pectine, et surtout de la parapectine, précipitant par l'a-
cétate de plomb. A cette époque, les pulpes lavées avec soin ne
contiennent plus sensiblement de pectose ; cette substance s'est

changée, pendant la maturation du fruit, en pectine et parapectine. Enfin, si l'on examine le suc d'un fruit prêt à se décomposer, comme celui d'une poire blette, par exemple, on n'y retrouve plus souvent de traces de pectine : cette substance s'est
transformée en acide métapectique, qui est saturé par la potasse ou
la chaux.

On voit que, pendant la végétation, les substances gélatineuses
éprouvent une série de modifications qui sont précisément celles
qu'on produit artificiellement en soumettant ces différents corps
à l'action successive des acides, de l'eau, des alcalis ou de la pectase; les réactions chimiques, employées avec ménagement, peuvent
donc reproduire quelques-uns des changements qui s'opèrent dans
les végétaux.

§ 1010. *Pectine.* — Ainsi que nous l'avons déjà dit, cette substance ne se trouve toute formée que dans les fruits qui sont dans
un état de maturation avancée. Il est difficile de l'isoler à l'état
de pureté, car elle est promptement altérée par les agents qu'on
pourrait employer pour la purifier, et, de plus, elle se trouve en
général mélangée avec des corps étrangers dont la séparation
n'est pas aisée. Pour l'isoler, on la précipite de sa solution aqueuse
par l'alcool : la pectine ainsi précipitée contient souvent de la
dextrine, du malate de chaux, une substance albumineuse, une
combinaison d'acide pectique et de sels ammoniacaux, précipitable comme elle par l'alcool; de même, si dans la préparation de
la pectine on emploie de l'acide sulfurique ou de l'acide oxalique, il se forme de véritables combinaisons de pectine et d'acide
qui se précipitent en même temps que la pectine.

Au lieu de produire artificiellement la pectine par l'action d'un
acide sur la pectose, M. Frémy la retire du suc des fruits mûrs, la
purification de la matière étant alors plus facile que dans les autres procédés. On exprime à froid la pulpe de poires très-mûres,
on filtre le jus, et on précipite par l'acide oxalique la chaux qui
s'y trouve; la matière albumineuse est également précipitée par
une dissolution concentrée de tannin. La liqueur est ensuite
traitée par l'alcool. La pectine se précipite ainsi en longs filaments gélatineux : elle est lavée à l'alcool, dissoute à froid dans
l'eau, et précipitée de nouveau par l'alcool. Cette opération est
répétée trois ou quatre fois, jusqu'à ce que les réactifs n'indiquent
plus dans la liqueur la présence du sucre ou des acides organiques.

La pectine retient obstinément des traces de substances albumineuses qui ne deviennent insolubles qu'après trois ou quatre précipitations successives par l'alcool. Dans la purification de la pectine, il est indispensable, suivant M. Frémy, d'éviter l'emploi de l'eau bouillante, qui l'altère rapidement. Le meilleur moyen de reconnaître qu'elle est parfaitement pure, c'est de précipiter sa solution par un excès d'eau de baryte : si elle ne contient pas de sucre, de dextrine, de malate de chaux, etc., la liqueur filtrée et évaporée à sec ne doit laisser aucune trace de substance organique.

MM. Poumarède et Figuier indiquent la racine de gentiane comme fort avantageuse pour l'extraction de la pectine. Cette racine, préalablement divisée et lavée à l'eau froide, est d'abord maintenue en digestion dans l'eau, pendant environ une heure, c'est-à-dire jusqu'à ce qu'elle soit convenablement pénétrée et ramollie ; elle est ensuite malaxée et lavée à grande eau sur un tamis. Après avoir été ainsi épuisée par l'eau, elle est épuisée d'une manière tout à fait semblable par l'acide acétique très-dilué, puis malaxée de nouveau et lavée. C'est de la racine d'abord ainsi traitée qu'on extrait la pectine : à cet effet, on la fait digérer, pendant une demi-heure ou trois quarts d'heure à une température de 80° à 90°, dans de l'eau distillée faiblement aiguisée d'acide chlorhydrique ; on jette ensuite le tout sur un linge, on exprime, et l'on abandonne le liquide quelque temps au repos. La liqueur, devenue claire, est décantée, puis traitée par un tiers environ de son volume d'alcool à 36°, qui en précipite la pectine sous la forme d'une gelée tenace et membraniforme qu'on exprime, comme une éponge, dans un linge fin. Cette matière, lavée et agitée dans l'alcool à 36°, exprimée dans un linge fin, et comprimée entre des doubles de papier joseph, est redissoute dans l'eau distillée, et précipitée de nouveau comme il vient d'être dit ; enfin elle est traitée par l'éther, comprimée entre des doubles de papier, et abandonnée à l'air, où elle sèche rapidement.

§ 1011. La pectine est blanche, soluble dans l'eau, neutre aux papiers, incristallisable, précipitable par l'alcool en gelée, lorsque sa solution est étendue, et en longs filaments lorsque la liqueur est concentrée. Si elle est pure, elle n'est pas précipitée par l'acétate de plomb neutre ; elle présente ce caractère lorsqu'elle a été obtenue à froid. Ordinairement elle est mélangée avec une certaine quantité de parapectine, et elle précipite alors l'acétate neutre de plomb. Le sous-acétate de plomb forme dans sa dissolution un précipité abondant.

Elle n'exerce aucune action rotatoire sur la lumière polarisée.

Quel que soit le mode de préparation de la pectine, cette substance renferme toujours des proportions variables de matières minérales. Voici les nombres qu'elle a donnés à l'analyse, déduction faite des cendres[1] :

	Mulder.		Chodnew.		Frémy.			Poumarède et Figuier.		
	a	b	c	d	e	e	e	f	g	h
Carbone. . .	44,6	45,2	46,0	43,8	39,7	39,5	40,5	43,8	43,2	43,3
Hydrogène. .	5,4	5,5	5,5	5,5	5,5	5,6	5,5	5,9	5,6	5,6
Oxygène. . .	50,0	49,3	48,4	50,7	54,8	54,9	54,0	50,3	51,2	51,1
	100,0	100,0	100,0	100,0	100,0	100,0	100,0	100,0	100,0	100,0

Les analyses précédentes sont à peu près d'accord sur l'hydrogène, mais le carbone y varie tellement qu'il me paraît impossible d'en déduire avec certitude la composition de la pectine. On n'est guère plus avancé en consultant les analyses de la combinaison plombique de la pectine ; voici, en effet, les résultats qui ont été obtenus, déduction faite de l'oxyde de plomb[2] :

	Mulder.	Frémy.	
	a	b	c
Carbone. . .	45,0	43,1	43,1
Hydrogène. .	5,4	5,2	5,1

Les différentes formules qui ont été proposées pour la pectine sont :

Mulder.	$C^{12}H^8O^{10}$,
Chodnew.	$C^{28}H^{21}O^{24}$,
Frémy.	$C^{64}H^{48}O^{64}$.

Aucune de ces formules ne me paraît satisfaisante.

[1] a Pectine de pommes douces, à 120°, laissant 5,9 p. c. de cendres, composées de chaux presque pure, avec un peu de fer et de silice. b Pectine de pommes aigres, à 120°, laissant 9,3 p. c. de cendres. c moyenne de deux analyses de pectine de poires, à 115° ; elle contenait 8,5 p. c. de cendres, composées de chaux, magnésie, oxyde de fer, potasse, chlore, acide sulfurique, acide phosphorique ; la combustion a été faite par le chromate de plomb. d Pectine de pommes, à 115°, contenant 1,59 p. c. de cendres, où il y avait beaucoup de phosphate de fer, sans trace d'acide carbonique. e Pectine de poires mûres. f Moyenne de trois analyses de pectine de la gentiane, séchée à 120°, et renfermant encore des matières minérales. g Moyenne de deux analyses de pectine de la gentiane, séchée à 120°, et débarrassée de la plus grande partie des oxydes par les alcalis et les acides. h Pectine de carottes, séchée à 120°, et débarrassée de la plus grande partie des matières minérales.

[2] a contenait 56,6 ; b 22,2 ; et c 49,9 p. c. d'oxyde de plomb.

L'eau bouillante transforme la pectine en parapectine; les acides étendus et bouillants la convertissent en métapectine, et finalement en acide métapectique. Les alcalis et les bases alcalines terreuses la transforment instantanément en pectates : ces sels, traités par les acides, donnent de l'acide pectique insoluble. Enfin, sous l'influence du ferment pectique (pectase), la pectine se convertit en un acide gélatineux que nous décrirons plus loin sous le nom d'acide pectosique.

§ 1012. *Parapectine.* — Si l'on fait bouillir pendant quelques heures une dissolution aqueuse de pectine, celle-ci perd en partie son aspect gommeux, et se transforme en parapectine.

Ce produit est neutre aux papiers colorés, très-soluble dans l'eau et incristallisable, insoluble dans l'alcool, qui le précipite sous la forme d'une gelée transparente. Il se transforme en pectates par l'action des bases solubles, et présente la plus grande analogie avec la pectine; mais il se distingue de cette substance en ce qu'il précipite l'acétate neutre de plomb, tandis que la pectine ne trouble pas ce réactif.

Suivant M. Frémy, les chimistes qui se sont occupés avant lui de la pectine auraient toujours opéré sur des mélanges de pectine et de parapectine. La parapectine prend naissance dans l'action de l'eau bouillante sur la pectine, et se trouve toujours en certaines proportions dans la pectine préparée à chaud.

Au reste, il ne paraît pas y avoir de différence entre la composition de la parapectine et celle de la pectine, car voici les nombres qui ont été obtenus avec la parapectine, séchée à 140°, déduction faite des cendres :

	Frémy.				
Carbone. . .	41,97	42,42	43,77	42,88	41,51
Hydrogène. .	5,98	5,53	5,41	5,68	5,48
Oxygène. . . .	52,05	52,05	50,82	51,44	53,01
	100,00	100,00	100,00	100,00	100,00

La *combinaison plombique* de la parapectine ne paraît pas être constante[1], quant à la proportion de l'oxyde de plomb; déduction faite de cet oxyde, la matière organique renfermait[2] :

Carbone.	41,95
Hydrogène.	5,42

[1] M. Frémy a obtenu 11,9—18,8—19,6—21,2 p. c. d'oxyde de plomb.
[2] L'analyse a été faite sur un produit contenant 21,2 p. c. d'oxyde de plomb.

§ 1013. *Métapectine.* — La parapectine, mise en ébullition avec un acide étendu, s'altère assez rapidement et se transforme en métapectine. Cette nouvelle modification est soluble dans l'eau et incristallisable ; elle rougit le tournesol, et est insoluble dans l'alcool comme la pectine et la parapectine. Comme ces deux substances, la métapectine se transforme en pectates par l'action des bases. Son caractère distinctif est de précipiter le chlorure de baryum, tandis que la pectine et la parapectine ne sont pas précipitées par ce réactif.

Séchée à 140°, elle présente la même composition que la pectine et la parapectine. La *combinaison plombique* contient 80,4—79,1 p. c. d'oxyde de plomb ; la *combinaison barytique* renferme 14—15 p. c. de baryte.

La métapectine peut se combiner avec les *acides* pour former des composés solubles dans l'eau et précipitables par l'alcool. La combinaison chlorhydrique s'obtient en faisant bouillir la métapectine avec l'acide chlorhydrique étendu, et en précipitant la liqueur par l'alcool ; elle est acide aux réactifs colorés ; elle précipite le chlorure de baryum et le nitrate d'argent. L'acide sulfurique et l'acide oxalique peuvent aussi s'unir à la métapectine, pour former des combinaisons solubles et gélatineuses, semblables à la précédente.

§ 1014. *Acide pectosique.* — On l'obtient en introduisant le ferment pectique dans une solution de pectine ; c'est lui qui prend naissance en premier lieu, et qui rend l'eau gélatineuse. Il se produit en outre par l'action des solutions étendues et froides de potasse, de soude, d'ammoniaque, de carbonates alcalins sur la pectine ; il se forme, dans ce cas, des pectosates qui donnent de l'acide pectosique quand on les traite par les acides.

L'acide pectosique est gélatineux, à peine soluble dans l'eau froide ; il devient complétement insoluble en présence des acides. Il se dissout dans l'eau bouillante : cette solution se prend en gelée par le refroidissement.

Il a donné à l'analyse :

	Frémy.
Carbone.	41,08
Hydrogène.	5,25
Oxygène.	53,67
	100,00

L'acide pectosique se transforme rapidement en acide pectique par l'action de l'eau bouillante, de la pectase ou des alcalis employés en excès.

Les *pectosates* sont gélatineux et incristallisables.

Le *sel de baryte*, obtenu en précipitant la pectine par l'eau de baryte, contient 24,1—24,7 p. c. de baryte.

Le *sel de plomb* contient 32,7 p. c. d'oxyde.

§ 1015. *Acide pectique.* — Ce composé prend naissance dans l'action du ferment pectique sur la pectine : si l'on abandonne, en effet, pendant quelque temps, à la température de 30 degrés, une dissolution de pectine tenant en suspension de la pectase, la pectine se transforme d'abord en acide pectosique, puis en acide pectique. Les dissolutions étendues de potasse, de soude, de carbonates alcalins, d'ammoniaque, les eaux de baryte, de chaux et de strontiane, changent presque instantanément la pectine en pectates. On retire l'acide pectique de ses différents sels, en soumettant les pectates à l'action des acides.

On prépare généralement l'acide pectique en faisant bouillir la pulpe de carottes ou de navets avec des dissolutions étendues de carbonates alcalins; dans ce cas, c'est la pectose contenue à l'état insoluble dans la pulpe qui se transforme en pectates sous l'influence des carbonates alcalins.

L'acide pectique qu'on obtient par cette méthode est toujours mélangé avec un corps azoté de nature albuminoïde qui se dissout comme lui dans les liqueurs alcalines et se précipite par les acides. Pour enlever cette matière étrangère, le mieux est de combiner l'acide pectique avec l'ammoniaque, et de faire bouillir pendant longtemps le pectate d'ammoniaque; bientôt la liqueur se trouble et laisse déposer l'albumine sous la forme d'un précipité grisâtre; la dissolution, qui d'abord avait une teinte jaunâtre, se décolore entièrement. Ce procédé ne réussit pas toujours, et il arrive souvent que le pectate d'ammoniaque conserve encore sa coloration après une ébullition de plusieurs heures; il faut alors avoir recours à l'action du sous-acétate de plomb, qui, introduit en faibles proportions dans le sel ammoniacal, forme un précipité jaune qui entraîne toute la matière azotée.

La méthode suivante donne, suivant M. Frémy, de l'acide pectique absolument pur et blanc : on prépare d'abord de la pectine en faisant bouillir de la pulpe de carottes bien lavée avec une eau légèrement aiguisée d'acide chlorhydrique ; la liqueur filtrée qui tient en dissolution la pectine est traitée par du carbonate de soude, qui transforme par l'ébullition la pectine en pectate de soude : ce sel, décomposé par l'acide chlorhydrique, donne l'acide pectique, qui doit être lavé à l'eau distillée. Dans cette préparation, il faut se garder d'employer un excès de carbonate de soude, qui transformerait l'acide pectique en acide métapectique soluble dans l'eau. Il faut toutefois employer une quantité suffisante de carbonate de soude, car, si ce sel faisait défaut, il ne se produirait que du pectosate de soude qui, sous l'influence d'un acide, donnerait de l'acide pectosique, lequel finirait par se dissoudre entièrement dans l'eau pendant les lavages. Des tâtonnements peuvent seuls apprendre la quantité de sel alcalin qu'on doit employer pour transformer la pectine en pectate alcalin. La transformation de l'acide pectique en acide métapectique est toujours annoncée par une coloration brune que prend la liqueur.

§ 1016. Précipité de ses combinaisons avec les alcalis, l'acide pectique se présente sous la forme d'une gelée incolore et transparente, insoluble dans l'eau, l'alcool et l'éther ; il se transforme par la dessiccation en une masse transparente qui se gonfle à peine dans l'eau. Il a une saveur aigrelette, et rougit le tournesol. Les acides, la plupart des sels, l'alcool, le sucre, etc., le précipitent sous forme de gelée.

Si l'on fait bouillir pendant quelque temps de l'eau tenant en suspension de l'acide pectique, en ayant soin de renouveler l'eau à mesure qu'elle s'évapore, l'acide pectique disparaît complétement, et se transforme en acide métapectique soluble dans l'eau et déliquescent.

Voici les résultats qui ont été obtenus à l'analyse de l'acide pectique :

	Mulder.		Regnault.		Fromberg.	Chodnew.		Frémy.		
	a	b	c	d	e	f	g	h	i	j
Carbone. . .	44,9	44,6	45,0	42,7	44,5	42,0	42,4	41,4	41,3	41,6
Hydrogène. .	5,4	5,3	5,4	4,7	5,2	5,3	5,1	4,6	5,0	4,8
Oxygène. . .	49,7	50,1	49,6	52,6	50,3	52,7	52,5	54,0	53,7	54,6
	100,0	100,0	100,0	100,0	100,0	100,0	100,0	100,0	100,0	100,0

a Acide pectique de carottes, donnant 4,17 p. c. de cendres composées de chaux et de traces de silice. b id. de pommes douces, donnant 6,1 p. c. de cendres. c id. de navets, donnant 3,2 p. c. de cendres. d id., séché à 140°. e id., séché à 140°, donnant 7 p. c. de cendres, composées en grande partie de chaux caustique. f id. de navets, à 120°, donnant 0,5 p. c. de cendres. g le même. h, i et j ont été préparés d'après la méthode de M. Frémy, indiquée p. 592.

Ces analyses ne sont pas plus concordantes que celles de la pectine.

L'acide pectique se dissout aisément dans les liqueurs alcalines, même fort étendues. Les alcalis employés en excès l'altèrent rapidement : c'est ainsi qu'une dissolution de pectate de potasse qu'on fait bouillir avec un excès d'alcali, ne contient plus de traces d'acide pectique, après quelque temps d'ébullition, et ne précipite plus par les acides.

Un grand nombre de sels neutres, presque tous les sels organiques à base d'ammoniaque et principalement les pectates solubles, dissolvent des quantités considérables d'acide pectique ; aussi peut-on obtenir des pectates solubles d'une composition fort variable et contenant un grand excès d'acide pectique, en dissolvant cet acide dans des quantités de potasse, de soude ou d'ammoniaque insuffisantes pour constituer des sels neutres.

Traité par de l'acide nitrique concentré, l'acide pectique donne de l'acide oxalique et de l'acide mucique (Braconnot, Frémy).

Suivant M. Chodnew, les acides chlorhydrique, sulfurique et nitrique étendus donnent une liqueur légèrement colorée en rouge, lorsqu'on les fait bouillir, dans un ballon, avec de l'acide pectique ; cette liqueur réduit les sels de cuivre et d'argent.

Lorsqu'on emploie de l'acide sulfurique, il se dégage une petite quantité d'acide formique, ainsi que de l'acide carbonique ; vers la fin, la liqueur présente l'odeur du caramel. Si l'on opère sur un acide assez étendu, et en ayant soin de remplacer l'eau à mesure qu'elle s'évapore, la liqueur reste, par ce traitement, presque entièrement incolore. Ordinairement on obtient aussi une certaine quantité d'une matière brune ou noire, espèce d'acide ulmique, insoluble dans l'eau et les acides, soluble dans les alcalis. La solution filtrée, saturée par du carbonate de baryte, filtrée de nouveau, évaporée au bain-marie à consistance de sirop, et additionnée d'alcool, donne un abondant précipité, assez soluble dans l'eau. La partie soluble dans l'alcool étant à son tour évaporée au bain-marie, donne un résidu composé de sucre, en grande partie caramélisé, ainsi qu'on peut s'en assurer par l'odeur et le goût. M. Chodnew, qui rapporte ces expériences, dit s'être assuré de la présence du sucre (du glucose?), par la forme cristalline de sa combinaison avec le sel marin, par la réaction avec

---

[1] M. Chodnew dit n'avoir pas pu obtenir de l'acide mucique avec l'acide pectique.

le sulfate de cuivre et la potasse, et par une légère fermentation.

En faisant bouillir l'acide pectique avec l'acide sulfurique, le même chimiste a souvent aussi remarqué une odeur particulière, rappelant celle de l'hydrure de benzoïle. Quant au sel de baryte soluble, qu'on obtient en saturant par le carbonate de la baryte la liqueur bouillie avec l'acide sulfurique, il paraît renfermer de l'acide formique, ainsi qu'un autre acide fort semblable à l'acide malique.

Suivant M. Frémy, il ne se formerait que de l'acide métapectique par l'action des acides étendus sur l'acide pectique; quant au glucose, ce chimiste ne l'a jamais vu se produire [1].

L'acide pectique déplace l'acide carbonique de ses sels.

§ 1017. Les *pectates* constituent des gelées transparentes, tantôt incolores, tantôt colorées, suivant la base qu'ils renferment; les sels alcalins sont solubles dans l'eau, et s'obtiennent, par la dessiccation, sous la forme de masses gommeuses; l'alcool précipite leur solution sous forme de gelée.

Il est extrêmement difficile d'avoir les pectates d'une composition constante; les chimistes qui se sont occupés de l'analyse de ces sels ont obtenu des résultats fort discordants.

Le *sel d'ammoniaque* s'obtient sous la forme d'une gelée incolore en dissolvant l'acide pectique dans l'ammoniaque, et en précipitant la liqueur par l'ammoniaque.

Le *sel de potasse* s'obtient sous la forme d'une gelée en dissolvant l'acide pectique dans un léger excès de potasse et précipitant par l'alcool; après avoir été lavé à l'alcool et séché à 120°, le sel est comme fibreux. Il se redissout dans l'eau en donnant une solution neutre. M. Chodnew a trouvé 18,89 p. c. de potasse dans le sel séché à 120°, et 20,0 p. c. de potasse dans le sel séché entre 150 et 160°.

Le *sel de soude* est aussi une gelée incolore qui s'obtient comme le sel de potasse. Il contient, à 120°, 13,73 p. c. de soude (Chodnew).

Le *sel de baryte* forme une gelée transparente qu'on obtient par le chlorure de baryum et une dissolution d'acide pectique dans l'ammoniaque. M. Frémy le prépare à l'état de pureté en traitant, à l'abri de l'air et à froid, une solution de pectine par un grand excès d'eau de baryte : il se produit d'abord un précipité de pec-

[1] M. Frémy attribue la formation du glucose, dans les expériences de M. Chodnew, à la présence de l'amidon qui se trouve souvent dans la pectine impure.

tosate de baryte qui se change en pectate sous l'influence d'un excès de base ; le précipité est lavé rapidement, et desséché d'abord dans le vide, puis dans l'étuve à 120°. Ce sel renferme, en centièmes :

	Mulder.	Chodnew.		Frémy.		
Baryte . . .	20,1	27,68	26,8	26,4	25,7	25,3.

Le *sel de chaux* se précipite, sous la forme d'une gelée transparente, lorsqu'on mélange une solution de chlorure de calcium avec une solution ammoniacale d'acide pectique. Un sel provenant de trois préparations différentes, et séché à 120°, a donné à M. Chodnew, 12,38—12,42—12,46 p. c. de chaux.

Le *sel de cuivre* forme une gelée verte contenant 16,86—16,38 d'oxyde de cuivre (Chodnew; d'une composition variable, Regnault).

Le *sel de plomb* obtenu en précipitant l'acétate de plomb avec une solution ammoniacale d'acide pectique renferme des quantités d'oxyde fort variables (34 à 60 p. c. suivant M. Frémy). La matière organique contenue dans les précipités renferme [1] :

	Mulder.	Regnault.	Chodnew.	Frémy.
	a	*b*	*c*	*d*
Carbone.	45,2	42,5	42,9	43,9
Hydrogène. . . .	5,2	4,5	4,7	4,9
Oxygène	49,6	53,0	52,4	51,2
	100,0	100,0	100,0	100,0

Le *sel d'argent* ne s'obtient pas aisément à l'état de pureté. M. Regnault y a trouvé des quantités d'oxyde d'argent variant entre 36,68 et 41,6 p. c.

§ 1018. *Acide parapectique.* — M. Frémy donne ce nom à un premier acide soluble dans l'eau, qui prend naissance dans l'action de l'eau bouillante sur l'acide pectique.

On peut obtenir l'acide parapectique en combinaison avec les bases, en soumettant pendant longtemps les pectates à l'action d'une température de 150 degrés, ou mieux, en maintenant, pendant quelques heures, des pectates dans l'eau bouillante. Les pectates insolubles peuvent eux-mêmes se transformer en parapectates sous l'influence de la chaleur.

L'acide parapectique est incristallisable ; sa réaction est franchement acide. Il forme des sels solubles avec la potasse, la soude et

---

[1] *a* contenait 41,5; *b* 48,74; *c* 46,3; et *d* 35,1 p. c. d'oxyde de plomb.

l'ammoniaque : il est précipité de sa dissolution par l'acétate neutre de plomb.

Sa dissolution décompose, à l'ébullition, le tartrate de cuivre et de potasse.

M. Frémy a déterminé la composition de l'acide parapectique, en soumettant à l'analyse le parapectate de plomb obtenu en précipitant l'acide parapectique par l'acétate neutre de plomb. Le précipité, séché à 150, contenait 40,0—40,78—41,3 p. c. d'oxyde ; déduction faite de cet oxyde, la matière organique contenait :

	Frémy.		
Carbone.	44,40	43,43	43,83
Hydrogène. . . .	4,88	4,78	4,49
Oxygène.	50,72	51,79	51,68
	100,00	100,00	100,00

En neutralisant exactement une dissolution d'acide parapectique par la potasse et en précipitant la liqueur par l'alcool, on obtient un sel contenant 23 p. c. de potasse.

§ 1019. *Acide métapectique.* — Lorsqu'une dissolution de pectine est abandonnée à elle-même pendant plusieurs jours, elle devient fort acide, et perd la propriété de précipiter par l'alcool ; elle contient alors de l'acide métapectique ; cette transformation est plus rapide, lorsque la pectine est mise en présence du ferment pectique (pectase).

Lorsque la pectine est soumise à l'action des acides énergiques, elle se change aussi en acide métapectique ; ainsi, sous l'influence de l'ébullition, l'acide chlorhydrique étendu transforme, en quelques minutes, la pectine en acide métapectique.

Lorsque la pectine est traitée par un excès de potasse ou de soude, il se forme un métapectate alcalin. Les acides pectosique et pectique peuvent aussi se changer en métapectates sous l'influence des bases, mais cette transformation est plus lente que celle de la pectine.

L'acide pectique, abandonné dans l'eau pendant deux ou trois mois, se dissout entièrement, ou du moins ne laisse pour résidu que la substance albumineuse qu'il retient presque toujours ; il se change, dans ce cas, en acide métapectique. Cette modification peut s'opérer en trente-six heures, si l'on fait intervenir l'action de la chaleur ou des acides étendus.

Enfin l'acide parapectique, en dissolution dans l'eau, se change rapidement en acide métapectique.

L'acide métapectique est soluble dans l'eau et incristallisable. Il forme, avec toutes les bases, des sels solubles. Il ne précipite ni l'acétate de plomb, ni les eaux de chaux et de baryte, mais il précipite le sous-acétate de plomb. Ses sels se colorent en jaune sous l'influence d'un excès de base.

Sa dissolution n'exerce aucune action rotatoire sur la lumière polarisée.

Elle réduit, à l'ébullition, à la manière du glucose, la solution du tartrate de cuivre et de potasse.

La dissolution de l'acide métapectique se couvre rapidement de moisissures ; lorsqu'on la fait bouillir pendant longtemps, elle se décompose, dégage de l'acide acétique, et donne naissance à un dépôt noir.

M. Frémy n'a analysé l'acide métapectique qu'en combinaison avec l'oxyde de plomb. Les précipités plombiques contenaient de 67,5 à 74,2 p. c. d'oxyde ; la matière organique renfermée dans les précipités séchés à 160° avait la composition suivante :

	Frémy.		
Carbone.	43,77	43,00	43,77
Hydrogène.	4,38	4,98	4,38
Oxygène.	51,85	52,02	51,85
	100,00	100,00	100,00

M. Frémy admet que ces précipités renferment $C^8H^5O^7$, 2 PbO ou $C^8H^5O^7$, 3 PbO.

§ 1020. Si l'on soumet à l'action d'une température de 200 degrés la pectine ou l'un de ses dérivés, tels que l'acide pectique ou les acides métapectique ou parapectique, il se dégage de l'eau et de l'acide carbonique, en même temps qu'il se produit un acide noir (*acide pyropectique*) insoluble dans l'eau, soluble dans les liqueurs alcalines. Ce produit renferme :

	Frémy.
Carbone	51,32
Hydrogène. . . .	5,33
Oxygène.	43,35
	100,00

M. Frémy représente ce corps noir par les rapports $C^{14}H^9O^9$. Il est remarquable que l'hydrogène et l'oxygène s'y trouvent dans les mêmes proportions que dans l'acide noir du sucre.

Cet acide pyrogéné forme des sels colorés en brun et incristallisables.

§ 1021. *Apiine*. — Nous rattacherons aux substances pectiques une matière gélatineuse extraite par M. Braconnot[1] du persil (*Apium petroselinum*), et à laquelle ce chimiste a donné le nom d'*apiine*. On l'obtient en grande quantité en faisant bouillir de l'eau avec une quantité suffisante de persil; la liqueur bouillante, passée à travers un linge, se prend, par le refroidissement, en une gelée transparente, de l'aspect de l'acide pectique. On la lave à l'eau froide, et, après l'avoir desséchée au bain-marie, on traite par l'alcool et par l'éther bouillants, qui en extraient une certaine quantité de chlorophylle, par laquelle elle est d'abord colorée en vert.

L'apiine pure se présente, après la dessiccation, sous la forme d'une poudre incolore, sans odeur ni saveur, et qui paraît être hygrométrique. Elle fond à 180° en un liquide jaunâtre, qui se prend, par le refroidissement, en une masse vitreuse. Elle commence à se décomposer entre 200 et 210°.

Elle est extrêmement peu soluble dans l'eau, mais elle se dissout aisément dans l'eau bouillante, qui la dépose, par le refroidissement, sous forme de gelée. Elle est assez soluble dans l'alcool bouillant et insoluble dans l'éther.

Quelque soin qu'on prenne à sa préparation, l'apiine retient toujours de petites quantités de matières minérales. Voici les résultats qu'elle a donnés à l'analyse par le chromate de plomb, déduction faite de 0,15 p. c. de cendres :

	Planta et Wallace.		
Carbone	55,25	55,05	54,71
Hydrogène	5,59	5,49	5,60
Oxygène.	39,16	39,46	39,69
	100,00	100,00	100,00

MM. Planta et Wallace représentent ces résultats par les rapports $C^{24}H^{14}O^{13}$.

La solution de l'apiine dans l'alcool bouillant ne précipite pas les solutions de chlorure de baryum, d'acétate de plomb, de ni-

[1] BRACONNOT, *Ann. de Chim. et de Phys.*, [3] IX, 250. — PLANTA et WALLACE, *Ann. der Chem. u. Pharm*, LXXIV, 262.

trate d'argent, mais elle se colore en jaune intense par une solution alcoolique d'acétate de plomb.

Le sulfate ferreux donne avec l'apiine une réaction fort caractéristique : qu'on fasse dissoudre cette substance dans l'eau bouillante et qu'on y ajoute un peu de sulfate ferreux, le mélange prendra aussitôt une couleur rouge de sang très-intense. Cette réaction est très-sensible, et accuse les moindres traces d'apiine.

Lorsqu'on maintient longtemps en ébullition une solution aqueuse d'apiine, elle ne se prend plus en gelée par le refroidissement, mais elle dépose des flocons presque blancs, qui paraissent contenir les éléments de l'apiine plus les éléments de l'eau, $C^{24}H^{14}O^{13} + 2HO$.

L'acide sulfurique et l'acide chlorhydrique, étendus et bouillants, modifient également l'apiine : la liqueur dépose, par le refroidissement, des flocons blancs, paraissant renfermer $C^{24}H^{10}O^9$, c'est-à-dire les éléments de l'apiine moins 4 at. d'eau. La présence du sucre (du glucose) dans la liqueur sulfurique n'a pas été démontrée avec certitude.

Les alcalis dissolvent l'apiine, mais ne la décomposent pas, même à l'ébullition : les acides séparent de la liqueur de l'apiine non altérée.

Suivant M. Braconnot, l'acide nitrique transformerait l'apiine en un mélange d'acide oxalique et d'acide picrique. MM. Planta et Wallace n'ont vu se former ces deux produits qu'avec l'apiine impure.

Lorsqu'on chauffe l'apiine avec du peroxyde de manganèse et de l'acide sulfurique, la réaction est très-énergique : il se dégage de l'acide carbonique, et l'on recueille à la distillation, de l'acide formique et de l'acide acétique.

SÉRIE BUTYRIQUE.

§ 1022. Cette série, dont le pivot est l'acide butyrique, peut se subdiviser en trois groupes, savoir :

Groupe tritylique,
Groupe butyrique,
Groupe pyrotartrique.

Ces groupes ont leurs homologues dans les séries déjà décrites : le groupe tritylique est l'homologue des groupes méthylique

§ 318) et éthylique (§ 738); le groupe butyrique est l'homologue des groupes formique (§ 126), acétique (§ 424) et propionique (§ 899); le groupe pyrotartrique paraît être l'homologue des groupes oxalique (§ 137) et succinique (§ 922).

I.

GROUPE TRITYLIQUE.

§ 1023. De même que les composés méthyliques et les composés éthyliques représentent les combinaisons de la chimie minérale, l'hydrogène ou le métal simple de ces dernières étant remplacé par les radicaux méthyle C^2H^3 et éthyle C^4H^5, de même les composés trityliques représentent ces combinaisons avec substitution du radical *trityle* C^6H^7 à l'hydrogène [1].

Les composés trityliques sont fort peu connus : M. Chancel a découvert récemment l'hydrate de trityle avec lequel il sera facile d'en produire un grand nombre. On connaît aussi un hydrocarbure C^6H^6, qui est aux composés trityliques ce que le gaz oléfiant et le méthylène sont aux composés éthyliques et aux composés méthyliques :

$$\text{Trityléne.} \dots \dots \dots \quad C^6H^6$$

$$\text{Hydrate de trityle.} \dots \quad C^6H^8O^2 \;=\; \left.\begin{array}{l} C^6H^7.O \\ HO \end{array}\right\}$$

$$\text{Acide trityl-sulfurique.} \;.\; C^6H^8S^2O^8 \;=\; \left.\begin{array}{l} C^6H^7.O \\ HO \end{array}\right\} S^2O^6,$$

$$\text{Azoture de trityle.} \dots \quad C^6H^9N \;=\; N\left\{\begin{array}{l} C^6H^7 \\ H \\ H. \end{array}\right.$$

Nous avons déjà décrit (t. I, p. 378) le cyanure de trityle, $C^8H^7N = C^6H^7Cy$, qui rattache les combinaisons trityliques au groupe butyrique.

Ces combinaisons se relient à la série propionique par les transformations que leur font subir les agents d'oxydation.

---

[1] J'emploie le mot *trityle* (du grec τρίτος, troisième), pour rappeler que les composés renfermant ce radical, occupent le troisième rang parmi les composés homologues des composés méthyliques et éthyliques. Je me sers d'une nomenclature semblable pour les autres radicaux homologues (*tétryle, hexyle, heptyle,* etc.)

TRITYLÈNE.

Syn. : propylène.

Composition : C^6H^6.

§ 1024. Cet hydrocarbure[1] s'obtient à l'état impur lorsqu'on fait passer les vapeurs de l'hydrate d'amyle (§ 1084) à travers un tube chauffé au rouge, ou qu'on décompose, en présence d'un excès de chaux potassée, l'acide valérique ou l'un des acides homologues supérieurs[2].

Voici la disposition de l'appareil pour la préparation du tritylène par l'hydrate d'amyle. Un long tube de verre peu fusible étant couché dans une grille à combustion, on fixe à l'un des bouts de ce tube un ballon contenant l'hydrate d'amyle; on engage l'autre bout dans un réfrigérent de Liebig, et, après l'avoir recourbé, on le fait arriver dans un flacon de Woulf contenant de l'eau; ce dernier est mis en communication avec un gazomètre à l'aide d'un tube flexible. On porte au rouge la partie du tube de verre couchée dans la grille, et l'on fait légèrement bouillir l'hydrate d'amyle; les vapeurs de ce corps se décomposent alors en traversant le tube incandescent, et développent ainsi beaucoup de gaz qu'on recueille dans le gazomètre; il se condense en même temps dans le flacon de Woulf quelques produits liquides qui n'ont pas encore été examinés.

La quantité et la nature du gaz qu'on obtient dans cette opération dépendent entièrement de la température à laquelle on chauffe. Si la chaleur est trop élevée, il ne passe presque que de l'hydrure de méthyle (gaz des marais); si elle est, au contraire, trop basse, la plus grande partie des vapeurs d'hydrate d'amyle distille sans se décomposer, et il ne se produit alors que peu de gaz.

Lorsque l'opération est bien conduite, on recueille un mélange gazeux, qui brûle avec une flamme lumineuse et qui a la propriété de se condenser, à la manière du gaz oléfiant, au contact du chlore et du brome, de manière à donner des produits huileux.

La composition de ces produits indique que le mélange gazeux

[1] REYNOLDS (1851), *Ann. der Chem. u. Pharm.*, LXXVII, 114.

[2] CAHOURS, *Compt. rend. de l'Acad.*, XXXI, 142. — HOFMANN, *Ann. der Chem. u. Pharm.*, LXXVII, 161.

renferme du tritylène; celui-ci en compose environ la moitié du volume dans les opérations bien réussies; l'autre moitié consiste en plus grande partie en hydrure de méthyle.

Dérivés chlorés et bromés du tritylène[1].

§ 1025. L'action que le chlore et le brome exercent sur le tritylène est entièrement semblable à celle qu'on observe avec les mêmes agents et le gaz oléfiant, homologue du tritylène : on obtient donc d'abord des chlorures et des bromures de tritylène, lesquels se dédoublent sous l'influence de la potasse alcoolique, en produisant des tritylènes chlorés ou bromés.

Voici les différents produits qu'on isole ainsi :

Le *chlorure de tritylène*, C^6H^5,Cl^2; huile pesante, bouillant à 104°, d'une densité égale à 1,151; on le prépare en abandonnant à la lumière diffuse, après y avoir mêlé du chlore, le gaz qu'on obtient par la décomposition ignée de l'hydrate d'amyle.

Le *tritylène chloré*, C^6H^5Cl.

Le *chlorure de tritylène chloré*, C^6H^5Cl,Cl^2; liquide bouillant à 170°, et d'une densité de 1,347.

Le *tritylène bichloré*, $C^6H^4Cl^2$.

Le *chlorure de tritylène bichloré*, $C^6H^4Cl^2, Cl^2$; liquide bouillant entre 195° et 200°, et d'une densité égale à 1,548.

Le *tritylène trichloré*, $C^6H^3Cl^3$.

Le *chlorure de tritylène trichloré*, $C^6H^3Cl^3, Cl^2$; liquide bouillant entre 220° et 225°.

Le *tritylène quadrichloré*, $C^6H^2Cl^4$.

Le *chlorure de tritylène quadrichloré*, $C^6H^2Cl^4, Cl^2$; liquide bouillant entre 240° et 245°, d'une densité égale à 1,731.

Le *tritylène quintichloré*, C^6HCl^5.

Le *chlorure de tritylène quintichloré*, C^6HCl^5, Cl^2; liquide bouillant à 260°, et d'une densité de 1,731.

Le *tritylène sexchloré*, C^6Cl^6.

Le *chlorure de tritylène sexchloré*, C^6Cl^6, Cl^2; liquide bouillant à 280°, et d'une densité de 1,860.

§ 1026. Les dérivés bromés se produisent aisément, et sont semblables aux composés précédents.

Le *bromure de tritylène*, C^6H^6, Br^2, s'obtient en agitant avec de

[1] REYNOLDS, *loc. cit.* — CAHOURS, *Compt. rend. de l'Acad.*, XXXI, 292.

petites quantités de brome le gaz provenant de la décomposition
ignée de l'hydrate d'amyle, jusqu'à ce que la couleur du brome
persiste ; on rectifie le produit sur de la chaux caustique. C'est un
liquide incolore, d'une odeur éthérée, légèrement alliacée, et semblable à celle de la liqueur des Hollandais ; sa densité est de 1,974,
et son point d'ébullition à 145°. Il se décompose par l'acide sulfurique concentré.

Le *tritylène bromé*, C^6H^5Br, est un liquide incolore, très-mobile,
d'une odeur de poisson pourri ; il bout déjà à 62°, et a une densité égale à 1,472. Il n'est pas attaqué par une dissolution alcoolique d'ammoniaque, dans un tube fermé, à la température
de 100°.

Le *bromure de tritylène bromé*, C^6H^5Br, Br^2, a une densité de
2,336, et bout à 192°.

Le *tritylène bibromé*, $C^6H^4Br^2$, a une densité de 1,950 et bout
à 120°.

Le *bromure de tritylène bibromé*, $C^6H^4Br^2$, Br^2, a une densité de
2,469, et bout à 226°.

Le *tritylène tribromé* renferme $C^6H^3Br^3$.

Le *bromure de tritylène tribromé*, $C^6H^3Br^3$, Br^2, a une densité de
2,601, et bout à 255°.

<h2 style="text-align:center">TRITYLE.</h2>

Syn. : propyle.

Composition : $C^{12}H^{14} = C^6H^7, C^6H^7$.

§ 1026^a. On n'a pas encore décrit cet hydrocarbure. Il s'obtiendrait probablement par l'action d'un courant galvanique sur le
butyrate de potasse.

<h2 style="text-align:center">HYDRATE DE TRITYLE.</h2>

Syn. : alcool propylique.

Composition : $C^6H^8O^2 = C^6H^7O, HO$.

§ 1026^b. Les résidus provenant de la rectification des esprits de
marc constituent un mélange fort complexe de substances volatiles, parmi lesquelles abonde surtout l'hydrate d'amyle ou huile
de pommes de terre. Si l'on rectifie ce mélange en opérant sur
de grandes quantités, et en ne recueillant que les premières portions, on obtient, par des fractionnements réitérés, un liquide

particulier qui constitue le troisième terme dans la série des alcools homologues.

Ce produit contenant beaucoup d'eau, on commence par l'agiter avec du carbonate de potasse, puis on l'abandonne pendant 24 heures sur de l'hydrate de potasse fondu, et on le distille sur cet agent.

L'hydrate de trityle, découvert par M. Chancel[1], est entièrement limpide, plus léger que l'eau, doué d'une agréable odeur de fruits. Il est fort soluble dans l'eau; toutefois il ne s'y dissout pas en toutes proportions. Il bout à 96° ou 97°. La densité de sa vapeur a été trouvée égale à 2,02 (calcul, 2,072).

Il se combine aisément avec l'acide sulfurique, qu'il colore à peine.

ACIDE TRITYL-SULFURIQUE.

Composition : $C^6H^8S^2O^8 = C^6H^7O, HO, S^2O^6$.

§ 1026c. On l'obtient[2] directement par l'hydrate de trityle et l'acide sulfurique concentré. Le mélange étant étendu de 8 à 10 fois son volume d'eau, on sature la liqueur par du carbonate de potasse; on l'évapore ensuite à siccité au bain-marie, et l'on reprend le résidu par l'alcool absolu et bouillant, qui dissout le trityl-sulfate de potasse.

Ce *sel de potasse*, $C^6H^7KS^2O^8$, se dépose, par le refroidissement, sous la forme de fines aiguilles, extrêmement solubles dans l'eau, et anhydres.

AZOTURE DE TRITYLE OU TRITYL-AMMONIAQUE.

Syn. : tritylamine, propylamine, métacétamine, œnylamine.

Composition : $C^6H^9N = NH^2(C^6H^7)$.

§ 1026d. Ce composé n'a pas encore été isolé d'une manière certaine, et l'on paraît l'avoir confondu quelquefois avec son isomère, la triméthylamine (§ 388).

Il se produit, suivant M. Wertheim[3], lorsqu'on traite la narcotine par la soude ou la potasse caustiques à la température de

---

[1] CHANCEL (1853), *Compt. rend. de l'Acad.* XXXVII, 410.

[2] CHANCEL (1853), *loc. cit.*

[3] WERTHEIM, *Ann. der Chem. u. Pharm.*, LXXIII, 208. — HOFMANN, *ibid.*, LXXXIII, 116.

220°. On l'obtient aussi, selon M. Anderson [1], en traitant la co-
déine par la chaux potassée à la température de 120° à 175°. M. Dessaignes [2] lui attribue l'odeur particulière du vulvaire (*Chenopodium
vulvaria*).

Peut-être la véritable tritylamine est-elle contenue dans le mélange d'alcalis que M. Anderson a extrait de l'huile d'os : ce mélange contenait, dans sa partie la plus volatile, de la méthylamine,
de la tétrylamine (pétinine) et un autre alcali renfermant C^6H^9N. En
recueillant la partie du mélange bouillant au-dessous de 65°, dissolvant dans l'acide chlorhydrique, évaporant à siccité, reprenant par
l'eau, et ajoutant du bichlorure de platine, M. Anderson obtient
d'abord des paillettes dorées, semblables au chloroplatinate de méthylamine ou de tétrylamine ; l'eau-mère d'où ces cristaux se sont
déposés étant ensuite additionnée d'un mélange d'alcool et d'é-
ther, il se précipite aussitôt de petites paillettes brillantes d'un sel
C^6H^9N, HCl, $PtCl^2$, qui est peut-être le *chloroplatinate de tritylamine*.

L'alcali extrait de ce dernier sel constitue une huile limpide, d'une odeur forte, semblable à celle de la tétrylamine, et
assez rapprochée de celle de l'ammoniaque ; il s'échauffe au contact
des acides concentrés, en se combinant avec eux. Il répand d'abondantes fumées blanches par l'approche d'une baguette humectée
d'acide chlorhydrique. Son *chlorhydrate* cristallise en grosses tables.

ARSÉNIURE DE TRITYLE.

Syn. : cacodyle de l'acide butyrique.

§ 1026[e]. Lorsqu'on distille un mélange de parties égales de butyrate de potasse et d'acide arsénieux desséchés, on obtient [3] un
produit composé de deux liquides, l'un incolore et acide, l'autre
plus pesant et coloré presque en noir par de l'arsenic métallique.
Ce dernier liquide ne se mélange pas avec le premier, et présente
une odeur semblable à celle du cacodyle (§ 396). Pendant la distillation, il se dégage des gaz fétides en grande quantité, en
même temps qu'il se réduit beaucoup d'arsenic.

Le produit ayant été agité avec de l'eau et de la magnésie, puis

[1] ANDERSON, *Ann. der Chem. u. Pharm.*, LXXV, 80; LXXVII, 377; LXXX, 52.
[2] DESSAIGNES, *Compt. rend. de l'Acad.*, XXXIII, 358.
[3] WOEHLER, *Ann. der Chem. u. Pharm.*, LXVIII, 127.

soumis à la rectification, il passe une huile incolore, plus pesante que l'eau, et qui devient peu à peu à l'air d'un brun foncé. L'odeur de cette huile est fort nauséabonde. Elle ne s'enflamme pas à l'air et n'y exhale pas de fumée. Elle brûle avec une flamme blanche, en répandant des vapeurs arsenicales. Mise en digestion avec de l'acide chlorhydrique concentré, elle acquiert une odeur qui irrite vivement les yeux et le nez.

La liqueur aqueuse qui distille avec l'huile précédente paraît en contenir beaucoup en dissolution. Mise en contact avec une solution de bichlorure de mercure, elle donne un précipité presque blanc, en perdant entièrement son odeur cacodylique et en prenant une odeur aromatique semblable à celle de la butyrone. Ce précipité se dissout par la chaleur, et se sépare de nouveau, par le refroidissement, sous la forme de petits cristaux.

Si l'on introduit du zinc et de l'acide chlorhydrique dans la liqueur contenant le précipité cristallin, l'odeur nauséabonde reparaît, et le gaz hydrogène qui se dégage acquiert peu à peu la propriété de répandre à l'air d'abondantes fumées blanches et de déposer sur les corps froids une matière orangée. Le mélange étant soumis à la distillation, il passe une huile fétide, fumant à l'air, mais ne s'y enflammant pas spontanément.

II.

GROUPE BUTYRIQUE.

§ 1027. Nous aurions, à propos de ce groupe, à répéter les observations que nous avons déjà faites en nous occupant de ses homologues, les groupes formique, acétique et propionique.

Les composés butyriques peuvent être rapportés aux types métal, oxyde, chlorure et azoture, dans lesquels le radical est représenté par $C^8H^7O^2$ (*butyryle*). On a, d'après cela :

$$\text{Hydrure de butyryle, ou aldéhyde butyrique.} \quad C^8H^8O^2 \; = \; \left.\begin{array}{l} C^8H^7O^2 \\ H \end{array}\right\}$$

$$\text{Acide butyrique anhydre (oxyde de butyryle).} \quad C^{16}H^{14}O^6 \; = \; \left.\begin{array}{l} C^8H^7O^2.O \\ C^8H^7O^2.O \end{array}\right\}$$

$$\text{Acide butyrique hydraté.} \quad C^8H^8O^4 \; = \; \left.\begin{array}{l} C^8H^7O^2.O \\ HO \end{array}\right\}$$

$$\text{Chlorure de butyryle.} \quad C^8 H^7 GlO^2 = \left.\begin{array}{c} C^8H^7O^2 \\ Gl \end{array}\right\rbrace$$

$$\text{Azoture de butyryle ou butyramide.} \quad C^8 H^9 NO^4 = \left.\begin{array}{c} C^8H^7O^2 \\ H \\ H. \end{array}\right\rbrace N$$

Plusieurs réactions rattachent les composés butyriques à d'autres groupes.

α. Relations du groupe butyrique avec d'autres groupes de la même série. La butyramide, sous l'influence de l'acide phosphorique anhydre, perd les éléments de l'eau, et se convertit en cyanure de trityle (butyronitrile); les alcalis transforment de nouveau ce dernier produit en acide butyrique et en ammoniaque.

β. Relations du groupe butyrique avec des groupes appartenant à des séries inférieures à la série butyrique. L'hydrure de butyryle se convertit sous l'influence de l'acide nitrique en acide nitropropionique; l'acide butyrique se transforme en acide succinique par l'action de l'acide nitrique concentré; l'acide butyrique se produit par l'action des ferments sur le glucose.

γ. Relations du groupe butyrique avec des groupes appartenant à des séries supérieures à la série butyrique : les composés du groupe tétrylique se convertissent par l'oxydation en acide butyrique.

HYDRURE DE BUTYRYLE.

Syn. : aldéhyde butyrique, butyras.

Composition : $C^8H^8O^2 = C^8H^7O^2,H$.

§ 1028. On connaît deux modifications isomères de l'hydrure de butyryle [1].

α. *Butyral* de M. Chancel. Il se produit dans la distillation sèche du butyrate de chaux. L'huile brute qu'on recueille dans cette opération est un mélange de trois corps (§ 1032) dont le butyral, qui en est le plus volatil, bout à 95°, et peut être séparé des deux autres au moyen de plusieurs rectifications.

Le butyral est un liquide incolore, très-mobile, d'une saveur brûlante, d'une odeur vive et pénétrante. Sa densité est de 0,821 à 22°. A l'état de pureté, il est en pleine ébullition à 95°. La den-

---

[1] CHANCEL (1845), *Journ. de Pharm.*, [3] VII, 113. — GUCKELBERGER, *Ann. der Chem. u. Pharm.*, LXIV, 52.

sité de sa vapeur a été trouvée égale à 2,61 = 4 volumes. Il ne se concrète pas dans un mélange d'éther et d'acide carbonique.

Il dissout une petite quantité d'eau ; il est à son tour légèrement soluble dans ce liquide, auquel il communique son odeur ; l'alcool, l'éther, l'esprit de bois et l'huile de pommes de terre le dissolvent en toutes proportions.

Il est très-inflammable et brûle avec une flamme éclairante, légèrement bordée de bleu.

Il absorbe promptement l'oxygène, et se convertit en acide butyrique ; la présence du noir de platine favorise beaucoup cette métamorphose.

Mis en contact avec des cristaux d'acide chromique, il s'enflamme aussitôt avec une sorte d'explosion.

Lorsqu'on mélange le butyral avec de l'acide sulfurique fumant, il se colore en rouge en s'échauffant considérablement. Si l'on porte le mélange à la température de 100°, il dégage de l'acide sulfureux, et l'on trouve alors en dissolution de l'acide butyrique. Le butyral s'oxyde donc aux dépens de l'acide sulfurique.

L'acide nitrique l'attaque avec dégagement de vapeurs rutilantes et production d'acide nitropropionique (§ 909).

L'ammoniaque caustique ne paraît pas altérer le butyral, et ne donne pas avec lui de combinaison définie.

Chauffé avec de l'eau et de l'oxyde d'argent, le butyral donne facilement de l'argent métallique, ainsi que du butyrate d'argent qui reste en dissolution. La réaction n'est accompagnée d'aucun dégagement de gaz. Lorsqu'on ajoute de l'ammoniaque au butyral, puis du nitrate d'argent jusqu'à disparition de la réaction alcaline, on obtient un fort beau miroir métallique en chauffant doucement le mélange.

Le chlore et le brôme attaquent vivement le butyral en donnant des composés renfermant du chlore et du brôme.

Le perchlorure de phosphore agit vivement sur le butyral et le transforme en un composé particulier (§ 1031), en acide chlorhydrique et en oxychlorure de phosphore :

$$C^8H^8O^2 + PCl^5 = C^8H^7Cl + HCl + PCl^3O^2.$$

β. *Butyraldéhyde* de M. Guckelberger. On l'obtient, en même temps que plusieurs autres produits, en distillant la caséine, la fibrine, l'albumine ou la gélatine animale avec un mélange d'acide sulfurique étendu et de peroxyde de manganèse. Nous avons déjà indiqué (§ 900) la manière dont on effectue la séparation des différents corps qui se produisent dans cette réaction.

Le butyraldéhyde se forme aussi lorsqu'on traite la leucine (§ 1059) par le peroxyde de plomb puce[1].

A part le point d'ébullition moins élevé et la faculté de se combiner avec l'ammoniaque, le butyraldéhyde présente sensiblement les mêmes caractères que le butyral. C'est une huile limpide, d'une saveur brûlante, d'une odeur éthérée un peu piquante. Sa densité est de 0,8 à 15°. Son point d'ébullition est compris entre 68° et 75°.

Il est très-peu soluble dans l'eau, mais il se dissout en toutes proportions dans l'eau et dans l'alcool.

Il s'acidifie très-promptement à l'air, en se transformant en acide butyrique. Avec l'acide sulfurique concentré, il donne une masse épaisse, couleur de sang.

Lorsqu'on le chauffe avec une lessive de potasse, il donne des grumeaux bruns. Avec l'ammoniaque liquide, il donne une combinaison cristalline (butyrylure d'ammonium).

Il se comporte comme le butyral avec l'oxyde d'argent et le nitrate d'argent ammoniacal.

Dérivés métalliques de l'hydrure de butyryle.

§ 1029. *Butyrylure d'ammonium*[2], ou butyraldéhydate d'ammoniaque, $C^8H^7(NH^4)O^2 + 10$ aq. — Le butyraldéhyde donne avec l'ammoniaque concentrée une masse cristalline composée d'octaèdres aigus à base rhombe; obtenue par l'évaporation spontanée dans l'alcool ou l'éther, cette combinaison se présente en belles tables rhombes dont les arêtes aiguës sont tronquées. Les cristaux secs ne s'altèrent pas à l'air; mais à l'état humide ils brunissent peu à peu et acquièrent une odeur empyreumatique. Ils fondent à une douce chaleur et se subliment à quelques degrés au-dessus de 100°; mais, si l'on chauffe plus fort, ils finissent par dégager de l'ammoniaque. A froid, la potasse n'en expulse pas l'ammoniaque. Les acides aqueux en séparent le butyraldéhyde; il en est de même d'une solution d'alun concentrée.

Le butyraldéhydate d'ammoniaque est presque insoluble dans l'eau, mais très-soluble dans l'alcool et l'éther; la solution alcooli-

---

[1] LIEBIG, *Ann. der Chem. u. Pharm.* LXX, 313.
[2] GUCKELBERGER, *loc. cit.*

que se trouble par l'addition de l'eau, et dépose, au bout de quelque temps, la combinaison à l'état cristallisé.

Lorsqu'on fait passer de l'hydrogène sulfuré dans la solution alcoolique du butyraldéhydate d'ammoniaque, il se dégage une odeur empyreumatique semblable à celle de la thialdine (§ 445); le liquide ainsi obtenu ne dépose pas de cristaux; mais, si on l'agite avec de l'éther, celui-ci en extrait une huile sulfurée qui se combine immédiatement avec l'acide chlorhydrique, en produisant un composé cristallisé.

Dérivés chlorés de l'hydrure de butyryle.

§ 1030. Le chlore agit d'une manière très-énergique sur le butyral; une partie de l'hydrogène est enlevée sous forme d'acide chlorhydrique, tandis que du chlore est fixé sur la substance. La réaction présente plusieurs phases, assez nettement tranchées, dont chacune correspond à un composé particulier; elle varie suivant qu'on opère à la lumière diffuse, ou sous l'influence de la radiation solaire, à la température ordinaire ou avec l'application de la chaleur.

Les composés chlorés [1] qu'on obtient dans ces circonstances, sont :

L'hydrure de chlorobutyryle. . . . . . . $C^8H^7Cl\,O^2$,
L'hydrure de bichlorobutyryle. . . . . . $C^8H^6Cl^2O^2$,
L'hydrure de quadrichlorobutyryle. . . $C^8H^4Cl^4O^2$.

Hydrure de chlorobutyryle, ou butyral monochloré, $C^8H^7ClO^2$. — Lorsqu'on fait passer dans le butyral un courant de chlore bien desséché, en ayant soin d'opérer à la lumière diffuse, le chlore est absorbé au commencement de la réaction, sans qu'il se dégage de l'acide chlorhydrique; le liquide s'échauffe et se colore légèrement en rouge; mais cette coloration ne tarde pas à disparaître, et le gaz chlorhydrique se dégage dès lors en abondance pendant tout le cours de l'opération. Après une réaction de deux heures environ, le chlore n'est plus absorbé. On purifie le composé ainsi obtenu en le soumettant à l'action d'un courant rapide d'acide carbonique, à une température un peu inférieure à celle de son point d'ébullition, puis on le rectifie une ou deux fois.

L'hydrure de chlorobutyryle est un liquide limpide, incolore,

[1] Chancel (1845), *Journ. de Pharm.*, [3] VII, 348.

brûlant avec une flamme bordée de vert. Il est plus dense que l'eau, insoluble dans ce liquide, soluble en toutes proportions dans l'alcool et l'éther. La solution alcoolique n'est pas troublée par le nitrate d'argent. Son odeur est vive et pénétrante; sa vapeur irrite les yeux et provoque le larmoiement.

Il est en pleine ébullition à une température voisine de 141°, et peut être distillé sans altération.

L'hydrure de chlorobutyryle est un isomère du chlorure de butyryle, mais il ne convertit pas, comme ce dernier, l'alcool en éther butyrique, ni l'ammoniaque en butyramide.

Hydrure de bichlorobutyryle, ou butyral bichloré, $C^8H^6Cl^2O^2$. — On l'obtient en faisant passer du chlore, pendant trois heures environ, dans le butyral, en opérant constamment sous l'influence de la lumière solaire. On remarque un point d'arrêt dans l'action du chlore, qui indique quand la seconde phase est à sa fin.

On a ainsi un composé huileux, bouillant vers 200°, et qu'on purifie comme la combinaison précédente.

Hydrure de quadrichlorobutyryle, ou butyral quadrichloré, $C^8H^4Cl^4O^2$. — Lorsque l'on continue de faire passer du chlore dans l'hydrure de bichlorobutyryle, en opérant toujours sous l'influence d'un soleil ardent, le dégagement de gaz chlorhydrique, qui était interrompu pendant quelque temps, recommence avec intensité ; le gaz chlorhydrique se dégage alors pendant plusieurs jours, et il faut même chauffer légèrement le liquide, qui doit toujours être exposé au soleil, pour que l'action puisse être complète.

Le produit final constitue un liquide visqueux très-dense, insoluble dans l'eau, soluble dans l'alcool et l'éther. Il n'entre en ébullition qu'à une température très-élevée, et se décompose par la distillation.

§ 1031. Le perchlorure de phosphore agit vivement sur le butyral, en produisant un liquide huileux, qu'on lave à grande eau et qu'on agite à plusieurs reprises avec une solution de carbonate de potasse; on rectifie finalement ce produit sur du chlorure de calcium.

C'est un liquide incolore et très-fluide, d'une odeur vive, d'une saveur mordicante. Il est insoluble dans l'eau et moins dense que ce liquide, soluble, au contraire, en toutes proportions dans l'alcool et l'éther. Sa solution alcoolique n'est pas troublée par le nitrate d'argent.

Il entre en ébullition à une température un peu supérieure à 100°.

Il est inflammable, et brûle avec une flamme bordée de vert.

Suivant M. Chancel, il renferme C^8H^7Cl, et présente donc la même composition que le tétrylène chloré (§ 1049).

Dérivés méthyliques, éthyliques, trityliques de l'hydrure de butyryle.

§ 1032. *Butyrone*[1], $C^{14}H^{14}O^2$. — Ce corps, qui est un des produits de la distillation sèche du butyrate de chaux, est homologue de l'acétone (§ 461), de la propione (§ 901), etc.; il représente de l'hydrure de butyryle dans lequel 1 at. d'hydrogène est remplacé par son équivalent de trityle (§ 1023) :

$$\begin{array}{lr} \text{Hydrure de butyryle . . .} & \left.\begin{array}{l} C^8H^7O^2 \\ H \end{array}\right\} \\[2ex] \text{Butyrone. . . . .} & \left.\begin{array}{l} C^8H^7O^2 \\ C^6H^7 \end{array}\right\} \end{array}$$

Lorsqu'on chauffe avec précaution une petite quantité de butyrate de chaux pur et desséché, ce sel ne tarde pas à se décomposer en carbonate de chaux et en butyrone presque pure qui passe à la distillation. Si l'on a soin de ne pas dépasser la température nécessaire à la réaction, et qu'on n'opère que sur quelques grammes de matière, on n'obtient pas la moindre trace de dépôt charbonneux.

Cette réaction s'exprime par l'équation :

$$2\ C^8H^7CaO^4 = 2\ (CO^2,CaO) + C^{14}H^{14}O^2.$$

Butyrate de chaux.   Carbon. de chaux.   Butyrone.

Cependant, lorsqu'on distille des quantités un peu considérables de butyrate de chaux, l'opération est loin d'être aussi nette; les produits qu'on recueille à la distillation sont alors colorés et complexes, et le résidu renferme un dépôt de charbon. 100 p. de butyrate de chaux sec donnent de 42 à 43 p. de butyrone brute. Ce produit se compose d'eau moins trois substances différentes, qu'on sépare en mettant à profit la différence de leur volatilité : il renferme du butyral distillant complétement vers 95°, de la butyrone entrant en ébullition à 144° environ, et une huile plus fixe, probablement hydrocarbonée, bouillant vers 230°. En conséquence, on rectifie la butyrone brute, en recueillant à part le liquide qui passe entre 140 et 145°, et on la redistille jusqu'à ce que son point d'ébullition soit constant.

[1] CHANCEL (1844), *Compt. rend. de l'Acad.* XVIII, 1023. *Journ. de Pharm.*, [3] VII, 116, XIII, 162.

A l'état de pureté, ce corps est incolore et limpide, d'une odeur pénétrante et particulière ; sa saveur est brûlante ; sa densité, à l'état liquide, est de 0,83. Il entre en ébullition à 144° environ ; la densité de sa vapeur a été trouvée égale à 4,0 = 4 vol. pour la formule $C^{14}H^{14}O^2$. Soumis à l'action du froid produit par un mélange d'acide carbonique solide et d'éther, il se prend en une masse cristalline.

Il est presque insoluble dans l'eau ; il se dissout en toutes proportions dans l'alcool. Il est très-inflammable et brûle avec un flamme lumineuse.

Exposé à l'air, il ne se colore pas, quoiqu'il absorbe à la longue une quantité d'oxygène assez notable.

Lorsqu'on fait un mélange de volumes égaux de butyrone et d'acide nitrique de concentration ordinaire, la butyrone se rassemble à la surface en se colorant d'abord en rouge, puis en vert ; si l'on échauffe très-modérément le matras renfermant le mélange, il se détermine après quelques instants, et d'une manière brusque, une action des plus vives : des vapeurs rutilantes et surtout de l'acide carbonique se dégagent par torrents, et le résidu retient de l'acide nitropropionique. M. Chancel a observé que dans cette action de l'acide nitrique sur la butyrone, il se produit toujours une quantité assez considérable d'un liquide volatil qui résiste parfaitement à l'action ultérieure de l'acide nitrique ; ce produit ne renferme pas d'azote, est plus léger que l'eau et insoluble dans ce liquide, bout à 125° environ, et possède la même odeur que le butyrate d'éthyle. Soumis à l'analyse, il a donné des nombres qui s'accordent exactement avec la formule $C^{14}H^{14}O^4$, c'est-à-dire avec celle de la butyrone plus 2 at. d'oxygène. Si, comme nous l'admettons, la butyrone représente le butyrylure de trityle, la butyrone oxygénée ne peut être autre chose que le butyrate de trityle, c'est-à-dire l'éther trityl-butyrique,

$$\left.\begin{array}{l} C^8H^7O^2.O \\ C^6H^7.O \end{array}\right\}$$

Il y aurait de l'intérêt à vérifier cette hypothèse par l'expérience.

La butyrone s'enflamme immédiatement au contact de l'acide chromique.

§ 1033. Distillée avec du perchlorure de phosphore, la butyrone donne un composé que M. Chancel appelle *chlorobutyrène*,

$C^{14}H^{13}Cl$, en même temps qu'il se dégage de l'acide chlorhydrique.
La réaction est probablement celle-ci :

$$C^{14}H^{14}O^2 + PCl^5 = C^{14}H^{13}Cl + HCl + PO^2Cl^3.$$

Butyrone.   Chlorobutyrène.   Oxychl. de phosph.

Ce chlorobutyrène se présente sous la forme d'un liquide incolore, insoluble dans l'eau, plus léger que ce liquide, d'une odeur
pénétrante. Il bout à 116°. Il se dissout en toutes proportions dans
l'alcool. Il est inflammable et brûle avec une flamme bordée de
vert; sa dissolution alcoolique n'est pas précipitée par le nitrate
d'argent.

ACIDE BUTYRIQUE ANHYDRE.

Syn. : butyrate de butyryle, butyrate butyrique.

Composition : $C^{16}H^{14}O^6 = C^8H^7O^3, C^8H^7O^3$.

§ 1034. Ce corps[1] se produit par la réaction du chlorure de
butyryle et d'un butyrate alcalin.

On l'obtient aisément en faisant réagir 4 parties de butyrate de
soude desséché et 2 parties d'oxychlorure de phosphore : on
opère, comme dans la préparation de l'acide acétique anhydre,
en faisant tomber goutte à goutte l'oxychlorure sur le butyrate.
Quand la réaction est terminée, on distille le produit; on le fait
passer une seconde fois sur du butyrate de soude, pour en séparer
le chlorure butyrique qui n'aurait pas été transformé, et on le rectifie enfin en ne recueillant que les portions dont le point d'ébullition est à 190 degrés; les portions qui passent à une température
inférieure renferment une certaine quantité d'acide butyrique hydraté, dont la formation est presque inévitable, le butyrate de soude
étant un sel déliquescent.

On peut aussi préparer l'acide butyrique anhydre en mélangeant,
dans une cornue, 5 parties de chlorure de benzoïle et 8 parties de
butyrate de soude desséché. L'acide butyrique anhydre distille,
si l'on chauffe ensuite le mélange. On le purifie en le rectifiant d'a-
bord sur du butyrate de soude, puis seul.

L'acide butyrique anhydre est un liquide incolore, très-mobile,
très-réfringent, et plus léger que l'eau. Sa densité est de 0,978 à
12°,5. Son odeur, très-vive, n'est pas désagréable comme celle de
l'acide butyrique hydraté; elle rappelle celle de l'éther butyrique.

---

[1] (GERHARDT 1852), *Ann. de Chim. et de Phys.*, [3] XXXVII, 318

Il bout à 190 degrés environ; la densité de sa vapeur a été trouvée égale à 5,38.

L'humidité hydrate peu à peu l'acide butyrique anhydre. Lorsqu'on verse ce composé dans l'eau, il ne s'y mélange pas immédiatement comme l'acide hydraté, mais il se rend à la surface sous la forme d'une huile incolore.

L'acide butyrique anhydre s'échauffe avec l'aniline, en donnant la butyranilide (phényl-butyramide).

ACIDE BUTYRIQUE.

Composition : $C^8H^8O^4 = C^8H^7O^3, HO$.

§ 1035. Cet acide[1] se rencontre dans la nature à l'état libre, sous forme de sel, ou à l'état de combinaison glycérique. M. Chevreul l'a obtenu pour la première fois en saponifiant le beurre de vache ou de chèvre par les alcalis; M. Scherer l'a extrait, en petite quantité, du liquide qui imprègne la chair musculaire de l'homme et d'autres animaux; Berzélius[2] l'a une fois rencontré dans l'urine humaine. Le règne végétal le fournit également : suivant M. Redtenbacher, le fruit du caroubier (*Ceratonia siliqua*) en contient des quantités notables ($2\,^1/_2$ kil. de fruit ont donné environ 30 grammes d'acide butyrique), qu'on peut extraire par la distillation avec de l'acide sulfurique étendu; selon M. de Gorup-Besanez, on peut extraire le même acide du fruit âgé de la saponaire (*Sapindus saponaria*) et du tamarinier (*Tamarindus indica*); d'après R. F. Marchand, le suc laiteux de l'arbre de la vache paraît contenir du butyrate de magnésie[3].

Un grand nombre de réactions chimiques donnent naissance à l'acide butyrique. Il se produit fréquemment lorsqu'on distille certaines matières organiques avec des agents oxygénants énergiques. C'est ainsi qu'on recueille de l'acide butyrique (mêlé à d'autres acides volatils homologues) en distillant le fromage, la fibrine, l'albumine ou la gélatine avec un mélange d'acide sulfuri-

[1] CHEVREUL (1814), *Journ. de Pharm.*, III, 80. *Ann. de Chim. et de Phys.*, XXIII, 23. *Recherches sur les corps gras*, 115 et 209. — PELOUZE et GÉLIS, *Ann. de Chim. et de Phys.*, [3] X, 434. — LERCH, *Ann. der Chem. u. Pharm.*, XLIX, 217.

[2] SCHERER, *Ann. der Chem. u. Pharm.*, LXIX, 196. — BERZÉLIUS, *Ann. de Poggend.*, XVIII, 84. — REDTENBACHER, *Ann. der Chem. u. Pharm.*, LVII, 177.

[3] GORUP-BESANEZ, *ibid.*, LXIX, 369. — R. F. MARCHAND, *Journ. f. prakt. Chem.*, XXI, 48.

que dilué et de peroxyde de manganèse ou de bichromate de potasse[1] ; c'est ainsi encore qu'on en obtient en traitant par l'acide nitrique l'acide oléique[2] et probablement beaucoup d'autres matières grasses.

La distillation sèche peut aussi donner lieu à la formation de l'acide butyrique : en effet, Zeise[3] a observé la présence du butyrate d'ammoniaque dans la fumée de tabac.

Enfin le mode de production le plus important de l'acide butyrique, au point de vue de sa préparation, est offert par la métamorphose que le sucre, l'amidon et d'autres matières analogues éprouvent en présence des substances azotées susceptibles d'agir comme ferments. MM. Pelouze et Gélis ont reconnu que l'acide butyrique s'obtient avec toutes les matières amylacées ou sucrées, qui peuvent être transformées en acide lactique, telles que le sucre de canne, le sucre de fécule, le sucre incristallisable, le sucre de lait, l'amidon, la dextrine, etc. ; toutes ces matières, étant exposées dans l'eau, à une température de 25 à 30°, avec du vieux fromage, du gluten pourri ou d'autres substances azotées en décomposition, commencent par éprouver la fermentation lactique, et finissent par se convertir en acide butyrique; cette transformation est accompagnée d'un dégagement d'acide carbonique et d'hydrogène :

$$C^{12}H^{12}O^{12} = C^6H^8O^4 + 4\,CO^2 + 2\,H^2.$$

Ac. lactique.   Ac. butyriq.

Ainsi s'explique la production fréquente de l'acide butyrique par les parties végétales les plus variées, s'altérant en présence de l'humidité. Nul doute que l'acide butyrique, extrait par quelques chimistes du blé avarié[4], des pois et des haricots putréfiés sous l'eau[5], de la racine de guimauve, des semences de coings, des oignons de lis, fermentés dans des circonstances semblables[6]; nul doute, disons-nous, que l'acide butyrique ne soit là aussi le résultat de la métamorphose des parties sucrées ou amylacées.

Ajoutons toutefois que les substances azotées susceptibles d'agir comme ferments peuvent elles-mêmes, en se putréfiant, sans le concours d'une matière sucrée, donner de l'acide butyrique. Ainsi M. Wurtz[7], ayant abandonné à l'air de la fibrine humide,

<hr>

[1] GUCKELBERGER, *Ann. der Chem. u. Pharm.*, LXIV, 39 et 79.

[2] REDTENBACHER, *ibid.*, LIX, 41.

[3] ZEISE, *Journ. f. prakt. Chem.*, XXIX, 388.

[4] L. L. BONAPARTE, *Compt. rend. de l'Acad.*, XXI, 1076.

[5] ERDMANN et R. F. MARCHAND, *Journ. f. prakt. Chem.* XXIX, 465.

[6] LAROCQUE, *Journ. de Pharm.*, [3] VI, 349; X, 103.

[7] A. WURTZ, *Ann. de Chim. et de Phys.*, [3] XI, 253.

pendant les chaleurs de l'été, l'a vu se liquéfier complétement au bout de huit jours, et contenir alors du butyrate et de l'acétate d'ammoniaque. On sait aussi, par les expériences de MM. Iljenko et Laskowski[1], que le fromage pourri contient du butyrate d'ammoniaque, ainsi que les sels ammoniacaux de l'acide valérianique, de l'acide caproïque et d'autres acides homologues.

§ 1036. L'emploi du beurre pour l'extraction de l'acide butyrique n'est pas avantageux, soit à cause du faible rendement, soit à cause de la présence, dans le produit, d'autres acides volatils tels que les acides caproïque, caprylique, caprique. M. Chevreul commence par débarrasser le beurre de la plus grande partie des corps gras solides, qui ne donnent à la saponification que des acides fixes (margarique et oléique); il le maintient à cet effet, pendant longtemps, entre 16 et 19°; la partie la moins liquéfiable se solidifie ainsi peu à peu, et l'on peut décanter la graisse encore liquide dans laquelle se trouve la butyrine. On sépare encore un peu de beurre de cette dernière, en la laissant en contact, à la température d'environ 19°, avec son poids d'alcool anhydre, et en remuant souvent; l'alcool s'empare de la butyrine plus ou moins impure. On saponifie celle-ci avec de l'hydrate de potasse (4 p. pour 10 p. de butyrine), et l'on décompose le savon, dissous dans une grande quantité d'eau, au moyen de l'acide tartrique ou de l'acide phosphorique pris en excès. On filtre pour retenir les acides gras fixes; on lave ceux-ci, et l'on distille le liquide filtré, réuni aux eaux de lavage. Le produit de la distillation renferme les acides butyrique, caproïque, caprylique et caprique (quelquefois aussi l'acide vaccinique, Lerch). On sature ce liquide par la baryte, puis on évapore jusqu'à siccité, à une douce chaleur; on sépare ensuite, par des cristallisations successives, les quatre sels de baryte, en mettant à profit la différence de leur solubilité, comme nous l'indiquerons plus loin; le butyrate de baryte est le plus soluble d'entre eux.

M. Lerch saponifie le beurre, dans un alambic, avec une lessive de potasse, sursature par de l'acide sulfurique dilué, distille jusqu'à ce que la moitié du liquide ait passé, ajoute de l'eau au résidu, et distille de nouveau, jusqu'à ce que l'eau qui passe ne rougisse plus le tournesol. Le liquide distillé est laiteux et recouvert d'une couche onctueuse, composée d'acide caprylique et d'acide caprique; on la traite, ainsi que la partie aqueuse, par l'eau de

[1] ILJENKO et LASKOWSKI, Ann. der Chem. u. Pharm., LV, 78; LXIII, 364.

baryte; on réunit toutes les liqueurs barytiques, et on les évapore
à siccité. Le résidu, dont le poids s'élève à environ 10 p. c. du
poids du beurre employé, se compose d'une partie plus soluble
dans l'eau, contenant l'acide butyrique et l'acide caproïque, et
d'une partie moins soluble, renfermant l'acide caprylique et l'a-
cide caprique. On traite la totalité du résidu par six fois son poids
d'eau bouillante. On sépare, à l'aide du filtre, la partie peu soluble,
et l'on évapore à cristallisation la liqueur filtrée. Si l'on obtient alors
d'abord des aiguilles de caproate de baryte soyeuses, brillantes,
inaltérables à l'air, et semblables au benzoate de chaux, l'eau-mère
retient du butyrate de baryte; si, au contraire, on obtient d'abord
des mamelons très-efflorescents, de la grosseur d'une noix, ces cristaux se composent de vaccinate de baryte, indice de l'absence, dans
le beurre employé, de l'acide butyrique et de l'acide caproïque. Les
aiguilles de caproate de baryte se déposent d'une manière presque
complète si l'on saisit le point de concentration convenable de la
liqueur; on les exprime, et on les purifie par une nouvelle cristallisation. L'eau-mère, évaporée au soleil, donne d'abord encore
quelques aiguilles de caproate qu'on purifie par une nouvelle cristallisation, et enfin des lames nacrées de butyrate qu'on fait également-
ment recristalliser. Décomposé par un acide minéral, ce butyrate
de baryte donne l'acide butyrique.

Lorsqu'il s'agit de préparer l'acide butyrique en grande quantité,
il est infiniment préférable d'avoir recours à la fermentation, en
employant le procédé de MM. Pelouze et Gélis : on mêle à une dissolution de sucre marquant 10° au pèse-sirop une petite quantité
de caséum, et assez de craie pour saturer tout l'acide butyrique
qui plus tard prendra naissance. Ce mélange est abandonné à une
température constante de 25 à 30°; la fermentation, d'abord visqueuse, puis lactique, devient peu à peu butyrique. Ces décompo-
sitions sont tantôt successives, tantôt simultanées, sans qu'il soit
possible d'en régler la marche. Lorsque, au bout de plusieurs semaines, tout dégagement de gaz a cessé, l'opération est finie, et la
liqueur ne contient plus, pour ainsi dire, que du butyrate de
chaux. Cette préparation paraît réussir d'autant mieux qu'on
opère sur des quantités plus considérables de matière. On délaye
1 kil. de ce butyrate de chaux dans 3 ou 4 kilog. d'eau, à laquelle on
ajoute 300 à 400 grammes d'acide chlorhydrique du commerce. On
introduit ce mélange dans un appareil distillatoire, et on le soumet

à l'ébullition, qu'on maintient jusqu'à ce qu'on ait obtenu environ 1 kilog. de liquide distillé. On met celui-ci en contact avec du chlorure de calcium, qui détermine la formation de deux liquides de densité différente. Celui qui se maintient à la partie supérieure est de l'acide butyrique ; on l'enlève, et on le soumet à la distillation dans une cornue tubulée munie d'un thermomètre. Les premières portions qui passent dans le récipient sont plus ou moins, aqueuses ; le point d'ébullition, d'abord peu élevé, monte assez rapidement à 164°, terme auquel il reste stationnaire. On purifie le produit par une nouvelle rectification.

M. Bensch[1] a apporté au procédé précédent quelques modifications qui paraissent assez avantageuses sous le rapport du rendement. Ce chimiste emploie le même mélange de sucre de canne, de craie, etc., que nous avons indiqué pour la préparation de l'acide lactique (§ 452). Si l'on abandonne ce mélange à 35° pendant plus de dix jours, et qu'on renouvelle l'eau qui se vaporise, la masse redevient plus fluide, développe des bulles de gaz, et au bout de cinq ou six semaines, quand le dégagement de gaz a cessé, l'acide lactique se trouve transformé en acide butyrique. On ajoute alors au liquide son volume d'eau froide, ainsi qu'une solution de 4 kil. de carbonate de soude cristallisé ; on sépare le carbonate de chaux à l'aide du filtre ; et, après l'avoir lavé, on évapore le liquide jusqu'à ce qu'on l'ait réduit à 5 kil. ; on y ajoute ensuite avec précaution 2 $^3/_4$ kil. d'acide sulfurique, étendu préalablement de son poids d'eau. L'acide butyrique se sépare alors sous la forme d'une huile colorée qu'on peut décanter à l'aide d'un siphon. On soumet à la distillation la solution du bisulfate de soude, et le reste de l'acide butyrique passe alors sans occasionner de soubresauts ; on le sature par du carbonate de soude ; et, après avoir évaporé, on le sépare de nouveau par l'acide sulfurique. On rectifie l'acide butyrique brut, après y avoir ajouté 60 grammes d'acide sulfurique par kilogramme, afin d'éviter les soubresauts que déterminerait la séparation du sulfate de soude neutre anhydre. L'acide butyrique rectifié est ensuite saturé par du chlorure de calcium fondu, ce qui a pour effet d'en séparer l'acide acétique, puis on le soumet à une nouvelle rectification. Les premières portions sont étendues et renferment des traces d'acide chlorhydrique, les dernières portions renferment de l'acide butyrique concentré ; le résidu se compose d'une petite quan-

[1] BENSCH, *Ann. der Chem. u. Pharm.*, LXI, 177.

tité de chlorure de calcium et d'acide butyrique coloré en brun.

En suivant ce dernier procédé, M. Bensch a obtenu 840 grammes d'acide butyrique pur et concentré, l'opération ayant été faite sur 3 kilogrammes de sucre de canne. Le même chimiste insiste sur l'avantage qu'offre l'emploi de l'acide sulfurique pour la décomposition du butyrate de chaux : cet acide ne se boursoufle pas avec la matière comme l'acide chlorhydrique, et donne un produit plus pur.

Citons enfin une dernière modification, proposée par M. Schubert [1] : elle consiste à remplacer le fromage par de la viande (1 p.), et le sucre par de l'empois d'amidon (4 p.) ou par des pommes de terre cuites, délayées dans l'eau. La fermentation est achevée dans l'espace de cinq ou six jours. Suivant M. Nicklès [2], ce procédé, outre l'avantage d'être fort économique, aurait celui de réussir même sur une petite échelle et aux températures les plus variables.

§ 1037. L'acide butyrique est un liquide parfaitement incolore, d'une transparence parfaite, d'une grande mobilité, et d'une odeur qui rappelle tout à la fois celle du vinaigre et du beurre fort. Sa saveur est très-acide et brûlante. Il est soluble en toutes proportions dans l'eau, l'alcool et l'esprit de bois. Il bout vers 164° (Pelouze et Gélis ; à 157° et 760^{mm}, H. Kopp), et distille sans altération sensible. Sa vapeur est inflammable et brûle avec une flamme bleue. Il ne se solidifie pas par un froid de — 20°; mais il cristallise en larges lames, dans un mélange d'éther et d'acide carbonique concret. Il attaque et désorganise la peau comme les acides les plus puissants.

La densité de l'acide liquide est de 0,9886 à 0°, de 0,9739 à 15°, et de 0,9675 à 25° (H. Kopp). La densité d'un mélange de 2 p. d'acide et de 1 p. d'eau est égale 1,00287 (Chevreul). La densité de sa vapeur varie suivant la température; à 261° elle a été trouvée égale à 3,7 = 4 volumes (Cahours).

L'acide sulfurique concentré n'altère pas l'acide butyrique à la température ordinaire ; ce n'est que sous l'influence d'une chaleur élevée qu'on voit apparaître des signes de décomposition ; encore la plus grande partie de l'acide butyrique passe-t-elle à la distillation.

A froid, l'acide butyrique est dissous par l'acide nitrique, sans en être décomposé; mais si on le fait longtemps bouillir avec de l'acide nitrique de 1,40, il se transforme en acide succinique; toute-

---

[1] Schubert, *Journ. f. prakt. Chem.*, XXXVI, 47.
[2] Nicklès, *Compt. rend. des trav. de Chimie*, 1846, p. 320.

fois la réaction est très-lente : suivant M. Dessaignes[1], 30 grammes n'ont pas été complétement convertis par une ébullition de 240 heures.

$$C^8H^8O^4 + 6\,O = C^8H^6O^8 + 2\,HO.$$
Ac. butyr.   Ac. succin.

L'acide iodique n'agit pas à froid sur l'acide butyrique.

L'acide butyrique absorbe le chlore avec une grande facilité ; lorsqu'on en laisse tomber quelques gouttes dans un flacon rempli de chlore sec, on remarque aussitôt la production d'une grande quantité d'acide chlorhydrique, et les parois du flacon se recouvrent d'une multitude de cristaux d'acide oxalique, baignés par de l'acide bichlorobutyrique visqueux et insoluble dans l'eau. Si l'on fait passer le chlore, sous l'influence de l'insolation directe, dans de l'acide butyrique contenu dans un appareil à boules de Liebig, il ne se produit que de l'acide bichlorobutyrique (173 à 176 p. c. de l'acide butyrique employé) et de l'acide chlorhydrique. L'action prolongée du chlore convertit l'acide bichlorobutyrique en cristaux d'acide quadrichlorobutyrique.

L'iode agit à peine sur l'acide butyrique, même à chaud.

Le perchlorure de phosphore le convertit en chlorure de butyryle, oxychlorure de phosphore, et acide chlorhydrique :

$$C^8H^8O^4 + PCl^5 = C^8H^7O^2Cl + PCl^3O^2 + HCl.$$
Ac. butyriq.   Chlor. de butyr.

Dérivés métalliques de l'acide butyrique. Butyrates.

§ 1038. L'acide butyrique est un acide monobasique :

Butyrates neutres : $C^8H^7MO^4 = C^8H^7O^3,\ MO.$

Parfaitement secs, les butyrates sont sans odeur ; mais, à l'état humide, ils présentent une forte odeur de beurre. Ils sont pour la plupart solubles dans l'eau et cristallisables ; jetés sur l'eau, ils présentent souvent des mouvements giratoires, comme le camphre.

Beaucoup de butyrates donnent de la butyrone lorsqu'on les soumet à la distillation sèche.

Butyrate d'ammoniaque. — Sel déliquescent. Il donne du butyronitrile (§ 203) par la distillation avec l'acide phosphorique anhydre.

Butyrate de potasse, $C^8H^7KO^4$ (desséché). — Il cristallise confusément, sous forme de choux-fleurs. Il est déliquescent, et se dissout dans 0,8 p. d'eau à 15°.

<hr>

[1] DESSAIGNES, *Compt. rend. de l'Acad.*, XXX, 50.

Lorsqu'on distille le butyrate de potasse avec son poids d'acide arsénieux, il passe beaucoup de gaz fétide, et, en même temps qu'il se réduit beaucoup d'arsenic, on recueille un liquide aqueux acide, au fond duquel se trouve une huile colorée en noir par de l'arsenic, et ayant l'odeur du cacodyle [1] (*arséniure de trityle,* § 1026*c*).

Butyrate de soude, $C^8H^7NaO^4$ (desséché). — Il ressemble au sel de potasse, mais il est moins déliquescent.

Butyrate de baryte, $C^8H^7BaO^4$ + 2 aq. et 4 aq. — Il cristallise, selon M. Chancel, avec des quantités d'eau différentes, suivant qu'on l'obtient à chaud ou à froid. Lorsqu'on le fait cristalliser à froid, on obtient de longs prismes aplatis, d'une transparence parfaite, renfermant 18,8 p. c. = 4 at. d'eau de cristallisation. Soumis à l'action d'une température inférieure à 100°, ces cristaux fondent en un liquide transparent, sans rien perdre de leur poids. Ils produisent à la surface de l'eau des mouvements giratoires. 1 p. de sel se dissout à + 10° dans 2,77 p. d'eau.

Cristallisé à chaud, d'une solution concentrée, le sel contient 10,5 p. c. = 2 at. d'eau de cristallisation, et ne fond pas à 100°.

M. Lerch a obtenu le butyrate de baryte, soit en lamelles, soit en croûtes grenues et compactes; les cristaux étaient toujours anhydres, et ne fondaient pas à 100°.

Butyrate de strontiane, $C^8H^7SrO^4$ (desséché). — Il forme de longues aiguilles aplaties, fusibles, se dissolvant à 4° dans 3 p. d'eau.

Butyrate de chaux, $C^8H^7CaO^4$ (à 140°). — Il forme des aiguilles transparentes, fusibles, qui perdent assez facilement leur eau de cristallisation. Il se dissout dans 5,69 p. d'eau à 15°, en produisant des mouvements giratoires. Soumis à la distillation sèche, il donne, entre autres produits, une huile présentant une odeur de labiées, et composée d'un mélange de butyrone et de butyral.

Butyrate de magnésie, $C^8H^7MgO^4$ + 5 aq. — Il forme de belles lames, semblables à l'acide borique, très-solubles dans l'eau et présentant des mouvements giratoires. L'eau de cristallisation s'en dégage aisément.

Butyrate de zinc, $C^8H^7ZnO^4$ (desséché). — On le prépare aisément en saturant l'acide butyrique étendu d'eau par du carbonate de zinc récemment préparé, et en évaporant jusqu'à consistance de sirop; le sel cristallise, par le refroidissement, sous la forme de paillettes légères, brillantes, nacrées. Le sel cristallisé fond vers

[1] WOEHLER, *Ann. der Chem. u. Pharm.,* LXVIII, 127.

100°, et se décompose à une température plus élevée, en dégageant des vapeurs acides, et, plus tard, du sel anhydre, de l'acide carbonique et de la butyrone. Le sel anhydre fond à 140°; il est blanc, micacé, gras au toucher.

L'eau le dissout sans l'altérer ; mais, si l'on porte la solution à l'ébullition, il passe de l'acide butyrique, et l'on obtient un sous-butyrate insoluble[1].

Butyrate de cuivre, $C^8H^7CuO^4$ + aq. — Il renferme, à l'état cristallisé, 1 atome d'eau, suivant les analyses de M. Liès-Bodart ; MM. Pelouze et Gélis y admettent 2 aq. Il forme de beaux cristaux verts, appartenant au système monoclinique.

Il est très-peu soluble dans l'eau. On peut l'obtenir directement ou par double échange, en versant un sel de cuivre dans une dissolution de butyrate de potasse. Il se forme alors un précipité bleuâtre qu'on peut faire cristalliser dans l'eau bouillante. Toutefois ce liquide le décompose par une ébullition prolongée, et détermine la formation d'un sous-sel, et la mise en liberté d'une certaine quantité d'acide butyrique. Les cristaux ne se dessèchent qu'à une température supérieure à 100°.

L'acide butyrique forme immédiatement, dans la solution de l'acétate de cuivre, un précipité blanc bleuâtre qui en trouble la transparence.

Le butyrate de cuivre se décompose complétement à 250° environ; les produits de la réaction sont : un liquide volatil qui présente toutes les propriétés de l'acide butyrique parfaitement pur; des gaz composés uniquement d'acide carbonique et d'hydrogène carboné en volumes à peu près égaux; un résidu de cuivre métallique, très-divisé, mêlé à une proportion de charbon assez notable. Quand on expose brusquement le butyrate de cuivre à une très-haute température, il se produit, entre autres produits, une substance blanche très-bien cristallisée, qui n'est autre que le *butyrate cuivreux*[2].

Butyrate de fer. — Lorsqu'on abandonne pendant longtemps, dans un flacon mal bouché, un mélange de gomme arabique, de fer, de pierre à plâtre et d'eau, il se produit du butyrate ferrique, mêlé d'acétate, de l'oxyde magnétique et du peroxyde de fer[3].

[1] LAROCQUE, *Recueil des trav. de la Société d'émul. pour les Scienc. pharm.*, janv. 1847, p. 44.

[2] CHANCEL, *Compt. rend. de l'Acad.*, XXII, 501.

[3] CHEVREUL, *Compt. rend. de l'Acad.*, XXXVI, 555.

Butyrate de plomb. — α. *Sel neutre*, C⁸H⁷PbO⁴ (cristallisé). On l'obtient en fines aiguilles soyeuses, en faisant dissoudre l'oxyde de plomb dans un excès d'acide butyrique aqueux et en abandonnant la solution sur l'acide sulfurique. L'acide butyrique, versé dans une solution d'acétate de plomb, précipite le même sel, sous la forme d'une huile pesante qui ne se concrète qu'au bout de quelque temps.

β. *Sous-sel*, C⁸H⁷PbO⁴, 2 PbO (desséché). Les butyrates alcalins produisent dans le sous-acétate de plomb un abondant précipité blanc.

Lorsqu'on sature par l'oxyde de plomb un mélange d'acide acétique et d'acide butyrique, il s'y produit bientôt des aiguilles rosées de sous-butyrate de plomb qui attirent promptement l'acide carbonique de l'air, et sont maintenues en dissolution dans l'eau, à la faveur de l'acétate dont elles sont mélangées [1].

Butyrate de mercure. — Le butyrate de potasse précipite, dans le nitrate mercureux, des paillettes incolores et brillantes semblables à l'acétate mercureux.

Butyrate d'argent, C⁸H⁷AgO⁴. — Le butyrate de potasse précipite, dans le nitrate d'argent, des paillettes brillantes semblables à l'acétate d'argent, et peu solubles dans l'eau.

Dérivés méthyliques, éthyliques.... de l'acide butyrique.
Éthers butyriques.

§ 1039. *Butyrate de méthyle* [2], C¹⁰H¹⁰O⁴ = C⁸H⁷(C²H³)O⁴. — Lorsqu'on mélange 2 p. d'acide butyrique avec 1 p. d'esprit de bois et 1 p. d'acide sulfurique concentré, la matière s'échauffe beaucoup, et se partage en deux couches dont la supérieure constitue l'éther méthyl-butyrique. On le rectifie sur du chlorure de calcium. Pour que l'éthérification se fasse d'une manière complète, il est bon d'agiter le mélange indiqué, et même de le maintenir pendant quelque temps entre 50 et 80°.

L'éther méthyl-butyrique est liquide, incolore, inflammable, d'une odeur particulière, qui a quelque analogie avec celle des pommes de reinette. Il est à peine soluble dans l'eau, soluble sans limite dans l'alcool et l'esprit de bois; il bout vers 102°. La densité de sa vapeur a été trouvée égale à 3,52.

[1] NICKLÈS, *Ann. der Chem. u. Pharm.*, LXI, 349.
[2] PELOUZE et GÉLIS (1844), *Ann. de Chim. et de Phys.*, [3] X, 454.

Butyrate d'éthyle, ou éther butyrique [1], $C^{12}H^{12}O^4 = C^8H^7(C^4H^5)O^4$.
— L'éthérification de l'alcool par l'acide butyrique ne s'effectue qu'avec lenteur et difficulté ; mais, lorsqu'on ajoute au mélange de ces deux substances une certaine quantité d'acide sulfurique, la formation du butyrate d'éthyle est pour ainsi dire instantanée.

C'est un liquide incolore, très-mobile, très-inflammable, d'une densité de 0,90193 à 0°, d'une odeur agréable qui a quelque analogie avec celle de l'ananas. Il est peu soluble dans l'eau, soluble en toutes proportions dans l'alcool et l'esprit de bois. Il bout à 119°, sous la pression de 0,746^{mm} ; la densité de sa vapeur a été trouvée égale à 4,04.

Les alcalis, même bouillants ne le décomposent qu'avec lenteur en butyrate et en alcool.

L'ammoniaque aqueuse le convertit lentement par l'agitation en butyramide et en alcool.

$$C^{12}H^{12}O^4 + NH^3 = C^8H^9NO^2 + C^4H^6O^2.$$

Butyr. d'éthyl. 　　　　 Butyramide. 　 Alcool.

L'éther butyrique s'emploie fréquemment comme substance aromatisante dans la fabrication du rhum ; il se rencontre aussi, dans le commerce de la parfumerie [2], sous le nom d'*essence d'ananas* (en anglais, *pine-apple oil*). On peut le préparer, pour cet usage, en saponifiant du beurre avec une lessive de potasse concentrée, dissolvant le savon à chaud dans fort peu d'alcool absolu, et traitant la solution par un mélange d'alcool et d'acide sulfurique, jusqu'à ce qu'il se manifeste une forte réaction acide ; ensuite on soumet le tout à la distillation, en chauffant tant que le produit présente encore une odeur de fruits.

Dérivés chlorés de l'acide butyrique [3].

§ 1040. *Acide bichlorobutyrique*, $C^8H^6Cl^2O^4$. — Un bon moyen de préparer cet acide consiste à introduire une quarantaine de grammes d'acide butyrique concentré dans un tube à boules de Liebig, et à y faire passer un courant de chlore sec. Si le soleil est ardent, le chlore est absorbé en totalité, quelle que soit la

[1] Pelouze et Gélis (1844), *loc. cit.* — Pierre, *Ann. de Chim. et de Phys.*, [3] XIX, 214.

[2] Hofmann, *Ann. der Chem. u. Pharm.*, LXXXI, 89. — Woehler, *ibid.*, XLIX, 359.

[3] Pelouze et Gélis (1844), *loc. cit.*

rapidité avec laquelle on le dégage; le liquide répand d'abondantes vapeurs d'acide chlorhydrique, et, après un certain temps, il se colore en jaune verdâtre. Au bout de quelques jours, l'absorption du chlore devient lente et difficile; la liqueur conserve longtemps, même au soleil, sa couleur jaune; si on la porte alors à une température de 80 à 100°, on en peut chasser tout l'acide chlorhydrique par un courant d'acide carbonique sec, et l'on obtient pour résidu de l'acide bichlorobutyrique.

Cet acide est liquide, incolore, visqueux, plus dense que l'eau, d'une odeur particulière qui a quelque analogie avec celle de l'acide butyrique. Il est presque insoluble dans l'eau, soluble en toutes proportions dans l'alcool.

Soumis à l'action de la chaleur, il distille en plus grande partie sans altération; mais, quelque précaution qu'on prenne, une certaine quantité s'en détruit toujours. Il brûle avec une flamme verte en répandant d'abondantes fumées d'acide chlorhydrique.

Dissous dans l'alcool, et traité à une douce chaleur par l'acide sulfurique, il donne naissance au bichlorobutyrate d'éthyle.

Les *sels d'ammoniaque, de potasse* et *de soude* sont fort solubles dans l'eau.

Le *sel d'argent* est un précipité peu soluble, qu'on obtient avec le bichlorobutyrate de potasse et le nitrate d'argent.

Le *bichlorobutyrate d'éthyle* renferme $C^{12}H^{10}Cl^2O^4 = C^8H^5Cl^2$ $(C^4H^5)O^4$. Quand on chauffe doucement avec de l'acide sulfurique concentré la solution de l'acide bichlorobutyrique dans l'alcool, il se sépare une huile douée d'une odeur aromatique. On lave ce produit, et on le soumet à la rectification.

§ 1041. *Acide quadrichlorobutyrique*, $C^8H^4Cl^4O^4$. — Sous l'influence très-prolongée de la lumière du soleil, le chlore, en agissant sur l'acide butyrique, produit peu à peu un acide blanc et solide qui se dépose dans la liqueur et finit par la faire prendre en une masse blanche et solide. Cette masse, étant fortement comprimée dans un papier brouillard et dissoute dans l'éther, laisse déposer peu à peu l'acide quadrichlorobutyrique à l'état de pureté.

Ce corps cristallise en prismes obliques à base rhombe; il est insoluble dans l'eau, très-soluble dans l'alcool et l'éther; il entre en fusion en 140°, et distille plus tard sans altération apparente. Son odeur est semblable à celle de l'acide butyrique.

Traité par un mélange d'alcool et d'acide sulfurique, il donne du quadrichlorobutyrate d'éthyle.

Le *sel de potasse* est soluble.

Le *sel d'argent* est un précipité blanc, fort peu soluble dans l'eau.

Le *quadrichlorobutyrate d'éthyle* contient $C^{12}H^8Cl^4O^4 = C^8H^3Cl^4(C^4H^5)O^4$. — Lorsqu'on mélange de l'acide sulfurique avec de l'acide quadrichlorobutyrique dissous dans plusieurs fois son volume d'alcool, il se produit aussitôt une masse cristalline qui fond à une douce chaleur et se divise en deux couches : le liquide plus pesant paraît être le quadrichlorobutyrate d'éthyle.

Cet éther possède une odeur aromatique, semblable à celle du butyrate d'éthyle. Il brûle avec une flamme verte, en répandant d'abondantes fumées. Il est à peine soluble dans l'eau, mais il se dissout en toutes proportions dans l'alcool et dans l'éther.

Dérivés bromés de l'acide butyrique.

§ 1042. L'*acide bromotriconique*, que nous avons décrit § 672, présente la composition de l'acide butyrique bibromé.

Si l'on ajoute du brome à une solution aqueuse de butyrate de potasse, jusqu'à ce qu'il se précipite quelques gouttes d'un acide bromé, si ensuite on évapore à siccité, qu'on traite par l'alcool, et qu'on ajoute au liquide filtré quelques gouttes d'acide sulfurique, il se précipite un acide différent de l'acide butyrique, moins odorant, mais, comme lui, soluble dans l'eau et dans l'alcool. Ce produit ne paraît pas être identique à l'acide bromotriconique [1].

CHLORURE DE BUTYRYLE.

Syn. : chlorure butyrique.

Composition : $C^8H^7ClO^2 = C^8H^7O^2, Cl$.

§ 1043. On le prépare [2] de la même manière que le chlorure d'acétyle (§ 503); mais, comme il est beaucoup moins volatil que ce dernier corps, il est nécessaire de peser les matières réagissantes, afin d'éviter la formation d'une quantité trop considérable d'acide butyrique anhydre. J'emploie 2 parties de butyrate de soude bien

[1] CAHOURS, *Ann. de Chim. et de Phys.*, [3] XIX, 507.
[2] GERHARDT (1852), *Ann. de Chim. et de Phys.*, [3] XXXVII, 298.

desséché pour 1 partie environ d'oxychlorure de phosphore; il est avantageux d'introduire peu à peu le sel réduit en poudre dans l'oxychlorure; si l'on faisait tomber l'oxychlorure liquide dans le sel, il pourrait se produire immédiatement beaucoup d'acide butyrique anhydre, la réaction s'effectuant déjà à froid d'une manière très-vive, et chaque goutte d'oxychlorure rencontrant alors un excès de sel. On distille le mélange quand tout l'oxychlorure est introduit, et l'on rectifie le produit liquide sur une très-petite quantité de butyrate, en ayant soin de maintenir la température aussi basse que possible, afin d'éviter la distillation de l'acide butyrique anhydre produit dans cette rectification.

Le chlorure de butyryle est un liquide incolore, très-mobile et réfringent, plus pesant que l'eau et fumant légèrement à l'air. Son odeur piquante rappelle à la fois celle de l'acide butyrique et de l'acide chlorhydrique; il bout sans altération à 95° degrés environ.

L'eau décompose immédiatement le chlorure de butyryle en acide butyrique et en acide chlorhydrique :

$$C^8H^7ClO^2 + 2\ HO = C^8H^8O^4 + HCl.$$

Chlor. de butyryle.   Ac. butyriq.

La réaction est moins vive qu'avec le chlorure d'acétyle.

Le chlorure de butyryle agit très-vivement sur l'aniline, en produisant de l'acide chlorhydrique et de la butyranilide (phényl-butyramide).

AZOTURE DE BUTYRYLE OU BUTYRAMIDE.

Composition : $C^8H^9NO^2 = NH^2 (C^8H^7O^2)$.

§ 1044. Lorsqu'on agite pendant quelque temps un mélange d'ammoniaque liquide et d'éther butyrique, ce dernier finit par se dissoudre complétement. Si l'on introduit dans un flacon bien bouché 1 p. d'éther butyrique et 5 ou 6 p. d'ammoniaque, l'action, favorisée par de fréquentes agitations, est complète après huit ou dix jours; en évaporant alors le liquide jusqu'au tiers de son volume primitif, on voit la butyramide[1] cristalliser par le refroidissement de la liqueur.

Ce corps cristallise en tables nacrées, d'un blanc éclatant; il est incolore, transparent, inaltérable à l'air, d'une saveur sucrée et fraî-

---

[1] CHANCEL (1844), *Compt. rend. de l'Acad.*, XVIII, 949.

che, suivie d'un arrière-goût amer. Il fond vers 115°, se volatilise sans décomposition, se dissout aisément dans l'eau, surtout à chaud, ainsi que dans l'alcool et l'éther.

Les alcalis hydratés le convertissent par l'ébullition en butyrate et en ammoniaque.

L'acide phosphorique anhydre le transforme en cyanure de trityle (butyronitrile) :

$$C^8H^9NO^2 = C^8H^7N + 2\,HO.$$

Butyramide.   Cyan. de trityle.

Le cyanure de trityle s'obtient également lorsqu'on fait passer la butyramide en vapeur sur de la baryte caustique, chauffée presque au rouge sombre.

Le perchlorure de phosphore transforme la butyramide en cyanure de trityle, oxychlorure de phosphore, et acide chlorhydrique (Cahours).

$$C^8H^9NO^2 + PCl^5 = C^8H^7N + PCl^3O^2 + 2\,HCl.$$

Dissoute dans l'acide nitrique, et soumise à l'action d'un courant de bioxyde d'azote, la butyramide se transforme en acide butyrique, eau et azote (Piria).

La *butyramide mercurique*[1], ou azoture de butyryle, de mercure et d'hydrogène, $C^8H^8HgNO^2$, se présente sous la forme de cristaux minces, nacrés, plus brillants que la butyramide, à laquelle ils ressemblent. On l'obtient en faisant dissoudre l'oxyde de mercure dans la butyramide. La solution s'opère aisément ; la combinaison étant soluble dans l'eau froide, il faut concentrer la liqueur pour la faire cristalliser.

§ 1045. *Phényl-butyramide*, butyranilide[2] ou azoture de butyryle, de phényle et d'hydrogène, $C^{20}H^{13}NO^2 = C^8H^8(C^{12}H^5)NO^2$. — Ce composé se produit par la réaction de l'aniline et de l'acide butyrique anhydre ou du chlorure de butyryle.

L'aniline s'échauffe au contact de ces corps, et le produit se concrète par le refroidissement ; si l'on y verse ensuite de l'eau aiguisée d'acide chlorhydrique pour enlever l'excès d'aniline, il s'en sépare une huile, ordinairement colorée, qui conserve quelquefois sa fluidité pendant un ou deux jours ; mais cette huile se concrète par une vive agitation. Le produit, cristallisé dans l'al-

[1] DESSAIGNES (1852), *Ann. de Chim. et de Phys.*, [3] XXXIV, 145.

[2] GERHARDT (1852), *Ann. de Chim. et de Phys.*, [3] XXXVII, 329.

cool faible et bouillant, se dépose sous la forme de belles lames nacrées.

La butyranilide est insoluble dans l'eau, mais elle se dissout aisément dans l'alcool et l'éther. Elle fond à 90 degrés, et distille sans altération.

La potasse bouillante l'attaque à peine, mais la potasse en fusion en dégage de l'aniline.

III.

GROUPE PYROTARTRIQUE.

§ 1045^a. Il est probable que l'acide pyrotartrique $C^{10}H^8O^8$ que nous avons déjà décrit (§ 622), constitue un homologue des acides oxalique et succinique. Il faudrait vérifier le fait en étudiant les réactions de l'acide pyrotartrique.

———

SÉRIE VALÉRIQUE.

§ 1046. Cette série, dont le pivot est l'acide valérique, comprend les trois groupes suivants :

Groupe tétrylique,
Groupe valérique,
Groupe adipique.

Ces groupes ont leurs homologues dans les séries précédemment décrites : le groupe tétrylique a pour homologues les groupes méthylique (§ 318), éthylique (§ 738) et tritylique (§ 1023); le groupe valérique a pour homologues les groupes formique (§ 126), acétique (§ 424), propionique (§ 899) et butyrique (§ 1027); le groupe adipique a pour homologues les groupes oxalique (§ 137), succinique (§ 922) et pyrotartrique (§ 1045^a).

I.

GROUPE TÉTRYLIQUE.

§ 1047. On connaît d'une manière très-imparfaite quelques termes de ce groupe, savoir l'hydrocarbure (homologue du tritylène, de l'éthylène, et du méthylène), ainsi que plusieurs éthers renfermant le radical *tétryle* C^8H^9 et rentrant dans les types généraux métal, oxyde, chlorure, etc. :

$$\text{Tétrylène.} \ldots \ldots \ldots \quad C^8H^8$$

$$\text{Tétryle (valyle).} \ldots \ldots \quad C^{16}H^{18} \quad = \left. \begin{matrix} C^8H^9 \\ C^8H^9 \end{matrix} \right\}$$

$$\text{Hydrate de tétryle.} \ldots \ldots \quad C^8H^{10}O^2 \quad = \left. \begin{matrix} C^8H^9.O \\ HO \end{matrix} \right\}$$

$$\text{Acide tétryl-sulfhydrique.} \ldots \quad C^8H^{10}S^2 \quad = \left. \begin{matrix} C^8H^9.S \\ HS \end{matrix} \right\}$$

$$\text{Acide tétryl-sulfurique.} \ldots \quad C^8H^{10}S^2O^6 \quad = \left. \begin{matrix} C^8H^9.O \\ HO \end{matrix} \right\} S^2O^6$$

$$\text{Chlorure de tétryle.} \ldots \ldots \quad C^8H^9Cl \quad = \left. \begin{matrix} C^8H^9 \\ Cl \end{matrix} \right\}$$

$$\text{Azoture de tétryle, ou tétryl-ammoniaque.} \ldots \quad C^8H^{11}N \quad = N \left\{ \begin{matrix} C^8H^9 \\ H \\ H \end{matrix} \right.$$

Le cyanure de tétryle (valéronitrile) a déjà été décrit (§ 204); c'est par ce corps que les composés tétryliques se rattachent au groupe valérique. Il est très-probable que les composés tétryliques donneront de l'acide butyrique, par l'action des corps oxygénants, de la même manière que les composés éthyliques, par exemple, se transforment, dans ces circonstances, en acide acétique.

TÉTRYLÈNE.

Composition : C^8H^8.

§ 1048. M. Faraday a le premier obtenu ce corps, en faisant passer la vapeur des corps gras à travers un tube chauffé au rouge[1].

Il se produit, en même temps que l'éthylène, le tritylène et d'autres hydrocarbures homologues, lorsqu'on chauffe avec un excès de chaux potassée l'acide pélargonique, l'acide caprylique, l'acide palmitique, ou d'autres acides homologues[2].

On recueille aussi du tétrylène en décomposant le valérate de potasse par la pile[3].

---

[1] Faraday (1825), *Philos. Transact.*, 1825, p. 440 ; et *Ann. de Poggend.*, V, 303.

[2] Cahours, *Compt. rend. de l'Acad.*, XXXI, 142.

[3] Kolbe, *Ann. der Chem. u. Pharm.*, LXIX, 258.

Enfin M. Bouchardat paraît avoir observé le tétrylène parmi les produits de la distillation sèche du caoutchouc[1].

Le tétrylène est si volatil qu'il bout déjà au-dessous du point de congélation de l'eau. A la température ordinaire, il est gazeux ; la densité de son gaz a été trouvée égale à 1,926. L'eau l'absorbe en petite quantité ; l'alcool en prend beaucoup plus, mais l'eau dégage le tétrylène de cette dissolution. Les alcalis et l'acide chlorhydrique ne l'attaquent pas.

L'acide sulfurique fumant l'absorbe, en s'échauffant considérablement, et en produisant un composé qui n'a pas encore été analysé ; l'eau ajoutée au mélange n'en sépare pas le tétrylène.

Dérivés chlorés et bromés du tétrylène[2].

§ 1049. Le chlore et le brome se comportent avec le tétrylène comme avec son homologue, le gaz oléfiant.

Le *chlorure de tétrylène* renferme C^8H^8,Cl^2. Il se produit lorsque la vapeur du tétrylène est mise en contact avec du chlore gazeux ; la combinaison s'effectue par volumes égaux. C'est un liquide incolore et limpide, doué d'une saveur aromatique, à la fois douceâtre et amère. Il a une densité de 1,112 à 12° et de 4,426 = 4 vol. à l'état de vapeur. Il bout à 123°. Il est insoluble dans l'eau, très-soluble dans l'alcool et l'éther. Le chlore l'attaque par un contact prolongé, sous l'influence des rayons solaires, en donnant de l'acide chlorhydrique et un corps visqueux.

Bouilli avec une solution alcoolique de potasse, il donne un abondant dépôt de chlorure, en même temps qu'il se produit un autre corps chloré, fort volatil, et qui est probablement le *tétrylène chloré*, C^8H^7Cl.

Lorsqu'on fait absorber par le perchlorure d'antimoine un mélange d'hydrogène et de vapeur de tétrylène, et qu'on distille le produit après y avoir ajouté de l'acide chlorhydrique, il passe une huile qui présente sensiblement la composition du *chlorure de tétrylène chloré*, C^8H^7Cl,Cl^2.

Le *bromure de tétrylène*, C^8H^8,Br^2, est un liquide bouillant à 160 degrés. Lorsqu'on le chauffe à 100°, dans un tube scellé à la lampe avec une solution alcoolique d'ammoniaque, il donne un dépôt de

[1] BOUCHARDAT, *Journ. de Pharm.*, XXIII, 454.
[2] FARADAY (1825), *loc. cit.* — KOLBE, *loc. cit.*

bromhydrate d'ammoniaque, tandis que du *tétrylène bromé*, C^8H^7 Br, reste en solution [1].

TÉTRYLE.

Syn. : valyle, butyle.

Composition : $C^{16}H^{18} = C^8H^9,C^8H^9$.

§ 1050. Cet hydrocarbure [2] a été découvert par M. Kolbe dans la décomposition du valérate de potasse par la pile.

Lorsqu'on maintient en ébullition, avec une solution alcoolique de potasse, l'huile qui se produit lorsqu'on fait agir un courant galvanique sur une solution de valérate de potasse, la liqueur dépose peu à peu du valérate de potasse, tandis que le tétryle reste en dissolution dans la liqueur alcoolique. Il faut un traitement d'environ une demi-heure pour transformer entièrement l'huile brute en tétryle pur; on en obtient environ la moitié du volume de l'huile brute.

Le tétryle est une huile légère, d'une densité de 0,694 à 18°, d'une odeur éthérée fort agréable.

Il est insoluble dans l'eau, et se dissout en toutes proportions dans l'alcool et l'éther. Il bout à 108°, et distille sans altération ; la densité de sa vapeur a été trouvée égale à 4,053. Il est très-inflammable, et brûle avec une flamme fort-lumineuse.

Cet hydrogène carboné est difficilement attaqué par les agents oxygénants. Il n'y a que l'acide nitrique fumant, additionné d'acide sulfurique, qui le décompose à l'ébullition. Il se forme un acide dont M. Kolbe n'a pas pu déterminer la nature, faute de matière.

Le chlore attaque le tétryle, en produisant des corps dérivés par substitution.

HYDRATE DE TÉTRYLE.

Syn. : alcool butylique, alcool tétrylique.

Composition : $C^8H^{10}O^2 = C^8H^9O,HO$.

§ 1051. On rencontre cette substance [3] dans les parties de l'huile de pommes de terre brute qui distillent au-dessous de 130°. Le

---

[1] CAHOURS, *Compt. rend. de l'Acad.*, XXXI, 144. *Ann. de Chim. et de Phys.*, [3] XXXVIII, 91.

[2] KOLBE (1849) *Ann. der Chem. u. Pham.* LXIX, 261.

[3] WURTZ (1852), *Compt. rend. de l'Acad.*, XXXV, 310.

produit distillé forme ordinairement deux couches, une couche inférieure aqueuse, et une couche supérieure qui renferme l'hydrate de tétryle, mélangé d'alcool et d'un peu d'hydrate d'amyle. Ces substances possèdent des points d'ébullition différents : on peut donc les séparer par la méthode des distillations fractionnées. Pour abréger ces opérations, on peut employer un petit tube à boules, qui surmonte le ballon dans lequel on fait la distillation, et qui permet aux vapeurs des liquides les moins volatils de se condenser et de retomber dans le ballon. Dans cette distillation, on remarque que le thermomètre se maintient longtemps stationnaire entre 108 et 118 degrés : on recueille séparément le liquide qui passe entre ces limites de température, et, pour le débarrasser des éthers composés qui peuvent s'y trouver, on le fait bouillir pendant quelque temps avec de la potasse caustique. Après de nouvelles distillations, on recueille à part ce qui passe vers 112 degrés.

L'hydrate de tétryle ainsi préparé est un liquide incolore, très-réfringent, moins dense que l'eau. Son odeur rappelle celle de l'hydrate d'amyle, seulement elle est moins désagréable et plus vineuse.

La potasse fondante le transforme en butyrate de potasse, avec dégagement d'hydrogène.

L'acide sulfurique se combine avec lui en produisant de l'acide tétryl-sulfurique.

ACIDE TÉTRYL-SULFHYDRIQUE.

Syn. : sulfure d'odmyle.

Composition probable : $C^8H^{10}S^2 = C^8H^9S,HS$.

§ 1052. Ce composé paraît se produire par la distillation sèche des huiles grasses en présence du soufre [1].

Lorsqu'on distille ensemble du soufre et de l'huile d'olives (*baume de soufre*), le soufre fond par les premiers effets de la chaleur, et forme une couche au fond de l'huile ; plus tard, quand la température s'élève, il s'y dissout et donne un liquide visqueux d'un rouge foncé. Quand la chaleur approche du point où l'huile se décompose, une action violente s'établit, et la matière se bour-

---

[1] ANDERSON (1847), *Transact. of the Roy. Society of Edimburgh*, vol. XVII, 3e partie ; et *Ann. der Pharm. u. de Phys.*, LXIII, 370.

soufle considérablement par suite d'un dégagement abondant d'hydrogène sulfuré. Si l'on refroidit alors la matière, elle se prend en une masse épaisse et visqueuse ; si l'on continue de la chauffer, elle dégage toujours de l'hydrogène sulfuré, en même temps qu'il distille une huile fétide de l'odeur de l'huile d'ail, mais encore plus désagréable. On n'observe pas d'acroléine parmi les produits de la distillation de l'huile d'olives avec le soufre.

L'acide oléique, mélangé avec la moitié de son poids de soufre, éprouve par la chaleur la même décomposition que l'huile d'olive ; il se dégage beaucoup d'hydrogène sulfuré, et l'on obtient la même huile fétide.

Lorsqu'on rectifie celle-ci, les dernières portions de la distillation se figent, et l'on peut en extraire des paillettes d'acide margarique. Cet acide se produit, dans cette réaction, en quantité variable ; il est plus abondant quand la distillation est conduite avec lenteur.

L'huile fétide forme le produit le plus copieux dans la réaction du soufre sur l'huile d'olive et l'huile d'amandes douces. C'est une substance assez complexe [1] : soumise à la rectification, elle passe d'abord entièrement limpide, et ce premier produit bout à 71° ; toutefois on n'en recueille à cette température qu'une petite quantité, et le thermomètre plongé dans le liquide bouillant s'élève peu à peu. Malgré tous ses efforts, M. Anderson n'a pas réussi à purifier ces produits. Certains réactifs donnent avec le produit huileux des résultats plus nets. Ainsi le sublimé corrosif donne un précipité blanc volumineux, le bichlorure de platine donne un précipité jaune dont les caractères varient légèrement suivant qu'on prend une huile plus ou moins volatile. Le nitrate d'argent, l'acétate de plomb, troublent légèrement la solution alcoolique de l'huile, et, si l'on fait bouillir le mélange, il se précipite du sulfure d'argent ou de plomb.

Le *composé mercuriel* s'obtient à l'état de pureté si l'on ajoute une solution alcoolique de sublimé corrosif à une solution de l'huile dans l'alcool ; le précipité, lavé à l'éther, puis bouilli avec beaucoup d'alcool, se dépose par le refroidissement à l'état d'une poudre cristalline, se présentant au microscope sous la forme de tables hexagones dont deux angles opposés sont arrondis. Cette poudre

---

[1] Probablement un mélange d'hydrocarbures isomères, nC^2H^2, et d'acide tétryl-sulfhydrique.

exige pour se dissoudre plusieurs centaines de fois son poids d'alcool bouillant; elle est entièrement insoluble dans l'éther. L'huile de goudron de houille est son meilleur solvant; l'essence de térébenthine ne la dissout pas mieux que l'alcool.

La formule de ce composé mercuriel paraît être $C^8H^9HgS^2,HgCl$.

	Anderson.		Calcul.
Carbone	14,61	—	14,76
Hydrogène.	2,72	—	2,80
Mercure.	60,01	—	61,22
Chlore.	10,67	10,25	11,07
Soufre	12,48	—	10,15
	100,49		100,00

M. Anderson[1] suppose dans ce corps l'existence d'un sulfure particulier auquel il donne le nom de *sulfure d'odmyle*. Je crois plutôt que c'est une combinaison semblable à celle qu'on obtient avec le mercaptan (acide éthyl-sulfhydrique) et le bichlorure de mercure (§ 794), c'est-à-dire une combinaison de tétryl-sulfure de mercure avec le bichlorure de mercure.

Traité par la potasse caustique, ce composé mercuriel jaunit immédiatement et dépose de l'oxyde de mercure.

Si l'on traite le composé, en suspension dans l'eau, par un courant d'hydrogène sulfuré, il noircit promptement et l'on remarque une odeur particulière. A la distillation, on obtient alors une huile limpide, plus légère que l'eau, d'une odeur nauséabonde, semblable à celle qu'on sent en écrasant certaines ombellifères. Dissoute dans l'alcool, elle donne, avec le sublimé corrosif, un précipité blanc, soluble à chaud dans l'alcool, d'où il se dépose en cristaux entièrement semblables à ceux du composé mercuriel précédent; de même, l'huile donne avec le bichlorure de platine un précipité jaune, à peine soluble à chaud dans l'alcool et dans l'éther. M. Anderson considère cette huile comme le sulfure d'odmyle (acide tétryl-sulfhydrique?) ; il n'en a pas eu assez pour en faire l'analyse.

Le *composé platinique* s'obtient quand on mélange la solution alcoolique de l'huile brute avec une solution de bichlorure de platine; il se produit ainsi un précipité jaune qui ne se dépose pas im-

---

[1] M. Anderson représente le composé mercuriel par les rapports $C^8H^8S^2$, 2 HgCl + $C^8H^8S^2$, Hg^2S; ce serait donc une combinaison de sulfure d'odmyle, de bichlorure de mercure, et de protosulfure de mercure. Une semblable composition me paraît inacceptable.

médiatement, et dont la quantité augmente peu à peu. Les propriétés de ce produit ne sont pas toujours constantes, mais elles varient suivant la portion de l'huile employée. Celui qu'on obtient avec la partie la plus volatile est d'un beau jaune de soufre ; il est orangé avec la partie moins volatile. Il est insoluble dans l'eau, à peine soluble dans l'alcool et l'éther. Il noircit par la chaleur en émettant une odeur analogue à celle du composé mercuriel, et en laissant un résidu noir de sulfure de platine.

M. Anderson a trouvé dans un semblable précipité :

$$\text{Carbone} \dots \dots \quad 22,26$$
$$\text{Hydrogène.} \dots \quad 3,99$$
$$\text{Platine.} \dots \dots \quad 43,06.$$

ACIDE TÉTRYL-SULFURIQUE.

Syn. : acide sulfobutylique.

Composition : $C^8H^{10}O^2,S^2O^6$.

§ 1053. Lorsqu'on mélange l'hydrate de tétryle avec son volume d'acide sulfurique concentré[1], en ayant soin que la température ne s'élève pas, le liquide se colore à peine, et, au bout de vingt-quatre heures, on peut le mélanger avec de l'eau sans qu'il se sépare une couche huileuse. Si l'on sature le liquide par du carbonate de potasse, et qu'on évapore à siccité au bain-marie, on obtient un mélange de sulfate et de tétryl-sulfate de potasse.

Le *tétryl-sulfate de potasse*, $C^8H^9KO^2,S^2O^6$, s'extrait aisément du mélange précédent par l'alcool absolu et bouillant qui le dépose, par le refroidissement, sous la forme de lames brillantes. Ces cristaux, qui, après la dessiccation, possèdent un éclat nacré et sont gras au toucher, ne renferment pas d'eau de cristallisation.

Lorsqu'on distille, au bain d'huile, le tétryl-sulfate de potasse avec du cyanate de potasse, il passe un liquide renfermant, suivant M. Wurtz, un mélange de cyanate et de cyanurate de tétryle.

CHLORURE DE TÉTRYLE.

§ 1054. Il se produit, suivant M. Wurtz, par l'action du perchlorure de phosphore sur l'hydrate de tétryle.

Ses propriétés n'ont pas encore été décrites.

[1] Wurtz, *loc. cit.*

Azoture de tétryle.

Syn. : tétrylammoniaque, butylamine, pétinine?

§ 1055. Lorsqu'on traite par la potasse le liquide (mélange de cyanate et de cyanurate de tétryle) qu'on obtient en distillant le tétryl-sulfate de potasse avec du cyanurate de potasse, il passe un produit renfermant, suivant M. Wurtz, la *tétrylamine*, $C^8H^{11}N$, homologue de la méthylamine et de l'éthylamine.

Le *chloroplatinate de tétrylamine* forme de belles paillettes d'un jaune doré, solubles dans l'alcool absolu, et renfermant 35 p. c. de platine.

§ 1056. La *pétinine*, découverte par M. Anderson[1] dans les portions les plus volatiles qui passent à la distillation des os, dans les fabriques de noir animal, paraît être identique à la tétrylamine, à moins toutefois qu'elle ne constitue un isomère , la diéthylamine (§ 827).

La quantité de pétinine contenue dans l'huile d'os est très-faible. Voici comment on procède pour son extraction : on rectifie l'huile brute dans une cornue en fonte, par portions de 7 ou 8 kilogrammes environ. Cette opération n'est pas sans ennui, car, au commencement, le liquide bouillant occasionne volontiers des soubresauts et menace de déborder, de sorte qu'il faut ne remplir la cornue qu'à la moitié et n'élever la chaleur que graduellement. On recueille ainsi les deux premiers cinquièmes du liquide qui distille. On mélange ce produit avec de l'acide sulfurique étendu d'environ dix fois son poids d'eau, et l'on abandonne ce mélange, pendant huit ou quinze jours, en l'agitant fréquemment; ensuite on l'étend d'eau, on décante la liqueur aqueuse, et l'on réitère sur la partie huileuse les traitements par l'acide sulfurique dilué. Les extraits acides qu'on obtient ainsi sont ordinairement colorés en rouge ou en brun foncé, et contiennent, outre plusieurs alcalis, une huile neutre et du pyrrol; on les concentre de manière à séparer les matières résineuses qu'ils renferment en dissolution, et qui, en se précipitant, occasionnent souvent de violents soubresauts dans le liquide bouillant. On filtre, et, après avoir sursaturé par de la chaux, on distille la liqueur dans un bain d'huile ou de chlorure

---

[1] ANDERSON (1848), *Transact. of the Roy. Society of Edinb.*, vol. XVI, part. IV; et *Journ. f. Prakt. Chem.*, XLV, 160.

de calcium. Si la chaux est ajoutée en quantité suffisante, on voit
une huile se rendre à la surface du mélange, en même temps qu'il
se manifeste une forte odeur, dans laquelle on distingue celle de
l'ammoniaque, ainsi qu'une autre qui rappelle celle des écrevisses
pourries. Au commencement de la distillation, il passe un liquide
aqueux, transparent et incolore, contenant en solution des bases
alcalines ; puis apparaissent des gouttelettes huileuses qui se dissolvent immédiatement dans la partie déjà condensée. Pour en
extraire la pétinine, on ajoute des fragments de potasse au produit de la distillation, on décante l'huile mise en liberté, et on la soumet à la rectification, en recueillant à part les portions qui distillent entre 71° et 100°. On purifie celles-ci par de nouvelles rectifications, jusqu'à ce que leur point d'ébullition soit constant. On déshydrate entièrement la pétinine en l'abandonnant sur de l'hydrate
de potasse.

La pétinine est incolore, limpide comme de l'éther, plus légère
que l'eau, et d'un pouvoir réfringent très-considérable. Son
odeur est très-piquante, et ressemble à celle de l'ammoniaque ;
cependant elle s'en distingue en ce qu'à l'état étendu, elle rappelle
celle des pommes gâtées. Sa saveur est fort âcre. Elle bout à 80°
environ.

Elle ramène immédiatement au bleu le tournesol rougi, et produit d'abondants nuages à l'approche d'une baguette humectée
d'acide chlorhydrique. Elle se combine avec les acides concentrés
en dégageant beaucoup de chaleur.

Elle se dissout en toutes proportions dans l'eau, l'alcool, l'éther
et les huiles ; elle se dissout aussi dans une solution de potasse diluée, mais elle est insoluble dans une solution concentrée.

Elle se combine avec les bichlorures de platine et de mercure ;
les deux sels sont solubles dans l'eau. Avec le chlorure d'or, elle
donne un précipité jaune pâle, insoluble dans l'eau bouillante, et
non cristallin.

La pétinine précipite les sels ferriques. Elle précipite aussi les
sels de cuivre, et l'hydrate précipité se dissout dans un excès de base
avec une belle couleur bleue.

L'acide nitrique concentré et bouillant attaque assez mal la pétinine. Une solution de chlorure de chaux l'attaque immédiatement à froid, en dégageant une odeur très-irritante ; la solution
reste incolore.

Lorsqu'on dissout la pétinine dans l'acide chlorhydrique, et qu'on traite la solution par du nitrite de potasse, il se dégage beaucoup d'azote ; si l'on distille le mélange, il passe des gouttes huileuses, solubles dans l'eau, et qui paraissent être le *nitrite de tétryle*[1].

Le brome transforme la pétinine en une huile pesante, insoluble dans les acides.

Les *sels de pétinine* cristallisent avec facilité et sont fort stables ; ils ne s'altèrent pas à l'air, et ne s'y colorent pas par un contact prolongé. Ils sont tous solubles dans l'eau ; ceux formés par les acides volatils se subliment sans altération à l'état cristallisé.

Le *chlorhydrate* est très-soluble dans l'eau, et se sublime en belles aiguilles.

Le *chloroplatinate*[2] renferme $C^8H^{11}N$, HCl, $PtCl^2$:

	Anderson.	Calcul.
Carbone. . . .	16,93	17,08
Hydrogène. . .	4,17	4,27
Platine.	35,46	35,26

Lorsqu'on ajoute du bichlorure de platine à une solution étendue de chlorhydrate de pétinine, le chloroplatinate de pétinine reste en dissolution. Si les deux solutions sont concentrées, ce dernier sel se dépose sous la forme d'un précipité jaune clair, qu'on purifie par la cristallisation dans l'eau chaude. La solution, suffisamment évaporée, se remplit, par le refroidissement, de belles paillettes dorées semblables à l'iodure de plomb. Elles sont assez solubles dans l'eau froide, très-solubles dans l'eau chaude, et ne se décomposent pas par l'ébullition. Elles se dissolvent aussi dans l'alcool.

Le *chloromercurate* se dépose, sous la forme d'un précipité blanc, lorsqu'on ajoute une solution aqueuse de pétinine à une solution de bichlorure de mercure. Ce précipité se dissout dans beaucoup d'eau chaude, et s'y dépose ensuite à l'état cristallisé. Il est beaucoup plus soluble dans l'alcool ; la solution bouillante dépose, par le refroidissement, de belles paillettes argentines. Ce sel se décompose par l'ébullition de la solution aqueuse, en précipitant une poudre blanche. Il se dissout aisément dans l'acide chlorhydrique étendu.

Le *sulfate* s'obtient en neutralisant l'acide sulfurique étendu par

---

[1] Hofmann, *Ann. der Chem. u. Pharm.*, LXXV, 367.
[2] M. Anderson admet dans le sel 1 at. d'hydrogène de moins.

la pétinine. Par l'évaporation, il se dégage de la pétinine, et la solution, réduite à consistance de sirop, se concrète, par le refroidissement, en une masse feuilletée, composée d'un sulfate acide. Ces cristaux sont très-acides au papier, très-solubles dans l'eau, et légèrement déliquescents dans l'air humide.

Le *nitrate* se sublime en cristaux lanugineux lorsqu'on évapore à siccité une solution de ce sel, et qu'on chauffe doucement le résidu dans un bain de sable.

ARSÉNIURE DE TÉTRYLE.

Syn. : cacodyle de l'acide valérique.

§ 1055*a*. Lorsqu'on distille du valérate de potasse avec son poids d'acide arsénieux, il passe une huile pesante, jaunâtre et d'une odeur d'ail pénétrante. Cette huile répand à l'air d'abondantes fumées, mais elle ne s'y enflamme pas. Elle donne, avec une solution de bichlorure de mercure, un précipité blanc épais, en même temps qu'elle perd son odeur alliacée et acquiert une odeur aromatique agréable, rappelant celle du valérate d'amyle. Elle est soluble dans l'eau, et paraît réduire l'oxyde de mercure à l'état métallique.

Abandonnée pendant quelque temps dans un vase imparfaitement bouché, elle se transforme entièrement en une masse de gros prismes brillants et durs, presque incolores, et sans odeur après avoir été exprimés entre du papier buvard. Ces cristaux ont une réaction acide, se dissolvent dans l'eau et sont entièrement décomposés par l'oxyde d'argent[1].

II.

GROUPE VALÉRIQUE.

§ 1056. Les composés valériques dérivent des types généraux métal, oxyde, chlorure, etc., l'hydrogène y étant remplacé par $C^{10}H^9O^2$ (*valéryle*). On en connaît les termes suivants :

[1] GIBBS, *Silliman's Americ. Journ.*, [2] XV, 118, et *Ann. der Chem. u. Pharm.*, LXXXVI, 222.

Hydrure de valéryle. . . . . $C^{10}H^{10}O^2 \quad = C^{10}H^9O^2 \Big\rangle$
$H \Big\rangle$,

Acide valérique anhydre. . . . . . . $C^{20}H^{18}O^6 \quad = C^{10}H^9O^2.O \Big\rangle$
$C^{10}H^9O^2.O \Big\rangle$

Acide valérique hydraté. . . . . . . $C^{10}H^{10}O^4 \quad = C^{10}H^9O^2.O \Big\rangle$
$HO \Big\rangle$

Azoture de valéryle ou valéramide. $C^{10}H^{11}NO^2 = N \Big\{ \begin{matrix} C^{10}H^9O^2 \\ H \\ H \end{matrix}$

Plusieurs réactions rattachent le groupe valérique à d'autres groupes, notamment au groupe tétrylique et au groupe amylique. La valéramide se convertit par l'acide phosphorique anhydre en cyanure de tétryle (valéronitrile); les alcalis hydratés transforment ce dernier en valérate et en ammoniaque. Les composés du groupe amylique se transforment par l'oxydation en acide valérique.

HYDRURE DE VALÉRYLE.

Syn. : valéral, aldéhyde valérique.

Composition : $C^{10}H^{10}O^2 = C^{10}H^9O^2$, H.

§ 1057. Ce composé[1] se produit par l'action des corps oxydants (acide nitrique, acide chromique) sur l'hydrate d'amyle (Dumas et Stas), par la distillation sèche des valérates, particulièrement du valérate de baryte (Chancel), et par l'action d'un mélange de peroxyde de manganèse et d'acide sulfurique sur le gluten végétal (Keller).

Il paraît aussi se former par l'action d'un mélange d'acide sulfurique et de bichromate de potasse sur l'huile de ricin[2].

La marche suivante[3] est fort avantageuse pour la préparation de l'hydrure de valéryle par l'huile de pommes de terre (hydrate d'amyle). On emploie 11 p. de cette huile, 12 $^1/_3$ p. de bichromate de potasse, et 16 $^1/_3$ p. d'acide sulfurique monohydraté (SO^3, HO). On étend l'acide d'un volume égal d'eau, et on le mélange peu à peu avec l'huile, en ayant soin de refroidir ; ensuite, après avoir dissous le bichromate dans l'eau chaude, on introduit la solution dans une cornue, et l'on y fait arriver peu à peu le mélange sulfuri-

---

[1] DUMAS et STAS (1840), *Ann. de Chim. et de Phys.*, LXXIII, 145. — CHANCEL, *Journ. de Pharm.*, [3] IX, 148, et *Compt. rend. de l'Acad.*, XXI, 905.

[2] ARZBAECHER, *Ann. der Chem. u. Pharm.*, LXXIII, 202.

[3] PARKINSON, *Communication particulière.*

que. Il se dégage ainsi assez de chaleur pour faire distiller la plus grande partie de l'hydrure de valéryle. On décante la couche huileuse condensée dans le récipient, et, après l'avoir lavée avec de la potasse, on la mélange avec une solution concentrée de bisulfite de soude; de cette manière il se produit des cristaux de sulfite de valéryl-sodium qu'on exprime et qu'on fait recristalliser dans l'alcool. Finalement on distille ces cristaux avec une solution de carbonate de potasse, et l'on dessèche sur du chlorure de calcium l'hydrure de valéryle ainsi mis en liberté.

L'hydrure de valéryle est limpide, incolore, doué d'une grande mobilité; il entre en ébullition à 110° environ; sa densité à 22° est de 0,820; à l'état de vapeur, elle a été trouvée égale à 2,96. Sa saveur est brûlante, son odeur vive et pénétrante. Il est insoluble dans l'eau, soluble en toutes proportions dans l'alcool, l'éther et les huiles essentielles. Il est inflammable, et brûle avec une flamme éclairante, légèrement bordée de bleu (Chancel).

Les corps oxydants, en général, le transforment en acide valérique; cette métamorphose s'effectue également au contact de l'oxygène et de la mousse de platine.

L'acide nitrique de concentration ordinaire exerce sur lui une action des plus vives; on obtient un acide nitrogéné semblable à l'acide nitropropionique.

Dérivés métalliques de l'hydrure de valéryle.

§ 1058. *Valérylure d'ammonium*, $C^{10}H^9(NH^4)O^2$. —Un mélange aqueux d'aldéhyde valérique et d'ammoniaque se trouble et finit par s'éclaircir en déposant de petits octaèdres brillants. Ces cristaux contiennent beaucoup d'eau de cristallisation qu'ils perdent dans le vide, sur un mélange de sel ammoniac et de chaux[1].

Dérivés sulfureux de l'hydrure de valéryle.

§ 1058[a]. L'hydrure de valéryle se combine avec les bisulfites alcalins.

Le *sulfite de valéryl-sodium* est cristallisable; les alcalis caustiques et carbonatés le décomposent en mettant l'hydrure de valéryle en liberté (Parkinson).

[1] KELLER (1849), *Ann. der Chem. u. Pharm.*, LXXII, 35.

Dérivés cyanhydriques de l'hydrure de valéryle.

§ 1059. LEUCINE, oxyde caséeux ou aposépédine, $C^{12}H^{13}NO^4$.
— A en juger par la composition et les réactions, ce corps[1] est
un homologue du sucre de gélatine (§ 129) et de l'alanine (§ 449);
il est donc possible qu'on l'obtienne par l'hydrure de valéryle et
l'acide cyanhydrique :

$$C^{10}H^{10}O^2 + C^2HN + 2\,HO = C^{12}H^{13}NO^4.$$

Hyd. de valér.   Ac. cyanhyd.   Leucine.

Plusieurs métamorphoses donnent naissance à la leucine : elle
se produit notamment par la putréfaction du fromage et du gluten
en présence de l'eau, et par l'action de l'acide sulfurique ou de
l'hydrate de potasse sur la gélatine, la chair musculaire, la laine,
le blanc d'œuf, la corne, etc. Dans ces réactions la leucine est souvent accompagnée de sucre de gélatine.

Différents procédés ont été proposés pour la préparation de la
leucine. Voici comment M. Braconnot l'a obtenue : un morceau
de chair de bœuf, bien divisé, a été mis en contact avec une grande
quantité d'eau qu'on a renouvelée plusieurs fois pour en séparer
toutes les parties solubles, et l'on a exprimé la masse fibreuse dans
une toile. 30 grammes de cette fibrine, mélangés avec leur poids
d'acide sulfurique, s'y sont ramollis et dissous sans qu'il y eût ni
coloration ni dégagement d'acide sulfureux. On a exposé le mélange
à l'action de la chaleur pour favoriser la dissolution de quelques
grumeaux, et on l'a laissé refroidir, afin de pouvoir en séparer une
couche de graisse, bien qu'on eût eu la précaution d'employer de
la chair très-maigre; on a étendu la dissolution d'environ un dé-
cilitre d'eau, et on l'a fait bouillir pendant près de neuf heures, en
renouvelant l'eau de temps en temps; puis on a saturé avec de la
craie. La liqueur filtrée a fourni, par l'évaporation, un résidu qui
a été bouilli, à plusieurs reprises, avec de l'alcool à 34°; les solutions alcooliques ont laissé déposer, par le refroidissement, environ un gramme de leucine. Ce produit contenait encore un peu
de matière animale précipitable par le tannin; pour le purifier, on
l'a fait dissoudre dans l'eau, et l'on y a versé avec précaution une

---

[1] PROUST (1818), *Ann. de Chim. et de Phys.*, X, 40. — BRACONNOT, *ibid.*, XIII, 119.
— MULDER, *Journ. f. prakt. Chem.*, XVI, 290; XVII, 57. — BOPP, *Ann. der Chem. u.
Pharm.*, LXIX, 20. — LAURENT et GERHARDT, *Ann. de Chim. et de Phys.*, [3] XXIV,
321. — CAHOURS, *Compt. rend. de l'Acad.*, XXVII, 265.

petite quantité de tannin; après quelques heures, on a filtré le mélange, et on a concentré par l'évaporation la liqueur filtrée.

Suivant M. Mulder, la leucine ainsi préparée contient une certaine quantité de sucre de gélatine.

M. Hinterberger[1] opère de la manière suivante pour la préparation de la leucine : on fait bouillir, pendant 36 heures, 1 p. de rognures de corne de bœuf avec 4 p. d'acide sulfurique et 12 p. d'eau, en remplaçant de temps à autre l'eau vaporisée; on sursature par du lait de chaux, et l'on fait bouillir le mélange, pendant 24 heures, dans une marmite en fonte ; on passe par un linge, et l'on ajoute à la liqueur filtrée un très-léger excès d'acide sulfurique. Après avoir filtré de nouveau, on concentre la liqueur par l'évaporation; il se produit alors d'abord des groupes mamelonnés de tyrosine, puis des lames de leucine. Ces derniers cristaux ayant été exprimés entre des doubles de papier buvard, on les lave avec de l'alcool absolu pour les décolorer, et on les fait cristalliser dans très-peu d'eau bouillante ; le premier dépôt de cristaux contient encore un peu de tyrosine, mais les eaux-mères donnent ensuite de la leucine assez pure. Pour purifier celle-ci d'une manière complète, on la fait dissoudre dans l'eau chaude ; on met la liqueur en digestion avec de l'hydrate de plomb ; on décompose par l'hydrogène sulfuré la liqueur filtrée; on évapore et l'on traite par le charbon animal les cristaux ainsi obtenus.

Suivant M. Zollikofer[2], le tissu jaune élastique qui entre dans la composition du ligament de la nuque est particulièrement avantageux pour la préparation de la leucine. On fait d'abord bouillir avec de l'eau aiguisée d'acide acétique ce ligament, convenablement dégraissé, jusqu'à ce que le tissu fibreux qui l'enveloppe soit assez ramolli, de manière qu'on puisse enlever ce tissu en le râclant avec un couteau. Le ligament jaune, débarrassé de cette enveloppe, est déchiré en lanières, soumis de nouveau à l'ébullition avec de l'acide acétique étendu, et finalement pétri avec de l'eau chaude, jusqu'à ce qu'il forme une masse homogène. Au moyen de l'éther, on en extrait quelques traces de matière grasse. Ensuite on fait bouillir la masse, pendant 48 ou 50 heures, avec de l'acide sulfurique étendu de 1 $\frac{1}{2}$ p. d'eau, en ayant soin de remplacer l'eau à mesure qu'elle s'évapore. Il se

[1] HINTERBERGER, *Ann. der Chem. u. Pharm.*, LXXI, 72.
[2] ZOLLIKOFER, *Ann. der Chem. u. Pharm.*, LXXXII, 162.

produit ainsi une liqueur colorée qu'on neutralise par du lait de
chaux ; on parvient à la décolorer en la faisant bouillir avec le
précipité calcaire. Après l'avoir filtrée, on la concentre par l'évaporation ; elle dépose d'abord du sulfate de chaux, puis, quand elle
est presque sirupeuse, des cristaux de leucine qu'on purifie par de
nouvelles cristallisations dans l'alcool de 93 centièmes. Les eaux-
mères sulfuriques cristallisent jusqu'à la dernière goutte, sans
donner autre chose que de la leucine.

M. Mulder fait bouillir l'albumine, la gélatine ou la fibrine avec
de la potasse caustique jusqu'à décomposition complète, neutralise
par l'acide sulfurique, évapore et extrait la leucine du résidu au
moyen de l'alcool.

M. Bopp indique la marche suivante : on introduit 1 p. d'albumine, de fibrine ou de caséine, desséchée et purifiée de matière
grasse, dans 1 p. d'hydrate de potasse qu'on maintient en fusion
dans un creuset en fer, assez spacieux pour empêcher la matière de
déborder malgré le boursouflement considérable, produit par le
dégagement de l'hydrogène et du gaz ammoniaque ; au bout d'une
demi-heure, quand le produit, brun d'abord, est devenu jaune,
on y ajoute de l'eau avec précaution, et, après avoir saturé par
l'acide acétique, on filtre la liqueur encore chaude. On obtient
ainsi, par le refroidissement, des faisceaux d'aiguilles de tyrosine.
(Si l'opération a été bien conduite, ces cristaux remplissent tout le
liquide ; on les obtient en quantité d'autant moindre que la fusion
a été maintenue plus longtemps). On décante la liqueur où les
cristaux se sont déposés, et on l'évapore jusqu'à pellicule ; après
l'avoir abandonnée ensuite pendant 24 heures, on la traite par de
l'alcool fort, qui laisse un résidu composé de leucine avec un peu
de tyrosine. Une certaine quantité de leucine reste dans la solution alcoolique : on y ajoute de l'acide sulfurique étendu d'alcool
tant qu'il se précipite du sulfate de potasse ; on enlève l'alcool
par l'évaporation, et l'acide sulfurique par l'acétate de plomb, puis
l'excès de plomb par l'hydrogène sulfuré ; ensuite on concentre par
l'évaporation la liqueur filtrée. Celle-ci donne ainsi une nouvelle
portion de cristaux de leucine, ainsi qu'un sirop incristallisable,
dont la quantité est d'autant plus faible que la fusion a duré plus
longtemps. Pour purifier la leucine de la tyrosine et d'une matière
colorante particulière, on la fait dissoudre dans une quantité d'eau
bouillante telle que la solution ne dépose, par le refroidissement,

que de la tyrosine avec très-peu de leucine; on met l'eau-mère en digestion avec de l'hydrate de plomb, qui enlève la matière colorante et un peu de leucine; on traite par l'hydrogène sulfuré la liqueur filtrée, et on l'évapore, dans un ballon, jusqu'à pellicule. La leucine cristallise alors par le refroidissement; après l'avoir lavée avec de l'eau froide et de l'alcool faible, on la décolore entièrement par le charbon animal et par de nouvelles cristallisations.

Lorsqu'on vise seulement à obtenir de la leucine, on n'a besoin de chauffer le mélange de matière animale et d'hydrate de potasse que jusqu'à ce que l'effervescence soit presque calmée; il se produit alors la même quantité de leucine, mais sans tyrosine.

On peut aussi, pour préparer la leucine, abandonner à la putréfaction, pendant six semaines, à une température supérieure à 20°, 1 p. de fromage, de chair musculaire ou de blanc d'œuf avec 50 p. d'eau; on fait bouillir la liqueur trouble avec un peu de lait de chaux, on précipite la chaux par un léger excès d'acide sulfurique, et, après avoir concentré la liqueur filtrée, on la précipite par l'acétate de plomb. On traite ensuite par l'hydrogène sulfuré la liqueur décantée; on filtre, et l'on évapore de nouveau jusqu'à consistance de sirop. Il se produit ainsi un dépôt cristallin de leucine qu'on sépare de l'eau-mère par des lavages à l'alcool, et qu'on purifie ensuite comme précédemment.

§ 1060. La leucine cristallise dans l'alcool sous la forme de paillettes nacrées, douces au toucher, plus légères que l'eau, et semblables à la cholestérine; elle est peu soluble dans l'eau froide, mais l'eau chaude la dissout aisément. Elle est peu soluble dans l'alcool ordinaire (à froid, dans 658 p. d'alcool de 0,828, suivant M. Mulder), et fort peu soluble dans l'alcool absolu. (Suivant M. Zollikofer, elle se dissout dans environ 27 p. d'eau froide, dans 1040 p. d'alcool froid de 96 centièmes et dans 800 p. d'alcool chaud de 98 centièmes). Elle est insoluble dans l'éther, même à chaud. L'acide acétique et l'acétate de potasse augmentent sa solubilité dans l'eau et dans l'alcool.

Elle se sublime à 170°, sans fondre ni se décomposer, en donnant des flocons lanugineux.

Elle se dissout aisément dans les acides étendus, en produisant des combinaisons.

Lorsqu'on la distille avec un mélange d'acide sulfurique étendu

et de peroxyde de manganèse, elle donne du cyanure de tétryle (valéronitrile), de l'acide carbonique et de l'eau :

$$C^{12}H^{13}NO^4 + 4\,O = C^{10}H^9N + 2\,CO^2 + 4\,HO.$$

Leucine.   Cyan. de tétryle.

Si l'acide sulfurique est plus concentré, le produit est chargé
d'acide valérique, et le résidu renferme de l'ammoniaque. Distillée
simplement avec de l'eau et du peroxyde de plomb puce, elle
donne des traces seulement de cyanure de tétryle, mais beaucoup
d'hydrure de butyryle (butyraldéhyde) et d'ammoniaque, qui se
combinent en formant du butyrylure d'ammonium [1].

La potasse dissout aisément la leucine. Lorsqu'on fait fondre la
leucine avec de l'hydrate de potasse, elle se transforme en valérate
de potasse, en dégageant du gaz ammoniaque et du gaz hydrogène.

Une solution aqueuse de leucine précipite en blanc le sous-acétate de plomb ; elle ne précipite pas les autres solutions métalliques, pas même le nitrate mercureux. Si l'on ajoute avec précaution de l'ammoniaque à une solution bouillante de leucine et
d'acétate de plomb, on obtient des paillettes nacrées contenant [2] :
$C^{12}H^{13}NO^4, PbO$.

Le chlore attaque la leucine en produisant une matière brune,
ainsi qu'un liquide rouge, volatil.

Les *sels de leucine* s'obtiennent directement avec les acides.

Le *chlorhydrate de leucine*, $C^{12}H^{13}NO^4, HCl$, forme des cristaux
très-solubles dans l'eau.

Le *nitrate de leucine*, dit aussi acide nitroleucique, $C^{12}H^{13}NO^4$,
NO^6H, forme des aiguilles incolores.

Le *nitrate de leucine et de chaux* forme des groupes mamelonnés,
contenant de l'eau de cristallisation.

Le *nitrate de leucine et de magnésie* forme de petits cristaux grenus.

La leucine forme aussi un sel cristallisable avec le *nitrate d'argent*.

Dérivés méthyliques, éthyliques.... de l'hydrure de valéryle.

§ 1061. *Valérone*, ou valérylure de tétryle, $C^{18}H^{18}O^2 = C^8H^9$,
$C^{10}H^9O^2$. — Ce composé se produit, suivant M. Lœwig [3], lorsqu'on
distille doucement l'acide valérique avec un excès de chaux caustique ; on le purifie par la rectification sur de nouvelle chaux.

La valérone se présente sous la forme d'un liquide incolore, d'une

[1] LIEBIG, *Ann. der Chem. u. Pharm.*, LXX, 313.
[2] STRECKER, *ibid.*, LXXII, 89.
[3] LOEWIG (1837), *Ann. de Poggend.*, XLII, 412.

odeur éthérée agréable, qui rappelle un peu celle de l'acide valérique. Elle est plus legère que l'eau, et ne s'y dissout pas ; elle se dissout très-bien dans l'éther et l'alcool. Elle brûle avec une flamme très-fuligineuse. Son point d'ébullition est bien inférieur à 100°.

Suivant M. Chancel[1], la valérone de M. Lœwig n'est qu'un mélange contenant beaucoup d'hydrure de valéryle et très-peu de valérone pure.

§ 1061[a]. M. Williamson[2] a obtenu un composé $C^{12}H^{12}O^2$, en soumettant à la distillation sèche un mélange de quantités équivalentes de valérate de potasse et d'acétate de soude : ce composé ayant été lavé à la potasse aqueuse et soumis à la rectification, se présentait sous la forme d'une huile, bouillant d'une manière constante à 120° C.; sa quantité s'élevait aux deux tiers du produit total.

Sa formation s'explique par l'équation :

$$C^{10}H^9MO^4 + C^4H^3MO^4 = 2\,(CO^2, MO) + C^{12}H^{12}O^2.$$

Valérate.   Acétate.   Carbonate.   Huile.

L'huile ainsi obtenue représente évidemment le valérylure de méthyle, ou l'acétylure de tétryle :

$$\left.\begin{array}{c} C^{10}H^9O^2 \\ C^2H^3 \end{array}\right\} \quad \text{ou} \quad \left.\begin{array}{c} C^4H^3O^2 \\ C^8H^9 \end{array}\right\}$$

Valér. de méthyle.   Acétyl. de tétryle.

Appendice à l'hydrure de valéryle.

§ 1061[b]. *Essence de valériane*[3]. — L'essence qu'on extrait de la racine de valériane se compose en plus grande partie de deux huiles, dont l'une (*bornéène*) est isomère de l'essence de térébenthine, et dont l'autre, oxygénée et moins volatile que la première, a reçu le nom de *valérol*. Elle renferme, en outre, en proportions variables, de l'acide valérique, de la résine, et une matière camphrée qui est identique au camphre de Bornéo (*bornéol*), et paraît provenir de l'action de l'humidité sur l'hydrocarbure contenu dans l'essence.

Récente et rectifiée, elle est neutre, limpide, et d'une odeur qui n'a rien de désagréable ; mais le contact de l'air la résinifie et la rend fétide, en raison de l'acide valérique qu'il y développe progressivement. Une essence vieille est toujours acide et épaisse.

[1] CHANCEL, *Compt. rend. de l'Acad.*, XXI, 905.

[2] WILLIAMSON (1851), *Ann. der Chem. u. Pharm.*, LXXXI, 86.

[3] ETTLING, *Ann. der Chem. u. Pharm.*, IX, 40. — KRAUSS, *Chem. der org. Verbind.* de Lœwig, II, 37. — GERHARDT, *Ann. de Chim. et de Phys.*, [3] VII, 275.

C'est le valérol qui produit l'acide valérique.

Pour extraire de l'essence le valérol à l'état de pureté, il faut maintenir pendant quelque temps à 200° les dernières portions de la distillation de l'essence, puis les refroidir dans de la glace ; elles se prennent alors en masse si elles sont entièrement exemptes d'hydrogène carboné ; deux ou trois rectifications suffisent pour la purification du produit. Les matières étrangères volatiles sont entraînées par les premières portions des liquides distillés. On lave le produit avec du carbonate de soude et on le distille rapidement, ou mieux encore dans un courant d'acide carbonique.

Le valérol est ordinairement liquide à la température ordinaire ; mais, une fois qu'il a été refroidi à quelques degrés au-dessous de 0°, il se conserve, jusqu'à + 20°, à l'état de prismes incolores et limpides ; une plus forte chaleur liquéfie les cristaux, et alors ils conservent cet état jusqu'à ce qu'on les refroidisse de nouveau. A l'état de pureté, il est neutre et n'a point l'odeur de la valériane ; son odeur est faible et ressemble à celle du foin ; abandonné à l'air, il s'acidifie peu à peu, et prend alors cette odeur désagréable qui caractérise l'acide valérianique ; en même temps il s'épaissit en se résinifiant en partie.

Il est plus léger que l'eau, peu soluble dans ce liquide, fort soluble au contraire dans l'alcool, l'éther et les huiles essentielles.

Composition du valérol :

	Gerhardt.						Calcul.
Carbone	73,18	73,52	73,60	73,47	73,75	73,73	73,47
Hydrogène. . .	10,49	10,49	10,30	10,21	10,21	10,20	10,20
Oxygène. . . .	16,33	15,99	16,10	16,32	16,04	16,07	16,33
	100,00	100,00	100,00	100,00	100,00	100,00	100,00

Ces nombres s'accordent avec les rapports $C^{12}H^{10}O^2$.

L'acide sulfurique concentré le dissout et le colore en rouge de sang, en produisant une combinaison copulée (*sulfovalérolate*). Le brome l'attaque et le rend poisseux. L'acide nitrique le convertit en une résine jaune.

La potasse liquide et bouillante ne l'attaque pas sensiblement ; mais l'effet est très-prompt par la potasse en fusion. Il se produit alors du carbonate et du valérate, en même temps qu'un dégagement de gaz hydrogène. Cette réaction se représente par l'équation suivante :

$$C^{12}H^{10}O^2 + 6\,HO = C^{10}H^{10}O^4 + 2\,CO^2 + 3\,H^2.$$

Ess. de valér.   Ac. valériq.

ACIDE VALÉRIQUE ANHYDRE.

Syn. : valérate de valéryle, valératé valérique.

Composition : $C^{20}H^{18}O^6 = C^{10}H^9O^3, C^{10}H^9O^3$.

§ 1062. On obtient cette substance[1] en traitant par l'oxychlorure de phosphore le valérate de potasse desséché ; on pulvérise ce sel rapidement dans un mortier préalablement chauffé, et on l'introduit encore chaud dans un ballon ; quand il s'est refroidi, on l'arrose uniformément de l'oxychlorure, qu'on fait arriver dans le ballon par un tube effilé. La réaction s'établit immédiatement avec une grande élévation de température, et, si l'on a pris les deux substances dans les proportions indiquées par la théorie (six atomes de sel pour 1 atome d'oxychlorure), l'oxychlorure de phosphore disparaît entièrement, et le mélange se transforme en une masse saline, imprégnée d'une substance huileuse, qui est l'acide valérique anhydre. Pour purifier celui-ci, il suffit de le traiter d'abord par une solution très-étendue de carbonate de potasse, puis par de l'éther, et d'évaporer au bain-marie la solution éthérée, après l'avoir agitée avec du chlorure de calcium. Il faut avoir soin d'employer de l'éther bien exempt d'alcool, car l'alcool transformerait une partie du produit en valérate d'éthyle. Si, au lieu d'opérer dans un ballon, on se sert d'une cornue, l'acide anhydre peut être extrait directement de la masse saline par la distillation ; mais, dans ce cas, il faut employer un léger excès d'oxychlorure, car si le résidu renfermait du valérate de potasse non attaqué, les produits de la décomposition de ce sel par la chaleur viendraient se mêler au produit distillé. Dans tous les cas, il est nécessaire de traiter l'acide anhydre par une solution alcaline et de le reprendre par l'éther.

L'acide valérique anhydre est une huile limpide, douée d'une assez grande mobilité et d'une densité de 0,934 à 15°. Récemment préparé, il possède une odeur de pommes qui n'a rien de désagréable ; mais, quand on s'en frotte les mains, elles répandent, au bout de quelque temps, l'odeur insupportable de l'acide valérique hydraté. Sa vapeur irrite les yeux et provoque la toux.

Le point d'ébullition de l'acide valérique anhydre est constant

---

[1] CHIOZZA (1853), *Compt. rend. de l'Acad.*, XXXV, 368. *Ann. de Chim. et de Phys.*, [3]. XXXIX, 196.

à environ 215°. Cependant, vers la fin de la distillation, il s'élève jusqu'à 220°, en même temps qu'il reste dans la cornue un léger résidu coloré. Des rectifications successives acidifient l'acide valérique anhydre. La densité de sa vapeur a été trouvée égale à 6,23.

Exposé en vase ouvert à l'air humide, il se transforme lentement en acide hydraté; cette transformation, un peu plus rapide par l'eau chaude, n'exige que quelques minutes si l'on emploie une solution de potasse caustique et bouillante. La potasse fondue le convertit instantanément en valérate. Quand on place, dans un tube à essais une certaine quantité d'acide valérique anhydre, et qu'on y ajoute de l'hydrate de potasse en quantité insuffisante pour le transformer complétement en valérate, il se produit, par une douce chaleur, une réaction très-violente, et le produit, parfaitement neutre avant l'addition de la potasse, acquiert une réaction fort acide : c'est que, pour chaque molécule de valérate de potasse qui se produit par le double échange, il se forme en même temps une molécule d'acide valérique hydraté :

$$\left.\begin{array}{l} C^{10}H^9O^2.O \\ C^{10}H^9O^2.O \end{array}\right\} + \left.\begin{array}{l} KO \\ HO \end{array}\right\}$$

Valérate de valéryle.   Hydrate de potasse.

$$= \left.\begin{array}{l} C^{10}H^9O^2.O \\ KO \end{array}\right\} + \left.\begin{array}{l} C^{10}H^9O^2.O \\ HO \end{array}\right\}.$$

Valérate de potasse.   Hydrate de valéryle.

§ 1063. *Acide benzo-valérique anhydre*[1], benzoate de valéryle ou valérate de benzoïle, $C^{24}H^{14}O^6 = C^{10}H^9O^3, C^{14}H^5O^3$. — On l'obtient par l'action du chlorure de benzoïle sur le valérate de potasse; la réaction est très-vive, et il est à peine nécessaire de chauffer; on traite le produit par une lessive faible de carbonate de potasse, et l'on achève la préparation comme pour l'acide valérique anhydre.

L'acide benzo-valérique anhydre est une huile limpide, très-réfringente, neutre aux papiers réactifs, et plus pesante que l'eau. Son odeur est presque la même que celle de l'acide valérique anhydre; sa vapeur est âcre et irrite les yeux.

Les solutions alcalines le transforment en valérate et en benzoate.

A la température d'environ 260°, il se dédouble en acides valérique et benzoïque anhydres. Cependant ce dédoublement ne s'effectue pas aussi nettement qu'avec l'acétate de benzoïle, et il

<hr>

[1] Chiozza (1853), *loc. cit.*

est nécessaire de rectifier plusieurs fois le produit avant d'obtenir ainsi de l'acide valérique anhydre à l'état de pureté.

ACIDE VALÉRIQUE.

Syn. : acide valérianique, ac. delphinique, ac. phocénique.

Composition : $C^{10}H^{10}O^4 = C^{10}H^9O^3, HO$.

§ 1064. Cet acide[1] a été extrait pour la première fois par M. Chevreul de l'huile de marsouin; Pentz, et plus tard Grote, l'ont trouvé dans la racine de valériane; M. Ettling en a fait les premières analyses exactes; Trommsdorff a publié une monographie des valérates.

La racine de valériane renferme de petites quantités d'acide valérique, provenant de l'oxydation, aux dépens de l'air, d'une huile essentielle particulière (*valérol*, §, 1061[b]). Le même acide se rencontre dans la racine d'angélique[2], dans celle d'*Athamanta oreoselinum*[3]; dans les baies mûres de *Viburnum opulus* (Chevreul) et dans l'écorce de cet arbrisseau[4]. Sa présence a encore été signalée dans l'assa foetida[5] et dans l'aubier de sureau[6]. Les feuilles de digitale pourprée, distillées avec de l'eau, donnent un acide volatil[7] (*acide antirhinique*) qui est probablement aussi de l'acide valérique.

Plusieurs réactions chimiques engendrent l'acide valérique. L'huile de pommes de terre[8] (alcool amylique) et beaucoup d'autres composés amyliques se transforment en acide valérique sous l'influence des agents oxygénants, tels que l'hydrate de potasse, l'acide nitrique, l'acide chromique, la mousse de platine[9]. L'acide oléique[10] et d'autres corps gras, bouillis avec l'acide nitrique, dégagent des acides huileux, parmi lesquels on trouve de l'acide va-

---

[1] CHEVREUL (1817), *Ann. de Chim. et de Phys.*, VII, 264; XXIII, 22. — TROMMSDORFF et ETTLING, *Ann. der Chem. u. Pharm.*, VI, 176.

[2] MEYER et ZENNER, *ibid.*, LV, 317.

[3] WINCKLER, *Repert. d. Pharm.* XXVII, 169.

[4] KRAEMER, *Archiv. de Brandes*, XL, 269. — L. VON MORO, *Ann. der Chem. u. Pharm.*, LV, 330.

[5] HLASIWETZ, *ibid.*, LXXI, 40.

[6] KRAEMER, *Archiv. de Brandes*, XLIII, 21.

[7] PYR: MORIN, *Journ. de Pharm.*, [3] VII, 299.

[8] DUMAS et STAS, *Ann. de Chim. et de Phys.*, LXXIII, 128.

[9] CAHOURS, *ibid.*, LXXV, 202.

[10] REDTENBACHER, *Ann. der Chem. u. Pharm.* LIX, 41.

lérique. La partie oxygénée de l'essence de valériane [1] se convertit en valérate de potasse sous l'influence de la potasse en fusion.

L'acide valérique se produit également : lorsqu'on distille la gélatine [2], la fibrine, l'albumine, la caséine [3] ou le gluten [4] avec un mélange d'acide sulfurique et de chromate de potasse ou de peroxyde de manganèse; lorsqu'on fait fondre la leucine ou la caséine [5] avec de l'hydrate de potasse. C'est probablement à la présence d'une semblable matière albuminoïde dans l'indigo du commerce [6] et dans le lycopode [7], qu'il faut attribuer la production de l'acide valérique par ces matières soumises à l'action de la potasse en fusion.

Enfin beaucoup de matières azotées donnent de l'acide valérique par la putréfaction. On peut l'extraire, ainsi que l'acide butyrique, du vieux fromage pourri [8] (où il est contenu à l'état de sel d'ammoniaque), des blés avariés dans les sentines des navires [9], etc. Dans le traitement du safranum, pour la préparation du carthame on observe quelquefois, en été, la production d'une quantité considérable d'acide valérique, entraînant une diminution notable dans le rendement du carthame [10].

L'acide valérique s'extrait, en général, de la racine de valériane, ou se prépare par l'oxydation de l'huile de pommes de terre.

Quelques pharmaciens, à l'exemple de Trommsdorff, se bornent à distiller avec de l'eau la racine de valériane, à décanter l'huile essentielle qui nage à la surface de l'eau distillée acide, à saturer celle-ci par du carbonate de magnésie ou de soude, à concentrer le valérate ainsi produit, et à le distiller ensuite avec de l'acide sulfurique dilué; mais le rendement de ce procédé est très-faible, 2 kilogrammes de racine donnant à peine 5 grammes d'acide valérique. Il est plus avantageux de distiller tout d'abord la racine avec de l'eau aiguisée d'acide sulfurique, une partie de l'acide

---

[1] GERHARDT, *Ann. de Chim. et de Phys.*, [3] VII, 275.

[2] SCHLIEPER, *Ann. der Chem. u. Pharm.*, LIX, 1.

[3] GUCKELBERGER, *ibid.*, LXIV, 39.

[4] KELLER, *ibid.*, LXXII, 24.

[5] LIEBIG, *ibid.*, LVII, 127.

[6] GERHARDT, *Journ. de Pharm.*, [3] IX, 319.

[7] WINCKLER, *Repert. d. Pharm.*, LXXVIII, 70.

[8] BALARD, *Ann. de Chim. et de Phys.*, [3] XII, 315. — ILJENKO et LASKOWSKI, *Ann. der Chem. u. Pharm.*, LV, 78.

[9] L. L. BONAPARTE, *Compt. rend. de l'Acad.*, XXI, 1076.

[10] SALVÉTAT, *Ann. de Chim. et de Phys.*, [3] XXV, 337.

valérique s'y trouvant, à ce qu'il paraît, à l'état de combinaison [1].

Une pratique qui me paraît encore préférable consiste à déterminer d'abord l'oxydation de l'huile essentielle contenue dans la racine. Une simple exposition de l'eau distillée à l'air, pendant quelques semaines, en augmente évidemment la proportion d'acide valérique. On arrive encore plus vite à ce résultat [2] en faisant macérer la racine grossièrement pulvérisée (1 kil.) avec de l'acide sulfurique (100 grammes), de l'eau (5 kil.) et du bichromate de potasse (60 grammes), et en distillant ensuite ; on reverse dans la cucurbite le premier quart de l'eau distillée contenant encore une quantité notable d'essence, et l'on continue la distillation jusqu'à ce que la liqueur qui passe ne rougisse plus le tournesol. 1 kilogr. de racine donne ainsi une quantité d'acide valérique correspondant à 18 grammes environ de valérate de zinc cristallisé.

La préparation de l'acide valérique par l'alcool amylique est plus avantageuse que les procédés précédents, cette dernière substance s'obtenant en quantité notable dans les distilleries d'eau-de-vie. On dissout l'huile dans de l'acide sulfurique concentré, on fait tomber peu à peu la liqueur dans une solution de bichromate de potasse [3], et l'on distille après que la réaction s'est calmée ; il passe ainsi une solution aqueuse d'acide valérique, recouverte d'une couche huileuse d'hydrure de valéryle. Celle-ci ayant été décantée, on sature la liqueur acide par du carbonate de soude ou de magnésie, et l'on distille avec de l'acide sulfurique étendu le valérate ainsi obtenu.

On peut aussi chauffer au bain d'alliage, dans une cornue, un mélange de 1 p. d'huile de pommes de terre et de 10 p. de chaux potassée, d'abord à 170°, puis peu à peu à 200°, pendant 10 à 12 heures, jusqu'à ce qu'il ne se dégage plus de gaz hydrogène. On laisse refroidir le mélange à l'abri de l'air, car, sans cette précaution, il prendrait feu aisément et brûlerait comme de l'amadou ; on le distille ensuite avec de l'acide sulfurique dilué, en recevant les vapeurs dans un récipient contenant une solution de carbonate de soude ; on fait bouillir dans une cornue la solution du valérate ainsi produit, afin de le débarrasser des parties huileuses qui n'auraient pas été transformées en acide valérique, puis, après avoir

[1] Rabourdin, *Journ. de Pharm.*, [3] VI, 310.
[2] Lefort, *ibid.*, X, 194.
[3] Balard, *loc. cit.*

changé de récipient, on distille le sel avec de l'acide phosphorique; une nouvelle rectification du produit sert à le débarrasser de l'eau [1].

Il ne faut pas perdre de vue, en employant l'huile de pommes de terre à la préparation de l'acide valérique, qu'elle peut contenir de l'hydrate de tétryle et de l'hydrate de trityle, dont il faut d'abord se débarrasser par la rectification, car ils donneraient, par l'oxydation, de l'acide butyrique [2] et de l'acide propionique.

§ 1065. L'acide valérique constitue un liquide très-fluide, incolore, d'une odeur forte et persistante de valériane et de fromage pourri, d'une saveur acide et piquante. Il produit une tache blanche sur la langue. A $16°,5$ il a une densité de $0,937$. Il bout sans altération à $175°$ environ. Refroidi à $— 15°$, il reste parfaitement limpide. Il s'enflamme facilement et brûle avec une flamme fuligineuse. La densité de sa vapeur a été trouvée égale à $3,68 — 3,66$ $= 4$ volumes pour la formule $C^{10}H^{10}O^4$.

Toutes les fois qu'on sépare l'acide valérique d'un valérate dissous dans l'eau, on l'obtient sous la forme d'un hydrate huileux, $C^{10}H^{10}O^4 + 2$ aq., qui perd son eau par la chaleur. Cet hydrate a une densité de $0,950$ (plus élevée que celle de l'acide sec), et bout à une température inférieure au point d'ébullition de l'acide sec.

L'acide valérique se dissout dans 30 p. d'eau à $12°$. Il se mêle en toutes proportions avec l'alcool et l'éther. Sa solution dans l'alcool absolu est troublée par une petite quantité d'eau, mais elle s'éclaircit si l'on en ajoute davantage. L'acide valérique se dissout aussi en grande quantité dans l'acide acétique de $1,07$.

Il dissout le camphre et quelques résines. Il ne dissout pas le soufre, même à l'ébullition. L'acide sulfurique ordinaire le charbonne à chaud en dégageant de l'acide sulfureux. L'acide nitrique concentré finit par le convertir en acide nitrovalérique (§ 1069).

Lorsqu'on fait passer les vapeurs d'acide valérique à travers un tube chauffé au rouge obscur, renfermant des fragments de pierre ponce, cet acide se décompose, et l'on obtient un volume considérable de gaz. Ces gaz renferment, outre l'acide carbonique, l'oxyde de carbone et un peu d'hydrogène, des carbures d'hydrogène, appartenant à la série n C^2H^2 et composés en plus

---

[1] DUMAS et STAS, *loc. cit.*

[2] On peut séparer l'acide butyrique de l'acide valérique par la méthode des saturations fractionnées. Voy. § 12.

grande partie [1] de tritylène C^6H^6, mélangé d'un peu d'éthylène, et peut-être aussi de tétrylène C^8H^8. Ces produits de décomposition varient d'ailleurs suivant la température à laquelle on opère.

Lorsqu'on distille l'acide valérique avec un excès de baryte, on obtient également des produits gazeux, parmi lesquels on rencontre, outre les hydrogènes carbonés $n\,C^2H^2$, de l'hydrogène libre et peut-être du gaz des marais.

Le chlore transforme l'acide valérique en deux acides chlorés dérivés par substitution. Le brome et l'iode s'y dissolvent sans l'attaquer.

L'acide valérique conduit mal le courant galvanique, mais on peut le décomposer par la pile, après l'avoir dissous dans la potasse (voy. *Valérate de potasse*).

Dérivés métalliques de l'acide valérique. Valérates.

§ 1066. Les valérates neutres renferment :
$$C^{10}H^9MO^4 = C^{10}H^9O^3, MO.$$

Ils sont un peu gras au toucher ; à l'état sec, ils sont sans odeur, mais ils exhalent l'odeur de l'acide valérique, lorsqu'ils sont humides. Ils ont une saveur sucrée, surtout les sels à base d'alcali. Comme les butyrates, ils jouissent de la propriété de tournoyer rapidement à la surface de l'eau.

Valérate d'ammoniaque. — L'acide valérique aqueux, sursaturé d'ammoniaque, perd de l'ammoniaque par l'évaporation, en laissant un sirop acide que l'addition de l'ammoniaque fait prendre en une masse d'aiguilles radiées. Ce sel est très-soluble dans l'eau et soluble dans l'alcool. Le sel sec se dédouble, par l'acide phosphorique anhydre, en eau et en cyanure de tétryle (valéronitrile, § 204).

Valérate de potasse, $C^{10}H^9KO^4$ (desséché). — C'est un sel gommeux, incristallisable, fort déliquescent, et très-soluble dans l'alcool. Il fond à 140°, en perdant de l'eau.

Si l'on fait agir à froid sur une solution neutre et concentrée de valérate de potasse un courant déterminé par six éléments d'une pile de Bunsen, deux lames de platine servant d'électrodes, il s'établit à la fois aux deux pôles un vif dégagement de gaz. Ce gaz se compose d'hydrogène, de gaz carbonique et de gaz tétrylène C^8H^8, sans aucune trace d'oxygène, tant que la solution du valérate n'est

[1] Hofmann, *Ann. der Chem u. Pharm.* LXXVII, 161.

pas trop épuisée. En même temps on voit se rendre à la surface
du liquide une huile douée d'une agréable odeur éthérée. La solution alcaline restante se compose principalement de carbonate et
de bicarbonate de potasse ; le bicarbonate se sépare ordinairement
pendant l'évaporation, sous forme cristalline. D'après M. Kolbe[1], à
qui l'on doit cette expérience, l'huile ainsi produite est un mélange
de deux combinaisons : l'une oxygénée, l'autre exempte d'oxygène. Si l'on y fait agir une solution alcoolique de potasse, la
combinaison oxygénée se décompose, tandis que l'huile hydrocarbonée, qui n'est autre que le tétryle $C^{16}H^{18}$, peut en être séparée au moyen de l'eau. La partie oxygénée paraît être du valérate
de tétryle; du moins, la potasse se charge de beaucoup d'acide valérique.

Lorsqu'on distille du valérate de potasse avec de l'acide arsénieux, on obtient un liquide qui paraît être l'arséniure de tétryle
($\S$ 1055^a).

Valérate de soude. — La solution du sel, évaporée à consistance de sirop, se prend, par l'évaporation spontanée dans l'air sec,
à 32°, en une masse cristalline, semblable à des choux-fleurs, et
extrêmement déliquescente. Ce sel fond à 140°, et se dissout aisément dans l'eau et l'alcool.

Valérate de baryte, $C^{10}H^9BaO^4 + 2$ aq. — Lorsqu'on neutralise
la baryte par l'acide valérique, la solution donne, par l'évaporation spontanée, des prismes transparents, brillants, très-friables et
craquant sous la dent. Ce sel possède à un haut degré la propriété
de tournoyer à la surface de l'eau. Il s'effleurit dans l'air à 25°, en
perdant 2 à 2,5 p. c. d'eau. Il se dissout dans 2 p. d'eau à 15°, et
dans 1 p. d'eau à 20°; il se dissout difficilement dans l'alcool absolu. Sa solution aqueuse et étendue dépose peu à peu, au contact
de l'air, du carbonate de baryte et prend l'odeur du fromage de
Roquefort.

Jusque vers 250°, le valérate de baryte ne perd que son eau de
cristallisation, mais au-dessus de cette température il dégage du
gaz inflammable d'une manière continue; on obtient en même
temps quelques gouttelettes légèrement colorées d'un liquide très-
odorant. La décomposition complète ne s'établit qu'au rouge som-

---

[1] KOLBE, *Philos. Magaz.*, nov. 1847, p. 348 et *Ann. der Chem. u. Pharm.*, LXIX, 257.

bre; il se forme alors une quantité assez notable de produits liqui-des, et il reste dans la cornue du carbonate de baryte souillé d'un léger dépôt de charbon. Les produits se composent en plus grande partie d'hydrure de valéryle $C^{10}H^{10}O^2$, mêlé d'une très-petite quantité de valérone, $C^{18}H^{18}O^2$ (Chancel).

Valérate de strontiane. — Lorsqu'on évapore doucement la so-lution aqueuse du sel, on obtient des prismes extrêmement solu-bles dans l'eau et l'alcool, et qui s'effleurissent dans l'air sec.

Valérate de chaux, $C^{10}H^9CaO^4$ (à 130°). — La solution de l'a-cide valérique, saturée par du carbonate de chaux, donne, par une douce évaporation, des prismes et des aiguilles. Ce sel est très-soluble dans l'eau et dans l'alcool ordinaire bouillant; il est peu soluble dans l'alcool absolu. Il se ramollit à 140° et fond à 150°.

Valérate de magnésie. — Une solution d'acide valérique, sa-turée par du carbonate de magnésie, dépose, par une évapora-tion lente, des prismes transparents groupés en faisceaux, d'une sa-veur fort sucrée. Ce sel se ramollit à 140°, et perd ensuite tout son acide en noircissant. Il est assez soluble dans l'eau, peu soluble dans l'alcool.

Valérate d'alumine. — Ce sel se dépose sous la forme de flo-cons blancs, insolubles dans l'eau et l'acide valérique aqueux, lors-qu'on mélange du valérate de potasse avec du sulfate d'alumine, ou qu'on introduit de l'alumine dans une solution chaude d'a-cide valérique.

Valérate de zinc. — Le zinc se dissout lentement dans l'acide valérique, en dégageant de l'hydrogène. Lorsqu'on sature à chaud de l'acide valérique étendu par du carbonate de zinc humide, et qu'on évapore à cristallisation, on obtient des paillettes nacrées, semblables à l'acide borique, inaltérables à l'air, et rougissant le tournesol.

Ce sel se dissout dans l'eau et l'alcool; il est insoluble dans l'éther. 1 p. de sel exige, pour sa solution, 50 p. d'eau froide, 40 p. d'eau bouillante, 17,5 p. d'alcool froid, et 16,7 p. d'alcool bouillant.

Une ébullition prolongée décompose la solution du valérate de zinc en sous-sel insoluble et en sel acide soluble.

Lorsqu'on maintient longtemps le valérate de zinc à la chaleur de 250°, il distille un liquide huileux qui se solidifie dans la cornue et prend l'aspect de la paraffine. Ce produit paraît être le valérate de zinc anhydre[1].

Le valérate de zinc s'emploie en médecine dans le traitement des maladies nerveuses ; le sel du commerce est quelquefois falsifié avec du butyrate de zinc.

Valérate de cadmium. — Il forme des paillettes, solubles dans l'eau et l'alcool, entièrement semblables au sel de zinc.

Valérate de nickel. — Le carbonate de nickel est peu soluble, à chaud, dans une solution d'acide valérique, mais il donne promptement une huile verte au contact de l'acide valérique sec. Cette huile est très-peu soluble dans l'eau bouillante, mais elle se dissout dans l'alcool, en donnant une liqueur vert pâle, qui dépose, par l'évaporation, une poudre de même couleur, peu soluble dans l'eau.

Valérate de cobalt. — Lorsqu'on évapore la solution du carbonate de cobalt dans l'acide valérique, elle se recouvre d'une pellicule rouge et se dessèche en une masse diaphane violacée. Si on abandonne la solution sirupeuse à l'évaporation spontanée, à une basse température, elle dépose des prismes violacés, transparents, inaltérables à l'air, fort solubles dans l'eau et l'alcool.

Valérate de fer. — Le fer se dissout lentement dans l'acide valérique avec dégagement d'hydrogène. Lorsqu'on mélange une solution de chlorure ferrique avec du valérate de soude, on obtient un précipité rouge brique, qui cède à l'eau bouillante tout son acide valérique.

Valérate de manganèse. — Lorsqu'on fait dissoudre le carbonate de manganèse dans l'acide valérique, on obtient une solution qui dépose, par l'évaporation spontanée, des tables rhomboïdales, brillantes, grasses au toucher et fort solubles dans l'eau.

Valérate de cuivre. — La solution de l'acide valérique étant saturée par du carbonate de cuivre, on obtient, par la concentration, des prismes verts solubles dans l'eau et l'alcool.

Lorsqu'on verse de l'acide valérique concentré, pris en léger excès, dans une solution d'acétate de cuivre, il n'y produit d'abord aucun changement sensible, mais, par l'agitation, il se transforme en gouttelettes verdâtres, d'apparence huileuse, qui en partie se précipitent, en partie viennent nager à la surface du liquide où elles

---

[1] LAROCQUE, *Recueil des trav. de la Société d'émulat. pour les Sciences pharmac.*, janv. 1847, p. 61.

s'attachent aux parois du vase à la manière des graisses. Ces gouttelettes, qui sont du valérate de cuivre anhydre, persistent pendant quelques minutes, puis elles se convertissent, en s'hydratant, en une poudre cristalline d'un bleu verdâtre. Cette réaction distingue l'acide valérique de l'acide butyrique qui, versé dans une solution d'acétate de cuivre, y produit immédiatement un précipité blanc bleuâtre qui en trouble la transparence [1].

Valérate d'urane. — Sel jaune, gommeux, fort soluble dans l'eau, l'alcool et l'éther.

Valérate de bismuth. — La solution du nitrate de bismuth précipite le valérate de soude.

Valérate de plomb. — α. *Sel neutre,* $C^{10}H^9PbO^4$ (cristallisé), Lorsqu'on évapore rapidement la solution de l'oxyde de plomb dans l'acide valérique, on obtient le valérate de plomb sous la forme d'une masse gluante comme de la térébenthine. Par l'évaporation dans le vide, le sel s'obtient à l'état de lames brillantes, fort solubles dans l'eau ; l'acide valérique, étant versé dans l'acétate de plomb, y produit un dépôt blanc et comme huileux de valérate de plomb. Les cristaux sont fusibles.

β. *Sous-sel,* $C^{10}H^9PbO^4$, $2\,PbO$ (desséché). L'acide valérique huileux s'échauffe avec le massicot en poudre fine et en excès ; le produit étant repris par l'eau froide, et séparé de l'excès de massicot, à l'aide du filtre, donne, par l'évaporation dans le vide, de petites aiguilles brillantes, groupées en demi-sphères, infusibles, et peu solubles dans l'eau.

Valérate de mercure. — Une solution concentrée et bouillante d'acide valérique dissout l'oxyde mercureux en petite quantité, et donne, par le refroidissement, des aiguilles.

L'oxyde mercurique se dissout à chaud dans l'acide valérique sec, en produisant une huile qui se prend, par le refroidissement, en une masse emplastique. Ce produit, insoluble dans l'eau froide, se dissout dans l'eau bouillante, et donne, par le refroidissement, des aiguilles incolores. Celles-ci s'obtiennent aussi lorsqu'on mélange du valérate de potasse avec du sulfate ou du chlorure mercuriques.

Valérate d'argent, $C^{10}H^9AgO^4$. — Lorsqu'on précipite une solution d'argent par un valérate alcalin, on obtient un précipité blanc et caillebotté qui devient cristallin au bout de quelque temps.

[1] Larocque et Hurant, *Journ. de Pharm.*, [3] IX, 420.

La solution aqueuse de ce sel le dépose, par la concentration, sous la forme de paillettes douées d'un éclat métallique. Le sel noircit promptement à la lumière.

Derivés méthyliques, éthyliques.... de l'acide valérique.
Éthers valériques.

§ 1067. *Valérate de méthyle* [1], $C^{12}H^{12}O^4 = C^{10}H^9(C^2H^3)O^4$. — On distille 4 p. de valérate de soude avec 4 p. d'esprit de bois et 3 p. d'acide sulfurique concentré; après avoir cohobé, on agite le produit distillé avec du lait de chaux, on le déshydrate sur du chlorure de calcium, et on le rectifie en recueillant à part les portions qui distillent entre 114 et 115°.

Le valérate de méthyle est un liquide limpide, d'une densité de 0,8869 à 15°, d'une odeur forte rappelant celle de l'esprit de bois et de la valériane. Il bout à 116°,2.

Valérate d'éthyle [2], ou éther valérique, $C^{14}H^{14}O^4 = C^{10}H^9(C^4H^5)O^4$. — On distille 8 p. de valérate de soude avec 10 p. d'alcool de 88 centièmes et 5 p. d'acide sulfurique concentré, on ajoute de l'eau au produit distillé, de manière à séparer le valérate d'éthyle sous forme huileuse; on lave ce produit au carbonate de soude et à l'eau pure, on le dessèche sur du chlorure de calcium, et on le rectifie en ne recueillant que les portions qui distillent à 133°.

Cet éther constitue une huile limpide d'une densité de 0,894 à 13°; son odeur pénétrante rappelle celle des fruits et de la valériane; il bout à 133°,5; la densité de sa vapeur a été trouvée, par expérience, égale à 4,558.

Lorsqu'on l'abandonne avec de l'ammoniaque caustique, il se convertit à la longue en valéramide et en alcool:

$$C^{14}H^{14}O^4 + NH^3 = C^{10}H^{11}NO^2 + C^4H^6O^2.$$

Valér. d'éthyle.   Valéramide.   Alcool.

Valérate de tétryle, $C^{18}H^{18}O^4 = C^{10}H^9(C^8H^9)O^4$. — Il paraît se produire lorsqu'on décompose le valérate de potasse par un courant galvanique [3].

Valérate d'amyle [4], ou éther valéramylique, $C^{20}H^{20}O^4 = C^{10}H^9$

---

[1] H. Kopp (1845), *Ann. der Chem. u. Pharm.*, LV, 185. *Ann. de Poggend.*, LXXII, 287.

[2] Otto (1838), *Ann. der Chem. u. Pharm.*, XXV, 62; XXVII, 225. — H. Kopp, *ibid.*, LV, 187.

[3] Kolbe, *Ann. der Chem. u. Pharm.*, LXIX, 257.

[4] Balard (1844), *Ann. de Chim et de Phys.*, [3] XII, 315.

$(C^{10}H^{11})O^4$. — Si l'on mêle une solution de bichromate de potasse saturée à froid avec un excès d'acide sulfurique, et qu'on verse de l'hydrate d'amyle dans la liqueur, elle s'échauffe : il se produit de l'alun de chrome, et de l'acide valérianique reste dissous dans un liquide aqueux à la surface duquel nage un mélange huileux, composé d'hydrure d'amyle et de valérate d'amyle.

On peut obtenir le valérate d'amyle d'une manière directe avec l'hydrate d'amyle et l'acide valérianique.

C'est un liquide dont l'odeur rappelle celle qui s'exhale de certaines vendanges en décomposition, et qui bout à 196° environ. La densité de sa vapeur a été trouvée égale à 6,17. La potasse le décompose en valérate alcalin et en hydrate d'amyle.

Le valérate d'amyle se rencontre dans le commerce de la parfumerie[1] sous le nom d'*essence de pommes* (en anglais *apple-oil*).

Dérivés chlorés de l'acide valérique.

§ 1068. *Acide trichlorovalérique* ou chlorovalérisique[2], $C^{10}H^7Cl^3$ O^4. — Cet acide s'obtient toujours quand on fait passer du chlore sec dans de l'acide valérique exempt d'eau et abrité du contact direct de la lumière; il est convenable de refroidir l'acide au commencement de la réaction, car elle deviendrait si vive que tout le produit serait projeté hors du vase. L'action étant épuisée à froid, on remplace l'eau froide par un bain dont on entretient la température à environ 50 ou 60°. Cette élévation de température est nécessaire, car l'acide, par cette réaction, perd beaucoup de sa fluidité, et le chlore a bientôt quelque peine à le traverser. On continue le passage du chlore jusqu'à ce qu'il ne se dégage plus d'acide chlorhydrique. Dans cet état, l'acide se présente sous la forme d'une huile peu fluide, colorée en jaune par un excès de chlore. On le purifie en y faisant passer un courant d'acide carbonique sec, l'acide étant maintenu à une température d'environ 60 ou 80 degrés au moyen d'un bain d'huile.

A l'état de pureté, l'acide trichlorovalérique constitue une huile peu fluide, transparente, plus pesante que l'eau, sans odeur, d'une saveur âcre et brûlante. Il produit une tache blanche sur la langue. Refroidi à — 18°, il perd encore de sa fluidité sans se prendre en

---

[1] Hofmann, *Ann. der Chem. u. Pharm.*, LXXXI, 89.
[2] Dumas et Stas (1840) *Ann. de Chim. et de Phys.*, LXXIII, 136.

masse ; à + 30° au contraire, il est très fluide. Mis en contact a·
l'eau, il s'y combine immédiatement en produisant un liquide tr⸼
fluide, peu odorant, plus pesant que l'eau. Il se décompose à 110
ou 120°, en dégageant beaucoup d'acide chlorhydrique.

A froid, les alcalis le dissolvent, et les acides le précipitent intact
de ces dissolutions.

Sa solution précipite le nitrate d'argent ; mais le précipité est
soluble dans l'acide nitrique.

Acide quadrichlorovalérique ou chlorovalérosique [1], $C^{10}H^6Cl^4O^4$.
— On l'obtient en faisant passer du chlore à refus dans de l'acide
valérique sec, exposé au soleil. L'action étant épuisée à froid, on
entoure le vase d'un bain d'eau à 60° environ, et l'on continue le
passage du chlore, jusqu'à épuisement de la réaction. On décolore
ensuite le produit en y dirigeant un courant d'acide carbonique.

L'acide quadrichlorovalérique est un corps semi-fluide, inodore,
plus pesant que l'eau ; il ne se solidifie pas par un froid de — 18°.
Il se décompose quand on le chauffe au-dessus de 150°. Il dégage
l'acide carbonique des carbonates alcalins.

Quand on le met en contact avec l'eau, il en absorbe une certaine quantité et se fluidifie ; la combinaison renferme $C^{10}H^6Cl^4O^4$
+ 2 aq.; l'eau dissout une quantité notable de cet acide ; la solution récemment obtenue ne précipite pas le nitrate d'argent acide.

L'alcool et l'éther dissolvent l'acide quadrichlorovalérique ; les
dissolutions, abandonnées pendant quelque temps à elles-mêmes,
précipitent le nitrate d'argent acide.

Un excès de potasse ou de soude décompose rapidement l'acide
quadrichlorovalérique avec production de chlorure de potassium
et de matière brunâtre. L'ammoniaque ne détermine pas ce phénomène, même à chaud.

Les *sels à base d'alcali* sont très-solubles dans l'eau ; ils ont une
saveur âcre et amère très-prononcée. Les autres quadrichlorovalé-
rates sont ou insolubles ou très-peu solubles dans l'eau.

Le *sel d'argent*, $C^{10}H^5AgCl^4O^4$, s'obtient en précipitant le quadrichlorovalérate d'ammoniaque par le nitrate d'argent neutre. Le
sel ainsi obtenu est blanc, cristallin, un peu soluble dans l'eau,
tout à fait soluble dans l'acide nitrique. Exposée à la lumière, la
dissolution de ce sel dans l'eau ou l'acide nitrique dépose immédiatement du chlorure d'argent noir. Dans l'obscurité, le sel sec

---

[1] Dumas et Stas (1840), *loc. cit.*

-même se détruit peu à peu, et se convertit en chlorure d'ar-
.it parfaitement blanc et en un corps tachant le papier. Ce der-
.uer produit mériterait une étude attentive.

Dérivés nitriques de l'acide valérique.

§ 1069. *Acide nitrovalérique*, $C^{10}H^9(NO^4)O^4$. — M. Dessaignes [1]
fit chauffer, jusqu'à l'ébullition et pendant dix-huit jours, sans interruption, un mélange d'acide nitrique monohydraté, et d'acide
valérique, tantôt extrait de la valériane, tantôt obtenu avec l'huile
de pommes de terre; il ajouta de temps à autre de l'acide nitrique, de manière à maintenir à peu près constant le volume
du mélange. Les produits de cette réaction variaient dans
des opérations successives : à part l'acide valérique, qui restait
en grande partie inaltéré, le corps le plus abondant était l'acide
nitrovalérique.

Celui-ci s'obtenait également avec les deux acides valériques de
sources différentes : avec l'acide de la valériane, il se produisait en
même temps un autre acide déliquescent et une matière neutre,
cristalline, contenant de l'azote, et d'une légère odeur camphrée;
avec l'acide de l'huile de pommes de terre, on obtenait aussi une
huile neutre, azotée et à odeur camphrée.

Le mélange contenu dans la cornue fut distillé. La première
moitié du liquide condensé contenait une huile incolore, acide,
qui diminuait beaucoup par les lavages, et qui devenait neutre et solide ou liquide, suivant l'origine de l'acide employé. La distillation
étant continuée, la cornue se remplit de nouveau d'abondantes
vapeurs rouges : on arrêta alors la distillation, et l'on chauffa doucement le résidu dans une capsule, jusqu'à ce qu'il eût la consistance d'un sirop. Il s'y forma à la longue des cristaux minces qu'on
débarrassa de l'eau-mère par la compression entre du papier, et
qu'on purifia finalement par la cristallisation.

Ce produit est un acide. Voici les propriétés que lui assigne
M. Dessaignes : il cristallise en superbes tables rhomboïdales qui se
superposent souvent à la manière des tuiles d'un toit; il commence
déjà à se sublimer à 100 degrés, mais son point d'ébullition est
bien plus élevé; il se dissout fort bien dans l'eau chaude, et beau-

---

[1] DESSAIGNES (1851), *Compt. rend. de l'Acad.*, XXXIII, 164.

coup moins dans l'eau froide, à la surface de laquelle les (exécutent parfois des mouvements giratoires.

Séché dans le vide, il a donné à la combustion les résultats su. vants :

	Dessaignes.		Calcul.
Carbone. . .	40,93	—	40,81
Hydrogène. . .	6,18	—	6,12
Azote	10,12	—	9,52
Oxygène. . . .	42,77	—	43,55
	100,00	—	100,00

Le *sel de baryte* de cet acide est soluble.

Le *sel de chaux* cristallise en aiguilles qui se dissolvent aisément en tournoyant sur l'eau.

Le *sel de fer* (ferricum) est un précipité qui ressemble au succinate à même base.

Le *sel de plomb* est très-soluble et cristallise en prismes fins.

Le *sel d'argent*, $C^{10}H^8Ag(NO^4)O^4$, est un précipité léger qui se dissout dans l'eau bouillante, et cristallise, par le refroidissement, en prismes fins et brillants. Séché à 100^0, ce sel a donné à l'analyse les résultats suivants :

	Dessaignes.	Calcul.
Carbone. . . .	23,61	23,62
Hydrogène. . .	3,63	3,15
Argent.	42,27	42,52

En faisant bouillir la caprone (§ 1113) avec de l'acide nitrique concentré, MM. Brazier et Gossleth [1] ont obtenu en petite quantité un acide huileux, dont le sel d'argent contenait 42,24 p. c. d'argent, c'est-à-dire sensiblement les proportions que renferme le nitrovalérate à même base.

CHLORURE DE VALÉRYLE.

Composition : $C^{10}H^9O^2$, Cl.

§ 1070. Ce corps n'a pas encore été isolé ; on l'obtiendrait probablement avec un valérate alcalin et l'oxychlorure de phosphore, en employant ce dernier en excès.

[1] BRAZIER et GOSSLETH, *Ann. der Chem. u. Pharm.*, LXXV, 262.

AZOTURE DE VALÉRYLE OU VALÉRAMIDE.

Composition : $C^{10}H^{11}NO^2 = NH^2(C^{10}H^9O^2)$.

§ 1071. On l'obtient[1] en abandonnant pendant très-longtemps, dans un flacon bouché, le valérate d'éthyle avec de l'ammoniaque caustique; quand la réaction est terminée, on concentre la liqueur par l'évaporation.

La valéramide cristallise en belles lames brillantes, neutres, fusibles au-dessus de 100°, sublimables, et fort solubles dans l'eau.

La potasse caustique n'en dégage de l'ammoniaque que par l'ébullition.

Lorsqu'on la chauffe avec de l'acide phosphorique anhydre, elle se dédouble en eau et en cyanure de tétryle (valéronitrile) :

$$C^{10}H^{11}NO^2 = 2\,HO + C^{10}H^9N.$$

Valéramide.   Cyan. de tétryle.

Elle éprouve la même transformation lorsqu'on la fait passer en vapeur sur de la chaux incandescente.

Chauffée avec du potassium, elle donne du cyanure de potassium, du gaz hydrogène, et du gaz hydrocarburé.

§ 1072. *Phényl-valéramide*[2], ou valéranilide, $C^{22}H^{15}NO^2 = C^{10}H^{10}(C^{12}H^5)NO^2$. — Lorsqu'on met l'acide valérique anhydre en contact avec l'aniline, le mélange s'échauffe considérablement, et, au bout de quelque temps, il se prend en une masse de beaux cristaux de valéranilide. Ces cristaux sont peu solubles dans l'eau bouillante, dans laquelle ils fondent sous forme de gouttes huileuses; on les purifie par quelques cristallisations dans l'alcool étendu.

A l'état de pureté, ils se présentent sous la forme de fines aiguilles, quelquefois de lames allongées, très-brillantes, qui atteignent souvent une grande dimension. Par l'évaporation spontanée d'une solution de cette substance dans un mélange d'alcool faible et d'éther, on obtient des prismes allongés, formés par l'accolement de plusieurs cristaux plus petits. Il arrive quelquefois, quand la valéranilide se sépare de sa solution dans l'alcool étendu et bouillant, qu'elle affecte la forme de gouttelettes huileuses qui

---

[1] DUMAS, MALAGUTI et LEBLANC (1847), *Compt. rend. de l'Acad.*, XXV, 475 et 658. — DESSAIGNES et CHAUTARD, *Journ. de Pharm.*, XIII, 245.
[2] CHIOZZA (1859), *Ann. de Chim. et de Phys.*, [3] XXXIX, 201.

se conservent pendant des heures entières, même après l'entier refroidissement du liquide; mais il suffit d'agiter légèrement le vase pour que toute la masse se transforme presque instantanément en une bouillie de fines aiguilles.

La valéranilide fond à environ 115°, et distille en grande partie sans altération à une température supérieure à 220°. L'alcool et l'éther la dissolvent avec facilité; une solution de potasse caustique, concentrée et bouillante, ne l'attaque qu'avec une difficulté extrême, et il faut recourir à la potasse en fusion pour obtenir un dégagement d'aniline appréciable.

III.

GROUPE ADIPIQUE.

§ 1073. Ce groupe paraît être l'homologue des groupes oxalique, succinique, et pyrotartrique. Il ne comprend, jusqu'à présent, que l'acide adipique, avec quelques dérivés.

ACIDE ADIPIQUE.

Composition : $C^{12}H^{10}O^8$.

§ 1074. Cet acide[1] se produit par l'action de l'acide nitrique sur le suif, le blanc de baleine, la cire, l'acide oléique, et sans doute encore sur beaucoup d'autres matières grasses.

Pour le préparer, on fait bouillir, dans une cornue spacieuse jointe à un récipient, du suif ordinaire avec de l'acide nitrique du commerce, qu'on renouvelle de temps à autre, en cohobant le produit distillé. On continue ainsi jusqu'à ce que la matière grasse soit toute dissoute, et qu'il apparaisse des cristaux dans le liquide refroidi ; on concentre ensuite celui-ci au bain-marie. La liqueur concentrée se prend, par le refroidissement, en une masse cristalline ; on jette celle-ci sur un entonnoir, et on la lave d'abord avec de l'acide nitrique concentré, puis avec le même acide étendu, et enfin avec de l'eau froide. Pour compléter la purification du produit, on le fait cristalliser dans l'eau bouillante.

L'acide adipique cristallise en tubercules rayonnés, agglomérés

[1] LAURENT (1837), *Ann. de Chim. et de Phys.*, LXVI, 166. *Revue scientif.*, X, 124. — BROMEIS, *Ann. der Chem. u. Pharm.*, XXXV, 105. — SMITH, ibid. XLII, 252. — GERHARDT, *Revue scientif.* XIII, 362. — MALAGUTI, *Ann. de Chim. et de Phys.*, [3] XVI, 84.

et souvent hémisphériques, parce que la plupart du temps, cristallisant à la surface de la liqueur, la partie supérieure de chaque tubercule reste aplatie, tandis que la partie inférieure s'arrondit. Il est très-soluble dans l'eau bouillante; l'alcool et l'éther le dissolvent également bien à chaud. Il fond à 130° (Laurent; à 145°, Bromeis), distille sans altération, et se sublime sous forme de barbes de plumes.

Quand on le fait fondre avec de la potasse, il dégage de l'hydrogène sans se colorer, et donne un sel d'où l'acide sulfurique expulse un acide volatil qui a l'odeur de la sueur (Gerhardt).

L'analyse de l'acide adipique a donné les nombres suivants :

	Laurent.	Malaguti.	Bromeis [1].	Calcul.
Carbone . . .	49,94	48,64	50,25	50,25
Hydrogène...	6,92	7,06	7,06	7,06
Oxygène. . . .	43,14	44,30	42,69	42,69
	100,00	100,00	100,00	100,00

Dérivés métalliques de l'acide adipique. Adipates.

§ 1075. Les adipates sont peu connus.

Le *sel d'ammoniaque* cristallise en aiguilles; lorsqu'il est neutre, il ne donne pas de précipités dans les sels suivants : chlorure de baryum, de strontium et de calcium; sulfates de magnésie, de manganèse, de nickel et de cadmium; nitrate de cuivre et de plomb. Il précipite le perchlorure de fer en rouge briqueté pâle.

Le *sel de baryte* desséché contient 54,3 p. c. de baryte (Laurent; 51,5 p. c., Bromeis).

Le *sel de strontiane* se précipite sous la forme d'aiguilles microscopiques par l'addition de l'alcool à un mélange d'adipate d'ammoniaque et de chlorure de strontium. Le sel perd 9,2 p. c. d'eau (presque 3 atomes) par la dessiccation dans le vide à 130°.

Le *sel de chaux*, $C^{12}H^8Ca^2O^8 + 2$ aq., se prépare comme le sel de strontiane, et perd 8,4 p. c. d'eau par la dessiccation dans le vide à 100°.

Le *sel de plomb* contient 69,5 p. c. d'oxyde de plomb.

Le *sel d'argent*, $C^{12}H^8Ag^2O^8$, est un précipité blanc.

---

[1] M. Bromeis adopte pour l'acide adipique la formule $C^{14}H^{11}O9$, qui ne me paraît pas acceptable.

Dérivé éthylique de l'acide adipique. Éther adipique.

§ 1076. *Adipate d'éthyle*[1], $C^{20}H^{18}O^8 = C^{12}H^8(C^4H^5)^2O^8$. — On l'obtient en faisant passer du gaz chlorhydrique dans une solution alcoolique d'acide adipique. Il a l'aspect d'une matière huileuse un peu ambrée, ayant une odeur très-prononcée de pomme de reinette et une saveur amère et caustique à la fois. La densité de cet éther est de 1,001 à + 20°5 ; il entre en ébullition à + 230° en s'altérant. Il est décomposé par les alcalis avec dégagement d'alcool. Le chlore l'attaque facilement avec dégagement d'acide chlorhydrique, mais, sous l'influence prolongée de cette action, l'éther adipique ne tarde pas à s'épaissir et à acquérir la consistance de la térébenthine.

SÉRIE CAPROÏQUE.

§ 1077. Cette série, dont le pivot est l'acide caproïque, se compose des trois groupes suivants :

Groupe amylique,
Groupe caproïque,
Groupe pimélique.

A ces groupes correspondent des homologues dans les séries supérieures et dans les séries inférieures à la série caproïque. Dans ces dernières, le groupe amylique a pour homologues les groupes méthylique (§ 318), éthylique (§ 738), tritylique (§ 1023) et tétrylique (§ 1047) ; le groupe caproïque a pour homologues les groupes formique (§ 126), acétique (§ 424), propionique (§ 899), butyrique (§ 1027) et valérique (§ 1056) ; le groupe pimélique a pour homologues les groupes oxalique (§ 137), succinique (§ 922), pyrotartrique (§ 1045[a]) et adipique (§ 1073).

I.

GROUPE AMYLIQUE.

§ 1078. Les composés amyliques sont homologues des combinaisons méthyliques, éthyliques, etc., et renferment le radical

[1] **Malaguti** (1846), *Ann. de Chim. et de Phys.*, XVI, 85.

amyle $C^{10}H^{11}$, remplaçant H dans les types généraux métal, oxyde, chlorure, etc.

Tableau des composés amyliques.

$(C^{10}H^{11} = Ay)$

Amylène. . . . . $C^{10}H^{10}$

Amyle. . . . . $C^{20}H^{22}$ $= Ay \brace Ay$

Hydrure d'amyle. . . . . $C^{10}H^{12}$ $= Ay \brace H$

Hydrate d'amyle. . . . . . $C^{10}H^{12}O^{2}$ $= AyO \brace HO$

Oxyde d'amyle. . . . . . . $C^{20}H^{22}O^{2}$ $= AyO \brace AyO$

Sulfhydrate d'amyle. . . . $C^{10}H^{12}S^{2}$ $= AyS \brace HS$

Sulfure d'amyle. . . . . . $C^{20}H^{22}S^{2}$ $= AyS \brace AyS$

Bisulfure d'amyle. . . . . $C^{20}H^{22}S^{4}$ $= AyS^{2} \brace AyS^{2}$

Acide amyl-sulfureux. . . $C^{10}H^{12}S^{2}O^{6}$ $= {AyO \brace HO} S^{2}O^{4},$

Acide amyl-sulfurique. . . $C^{10}H^{12}S^{2}O^{8}$ $= {AyO \brace HO} S^{2}O^{6},$

Chlorure d'amyle. . . . . . $C^{10}H^{11}Cl$ $= Ay \brace Cl$

Bromure d'amyle. . . . . . $C^{10}H^{11}Br$ $= Ay \brace Br$

Iodure d'amyle. . . . . . . $C^{10}H^{11}I$ $= Ay \brace I$

Azotures d'amyle ou amyl-ammoniaques. . . . . . .

$C^{10}H^{13}N$ $= N {Ay \atop H \atop H}$

$C^{20}H^{23}N$ $= N {Ay \atop Ay \atop H}$

$C^{30}H^{33}N$ $= N {Ay \atop Ay \atop Ay}$

Hydrate de tétramyl-ammo-
nium. . . . . $C^{10}H^{45}NO^2 = \left. \begin{array}{l} NAy^4O \\ HO \end{array} \right\}$

Nitrite d'amyle. . . . . . $C^{10}H^{11}NO^4 = \left. \begin{array}{l} Ay \\ NO^4 \end{array} \right\}$

Nitrate d'amyle. . . . . $C^{10}H^{11}NO^6 = \left. \begin{array}{l} AyO \\ NO^4.O \end{array} \right\}$

Borate d'amyle. . . . . . $C^{30}H^{33}BO^6 = \left. \begin{array}{l} AyO \\ AyO \\ AyO \end{array} \right\} BO^3$

Silicate d'amyle. . . . . $C^{40}H^{44}Si^4O^6 = \left. \begin{array}{l} 2\,AyO \\ 2\,AyO \end{array} \right\} 4\,SiO$

Acide amyl-phosphoreux. . $C^{10}H^{13}PO^6 \quad \left. \begin{array}{l} AyO \\ HO \\ HO \end{array} \right\} PO^3$

Phosphite d'amyle. . . . . $C^{20}H^{23}PO^6 = \left. \begin{array}{l} AyO \\ AyO \\ HO \end{array} \right\} PO^3.$

Les composés amyliques présentent avec les combinaisons caproïques (§ 1121) et valériques (§ 1056) des relations semblables
à celles que nous avons fait connaître plus haut (§ 318); comme
existant entre les composés méthyliques et les combinaisons acétiques
et formiques. En effet, sous l'influence des agents oxygénants, les
composés amyliques se transforment en acide valérique. Le caproate
de potasse se décompose par le courant galvanique en produisant
de l'amyle. Les alcalis hydratés transforment le cyanure d'amyle
(§ 205) en caproate et en ammoniaque.

AMYLÈNE.

Syn. : valérène, paramylène.

Composition : $C^{10}H^{10}$.

§ 1079. Cet hydrocarbure[1], homologue du gaz oléfiant, peut
s'obtenir par plusieurs procédés différents.

Le premier consiste à décomposer l'hydrate d'amyle par l'acide
sulfurique. On chauffe à 140° un mélange de volumes égaux d'huile

[1] BALARD (1844), *Ann. de Chim. et de Phys.*, [3] XII, 320. — FRANKLAND, *Ann. der
Chem. u. Pharm.*, LXXIV, 41.

de pommes de terre et d'acide sulfurique étendu de son volume d'eau; on lave le liquide distillé avec de la potasse caustique, et l'on distille de nouveau à une basse température. Parmi les produits qui composent alors le résidu, on trouve beaucoup d'huile de pommes de terre non décomposée, des hydrogènes bicarbonés bouillant jusqu'à 300°, et probablement de l'oxyde d'amyle.

On obtient également l'amylène en mélangeant à chaud une solution de chlorure de zinc et de l'huile de pommes de terre, et en soumettant le mélange à la distillation.

Un troisième procédé consiste à décomposer le chlorure d'amyle par de l'hydrate de potasse en fusion.

Enfin l'amylène se produit aussi, à l'état de mélange avec l'hydrure d'amyle, lorsqu'on expose l'iodure d'amyle, dans un tube scellé à la lampe, à l'action d'un amalgame de zinc.

L'amylène[1] est un liquide incolore, très-fluide, d'une odeur de choux pourris. Il bout à 39° (Balard; à 35°, Frankland); la densité de sa vapeur a été trouvée égale à 2,68 (Balard; à 2,386, Frankland). Il brûle avec une flamme blanche.

Sa vapeur est absorbée rapidement et d'une manière complète par l'acide sulfurique anhydre et par le perchlorure d'antimoine.

R. F. Marchand[2] a décrit sous le nom d'*éthérone* un produit très-volatil qui accompagne l'huile de vin pesante dans la distillation sèche des éthyl-sulfates, et qui paraît être aussi de l'amylène. Voici ce que ce chimiste en dit : Recueillie dans un récipient refroidi à — 10°, cette substance se présente sous la forme d'un liquide léger, aussi limpide que l'eau, et ayant une odeur semblable à celle des choux aigris. Elle bout à + 30° environ, s'enflamme aisément et brûle avec une flamme pâle. Dix livres d'éthyl-sulfate de chaux n'en ont pas donné assez pour qu'on pût établir sa composition d'une manière certaine.

Le *tétracarbure quadrihydrique* extrait par M. Couërbe de l'huile du gaz comprimé, provenant de la distillation sèche de la résine, est probablement aussi de l'amylène[3].

---

[1] Le nom d'*amylène* a été aussi donné par M. Cahours à un hydrocarbure $C^{20}H^{20}$ bouillant à 160°, qu'on obtient par la réaction de l'hydrate d'amyle et de l'acide sulfurique concentré.

[2] MARCHAND, *Journ. f. Prakt. Chem.* XV, 1.

[3] COUERBE, *Ann. de Chim. et de Phys.*, LXIX, 184.

Dérivés bromés de l'amylène.

§ 1080. Lorsqu'on fait agir le brome sur l'amylène, il se produit, suivant M. Cahours[1], les composés suivants :

$$\text{Bromure d'amylène.} \quad \ldots \quad C^{10}H^{10}, Br^2,$$
$$\text{Amylène bromé.} \quad \ldots \quad C^{10}H^9Br,$$
$$\text{Bromure d'amylène bromé.} \quad C^{10}H^9Br, Br^2,$$
$$\text{Amylène bibromé.} \quad \ldots \quad C^{10}H^8Br^2.$$

L'*amylène bromé* s'obtient par l'action d'une solution alcoolique de potasse sur le bromure d'amylène ; il constitue une huile pesante, très-mobile et très-volatile.

Lorsqu'on maintient un mélange de bromure d'amylène et d'une solution alcoolique d'ammoniaque, pendant plusieurs jours, à la température de 100°, dans un tube scellé à la lampe, on voit peu à peu se former un dépôt de bromhydrate d'ammoniaque. Si l'on ajoute de l'eau au produit de la réaction, il se précipite de l'amylène bromé ; la liqueur aqueuse, étant ensuite évaporée après avoir été saturée par l'acide chlorhydrique, donne un résidu qui ne cède à l'alcool concentré qu'une très-faible quantité d'une matière cristallisée ; celle-ci, humectée d'eau et traitée par l'hydrate de potasse, met en liberté une substance huileuse douée d'une odeur ammoniacale. Mais on n'obtient ce produit qu'en quantité excessivement faible.

L'amylène bromé n'agit pas sur une dissolution alcoolique d'ammoniaque, même après un contact de quinze jours à une température de 100 degrés.

AMYLE.

Composition : $C^{20}H^{22} = C^{10}H^{11}, C^{10}H^{11}$.

§ 1081. L'amyle[2] s'obtient par la décomposition de l'iodure d'amyle au moyen du zinc, sous une certaine pression. Il se produit aussi par l'électrolyse de l'acide caproïque.

Pour transformer l'iodure d'amyle, M. Frankland l'expose, dans un tube scellé à la lampe, à l'action d'un amalgame de zinc.

---

[1] CAHOURS, *Compt. rend. de l'Acad.*, XXXI, 294. *Ann. de Chim. et de Phys.*, [3] XXXVIII, 90.

[2] FRANKLAND (1850), *The Quarterly Journ. of the Chem. Society*, avril 1850, p. 32 ; traduction, *Ann. der. Chem. u. Pharm.*, LXXIV, 41. — BRAZIER et GOSSLETH, *Ann. der Chem. u. Pharm.*, LXXV, 249.

Cette opération exige l'emploi de tubes en verre fort, d'environ 20^{mm} de diamètre et 400^{mm} de longueur; on en ferme l'un des bouts, et l'on étire l'autre de manière à former une queue de 10^{mm} d'ouverture et de 90^{mm} de long. Chaque tube reçoit une couche de 45^{mm} d'amalgame de zinc pâteux, puis une couche de 60^{mm} de zinc granulé, destiné à se dissoudre dans l'amalgame, à mesure qu'il perd du zinc par la réaction. On verse sur le métal 20 à 30 grammes d'iodure d'amyle, et on étire le tube en une pointe fine que l'on ferme ensuite au chalumeau, après avoir fait préalablement bouillir le liquide pour expulser l'air. On plonge le tube, à une profondeur de 90^{mm}, dans un bain d'huile maintenu pendant quelques heures entre 160 et 180°. Après le refroidissement, on coupe suffisamment le bout étiré pour pouvoir introduire dans le tube 1 à 2 grammes de potassium; après l'avoir scellé de nouveau, on l'expose à la même température pendant une heure. On laisse entièrement refroidir, on coupe la partie supérieure du tube, et, au moyen d'un bouchon, on adapte à l'ouverture un tube recourbé. Celui-ci se rend dans un récipient refroidi au moyen d'un mélange de neige et d'acide sulfurique étendu. On plonge ensuite le tube, où s'est fait la décomposition, dans un bain-marie dont la température ne dépasse pas 80°. Il passe alors environ le tiers du contenu liquide; on change de récipient, et l'on fait passer le reste en chauffant avec précaution, au moyen d'une lampe à alcool. L'amyle est contenu dans les dernières portions, et distille à 155°. Les parties les plus volatiles, passées en premier lieu, contiennent de l'hydrure d'amyle et de l'amylène.

MM. Brazier et Gossleth obtiennent l'amyle en décomposant par la pile, dans l'appareil de Kolbe (§ 322) une solution concentrée le caproate de potasse; six éléments de Bunsen zinc-charbon opèrent aisément cette décomposition. Le liquide se trouble bientôt, et des gouttes huileuses viennent se rendre à la surface. On enlève l'huile avec une pipette, et on la distille avec une solution alcoolique de potasse; on lave à l'eau le produit distillé pour en séparer l'alcool, on le sèche et on le rectifie. La potasse retient du caproate (?).

L'amyle est un liquide incolore, transparent, d'une légère odeur éthérée et d'une saveur mordicante. Sa densité à 11° est de 0,7704. Exposé à un froid de — 30°, il s'épaissit, mais sans se concréter.

Il bout à 155° sous la pression de 728^{mm}. La densité de sa vapeur a été trouvée égale à 4,8989.

On ne peut pas l'enflammer à la température ordinaire; mais, si on le chauffe et qu'on mette le feu à sa vapeur, elle brûle avec une flamme blanche et fuligineuse.

Il est insoluble dans l'eau, mais soluble en toutes proportions dans l'alcool et l'éther.

L'acide sulfurique fumant ne l'attaque pas. L'acide nitrique fumant ne l'oxyde que lentement à l'ébullition; il en est de même d'un mélange d'acide sulfurique et d'acide nitrique; pendant cette oxydation, la liqueur acquiert l'odeur de l'acide valérianique.

HYDRURE D'AMYLE.

Composition : $C^{10}H^{12} = C^{10}H^{11}$, H.

§ 1082. L'hydrure d'amyle [1] se produit par la réaction de l'iodure d'amyle et du zinc, en présence de l'eau :

$$2\,C^{10}H^{12}I + 2\,Zn^2 + 2\,HO = 2\,C^{10}H^{12} + 2\,(ZnI, ZnO).$$

Iod. d'amyle.   Hyd. d'amyle.   Sous-iod. de zinc.

On l'obtient aussi, en même temps que l'amylène, comme produit de décomposition de l'amyle, dans l'action du zinc sur l'iodure d'amyle sec :

$$C^{20}H^{22} = C^{10}H^{12} + C^{10}H^{10}.$$

Amyle.   Hyd. d'amyle.   Amylène.

Pour préparer l'hydrure d'amyle, on expose un mélange de volumes égaux d'iodure d'amyle et d'eau à l'action du zinc, à une température d'environ 142°, dans un tube scellé à la lampe; le zinc n'a pas besoin d'être amalgamé, et la réaction se fait promptement. On laisse refroidir, on adapte un récipient à la pointe coupée du tube, et l'on distille au bain-marie à 60°. On abandonne le produit pendant 24 heures sur de la potasse solide, et on le rectifie au bain-marie à 35°.

L'hydrure d'amyle est aussi contenu dans le liquide le plus volatil et recueilli à 80°, provenant de la décomposition de l'iodure d'amyle sec par l'amalgame de zinc. Il est mêlé d'amylène. Pour en effectuer la séparation on refroidit le mélange à — 10°, et l'on y introduit une solution saturée d'acide sulfurique anhydre dans de l'acide de Nordhausen, on abandonne pendant quelques heures, on agite le mélange de temps à autre, et on distille

---

[1] FRANKLAND (1850) *Ann. der Chem. u. Pharm.*, LXXIV, 47.

au bain-marie à une douce chaleur. Au moyen de quelques fragments de potasse, on débarrasse le produit distillé d'un léger mélange d'acide sulfureux.

L'hydrure d'amyle est un liquide incolore et transparent, fort mobile, d'une odeur agréable analogue à celle du chloroforme. Sa densité est de 0,6385 à 14°, 2 ; c'est donc le plus léger des liquides connus. Il est encore liquide à — 24°, et bout à + 30° C. La densité de sa vapeur est égale à 2,4998.

Il est insoluble dans l'eau, soluble en toutes proportions dans l'alcool et l'éther.

Sa vapeur est très-inflammable et brûle avec une flamme blanche et lumineuse, sans fumée.

Il n'est pas attaqué par un contact prolongé avec l'acide sulfurique fumant. Les agents oxydants les plus énergiques l'attaquent à peine.

M. Frankland pense que l'hydrure d'amyle constitue en partie *l'eupione*, obtenue par M. Reichenbach[1] dans la distillation du goudron de bois.

Le même chimiste présume que l'hydrure d'amyle existe dans les portions les plus volatiles du goudron de houille, et qu'on pourrait, par quelque modification simple dans la préparation du gaz de l'éclairage, se procurer à bon compte et en grande quantité cette substance qui serait précieuse par son pouvoir éclairant.

Dérivés métalliques de l'hydrure d'amyle. Amylures.

§ 1083. L'*amylure de zinc*[2], ou zinc-amyle, $C^{10}H^{11}Zn$, s'obtient lorsqu'on fait réagir le zinc sur l'iodure d'amyle à la température de 180°. C'est un liquide incolore qui fume au contact de l'air, mais sans s'enflammer. L'eau le transforme en oxyde de zinc et en hydrure d'amyle.

HYDRATE D'AMYLE.

Syn. : huile de pommes de terre, alcool amylique.

Composition : $C^{10}H^{12}O^2 = C^{10}H^{11}O, HO$.

§ 1084. Ce corps[3], déjà connu de Schèele, se rencontre dans les eaux-de-vie communes fabriquées avec les pommes de terre, l'orge, le seigle, la mélasse de betteraves, le marc de raisins ; c'est en

[1] REICHENBACH, *Ann. der Chem. u. Pharm.*, VIII, 217.

[2] FRANKLAND, (1850), *Ann. der Chem. u. Pharm.*, LXXXV, 360.

[3] PELLETAN, *Ann. de Chim. et de Phys.*, XXX, 221. — DUMAS, *ibid.*, LVI, 314. — CAHOURS, *ibid.*, LXX, 81 ; LXXV, 193. — DUMAS et STAS, *ibid.*, LXXIII, 128. — BALARD, *ibid.*, [3] XII, 294.

grande partie à l'hydrate d'amyle que ces eaux-de-vie doivent leur mauvais goût et leur odeur désagréable. L'hydrate d'amyle qu'elles contiennent paraît être le résultat d'une fermentation particulière du sucre (voy. § 984). M. Dumas en a établi la composition; M. Cahours et M. Balard ont fait connaître les points les plus importants de son histoire chimique.

On extrait l'hydrate d'amyle en soumettant à la distillation l'eau-de-vie de pommes de terre ou de marc de raisins, et en recueillant à part les dernières portions dès qu'elles passent laiteuses. Le produit brut renferme beaucoup d'eau et d'alcool ordinaire; après l'avoir agité avec de l'eau, on décante l'huile surnageante, on la dessèche à l'aide du chlorure de calcium, et on la rectifie de nouveau; le produit est pur quand son point d'ébullition se maintient à 132° d'une manière constante.

L'hydrate d'amyle est une huile incolore, très-fluide, volatile, douée d'une odeur forte et d'une saveur âcre et brûlante. Respiré à l'état de vapeur, il occasionne un serrement de poitrine et provoque fortement la toux. Il ne s'enflamme que difficilement; il faut pour cela qu'il ait été échauffé, et alors il brûle avec une flamme d'un bleu très-pur. Sa densité est de 0,8184 à 15°. Il bout à 132° (Cahours); la densité de sa vapeur a été trouvée égale à 3,147 (Dumas). Il tache le papier d'une manière fugitive. Il est peu soluble dans l'eau; l'alcool, l'éther et les huiles essentielles le dissolvent en toutes proportions. Refroidi à — 20°, il se prend en lames cristallines.

Dirigé en vapeur à travers un tube chauffé au rouge, il donne des hydrocarbures gazeux, parmi lesquels on remarque le tritylène (§ 1024).

Conservé dans des flacons mal bouchés, il se convertit en partie en acide valérianique; cette transformation est très-rapide sous l'influence du noir de platine.

L'acide sulfurique concentré se mélange aisément avec l'hydrate d'amyle, en se colorant en rouge; si l'on y ajoute de l'eau, la dissolution retient de l'acide amyl-sulfurique. Lorsqu'on chauffe un mélange d'acide sulfurique concentré et d'hydrate d'amyle, il se dégage de l'acide sulfureux, en même temps qu'il passe une huile contenant de l'oxyde d'amyle, de l'amylène et d'autres hydrocarbures multiples (voy. § 1085); le résidu est noir et poisseux.

L'acide phosphorique anhydre, en agissant sur l'hydrate d'amyle, donne de l'amylène et des hydrocarbures multiples.

L'acide chlorhydrique concentré dissout l'hydrate d'amyle et le transforme en chlorure d'amyle. L'acide nitrique, suivant sa concentration et la température du mélange, produit du nitrite d'amyle, du nitrate d'amyle, de l'acide valérique, du valérate d'amyle, de l'hydrure de valéryle. Les acides oxalique, tartrique et citrique donnent de l'acide amyl-oxalique, amyl-tartrique ou amyl-citrique. Lorsqu'on distille l'hydrate d'amyle avec de l'acide oxalique, on obtient de l'oxalate d'amyle. Un mélange d'acide sulfurique, d'hydrate d'amyle et d'un acétate, donne de l'acétate d'amyle à la distillation.

L'hydrate de potasse se dissout en grande quantité dans l'hydrate d'amyle.

Chauffé avec de la chaux potassée à 220°, l'hydrate d'amyle se convertit en valérate avec dégagement de gaz hydrogène :

$$C^{10}H^{12}O^2 + KO, HO = C^{10}H^9KO^4 + 2\,H^2.$$

Hydr. d'amyle.   Valérate de potas.

Le chlore attaque vivement l'hydrate d'amyle en produisant un liquide plus pesant que l'eau (*chloramilal*) $C^{10}H^8Cl^2O^2$ (?), qui paraît être à l'hydrate d'amyle ce que le chloral est à l'alcool.

Le protochlorure de phosphore s'échauffe vivement avec l'hydrate d'amyle, en produisant du phosphite d'amyle, du chlorure d'amyle et de l'acide chlorhydrique :

$$3\,C^{10}H^{12}O^2 + PCl^3 = C^{20}H^{23}PO^6 + C^{10}H^{11}Cl + 2\,HCl.$$

Hydr. d'amyle.   Phosph. d'amyle. Chlor. d'amyle.

Le perchlorure de phosphore donne du chlorure d'amyle, de l'oxychlorure de phosphore et de l'acide chlorhydrique :

$$C^{10}H^{12}O^2 + PCl^5 = C^{10}H^{11}Cl + PO^2Cl^3 + HCl.$$

Hydr. d'amyle.   Chlor. d'amyle.

Le bichlorure d'étain se combine avec l'hydrate d'amyle, en produisant des cristaux qui se décomposent rapidement à l'air humide.

En distillant l'hydrate d'amyle avec du phosphore et du brome ou de l'iode, on obtient du bromure ou de l'iodure d'amyle.

A froid, l'hydrate d'amyle ne se dissout pas dans une solution de chlorure de zinc, même concentrée ; mais, si l'on chauffe ces deux corps, le mélange a lieu, et le liquide homogène qui en résulte commence à distiller à la température d'environ 130°. Si l'on redistille le produit obtenu, son ébullition, qui commence à se manifester à 60°, continue sans interruption, la température s'élevant graduellement jusque vers 300°. Si l'on fractionne les produits, on obtient, comme produit le plus volatil, de l'amylène

$C^{10}H^{10}$; vers 160°, on obtient un autre liquide $C^{20}H^{20}$, polymère de ce dernier, et possédant une odeur légèrement camphrée, semblable à celle de l'essence de térébenthine altérée ; ce dernier liquide a été aussi obtenu par M. Cahours au moyen de l'acide phosphorique anhydre et de l'hydrate d'amyle. Enfin, entre 240 et 280°, on obtient un troisième hydrogène carboné, doué d'une odeur aromatique très-agréable, et dont la molécule se représente par $C^{40}H^{40}$.

La distillation de l'hydrate d'amyle avec le fluorure de bore et le fluorure de silicium donne les mêmes hydrocarbures.

L'*amylate de potasse*, ou oxyde d'amyle et de potassium, $C^{10}H^{11}KO^2$, se produit par l'action du potassium sur l'hydrate d'amyle.

OXYDE D'AMYLE.

Syn. : éther amylique, éther hydramylique.

Composition : $C^{20}H^{22}O^2 = C^{10}H^{11}O, C^{10}H^{11}O$.

§ 1085. D'après M. Gaultier de Claubry, on obtient l'oxyde d'amyle[1], entre autres produits, par l'action de l'acide sulfurique sur l'huile de pommes de terre. C'est un liquide incolore, insipide, bouillant à 170°, et d'une odeur suave ; il se dissout dans l'acide sulfurique en le colorant en beau rouge.

Lorsque, suivant M. Rieckher, on mélange l'hydrate d'amyle avec de l'acide sulfurique, il se sépare immédiatement en petite quantité une huile qu'on enlève; si l'on chauffe ensuite un peu au-dessus de 100°, il se développe du gaz sulfureux, et l'on finit par avoir un résidu entièrement noir. Le produit distillé, ayant été agité avec du bichromate de potasse qui enlève l'acide sulfureux, et desséché sur du chlorure de calcium, présente une composition correspondant à un mélange d'hydrate d'amyle et d'oxyde d'amyle. On traite ce mélange par l'acide sulfurique concentré pour dissoudre l'hydrate d'amyle; par ce traitement, une autre partie se rend à la surface du mélange à l'état insoluble. On enlève cette partie insoluble, on précipite par l'eau la portion dissoute dans l'acide sulfurique, on la débarrasse de l'acide par des lavages, et on la fait sécher. Le produit est alors soumis à une distillation frac-

---

[1] BALARD, *Ann. de Chim. et de Phys.*, [3] XII, 302. — WILLIAMSON, *Compt. rend. des trav. de Chimie*, 1850, p. 356 ; et *Ann. der Chem. u. Pharm.* LXXVII, 41; LXXXI, 82. — MALAGUTI, *Ann. de Chim. et de Phys.*, [3] XXVII, 417. — GAULTIER DE CLAUBRY, *Compt. rend. de l'Acad.*, XV, 171. — RIECKHER, *Ann. der Chem. u. Pharm.*, LXIV, 336. — KEKULÉ, *ibid.*, LXXV, 280.

tionnée, et l'on recueille à part la portion passant entre 175 et 183°.

Suivant M. Williamson, le point d'ébullition de l'oxyde d'amyle est à 176°.

L'oxyde d'amyle paraît aussi se trouver dans les huiles hydrocarburées qui passent à la distillation sèche des amyl-sulfates.

Suivant M. Balard, on obtiendrait également l'oxyde d'amyle en soumettant le chlorure d'amyle à l'action d'une solution alcoolique de potasse dans un tube scellé à la lampe, à la température de 100°. Il se produit ainsi du chlorure de potassium, et une huile d'une odeur suave, bouillant à 111 ou 112°. L'analyse de cette huile n'a pas été faite. Suivant M. Williamson, au lieu d'être l'oxyde d'amyle, elle pourrait bien être l'oxyde d'éthyle et d'amyle, qui bout à la température indiquée.

Les expériences de M. Malaguti relatives à l'action du chlore sur le produit de M. Balard semblent confirmer l'opinion de M. Williamson. M. Malaguti trouve, en effet, que le chlore, sous l'influence de la lumière et de la chaleur, donne un produit complexe, qui, mis en contact avec l'eau, forme d'abord beaucoup d'acide trichloracétique ; puis, avec de la potasse alcoolique, du sesquichlorure de carbone et un mélange salin composé de valérate de potasse, de trichlorovalérate de potasse et de quadrichlorovalérate de potasse.

§ 1086. *Oxyde d'amyle et de méthyle*[1], amylate de méthyle ou méthylate d'amyle, $C^{12}H^{14}O^2 = C^{10}H^{11}O, C^2H^3O$. — Huile bouillant à 92°; densité de vapeur égale à 3,75 — 3,73.

Oxyde d'amyle et d'éthyle[2], amylate d'éthyle ou éthylate d'amyle, $C^{14}H^{16}O^2 = C^{10}H^{11}O, C^4H^5O$. — Cet éther s'obtient très-aisément par la réaction de l'amylate de potasse et de l'iodure d'éthyle, ou de l'éthylate de potasse et de l'iodure d'amyle. C'est une huile bouillant à 112°. La densité de sa vapeur a été trouvée égale à 4,042.

SULFURES D'AMYLE.

§ 1087. Les sulfures amyliques sont :

Acide amyl-sulfhydrique. . $C^{10}H^{12}S^2 = \left\{ \begin{array}{l} C^{10}H^{11}.S \\ HS \end{array} \right.$

Sulfure d'amyle. . . . . . $C^{20}H^{22}S^2 = \left\{ \begin{array}{l} C^{10}H^{11}.S \\ C^{10}H^{11}.S \end{array} \right.$

[1] WILLIAMSON (1851), *Ann. der Chem. u. Pharm.*, LXXXI, 79.
[2] WILLIAMSON (1851), *loc. cit.*

$$\text{Bisulfure d'amyle.} \quad \ldots \ldots \quad C^{20}H^{22}S^4 = \left.\begin{array}{c} C^{10}H^{11}.S^2 \\ C^{10}H^{11}.S^2 \end{array}\right\}.$$

§ 1088. Acide amyl-sulfhydrique[1], sulfhydrate d'amyle ou mercaptan amylique, $C^{10}H^{12}S^2$. — Ce composé se produit par la réaction des amyl-sulfates et des sulfhydrates alcalins.

Il se forme aussi par la réaction du chlorure d'amyle et des mêmes sulfhydrates.

On le prépare, suivant M. Krutzsch, en mélangeant l'huile de pommes de terre avec de l'acide sulfurique, saturant la liqueur acide par du carbonate de potasse, séparant à l'aide du filtre l'a-myl-sulfate de potasse resté en dissolution, et ajoutant à ce sel une lessive de potasse. Ce mélange est ensuite placé dans uue cornue, saturé exactement par le gaz hydrogène sulfuré et soumis à la distillation dans un bain de chlorure de calcium.

M. Balard obtient le sulfhydrate d'amyle en faisant réagir à chaud sur du chlorure d'amyle, dans un vase clos, uue solution alcoolique de potasse saturée d'hydrogène sulfuré. Quand l'action est terminée, on étend d'eau la liqueur, et le sulfhydrate d'a-myle vient alors surnager.

L'acide amyl-sulfhydrique est une huile incolore, très-réfrin-gente, d'une densité de 0,835 à 21°, d'une odeur d'oignon très-pé-nétrante et fort désagréable. Il bout à 117° (Krutzsch; à 125°, Ba-lard); la densité de sa vapeur a été trouvée égale à 3,631 (Krutzsch; à 3,83, Balard).

Il se décompose spontanément par une longue exposition à l'air; il paraît alors se produire du sulfure d'amyle.

La potasse bouillante ne le décompose pas.

Au contact des oxydes d'argent et de mercure, le sulfhydrate d'amyle s'échauffe vivement en donnant des composés analogues aux éthyl-sulfures métalliques (mercaptides).

Bouilli avec de l'acide nitrique, le sufhydrate d'amyle dégage des vapeurs nitreuses et se convertit en acide amyl-sulfureux.

$$C^{10}H^{12}S^2 + O^6 = C^{10}H^{12}S^2O^6.$$

Sulfh. d'amyle.   Ac. amyl-sulfur.

§ 1089. Les *amyl-sulfures métalliques* sont en général peu so-lubles ou insolubles dans l'alcool et dans l'eau, mais solubles dans l'éther, d'où l'on peut les extraire par évaporation.

Le *sel de plomb* s'obtient sous la forme d'un coagulum jaune,

<hr>

[1] Krutzsch (1843), *Journ. f. Prakt. Chem.*, XXXI, 1. — Balard, *Ann. de Chim. et de Phys.*, [3] XII, 305.

semblable à la térébenthine, lorsqu'on agite le sulfhydrate d'amyle avec une solution d'acétate de plomb. Il se produit plus difficilement avec l'oxyde de plomb et le sulfhydrate d'amyle.

Le *sel de cuivre* s'obtient sous la forme d'une matière gluante et verdâtre avec une solution de sulfate de cuivre et le sulfhydrate d'amyle; on ne l'obtient pas avec l'oxyde de cuivre.

Le *sel de mercure* se produit avec dégagement de beaucoup de chaleur par le contact de l'oxyde de mercure et du sulfhydrate d'amyle. C'est une matière fibreuse, diaphane, qui est un peu soluble dans l'alcool et dans l'éther bouillants, et s'y dépose en écailles cristallines; elle fond un peu au-dessus de $100°$ en une huile transparente. La potasse bouillante ne la décompose pas.

§ 1090. SULFURE D'AMYLE[1], ou éther amyl-sulfhydrique, $C^{20}H^{22}S^2$. — C'est un produit de la réaction du chlorure d'amyle et du monosulfure de potassium.

A froid une solution alcoolique de chlorure d'amyle n'éprouve aucune action sensible de la part d'une solution alcoolique de monosulfure de potassium; mais si l'on place le mélange sous l'influence d'une certaine pression, dans un vase clos, la réaction s'accomplit. On isole le sulfure d'amyle en ajoutant de l'eau au produit.

Il se présente sous la forme d'une huile, douée à un haut degré de l'odeur et de l'arrière-goût de l'oignon. Il bout à $216°$; la densité de sa vapeur a été trouvée égale à 6,3.

§ 1091. BISULFURE D'AMYLE[2], $C^{20}H^{22}S^4$. — Il se produit par la réaction des amyl-sulfates et du bisulfure de potassium. Lorsqu'on distille environ volumes égaux d'amyl-sulfate de potasse cristallisé et de bisulfure de potassium très-concentré, il passe de l'eau et une huile jaunâtre. On distille celle-ci une ou deux fois sur du chlorure de calcium fondu; elle commence à bouillir vers $210°$, en ne donnant d'abord presque que du sulfure d'amyle; le produit qui bout entre 240 et $260°$ est le bisulfure d'amyle. Il est bon d'opérer dans une cornue d'une capacité trois ou quatre fois aussi grande que le volume du mélange d'amyl-sulfate et de bisulfure, car la distillation donne lieu à un boursouflement considérable.

Le bisulfure d'amyle est un liquide d'une belle couleur ambrée, d'une odeur alliacée très-vive et très-pénétrante. Sa densité est de 0,918 à $18°$. Il bout entre 240 et $260°$, et brûle avec une flamme blanche, très-éclairante.

[1] BALARD (1844), *Ann. de Chim. et de Phys.*, [3] XII, 303.
[2] O. HENRY fils (1848), *Ann. de Chim. et de Phys.*, [3] XXV, 247.

Une solution aqueuse de potasse n'y agit presque pas. L'ammoniaque y est également sans action.

L'acide chlorhydrique et l'eau régale n'y agissent pas non plus. L'acide sulfurique le colore légèrement à froid; à chaud, la liqueur brunit, et il se dégage de l'acide sulfureux.

Bouilli avec de l'acide nitrique étendu du tiers de son poids d'eau, il dégage des vapeurs rutilantes et se convertit en acide amyl-sulfureux.

ACIDE AMYL-SULFUREUX.

Syn.: acide sulfo-sulfamylique, amyl-dithionique ou hyposulfamylique.

Composition : $C^{10}H^{12}S^2O^6 = C^{10}H^{11}O, HO, S^2O^4$.

§ 1092. Ce corps[1] se produit par l'action de l'acide nitrique sur le sulfhydrate, le bisulfure et le sulfocyanure d'amyle.

Lorsqu'on chauffe doucement le sulfhydrate d'amyle avec de l'acide nitrique de 1,25, le liquide rougit et l'action devient bientôt fort violente. Il ne faut donc ajouter le sulfhydrate d'amyle que par petites portions. Quand la réaction est terminée, on a dans la cornue deux couches : l'une, supérieure et huileuse, ne présente pas de composition constante; l'autre, inférieure et aqueuse, est un mélange d'acide nitrique et d'acide amyl-sulfureux. Il ne se forme que fort peu d'acide sulfurique. On évapore le mélange acide au bain-marie, jusqu'à disparition de toute odeur nitreuse; il reste alors un sirop épais et incolore d'acide amyl-sulfureux impur.

Ce produit peut s'employer à la préparation de la plupart des sels métalliques, attendu que par la dissolution dans l'alcool bouillant, où ils cristallisent, ces sels laissent à l'état insoluble les sulfates dont ils seraient mélangés.

On peut l'obtenir entièrement pur par la décomposition de l'amyl-sulfite de plomb à l'aide de l'hydrogène sulfuré. Il se présente, après l'évaporation, à l'état sirupeux. Sa saveur est très-acide; son odeur est particulière. Il attire l'humidité de l'air et ne paraît pas s'obtenir cristallisé.

§ 1093. Les *sels d'ammoniaque, de potasse et de chaux* de l'acide amyl-sulfureux s'obtiennent en feuillets incolores, solubles dans l'eau et l'alcool.

[1] Gerathewohl (1845), *Journ. f. prakt. Chem.*, XXXIV, 447. — O. Henry fils, *Ann. de Chim. et de Phys.*, [3] XXV, 246. — Medlock, *Ann. der Chem. u. Pharm.*, LXIX, 225.

Le *sel de baryte*, $C^{10}H^{11}BaS^2O^6$, cristallise en paillettes transparentes, grasses au toucher. 10 p. d'eau dissolvent 1 p. de ce sel à 19°. Jeté sur l'eau, il y produit les mêmes mouvements giratoires que l'amyl-sulfate ou le butyrate de baryte. Il supporte une température assez élevée, sans se décomposer.

Le *sel de cuivre* cristallise en tables vert bleuâtre qui deviennent opaques et perdent de l'eau en séjournant sur l'acide sulfurique.

Le *sel de plomb*, $C^{10}H^{11}PbS^2O^6$, cristallise en feuillets incolores, groupés en rayons; il perd toute l'eau de cristallisation à 120°. A une température plus élevée, il brunit en répandant des vapeurs fétides.

Le *sel d'argent*, $C^{10}H^{11}AgS^2O^6$, s'obtient en tables rhombes, incolores et très-belles, si la solution est convenablement concentrée. Si cette solution l'est trop, le sel se prend en une gelée semblable à l'albumine coagulée, et qui, examinée au microscope, ressemble à une matière feutrée qui serait composée de poils extrêmement fins et enchevêtrés.

ACIDE AMYL-SULFURIQUE.

Syn. : acide sulfamilique.

Composition : $C^{10}H^{12}S^2O^8 = C^{10}H^{11}O, HO, S^2O^6$.

§ 1094. Lorsqu'on met en contact parties égales en poids d'huile de pommes de terre et d'acide sulfurique à 66°, le mélange se colore fortement en rouge et s'échauffe sans qu'il se dégage de gaz sulfureux; la réaction s'accomplit sans qu'on ait besoin de chauffer, si l'on abandonne assez longtemps le mélange à lui-même; il ne se trouble alors plus par l'addition de l'eau. En saturant par du carbonate de baryte le mélange étendu d'eau, on obtient du sulfate de baryte insoluble et de l'amyl-sulfate soluble qu'on peut faire cristalliser[1]. Lorsqu'on verse peu à peu de l'acide sulfurique dans la dissolution de ce dernier sel, il se forme un précipité de sulfate, et l'on obtient un liquide que l'on concentre.

L'acide amyl-sulfurique se présente sous la forme d'un sirop incolore, très-soluble dans l'eau et dans l'alcool; sa saveur est à la fois acide et amère; il rougit fortement le tournesol. Très-concentré, il se décompose par l'ébullition, en régénérant de l'hydrate d'amyle et de l'acide sulfurique; la même décomposition s'opère

---

[1] CAHOURS (1839), *Ann. de Chim. et de Phys.*, LXX, 81. — KEKULÉ, *Ann. der Chem. u. Pharm.*, LXXV, 275.

dans le vide en très-peu de temps. Il ne produit de précipité dans aucune dissolution saline.

Une seule fois M. Cahours est parvenu à obtenir l'acide amyl-sulfurique, par l'évaporation spontanée, en petites aiguilles très-fines. M. Kekulé n'a pas pu l'obtenir sous forme cristallisée ; les quelques aiguilles que ce chimiste a remarquées n'étaient que du sulfate de chaux.

Il dissout le fer et le zinc avec dégagement d'hydrogène, et décompose les carbonates avec effervescence.

Le chlore le décompose déjà à la température ordinaire. L'acide nitrique y agit à chaud.

§ 1095. Les *amyl-sulfates métalliques*, ou sulfamylates, sont des sels en général cristallisables ; ils sont tous solubles dans l'eau, la plupart le sont aussi dans l'alcool, et quelques-uns dans l'éther. Ils ont tous une saveur plus ou moins amère, et sont gras et savonneux au toucher. On les obtient, soit en saturant l'acide amyl-sulfurique par les oxydes ou les carbonates métalliques, soit en décomposant l'amyl-sulfate de chaux par un carbonate ou l'amyl-sulfate de baryte par un sulfate métallique.

La plupart des amyl-sulfates renferment de l'eau de cristallisation qu'ils perdent en partie déjà à l'air, et mieux dans le vide ; ils se déshydratent aussi dans l'air chaud, mais non sans s'altérer quelquefois en partie.

La plupart des amyl-sulfates cristallisés ou en solution aqueuse se décomposent par un séjour prolongé à l'air, en dégageant de l'hydrate d'amyle et en laissant du sulfate métallique ; la chaleur favorise cette métamorphose. A la distillation sèche, ils fournissent un gaz combustible, et laissent du sulfate métallique, mêlé de charbon ; en même temps, il passe du gaz carbonique, du gaz sulfureux, et une huile contenant de l'amylène, d'autres hydrocarbures polymères et probablement aussi du sulfate d'amyle (éther amyl-sulfurique) ; du moins on trouve du soufre dans les produits distillés.

Le *sel d'ammoniaque*, $C^{10}H^{11}(NH^4)S^2O^8$, s'obtient en précipitant le sel de chaux par le carbonate d'ammoniaque et en évaporant le liquide filtré au bain-marie. Il forme des mamelons blancs ou, par l'évaporation spontanée, des paillettes un peu déliquescentes et d'une amertume désagréable. Il est très-soluble dans l'eau, moins soluble dans l'alcool, insoluble dans l'éther. Projeté sur l'eau en poudre bien divisée, il présente des mouvements giratoires.

Le *sel de potasse*, $C^{10}H^{11}KS^2O^8 +$ aq., s'obtient en traitant le sel de chaux par le carbonate de potasse ; il est solide, incolore, très-amer, très-soluble dans l'eau à chaud et à froid, soluble dans l'alcool ; sa dissolution aqueuse, saturée à la température ordinaire, le laisse déposer par l'évaporation spontanée sous forme d'aiguilles fines groupées autour d'un centre commun ; quelquefois il affecte des formes moins nettes, et se présente sous forme d'écailles. Il est gras au toucher, très-soluble dans l'eau et l'alcool aqueux ; l'alcool absolu le dissout plus difficilement ; l'éther ne le dissout pas. L'ammoniaque le dissout également et l'abandonne sans altération en s'évaporant. Les cristaux perdent, dans le vide ou à 100°, 4 p. c. $=$ 1 at. d'eau ; à 170°, ils se boursouflent considérablement et se décomposent.

Le *sel de soude*, $C^{10}H^{11}NaS^2O^8 + 3$ aq., forme des mamelons très-solubles dans l'eau. Sa solution dans l'alcool bouillant donne des paillettes brillantes qui se convertissent peu à peu en aiguilles aplaties, groupées en rayons, insolubles dans l'éther. Il se ramollit à 35°, et se boursoufle en perdant de l'eau. Il commence à se décomposer à 145°.

Le *sel de baryte*, $C^{10}H^{11}BaS^2O^8 + 2$ aq., s'obtient directement en saturant par le carbonate de baryte le mélange d'acide sulfurique et d'huile de pommes de terre.

Il se présente à l'état de tables rhomboïdales ou de feuillets nacrés très-brillants, amers, solubles dans l'eau et l'alcool, à peine solubles dans l'éther. Leur dissolution se décompose par une ébullition prolongée en hydrate d'amyle et en sulfate de baryte. Les cristaux s'effleurissent promptement dans l'air chaud. Ils commencent à se décomposer à 95°, en noircissant. Le sel qu'on obtient en saturant le mélange d'acide sulfurique et l'huile de pommes de terre par du carbonate de baryte, est souillé d'une matière brune dont on peut facilement le débarrasser en concentrant la dissolution à une douce chaleur jusqu'à ce qu'elle soit susceptible de cristalliser par le refroidissement. Les cristaux desséchés sur du papier joseph sont redissous dans l'eau et traités par du charbon animal.

Le *sel de strontiane*, $C^{10}H^{11}SrS^2O^8 + 2$ aq., s'obtient en dissolvant le carbonate de strontiane dans l'acide amyl-sulfurique et en évaporant la solution ; il se présente sous la forme de mamelons blancs, qui se décomposent à l'air en brunissant; ces cristaux sont très-solubles dans l'eau et l'alcool aqueux, peu solubles dans l'alcool absolu, insolubles dans l'éther.

Le *sel de chaux*, $C^{10}H^{11}CaS^2O^8 + 2$ aq., s'obtient avec l'acide amyl-sulfurique et la craie; il forme des cristaux mamelonnés, gras au toucher, très-solubles dans l'eau, surtout à chaud, solubles dans l'alcool, insolubles dans l'éther. Il a une saveur amère et piquante. Une dissolution aqueuse de ce sel, bien limpide et saturée à la température ordinaire, se trouble dès qu'on la porte à l'ébullition. Les cristaux s'effleurissent dans l'air sec. Ils se décomposent peu à peu par le séjour à l'air.

Lorsqu'on les chauffe à 250°, en vase clos, avec une solution alcoolique d'ammoniaque, on obtient du sulfate de chaux et du sulfate d'amylamine (Berthelot).

Le *sel de magnésie*, $C^{10}H^{11}MgS^2O^8 + 4$ aq., se produit avec l'acide amyl-sulfurique et le carbonate de magnésie. Il forme des lames rhomboïdales et allongées, d'un bel éclat nacré. Il ne perd que difficilement son eau de cristallisation.

Le *sel d'alumine* forme une matière gélatineuse, soluble dans l'eau, l'alcool, et l'éther, très-déliquescente et très-altérable.

Le *sel de manganèse*, $C^{10}H^{11}MnS^2O^8 + 4$ aq., forme des cristaux presque incolores, solubles dans l'eau et l'alcool, insolubles dans l'éther. Le sel cristallisé se conserve à l'air, mais en dissolution il s'altère peu à peu.

Le *sel de zinc*, $C^{10}H^{11}ZnS^2O^8 + 2$ aq., forme des paillettes réunies quelquefois en mamelons, d'un éclat nacré, solubles dans l'eau et l'alcool, et se décomposant à 110°.

Le *sel de plomb*, $C^{10}H^{11}PbS^2O^8 +$ aq., s'obtient en saturant l'acide amyl-sulfurique par du carbonate de plomb, et forme de petites lamelles, réunies en mamelons, d'un beau blanc, très-solubles dans l'eau, acides au papier de tournesol, solubles dans l'alcool, insolubles dans l'éther, d'une saveur à la fois sucrée et amère. La solution de ce sel se décompose lentement par le repos à l'air, et rapidement par l'ébullition.

Un *sous-sel de plomb*, $C^{10}H^{11}PbS^2O^8, PbO, HO(?)$, s'obtient en mettant le sel précédent en digestion avec de la litharge; la solution devient neutre, et donne, par l'évaporation, une matière incolore et visqueuse. L'acide carbonique de l'air la décompose, et la convertit de nouveau en sel neutre.

Le *sel de fer* (sel ferreux) s'obtient en dissolvant le fer métallique dans l'acide amyl-sulfurique. La solution est d'un vert pâle et
réagit acide; elle dépose, par l'évaporation, des flocons bruns
d'oxyde ferrique, et finalement on obtient des grains cristallins d'un
vert pâle, solubles dans l'eau, l'alcool et l'éther, et qui s'altèrent
promptement à l'air en formant de l'oxyde ferrique.

Le *sel de fer* (sel ferrique) s'obtient en dissolvant l'hydrate ferrique dans l'acide amyl-sulfurique; la solution jaune donne, par l'é-
vaporation, de petits grains cristallins, jaunes, déliquescents et
fort altérables.

Le *sel de nickel*, $C^{10}H^{11}NiS^2O^8 + 2$ aq., cristallise dans le vide en
jolies lamelles groupées en mamelons, déliquescentes, solubles
dans l'eau et l'alcool, insolubles dans l'éther.

Le *sel de cuivre*, $C^{10}H^{11}CuS^2O^8 + 4$ aq., obtenu par l'acide et le
carbonate de cuivre, forme de grosses tables aplaties, allongées, et
d'un bleu pâle. Il est fort soluble dans l'eau et l'alcool aqueux,
moins soluble dans l'alcool absolu et insoluble dans l'éther.

Le *sel de mercure*, $C^{10}H^{11}HgS^2O^8 + 2$ aq., s'obtient, par l'évaporation, dans le vide, d'une solution d'oxyde mercurique dans l'a-
cide amyl-sulfurique, sous la forme de cristaux jaune foncé, groupés en mamelons, déliquescents à l'air humide, d'une forte saveur
amère, savonneux et collants au toucher.

Le *sel d'argent*, $C^{10}H^{11}AgS^2O^8$, forme de petites lames incolores,
très-solubles dans l'eau et l'alcool, insolubles dans l'éther. Il s'obtient en traitant à une douce chaleur le carbonate ou l'oxyde d'argent par l'acide amyl-sulfurique. Il s'altère à l'air.

CHLORURE D'AMYLE.

Syn. : éther amyl-chlorhydrique.

Composition : $C^{10}H^{11}Cl$.

§ 1096. Il se produit[1] par la réaction de l'hydrate d'amyle et de
l'acide chlorhydrique, ou de l'hydrate d'amyle et du perchlorure de
phosphore.

M. Balard le prépare en distillant un mélange d'acide chlorhydrique et d'huile de pommes de terre. Après plusieurs cohobations
successives, le chlorure d'amyle vient nager à la surface du produit de

[1] CAHOURS (1840), *Ann. de Chim. et de Phys.*, LXXV, 193. — BALARD, *ibid.*, [3]
XII, 300.

la distillation, sous la forme d'une couche incolore qu'on débarrasse complétement d'hydrate d'amyle, en la lavant avec de l'acide chlorhydrique concentré. Cet acide dissout l'hydrate d'amyle sans se mêler avec le chlorure.

On l'obtient aussi, suivant M. Cahours, en distillant parties égales d'huile de pommes de terre et de perchlorure de phosphore, lavant le produit de la distillation à plusieurs reprises avec de l'eau alcalisée par de la potasse, séchant le liquide sur du chlorure de calcium fondu, et distillant dans un bain de sel marin.

C'est un liquide incolore, doué d'une odeur aromatique assez agréable, insoluble dans l'eau, bouillant vers 102°, parfaitement neutre aux papiers, et n'exerçant aucune action sur le nitrate d'argent. Il brûle avec une flamme bordée de vert, comme tous les corps chlorés. La densité de sa vapeur a été trouvée égale à 3,77 —3,84.

Soumis à l'action du chlore sous l'influence solaire, il se convertit en chlorure d'amyle octochloré.

Lorsqu'on le dirige en vapeur sur de l'hydrate de potasse en fusion, il se produit de l'amylène, du chlorure de potassium et de l'eau :

$$C^{10}H^{11}Cl + KO,HO = C^{10}H^{10} + KCl + 2\,HO.$$
Amylène.

Une dissolution alcoolique de potasse paraît convertir le chlorure d'amyle, en vase clos, à 100°, en oxyde d'amyle et d'éthyle (voy. § 1085.)

Une dissolution alcoolique de monosulfure de potassium le convertit, dans les mêmes circonstances, en sulfure d'amyle :

$$2\,C^{10}H^{11}Cl + 2\,KS = C^{20}H^{22}S^2 + 2\,KCl.$$
Sulfure d'amyle.

Enfin, le sulfhydrate de potasse le transforme en sulfhydrate d'amyle :

$$C^{10}H^{11}Cl + KS,HS = C^{10}H^{12}S^2 + KCl.$$
Sulfhyd. d'amyle.

Dérivé chloré du chlorure d'amyle.

§ 1097. Le *chlorure d'amyle octochloré*, $C^{10}H^3Cl^9$, se produit, suivant M. Cahours, par l'action prolongée du chlore sec sur le chlorure d'amyle sous l'influence du soleil d'été : c'est un liquide assez limpide, incolore, doué d'une odeur forte, comme camphrée.

BROMURE D'AMYLE.

Syn : éther amyl-bromhydrique.

Composition : $C^{10}H^{11}Br$.

§ 1098. Produit [1] de la réaction de l'hydrate d'amyle et de l'acide bromhydrique. Liquide incolore, volatil, plus pesant que l'eau, doué d'une saveur âcre et d'une odeur à la fois alliacée et piquante. Il ne s'altère ni par la lumière diffuse, ni par les rayons solaires directs. Il distille sans altération, et ne s'enflamme que difficilement; sa vapeur brûle avec une flamme verdâtre. La potasse et la soude caustique en dissolution aqueuse ne lui font éprouver qu'une altération très-lente; mais, dissous dans l'alcool, ces alcalis l'altèrent promptement.

IODURE D'AMYLE.

Syn. : éther amyl-iodhydrique.

Composition : $C^{10}H^{11}I$.

§ 1099. Produit de la réaction de l'hydrate d'amyle et de l'acide iodhydrique naissant.

M. Cahours [2] le prépare en faisant réagir à une douce chaleur un mélange de 8 p. d'iode, 15 p. d'huile de pommes de terre et 1 p. de phosphore, et distillant lentement le produit. Le liquide obtenu est lavé à l'eau à plusieurs reprises, puis mis en digestion sur du chlorure de calcium calciné, et distillé ensuite deux ou trois fois.

M. Frankland modifie le procédé précédent de la manière suivante : il fait dissoudre par petites portions 4 p. d'iode dans 7 p. d'huile de pommes de terre, et, avant chaque nouvelle addition d'iode, il introduit dans le liquide un morceau de phosphore jusqu'à ce qu'il soit presque entièrement décoloré. Le produit ainsi obtenu possède une consistance huileuse et exhale à l'air d'abondantes vapeurs iodhydriques. Si on le distille au bain d'huile, il passe une huile incolore contenant beaucoup d'acide iodhydrique et de l'hydrate d'amyle non altéré, tandis qu'il reste dans la cornue un liquide épais, insoluble dans l'eau et fort acide. (Ce liquide con-

[1] CAHOURS (1838), *Ann. de Chim. et de Phys.*, LXX, 98.
[2] CAHOURS (1838), *Ann. de Chim. et de Phys.*, LXX, 95. — FRANKLAND, *Ann. der Chem. u. Pharm.*, LXXIV, 42.

tient probablement du phosphate d'amyle). On le lave avec une petite quantité d'eau, et on le rectifie après l'avoir abandonné pendant 24 heures sur du chlorure de calcium. Il commence à bouillir à 120°; mais le point d'ébullition s'élève peu à peu à 146°, température à laquelle passe le produit le plus pur. Si les lavages à l'eau n'enlèvent pas tout l'acide iodhydrique, le produit rectifié se colore ordinairement en violet par un peu d'iode libre, qu'on enlève aisément par une nouvelle rectification sur du mercure.

L'iodure d'amyle est un liquide incolore, d'une densité de 1,511 à 11°, 5, très-réfringent, d'une légère odeur éthérée, d'une saveur mordicante. Il bout à 146°, sous la pression de 750^{mm} (Frankland; à 120°, Cahours). La densité de sa vapeur a été trouvée égale à 6,675. Il se colore légèrement au soleil.

Il ne s'enflamme pas par l'approche d'un corps en combustion ; mais, si on le chauffe au point de le faire bouillir, sa vapeur brûle avec une flamme pourpre.

Une dissolution aqueuse de potasse ne l'attaque que lentement à l'ébullition, mais une solution alcoolique et bouillant de potasse le décompose promptement, et l'on obtient, par le refroidissement, des cristaux d'iodure de potassium.

Exposé à l'action du zinc, à environ 180°, dans un tube scellé à la lampe, l'iodure d'amyle s'attaque avec beaucoup de difficulté ; mais, si l'on emploie un amalgame de ce métal, la décomposition s'effectue très-rapidement à environ 160°. Les produits consistent en une combinaison d'amylure de zinc et d'iodure de zinc, $[C^{10}H^{11}Zn, ZnI]$, et en un liquide composé d'un mélange d'amyle, d'hydrure d'amyle et d'amylène.

$$C^{10}H^{11}I + Zn^2 = C^{10}H^{11}Zn, ZnI.$$
$$2 C^{10}H^{11}I + Zn^2 = C^{20}H^{22} + 2 ZnI.$$
$$C^{20}H^{22} = C^{10}H^{12} + C^{10}H^{10}.$$

Amyle. Hyd. d'amyle. Amylène.

Le potassium attaque aussi très-vivement l'iodure d'amyle ; il se produit de l'iodure de zinc, et les mêmes hydrocarbures.

L'iodure d'amyle n'est pas décomposé par l'étain à 180 degrés ; si l'on élève la température jusqu'à 220 ou 240 degrés, il s'attaque assez rapidement.

AZOTURES D'AMYLE OU AMYL-AMMONIAQUES.

§ 1100. Ces combinaisons, homologues des azotures de méthyle, d'éthyle, etc., sont des alcalis parfaitement caractérisés dont les sels représentent les combinaisons d'un ammonium dans lequel 1, 2, 3 ou 4 atomes d'hydrogène H sont remplacés par de l'amyle $C^{10}H^{11}$. A l'état isolé, trois de ces alcalis correspondent au type ammoniaque ; le quatrième se rapporte au type hydrate d'ammonium.

On connaît aussi plusieurs alcalis semblables contenant, outre l'amyle, du méthyle C^2H^3 et de l'éthyle C^4H^5, à la place de l'hydrogène.

Voici la composition de ces différents alcalis à l'état libre :

$$\text{Amylamine.} \qquad C^{10}H^{13}N = N \begin{cases} C^{10}H^{11} \\ H \\ H \end{cases}$$

$$\text{Diamylamine.} \qquad C^{20}H^{23}N = N \begin{cases} C^{10}H^{11} \\ C^{10}H^{11} \\ H \end{cases}$$

$$\text{Triamylamine.} \qquad C^{30}H^{33}N = N \begin{cases} C^{10}H^{11} \\ C^{10}H^{11} \\ C^{10}H^{11} \end{cases}$$

$$\text{Méthyl-éthyl-amylamine.} \qquad C^{16}H^{19}N = N \begin{cases} C^2H^3 \\ C^4H^5 \\ C^{10}H^{11} \end{cases}$$

$$\text{Diéthyl-amylamine.} \qquad C^{18}H^{21}N = N \begin{cases} C^4H^5 \\ C^4H^5 \\ C^{10}H^{11} \end{cases}$$

$$\text{Hydrate de tétramyl-ammonium.} \qquad C^{40}H^{45}NO^2 = N \begin{cases} C^{10}H^{11} \\ C^{10}H^{11} \\ C^{10}H^{11} \\ C^{10}H^{11}.O \\ HO \end{cases}$$

$$\text{Hydrate de méthyl-diéthyl-amyl-ammonium.} \qquad C^{20}H^{25}NO^2 = N \begin{cases} C^2H^3 \\ C^4H^5 \\ C^4H^5 \\ C^{10}H^{11}.O \\ HO \end{cases}$$

Hydrate d'amyl-triéthyl-ammo-
nium. . . . . $C^{22}H^{27}NO^2 = N\begin{cases} C^4H^5 \\ C^4H^5 \\ C^4H^5 \\ C^{10}H^{11}.O \\ HO \end{cases}$

§ 1101. **Amylamine**[1], ou amyl-ammoniaque, $C^{10}H^{13}N = N$ $(C^{10}H^{11})H^2$. — Cet alcali se produit par l'action de la potasse caustique sur le cyanate d'amyle (§ 218), ainsi que sur l'amyl-urée (§ 236) :

$$C^{12}H^{11}N\,O^2 + 2\,(KO, HO) = C^2O^4,\ 2\,KO + C^{10}H^{13}N.$$
Cyan. d'éthyle.   Amylamine.

$$C^{12}H^{14}N^2O^2 + 2\,(KO, HO) = C^2O^4,\ 2\,KO + C^{10}H^{13}N + NH^3.$$
Amyl-urée.   Amylamine.

Il se forme aussi, en petite quantité, par l'action de l'iodure d'amyle sur l'ammoniaque.

Enfin, on l'obtient en chauffant à 250°, en vase clos, de l'amylsulfate de chaux avec une solution alcoolique d'ammoniaque :

$$2\,(C^{10}H^{11}CaS^2O^8 + NH^3) = 2\,(C^{10}H^{13}N, HO, SO^3) + 2\,(SO^3, CaO.)$$
Amyl-sulf. de chaux.   Sulfate d'amylam.

Pour préparer l'amylamine à l'état de pureté, on décompose le chlorhydrate d'amylamine par la chaux dans un appareil distillatoire. Pour priver complétement d'eau l'alcali qui s'est condensé dans le récipient, il est bon de le rectifier sur la potasse ou sur la baryte caustiques.

L'amylamine est un liquide léger, très-fluide, parfaitement incolore. Son odeur rappelle à la fois celle de l'ammoniaque et des éthers amyliques. Sa causticité est extrême. Sa densité est de 0,7503 à 18°. Elle bout à 95°. A l'approche d'un corps en combustion, elle brûle avec une flamme éclairante et livide sur les bords, à la fin de la combustion. Exposée à l'air, elle en attire l'acide carbonique, et les parois du vase dans lequel on la conserve se recouvrent d'un enduit cristallin.

Elle se mêle à l'eau en toutes proportions. Sa dissolution présente les réactions suivantes : elle précipite les sels de magnésie en blanc, les sels de chrome en vert, les sels ferriques en jaune brun, les sels uraniques en flocons jaune serin, les sels de nickel en vert pomme, les sels de zinc en flocons blancs gélatineux, les sels

[1] Wurtz (1849), *Ann. de Chim. et de Phys.*, [3] XXX, 491. — Hofmann, *Ann der Chem. u. Pharm.*, LXXV, 364; LXXIX, 20. — Brazier et Gossleth, *ibid*, XXXV, 252. — Berthelot, *Compt. rend. de l'Acad.*, XXXVI, 1098.

manganeux en blanc brunissant à l'air, le nitrate mercureux en brun noir, le chlorure mercurique en blanc, le nitrate de plomb en blanc, les sels de cadmium en blanc, les sels de bismuth en blanc, le chlorure stanneux en blanc, les sels d'antimoine en blanc. Tous ces précipités sont insolubles dans un excès d'amylamine.

Elle précipite aussi les sels d'alumine en flocons blancs, solubles dans un excès d'amylamine, les sels cuivriques en flocons blanc bleuâtre, qui se dissolvent également en donnant une liqueur bleue. Elle précipite les sels d'argent en flocons qui s'attachent aux parois, et qui se dissolvent dans un grand excès d'amylamine; avec les sels d'or, on obtient un précipité brun jaune, agglutiné, s'attachant aux parois, et soluble dans un grand excès d'amylamine, surtout à chaud ; avec le chlorure platinique, elle donne un précipité jaune pâle, épais, formé de paillettes, solubles dans l'eau.

Le brome réagit sur l'amylamine, en donnant du bromhydrate d'amylamine et des gouttelettes insolubles d'une amylamine bromée.

Lorsqu'on sature l'amylamine par l'acide chlorhydrique et qu'on fait tomber la liqueur dans une solution chaude de nitrite de potasse, il se dégage du gaz azote, et il distille du nitrite d'amyle ; en même temps il se produit quelques feuillets très-fusibles, d'un aspect gras, dont la nature n'a pas été examinée.

L'amylamine s'échauffe au contact de l'oxalate d'éthyle en produisant un corps cristallisé qui constitue probablement la diamyloxamide (§ 157).

§ 1102. *Sels d'amylamine.* — Les sels d'amylamine s'obtiennent directement.

Le *chlorhydrate d'amylamine*, $C^{10}H^{13}N$, HCl, s'obtient en écailles blanches, grasses au toucher, assez solubles dans l'eau et solubles dans l'alcool ; il n'est pas déliquescent à l'air.

Pour obtenir ce sel, on prend le produit de la distillation du cyanate de potasse et de l'amyl-sulfate de potasse, et on le distille avec une solution concentrée de potasse. Les éthers amyl-cyanique et amyl-cyanurique que renferme le produit distillé, se décomposent en carbonate de potasse et en amylamine ; la décomposition de l'éther amyl-cyanurique par l'alcali, plus difficile que celle de l'éther amyl-cyanique, ne se fait bien que lorsque toute l'eau est distillée et que la potasse se trouve à l'état d'hydrate fondu. Quand la réaction est terminée, on trouve dans le récipient un liquide fort alcalin, quelquefois séparé en deux couches, et d'où il est facile d'extraire l'amylamine en le saturant par l'acide chlorhydrique. On filtre et l'on concentre au bain-marie pour faire cristalliser.

Le *chloroplatinate*, $C^{10}H^{13}N$, HCl, $PtCl^2$, cristallise, par le refroidissement d'une solution dans l'eau bouillante, en belles paillettes d'un jaune d'or. Il se précipite lorsqu'on mélange des dissolutions concentrées de chlorhydrate d'amylamine et de bichlorure de platine ; comme le sel est assez soluble dans l'eau, il convient d'ajouter un peu d'alcool au mélange.

Le *bromhydrate* est un sel non déliquescent. Il fond à une température très-élevée, en émettant des vapeurs blanches, inflammables. Il est très-soluble dans l'eau et l'alcool, peu soluble dans l'éther, qui le précipite en paillettes nacrées de sa dissolution alcoolique concentrée.

Le *carbonate* est l'enduit cristallin qui se forme sur l'amylamine au contact de l'air.

§ 1103. DIAMYLAMINE[1], $C^{20}H^{23}N = N(C^{10}H^{11})^2H$. — Un mélange d'amylamine et de bromure d'amyle se convertit rapidement à la température de 100° en une masse blanche et cristalline, composée de bromhydrate de diamylamine. A froid, la réaction ne s'opère qu'avec lenteur.

La diamylamine est une huile légère, peu soluble dans l'eau, assez soluble toutefois pour communiquer à ce liquide une réaction alcaline. Elle possède une odeur aromatique, rappelant celle de l'amylamine, et qui n'est pas désagréable ; sa saveur est fort âcre. Elle bout à environ 170°.

Les *sels de diamylamine* cristallisent aisément ; ils sont en général peu solubles dans l'eau froide, et peuvent s'obtenir cristallisés dans l'eau bouillante.

Le *chlorhydrate*, $C^{20}H^{23}N$, HCl, est presque insoluble dans l'eau froide.

Le *chloroplatinate* se précipite ordinairement sous la forme d'une huile qui ne se concrète qu'au bout d'un certain temps.

§ 1104. TRIAMYLAMINE[2], $C^{30}H^{33}N = N(C^{10}H^{11})^3$. — Cet alcali s'obtient avec la diamylamine par le même procédé qui donne celle-ci au moyen de l'amylamine. On le prépare commodément en soumettant à la distillation l'hydrate de tétramyl-ammonium.

Les caractères de la triamylamine sont semblables à ceux de la

[1] HOFMANN (1851), *Ann. der Chem. u. Pharm.*, LXXIX, 20.
[2] HOFMANN (1851), *loc. cit.*

diamylamine. Elle bout à 257°. L'iodure d'amyle l'attaque et la convertit en iodure de tétramyl-ammonium (§ 1107).

Le *chlorhydrate*, $C^{30}H^{33}N$, HCl, s'obtient sous la forme d'une masse cristalline et nacrée, lorsqu'on met la triamylamine en contact avec de l'acide chlorhydrique concentré.

Le *chloroplatinate*, $C^{30}H^{33}N$, HCl, $PtCl^{2}$, se précipite à l'état d'une masse visqueuse qui se prend peu à peu en cristaux.

§ 1105. *Méthyl-éthylamylamine*[1]. — Cet alcali se produit par l'action de la chaleur sur l'hydrate de méthyl-diéthyl-amyl-ammonium. C'est une huile incolore, transparente, d'une agréable odeur, aromatique et d'une saveur analogue. Elle est un peu plus soluble dans l'eau que la diéthyl-amylamine, et communique à ce liquide une réaction plus alcaline. Elle bout à 135°.

La méthyl-éthylamylamine se dissout lentement dans les acides, en donnant des sels particuliers.

Le *chloroplatinate*, $N(C^{2}H^{3})(C^{4}H^{5})(C^{10}H^{11})$, HCl, $PtCl^{2}$, se précipite ordinairement, dans des liqueurs concentrées, sous la forme de gouttes huileuses orangées, qui se prennent, par le refroidissement, en magnifiques aiguilles.

§ 1106. *Diéthyl-amylamine*[2], $C^{18}H^{21}N = N(C^{10}H^{11})(C^{4}H^{5})^{2}$. — Cet alcali se produit par l'action de la chaleur sur l'hydrate d'amyl-triéthyl-ammonium (§ 1109). C'est une huile plus légère que l'eau, d'une odeur particulière non désagréable, et d'une saveur analogue, un peu amère. Elle est fort peu soluble dans l'eau à laquelle elle communique cependant une réaction alcaline. Elle bout d'une manière constante à 154°.

L'iodure de méthyle l'attaque vivement en produisant de l'iodure de méthyl-amyl-diéthyl-ammonium.

Le *chlorhydrate*, le *sulfate*, le *nitrate* et l'*oxalate* sont des sels cristallisables, mais déliquescents.

Le *chloroplatinate*, $N(C^{10}H^{11})(C^{4}H^{5})^{2}$, HCl, $PtCl^{2}$, s'obtient, par la concentration d'un mélange de bichlorure de platine et de chlorhydrate de diéthyl-amylamine, sous la forme de fort belles aiguilles orangées.

§ 1107. COMBINAISONS DE TÉTRAMYL-AMMONIUM[3]. — Lorsqu'on maintient en ébullition, pendant trois ou quatre jours, un mé-

[1] HOFMANN (1851), *loc. cit.*
[2] HOFMANN (1851), *loc. cit.*
[3] HOFMANN (1851), *loc. cit.*

lange de triamylamine et d'iodure amyle, il se prend, par le refroidissement, en cristaux d'iodure de tétramyl-ammonium. On
obtient le même produit en faisant bouillir une solution d'ammoniaque concentrée avec un excès d'iodure d'amyle ; mais la
réaction est très-lente, et elle n'est pas encore complète au bout
de trois semaines d'ébullition. Pour purifier le produit, on le distille d'abord seul, pour chasser l'excédant d'iodure d'amyle, puis
avec un peu de potasse pour expulser l'ammoniaque et les amyl-
ammoniaques. L'iodure de tétramyl-ammonium demeure dans
le résidu sous la forme d'une huile pesante qui se concrète, par
le refroidissement, en une masse semblable à la stéarine ; une petite partie du même sel est dissoute dans la liqueur aqueuse, et
cristallise également, par le refroidissement, sous la forme de lames
d'un aspect gras.

L'*hydrate de tétramyl-ammonium*, $C^{40}H^{45}NO^2 = N(C^{10}H^{11})^4O$,
HO, s'obtient en faisant bouillir avec de l'oxyde d'argent l'iodure
obtenu précédemment ; il se produit ainsi une liqueur extrêmement amère ; lorsqu'on ajoute une lessive de potasse à cette liqueur, l'hydrate de tétramyl-ammonium se rend à la surface sous
la forme d'une huile. Celle-ci se concrète si l'on concentre fortement la solution, en donnant des cristaux souvent très-longs, peu
déliquescents, et qui n'attirent que lentement l'acide carbonique
de l'air ; ces cristaux sont l'hydrate de tétramyl-ammonium combiné avec de l'eau ; si on les chauffe, ils fondent dans leur eau de
cristallisation, et donnent, par l'évaporation, une masse visqueuse
et transparente d'hydrate de tétramyl-ammonium.

Cette substance est fort déliquescente. Soumise à la distillation,
elle se décompose entièrement en triamylamine, amylène et eau :

$$N(C^{10}H^{11})^4O, HO = N(C^{10}H^{11})^3 + C^{10}H^{10} + 2 HO.$$

Hydr. de tétramylam.   Triamylam.   Amylène.

Cette décomposition s'effectue déjà en partie si l'on chauffe au
bain-marie l'hydrate de tétramyl-ammonium.

Les *sels de tétramyl-ammonium* sont, en général, bien cristallisés.

Le *chlorure* cristallise en lames déliquescentes, semblables à des
feuilles de palmier.

Le *chloroplatinate*, $N(C^{10}H^{11})^4Cl, PtCl^2$, est un précipité jaune
pâle et caillebotté qui se prend peu à peu en belles aiguilles
orangées.

L'*iodure*, $N(C^{10}H^{11})^4I$, cristallise en lames, peu solubles dans l'eau, fort amères ; sa solution est précipitée par les alcalis à l'état cristallin.

Le *sulfate* cristallise en longs filaments.

Le *nitrate* s'obtient en aiguilles.

L'*oxalate* forme de grosses lames, bien définies, fort amères et déliquescentes.

§ 1108. *Combinaisons de méthyl-diéthyl-amylammonium*[1]. — L'action de l'iodure de méthyle sur la diéthyl-amylamine est tellement vive, qu'il faut opérer graduellement le mélange des deux corps, pour éviter les projections ; il convient aussi, à cause du point d'ébullition peu élevé de l'iodure de méthyle, de faire la réaction dans une cornue tubulée munie d'un réfrigérant. Le mélange se prend, par le refroidissement, en une belle masse cristalline, incolore, composée d'iodure de méthyl-diéthyl-amyl-ammonium.

L'*hydrate*, obtenu par l'action de l'oxyde d'argent sur l'iodure précédent, est une base fort alcaline, soluble dans l'eau. Soumis à la distillation, il se décompose en méthyl-éthyl-amylamine, gaz éthylène et eau :

$$N(C^2H^3)(C^4H^5)^2(C^{10}H^{11})O,HO = N(C^2H^3)(C^4H^5)(C^{10}H^{11}) + C^4H^4 + 2HO.$$

Hydrate de méthyl-diéthyl-amylam.   Méthyl-éthyl-amylamine.   Éthylène.

Le *chlorure*, le *nitrate* et le *sulfate* sont des sels cristallisables.

Le *chloroplatinate*, $N(C^2H^3)(C^4H^5)^2(C^{10}H^{11})Cl, PtCl^2$, est un beau sel qu'on obtient avec le bichlorure de platine.

L'*iodure* est fort soluble dans l'eau ; sa solution, très-amère, précipite, par les alcalis, des gouttes huileuses qui ne se concrètent qu'à la longue.

§ 1109. *Combinaisons d'amyl-triéthyl-ammonium*[2]. — On obtient l'iodure d'amyl-triéthyl-ammonium en maintenant dans un tube bouché et au bain-marie, pendant quelques jours, un mélange d'iodure d'amyle et de triéthylamine.

L'*hydrate d'amyl-triéthyl-ammonium* se produit, si l'on traite cet iodure par l'oxyde d'argent ; on obtient ainsi une liqueur alcaline, extrêmement amère, qui devient sirupeuse par l'évaporation. Soumise à la distillation, elle donne de la diéthyl-amylamine, du gaz éthylène et de l'eau :

$$N(C^{10}H^{11})(C^4H^5)^3O, HO = N(C^{10}H^{11})(C^4H^5)^2 + C^4H^4 + 2HO.$$

Hydr. d'amyl-triéthylamm.   Diéthyl-amylam.   · Éthylène.

----

[1] HOFMANN (1851), *loc. cit.*

[2] HOFMANN (1851), *loc. cit.*

Le *chlorure* forme des lames très-déliquescentes.

Le *chloroplatinate*, $N(C^{10}H^{11})(C^4H^5)^3Cl, PtCl^2$, ne précipite pas si l'on ajoute du bichlorure de platine à une solution du chlorure précédent, à moins d'employer des liqueurs extrêmement concentrées ; mais, une fois formé, il est bien moins soluble. Il cristallise, dans une solution aqueuse et bouillante, sous la forme de magnifiques aiguilles orangées ou jaune clair.

L'*iodure*, $N(C^{10}H^{11})(C^4H^5)^3I$, forme de beaux cristaux gras au toucher, fort solubles dans l'eau et l'alcool, insolubles dans l'éther ; la solution a la saveur amère de la quinine. Si l'on ajoute un alcali caustique ou carbonaté à cette solution, l'iodure se sépare à l'état d'une huile qui se concrète promptement en formant des aiguilles brillantes.

Le *sulfate* est un sel gommeux.

Le *nitrate* forme des aiguilles dures d'une saveur fraîche.

L'*oxalate* se dessèche en une masse gommeuse.

Nitrite d'amyle.

Syn. : éther amyl-nitreux.

Composition : $C^{10}H^{11}NO^4 = C^{10}H^{11}O, NO^3$.

§ 1110. Ce corps[1] se produit par l'action de l'acide nitreux sur l'hydrate d'amyle et sur l'amylamine. On le prépare en faisant arriver dans l'hydrate d'amyle, chauffé au bain-marie, un courant de vapeurs nitreuses produites par l'acide nitrique et l'amidon.

Un autre procédé consiste à traiter l'hydrate d'amyle par l'acide nitrique. A froid il n'y a pas de réaction ; mais si l'on élève la température jusqu'à ce que quelques bulles de gaz commencent à se dégager, la réaction se continue sans l'aide d'une chaleur artificielle ; il faut même promptement retirer le feu, et refroidir par des affusions d'eau froide. Dans le récipient, qu'il convient de refroidir également, il se condense une liqueur huileuse renfermant de l'hydrate d'amyle, de l'acide cyanhydrique et du nitrite d'amyle. En traitant par la potasse les portions de ce liquide qui distillent avant 100 degrés, on décompose l'acide cyanhydrique qu'elles renferment ; il se dégage de l'ammoniaque, et le pro-

[1] BALARD (1844), *Ann. de Chim. et de Phys.*, [3] XII, 318. — RIECKHER, *Journ. f. prakt. Pharm.*, XIV, 1.

duit qui distille à 96° est le nitrite d'amyle, sur lequel la potasse n'exerce qu'une action plus lente.

Si l'on continue de distiller, le thermomètre monte jusqu'à 145 ou 148°, et le produit renferme alors du nitrate d'amyle (Hofmann).

Le nitrite d'amyle est un liquide légèrement coloré en jaune, d'une densité de 0,877. Il bout à 96° (Balard; à 91°, Rieckher); sa couleur se fonce par l'élévation de température, et revient à sa teinte première par le refroidissement. Sa vapeur aussi est légèrement rutilante ; la densité de cette vapeur a été trouvée égale à 4,03.

La potasse sèche le décompose lentement ; la décomposition est plus prompte par une solution alcoolique de potasse ; au bout de quelque temps on y découvre alors du nitrite de potasse. Ajouté goutte à goutte à de la potasse en fusion, le nitrite d'amyle produit du valérate de potasse.

Avec le peroxyde de plomb et le nitrite d'amyle, on obtient à chaud du nitrate et du nitrite de plomb, ainsi que de l'hydrate d'amyle.

NITRATE D'AMYLE.

Syn : éther amyl-nitrique, nitrate d'amylène.

Composition : $C^{10}H^{11}NO^6 = C^{10}H^{11}O,NO^5$.

§ 1111. Il se produit [1] par l'hydrate d'amyle et l'acide nitrique.

On met dans une cornue 30 grammes d'acide nitrique concentré et 10 grammes d'acide nitrique ordinaire, on y ajoute 10 grammes de nitrate d'urée, et l'on agite de temps en temps pendant dix minutes. On y verse ensuite 40 grammes d'huile de pommes de terre, et l'on chauffe peu à peu. (Lorsqu'on opère sur une plus grande quantité, l'action est tumultueuse, et l'on n'obtient presque pas de nitrate d'amyle). Les produits distillent et se condensent dans un récipient entouré d'eau froide. A la fin de la distillation, on trouve dans le récipient deux couches distinctes : on y ajoute de l'eau distillée, on agite et on laisse les couches se reformer. On décante alors la couche inférieure à l'aide d'un entonnoir, ou l'on enlève la couche supérieure avec une pipette. On verse cette dernière couche dans une cornue et l'on distille. Le point d'ébullition est d'abord à 110°; lorsque le thermomètre est arrivé à 148°, il

[1] RIECKHER (1847), *Journ. f. prakt. Pharm.*, XIV,1. — A. W. HOFMANN, *Ann. de Chim. et de Phys.*, [3] XXIII, 374.

reste stationnaire. On rectifie plusieurs fois le produit en ne recueillant que les portions distillant au-dessous de 148°.

Le nitrate d'amyle est une liqueur huileuse, incolore, d'une densité de 0,994 à 10°, d'une odeur particulière qui rappelle un peu celle des punaises, d'une saveur sucrée et brûlante, avec un arrière-goût fort désagréable. Il bout à 148° (Hofmann ; à 137°, Rieckher), mais il ne se vaporise pas sans décomposition, et produit même quelquefois de vives explosions, quand on chauffe fort sa vapeur. Il se dissout dans l'éther et dans l'alcool ; l'eau le précipite de ce dernier liquide. Il brûle avec une flamme blanche légèrement bordée de vert.

Une solution alcoolique de potasse le convertit en nitrate de potasse et en hydrate d'amyle.

BORATE D'AMYLE.

Syn. : Protoborate amylique.

Composition : $C^{30}H^{53}O^6B = 3\,C^{10}H^{11}O,BO^3$.

§ 1112. Produit de la réaction de l'hydrate d'amyle et du chlorure de bore[1]. Lorsqu'on fait passer du chlorure de bore dans l'huile de pommes de terre, le liquide ne tarde pas à se séparer en deux couches, et, en même temps, l'acide chlorhydrique commence à se dégager. En décantant la couche supérieure, distillant cette couche, et fractionnant les produits, on voit la presque totalité du liquide passer entre 260 et 280°. On rectifie de nouveau ce produit.

Le borate d'amyle est un liquide incolore, d'une apparence huileuse, et d'une odeur faible rappelant celle de l'hydrate d'amyle. Sa densité est de 0,870 à 0°. Il bout entre 270 et 275° ; la densité de sa vapeur a été trouvée égale à 10,55 (le calcul exige 9,45). L'eau le décompose, et dissout de l'acide borique ; l'ammoniaque liquide le décompose également. Il brûle avec une flamme blanche bordée de vert, en répandant des fumées d'acide borique.

Lorsque, suivant M. Ebelmen[2], on chauffe de l'huile de pommes de terre avec l'acide borique fondu, celui-ci augmente beaucoup de volume. Si l'on n'emploie pas plus de 2 p. d'huile pour 1 p. d'acide, il ne passe presque rien à la distillation entre 130 et 140°. En traitant ce qui reste dans la cornue par de l'éther anhydre, puis

[1] EBELMEN et BOUQUET (1846), *Ann. de Chim. et de Phys.*, [3] XVII; 61.
[2] EBELMEN, *Ann. de Chim. et de Phys.*, [2] XVI, 139.

évaporant la solution éthérée et chauffant le résidu jusqu'à 250 ou 270°, on obtient un éther particulier, semblable à celui que l'alcool fournit dans les mêmes circonstances. Ce produit est visqueux à 20°, et peut s'étirer en fils très-fins, comme le verre en fusion pâteuse; il est transparent et d'une couleur un peu ambrée; son odeur rappelle celle de l'hydrate d'amyle. Sa saveur est brûlante; l'eau et l'air humide le décomposent. On peut le chauffer à 300° sans qu'il s'altère. A cette température, il donne à l'air des fumées abondantes; chauffé plus fort, il se boursoufle et finit par laisser de l'acide borique fondu. Il brûle avec une flamme verte; il en est de même de l'huile de pommes de terre qu'on a distillée sur de l'acide borique anhydre. M. Ebelmen représente cet éther borique par les relations ($2 BO^3$, $C^{10}H^{11}O$) correspondant à la formule du borax anhydre ($2 BO^3$, NaO).

SILICATE D'AMYLE.

Composition : $C^{40}H^{44}O^8Si^4 = 4 (C^{10}H^{11}O, SiO)$.

§ 1113. Produit de la réaction de l'hydrate d'amyle et du chlorure de silicium [1].

Lorsqu'on fait réagir le chlorure de silicium et l'huile de pommes de terre, on observe d'abord un dégagement considérable de gaz chlorhydrique et un abaissement de température. Si l'on continue de verser l'huile dans le chlorure, la température finit par s'élever en même temps que le dégagement de gaz devient beaucoup plus faible. En soumettant le mélange à la distillation dans une cornue munie d'un thermomètre, on chasse encore beaucoup d'acide chlorhydrique. L'excès d'hydrate d'amyle distille à son tour. Quand la température s'est élevée à 300°, on change de récipient; on recueille le produit qui passe entre 320 et 340°, et on le rectifie de nouveau.

Le silicate d'amyle est un liquide incolore, limpide, d'une odeur faible, rappelant celle de l'hydrate d'amyle. Sa densité est de 0,868 à 20°. Il bout entre 322 et 325°; la densité de sa vapeur a été trouvée égale à 15,2. Il est soluble, en toutes proportions, dans l'alcool, l'éther et l'hydrate d'amyle.

L'eau ne le dissout pas, et le décompose avec beaucoup plus de lenteur que les silicates d'éthyle.

____

[1] EBELMEN (1844), *Ann. de Chim. et de Phys.*, [3] XVI, 155.

Il brûle, quand on le chauffe, avec une longue flamme blanche, et dépose de la silice en poudre impalpable.

Une dissolution alcoolique d'ammoniaque ne le décompose que difficilement.

PHOSPHITES D'AMYLE.

§ 1114. On en connaît deux :

$$\text{Acide amyl-phosphoreux} \quad C^{10}H^{13}PO^6 = \left. \begin{array}{c} C^{10}H^{11}O \\ HO \\ HO \end{array} \right\} PO^3.$$

$$\text{Phosphite d'amyle} \quad C^{20}H^{22}PO^6 = \left. \begin{array}{c} C^{10}H^{11}O \\ C^{10}H^{11}O \\ HO \end{array} \right\} PO^3.$$

§ 1115. ACIDE AMYL-PHOSPHOREUX[1], $C^{10}H^{13}PO^6$. — Cet acide se produit par la réaction de l'hydrate d'amyle, du protochlorure de phosphore et de l'eau :

$$2\,C^{10}H^{12}O^2 + PCl^3 + 2\,HO = C^{10}H^{13}PO^6 + C^{10}H^{11}Cl + 2\,HCl.$$

Hyd. d'amyle.   Ac. amyl-phosph.   Chlor. d'amyle.

Lorsqu'on traite le liquide huileux provenant de la réaction du protochlorure de phosphore et de l'hydrate d'amyle (voy. *Phosphite d'amyle*) et lavé d'abord à l'eau pure, par une solution de carbonate de soude, ce sel y détermine une vive effervescence ; l'acide amyl-phosphoreux se dissout et le phosphite d'amyle reste, pourvu que les liqueurs soient un peu étendues. Dans le cas contraire, tout se dissout ; mais il est facile alors de séparer le phosphite d'amyle en étendant d'eau ; on le décante, et l'on agite avec un peu d'éther la solution aqueuse de l'amyl-phosphite de soude, pour la débarrasser du phosphite d'amyle qu'elle retient encore. La liqueur aqueuse est ensuite précipitée par l'acide chlorhydrique qui sépare l'acide amyl-phosphoreux à l'état huileux. Celui-ci surnage d'abord, parce qu'il renferme un peu d'éther; mais, quand l'éther s'est volatilisé, l'acide amyl-phosphoreux se rassemble au fond. Pour en séparer un peu de chlorure de sodium qu'il retient encore, on le redissout dans l'eau pure, et l'on précipite la dissolution par l'acide chlorhydrique. Il suffit ensuite de séparer la couche huileuse de l'eau surnageante, de la chauffer légèrement et de l'exposer dans le vide.

L'acide amyl-phosphoreux est un liquide huileux, plus pesant que l'eau. Récemment préparé, il est sans odeur; sa saveur est très-acide.

[1] WURTZ (1845), *Ann. de Chim et de Phys.*, [3] XVI, 227.

Exposé à l'action de la chaleur, il se décompose en donnant des produits qui brûlent avec une flamme très-fuligineuse, et en laissant un résidu d'acide phosphoreux qui se décompose lui-même, par une plus forte chaleur, en hydrogène phosphoré et en acide phosphorique.

Récemment préparé, l'acide amyl-phosphoreux se dissout entièrement dans l'eau pure; l'acide chlorhydrique le précipite de cette dissolution. A la longue, il perd en partie sa solubilité dans l'eau; sa solution aqueuse s'altère d'ailleurs rapidement en se décomposant en hydrate d'amyle et en acide phosphoreux.

L'acide amyl-phosphoreux est complétement soluble dans les alcalis. Il dissout les carbonates alcalins avec effervescence.

§ 1116. Les *amyl-phosphites métalliques* sont peu définis, et se décomposent très-facilement. Leurs dissolutions réduisent les sels d'argent.

Le *sel de potasse* et le *sel de soude* ne s'obtiennent qu'à l'état gélatineux.

Le *sel de baryte* se dessèche dans le vide en une masse molle, déliquescente, très-soluble dans l'eau.

Le *sel de plomb* est peu soluble dans l'eau et l'alcool. C'est un précipité caillebotté qui ne tarde pas à se décomposer et à répandre une odeur très-prononcée d'hydrate d'amyle.

§ 1117. PHOSPHITE D'AMYLE[1], ou éther amyl-phosphoreux, $C^{20}H^{23}PO^6$. — Il se produit par la réaction de l'hydrate d'amyle et du protochlorure de phosphore :

$$3\ C^{10}H^{12}O^2 + PCl^5 = C^{20}H^{23}PO^6 + C^{10}H^{11}Cl + 2\ HCl.$$

Hyd. d'amyl.   Phosph. d'amyle. Chlor. d'amyle.

Lorsqu'on verse du protochlorure de phosphore dans l'hydrate d'amyle, la liqueur s'échauffe beaucoup, et il se dégage de l'acide chlorhydrique en abondance, entraînant une certaine quantité de chlorure d'amyle. Voici la marche qu'il convient de suivre dans cette préparation : on verse goutte à goutte 1 vol. de protochlorure de phosphore dans 1 vol. d'huile de pommes de terre. Le mélange étant fait, on y ajoute de l'eau avec précaution, pour décomposer l'excès de protochlorure de phosphore. Il est nécessaire d'opérer très-lentement, et dans un vase refroidi avec de la glace ; en négligeant ces précautions, on obtient un produit impur et coloré. Quand la réaction est terminée, on ajoute à la liqueur son volume d'eau, on

<hr>

WURTZ (1845), *Ann. de Chim. et de Phys.*, [3] XVI, 221.

agite le tout, et on laisse reposer. Il se rassemble alors à la surface
une couche huileuse, formée de phosphite d'amyle et d'acide amyl-
phosphoreux (provenant d'une action subséquente de l'eau). On la
décante, et on la lave à plusieurs reprises avec de l'eau pure pour éli-
miner l'acide chlorhydrique, et finalement avec de l'eau chargée de
carbonate de soude, pour séparer l'acide amyl-phosphoreux. Quand
la couche huileuse est devenue neutre au papier de tournesol, elle
ne consiste plus qu'en phosphite d'amyle. On achève la purification
de ce corps, en le lavant encore une ou deux fois à l'eau pure, et
en le chauffant à plusieurs reprises à 80 ou à 100° dans le vide, pour
le débarrasser de l'eau et du chlorure d'amyle qu'il retient encore.
En le distillant dans le vide, on l'obtient parfaitement incolore;
mais il est préférable de ne pas le soumettre à cette opération, qui
l'altère légèrement. En effet, le résidu de la distillation est toujours
acide, et le produit distillé renferme de l'hydrate d'amyle.

Le phosphite d'amyle est un liquide incolore ou légèrement coloré en jaune ; son odeur est assez faible et rappelle celle de l'hydrate d'amyle; sa saveur est très-piquante et désagréable; à 19°5
sa densité est de 0,967. Il bout à une température élevée, en s'altérant en partie. Il ne s'enflamme pas à l'approche d'un corps en
combustion, à moins d'être fortement échauffé. Un papier qui en
est imprégné brûle avec une flamme blanchâtre et phosphoreuse, en
laissant un charbon difficile à incinérer.

Lorsqu'on dirige sa vapeur à travers un tube chauffé au rouge
sombre, il fournit des produits gazeux, parmi lesquels on remarque
de l'hydrogène phosphoré.

Conservé pendant quelque temps à l'air humide ou dans un
flacon mal bouché, il finit par devenir acide en se décomposant
partiellement. Cette décomposition s'effectue d'une manière plus
rapide sous l'influence des alcalis bouillants ; il distille de l'hydrate
d'amyle, et il reste un phosphite alcalin.

L'acide nitrique l'attaque avec violence ; il passe des gouttelettes
d'une huile jaunâtre, en même temps qu'il se manifeste une odeur
très-prononcée d'acide valérique.

Lorsqu'on le fait bouillir avec du nitrate d'argent, ce sel est complétement réduit, et l'on obtient un magma noir renfermant du
phosphate d'argent.

Le chlore est absorbé en grande quantité par l'éther amyl-
phosphoreux, avec dégagement d'acide chlorhydrique. Si l'on fait

45.

intervenir la chaleur et la lumière, on obtient des produits très-chlorés, incolores et visqueux, qui se décomposent au bout de quelque temps, en dégageant des vapeurs chlorhydriques. En opérant dans l'obscurité et à 0°, on obtient un produit mono-chloré.

STANNURE D'AMYLE.

§ 1118. L'iodure d'amyle est attaqué par l'étain à la température de 220 à 240 degrés[1], et donne un produit qui n'a pas encore été décrit.

MERCURURE D'AMYLE.

§ 1119. L'iodure d'amyle et le mercure métallique réagissent au soleil en donnant une combinaison semblable[2] à l'iodure de mercurméthyle ($\S 422^a$).

AUTRES COMPOSÉS AMYLIQUES.

§ 1120. Les éthers amyliques, tels que le carbonate, le formiate, l'oxalate, le cyanure, etc. d'amyle, sont décrits dans le chapitre de leurs acides respectifs.

II.

GROUPE CAPROÏQUE.

§ 1121. De même que dans les groupes homologues, on peut admettre dans les combinaisons du groupe caproïque l'existence d'un radical particulier, renfermant $C^{12}H^{11}O^2$ (*caproïle*).

Le groupe caproïque se rattache au groupe amylique par les mêmes réactions qui relient le groupe acétique au groupe méthylique, ou le groupe propionique au groupe éthylique.

HYDRURE DE CAPROÏLE.

Syn. : capral; aldéhyde caproïque.

Composition : $C^{12}H^{12}O^2 = C^{12}H^{11}O^2, H$.

§ 1122. Ce corps n'a pas encore été isolé à l'état de pureté. Il paraît être contenu en petite quantité dans l'huile brute qu'on

[1] CAHOURS et RICHE, *Compt. rend. de l'Acad.*, XXXVI, 1004.
[2] FRANKLAND, *Ann. der Chem. u. Pharm.*, LXXXV, 364.

obtient par la distillation sèche du caproate de baryte (Brazier et Gossleth).

Dérivés méthyliques, éthyliques, amyliques....
de l'hydrure de caproïle.

§ 1123. *Caprone*[1], ou caproïlure d'amyle, $C^{22}H^{22}O^2 = C^{10}H^{11}$, $C^{12}H^{11}O^2$. — Pour obtenir ce corps, on distille, par petites portions, du caproate de baryte, on dessèche le produit huileux sur du chlorure de calcium, et on le rectifie en ne recueillant que les portions qui passent entre 160 et 170°, et jusqu'à ce que le point d'ébullition du liquide soit constant à 165°. Les portions les plus volatiles paraissent contenir de l'hydrure de caproïle.

La caprone est une huile incolore, plus légère que l'eau, d'une odeur particulière. Elle bout à 165°. Elle brunit à l'air. Elle est insoluble dans l'eau, mais elle se dissout dans l'alcool et dans l'éther.

L'acide nitrique concentré l'attaque déjà à froid en dégageant des vapeurs rouges ; si l'on neutralise le produit par le carbonate de potasse, on obtient une huile aromatique insoluble, tandis qu'un acide particulier (*acide nitrovalérique ?* § 1069) reste fixé sur la potasse.

ACIDE CAPROÏQUE ANHYDRE.

Syn. : caproate caproïque.

Composition : $C^{24}H^{22}O^6 = C^{12}H^{11}O^3, C^{12}H^{11}O^3$.

§ 1124. Ce corps[2] se produit par l'action de l'oxychlorure de phosphore sur les caproates. Sa préparation est semblable à celle de l'acide caprylique anhydre (§ 1159). Seulement il est préférable d'opérer la décomposition du caproate de baryte dans un ballon, afin d'éviter la volatilisation d'une partie du produit.

L'acide caproïque anhydre se présente sous la forme d'une huile plus légère que l'eau et parfaitement neutre aux papiers réactifs. Son odeur ressemble à celle de l'acide caprylique anhydre, et rappelle en même temps le beurre de coco.

Quand on le chauffe à l'air libre, il émet des vapeurs aromatiques et se volatilise en laissant un léger résidu charbonneux. Exposé à l'air humide, il s'acidifie très-promptement.

Les solutions alcalines le dissolvent par l'ébullition.

[1] BRAZIER et GOSSLETH (1850), *Ann. der Chem. u. Pharm.*, LXXV, 256.
[2] CHIOZZA (1853), *Ann. de Chim. et de Phys.*, [3] XXXIX, 206.

ACIDE CAPROÏQUE.

Composition : $C^{12}H^{12}O^4 = C^{12}H^{11}O^3, HO$.

§ 1125. Cet acide[1] se rencontre soit à l'état de combinaison glycérique, soit à l'état libre, dans le beurre de vache et de chèvre, ainsi que dans l'huile de coco. On l'a également trouvé dans le fromage de Limbourg[2] et dans certains calculs vésicaux de l'homme[3].

Il se produit par la métamorphose d'un grand nombre de matières organiques : par l'action de l'acide nitrique sur l'hydrure d'œnanthyle, l'acide œnanthylique[4], l'acide oléique[5], la partie la plus volatile de la distillation de l'huile de navet[6] ; par l'action de l'acide chromique sur l'huile de pavot[7] ; par la distillation de la caséine avec un mélange de peroxyde de manganèse et d'acide sulfurique étendu[8], par l'ébullition du cyanure d'amyle (§ 205) avec la potasse[9] ; par l'action de l'hydrate de potasse sur l'hydrate d'hexyle (§ 1135[a]), etc.

Pour préparer l'acide caproïque, par la méthode de M. Chevreul, on saponifie, à l'aide de la potasse, le beurre de vache ou de chèvre, ou plutôt la partie liquide qu'on peut séparer du beurre au moyen de la presse. A cet effet on expose le beurre pendant quelque temps à une température qui ne dépasse pas 60°, de manière que les impuretés se réunissent au fond ; on décante la graisse liquide dans un vase contenant de l'eau chaude, avec laquelle on l'agite pendant quelque temps, puis on sépare le beurre après qu'il s'est figé. On le maintient pendant quelque temps entre 16 et 19° ; les parties les moins liquéfiables (margarine) se solidifient alors peu à peu, et permettent d'en séparer les parties liquides qui renferment en plus grande partie les glycérides des acides volatils. On décante ces dernières, et on réitère sur elles la même

---

[1] CHEVREUL (1818), *Ann. de Chim. et de Phys.*, XXIII, 22. *Recherches sur les corps gras*, 134 et 209. — LERCH, *Ann. der Chem. u. Pharm.*, XLIX, 220. — FEHLING, *ibid.*, LIII, 406. — BRAZIER et GOSSLETH, *ibid.*, LXXV, 249 ; et *The Quart. Journ. of Chemic. Society*, III, 210.

[2] ILJENKO et LASKOWSKI, *Ann. der Chem. u. Pharm*, LV, 78.

[3] JOSS, *Journ. f. prakt. Chem.*, IV, 375.

[4] TILLEY, *Ann. der Chem. u. Pharm.*, LXVII, 108.

[5] REDTENBACHER, *ibid.*, LIX, 41.

[6] SCHNEIDER, *ibid.*, LXX, 112.

[7] ARZBAECHER, *ibid.*, LXXIII, 203.

[8] GUCKELBERGER, *ibid.*, LXIV, 39.

[9] FRANKLAND et KOLBE, *ibid.*, LXIX, 303.

opération; on finit ainsi par obtenir un liquide huileux qu'on saponifie par 4 p. d'hydrate de potasse.

On précipite le savon par du sel marin, puis on le dissout dans l'eau, et on mêle la solution avec un léger excès d'acide tartrique, de manière à saturer la potasse. On distille ensuite la matière jusqu'à ce que le liquide qui passe ne soit plus acide; on recueille ainsi dans le récipient un mélange d'acide butyrique, d'acide caproïque, d'acide caprylique et d'acide rutique (caprique), mélange dont une partie nage à la surface de la liqueur aqueuse sous la forme de gouttelettes huileuses. On sature exactement le liquide distillé par de l'eau de baryte.

On évapore la solution à siccité au bain-marie; le résidu se compose d'un mélange de quatre sels barytiques, dont deux très-solubles (butyrate et caproate) et les deux autres (caprylate et rutate) peu solubles dans l'eau. Par l'ébullition avec 5 à 6 parties d'eau, on dissout le butyrate et le caproate de baryte. Si l'on abandonne ensuite cette solution à l'évaporation spontanée, il cristallise d'abord du caproate, et, à un certain degré de concentration, la presque totalité de ce sel se prend en une bouillie de longues aiguilles soyeuses, dont on sépare le butyrate par la presse. S'il y avait encore du caproate en dissolution, la liqueur le déposerait, par une légère évaporation, sous la forme d'aiguilles. Dès que le butyrate commence à se déposer, la cristallisation change d'aspect et donne des lamelles nacrées. On fait cristalliser le caproate de baryte à plusieurs reprises, pour le débarrasser complétement du butyrate. Il est à observer que le caproate de baryte cristallise à 30° en aiguilles; mais, par l'évaporation spontanée à 18°, il forme aussi des cristaux lamellaires, disposés en crêtes de coq. Ceux-ci diffèrent des lamelles de butyrate en ce qu'ils deviennent opaques à l'air, tandis que ces dernières conservent leur éclat. Le caproate de baryte ayant été desséché, on l'abandonne, pendant vingt-quatre heures, dans un vase cylindrique haut et étroit, avec de l'acide sulfurique étendu de son poids d'eau, en évitant d'employer cet acide en excès. L'acide caproïque vient ainsi se séparer sous forme huileuse; on le décante, et, après l'avoir mis en digestion avec du chlorure de calcium, on le rectifie par la distillation.

L'huile de coco est plus avantageuse que le beurre pour la préparation de l'acide caproïque. Suivant M. Fehling, il faut le saponifier avec une lessive de soude d'une densité de 1,12 au moins, et distiller la solution qu'on obtient ainsi, dans un alambic, avec de l'acide sulfurique étendu. Il faut un peu hâter cette opération, afin de ne pas perdre trop de matière volatile. La liqueur acide qu'on recueille dans le récipient est un mélange d'acide caproïque et d'acide caprylique (§ 1160). On la neutralise par de l'eau de baryte, et l'on sépare les sels des deux acides en mettant à profit la différence de leur solubilité; le caprylate se dépose le premier, tandis que le caproate reste dans les eaux-mères et y cristallise, par l'évaporation spontanée, sous la forme de mamelons.

Suivant M. Chiozza, on se procure aisément le caproate de baryte, en traitant le mélange de caproate et caprylate par l'alcool, qui ne dissout presque point de caprylate, tandis qu'il dissout aisément le caproate : on purifie ce dernier par la cristallisation.

MM. Brazier et Gossleth préparent l'acide caproïque à l'aide du cyanure d'amyle. On distille 1 p. de cyanure de potassium avec 3 p. d'amyl-sulfate de potasse, et l'on recueille à part la partie passant entre 130 et 150°; outre le cyanure d'amyle, elle renferme de l'hydrate, du cyanate et du cyanurate d'amyle. On la distille, pendant une demi-heure, avec une solution alcoolique de potasse, dans une cornue dont le col est relevé de manière que la plus grande partie du produit se condense et retombe dans la cornue, et qu'il s'échappe principalement de l'ammoniaque avec les vapeurs d'eau. Après que le résidu s'est épaissi, on y ajoute de l'eau, et on le distille de nouveau ; il passe ainsi encore de l'ammoniaque, de l'alcool, de l'hydrate d'amyle et de l'amylamine, tandis que le résidu retient du caproate de potasse qui se prend, par le refroidissement, en une masse cristalline. Ce sel ayant été dissous dans une petite quantité d'eau, on y ajoute de l'acide sulfurique, qui met l'acide caproïque en liberté; on rectifie celui-ci par la distillation ; les portions qui passent à 198° sont les plus pures ; les portions qui distillent à une température supérieure contiennent du caproate d'amyle.

§ 1126. L'acide caproïque est un liquide incolore, huileux, très-inflammable, d'une saveur acide et piquante avec un arrière-goût douceâtre, et d'une odeur qui rappelle à la fois le vinaigre et la sueur. Sa densité est de 0,922 à 26° (Chevreul; de 0,931 à 15°, Fehling); il ne se congèle pas par un froid de — 9°. Il bout à 198° (Brazier et Gossleth; à 202°, Fehling); il répand des vapeurs déjà à la température ordinaire. La densité de sa vapeur a été trouvée égale à 4,26.

1 p. d'acide caproïque exige pour sa solution 96 p. d'eau à 7°. L'alcool absolu le dissout en toutes proportions.

L'acide sulfurique concentré dissout l'acide caproïque en s'échauffant ; si l'on ajoute de l'eau à la solution, l'acide caproïque s'en sépare de nouveau. Si l'on chauffe au-dessus de 100° la solution de l'acide caproïque dans l'acide sulfurique concentré, elle noircit et dégage de l'acide sulfureux.

A froid, l'acide nitrique concentré dissout l'acide caproïque en petite quantité, et sans l'altérer.

Dérivés métalliques de l'acide caproïque. Caproates.

§ 1127. Les caproates se représentent d'une manière générale par la formule

$$C^{12}H^{11}MO^4 = C^{12}H^{11}O^3, MO.$$

Ils ont en général une odeur semblable à celle de l'acide caproïque. Lorsqu'on mélange un caproate avec de l'acide sulfurique étendu, l'acide caproïque vient surnager sous forme huileuse.

Caproate d'ammoniaque. — C'est un sel cristallin qu'on obtient en faisant absorber du gaz ammoniaque par l'acide caproïque ; le sel se liquéfie par un excès d'ammoniaque.

Caproate de potasse, $C^{12}H^{11}KO^4$ (à 100°). — On neutralise à chaud le carbonate de potasse par de l'acide caproïque aqueux, et l'on abandonne à l'évaporation spontanée. La liqueur se prend ainsi en une gelée transparente qui devient opaque par la chaleur.

Lorsqu'on fait passer un courant galvanique dans une solution concentrée de caproate de potasse, il se dégage du gaz hydrogène, du gaz carbonique, et un autre gaz odorant, tandis qu'il se sépare une huile, bouillant entre 125 et 160°, et composée d'un mélange d'amyle (§ 1081) et d'acide caproïque (Brazier et Gossleth).

Caproate de soude, $C^{12}H^{11}NaO^4$ (à 100°). — Il s'obtient comme le sel de potasse. Sa solution se prend, par l'évaporation spontanée, en une masse blanche.

Caproate de baryte, $C^{12}H^{11}BaO^4$. — Ce sel cristallise, par l'évaporation à 30°, en aiguilles anhydres, susceptibles d'acquérir 1 à 1 ¹/₂ pouce de longueur, si la solution occupe un volume assez considérable. Par l'évaporation spontanée à 18°, il cristallise en groupes de lames hexagones très brillantes ; ces cristaux ternissent à l'air, et deviennent d'un blanc de lait, en perdant probablement leur eau de cristallisation.

Ce sel se dissout dans 12,46 p. d'eau à $10°,5$, et dans 12,5 p. d'eau à $20°$.

Il fond à une douce chaleur ; par la distillation sèche, il donne des gaz hydrocarburés, et, en petite quantité, une huile presque incolore, dont le point d'ébullition s'élève de 120 à $170°$, et qui paraît être un mélange d'hydrure de caproïle et de caprone (caproïlure d'amyle).

Lorsqu'on fait cristalliser les sels de baryte des acides volatils produits par la saponification du beurre de vache, on obtient quelquefois un sel dans lequel M. Lerch suppose l'existence d'un acide particulier, auquel ce chimiste donne le nom d'*acide vaccinique*; il est probable toutefois que ce sel n'est qu'un composé de butyrate et de caproate de baryte.

Quand ce sel double se produit, on n'obtient pas de caproate : le sel double se dépose en mamelons, souvent de la grosseur d'une noix, et formés de petits cristaux prismatiques qui, après avoir été redissous, cristallisent de la même manière. Ce sel double renferme de l'eau de cristallisation qui s'en va à l'air, et dont le dégagement est accompagné d'une odeur de beurre rance. Si, après que ce dégagement a cessé, on redissout le sel dans l'eau, il se dédouble en butyrate et en caproate qui cristallisent séparément en affectant la forme ordinaire. On ne connaît pas les circonstances dans lesquelles le sel double prend naissance; on ne peut donc pas le produire à volonté.

Caproate de strontiane, $C^{12}H^{11}SrO^4$ (à $100°$). — Lames transparentes, devenant opaques à l'air, et solubles dans 11,05 p. d'eau à $10°$. Le sel fond par la chaleur en émettant une odeur de labiées.

Caproate de chaux. — Lames le plus souvent carrées, très-brillantes, fusibles, solubles dans 49,4 p. d'eau à $14°$.

Caproate d'argent, $C^{12}H^{11}AgO^4$. — On l'obtient par voie de double décomposition sous la forme d'un précipité blanc et caillebotté. Il est moins soluble dans l'eau que le butyrate à même base. On ne l'obtient pas cristallisé (Lerch ; suivant MM. Frankland et Kolbe, le sel dissous dans beaucoup d'eau bouillante se déposerait, par le refroidissement, sous la forme de grosses lames, peu sensibles à l'action de la lumière et de la chaleur).

Dérivés méthyliques, éthyliques, amyliques.... de l'acide caproïque.
Éthers caproïques.

§ 1128. Les éthers caproïques aujourd'hui connus sont :

$$\text{Caproate de méthyle}\ldots\ C^{14}H^{14}O^4 = \left.\begin{array}{l} C^{12}H^{11}O^2.O \\ C^2H^3.O \end{array}\right\}$$

$$\text{Caproate d'éthyle}\ldots\ C^{16}H^{16}O^4 = \left.\begin{array}{l} C^{12}H^{11}O^2.O \\ C^4H^5.O \end{array}\right\}$$

$$\text{Caproate d'amyle}\ldots\ C^{22}H^{22}O^4 = \left.\begin{array}{l} C^{12}H^{11}O^2.O \\ C^{10}H^{11}.O \end{array}\right\}$$

Caproate de méthyle[1], ou éther méthyl-caproïque, $C^{14}H^{14}O^4$. — Ce corps vient surnager si l'on ajoute 1 p. d'acide sulfurique concentré à la dissolution de 2 p. d'acide caproïque dans 2 p. d'esprit de bois, et qu'on chauffe légèrement le mélange. On lave l'éther à l'eau, et on le dessèche sur du chlorure de calcium.

Le caproate de méthyle est une huile bouillant à 150° ; sa densité à l'état liquide est de 0,8977 à 18°, et de 4,623 à l'état de vapeur. Son odeur est analogue à celle des caproates métalliques.

Caproate d'éthyle[2], ou éther caproïque, $C^{16}H^{16}O^4$. — On l'obtient en distillant un mélange de caproate de baryte, d'alcool et d'acide sulfurique. C'est une huile limpide, d'une odeur semblable à celle de l'éther butyrique, et bouillant à 162° (Fehling ; à 120°, Lerch). Sa densité est de 0,882 à l'état liquide et de 4,965 à l'état de vapeur.

Caproate d'amyle[3], ou éther amyl-caproïque, $C^{22}H^{22}O^4$. — Il se produit dans la préparation de l'acide caproïque par le cyanure d'amyle et la potasse caustique ; il se sépare sous la forme d'une liqueur huileuse lorsqu'on neutralise l'acide caproïque brut par le carbonate de potasse. On dessèche cette huile sur du chlorure de calcium, et on la rectifie à plusieurs reprises jusqu'à ce que son point d'ébullition soit constant.

Le caproate d'amyle est une huile plus légère que l'eau, amère, et bouillant à 211°. Il est insoluble dans l'eau, mais il se dissout en toutes proportions dans l'alcool et dans l'éther. Une solution alcoolique de potasse le transforme à l'ébullition en hydrate d'amyle et en caproate de potasse.

---

[1] FEHLING, (1845), *loc. cit.*
[2] LERCH (1844), *loc. cit.* — FEHLING, *loc. cit.*
BRAZIER et GOSSLETH (1850), *loc. cit.*

III.

GROUPE PIMÉLIQUE.

§ 1129. Ce groupe paraît être l'homologue des groupes oxalique, succinique, pyrotartrique, adipique. Il ne comprend encore que l'acide pimélique et quelques dérivés.

ACIDE PIMÉLIQUE.

Composition : $C^{14}H^{12}O^8 = C^{14}H^{10}O^6, 2 HO$.

§ 1130. Cet acide[1] a été découvert par M. Laurent dans les eaux-mères provenant de l'action de l'acide nitrique sur l'acide oléique; on l'obtient aussi avec la cire, le blanc de baleine et avec d'autres corps gras. M. Sacc l'a obtenu par l'action de l'acide nitrique sur l'huile de lin.

M. Laurent le prépare, en faisant bouillir pendant 12 heures 200 à 300 grammes d'acide oléique avec un poids égal d'acide nitrique : on cohobe de temps en temps le liquide distillé. On décante ensuite l'acide nitrique, on traite la partie non dissoute avec autant d'acide nitrique que la première fois, et l'on continue également l'ébullition pendant 12 heures. On répète cette opération 6 ou 7 fois, de manière qu'il ne reste plus que $^1/_5$ de l'acide oléique non dissous. On réunit les portions d'acide nitrique décantées, et on les évapore jusqu'à ce qu'il ne reste plus qu'un quart de la liqueur. On abandonne ce résidu pendant 12 heures au repos; il se dépose alors de l'acide subérique. On exprime cet acide, on recueille le liquide, on mouille l'acide subérique d'eau froide, on l'exprime de nouveau, on mêle cette liqueur à la première, et on évapore; on refroidit le vase de temps à autre pour enlever l'acide subérique qui se dépose. On reconnaît cet acide en ce qu'il forme des grains qui sont mous sous la pression avec une tige de verre. Peu à peu il se dépose d'autres grains, mais ceux-ci sont durs comme du sable : ils constituent l'acide pimélique. Celui-ci est d'abord mêlé d'acide subérique, qu'on enlève facilement par la lévigation avec de l'eau. Par une nouvelle évaporation, on obtient

[1] LAURENT (1837), *Ann. de Chim et de Phys.*, LXVI, 163. — BROMEIS, *Ann. der Chem. u. Pharm.*, XXXV, 104. — GERHARDT, *Revue scientif.*, XIX, 12. — SACC, *Ann. der Chem. u. Pharm.*, LI, 221. — Le nom de cet acide vient du grec πιμελή, graisse.

encore de l'acide pimélique; mais il cristallise si lentement, qu'il n'est entièrement déposé qu'au bout de quelques jours. Il ne faut pas pousser l'évaporation au delà d'un certain degré, parce que la liqueur renferme d'autres acides plus solubles. L'acide pimélique souillé d'acide subérique peut être purifié au moyen de l'alcool, qui dissout bien plus aisément ce dernier; on complète la purification de l'acide pimélique en le faisant cristalliser dans l'eau bouillante, qui le dépose ensuite par le refroidissement.

L'acide pimélique est blanc, formé de grains de la grosseur d'une tête d'épingle, et qui, vus à la loupe, se présentent comme un agglomérat de cristaux dont il est impossible de reconnaître la forme. Il est sans odeur, et possède une saveur acide. Il fond vers $114°$ (Laurent; d'après M. Bromeis, à $134°$), et distille à une température plus élevée. Il est très-soluble dans l'eau bouillante; à $18°$, une partie d'acide se dissout dans 35 p. d'eau. L'alcool et l'éther le dissolvent facilement à l'aide de la chaleur.

Lorsqu'on le fait fondre avec de l'hydrate de potasse, il développe de l'hydrogène sans noircir; les acides minéraux dégagent alors du résidu un acide volatil, qui présente de l'analogie avec l'acide valérianique (Gerhardt).

L'acide sulfurique concentré dissout l'acide pimélique à chaud.

Dérivés métalliques de l'acide pimélique. Pimélates.

§ 1131. L'acide pimélique est un acide bibasique; les pimélates neutres renferment :

$$C^{14}H^{10}M^2O^8 = C^{14}H^{10}O^6, 2MO.$$

Le *pimélate d'ammoniaque,* versé dans les solutions suivantes, ne donne pas de précipité : chlorures de baryum, de strontium, de manganèse, de zinc; mais il précipite le perchlorure de fer en rouge clair, le sulfate de cuivre en vert, le nitrate de plomb, le nitrate d'argent et le bichlorure de mercure en blanc.

Le *pimélate d'argent,* $C^{14}H^{10}Ag^2O^8$, constitue un précipité blanc, insoluble dans l'eau.

SÉRIE ŒNANTHYLIQUE.

§ 1132. Cette série, dont le pivot est l'acide œnanthylique, comprend les trois groupes suivants :

Groupe hexylique,
Groupe œnanthylique,
Groupe subérique.

A ces groupes correspondent des homologues dans les séries supérieures et dans les séries inférieures à la série œnanthylique. Dans ces dernières, le groupe hexylique a pour homologues, les groupes méthylique (§ 318), éthylique (§ 738), tritylique (§ 1023), tétrylique (§ 1047), et amylique (§ 1078); le groupe œnanthylique a pour homologues, les groupes formique (§ 126), acétique (§ 424) propionique (§ 899), butyrique (§ 1027), valérique (§ 1056), et caproïque (§ 1121); le groupe subérique a pour homologues les groupes oxalique (§ 137), succinique (§ 922), pyrotartrique (§ 1045ᵃ), adipique (§ 1073), et pimélique (§ 1129).

I.

GROUPE HEXYLIQUE.

§ 1133. C'est le sixième (du grec ἕξ, six) parmi les groupes homologues renfermant des alcools.

Jusqu'à présent on ne connaît que l'alcool du groupe, ainsi que deux hydrocarbures, l'un homologue du gaz oléfiant, et l'autre homologue du méthyle et de l'éthyle :

Hexylène . . . . $C^{12}H^{12}$;

Hexyle . . . . $C^{24}H^{26} = \begin{cases} C^{12}H^{13} \\ C^{12}H^{13} \end{cases}$

Hydrate d'hexyle, ou alcool caproïque . $C^{12}H^{14}O^2 = \begin{cases} C^{12}H^{13}.O \\ HO \end{cases}$

HEXYLÈNE.

Syn. : oléène, caproïlène.

Composition : $C^{12}H^{12}$.

§ 1134. Quand on distille[1] l'acide hydroléique ou l'acide métao-

---

[1] FRÉMY (1836), *Ann. de Chim. et de Phys.*, LXV, 139.

léique [1], il se dégage de l'acide carbonique, et il passe un mélange huileux d'hexylène et de nonylène ($C^{18}H^{18}$); ces deux corps se forment probablement dans la distillation de tous les corps gras. On lave le produit avec de la potasse faible, pour enlever les acides volatils qu'il renferme, et on le soumet à la rectification, en ne recueillant que les portions les plus volatiles qui renferment l'hexylène.

L'hexylène est incolore, liquide, plus léger que l'eau, très-fluide, d'une odeur comme arsenicale, à la fois pénétrante et nauséabonde; il est très-inflammable, à peine soluble dans l'eau, très-soluble dans l'alcool et l'éther. Il paraît exercer sur l'économie une action délétère; des oiseaux qui avaient respiré pendant quelque temps sa vapeur sont tombés morts. Il bout à 55°; la densité de sa vapeur a été trouvée par expérience égale à 2,875.

Il se combine à froid avec le chlore, en donnant une substance liquide.

HEXYLE.

Syn : Caproïle.

Composition : $C^{24}H^{26} = C^{12}H^{13}, C^{12}H^{13}$.

§ 1135. Ce corps [2] s'obtient lorsqu'on décompose une solution d'œnanthylate de potasse par un courant galvanique : dans cette réaction, il se dégage de l'hydrogène et de l'acide carbonique, tandis qu'une huile se sépare et que la solution se charge de carbonate et de bicarbonate de potasse. L'huile ainsi produite, ayant été desséchée sur le chlorure de calcium, présente un point d'ébullition qui s'élève de 130° à 230°; ce point tend à être constant vers 190°. On distille l'huile avec une solution alcoolique de potasse; celle-ci retient de l'acide œnanthylique, tandis qu'il passe de l'hexyle avec les vapeurs d'alcool. On lave avec de l'eau le produit distillé, et on le rectifie jusqu'à ce que son point d'ébullition soit constant.

L'hexyle est une huile incolore, d'une agréable odeur aromatique. Il bout à 202°. Il est insoluble dans l'eau, mais il se dissout dans l'alcool et dans l'éther.

L'acide sulfurique n'attaque pas l'hexyle. On peut aussi distil-

[1] Voy. Série palmitique, § 1246.
[2] Brazier et Gossleth (1850), *Ann. der Chem. u. Pharm.*, LXXV, 268.

ler cet hydrocarbure avec de l'acide nitrique moyennement concentré sans qu'il s'attaque. Mais, si on le distille à plusieurs reprises avec un mélange d'acide sulfurique et d'acide nitrique, il se transforme en un acide qui paraît être l'acide caproïque.

Le brome attaque à peine l'hexyle, même sous l'influence des rayons solaires.

Le chlore l'attaque vivement, même à la lumière diffuse; il se dégage beaucoup d'acide chlorhydrique, et l'on obtient une matière visqueuse qui émet de l'acide chlorhydrique, à la distillation, et donne un dépôt de charbon.

HYDRATE D'HEXYLE.

Syn. : alcool caproïque, sixième alcool.

Composition : $C^{12}H^{14}O^2 = C^{12}H^{13}O,HO$.

§ 1135[a]. Cet alcool[1] est contenu dans les huiles de marc de raisin, à l'état de mélange avec ses homologues, les hydrates de trityle, d'amyle, d'octyle, etc.

C'est un liquide limpide, aromatique, très-réfringent, insoluble dans l'eau. Sa densité à l'état liquide est de 0,833 à 0° et de 0,754 à 100°; à l'état de vapeur, elle a été trouvée égale à 3,53. Il bout entre 148° et 154°.

A une température élevée, la potasse caustique le transforme en caproate de potasse, avec dégagement d'hydrogène.

Il se combine avec l'acide sulfurique en donnant un acide conjugué dont le sel de potasse cristallise en paillettes.

II.

GROUPE ŒNANTHYLIQUE.

§ 1136. Il comprend des combinaisons contenant le radical $C^{14}H^{13}O^2$ (*œnanthyle*) en remplacement de l'hydrogène dans les types métal, oxyde, etc.

[1] FAGET (1853), *Compt. rend. de l'Acad.*, XXXVII, 730.

HYDRURE D'OENANTHYLE.

Syn. : œnanthol, aldéhyde œnanthylique.

Composition : $C^{14}H^{14}O^2 = C^{14}H^{13}O^2,H$.

§ 1137. Ce corps [1] s'obtient par la distillation sèche de l'huile de ricin. Le produit de cette opération se compose d'hydrure d'œnanthyle, d'acide œnanthylique, d'un peu d'acroléine, et des acides gras solides qui ont pu être entraînés.

On le distille de nouveau, on sépare l'hydrure d'œnanthyle à l'aide d'une dissolution faible de baryte qui ne dissout que les acides, et on purifie l'huile insoluble par la rectification. Le chlorure de calcium sert ensuite à la dessécher. L'huile de ricin donne environ le dixième de son volume d'hydrure pur.

M. Bertagnini utilise, pour la purification de l'hydrure d'œnanthyle, la propriété que ce corps possède de se combiner avec le bisulfite de soude (§ 1139). On agite avec une solution de carbonate de potasse le produit brut de la distillation de l'huile de ricin, on porte à une température voisine de l'ébullition, et l'on enlève la liqueur huileuse qui vient surnager. On traite ensuite celle-ci à une douce chaleur par une solution moyennement concentrée de bisulfite de soude : l'hydrure d'œnanthyle se dissout, et les huiles étrangères restent à l'état insoluble. Par le refroidissement, la solution dépose des cristaux de sulfite d'œnanthyl-sodium, dont on sépare l'hydrure d'œnanthyle en les décomposant à chaud par de l'eau aiguisée d'acide chlorhydrique ou sulfurique.

L'hydrure d'œnanthyle est un liquide incolore, d'une densité de 0,8271 à + 17°, d'une odeur pénétrante qui n'est pas précisément désagréable, d'une saveur d'abord sucrée, puis âcre et pénétrante. Il est soluble en toutes proportions dans l'alcool et l'éther; l'eau n'en dissout que fort peu, assez cependant pour en prendre l'odeur. Il bout entre 155° et 158°. La densité de sa vapeur a été trouvée égale à 4,178 — 4,100.

Lorsqu'on expose l'hydrure humide à un froid prolongé, il donne des cristaux incolores, odorants comme lui, solubles dans l'alcool, insolubles dans l'eau. Ils renferment, selon M. Bussy, $C^{14}H^{14}O^2 + HO$.

<hr>

[1] Bussy (1845), *Journ. de Pharm.* [3] VIII, 321. — Williamson, *Ann. der Chem. u. Pharm.*, LXI, 38. — Tilley, *ibid*, LXVII, 105; et *Philos. Magaz.*, XXXIII, 81. — Bertagnini, *Ann. der Chem. u. Pharm.*, LXXXV, 281.

II.

L'hydrure d'œnanthyle absorbe l'oxygène en s'acidifiant ; cette acidification est tellement prompte qu'il suffit de transvaser l'hydrure d'un flacon dans un autre pour que cet effet se produise.

L'acide nitrique et l'acide chromique étendus le convertissent en acide œnanthylique. Quand on opère avec l'acide nitrique, il se produit aussi une petite quantité d'une huile neutre volatile, qui possède à un haut degré l'odeur de l'essence de cannelle.

Lorsqu'on y fait agir de l'acide nitrique concentré, il s'effectue une réaction très-vive ; il se condense alors dans le récipient, de l'acide œnanthylique, de l'acide caproïque, et l'huile pesante obtenue par M. Redtenbacher en faisant agir l'acide nitrique sur l'acide choloïdique (nitracrol) ; le résidu, dans la cornue, renferme les mêmes acides, ainsi que de l'acide oxalique.

L'hydrure d'œnanthyle réduit le nitrate d'argent neutre. Lorsqu'on ajoute de l'ammoniaque à l'hydrure, et qu'on y verse ensuite du nitrate d'argent, il se produit une masse blanche qui, chauffée au sein du liquide, donne lieu à un miroir métallique. L'hydrure lui-même se convertit alors en une matière grasse visqueuse, légèrement dorée en jaune.

Lorsqu'on traite l'hydrure d'œnanthyle par une lessive de potasse très-concentrée, une partie se dissout à l'état d'œnanthylate de potasse, tandis qu'il se produit une huile plus carbonée que l'hydrure et insoluble dans la potasse. La nature chimique de cette huile n'est pas connue [1].

La potasse en fusion transforme l'hydrure d'œnanthyle en œnanthylate de potasse, avec dégagement d'hydrogène.

---

[1] MM. Williamson et Tilley ont fait plusieurs analyses de cette huile, sans pouvoir obtenir des nombres constants. Voici leurs résultats ;

	Williamson.					Tilley.				
	a	b	c	d	e	f	f	f	g	h
Carbone . . .	82,1	76,3	76,5	71,8	77,1	77,7	77,1	78,4	79,28	79,43
Hydrogène . .		12,5	12,4	12,5	12,7	12,7	12,7	13,1	13,34	13,38

a huile obtenue avec une lessive de potasse aqueuse et concentrée ; elle avait un point d'ébullition très-inconstant et se décomposait à la distillation. b huile d'une autre préparation, lavée à l'eau, et non distillée. c huile précédente, distillée avec de l'eau, et séchée sur du chlorure de calcium. d huile d'une autre préparation, rectifiée sur de la potasse diluée. e huile obtenue avec l'hydrate de potasse solide et une solution alcoolique d'œnanthol, lavée à l'eau et séchée sur du chlorure de calcium. f huile préparée avec l'hydrate de potasse solide ; et distillée avec de l'eau ; seule elle bouillait à 220°, mais en se décomposant ; la combustion a été faite sans courant d'oxygène. g et h huile de deux préparations différentes ; la combustion a été complétée par un courant d'oxygène.

M. Tilley déduit des analyses g et h les relations $C^{14}H^{14}O$. Calcul : carbone 79,24 ; hydrogène 13,21.

L'hydrure d'œnanthyle absorbe l'ammoniaque; le produit, d'abord cristallin, puis gélatineux et même liquide, se décompose complétement par l'eau.

Les bisulfites alcalins donnent avec l'hydrure d'œnanthyle des combinaisons cristallisées (§ 1139).

Suivant M. Williamson, on obtient de l'œnanthate d'éthyle lorsqu'on fait dissoudre l'hydrure dans quatre fois son volume d'alcool, et qu'on sature la liqueur par du gaz chlorhydrique. Cette réaction n'a pas encore été expliquée.

§ 1138. *Métœnanthol, isomère de l'hydrure d'œnanthyle.* — Lorsqu'on agite l'hydrure d'œnanthyle avec de l'acide nitrique, à la température de 0°, qu'on abandonne ce mélange pendant 24 heures, puis qu'on le verse dans une capsule évasée, et qu'on l'expose dans un lieu frais, on voit se produire une belle cristallisation d'un corps neutre, isomère de l'hydrure d'œnanthyle.

Ces cristaux peuvent se conserver solides à 5° ou 6°; ils sont sans odeur, se dissolvent dans l'alcool bouillant, et y cristallisent en partie par le refroidissement. Ils fondent par la chaleur et entrent en ébullition à 230°. La potasse, la soude et l'ammoniaque n'y agissent pas à la température ordinaire.

Dérivés sulfureux de l'hydrure d'œnanthyle.

§ 1139. L'hydrure d'œnanthyle se dissout déjà à froid dans la solution des bisulfites alcalins, en dégageant de la chaleur, et en produisant des combinaisons plus ou moins cristallines. Ces combinaisons peuvent également s'obtenir en dirigeant du gaz sulfureux dans l'hydrure d'œnanthyle récemment dissous dans une solution alcoolique de potasse, de soude ou d'ammoniaque. La combinaison à base de soude est surtout remarquable par la facilité avec laquelle elle cristallise, ce qui permet de reconnaître aisément l'hydrure d'œnanthyle et de préparer ce corps à l'état de pureté.

On a analysé les deux combinaisons suivantes :

Sulfite d'œnanthyl-ammonium . $C^{14}H^{17}N\,S^2O^6 = \left.\begin{array}{c} C^{14}H^{13}O^2 \\ NH^4 \end{array}\right\} S^2O^4,$

— d'œnanthyl-sodium . . . $C^{14}H^{13}NaS^2O^6 = \left.\begin{array}{c} C^{14}H^{13}O^2 \\ Na \end{array}\right\} S^2O^4.$

Sulfite d'œnanthyl-ammonium [1], $C^{14}H^{13}(NH^4)S^2O^6$. — Ce corps se produit par la combinaison directe de l'hydrure d'œnanthyle, de l'ammoniaque et du gaz sulfureux :

$$C^{14}H^{14}O^2 + NH^3 + 2SO^4 = C^{14}H^{13}(NH^4)S^2O^6.$$

Hyd. d'œnanth.   Sulf. d'œn. amm.

Lorsqu'on fait passer l'ammoniaque gazeuse dans l'hydrure d'œnanthyle, le liquide s'échauffe et s'épaissit en absorbant beaucoup de gaz ; vers la fin, la matière se fluidifie de nouveau. Si l'on dissout ce produit dans l'alcool concentré, et qu'on y dirige un courant de gaz sulfureux, il se dépose une grande quantité d'une poudre cristalline. C'est le sulfite d'œnanthyl-ammonium.

Cette combinaison s'obtient aussi lorsqu'on agite l'hydrure d'œnanthyle avec du bisulfite d'ammoniaque, et qu'on fait dissoudre le produit dans l'alcool bouillant.

Le sulfite d'œnanthyl-ammonium constitue de petits prismes, très-brillants, peu solubles dans l'eau et l'alcool ; si l'on en évapore la solution alcoolique, les cristaux se décomposent en grande partie. L'eau froide les altère aussi peu à peu ; bouillis avec de l'eau, ils dégagent de l'hydrure d'œnanthyle, et le liquide renferme alors du bisulfite d'ammoniaque.

Sulfite d'œnanthyl-sodium [2], $C^{14}H^{13}NaS^2O^6 + 4$ aq. — Pour préparer cette combinaison, on agite à froid le produit brut de la distillation de l'huile de ricin avec une solution concentrée de bisulfite de soude, ou l'on fait dissoudre à chaud le même produit dans une solution étendue du même sel. Dans le premier cas, on obtient immédiatement une masse cristalline ; dans le second cas, la liqueur dépose par le refroidissement une matière bien cristallisée. On abandonne ce produit à l'air pour qu'il se dessèche ; on le fait dissoudre dans l'alcool bouillant ; on exprime la bouillie cristalline qu'on obtient ainsi ; on la lave à l'alcool tant qu'elle présente encore l'odeur de l'acroléine (contenue dans l'œnanthol brut), et on la fait recristalliser dans beaucoup d'alcool bouillant ou dans une petite quantité d'eau chaude.

Le sulfite d'œnanthyl-sodium s'obtient sous la forme de paillettes enchevêtrées, très-brillantes. Les cristaux ont une légère odeur d'hydrure d'œnanthyle, et sont gras au toucher. Ils se dissolvent très-bien dans l'eau froide ; l'eau chaude les dissout aussi très-ai-

[1] Tilley (1848), *Ann. der Chem. u. Pharm.*, LXVII, 113.
[2] Bertagnini (1852), *ibid.*, LXXXV, 278.

sément sans les altérer. Ils se dissolvent très-facilement dans l'alcool chaud; mais à froid ils y sont presque insolubles.

Leur solution aqueuse précipite abondamment les sels de baryte de plomb et d'argent; les précipités renferment de l'hydrure d'œnanthyle en combinaison chimique. Si l'on porte en ébullition la solution aqueuse, on voit se séparer des gouttelettes d'hydrure d'œnanthyle; cette décomposition est surtout favorisée par l'addition d'un acide ou d'un alcali.

L'ammoniaque produit, dans la solution aqueuse, un abondant précipité caillebotté, qui disparaît bientôt, en même temps que des gouttelettes huileuses se rassemblent à la surface de la liqueur.

Le sulfite d'œnanthyl-sodium paraît être très-stable à froid; en effet, sa solution ne se trouble pas par l'addition d'une grande quantité d'acide chlorhydrique ou sulfurique, si l'on a soin d'éviter l'échauffement du mélange; le composé peut même cristalliser dans une liqueur acide.

Le brome et le chlore le décomposent immédiatement à la température ordinaire; l'iode ne le décompose qu'à chaud.

Dérivé chloré de l'hydrure d'œnanthyle.

§ 1140. *Hydrure de trichlorœnanthyle*[1], $C^{14}H^{11}Cl^3O^2$. — L'hydrure d'œnanthyle absorbe aisément le chlore gazeux. Le produit, plus pesant que l'eau, constitue une huile peu fluide, d'une odeur agréable, rappelant celle du caoutchouc. Soumis à la distillation, il noircit, en dégageant de l'acide chlorhydrique.

ACIDE OENANTHYLIQUE ANHYDRE.

Composition : $C^{28}H^{26}O^6 = C^{14}H^{13}O^3, C^{14}H^{13}O^3$.

§ 1140[a]. Ce composé[2] s'obtient au moyen de l'œnanthylate de potasse et de l'oxychlorure de phosphore par le procédé général de préparation des acides anhydres. Il n'est pas avantageux d'employer pour cela l'œnanthylate de baryte, l'acide anhydre étant difficile à extraire des sels insolubles.

C'est une huile limpide, d'une densité de 0,92 à 11°. Son odeur, assez semblable à celle de l'acide caprylique anhydre, de-

[1] WILLIAMSON (1847) *Ann. der Chem. u. Pharm.*, LXI, 44.
[2] CHIOZZA et MALERBA (1854), *Communication particulière.*

vient aromatique par la chaleur; à froid, elle est fade et rappelle celle du beurre rance.

L'ammoniaque concentrée la convertit immédiatement en œnanthylamide (§ 1143ᵃ).

Acide benzo-œnanthylique anhydre. — Voy. § 1514, acide œnanthylo-benzoïque anhydre.

Acide cumino-œnanthylique anhydre. — Voy. § 1855, acide œnanthylo-cuminique anhydre.

ACIDE OENANTHYLIQUE.

Syn. : acide azoléique, acide aboléique.

Composition : $C^{14}H^{14}O^4 = C^{14}H^{13}O^3$, HO.

§ 1141. Cet acide[1] se produit par l'oxydation directe de l'hydrure d'œnanthyle.

On l'obtient par l'action de l'acide nitrique sur le suif, l'acide oléique, la cire, et la plupart des matières grasses. L'huile de ricin est fort avantageuse pour sa préparation (Tilley).

Pour préparer l'acide œnanthylique, on chauffe l'huile de ricin avec de l'acide nitrique, en ayant soin de condenser les produits volatils; l'action est extrêmement énergique, et l'on fait bien de ne pas opérer à feu nu. Il faut prolonger l'oxydation pendant plusieurs jours, suivant le degré de concentration de l'acide nitrique; quand il ne se dégage plus de vapeurs nitreuses, on retire la cornue du feu. On trouve alors dans le récipient de l'acide nitrique, de l'eau et une huile, qui n'est autre chose que l'acide œnanthylique. Le résidu, mélangé avec de l'eau et soumis à la distillation, en donne une nouvelle quantité; il reste dans la cornue de l'acide subérique et de l'acide oxalique. On rectifie l'acide œnanthylique avec de l'eau, comme il ne distille pas seul sans s'altérer en partie; on le dessèche sur de l'acide phosphorique anhydre, car il dissout une certaine quantité de chlorure de calcium.

M. Bussy prépare l'acide œnanthylique en distillant l'hydrure d'œnanthyle avec de l'acide nitrique étendu de son volume d'eau.

L'acide œnanthylique est une huile incolore et transparente, d'une agréable odeur aromatique, et d'une saveur mordicante. Il est fort peu soluble dans l'eau; toutefois il communique son odeur

---

[1] LAURENT (1837), *Ann. de Chim. et de Phys.* LXVI, 173. — TILLEY, *Ann. der Chem. u. Pharm.,* XXXIX, 160. — BUSSY, *loc. cit.*

à ce liquide. Il est soluble dans l'acide nitrique, l'alcool et l'éther. Il entre en ébullition à 148°; une portion se volatilise alors; mais si on le maintient à cette température, il noircit et se décompose, en donnant des produits empyreumatiques, de sorte qu'on ne peut pas le distiller seul.

Il brûle avec une flamme claire, sans beaucoup de fumée. Il ne se solidifie pas encore à — 17°.

Fondu avec de l'hydrate de potasse, il développe du gaz hydrogène en donnant un sel particulier.

Lorsqu'on distille l'acide œnanthylique avec un excès de chaux potassée, on obtient les hydrocarbures gazeux C^4H^4, C^6H^6, C^8H^8, et un mélange liquide d'hydrocarbures homologues de ces derniers [1].

Dérivés métalliques de l'acide œnanthylique. OEnanthylates.

§ 1142. Les œnanthylates neutres se représentent par la formule générale :

$$C^{14}H^{13}MO^4 = C^{14}H^{13}O^3, MO.$$

L'*œnanthylate de potasse* s'obtient en neutralisant le carbonate de potasse par l'acide œnanthylique; il ne cristallise pas, et se prend, par l'évaporation, en une masse épaisse et transparente.

L'*œnanthylate de baryte*, $C^{14}H^{13}BaO^4$, se produit lorsqu'on fait bouillir du carbonate de baryte avec une solution alcoolique d'acide œnanthylique, jusqu'à neutralisation du liquide. Il faut filtrer tant qu'il est encore chaud ; par le refroidissement, le sel se dépose alors en belles lames insolubles dans l'éther, solubles dans l'eau et l'alcool.

L'*œnanthylate de cuivre* cristallise en belles aiguilles vertes, solubles dans l'alcool et peu solubles dans l'eau.

L'*œnanthylate d'argent*, $C^{14}H^{13}AgO^4$, s'obtient aisément en précipitant une solution ammoniacale et neutre d'acide œnanthylique par du nitrate d'argent; il se dépose alors à l'état d'une poudre floconneuse.

Lorsqu'on distille ce sel, il passe dans le récipient de l'acide œnanthylique et une petite quantité d'une matière poisseuse.

[1] CAHOURS, *Compt. rend. de l'Acad.*, XXXI, 144.

Dérivés méthyliques, éthyliques.... de l'acide œnanthylique.
Éthers œnanthyliques.

§ 1143. *OEnanthylate d'éthyle*[1], $C^{18}H^{18}O^4 = C^{14}H^{13}(C^4H^5)O^4$. —
On l'obtient en dissolvant l'acide œnanthylique dans l'alcool absolu et en faisant passer un courant d'acide chlorhydrique à travers la solution. Ensuite on ajoute au mélange du carbonate de potasse, pour neutraliser tout l'acide libre, et l'on distille. L'éther passe alors dans le récipient, et peut être purifié. Après l'avoir desséché sur du chlorure de calcium, il faut le rectifier dans un courant d'acide carbonique, car l'air l'altère à la température de l'ébullition.

L'éther œnanthylique ainsi obtenu constitue un liquide incolore plus léger que l'eau, d'une odeur aromatique fort agréable ; sa saveur est douceâtre et affecte le palais d'une manière désagréable. Il brûle avec une flamme lumineuse sans fumée ; il se concrète par un grand froid en une matière cristalline.

AZOTURE D'OENANTHYLE OU OENANTHYLAMIDE.

Composition : $C^{14}H^{15}NO^2 = NH^2(C^{14}H^{13}O^2)$.

§ 1143[a]. Cette amide[2] se produit par l'ammoniaque et l'acide œnanthylique anhydre.

Elle cristallise de sa solution dans l'alcool étendu et bouillant, sous la forme de petites paillettes ; quelquefois la cristallisation ne commence qu'au bout d'un certain temps après l'entier refroidissement de la solution.

III.

GROUPE SUBÉRIQUE.

§ 1144. Il ne comprend, jusqu'à présent, que l'acide subérique et les amides subériques, ainsi que leurs dérivés.

ACIDE SUBÉRIQUE.

Composition : $C^{16}H^6O^{12} = C^{16}H^8O^{14}, 2HO$.

§ 1145. Cet acide[3], obtenu pour la première fois par l'action

---

[1] TILLEY (1841), *Ann. der Chem. u. Pharm.* XXXIX, 162.
[2] CHIOZZA et MALERBA (1854), *Communication particulière*.
[3] BRUGNATELLI (1781), *Journ. de Crell*, I, 145. — BOUILLON-LAGRANGE, *Ann. de Chim. et de Phys.*, XXIII, 42. — CHEVREUL, *Ann. de Chimie*, XCVI, 141. *Ann. de*

de l'acide nitrique sur le liége (en latin *suber*), se produit avec le même agent et la plupart des matières grasses.

Pour le préparer au moyen du liége, on introduit dans une cornue 1 p. de cette substance, râpée ou coupée en petits morceaux; on y ajoute 6 p. d'acide nitrique d'une densité de 1,26, et l'on fait bouillir le mélange, tant qu'il se dégage des vapeurs nitreuses, et en cohobant de temps à autre la partie distillée. La masse se boursoufle et se dissout peu à peu; en même temps il se rassemble à la surface de la liqueur une graisse fondue, analogue à la cire. Quand l'action a cessé, on verse la liqueur dans une capsule de porcelaine, et on l'évapore au bain-marie ou à un feu très-doux jusqu'à consistance de sirop, en ayant soin de l'agiter constamment. Pendant cette évaporation, la majeure partie de l'acide nitrique excédant est chassée. On ajoute de l'eau bouillante au résidu, on sépare par le filtre les parties insolubles, et l'on concentre de nouveau la liqueur filtrée, jusqu'à ce qu'en se refroidissant elle laisse déposer de l'acide subérique blanc et pulvérulent. En même temps il se forme des cristaux d'acide oxalique. On dissout l'acide pulvérulent dans une petite quantité d'eau bouillante, et l'on filtre aussitôt la solution; l'acide subérique se dépose par le refroidissement de la liqueur. Quelquefois il est encore rendu impur par une petite quantité d'oxalate de chaux; dans ce cas, il faut le dissoudre dans l'ammoniaque et l'en reprécipiter par un autre acide.

Le procédé que nous venons d'exposer est fort peu avantageux, et il est infiniment préférable de traiter par l'acide nitrique certaines matières grasses. L'acide stéarique du commerce (la bougie commune) convient parfaitement à cette préparation. On la fait bouillir avec 2 à 3 parties d'acide nitrique; au bout d'une demi-heure environ, l'action devient si vive, qu'il faut prendre ses précautions pour empêcher la masse de déborder. Après que le dégagement de gaz a cessé, on peut ajouter une nouvelle portion d'acide nitrique, et continuer l'ébullition. Vers la fin, l'action est très-lente; il faut de temps à autre cohober le liquide distillé, et maintenir l'ébullition jusqu'à ce que tout soit dissous. On distille la liqueur de ma-

Chim. et de Phys., LXII, 323. — BRANDES, *Journ. de Schweigger*, XXXII, 393. — BUSSY, *Journ. de Pharm.*, VIII, 107; XIX, 425. — BOUSSINGAULT, *Journ. de Chim. médic.*, XII, 118. — LAURENT, *Ann. de Chim. et de Phys.* LXVI, 657. — BROMEIS, *Ann. der Chem. u. Pharm.* XXXV, 96

nière à la réduire à la moitié de son volume, et l'on abandonne le résidu dans un endroit frais : l'acide subérique se dépose, tandis que la liqueur retient de l'acide nitrique, ainsi que les produits d'oxydation plus solubles que l'acide subérique. On laisse égoutter la masse dans un entonnoir bouché avec des fragments de verre et de l'amiante, et, après l'avoir lavée avec un peu d'eau froide, on la dissout dans une petite quantité d'eau bouillante. L'acide subérique se dépose, par le refroidissement ; on le purifie par de nouvelles cristallisations.

L'acide subérique peut aussi se préparer par l'huile de ricin et l'acide nitrique.

Le liége renferme une matière cireuse, et c'est elle probablement qui se convertit en acide subérique par l'action de l'acide nitrique. La même matière cireuse paraît être contenue dans l'écorce du bouleau, du cerisier, du prunier, etc. ; du moins cette écorce donne aussi de l'acide subérique impur.

§ 1146. L'acide subérique se présente sous la forme d'une poudre blanche, terreuse, inodore, qui a une faible saveur acide, et rougit le papier de tournesol. Il ne s'altère pas à l'air ; il fond à 125°, et se prend par le refroidissement en une masse cristalline.

Chauffé plus fortement, il bout et se sublime en dégageant une fumée épaisse, piquante, qui se condense à l'état de longues aiguilles, en laissant un léger résidu de charbon. Il distille sous la forme d'une huile qui se concrète, par le refroidissement, en une masse cristalline.

Il est peu soluble dans l'eau froide ; il exige, pour sa solution, 100 parties d'eau à 9° et 86 parties d'eau à 12° ; à 84°, l'eau en dissout ¹/₅ de son poids, et, à la température de l'ébullition, l'acide se dissout dans 1,87 partie d'eau. Chauffé à l'état humide, l'acide subérique se liquéfie à 54°, et se solidifie à 52°. Il est soluble dans 4,56 p. d'alcool anhydre à 10°, et dans 0,87 p. d'alcool bouillant ; par le refroidissement de la solution chaude, il se dépose sous forme pulvérulente, en sorte que la liqueur se prend en masse. Il se dissout dans 10 parties d'éther à 4° et dans 6 parties d'éther bouillant. L'essence de térébenthine bouillante en dissout un poids égal au sien ; à 12°, la dissolution ne contient plus que 0,06 partie d'acide, et à 5° elle en renferme 0,05. L'acide subérique peut aussi être incorporé aux huiles grasses.

Fondu avec de l'hydrate de potasse, l'acide subérique dégage de l'hydrogène, sans noircir, et l'acide sulfurique développe alors du résidu un acide liquide et volatil dont l'odeur ressemble à celle de l'acide acétique.

Il est décomposé par une ébullition prolongée avec l'acide nitrique.

Sa dissolution aqueuse ne précipite que l'acétate de plomb neutre; le précipité est entièrement insoluble dans l'eau et l'alcool. Saturée par de l'ammoniaque, elle ne précipite les solutions de chlorure de baryum, de chlorure de calcium, de chlorure de strontium, que par une addition d'alcool; elle occasionne immédiatement des précipités blancs dans les solutions des sels neutres d'argent, de mercure, de zinc et d'étain; elle précipite en vert bleuâtre le sulfate de cuivre, et en rouge brun le persulfate de fer.

§ 1147. Les noms de *subérone* et d'*hydrure de subéryle* ont été donnés à une substance[1] qui se produit par la métamorphose de l'acide subérique, mais dont la nature chimique n'est pas encore établie.

Lorsqu'on distille l'acide subérique avec un excès de chaux, il passe une huile brune et épaisse, douée d'une odeur agréable. Elle renferme de la subérone, ainsi que des hydrogènes carbonés (benzine?) dont la composition n'est pas connue. On soumet le produit à la distillation jusqu'à ce que son point d'ébullition se soit élevé à 178°; les hydrogènes carbonés passent alors les premiers, et la subérone reste dans la cornue avec une masse noire et poisseuse dont on la purifie par une nouvelle distillation.

C'est un liquide incolore, doué d'une odeur aromatique, bouillant à 176°, et qui ne se solidifie pas par un froid de — 12°. La densité de sa vapeur a été trouvée, par expérience, égale à 4,392. Il s'acidifie peu à peu au contact de l'air.

Lorsqu'on fait bouillir cette substance avec de l'acide nitrique, il se produit de l'acide subérique (Boussingault), ainsi qu'une assez forte quantité d'un autre acide qui cristallise en fines aiguilles (Tilley).

Le chlore l'attaque vivement, et, si l'on ne refroidit pas, la masse noircit. Le produit chloré ne peut pas être distillé non plus sans qu'il noircisse; si l'on traite ce produit par une solution alcoolique de potasse, et qu'on y ajoute ensuite de l'eau, il se précipite

___

[1] Boussingault, *Journ. de Chim. médic.*, mai 1836; et *Ann. der Chem. u. Pharm.*, XIX, 308. — Tilley, *Ann. der Chem. u. Pharm.*, XXXIX, 166.

un corps huileux qui possède quelque analogie avec l'éther benzoïque.

Les analyses de la subérone ont donné :

	Boussingault.	Tilley.	$C^{16}H^{14}O^2$.	$C^{14}H^{12}O^2$.
Carbone. . . .	75,1	75,6	76,2	75,0
Hydrogène. . .	10,8	11,2	11,1	10,7

Il est impossible d'expliquer la formation de la subérone à
l'aide de la formule $C^{16}H^{14}O^2$; avec la formule $C^{14}H^{12}O^2$, on aurait :

$$C^{16}H^{14}O^8 = C^{14}H^{12}O^2 + 2\,CO^2 + 2\,HO.$$
Acide subériq.   Subérone.

Mais il y aurait encore à expliquer la formation des produits
qui accompagnent la subérone, et à rendre compte de la réaction
en vertu de laquelle celle-ci peut donner de l'acide subérique sous
l'influence de l'acide nitrique. Ce sujet réclame donc de nouvelles
recherches.

Dérivés métalliques de l'acide subérique. Subérates.

§ 1148. L'acide subérique est un acide bibasique ; les subérates
neutres renferment :

$$C^{16}H^{12}M^2O^8 = C^{16}H^{12}O^6, 2\,MO.$$

Les subérates sont précipités par les acides minéraux. Ils se décomposent par la distillation sèche, et donnent souvent un sublimé
d'acide subérique.

Le *sel d'ammoniaque* cristallise en aiguilles quadrilatères déliées,
agglomérées, susceptibles d'être sublimées, très-solubles dans l'eau.

Le *sel de potasse* cristallise difficilement ; ses cristaux sont confus, et affectent ordinairement la forme de choux-fleurs. Il est
parfaitement neutre. Chauffé, il entre en fusion avant de se décomposer. Il est très-soluble dans l'eau, et attire légèrement l'humidité
de l'air.

Le *sel de soude* cristallise en prismes quadrilatères. Il fond avant
de se décomposer, se dissout dans son poids d'eau froide, et attire
l'humidité.

Le *sel de baryte* est pulvérulent, peu soluble, et fusible. Il exige
pour se dissoudre 59 p. d'eau froide et 16 $^1/_2$ p. d'eau bouillante.

Le *sel de strontiane* a beaucoup d'analogie avec le sel de baryte ;
il est soluble dans 21 parties d'eau froide et dans 12,8 parties d'eau
bouillante.

Le *sel de chaux* se rapproche par ses propriétés du sel précédent. Il est soluble dans 39 parties d'eau froide et dans 9 parties d'eau bouillante.

Le *sel de magnésie* se dessèche en une masse pulvérulente, blanche, soluble dans son poids d'eau froide.

Le *sel d'alumine* est incristallisable et soluble. Le subérate d'ammoniaque fait naître un précipité dans une dissolution saturée d'alun.

Le *sel de zinc* est un précipité blanc.

Le *sel de manganèse* est soluble dans l'eau ; sa solution se dessèche en une masse mamelonnée.

Le *sel ferreux* est un précipité blanc; le *sel ferrique* est un précipité brun.

Le *sel de cobalt* est rouge.

Le *sel de cuivre* est bleu verdâtre et insoluble dans l'eau.

Le *sel d'urane* est jaune clair, et insoluble dans l'eau.

Le *sel d'étain* est un précipité blanc, insoluble dans l'eau.

Le *sel de mercure* (mercurosum) est un précipité blanc, insoluble dans l'eau.

Le *sel de plomb* neutre, $C^{16}H^{12}Pb^2O^8$, est un précipité blanc, insoluble dans l'eau ; il devient anhydre par la dessiccation à $+ 100°$. Le *sous-sel*, $C^{16}H^{12}Pb^2O^8$, 2 PbO, s'obtient en mettant le sel neutre en digestion avec du sous-acétate de plomb. Il est blanc, pulvérulent, et insoluble dans l'eau.

Le *sel d'argent*, $C^{16}H^{12}Ag^2O^8$, est un précipité blanc, insoluble dans l'eau.

Dérivés méthyliques, éthyliques…. de l'acide subérique.
Éthers subériques.

§ 1149. *Subérate de méthyle*[1], ou éther méthyl-subérique, $C^{20}H^{18}O^8 = C^{16}H^{12}(C^2H^3)^2O^8$. — Cet éther se prépare avec 2 p. d'acide subérique, 1 p. d'acide sulfurique et 4 p. d'esprit de bois. Il a les mêmes propriétés que le subérate d'éthyle, son homologue. Sa densité est de 1,014 à 18°.

Subérate d'éthyle[2], ou éther subérique, $C^{24}H^{22}O^8 = C^{16}H^{12}(C^4H^5)^2O^8$. — On obtient cet éther en faisant bouillir 2 parties

---

[1] LAURENT (1837), *Ann. de Chim. et de Phys.* LXVI, 160.
[2] LAURENT (1837), *loc. cit.* — BROMEIS, *Ann. der Chem. u. Pharm.* XXXV, 101.

d'acide subérique avec 1 p. d'acide sulfurique et 4 p. d'alcool ; l'éther reste dans la cornue. Ou bien on le prépare en saturant par du gaz chlorhydrique la solution de l'acide subérique dans l'alcool.

Le subérate d'éthyle est très-fluide, incolore ; il possède une odeur très-faible et une saveur qui rappelle celle de la noisette rance. Il est soluble en toutes proportions dans l'alcool et l'éther. Sa densité est de 1,003 à 18° ; il entre en ébullition à 260° environ, et distille sans altération.

L'acide nitrique à froid ne paraît pas l'attaquer ; mais à l'aide de la chaleur il le décompose facilement, et par le refroidissement on obtient de l'acide subérique. L'acide sulfurique concentré le dissout à froid ; à l'aide d'une douce chaleur, il le décompose. La potasse caustique en dissolution dans l'eau ne lui fait presque pas subir d'altération ; mais si la potasse est dissoute dans l'alcool, elle le convertit rapidement en subérate de potasse.

Le *subérate d'éthyle bichloré*, ou éther chlorosubérique, $C^{24}H^{20}Cl^2O^8$ est un produit huileux qu'on obtient en faisant passer à chaud du chlore sur le subérate d'éthyle.

AMIDES SUBÉRIQUES.

Syn. : azotures de subéryle.

§ 1150. Les amides subériques dérivent du type ammoniaque (NH^3, NH^3) ou du type hydrate d'oxyde d'ammonium $(NH^2, 2HO)$ dans lesquels H^2 est remplacé par $(C^8H^6O^2)^2$:

Subéramide . . . . $C^{16}H^{16}N^2O^4 = N^2H^4(C^8H^6O^2)_2$

Diphényl-subéramide, ou

    subéranilide . . . . . . $C^{40}H^{24}N^2O^4 = N^2H^2(C^{12}H^5)^2(C^8H^6O^2)^2$

Ac. phényl-subéramique,

    ou subéranilique . . . . $C^{28}H^{19}N O^6 = N H (C^{12}H^5)(C^8H^6O^2)^2.O \brace HO$

§ 1151. SUBÉRAMIDE [1], $C^{16}H^{16}N^2O^4$. — Lorsqu'on fait passer un courant de gaz ammoniaque dans une solution de subérate d'éthyle dans l'alcool absolu, il se produit un dépôt cristallin qui paraît être la subéramide. On le lave avec un peu d'alcool, et on le fait cristalliser à chaud dans ce liquide.

Phényl-subéramide [2], ou subéranilide, $C^{40}H^{24}N^2O^4$. — Lorsqu'on

[1] LAURENT (1842), *Revue scientif.*, X, 123.
[2] LAURENT et GERHARDT (1848), *Ann. de Chim. et de Phys.*, [3] XXIV, 184.

fait fondre un mélange d'environ volumes égaux d'aniline sèche
et d'acide subérique fondu, il se dégage de l'eau, en même temps
que l'acide se dissout. On maintient le mélange en fusion, pendant dix minutes, à une température voisine de l'ébullition; on y
ajoute ensuite son volume d'alcool, qui le dissout immédiatement;
mais, au bout de quelques secondes, la solution se prend en
masse; on redissout le tout dans l'alcool bouillant et l'on abandonne à cristallisation. La solution se remplit alors de paillettes
de phényl-subéramide; on y ajoute ensuite de l'eau qui en précipite encore davantage, tandis que l'acide phényl-subéramique reste
en dissolution.

La phényl-subéramide se présente en paillettes nacrées qui,
examinées au microscope, présentent des rectangles peu nets.
Elle est fort peu soluble dans l'alcool froid, et tout à fait insoluble dans l'eau. A chaud, l'alcool et l'éther la dissolvent aisément.

Elle fond à 183°, et cristallise par le refroidissement. Elle est
inattaquable par l'ammoniaque et par la potasse bouillante.

Fondue légèrement avec de la potasse solide, elle dégage immédiatement de l'aniline.

Soumise à la distillation, elle donne une huile qui se concrète
par le refroidissement, et laisse un léger résidu de charbon. Le
produit sublimé, dissous dans l'alcool bouillant, donne encore,
par le refroidissement, des paillettes nacrées, mais qui, au microscope, n'ont pas tout à fait le même aspect; elles paraissent légèrement arrondies.

§ 1152. ACIDE SUBÉRAMIQUE. — On ne l'a pas encore obtenu.

§ 1153. *Acide phényl-subéramique*[1], ou acide subéranilique,
$C^{28}H^{19}NO^6$. — La dissolution alcoolique, d'où l'on a précipité la
phényl-subéramide (§ 1149), renferme une grande quantité d'acide
phényl-subéramique; on l'évapore, et, quand l'alcool est chassé,
on voit se séparer une huile brunâtre qui se concrète par le refroidissement. Pour l'avoir pure, on la dissout dans l'ammoniaque
aqueuse et bouillante qui ne dissout pas la petite quantité de matière étrangère (phényl-subéramide); la solution, additionnée
d'acide chlorhydrique, précipite l'acide phényl-subéramique à l'état
incolore.

Si l'on précipite, par un léger excès d'acide chlorhydrique, la

[1] LAURENT et GERHARDT (1848), *loc. cit.*

solution du phényl-subéramate d'ammoniaque, pendant qu'on la maintient en ébullition, l'acide phényl-subéramique se sépare peu à peu, par le refroidissement, sous la forme d'une huile légèrement colorée ; quand la température est suffisamment abaissée, le liquide aqueux cristallise en masse et l'huile se concrète. Les cristaux, examinés au microscope, représentent des lames découpées et dentelées, sans forme régulière.

L'acide phényl-subéramique fond à 128°, et se prend, par le refroidissement, en une masse cristalline ; insoluble dans l'eau froide, il se dissout en petite quantité dans l'eau chaude. La solution réagit acide. L'éther le dissout aisément, et le dépose, par l'évaporation spontanée, en petits prismes qui, vus au microscope, ont l'aspect de fers de lance.

La potasse en fusion en dégage aisément de l'aniline.

Soumis à la distillation sèche, il donne une matière huileuse et épaisse qui se solidifie en partie par le refroidissement ; le chlorure de chaux y décèle la présence de l'aniline. Si l'on traite la matière par une petite quantité d'éther, l'huile se dissout facilement, en laissant une poudre blanche, soluble dans une grande quantité d'alcool ou d'éther bouillants, où elle se dépose à l'état cristallin. Ce produit est insoluble dans la potasse et dans l'ammoniaque bouillante ; mais la potasse en fusion en dégage de l'aniline. C'est donc probablement la phényl-subérimide (subéranile).

La distillation sèche de l'acide phényl-subéramique donne en même temps un abondant résidu de charbon.

L'acide phényl-subéramique se dissout aisément, surtout à chaud, dans l'ammoniaque.

Le *sel d'ammoniaque* cristallise en petits grains, assez solubles dans l'eau ; sa solution aqueuse ne se colore pas par le chlorure de chaux.

Le *sel de baryte* se précipite par le mélange du sel d'ammoniaque avec le chlorure de baryum ; il se dissout dans l'eau bouillante, et se précipite, par le refroidissement, en flocons lanugineux qui, examinés au microscope, ressemblent à des poils enchevêtrés.

Le *sel de chaux* constitue un précipité blanc, soluble dans l'eau chaude, et qu'on obtient avec du chlorure de calcium et du phényl-subéramate d'ammoniaque.

Le *sel de cuivre* s'obtient par double décomposition sous la forme d'un précipité bleu clair, insoluble dans l'eau.

Le *sel de fer* s'obtient sous la forme d'un précipité blanc jaunâtre avec le sulfate ferreux et le phényl-subéramate d'ammoniaque.

Le *sel de plomb* constitue un précipité blanc, insoluble dans l'eau.

Le *sel d'argent*, $C^{28}H^{18}AgNO^6$, est un précipité blanc.

SÉRIE CAPRYLIQUE.

§ 1154. Cette série, dont le pivot est l'acide caprylique, comprend les deux groupes suivants :

Groupe heptylique,
Groupe caprylique.

A ces groupes correspondent des homologues dans les séries supérieures, et dans les séries inférieures à la série caprylique. Dans ces dernières, le groupe heptylique a pour homologues, les groupes méthylique (§ 318), éthylique (§ 738), tritylique (§ 1023), tétrylique (§ 1047), amylique (§ 1078) et hexylique (§ 1133). Le groupe caprylique a pour homologues les groupes formique (§ 126), acétique (§ 424), propionique (§ 899), butyrique (§ 1027), valérique (§ 1056), caproïque (§ 1121) et œnanthylique (§ 1136).

I.

GROUPE HEPTYLIQUE.

§ 1155. C'est le septième (du grec ἑπτά) parmi les groupes homologues renfermant des alcools.

On ne connaît encore aucun corps appartenant à ce groupe d'une manière certaine.

II.

GROUPE CAPRYLIQUE.

§ 1156. On peut y supposer, comme dans les groupes homologues, l'existence d'un radical $C^{16}H^{15}O^2$ (*capryle*).

HYDRURE DE CAPRYLE.

Syn. : aldéhyde caprylique.

Composition : $C^{16}H^{16}O^2 = C^{16}H^{15}O^2,H$.

§ 1157. Ce corps n'a pas encore été isolé. Il est peut-être contenu dans la liqueur huileuse qui accompagne la caprylone dans la distillation sèche du caprylate de baryte. Cette liqueur brunit quand on la chauffe avec la potasse, et donne un miroir métallique avec une solution ammoniacale de nitrate d'argent.

Dérivés méthyliques, éthyliques.... de l'hydrure de capryle.

§ 1158. *Caprylone* [1], ou caprylure d'heptyle, $C^{30}H^{30}O^2 = C^{14}H^{15}$, $C^{16}H^{15}O^2$. — On l'obtient par la distillation sèche du caprylate de baryte. Il est avantageux de distiller ce sel avec un excès d'hydrate de chaux, et d'avoir soin que toute la matière soit promptement portée à une température assez élevée. Il se produit ainsi une liqueur huileuse qui se prend, au bout de quelque temps, en une masse butyreuse. On fait cristalliser celle-ci dans l'alcool bouillant.

Lorsqu'on distille le caprylate de baryte pur, on n'obtient que très-peu de caprylone; le produit est liquide, et ne tient que quelques flocons de caprylone en suspension. En même temps on obtient un résidu fort charbonneux.

La caprylone se présente sous la forme d'une masse cristalline, semblable à la cire de Chine; on peut aussi l'obtenir en aiguilles soyeuses. Elle est sans saveur, et possède une légère odeur cireuse. Elle est plus légère que l'eau, mais elle s'enfonce dans l'alcool de 0,89. Elle est insoluble dans l'eau, très-soluble dans l'éther, l'alcool et les huiles. Elle fond à 40°, et se concrète à 38° en une masse cristalline. Elle bout à 178°, et distille sans altération.

La potasse ne l'attaque pas. L'acide nitrique ne l'attaque pas à froid; mais à chaud la réaction est violente, le produit est jaune, et se dissout dans les alcalis; il donne des sels détonants, et représente évidemment un acide nitré.

---

[1] GUCKELBERGER (1849), *Ann. der Chem. u. Pharm.*, LXIX, 201.

ACIDE CAPRYLIQUE ANHYDRE.

Syn. : caprylate caprylique.

Composition : $C^{32}H^{30}O^6 = C^{16}H^{15}O^3, C^{16}H^{15}O^3$.

§ 1159. On obtient ce corps[1] en traitant le caprylate de baryte par l'oxychlorure de phosphore. On extrait l'acide anhydre de la masse pâteuse par de l'éther bien exempt d'alcool ; après avoir traité la solution éthérée par une lessive faible de potasse caustitique, on la sèche sur du chlorure de calcium, et l'on chasse l'éther par l'évaporation au bain-marie.

L'acide caprylique anhydre est une huile limpide, douée d'une assez grande mobilité, grasse au toucher et plus légère que l'eau. Récemment préparé, il possède une odeur nauséabonde qui offre quelque analogie avec celle des fruits du caroubier, et qui devient très-désagréable quand il commence à s'acidifier. Ses vapeurs irritent fortement la gorge et possèdent une odeur plus aromatique que celle de l'huile froide. Il tache le papier à la manière de toutes les huiles, et brûle avec une flamme lumineuse en répandant très-peu de fumée. Placé dans un mélange de glace et de sel, il se prend en une masse blanche dont la texture cristalline n'est apparente qu'à la loupe. A quelques degrés au-dessous de zéro, il reprend sa fluidité.

Il entre en ébullition à environ 280° ; mais la température s'élève à la fin de la distillation jusqu'à 290°, en même temps que le résidu dans la cornue prend une teinte de plus en plus foncée et se transforme en produits empyreumatiques d'une odeur fétide. Les premières portions qui passent à la distillation sont limpides comme l'eau, et ne paraissent avoir subi aucune altération.

L'eau bouillante est sans action sur l'acide caprylique anhydre ; on peut même le distiller avec de l'eau sans que l'odeur du produit y dénote la présence de l'acide hydraté ; cependant, par un séjour prolongé à l'air humide, il s'hydrate en partie. La potasse le convertit entièrement en caprylate.

L'acide caprylique anhydre donne avec l'aniline une matière cristallisée (§ 1163).

[1] CHIOZZA (1853). *Ann. de Chim. et de Phys.*, [3] XXXIX, 203.

47.

ACIDE CAPRYLIQUE.

Composition : $C^{16}H^{16}O^4 = C^{16}H^{15}O^3,HO$.

§ 1160. Cet acide[1] s'extrait du beurre de vache ou de chèvre, de l'huile de coco, et d'autres matières grasses odorantes, où il est accompagné d'acides homologues, tels que les acides butyrique, caproïque, rutique, etc. Il se produit aussi, comme ces derniers, par l'action de l'acide nitrique sur beaucoup de matières grasses. Il est également contenu dans le fromage.

On peut l'extraire, suivant M. Lerch, du mélange des sels barytiques qu'on obtient dans le traitement du beurre de vache ou de chèvre par la méthode de M. Chevreul (§ 1125); la partie peu soluble qui reste après le traitement de ce mélange par l'eau bouillante se compose de caprylate et de rutate (caprate) de baryte. On traite cette partie peu soluble par une nouvelle quantité d'eau bouillante, de manière à la dissoudre tout à fait, et l'on filtre le liquide bouillant. Pendant le refroidissement, celui-ci se remplit de paillettes brillantes, de rutate de baryte qui se déposent peu à peu; on en décante l'eau-mère, et on la réduit par l'évaporation au quart de son volume; il se produit ainsi un nouveau dépôt de rutate. On purifie ce sel par de nouvelles cristallisations. Les dernières eaux-mères renferment le caprylate de baryte en dissolution; si on les abandonne au soleil, le sel cristallise peu à peu en petits grains ou en mamelons. On le purifie à son tour par de nouvelles cristallisations.

L'huile de coco est plus avantageuse que le beurre de vache pour la préparation de l'acide caprylique. M. Fehling saponifie cette huile avec une lessive de soude bouillante, distille le savon, dans un alambic, avec de l'acide sulfurique dilué (§ 1125), et traite le produit distillé avec de la baryte. On obtient ainsi un mélange de caproate et de caprylate de baryte. Lorsqu'on concentre la solution de ce mélange à une température de quelques degrés inférieure au point d'ébullition du liquide, il se forme à sa surface une croûte saline très-légère, qui atteint rapidement plusieurs millimètres d'épaisseur et qui est un mélange des deux sels. Pour obtenir le caprylate de baryte pur, il ne faut recueillir que les cristaux qui se séparent par le refroidissement du liquide (Chiozza).

---

[1] LERCH (1844), *Ann. der Chem. u. Pharm.*, XLIX, 223. — FEHLING, *ibid.*, LIII, 399.

Pour isoler l'acide caprylique, on décompose son sel de baryte par de l'acide sulfurique dilué.

L'acide caprylique est un liquide onctueux à la température ordinaire, d'une légère odeur de sueur, qui devient plus forte par la chaleur. Il cristallise à 10° en fines aiguilles; l'acide solide fond à 14 ou 15°, ét, si le refroidissement est lent, on remarque la formation de feuillets semblables à la cholestérine. Il bout à 236°; toutefois ce point finit par s'élever à 240°. Il est peu soluble dans l'eau; 100 p. d'eau bouillante n'en dissolvent que 0,25 p. Sa densité à l'état liquide est de 0,99 à 20°; à l'état de vapeur, elle a été trouvée égale à 5,31 à 270°.

Il se dissout en toutes proportions dans l'alcool et dans l'éther.

Lorsqu'on distille l'acide caprylique avec un excès de chaux potassée, il passe des hydrocarbures gazeux, ainsi que des hydrocarbures liquides, homologues du gaz oléfiant (Cahours).

Dérivés métalliques de l'acide caprylique. Caprylates.

§ 1161. L'acide caprylique est un acide monobasique; les caprylates neutres renferment :

$$C^{16}H^{15}MO^4 = C^{16}H^{15}O^3, MO.$$

Les sels à base d'alcali sont très-solubles dans l'eau, tandis que les autres sels sont extrêmement peu solubles ou même tout à fait insolubles. Les acides minéraux en séparent l'acide caprylique sous la forme d'une huile épaisse qui vient nager à la surface du mélange.

Le *sel de potasse* et le *sel de soude* sont incristallisables.

Le *sel de baryte*, $C^{16}H^{15}BaO^4$, cristallise d'une solution faite à chaud, en paillettes brillantes ou en grains incolores. Le sel sec présente un aspect gras. Il ne renferme pas d'eau de cristallisation. 100 p. d'eau n'en dissolvent que 0,79 p. à 10°, et 2 p. à la température de l'ébullition. Le sel est insoluble dans l'alcool et l'éther.

Le *sel de plomb*, $C^{16}H^{15}PbO^4$, est un précipité blanc peu soluble dans l'eau, inaltérable à l'air, et fusible au-dessous de 100°.

Le *sel d'argent*, $C^{16}H^{15}AgO^4$, est un précipité blanc, presque insoluble dans l'eau.

Dérivés méthyliques, éthyliques… de l'acide caprylique.
Éthers capryliques.

§ 1162. Ils représentent[1] des caprylates dont le métal est représenté par du méthyle ou de l'éthyle.

Caprylate de méthyle, $C^{18}H^{18}O^4 = C^{16}H^{15}(C^2H^3)O^4$. — C'est une huile très-aromatique qui se prépare comme le caprylate d'éthyle. Sa densité à l'état liquide est de 0,882 ; à l'état de vapeur, elle a été trouvée égale 5,45.

Caprylate d'éthyle, ou éther caprylique, $C^{20}H^{20}O^4 = C^{16}H^{15}$ $(C^4H^5)O^4$. — Il s'obtient aisément, quand on dissout 1 p. d'acide caprylique dans 1 p. d'alcool et qu'on y ajoute $^1/_2$ p. d'acide sulfurique concentré ; le liquide se trouble, et l'éther s'en sépare au bout de quelques heures. On le lave avec de l'eau et on le dessèche sur le chlorure de calcium.

L'éther caprylique est incolore, fluide, d'une odeur agréable semblable à celle des ananas ; il bout à 214° ; sa densité à l'état liquide est de 0,8738 à 15° ; à l'état de vapeur, elle a été trouvée égale à 6,10.

AZOTURE DE CAPRYLE OU CAPRYLAMIDE.

Composition : $C^{16}H^{17}NO^2. = NH^2(C^{16}H^{15}O^2)$

§ 1163. La caprylamide n'a pas encore été obtenue.

La *phényl-caprylamide*, ou caprylanilide, constitue probablement la matière cristallisée qui se produit par le contact de l'aniline avec l'acide caprylique anhydre (Chiozza).

SÉRIE PÉLARGONIQUE.

§ 1164. Cette série, dont le pivot est l'acide pélargonique, comprend les groupes suivants :

Groupe octylique,
Groupe pélargonique,
Groupe sébacique.

A ces groupes correspondent des homologues dans les séries supérieures, et dans les séries inférieures à la série pélargonique.

---

[1] FEHLING (1845), *loc. cit.*

Dans ces dernières, le groupe octylique a pour homologues les groupes méthylique (§ 318), éthylique (§ 738), tritylique (§ 1023), tétrylique (§ 1047), amylique (§ 1078), hexylique (§ 1133) et heptylique (§ 1155); le groupe pélargonique a pour homologues les groupes formique (§ 126), acétique (§ 424), propionique (§ 899), butyrique (§ 1027) valérique (§ 1056), caproïque (1121), œnanthylique (§ 1136) et caprylique (§ 1156); le groupe sébacique a pour homologues les groupes oxalique (§ 137), succinique (§ 922), pyrotartrique (§ 1045^a), adipique (§ 1073), pimélique (§ 1129) et subérique (§ 1144).

I.

GROUPE OCTYLIQUE.

§ 1165. C'est le huitième (du grec ὀκτώ, huit) des groupes homologues renfermant des alcools.

Les composés octyliques se rattachent au groupe caprylique (§ 1156), en ce qu'ils se transforment par l'oxydation en acide caprylique.

OCTYLÈNE.

Composition : $C^{16}H^{16}$.

§ 1166. Cet hydrocarbure[1] se produit lorsqu'on chauffe l'hydrate d'octyle avec de l'acide sulfurique, ou qu'on le traite par du chlorure de zinc fondu.

On l'obtient aussi, en même temps que des hydrocarbures homologues gazeux, en distillant l'acide pélargonique avec un excès de chaux potassée. Les acides œnanthylique, caprylique, palmitique, margarique, etc. le donnent également, par le même traitement[2]. La plupart des matières grasses paraissent en donner par la distillation sèche.

L'octylène est une huile très-fluide, plus légère que l'eau. Il bout sans décomposition à 125°; la densité de sa vapeur a été trouvée égale à 3,90—3,86. Il brûle avec une très-belle flamme (Bouis).

[1] Bouis, *Compt. rend. de l'Acad.*, XXXIII, 144.

[2] Cahours, *Compt. rend. de l'Acad.*, XXXI, 142. — L'octylène obtenu par l'acide pélargonique avait une densité de 0,708, bouillait entre 106 et 110°, et présentait une densité de vapeur égale à 3,92.

Suivant MM. Pelletier et Walter, le naphte contient un hydro-carbure (*naphtène*) bouillant à 115°, qui est peut-être le même corps.

Dérivés bromés de l'octylène.

§ 1167. Traité par le brome, l'octylène s'échauffe et donne un liquide pesante, contenant $C^{16}H^{16}Br^2$. C'est le *bromure d'octylène* (Cahours).

HYDRATE D'OCTYLE.

Syn. : alcool caprylique.

Composition : $C^{16}H^{18}O^2 = C^{16}H^{17}O, HO$.

§ 1168. Cette substance[1], découverte par M. Jules Bouis, se produit par l'action de la potasse concentrée sur l'huile de ricin ; elle résulte de la décomposition de l'acide ricinoléique, qui, en combinaison avec la glycérine, constitue la partie essentielle de cette huile. Lorsqu'on traite celle-ci par la potasse très-concen-trée, dans une cornue, il distille de l'hydrate d'octyle, tandis qu'il se dégage de l'hydrogène et que le residu retient du sébate de potasse :

$$C^{36}H^{34}O^6 + 2(KO, HO) = C^{20}H^{16}K^2O^8 + C^{16}H^{18}O^2 + 2H.$$

Ac. ricinoléiq.　　　　　Sébate de potasse. Hydr. d'octyle.

Si l'on chauffe doucement l'huile de ricin ou l'acide ricinoléique avec la moitié de son poids d'hydrate de potasse ou de soude so-lide, dans un alambic en cuivre muni de son chapiteau et de son réfrigérant, il s'établit bientôt une réaction très-vive ; celle-ci est même tumultueuse si l'on ne règle pas bien le feu, et le mélange se boursoufle au point de prendre quatre ou cinq fois son volume primitif. L'hydrate d'octyle distille avec de l'eau ; en même temps le récipient se remplit de la vapeur d'une substance bien plus vo-latile et difficile à condenser (Moschnin). On soutire l'eau sur laquelle nage l'hydrate d'octyle, et l'on soumet ce dernier à la rectification ; il laisse un résidu jaune foncé, acide, et d'une nature grasse.

L'huile de ricin fournit environ le cinquième de son poids d'hy-drate d'octyle.

Ce corps constitue un liquide transparent, oléagineux, tachant

[1] J. Bouis (1851), *loc. cit.* — W. MOSCHNIN, *Ann. der. Chem. u. Pharm.*, LXXXVII, 111.

le papier, comme les huiles essentielles, insoluble dans l'eau, soluble dans l'alcool, l'éther, l'éther acétique. Son odeur est aromatique et agréable. Sa densité est égale à 0,823 à 19°; il bout sans décomposition à 180° sous la pression de 760^{mm}. (Bouis ; à 178°, Moschnin). Il brûle avec une belle flamme blanche. La densité de sa vapeur[1] a été trouvée égale à 4,50.

Il a donné à l'analyse[2] :

	Moschnin.			Calcul.
Carbone. . . .	73,45	73,85	73,61	73,84
Hydrogène. . .	13,73	13,76	13,92	13,84
Oxygène. . . .	12,82	12,39	12,47	12,32
	100,00	100,00	100,00	100,00

L'hydrate d'octyle jaunit par le séjour à l'air, et donne ensuite à la distillation un certain résidu.

L'acide sulfurique le dissout avec une couleur rouge en produisant l'acide octyl-sulfurique. A chaud, il le transforme en octylène.

Le chlorure de zinc fondu, en réagissant sur lui, produit plusieurs carbures d'hydrogène, d'une condensation variable; le plus abondant d'entre eux est l'octylène.

Le chlorure de calcium se dissout dans l'hydrate d'octyle, et fournit de très-beaux cristaux transparents , décomposables par l'action de la chaleur ou par l'addition de l'eau en chlorure de calcium et en huile volatile. La combinaison est moins soluble à chaud qu'à froid.

L'action de l'acide nitrique varie suivant son état de concentration ; avec de l'acide étendu, on transforme tout l'hydrate d'octyle en un acide volatil et liquide; par l'action prolongée de l'acide nitrique, on obtient les acides pimélique (§ 1130), lipique (§ 666), succinique (§ 924), butyrique (§ 1035).

---

[1] M. Railton (*The Quart. Journ. of the Chem. Soc.*, VI, 205) fait observer que la substance s'acidifie par l'ébullition au contact de l'air. La densité de vapeur, prise par la méthode ordinaire, a été trouvée égale à 4,535 ; cette densité n'a plus été que de 4,019 quand le ballon avait été rempli d'hydrogène. M. Railton considère ce dernier chiffre comme exact, et admet pour la substance la formule de l'hydrate d'heptyle, C^{14}H^{16}O^{2} (densité calculée = 4,018); en faisant passer du gaz oxygène dans la substance maintenue en ébullition, le même chimiste a pu obtenir beaucoup d'acide œnanthylique. Il est à regretter que l'auteur ne donne pas ses analyses.

[2] M. Bouis n'a pas publié ses analyses.

L'acide acétique et l'acide chlorhydrique transforment l'hydrate d'octyle en éthers particuliers.

La chaux vive, à une température élevée, décompose l'hydrate d'octyle en hydrogène et en carbures d'hydrogène gazeux. La chaux potassée ou sodée n'a pas d'action sur lui à 250°; mais, à une température plus élevée, il y a dégagement d'hydrogène très-pur, et formation d'un acide volatil (caprylique?) qui reste combiné avec la potasse.

ACIDE OCTYL-SULFURIQUE.

Composition : $C^{16}H^{18}S^2O^8 = C^{16}H^{17}O, HO, S^2O^6$.

§ 1169. On obtient ce corps[1] en traitant 2 p. d'hydrate d'octyle par 1 p. d'acide sulfurique concentré; il convient de mélanger peu à peu les deux corps, et de modérer la réaction en refroidissant le mélange; ensuite on l'abandonne pendant quelque temps à une douce chaleur. Il se sépare alors en deux couches, dont la supérieure, colorée en rouge brun, consiste en acide octyl-sulfurique. Après l'avoir étendue d'eau, on la neutralise par le carbonate de chaux, de baryte ou de plomb; on obtient ainsi des octyl-sulfates solubles.

L'acide octyl-sulfurique s'obtient en décomposant l'octyl-sulfate de plomb par l'hydrogène sulfuré. C'est une liqueur fort acide qui dissout le fer et le zinc avec dégagement d'hydrogène.

Le *sel de baryte*, $C^{16}H^{17}BaS^2O^8 + 2$ aq., est un sel extrêmement soluble dans l'eau, surtout à chaud. On l'obtient en beaux cristaux en refroidissant sa solution ou en l'abandonnant sur l'acide sulfurique concentrée; ces cristaux sont flexibles, d'un éclat nacré, d'une saveur amère, et contiennent 2 atomes d'eau (18 p. c.). Si on abandonne la solution du sel dans le vide, on n'obtient que des masses mamelonnées; celles-ci blanchissent entièrement par un repos prolongé dans le vide, rougissent ensuite, et se décomposent en répandant une forte odeur qui excite la toux. La solution du sel se décompose aisément par l'ébullition; le sel sec se décompose à 100° en noircissant, mais sans fondre.

Le *sel de chaux* cristallise en tables incolores, amères et savonneuses au toucher.

Le *sel de plomb* neutre est un corps aisément cristallisable, qu'on

---

[1] BOUIS (1851), *loc. cit.* — MOSCHNIN, *loc. cit.*

obtient en saturant l'acide octyl-sulfurique par du carbonate de plomb; sa solution réagit acide aux papiers. Lorsqu'on le met en digestion avec du massicot, on obtient une solution incolore et alcaline, contenant un *sous-sel de plomb*; cette solution se recouvre à l'air de pellicules de carbonate de plomb, et se transforme de nouveau en sel neutre.

CHLORURE D'OCTYLE.

§ 1170. L'acide chlorhydrique transforme l'hydrate d'octyle en un éther possédant une odeur de fruits très-aromatique. La potasse dédouble ce composé comme les autres éthers (Bouis).

BROMURE D'OCTYLE.

Syn. : bromure de capryle.

§ 1170^a. Lorsqu'on dissout du brome (5 p.) dans l'hydrate d'octyle (8 p.), qu'on traite la liqueur rouge par du phosphore jusqu'à ce qu'elle soit décolorée, et qu'ensuite on la distille, on recueille un produit oléagineux, d'une odeur étourdissante; après l'avoir lavé par une solution faible de carbonate de soude et par l'eau, on le dessèche sur du chlorure de calcium. On obtient ainsi un liquide plus pesant que l'eau, insoluble dans ce liquide, ne mouillant pas le verre, et donnant à chaud, avec la potasse, du bromure de potassium et de l'hydrate d'octyle. Mais ce liquide ne distille pas sans altération; il donne un résidu de charbon, ainsi qu'une huile jaunâtre excitant le larmoiement, et contenant moins de brome que n'en exige la formule du bromure d'octyle (Moschnin).

II.

GROUPE PÉLARGONIQUE.

§ 1171. Il comprend des termes appartenant aux types hydrure, oxyde et chlorure, dans lesquels l'hydrogène est remplacé par le radical $C^{18}H^{17}O^2$ (*pélargyle*).

HYDRURE DE PÉLARGYLE.

Composition : $C^{18}H^{18}O^2 = C^{18}H^{17}O^2, H$.

§ 1172. Ce corps n'a pas encore été isolé.

Dérivés méthyliques, éthyliques... de l'hydrure de pélargyle.

§ 1173. *Pélargone*[1], $C^{34}H^{34}O^2 = C^{18}H^{17}O^2, C^{16}H^{17}$ (pélargylure d'octyle). — Lorsqu'on soumet le pélargonate de baryte à la distillation sèche, il passe une huile brune qui se solidifie par le refroidissement, tandis que du carbonate de baryte reste pour résidu. Le produit ayant été exprimé entre des doubles de papier buvard, on obtient une substance solide qui se dissout aisément dans l'éther, et s'y dépose, par l'évaporation spontanée, sous la forme de larges lames, qui prennent, par la dessiccation, un aspect nacré.

L'acide nitrique fumant attaque vivement la pélargone, en produisant un acide nitré.

ACIDE PÉLARGONIQUE ANHYDRE.

Syn. : pélargonate pélargonique.

Composition : $C^{36}H^{34}O^6 = C^{18}H^{17}O^3, C^{18}H^{17}O^3.$

§ 1174. On l'obtient[2] par le même procédé que ses homologues, au moyen du pélargonate de baryte et de l'oxychlorure de phosphore.

Il constitue une huile incolore plus légère que l'eau ; son odeur, très-faible à froid, rappelle celle du beurre rance ; mais, quand on le place dans l'eau bouillante, il communique à la vapeur aqueuse une odeur aromatique légèrement vineuse, qui n'a rien de désagréable.

Chauffé seul sur une lame de verre, il répand des vapeurs âcres qui sentent la graisse brûlée et qui irritent la gorge.

L'eau ne l'acidifie que très-lentement, et les solutions alcalines n'opèrent aussi qu'avec lenteur sa transformation en acide hydraté. Il se prend, à la température de 0°, en une masse de fines aiguilles qui se liquéfient de nouveau à 5°.

§ 1175. *Acide benzo-pélargonique anhydre*[3], benzoate de pélargyle ou pélargonate de benzoïle, $C^{32}H^{22}O^6 = C^{18}H^{17}O^3, C^{14}H^5O^3.$ — La préparation de cette substance est tout à fait semblable à celle du valérate de benzoïle (§ 1063) ; seulement, quand on opère sur le pélargonate de baryte, il faut reprendre d'abord par l'eau pure,

[1] CAHOURS (1850), *The Quart. Journ. of the Chemic. Society*, III, 240.
[2] CHIOZZA (1853), *Ann. de Chim. et de Phys.*, [3] XXXIX, 207.
[3] CHIOZZA (1853), *loc. cit.*

puis par l'éther, et enfin traiter la solution éthérée, après l'avoir décantée, par une solution de carbonate de potasse. On évite de cette
manière la formation du carbonate de baryte, qui aurait l'inconvénient de retenir mécaniquement une grande partie du pélargonate de benzoïle.

Cette substance est une huile limpide, plus pesante que l'eau,
et fort semblable à l'acide pélargonique anhydre par ses propriétés
physiques. A quelques degrés au-dessous de 0°, elle se transforme
en une masse butyreuse qui reprend sa fluidité dès qu'on la sort du
mélange réfrigérant. Quand on la chauffe, elle émet des vapeurs
excessivement âcres, et se décompose à une température élevée en
acide benzoïque et en acide pélargonique anhydres, ainsi qu'en
d'autres produits provenant de la décomposition de ce dernier
corps. Les alcalis transforment le pélargonate de benzoïle en pélargonate et en benzoate.

ACIDE PÉLARGONIQUE.

Composition : $C^{18}H^{18}O^4 = C^{18}H^{17}O^3, HO$.

§ 1176. Cet acide[1] a été extrait pour la première fois des
feuilles de géranium (*Pelargonium roseum*). Il se produit fréquemment par l'oxydation des matières grasses et d'autres substances sous l'influence de l'acide nitrique.

Pour l'extraire du géranium, on distille cette plante avec de
l'eau; le liquide qui passe est recouvert d'une huile qui est un
mélange d'acide pélargonique et d'une matière volatile neutre. On
sature ce liquide par l'hydrate de baryte, et on le fait bouillir
dans un vase distillatoire, jusqu'à ce que l'huile volatile ait passé.
On dessèche le sel de baryte, et on le traite par l'alcool bouillant,
qui dissout le pélargonate et le dépose, par le refroidissement, à
l'état cristallisé. On en extrait l'acide pélargonique en le décomposant par l'acide sulfurique ou l'acide phosphorique.

Je prépare l'acide pélargonique au moyen de l'essence de rue
(§ 1204) et de l'acide nitrique étendu de son volume d'eau. On
chauffe légèrement parties égales des deux substances; au commencement la réaction est assez vive, au point qu'on peut retirer
la matière du feu sans que la réaction s'arrête; dès qu'elle s'est calmée, on porte à l'ébullition, en cohobant à plusieurs reprises jusqu'à

---

[1] REDTENBACHER (1846), *Ann. der Chem. u. Pharm.* LIX, 52. — GERHARDT, *Ann.*
de Chim. et de Phys., XXIV, 107.

ce qu'il n'y ait presque plus de vapeurs rouges. On décante l'huile acide, on la lave avec de l'eau, et on la traite par une lessive de potasse ; celle-ci sépare une certaine quantité d'une huile non acide, d'une odeur extrêmement âcre. On décompose la solution potassique par l'acide sulfurique, qui met en liberté un acide huileux ; celui-ci, toutefois, est souillé d'une matière résineuse qui colore tous les sels et les rend presque incristallisables : il faut donc purifier l'acide par la distillation. L'acide rectifié est traité par de la baryte caustique : on lave à l'eau froide le produit pour enlever l'excédant de baryte, puis on le fait bouillir avec de l'alcool. La solution, filtrée, se prend alors en une masse de paillettes nacrées de pélargonate de baryte. On en extrait l'acide pélargonique au moyen de l'acide sulfurique étendu.

Si, dans la préparation précédente, on emploie de l'acide nitrique plus concentré, on obtient des homologues de l'acide pélargonique appartenant à des séries inférieures. Dans certaines circonstances on obtient aussi une combinaison d'acide pélargonique et de bioxyde d'azote (§ 1182).

L'acide pélargonique est une huile incolore, d'une odeur faible rappelant celle de l'acide butyrique. Il se prend par le froid en une masse cristalline. Il est peu soluble dans l'eau, mais fort soluble dans l'alcool et l'éther. Il bout d'une manière constante à 260°, et distille sans altération.

Le perchlorure de phosphore l'attaque vivement et le convertit en chlorure de pélargyle.

Lorsqu'on soumet à la distillation, à une température voisine du rouge, un mélange d'acide pélargonique avec cinq fois son poids de chaux potassée, il passe un mélange gazeux composé d'hydrogène, d'hydrure de méthyle, d'éthylène, de tritylène et de tétrylène, ainsi qu'une huile bouillant entre 105 et 110°, et composée en plus grande partie d'octylène $C^{16}H^{16}$ (Cahours).

§ 1177. MM. Liebig et Pelouze[1] désignent sous le nom d'*acide œnanthique*, $C^{14}H^{14}O^3$, un acide que ces chimistes ont extrait d'un éther particulier (§ 1181) auquel les vins doivent leur odeur caractéristique. Suivant M. Delffs[2], cet acide œnanthique ne serait autre que l'acide pélargonique ; cette identité semble réelle si

[1] Liebig et Pelouze (1836), *Ann. der Chem. u. Pharm.*, XIX, 241.

[2] Delffs, *Ann. de Poggend.*, LXXXIV, 505 ; en extrait, *Ann. de Chim. et de Phys*, [3] XXXIV, 328.

l'on compare entre eux les principaux caractères et la composition des deux substances ; il y a cependant un point essentiel qui n'est point favorable à cette identité, c'est la manière dont l'acide œnanthique se comporte sous l'influence de la chaleur ; en effet, suivant MM. Liebig et Pelouze, il se dédoublerait, dans ces circonstances, en eau et en acide anhydre $C^{14}H^{13}O^2$, tandis que l'acide pélargonique distille parfaitement sans se décomposer.

MM. Pelouze et Liebig obtiennent l'acide œnanthique en traitant l'éther œnanthique par un alcali, et en décomposant le produit par l'acide sulfurique. L'acide œnanthique ainsi obtenu doit être lavé avec beaucoup de soin à l'eau chaude. On peut ensuite le sécher, soit en l'agitant avec du chlorure de calcium, soit en l'exposant dans le vide sur de l'acide sulfurique.

A la température de $13°,2$ l'acide œnanthique est entièrement incolore, et présente une consistance butyreuse ; mais, à une température supérieure, il fond et forme une huile incolore, sans saveur ni odeur, qui rougit le tournesol, se dissout facilement dans les alcalis caustiques et dans les carbonates alcalins. Il se dissout aisément dans l'éther et dans l'alcool.

L'analyse de l'acide œnanthique a donné :

	Liebig et Pelouze.			Formule de l'acide pélargonique.
Carbone. . .	68,6	68,9	67,5	68,35
Hydrogène. .	11,6	»	11,6	11,40

MM. Liebig et Pelouze expriment les résultats précédents par les rapports $C^{14}H^{14}O^3$. Lorsque, suivant ces chimistes, on soumet l'acide œnanthique à la distillation, il passe d'abord un mélange d'eau et d'acide non altéré, puis de l'acide œnanthique anhydre $C^{14}H^{13}O^2$; ce dernier commence à bouillir à $260°$, mais finalement le point d'ébullition s'élève à $295°$, température à laquelle l'acide anhydre se colore légèrement. Le point de fusion de cet acide anhydre est aussi plus élevé que celui de l'acide hydraté ; l'acide anhydre fondu se concrète déjà à $31°$. L'analyse de ce composé a donné :

	Liebig et Pelouze.	
Carbone.	73,30	74,29
Hydrogène. . . .	12,20	12,18

Derivés métalliques de l'acide pélargonique. Pélargonates.

§ 1178. Les pélargonates neutres renferment
$$C^{18}H^{17}MO^4 = C^{18}H^{17}O^3, MO.$$

Le *pélargonate d'ammoniaque* renferme probablement $C^{18}H^{17}$ $(NH^4)O^4$. Délayé dans l'ammoniaque et chauffé légèrement, l'acide pélargonique donne une masse gélatineuse et transparente, qu'on prendrait pour de la silice; à chaud, et par l'addition d'une plus grande quantité d'eau, cette masse se redissout, en donnant une solution laiteuse comme de l'eau de savon; par le refroidissement, la solution se prend en une gelée semblable à de l'empois d'amidon, et fort soluble à froid dans l'alcool.

Le *pélargonate de potasse* et le *pélargonate de soude* sont des sels cristallisables.

Le *pélargonate de baryte*, $C^{18}H^{17}BaO^4$, cristallise en paillettes nacrées, semblables à la cholestérine; il est bien moins soluble dans l'eau et l'alcool que le valérate et l'œnanthylate à même base, mais il est plus soluble que le caprate. Il ne renferme pas d'eau de cristallisation. Soumis à la distillation sèche, il donne de la pélargone (§ 1173).

Le *pélargonate de strontiane* est un sel peu soluble dans l'eau, et cristallisable en lames nacrées.

Le *pélargonate de cuivre* renferme, à 100°, $C^{18}H^{17}CuO^4 + 2$ aq. (19,3 p. c. de cuivre). Une dissolution alcoolique de pélargonate d'ammoniaque étant mélangée avec une solution aqueuse de nitrate de cuivre, il se forme un abondant précipité bleu verdâtre, soluble dans l'alcool bouillant. Quand on évapore la solution alcoolique, on voit apparaître, après l'expulsion de la plus grande partie de l'alcool, des gouttes huileuses, colorées en vert, et qui se concrètent par le refroidissement; bouilli avec de l'alcool, ce produit dépose, par le refroidissement, des grains cristallins, bleu verdâtre, qui présentent la composition indiquée.

Le *pélargonate d'argent*, $C^{18}H^{17}AgO^4$, se précipite sous la forme d'une masse blanche et caillebottée, peu soluble dans l'eau, même bouillante.

§ 1179. Nous avons dit que M. Delffs admet l'identité de l'acide pélargonique et de l'acide œnanthique. Toutefois les caractères que MM. Pelouze et Liebig attribuent aux *œnanthates* diffèrent en quelques points de ceux des pélargonates.

Suivant ces derniers chimistes, les œnanthates se décomposent aisément, et s'obtiennent difficilement à l'état de pureté.

Le *sel de potasse* s'obtient lorsqu'on neutralise une dissolution chaude d'acide œnanthique avec de la potasse, jusqu'à ce que la liqueur ne manifeste ni réaction acide ni réaction alcaline ; la liqueur se prend, par le refroidissement, en une masse pâteuse formée d'aiguilles extrêmement fines et d'un éclat soyeux après la dessiccation.

Le *sel de soude* s'obtient lorsqu'on dissout à chaud l'acide œnanthique dans du carbonate de soude, qu'on évapore la dissolution à siccité et qu'on reprend par l'alcool ; la dissolution se prend, par le refroidissement, en une masse gélatineuse. Elle précipite en blanc le nitrate d'argent et l'acétate de plomb.

Le *sel de baryte*, séché à 100°, a donné à M. Delffs 33,84—33, 89 p. c. de baryte, c'est-à-dire la quantité contenue dans le pélargonate à même base (calcul 33,78 p. c.)

Le *sel de cuivre* se précipite lorsqu'on mélange une solution chaude d'acétate de cuivre dans l'alcool avec une solution d'acide œnanthique dans le même liquide. Le précipité s'agglutine dans l'eau bouillante, mais, après le refroidissement, il constitue une masse dure et friable. Si l'on traite celle-ci par l'alcool bouillant, elle se dédouble en deux corps, dont l'un, à peine soluble dans l'alcool, reste comme résidu, tandis que l'autre se dissout et se dépose par le refroidissement de la liqueur bouillante ; suivant MM. Liebig et Pelouze, le premier renferme 28,39 p. c., le second 18,79 p. c. d'oxyde de cuivre.

Le *sel de plomb* a donné, aux mêmes chimistes, dans deux expériences, 38,8 et 39,4 p. c. de plomb.

Le *sel d'argent* leur a donné 35,4 et 35,8 p. c. d'argent. M. Delffs y a trouvé : 41,0 carbone, 6,5 hydrogène, 39,4—40,5—40,4 argent. Ces derniers rapports correspondent sensiblement à la composition du pélargonate d'argent.

Les divergences qu'on remarque entre les dosages précédents conduisent à penser que l'acide qui constitue l'éther œnanthique n'est pas le même pour tous les vins, et que très-probablement MM. Pelouze et Liebig ont eu entre les mains un corps différent de celui-ci sur lequel M. Delffs a expérimenté.

Dérivés méthyliques, éthyliques de l'acide pélargonique.
Éthers pélargoniques.

§ 1180. *Pélargonate d'éthyle* [1], $C^{22}H^{22}O^4 = C^{18}H^{17}(C^4H^5)O^4$. — Lorsqu'on dirige un courant de gaz chlorhydrique dans une solution alcoolique d'acide pélargonique, il se sépare à la surface de la liqueur une huile qui constitue le pélargonate d'éthyle. Après l'avoir lavée au carbonate de soude et à l'eau, on la dessèche sur du chlorure de calcium et on la rectifie.

On obtient aussi le pélargonate d'éthyle par la réaction de l'alcool et du chlorure de pélargyle.

Le pélargonate d'éthyle est incolore, d'une densité de 0,86. Il bout entre 216 et 218°. Une solution concentrée de potasse caustique le dédouble en alcool et en pélargonate alcalin.

§ 1181. MM. Liebig et Pelouze ont extrait du vin un éther particulier auxquels ces chimistes donnent le nom d'*éther œnanthique,* et que M. Delffs considère comme identique avec le pélargonate d'éthyle.

On sait qu'un mélange d'alcool et d'eau, dans les mêmes proportions que celles que présente le vin, n'a pour ainsi dire aucune odeur, tandis qu'on peut distinguer avec la plus grande facilité s'il y a eu du vin dans une bouteille vide qui en renferme à peine encore quelques gouttes. Cette odeur caractéristique que tous les vins présentent à un degré plus ou moins marqué est produite par l'éther dont nous parlons. Lorsqu'on soumet à la distillation de grandes quantités de vin, on obtient à la fin de l'opération une petite quantité d'une substance huileuse qui est cet éther; on recueille également cette substance dans la distillation de la lie de vin, particulièrement de celle qui se dépose au fond des tonneaux après que la fermentation a commencé.

On se procure l'éther œnanthique en distillant la lie de vin avec la moitié de son volume d'eau, en prenant les précautions nécessaires pour que la matière ne se carbonise pas. Le produit brut renferme toujours un peu d'acide œnanthique (§ 1177) dont on le dépouille par des lavages au carbonate de soude.

Ainsi purifié et desséché, l'éther œnanthique est très-fluide, d'une odeur de vin extrêmement forte et qui est presque enivrante quand

---

[1] CAHOURS (1850), *loc. cit.*

on la respire de près. Sa saveur est très-forte et désagréable. Il se dissout facilement dans l'éther et dans l'alcool, même quand ce dernier est assez étendu ; l'eau ne le dissout pas sensiblement. Sa densité est de 0,862 (Lieb. et Pel.; de 0,8725 à 15°,5, Delffs). Il bout entre 225 à 230° (Lieb. et Pel.; à 224°, Delffs ; le pélargonate d'éthyle bout entre 216 à 218°, Cahours). La densité de sa vapeur a été trouvée égale à 10,508 (Lieb. et Pelouze, ou plutôt 9,8 en corrigeant ce nombre d'après les nouveaux cœfficients de dilatation; Delffs a trouvé 7,04 à 270°; le calcul exige 6,45).

Les analyses de l'éther œnanthique ont donné :

	Liebig et Pelouze.			Delffs.		$C^{18}H^{18}O^3$	$C^{22}H^{22}O^4$
Carbone . . .	70,6	71,5	71,0	70,6	70,5	72,0	71,0
Hydrogène . .	11,8	11,9	12,1	11,8	11,8	12,0	11,8
Oxygène . . .	17,6	16,6	16,9	17,6	17,7	16,0	17,2
	100,0	100,0	100,0	100,0	100,0	100,0	100,0

Les carbonates alcalins n'attaquent pas sensiblement l'éther œnanthique ; mais les alcalis caustiques le décomposent immédiatement en alcool et en œnanthate (pélargonate ?).

L'éther œnanthique chloré [1] se produit par l'action du chlore sur l'éther œnanthique ; il se dégage beaucoup d'acide chlorhydrique, et l'on obtient un liquide sirupeux, peu soluble dans l'alcool, d'une odeur agréable, d'une saveur amère et repoussante, d'une densité de 1,2912 à 16°. Ce produit se décompose par la distillation en dégageant de l'acide chlorhydrique et en déposant du charbon. Soumis à l'analyse, il a donné les résultats suivants :

	Malaguti.	
Carbone. . . .	37,04	37,27
Hydrogène. . .	5,36	5,24
Chlore.	48,64	48,49

M. Malaguti déduit de ces nombres les relations $C^{18}H^{14}Cl^4O^3$.

Une dissolution aqueuse de potasse attaque peu à peu l'éther chlorœnanthique, et finit par le dissoudre complétement. Si l'on y ajoute alors un acide minéral, il se précipite une huile chlorée, tandis que de l'acide acétique et de l'acide chlorhydrique restent en dissolution. Cette huile chlorée (*acide chlorœnanthique*) est incolore et sans odeur ; elle a une saveur désagréable et une réaction acide ; elle est très-fluide, se décompose avant d'entrer en ébullition

---

[1] MALAGUTI (1849), *Ann. de Chim. et de Phys.*, LXX, 363.

et forme des sels avec les bases métalliques. Ces sels se décomposent déjà pendant les lavages.

L'huile chlorée a donné à l'analyse :

	Malaguti.		
Carbone. . . .	43,22	43,80	43,40
Hydrogène. . . .	6,33	6,41	6,56
Chlore.	36,18	35,99	36,29

M. Malaguti déduit des nombres précédents les relations $C^{14}H^{12}Cl^2O^3$.

Dérivés nitriques de l'acide pélargonique.

§ 1182. *Combinaison de l'acide pélargonique avec le bioxyde d'azote, $C^{18}H^{18}O^4$, 2 NO^2.* — Cette combinaison a été obtenue par M. Chiozza [1] dans les circonstances suivantes : de l'essence de rue fut traitée par son poids d'acide nitrique du commerce étendu de son volume d'eau; dans une autre opération, on employa de l'acide nitrique concentré, mais les résultats furent les mêmes. Après trois à quatre heures d'ébullition, la couche huileuse qui nageait au-dessus de l'acide fut décantée, soumise au lavage et enfin traitée par une lessive de potasse caustique. Il se forma aussitôt une espèce d'émulsion sirupeuse fortement colorée, et tenant en suspension un précipité cristallin qui s'accrut par l'addition d'une plus grande quantité d'eau. La liqueur fut filtrée, et le liquide clair fut consacré à la préparation de l'acide pélargonique qui constitue la plus grande partie du produit; quant au précipité, il fut traité d'abord par l'éther pour le débarrasser d'une huile neutre dont il était souillé, puis soumis à plusieurs cristallisations dans l'alcool.

Le précipité ainsi purifié représente le sel de potasse d'un acide azoté particulier qui renferme les éléments de l'acide pélargonique et du bioxyde d'azote.

Pour isoler cet acide azoté, on n'a qu'à dissoudre le sel de potasse dans l'eau bouillante et à décomposer la solution par un acide minéral étendu; l'acide azoté se rend alors au fond sous la forme d'une huile très-pesante, légèrement colorée en jaune, et douée d'une légère odeur qui ne présente aucune analogie avec celle de l'acide pélargonique. Il suffit de le laver à l'eau bouillante et de le sécher au bain-marie pour l'obtenir tout à fait pur.

[1] Chiozza (1852), *Compt. rend. de l'Acad*, XXXV, 797.

On ne peut pas le dessécher sur du chlorure de calcium, car ce sel le dissout en petite quantité.

Il produit sur le linge une tache jaune, et sur le papier une tache grasse qui disparaît par la chaleur. Quand on en chauffe une petite quantité dans un tube à essais, il arrive un moment où il se produit, presque d'une manière instantanée, un abondant dégagement de bioxyde d'azote, mélangé de gaz combustibles.

L'analyse de cet acide azoté a donné les nombres suivants.

	Chiozza.	Calcul.
Carbone.	48,5	48,5
Hydrogène. . .	8,4	8,2
Azote.	13,3	12,8

Tous les sels de cet acide sont très-peu solubles dans l'eau froide.

Le *sel d'ammoniaque* cristallise en lamelles allongées, très-brillantes. Un papier imbibé de l'acide azoté se colore en jaune et perd sa translucidité, quand on le plonge dans une solution d'ammoniaque, étendue de plus de mille fois son volume d'eau.

Le *sel de potasse* se présente sous la forme de magnifiques tables carrées, d'une belle couleur jaune, et douées de beaucoup d'éclat; il est très-peu soluble à froid dans l'alcool et dans l'eau, mais il se dissout aisément dans ces liquides bouillants. Quand on le chauffe brusquement, il fuse comme un mélange de nitre et de charbon, en laissant pour résidu du carbonate de potasse.

Le *sel de soude* s'obtient en beaux feuillets jaunes, semblables au sel de potasse; une solution de sel de soude saturée à l'ébullition le dépose presqu'en totalité, par le refroidissement.

Le *sel de baryte*, $C^{18}H^{17}BaO^4$, $2NO^2$, se présente sous la forme d'une poudre jaune très-légère, renfermant 23,3 p. c. de baryum.

Le *sel d'argent*, $C^{18}H^{17}AgO^4$, $2NO^2$, ressemble au sel de baryte, et a donné à l'analyse 33,6 p. c. d'argent. Quand on le chauffe à l'air, il s'enflamme et brûle avec une flamme verdâtre, en laissant un résidu d'argent pur.

CHLORURE DE PÉLARGYLE.

Composition : $C^{18}H^{17}O^2Cl$.

§ 1183. On l'obtient[1] par l'acide pélargonique et le perchlorure de phosphore. Cet agent attaque vivement l'acide pélargonique, en dégageant d'abondantes fumées d'acide chlorhydrique : si l'on opère dans une cornue, il distille un liquide incolore qui est un mélange de chlorure de pélargyle et d'oxychlorure de phosphore. On rectifie ce produit en rejetant les premières portions, et jusqu'à ce que le point d'ébullition du liquide soit stationnaire.

Le chlorure de pélargyle est un liquide plus pesant que l'eau, d'une odeur suffocante; il répand à l'air d'épaisses fumées. Il bout à 220°. Il s'échauffe considérablement avec l'alcool, en produisant du pélargonate d'éthyle.

III.

GROUPE SÉBACIQUE.

§ 1184. Il ne comprend jusqu'à présent que l'acide sébacique, les amides sébaciques, et quelques dérivés.

Les composés sébaciques se rattachent aux composés oléiques (*Série palmitique*) par l'action que l'acide oléique éprouve sous l'influence de la chaleur, qui le convertit en acide sébacique.

ACIDE SÉBACIQUE.

Syn. : acide pyroléique.

Composition : $C^{20}H^{18}O^8 = C^{20}H^{16}O^6, 2 HO$.

§ 1185. Lorsqu'on épuise par l'eau bouillante le produit de la distillation des corps gras, il se précipite dans l'extrait, par le refroidissement, des cristaux feuilletés et minces d'acide sébacique[2]; M. Thénard les a le premier observés. Comme, suivant les expériences de M. Redtenbacher, c'est l'oléine et l'acide oléique qui produisent ce composé, il faut employer, pour cette préparation de l'huile d'olive ou de l'acide oléique brut, tel qu'on l'ob-

---

[1] CAHOURS (1850), *loc. cit.*

[2] THÉNARD, *Ann. de Chimie*, XXXIX, 193. — DUMAS et PÉLIGOT, *Ann. de Chim. et de Phys.*, LVII, 332. — REDTENBACHER, *Ann. der Chem. u. Pharm.*, XXXV, 188. J. BOUIS, *Compt. rend. de l'Acad.*, XXXIII, 141.

tient comme produit accessoire dans la fabrication des bougies stéariques.

Lorsqu'on distille l'oléine ou l'acide oléique, il passe dans le récipient de l'eau acide, des acides gras et des hydrocarbures huileux. On fait bouillir le produit de la distillation avec de l'eau, et on le filtre bouillant. La première infusion se prend ordinairement en masse par le refroidissement; on répète les traitements à l'eau bouillante, jusqu'à ce que les liqueurs ne déposent plus rien par le refroidissement. Les cristaux ainsi obtenus sont légèrement colorés et d'une odeur empyreumatique; on les dissout dans une solution de carbonate de soude, de manière à saturer complétement l'acide, et on fait bouillir la liqueur avec du charbon animal, pour la décolorer. On évapore le liquide filtré au bain-marie jusqu'à siccité, on pulvérise le résidu, et on le traite à une douce chaleur par de l'alcool anhydre, qui enlève la petite quantité de caprylate et de rutate (caprate) de potasse qu'il peut contenir. On redissout dans l'eau le résidu insoluble; on porte la liqueur à l'ébullition, et on y ajoute un léger excès d'acide chlorhydrique. L'acide sébacique se dépose alors par le refroidissement. On le purifie par de nouvelles cristallisations dans l'eau bouillante.

Le procédé précédent ne donne que des quantités minimes d'acide sébacique, et il est infiniment préférable, pour la préparation de cet acide, de traiter l'huile de ricin par de la potasse très-concentrée. En effet, d'après les expériences de M. Bouis, l'acide ricinolique qui, en combinaison avec la glycérine, constitue en plus grande partie cette huile, se dédouble par la potasse en acide sébacique et en hydrate d'octyle, avec dégagement d'hydrogène (Voy. § 1191).

L'acide sébacique se présente sous la forme de lamelles ou d'aiguilles blanches, nacrées, fort légères, qui ressemblent à l'acide benzoïque. Il a une saveur acide et rougit légèrement le tournesol, ne perd rien de son poids à 100°, fond à 127°, se prend par le refroidissement en une masse cristalline, et se sublime à une température plus élevée. L'acide fondu a une densité de 1,1317. Sa vapeur irrite le palais et présente l'odeur particulière à tous les corps gras.

Il est peu soluble dans l'eau froide et très-soluble dans l'eau chaude; il est également très-soluble dans l'alcool, l'éther et les huiles grasses.

Quand on le fait fondre avec de l'hydrate de potasse, il développe de l'hydrogène et donne un sel d'où l'acide sulfurique expulse un acide volatil et liquide (Gerhardt).

Le chlore l'attaque au soleil en donnant des produits chlorés (§ 1189).

L'acide nitrique n'agit que fort lentement sur l'acide sébacique ; toutefois, après une ébullition de plusieurs jours, on parvient à en transformer quelques grammes en un acide blanc et cristallin, qui, suivant M. Schlieper, présente la composition et tous les caractères de l'acide pyrotartrique[1] :

$$C^{20}H^{18}O^8 + O^{10} = 2\,C^{10}\,H^8O^8 + 2\,HO.$$
Ac. sébaciq.   Ac. pyrotartriq.

Suivant M. Carlet, l'acide nitrique transforme l'acide sébacique en acide succinique.

M. Bouis pense qu'au point de vue industriel, l'acide sébacique pourrait avoir des applications utiles. Son point de fusion élevé et sa combustion facile permettraient de l'associer à des substances plus fusibles pour la fabrication des bougies.

§ 1186. M. Mayer a décrit sous le nom d'*acide ipomique*[2] une substance qui présente la même composition que l'acide sébacique.

Cet acide ipomique a été obtenu par l'action de l'acide nitrique sur un dérivé de la résine de jalap, l'acide rhodéorétique, qui se produit par l'action des bases sur cette résine.

A part le point de fusion qui est à 104°, tous les caractères de l'acide ipomique s'accordent avec ceux de l'acide sébacique. Il se présente sous la forme d'aiguilles extrêmement fines, sublimables, fusibles, et dont la vapeur est âcre comme celle des acides gras. Il devient électrique par le frottement. Il est peu soluble dans l'eau froide, fort soluble dans l'eau bouillante, dans l'alcool et dans l'éther.

Les ipomates alcalins sont fort solubles dans l'eau. Le sel de baryte est peu soluble dans l'eau et l'alcool ; le sel de chaux est presque insoluble. Le chlorure de calcium donne avec l'ipomate d'ammoniaque un précipité qui devient cristallin au bout de quelque temps. Les autres réactions sont aussi les mêmes que celles des sébates.

[1] SCHLIEPER, *Ann. der Chem. u. Pharm.*, LXX, 121.
[2] MAYER, *Ann. der Chem. u. Pharm*, LXXXIII, 143.

Dérivés métalliques de l'acide sébacique. Sébates.

§ 1187. L'acide sébacique est un acide bibasique. Il existe des sébates neutres et des sébates acides :

Sébates neutres. . . $C^{20}H^{16}M^2O^8 = C^{20}H^{16}O^6, 2\,MO.$

Sébates acides. . . $C^{20}H^{17}M\,O^8 = C^{20}H^{16}O^6,\ \begin{matrix} MO \\ HO \end{matrix}$

Les sels à base d'alcali ou de terre alcaline sont solubles dans l'eau ; les autres sébates se précipitent par double décomposition.

A part le bisel d'ammoniaque, les sébates acides se décomposent aisément.

Le *sel d'ammoniaque neutre* est fort soluble dans l'eau, cristallise d'une manière confuse et perd de l'ammoniaque par la dessiccation. Le *sel acide* forme des cristaux plumiformes, peu solubles dans l'alcool.

Le *sel de potasse*, $C^{20}H^{16}K^2O^8$, s'obtient en neutralisant le carbonate de potasse par l'acide sébacique. Il cristallise de sa solution concentrée en petits mamelons fort solubles dans l'eau, non déliquescents, et peu solubles dans l'alcool absolu.

Le *sel de soude* cristallise comme le sel de potasse, mais il est moins soluble dans l'eau.

Le *sel de chaux* renferme $C^{20}H^{16}Ca^2O^8$ (à 100°). Le chlorure de calcium donne, avec le sébate d'ammoniaque, un précipité de sébate de chaux assez peu soluble dans l'eau. Sa solution étendue cristallise, par l'évaporation spontanée à l'air, en paillettes blanches, très-fines et brillantes.

Le *sel de fer* (ferrique), préparé par double décomposition, est un précipité couleur de chair. Traité par du carbonate d'ammoniaque, il se décompose : une partie du sel ferrique reste en dissolution, tandis qu'une autre partie se change en sous-sel. La solution est rouge. Le sel neutre fond par la chaleur, et se décompose ensuite en se boursouflant.

Le *sel de cuivre* est un précipité bleu verdâtre. L'eau-mère, soumise à l'évaporation spontanée, forme à la surface une croûte verte de grains cristallins. Le sel fond par la chaleur avant de se décomposer.

Le *sel de plomb* est un précipité blanc qui, traité par de l'ammoniaque, cède une partie de l'acide, en laissant un sous-sel.

Le *sel d'argent*, $C^{20}H^{16}Ag^2O^8$, est un précipité blanc et caillebotté qu'on obtient à l'aide du sébate d'ammoniaque et d'un sel d'argent. Il est fort peu soluble dans l'eau ; quand on le chauffe dans un tube de verre, il donne de l'argent métallique et un sublimé blanc cristallin.

Le *sel de mercure* se précipite, quand on traite une solution de nitrate mercureux, soit par l'acide sébacique, soit par un sébate soluble.

Dérivés méthyliques, éthyliques... de l'acide sébacique.
Éthers sébaciques.

§ 1188. *Sébate de méthyle*[1], ou éther méthyl-sébacique, $C^{24}H^{22}O^8 = C^{20}H^{16}(C^2H^3)^2O^8$. — Pour obtenir ce corps, on dissout de l'acide sébacique dans l'acide sulfurique concentré, et l'on verse peu à peu de l'esprit de bois dans la liqueur, en l'agitant et en la maintenant dans de l'eau froide, afin d'éviter l'élévation de la température. On ajoute beaucoup d'eau à la liqueur, de manière à en séparer le sébate de méthyle ; on lave celui-ci d'abord avec de l'eau alcalisée, puis avec de l'eau pure, et on le fait cristalliser dans l'alcool.

Le sébate de méthyle est solide à la température ordinaire ; il fond à $25°,5$, et cristallise en belles aiguilles en se solidifiant. Plus pesant que l'eau quand il est solide, il devient plus léger dès qu'il est fondu. Son odeur est extrêmement faible. Il bout à $285°$ sans s'altérer.

La potasse caustique le décompose en sébate de potasse et en hydrate de méthyle.

L'ammoniaque le transforme en sébamide.

Sébate d'éthyle[2], ou éther sébacique, $C^{28}H^{26}O^8 = C^{20}H^{16}(C^4H^5)^2O^8$. — On l'obtient aisément en dissolvant de l'acide sébacique dans peu d'alcool, faisant passer du gaz chlorhydrique dans la solution jusqu'à saturation, et chassant par une chaleur modérée le chlorure d'éthyle qui se produit en même temps. On lave le produit avec de l'eau alcalisée par du carbonate de soude, et on le rectifie après l'avoir desséché sur du chlorure de calcium.

Le sébate d'éthyle est liquide au-dessus de $-9°$; il est plus léger que l'eau, présente une odeur agréable, et bout à $308°$. Il est inso-

---

[1] Carlet (1853), *Compt. rend. de l'Acad.*, XXXVII, 130.
[2] Redtenbacher (1840), *Ann. der Chem. u. Pharm.*, XXXV, 193.

luble dans l'eau froide, mais il se dissout aisément dans l'alcool.
L'ammoniaque le convertit en sébamide.

Dérivés chlorés de l'acide sébacique.

§ 1189. Le chlore n'agit sur l'acide sébacique que sous l'influence des rayons solaires : il donne naissance à deux produits de
substitution, contenant $C^{20}H^{17}ClO^8$ et $C^{20}H^{16}Cl^2O^8$, colorés en
jaune et pâteux à la température ordinaire[1].

AMIDES SÉBACIQUES.

§ 1190. On connaît deux amides sébaciques[2] : l'une la *sébamide*, correspondant au sébate d'ammoniaque neutre, l'autre, *l'a-
cide sébamique*, correspondant au sébate d'ammoniaque acide :

$$\text{Sébamide.} \quad C^{20}H^{20}N^2O^4 = C^{20}H^{18}O^8 + 2NH^3 - 4HO;$$
$$\text{Ac. sébamique.} \quad C^{20}H^{19}NO^6 = C^{20}H^{18}O^0 + NH^3 - 2HO.$$

SÉBAMIDE, $C^{20}H^{20}N^2O^4$. — On la prépare en abandonnant, dans
un flacon bouché, une solution alcoolique de sébate d'éthyle avec
de l'ammoniaque concentrée. Au bout d'un mois, le liquide contient d'abondants grains de sébamide. On les purifie par la cristallisation dans l'alcool.

Le sébate de méthyle donne également la sébamide par la réaction de l'ammoniaque.

La sébamide est insoluble dans l'eau froide, assez soluble dans
l'eau bouillante ; peu soluble dans l'alcool à froid, elle s'y dissout
aisément à l'ébullition, et s'y dépose, par le refroidissement, sous
la forme de petits grains durs, composés d'aiguilles microscopiques ; leur solution est neutre.

Elle est insoluble dans une solution d'ammoniaque diluée. A
froid, la potasse caustique ne l'attaque pas, mais la potasse concentrée et bouillante en dégage des vapeurs d'ammoniaque.

Sous l'influence de l'eau, la sébamide se convertit en sébamate
d'ammoniaque (Carlet).

ACIDE SÉBAMIQUE, $C^{20}H^{19}NO^6$. — Il est contenu dans les eaux-
mères de la préparation de la sébamide. On les concentre par
l'évaporation, et on les précipite par l'acide chlorhydrique. On

[1] CARLET, *loc. cit*
[2] ROWNEY (1852), *Ann. der Chem. u. Pharm.*, LXXXII, 123.

obtient ainsi un abondant précipité qu'on lave à l'eau froide ; on le redissout dans l'ammoniaque faible pour en séparer une petite quantité de sébamide, on le précipite de nouveau par l'acide chlorhydrique, et on le fait cristalliser dans l'eau.

L'acide sébamique se dépose de sa solution aqueuse sous la forme de grains arrondis, semblables à la sébamide. Il est fort soluble dans l'alcool et dans l'eau bouillante ; sa solution présente une réaction acide. Il se distingue de la sébamide en ce qu'il se dissout aisément dans l'ammoniaque diluée.

Bouilli avec de la potasse caustique, il dégage des vapeurs d'ammoniaque.

Sa solution dans l'ammoniaque donne, par le nitrate d'argent, un précipité soluble dans l'acide nitrique et dans un excès d'ammoniaque ; elle précipite également l'acétate de plomb ; elle ne précipite pas les sels des alcalis terreux.

APPENDICE.

§ 1191. ACIDE RICINOLIQUE [1], ou élaïodique, $C^{36}H^{34}O^{6}$. — Ce corps constitue l'acide gras liquide qu'on obtient par la saponification de l'huile de ricin ; il se rattache au groupe octylique et au groupe sébacique par la réaction qu'il éprouve, sous l'influence de la potasse caustique qui le dédouble, ainsi que nous l'avons déjà dit (§ 1168), en hydrate d'octyle et en acide sébacique, avec dégagement d'hydrogène.

Lorsqu'on chauffe pendant quelque temps l'huile de ricin avec une lessive de soude ou de potasse, on obtient un savon aisément et entièrement soluble dans l'eau. Celui-ci étant décomposé par l'acide chlorhydrique ou tartrique, il se sépare de l'acide ricinolique huileux, contenant en dissolution une petite quantité d'acides gras solides. Pour séparer ces derniers, on mélange à l'acide huileux le tiers environ de son volume d'alcool, et l'on expose la liqueur pendant quelque temps à un froid de — 10° ou — 12°. On sépare le dépôt cristallin à l'aide du filtre et de la presse. Si l'on chasse ensuite l'alcool de la liqueur, l'acide ricinolique qu'elle renferme se concrète aussi par l'exposition au froid. Tou-

<hr>

[1] BUSSY et LECANU, *Journ. de Pharm.*, XIII, 57. — SAALMULLER, *Ann. der Chem. u. Pharm.*, LXIV, 108. — SVANBERG et KOLMODIN, *Journ. f. prakt. Chem.*, XLV, 431.

tefois l'acide ricinolique ainsi obtenu n'est pas absolument pur : pour le purifier, on le transforme en sel de plomb, en le mettant en contact avec un excès de massicot; on dissout ce sel dans l'éther, et l'on décompose la solution éthérée par l'acide chlorhydrique. On ajoute de l'eau au mélange, et l'on chasse l'éther par la chaleur d'un bain-marie. L'acide ricinolique reste alors sous la forme d'une huile jaunâtre; on le saponifie par un excès d'ammoniaque, on précipite le savon par du chlorure de baryum; on lave le ricinolate de baryte, et, après l'avoir séché, on dissout ce sel à une très-douce chaleur dans de l'alcool concentré, en ayant soin de l'empêcher de fondre. La solution alcoolique dépose le ricinolate de baryte sous la forme de petits grains, qu'on purifie par de nouvelles cristallisations. Pour en extraire l'acide ricinolique, on le décompose par l'acide chlorhydrique.

A la température ordinaire, l'acide ricinolique constitue un sirop incolore ou légèrement jaunâtre, sans odeur, mais d'une saveur âcre, fort désagréable et persistante. Sa densité est de 0,940 à 15°. Soumis à un froid de — 6 à — 10° (Saalmüller; à 0°, Svanberg et Kolmodin), il se prend entièrement en une masse composée d'agrégations sphériques. Il se mélange en toutes proportions avec l'alcool et l'éther; sa solution réagit acide et décompose les carbonates avec effervescence.

L'analyse de l'acide ricinolique a donné les nombres suivants :

	Saalmüller.			$C^{36}H^{34}O^6$.
Carbone. . . .	73,06	73,16	73,45	72,4
Hydrogène. . .	11,68	11,59	11,51	11,4

M. Saalmüller représente les résultats précédents par les rapports $C^{38}H^{36}O^6$, mais la réaction que l'acide ricinolique présente sous l'influence de la potasse rend plus probable la formule $C^{36}H^{34}O^6$.

On ne peut pas distiller l'acide ricinolique sans qu'il se décompose; les produits qui passent les premiers sont très-fluides, mais plus tard il distille des produits très-épais, d'une odeur désagréable; on n'y trouve pas d'acide sébacique.

A la température ordinaire, l'acide ricinolique n'absorbe pas l'oxygène de l'air.

L'acide sulfureux n'exerce aucune action sur l'acide ricinolique.

§ 1192. Les *ricinolates métalliques* sont presque tous cristallisables ; ils sont solubles dans l'alcool, et en partie aussi dans l'éther. Ils ne s'altèrent pas par la conservation, et n'absorbent pas l'oxygène de l'air.

Le *sel de baryte*, $C^{36}H^{33}BaO^6$, cristallise dans l'alcool en paillettes douces au toucher. Il est peu soluble dans l'eau ; il a donné à l'analyse :

	Saalmüller.		Svanberg et Kolmodin.	Calcul.
Carbone. . .	59,60	60,03	58,80	59,18
Hydrogène. .	9,60	9,26	8,96	9,04
Baryte. . . .	20,23	20,33	20,78	20,82

Le *sel de strontiane*, $C^{36}H^{33}SrO^6$, cristallise dans l'alcool en petits grains. On l'obtient en précipitant une solution de ricinolate d'ammoniaque par le chlorure de baryum.

Le *sel de chaux*, $C^{36}H^{33}CaO^6$ (à 100°), forme des paillettes qui fondent à 80° en une masse jaune, cassante et friable après le refroidissement.

Le *sel de magnésie*, $C^{36}H^{33}MgO^6$, est fort soluble dans l'alcool, et y cristallise en fines aiguilles.

Le *sel de zinc* s'obtient en petits grains.

Le *sel de plomb*, $C^{36}H^{33}PbO^6$, est soluble dans l'éther qui le dépose, par l'évaporation, sous la forme d'une masse diaphane et cristalline ; il fond à 100° en un liquide visqueux, qui se prend, par le refroidissement, en une masse friable. On l'obtient en mettant du massicot en digestion, à une douce chaleur, avec de l'acide ricinolique. Si l'on mélange la solution ammoniacale de cet acide avec de l'acétate de plomb, on obtient un précipité caillebotté dont la composition est variable.

Le *sel d'argent*, $C^{36}H^{33}AgO^6$, est difficile à préparer à l'état de pureté. Lorsqu'on essaye de dissoudre à chaud, dans l'alcool ou l'éther, le précipité caillebotté qui se produit par l'addition du nitrate d'argent au ricinolate d'ammoniaque, une très-petite partie seulement du précipité se dissout, et le reste noircit. Voici les nombres qu'on a obtenus à l'analyse d'un précipité produit par une solution de nitrate d'argent diluée et une solution de ricinolate d'ammoniaque contenant un excès d'ammoniaque.

	Saalmüller.		Calcul.
Carbone.	54,01	53,76	53,33
Hydrogène.	8,42	8,32	8,14
Oxyde d'argent. . .	27,49	27,49	28,64

§ 1193. Le *ricinolate d'éthyle*, $C^{40}H^{38}O^6 = C^{36}H^{33}(C^4H^5)O^6$, s'obtient en faisant passer du gaz chlorhydrique dans une solution de l'acide ricinolique dans l'alcool absolu. On ajoute de l'eau au produit, et on lave au carbonate de soude. C'est une huile jaunâtre qui ne distille pas sans se décomposer; elle a donné à l'analyse :

	Saalmüller.	Calcul.
Carbone. . .	73,87	73,61
Hydrogène. .	11,76	11,65

§ 1194. *Ricinolamide* [1], $C^{36}H^{35}NO^4$. — L'huile de ricin, étant mise en contact avec l'alcool ammoniacal ou simplement avec l'ammoniaque liquide, se transforme, dans l'espace de quelques semaines, en un composé solide qui est l'amide de l'acide ricinolique. Cette amide se présente en mamelons incolores, fusibles à 66°, insolubles dans l'eau, solubles dans l'alcool et l'éther. Elle brûle avec une flamme très-fuligineuse.

Les acides minéraux la décomposent déjà à froid en mettant de l'acide ricinolique en liberté.

La potasse ne l'attaque pas à froid; mais à chaud, si elle est très-concentrée, elle dégage de l'ammoniaque et produit du ricinolate de potasse. Cette transformation est généralement accompagnée d'une réaction secondaire ayant pour effet la production de l'hydrate d'octyle et du sébate de potasse.

§ 1195. ACIDE RICINÉLAÏDIQUE [2], ou palmique, $C^{36}H^{34}O^6$ (?). — Cet acide, probablement isomère de l'acide ricinolique, se produit par l'effet d'une transposition moléculaire de ce dernier sous l'influence des vapeurs nitreuses.

Lorsqu'on fait agir sur l'huile de ricin l'acide hyponitrique ou le nitrate acide de mercure, elle se transforme en une masse solide. Cette solidification est très-lente : après l'addition du réactif, l'huile de ricin se colore en jaune doré, et reste liquide pendant plusieurs heures, et même pendant plusieurs jours, suivant la proportion de l'acide hyponitrique avec laquelle elle a été mélangée; enfin elle perd peu à peu sa transparence, et, sans cesser de rester homogène, elle s'épaissit graduellement, jusqu'à ce qu'elle soit transformée en une masse jaune, encore translucide, d'apparence cireuse et striée dans sa masse par une sorte de cristallisa-

[1] J. BOUIS (1851), *Compt. rend. de l'Acad.*, XXXIII, 142.

[2] F. BOUDET (1832), *Ann. de Chim. et de Phys.*, L, 411. — PLAYFAIR, *Philos. Magaz.*, XXIX, 475; et *Ann. der Chem. u. Pharm.*, LX, 322.

tion confuse. Cette solidification s'opère en sept heures, en vingt heures, ou en soixante heures, et même plus tard encore, suivant qu'on a employé $^1/_{20}$, $^1/_{86}$, $^1/_{200}$ ou une proportion d'acide hyponitrique encore plus faible. La proportion du réactif est-elle plus forte, et s'élève-t-elle, par exemple, au tiers ou à la moitié du poids de l'huile de ricin, le mélange est accompagné d'un dégagement de chaleur considérable, une vive effervescence se manifeste et l'huile reste visqueuse. Le produit solide constitue la *ricinélaïdine* (palmine de M. Boudet, § 1198).

On saponifie la ricinélaïdine par la potasse bouillante ; on précipite le savon par une quantité convenable de sel marin ; on redissout le savon à chaud dans une grande quantité d'eau, et on y verse un excès d'acide chlorhydrique. L'acide ricinélaïdique se sépare ainsi sous la forme d'une huile qui se prend, par le refroidissement, en une masse cristalline. On exprime celle-ci entre des feuilles de papier joseph, et on la fait recristalliser dans l'alcool. Cette dernière opération présente quelques difficultés, et ne réussit bien qu'autant qu'on emploie certaines proportions d'alcool et qu'on abandonne la solution à l'évaporation spontanée ; mais, quel que soit le degré de l'alcool dont on fait usage, si la solution ne satisfait pas à certaines conditions qui n'ont pas encore été précisées, la plus grande partie de l'acide se combine avec une petite quantité d'alcool, et vient nager à la surface de la solution sous la forme d'un liquide huileux qui, au bout d'un temps plus ou moins long, se prend en une masse confusément cristallisée, tandis que la solution inférieure, beaucoup moins chargée d'acide, cristallise elle-même plus régulièrement.

On peut aussi préparer l'acide ricinélaïdique en traitant directement l'acide ricinolique par les vapeurs nitreuses.

L'acide ricinélaïdique pur cristallise en aiguilles blanches, soyeuses et groupées autour d'un centre commun ; quelquefois cependant elles se réunissent sous forme de palmes élégamment disposées. Il se dissout en toutes proportions dans l'alcool concentré et dans l'éther ; 5 p. d'alcool de 22 degrés aréométriques dissolvent 1 p. d'acide à la température de 50°. La solution rougit fortement le tournesol.

L'acide ricinélaïdique a donné à l'analyse :

	Playfair.		$C^{36}H^{34}O^6$.
Carbone . .	73,89	73,61	72,4
Hydrogène. .	11,86	11,84	11,4

M. Playfair [1] représente les résultats précédents par les rapports $C^{34}H^{32}O^5$.

Le point de fusion de l'acide pur est à 50° (Boudet ; à 45 ou 46°, Playfair). Chauffé rapidement dans une cornue, il distille en plus grande partie sans altération, et répand la même odeur (hydrure d'œnanthyle ?) qu'on observe dans la distillation de l'huile de ricin ; vers la fin, on recueille un peu d'huile empyreumatique colorée, puis apparaissent des vapeurs jaunes épaisses ; il ne reste dans la cornue qu'un léger résidu de charbon.

§ 1196. Les *ricinélaïdates* s'obtiennent aisément.

Le *sel d'ammoniaque* s'obtient en chauffant l'acide ricinélaïdique avec une solution de carbonate d'ammoniaque. On n'a pas réussi à le faire cristalliser.

Le *sel de soude* s'obtient aisément en saturant l'acide ricinélaïdique par le carbonate de soude ; sa solution alcoolique se prend en gelée par le refroidissement. Sa solution aqueuse ne cristallise pas davantage ; mais, si on l'étend de beaucoup d'eau, le sel neutre est décomposé, et l'on obtient un *sel acide* cristallisant dans l'alcool en aiguilles soyeuses. Ce bisel est acide aux papiers, tandis que le sel neutre présente une réaction alcaline.

Le *sel de baryte*, $C^{36}H^{33}BaO^6$, constitue une poudre blanche, savonneuse ; il a donné à l'analyse :

	Playfair.	Calcul.
Carbone. . . .	58,04	59,17
Hydrogène. . .	9,09	9,04
Baryte.	21,45	20,82

Le *sel de chaux* est sensiblement soluble dans l'alcool bouillant.

Le *sel de magnésie* présente une réaction alcaline, se dissout dans l'alcool, surtout à chaud, et s'y dépose, par le refroidissement, sous la forme de petites plaques, fusibles au-dessous de 100°.

[1] Il est probable que l'excès de carbone et d'hydrogène que présentent les analyses de M. Playfair sur les nombres exigés par le calcul, provient de ce que l'acide ricinélaïdique n'avait pas été entièrement purifié des acides gras solides qu'on obtient en petite quantité par la saponification de l'huile de ricin.

Le *sel de cuivre* se précipite par le mélange d'un ricinélaïdate soluble avec du sulfate de cuivre, et présente une belle couleur verte; l'alcool bouillant de 40 degrés aréométriques le dissout sensiblement; par le refroidissement de la solution alcoolique, le sel se dépose en flocons légers, mais, pour peu que l'action de l'alcool bouillant soit prolongée, le sel est décomposé en acide ricinélaïdique qui se dissout et en oxyde de cuivre brun qui se précipite.

Le *sel de plomb* est soluble dans l'alcool bouillant; par le refroidissement, la solution alcoolique se prend en une gelée transparente; mais, si l'on abandonne à l'évaporation spontanée une dissolution étendue du sel, elle fournit des aiguilles soyeuses.

Le *sel d'argent*, $C^{36}H^{33}AgO^6$, est insoluble dans l'alcool et dans l'eau; il se dissout, au contraire, dans l'ammoniaque. L'analyse de ce sel a donné :

	Playfair			Boudet.	Calcul.
Carbone. . .	51,64	52,66	52,64	»	53,3
Hydrogène. .	8,52	8,23	8,12	»	8,1
Argent. . . .	27,26	27,14	27,69	30,7	26,7

§ 1197. Le *ricinélaïdate d'éthyle*[1], $C^{40}H^{38}O^6 = C^{36}H^{33}(C^4H^5)O^6$ (?), s'obtient en faisant passer du gaz chlorhydrique dans une solution alcoolique d'acide ricinélaïdique; on précipite le mélange par l'eau, et on lave le produit avec de l'eau. Le ricinélaïdate d'éthyle cristallise par le refroidissement de la liqueur; il fond à 16° c., se dissout assez bien dans l'alcool froid, et est fort soluble dans l'alcool bouillant.

L'analyse du ricinélaïdate d'éthyle a donné :

	Playfair			Calcul.
Carbone. . .	72,51	72,27	72,93	73,62
Hydrogène. .	12,22	12,05	12,13	11,65

§ 1198. *Ricinélaïdine*[2], ou palmine. — Nous avons indiqué plus haut (§ 1195) la manière dont ce corps se produit. Pour le purifier, on le dissout à plusieurs reprises dans l'éther; ce solvant le dépose à l'état de grains opaques, sans indice de cristallisation. Il présente une cassure cireuse, et fond à 62 ou 66° (Boudet; à

---

[1] PLAYFAIR (1846), *loc. cit.*

[2] BOUDET (1832), *loc. cit.* — PLAYFAIR, *loc. cit.* — SAALMÜLLER, *loc. cit.* — Suivant M. Boudet, la ricinélaïdine se produirait aussi par l'action de l'acide sulfureux sur l'huile de ricin; cette transformation n'a pas réussi à M. Saalmüller.

43°, Playfair). Il répand une odeur qui rappelle celle de l'hydrure d'œnanthyle. Il est très-soluble dans l'alcool et dans l'éther; à la température de 30°, 100 p. d'alcool de 36 degrés aréométriques en dissolvent 50 parties. Il est beaucoup plus soluble dans l'alcool bouillant :

M. Playfair a trouvé dans la ricinélaïdine :

$$
\begin{array}{lll}
\text{Carbone.} . . . & 72,84 & 73,06 \\
\text{Hydrogène.} . . & 11,43 & 11,56
\end{array}
$$

Les alcalis bouillants dédoublent la ricinélaïdine en glycérine et et en ricinélaïdate de potasse.

Lorsqu'on chauffe la ricinélaïdine dans une cornue de verre, elle fond bientôt, augmente de volume et entre en ébullition; il se dégage du gaz, de la vapeur d'eau et une huile brunâtre, d'une odeur forte, et qui représente à peu près la moitié de la ricinélaïdine employée. Arrivée à ce point, la distillation s'arrête et le résidu non distillé se boursoufle tout à coup sans qu'il soit possible de s'y opposer. Le produit de la distillation est le même (hydrure d'œnanthyle ?) que celui qu'on obtient avec l'huile de ricin; on n'y trouve pas d'acide ricinélaïdique.

SÉRIE RUTIQUE.

§ 1199. Cette série, dont le pivot est l'acide rutique ou caprique, comprend les deux groupes suivants :

Groupe nonylique,
Groupe rutique.

Le groupe nonylique renferme des combinaisons homologues des combinaisons méthyliques, éthyliques, amyliques, etc. Le groupe rutique est l'homologue des groupes formique, acétique, propionique, valérique, etc.

I.

GROUPE NONYLIQUE.

§ 1200. C'est le neuvième parmi les groupes homologues renfermant des alcools.

On ne connaît encore dans ce groupe qu'un hydrocarbure homologue du gaz oléfiant.

NONYLÈNE.

Syn. : élaène.

Composition : $C^{18}H^{18}$.

§ 1201. Cet hydrocarbure[1] se produit, en même temps que son homologue, l'hexylène (§ 1134), par la distillation sèche, de l'acide hydroléique ou métaoléique. On obtient ainsi, dans le récipient, une couche huileuse nageant au-dessus d'une petite couche d'eau. On distille cette couche huileuse à une température de 130°, de manière à séparer des deux hydrocarbures une certaine matière empyreumatique dont ils sont mélangés. On agite alors la partie qui a passé à la distillation, avec une dissolution étendue de potasse, pour la débarrasser de quelques traces d'acides gras volatils qui l'accompagnent toujours, puis on la laisse séjourner pendant quelques jours sur du chlorure de calcium. On sépare les deux hydrocarbures en mettant à profit la différence qui existe entre leurs points d'ébullition, l'hexylène étant le plus volatil. Pour être entièrement débarrassé d'hexylène, le nonylène doit avoir été exposé pendant longtemps à une température de 100°, ensuite distillé plusieurs fois. Il retient ordinairement de petites quantités d'une huile empyreumatique, qu'on enlève par la distillation sur la potasse.

Le nonylène est incolore, insoluble dans l'eau, soluble dans l'alcool et l'éther. Il a une odeur pénétrante ; il brûle avec une belle flamme blanche, bout vers 110°, et est plus léger que l'eau. La densité de sa vapeur a été trouvée, dans deux expériences, égale à 4,488—4,071.

L'acide sulfurique concentré ne paraît pas exercer d'action sur lui. Le chlore se combine avec lui.

Dérivé chloré du nonylène.

§ 1202. Le *chlorure de nonylène*[1] ou chlorure d'élaène, renferme $C^{18}H^{18}Cl^2$. Le nonylène se combine déjà à froid avec le chlore, en donnant une huile plus pesante que l'eau, d'une odeur assez agréable qui ressemble beaucoup à celle d'anis. Cette huile brûle avec une flamme verte et fuligineuse.

[1] FRÉMY (1836), *Ann. de Chim. et de Phys.*, LXV, 143.
[1] FRÉMY (1836), *loc. cit.*

II.

GROUPE RUTIQUE.

§ 1203. Les combinaisons appartenant à ce groupe renferment, comme leurs homologues, un radical $C^{20}H^{19}O^2$ (*rutyle*), remplaçant l'hydrogène dans les types métal, oxyde, azoture, etc.

HYDRURE DE RUTYLE.

Syn. : aldéhyde caprique.

Composition : $C^{20}H^{20}O^2 = C^{20}H^{19}O^2, H$.

§ 1204. Ce composé constitue presqu'en totalité l'essence qu'on extrait par la distillation de la rue (*Ruta graveolens*, L.) avec de l'eau[1]. Cette essence, purifiée par quelques rectifications, possède un point d'ébullition fixe; exposée à une température de — 1 à — 2 degrés, elle cristallise entièrement sous forme de lamelles brillantes, analogues à celles de l'essence d'anis, mais présentant plus de transparence. Elle présente une odeur désagréable, qui est celle de la plante, et une saveur aromatique âcre et légèrement amère. Elle n'est pas très-fluide. Sa densité est de 0,837 à 18°.

Elle bout régulièrement et sans éprouver d'altération à la température de 228 à 230 degrés. La densité de sa vapeur est égale à 5,83.

Lorsqu'on mélange l'essence de rue avec de la chaux potassée, elle s'y combine. En chauffant le mélange au delà du point d'ébullition de l'essence, à 320° par exemple, on n'observe aucun dégagement de gaz. Le résidu est jaunâtre; dissous dans l'acide chlorhydrique, il donne une résine mélangée d'une grande quantité d'essence non altérée.

Lorsqu'on fait passer du gaz ammoniaque dans une solution alcoolique d'essence de rue, maintenue dans un mélange réfrigérant, il se produit une masse cristalline, qui fond à 0° en se décomposant en essence et en ammoniaque.

Quand on fait passer l'essence sur du chlorure de zinc fondu, elle s'attaque et finit par donner un hydrogène carboné.

[1] GERHARDT, *Ann. de Chim. et de Phys.*, [3] XXIV, 103. *Compt. rend. de l'Acad.*, XXVI, 225, 361. — CAHOURS, *Compt. rend. de l'Acad.*, XXVI, 262. — WILL, *Ann. der Chem. u. Pharm.*, XXXV, 235. — R. WAGNER, *Journ. f. prakt. Chem.*, LI, 46; LVII, 435.

Lorsqu'on agite l'essence de rue avec des bisulfites alcalins, elle donne des combinaisons cristallisables (§ 1206).

L'acide sulfurique concentré colore l'essence de rue en rouge brun ; l'eau détruit cette teinte, en séparant l'essence non altérée. La liqueur acide, étant neutralisée par du carbonate de baryte, ne donne pas de sel soluble.

L'acide chlorhydrique y agit à peine , et ne lui communique qu'une teinte brunâtre qui disparaît par l'addition de l'eau.

L'acide nitrique concentré oxyde promptement l'essence à la température ordinaire; le produit qu'on obtient le plus facilement dans ces circonstances est un acide huileux qui jouit de tous les caractères de l'acide pélargonique. Toutefois, en faisant varier la concentration de l'acide nitrique et en modérant la réaction, on peut aussi obtenir de l'acide rutique (caprique). En prolongeant l'action de l'acide nitrique, on obtient des acides homologues, inférieurs à l'acide pélargonique. Dans ces dernières circonstances, M. Wagner a aussi obtenu, en petite quantité, un acide solide qui paraissait être l'acide sébacique. Enfin M. Chiozza a également observé, dans cette réaction, la formation d'une combinaison de bioxyde d'azote et d'acide pélargonique (§ 1182).

Une solution aqueuse de nitrate d'argent agit à peine sur l'essence de rue, mais le nitrate d'argent ammoniacal en est promptement réduit à la température de l'ébullition ; l'huile se recouvre alors d'une pellicule miroitante, et les parois qui se trouvent en contact avec elle prennent le même aspect.

Le chlore sec est vivement absorbé par l'essence de rue; la masse s'échauffe considérablement, s'épaissit et dégage de l'acide chlorhydrique.

§ 1205. *Isomères de l'hydrure de rutyle*[1]. — L'opération suivante donne un isomère, peut-être un polymère de l'essence de rue. On fait dissoudre celle-ci bien rectifiée, dans trois à quatre fois son volume d'alcool ordinaire, et on y fait passer un excès de gaz chlorhydrique. Quand le mélange est devenu brun et fumant, on chasse par la distillation les parties les plus volatiles, et on mélange le résidu avec de l'eau. Il se sépare ainsi une huile qui, rectifiée, a une odeur suave de fruits, bien différente de l'odeur désagréable de l'essence de rue. Néanmoins cette nouvelle huile bout à la même température (entre 230 et 235°); la potasse ne

---

[1] GERHARDT (1847), *Ann. de Chim. et de Phys.* [3] XXIV, 105.

l'attaque pas. Elle se concrète au bout de quelques temps à une température où l'essence de rue est encore entièrement liquide ; les cristaux fondent à + 13°, et présentent exactement la composition de l'hydrure de rutyle.

Ces cristaux se dissolvent aisément à froid dans l'acide sulfurique concentré en le colorant à peine ; si l'on chauffe le mélange, il se produit un acide copulé dont le sel de baryte est soluble dans l'eau. L'essence de rue ne donne rien de semblable.

L'essence de menthe concrète présente aussi la même composition que l'essence de rue. (Voy. TROISIÈME PARTIE, *Huiles essentielles.*)

Dérivés sulfureux de l'hydrure de rutyle[1].

§ 1206. L'hydrure de rutyle se combine directement avec les bisulfites alcalins.

Sulfite de rutyl-ammonium, $C^{20}H^{19}(NH^4)O^2$, $2\,SO^2 + 4\,aq.$ — Lorsqu'on agite l'essence de rue avec une solution de bisulfite d'ammoniaque, il se produit une espèce d'émulsion qui se prend peu à peu en une masse butyreuse, laquelle finit par se concréter tout à fait. Dissous à chaud dans l'alcool ordinaire, ce produit se dépose, par le refroidissement, sous la forme de belles écailles transparentes, douées de beaucoup d'éclat.

La même combinaison s'obtient si l'on fait passer d'abord de l'ammoniaque, puis du gaz sulfureux dans une solution alcoolique d'essence de rue ; on voit alors se séparer, au bout de quelque temps, des paillettes transparentes.

Le sulfite de rutyl-ammonium est gras au toucher, d'une légère odeur d'essence de rue ; il est plus soluble dans l'alcool froid que le sulfite d'œnanthyl-ammonium. Il se dissout dans l'eau froide, mais la solution se décompose aisément, à moins de contenir une certaine quantité de bisulfite alcalin.

Les alcalis le décomposent. L'acide nitrique l'attaque en produisant de l'acide sulfurique et les produits d'oxydation de l'hydrure de rutyle.

Le brome agit sur sa solution aqueuse en produisant une huile bromée, plus pesante que l'eau, ainsi que de l'acide sulfurique.

---

[1] R. WAGNER (1851), *Journ. f. prakt. Chem.*, LII, 48. — BERTAGNINI, *Ann. der Chem. u. Pharm.*, LXXXV, 283.

Sulfite de rutyl-potassium. — Lorsqu'on agite l'essence de rue avec du bisulfite de potasse, il ne semble pas d'abord y avoir de réaction, mais, par un contact de quelques heures, le mélange se prend en une masse cristalline. Celle-ci est assez soluble dans l'alcool bouillant ; la solution dépose des paillettes par le refroidissement.

Sulfite de rutyl-sodium. — Au contact du bisulfite de soude, l'essence de rue se prend en une masse butyreuse qui finit par devenir cristalline. Ce produit, ayant été séché sur un entonnoir, se présente sous la forme de paillettes grasses au toucher, d'une odeur de fruits et d'une saveur d'essence de rue. Traité par l'alcool bouillant, il donne une solution qui se prend, par le refroidissement, en une masse gélatineuse, laquelle se transforme, dans l'espace de 24 heures, en feuillets cristallins très-tendres. Ces feuillets sont groupés concentriquement. La solution diluée de la combinaison cristallise, sans que celle-ci se présente d'abord à l'état gélatineux.

ACIDE RUTIQUE.

Syn. : acide caprique.

Composition : $C^{20}H^{20}O^4 = C^{20}H^{19}O^3, HO$.

§ 1207. L'acide rutique[1] se produit par l'oxydation de l'hydrure de rutyle (essence de rue) sous l'influence de l'acide nitrique ; on l'obtient également, à l'état de mélange, avec d'autres acides homologues, en traitant les matières grasses par l'acide nitrique. On peut l'extraire du beurre de vache ou de chèvre, en séparant par la cristallisation les sels de baryte que donne le mélange des acides volatils, contenus dans cette matière grasse (Voy. § 1125 et 1160).

L'acide rutique peut encore s'extraire de l'huile odorante qu'on recueille dans les distilleries d'eaux-de-vie d'Écosse. Cette huile est un mélange d'eau, d'alcool, d'hydrate d'amyle, et probablement de rutate d'amyle. On la distille de manière à en vaporiser les portions les plus volatiles, et l'on met le résidu en digestion au bain de sable, pendant deux ou trois jours, avec une lessive concentrée de potasse caustique ; il se dégage ainsi de l'hydrate d'a-

---

[1] CHEVREUL (1814), voy. acide butyrique. § 1035. — LERCH, *Ann. der Chem. u. Pharm.*, XLIX, 223. — ROWNEY, *ibid.*, LXXIX, 236. — L'acide caprique de M. Chevreul est un mélange d'acide rutique et d'acide caprylique.

myle qu'on peut recueillir à part, et l'on obtient une solution alcaline qu'on décompose par de l'acide chlorhydrique ou sulfurique. L'acide rutique vient ainsi se rendre à la surface, sous la forme d'une huile foncée. Pour purifier celle-ci, on la fait dissoudre dans l'ammoniaque très-étendue, on précipite la solution par du chlorure de baryum, et, après avoir lavé le précipité, on le fait dissoudre dans l'eau bouillante. Le rutate de baryte ayant été purifié par plusieurs cristallisations, on le décompose, à l'ébullition, par du carbonate de soude, on filtre pour séparer le carbonate de baryte, et l'on décompose la liqueur filtrée par de l'acide sulfurique dilué. L'acide rutique se sépare alors à l'état solide. Pour en compléter la purification, on le dissout dans l'alcool, et l'on ajoute de l'eau à la solution alcoolique; celle-ci se trouble alors et dépose, par le repos, de l'acide rutique cristallisé. Les eaux-mères de la cristallisation du rutate de baryte contiennent, en petite quantité, un autre sel dérivant d'un acide huileux, probablement homologue de l'acide rutique.

Suivant M. Goergey, l'acide rutique fait partie des acides gras volatils qu'on peut extraire de l'huile de coco [1].

L'acide rutique est une substance cristalline, incolore, d'une légère odeur de bouc; son odeur est plus prononcée à chaud. Il fond aisément sur les doigts; son point de fusion est à 27°2 (Rowney; à 3o°, Goergey); il est fort soluble à froid dans l'alcool et dans l'éther; il ne cristallise pas dans ces solutions.

L'eau froide ne le dissout pas; l'eau bouillante le dissout en très-petite quantité, et le dépose par le refroidissement en paillettes. Lorsqu'on ajoute de l'eau à sa solution alcoolique, on l'obtient en petites aiguilles.

Il se dissout à chaud dans l'acide nitrique concentré, sans s'altérer; l'eau le précipite de nouveau de sa solution.

Dérivés métalliques de l'acide rutique. Rutates.

§ 1208. L'acide rutique est un acide monobasique; les rutates neutres renferment

$$C^{20}H^{19}MO^4 = C^{20}H^{19}O^3,MO.$$

Le *sel d'ammoniaque* s'obtient difficilement à l'état neutre.

[1] Goergey, *Ann. der Chem. u. Pharm.*, LXVI, 290.

Le *sel de soude*, $C^{20}H^{19}NaO^4$, est fort soluble dans l'eau froide et dans l'alcool; il ne cristallise pas de ses solutions.

Lorsqu'on évapore à siccité sa solution aqueuse, on obtient une matière cornée, en partie cristalline à la surface.

Le *sel de baryte*, $C^{20}H^{19}BaO^4$, s'obtient en ajoutant du chlorure de baryum à une solution ammoniacale de l'acide rutique. Il se dissout à l'ébullition dans l'eau et dans l'alcool; les solutions le déposent, par le refroidissement, à l'état d'aiguilles ou de cristaux prismatiques; les cristaux qu'on obtient avec une solution alcoolique ont souvent une belle dimension. Une fois desséché, il est insoluble dans l'eau; il nage à la surface de ce liquide, et n'en est pas mouillé. Si on l'humecte d'alcool, il redevient soluble dans l'eau. Il ne renferme pas d'eau de cristallisation.

Le *sel de chaux* cristallise et se comporte comme le sel de baryte, mais il est plus soluble dans l'eau et l'alcool.

Le *sel de magnésie*, $C^{20}H^{19}MgO^4$ (à $100°$), est semblable au sel de chaux.

Le *sel de cuivre* est insoluble dans l'eau et l'alcool, mais soluble dans l'ammoniaque.

Le *sel de plomb* est insoluble dans l'eau et très-peu soluble dans l'alcool bouillant. La solution alcoolique le dépose, par le refroidissement, sous la forme de petits grains arrondis.

Le *sel d'argent*, $C^{20}H^{19}AgO^4$, est un sel blanc, insoluble dans l'eau froide, légèrement soluble dans l'eau bouillante qui le dépose, par le refroidissement, sous la forme de petites aiguilles (Rowney; la solution devient laiteuse par le refroidissement, et dépose un précipité caillebotté, Goergey). L'alcool bouillant le dissout encore mieux, mais la solution prend une teinte foncée. L'ammoniaque dissout aisément le rutate d'argent; la solution dépose un sel cristallin par l'évaporation spontanée. Exposé à la lumière à l'état humide, le rutate d'argent noircit promptement; le sel sec ne s'altère pas à la lumière.

Dérivés méthyliques, éthyliques... de l'acide rutique.
Éthers rutiques.

§ 1209. *Rutate d'éthyle*, ou éther caprique [1], $C^{24}H^{24}O^4 = C^{20}H^{19}(C^4H^5)O^4$. — On obtient cet éther en saturant par du gaz chlo-

[1] Rowney (1851), *loc. cit.*

rhydrique sec une solution de l'acide rutique dans l'alcool absolu : le rutate d'éthyle se sépare sous forme huileuse, si l'on ajoute de l'eau au produit. Sa densité est égale à 0,862. Il est insoluble dans l'eau froide, mais il se dissout aisément dans l'alcool et l'éther. L'ammoniaque le convertit en rutamide.

AZOTURE DE RUTYLE OU RUTAMIDE.

Syn. : capramide.

Composition : $C^{20}H^{21}NO^2 = NH^2(C^{20}H^{19}O^2)$.

§ 1210. Pour obtenir ce composé[1], on dissout le rutate d'éthyle dans l'alcool, et on l'abandonne, dans un flacon bouché, avec une solution concentrée d'ammoniaque caustique. Peu à peu le mélange se trouble, et dépose des cristaux de rutamide. On enlève ces derniers, on évapore l'eau-mère à siccité, on redissout le résidu dans l'alcool et l'on précipite par l'eau de nouvelles quantités de rutamide. On fait recristalliser ce corps dans l'alcool dilué.

La rutamide cristallise en paillettes brillantes, qui présentent, à l'état sec, un bel éclat argentin. Elle fond au-dessous de 100°; elle est insoluble dans l'eau et dans l'ammoniaque, mais elle se dissout aisément dans l'alcool.

SÉRIE ONZIÈME.

§ 1211. Entre la série rutique et la série laurique doit se placer une série de composés qu'on n'a pas encore isolés, mais dont on ne saurait révoquer en doute l'existence. Ces composés auraient pour pivot un acide[2] renfermant $C^{22}H^{22}O^4$.

A cette même série intermédiaire semble appartenir l'hydrocarbure huileux, $C^{20}H^{20}$, qui a été obtenu, par M. Cahours[3], par l'action de l'acide sulfurique sur l'huile de pommes de terre. Cet hydrocarbure est incolore, limpide, plus léger que l'eau, et bout vers 160°. La densité de sa vapeur a été trouvée égale à 5,061. Il semble constituer un homologue de l'éthylène, du tritylène, du tétrylène, de l'amylène, etc.

---

[1] Rowney (1851), *loc. cit.*

[2] M. Saint-Èvre représente l'acide cocinique (§ 1221) par la formule $C^{12}H^{22}O^4$.

[3] Cahours, *Ann. de Chim. et de Phys.* LXX, 93.

SÉRIE LAURIQUE.

§ 1212. Les composés ayant pour pivot l'acide laurique sont fort peu connus.

GROUPE LAURIQUE.

§ 1213. On peut, par analogie avec ses homologues, l'acide acétique, l'acide propionique, etc., considérer l'acide laurique comme renfermant le radical $C^{24}H^{23}O^2$ (*lauryle*).

HYDRURE DE LAURYLE.

Syn. : aldéhyde laurostéarique.

Composition : $C^{25}H^{24}O^2 = C^{24}H^{23}O^2,H$.

§ 1214. Cette substance n'a pas encore été isolée.

Dérivés méthyliques, éthyliques.... de l'hydrure de lauryle.

§ 1215. *Laurone*[1] ou laurostéarone, $C^{46}H^{46}O^2 = C^{22}H^{23};C^{24}H^{23}O^2(?)$. — Par la distillation sèche du laurate de chaux, M. Overbeck a obtenu une substance particulière qui présente probablement cette composition. Cette substance cristallise dans l'alcool en paillettes brillantes, qui fondent à 66°; la matière fondue se prend, par le refroidissement, en une masse radiée. Elle devient électrique par le frottement.

Elle a donné à l'analyse :

	Overbeck.		Calcul.
Carbone	81,42	81,04	81,65
Hydrogène.	13,82	14,10	13,61
Oxygène	4,76	4,86	4,74
	100,00	100,00	100,00

[1] OVERBECK (1852), *Ann. de Poggend.*, LXXXVI, 591.

ACIDE LAURIQUE.

Syn. : acide laurostéarique ou pichurinstéarique.

Composition : $C^{24}H^{24}O^4 = C^{24}H^{23}O^3,HO$.

§ 1216. Pour obtenir ce corps [1], on saponifie la laurostéarine par la potasse, on sépare le savon par du sel marin, et on le redissout dans l'eau pour le décomposer à chaud par de l'acide tartrique. L'acide laurique vient alors surnager, et se prend, par le refroidissement, en une masse transparente et cristalline.

Il est fort soluble dans l'alcool concentré, encore plus soluble dans l'éther, mais il ne se sépare pas de ses solvants à l'état cristallisé (Marsson ; suivant M. Sthamer, il cristallise, dans l'alcool faible et bouillant, sous la forme d'aiguilles soyeuses, groupées en aiguilles.) Selon M. Goergey, on l'obtient aussi en mamelons de la grosseur d'une noisette et composés de petits cristaux aciculaires, lorsqu'on refroidit à zéro sa solution dans l'alcool concentré ordinaire, après qu'elle a commencé à s'effleurir par l'évaporation spontanée. La densité de l'acide solide est de 0,883 à 20°. Son point de fusion est plus bas que celui de la laurostéarine, c'est-à-dire entre 42 et 43°; il se prend, par le refroidissement, en une masse cristalline, presque diaphane et friable. Sa solution alcoolique réagit fort acide.

L'acide laurique a donné par la combustion [2] :

	Marsson.		Sthamer.		Goergey.		Calcul.
	a	a	b	b	c	c	
Carbone. . .	71,56	71,34	71,61	71,45	71,40	72,34	72,00
Hydrogène. .	12,05	12,09	12,00	11,85	11,92	11,98	12,00
Oxygène. . .	16,39	16,57	16,49	16,70	16,68	15,68	16,00
	100,00	100,00	100,0	100,00	100,00	100,00	100,00

§ 1217. *Laurostéarine*, ou laurate de glycérine. — Les baies de laurier renferment une huile volatile, de la résine, de la gomme, une matière grasse fluide, une matière cristallisable et volatile (*laurine*) et de la laurostéarine. M. Marsson obtient ce dernier corps en traitant à plusieurs reprises les baies réduites en poudre, par de l'alcool bouillant, filtrant la liqueur aussi chaude que possible, et lavant avec de l'alcool froid la substance déposée par le refroidissement. On purifie celle-ci d'abord par la fusion au bain-marie et la

---

[1] MARSSON (1842) *Ann. der Chem. u. Pharm.*, XLI, 333. — STHAMER, *ibid.*, LIII, 390. — GOERGEY, *ibid.*, LXVI, 290.

[2] Les analyses ont été faites sur de l'acide laurique extrait : *a* des bais de laurier, *b* des pichurines, *c* du beurre de coco.

filtration à chaud, pour la séparer d'un corps résinoïde non cristallisable, qui se dépose en même temps, et finalement par plusieurs
cristallisations dans l'alcool.

Suivant M. Sthamer, la laurostéarine est également contenue
dans les fèves pichurines; on l'en extrait en les traitant à froid par
l'alcool, et en concentrant l'extrait de manière que les matières
grasses solides viennent se déposer. Celles-ci sont fort colorées; on
les fait bouillir pour cela, à plusieurs reprises, avec de l'eau qui
enlève la majeure partie de la matière colorante; l'huile essentielle passe avec les vapeurs d'eau, et, si l'on condense celle-ci, elles
la déposent sous forme concrète (*camphre des pichurines*). On
complète la purification de la laurostéarine en l'exprimant entre des
plaques chaudes, et en la faisant cristalliser dans l'alcool bouillant.

D'après M. Goergey, le beurre de coco donne de l'acide laurique
par la saponification, et contient par conséquent aussi de la laurostéarine[1].

La laurostéarine se présente, à l'état pur, sous la forme d'un
corps blanc, brillant, léger, composé d'aiguilles très-petites, souvent groupées en étoiles, et à éclat soyeux. A froid, elle est fort
peu soluble dans l'alcool, mais elle se dissout assez bien dans l'alcool absolu et bouillant, et s'y dépose, par le refroidissement,
presque en totalité à l'état cristallisé. Elle est également fort soluble dans l'éther, et s'en sépare, par l'évaporation spontanée, sous
forme de cristaux. Elle fond à 44 ou 45° et se prend, par le refroidissement, en une masse semblable à la stéarine, cassante, friable,
et n'offrant aucune texture cristalline (Marsson; suivant M. Sthamer, elle fond à 45 ou 46°, et se concrète à 23° en une masse
qui présente à la loupe une texture radiée).

L'analyse de la laurostéarine a donné :

	Marsson.		Sthamer.		$C^{54}H^{50}O^8$.
Carbone. . . .	73,19	73,45	73,53	73,29	73,97
Hydrogène.	11,68	11,55	11,53	11,45	11,41
Oxygène. . .	15,13	15,00	14,94	15,26	14,62
	100,00	100,00	100,00	100,00	100,00

Ces résultats conduisent à la formule $C^{54}H^{50}O^8$, qui s'accorde avec
les réactions de la laurostéarine.

Une lessive de potasse la saponifie assez facilement, et forme

[1] Voy. § 1221, *acide cocinique*.

une émulsion claire contenant du laurate de potasse et de la glycérine ; le savon, séparé à l'aide du sel marin, est dur, et donne, par les acides minéraux, de l'acide laurique. On a, en effet :

$$C^{54}H^{50}O^{8} + 6\,HO = 2\,C^{24}H^{24}O^{4} + C^{6}H^{8}O^{6}.$$

Laurostéarine.　　　　　　Ac. lauriq.　　　Glycérine.

Par la distillation sèche, la laurostéarine fournit de l'acroléine (§ 523), ainsi qu'un corps gras solide , qui cristallise dans l'éther.

Dérivés métalliques de l'acide laurique. Laurates.

§ 1218. L'acide laurique est monobasique ; les laurates neutres renferment

$$C^{24}H^{23}MO^{4} = C^{24}H^{23}O^{3}, MO.$$

Le *sel de soude*, $C^{24}H^{23}NaO^{4}$, s'obtient en décomposant le carbonate de soude par l'acide , sous la forme d'une gelée opaque, qui se dessèche en une poudre blanche qu'on ne peut pas obtenir cristallisée.

Le *sel de baryte*, $C^{24}H^{23}BaO^{4}$, se dépose dans l'eau bouillante sous la forme de rares flocons très-volumineux ; sa solution dans l'alcool bouillant se prend, par le refroidissement, en une masse de paillettes très-ténues. 1 p. de ce sel se dissout dans 10864 p. d'eau à 17°,5, dans 1982 p. d'eau bouillante, dans 1468 p. d'alcool ordinaire à 15°5, et dans 24 p. d'alcool bouillant. Le sel a donné à l'analyse :

	Goergey.			Calcul.
Baryte. . .	28,55	28,33	28,48	28,45

Le *sel de chaux* est un précipité blanc qu'on obtient en mélangeant le laurate de soude avec du chlorure de calcium.

Le *sel d'argent*, $C^{24}H^{23}AgO^{4}$, forme une poudre blanche, fort volumineuse, qui se dissout aisément dans l'ammoniaque. On l'obtient en décomposant le sel de soude par une solution de nitrate d'argent bien neutre. Il ne noircit pas aux rayons solaires, quand il est bien lavé. Il renferme :

	Marsson.	Sthamer.		Calcul.
Carbone.	46,57	46,65	46,48	46,90
Hydrogène. . .	7,58	7,62	7,34	7,49
Oxyde d'argent.	37,25	37,75	37,85	37,78

Dérivés méthyliques, éthyliques.... de l'acide laurique.
Éthers lauriques.

§ 1218[a]. *Laurate d'éthyle*[1], $C^{28}H^{28}O^4 = C^{24}H^{23}(C^4H^5)O^4$. — On l'obtient en faisant passer un courant de gaz chlorhydrique dans une solution de l'acide laurique dans l'alcool; le laurate d'éthyle se sépare déjà en partie pendant le passage du gaz et plus complétement par l'addition de l'eau. Après l'avoir lavé au carbonate de soude et à l'eau, on le dessèche sur du chlorure de calcium fondu.

C'est une huile épaisse, d'une légère odeur de fruits, d'une saveur douceâtre et fade, et d'une densité de 0,86 à 20°. Il se prend en une masse blanche solide, si on le refroidit à — 10°. Il entre en ébullition à 264°, et distille à l'état incolore; toutefois, pendant l'ébullition, ce point s'élève peu à peu, et la matière brunit légèrement. La densité de sa vapeur a été trouvée égale à 8,4; le calcul exige 7,9.

Il a donné à l'analyse :

	Goergey.	Calcul.
Carbone. . . .	73,41	73,68
Hydrogène. .	12,42	12,28
Oxygène. . .	14,70	14,04
	100,00	100,00

SÉRIE TREIZIÈME.

§ 1219. Les composés de cette série n'ont pas encore été convenablement étudiés.

GROUPE COCINIQUE.

§ 1220. On peut, par analogie, supposer dans les composés cociniques l'existence du radical $C^{26}H^{25}O^2$ (*cocinyle*), homologue du formyle, de l'acétyle, du butyryle, etc.

[1] GOERGEY (1848), *Ann. der Chem. u. Pharm.*, LXVI, 306.

ACIDE COCINIQUE.

Syn. : acide cocostéarique.

Composition : $C^{26}H^{26}O^4 = C^{26}H^{25}O^3, HO$ (?).

§ 1221. Plusieurs chimistes admettent que le treizième terme dans la série des acides homologues que nous avons choisis pour pivots de nos séries, peut s'extraire du beurre de coco [1], où il serait contenu à l'état de combinaison glycérique ; mais la composition de l'acide solide, provenant de cette matière grasse, n'est pas encore définitivement établie. En effet, M. Bromeis assigne à cet acide la formule $C^{27}H^{27}O^4$ (inadmissible pour nous), M. Saint-Èvre le représente par les rapports $C^{22}H^{22}O^4$, MM. Pelouze et Boudet le considèrent comme de l'acide élaïdique, tandis que M. Goergey admet qu'il renferme $C^{24}H^{24}O^4$ et ne constitue que de l'acide laurique. Plus récemment M. Heintz est parvenu à extraire du blanc de baleine un acide gras, $C^{26}H^{26}O^4$, que ce chimiste suppose être identique avec l'acide analysé par M. Bromeis. Il est impossible, en présence de données si contradictoires, de se former une opinion sur cette question.

On obtient l'acide cocinique en saponifiant l'huile de coco par une lessive de potasse assez concentrée, d'une densité de 1,12 environ, et en décomposant le savon par l'acide chlorhydrique. Le produit qui se sépare ainsi est un mélange d'acide cocinique et d'acide oléique ; on le soumet d'abord à l'action de la presse, et on le fait cristalliser ensuite à plusieurs reprises dans l'alcool jusqu'à ce qu'il ait perdu son odeur âcre, et que son point de fusion se maintienne constant.

L'acide cocinique ainsi purifié cristallise en aiguilles par le refroidissement de sa solution dans l'alcool aqueux, tandis qu'il se dépose en grains par l'évaporation spontanée de sa solution dans l'alcool anhydre. Il est incolore, insipide, inodore, et fond à 35° (Bromeis ; entre 25 et 27°, Brandes ; à 34°,7, Saint-Èvre ; entre 42 et 43°, Goergey) ; l'acide fondu se prend, par le refroidissement,

---

[1] BRANDES, *Archiv. der Pharmac.*, LXV, 115. — PELOUZE et BOUDET, *Ann. de Chim. et de Phys.*, LIX, 48. — BROMEIS, *Ann. der Chem. u. Pharm.*, XXXV, 277. — SAINT-ÈVRE, *Ann. de Chim. et de Phys.*, [3] XX, 91. — A. GOERGEY, *Ann. der Chem. u. Pharm.*, LXVI, 290 ; en extrait, *Ann. de Chim. et de Phys.*, [3] XXV, 102. — HEINTZ, *Ann. de Poggend.* LXXXVII, 21, 267.

en une masse amorphe. Il distille sans altération, du moins en grande partie. Il est insoluble dans l'eau ; l'alcool et l'éther le dissolvent aisément.

Il a donné à l'analyse[1] :

	Bromeis.			Saint-Èvre.		Calcul.
Carbone. . .	72,39	73,34	72,09	70,97	70,88	72,89
Hydrogène. .	12,37	12,25	12,04	11,88	11,88	12,14
Oxygène. . .	15,24	14,41	15,87	17,15	17,24	14,97
	100,00	100,00	100,00	100,00	100,00	100,00

§ 1221[a]. Le nom de *cocinone* a été donné à une substance qui s'obtient par la distillation sèche du cocinate de chaux ; suivant M. Saint-Èvre, cette substance serait liquide ; selon M. Delffs[2], elle serait solide, et cristalliserait dans l'alcool absolu et bouillant sous la forme de paillettes incolores, sans odeur ni saveur, fusibles à 58°, très-solubles dans l'éther, et bouillant plus haut que le mercure.

Analyse de la cocinone :

	Saint-Èvre.		Delffs.
Carbone. . . .	79,73	81,29	»
Hydrogène. . .	12,90	13,86	13,76
Oxygène. . . .	7,37	4,85	»
	100,00	100,00	

M. Delffs admet pour la cocinone les relations fort contestables $C^{42}H^{42}O^2$.

§ 1221[b]. *Cocinine*[3], cocostéarine ou cocinate de glycérine. — On l'obtient en coupant les noix de cocos en tranches minces, ou en les réduisant en bouillie et en exprimant la masse entre deux plaques chaudes ; l'huile exprimée se fige en se refroidissant. On la traite par l'alcool bouillant, qui dépose la cocinine, par le refroidissement ; on la fait cristalliser à plusieurs reprises, d'abord dans l'alcool bouillant, puis dans l'éther bouillant.

Elle présente l'aspect d'une masse brillante, feuilletée, d'un blanc de neige, d'une densité de 0,925 à 8°. Fondue, elle se solidifie à 22° ; mais elle est encore molle à 18 ou 20°. Elle n'est pas très-soluble dans l'alcool ordinaire. 100 parties d'alcool absolu en dissolvent 2,4 parties à 20°, et jusqu'à 8 parties à 44°. Elle n'est guère soluble à froid dans l'alcool de 0,75, mais elle y est beaucoup plus

---

[1] Voy. p. 781, les analyses de M. Goergey.
[2] DELFFS, *Ann. de Poggend.*, LXXXVI, 587.
[3] BRANDES, *loc. cit.*

soluble à la température de l'ébullition ; elle se dépose, par le refroidissement, en aiguilles groupées en rayons concentriques. Elle
est très-soluble dans l'éther anhydre, mais elle ne se dissout que
dans 80 parties d'éther ordinaire à 18°.

Par la distillation sèche, elle donne d'abord des huiles volatiles
chargées d'acroléine, puis de l'acide cocinique ; enfin une huile
empyreumatique brune et une matière grasse solide, d'où la potasse extrait un acide gras particulier, en laissant à l'état insoluble
une substance neutre, semblable à la paraffine.

Dérivés métalliques de l'acide cocinique. Cocinates.

§ 1221^c. Les sels de l'acide cocinique ressemblent entièrement
aux sels des autres acides gras ; d'après la formule que nous avons
adoptée pour cet acide, les cocinates neutres se représentent par

$$C^{26}H^{25}MO^4 = C^{26}H^{25}O^3, MO.$$

Les sels alcalins sont solubles dans l'eau ; ils deviennent gélatineux par l'évaporation, et amorphes par la dessiccation. Les autres sels sont insolubles. Ceux à base alcaline se décomposent,
par l'addition de l'eau ou de quelques gouttes d'acide acétique, en
produisant les bisels insolubles dans l'eau, mais solubles dans l'alcool, où ils peuvent cristalliser.

Le *sel de soude*, $C^{26}H^{25}NaO^4$, s'obtient en saponifiant l'acide cocinique avec du carbonate de soude, exprimant le savon, dissolvant dans l'alcool absolu, et concentrant par l'évaporation.

Le *sel de chaux*, est un précipité blanc qu'on obtient en mélangeant le sel de soude avec du chlorure de calcium.

Le *sel de baryte*, $C^{26}H^{25}BaO^4$, cristallise dans l'alcool bouillant. Il
renferme :

	Heintz.	Calcul.
Baryte. . .	26,94	27,15

Le *sel d'argent*, $C^{26}H^{25}AgO^4$, se précipite, par double décomposition avec des solutions alcooliques, sous la forme de flocons
blancs, fusibles à 55°, solubles dans l'éther, et un peu solubles
dans l'alcool. Il renferme :

	Bromeis.		Saint-Èvre.		Calcul.
Carbone. .	49,11	48,67	44,85	»	48,60
Hydrogène.	8,26	8,08	7,29	»	7,78
Argent. . .	33,41	32,06	36,59	36,77	33,64

50.

Dérivés méthyliques, éthyliques... de l'acide cocinique.
Éthers cociniques.

§ 1221^d. *Cocinate d'éthyle*, $C^{30}H^{30}O^4 = C^{26}H^{25}(C^4H^5)O^4$ (?). — On l'obtient aisément en faisant passer un courant de gaz chlorhydrique dans la dissolution alcoolique et chaude de l'acide cocinique ; le cocinate d'éthyle se sépare déjà pendant le passage du gaz. On le lave avec de l'ammoniaque faible ou avec une solution de carbonate de soude, et on le dessèche sur du chlorure de calcium.

C'est un liquide légèrement coloré en jaune, d'une odeur de pommes de reinette fort pénétrante, d'une saveur fade et douceâtre. Il a donné à l'analyse :

	Bromeis.	Saint-Èvre.		Calcul.
Carbone. . .	73,85	73,15	72,83	74,38
Hydrogène. . .	12,84	12,22	12,18	12,39
Oxygène. . .	13,31	14,63	14,99	13,23
	100,00	100,00	100,00	100,00

SÉRIE MYRISTIQUE.

§ 1222. On connaît fort peu les composés ayant pour pivot l'acide myristique.

GROUPE MYRISTIQUE.

§ 1223. Les composés de ce groupe sont homologues des composés formiques, acétiques, propioniques, butyriques, etc., et peuvent être considérés comme renfermant le radical $C^{28}H^{27}O^2$ (*myristyle*).

HYDRURE DE MYRISTYLE.

Syn. : aldéhyde myristique.

Composition : $C^{28}H^{28}O^2 = C^{28}H^{27}O^2, H.$

§ 1224. On n'a pas encore isolé ce composé.

Dérivés méthyliques, éthyliques.... de l'hydrure de myristyle.

§ 1225. *Myristone* [1], $C^{54}H^{54}O^2 = C^{26}H^{27}, C^{28}H^{27}O^2$ (?). — Lorsqu'on distille le myristate de chaux, par petites portions et à une température progressive, la myristone passe sous la forme d'une huile qui se concrète dans le récipient. On la fait cristalliser à plusieurs reprises dans l'alcool absolu, en employant, au besoin, le charbon animal pour décolorer la solution.

La myristone forme des paillettes nacrées, incolores, sans odeur ni saveur, et devenant électriques par le frottement. Elle fond à 73° et se prend, par le refroidissement, en une masse radiée.

L'analyse de la myristone a donné :

	Overbeck[2].		Calcul.
Carbone. . .	81,81	81,81	82,23
Hydrogène. .	14,07	13,95	13,70
Oxygène. . .	4,12	4,24	4,07
	100,00	100,00	100,00

ACIDE MYRISTIQUE ANHYDRE.

Composition : $C^{56}H^{54}O^6 = C^{28}H^{27}O^3, C^{28}H^{27}O^3$.

§ 1225[a]. Ce composé [3] s'obtient au moyen du myristate de potasse et de l'oxychlorure de phosphore, par le procédé général de préparation des acides anhydres.

C'est une matière grasse d'une texture à peine cristalline. Elle fond à quelques degrés au-dessous du point de fusion de l'acide myristique hydraté. Quand on la chauffe légèrement, elle émet des vapeurs d'une odeur très-agréable.

La potasse caustique et bouillante ne la saponifie qu'avec beaucoup de difficulté.

Acide benzo-myristique anhydre. — Voy. *Acide myristo-benzoïque anhydre*, § 1514.

---

[1] OVERBECK (1852), *Ann. de Poggend.*, LXXXVI, 591; extrait, *Ann. der Chem. u. Pharm.*, LXXXIV, 290.

[2] M. Overbeck représente la myristone par la formule $C^{50}H^{50}O^2$ (calcul : carbone, 81,96; hydrogène, 13,65).

M. Rowney (*The Quart. Journ. of the Chemic. Society*, VI, 102) pense que la myristone est le même corps que la stéarone, § 1286.

[3] CHIOZZA et MALERBA (1854), *Communication particulière*.

ACIDE MYRISTIQUE.

Composition : $C^{28}H^{28}O^4 = C^{28}H^{27}O^3$, HO.

§ 1226. Cet acide[1] se produit à l'état de sel, par la saponification de la myristine, matière grasse solide du beurre de muscade.

Lorsqu'on fait bouillir une dissolution concentrée de potasse avec la myristine, celle-ci se saponifie sans former une masse épaisse ou visqueuse. Si l'on dissout le savon dans l'eau, et qu'on ajoute un excès d'acide chlorhydrique, l'acide myristique se sépare à l'état d'une huile incolore qui se concrète par le refroidissement, en prenant une texture cristalline. On le traite ensuite à plusieurs reprises par l'eau distillée et bouillante, afin d'enlever l'acide chlorhydrique qui pourrait y adhérer.

Suivant M. Heintz[2], l'acide myristique se trouverait aussi parmi les produits de la saponification du blanc de baleine.

L'acide myristique est d'un blanc de neige, cristallin, fort soluble dans l'alcool bouillant, et s'en précipite en partie par le refroidissement. Sa solution rougit le tournesol. Il est également fort soluble dans l'éther bouillant, mais il s'y dissout peu à froid. Il est entièrement insoluble dans l'eau. La solution alcoolique l'abandonne en cristaux qui possèdent un bel éclat soyeux. Il fond à 49°.

Il a donné à l'analyse :

	Playfair.			Calcul.
Carbone. . .	73,11	73,10	72,86	73,68
Hydrogène. .	12,31	12,29	12,24	12,27
Oxygène. . .	14,58	14,61	14,90	14,05
	100,00	100,00	100,00	100,00

Quand on distille l'acide myristique, il se décompose en partie ; une autre portion passe sans altération ; les produits ne renferment pas d'acide sébacique.

L'acide nitrique l'attaque à chaud.

§ 1227. *Myristine*[3], ou myristate de glycérine. — Lorsqu'on exprime les noix de muscade entre des plaques de fer échauffées, après les avoir exposées à la vapeur de l'eau bouillante, on en

[1] PLAYFAIR (1841), *Ann. der Chem. u. Pharm.*, XXXVII, 152.
[2] HEINTZ, *Ann. de Poggend.* LXXXVII, 21, 267.
[3] PLAYFAIR, *loc. cit.* — PELOUZE et BOUDET, *Ann. der Chem. u. Pharm.*, XXIX, 41.

sépare une matière grasse (beurre de muscade), qui se compose de deux ou de trois glycérides, dont l'un, huileux ou onctueux, n'a pas encore été examiné, et dont l'autre, concret et cristallisable, constitue la myristine. Pour en séparer celle-ci, on met la matière grasse brute en digestion avec de l'alcool ordinaire, on fait dissoudre dans l'éther bouillant la myristine qui vient surnager, on exprime les cristaux entre des doubles de papier joseph, on les redissout de nouveau, et on les soumet alternativement à l'action de la presse et à la cristallisation, jusqu'à ce que leur point de fusion soit constant à 31°.

La myristine est cristalline et douée d'un éclat soyeux; elle se dissout en toutes proportions dans l'éther bouillant; elle est moins soluble dans l'alcool bouillant et entièrement insoluble dans l'eau. Par la distillation sèche, elle donne de l'acroléine et un acide gras.

M..Playfair a trouvé dans la myristine :

Carbone. . .	74,51	74,15	74,51
Hydrogène. .	12,22	12,36	12,22
Oxygène. . .	13,27	13,49	13,27
	100,00	100,00	100,00

M. Playfair représente les nombres précédents par les rapports $C^{118}H^{113}O^{15} = 4$ at. d'acide myristique $C^{28}H^{28}O^4$ plus 1 at. de glycérine $C^6H^8O^6$ moins 7 atomes d'eau HO. Ces rapports ne me paraissent pas assez simples pour être vrais.

Lorsqu'on met la myristine en digestion au bain-marie avec une solution de sous-acétate de plomb, il se produit du myristate de plomb insoluble, tandis que de la glycérine reste en dissolution.

Dérivés métalliques de l'acide myristique. Myristates.

§ 1228. L'acide myristique est monobasique. Les myristates neutres renferment :

$$C^{28}H^{27}MO^4 = C^{28}H^{27}O^3, MO.$$

Le *sel de potasse*, $C^{28}H^{27}KO^4$, s'obtient en chauffant l'acide myristique avec une solution concentrée de carbonate de potasse. On évapore la masse à siccité, et l'on en extrait le myristate de potasse à l'aide de l'alcool. Il constitue un savon blanc, cristallin, très-soluble dans l'eau et l'alcool, insoluble dans l'éther.

Le *sel de baryte*, $C^{28}H^{27}BaO^4$, se prépare par double décomposition ; il est blanc, très-peu soluble dans l'eau et l'alcool. Il contient :

	Playfair.		Calcul.
Baryte.	25,89	25,97	25,76

Le *sel de chaux* est un précipité blanc qu'on obtient par double décomposition.

Le *sel de cuivre* est un précipité vert pâle, insoluble dans l'eau ; il contient de l'eau.

Le *sel de plomb* qu'on obtient en faisant bouillir la myristine avec du sous-acétate de plomb, est un précipité blanc, contenant du sous-acétate en combinaison chimique. [Suivant M. Playfair, il renfermerait $4\,C^{28}H^{27}PbO^4$, $3\,(C^4H^3PbO^4, 2\,PbO)$]. Lorsqu'on précipite le myristate de potasse par l'acétate de plomb neutre, on obtient un sel dont la composition n'est pas constante.

Le *sel d'argent*, $C^{28}H^{27}AgO^4$, constitue une poudre blanche, légère, insoluble dans l'eau, fort soluble dans l'ammoniaque, et cristallisant dans ce liquide, par l'évaporation spontanée, en gros cristaux transparents. Il a donné à l'analyse :

	Playfair.		Calcul.
Carbone.	48,80	48,91	50,15
Hydrogène. . . .	8,03	7,94	8,06
Argent.	32,27	»	32,24

Dérivés méthyliques, éthyliques. . . . de l'acide myristique.
Ethers myristiques.

§ 1229. *Myristate d'éthyle* [1], $C^{32}H^{32}O^4 = C^{28}H^{27}(C^4H^5)O^4$. — On obtient cet éther par le procédé ordinaire, en faisant passer de l'acide chlorhydrique dans une dissolution bouillante d'acide myristique dans l'alcool. C'est un liquide transparent, incolore, ou légèrement jaunâtre et huileux ; sa densité est de 0,864. Il est soluble à chaud dans l'alcool et l'éther, et se décompose par les alcalis, comme tous les éthers.

[1] PLAYFAIR, *loc. cit.*

SÉRIE QUINZIÈME.

§ 1230. Entre la série myristique et la série palmitique devraient se placer des composés dont le pivot serait un acide gras représenté par la formule $C^{30}H^{30}O^4$. Un semblable acide (*acide bénique*), cristallisé en mamelons volumineux et fusibles à 52° ou 53°, s'obtiendrait, suivant Walter[1], par la saponification de l'huile de ben ; selon M. Heintz[2], le blanc de baleine donnerait également par la saponification, en très-petite quantité, un acide de la même composition (*acide cétique*), cristallisé en paillettes nacrées, groupées en étoiles, et fusibles à 53°,5. Enfin M. Borck[3] admet la formation d'un acide semblable (*acide stillistéarique*), cristallisant en lames nacrées, et fusibles à 61 ou 62°, par la saponification de la matière grasse qu'on extrait des fruits du *Stillingia sebifera* (suif végétal de Chine). Ces produits réclament de nouvelles recherches.

SÉRIE PALMITIQUE.

§ 1231. Dans cette série, qui a pour pivot l'acide palmitique, on distingue deux groupes :

Groupe palmitique,
Groupe oléique.

Le groupe palmitique a pour homologues les groupes formique, acétique, propionique, etc.; le groupe oléique a pour homologues les groupes acrylique (§ 512), angélique (§ 911), etc.

I.

GROUPE PALMITIQUE.

§ 1232. Il comprend des combinaisons dans lesquelles le radical $C^{32}H^{31}O^2$ (*palmityle*) remplace l'hydrogène des types généraux métal, oxyde, etc.

---

[1] WALTER, *Compt. rend. de l'Acad.*, XXII, 1143. Voy. § 1298, *Huile de ben.*
[2] HEINTZ, *Zoochemie*, p. 488.
[3] BORCK, *Journ. f. Prakt. Chem.* XLIX, 395.

HYDRURE DE PALMITYLE.

Syn. : aldéhyde cétylique.

Composition : $C^{32}H^{32}O^2 = C^{32}H^{31}O^2, H$.

§ 1233. On obtient ce composé[1] par la réaction d'un mélange d'acide sulfurique et de bichromate de potasse sur l'éthal (hydrate de cétyle (§ 1260).

Lorsqu'on chauffe l'éthal avec son poids de bichromate de potasse et avec de l'acide sulfurique étendu, il s'établit une réaction très-vive, dès que l'éthal est fondu ; la masse noircit et se boursoufle d'abord considérablement, mais peu à peu la réaction se calme ; si l'on commence par chauffer trop, le produit est ré-sinoïde, et ne peut plus se purifier. On épuise le produit par l'eau bouillante, jusqu'à ce que celle-ci ne se colore plus, et on le purifie par plusieurs cristallisations dans l'alcool et l'éther. Ces opérations, d'ailleurs très-longues et pénibles, ne donnent qu'une petite quantité de matière pure.

L'hydrure de palmityle fond à 52°, et se prend à 50° en une masse radiée ; il brunit à 160°, et paraît se volatiliser très-difficilement.

On n'a pas réussi à le combiner avec l'ammoniaque, ni avec l'aniline.

Dérivés méthyliques, éthyliques…. de l'hydrure de palmityle.

§ 1234. *Palmitone*[2] ou éthalone, $C^{62}H^{62}O^2 = C^{30}H^{31}, C^{32}H^{31}O^2$ (?). — On obtient aisément ce corps en distillant rapidement de l'acide palmitique avec un excès de chaux éteinte. Pour le purifier, il suffit de le faire cristalliser plusieurs fois dans l'alcool bouillant, qui le dissout d'autant mieux qu'il est plus concentré. Il se présente en petites lames nacrées, dont voici la composition :

	Piria.		Calcul.
Carbone. . .	82,46	82,94	82,67
Hydrogène. .	13,94	14,04	13,78
Oxygène. . .	3,60	3,02	3,55
	100,00	100,00	100,00

[1] FRIDAU (1852), *Ann. der Chem. u. Pharm.*, LXXXIII, 23.
[2] PIRIA (1852), *Compt. rend. de l'Acad.*, XXXIV, 140.

ACIDE PALMITIQUE.

Syn. : acide éthalique, acide cétylique, acide olidique.

Composition $C^{32}H^{32}O^4 = C^{32}H^{31}O^3,HO$.

§ 1235. Cet acide [1] se rencontre souvent à l'état libre dans l'huile de palme, surtout fort âgée. On se le procure artificiellement, à l'état libre ou à l'état de sel, par différents moyens : par l'éthal (hydrate de cétyle) et la chaux potassée [2] :

$$C^{32}H^{34}O^2 + KO,HO = C^{32}H^{31}KO^4 + 2H^2;$$
Hydrate de cétyle.   Palm. de potasse.

par l'acide oléique et la potasse en fusion [3] :

$$C^{36}H^{34}O^4 + 2(KO,HO) = C^{32}H^{31}KO^4 + C^4H^3KO^4 + H^2;$$
Ac. oléique.   Palmit. de pot.   Acét. de pot.

par la distillation sèche [4] de la cétine (palmitate d'éthyle) :

$$C^{64}H^{64}O^4 = C^{32}H^{32}O^4 + C^{32}H^{32}.$$
Palmit. de cétyle.   Ac. palmitiq.   Cétène.

L'huile de palme, la cire d'abeilles, le blanc de baleine et la graisse d'homme donnent également de l'acide palmitique par la saponification.

Quand on mêle 1 p. d'éthal avec 5 ou 6 p. de chaux potassée, et qu'on chauffe le mélange à 210 ou 220° environ, dans un bain d'alliage fusible, il se développe de l'hydrogène, et il se produit de l'acide palmitique. Quand on opère sur une vingtaine de grammes d'éthal, le dégagement de gaz se prolonge pendant quelques heures. On dissout le produit dans l'eau, et l'on précipite l'acide palmitique par l'acide chlorhydrique. Pour l'avoir plus pur, on le fait bouillir avec de l'eau de baryte, on évapore à siccité, on reprend par l'alcool, afin d'extraire l'éthal qui aurait échappé à la réaction, et l'on décompose de nouveau le sel de baryte par l'acide chlorhydrique. Suivant M. Heintz, le procédé précédent ne donnerait pas un acide pur, l'éthal n'étant lui-même pas un principe unique.

Un autre procédé consiste à soumettre la cétine à la distillation sèche, à saponifier le produit par la potasse, à séparer l'huile

[1] FRÉMY (1841), *Compt. rend. de l'Acad.*, XI, 872. — HEINTZ, *Lehrb. der Zoochemie*, p. 429, 482, 1076. — STENHOUSE, *Ann. der Chem. u. Pharm.*, XXXVI, 50. — SCHWARZ, *ibid.*, LX, 58.

[2] DUMAS ET STAS, *Ann. de Chim. et de Phys.*, LXXIII, 124.

[3] VARRENTRAPP, *Ann. der Chem. u. Pharm.*, XXXV, 210.

[4] SMITH, *ibid.* XLII, 241.

hydrocarbonée surnageante, et à décomposer le savon par l'acide chlorhydrique.

Pour préparer l'acide palmitique au moyen de l'acide oléique, on chauffe ce dernier acide dans une capsule d'argent avec un léger excès de potasse caustique et quelques gouttes d'eau, de manière à le saponifier; ensuite on y ajoute une nouvelle quantité de potasse, environ deux fois le poids de l'acide oléique employé, et l'on chauffe doucement le tout de manière à faire fondre la potasse. On fait bien de verser de temps à autre quelques gouttes d'eau sur le mélange, afin qu'il ne s'échauffe pas trop. Si l'on opère avec soin, la masse ne noircit guère et ne prend qu'une teinte jaune. Dès que tout le mélange se trouve porté à la température de la potasse fondante, il se manifeste un dégagement d'hydrogène, qui dure jusqu'à ce que l'opération soit terminée. On enlève rapidement le feu, et l'on jette la masse encore chaude dans de l'eau, qui dissout une grande partie de la potasse libre. Si l'on n'emploie pas trop d'eau, la lessive est tellement concentrée que le savon surnage sans se dissoudre; on l'enlève, on le dissout complétement dans l'eau, et on le sépare de nouveau à l'aide du sel marin. Finalement, on décompose la solution par de l'acide chlorhydrique.

S'agit-il de préparer l'acide palmitique à l'aide de l'huile de palme, on la saponifie avec de la soude ou de la potasse caustique, et l'on décompose le savon par l'acide chlorhydrique ou tartrique. On dissout dans l'alcool chaud le mélange d'acide oléique et d'acide palmitique, et on l'abandonne à la cristallisation. On exprime les cristaux entre des doubles de papier joseph, et l'on répète cette opération plusieurs fois, jusqu'à ce que l'acide oléique soit entièrement enlevé et reste dans les eaux-mères.

L'huile de palme renferme souvent jusqu'à 1/3 de son poids d'acide palmitique libre, et son acidité augmente par l'âge; c'est le glycéride (palmitine) qu'elle renferme qui s'altère peu à peu au contact de l'air et de l'humidité, et alors la glycérine et l'acide palmitique deviennent libres.

Pour extraire l'acide palmitique de la graisse d'homme, on la saponifie avec de la soude caustique, on décompose le savon par de l'acide chlorhydrique, et l'on soumet à l'action de la presse l'acide gras ainsi obtenu, afin d'en séparer autant que possible l'acide oléique. On fait dissoudre le résidu solide dans une petite quantité d'alcool, on laisse refroidir, et l'on répète les expressions jusqu'à ce que tout l'acide oléique soit enlevé. Ensuite on fait dissoudre l'acide solide dans l'alcool bouillant, et l'on y ajoute une solution alcoolique et bouillante d'acétate de plomb, ou mieux encore d'acétate de baryte (2/7 du poids de l'acide gras). Le précipité qu'on obtient ainsi par le refroidissement du liquide, ayant été recueilli sur un filtre, on ajoute un excès d'acétate de plomb ou de baryte à la liqueur filtrée, on jette sur un filtre le nouveau précipité, et on le décompose par l'acide chlorhydrique. Celui-ci met l'acide gras en liberté : on le fait cristalliser dans l'alcool jusqu'à ce que son point de fusion soit constant à 62°; au besoin, on répète sur le produit les précipitations partielles par l'acétate de baryte ou de plomb (Heintz).

§ 1236. L'acide palmitique est un corps solide incolore, inodore, insipide, plus léger que l'eau. Il est insoluble dans l'eau, et se dissout abondamment, au contraire, dans l'alcool et l'éther bouillants. Ces dissolutions sont acides; concentrées, elles se prennent en masse par le refroidissement. Quand elles sont étendues, elles laissent cristalliser l'acide palmitique en aiguilles fines, groupées en aigrettes. Il fond à 62°, et se prend, par le refroidissement, en une masse composée de paillettes nacrées et brillantes. (Lorsque l'acide palmitique renferme de l'acide stéarique, on remarque, suivant M. Heintz, des aiguilles dans la masse concrétée.)

Voici les résultats qu'on a obtenus à l'analyse [1] de l'acide palmitique :

	Frémy.	Sten-house.	Schwarz.	Sthamer.	Varren-trapp.	Brodie.	Heintz.	Heintz.	Calcul.
	a	*a*	*a*	*b*	*c*	*d*	*e*	*f*	
Carbone...	74,3	74,54	74,90	74,43	74,41	74,97	74,89	74,88	75,00
Hydrogène.	12,4	12,48	12,50	12,55	12,26	12,46	12,51	12,60	12,50
Carbone. .	13,3	12,98	12,60	13,02	13,33	12,57	12,60	12,52	12,50
	100,0	100,00	100,00	100,00	100,00	100,00	100,00	100,00	100,00

Suivant M. Frémy, l'acide palmitique qui a été chauffé à 250° cristallise, dans l'alcool, en petits cristaux très-durs.

Soumis à l'action de la chaleur dans une petite capsule, l'acide palmitique bout et se volatilise sans laisser de résidu.

Le chlore attaque l'acide palmitique en donnant des acides chlorés (§ 1240).

Lorsqu'on maintient l'acide palmitique en fusion à l'air, il s'al-

---

[1] L'acide palmitique qui a donné ces résultats provenait : *a* de l'huile de palme, *b* de la cire du Japon, *c* de la métamorphose de l'acide oléique, *d* de la cire d'abeilles, *e* de la graisse d'homme, *f* du blanc de baleine.

tère légèrement : M. Schwarz admet que l'oxygène de l'air lui enlève, dans ces circonstances, du carbone et de l'hydrogène, de manière à le transformer en un acide $C^{31}H^{31}O^4$ (*acide palmitonique*). Je ne pense pas que, sous ce rapport, les preuves fournies par l'auteur soient assez concluantes.

§ 1237. *Palmitine*[1], ou palmitate de glycérine. — Suivant les expériences de MM. Frémy et Stenhouse, cette matière grasse est contenue dans l'huile de palme qui nous arrive des côtes d'Afrique ; elle y est mélangée avec de l'oléine, et, suivant l'âge de l'huile, avec des proportions plus ou moins fortes d'acide palmitique et d'acide oléique. M. Sthamer en a reconnu la présence dans la cire du Japon. Selon M. Heintz, la palmitine est contenue dans la graisse d'homme, à l'état de mélange avec la stéarine, et constitue, sous cette forme, la *margarine* de M. Chevreul. Enfin, suivant M. Rochleder, la palmitine compose la matière grasse contenue dans les grains de café.

Pour extraire la palmitine de l'huile de palme, on soumet celle-ci à une forte pression pour en séparer la plus grande partie des matières liquides ; on traite le résidu à plusieurs reprises avec de l'alcool bouillant, pour extraire l'acide palmitique et l'acide oléique, et on le soumet finalement à plusieurs cristallisations dans l'éther.

La palmitine s'obtient en petits cristaux fusibles ; la matière fondue se prend, par le refroidissement, en une masse cireuse et semi-transparente, aisée à réduire en poudre. A froid, elle est presque insoluble dans l'alcool ; à l'ébullition, ce liquide en dissout davantage, et la dépose, par le refroidissement, à l'état de flocons. L'éther bouillant la dissout en toutes proportions.

Suivant M. Stenhouse, la palmitine fond à 48°. D'après M. Duffy[2], la palmitine présente, comme la stéarine, trois points de fusion correspondant à autant de modifications physiques : elle fond à 46°, à 61°,7 et à 62°,8 ; son point de solidification est à 45°,5.

---

[1] PELOUZE et BOUDET, *Ann. der Chem. u. Pharm.*, XXIX, 41. — FRÉMY, *Compt. rend. de l'Acad.*, XI, 872, et *Ann. der Chem. u. Pharm.*, XXXVI, 44. — STENHOUSE, *ibid.*, XXXVI, 50. — STHAMER, *ibid.*, XLIII, 340. — HEINTZ, *Ann. de Poggend.*, LXXXIV, 251.

[2] Voy. plus bas, § 1288, les expériences du même chimiste sur le point de fusion de la stéarine.

L'analyse de la palmitine a donné les nombres suivants (moyenne de quatre analyses) :

	Stenhouse.	Calcul.
Carbone. . . .	75,62	76,36
Hydrogène. . .	12,18	12,00
Oxygène. . . .	12,20	11,64
	100,00	100,00

M. Stenhouse calcule des nombres précédents les relations $C^{70}H^{66}O^8$.

Les alcalis saponifient la palmitine en donnant de la glycérine et du palmitate alcalin :

$$C^{70}H^{66}O^8 + 6\,HO = C^6H^8O^6 + 2\,C^{32}H^{32}O^4.$$
$$\text{Palmitine.} \qquad\qquad \text{Glycérine.} \quad \text{Ac. palmitiq.}$$

§ 1237[a]. D'après M. Berthelot[1], on peut directement combiner l'acide palmitique avec la glycérine, en mettant ces corps en contact, à une température élevée, comme dans la préparation des stéarines (§ 1289[a]). On peut ainsi obtenir trois combinaisons :

La *monopalmitine*, fusible
à 58°, solidifiable à 45°. $C^{38}H^{38}O^8 = C^{32}H^{32}O^4 + C^6H^8O^6$
$$- 2\,HO;$$

La *dipalmitine*, fusible à
59°, solidifiable à 45°. . $C^{70}H^{70}O^{12} = 2\,C^{32}H^{32}O^4 + C^6H^8O^6$
$$- 2\,HO;$$

La *tétrapalmitine*, fusible
à 60°, solidifiable à 46°. $C^{134}H^{130}O^{16} = 4\,C^{32}H^{32}O^4 + C^6H^6O^6$
$$- 6\,HO.$$

Composition de ces produits :

	Monopalmitine.		Dipalmitine.		Tétrapalmitine.
Carbone. . .	67,5	68,1	70,1	70,7	74,9
Hydrogène..	11,75	11,9	»	12,0	12,4

Suivant M. Berthelot, la tétrapalmitine serait identique avec la palmitine naturelle.

Toutes ces palmitines s'obtiennent par combinaison directe, et se purifient par la chaux et l'éther comme les stéarines ; toutes régénèrent, par l'oxyde de plomb, la glycérine et l'acide palmitique fusible à 61°.

La monopalmitine étant traitée à 100° par l'alcool et l'acide acétique pendant 102 heures, se décompose et met en liberté de la glycérine. La palmitine naturelle n'a pas cette propriété.

[1] BERTHELOT, *Compt. rend. de l'Acad.*, XXXVII, 398, et *Communicat. particulière.*

Dérivés métalliques de l'acide palmitique. Palmitates.

§ 1238. L'acide palmitique est un acide monobasique ; les palmitates neutres renferment :

$$C^{32}H^{31}MO^4 = C^{32}H^{31}O^3, MO.$$

Tous les palmitates sont insolubles dans l'eau, excepté ceux à base de potasse, de soude et d'ammoniaque.

On prépare les palmitates insolubles en précipitant les sels métalliques dissous dans l'alcool par une dissolution alcoolique de palmitate de potasse ou de soude.

Le *sel d'ammoniaque* est insoluble dans l'eau froide.

Le *sel de potasse*, $C^{32}H^{31}KO^4$, est blanc et nacré. Lorsqu'on fait fondre de l'acide palmitique sur du carbonate de potasse, l'acide carbonique se dégage, et il se produit du palmitate de potasse ; en reprenant la masse par l'alcool bouillant, on obtient une dissolution de palmitate de potasse qui, en se refroidissant, dépose ce sel à l'état cristallisé. L'eau le décompose quand elle est en quantité suffisante ; mais il peut se dissoudre dans une petite quantité d'eau. L'alcool le dissout complétement. L'éther ne lui enlève rien et ne le dissout pas. Il peut éprouver la fusion sans s'altérer.

Le *sel de soude*, $C^{32}H^{31}NaO^4$, se dépose de sa solution alcoolique sous la forme d'une gelée qui se transforme, par le repos, en larges lames nacrées ; ce sel se décompose plus aisément par l'eau que le sel de potasse.

Le *sel de baryte*, $C^{32}H^{31}BaO^4$, est un précipité blanc, cristallin et nacré ; il se décompose par la chaleur avant de fondre.

Le *sel de magnésie*, $C^{32}H^{31}MgO^4$, forme un précipité blanc, cristallin et fort léger, soluble dans l'alcool bouillant, qui le dépose, par le refroidissement, sous la forme de petites paillettes rectangulaires. Il fond à 120°, sans se décomposer.

Le *sel de cuivre*, $C^{32}H^{31}CuO^4$, constitue une poudre bleu verdâtre, composée de paillettes microscopiques. Il fond par la chaleur en une liqueur verte qui se décompose à quelques degrés audessus de son point de fusion.

Le *sel de plomb*, $C^{32}H^{31}PbO^4$, est un précipité blanc composé de paillettes microscopiques. Il fond entre 110° et 120°, et se prend, par le refroidissement, en une masse opaque, non cristalline.

Le *sel d'argent*, $C^{32}H^{31}AgO^4$, est un précipité blanc, amorphe et très-volumineux, peu altérable à la lumière.

Dérivés méthyliques, éthyliques.... de l'acide palmitique.
Éthers palmitiques.

§ 1239. Les éthers palmitiques représentent des palmitates dans lesquels le métal est remplacé par du méthyle, de l'éthyle, ou leurs homologues.

Palmitate d'éthyle [1], éther éthalique ou palmitique, $C^{36}H^{36}O^4 = C^{32}H^{31}(C^4H^5)O^4$. — Lorsqu'on fait passer un courant de gaz chlorhydrique dans une dissolution alcoolique et saturée d'acide palmitique, il se sépare une matière huileuse qui se concrète par le refroidissement. C'est le palmitate d'éthyle. Ce corps fond déjà à 24°,2 et se prend, par le refroidissement, en une masse feuilletée. Lorsqu'on le fait cristalliser dans une solution alcoolique diluée, à la température de 5 à 10°, on l'obtient sous la forme de longues aiguilles aplaties.

Palmitate d'amyle [2], $C^{42}H^{42}O^4 = C^{32}H^{31}(C^{10}H^{11})O^4$. — On l'obtient avec l'acide palmitique et l'hydrate d'amyle par les procédés ordinaires; il se produit aussi, en même temps que du palmitate de soude, lorsqu'on fait bouillir la palmitine avec de l'hydrate d'amyle contenant de l'amylate de soude. C'est une substance molle, non cristalline, et fusible à 13°,5.

Palmitate de cétyle, $C^{64}H^{64}O^4 = C^{32}H^{31}(C^{32}H^{33})O^4$. — Ce corps constitue en plus grande partie la substance solide (*cétine*) du blanc de baleine; suivant M. Heintz, il y est mélangé de stéarate de cétyle (voy. § 1262).

Palmitate de myricyle, $C^{92}H^{92}O^4 = C^{32}H^{31}(C^{60}H^{61})O^4$. — Cet éther [3] est contenu, en quantité notable, dans la partie de la cire d'abeilles (§ 1309) insoluble dans l'alcool bouillant, et qui est connue sous le nom de *myricine*. On prépare la myricine en épuisant la cire d'abeilles par l'alcool bouillant, jusqu'à ce que la liqueur alcoolique ne précipite plus par l'acétate de plomb. La myricine ainsi obtenue n'est pas une substance entièrement pure; elle fond à 64°, et présente une légère odeur de cire.

On la purifie avec de l'éther qui la dissout aisément; la solution éthérée la dépose sous la forme de cristaux plumeux et légers, fusibles à 71°,5 ou 72°.

---

[1] FRÉMY (1841), *loc. cit.* — HEINTZ, *loc. cit.*
[2] DUFFY (1853), *The Quart. Journ. of the Chemic. Soc.*, V, 344.
[3] BRODIE, *Ann. der Chem. u. Pharm.*, LXXI, 144.

II.

M. Brodie a trouvé dans le produit ainsi purifié :

	Expérience.		Calcul.
Carbone. . . .	81,38	81,70	81,65
Hydrogène. . .	13,44	13,33	13,60
Oxygène. . . .	5,18	4,97	4,73
	100,00	100,00	100,00

La myricine est à peine attaquée par la potasse diluée, mais elle se saponifie aisément par une solution de potasse concentrée, surtout alcoolique. On obtient ainsi du palmitate de potasse et de l'hydrate de myricyle (avec la myricine brute, on obtient en outre de petites quantités d'un autre sel de potasse et d'une substance neutre semblable à l'hydrate de céryle).

Soumise à la distillation sèche, la myricine brute donne des acides gras, parmi lesquels on remarque principalement l'acide palmitique, ainsi que des hydrocarbures solides et liquides (voy. *mélène*, § 1332).

Dérivés chlorés de l'acide palmitique.

§ 1240. *Acide chloropalmitique* [1], $C^{32}H^{28}Cl^4O^4$. — Quand on fait agir du chlore sur l'acide palmitique, en faisant intervenir successivement l'influence de la chaleur et de la lumière, on obtient une série d'acides chlorés, dont la basicité paraît être la même que celle de l'acide palmitique. Les premiers acides sont liquides à la température ordinaire ; les derniers sont durs et transparents comme de la résine. Le composé le plus stable, et qu'on obtient toujours en faisant passer un courant de chlore dans l'acide palmitique fondu, renferme 4 atomes de chlore.

II.

GROUPE OLÉIQUE.

§ 1241. Les combinaisons oléiques se rattachent au groupe palmitique par la réaction que l'acide oléique éprouve sous l'influence de l'hydrate de potasse en fusion, qui le dédouble en acide palmitique et en acide acétique. Cette réaction est semblable à celle que les acides acrylique et angélique, homologues de l'acide oléique, éprouvent dans les mêmes circonstances.

[1] FRÉMY (1841), *loc. cit.*

ACIDE OLÉIQUE.

Composition : $C^{36}H^{34}O^4 = C^{36}H^{33}O^3, HO$.

§ 1242. L'acide liquide qu'on obtient par la saponification des huiles végétales non siccatives, ainsi que des graisses animales, a reçu le nom d'*acide oléique*; il porte celui d'*acide élaïdique*, après avoir été transformé en une modification solide, sous l'influence de l'acide nitreux.

Bien que l'acide oléique et l'acide élaïdique offrent la même composition, ces deux acides se distinguent par plusieurs caractères, notamment par la manière dont ils se comportent sous l'influence de la chaleur : celle-ci détruit entièrement l'acide oléique, tandis que l'acide élaïdique peut distiller sans altération.

§ 1243. ACIDE OLÉIQUE. — On doit à M. Chevreul[1] les premières notions sur cet acide ; M. Gottlieb a enseigné la manière de l'obtenir à l'état de pureté parfaite, et a établi sa composition par de nombreuses expériences[2].

L'acide oléique s'obtient en grande quantité comme produit accessoire dans la fabrication des bougies stéariques; on peut ainsi se le procurer à bas prix; mais il est encore mêlé de beaucoup d'oléine, et renferme, en outre, en dissolution des acides gras solides. Pour le purifier, on le fait d'abord bouillir avec une lessive de potasse caustique (contenant ¹/₄ de son poids d'hydrate de potasse solide), de manière à saponifier toute l'oléine; on sépare ensuite l'acide oléique par l'acide chlorhydrique, on le lave bien à l'eau, et on l'expose pendant quelques jours à la température de 4° ou même de 0°; les acides gras solides cristallisent alors en plus grande partie, et l'on en sépare l'acide liquide au moyen de la presse à une basse température. On ajoute ensuite de l'alcool de 0,84 à l'acide huileux; on refroidit de nouveau la solution alcoolique, et l'on décante la partie restée liquide. Finalement, on chasse l'alcool de cette dernière, en la distillant dans une cornue; après l'éloignement de l'alcool, l'acide oléique

---

[1] CHEVREUL, *Recherches sur les corps gras*, p. 205. — VARRENTRAPP, *Ann. der Chem. u. Pharm.*, XXXV, 196. — GUSSEROW, *Archiv f. Chem. und Meteorol.*, de Kastner, I, 73. — LAURENT, *Ann. de Chim. et de Phys.*, LXV, 149. — GOTTLIEB, *Ann. der Chem. u. Pharm.*, LVII, 40.

[2] J'avais déjà, avant M. Gottlieb, adopté pour l'acide oléique la formule que ce chimiste a basée sur ses expériences. Voy. *Précis de Chim. organ.*, 1845, t. II, p. 343.

vient alors nager à la surface de la liqueur aqueuse. Cet acide oléique n'est pas chimiquement pur; il est jaune et contient des produits d'oxydation.

Suivant M. Varrentrapp, l'huile grasse d'amandes douces convient le mieux à la préparation de l'acide oléique pur. On saponifie cette huile avec de la potasse ou de la soude, et l'on sépare par un acide minéral le mélange d'acide oléique et d'acide margarique; celui-ci est ensuite mis en digestion avec la moitié de son poids de massicot en poudre fine, pendant quelques heures; il se produit ainsi un mélange d'oléate et de margarate plombiques. On ajoute à ce mélange deux fois son volume d'éther, et on l'abandonne avec ce liquide pendant 24 heures; de cette manière, l'oléate de plomb se dissout tandis que le margarate reste à l'état insoluble. On décompose la solution éthérée par de l'acide chlorhydrique étendu qui met en liberté l'acide oléique, lequel se dissout dans l'éther et vient se rendre à la surface du mélange. Après avoir chassé l'éther par l'évaporation, on saponifie l'acide par un alcali, et l'on purifie le savon en le dissolvant dans l'eau, séparant par le sel marin et dissolvant de nouveau. En dernier lieu, on sépare l'acide oléique à l'aide de l'acide tartrique, et l'on dessèche le produit au bain-marie.

Une semblable marche peut être suivie lorsqu'il s'agit d'obtenir l'acide oléique avec une autre matière grasse, telle que l'huile d'olives, la graisse d'oie, le beurre de vache, etc.

L'acide oléique qu'on obtient par le procédé précédent n'est pas d'une pureté absolue; il est souillé des produits qui se forment par l'oxydation de l'acide à l'air, ainsi que d'une matière colorante brune. Voici comment M. Gottlieb prescrit de le purifier : on le mélange avec un grand excès d'ammoniaque, afin d'éviter la formation d'un sel acide, et l'on précipite par le chlorure de baryum. Il se précipite alors de l'oléate de baryte. On dessèche ce sel, et on le fait bouillir avec de l'alcool de force moyenne. Le sel se fond alors en un liquide transparent et visqueux; il s'en dissout une certaine quantité qui se précipite, par le refroidissement du liquide filtré, en petites paillettes cristallines. On renouvelle ce traitement, et on fait cristalliser encore une ou deux fois le sel dans l'alcool. Il s'obtient alors sous la forme d'une poudre blanche, légère, cristalline, qui ne fond pas à 100°. L'alcool retient les impuretés qui rendent si fusible l'oléate de baryte brut. Pour ex-

traire l'acide oléique du sel ainsi purifié, on le décompose par l'a-
cide tartrique, et on lave le produit à l'eau.

Voici encore un autre procédé qui donne l'acide oléique à
l'état de pureté. Si l'on expose l'acide brut à un froid de — 6 ou
7°, il se prend en une masse cristalline plus ou moins consistante.
Il n'y a que l'acide oléique pur qui se concrète ainsi; les parties qui
sont déjà oxydées restent fluides. On exprime la masse dans du
papier, on la lave avec un peu d'alcool et on la soumet de nouveau
au froid; de cette manière l'acide s'obtient en belles aiguilles
parfaitement blanches; on l'exprime encore une fois, et l'on répète ces opérations jusqu'à ce que l'acide pur, desséché dans un
courant d'acide carbonique, fonde à + 14°.

Cette dernière préparation ne réussit qu'avec un acide qui n'est
pas déjà trop oxydé.

§ 1244. L'acide oléique pur constitue, au-dessus de 14°, un liquide incolore et limpide, plus léger que l'eau, de consistance huileuse, sans odeur ni saveur, ne rougissant pas le tournesol, même
en dissolution alcoolique. A environ + 4°, il se concrète en formant une masse cristalline très-dure; il se dépose dans l'alcool,
par le froid, sous forme de fines aiguilles; on ne peut pas le distiller sans qu'il s'altère. L'acide impur rougit le tournesol, présente une saveur âcre et une légère odeur rance.

L'acide oléique pur renferme :

		Gottlieb.			Calcul.
Carbone. . .	76,51	76,37	76,12	76,34	76,59
Hydrogène .	12,12	12,09	12,16	12,20	12,06
Oxygène. . .	11,37	11,54	11,72	11,46	11,35
	100,00	100,00	100,00	100,00	100,00

A l'état solide, l'acide oléique n'est pas altéré par l'oxygène, mais
l'acide liquide s'oxyde promptement. A la température ordinaire,
l'acide oléique peut absorber rapidement jusqu'à vingt fois son
volume d'oxygène, sans qu'il se dégage une trace d'acide carbonique ni d'eau; quand on le maintient pendant quelques heures à
100° au contact de l'air, il devient rancide et ne se concrète plus
entièrement par le froid.

Lorsqu'on distille l'acide oléique, il se décompose en donnant
beaucoup de gaz carburé, de l'acide carbonique, de l'acide acétique, de l'acide caprylique, de l'acide caprique, et une huile hydrocarbonée chargée d'acide sébacique; on obtient également un résidu

de charbon. La formation de l'acide sébacique par la distillation sert à distinguer l'acide oléique d'autres acides huileux.

L'acide oléique pur donne beaucoup d'acide sébacique à la distillation sèche, ainsi que de l'acide caprique et de l'acide caprylique, surtout ce dernier. Mais, à mesure que l'acide oléique s'altère à l'air, il perd la propriété de donner ces produits; aussi M. Bromeis[1] n'a point obtenu d'acide sébacique par la distillation de l'acide oléique du beurre[2]. Il résulte toutefois des expériences de M. Gottlieb, que cet acide est identique à celui de la graisse d'oie et de l'huile d'olive, et que ce n'est qu'après s'être considérablement altéré au contact de l'air qu'il présente les caractères différents signalés par M. Bromeis.

Au contact de l'acide nitreux, l'acide oléique se convertit en acide élaïdique. L'acide nitrique[3] concentré attaque vivement l'acide oléique, avec dégagement de vapeurs rouges; suivant la durée de la réaction, on trouve dans le résidu les acides subérique, pimélique, adipique ou lipique, tandis qu'il distille de l'acide acétique, propionique, butyrique, valérique, caproïque, œnanthylique, caprylique, pélargonique ou rutique (caprique).

L'acide sulfurique concentré dissout l'acide oléique; la solution est précipitée par l'eau. Si l'on chauffe la solution, elle noircit et dégage de l'acide sulfureux.

Lorsqu'on fait fondre l'acide oléique avec de l'hydrate de potasse et une petite quantité d'eau[4], il se dégage de l'hydrogène, et l'on obtient un mélange de palmitate et d'acétate de potasse :

$$C^{36}H^{34}O^4 + 2\,(KO,HO) = C^{32}H^{31}KO^4 + C^4H^3KO^4 + 2\,H$$

Ac. oléique.   Palmit. de   Acétate de
                                potasse.   potas.

Le chlore attaque l'acide oléique en produisant un acide huileux (§ 1256), avec dégagement d'acide chlorhydrique.

L'acide oléique du commerce s'obtient comme produit accessoire dans la fabrication de l'acide stéarique par le suif. On le purifie grossièrement par le repos et par la filtration à travers des étoffes

---

[1] Lorsqu'on traite par l'acide nitrique les hydrocarbures huileux qui se produisent par la distillation de l'acide oléique, on obtient les acides acétique, propionique, butyrique, valérique, caproïque et œnanthylique, ainsi qu'une matière azotée. Voy. SCHNEIDER, *Ann. der Chem. u. Pharm.*, LXX, 107.

[2] BROMEIS, *ibid.* XLII, 63.

[3] LAURENT, *Ann. de Chim. et de Phys.*, LXVI, 157. — REDTENBACHER, *Ann. der Chem. u. Pharm.*, LIX, 41.

[4] VARRENTRAPP, *Ann. der Chem. u. Pharm.*, XXXV, 209.

très-serrées. On l'emploie particulièrement à la fabrication des savons et à l'enserrage de la laine dans les fabriques de draps.

§ 1245. Nous avons déjà dit que l'acide oléique absorbe promptement l'oxygène de l'air, surtout à chaud.

M. Bromeis a extrait du beurre de vache un semblable acide altéré par l'oxydation ; cet acide lui a donné à l'analyse :

	Bromeis.		
Carbone. . .	74,1	73,6	73,3
Hydrogène .	11,8	11,9	11,6
Oxygène . .	14,1	14,5	15,1
	100,0	100,0	100,0

On remarque que l'acide oléique altéré par l'oxydation renferme moins de carbone et moins d'hydrogène que l'acide oléique pur.

Lorsqu'on chauffe l'acide oxygéné à quelques degrés au-dessus de 100°, il brunit fortement, et dégage, avant de bouillir, une quantité abondante d'hydrogène carboné, un peu d'acide carbonique et d'eau, tandis qu'il distille ensuite, à une température très-basse, un produit incolore, ne laissant qu'une faible quantité de charbon. Le produit distillé ne renferme pas d'acide sébacique.

§ 1246. M. Frémy[1] donne le nom d'*acide métaoléique* à une substance huileuse que ce chimiste obtient en abandonnant dans l'eau froide l'acide sulfoléique (§ 1255). Cet acide métaoléique est insoluble dans l'eau, très-soluble dans l'éther, fort peu soluble dans l'alcool.

Lorsqu'on fait bouillir l'acide sulfoléique, après que tout l'acide métaoléique s'est déposé, il se produit, suivant M. Frémy, de *l'acide hydroléique*, autre acide huileux, insoluble dans l'eau, très-soluble dans l'alcool et l'éther.

Ces deux acides renferment :

	Acide métaoléique.	Acide hydroléique.	
Carbone . . .	75,7	72,9	73,3
Hydrogène . .	11,9	11,8	11,9

Ces analyses ne me paraissent pas avoir été faites sur des substances pures.

L'acide métaoléique et l'acide hydroléique se décomposent à la distillation sèche, en donnant de l'acide carbonique et des hydro-

---

[1] FRÉMY, *Ann. de Chim. et de Phys.*, LXV, 128.

carbures huileux, homologues du gaz oléfiant (Voy. § 1134, *hexy-lène* et § 1201, *nonylène*).

§ 1247. ACIDE ÉLAÏDIQUE [1]. — On peut l'obtenir en solidifiant l'huile d'olive par le nitrate mercureux ou par la vapeur nitreuse, saponifiant le glycéride concret (élaïdine) par un alcali, et décomposant le sel alcalin par un acide minéral; mais le produit ainsi obtenu n'est pas exempt d'acide margarique. M. Meyer conseille, par cette raison, d'employer de l'acide oléique purifié par le procédé que nous avons indiqué plus haut (§ 1243). On y fait passer de la vapeur nitreuse pendant quelques minutes seulement, en même temps qu'on refroidit; il faut avoir soin surtout de ne pas employer un excès d'acide nitreux. Il se forme en même temps une très-petite quantité d'une matière jaune ou rougeâtre, mais sa production n'est qu'accidentelle, et peut être évitée si l'on opère avec soin. Quand l'acide oléique s'est solidifié, on traite la masse à plusieurs reprises par de l'eau bouillante, afin d'enlever l'acide nitrique entraîné par le courant de gaz. On dissout ensuite le produit dans son poids environ d'alcool, et on l'abandonne au repos; il se produit ainsi des tables nacrées d'une parfaite blancheur. Les eaux-mères donnent un résidu onctueux d'où l'on retire quelquefois encore des cristaux.

Lorsqu'on traite l'acide oléique pur par de l'acide nitreux, il se concrète bientôt presque en totalité, sans qu'il se forme la moindre trace du corps rouge.

Une méthode assez expéditive pour préparer l'acide élaïdique consiste à introduire dans un flacon de l'oléate de baryte purifié par l'alcool, à y verser de l'eau, à y ajouter la quantité d'acide nitrique fumant nécessaire à la saturation de la baryte, et à abandonner le tout au repos. L'acide oléique se sépare, et ne tarde pas à subir l'action de l'acide nitreux contenu dans l'acide fumant; il se produit ainsi de l'acide élaïdique incolore, qui se rassemble à la surface de la liqueur. Ordinairement la transformation n'est pas complète; il faut alors exprimer le produit entre des doubles de papier brouillard, pour enlever l'acide oléique non modifié, et faire cristalliser dans l'alcool.

Le passage de l'acide oléique à l'état d'acide élaïdique, sans que la matière change de composition ni de poids atomique, est un fait

[1] BOUDET (1832), *Ann. de Chim. et de Phys.*, L, 391. — LAURENT, *ibid.*, LXV, 149. — MEYER, *Ann. der Chem. u. Pharm.*, XXXV, 174. — GOTTLIEB, *loc. cit.*

trop isolé pour qu'il soit possible pour le moment d'en donner une explication satisfaisante ; il est probable d'ailleurs qu'elle est la conséquence d'une action chimique exercée par l'acide nitreux sur une très-petite quantité de matière organique, dont l'ébranlement moléculaire est ensuite communiqué à l'acide oléique restant. Du moins M. Gottlieb a remarqué, comme avant lui MM. Pelouze et Boudet, la présence d'une certaine quantité d'ammoniaque dans le produit de la réaction, en même temps que celle d'une très-petite quantité d'un corps huileux et indifférent, formé sans doute aux dépens de l'acide nitreux et de l'acide oléique.

§ 1248. L'acide élaïdique fond entre 44 et 45°. Il se dissout avec facilité dans l'alcool, et se dépose d'une solution concentrée en belles lames nacrées qui ressemblent à l'acide benzoïque ; il se dissout également dans l'éther, moins bien cependant. Les solutions ont une réaction acide.

L'analyse de l'acide élaïdique a donné les résultats suivants :

	Laurent.		Meyer.		Gottlieb.	Calcul.
Carbone. . .	76,4	76,7	76,5	76,6	76,49	76,59
Hydrogène. .	12,1	12,1	12,1	12,4	12,18	12,06
Oxygène. . .	11,5	11,2	11,4	11,0	11,33	11,35
	100,0	100,0	100,0	100,0	100,00	100,00

Lorsqu'on maintient l'acide élaïdique pendant longtemps à la température de 65°, il absorbe beaucoup d'oxygène, et acquiert une odeur rancide fort désagréable ; il se liquéfie alors, et ne peut plus être concrété par l'acide nitreux. Cette oxydation est loin d'être aussi prompte qu'avec l'acide oléique.

Quand on distille l'acide élaïdique, il passe en grande partie sans altération.

Traité par la potasse fondante, il se convertit, comme l'acide oléique, en acétate et en palmitate, avec dégagement d'hydrogène.

§ 1249. *Oléine et élaïdine.* — La substance connue sous le nom d'*oléine* entre dans la composition de la plupart des graisses, notamment des huiles, dont elle forme la partie liquide ; elle renferme ordinairement en dissolution une certaine quantité de stéarine et de margarine. Les huiles siccatives ne contiennent pas d'oléine.

Plusieurs procédés ont été proposés pour l'extraction de ce corps ; mais ils ne le donnent que dans un état de pureté imparfaite.

Suivant M. Chevreul, on fait bouillir, dans un ballon, de la graisse d'homme, de porc, d'oie, de bœuf ou de mouton, on filtre la solution, après l'avoir laissée reposer pendant 24 heures, et on la concentre un peu par l'évaporation. On y ajoute ensuite de l'eau, qui sépare l'oléine de la dissolution; on expose cette oléine au froid, et l'on sépare, au moyen de la presse, la partie liquide de la partie solide. On obtient ainsi une oléine qui ne se concrète pas à 0°.

On peut aussi agiter avec de l'alcool froid l'huile d'olive ou d'amandes douces, et évaporer la solution filtrée; mais ce procédé ne donne aussi qu'une oléine assez impure.

M. Péclet[1] a fondé un autre procédé de préparation sur la propriété que possède la stéarine de se saponifier à froid avec des lessives fortes, propriété qui n'appartient point à l'oléine : on verse sur l'huile une dissolution concentrée de soude caustique, on agite, on fait chauffer légèrement pour séparer l'oléine du savon de stéarine, on passe par un linge, et ensuite on sépare par décantation l'oléine de l'excès de dissolution alcaline. Ce procédé réussit avec toutes les huiles, excepté avec les huiles rances et avec celles qui ont été altérées par la chaleur.

Comme l'oléine qu'on extrait des différentes matières grasses n'est pas entièrement pure, elle ne présente pas non plus des propriétés constantes ; toutefois, quelle qu'en soit le méthode d'extraction, elle doit toujours être incolore, sans saveur ni odeur, insoluble dans l'eau, fort soluble dans l'alcool absolu et dans l'éther, et d'une densité comprise entre 0,90 et 0,92. Elle brûle avec une flamme très-lumineuse.

La composition exacte de l'oléine n'est pas connue ; elle renferme probablement les éléments de l'acide oléique et de la glycérine, moins les éléments de l'eau. En effet, lorsqu'on la chauffe avec une lessive de potasse, elle se décompose en glycérine et en oléate de potasse. Suivant la purification plus ou moins complète de l'oléine, ce dernier sel renferme toujours des quantités variables de sels étrangers, notamment de stéarate de potasse.

Lorsqu'on soumet l'oléine à la distillation sèche, elle fournit, outre des produits gazeux, des hydrocarbures liquides, de l'acide sébacique (§ 1185) et de l'acroléine (§ 523). Cette réaction permet de découvrir l'oléine dans d'autres matières grasses : si l'on épuise, en effet, avec de l'eau bouillante le produit de la distillation de l'oléine, on obtient une liqueur qui dépose, par le refroidissement, de petites aiguilles d'acide sébacique.

---

[1] PÉCLET, *Ann. de Chim. et de Phys.*, XXII, 330.

L'oléine s'oxyde peu à peu au contact de l'air, en donnant les mêmes produits que l'acide oléique.

Sous l'influence de l'acide sulfurique concentré, elle se dédouble en acide sulfoléique (§ 1255) et en acide sulfoglycérique (§ 516).

L'acide nitreux la solidifie et la transforme en élaïdine. Ce caractère distingue l'oléine du principe liquide contenu dans les huiles siccatives.

Le chlore et le brome agissent sur l'oléine en produisant des composés épais, chlorés et bromés. M. Lefort[1] a trouvé dans l'oléine chlorée 22,08 p. c. de chlore, et dans l'oléine bromée 36,69 p. c. de brome.

§ 1249[a]. Suivant M. Berthelot[2], on peut combiner directement l'acide oléique avec la glycérine. Ce chimiste a employé, dans ses expériences, l'acide oléique purifié en filtrant deux fois vers zéro l'acide du commerce, le transformant en oléate de baryte et faisant cristalliser ce sel dans l'alcool.

La *monoléine*, $C^{42}H^{40}O^8 = C^{36}H^{34}O^4 + C^6H^8O^6 - 2\,HO$, est un liquide huileux qui se fige vers 15°. Sa densité est de 0,947. Il a donné à l'analyse :

	Expérience.		Calcul.
Carbone. . .	71,3	71,5	70,8
Hydrogène. .	11,3	11,8	11,3

L'oxyde de plomb saponifie très-lentement la monoléine. L'alcool et l'acide acétique ne la décomposent pas à 100°; la monoléine partage ce caractère avec l'oléine naturelle. Elle est volatile sans décomposition dans le vide barométrique.

La monoléine se produit aussi par double décomposition, si l'on maintient à 100° un mélange d'oléate d'éthyle, de glycérine et d'acide chlorhydrique.

La *dioléine*, $C^{78}H^{74}O^{12} = 2\,C^{36}H^{34}O^4 + C^6H^8O^6 - 2\,HO$, s'obtient en chauffant l'oléine naturelle avec de la glycérine à 100°, pendant 22 heures. Sa densité est égale à 0,921 à 21°. El le commence à cristalliser vers 15°. Elle a donné à l'analyse :

	Expérience.	Calcul.
Carbone. . . .	73,5	76,2
Hydrogène. . .	11,95	12,1

§ 1250. L'*élaïdine* est une isomère solide de l'oléine; elle a été

---

[1] Lefort, *Journ. de Pharm.*, [3] XXIV, 113.
[2] Berthelot, *Compt. rend. de l'Acad.*, XXXVII, 398, et *Communic. particulière.*

découverte par M. Poutet[1], pharmacien de Marseille, qui l'a obtenue en traitant l'huile d'olive par une dissolution de mercure dans l'acide nitrique. M. Boudet a démontré plus tard qu'elle doit sa formation à l'action de l'acide nitreux, et qu'on peut la produire directement en mettant l'oléine en contact avec cet acide.

L'acide nitrique fumant concrète aussi l'oléine à la longue; toutefois un excès d'acide nitrique empêche la solidification de cette huile. (Voy. plus haut § 1247).

L'oléine n'ayant pas encore été isolée à l'état de pureté, on n'obtient pas non plus l'élaïdine dans un état propre à l'analyse; l'élaïdine est notamment souillée de margarine, ainsi que d'une certaine matière huileuse qui se colore en rouge par la potasse. M. Meyer conseille, pour purifier l'élaïdine, de la dissoudre dans l'éther, d'exposer la solution à la température de zéro, et de laver le dépôt à l'éther.

L'élaïdine ainsi obtenue ressemble beaucoup à la stéarine. Elle fond à 32°; elle est presque insoluble dans l'alcool, mais fort soluble dans l'éther.

Les alcalis la saponifient, en produisant de la glycérine et de l'élaïdate alcalin.

Soumise à la distillation sèche, l'élaïdine donne de l'acroléine, de l'acide élaïdique, et des hydrocarbures.

Dérivés métalliques de l'acide oléique. Oléates.

§ 1251. L'acide oléique est monobasique; les oléates neutres renferment :

$$C^{36}H^{33}MO^4 = C^{36}H^{33}O^3, MO.$$

Il existe aussi des oléates acides. Les sels neutres à base alcaline sont solubles dans l'eau; par l'addition d'un autre sel soluble, ils sont moins complétement précipités de leur solution aqueuse que les stéarates et les margarates. Leur solution devient visqueuse par la concentration, et finit par se dessécher en une masse tout à fait amorphe. Les oléates à excès d'acide sont insolubles et liquides.

Les oléates se dissolvent à froid dans l'alcool anhydre et dans l'éther : ils se distinguent aisément par ce caractère des margarates et des stéarates, qui sont insolubles dans ces liquides.

---

[1] Poutet (1819), *Instruction pour reconnaître la falsification de l'huile d'olive*; Marseille. — Boudet, *Ann. de Chim. et de Phys.*, L, 391. — Meyer, *Ann. der Chem. u. Pharm.*, XXXV, 174.

La préparation des oléates à l'état de pureté présente quelques difficultés, à cause de la prompte oxydation de l'acide oléique au contact de l'air. On y parvient jusqu'à un certain point en traitant l'oléate de baryte par le sulfate de la base qu'on veut combiner avec l'acide oléique : on réduit le mélange en poudre fine, on y verse de l'alcool de 0,833, et l'on maintient ce mélange en digestion, à une douce chaleur, dans un flacon bouché : il se produit ainsi du sulfate de baryte insoluble, et l'oléate reste dissous dans l'alcool ; on chasse ce dernier par la distillation dans un courant de gaz hydrogène.

Oléate d'ammoniaque. — Mis en contact avec l'ammoniaque aqueuse, l'acide oléique produit une masse gélatineuse soluble dans l'eau froide. La dissolution de ce sel se trouble et perd de l'ammoniaque par l'ébullition.

Oléate de potasse. — α. *Sel neutre.* Lorsqu'on chauffe parties égales de potasse avec de l'acide oléique et de l'eau, on obtient une masse visqueuse qu'on purifie en la dissolvant dans l'alcool. Évaporée à siccité, la solution donne un sel blanc, friable, et sans odeur. Il tombe en déliquescence à l'air humide. Il se dissout complétement dans 4 p. d'eau, en donnant un sirop visqueux ; mais une plus grande quantité d'eau le décompose en séparant une masse gélatineuse de sel acide.

β. *Sel acide.* Il se présente sous la forme d'une masse gélatineuse, insoluble dans l'eau, soluble dans l'alcool déjà à froid ; la solution du sel présente aux papiers une réaction acide.

Oléate de soude. — Il s'obtient comme le sel de potasse. On peut l'obtenir cristallisé, suivant M. Varrentrapp, en abandonnant au repos sa solution dans l'alcool absolu et bouillant. Il n'est pas déliquescent. Il se dissout aisément dans dix à douze parties d'eau.

Le sel de soude de l'acide oléique altéré par le contact de l'air se dépose sous forme de gelée.

Oléate de baryte, $C^{36}H^{33}BaO^4$. — Nous avons déjà indiqué p. 804 la préparation de ce sel. Il constitue une poudre cristalline, légère, qui ne fond pas à 100° lorsqu'elle est pure.

Le sel de baryte de l'acide oléique altéré par le contact de l'air fond au-dessous de 100°.

Oléate de strontiane. — Sel pulvérulent semblable au précédent.

Oléate de chaux. — Sel pulvérulent, fusible à une douce chaleur.

Oléate de magnésie. — Il se présente sous la forme de grains blancs et diaphanes qui se ramollissent entre les doigts.

Oléate de zinc. — Sel blanc et pulvérulent, fusible au bain-marie.

Oléate de nickel. — Poudre vert pomme, qui se dépose difficilement.

Oléate de cobalt. — Poudre vert bleuâtre.

Oléate de cuivre. — Précipité vert extrêmement fusible; il est entièrement liquide à 100°.

Oléate de chrome. — Précipité violet, mou, et qui durcit avec le temps.

Oléate de plomb, $C^{36}H^{33}PbO^4$. — α. *Sel neutre.* Pour préparer ce sel, on dissout l'acide oléique pur dans l'alcool absolu, et l'on y ajoute un excès de carbonate de soude sec, en chauffant doucement; la couche de vapeur d'alcool qui se trouve dans le ballon, empêche l'accès de l'air. On chauffe à l'ébullition, jusqu'à ce que le liquide ait pris une réaction franchement alcaline. On filtre rapidement, on étend d'un peu d'eau, et on laisse refroidir, après avoir couvert le liquide. On précipite la solution refroidie par de l'acétate de plomb neutre, on filtre rapidement, et on lave le précipité blanc dans un endroit frais. L'oléate de plomb séché dans le vide est une poudre blanche et légère, qui fond à 80° en un liquide jaune.

L'éther dissout l'oléate de plomb très-lentement à froid; la dissolution s'opère, au contraire, très-vite à la température de l'ébullition, et si l'on a soin de remuer le mélange. L'essence de térébenthine et le naphte le dissolvent aussi; la dissolution, saturée à chaud, se prend, par le refroidissement, en une masse gélatineuse.

Le sel de plomb de l'acide oléique altéré par l'air est gluant.

β. *Sous-sel.* On l'obtient en faisant bouillir l'acide oléique avec un excès de sous-acétate de plomb. Il est mou à 20°, et presque liquide à 100°.

Oléate d'argent. — Il n'est guère possible d'obtenir par double décomposition de l'oléate d'argent, ce sel se réduisant presque aussitôt.

Dérivés métalliques de l'acide élaïdique. Élaïdates.

§ 1252. Les élaïdates ont la même composition que les oléates correspondants. Il n'y a d'élaïdates solubles dans l'eau que ceux à base d'alcali ; un excès d'eau les décompose, en précipitant des sels acides.

L'*élaïdate d'ammoniaque* cristallise en paillettes ; il est un peu soluble dans l'éther.

L'*élaïdate de potasse* cristallise en paillettes.

L'*élaïdate de soude* cristallise dans l'alcool en feuillets très-larges et brillants ; la dissolution alcoolique de ce sel est troublée par l'eau qui en sépare un sel acide, cristallisant en petits prismes (Meyer).

L'*élaïdate de baryte* est un précipité blanc, peu soluble dans l'eau, l'alcool et l'éther.

L'*élaïdate de plomb* est un précipité blanc.

L'*élaïdate d'argent*, $C^{36}H^{33}AgO^4$, s'obtient sous la forme d'un précipité blanc et volumineux lorsqu'on mélange une solution alcoolique d'élaïdate de soude avec une solution neutre de nitrate d'argent. Une fois desséché, l'élaïdate d'argent est peu soluble dans l'eau, l'alcool et l'éther, tandis que, récemment précipité, il s'y dissout plus aisément ; dans l'ammoniaque aqueuse, il se dissout facilement à chaud, et la solution le dépose en plus grande partie, par le refroidissement, à l'état de petits cristaux prismatiques.

Dérivés méthyliques, éthyliques.... de l'acide oléique.
Éthers oléiques [1].

§ 1253. *Oléate de méthyle*, ou éther méthyl-oléique, $C^{38}H^{36}O^4$ $= C^{36}H^{33}(C^2H^3)O^4$. — Huile d'une densité de 0,879 à 18°. Le protonitrate de mercure la convertit en élaïdate de méthyle.

Oléate d'éthyle, ou éther oléique, $C^{40}H^{38}O^4 = C^{36}H^{33}(C^4H^5)O^4$. — On prépare cet éther en dissolvant 1 p. d'acide oléique dans 3 fois environ son volume d'alcool, et en y faisant passer un courant rapide de gaz chlorhydrique. Le mélange s'échauffe légèrement, et l'éthérification s'effectue aussitôt. Au bout de quelques minutes, tout l'éther oléique se sépare du liquide alcoolique, bien avant que l'alcool soit saturé d'acide chlorhydrique ; il n'est pas

[1] LAURENT, *Ann. de Chim. et de Phys.*, XXXV, 298. — VARRENTRAPP, *Ann. der Chem. u. Pharm.*, XXXV, 206.

avantageux d'y faire passer le gaz jusqu'à ce point, parce que la matière s'altérerait.

On peut aussi obtenir cet éther par un mélange d'acide sulfurique, d'alcool et d'acide oléique.

Il est incolore, fort soluble dans l'alcool, et possède une densité de 0,871 à 18°. Il ne distille pas sans altération; il fournit, à la distillation, de l'alcool et un carbure d'hydrogène, avec un résidu sensible de charbon.

Abandonné au contact du protonitrate de mercure pendant vingt-quatre heures, il se convertit en éther élaïdique.

Dérivés méthyliques, éthyliques.... de l'acide élaïdique.
Éthers élaïdiques[1].

§ 1254. *Élaïdate de méthyle*, ou éther méthyl-élaïdique, $C^{38}H^{36}O^4$ = $C^{36}H^{33}(C^2H^3)O^4$. — On le prépare comme l'éther élaïdique, soit avec l'élaïdate de soude, l'esprit de bois et l'acide sulfurique, soit en remplaçant le sel de soude par l'acide élaïdique. Il est huileux; sa densité est de 0,872 à 18°.

Élaïdate d'éthyle, ou éther élaïdique, $C^{40}H^{36}O^4$ = $C^{36}H^{33}(C^4H^5)$ O^4. — On l'obtient en faisant bouillir un mélange de 2 p. d'acide élaïdique, 1 p. d'acide sulfurique et 4 p. d'alcool; on maintient le mélange en ébullition pendant quelques heures, en cohobant de temps à autre l'alcool qui distille.

L'éther élaïdique se produit aussi quand on sature par l'acide chlorhydrique une solution alcoolique d'acide élaïdique.

L'éther élaïdique est huileux, incolore, sans odeur à froid, et d'une densité de 0,868 à 18°; il est insoluble dans l'eau. L'alcool en dissout environ la huitième partie de son volume; l'éther le dissout en toutes proportions. Il entre en ébullition un peu au delà de 310°, et distille sans altération (Laurent; suivant M. Meyer, il se décompose par la chaleur).

Les alcalis en dissolution alcoolique le convertissent en élaïdate alcalin.

---

[1] Laurent, *Ann. de Chim. et de Phys.*, XXXV, 290. — Meyer, *Ann. der Chem. u. Pharm.*, XXXV, 186.

Dérivés sulfuriques de l'acide oléique.

§ 1255. *Acide sulfoléique*[1]. — Il se forme, entre autres produits, par l'action de l'acide sulfurique concentré sur l'oléine des huiles grasses.

Lorsqu'on traite l'huile d'olive par la moitié de son poids d'acide sulfurique concentré, en ayant soin d'entourer d'un mélange réfrigérant le vase où l'on opère, pour éviter l'élévation de la température, et en ajoutant surtout l'acide avec précaution, on obtient une masse visqueuse, très-légèrement colorée. Pour que la réaction soit complète, il est nécessaire de laisser l'huile en contact avec l'acide sulfurique pendant 24 heures. Le produit qu'on obtient ainsi consiste, suivant M. Frémy, en un mélange d'acide sulfoglycérique (§ 516), d'acide sulfoléique et d'acide sulfomargarique (§ 1280). Ces trois acides sont solubles dans l'eau, mais les deux derniers sont entièrement insolubles dans la liqueur sulfurique. Si l'on traite la masse huileuse par deux fois environ son volume d'eau, on voit venir à la surface l'acide sulfoléique et l'acide sulfomargarique sous la forme d'un sirop. En reprenant ensuite celui-ci, on peut encore le laver avec un peu d'eau pour le débarrasser de l'excès d'acide sulfurique qu'il retient.

L'acide sulfoléique et l'acide sulfomargarique sont solubles dans l'eau pure et dans l'alcool ; ils ne paraissent pas cristalliser facilement. Leur solution aqueuse possède une saveur d'abord comme huileuse, puis très-amère. Ils forment des sels solubles dans l'eau et l'alcool avec la potasse, la soude, et l'ammoniaque ; les autres sels sont insolubles dans l'eau et légèrement solubles dans l'alcool.

Jusqu'à présent la séparation des deux acides n'a pas encore été faite, et leur composition n'a point, par conséquent, pu être établie.

D'ailleurs les deux acides finissent par se décomposer entièrement au contact de l'eau. Suivant M. Frémy, l'acide sulfoléique se transforme par l'eau froide en *acide métaoléique*, et, si l'on fait bouillir l'acide sulfoléique quand il ne dépose plus d'acide métaoléique, on obtient de l'*acide hydroléique* (§ 1246).

L'acide sulfomargarique éprouve une décomposition semblable.

[1] Frémy, *Ann. de Chim. et de Phys.*, LXV, 113.

Dérivés chlorés et bromés de l'acide oléique[1].

§ 1256. *Acide chloroléique*, $C^{36}H^{32}Cl^2O^4$. — Il se produit par l'action du chlore sur l'acide oléique. Il est liquide à la température ordinaire, et possède une teinte brune assez prononcée, ainsi qu'une réaction acide aux papiers. Sa densité à 7°,9 est de 1,082. Il entre en ébullition à 190°.

Acide bromoléique, $C^{36}H^{32}Br^2O^4$. — Il présente à peu près la même consistance que l'acide chloroléique, mais il a une teinte brune plus prononcée. Sa densité est de 1,272 à 7°,5. Il bout à 200°, et présente aux papiers une réaction acide.

Appendice. Acide oléique des huiles siccatives.

§ 1256[a]. Les huiles grasses siccatives contiennent un glycéride qui a la propriété de se résinifier promptement au contact de l'air, et qui diffère de l'oléine des huiles non siccatives en ce qu'il ne se concrète pas au contact de l'acide hyponitrique pour former de l'élaïdine. L'oléine de l'huile de lin est dans ce cas ; elle donne par la saponification un acide gras entièrement différent, par la composition, de l'acide oléique dont nous venons de tracer l'histoire ; nous le désignerons sous le nom *d'acide linoléique*.

Pour extraire ce dernier acide[2], on saponifie l'huile de lin, à une douce chaleur, avec de l'eau et de la litharge ; on traite ensuite le savon onctueux par l'éther, qui ne dissout que le linoléate de plomb, et laisse le margarate à l'état insoluble. On décompose le linoléate par l'hydrogène sulfuré ; on dissout l'acide linoléique dans l'éther, et on laisse évaporer la solution éthérée aussi promptement que possible à l'abri du contact de l'air.

On obtient ainsi un liquide très-fluide, jaune clair, sans odeur, et qui ressemble entièrement à l'acide oléique ordinaire. Il renferme :

	Sacc.		Calcul.
Carbone. . . .	75,46	75,56	75,51
Hydrogène. . .	10,64	10,65	10,65
Oxygène. . .	13,90	13,79	13,84
	100,00	100,00	100,00

[1] Lefort (1853), *Journ., de Pharm.*, [3] XXIV, 113.
[2] Sacc, *Ann. der Chem. u. Pharm.*, LI, 213.

M. Sacc représente les résultats précédents par les relations $C^{46}H^{39}O^{6}$, qui me paraissent fort contestables, cette formule n'ayant pas été contrôlée par des déterminations de poids atomique.

Traité par l'acide nitrique, l'acide linoléique se résinifie en se boursouflant considérablement; les eaux-mères renferment de l'acide subérique. La résine onctueuse qui se produit dans ces circonstances finit par se convertir elle-même en acide subérique par l'action prolongée de l'acide nitrique.

La composition des linoléates n'est pas connue.

Le *sel de plomb*, ainsi que nous l'avons dit, est soluble dans l'éther. La solution se résinifie promptement par l'évaporation de l'éther : il se dépose une poudre blanche, pendant qu'il surnage un sel gélatineux et brun, dont l'odeur rappelle celle de l'huile de lin. Quand on répand cette solution sur du bois, le vernis qui reste n'est pas souple comme celui de l'huile de lin brute[1], mais il s'écaille comme la gomme, ce qui prouverait, suivant M. Sacc, que c'est à la margarine ou à l'acide margarique que les vernis à l'huile doivent leur souplesse.

SÉRIE DIX-SEPTIÈME.

§ 1257. Entre la série palmitique et la série stéarique vient se placer une série dont l'acide pivot renferme $C^{34}H^{34}O^{2}$. Cette composition est attribuée par la plupart des chimistes à l'acide margarique. Nous aurions, d'après cela, à distinguer une série margarique comprenant deux groupes :

Groupe cétylique,
Groupe margarique.

Le groupe cétylique a pour homologues les groupes méthylique, éthylique, amylique, etc.; le groupe margarique a pour homologues les groupes formique, acétique, propionique, etc.

I.

GROUPE CÉTYLIQUE.

§ 1258. Les combinaisons cétyliques, dites aussi *éthers cétyliques*, renferment, comme leurs homologues, les composés mé-

---

[1] Elle renferme de la margarine. Voy. § 1279.

thyliques, éthyliques et amyliques, un radical composé de carbone et d'hydrogène $C^{16}H^{33}$ (*cétyle*), en remplacement de l'hydrogène des types métal, oxyde, chlorure, azoture, etc. De là les termes suivants :

$$\text{Cétène.} \dots \dots \dots \quad C^{32}H^{32}.$$

$$\text{Hydrate de cétyle.} \dots \dots \quad C^{32}H^{34}O^{2} \; = \; \left.\begin{array}{l} C^{32}H^{33}O \\ HO \end{array}\right\},$$

$$\text{Oxyde de cétyle.} \dots \dots \quad C^{64}H^{66}O^{2} \; = \; \left.\begin{array}{l} C^{32}H^{33}O \\ C^{32}H^{33}O \end{array}\right\},$$

$$\text{Acide cétyl-sulfhydrique.} \;.\; C^{32}H^{34}S^{2} \; = \; \left.\begin{array}{l} C^{32}H^{33}S \\ HS \end{array}\right\},$$

$$\text{Sulfure de cétyle.} \dots \dots \quad C^{64}H^{66}S^{2} \; = \; \left.\begin{array}{l} C^{32}H^{33}S \\ C^{32}H^{33}S \end{array}\right\},$$

$$\text{Acide cétyl-sulfurique.} \dots \; C^{32}H^{34}S^{2}O^{8} \; = \; \left.\begin{array}{l} C^{32}H^{33}O \\ HO \end{array}\right\} S^{2}O^{6},$$

$$\text{Chlorure de cétyle.} \dots \dots \quad C^{32}H^{33}Cl \; = \; \left.\begin{array}{l} C^{32}H^{33} \\ Cl \end{array}\right\},$$

$$\text{Bromure de cétyle.} \dots \dots \quad C^{32}H^{33}Br \; = \; \left.\begin{array}{l} C^{32}H^{33} \\ Br \end{array}\right\},$$

$$\text{Iodure de cétyle.} \dots \dots \quad C^{32}H^{33}I \; = \; \left.\begin{array}{l} C^{32}H^{33} \\ I \end{array}\right\},$$

$$\text{Azoture de cétyle ou tricéty-lamine.} \dots \dots \quad C^{96}H^{99}N \; = \; N \left\{\begin{array}{l} C^{32}H^{33} \\ C^{32}H^{33} \\ C^{32}H^{33} \end{array}\right.$$

Les éthers cétyliques se convertissent par l'oxydation en acide palmitique.

CÉTÈNE.

Composition : $C^{32}H^{32}$.

§ 1259. Pour obtenir ce composé[1], on distille à plusieurs reprises de l'éthal avec de l'acide phosphorique anhydre. On peut aussi distiller tout simplement de la cétine, et traiter le produit par la potasse; celle-ci saponifie les acides gras qui passent à la distillation, tandis que le cétène vient surnager.

C'est un liquide incolore, huileux et tachant le papier. Il bout vers 275°, et distille sans altération; la densité de sa vapeur a été trouvée égale à 8,007.

[1] DUMAS ET PÉLIGOT (1836), *Ann. de chim. et de phys.* LXII, 4. — SMITH, *Ibid.*, [3] VI, 40, et *Ann. der Chem. u. Pharm.*, XLII, 247.

Il est insoluble dans l'eau, très-soluble dans l'alcool et l'éther, et sans réaction sur les papiers. Il n'a pas de saveur propre. Enflammé, il brûle à la manière des huiles grasses, avec une flamme blanche très-pure.

Dans la distillation sèche des éthyl-sulfates (§ 804), on obtient une matière huileuse (*huile douce de vin* ou *huile de vin pesante*) dont l'eau sépare une huile hydrocarbonée (*huile de vin légère*) ayant un point d'ébullition sensiblement le même que celui du cétène; si on la soumet à l'action d'un grand froid, il s'en sépare des cristaux (*stéaroptène de l'huile de vin*), qui présentent encore la même composition.

HYDRATE DE CÉTYLE.

Syn. : Éthal.

Composition : $C^{32}H^{34}O^2 = C^{32}H^{33}O,HO$.

§ 1260. Ce corps[1] se produit par la saponification, avec un alcali, du blanc de baleine ou plutôt de la *cétine*, substance solide qui constitue en plus grande partie cette matière grasse; l'alcali s'empare d'un ou de plusieurs acides gras, tandis que l'éthal ou hydrate de cétyle est mis en liberté. Cette réaction est semblable à celle qui donne naissance à l'alcool lorsqu'on traite un éther éthylique par un alcali : la cétine, en effet, se compose en plus grande partie de palmitate de cétyle, qui produit, par double décomposition, de l'hydrate de cétyle et du palmitate à base d'alcali.

Suivant M. Chevreul, on prépare l'éthal de la manière suivante : on met en digestion pendant quelques jours, à la température de 50 à 90°, poids égaux de blanc de baleine et d'hydrate de potasse avec 2 parties d'eau, on étend d'eau le savon qu'on obtient ainsi, et on le décompose par l'acide tartrique. On neutralise à chaud par l'eau de baryte la matière grasse mise en liberté, et l'on en extrait l'éthal au moyen de l'alcool froid ou de l'éther. La solution alcoolique ou éthérée dépose l'éthal par l'évaporation.

MM. Dumas et Péligot trouvent de l'avantage à saponifier le blanc de baleine avec la potasse solide, et à transformer les acides gras en savons de chaux. On prend 2 parties de blanc de baleine,

---

[1] CHEVREUL (1823), *Recherches sur les corps gras*, p. 171. — DUMAS ET PÉLIGOT, *loc. cit.* — SMITH, *loc. cit.* — HEINTZ, *Ann. de Poggend.* LXXXIV, 232; LXXXVII, 553.

Le nom *d'éthal*, formé des premières syllabes des mots *éther* et *alcool*, rappelle l'analogie de composition (hydrogène bicarboné, plus eau) qui existe entre ces corps et la matière extraite du blanc de baleine.

on les fait fondre, et l'on y ajoute peu à peu 1 partie d'hydrate de potasse en menus morceaux, en ayant soin d'agiter sans cesse : la combinaison s'opère rapidement avec dégagement de chaleur. Lorsqu'elle paraît terminée et que les savons formés ont rendu la matière entièrement solide, on traite par l'eau, puis par l'acide chlorhydrique en léger excès. L'éthal et les acides devenus libres viennent, à l'aide de la chaleur, former à la surface une couche huileuse qu'on sépare par décantation ; une seconde saponification opérée sur ce produit, de la manière qui vient d'être décrite, est nécessaire pour décomposer la petite quantité de blanc de baleine existant encore après ce premier traitement. Les acides gras étant de nouveau séparés par l'acide chlorhydrique, puis saponifiés au moyen de la chaux éteinte en excès, on obtient des savons calcaires, mélangés d'éthal : l'alcool dissout ce dernier corps, lequel, après avoir été séparé de l'alcool, est repris par l'éther, et s'obtient alors à l'état de pureté.

M. Heintz fait bouillir le blanc de baleine avec une solution alcoolique d'hydrate de potasse, précipite la liqueur bouillante avec une solution aqueuse et concentrée de chlorure de baryum, et reprend le précipité barytique par l'alcool qui dissout l'éthal. Comme l'alcool dissout en même temps une petite quantité de sels barytiques, on distille la liqueur alcoolique, et l'on reprend à froid le résidu d'éthal par de l'éther. On le purifie finalement par plusieurs cristallisations dans l'éther.

§ 1261. L'éthal constitue une masse blanche, solide et cristalline, qui fond au-dessus de 48°, et se solidifie à 48° (Chevreul). Suivant M. Heintz, il fond sur l'eau à 50°, et, lorsqu'il se concrète, le thermomètre monte à 51°,5 ; fondu seul, il se concrète à 49° ou 49°,5. Par un refroidissement lent, il cristallise en lamelles brillantes. Une dissolution alcoolique, faite à l'ébullition, le dépose sous forme cristalline. Il n'a ni odeur ni saveur, distille sans altération, et passe même avec les vapeurs d'eau. Il est insoluble dans l'eau, et se mêle en toutes proportions avec l'alcool et l'éther.

L'analyse de l'éthal a donné les nombres suivants :

	Chevreul.	Dumas et Péligot.	Stenhouse.	Heintz.	$C^{32}H^{34}O^2$.
Carbone. .	78,68	78,10	78,22	79,27	79,34
Hydrogène.	13,95	14,24	13,96	14,06	14,05
Oxygène. .	7,37	7,66	7,82	6,67	6,61
	100,00	100,00	100,00	100,00	100,00

L'éthal ne dégage pas d'eau lorsqu'on le chauffe avec du massicot.

Les alcalis aqueux ne le dissolvent pas. Chauffé avec de la chaux potassée à une température élevée, il dégage du gaz hydrogène, et se convertit en un sel de potasse qui paraît être du palmitate (de l'éthalate, Dumas et Stas [1]).

$$C^{32}H^{34}O^2 + KO,HO = C^{32}H^{31}KO^4 + 2\,H^2.$$
Hyd. de cétyle.   Palmitate de
potasse.

Sous l'influence simultanée de la potasse et du sulfure de carbone, l'éthal se convertit en cétyl-disulfocarbonate de potasse (§ 111).

Avec l'acide phosphorique anhydre, l'éthal se dédouble sous l'influence de la chaleur en cétène et en eau :

$$C^{32}H^{34}O^2 = C^{32}H^{32} + 2\,HO.$$
Hyd. de cétyle.   Cétène.

Distillé avec du perchlorure de phosphore, il donne du chlorure de cétyle (§ 1270), de l'oxychlorure de phosphore et de l'acide chlorhydrique :

$$C^{32}H^{34}O^2 + PCl^5 = C^{32}H^{33}Cl + PO^2Cl^3 + HCl.$$
Hyd. de cétyle.   Chlor. de cétyle.

L'éthal se dissout dans l'acide sulfurique concentré en donnant de l'acide cétyl-sulfurique (§ 1269).

Lorsqu'on dissout du phosphore dans de l'éthal fondu, et qu'on introduit de l'iode dans le mélange, on obtient, entre autres produits, de l'iodure de cétyle (§ 1272).

§ 1262. *Blanc de baleine* [2]. — Les vastes cavités de la tête du ca-

---

[1] **Dumas** et **Stas**, *Ann. de Chim. et de Phys.*, [3] LXXIII, 124.

Suivant M. Heintz, l'éthal ne serait pas un corps unique, mais constituerait un mélange de deux alcools, $C^{32}H^{34}O^2$ et $C^{36}H^{38}O^2$.

Ce chimiste fonde son opinion sur ce que l'acide éthalique de MM. Dumas et Stas serait également un mélange de deux acides (stéarique et palmitique). On peut s'en assurer, dit M. Heintz, en dissolvant cet acide éthalique dans l'alcool bouillant, et en ajoutant à la liqueur une solution aqueuse, concentrée et bouillante, d'acétate de baryte (⅓ du poids de l'acide éthalique); on sépare à l'aide du filtre le précipité barytique, et, après l'avoir bien exprimé, on le décompose par l'acide chlorhydrique; on obtient ainsi un acide gras dont le point de fusion est supérieur à 55°, tandis que l'acide qui est resté en dissolution dans l'alcool, offre un point de fusion inférieur à 55°. Dans une expérience, M. Heintz trouva, pour ces deux acides, les deux points de fusion 57°,5 et 54°. En répétant ensuite l'opération précédente sur l'acide le moins fusible, ce chimiste obtint un sel de baryte dont l'acide fondait à 61°,3, et même après quelques cristallisations seulement à 64°,5; il pense que c'était de l'acide stéarique encore impur. Les autres portions d'acide se dédoublèrent par de nouvelles cristallisations en acide stéarique et en acide palmitique.

[2] **Chevreul**, *Recherches sur les corps gras*, p. 171 — **Smith**, *Ann. der Chem. u. Pharm.*, XLII, 247. — **Stenhouse**, *Journ. f. prakt. Chem.*, XXVII, 253. — **Radcliff**, *Ann. de Chim. et de Phys.*, [3] VI, 50.

chalot et d'autres cétacés renferment, en dissolution dans une huile
particulière, une substance blanche connue sous le nom de *blanc
de baleine* ou de *spermaceti*, qui est constituée en plus grande partie par une matière cristallisée, appelée *cétine*. L'huile de dauphin
renferme le même corps.

Pour obtenir celui-ci à l'état de pureté, on traite le blanc de
baleine, réduit en poudre, par l'alcool, afin d'enlever les matières
huileuses; puis on fait cristalliser le résidu dans l'alcool absolu et
bouillant. Il se dépose ainsi des paillettes nacrées, qui n'ont ni saveur ni odeur, fondent à 49°, et se prennent par le refroidissement
en une masse radiée.

100 p. d'alcool bouillant de 0,821 en dissolvent 2,5 parties, qui
se reprécipitent en grande partie par le refroidissement; l'alcool
absolu et l'éther en dissolvent davantage; il en est de même de
l'essence de térébenthine et des huiles grasses.

A 360° et à l'abri de l'air, la cétine se volatilise sans altération;
mais, si l'on en distille brusquement de plus grandes quantités, elle
se décompose complétement en un acide gras solide (acide palmitique) et en un hydrocarbure liquide (cétène). Ces deux substances
sont accompagnées de quelques produits secondaires, tels que
l'eau, l'acide carbonique, l'oxyde de carbone et le gaz oléfiant. Ils
n'apparaissent que vers la fin de l'opération, et proviennent évidemment d'une décomposition ultérieure des premiers produits.

D'après les analyses de MM. Smith et Stenhouse, la cétine n'est
que du palmitate de cétyle, $C^{64}H^{64}O^4 = C^{32}H^{31}(C^{32}H^{33})O^4$.

	Smith.	Stenhouse.	Calcul.
Carbone . .	79,71	78,66	80,00
Hydrogène.	13,30	13,21	13,33
Oxygène. .	6,99	8,13	6,67
	100,00	100,00	100,00

M. Heintz [1], qui a fait récemment de nombreuses expériences sur
la cétine, admet qu'elle n'est pas un principe chimique; ce chimiste,
en effet, par de nombreuses cristallisations du blanc de baleine
dans l'éther, est parvenu à en extraire en petite quantité un corps

[1] HEINTZ, *Ann. de Poggend.*, LXXXIV, 232. *Lehrbuch der Zoochemie*, 477 et 1079.

dont le point de fusion était à 53°,5 ; ce corps avait d'ailleurs les autres caractères de la cétine, et contenait :

	Expérience.
Carbone. . .	80,03
Hydrogène. .	13,25
Oxygène. . .	6,72
	100,00

§ 1263. L'acide nitrique attaque la cétine avec lenteur, en développant des vapeurs nitreuses ; si l'on entretient la réaction pendant plusieurs jours, on obtient une masse onctueuse qui a l'odeur du beurre rance, et qui finit par disparaître elle-même. Il se produit, dans ces circonstances, les mêmes acides (œnanthylique, adipique, pimélique, etc.) que ceux qu'on obtient avec le suif, la cire, et en général avec les matières grasses.

La cétine se saponifie très-lentement par la potasse aqueuse et bouillante ; mais la saponification est très-prompte déjà au-dessous de 100°. Lorsqu'on traite la cétine par le sixième ou le huitième de son poids d'hydrate de potasse dissous dans l'alcool, il se produit ainsi de l'éthal et un sel de potasse, qui restent l'un et l'autre en dissolution dans la liqueur alcoolique.

Les chimistes ne sont pas d'accord sur la nature de l'acide gras ou des acides gras contenus dans le sel de potasse produit par la saponification de la cétine. M. Chevreul, qui a le premier saponifié le blanc de baleine, et qui en a extrait l'éthal, admet que ce sel de potasse renferme de l'acide margarique et de l'acide oléique. M. Smith nie la présence de ces deux acides, et admet qu'il ne se produit que de l'acide palmitique (éthalique). Suivant M. Heintz enfin, la cétine donnerait un mélange d'acide stéarique, d'acide palmitique, d'acide myristique, d'acide cocinique et d'acide cétique (§ 1230).

Ce dernier chimiste opère de la manière suivante pour séparer ces différents acides. On précipite par du chlorure de baryum le blanc de baleine bouilli avec une solution alcoolique de potasse ; on épuise le précipité barytique par l'alcool pour en extraire l'éthal, et l'on fait bouillir le précipité, après l'avoir lavé, avec de l'acide chlorhydrique dilué ; on sépare les acides gras qui viennent surnager, et on les lave avec de l'eau bouillante ; ensuite on les dissout dans une petite quantité d'alcool bouillant, et l'on abandonne pendant quelque temps la solution refroidie ; on soumet à l'action d'une forte presse le dépôt ainsi obtenu, et l'on répète ces opérations une ou deux fois. Ce traitement a pour effet de faire un partage approximatif entre les acides très-solubles dans l'alcool et les acides moins solubles dans ce liquide. M. Heintz traite ensuite chacune de ces deux parties par une solution concentrée d'acétate de baryte, en quantité telle qu'une portion seulement des acides gras trouve à se combiner avec la baryte; il sépare par le filtre le sel de baryte qui se dépose par le refroidissement, et le décompose par de l'acide chlorhydrique; ensuite il précipite par une nouvelle quantité d'acétate de baryte l'eau-mère d'où le sel précédent s'est déposé, et décompose à son tour le nouveau précipité par l'acide chlorhydrique. Enfin M. Heintz redissout les acides gras mis en liberté, et continue sur eux les précipitations partielles par l'acétate de baryte, jusqu'à que les points de fusion des différents produits soient constants.

Avec le blanc de baleine brut, non purifié par la cristallisation, M. Heintz a aussi obtenu de l'acide oléique; mais la cétine purifiée n'a pas donné cet acide.

Dérivés métalliques de l'hydrate de cétyle. Cétylates.

§ 1264. L'*oxyde de cétyle et de potassium*, ou cétylate de potasse, s'obtient avec le potassium et l'hydrate de cétyle.

L'*oxyde de cétyle et de sodium* [1], ou cétylate de soude, s'obtient avec le sodium et l'hydrate de cétyle; la réaction est complète à 100°. La combinaison est solide et d'un gris jaunâtre; elle commence à fondre à 100°; à 110° elle est entièrement liquide et claire. L'eau bouillante ne l'altère pas, mais l'acide chlorhydrique en sépare de l'hydrate de cétyle.

L'iodure de cétyle et l'oxyde de cétyle et de sodium réagissent à 110°, en produisant de l'iodure de sodium et de l'oxyde de cétyle:

$$\left.\begin{array}{c} C^{32}H^{33} \\ I \end{array}\right\} \quad + \quad \left.\begin{array}{c} C^{32}H^{33}O \\ NaO \end{array}\right\}$$

Iod. de cétyle.　　　　Ox. de cétyle et de sodium.

$$\left.\begin{array}{c} Na \\ I \end{array}\right\} \quad + \quad \left.\begin{array}{c} C^{32}H^{33}O \\ C^{32}H^{33}O \end{array}\right\}$$

Iod. de sodium.　　　　Ox. de cétyle.

L'iodhydrate d'aniline attaque l'oxyde de cétyle et de sodium à

[1] Fridau, *Ann. der Chem. u. Pharm.*, LXXXIII, 20.

la température de 120°, en produisant de l'iodure de sodium, ainsi
qu'un corps moins fusible et plus soluble dans l'alcool que l'éthal.

OXYDE DE CÉTYLE.

Composition : $C^{64}H^{66}O^2 = C^{32}H^{33}O, C^{32}H^{33}O$.

§ 1265. Lorsqu'on traite l'iodure de cétyle, à la température de
110°, par de l'oxyde de cétyle et de sodium (cétylate de soude), il
se sépare de l'iodure de sodium, et l'on obtient de l'oxyde de cétyle[1]. On épuise le produit par l'eau bouillante, et on le fait cristalliser dans l'éther ou l'alcool bouillants.

L'oxyde de cétyle cristallise en paillettes brillantes, insolubles
dans l'eau, solubles dans l'alcool et l'éther. Il fond à 55°, et se concrète entre 53° et 54° en une masse radiée.

L'analyse de l'oxyde de cétyle a donné :

	Fridau.		Calcul.
Carbone ..	82,01	82,04	82,40
Hydrogène.	14,31	14,16	14,17

Ce corps est très-stable. L'acide chlorhydrique et l'eau régale ne
l'attaquent pas à l'ébullition. L'acide sulfurique concentré le détruit.

Il distille presque sans altération vers 300°, en répandant une
odeur grasse.

SULFURES DE CÉTYLE.

§ 1266. On connaît deux sulfures de cétyle[2] :

Acide cétyl-sulfhydrique. . . $C^{32}H^{34}S^2$ $= \left.\begin{array}{l} C^{32}H^{33}S \\ HS \end{array}\right\rangle$

Sulfure de cétyle. . . . . . $C^{64}H^{66}S^2$ $= \left.\begin{array}{l} C^{32}H^{33}S \\ C^{32}H^{33}S \end{array}\right\rangle$

§ 1267. ACIDE CÉTYL-SULFHYDRIQUE, mercaptan cétylique ou
sulfhydrate de cétyle, $C^{32}H^{34}S^2$. — On l'obtient en faisant réagir
des solutions alcooliques de chlorure de cétyle et de sulfhydrate de
potasse. Le produit contient toujours une certaine quantité de
sulfure de cétyle. On le purifie en ajoutant de l'acétate de plomb
au mélange alcoolique, puis de l'eau; on lave le précipité à l'eau,
et on le traite ensuite par de l'éther. Celui-ci s'empare de l'acide
cétyl-sulfhydrique, qu'on purifie par la cristallisation.

[1] FRIDAU (1852), *loc. cit.*
[2] FRIDAU (1852), *loc. cit.*

L'acide cétyl-sulfhydrique s'obtient en paillettes semblables au sulfure de cétyle. Il fond à 5o,°5, et se concrète au-dessous de 44°; en se refroidissant, la matière fondue se prend en dendrites enchevêtrées. Il présente les mêmes caractères de solubilité que le sulfure de cétyle. Bouilli avec de l'eau, il dégage une légère odeur particulière.

Il renferme :

	Fridau.		Calcul.
Carbone.	74,55	74,45	74,42
Hydrogène. . . .	12,92	12,99	13,18
Soufre.	»	»	12,40
			100,00

A froid, sa solution alcoolique produit, à la longue, des précipités blancs et floconneux dans les solutions alcooliques des sels d'argent et du bichlorure de mercure. Elle ne précipite pas les sels de plomb, de platine, d'or.

L'oxyde de mercure n'agit pas sur cet acide d'une manière sensible, même à une température élevée.

§ 1268. Sulfure de cétyle, ou éther cétyl-sulfhydrique, $C^{64}H^{66}S^2$. — Une solution alcoolique de monosulfure de potassium réagit à l'ébullition sur le chlorure de cétyle en produisant du sulfure de cétyle, et du chlorure de potassium qui se précipite. Lorsqu'on emploie 8 à 10 gr. de chlorure de cétyle, la réaction est complète au bout de 4 heures environ. On laisse refroidir la couche huileuse qui nage à la surface de la solution alcoolique; on la fait fondre dans l'eau bouillante, après l'avoir préalablement lavée, et on la fait cristalliser dans un mélange d'alcool et d'éther; on répète les cristallisations jusqu'à ce que le point de fusion du produit soit constant.

Le sulfure de cétyle cristallise en paillettes légères, d'un éclat argentin; il fond à environ 57°,5, et se concrète à 54° en une masse radiée à peine soluble dans l'alcool froid; il se dissout aisément dans l'éther, et un peu moins bien dans l'alcool bouillant.

Il renferme :

	Fridau.	Calcul.
Carbone.	79,36	79,67
Hydrogène.	13,71	13,69
Soufre.	»	6,64
		100,00

Sa solution alcoolique donne un précipité blanc et floconneux avec une solution alcoolique d'acétate de plomb; si l'on opère à froid, le précipité n'apparaît qu'au bout de quelque temps; mais si l'on mélange à chaud les deux liqueurs saturées, le précipité se produit immédiatement. Il est insoluble dans l'eau, l'alcool et l'éther.

L'acide nitrique dilué et bouillant n'attaque que lentement le sulfure de cétyle.

ACIDE CÉTYL-SULFURIQUE.

Syn. : Acide sulfocétique.

Composition : $C^{32}H^{34}S^2O^8 = C^{32}H^{33}O,HO,S^2O^6$.

§ 1269. L'éthal, mis en contact à froid avec l'acide sulfurique ordinaire, n'en est pas attaqué; mais si l'on chauffe au bain-marie, en agitant très-souvent la masse, les deux corps se combinent, et il se forme de l'acide cétyl-sulfurique [1].

Quand on dissout le produit dans l'alcool, et qu'on le sature par de la potasse également dissoute dans ce liquide, il se forme du sulfate de potasse qui se dépose, et du cétyl-sulfate de potasse qui demeure dissous, aussi bien que l'excès d'éthal qui ne serait pas combiné. La liqueur, filtrée et évaporée, laisse cristalliser le produit. En le dissolvant dans l'alcool absolu, on en sépare quelques traces de sulfate de potasse; on évapore ensuite l'alcool, et l'on fait cristalliser une seconde fois. Le nouveau produit renferme le cétyl-sulfate de potasse contenant encore un peu d'éthal, dont on le débarrasse au moyen de l'éther.

Le *cétyl-sulfate de potasse*, $C^{32}H^{33}KS^2O^8$, cristallise en paillettes nacrées d'une blancheur parfaite.

CHLORURE DE CÉTYLE.

Syn. : Chlorhydrate de cétène.

Composition : $C^{32}H^{33}Cl$.

§ 1270. Quand on mêle [2] dans une cornue à peu près volumes égaux d'éthal et de perchlorure de phosphore, l'un et l'autre en fragments, il s'établit bientôt une vive réaction : les deux corps fondent, s'échauffent, une ébullition se manifeste, et il se dégage

[1] DUMAS ET PÉLIGOT (1836), *loc. cit.*
[2] DUMAS ET PÉLIGOT (1836), *loc. cit.*

une grande quantité d'acide chlorhydrique. En chauffant ensuite la cornue, on obtient de l'oxychlorure de phosphore, et enfin du chlorure de cétyle. On purifie ce dernier par une nouvelle distillation avec un peu de perchlorure de phosphore; on le lave à l'eau bouillante, et on le dessèche dans le vide à une température de 120° environ. S'il contenait encore de l'acide chlorhydrique, il faudrait le distiller sur une petite quantité de chaux éteinte, récemment rougie.

Le chlorure de cétyle est une huile plus légère que l'eau. Les acides aqueux et la potasse en solution ne le décomposent pas; l'acide nitrique concentré l'attaque à peine.

Il renferme :

	Dumas et Péligot.	Calcul.
Carbone.	73,3	73,7
Hydrogène.	12,2	12,7
Chlore.	13,0	13,6
		100,0

BROMURE DE CÉTYLE.

Composition : $C^{32}H^{33}Br$.

§ 1271. On l'obtient[1] par le même procédé que l'iodure de cétyle, en faisant réagir du phosphore et du brome sur l'éthal. Le produit, ayant été traité par l'eau et l'alcool bouillant, ressemble entièrement à l'iodure de cétyle.

Le bromure de cétyle est un corps solide, incolore, plus pesant que l'eau à l'état fondu, et présente la même solubilité que l'iodure de cétyle; mais il fond déjà à 15°. Lorsqu'on essaye de le distiller, il dégage de l'acide bromhydrique.

Il renferme :

	Fridau.	Calcul.
Carbone.	62,53	62,96
Hydrogène.	10,86	10,82
Brome	»	26,22
		100,00

[1] FRIDAU (1852), *loc. cit.*

IODURE DE CÉTYLE.

Composition : $C^{32}H^{33}I$.

§ 1272. On obtient ce composé[1] en introduisant du phosphore dans de l'éthal fondu, et en y ajoutant de l'iode, par petites portions, jusqu'à ce que la matière soit colorée et qu'il se dégage des vapeurs d'iode. On opère dans un bain d'huile, en ayant soin de maintenir la température entre 100 et 120°, et en agitant continuellement le mélange. La réaction, assez compliquée d'ailleurs, donne naissance à un dégagement d'acide iodhydrique et d'acide phosphoreux; si le phosphore et l'iode ont été employés en excès, il se produit aussi de l'iodure de phosphore qu'on voit cristalliser dans la matière fondue. Il faut éviter d'élever la température à 160°. Quand la réaction est terminée, on décante le produit huileux des cristaux d'iodure de phosphore, et on le lave avec de l'eau, au contact de laquelle il se solidifie. On ne peut pas le laver avec des alcalis étendus, même carbonatés, parce qu'ils altèrent l'iodure de cétyle. Pour compléter la purification de ce corps, on le fait cristalliser dans l'alcool bouillant.

L'iodure de cétyle cristallise, par le refroidissement de sa solution alcoolique, sous la forme de feuillets enchevêtrés, incolores, insolubles dans l'eau, fort solubles dans l'éther, plus solubles dans l'alcool bouillant que dans l'alcool froid. Il fond à 22°, et se prend, par le refroidissement, en rosaces d'un aspect gras. Il brûle avec une flamme claire, en mettant de l'iode en liberté.

Il renferme :

	Fridau.	Calcul.
Carbone. . . .	54,58	54,57
Hydrogène. . .	9,48	9,38
Iode.	»	36,05
		100,00

Il ne distille pas sans altération. Il se décompose brusquement à 250°, en exhalant d'abondantes vapeurs d'iode et d'acide iodhydrique, et en dégageant une huile hydrocarburée.

L'oxyde de mercure attaque vivement l'iodure de cétyle à 200°, avec une sorte d'explosion; si l'on opère dans une cornue, on voit se condenser dans le récipient une huile (cétène?), des iodures

---

[1] FRIDAU (1852), *loc. cit.*

de mercure et du mercure métallique; le résidu renferme un corps solide, fusible à 50°, et cristallisable. L'oxyde de plomb attaque assez mal l'iodure de cétyle, mais l'oxyde d'argent, récemment précipité et encore humide, le décompose d'une manière complète entre 100 et 150°; on obtient de l'iodure d'argent, et le même corps cristallisable, fusible à 50°, et présentant la composition de l'hydrate de cétyle.

L'ammoniaque, en solution aqueuse, alcoolique ou éthérée, n'attaque pas l'iodure de cétyle. Mais l'ammoniaque sèche attaque ce corps à 150°, et le transforme en tricétylamine (§ 1273) et en iodhydrate d'ammoniaque. L'aniline réagit sur l'iodure de cétyle à une température peu élevée en produisant de la cétylphénylamine et de la dicétylphénylamine (§ 1452).

L'oxyde de cétyle et de sodium réagit à 110° sur l'iodure de cétyle, en produisant de l'oxyde de cétyle et de l'iodure de sodium.

AZOTURE DE CÉTYLE [1].

Syn. : tricétylamine.

Composition : $C^{96}H^{99}N = N(C^{32}H^{33})^3$.

§ 1273. Lorsqu'on dirige du gaz ammoniac dans l'iodure de cétyle chauffé à 150°, la matière se trouble peu à peu, et donne un précipité blanc dont la quantité augmente si l'on maintient la température à 180° environ : ce précipité consiste en iodhydrate d'ammoniaque; la matière fondue se compose de tricétylamine [1].

Cet alcali cristallise dans l'alcool bouillant en aiguilles incolores qui fondent à 39°, et se concrètent par le refroidissement en cristaux mamelonnés. Il contient :

	Fridau.	Calcul.
Carbone. . . .	83,49	83,60
Hydrogène. . .	14,49	14,37
Azote.	»	2,03
		100,00

Les *sels de tricétylamine* sont insolubles dans l'eau, mais solubles dans l'éther et l'alcool, surtout à chaud.

Le *chlorhydrate* cristallise, dans l'alcool bouillant, en aiguilles moins fusibles mais plus solubles que la tricétylamine. Celle-ci

____

[1] FRIDAU (1852), *loc. cit.*

se sépare sous forme huileuse lorsqu'on ajoute de la potasse caustique à une solution alcoolique et bouillante du chlorhydrate.

Le *chloroplatinate*, $C^{96}H^{99}N$, HCl, $PtCl^2$, s'obtient sous la forme d'un précipité couleur isabelle, presque pulvérulent, lorsqu'on ajoute une solution alcoolique de bichlorure de platine à une solution également alcoolique du chlorhydrate de tricétylamine. Le précipité est peu soluble dans l'alcool et insoluble dans l'eau; il a donné à l'analyse : platine, $11,11 — 11,28 — 11,74$; calcul, $11,19$.

[Voy. Série benzoïque, *Groupe phénique*, les alcalis *cétylphé-nylamine* et *dicétylphénylamine*, § 1452 et 1453.]

II.

GROUPE MARGARIQUE.

§ 1274. Les composés margariques ressemblent extrêmement aux composés palmitiques et aux composés stéariques.

ACIDE MARGARIQUE.

Composition : $C^{34}H^{34}O^4 = C^{34}H^{33}O^3$, HO.

§ 1274ᵃ. Cet acide se produit par la saponification des matières grasses contenant de la margarine (§ 1279).

M. Chevreul[1] recommande de le préparer au moyen des huiles grasses végétales, ou au moyen des graisses animales, telles que la graisse d'homme, qui renferment de la margarine comme partie essentielle. Dans le cas des huiles grasses, on les expose d'abord au froid pour qu'elles déposent la partie concrète ; après avoir exprimé ce dépôt, on le fait bouillir, jusqu'à dissolution complète, avec une lessive de potasse caustique, contenant 1 p. de potasse pour 5 p. de matière grasse employée. Ensuite on étend d'eau la liqueur, et l'on y ajoute une solution de chlorure de sodium, jusqu'à ce qu'il ne se sépare plus rien. Il se produit ainsi un margaraté alcalin, qui est insoluble dans la solution de sel marin. On dé-

---

[1] Chevreul, *Recherches sur les corps gras.* — Redtenbacher, *Ann. der Chem. u. Pharm.*, XXXV, 56. — Varrentrapp, *ibid.*, XXXV, 74. — Bromeis, *ibid.*, XXXV, 88. — Meyer, *ibid.*, XXXV, 85. — Kolbe, *ibid.*, XLI, 54. — O. L. Erdmann, *Journ. f. prakt. Chem.*, XXV, 498. — Gottlieb, *Ann. der Chem. u. Pharm.*, LVII, 36. — Acc, *ibid.*, LI, 225. — Heintz, *Ann. de Poggend.*, LXXXIV, 251.

cante la liqueur du savon solide, on redissout ce dernier dans l'eau, on le sépare de nouveau par le sel marin, on l'exprime pour le débarrasser de l'eau-mère, on le dessèche fortement au bain-marie, on le broie, et on le fait macérer pendant 24 heures, à + 15 ou 16°, dans le double de son poids d'alcool : celui-ci enlève les dernières traces d'alcali, de chlorure de sodium et de glycérine. Après le lavage à l'alcool, il reste du margarate alcalin, non entièrement exempt d'oléate. M. Chevreul le fait dissoudre dans 200 fois son poids d'alcool bouillant, et le laisse déposer par le refroidissement ; il répète cette cristallisation plusieurs fois, jusqu'à ce que le sel, décomposé par l'acide chlorhydrique, donne un acide fusible à 60°.

On peut abréger la méthode précédente, en employant directement du savon de Marseille, préparé avec l'huile d'olive. On dissout ce savon dans l'eau bouillante, et l'on précipite la solution par du chlorure de calcium. Le précipité est un mélange de margarate et d'oléate de chaux ; après l'avoir convenablement lavé et desséché, on le broie, et on le traite à plusieurs reprises par de l'éther froid, jusqu'à ce qu'il ne s'en dissolve plus rien. L'éther dissout l'oléate de chaux ; le margarate reste à l'état insoluble. On décompose ce dernier par l'acide chlorhydrique en chauffant au-dessus de 60° ; l'acide margarique fond ainsi, et vient nager à la surface de la liqueur. Après le refroidissement, on l'en retire, on le lave à l'eau froide, et on le fait fondre à plusieurs reprises avec de l'eau, pour en extraire complétement l'acide chlorhydrique et le chlorure de calcium.

On peut aussi précipiter la solution du savon d'huile par un sel de plomb. En épuisant par l'éther le précipité lavé et desséché, on enlève l'oléate de plomb ; le résidu étant ensuite traité par un mélange bouillant d'alcool et d'acide chlorhydrique concentré, on obtient du chlorure de plomb insoluble, tandis que l'acide margarique reste en dissolution dans l'alcool bouillant, et se dépose à l'état cristallisé dans la liqueur filtrée.

La distillation sèche du suif, du saindoux et de l'huile d'olive a été également indiquée comme une source d'acide margarique. On chauffe brusquement une de ces matières grasses dans une cornue, de manière à la faire bouillir ; ensuite on modère le feu, en recueillant les corps qui passent. Ils se composent d'acide margarique, mélangé d'une huile hydrocarbonée ; en même temps, il se développe l'odeur suffocante de l'acroléine. On exprime le produit brut, afin d'en séparer autant que possible les parties liquides ; ensuite on le fait cristalliser à plusieurs reprises dans l'alcool ; on complète la purification en saponifiant l'acide margarique avec du carbonate de soude, décomposant le savon par un acide minéral, et faisant de nouveau cristalliser.

Une autre méthode a encore été proposée : elle consiste à faire bouillir l'acide stéarique avec l'acide nitrique. Lorsqu'on traite à chaud 1 p. d'acide stéarique par 2 ou 3 p. d'acide nitrique ordinaire, il s'établit, au bout d'une demi-heure, une réaction extrêmement vive. Quand l'action s'est calmée, le produit est plus fluide, et se solidifie, par le refroidissement, en une masse qui a la consistance du suif. On épuise cette masse par l'eau bouillante, afin d'enlever l'acide nitrique, et on la dissout à chaud dans l'alcool. Par le refroidissement, l'acide margarique se sépare à l'état cristallin. On le fait cristalliser dans l'alcool bouillant, on exprime les cristaux, on les saponifie de nouveau, on décompose le savon par l'acide chlorhydrique, et l'on fait encore une fois cristalliser l'acide margarique.

Enfin on l'obtient aussi, dit-on, par l'action de l'acide nitrique sur l'acide oléique. Si l'on arrête l'opération dès la première attaque de l'acide nitrique, l'acide oléique se fige et donne, au bout de quelques heures, une masse jaunâtre, qu'on traite comme précédemment.

§ 1275. L'acide margarique ressemble beaucoup à l'acide stéarique, mais il est plus fusible (60°, Chevreul) et se prend, par le refroidissement, en aiguilles brillantes et enchevêtrées. Il est insoluble dans l'eau, fort soluble dans l'alcool et l'éther ; la solution rougit le tournesol, et décompose les carbonates alcalins à l'aide de la chaleur. Par le refroidissement brusque de sa solution dans l'alcool bouillant, il se dépose sous la forme d'écailles nacrées.

Voici les résultats qui ont été obtenus par différents chimistes à l'analyse de l'acide margarique :

	Chevreul.	Redten-bacher.	Varren-trapp.	Bromeis.	Meyer.	Kolbe.	Erd-mann.	Gottlieb.	Sacc.	Heintz.	Calcul.
Carbone. .	75,52	74,97	74,61	74,40	74,84	74,77	75,51	75,57	75,59	75,46	75,56
Hydrogène.	12,01	12,56	12,55	12,45	12,46	12,50	12,46	12,61	12,58	12,64	12,59
Oxygène...	13,07	12,47	12,84	15,15	12,70	12,73	12,23	12,02	11,83	11,90	11,85
	100,00	100,00	100,00	100,00	100,00	100,00	100,00	100,00	100,00	100,00	100 00

La formule $C^{34}H^{34}O^4$ est celle qui a été adoptée en dernier lieu pour l'acide margarique, d'après les déterminations précédentes ; cependant nous verrons tout à l'heure (§ 1276) que l'exactitude de cette formule est encore contestée.

53.

Sous l'influence de l'acide phosphorique anhydre, l'acide margarique donne un corps neutre, semblable avec celui qu'on obtient avec l'acide stéarique.

Lorsqu'on distille l'acide margarique, il passe en grande partie sans altération, surtout si l'on opère sur de faibles portions ; mais si l'on en distille beaucoup à la fois, il donne de petites quantités d'acide carbonique, d'eau et d'une matière cristalline (*margarone*). Cette matière cristalline, qui se produit en grande quantité par la distillation d'un mélange de chaux et d'acide margarique, ressemble beaucoup à la palmitone (§ 1234) et à la stéarone (§ 1286).

Quant aux autres réactions chimiques de l'acide margarique, elles sont aussi les mêmes que celles de l'acide palmitique et de l'acide stéarique.

§ 1276. D'après les dernières expériences de M. Heintz[1], l'acide margarique ne serait qu'un mélange d'acide palmitique et d'acide stéarique. Voici les faits sur lesquels ce chimiste fonde son opinion.

Lorsqu'on fait fondre ensemble 9 à 10 parties d'acide palmitique et 1 partie d'acide stéarique, on obtient un mélange qui se prend, par le refroidissement, en longues aiguilles enchevêtrées, entièrement semblables à l'acide margarique, et ayant le même point de fusion 60°, bien que les deux acides employés fondent à une température supérieure, l'un à 62° et l'autre à 69°.

Lorsqu'on soumet l'acide margarique à plusieurs cristallisations dans l'alcool, on finit par obtenir de l'acide palmitique pur, fusible à 62°, et qui ne cristallise plus en aiguilles.

On arrive au même résultat par des précipitations partielles de l'acide margarique au moyen de l'acétate de baryte ou de l'acétate de magnésie. L'acide qu'on extrait du précipité barytique ou magnésien a toujours un point de fusion inférieur à celui de l'acide margarique, tandis que l'acide gras, resté en solution, offre un point de fusion un peu supérieur à celui de l'acide margarique. L'acide gras resté en solution donne aisément, par de nouvelles cristallisations, de l'acide palmitique pur. La portion d'acide précipitée par le sel de baryte ou de magnésie, et qui est la plus fusible, contient plus d'acide stéarique que d'acide palmitique, et la portion d'acide restée en solution, et moins fusible que la précédente, renferme moins d'acide stéarique que d'acide palmitique.

[1] Heintz, *Ann. de Poggend.*, LXXXVII, 553.

M. Heintz a observé d'ailleurs que, si l'on mélange peu à peu l'acide palmitique avec de petites quantités d'acide stéarique, le point de fusion du mélange s'abaisse de plus en plus jusqu'à ce qu'il soit arrivé à 54° $^1/_4$, pour s'élever ensuite par chaque nouvelle addition d'acide stéarique, de manière à se rapprocher du point de fusion de l'acide stéarique pur. Le mélange fusible à 54° $^1/_4$, étant chauffé un peu au-dessus de son point de fusion, peut donc encore dissoudre plus d'acide stéarique et d'acide palmitique; par le refroidissement du mélange, cet excès d'acide stéarique ou palmitique cristallise avant que le mélange lui-même se concrète. Ce mélange peut être considéré comme un solvant qui permet aux deux acides de se déposer à l'état cristallisé; si l'on y fait dissoudre de l'acide palmitique, on obtient un produit qui a l'aspect et le point de fusion de l'acide margarique.

§ 1277. M. Frémy [1] a décrit, sous le nom d'*acide métamargarique*, une substance dont la composition ne me semble pas bien établie. Elle se précipite en même temps que l'acide métaoléique (§ 1246), lorsqu'on traite par l'eau froide l'huile d'olive soumise à l'action de l'acide sulfurique concentré (§ 1255). On exprime ce précipité, et on le traite à chaud par l'alcool de 36°, qui dissout aisément l'acide métamargarique.

Celui-ci est blanc, insoluble dans l'eau, soluble dans l'alcool et l'éther, qui le déposent en cristaux mamelonnés; quelquefois il se précipite des solutions concentrées sous la forme de lames micacées et brillantes. Il fond à 50°; quand il a été fondu et qu'on le laisse refroidir lentement, il cristallise en aiguilles entrelacées et transparentes, qui présentent peu de dureté.

M. Frémy a trouvé dans l'acide métamargarique:

Carbone. . . .	73,87	74,2
Hydrogène. . .	12,65	12,6

Suivant le même chimiste, les métamargarates auraient la même composition que les margarates, seulement l'acide métamargarique aurait plus de tendance que l'acide margarique à former des sels acides. Les bisels de potasse et de soude se présentent en petits grains durs, qui ne ressemblent pas aux sels gras ordinaires. Le sel d'argent a donné 27,8 — 27,9 p. c. d'argent; ce chiffre est sensiblement le même que celui qu'on obtient avec le stéarate à même base, et dénote une perte considérable sur le

---

[1] Frémy, *Ann. de Chim. et de Phys.*, LXV, 121.

carbone dans les analyses précédentes de l'acide métamargarique.

§ 1278. Lorsque, d'après M. Frémy, on soumet à l'ébullition la liqueur qui reste après que l'acide sulfoléique a précipité tout l'acide métamargarique, il se précipite un autre acide, auquel ce chimiste donne le nom d'*acide hydromargaritique*. Celui-ci est blanc, insoluble dans l'eau, soluble dans l'alcool et l'éther ; il fond à 68° et cristallise en prismes rhomboïdaux qui présentent une assez grande dureté.

Cet acide a donné à l'analyse :

$$\text{Carbone.} \ldots \quad 70,88 \qquad 71,1$$
$$\text{Hydrogène.} \ldots \quad 12,22 \qquad 12,3$$

Les résultats précédents semblent correspondre à la formule $C^{36}H^{38}O^6$, c'est-à-dire à 1 at. d'acide stéarique plus 2 HO. (Calcul : carbone 71,5 ; hydrogène 12,5). En effet, l'acide hydromargaritique se décompose par la distillation en eau et en acide métamargarique (stéarique ?).

Les hydromargaritates ressemblent beaucoup aux métamargarates.

Quant à l'*acide hydromargarique* de M. Frémy , il n'est évidemment qu'un mélange, car ce chimiste l'obtient non-seulement en faisant bouillir l'acide sulfomargarique avant qu'il ait déposé l'acide métamargarique, mais encore en mélangeant ce dernier avec l'acide hydromargaritique dans les rapports de leurs poids atomiques.

§ 1279. *Margarine*, ou margarate de glycérine. — Ce corps se rencontre dans la plupart des matières grasses , telles que la graisse d'homme, l'axonge, la graisse d'oie, le beurre de vache, l'huile d'olive, l'huile de lin, etc. : dans toutes ces matières, il est mêlé avec de l'oléine, et le plus souvent aussi avec de la stéarine ; aussi n'a-t-on pas encore isolé de la margarine parfaitement pure.

Pour préparer cette substance, on emploie le plus avantageusement l'huile d'olive, le beurre ou la graisse d'oie. On refroidit l'huile d'olive jusqu'à + 4°, et on soumet la matière butyreuse à l'action de la presse, afin d'en extraire la plus grande partie de l'oléine. On fait ensuite fondre la matière exprimée, et on la refroidit très-lentement, afin qu'elle ait le temps de se déposer en grains aussi gros que possible; on exprime ensuite de nouveau la masse refroidie à 12° ou 15°. Quant au beurre et à la graisse d'oie, on les fait de même refroidir lentement, et on les exprime une première fois à 12° ou 15°, puis une seconde fois à 20°. Par des fusions répétées et par des refroidissements à des degrés de plus en plus élevés, on parvient à obtenir une matière grasse solide, qui fond à 36°. On la dissout, jusqu'à complète saturation, dans un mélange bouillant de 2 parties d'alcool et de 3 parties d'éther : par le refroidissement, la margarine se dépose alors en grains, tandis que l'oléine reste en grande partie dans la dissolution. On exprime le dépôt de margarine et on le soumet à de nouvelles cristallisations.

La margarine cristallise dans l'alcool sous la forme d'aiguilles incolores, tendres et portant des troncatures droites aux sommets. Elle perd tout aspect cristallin par l'action de la presse. Suivant M. Chevreul, on peut, après la fusion, la refroidir jusqu'à 41°, sans qu'elle commence à se solidifier; mais, au moment de sa solidification, la température s'élève à 49°. 100 parties d'alcool anhydre en dissolvent 21,5 parties à la température de l'ébullition, et les déposent en grande partie par le refroidissement.

Les alcalis saponifient la margarine en la transformant en glycérine et en margarate alcalin.

Le chlore et le brome attaquent la margarine en produisant des composés dont la consistance n'est pas aussi grande que celle de la margarine. M. Lefort[1] a trouvé dans la margarine chlorée, 19,12 p. c. de chlore, et dans la margarine bromée 35,12 p. c. de brome.

§ 1279 [a]. MM. Iljenko et Laskowski[2] ont extrait du vieux fromage, par l'alcool bouillant, une substance que ces chimistes considèrent comme de la margarine pure. Purifiée par la cristallisation dans l'éther, elle se présentait sous la forme de flocons blancs composés d'aiguilles microscopiques, fusibles à 53° et se concrétant à 41°. L'acide gras qu'on en tira par la saponification fondait à 60 ou 61°, se concrétait à 57° ou 58°, et avait la composition de l'acide margarique. Cette margarine contenait :

	I. et L.		Calcul.
Carbone. .	76,09	75,47	76,27
Hydrogène. .	12,32	12,17	12,34
Oxygène. . .	11,59	12,36	11,39
	100,00	100,00	100,00

MM. Iljenko et Laskowski représentent les nombres précédents

[1] Lefort, *Journ. de Pharm.*, [3] XXIV, 43.
[2] Iljenko et Laskowski, *Ann. der Chem. u. Pharm.*, LV, 87.

par les rapports [1] $C^{142}H^{138}O^{16} = 4$ at. d'acide margarique $C^{34}H^{34}O^4$ plus 1 at. de glycérine, $C^6H^8O^6$, moins 6 at. d'eau, HO.

§ 1279[b]. Suivant M. Berthelot[2], on peut combiner l'acide margarique avec la glycérine par le même procédé qui donne la stéarine.

La *monomargarine*, $C^{40}H^{40}O^8 = C^{34}H^{34}O^4 + C^6H^8O^6 - 2HO$, se prépare comme la monostéarine, soit à 200°, soit à 100°. Elle se produit même à la température ordinaire, mais en très-petite quantité. Sa formation est plus aisée que celle d'aucune matière grasse solide. Elle fond à 56° et se solidifie à 49°. Traitée par l'oxyde de plomb, elle régénère la glycérine et l'acide margarique fusible à 60°. Ses réactions sont semblables à celles de la stéarine ; seulement, lorsqu'on la chauffe à 100° pendant 106 heures avec de l'alcool mêlé d'acide acétique, elle se décompose en partie en donnant du margarate d'éthyle et de la glycérine, tandis que les différentes stéarines ne présentent pas cette réaction.

La monomargarine a donné à l'analyse[3] :

	a			b	Calcul.
Carbone. . . .	69,3	69,6	69,9	69,4	69,8
Hydrogène. . .	11,8	11,6	11,7	12,2	11,6
Oxygène. . . .	18,9	18,8	18,4	18,4	18,6
	100,0	100,0	100,0	100,0	100,0

Suivant M. Berthelot, la *tétramargarine* paraît se former lorsqu'on chauffe à 270° la monomargarine avec un excès d'acide margarique. Cette tétramargarine n'a pas pu être obtenue entièrement pure. Saponifiée, elle donne de la glycérine, et de l'acide margarique fusible à 60°.

Dérivés métalliques de l'acide margarique. Margarates.

§ 1279[c]. L'acide margarique est monobasique ; la composition des margarates neutres se représente par

$$C^{34}H^{33}MO^4 = C^{34}H^{33}O^3, MO.$$

Les margarates neutres à base d'alcali sont solubles dans l'eau pure, surtout à chaud ; cette solution se prend en gelée par le re-

---

[1] Les rapports $C^{108}H^{104}O^{12} = 3 C^{34}H^{34}O^4 + C^6H^8O^6 - 6HO$, exigeraient : carbone, 76,41 ; hydrogène, 12,26.

[2] BERTHELOT, *Compt. rend. de l'Acad.*, XXXVII, 398, et *Communic. particulière.*

[3] La matière *a* a été préparée à 200°, la matière *b* à 100°.

froidissement. Ils sont solubles dans l'alcool, mais bien plus à chaud qu'à froid : ils cristallisent par le refroidissement d'une solution alcoolique bouillante. Ils sont presque insolubles dans l'éther. Un excès d'eau transforme en sels acides les margarates neutres à base d'alcali. Sous ce rapport, les margarates se comportent comme les stéarates (§ 1290), auxquels ils ressemblent d'ailleurs au plus haut degré.

Avec les terres et les autres oxydes métalliques, l'acide margarique forme des sels insolubles dans l'eau et dans l'éther. Beaucoup d'entre ces sels sont insolubles dans l'alcool.

Margarates d'ammoniaque. — α. *Sel neutre*, $C^{34}H^{33}(NH^4)O^4$. On l'obtient en abandonnant de l'acide margarique avec de l'ammoniaque caustique dans un flacon bouché. L'acide se combine avec l'ammoniaque, sans perdre son aspect cristallin ; la liqueur ammoniacale ne dissout pas une trace de sel. Le sel étant parfaitement exprimé, on peut, à l'état sec, le conserver dans un flacon bien bouché. Quand on dissout ce sel en petite quantité, à chaud, dans l'ammoniaque caustique faible, il cristallise, par le refroidissement, en paillettes nacrées. La solution saturée à chaud se prend en gelée par le refroidissement.

β. *Sel acide.* Il se produit par la dessiccation du sel neutre à l'air : il s'évapore de l'ammoniaque, et le sel acide reste sous la forme d'une masse sans odeur, et grasse au toucher. On l'obtient cristallisé en versant la solution ammoniacale, chaude et étendue du sel neutre dans une grande quantité d'eau bouillante : par le refroidissement, il se dépose en paillettes nacrées. Il se forme aussi lorsqu'on agite le sel neutre avec de l'eau froide. Il est un peu soluble dans l'eau bouillante.

Margarates de potasse. — α. *Sel neutre*, $C^{34}H^{33}KO^4$. On l'obtient en dissolvant l'acide margarique dans 10 fois son poids d'eau bouillante, rendue alcaline par une quantité de potasse égale au poids de l'acide. Le sel se dépose, par le refroidissement, en grains plus mous que le stéarate de potasse. Dissous dans l'alcool bouillant, il cristallise, par le refroidissement, en paillettes douées d'un léger éclat nacré, que le sel perd bientôt, même au sein de la dissolution alcoolique. Si l'on verse sur le margarate de potasse 10 fois son poids d'eau, il se gonfle et forme une gelée translucide, qui devient limpide quand on la chauffe jusqu'à 70°. Une plus grande quantité d'eau transforme le sel en bimargarate. A la température de 10°, 100 parties d'alcool peuvent tenir en dissolution 1,21 partie de margarate de potasse. Si l'on fait bouillir 10 parties d'alcool de 0,821 avec 1 partie de ce sel, celui-ci se dissout; si on laisse refroidir la solution à 40°, elle se prend entièrement en masse. L'éther ne dissout pas le margarate de potasse, mais il lui enlève un peu d'acide.

β. *Sel acide*, $C^{34}H^{33}KO^4$, $C^{34}H^{34}O^4$. On l'obtient en dissolvant le sel neutre dans 20 p. d'eau bouillante, et en étendant la solution de 1000 p. d'eau. Il se sépare alors sous la forme de paillettes nacrées, infusibles à 100°, et d'une réaction alcaline aux papiers. 100 p. d'alcool de 0,834 dissolvent à 20° 0,31 p. et à 67° 31,37 p. de bimargarate de potasse.

Il paraît se former un margarate de potasse encore plus acide, lorsqu'on mélange une solution alcoolique et chaude du sel précédent avec une grande quantité d'eau.

Margarates de soude. — α. *Sel neutre*, $C^{34}H^{33}NaO^4$. On l'obtient comme le sel de potasse. Il cristallise d'une solution alcoolique faite à chaud, sous la forme de paillettes demi-transparentes. Sa saveur, qui ne devient sensible qu'après quelques instants, est légèrement alcaline. Chauffé, il entre en fusion. Il est peu attaqué par l'eau froide, même quand on le laisse pendant plusieurs jours en contact avec 600 fois son poids de ce liquide. Il se dissout complétement dans 10 p. d'eau à 80°; par le refroidissement à 54°, la solution se prend en une gelée blanche, composée de sel neutre avec un peu de sel acide. Si l'on mêle la solution bouillante avec beaucoup d'eau froide, le sel est décomposé, et il se dépose du bimargarate. 20 p. d'alcool bouillant dissolvent 1 p. de sel neutre; la dissolution se trouble par le refroidissement, et se prend en une masse gélatineuse sans donner des cristaux; ceux-ci ne se forment que par le refroidissement d'une solution beaucoup plus étendue. A la température de 10°, 100 p. d'alcool ne retiennent en dissolution que 0,38 p. de margarate de soude. 100 p. d'éther en extraient 0,17 p. d'acide margarique. Abandonné à lui-même dans un air saturé d'humidité, le margarate de soude absorbe tout au plus 12 à 14 p. c. d'humidité.

β. *Sel acide*, $C^{34}H^{33}NaO^4$, $C^{34}H^{34}O^4$. Il s'obtient comme le sel de potasse correspondant. Il cristallise en paillettes fines, d'un éclat nacré et assez fusibles; il est insoluble dans l'eau, mais soluble dans l'alcool. Cette solution rougit le tournesol; si l'on y ajoute de l'eau, il se précipite un sel acide, et la liqueur bleuit alors le tournesol.

Margarate de baryte, $C^{34}H^{33}BaO^4$. — C'est un précipité blanc, léger, qu'on obtient en mélangeant à l'ébullition du chlorure de baryum avec un margarate alcalin.

Margarate de strontiane, $C^{34}H^{33}SrO^4$. — Précipité blanc.

Margarate de chaux, $C^{34}H^{33}CaO^4$. — Précipité blanc.

Margarate de cuivre. — Précipité vert.

Margarate de plomb. — α. *Sel neutre*, $C^{34}H^{33}PbO^4$. On l'obtient, sous la forme d'un précipité blanc, très-fusible, en mélangeant un margarate à base d'alcali avec de l'acétate de plomb additionné de quelques gouttes d'acide acétique. On peut aussi, pour le préparer, faire fondre 100 p. d'acide margarique avec 42 p. d'oxyde de plomb; la réaction s'opère aisément, et la combinaison coule comme de l'huile; elle se fige par le refroidissement et se présente alors à l'état d'une masse grise, facile à réduire en poudre. Son point de fusion est à 172°. L'alcool bouillant en dissout environ 3 centièmes de son poids. L'éther en dissout, à la température de l'ébullition, 1 centième de son poids. L'essence de térébenthine et le naphte bouillants le dissolvent en toutes proportions; les solutions se prennent en gelée par le refroidissement.

β. *Sel acide*. Il s'obtient en faisant fondre un mélange de 100 p. d'acide stéarique et de 21 p. de massicot. Le sel fondu est transparent et jaunâtre; après qu'il s'est solidifié, il est blanc et aisé à réduire en poudre. Il fond entre 75° et 81°. A la température de l'ébullition, 20 à 30 p. d'alcool de 0,823 dissolvent le sel réduit en poudre; pendant le refroidissement il se dépose du sel neutre, tandis que de l'acide margarique libre reste dans la liqueur. L'éther n'en dissout pas beaucoup plus de $^1/_{100}$ de son poids, même a l'ébullition. L'essence de térébenthine et le naphte bouillants le dissolvent en toutes proportions, et donnent, par le refroidissement, un dépôt de sel neutre.

γ. *Sous-sel*. $C^{34}H^{33}PbO^4,PbO$. — On l'obtient en précipitant un margarate à base d'alcali par du sous-acétate de plomb.

Suivant M. Varrentrapp, on obtient une combinaison de *margarate et de sous-acétate de plomb* en maintenant le margarate de plomb neutre, pendant quelques jours, en digestion avec du sous-acétate. Cette combinaison est grenue, ne fond pas sans se décomposer, et contient $2\ C^{34}H^{33}PbO^4,C^4H^4PbO^4,5PbO$.

Margarate d'argent, $C^{34}H^{33}AgO^4$. — On l'obtient en précipitant la solution alcoolique d'un margarate alcalin par une solution également alcoolique de nitrate d'argent ; il se forme ainsi un précipité blanc, fort volumineux, qui ne se colore que fort lentement à l'air. Il renferme :

	Varrentrapp.		Calcul.
Carbone. . .	53,66	53,58	54,11
Hydrogène. .	8,74	8,78	8,76
Argent. . . .	28,25	28,12	28,62

Margarates de mercure. — On les obtient par double décomposition.

α. *Sel mercureux.* Masse emplastique, durcissant peu à peu, insoluble dans l'eau, soluble dans l'alcool et l'éther.

β. *Sel mercurique.* Masse onctueuse jaunâtre, durcissant peu à peu à l'air, insoluble dans l'eau et dans l'alcool froid, soluble dans l'alcool bouillant et dans l'éther.

Dérivés méthyliques, éthyliques, ... de l'acide margarique. Éthers margariques.

§ 1279[d]. Les éthers margariques présentent la composition des margarates métalliques, le métal étant remplacé par du méthyle, de l'éthyle ou leurs homologues.

Margarate de méthyle, $C^{38}H^{36}O^4 = C^{34}H^{33}(C^2H^3)O^4$. — On l'obtient[1] en faisant passer un courant de gaz chlorhydrique dans une solution d'acide margarique dans l'esprit de bois. C'est une masse cristalline qui fond par la chaleur et qui distille sans altération. La potasse aqueuse ne l'attaque pas.

Margarate d'éthyle[2], $C^{36}H^{38}O^4 = C^{34}H^{33}(C^4H^5)O^4$. — Pour le préparer, on fait dissoudre 1 p. d'acide margarique dans 4 à 5 p. d'alcool anhydre qu'on maintient au degré de chaleur nécessaire à la dissolution, et on y fait arriver du gaz chlorhydrique jusqu'à ce que le margarate d'éthyle se sépare. On fait bouillir celui-ci avec de l'eau, ensuite, pour enlever l'excès d'acide margarique, on le traite avec de l'alcool faible et tiède. Cette purification ne s'effectue pas aussi sûrement avec de l'eau alcaline, parce que le margarate de potasse ne se dissout pas dans une eau chargée d'alcali. On complète la purification du margarate d'éthyle en le faisant

---

[1] LAURENT (1837), *Ann. de Chim. et de Phys.*, LXV, 297.
[2] LAURENT (1837), *loc. cit.* — BROMEIS, *Ann. der Chem. u. Pharm.*, XXXV, 79.

cristalliser dans l'alcool faible; par le refroidissement de la solution
alcoolique, on l'obtient en longs cristaux aciculaires, incolores,
ayant presque l'éclat du diamant. Il est insipide, inodore, et fond
à + 21°,5 en une huile qui se prend, par le refroidissement, en une
masse cristalline. A une température plus élevée, on peut le distiller sans altération. Il est plus difficile à saponifier par la potasse
que la margarine.

Dérivés sulfuriques de l'acide margarique.

§ 1280. Lorsqu'on traite les huiles grasses, et particulièrement
l'huile d'olive, par l'acide sulfurique concentré, il se produit, suivant M. Frémy [1], un mélange d'acide sulfoglycérique, d'acide sulfoléique, et d'*acide sulfomargarique*. Lorsqu'on abandonne l'acide
sulfomargarique dans l'eau, à la température ordinaire, il donne
peu à peu de l'*acide métamargarique;* si l'on porte la liqueur en
ébullition, quand ce dernier s'est entièrement déposé, il se sépare
de l'*acide hydromargaritique;* enfin, si l'on fait dissoudre l'acide
sulfomargarique dans l'eau et qu'on porte aussitôt la liqueur en
ébullition, il se précipite de l'*acide hydromargarique*, que M. Frémy
considère comme une combinaison d'acide métamargarique et d'a-
cide hydromargaritique, (voy. § 1278).

AZOTURE DE MARGARYLE OU MARGARAMIDE.

Composition : $C^{34}H^{35}NO^2 = NH^2(C^{34}H^{32}O^2)$.

§ 1281. Pour obtenir ce corps [2] on fait passer un courant de gaz
ammoniaque à travers l'huile d'olive ou la graisse, ou bien on abandonne ces corps gras avec de l'alcool ammoniacal ou avec de l'ammoniaque liquide. On traite ensuite par l'eau bouillante le savon
ainsi obtenu; la margaramide vient surnager, et se fige par le
refroidissement. On la fait cristalliser dans l'alcool bouillant, qui
la dépose à l'état cristallin.

Ce corps est blanc, solide, inaltérable à l'air, parfaitement neutre, insoluble dans l'eau, très-soluble dans l'alcool et l'éther, surtout à chaud. Ces dissolutions en abandonnent une partie, par le
refroidissement, sous forme d'aiguilles, de mamelons ou de pla-

---

[1] FRÉMY, *Ann. de Chim. et de Phys.*, LXV, 113. — Voy. § 1255, *Dérivés sulfuri-*
ques de l'acide oléique.
[2] BOULLAY (1848), *Journ. de Pharm.*, [3] V, 329.

ques blanches et translucides. Il fond à 60° environ, et brûle, comme les matières grasses, avec une flamme fuligineuse.

Il a donné à l'analyse :

	Boullay.		Calcul.
Carbone. . .	75,63	75,81	75,83
Hydrogène .	13,05	12,88	13,01
Azote. . . .	5,33	5,31	5.20

Les dissolutions des alcalis, quand elles sont concentrées et bouillantes, saponifient la margaramide en développant de l'ammoniaque et en la transformant en margarate.

Les acides n'agissent sur elle qu'à un certain degré de concentration, et plus activement à chaud qu'à froid.

———

SÉRIE STÉARIQUE.

§ 1282. A part l'acide stéarique et ses sels, on ne connaît pas d'autres composés stéariques. Le groupe stéarique est l'homologue des groupes formique, acétique, propionique, etc.

GROUPE STÉARIQUE.

§ 1283. Il est difficile de distinguer les combinaisons stéariques des composés margariques ou palmitiques, avec lesquels elles ont la plus grande ressemblance.

Acide stéarique.

Syn. : acide bassique, acide stéarophanique, acide anamitique.

Composition : $C^{36}H^{36}O^4 = C^{36}H^{35}O^3,HO$ (?).

§ 1284. Cet acide [1], découvert par M. Chevreul, se produit par la saponification des matières grasses contenant de la stéarine (§1287).

Pour le préparer, d'après la méthode indiquée par ce célèbre

[1] Chevreul, *Ann. de Chimie*, LXXXIII, 225; XCIV, 81; XCIV, 113; XCIV, 225; XCV, 5 *Ann. de Chim. et de Phys.*, II, 339; VII, 155. — Redtenbacher, *Ann. der Chem. u. Pharm.*, XXXV, 46. — O. L. Erdmann, *Journ. f. prakt. Chem.*, XXV, 497. — Stenhouse, *Ann. der Chem. u. Pharm.*, XXXVI, 57. — Gottlieb, *ibid.* LVII, 34. — Laurent et Gerhardt, *Compt. rend. des trav. de Chim.*, 1840, p. 337. — Heintz, *Ann. de Poggend.*, LXXXVII, 553.

chimiste, on emploie un savon fait avec de la potasse et du suif de mouton. On dissout 1 partie de ce savon dans 6 parties d'eau chaude, on ajoute à la dissolution 40 à 50 parties d'eau froide, et on abandonne le tout pendant quelque temps à la température de 12 à 15°. Il se dépose ainsi une substance nacrée, composée de bistéarate et de bimargarate de potasse [1]. On la recueille sur un filtre, et on la lave. On évapore la liqueur filtrée, et on la mêle avec la quantité d'acide nécessaire pour saturer l'alcali devenu libre par la précipitation du bistéarate et du bimargarate. Une nouvelle quantité d'eau étant ajoutée à la liqueur neutralisée, celle-ci donne une nouvelle portion de bistéarate et de bimargarate; si l'on répète avec soin cette opération, on finit par arriver à un point où la dissolution ne renferme plus que de l'oléate alcalin. On réunit les précipités, et, après les avoir séchés, on les dissout à chaud dans de l'alcool de 0,82; il en faut environ 20 à 24 fois du poids des précipités. La solution alcoolique dépose, par le refroidissement, la plus grande partie du bistéarate; on soumet celui-ci à plusieurs cristallisations jusqu'à ce qu'il soit pûr. Pour voir si l'on a atteint ce point, on décompose une petite quantité du sel, à la température de l'ébullition, par l'acide chlorhydrique; et, après avoir laissé refroidir la liqueur jusqu'à 50°, on l'introduit dans un vase contenant de l'eau, et on chauffe celle-ci graduellement jusqu'à 70°. L'acide gras ne doit entrer en fusion que quand l'eau est arrivée à cette température; s'il fond à une température inférieure, il contient encore de l'acide margarique, et le sel a besoin d'être redissous dans l'alcool et purifié par de nouvelles cristallisations. Quand le stéarate de potasse est enfin pur, on le décompose en le faisant bouillir avec de l'eau et de l'acide chlorhydrique; l'acide stéarique ainsi mis en liberté se solidifie par le refroidissement de la liqueur; après l'avoir lavé, on le fait refondre dans l'eau pure, afin de le débarrasser de tout acide chlorhydrique.

M. Heintz prescrit d'opérer de la manière suivante pour l'extraction de l'acide stéarique. On saponifie la partie concrète du suif par un alcali; on sépare l'acide gras du savon au moyen de l'acide chlorhydrique; on fait dissoudre ce savon dans beaucoup d'alcool, et l'on précipite la solution bouillante, en partie seulement, par une solution concentrée d'acétate de baryte ou d'acé-

---

[1] Nous avons déjà fait remarquer que, suivant M. Heintz, l'acide margarique serait un mélange d'acide stéarique et d'acide palmitique. Voy. § 1276.

tate de magnésie ; la liqueur alcoolique dépose ainsi du stéarate de baryte, tandis qu'il reste en dissolution de l'acide margarique (mélange d'acide stéarique et d'acide palmitique). On décompose le précipité par de l'acide chlorhydrique étendu et bouillant, et on fait cristalliser, à plusieurs reprises dans l'alcool, l'acide stéarique mis en liberté. Au besoin, on réitère sur ce produit les précipitations partielles jusqu'à ce que son point de fusion soit constant.

L'acide stéarique qu'on prépare en grand pour la confection des bougies n'est jamais un produit pur, et a besoin d'être soumis à plusieurs cristallisations dans l'alcool, ou même à des précipitations partielles, d'après le procédé de M. Heintz. En effet, dans les fabriques de bougies stéariques,, on emploie toutes espèces de matières grasses , le suif, l'axonge, l'huile de palme, etc. On place ces matières dans une cuve en sapin avec un peu d'eau ; on fait arriver au sein du mélange un courant de vapeur, et, quand la graisse est fondue, on y verse du lait de chaux ; le courant de vapeur est continué jusqu'à ce que la saponification soit entièrement opérée, ce qui se reconnaît à l'aspect grenu du savon. On porte alors celui-ci dans une autre cuve, contenant de l'acide sulfurique étendu d'eau qu'on chauffe également au moyen de la vapeur ; les acides gras viennent alors se rassembler à la surface du bain ; après les avoir lavés, on les verse dans des cristallisoirs où on les laisse se concréter, et on les soumet ensuite à l'action progressive d'une presse hydraulique, dans des sacs de toile ou de crin. Par ce moyen, on fait écouler l'acide oléique liquide, tandis que les acides gras solides restent dans les sacs ; les tourteaux qu'on obtient ainsi sont encore une fois soumis à la pression, les sacs étant placés entre des plaques de fer chaudes, ce qui en fait écouler le reste de l'acide oléique. Après ces différents traitements, l'acide stéarique (ou plutôt le mélange d'acides gras solides) est parfaitement blanc, et n'a plus besoin que d'être fondu et filtré ; pour le convertir en bougies, on le coule dans des moules à la température la plus basse possible.

Au lieu de saponifier le suif par la chaux, et d'en séparer ensuite l'acide stéarique au moyen de l'acide sulfurique, quelques fabricants décomposent directement le suif par l'acide sulfurique concentré, lavent le mélange d'acide gras ainsi produits, et le soumettent à la distillation ; le produit distillé est composé d'acide stéarique imprégné d'hydrocarbures liquides provenant de la décomposition de l'acide oléique; comme précédemment on soumet ce produit à l'action de la presse. Ce procédé est moins avantageux que le précédent, sous le rapport du rendement, soit parce que l'acide sulfurique qu'on fait agir sur le suif, charbonne toujours une bonne partie de la matière, soit parce que la distillation décompose tout l'acide oléique et le transforme en huiles hydrocarburées impropres à la fabrication des savons.

§ 1284ᵃ. L'acide stéarique pur est incolore, sans saveur ni odeur. Il fond à 69°,1 ou 69°,2 (Heintz; il fond à 75° et se solidifie à 70°, Chevreul); l'acide fondu se prend, par le refroidissement, en aiguilles blanches, brillantes, grasses au toucher. Il se dissout aisément dans l'alcool, et mieux encore dans l'éther; il est insoluble dans l'eau. Fondu ou dissous dans l'alcool, il rougit le tournesol.

On peut distiller l'acide stéarique sans qu'il s'altère; mais il faut employer un acide pur, 15 à 20 grammes au plus, et arrêter l'opération dès que les dernières portions acquièrent une légère teinte brune. Si l'on soumet à la distillation de plus grandes quantités d'acide stéarique, le produit distillé renferme des hydrocarbures liquides. L'acide impur ne distille pas non plus sans altération.

La composition de l'acide stéarique [1] a été établie par les analyses suivantes :

	Chevreul.	Redten-bacher.	Erd-mann.	Sten-house.	Gottlieb.	Laurent et Gerhardt.		Heintz.		Calcul. $C^{36}H^{36}O^4$	$C^{34}H^{34}O^4$
Carbone...	76,4	75,51	76,54	75,75	76,29	75,41	75,60	75,58	75,85	76,06	75,55
Hydrogène.	12,4	12,86	12,81	12,78	12,85	12,53	12,61	12,64	12,67	12,68	12,56
Oxygène. .	11,2	12,63	11,65	12,47	10,88	12,06	11,85	11,78	11,68	11,26	11,89
	100,0	100,00	100,00	100,00	100,00	100,00	100,00	100,00	100,00	100,00	100,00

[1] On a longtemps considéré l'acide stéarique comme un acide bibasique ($C^{68}H^{66}O^5$, 2 HO) et l'acide margarique comme un acide monobasique ($C^{34}H^{33}O^3$, HO), en supposant que ces deux acides représentaient les deux oxydes RO^3 et R^2O^5 d'un même radical hydrocarburé (*margaryle*). Laurent et moi nous nous sommes élevés les premiers contre cette opinion, qui nous semblait dénuée de fondement à cause de l'extrême analogie de propriétés des deux acides. En reprenant ensuite l'analyse de l'acide stéarique, nous avons trouvé des nombres tellement rapprochés de ceux que d'autres chimistes avaient obtenus avec l'acide margarique (voy. p. 835), que nous avons dû en conclure l'isomérie des deux acides.

Les nouvelles analyses de M. Heintz confirment l'exactitude des nôtres; mais ce chimiste rejette l'existence de l'acide margarique comme corps défini, et le considère comme un mélange d'acide stéarique et d'acide palmitique; il préfère également la formule $C^{36}H^{36}O^4$ à la formule $C^{34}H^{34}O^4$, que nous avions proposée pour l'acide stéarique. On peut voir par les chiffres cités ci-dessus que les analyses vont aussi bien avec l'une qu'avec l'autre; mais ce qui me paraît concluant en faveur de la première formule, ce

Un mélange d'acide stéarique et de soufre se comporte, à la distillation, comme chacune des deux matières séparément.

Le chlore attaque l'acide stéarique à chaud en le transformant en un ou en plusieurs acides chlorés (§ 1293).

Le brome donne des produits semblables.

Bouilli avec de l'acide nitrique concentré, l'acide stéarique donne successivement des acides solides (subérique, pimélique, adipique, succinique), homologues de l'acide oxalique, et des acides liquides (caprique, œnanthylique, caproïque, etc.) homologues de l'acide formique.

Un mélange d'acide margarique et d'acide stéarique présente cette particularité remarquable, qu'à la manière de certains alliages métalliques, il entre souvent en fusion au-dessous du point (60°) auquel fond l'acide margarique, le plus fusible des deux. Voici, à cet égard, quelques observations de M. Gottlieb :

Un mélange de 30 p. d'ac. stéariq. et 10 p. d'ac. margariq. fond à 65°,5

—	25	—	10	—	—	65°
—	20	—	10	—	—	64°
—	15	—	10	—	—	61°
—	10	—	10	—	—	58°
—	10	—	15	—	—	57°
—	10	—	20	—	—	56°,5
—	10	—	25	—	—	56°
—	10	—	30	—	—	56°

§ 1285. L'acide phosphorique anhydre, en agissant sur l'acide stéarique, produit un corps particulier[1] qui ne paraît n'en différer que par les éléments de l'eau. Pour obtenir ce corps on fait fondre, au bain-marie, de l'acide stéarique avec de l'acide phosphorique anhydre, et l'on épuise le produit par l'eau bouillante. On obtient ainsi une masse gélatineuse, qui nage à la surface de l'eau, et qu'on purifie d'acide stéarique en la traitant par la potasse, où elle est presque insoluble. Le produit se dépose alors au fond sous la forme

sont les déterminations de poids atomiques, exécutées par M. Heintz ; je n'hésite donc pas à me ranger à son opinion quant à ce point.

Pour ce qui est de l'acide margarique, j'ai de la peine à ne pas croire à l'existence d'un terme homologue intermédiaire C^{34} entre l'acide palmitique C^{32} et l'acide stéarique C^{36}. D'ailleurs les expériences de M. Chevreul, quoique déjà anciennes, ont été faites avec tant de précision qu'il faudrait, pour les renverser, des faits bien autrement concluants que les observations incomplètes du chimiste de Halle. Que M. Heintz, au lieu d'ergoter sur des millièmes de carbone ou d'hydrogène qu'il obtient de plus ou de moins que d'autres expérimentateurs, cherche des métamorphoses nouvelles qui permettent de distinguer les acides gras solides autrement qu'à l'aide de leur point de fusion, et il réussira plutôt à faire adopter son opinion, si elle est réellement fondée.

[1] ERDMANN (1842), *Journ. f. prakt. Chem.*, XXV, 500.

d'une huile épaisse et brunâtre, qu'il est difficile d'obtenir incolore. Refroidi, il se présente sous la forme d'une masse cassante, à peine cristalline, qui se liquéfie complétement entre 54 et 60°. Il est très-soluble dans l'éther. La potasse ne l'attaque pas sensiblement, même à la température de l'ébullition. L'acide nitrique l'attaque et le convertit à la longue en une masse cireuse.

L'analyse d'un semblable produit, provenant de trois préparations différentes, a donné :

	Erdmann.			$C^{36}H^{34}O^2$.
Carbone. . . .	80,23	81,03	80,07	81,2
Hydrogène. . .	13,01	12,88	12,87	12,7

D'après ces analyses, le produit de l'action de l'acide phosphorique anhydre sur l'acide stéarique paraît contenir les éléments de cet acide, moins 2 HO.

Le perchlorure de phosphore attaque vivement l'acide stéarique à une douce chaleur; la température du mélange s'élève à plus de 150°, sans qu'on renforce le feu; la masse, d'abord entièrement limpide, brunit tout à coup, et finit par devenir entièrement noire sans perdre de sa fluidité. Si l'on soumet ce produit à l'action de la chaleur, on obtient de l'acide chlorhydrique, de l'eau en très-petite quantité, un hydrocarbure, de l'acide stéarique, et un autre produit solide beaucoup moins soluble dans l'alcool que l'acide stéarique (Chiozza).

§ 1286. Lorsqu'on distille l'acide stéarique avec le quart de son poids de chaux vive, on obtient une masse butyreuse, composée d'hydrocarbures huileux et d'un corps solide qui a reçu les noms de *stéarone*, de *stéarène*, et de *margarone*[1]. Pour purifier ce produit, on en sépare d'abord, par le filtre et par la presse, la plus grande partie de la matière huileuse, puis on le fait fondre en le chauffant doucement, et on le mélange avec de l'éther; la liqueur éthérée dépose alors des cristaux par le refroidissement. On complète la purification de ces derniers en les soumettant à de nouvelles cristallisations dans l'éther bouillant.

La stéarone s'obtient en paillettes incolores et nacrées, insolubles dans l'eau, solubles dans l'alcool bouillant et fort solubles

---

[1] BUSSY, *Journ. de Pharm.*, XIX, 635 et 643. — REDTENBACHER, *Ann. der Chem. u. Pharm.*, XXXV, 57. — VARRENTRAPP, *ibid.*, XXXV, 80. — ROWNEY, *The Quart. Journ. of the Chemic. Society*, VI, 97.

54.

dans l'éther. Elle fond à 76° (Rowney, Varrentrapp ; à 77°, Bussy [1], Redtenbacher), et se concrète de nouveau à 72°, en se prenant en une masse cristalline. Elle devient extrêmement électrique par le frottement.

Elle a donné à l'analyse les nombres suivants :

	Bussy.	Redtenbacher.	Varrentrapp.	Rowney.		
Carbone. . .	82,20	82,39	82,00	82,51	81,89	81,97
Hydrogène. .	13,51	13,86	13,78	13,85	13,66	13,72

Différentes formules ont été proposées pour la stéarone, à une époque où on ne connaissait pas encore la composition exacte de l'acide stéarique ; il me semble inutile de les rapporter. En dernier lieu, M. Rowney a cru devoir adopter les relations $C^{46}H^{56}O^2$ (calcul, carbone 82,35 ; hydrogène 13,72), mais elles me paraissent aussi fort contestables. Le même chimiste suppose que la stéarone est identique avec la myristone (§ 1225).

On ne peut pas distiller la stéarone sans qu'elle laisse du charbon.

Lorsqu'on la chauffe avec de l'acide sulfurique concentré, elle se charbonne en dégageant de l'acide sulfureux.

L'acide nitrique bouillant ne l'attaque pas ; mais un mélange d'acide nitrique et d'acide sulfurique concentré la décompose en produisant un acide huileux et volatil.

Les alcalis aqueux ne la dissolvent ni ne l'attaquent.

L'iode n'agit pas sur elle, même en fusion. Il n'en est pas de même du brome : il se dégage de l'acide bromhydrique, et il se produit une huile pesante qui se concrète au contact de l'eau. Purifié par plusieurs cristallisations dans l'éther, le produit qu'on obtient ainsi forme des cristaux brillants, fusibles entre 43 et 45°, et qui se présentent au microscope sous la forme de paillettes carrées, groupées sous forme de barbes de plume. Il renferme :

	Rowney.	
Carbone. . . .	59,77	59,95
Hydrogène. . .	9,78	9,75
Brome.	27,93	

M. Rowney représente les nombres précédents par les rapports $C^{56}H^{54}Br^2O^2$.

§ 1287. *Stéarine*, ou stéarate de glycérine. — Ce corps est con-

---

[1] M. Bussy, qui distingue deux corps, la stéarone et la margarone, indique pour la margarone le point de fusion 77°, et pour la stéarone le point de fusion 86°.

tenu dans beaucoup de matières grasses, tant animales que végétales ; on peut surtout l'extraire en quantité considérable du suif de bœuf et de mouton. Dans les autres graisses solides, telles que la graisse d'homme, l'axonge, le beurre de vache, la graisse d'oie, il est mélangé avec des proportions plus ou moins fortes de margarine (mélange de palmitine et de stéarine, suivant M. Heintz). La partie concrète du beurre de cacao est aussi composée de stéarine.

On ne parvient que difficilement à dépouiller la stéarine de toute oléine en épuisant le suif avec de l'alcool bouillant. M. Lecanu [1] a proposé le procédé suivant : on fait fondre du suif au bain-marie, dans un matras de verre à large ouverture ; dès que la fusion est uniformément opérée, on retire le matras du feu, et on mêle la graisse fondue avec son poids d'éther ; on ferme bien le vase, et on agite le mélange. Puis on y ajoute encore une fois autant d'éther qu'on a déjà employé, on agite bien, et on répète cette opération jusqu'à ce qu'on ait obtenu une masse qui, refroidie, présente la consistance du saindoux. L'éther dissout l'oléine, la margarine et très-peu de stéarine : celle-ci reste sous la forme d'une masse grenue. On enlève la partie liquide, et on exprime bien le résidu entre plusieurs doubles de papier brouillard. La masse ainsi exprimée constitue environ le cinquième du poids du suif employé. On la soumet à plusieurs cristallisations dans l'éther bouillant ; on la considère comme pure lorsqu'elle fond à 61 ou 62°, et que la solution éthérée laisse, après l'évaporation, un résidu qui fond également à la même température.

Le procédé précédent s'applique aussi à l'extraction de la stéarine par le beurre de cacao.

La stéarine cristallise en paillettes nacrées sans saveur, et qui se laissent réduire en poudre ; elle est fusible et se prend, par le refroidissement, en une masse cireuse. Elle se décompose à une température élevée, sans noircir, en donnant de l'acroléine, des hydrocarbures huileux et gazeux, et un acide gras solide (acide stéarique?) Elle se dissout dans l'alcool bouillant et se dépose, par le refroidissement, sous la forme de flocons blancs. Elle est fort soluble dans l'éther bouillant; à la température de 15°, l'é-

[1] Lecanu, *Ann. de Chim. et de Phys.*, LV, 192. — Liebig et Pelouze, *Ann. der Chem. u. Pharm.*, XIX, 264. — Arzbaecher, *ibid.*, LXX, 239. — Heintz, *Ann. de Poggend.*, LXXXVII, 553. — Duffy, *The Quart. Journ. of the Chemic. Soc.*, V, 303.

ther n'en dissout que $^1/_{223}$ de son poids. Elle est insoluble dans l'eau.

Voici les résultats qui ont été obtenus à l'analyse de la stéarine[1] :

	Lecanu.	Liebig et Pelouze.	Arzbaecher.		Heintz.		Duffy.			
	a	*b*	*c*	*d*	*e*	*f*	*g*	*g*	*h*	*h*
Carbone. . . .	76,95	75,4	78,95	76,18	76,74	76,61	76,53	76,02	76,87	76,87
Hydrogène. .	12,38	12,5	12,23	12,28	12,42	12,61	12,27	12,10	12,24	12,15
Oxygène. . .	10,67	12,5	8,82	11,64	10,84	10,78	11,20	11,88	10,89	10,98
	100,00	100,0	100,00	100,00	100,00	100,00	100,00	100,00	100,00	100,00

Ces analyses sont trop divergentes pour qu'on puisse en déduire une formule avec certitude ; il paraît d'ailleurs qu'on n'a pas encore analysé la stéarine chimiquement pure, car l'acide qui a été extrait de la matière analysée n'a jamais eu exactement le point de fusion de l'acide stéarique.

§ 1288. On indique généralement la température de 62° comme le point de fusion de la stéarine ; mais il résulte des expériences de M. Duffy qu'on peut, par des cristallisations réitérées de la matière dans l'éther, élever ce point à 63° et même à 64°,2 (ce dernier point a été obtenu par 32 cristallisations).

Suivant le même observateur, le point de fusion de la même stéarine présente des variations fort remarquables, qui conduisent à admettre pour ce corps autant de modifications physiques. Lorsqu'on chauffe la stéarine à un ou à deux degrés seulement au-dessus de son point de fusion (soit 63°), elle se concrète ordinairement à deux degrés au-dessous de ce point (à 61°) ; mais, si on la chauffe à quatre degrés ou davantage au-dessus de son point de fusion, elle ne se solidifie en général qu'à 12°,2 ou à 12°,8 au-dessous de ce point (à 51°). Si, après avoir laissé se concréter une stéarine fondue dans ces dernières conditions, on la chauffe à deux degrés seulement au-dessus de son point de solidification, elle fond déjà à cette température (à 53°) ; mais la matière de nouveau concrétée présente ensuite son premier point de fusion (63°).

---

[1] La matière analysée n'avait pas toujours le même point de fusion : *a* stéarine de mouton, fusible à 62°, et donnant par la saponification un acide fondant à 64° ; *b* stéarine de mouton, moyenne de plusieurs analyses, différant entre elles de 1 1/2 p. c. sur le carbone ; *c* stéarine de bœuf, fusible à 60°0 ; *d* stéarine de mouton, fusible à 60°6 ; *e* stéarine de mouton, fusible à 61°, et donnant un acide fusible à environ 64° ; *f* stéarine de bœuf, fusible à 61°,2 et à 60°,7 ; *g* stéarine de mouton, fusible à 52°, 64°,2, et 69°,7, et donnant un acide fusible à 66°,5 ; *h* stéarine de bœuf, fusible à 51°, 63° et 67°.

La stéarine qui n'a été chauffée qu'à un ou à deux degrés au-dessus de son point de fusion se solidifie déjà, comme nous venons de le dire, à un ou à deux degrés au-dessous de ce point; cette solidification est lente, au lieu d'être subite comme dans le cas de la stéarine se solidifiant à 12° au-dessous de son point de fusion ; le produit est opaque et friable. La stéarine est alors transformée en une troisième modification dont le point de fusion (à 66°5) est supérieur d'environ 3°,5 au point de fusion de la modification ordinaire.

Voilà donc trois points de fusion pour la même stéarine : un point inférieur (51°) pour une modification α, un point moyen (63°) pour une modification β, et un point supérieur (66°5) pour une modification γ. Suivant M. Duffy, c'est cette dernière qui constitue la stéarine cristallisée dans l'éther. Cette modification ayant été fondue, la masse reste liquide jusqu'au point de solidification de la modification α; celle-ci passe par la fusion et par la solidification immédiate à la modification β; cette dernière, étant fondue, passe, en se solidifiant, à la modification α ou à la modification γ, suivant qu'elle a été chauffée à 4 ou seulement à 1 ou 2 degrés au-dessus de son point de fusion.

Il existe aussi de légères différences entre les densités des trois modifications, ainsi que l'indique le tableau suivant :

Point de fusion de la modification.	Température à laquelle la densité a été prise.	Densité des modifications.			Densité à l'état liquide.
γ		α	β	γ	
65°	15°	0,9872	—	—	—
66,5	15	0,9877	—	—	—
	15	0,9867	1,0101	1,0178	—
	15	—	—	1,0179	—
69,7	51,5	0,9600	—	1,0090	—
	65,5	—	—	0,9931	0,9245
	68,2	—	—	0,9746	—

Aucune des trois modifications de la stéarine ne conduit l'électricité.

§ 1289. Les alcalis saponifient la stéarine en produisant du stéarate à base d'alcali et de la glycérine.

Voici, suivant M. Chevreul, les quantités de glycérine et d'acides gras qu'on obtient avec 100 p. de stéarine :

St. de suif de mouton. . .	8,0	glycérine et	94,6	acide fusible à	53°
— de suif de bœuf. . . .	9,8	»	95,1	»	52°
— d'axonge.	9,0	»	94,65	»	52°
— de graisse d'oie. . . .	8,2	»	94,4	»	48°5
— de beurre.	7,2	»	94,5	»	47°5

La stéarine sur laquelle les expériences précédentes ont été faites contenait évidemment encore de la palmitine (margarine) et de l'oléine.

M. Duffy[1] a obtenu les résultats suivants avec 100 p. de stéarine dont le point de fusion moyen était à 62°5 :

	I	II	III
Acide gras fusible à 64°,7..	95,76	95,51	95,50
Glycérine.	»	»	8,94.

Lorsqu'on fait bouillir la stéarine avec de l'alcool absolu contenant en dissolution de l'éthylate de soude (produit par l'action du sodium sur l'alcool absolu), la liqueur se prend par le refroidissement en une gelée composée de stéarate de soude et de stéarate d'éthyle ; il reste de la glycérine en dissolution. On observe une réaction semblable avec la stéarine et l'hydrate d'amyle, contenant de l'amylate de soude; il se produit alors du stéarate de soude, du stéarate d'amyle et de la glycérine.

Une solution d'ammoniaque sèche dans l'alcool absolu n'attaque pas la stéarine, même par une ébullition prolongée.

Le chlore et le brome attaquent la stéarine en produisant des dérivés par substitution; ces produits ont moins de consistance que la stéarine et fondent à une température beaucoup plus basse. M. Lefort[2] a trouvé :

Dans la stéarine chlorée, 21,17 — 21,43 p. c. de chlore;

Dans la stéarine bromée, 35,97 — 35,99 p. c. de brome.

§ 1289 [a]. M. Berthelot[3] est récemment parvenu à produire artificiellement la stéarine, par l'union directe de ses parties constituantes, sous l'influence d'un contact prolongé, en vase clos, et avec le concours d'une température plus ou moins élevée. Suivant ce chimiste, l'acide stéarique (fusible à 70°, et préparé par la méthode de M. Chevreul) forme avec la glycérine trois combinaisons : la monostéarine, la distéarine et la tétrastéarine, cette dernière identique avec la stéarine naturelle.

[1] Si l'on prend pour base ces déterminations, comme ayant été faites sur la stéarine la plus pure, on trouve que la stéarine renferme les éléments de 1 at. de glycérine plus 3 at. d'acide stéarique moins 6 HO :

$$C^6H^8O^6 + 3\,C^{36}H^{36}O^4 - 6\,HO = C^{114}H^{110}O^{12}.$$

Glycérine.   Ac. stéariq.   Stéarine.

Ces rapports exigeraient : carbone 76,85 ; hydrogène 12,36. D'après cette formule, 100 p. de stéarine donneraient 95,73 p. c. d'acide stéarique.

On pourrait considérer la stéarine comme de la glycérine $C^6H^8O^6$, dans laquelle 3 H seraient remplacés par leur équivalent de stéaryle : $C^6H^5(C^{36}H^{35}O^2)^3O^6$.

[2] LEFORT, *Journ. de Pharm.*, [3] XXIV, 113.

[3] BERTHELOT, *Compt. rend. de l'Acad.*, XXXVII, 398, et *Communicat. particulière.*

La *monostéarine*, $C^{44}H^{44}O^8 = C^{38}H^{38}O^4 + C^6H^8O^6 - 2HO$, s'obtient en chauffant à 200°, pendant 26 heures, parties égales de glycérine et d'acide stéarique. La glycérine et l'acide restent superposés sans paraître réagir ; la matière neutre produite est également insoluble dans la glycérine. Après le refroidissement, on enlève la couche solide qui nage au-dessus de l'excès de glycérine, on la fait fondre, on y ajoute un peu d'éther, puis de la chaux éteinte, afin de séparer l'acide non combiné, et l'on maintient le mélange à 100° pendant un quart d'heure. Cela fait, on épuise par l'éther bouillant.

La monostéarine s'obtient ainsi sous la forme d'une matière neutre blanche, très-peu soluble dans l'éther froid, cristallisant en fines aiguilles biréfringentes ; ces aiguilles microscopiques sont ordinairement groupées en grains arrondis. Elle fond à 61° et se solidifie à 60°. Elle se volatilise sans altération dans le vide barométrique. Chauffée à l'air, elle commence à se volatiliser, puis elle se décompose avec formation d'acroléine. Elle brûle avec une flamme blanche très-éclairante.

Trois analyses de monostéarine ont donné :

	Expérience.	Calcul.
Carbone. . . .	70,4	70,4
Hydrogène . . .	12,0	11,7
Oxygène. . . .	17,6	17,9
	100,0	100,0

Traitée par l'oxyde de plomb à 100°, la monostéarine se saponifie en quelques heures, et reforme de la glycérine et de l'acide stéarine fusible à 70°. Le poids de la glycérine ainsi régénérée s'élève presqu'au quart du poids de la monostéarine.

Maintenue 106 heures en contact à 100° avec l'acide chlorhydrique concentré, la monostéarine se dédouble, à peu près totalement, en glycérine et en acide stéarique. L'acide acétique mêlé d'alcool ne la décompose pas dans les mêmes conditions.

Le mélange d'acide stéarique et de glycérine, étant abandonné pendant trois mois à la température ordinaire, fournit des traces de matière neutre, cristalline. On obtient un composé semblable à la monostéarine en saturant à 100° d'acide chlorhydrique gazeux le mélange de glycérine sirupeuse et d'acide stéarique ; mais le composé ainsi produit fond à 47°, et contient du chlorhydrate de glycérine (§ 516 *a*) qu'on ne parvient guère à en séparer.

La *distéarine*, $C^{78}H^{78}O^{12} = 2 C^{36}H^{36}O^4 + C^6H^8O^6 - 2HO$, s'obtient en maintenant à 100°, pendant 114 heures, le mélange de parties égales de glycérine et d'acide stéarique. On la purifie par la chaux et l'éther, comme précédemment. C'est une matière neutre, blanche, grenue, qu'on reconnaît au microscope pour des lamelles obliques, aplaties, biréfringentes. Elle fond à 58°, et se solidifie à 55°. Chauffée, elle donne de l'acroléine. Traitée par l'oxyde de plomb à 100°, elle reproduit de la glycérine et de l'acide stéarique fusible à 70°.

On obtient le même corps soit en chauffant le mélange stéaroglycérique à 275° pendant 7 heures, soit en chauffant à 270° pendant 3 heures 1 p. de monostéarine et 3 p. d'acide stéarique, soit enfin en chauffant pendant 22 heures à 200° la stéarine naturelle avec un excès de glycérine.

L'analyse de la distéarine a donné les résultats suivants[1] ;

	a			c		Calcul.
Carbone. .	72,05	72,0	72,1	73,3	72,2	72,9
Hydrogène.	12,34	12,7	12,5	12,6	12,5	12,1
Oxygène. .	15,61	15,3	15,4	14,1	15,3	15,0
	100,0	100,0	100,0	100,0	100,0	100,0

La *tétrastéarine*, $C^{150}H^{146}O^{16} = 4 C^{36}H^{36}O^4 + C^6H^8O^6 - 6HO$ (?), s'obtient en chauffant la monostéarine à 270°, pendant quelques heures, avec 15 à 20 fois son poids d'acide stéarique ; il s'élimine ainsi de l'eau qu'on voit condenser à la partie supérieure du tube où l'on opère. La combinaison ne se produit pas par simple fusion ; elle exige le concours du temps. On purifie le produit par la chaux et l'éther comme précédemment.

Suivant M. Berthelot, la tétrastéarine possède la composition de la stéarine naturelle[2], savoir :

	Expérience.	Calcul.
Carbone. . . .	75,8	76,6
Hydrogène. . .	12,4	12,4
Oxygène. . . .	11,8	11,0
	100,0	100,0

Dérivés métalliques de l'acide stéarique. Stéarates.

§ 1290. D'après la formule que nous avons adoptée pour l'acide

---

[1] La matière employée à ces analyses a été préparée de la manière suivante : *a* à 100° ; *b* à 270° ; *c* par la monostéarine et l'acide stéarique.

[2] V. la note p. 856.

stéarique, cet acide est monobasique, et ses sels neutres se représentent par

$$C^{36}H^{35}MO^4 = C^{36}H^{35}O^3,MO.$$

Il existe aussi des stéarates acides à base d'alcali qui se produisent par l'action d'un excès d'eau sur les stéarates neutres.

Les stéarates neutres à base d'alcali se dissolvent dans une petite
quantité d'eau; la solution est visqueuse et mousse par l'agitation;
elle présente aux papiers une réaction alcaline. Les autres stéarates
sont insolubles dans l'eau. L'eau chargée de sels ne dissout les stéarates alcalins qu'en très-petite quantité; aussi peut-on précipiter
ces derniers de leur solution aqueuse par l'addition d'un autre sel
très-soluble, par exemple, du sel marin. Les stéarates à base d'alcali sont solubles dans l'alcool, mieux à chaud qu'à froid. L'éther
ne les dissout pas; il enlève l'excédant d'acide aux bistéarates, et
les transforme en sels neutres.

Les stéarates alcalins sont un peu moins solubles dans l'alcool
que leurs homologues les margarates.

Les stéarates neutres à base de soude ou de potasse forment la
partie essentielle de beaucoup de *savons* (§ 1296^a). L'acide stéarique a une si grande tendance à former des sels acides, qu'il suffit
d'étendre de beaucoup d'eau la solution des stéarates neutres à base
d'alcali, pour en précipiter du bistéarate en écailles brillantes :
la liqueur aqueuse se charge alors d'alcali libre, contenant en dissolution une très-petite quantité de sel neutre. C'est sur cette réaction que repose l'usage du savon pour le blanchiment du linge :
l'alcali, mis en liberté par l'action de l'eau sur le savon, sert de dissolvant à la crasse.

Les stéarates, en général, sont assez fusibles, et se décomposent à une chaleur plus forte, en donnant des huiles volatiles hydrocarburées et un résidu charbonneux, renfermant la base, soit
libre, soit réduite, soit carbonatée.

Stéarates d'ammoniaque. — α. *Sel neutre.* Ce sel se produit lorsqu'on abandonne de l'acide stéarique dans une atmosphère de gaz
ammoniaque, jusqu'à ce qu'il n'y ait plus d'absorption. Il est
blanc, presque inodore, et d'une saveur alcaline; il peut être sublimé dans une atmosphère de gaz ammoniaque; pendant la sublimation il dégage une partie de son ammoniaque, qu'il reprend par
le refroidissement. Soumis à la distillation, il donne d'abord de
l'ammoniaque, puis un sublimé empyreumatique contenant peut-
être de la stéaramide.

Lorsqu'on abandonne, pendant quelques heures, de l'acide stéarique cristallisé, avec de l'ammoniaque caustique, dans un flacon bouché, l'acide s'y combine sans que les écailles dont il se compose s'altèrent en apparence; l'ammoniaque liquide dans laquelle elles sont suspendues ne dissout pas une trace de sel.

Quand on en dissout une petite partie, à chaud, dans de l'ammoniaque caustique faible, le sel cristallise, par le refroidissement, en paillettes nacrées. La solution saturée à chaud se prend en gelée par le refroidissement.

β. *Sel acide.* Il se produit par la dessiccation du sel neutre à l'air : il s'évapore ainsi de l'ammoniaque, et le bisel reste sous la forme d'une masse grasse au toucher et sans odeur.

On l'obtient cristallisé en versant, dans une grande quantité d'eau bouillante, la solution ammoniacale et chaude du sel neutre : par le refroidissement, il se dépose en paillettes nacrées.

On l'obtient aussi en agitant le sel neutre avec de l'eau froide.

Il constitue des paillettes extrêmement fines, brillantes, et un peu solubles dans l'eau bouillante.

Stéarate de potasse. — α. *Sel neutre,* $C^{36}H^{35}KO^4$. Pour obtenir ce sel, on met l'acide stéarique en digestion avec son poids de potasse caustique dissoute dans 20 p. d'eau; par le refroidissement du liquide, le stéarate neutre de potasse se dépose en grains cristallins. On exprime ceux-ci, et on les fait cristalliser dans l'alcool; on obtient ainsi des paillettes brillantes, grasses au toucher, et d'une saveur alcaline. Quand on mélange ce sel avec 10 p. d'eau froide, il se prend peu à peu en une masse visqueuse, le sel éprouvant une décomposition de la part de l'eau; par l'addition de plus d'eau, il se sépare des paillettes cristallines de bistéarate. Cette décomposition s'effectue aussi par l'addition de beaucoup d'eau à la solution alcoolique.

Le stéarate de potasse neutre est soluble dans 6 ²/₃ parties d'alcool absolu et bouillant. A la température de 66°, il exige, pour sa dissolution, 10 parties d'alcool de 0,821; à 55° la dissolution se trouble, et à 38° elle se prend en masse. 100 parties d'alcool ne dissolvent à froid que 0,432 parties de sel. Il est très-peu soluble dans l'éther, même bouillant; 100 parties d'éther bouillant ne dissolvent pas 0,16 parties de sel.

β. *Bistéarate,* $C^{36}H^{35}KO^4,C^{36}H^{36}O^4$(?). On l'obtient en décomposant le sel neutre par l'addition de 1000 parties d'eau ou davantage. On l'exprime, on le sèche, et on le dissout dans l'alcool bouillant, d'où il se dépose par le refroidissement sous forme d'écailles, douées d'un éclat argentin, sans odeur, et douces au toucher. Ce sel ne fond pas à 100°. Il n'est pas altéré par l'eau froide ; mais, lorsqu'on le fait bouillir avec 1000 parties d'eau, on obtient un liquide laiteux, tenant en dissolution du sel neutre, et en suspension un sel encore plus acide ; vers 75°, ce liquide s'éclaircit ; à 67°, il se trouble de nouveau ; si l'on filtre le liquide bouillant, le sel le plus acide reste sur le filtre.

100 parties d'alcool absolu dissolvent, à l'ébullition, 27 parties de bistéarate de potasse, mais elles n'en retiennent à 24° que 0,36 partie ; par suite de la tendance que possède l'alcool à convertir le sel acide en stéarate neutre, et à retenir en dissolution de l'acide stéarique, la portion qui reste dissoute contient un sel un peu plus riche en acide stéarique que le sel cristallisé.

Lorsqu'on dissout le bistéarate dans l'alcool aqueux et bouillant, et qu'on mêle cette dissolution goutte à goutte avec une infusion de tournesol bleu, celle-ci finit par être rougie par l'excès d'acide du sel. Si l'on mêle alors la liqueur avec une grande quantité d'eau, elle redevient bleue par suite de la précipitation d'un stéarate suracide, et de la mise en liberté d'une certaine quantité d'alcali.

γ. *Quadristéarate* (?). Il se produit lorsqu'on épuise par l'eau bouillante le bistéarate. Il fond dans l'eau bouillante et se solidifie par le refroidissement. Il se gonfle beaucoup dans l'eau froide. Lorsqu'on le dissout dans l'alcool bouillant, il se dédouble en bistéarate qui se dépose, et en acide stéarique qui reste dissous.

Stéarates de soude. — α. *Sel neutre*, $C^{36}H^{35}NaO^4$. On l'obtient à l'état de pureté en faisant dissoudre à chaud l'acide stéarique dans l'alcool, et en ajoutant peu à peu à la solution bouillante une solution aqueuse et concentrée de carbonate de soude, tant qu'il y a effervescence. On évapore le mélange à siccité, et l'on reprend par l'alcool bouillant le résidu réduit en poudre fine. On filtre la solution pour en séparer l'excès de carbonate de soude, demeuré à l'état insoluble, et l'on ajoute à la liqueur filtrée, pendant qu'elle est encore chaude, environ le huitième de son volume d'eau bouillante. Par le refroidissement de la liqueur, le stéarate de soude se prend en une masse gélatineuse qui finit par devenir cristalline.

Le stéarate neutre de soude se dissout dans 20 p. d'alcool bouillant de 0,821 ; à 10°, il exige pour sa solution 500 p. du même alcool. 1 p. du sel étant dissoute dans 10 p. d'eau bouillante, forme à 90° une liqueur visqueuse presque diaphane, qui se prend à 62° en une masse épaisse. Si l'on y ajoute beaucoup d'eau, il s'en sépare du stéarate de soude acide.

β. *Sel acide*. On l'obtient sous la forme d'un précipité blanc, insoluble dans l'eau, fort soluble dans l'alcool, en faisant dissoudre le sel neutre dans 2 à 3000 p. d'eau bouillante, et en laissant refroidir la liqueur. La solution alcoolique de ce sel rougit le tournesol; si l'on y ajoute de l'eau, le tournesol rouge est ramené au bleu.

Stéarate de baryte, $C^{36}H^{35}BaO^4$. — On l'obtient à l'état de pureté en précipitant à chaud par du chlorure de baryum une solution alcoolique de stéarate neutre de soude. Il se précipite également à l'état neutre par le mélange d'une solution alcoolique et chaude d'acide stéarique avec une solution concentrée d'acétate de baryte dans l'eau chaude. Dans ce dernier cas, si les solutions sont suffisamment étendues, le stéarate de baryte se dépose à l'état cristallin.

Ce sel constitue une poudre blanche et cristalline, qu'on reconnaît au microscope comme composée de paillettes. A l'état sec, il possède un éclat nacré. Lorsqu'on le chauffe, il se décompose avant de fondre.

Il a donné à l'analyse :

	Chevreul.	Heintz.		Calcul.
Baryte.	22,30	21,31	21,66	21,86	21,76

Stéarate de strontiane, $C^{36}H^{35}SrO^4$. — Il ressemble entièrement au sel de baryte, et s'obtient, comme lui, par double décomposition.

Stéarate de chaux, $C^{36}H^{35}CaO^4$. — Il se précipite, comme les deux sels précédents, par le mélange d'un sel de chaux avec une solution alcoolique de stéarate de potasse ou de soude.

Stéarate de magnésie, $C^{36}H^{35}MgO^4$. — On l'obtient en précipitant le stéarate de soude par le sulfate de magnésie. Il se précipite également lorsqu'on fait dissoudre l'acide stéarique dans l'alcool bouillant, qu'on sursature la solution par de l'ammoniaque, et qu'après y avoir ajouté du chlorhydrate d'ammoniaque, on y mélange un sel magnésien en excès. Il se produit ainsi un précipité blanc fort léger, qu'on lave d'abord à l'alcool, puis à l'eau. Il est assez soluble dans l'alcool bouillant; la solution le dépose par le refroidissement sous la forme de paillettes ténues, fort légères, et presque insolubles dans l'alcool froid. Il fond par la chaleur avant de se décomposer.

Stéarate de cuivre, $C^{36}H^{35}CuO^4$. — Il s'obtient par double décomposition. C'est une poudre amorphe, volumineuse, d'un bleu clair verdâtre. Il fond à une température élevée en un liquide vert, en partie altéré. Il a donné à l'analyse :

	Heintz.				Calcul.
Oxyde de cuivre. . . .	12,44	12,51	12,65	12,73	12,61

Stéarate de plomb. — α. *Sel neutre*, $C^{36}H^{35}PbO^4$. On précipite une solution alcoolique de stéarate de soude par une solution d'acétate de plomb, préalablement aiguisée avec un peu d'acide acétique. Cette précaution est nécessaire, parce que sans cela il se précipite toujours une quantité variable de sous-sel. Le précipité est fort volumineux, et devient très-lourd par la dessiccation ; une fois desséché, il ne se mouille plus par l'eau, si on ne le délaye pas d'abord dans l'alcool. Il fond vers 125° en une masse transparente et visqueuse. L'alcool bouillant n'en dissout que de très-petites quantités ; il en est de même de l'éther bouillant, mais l'essence de térébenthine bouillante le dissout en toutes proportions, et le dépose à l'état gélatineux par le refroidissement.

Le stéarate neutre de plomb a donné à l'analyse :

	Chevreul.	Redtenbacher.	Heintz.			Calcul.
Oxyde de plomb. .	29,5	29,55	27,08	26,8	26,98	26,8

β. *Sel acide*, $C^{36}H^{35}PbO^4$, $C^{36}H^{36}O^4$(?). On l'obtient, suivant M. Chevreul, en faisant fondre 100 parties d'acide stéarique avec 21 parties d'oxyde de plomb en poudre. La combinaison est blanche, opaline et transparente tant qu'elle est liquide ; à l'état solide, elle est d'un gris clair, et présente une cassure radiée. Elle fond entre 95° et 100°. Elle exige pour se dissoudre plus de 60 parties d'alcool bouillant de 0,823 ; la dissolution réagit acide, et contient presque toujours un excès d'acide stéarique, tandis qu'il reste du sel neutre non dissous. L'éther de 0,737 enlève au bistéarate de plomb une partie de son acide stéarique.

A l'aide de la chaleur, le bistéarate de plomb se dissout entièrement dans l'essence de térébenthine ; la solution saturée devient gélatineuse par le refroidissement.

γ. *Sous-sel*, $C^{36}H^{35}PbO^4$, $3PbO$(?). On l'obtient en faisant bouillir l'acide stéarique, à l'abri de l'air, avec une solution de sous-acétate de plomb. Il constitue une masse blanche, dure, transparente et très-fusible. M. Chevreul a trouvé 46,0 p. c. d'oxyde de plomb dans ce sel.

Stéarate d'argent, $C^{36}H^{35}AgO^4$. — On l'obtient, sous la forme d'un précipité blanc fort volumineux, en mélangeant du nitrate d'argent avec la solution d'un stéarate neutre à base d'alcali. Il a donné à l'analyse :

	Redtenbacher.		Laurent et Gerhardt.		Heintz.		Calcul.
Carbone. . .	54,3	54,5	»	»	54,93	54,87	55,24
Hydrogène. :	9,0	9,0	»	»	8,89	9,17	8,95
Argent. . . .	28,8	28,5	28,75	28,52	27,62	27,61	27,62

Stéarates de mercure. — α. *Sel mercureux*. On l'obtient en précipitant le nitrate mercureux par une solution de stéarate de potasse. C'est une poudre blanche et grenue, qui devient grise par la dessiccation; elle est insoluble dans l'eau et dans l'alcool froid, peu soluble dans l'alcool bouillant, fort soluble dans l'éther, et fusible.

β. *Sel mercurique*. C'est une poudre blanche qui se ramollit entre les doigts. On l'obtient avec le nitrate mercurique.

§ 1291ᵃ. *Savons.* — On donne généralement le nom de *savons* aux sels des acides gras; dans un sens plus restreint, le même mot se dit des sels à base d'alcali, et plus particulièrement des produits que l'industrie prépare par l'action des alcalis sur les glycérides (§ 515), c'est-à-dire sur les huiles et sur les autres corps gras naturels (§ 1294); ces produits sont en majeure partie composés de stéarate, de margarate, de palmitate, et d'oléate à base de potasse ou de soude.

On distingue les savons *durs* et les savons *mous*.

En France et dans d'autres pays du midi de l'Europe, on fabrique les savons durs avec de la soude caustique et de l'huile d'olive de qualité inférieure; dans le nord de l'Europe, on les prépare avec du suif, de l'huile de palme ou d'autres matières grasses communes, soit en traitant celles-ci directement par la soude, soit en les saponifiant par la potasse, et en décomposant les savons de potasse par le sel marin.

La fabrication des savons se fait ordinairement de la manière suivante : on fait bouillir les matières grasses avec une lessive faible de soude, dans de grandes chaudières portant à leur fond un tuyau appelé *épine;* quand la combinaison est opérée, on ajoute de la lessive plus forte, de manière que le savon qui est soluble dans l'eau, mais insoluble dans une liqueur chargée d'alcali, vienne se séparer à la surface du bain ; on soutire ensuite par l'épine l'eau-mère devenue impropre à la saponification. L'art du savonnier consiste principalement à bien observer, dans la lessive, l'état de concentration nécessaire à l'entière séparation du savon. Celui-ci est d'abord coloré en bleu foncé ou en noir, par l'effet de l'interposition, dans sa masse, d'un savon à base de fer, mêlé de sulfure, provenant des matériaux employés. Pour le convertir en *savon blanc*, on le délaye peu à peu avec des lessives faibles, à une douce chaleur, et on le laisse bien reposer en couvrant la chaudière ; les parties colorées, étant insolubles, viennent alors se déposer au fond. Quand la pâte du savon s'est complétement éclaircie et décolorée, on la coule dans des moules ou *mises*, où elle se prend en masse par le refroidissement ; on en forme ensuite des pains carrés (*savon en table*). Pour avoir du *savon marbré*, on ajoute à la masse bouillante assez d'eau pour que le savon ferrugineux se sépare de la pâte blanche en veines plus ou moins grandes, et l'on coule ensuite la pâte dans les mises, en la refroidissant brusquement, de manière que les veines n'aient pas le temps de se précipiter.

Dans les pays où l'huile d'olive est à un prix élevé et où la potasse est plus abondante que la soude, on fabrique des savons mous avec des huiles d'œillette, de chènevis, de colza ou de navette, en les faisant bouillir avec des lessives caustiques de potasse. Ce savon mou renferme toujours un excès d'alcali ; on le colore ordinairement en vert ou en noir, avec du sulfate de cuivre ou de fer, de la noix de galle et du bois de campêche. En Normandie, on durcit les savons mous en y introduisant de la résine.

Les savons transparents s'obtiennent en dissolvant à chaud dans l'esprit-de-vin les savons à base de soude, et en coulant la dissolution encore chaude dans des moules en fer-blanc. On colore ces savons avec de l'orseille ou avec du curcuma.

Les savons à base de potasse ou de soude sont fort solubles dans l'eau bouillante et dans l'alcool. Lorsqu'on ajoute un excès d'eau à leur solution aqueuse, il s'y produit un précipité nacré de stéarate acide ou de margarate acide à base d'alcali, tandis que de l'alcali libre reste en dissolution (§ 1290). C'est sur cette propriété que repose l'emploi des savons pour le dégraissage et le blanchiment des tissus.

Tous les savons sont des mélanges, en proportions variables, de stéarate, de palmitate, de margarate et d'oléate à base de soude ou de potasse. Ceux à base de soude sont toujours plus consistants et moins attaquables par l'eau que les savons à base de potasse; d'un autre côté, ceux dans lesquels dominent les oléates sont aussi moins consistants que les savons formés par des acides gras solides. Le stéarate (palmitate ou margarate) à base de soude peut être considéré comme le type des savons durs; ce sel n'éprouve aucun changement sensible lorsqu'on le délaye dans 10 fois son poids d'eau; le stéarate de potasse, au contraire, produit, dans les mêmes circonstances, un mélange épais et gélatineux. L'oléate de soude se dissout dans 10 p. d'eau; l'oléate de potasse se dissout déjà dans 4 p. d'eau, et forme une gelée avec 2 p. de ce liquide; l'oléate de potasse attire l'eau avec tant d'avidité que 100 p. de ce sel, exposées à l'air humide, absorbent 162 p. d'eau (Chevreul).

Tous les savons renferment des quantités d'eau variables. Les savons durs perdent leur eau en partie par une longue exposition à l'air; on peut la leur faire reprendre en les maintenant dans de l'eau salée; les marchands pratiquent souvent sur le savon blanc ce dernier genre d'opération, afin d'en augmenter le poids; le savon marbré n'admet qu'une proportion d'eau fixe, au delà de laquelle la marbrure se dépose. Les savons mous contiennent le plus d'eau.

Voici quelles sont les proportions d'alcali, d'acide gras et d'eau habituellement contenues dans les savons du commerce :

	Thénard.		
	Savon mou.	Savon blanc.	Savon marbré.
Soude ou potasse.	9,5	4,6	6,0
Acides gras.	44,0	50,2	64,0
Eau.	46,5	45,2	30,0
	100,0	100,0	100,0

§ 1291ᵃ. *Essais des savons.* — Les sels à base d'alcali des acides gras étant entièrement solubles dans l'alcool bouillant, on peut utiliser ce caractère pour reconnaître la pureté des savons, et pour y découvrir des mélanges de substances étrangères de moindre valeur (craie, plâtre, argile, etc.) qu'on y aurait ajoutées par fraude.

M. Muller[1] a proposé la méthode suivante pour l'essai des sa-

---

[1] MULLER, *Journ. f. prakt. Chem.*, LVII, 451.

vons : on chauffe au bain-marie 2 à 3 gr. de savon, dans un vase taré, avec 80 à 100 centim. cubes d'eau, de manière à le dissoudre, et l'on y ajoute à l'aide d'une burette graduée, 3 à 4 fois plus d'acide sulfurique dilué, d'un titre connu, qu'il n'en faut pour décomposer tout le savon. Quand tout l'acide gras s'est entièrement séparé, on laisse refroidir, on jette la matière sur un filtre mouillé, préalablement séché à 100° et pesé, et on la lave avec de l'eau jusqu'à ce qu'elle ne soit plus acide aux papiers. On sèche ensuite le filtre au bain-marie, avec la matière, dans un verre taré, ce qui donne le poids des acides gras. Enfin, après avoir ajouté un peu de teinture de tournesol au liquide séparé des acides gras par le filtre, on le sature par une solution alcaline d'un titre connu (par du sucrate de chaux ou par une lessive de soude); ceci donne la quantité d'alcali qui, ajoutée à l'alcali contenu dans le savon, sature l'acide sulfurique employé. On en déduit aisément la quantité d'alcali contenue dans le savon.

M. Bolley [1] décompose 1 gr. de savon, dans un verre à pied, par un mélange d'éther et d'acide acétique : il se produit ainsi rapidement deux couches, dont la supérieure contient les acides gras (ou la résine) dissous dans l'éther; la couche inférieure et aqueuse renferme l'acétate alcalin et les sels du savon. A l'aide d'une pipette on opère ensuite la séparation des deux couches : la couche éthérée, étant évaporée au bain-marie dans un petit vase taré, donne le poids des acides gras, dont on peut déterminer le point de fusion au moyen d'un petit thermomètre; la couche aqueuse donne le poids des alcalis par la calcination d'après les méthodes connues.

§ 1291[b]. Les savons autres que ceux à base de potasse ou de soude sont insolubles dans l'eau et l'alcool.

Le *savon de chaux* joue un rôle important dans la fabrication de l'acide stéarique.

Le *savon de fer* s'obtient, par double décomposition, avec du savon soluble et du sulfate de fer; il est rouge brun, très-fusible, soluble dans les huiles grasses et dans l'essence de térébenthine. En solution dans cette essence, on l'utilise pour vernir les bois et les métaux.

Le *savon de plomb* forme la base des emplâtres; on prépare ceux-ci soit en faisant bouillir de l'huile avec de l'eau et de la

---

[1] BOLLEY, *Schweizer. Gewerbeblatt*, 1852, p. 193.

litharge, soit en décomposant par l'acétate de plomb une solution
de savon de potasse ou de soude dans l'eau chaude.

Dérivés méthyliques, éthyliques.... de l'acide stéarique.
Éthers stéariques.

§ 1292. Les éthers stéariques représentent des stéarates dans lesquels le métal est représenté par du méthyle, de l'éthyle, ou leurs
homologues.

Stéarate de méthyle[1] ou éther méthyl-stéarique, $C^{38}H^{38}O^4 = C^{36}$
$H^{35}(C^2H^3)O^4$. — On l'obtient aisément en mettant en digestion, pendant 30 ou 40 minutes, 1 p. d'acide stéarique avec 2 p. d'esprit
de bois et 2 p. d'acide sulfurique concentré ; il se rassemble à la
surface du mélange. C'est une masse cristalline, demi-transparente,
fusible à 85°, et insoluble dans l'eau.

Stéarate d'éthyle[2] ou éther stéarique, $C^{40}H^{40}O^4 = C^{36}H^{35}(C^4H^5)O^4$.
— On l'obtient en saturant par du gaz chlorhydrique une solution
d'acide stéarique dans l'alcool ou en faisant bouillir pendant une
demi-heure un mélange d'acide stéarique, d'alcool et d'acide sulfurique concentré.

Il se produit aussi lorsqu'on fait bouillir une solution de stéarine
et d'éthylate de soude dans l'alcool absolu (Duffy).

Le stéarate d'éthyle est solide, sans odeur ni saveur, et présente
l'aspect de la cire blanche. Il fond à 31° (Redtenbacher; à 33°,7,
Duffy) et distille à 165° en se décomposant entièrement. Il cristallise
dans l'alcool sous la forme d'aiguilles blanches et soyeuses. L'eau
bouillante ne le décompose pas.

Stéarate d'amyle[3] ou éther amyl-stéarique, $C^{46}H^{46}O^4 = C^{36}H^{35}$
$(C^{10}H^{11})O^4$. — Il se produit lorsqu'on fait passer du gaz chlorhydrique dans une solution d'acide stéarique dans l'hydrate d'amyle, ou
qu'on fait réagir sur la stéarine une solution d'amylate de soude
dans l'hydrate d'amyle. Il constitue une masse semi-transparente,
molle et gluante, fusible à 25°,5, très-soluble dans l'alcool et l'é-
ther qui le déposent par le refroidissement à l'état gélatineux. Une
solution aqueuse de potasse ne l'attaque pas, mais une solution al-

[1] LASSAIGNE (1837), *Ann. der Chem. u. Pharm.*, XXIII, 168.

[2] LASSAIGNE (1837), *loc. cit.* — REDTENBACHER, *Ann. der Chem. u. Pharm.*, XXXV,
51. — STENHOUSE, *ibid.*, XXXVI, 58. — HEINTZ, *loc. cit.* — DUFFY, *The quart. Journ.
of the Chemic. Soc.*, V, 311.

[3] DUFFY (1853), *loc. cit.*

coolique de potasse le dédouble aisément en stéarate de potasse et en hydrate d'amyle.

Dérivés chlorés de l'acide stéarique.

§ 1293. Lorsqu'on fait passer du chlore sec dans de l'acide stéarique [1] maintenu au bain-marie, il se produit d'abord un acide très-liquide, puis la matière s'épaissit peu à peu, et l'on obtient une masse jaune, résineuse et facile à pulvériser. L'action du gaz est fort lente, et il faut la continuer pendant quinze jours ou trois semaines.

Le produit rougit le tournesol; sa solution alcoolique donne des sels insolubles avec le plomb, la baryte, etc. Il saponifie promptement le carbonate de potasse, et donne un savon blanc, floconneux, très-soluble dans l'alcool, et incristallisable.

Appendice. Corps gras naturels.

§ 1294. Nous avons décrit, dans les chapitres précédents, les principes organiques, tels que la stéarine, la margarine, l'oléine, etc., qui, mélangés ensemble en proportions variables, constituent les corps gras naturels, et qu'on appelle *huiles, beurres, graisses ou suifs*, suivant qu'ils sont liquides, mous ou solides à la température ordinaire. Nous ajouterons, dans cet appendice, quelques développements sur ces produits en général [2].

La plupart des parties végétales et animales renferment de semblables matières grasses qu'on peut en extraire par l'éther, ou quand celles-ci s'y trouvent en abondance, par des moyens mécaniques.

Chez les végétaux, les huiles grasses se rencontrent principalement dans les semences; sous ce rapport, la graine des crucifères, des drupacées, des amentacées et des solanées mérite d'être citée pour sa richesse. Rarement les matières grasses se trouvent dans les parties charnues des fruits; on ne connaît que l'olivier, le cor-

---

[1] HARDWICK, *The Quart. Journ. of the Chemic. Soc.*, n° VII, octobre 1849. — Les expériences de ce chimiste ont été faites avec l'acide stéarique de l'huile d'illipé (acide bassique).

[2] CHEVREUL, *Recherches chimiq. sur les corps gras d'orig. animale*; Paris 1823. *Ann. de Chim.* LXXXVIII, 225; XCIV, 80, 113 et 225. *Ann. de Chim. et de Phys.*, XIII, 337. XXII, 27 et 366. — BRACONNOT, *Ann. de Chim.*, XCIII, 225. — SAUSSURE, *Ann. de Chim. et de Phys.*, XIII, 337. — LEFORT, *Journ. de Pharm.*, [3] XXIII, 278 et 342; XXIV; 113.

nouiller sanguin et les lauriers dont les fruits soient pourvus d'huile dans leur péricarpe ou partie externe et charnue. Le souchet comestible offre le cas très-rare d'une huile contenue dans une racine. Chez les animaux, la graisse est logée dans les cavités du tissu cellulaire ; ordinairement elle est abondante sous la peau, à la surface des muscles, autour des reins, à la base du cœur, et auprès des intestins.

L'extraction des matières grasses varie en raison de leur consistance. Les huiles végétales, servant à l'éclairage ou comme aliment s'obtiennent en soumettant à l'action d'une forte presse, entre des plaques métalliques, les graines qui les renferment. Quand les matières grasses végétales sont concrètes à la température ordinaire, comme le beurre de palme ou de muscade, on opère l'expression à chaud ou bien on fait bouillir les semences oléagineuses avec de l'eau, après les avoir écrasées. L'emploi de la chaleur pour faciliter l'écoulement des matières grasses par la pression a l'inconvénient de les altérer légèrement, et de donner des produits plus disposés à rancir que les huiles exprimées à froid ; malgré cette torréfaction préliminaire, les huiles exprimées à chaud contiennent toujours en suspension des parties parenchymateuses qu'il est indispensable d'enlever, lorsqu'il s'agit d'employer ces huiles à l'éclairage, car les huiles ainsi chargées de débris de graines brûlent mal et n'empêchent pas les mêches de se charbonner. Pour *épurer* ces huiles et les rendre plus propres à l'éclairage, on les bat fortement avec quelques centièmes d'acide sulfurique concentré, et on les lave ensuite avec de l'eau ; l'acide sulfurique charbonne les parties mucilagineuses, qui viennent alors se séparer sous la forme d'une masse noire et épaisse, au-dessous de l'huile devenue entièrement limpide.

Quant aux graisses animales, le procédé, qu'on suit habituellement pour les extraire, consiste à chauffer dans de grandes chaudières les parties qui les renferment ; le *suif* fond ainsi, et au moyen d'un seau percé de trous qu'on enfonce dans le bain, ou débarrasse la matière grasse des membranes ; ou donne le nom de *cretons* aux membranes racornies et en parties brûlées qu'on obtient dans cette opération. Au lieu d'effectuer à feu nu la fonte du suif, il est préférable de le chauffer sur un bain d'eau acidulée par l'acide sulfurique ; celui-ci désagrège le tissu adipeux, le dissout même en partie, et la matière grasse vient former à la surface du bain une couche liquide qu'on fait ensuite écouler dans des réservoirs. Le traitement des membranes animales par l'acide sulfurique, pour la fonte des suifs, a l'avantage de ne pas répandre cette odeur infecte qui résulte toujours de la carbonisation des parties animales.

§ 1295. A l'état de pureté, tous les corps gras sont incolores, mais, tels qu'on les retire des organes qui les renferment, ils sont toujours légèrement colorés en jaune ou en brun. Lorsqu'ils ont de l'odeur, celle-ci provient en général de certains acides volatils, comme l'acide butyrique, l'acide valérique, l'acide caproïque, etc., qui y sont contenus en petite quantité. A proprement parler, les corps gras n'ont pas de saveur et ne se font sentir sur la langue que par leur onctuosité. Leur densité, toujours moindre que celle de l'eau, varie entre 0,90 et 0,93. Leur consistance est très-variable. Le froid durcit les corps gras qui sont déjà solides, et congèle ou solidifie ceux qui sont fluides dans les circonstances ordinaires ; la chaleur, au contraire, rend plus fluides les corps gras qui le sont déjà, et liquéfie ceux qui sont habituellement solides.

Les huiles grasses pénètrent facilement les corps avec lesquels on les met en contact ; mais ils n'en sont pas ramollis, comme par l'eau. Lorsqu'on veut graisser, avec de l'huile, du cuir ou d'autres substances analogues, afin de leur conserver de la souplesse, il faut d'abord les ramollir en les mettant à tremper dans l'eau, puis on les graisse pendant qu'elles sèchent.

Les matières grasses s'introduisent aussi très-facilement dans l'argile ; on tire parti de cette propriété pour enlever les taches de graisse sur du papier, des vêtements, et même sur du bois ou de la pierre. A cet effet, on recouvre ces taches avec de la terre de pipe, réduite en pâte ferme avec de l'eau ou de l'esprit-de-vin ; pendant la dessiccation, l'argile absorbe alors la matière grasse. On peut même dégraisser avec de l'argile sèche, souvent renouvelée, de objets qui, comme le papier, ne veulent pas être mouillés ; mais la tache ne doit pas être ancienne, car l'huile altérée n'est pas absorbée par l'argile.

Les corps gras sont à peu près insolubles dans l'eau : on les considère même généralement comme tout à fait insolubles. Cependant, quand on agite une huile avec de l'eau parfaitement pure, et qu'on laisse s'éclaircir le mélange, on peut, en l'agitant ensuite avec de l'éther, extraire une trace d'huile qu'on découvre après l'évaporation de la liqueur éthérée. Aussi trouve-t-on constamment des quantités plus ou moins appréciables d'huile grasse dans les extraits végétaux préparés avec l'eau. Réciproquement, les huiles dissolvent un peu d'eau, qui s'en va par l'évaporation à une douce chaleur. L'alcool froid dissout à peine des traces d'huile ; la partie dissoute se compose en grande partie d'oléine. L'alcool bouillant en dissout une plus grande quantité, en même temps que de la margarine ; presque toute la matière dissoute se sépare par le refroidissement. Toutefois l'huile de ricin fait exception : elle est assez soluble dans l'alcool, surtout anhydre. L'éther est le meilleur dissolvant des corps gras en général ; le naphte et les huiles essentielles, naturelles ou préparées par la distillation sèche, les dissolvent également avec facilité.

En vases clos, les huiles grasses se conservent très-longtemps sans subir de changement ; mais, au contact de l'air, elles s'altèrent peu à peu. Certaines huiles s'épaississent dans ces circonstances, en absorbant l'oxygène de l'air, et finissent par se dessécher en une substance transparente, jaunâtre et souple, formant à la surface une membrane qui garantit l'huile restante de l'action ultérieure de l'air ; en même temps il se dégage beaucoup d'acide carbonique. Les huiles qui se dessèchent ainsi prennent le nom d'*huiles siccatives*, et servent, en raison de cette propriété, dans la préparation des vernis et des couleurs à l'huile : telles sont les huiles de lin, de noix, de chènevis, d'œillette, de ricin, etc. Ces huiles renferment une oléine ($\S$ 1256ᵃ) différente de celle qui constitue la partie liquide des autres huiles grasses. Une température moyenne et la lumière solaire favorisent l'oxydation des huiles siccatives[1].

Les *huiles non siccatives* s'altèrent aussi peu à peu au contact de l'air ; elles *rancissent*, c'est-à-dire qu'elles acquièrent alors une saveur âcre et désagréable, se décolorent progressivement en perdant un peu de leur fluidité, et prennent la propriété de rougir le tournesol. Cette altération, qui est loin d'être aussi profonde que celle qu'éprouvent les huiles siccatives, est due à des matières étrangères, car ni la stéarine ou la margarine, ni l'oléine ne rancissent lorsqu'elles sont chimiquement pures ; d'ailleurs les corps gras en général sont d'autant moins sujets à rancir qu'ils renferment moins de matières étrangères. Celles-ci, en se décomposant au contact de l'air, agissent comme des ferments, et transforment une petite quantité de la matière grasse qui se trouve en contact avec elles : une partie des glycérides qui constituent l'huile grasse se décompose alors,

---

[1] Voy. plus bas, *Huile de lin,* § 1301.

de l'acide margarique et de l'acide oléique deviennent libres, et un ou plusieurs acides volatils et odorants (butyrique, valérique, caproïque, etc.) prennent en même temps naissance, probablement par l'effet d'une oxydation opérée par l'air. Au reste, on peut, en les épuisant par l'eau bouillante ou en les traitant à froid par un peu de lessive alcaline, dépouiller les huiles rances de ces produits de décomposition, et leur restituer ainsi leurs qualités premières. L'absorption de l'oxygène par les huiles est d'abord lente, mais elle s'accélère peu à peu; lorsqu'elles sont contenues dans des matières poreuses, par exemple, dans des mèches de coton, de manière à offrir à l'air une grande surface, cette absorption peut se faire avec assez de rapidité pour dégager beaucoup de chaleur.

§ 1296. Les corps gras ne sont pas volatils sans décomposition; ils supportent généralement une température de 250° sans s'altérer sensiblement, mais une chaleur plus élevée les décompose. Dans ce dernier cas, ils donnent les mêmes produits qu'on obtient en distillant séparément les principes (stéarine, margarine, oléine, etc.) dont ils se composent : savoir, un peu d'eau et d'acide carbonique, des carbures d'hydrogène gazeux et liquides, des acides gras solides (particulièrement de l'acide margarique, et de l'acide sébacique provenant de la décomposition de l'oléine), de petites quantités d'acides odorants (acétique, butyrique, etc.), et de l'acroléine. La destruction des corps gras par le feu est surtout caractérisée par l'odeur âcre et irritante que répand cette dernière substance, due à la décomposition de la glycérine. Si, au lieu de chauffer progressivement les corps gras en vase clos, on les soumet brusquement à l'action d'une chaleur rouge, ils se décomposent complétement et se transforment presque entièrement en carbures d'hydrogène gazeux dont le mélange peut servir à l'éclairage. Dans les localités où l'on peut se procurer à bas prix les huiles de graines non épurées et les huiles de poisson brutes, on emploie avec avantage ces substances dans ce genre d'industrie.

Les huiles grasses dissolvent de petites quantités de soufre et de phosphore; à chaud, elles en dissolvent tant qu'une partie de ces matières se dépose par le refroidissement, souvent à l'état cristallisé. Le *baume de soufre* des anciennes pharmacopées est une dissolution de soufre dans l'huile d'olive; soumis à la distillation, il dégage de l'hydrogène sulfuré et une huile fétide contenant de l'acide tétryl-sulfhydrique, de l'acide margarique, etc. (Voy.

§ 1052). Les huiles grasses se mélangent aussi avec le chlorure de soufre, le protochlorure de phosphore et le sulfure de carbone.

Les alcalis saponifient les corps gras, en mettant de la glycérine en liberté. Les alcalis fixes n'ont pas besoin d'êtres caustiques pour opérer cette transformation. Par une ébullition prolongée avec les carbonates alcalins, on saponifie les huiles, parce que l'alcali se partage entre les acides gras et l'acide carbonique; et comme le bicarbonate alcalin qui se produit est sans cesse détruit par l'ébullition, l'huile peut être ainsi saponifiée, si le carbonate alcalin a été employé en excès. Les terres alcalines, l'oxyde de plomb et l'oxyde de zinc, en présence de l'eau, exercent aussi sur les corps gras une action saponifiante.

L'action de l'ammoniaque sur les huiles grasses et sur certains glycérides concrets diffère de l'action qu'exercent sur ces corps les alcalis fixes, en ce qu'on obtient, outre les savons ammoniacaux proprement dits, de la margaramide, qui y est toujours en proportion beaucoup plus forte (§ 1281).

L'acide sulfurique concentré s'échauffe avec les huiles, et, si l'on ne refroidit pas le mélange, il détermine aisément un dégagement d'acide sulfureux. Les matières grasses éprouvent, dans ces circonstances, un dédoublement semblable à celui qu'elles subissent sous l'influence des alcalis : il se produit de l'acide sulfoglycérique, ainsi que des combinaisons d'acide margarique et d'acide oléique avec l'acide sulfurique, lesquelles se décomposent elles-mêmes par l'action de l'eau , en mettant les acides gras en liberté (Voy. § 1280).

L'acide nitrique concentré attaque les corps gras avec une telle violence, que la matière prend aisément feu. L'acide nitrique étendu agit d'une manière plus calme et donne naissance aux mêmes produits qu'on obtient en opérant séparément sur la glycérine et sur les acides gras. L'acide hyponitrique ou nitreux concrète l'oléine de certaines huiles non siccatives, en la transformant en élaïdine (§ 1249) ; on tire parti de cette réaction pour reconnaître la falsification de l'huile d'olive par des huiles plus communes (Voy. § 1297); le principe liquide de l'huile de ricin se concrète également au contact de l'acide hyponitrique ou nitreux (§ 1195).

Le chlore et le brome agissent sur les huiles grasses, en produisant de l'acide chlorhydrique ou bromhydrique, et en donnant des dérivés par substitution, chlorés ou bromés. Lorsqu'on fait passer un courant de chlore humide dans une huile grasse, la réaction s'effectue avec dégagement de chaleur, mais sans explosion ; le brome, au contraire, agit avec violence. Les produits chlorés et bromés qu'on obtient ainsi ont pour la plupart une teinte jaune prononcée ; ils n'ont presque ni odeur ni saveur ; ils sont plus denses que l'eau, et présentent une consistance beaucoup plus grande que celle des huiles pures ; exposés à l'air, sous l'influence d'une chaleur modérée, ils s'épaisissent d'une manière notable ; ils entrent en ébullition à 200° environ en se décomposant ; ils s'altèrent à la longue en devenant acides.

L'iode attaque aussi les huiles ; on obtient des produits incolores et liquides dans lesquels les réactifs ordinaires ne décèlent pas la présence de l'iode ; ces produits peuvent dissoudre des quantités d'iode plus considérables (jusqu'à 22 et 23 p. c.) en se colorant en noir.

§ 1297. *Essais des huiles.* — La différence de prix des huiles occasionne dans le commerce des fraudes fréquentes : ainsi l'huile d'olive destinée à la table est mélangée avec des huiles de moindre valeur, telles que les huiles d'œillette, de sésame ou d'arachide ; l'huile d'olive pour fabrique est falsifiée avec l'huile de colza ; l'huile de colza elle-même est additionnée d'huile d'œillette, de cameline, de lin, et le plus souvent d'huile de baleine ; l'huile de chènevis est fraudée avec de l'huile de lin, ordinairement d'un prix moins élevé, etc.

On n'a que des moyens très-imparfaits de reconnaître ces falsifications.

M. Lefèbvre[1] prétend distinguer les huiles grasses par leur densités ; il a construit à cet effet une espèce d'aréomètre, dit *oléomètre,* à réservoir cylindrique très-grand et à tige très-longue, portant inscrites les densités depuis 0,8 jusqu'à 0,94 pour la température de 15° ; à chaque densité correspond une huile commerciale, à 0,917, par exemple, l'huile d'olive, à 0,925 l'huile d'œillette, à 0,939 l'huile de lin, etc. (Si l'on n'a pas d'oléomètre à sa disposition, on peut le remplacer par l'alcoomètre centésimal). Lorsque la température à laquelle se fait l'observation n'est pas à 15°, il faut faire une correction qui, suivant M. Lefèbvre, serait pour toutes les huiles de 1 1/2 degré centigrade pour un millième de densité en plus ou en moins, à partir de 15°. A l'aide de ces données,

[1] Rapport de M. Girardin sur l'oléomètre de M. Lefébvre, *Précis de l'Académie de Rouen pour* 1844.

M. Lefèbvre espère même découvrir les mélanges des huiles entre elles, les densités de ces mélanges devant être proportionnelles aux quantités respectives des huiles mêlées. Mais les densités de beaucoup d'huiles sont évidemment trop rapprochées pour qu'on puisse ainsi obtenir des indications précises, et d'ailleurs on n'a pas encore prouvé que les huiles de même origine présentent réellement cette constance de densité que ce procédé leur suppose, et qui n'est propre qu'aux composés chimiques définis.

M. Gobley[1] borne l'emploi de l'aréomètre aux essais de l'huile d'olive et de l'huile d'amandes douces pour la découverte des mélanges d'huile d'œillette; ce pharmacien emploie un aréomètre (*élaïomètre*) à boule très-ample, et à tige fort mince; à 12°,5 c., l'instrument affleure à zéro dans l'huile d'œillette pure qui est la plus dense, et à 50 degrés dans l'huile d'olive pure qui est la plus légère; l'intervalle entre 0° et 50° est divisé en cinquante parties égales; le zéro est placé au bas de la tige, et le cinquante à la partie supérieure.

Poutet, de Marseille, bat l'huile à essayer avec le douzième de son poids d'une solution de mercure dans l'acide nitrique concentré : l'acide hyponitrique que dégage cette solution a pour effet de transformer l'oléine liquide en élaïdine solide (§ 1249). Comme, dans cet essai, l'huile d'olive pure se solidifie complétement après une ou deux heures de contact avec l'acide hyponitrique, tandis que l'huile d'œillette et les huiles siccatives en général restent toujours liquides, il en résulte que lorsqu'une huile d'olive sera mélangée avec une de ces huiles, sa solidification par l'acide hyponitrique sera retardée, et qu'elle le sera d'autant plus que cette addition d'huile étrangère aura été plus considérable. Pour faire ce genre d'essais, il est préférable d'employer de l'acide nitrique concentré, additionné d'acide hyponitrique; on agite 2 ou 3 centièmes de ce mélange avec l'huile d'olive qu'on suppose altérée, et on fait la même opération sur de l'huile d'olive parfaitement pure, dans un flacon de même dimension. On abandonne ensuite les deux essais dans une cave ou dans un lieu dont la température soit assez basse (à 10° au moins), et l'on observe avec soin le moment où l'huile est assez épaisse pour qu'on puisse renverser les flacons sans qu'il en coule rien. Si l'échantillon qu'on essaye est pur, il se solidifie en même temps que l'huile servant de compa-

---

[1] GOBLEY, *Journ. de Pharm.*, [3] IV, 285; V, 67.

raison; s'il est additionné d'un centième seulement d'huile d'œillette, il se solidifie 40 minutes seulement après, et même plus tard encore dans le cas d'une addition plus forte.

M. Maumené[1] utilise, dans les essais des huiles grasses, le dégagement de chaleur qui a lieu par leur mélange avec l'acide sulfurique concentré. L'huile d'œillette et les huiles siccatives, en général, dégagent, dans ces circonstances, bien plus de chaleur que l'huile d'olive. Qu'on place 50 grammes d'huile d'olive dans un verre à expériences ordinaire, et qu'après avoir noté la température de l'huile, on y fasse tomber avec soin 10 centimètres cubes d'acide sulfurique bouilli (à 66 degrés Baumé), on verra le thermomètre s'élever de 42 degrés. La même expérience étant faite, dans les mêmes conditions, avec l'huile d'œillette, le thermomètre s'élèvera de 75° au moins; de plus, la mixtion de l'acide avec l'huile d'œillette sera accompagnée d'un développement très-notable d'acide sulfureux.

MM. Heydenreich et Penot ont proposé l'emploi de l'acide sulfurique concentré pour distinguer les différentes espèces d'huiles, suivant les effets de coloration que cet acide produit sur chacune d'elles. Lorsqu'on ajoute une goutte d'acide sulfurique concentré à 8 ou 10 gouttes d'une huile quelconque, qu'on a déposées sur un verre blanc reposant sur un papier, on voit presque aussitôt apparaître différentes colorations : ainsi l'huile d'olive donne une teinte jaune prononcée, devenant peu à peu verdâtre; l'huile de sésame produit une teinte d'un rouge vif; l'huile de colza donne une auréole bleu verdâtre; l'huile d'œillette prend une teinte jaune pâle avec un contour gris sale; l'huile de chènevis provoque une teinte émeraude bien prononcée; l'huile de lin devient d'un rouge brun passant bientôt au brun noir, etc. Mais ces nuances ne sont pas toujours aussi tranchées, et les effets du réactif peuvent être modifiés suivant l'âge des huiles, suivant leur mode d'extraction, leur provenance, etc. Selon M. Eugène Marchand[2], un mélange d'huile d'olive et l'huile d'œillette, étant mis en contact avec l'acide sulfurique concentré, développe, après un certain temps, sur les contours et aux approches des œils aqueux, une série de colorations, rose, lilas, puis bleu plus ou moins violacé, suivant la proportion d'huile d'œillette, tandis que l'huile d'o-

[1] Maumené, *Compt. rend. de l'Acad.*, XXXV, 572, et *Journ. de Pharm.*, [3] XXV, 210.
[2] Marchand, *Journ. de Pharm.*, [3] XXIV, 267.

live pure devient toujours d'un gris sale, puis jaune et brune.

Peut-être le pouvoir réfringent des huiles fournirait-il le moyen de les distinguer ; il y aurait de l'intérêt à faire à ce sujet des expériences précises.

§ 1298. *Huile d'amandes.* — On l'extrait des fruits de l'amandier (*Amygdalus communis*). Elle est d'un jaune clair, très-fluide, d'une saveur agréable et sans odeur. Sa densité est de 0,918 à 15°. Comme elle ne renferme que très-peu de margarine, elle ne se fige qu'à une température très-basse (à — 25°, Schübler). Elle rancit aisément. Elle se dissout dans 25 p. d'alcool froid et dans 6 p. d'alcool bouillant ; elle se mêle en toutes proportions avec l'éther.

On emploie l'huile d'amandes douces en médecine et en parfumerie.

Voici la composition de l'huile d'amandes :

	Saussure.	Lefort :			
		Huile d'am. douces.		Huile d'am. amères.	
Carbone....	77,40	70,42	70,68	70,36	70,72
Hydrogène..	11,48	10,77	10,67	10,50	11,01
Oxygène....	10,83	18,81	18,65	19,14	18,27
Azote.....	0,29	»	»	»	»
	100,00	100,00	100,00	100,00	100,00

L'huile d'amandes *chlorée* est incolore, et un peu plus consistante que l'huile de ricin ; sa densité est de 1,057 à 18°,5. Elle renferme 16,74—17,75 p. c. de chlore, qu'elle ait été préparée avec les amandes douces ou avec les amandes amères.

L'huile d'amandes *bromée* est jaunâtre, d'une densité de 1,52 à 19°,2, et renferme 32,36 — 32,78 p. c. de brome.

Huile d'arachide. — Elle s'extrait des semences de l'*Arachis hypogæa*, qui vient sur la côte de Guinée et au Brésil. Exprimée à froid, elle est presque incolore, sans odeur, d'un goût de haricots verts très-prononcée, et d'une densité de 0,9163 à 15° ; elle se fige à — 3°. L'huile exprimée à chaud a une odeur désagréable. Elle est peu soluble dans l'alcool, mais fort soluble dans l'éther.

D'après les expériences de M. Goessmann[1], l'huile d'arachide donne un savon de soude solide, qui, décomposé par l'acide chlorhydrique, fournit un mélange d'acides gras cristallisables. En le faisant cristalliser plusieurs fois, après l'avoir soumis à des précipitations partielles avec de l'acétate de plomb ou de l'acétate de magnésie, on finit par extraire de ce mélange un acide gras défini.

[1] Goessmann, *Ann. der Chem. u. Pharm.*, LXXXIX, 1.

Cet acide (*acide arachidique*) cristallise en très-petites paillettes brillantes, qui fondent à 75°, et se prennent à 73°5 en une masse radiée, prenant à la longue l'aspect de la porcelaine. A l'état de pureté, il est fort peu soluble à froid dans l'alcool ordinaire; il est fort soluble dans l'alcool absolu et bouillant, ainsi que dans l'éther.

Il a donné à l'analyse :

	Goessmann.			$C^{38}H^{38}O^4$	$C^{40}H^{40}O^4$
Carbone....	76,84	76,84	76,82	76,51	76,92
Hydrogène...	12,96	12,93	12,72	12,75	12,82
Oxygène...	»	»	»	10,74	10,26
				100,00	100,00

L'*éther*, obtenu en faisant passer du gaz chlorhydrique dans la solution alcoolique de l'acide, se présente sous la forme d'une masse cristalline, un peu tenace plutôt que cassante, fondant à 52°,5, et se concrétant à 51°.

Il a donné à l'analyse :

	Goessmann		$C^{40}H^{39}(C^4H^5)O^4$
Carbone....	77,33	77,30	77,64
Hydrogène...	12,92	12,99	12,94
Oxygène....	»	»	9,42
			100,00

Huile de baleine. — On comprend généralement sous ce nom la matière grasse liquide qu'on obtient en faisant fondre le lard épais qui se trouve sous la peau des baleines, des cachalots, des phoques, et d'autres animaux marins.

L'huile de baleine proprement dite est brunâtre, d'une odeur désagréable, d'une densité de 0,927 à 20°; elle dépose de la matière grasse solide à une température voisine de zéro. Elle donne, par la saponification, de l'acide margarique et de l'acide oléique, ainsi qu'un ou plusieurs acides gras odorants (acide valérique?).

Elle sert à l'éclairage, à la fabrication des savons moûs, et à la préparation des cuirs.

Blanc de baleine. Voy. § 1262.

Huile de bassia ou *d'illipé*. — On l'exprime des graines du *Bassia latifolia*, arbre qui vient dans les montagnes centrales de l'Himalaya, ainsi que dans les provinces du nord et du midi de l'Inde. Cette huile est jaune, mais elle blanchit peu à peu à la lumière ; elle possède une légère odeur qui n'est pas désagréable, et présente l'aspect et la consistance du beurre. Sa densité est de 0,958. Elle se ramollit à environ 26° c. et fond à quelques degrés au-dessus. Peu soluble dans l'alcool, elle se dissout aisément dans l'éther. La potasse et la soude la saponifient sans difficulté ; elle donne ainsi beaucoup d'acide oléique, ainsi que deux acides gras solides, d'un point de fusion différent.

L'un de ces derniers a reçu le nom d'*acide bassique*[1] ; il est cristallin, sans odeur ni saveur, et fond à 70°,5. Il renferme :

	Hardwick.	
Carbone. . .	76,04	76,22
Hydrogène. .	12,80	12,92
Oxygène. . .	11,16	10,86
	100,00	100,00

Cette composition est la même que celle de l'acide stéarique, dont l'acide bassique présente d'ailleurs tous les caractères. Les bassiates ont aussi la même composition que les stéarates.

Lorsqu'on fait passer du chlore dans l'acide bassique, on obtient un acide gras chloré (Voy. § 1293).

L'acide gras moins fusible, contenu dans les eaux-mères de la cristallisation de l'acide bassique, a l'aspect de la cire ; sa solution éthérée le dépose en mamelons grenus, fondant entre 55°,5 et 55°,6. Il a donné à l'analyse :

	Hardwick.	
Carbone. . .	74,44	74,61
Hydrogène. .	12,64	12,65
Oxygène. . .	12,92	12,74
	100,00	100,00

Les nombres précédents sont assez rapprochés de ceux qu'exige la formule de l'acide palmitique. Le *sel d'argent* a donné :

	Hardwick.	
Carbone. . .	53,77	53,54
Hydrogène. .	8,75	8,74
Argent. . . .	29,08	29,29

M. Hardwick pense que cet acide renferme à l'état de pureté, $C^{30}H^{30}O^{4}$, et qu'il vient se placer après l'acide myristique, dans la même série homologue.

<hr>

[1] HARDWICK, *The Quart. Journ. of the Chemic. Soc.*, n° VII, octobre 1849. — CROWDER, *Philos. Magaz.*, [4] IV, 21.

1 kil. d'huile de bassia donne environ 240 grammes du mélange d'acides solides, exempt d'acide oléique, et un peu plus de 11 grammes d'acide bassique pur, purifié par des cristallisations réitérées.

Huile de belladone. — On l'extrait, dans le Wurtemberg, de la graine de la belladone (*Atropa belladonna*). Elle est limpide, d'un jaune doré, d'une saveur fade, et sans odeur; sa densité est de 0,9250 à 5°. A — 16° elle s'épaissit, et à — 27°,5 elle devient solide. Les vapeurs qu'elle exhale pendant qu'on l'extrait étourdissent les ouvriers. Le principe narcotique de la plante est retenu par les tourteaux ou marcs, qu'on ne peut, par conséquent, donner aux bestiaux. Dans le Wurtemberg, l'huile de belladone est employée pour l'éclairage et dans la cuisine.

Huile de ben. — L'huile qu'on exprime des fruits de ben (*Moringa Nux Behen*, Desf.; *Guilandina moringa*, Linn.; *Moringa oleifera*, Lam.) est incolore ou légèrement jaunâtre, d'une densité de 0,912, épaisse à 15° et solide en hiver. Elle est sans odeur et d'une saveur douce; elle n'a point de réaction aux papiers, et se rancit difficilement. On l'emploie dans la parfumerie.

Les indications des chimistes[1] relatives à cette huile ne s'accordent pas entre elles.

Suivant M. Voelcker, la potasse la saponifie parfaitement. 400 grammes donnent environ 18 grammes d'un mélange d'acides solides. Dissous dans l'alcool ordinaire et bouillant, celui-ci laissa une petite quantité d'un acide gras, soluble dans l'alcool plus concentré, et dont le point de fusion fut trouvé constant à 83°. Cet acide contenait : carbone, 81,63, et 13,86 hydrogène ; il y en avait trop peu pour qu'on en pût faire l'étude.

La partie soluble dans l'alcool ordinaire fut purifiée par six ou huit cristallisations, jusqu'à ce que le point de fusion en fût constant. M. Voelcker obtint ainsi deux produits, l'un, l'acide margarique, fusible à 60°; l'autre, l'*acide bénique*, fusible à 76° et se concrétant à 70 ou 72°.

---

[1] WALTER, *Compt. rend. de l'Acad.*, XXII, 1143. — A. VOELCKER, *Ann. der Chem. u. Pharm.*, LXIV, 342; ou *Journ. f. Prakt. Chem.*, XXXIX, 351. — STRECKER, *Ann. der Chem. u. Pharm.*, LXIV, 346.

L'acide bénique cristallise en aiguilles incolores, qui ont donné à l'analyse ($C = 11,12$) :

	Expérience.				Calcul.	
					$C^{42}H^{42}O^4$.	$C^{44}H^{44}O^4$.
Carbone. . . .	77,68	77,76	77,89	77,68	77,35	77,69
Hydrogène. .	12,65	12,92	13,01	12,46	12,84	12,90
Oxygène. . .	9,67	9,32	9,10	9,86	9,81	9,41
	100,00	100,00	100,00	100,00	100,00	100,00

M. Voelcker déduit de ces résultats les rapports $C^{42}H^{42}O^4$; M. Strecker préfère la formule $C^{44}H^{44}O^4$.

Le *sel de soude* s'obtient en saponifiant l'acide par le carbonate de soude, et dissolvant le savon desséché dans l'alcool absolu. La solution alcoolique de ce sel se transforme, au bout de quelque temps, en une bouillie gélatineuse, qui ne se prend en grains cristallins que par l'affusion d'une plus grande quantité d'alcool.

Le *sel de baryte* se précipite lorsqu'on mélange une solution alcoolique du sel de soude avec du chlorure de baryum. Il a donné à l'analyse 18,71 p. c. de baryte.

Le *sel de plomb* est un précipité blanc contenant 25,86—26,16 p. c. oxyde de plomb.

L'*éther bénique* s'obtient sous la forme d'un produit cristallin, fusible à 48—49°, en faisant passer du gaz chlorhydrique dans une solution de l'acide dans l'alcool absolu.

	Expérience.	Calcul.	
		$C^{46}H^{46}O^4$.	$C^{48}H^{48}O^4$.
Carbone. . . .	78,61	78,01	78,31
Hydrogène. . .	12,98	12,96	13,00
Oxygène. . . .	8,41	9,03	8,69
	100,00	100,00	100,00

Quant à l'acide gras liquide qui se produit par la saponification de l'huile de ben, M. Voelcker le considère comme identique avec l'acide oléique ordinaire.

Suivant Walter, l'huile qu'on extrait des semences de ben (*Moringa aptera*) donne par la saponification quatre acides gras fixes, savoir : de l'acide stéarique, de l'acide margarique, et deux acides particuliers, l'*acide bénique* et l'*acide moringique*.

L'acide bénique ne s'obtient qu'en très-petite quantité. Il cristallise de sa dissolution alcoolique en mamelons très-volumineux, fusibles à 52 ou 53°. Il renferme :

	Analyse.	$C^{30}H^{30}O^4$.
Carbone. . .	74,3	74,3
Hydrogène. .	12,5	12,3
Oxygène. . .	13,2	13,4
	100,0	100,0

Walter représente ces résultats par les rapports $C^{30}H^{30}O^4$.

L'*éther bénique* est très-soluble dans l'alcool, et se dépose, de sa dissolution, en une masse cristalline, sans donner des cristaux distincts. Il fond à une température très-basse, même à la chaleur de la main. Il a donné à l'analyse : carbone, 75,8 ; hydrogène, 12,7.

L'*acide moringique* est liquide, incolore ou légèrement coloré en jaune.

Sa densité est de 0,908 ; sa saveur est fade et prend à la gorge; son odeur est faible. Il rougit le papier de tournesol; il est très-soluble dans l'alcool ordinaire, même à froid. Il se solidifie à la température de la congélation de l'eau. L'acide sulfurique concentré le décompose à chaud. Walter a trouvé dans l'acide moringique :

	Analyse.	$C^{30}H^{28}O^4$.
Carbone. . .	74,9	75,0
Hydrogène. .	11,8	11,7
Oxygène. . .	13,3	13,3
	100,0	100,0

Cette analyse semble indiquer que l'acide moringique est un homologue de l'acide oléique, et contient $C^{30}H^{28}O^4$.

Suif de bœuf. — Il se compose en plus grande partie de stéarine, avec un peu de margarine et d'oléine. Il fond à 39°, et présente une légère odeur. Il se dissout dans 40 p. d'alcool bouillant de 0,821.

On l'emploie pour la fabrication des chandelles, des bougies, des savons.

La moelle de bœuf fond à 45°. Elle est employée dans la parfumerie.

L'huile de pieds de bœuf est employée pour le graissage des mécaniques et des rouages des horloges, parce qu'elle ne s'épaissit et ne se fige que difficilement. Elle est souvent falsifiée.

§ 1299. *Beurre de cacao*[1]. — On l'extrait des semences du

[1] Boussingault, *l'Institut*, 1836, n° 182, et *Ann. der Chem. u. Pharm.*, XXI, 198. — Pelouze et Boudet, *Ann. de Chim. et de Phys.* LXIX, 43. — Stenhouse, *Ann. der Chem. u. Pharm.*, XXXVI, 56.

Theobroma Cacao, soit par expression à chaud, soit par l'ébullition avec de l'eau. Il est jaunâtre, mais on parvient à l'avoir presque incolore en le faisant fondre dans l'eau chaude. Sa consistance est celle du suif; il présente l'odeur et le goût du cacao. Sa densité est de 0,91 ; il fond à 30°; fondu, il ne se solidifie qu'à 23°. Il se compose en plus grande partie de stéarine, avec très-peu d'oléine. Il se conserve pendant fort longtemps sans rancir.

Il renferme :

	Boussingault.
Carbone.	76,6
Hydrogène.	11,9
Oxygène.	11,5
	100,0

On emploie le beurre de cacao en pharmacie.

Huile de cachalot. — Elle ressemble à l'huile de baleine.

L'huile[1] extraite du cachalot à bec (*Balæna rostrata,* en danois *dægling*) qu'on prend près des îles Feroë, est jaunâtre, sans odeur, mais d'une saveur désagréable ; sa densité n'est que de 0,868 à 10°. A 8°, elle dépose des aiguilles d'une matière grasse solide. Elle absorbe l'oxygène, et s'épaissit peu à peu au contact de l'air. L'acide nitreux la solidifie. Elle donne à la distillation des produits (hydrocarbures liquides , acides gras volatils) semblables à ceux qu'on obtient avec d'autres huiles grasses, mais avec des traces seulement d'acroléine.

Elle renferme :

	Scharling.			
Carbone. . .	79,89	80,01	79,64	79,92
Hydrogène. .	13,98	13,21	13,18	13,08
Oxygène. . .	6,13	6,78	7,18	7,00
	100,00	100,00	100,00	100,00

On en peut extraire, par la saponification, un mélange d'acides gras , qui peuvent être séparés au moyen de leur sel de plomb; l'éther dissout le sel de plomb de l'acide liquide.

Celui-ci (*dæglingsœure*) est entièrement liquide à 16°, et se solidifie à quelques degrés au-dessus de zéro; il se dissout aisément dans son poids d'alcool de 0,826.

____

[1] SCHARLING, *Journ. f. prakt. Chem.,* XLIII, 257.

Il a donné à l'analyse :

	Scharling.	Calcul.
Carbone. . .	77,06	77,03
Hydrogène. .	12,47	12,16
Oxygène. . .	10,47	10,81
	100,00	100,00

M. Scharling déduit de ces nombres la formule $C^{38}H^{36}O^4$. Le *sel de baryte* contenait 12,20 p. c. de baryte (calcul, 21,02 p. c.).

Comme l'huile de cachalot examinée par ce chimiste ne donne que des traces d'acroléine à la distillation sèche, il est évident qu'elle ne constitue pas une combinaison glycérique. M. Scharling suppose que l'acide gras liquide y est contenu sous la forme d'un éther particulier, formé par un alcool $C^{24}H^{26}O^2$; l'huile renfermerait donc $C^{36}H^{35}O^3$, $C^{24}H^{25}O = C^{62}H^{60}O^4$ (calcul : carbone, 80,77; hydrogène, 12,93).

Il y aurait de l'intérêt à vérifier ces indications par des expériences plus concluantes.

Huile de cameline. — Elle s'extrait des graines de *Myagrum sativum* (*Camelina sativa*); elle est d'un jaune clair, presque sans saveur ni odeur, d'une densité de 0,9252 et 15°, ne se fige qu'à — 18°, et se dessèche rapidement à l'air. On l'emploie pour l'éclairage.

Huile de chènevis. — Elle s'extrait de la graine du chanvre (*Cannabis sativa*). A l'état frais, elle est verdâtre, mais elle devient jaune avec le temps. Elle a une odeur désagréable, et une saveur fade. Elle se dissout en toutes proportions dans l'alcool bouillant, mais elle exige pour sa solution 30 p. d'alcool froid. Elle ne s'épaissit qu'à — 15°, et se concrète à — 27°,5. Le chènevis donne environ 25 pour cent d'huile.

On l'emploie pour l'éclairage, mais elle a l'inconvénient de se déposer sur le bord des lampes sous la forme d'un vernis visqueux, difficile à enlever; on a essayé de parer à cet inconvénient en faisant fondre dans l'huile $^1/_8$ de son poids de beurre, ce qui la rend moins siccative. On l'emploie aussi pour la préparation du savon vert et des vernis.

Elle a donné à l'analyse :

	Lefort.	
Carbone. . .	71,04	70,89
Hydrogène. .	11,76	11,79
Oxygène. . .	17,20	17,32
	100,00	100,00

L'huile *chlorée* est d'un jaune d'ambre, de la consistance du miel épais; sa densité est de 1,104 à 10°; elle contient 27,47 — 27,23 p. c. de chlore.

L'huile *bromée* possède une couleur verdâtre et une consistance butyreuse; sa densité est de 1,411 à 16°,5. Elle renferme 46,27 — 46,45 p. c. de brome.

Beurre de coco[1]. — On l'obtient en faisant bouillir avec de l'eau les amandes écrasées des noix de coco. Il est incolore, onctueux, fusible à 20°; fondu, il ne se solidifie qu'à 18°. Il se compose, en grande partie, de cocinine (§ 1221[b]), et d'une petite quantité d'oléine. Il rancit promptement.

Le beurre de coco nous arrive de l'Amérique méridionale. On l'emploie comme aliment, pour l'éclairage, ainsi que pour la fabrication des bougies et des savons.

Huile de colza. — Les semences du *Brassica campestris olei-fera*, Dec., donnent environ 39 p. c. d'une huile jaune, d'une densité de 0,9136 à 15°, et se solidifient à — 6°,25. Cette huile s'emploie dans la cuisine et pour l'éclairage.

Elle renferme :

	Lefort.	
Carbone. . . .	70,22	70,43
Hydrogène. . .	10,66	10,50
Oxygène. . . .	19,12	19,17
	100,00	100,00

D'après M. Websky[2], l'huile de colza est un mélange de deux glycérides qui donnent par la saponification deux acides gras particuliers. L'un de ces acides, l'*acide brassique*, est solide à la température ordinaire, fond entre 32 et 33°, et cristallise dans l'alcool en longues aiguilles. L'autre acide n'offre à 0° que des traces de cristallisation, et ressemble à l'acide oléique. On peut aisément effectuer la séparation des deux acides au moyen de leurs sels de

[1] Voy. les sources citées pour l'acide cocinique, p. 785.
[2] Websky, *Journ. f. prakt. Chem.*, LVIII, 149.

plomb; le sel de l'acide huileux est soluble dans l'éther, tandis que le sel de l'acide solide y est insoluble.

L'acide solide renferme :

	Websky.		
Carbone. . .	78,12	78,24	78,40
Hydrogène. .	12,52	12,63	12,54
Oxygène. . .	9,36	9,13	9,06
	100,00	100,00	100,00

M. Websky représente ces nombres par la formule $C^{45}H^{43}O^4$. M. Staedeler[1] fait remarquer que la formule $C^{44}H^{42}O^4$ est préférable (carbone, 78,11; hydrogène, 12,43); ces derniers rapports sont d'ailleurs les mêmes que ceux de l'acide érucique, extrait de l'huile de moutarde par M. Darby, et qui présente les mêmes caractères que l'acide brassique. (Le *sel de soude* a donné à l'analyse 8,5 p. c. de soude; la formule $C^{44}H^{41}NaO^4$ exige 8,6 p. c.).

L'acide huileux du colza est différent de l'acide oléique, et ne donne pas d'acide sébacique par la distillation sèche; toutefois il se concrète sous l'influence de l'acide hyponitrique.

L'huile de colza *chlorée* constitue un sirop très-épais, jaune, et d'une densité de 1,060 à 10°. Elle contient 17,59—17,78 p. c. de chlore. L'huile *bromée* ressemble à la précédente, et a une densité de 1,253 à 21°,5; elle renferme 32,43—32,57 p. c. de brome (Lefort).

Matière grasse de la coque du Levant[2]. — La matière grasse qu'on extrait de la coque du Levant (graines *d'Anamirta Cocculus*) est en majeure partie composée d'un glycéride solide qui a reçu les noms de *stéarophanine* et *d'anamirtine;* on y trouve en outre une certaine quantité d'acide gras libre.

Pour extraire l'anamirtine, M. Francis traite la coque du Levant par trois ou quatre fois son poids d'alcool, afin d'enlever toute la picrotoxine et la matière colorante, l'épuise ensuite à chaud avec de l'éther, et expose au froid la solution éthérée filtrée. Il se produit ainsi un dépôt cristallin et blanc d'anamirtine, sous forme d'arborisations; on en retire encore une plus grande quantité par la distillation de l'éther; on achève la purification du produit par deux ou trois cristallisations dans l'alcool absolu et bouillant. Il fond

[1] STAEDELER, *Ann. der Chem. u. Pharm.*, LXXXVII, 133.

[2] CASASECA, *Bulletin de Pharm.*, 12ᵉ année, févr. 1826, p. 99. — LECANU, *ibid.*, janv. 1826, p. 55. — FRANCIS, *Ann. der Chem. u. Pharm.*, XLII, 254. — CROWDER, *Journ. f. prakt. Chem.*, LVII, 292.

à 35 ou 36°, ne cristallise pas par le refroidissement, mais se concrète en une masse rugueuse et ondulée. Il n'est point friable
et ressemble à la cire.

Il a donné à l'analyse :

		Francis.	
Carbone. . . .		76,18	76,14
Hydrogène. . .		12,19	12,36
Oxygène. . . .		11,63	11,50
		100,00	100,00

M. Francis déduit de ces nombres les rapports $C^{38}H^{36}O^4$.

Par la saponification, l'anamirtine donne l'*acide anamirtique* ou
stéarophanique. On traite l'anamirtine par une lessive de potasse
jusqu'à ce qu'on ait un liquide clair, et l'on décompose le savon
par l'acide chlorhydrique. Une huile incolore vient alors surnager,
et se concrète peu à peu en une masse blanche et cristalline. On la
traite par l'eau bouillante, et on la fait cristalliser dans l'alcool
affaibli et bouillant.

L'acide anamirtique cristallise, par le refroidissement, en petites
aiguilles qui présentent, après la dessiccation, un éclat nacré. Il
fond à 68°; par le refroidissement, il se prend en groupes radiés
très-brillants. Il se dissout aisément dans l'alcool chaud et affaibli,
et s'en dépose en plus grande partie par le refroidissement.

Il a donné à l'analyse :

		Francis.		
Carbone. . . .		74,63	75,22	75,16
Hydrogène . .		12,50	11,98	12,49
Oxygène . . .		12,87	12,80	12,35
		100,00	100,00	100,00

M. Francis représente ces résultats par la formule $C^{35}H^{35}O^4$, qui
est inacceptable à cause du nombre impair des atomes de carbone
et d'hydrogène.

Suivant M. Heintz[1], l'acide anamirtique n'est que de l'acide
stéarique.

Le *sel de soude* se dépose dans l'alcool en prismes allongés,
doués d'un bel éclat nacré. On l'obtient en saturant du carbonate
de soude par l'acide anamirtique, évaporant à siccité et reprenant
par l'alcool absolu et bouillant. Traité par l'eau, en petite quantité,

[1] HEINTZ, *Lehrb. der Zoochemie*, p. 387 et 1671.

le sel se prend en une gelée épaisse; une plus grande quantité d'eau le décompose.

Le *sel d'argent* s'obtient en décomposant une solution alcoolique d'anamirtate de soude par une solution neutre de nitrate d'argent. C'est un précipité blanc qui se colore peu à peu au contact de la lumière; l'ammoniaque le dissout aisément.

Il a donné à l'analyse :

		Francis.
Carbone. . . .	53,11	54,04
Hydrogène . .	8,83	8,86
Argent	27,95	27,70

L'*éther anamirtique* s'obtient en faisant passer, pendant plusieurs heures, du gaz chlorhydrique dans une solution alcoolique et chaude d'acide anamirtique. Il se sépare, à la surface du liquide, sous la forme d'une huile presque incolore, qui se concrète par le refroidissement. Par une addition d'eau au liquide, on en obtient encore davantage. On purifie cet éther en le traitant par une solution bouillante de carbonate de soude, et finalement par l'eau seule.

C'est une masse blanche, solide, demi-transparente, fort cassante, fusible à 32°. Elle est sans odeur à froid, mais, quand on la chauffe, elle prend une légère odeur. Elle fond sur la langue en produisant du froid, et a le goût du beurre. Elle est fort peu volatile, mais la distillation l'altère en partie.

Elle a donné à l'analyse :

		Francis.
Carbone . . .	76,36	76,45
Hydrogène. .	12,69	12,85
Oxygène. . .	10,95	10,70
	100,00	100,00

Huile de croton. — On la retire des semences du *Croton Tiglium*. On l'obtient, soit par expression, soit en traitant les graines par l'alcool ; elles en contiennent la moitié de leur poids. Cette huile est d'un jaune de miel, et présente la consistance de l'huile de noix. Elle répand une odeur semblable à celle de la résine de jalap; elle possède une saveur âcre, et produit une forte irritation dans le gosier. L'alcool et l'éther la dissolvent.

On l'emploie en médecine; elle est si purgative et émétique, qu'une goutte ou deux déterminent de fortes évacuations. Elle doit cette propriété à l'acide crotonique qu'elle renferme en dissolution.

§ 1300. *Huile de dauphin* [1]. — L'huile qu'on obtient en faisant fondre la panne du *Delphinus Phocoena* est d'un jaune pâle, d'une odeur désagréable, d'une densité de 0,937 à 16°. Elle brunit et s'acidifie peu à peu à l'air. Elle donne par la saponification de l'acide margarique et de l'acide oléique, ainsi qu'une petite quantité d'acide valérique.

L'huile du *Delphinus Globiceps* est jaune et d'une densité de 0,918 à 20°. Soumise au froid, elle dépose une matière grasse cristalline qui se saponifie plus difficilement que le blanc de baleine, donne moins d'éthal et plus d'acides gras, parmi lesquels domine l'acide margarique. L'huile où la matière cristalline s'est déposée donne par la saponification un mélange d'acide gras (margarique et oléique), de la glycérine, un mélange de deux matières neutres plus fusibles (à 27° et à 35°) que l'éthal, et beaucoup d'acide valérique.

Huile de faîne. — On l'obtient par l'expression des faînes (fruits du *Fagus sylvatica*, L.). On en retire tout au plus 12 p. cent d'une huile transparente, et 5 p. cent d'une huile trouble. Elle est d'un jaune clair, sans odeur, et très-épaisse. Sa densité est de 0,9225 à 15°. A — 17°, elle se prend en une masse jaunâtre. Elle s'emploie dans la cuisine et pour l'éclairage.

Elle a donné à l'analyse :

		Lefort.
Carbone. . . .	75,17	75,06
Hydrogène . .	10,91	11,20
Oxygène . . .	13,92	13,74
	100,00	100,00

L'huile de faîne *chlorée* possède la couleur de l'huile primitive et la consistance de l'huile de ricin ; sa densité est de 1,084 à 16°,5. Elle contient 22,86 — 22,59 p. c. de chlore.

L'huile *bromée* ressemble à la précédente, a une densité de 1,353 à 9°,5, et contient 40,32 à 40,82 p. c. de brome.

Huile de foie de morue. — On l'obtient en abandonnant à la putréfaction le foie de la morue ; l'huile se sépare alors d'elle-même. Elle a une couleur jaune ou brune, une saveur désagréable, et une odeur putride due à une petite quantité de sang ou de matière animale qu'elle tient en suspension. Sa densité varie de 0,923 à 0,929 pour la température de 17°,5.

CHEVREUL. *loc. cit.*

Suivant M. de Jongh[1], elle se compose en plus grande partie
d'oléine et de margarine, avec de petites quantités d'acide butyrique et d'acide acétique libres, d'une matière brune particulière (*ga-
duine*), de principes de la bile, de phosphore libre[2], et de sels,
parmi lesquels on trouve de l'iodure, du chlorure et même du bromure. L'auteur estime la proportion de l'iode à 3 ou 4 dix millliè-
mes. MM. Girardin et Preisser ont extrait d'un litre d'huile 0 gr, 15
d'iodure de potassium.

Lorsqu'on chauffe avec un alcali un mélange d'huile de foie de
morue et d'acide sulfurique concentré[3], il se dégage l'odeur pénétrante de l'essence de rue ; la matière étant distillée avec de l'eau,
on recueille une petite quantité d'une huile jaunâtre, de même
odeur, plus légère que l'eau, et bouillant vers 300°.

L'huile de foie de morue est administrée en médecine dans le
traitement des affections goutteuses et rhumatismales, ainsi que
des scrofules et du rachitisme. Employée en frictions sur la peau,
elle passe aussi pour être efficace contre la phthisie laryngée.

Huile de foie de raie[4]. — L'huile de foie de raie (*Raia clavata*
et *R. batis*) est employée par quelques médecins, dans le nord de la
France et en Belgique, de préférence à l'huile de foie de morue.
Elle a une couleur d'un jaune clair ; son odeur rappelle celle de
l'huile de baleine et de sardine fraîche. Sa densité est de 0,928.
Elle ne rougit pas le papier de tournesol. Exposée au contact de
l'air, elle laisse déposer une matière blanche concrète. Elle ne cède
rien à l'eau ; 100 p. d'alcool de 89 centièmes dissolvent, à 10°, 1,5 p.
et à l'ébullition, 14,5 p. d'huile ; 100 p. d'éther bouillant dissolvent
88 p. d'huile.

Le chlore gazeux ne la colore pas. L'acide sulfurique concentré
la colore en rouge clair ; si l'on agite le mélange après un quart
d'heure de contact, il acquiert une couleur violette foncée. L'acide
nitrique ne change pas sensiblement la nuance de l'huile. La potasse caustique donne avec elle un savon mou et jaunâtre très-soluble dans l'eau ; si l'on décompose ce savon par l'acide tartrique, il
se sépare un mélange d'acide margarique et d'acide oléique, tandis

---

[1] L. J. de JONGH, *Ann. der Chem. u. Pharm.*, XLVIII, 362.
[2] Suivant M. Personne (*Journ. de Pharm.*, [3] XXIII 427), le phosphore se trouverait dans l'huile de foie de morue à l'état de phosphate alcalino-terreux.
[3] R. WAGNER, *Journ. f. prakt. Chem.*, XLVI, 155.
[4] GIRARDIN et PREISSER, *Journ. de Pharm.*, [3] I, 503.

que la glycérine et un acide volatil (acide valérique?), d'une odeur fort désagréable, restent dans la liqueur filtrée,

L'huile de foie de raie renferme par litre 0,18 centigrammes d'iodure de potassium. Si l'on dissout dans l'eau le savon d'huile de raie, qu'on le décompose par un acide, et qu'on évapore à siccité la liqueur saline filtrée, le résidu cède l'iodure de potassium à l'alcool rectifié.

Huile de fusain [1]. — L'huile de fusain (*Evonymus europæus*) est jaunâtre, un peu épaisse, de l'odeur de l'huile de colza, d'une saveur amère et âcre. Elle se concrète vers — 15°. Elle cède à l'eau chaude une matière amère. Elle est peu soluble dans l'alcool ; la solution alcoolique a une réaction acide. Elle donne par la saponification de l'acide margarique et de l'acide oléique, ainsi que de l'acide benzoïque et de l'acide acétique. L'acide benzoïque paraît exister dans l'huile à l'état libre ; les autres acides s'y trouvent sous forme de glycérides.

Graisse d'homme [2]. — Elle se compose en plus grande partie de margarine, avec de petites quantités d'oléine, ainsi que d'une matière amère, jaune, ayant l'odeur et la saveur de la bile. Elle donne par la saponification de l'acide margarique (suivant M. Heintz, de l'acide palmitique et de l'acide stéarique), très-peu d'acide oléique, de la glycérine, et une trace d'acide volatil. Elle se dissout dans 40 p. d'alcool bouillant de 0,821.

Elle a donné à l'analyse :

	Chevreul.
Carbone. . .	79,00
Hydrogène .	11,42
Oxygène . .	9,58
	100,00

Lorsqu'on conserve longtemps la graisse d'homme dans des vases mal bouchés, les glycérines dont elle se compose se dédoublent, et leurs acides gras deviennent libres. (Heintz.)

Huile de laurier. — Elle s'extrait par expression des baies fraîches de laurier (fruits du *Laurus nobilis*). Elle est verte, d'une consistance butyreuse et légèrement grenue ; elle a une odeur désagéable due à une huile essentielle. Elle entre en fusion à la chaleur de la main.

[1] Schweizer, *Journ. f. prakt. Chem.*, LIII, 437, et *Ann. der Chem. u. Pharm*, LXXX, 288.

[2] Chevreul, *loc. cit.* — Heintz, *Ann. de Poggend.*, LXXXIV, 221, 238.

A froid, l'alcool en extrait l'huile essentielle et la matière verte qui la colore, en laissant la laurostéarine (§ 1217) qui compose la partie principale de l'huile.

L'huile de laurier n'est employée qu'en médecine, à l'extérieur; on l'imite quelquefois en faisant fondre du beurre avec des baies de laurier, et en ajoutant de la graisse colorée en vert par la fusion avec des feuilles de sabine, et rendue odorante par un peu d'essence de mélisse. On reconnaît cette fraude en ce que l'huile imitée n'est pas grenue, et qu'étant mélangée à froid avec 5 ou 6 fois son poids d'alcool, elle ne cède que très-peu de matière à ce liquide.

§ 1301. *Huile de lin* [1]. — Elle s'extrait de la graine de lin (*Linum usitatissimum*), qui en fournit 22 pour cent de son poids. La meilleure est celle qu'on obtient par l'expression à froid; elle est d'un jaune clair; exprimée à chaud, elle est brunâtre, et rancit aisément. Elle a une saveur et une odeur particulières. D'après M. de Saussure, sa densité est de 0,9395 à 12°, de 0,93 à 25°, de 0,9125 à 50°, et de 0,8815 à 94°. A — 20°, elle pâlit sans se concréter; mais à — 27°,5 elle se prend en une masse solide. Suivant M. Gusserow, elle se solidifie déjà à — 16°, quand cette température est longtemps maintenue. Elle se dissout dans 5 p. d'alcool bouillant, dans 40 p. d'alcool froid, et dans 1,6 p. d'éther.

Elle se compose en plus grande partie d'un glycéride huileux qui donne, par la saponification, un acide gras (§ 1256) différent de l'acide oléique ordinaire; elle renferme également un peu de margarine. On trouve, en outre, dans l'huile, de petites quantités d'albumine végétale et de mucilage.

L'huile de lin pure a donné à l'analyse :

	Sacc.		Lefort.	
Carbone. . . .	78,05	78,18	75,19	75,14
Hydrogène . .	10,83	11,09	10,85	11,12
Oxygène. . . .	11,12	10,73	13,96	13,74
	100,00	100,00	100,00	100,00

L'huile de lin attire promptement l'oxygène de l'air, et s'y dessèche peu à peu.

Les alcalis la saponifient aisément en donnant un mélange de linoléate et de margarate, ainsi que de la glycérine.

L'acide nitrique attaque vivement l'huile de lin, en développant

<hr>

[1] UNVERDORBEN, *Neues Journ. d. Chem. u. Phys. von. Schweigger*, XXVII, 245. — SACC, *Ann. der Chem. u. Pharm.*, LI, 213.

des vapeurs rutilantes : il se produit une résine poisseuse, de l'acide margarique, de l'acide pimélique, de l'acide oxalique, c'est-à-dire les produits de l'oxydation de l'acide linoléique et de la glycérine.

Le chlore et le brome, en agissant sur l'huile de lin, donnent des produits épais et colorés. Le produit chloré a une densité de 1,088 à 6°,5 et renferme 22,79 — 22,44 p. c. de chlore; le produit bromé a une densité de 1,349 à 14°,5, et contient 40,71 — 40,83 p. c. de brome. (Lefort.)

Lorsqu'on chauffe l'huile de lin dans une cornue, elle dégage, avant de bouillir, d'abondantes vapeurs blanches qui se condensent sous la forme d'une huile limpide, incolore, ayant l'odeur du pain frais. Ces vapeurs cessent quand l'ébullition a commencé : la matière se boursoufle alors, et finit par laisser un résidu épais et gélatineux, semblable à du caoutchouc.

L'huile de lin s'emploie dans la peinture commune, et pour la préparation des *vernis gras*. On la rend plus siccative en la faisant bouillir avec quelques centièmes de litharge ou d'oxyde de zinc; on l'écume avec soin, et, quand elle a acquis une couleur rougeâtre, on la retire du feu et on la laisse se clarifier par le repos. C'est ce qu'on appelle l'huile de lin cuite. On admet généralement que la litharge a pour effet d'oxyder l'oléine de l'huile de lin, en se réduisant elle-même en partie à l'état métallique; mais, suivant M. Liebig[1], il n'en est pas ainsi, car on arrive au même résultat, si, au lieu de traiter l'huile de lin avec de la litharge, on l'agite avec une solution de sous-acétate de plomb; il se produit alors un sédiment blanc qui se sépare entièrement de l'huile par le repos. Après ce traitement, celle-ci constitue un excellent vernis. Il paraît donc que la litharge et le sous-acétate de plomb débarrassent simplement l'huile de lin de certaines substances mucilagineuses ou albumineuses provenant de la graine d'où elle a été extraite; ces matières étrangères enveloppent plus ou moins les particules de l'huile, et entravent ainsi en partie l'action qu'exerce sur elle l'oxygène de l'air. On conçoit ainsi qu'après être débarrassée de ces impuretés, l'huile de lin se dessèche bien plus vite.

Suivant MM. E. Barruel et Jean[2], la résinification des huiles siccatives serait déterminée par des quantités presque infinitési-

[1] Liebig, *Ann. der Chem. u. Pharm.*, XXXIII, 110.
[2] E. Barruel et Jean, *Compt. rend. de l'Acad.*, XXXVI, 577.

males de certaines substances qui y agiraient à la manière des ferments. Le borate de manganèse serait surtout dans ce cas ; il suf-
firait d'un millième de ce sel pour déterminer la dessiccation rapide
de ces huiles.

C'est avec l'huile de lin rapprochée sur le feu en consistance convenable et broyée avec $^1/_6$ de son poids de noir de fumée, qu'on prépare l'encre d'imprimerie. Les taffetas gommés reçoivent leur enduit de plusieurs couches successives d'huile de lin lithargyrée ; il
en est de même des cuirs vernis, des toiles cirées, etc.

Huile de madi [1]. — On la retire, par expression, des graines du
Madia sativa, plante d'Amérique depuis peu introduite en Europe;
ces graines donnent 30 à 40 pour cent d'huile. Cette huile a une
couleur jaune foncé et une odeur particulière non désagréable ;
sa saveur est peu sensible, et rappelle son odeur. La densité est
de 0,935 pour l'huile brute, et de 0,9286 à 15° pour l'huile purifiée
par l'acide sulfurique. Elle se solidifie à 22°,5, (Riegel ; entre — 10°
et — 11°, Winckler [2]). Elle se dissout dans 30 p. d'alcool froid et
dans 6 p. d'alcool bouillant.

Elle appartient à la classe des huiles siccatives et absorbe l'oxygène de l'air, en s'épaississant. Elle donne avec la soude un savon
solide, sans odeur ; décomposé par un acide minéral, ce savon donne
un acide gras liquide, tenant en dissolution un acide solide fusible
à 60°. L'oxyde de plomb épaissit l'huile en la décolorant.

Elle se décolore aisément aussi quand on la met en digestion à
une douce chaleur, avec un peu d'acide chlorhydrique et de chlorate de potasse, mais l'huile ainsi blanchie renferme toujours un
peu de chlore.

Elle absorbe les vapeurs nitreuses en se colorant en rouge,
mais sans se concréter.

L'huile de madi exprimée à froid brûle très-bien dans les lampes,
sans déposer de croûte charbonneuse; la flamme qu'elle donne est
très-éclairante ; mais, à mèche égale, elle brûle un peu plus vite
que l'huile de colza.

Huile de moutarde. — La graine de moutarde blanche (*Sinapis
alba*) donne environ 36 p. c. d'une huile grasse jaune, sans odeur,

---

[1] RIEGEL, *Jahrb. f. prakt. Pharm.* 1841, p. 345; et en extrait, *Ann. der Chem. u.
Pharm.*, XLIV, 322. — BOUSSINGAULT, *Compt. rend. de l'Acad.*, XIV, 360. — LUCK,
Ann. der Chem. u. Pharm., LIV.

[2] Ces différentes indications tiennent probablement à ce que l'un des expérimentateurs
a opéré sur l'huile exprimée à froid, et l'autre sur l'huile exprimée à chaud.

d'une densité de 0,9142 à 15°, et ne se solidifiant pas par le froid.

Lorsqu'on la saponifie par la soude, on obtient de la glycérine et un savon entièrement soluble dans l'eau. Ce savon étant décomposé par l'acide chlorhydrique, on obtient un mélange de deux acides gras, l'un solide et l'autre liquide.

M. Darby[1] donne à l'acide solide le nom d'*acide érucique*. Pour l'obtenir, on traite au bain-marie le mélange des deux acides par du massicot, et l'on reprend le produit par de l'éther; celui-ci ne dissout que le sel de plomb de l'acide huileux. On traite le résidu par de l'acide chlorhydrique et de l'alcool, on sépare le chlorure de plomb par le filtre, et, après avoir enlevé l'alcool par la distillation, on traite l'acide gras par l'eau bouillante pour extraire tout l'acide chlorhydrique, et on fait cristalliser le produit dans l'alcool jusqu'à ce que son point de fusion soit constant.

L'acide érucique cristallise dans l'alcool en aiguilles brillantes, fusibles à 34°. Il renferme :

	Expérience.			Calcul.
Carbone . . .	77,8	77,5	77,3	78,1
Hydrogène . .	12,5	12,9	12,4	12,4
Oxygène . . .	9,7	9,6	10,3	9,5
	100,0	100,0	100,0	100,0

M. Darby représente les résultats précédents par la formule $C^{44}H^{42}O^{4}$.

Le *sel de soude* est soluble dans l'alcool.

Le *sel de baryte*, $C^{44}H^{41}BaO^{4}$, s'obtient sous la forme de flocons blancs, lorsqu'on mélange avec une solution alcoolique d'acétate de baryte la solution du sel de soude dans l'alcool. Il renferme :

	Expérience.	Calcul.
Baryte. . . .	18,9	18,8.

Le *sel de plomb*, $C^{44}H^{41}PbO^{4}$, est un précipité blanc qu'on obtient de la même manière que le sel précédent. Il contient :

	Expérience.		Calcul.
Oxyde de plomb. .	25,28	25,5	25,26

Le *sel d'argent*, $C^{44}H^{41}AgO^{4}$, est un précipité caillebotté, qui se colore promptement à la lumière. Desséché dans le vide, il contient :

	Expérience.		Calcul.
Oxyde d'argent . . .	26,0	25,7	26,0

---

[1] DARBY, *Ann. der Chem. u. Pharm.*, LXIX, 1.

Quant à l'acide gras huileux qui est mélangé avec l'acide éruci-que, il paraît être de l'acide oléique ; toutefois son sel de baryte ne contenait que 19,9 — 20,4 p. c. de baryte (l'oléate en renferme 21,9 p. c.).

La moutarde noire (*Sinapis nigra*) donne 18 p. c. d'une huile semblable à la précédente, d'une densité de 0,9170, et se figeant au-dessous de zéro. Cette huile donne, par la saponification, un mélange contenant, suivant M. Darby, de l'acide stéarique, de l'a-cide érucique et un acide huileux.

§ 1302. *Suif de mouton.* — Il se compose en plus grande partie de stéarine, avec un peu de margarine et d'oléine, ainsi que d'une petite quantité d'un glycéride, donnant par la saponification un acide odorant (*acide hircique*). Il se dissout dans 44 p. d'alcool bouillant de 0,821.

Il a donné à l'analyse :

	Chevreul.
Carbone. . . .	79,0
Hydrogène . .	11,7
Oxygène. . . .	9,3
	100,0

Le suif sert à la fabrication des chandelles, des bougies, des sa-vons, etc.

Beurre de muscade[1]. — Il s'extrait des noix du *Myristica offici-nalis.* On le prépare surtout en Hollande ; on le rencontre, dans le commerce, sous la forme de gâteaux carrés et aplatis.

Il renferme particulièrement de la myristine (§ 1227), une autre matière grasse indéterminée, et une huile volatile et odorante ; il ne paraît pas contenir d'oléine.

Le beurre de muscade est employé en médecine. On l'imite quel-quefois en faisant fondre du suif avec de la noix muscade en pou-dre, et en colorant le produit avec un peu de rocou ; mais cette fraude est aisée à découvrir, car un semblable mélange ne se dis-sout pas dans 4 fois son poids d'alcool bouillant.

Les noix muscades sont entourées d'un tissu particulier ou arille, appelé *macis.* Ce tissu renferme, outre une huile essentielle que l'on peut recueillir par la distillation avec l'eau, deux huiles grasses, dont l'une, rouge, peut être extraite par l'alcool ; l'autre, insolu-ble dans l'alcool, est jaune et peut s'extraire par l'éther.

[1] Pelouze et Boudet, *Ann. der Chem. u. Pharm.*, XXIX, 41. — Playfair, *Ann. der Chem. u. Pharm.* XXXVI, 152.

II.

Si on saponifie ces huiles avec de la potasse caustique, il s'en sépare, d'après Bollaert[1], un corps gras neutre, cristallin, très-fusible, sans saveur ni odeur. A la température de 316°, ce corps distille sans s'altérer beaucoup. L'alcool bouillant le dissout, et le dépose de nouveau par le refroidissement; l'éther le dissout facilement.

Huile de navette. — Les graines du *Brassica Napus* donnent environ 33 p. c. d'une huile jaune, douée d'une odeur particulière, d'une densité de 0,9128 à 15°, et se figeant à quelques degrés au-dessous de zéro.

Les graines du *Brassica Rapa* fournissent, en quantité beaucoup moindre, une huile semblable, d'une densité de 0,9167.

Lorsqu'on soumet l'huile de navette à la distillation sèche, on obtient un mélange d'acides gras volatils, d'acroléine et d'hydrocarbures huileux d'un point d'ébullition très-variable. Traités par l'acide nitrique, ces hydrocarbures s'attaquent vivement, et donnent les acides œnanthylique, caprylique, caproïque, valérique, butyrique, propionique et acétique; on obtient, en outre, une matière nitrogénée particulière. Avec l'acide chromique, les mêmes hydrocarbures ne donnent que de l'acide acétique et de l'acide propionique[2].

L'huile de navette s'emploie pour l'éclairage, la fabrication des savons mous, le foulage des étoffes de laine, et la préparation des cuirs.

Huile de noisette. — Elle s'extrait des semences du *Corylus avellana*, L., qui en donnent 60 p. cent. Elle est liquide, incolore ou d'un jaune clair, inodore et d'une saveur douce. Sa densité est de 0,9242 à 15°. Elle se solidifie à — 10°.

L'huile extraite par expression à froid des semences mondées a donné à l'analyse :

	Lefort.	
Carbone. . . .	76,65	77,15
Hydrogène . .	11,46	11,73
Oxygène. . . .	11,89	11,12
	100,00	100,00

La combinaison que l'huile de noisette donne avec le *chlore* est blanche, incolore, un peu plus épaisse que l'huile pure, et d'une densité de 1,081 à 3°,5; elle renferme 21,06 — 20,25 p. c. de chlore.

[1] BOLLAERT, *Quart. Journ. of. Science*, XVIII, 317.
[2] SCHNEIDLR, *Ann. der Chem. u. Pharm.*, LXX, 107.

L'huile *bromée* est jaunâtre, de la même consistance que la précédente, et d'une densité de 1,280 à 2°,3; elle contient 36,58 — 36,35 p. c. de brome.

Huile de noix. — Elle s'extrait des fruits du noyer (*Juglans regia*). Récemment préparée, elle est verdâtre, mais avec le temps elle devient d'un jaune pâle. D'après M. de Saussure, sa densité est de 0,9283 à 12°, de 0,9194 à 25°, et de 0,871 à 94°. Elle est sans odeur, et possède une saveur agréable. A — 15° elle s'épaissit, et à — 27°,5 elle se prend en une masse blanche. Les noix donnent jusqu'à 50 p. c. d'huile.

L'huile de noix est plus siccative que l'huile de lin, et sert par cette raison dans la peinture fine.

Elle a donné à l'analyse :

	Saussure.	Lefort.	
Carbone. . .	79,77	70,62	70,81
Hydrogène. .	10,57	11,61	11,32
Oxygène. . .	9,13	17,77	17,87
Azote	0,53	»	»
	100,00	100,00	100,00

L'huile de noix *chlorée* est d'un jaune clair, et de la consistance du miel épais. Sa densité est de 1,111 à 12°; elle renferme 27,12 — 27,25 p. c. de chlore.

L'huile *bromée* possède la couleur et la consistance de l'huile chlorée; sa densité est de 1,409 à 17°,5; elle contient 46,84 — 46,75 p. c. de brome.

Huile d'œillette, de pavot, ou huile blanche. — Elle s'extrait par expression des graines de pavot (*Papaver somniferum*). Elle ressemble à l'huile d'olive par son aspect et sa saveur, et ne participe en rien des propriétés narcotiques de l'opium. Sa densité est de 0,9249 à 15°. Elle se solidifie à — 18°; l'huile concrétée conserve longtemps cet état à — 2°. Elle se dissout dans 25 p. d'alcool froid, et dans 6 p. d'alcool bouillant. On peut la mêler en toutes proportions avec l'éther.

Elle a donné à l'analyse :

	Sacc[1].		Lefort.	
Carbone. . . .	76,74	76,52	77,23	77,17
Hydrogène . .	11,50	11,76	11,36	11,26
Oxygène . . .	11,76	11,72	11,41	11,57
	100,00	100,00	100,00	100,00

L'huile *chlorée* a une teinte jaune un peu plus foncée que l'huile pure. Sa consistance est à peu près celle de l'huile de ricin ; sa densité est de 1,070 à 3°. Elle contient 20,41 — 20,30 p. c. de chlore.

L'huile *bromée* possède une légère teinte jaunâtre et la même consistance que l'huile chlorée ; sa densité est de 1,279 à 2°. Elle a donné 36,51 — 36,74 p. c. de brome.

On emploie l'huile d'œillette comme aliment dans le midi de l'Allemagne et dans le nord de la France. Elle sert dans la peinture à délayer les couleurs claires, dont elle n'affaiblit pas l'éclat ; on la blanchit, à cet effet, en l'exposant au soleil dans des vases plats, contenant de l'eau salée.

Graisse d'oie. — La graisse d'oie est un mélange de composés glycériques, comme les autres graisses animales. Elle donne, par la saponification, un mélange d'acide margarique, d'acide stéarique et d'acide oléique, ainsi que de très-petites quantités d'acides volatils ayant l'odeur de l'acide butyrique ou caproïque [2].

§ 1303. *Huile d'olive.* — Elle s'extrait de la partie charnue (péricarpe) des fruits de l'olivier (*Olea europœa*). On en trouve dans le commerce plusieurs qualités. La meilleure, dite *huile vierge,* sert dans la cuisine, et s'obtient par l'expression des olives récemment cueillies ; elle a un parfum agréable, qui la fait rechercher par les connaisseurs. La seconde qualité, plus disposée à rancir que la précédente, en raison des parties mucilagineuses qu'elle renferme, se prépare en délayant dans l'eau bouillante et en soumettant à une nouvelle pression la pulpe des olives qui ont fourni l'huile vierge. Elle sert, sous le nom d'*huile tournante,* à préparer les bains blancs dans les ateliers en teinture rouge des Indes. Une troisième qualité, impropre aux usages culinaires , s'obtient soit par une seconde expression des olives avec de l'eau, soit par l'emploi d'olives moins belles. Enfin une qualité très-inférieure, dite *huile d'enfer,* s'obtient en laissant reposer dans des citernes, appelées *enfers,* l'eau ayant

[1] Sacc, *Ann. de Chim. et de Phys.*, [3] XXVII, 482.
[2] Chevreul, *loc. cit.* — Gottlieb, *Ann. der Chem. u. Pharm.*, LVII, 33.

servi à l'expression des olives, et contenant encore de l'huile en suspension. Les qualités inférieures d'huile d'olive sont particulièrement employées dans l'éclairage, la fabrication des draps et la préparation des savons.

L'huile d'olive pure est d'un jaune pâle, d'une saveur douce agréable, et d'une odeur très-légère. D'après M. de Saussure, sa densité est de 0,9192 à 12°, de 0,9109 à 25°, de 0,8932 à 50°, et de 0,8624 à 94°. Elle renferme, terme moyen, 28 p. c. de margarine ; le reste se compose d'oléine. Elle se fige à quelques degrés au-dessous de zéro. L'huile exprimée à chaud contient plus de margarine que l'huile exprimée à froid.

Elle a donné à l'analyse :

	Saussure.	Gay-Lussac et Thénard.	Lefort.	
Carbone.	76,03	77,21	77,51	77,20
Hydrogène. . .	11,55	13,36	11,56	11,35
Oxygène. . . .	12,07	9,43	10,93	11,45
Azote	0,35	»	»	»
	100,00	100,00	100,00	100,00

L'huile d'olive *chlorée* est incolore et de la consistance de l'huile de ricin ; sa densité est de 1,078 à 10° ; elle contient 20,47 — 21,01 p. c. de chlore.

L'huile *bromée* possède une légère teinte jaunâtre et la même consistance que l'huile chlorée ; sa densité est de 1,276 à 9°,5. Elle renferme 36,48 — 36,37 p. c. de brome.

Le prix assez élevé de la bonne huile d'olive la fait souvent falsifier avec des huiles plus communes, notamment avec les huiles de sésame, d'œillette et d'arachide. (Voy. § 1297, *Essais des huiles*.)

Huile de palme[1], ou beurre de palme. — On l'extrait, suivant les uns, du fruit du *Cocos butyracea,* suivant les autres, du fruit de l'A*voira elais*. Elle nous vient particulièrement de Cayenne et des côtes de Guinée. Sa consistance est celle du suif ; elle est d'une couleur orangée et présente une odeur de violettes. Récemment extraite, elle fond à 27°, mais ce point de fusion s'élève avec le temps jusqu'à 31° et même à 36°, les glycérides qu'elle renferme se dédoublant en partie en glycérine et en acides gras libres. Elle se compose en plus grande partie de palmitine (§ 1237), avec de petites quantités d'oléine.

[1] PELOUZE et BOUDET, *loc. cit.* — FRÉMY, *Compt. rend. de l'Acad.*, XI, 872.

On l'emploie particulièrement pour la fabrication des savons durs et des bougies. La *graisse jaune* qui sert à graisser les essieux des wagons des chemins de fer, se prépare avec un mélange d'huile de palme et de suif, auquel on incorpore, en petite quantité, une lessive de soude.

Huile de pin et *de sapin.* — Dans la Forêt-Noire, on extrait cette huile des graines mondées du *Pinus picea* et du *Pinus Abies.* Elle est limpide, d'un jaune doré, d'une odeur qui rappelle celle de la térébenthine, et d'une saveur résineuse. Sa densité est de 0,93 environ à 15°. Elle est très-fluide et se dessèche rapidement. Elle ne se solidifie que vers — 30°.

On emploie cette huile dans la préparation des couleurs et des vernis.

Suif de piney [1]. — On le prépare dans le Malabar, en faisant bouillir avec de l'eau le fruit du *Vateria indica*. Il est blanc, gras au toucher, d'une odeur agréable. Il fond à 35 ou 36°. Sa densité est de 0,926 à 15°, et de 0,8965 à 35°. L'alcool de 0,82 en extrait 2 p. c. d'une oléine douée d'une odeur agréable, ainsi qu'une matière colorante jaune.

Il a donné à l'analyse :

		Babington.
Carbone.	. . .	77,0
Hydrogène.	. .	12,3
Oxygène.	. . .	10,7
		100,0

Graisse de porc, saindoux ou axonge. — Sa densité est de 0,938 à 15°. Elle se fige à 30° environ. Elle renferme de la stéarine, de la margarine, de l'oléine, et une matière odorante. Elle se dissout dans 36 p. d'alcool bouillant de 0,816.

Elle renferme :

		Chevreul.
Carbone	. . .	79,70
Hydrogène	. .	11,15
Oxygène.	. . .	9,15
		100,00

Huile de prunes. — Les amandes de prunes (*Prunus domestica*, L.) dépouillées de leurs enveloppes, donnent 33 p. c. d'une huile transparente, jaune brunâtre, et d'une saveur semblable à celle de

[1] BABINGTON, *Quarterly Journ. of Science*, XIX, 177.

l'huile d'amandes douces. Sa densité a 15° est de 0,9127 ; elle se fige à — 9°. Elle rancit aisément.

Cette huile se prépare surtout dans le Wurtemberg, et s'y emploie pour l'éclairage, auquel elle convient fort bien.

Une huile semblable s'extrait, dans le même pays, des pepins de cerises.

Huile de raisin. — Les pepins de raisin (*Vitis vinifera*) donnent 10 à 11 pour cent de leur poids d'huile. Elle est d'un jaune clair, mais elle brunit avec le temps. Sa saveur est fade ; elle n'a point d'odeur. Sa densité est de 0,9202 a 15°. Elle se solidifie à — 16°. Elle est peu propre à l'éclairage ; mais, dans quelques localités du Midi, on l'emploie comme aliment.

§ 1304. *Huile de ricin*[1]. — On la retire, par expression, des semences du *Ricinus communis*. Elle est peu fluide, et tantôt jaune, tantôt incolore. Suivant M. de Saussure, sa densité est de 0,9699 à 12°, de 0,9575 à 25°, et de 0,9081 à 94°. Elle est sans odeur, et d'une saveur âcre et mordicante ; au moyen de la magnésie, on peut lui enlever son âcreté. A — 18°, elle se prend en une masse jaune et transparente. Exposée à l'air, elle rancit, s'épaissit, et finit par se dessécher. Elle se dissout aisément dans son volume d'alcool absolu ; elle est également fort soluble dans l'éther.

Elle se compose d'un mélange de plusieurs glycérides. Lorsqu'on la saponifie par un alcali, elle donne un savon entièrement soluble dans l'eau, dont les acides minéraux séparent un mélange d'acides gras, huileux à la température ordinaire. Celui-ci est en majeure partie composé d'acide ricinolique (§ 1191) ; lorsqu'on le dissout dans le tiers de son volume d'alcool, et qu'on expose la liqueur, à un froid de — 10 ou — 12°, elle dépose, en très-petite quantité, des paillettes nacrées qui paraissent être un mélange d'acide stéarique et d'acide palmitique (Saalmüller).

[1] Bussy et Lecanu, *Journ. de Pharm.*, XIII, 57. — Playfair, *Phil. Magaz.* déc. 1846, vol. : XXIX, 475. — Saalmuller, *Ann. der Chem. Pharm.*, LXIV, 109. *Journ. de Silliman*, [2] VIII, 263. — Rochleder, *Ann. der Chem. u. Pharm.*, LIX, 260. — Svanberg et Kolmodin, *Journ. f. prakt. Chem.*, XLV, 431. — Scharling, *ibid.*, XLV, 434. — Kohl, *Archiv. d. Pharm.*, VI, 58. — Bouis, *Compt. rend. de l'Acad.*, XXXIII, 141.

L'huile de ricin a donné à l'analyse :

	Saussure.	Ure.	Lefort.	
Carbone. . .	74,18	74,00	74,58	74,35
Hydrogène. .	11,03	10,29	11,48	11,35
Oxygène. . .	14,79	15,71	13,94	14,30
	100,00	100,00	100,00	100,00

Lorsqu'on maintient l'huile de ricin, dans une cornue, à la température de 265°, elle entre en ébullition, et il distille une matière oléagineuse, sans qu'il se développe du gaz en quantité appréciable ; le tiers environ de l'huile passe ainsi. Si ensuite on élève la température davantage, la matière se boursoufle brusquement, et menace de déborder. Si l'on arrête la distillation avant que ce boursouflement se manifeste, on trouve dans la cornue un résidu insoluble dans l'eau, l'alcool, l'éther, les huiles grasses et les essences ; on traite ce résidu par de l'éther, pour enlever l'huile de ricin non décomposée, et on le dissout dans la potasse ; le savon qu'on obtient ainsi contient un acide gras, visqueux à la température ordinaire, fusible entre 18° et 20°, fort soluble dans l'alcool absolu, peu soluble dans l'alcool faible.

Les produits volatils qu'on recueille dans la distillation sèche de l'huile de ricin contiennent de l'hydrure d'œnanthyle (§ 1137), et de l'acide œnanthylique (§ 1141), ainsi qu'une petite quantité d'acroléine et d'acides gras solides.

L'ammoniaque donne de la ricinolamide (§ 1194) en agissant sur l'huile de ricin.

Lorsqu'on chauffe l'huile de ricin avec de l'hydrate de potasse solide, on obtient de l'hydrate d'octyle (§ 1168), ainsi que de l'acide sébacique (§ 1185).

Dissoute dans l'alcool absolu et exposée à l'action du gaz acide chlorhydrique, l'huile de ricin se transforme en glycérine et en combinaisons éthyliques, formées par les acides gras qui étaient d'abord combinés avec la glycérine (§ 513).

L'acide hyponitrique concrète l'huile de ricin (§ 1195). Suivant M. Boudet, l'huile de ricin se concréterait aussi sous l'influence de l'acide sulfureux ; M. Saalmüller n'a pas réussi à produire cette réaction.

A chaud, l'acide nitrique attaque vivement l'huile de ricin ; si l'on maintient l'ébullition jusqu'à ce qu'il ne se développe plus de vapeurs rouges, on recueille de l'acide œnanthylique (§ 1141), tandis que le résidu renferme de l'acide subérique, qui se dépose par le refroidissement de la liqueur nitrique ; on trouve aussi beaucoup d'acide oxalique dans les eaux-mères.

Lorsqu'on fait agir sur l'huile de ricin un mélange d'acide sulfurique et de bichromate de potasse, on obtient de l'acide œnanthylique, ainsi qu'une huile neutre, incolore, très-fluide, âcre et donnant avec le nitrate d'argent ammoniacal un précipité qui se réduit promptement. M. Arzbœcher[1] pense que cette huile constitue l'hydrure de valéryle (§ 1057).

Le chlore et le brome, en agissant sur l'huile de ricin, donnent des produits extrêmement épais et colorés. L'huile *chlorée* a une densité de 1,071 à 17°,5, et contient 19,68 — 19,61 p. c. de chlore. L'huile *bromée* et très-instable et renferme 35,06 — 34,94 p. c. de brome (Lefort).

L'huile de ricin est employée en médecine en raison de ses propriétés purgatives ; M. Soubeiran attribue celles-ci à une résine âcre particulière qui serait contenue dans l'huile de ricin, et qu'on pourrait en extraire, en la transformant en savon de chaux, et en reprenant ce savon par l'éther.

Huile de sésame. — Elle s'extrait des graines du *Sesamum orientale*. Sa densité de 0,9235 à 15°. On s'en sert pour fabriquer des savons et pour allonger l'huile d'olive. Les Orientaux s'en servent depuis la plus haute antiquité comme aliment et pour tous les usages économiques.

Elle renferme :

	Lefort.	
Carbone. . . .	70,52	70,36
Hydrogène. . .	10,80	10,68
Oxygène. . . .	18,68	18,96
	100,00	100,00

L'huile *chlorée* a une teinte jaune un peu plus foncée que celle de l'huile pure ; sa densité est de 1,065 à 6°. Elle contient 17,38 — 17,10 p. c. de chlore.

L'huile *bromée* a une densité de 1,251 à 18°, et renferme 32,81 — 32,41 p. c. de brome.

Huile de soleil. — Les graines de soleil (*Helianthus annuus*) fournissent 15 pour cent d'une huile limpide, jaune clair ; cette huile a une odeur agréable et une saveur fade ; sa densité est de 0,9262

[1] ARZBAECHER, *Ann. der Chem. u. Pharm.*, LXXIII, 202.

à 15°. A — 16°, elle se solidifie. On peut l'employer comme aliment, ainsi que pour l'éclairage.

Huile de tabac. — La graine de tabac (*Nicotiana Tabacum*) fournit 31 a 32 pour cent de son poids d'une huile siccative, limpide, jaune verdâtre, inodore, fade, d'une densité de 0,9232 à 15°. Cette huile conserve sa fluidité à — 15°. Elle ne participe en rien de l'à-creté du tabac.

Beurre de vache[1]. — Suivant M. Chevreul, le beurre ordinaire se compose de stéarine, de margarine et d'oléine, avec de petites quantités de glycérides correspondant à des acides volatils (butyrique, caproïque, caprique) auxquels il doit son odeur.

Selon M. Heintz, il renferme de l'oléine ordinaire, beaucoup de palmitine et peu de stéarine, ainsi que de très-petites quantités de glycérides donnant par la saponification de l'acide myristique et de l'*acide butique* ($C^{40}H^{40}O^4$, moins soluble dans l'alcool que l'acide stéarique, et précipitant plus aisément par l'acétate de magnésie).

Le beurre se dissout dans 28 p. d'alcool bouillant de 0,82. Il se rancit aisément ; on prévient cette altération en le salant, ou en le faisant fondre, de manière à en séparer les matières étrangères qui y sont mêlées. (Voy. § 1036, la manière dont les acides gras volatils s'extrayent du beurre.)

§ 1305. Nous terminerons cette description des corps gras naturels par deux tableaux[2] indiquant les rapports de fluidité et de combustibilité d'un grand nombre d'huiles.

[1] CHEVREUL, *loc. cit.* — BROMEIS, *Ann. der Chem. u. Pharm.*, XLII, 46. — LERCH, *ibid.*, XLIX, 212. — HEINTZ, *Journ. f. prakt. Chem.*, LX, 301.

[2] SCHUBLER, *Journ. f. techn. u. œkonom. Chem. v. Erdmann*, II, 349; V, 30. *Ann. de Poggend.*, II, 624.

FLUIDITÉ ET POINT DE CONGÉLATION

DES HUILES.

HUILES DES SEMENCES DE	TEMPS qu'elles exigent pour s'écouler (en secondes) à		FLUIDITÉ, celle de l'eau étant = 1000 à		L'HUILE est, par conséquent, moins fluide que l'eau à		POINT DE CONGÉLATION EN DEGRÉS R.
	$+$ 15° R.	$+$ 7° R.	$+$ 15° R.	$+$ 7° R.	$+$ 15° R.	$+$ 7°,5 R.	
Ricinus communis L.	1830"	3390"	4,9	2,6	203 fois	377 fois	—17,5
Olea Europæa L.	195	284	46,1	31,6	21,6	31,5	$+$ 2,5
Cucurbita pepo L.	185	240	48,6	37,5	20,5	26,6	—15
Corylus avellana L.	166	218	54,2	41,2	18,4	24,2	—18,5
Brassica campestris oleifera Dec.	162	222	55,5	40,5	18,0	22,4	— 6,3
Brassica napus oleifera Dec.	159	204	56,6	44,1	17,6	22,6	— 3,8
Fagus sylvatica L.	158	237	56,9	37,9	17,5	26,3	— 17,5
Sinapis alba L.	157	216	57,3	41,7	17,4	24,0	—16,3
Amygdalus communis L.	150	209	60,0	43,0	16,6	23,3	— 2,3
Brassica præcox Dec.	148	205	60,8	43,9	16,4	23,7	—10
Evonymus europæus L.	143	210	62,9	42,8	15,9	23,3	—20
Raphanus sativus L.	143	197	62,9	45,6	15,0	21,9	—16,3
Brassica napobrassica Mill.	142	200	63,3	45,0	15,8	22,2	— 3,8
Sinapis nigra L.	141	175	63,8	51,4	15,6	19,4	—17,5
Brassica rapa L.	136	198	66,1	45,4	15,1	22,0	— 7,5
Papaver somniferum L.	123	165	73,1	54,5	13,6	18,3	—18,5
Myagrum sativum L.	119	160	75,6	56,2	13,2	17,7	—18,8
Atropa belladonna L.	118	157	76,2	57,3	13,1	17,3	—27,5
Helianthus annuus L.	114	148	78,9	60,8	12,6	16,4	—15
Pinus sylvestris L.	107	151	84,1	59,6	11,8	16,7	—18,8
Lepidium sativum L.	103	130	87,3	69,2	11,4	14,4	—30
Vitis vinifera L.	99	128	90,9	70,3	11,0	14,2	—15
Prunus domestica L.	93	132	96,7	68,1	10,3	14,7	— 5,8
Nicotiana tabacum L.	90	122	100,0	73,7	10,0	13,5	(1)
Hesperis matronalis L.	89	112	101,1	80,3	9,8	12,4	(1)
Juglans regia L.	88	106	102,2	84,9	9,7	11,8	—27,5
Linum usitatissimum L.	88	104	102,2	86,5	9,7	11,5	—27,5
Cannabis sativa L.	87	107	103,4	84,2	9,6	11,9	—27,5
Pinus picea, Duroi.	85	102	105,8	88,2	9,4	11,3	—27,5
Reseda luteola L.	73	96	123,7	93,7	8,0	10,7	(1)
Eau distillée.	9	9	1000	1000			

[1] Elles étaient encore fluides à — 15°

COMBUSTIBILITÉ DES HUILES.

DANS DES LAMPES SANS MÈCHES.			DANS DES LAMPES AVEC MÈCHES.		
Huiles des semences de	Quantité (en une heure)		Huiles des semences de	Quantité (en une heure)	
	d'huile brûlée.	d'eau vaporisée.		d'huile brûlée.	d'eau vaporisée.
Olea europæa L.	53,1 gr.	150 gr.	Prunus domestica L.	68 gr.	260 gr.
Helianthus annuus L.	41,0	133	Olea europæa L.	62	230
Myagrum sativum L.	36,0	105	Evonymus europæus L.	61	225
Cucurbita pepo L.	34,2	101	Corylus avellana L.	53,4	190
Réseda luteola L.	34,1	100	Amygdalus communis L.	52,8	183
Amygdalus communis L.	33,5	99	Helianthus annuus L.	51,8	185
Corylus avellana L.	32,5	97	Fagus sylvatica L.	50,0	170
Evonymus europæus L.	32,1	95	Pinus picea, Duroi.	49,8	164
Cannabis sativa L.	31,4	94	Brassica præcox Dec.	48,5	169
Prunus domestica L.	30,8	90	Pinus sylvestris L.	47,3	160
Fagus sylvatica.	30,5	87	Ricinus communis L.	47,0	168
Pinus picea, Duroi.	30,0	84	Cannabis sativa L.	46,0	155
Sinapis alba L.	29,3	82	Juglans regia L.	45,0	150
Atropa belladonna L.	29,0	82	Reseda luteola L.	44,0	148
Brassica rapa L.	27,5	70	Brassica napus ol[1]. Dec.	43,8	144
Brassica campestris ol. Dec.	26,9	68	Cucurbita pepo L.	43,7	135
Pinus sylvestris L.	26,5	65	Raphanus sativus L.	43,0	138
Lepidium sativum L.	24,4	58	Brassica campestris ol. Dec.	42,0	140
Linum usitatissimum L.	24,2	57	Lepidium sativum L.	42,7	137
Juglans regia L.	23,4	55	Brassica napus ol[2]. Dec.	40,0	133
Ricinus communis L.	23,3	46	Linum usitatissimum L.	38,7	121
Brassica napus ol[1]. Dec.	23,1	54	Vitis vinifera L.	37,0	120
Raphanus sativus L.	20,0	42	Atropa bella donna L.	38,2	110
Papaver somniferum L.	19,8	40	Myagrum sativum L.	34,0	101
Brassica napobrassica Mill.	18,7	39	Nicotiana tabacum L.	33,2	95
Vitis vinifera L.	18,4	33	Brassica rapa L.	33,0	94
Nicotiana tabacum L.	17,7	36	Papaver somniferum.	31,0	80
Brassica præcox Dec.	16,7	35	Brassica napobrassica Mill.	29,8	78
Brassica napus ol[2]. Dec.	12,0	22	Sinapis alba L.	29,4	70
Sinapis nigra L.	S'éteignent en peu de minutes.		Sinapis nigra L.	25,0	68
Hesperis matronalis L.			Hesperis matronalis.	24,0	59

[1] Épurée par l'acide sulfurique.

[2] Non épurée.

SÉRIE CÉROTIQUE.

§ 1306. Elle ne se compose que d'un groupe, homologue des groupes formique, acétique, propionique, butyrique, palmitique, stéarique, etc.

GROUPE CÉROTIQUE.

§ 1307. Il ne comprend encore qu'un acide avec quelques dérivés métalliques, etc.

L'acide cérotique résulte de l'oxydation de l'hydrate de céryle (*Série vingt-septième*).

ACIDE CÉROTIQUE.

Syn. : cérine de la cire d'abeilles.

Composition : $C^{54}H^{54}O^4 = C^{54}H^{53}O^3,HO$.

§ 1308. Cet acide constitue essentiellement la partie de la cire des abeilles [1], soluble dans l'alcool bouillant.

Il se produit par la distillation sèche de la cire de Chine (§ 1315), ainsi que par l'action de la potasse en fusion sur ce corps.

Lorsqu'on traite par l'alcool bouillant la cire d'abeilles fondue à environ 62 ou 63°, il s'en dissout une portion considérable, et l'on obtient une substance fusible à 70 ou 72°, bien plus dure que la cire non attaquée, cassante et d'une structure presque cristalline. C'est l'acide cérotique impur. Pour obtenir ce produit à l'état de pureté, on le dissout complétement dans l'alcool bouillant, et l'on y ajoute une solution alcoolique et bouillante d'acétate de plomb ; on recueille le précipité sur un filtre, et on l'épuise d'abord par l'alcool absolu, puis par l'éther, afin d'en extraire certaines matières neutres qui abaissent le point de fusion de l'acide cérotique. On décompose par l'acide acétique très-concentré le sel de plomb ainsi purifié, on épuise le produit par l'eau bouillante, et on le fait dissoudre à chaud dans l'alcool.

L'acide cérotique se dépose, par le refroidissement, en petits grains cristallins, fusibles à 78° c. La substance fondue donne par le refroidissement une matière fort cristalline.

En répétant assez souvent, dans l'éther, les cristallisations de l'acide cérotique fusible à 72°, on finit par l'avoir avec un point de fusion à 78° et avec tous les caractères de l'acide purifié par le procédé précédent. Les eaux-mères retiennent une très-petite quantité d'un autre acide gras.

---

[1] JOHN, *Chemische Schriften*, IV, 38. — BOUDET et BOISSENOT, *Journ. de Pharm.*, XIII, 38. — ETTLING, *Ann. der Chem. u. Pharm.*, II, 267. — HESS, *ibid.*, XXVII, 3. — GERHARDT, *Revue scientif.*, XIX, 5. — LEWY, *Ann. de Chim. et de Phys.*, [3] XIII, 438. — BRODIE, *Ann. der Chem. u. Pharm.*, LXVII, 180.

Voici les nombres qui ont été obtenus à l'analyse de l'acide cérotique :

	Brodie.				Calcul.
Carbone. . . .	78,98	78,63	78,82	78,95	79,02
Hydrogène. . .	13,12	13,04	13,04	13,10	13,17
Oxygène. . . .	»	»	»	»	7,81
					100,00

A l'état de pureté, l'acide cérotique distille sans altération, mais
l'acide impur se décompose alors, en donnant principalement des
hydrocarbures huileux, d'un point d'ébullition très-inconstant, et
contenant en dissolution de petites quantités d'un acide gras et
d'autres matières oxygénées.

Le chlore transforme l'acide cérotique en un acide particulier
(§ 1320).

§ 1309. *Cire des abeilles.* — La cire que les abeilles font servir
à la construction des rayons destinés à recevoir leur miel et leurs
œufs, est sécrétée par ces insectes sous les anneaux du ventre,
ainsi que l'a vu depuis longtemps Huber de Genève. Ce savant a
reconnu qu'elle n'est pas simplement récoltée sur les fleurs; car,
suivant lui, les abeilles, confinées dans un espace fermé et nourries
exclusivement de miel, fournissent tout autant de cire que lorsqu'elles ont leur entière liberté. La cire constitue donc une véritable sécrétion animale; sous ce rapport, les expériences plus récentes de Gundlach, ainsi que celles de MM. Dumas et Milne Edwards [1], confirment en tous points les observations d'Huber.

Pour extraire la cire, on soumet les rayons à la presse, afin
d'enlever la plus grande partie du miel; on fait fondre les gâteaux
dans l'eau bouillante, on laisse figer la cire qui s'est rendue à la
surface, on la fond de nouveau et on la coule dans des vases en
terre ou en bois. Le produit qu'on obtient ainsi constitue la *cire
vierge* ou *cire jaune.*

Dans cet état, la cire fond à 62 ou 63°. John a le premier observé qu'elle est un mélange de deux principes particuliers, qui
diffèrent par leur solubilité dans l'alcool : l'un, soluble dans l'alcool bouillant, constitue l'acide cérotique (appelé autrefois *cérine*); l'autre, peu soluble dans ce liquide, est connu sous le nom
de *myricine*, et représente, suivant M. Brodie, le palmitate de
myricyle (§ 1239). Outre ces deux principes essentiels, la cire des

[1] Dumas et Milne Edwards, *Ann. de Chim. et de Phys.*, [3] XIV, 400.

abeilles contient des quantités minimes de corps étrangers, auxquels elle doit sa couleur, son odeur aromatique et une certaine onctuosité[1].

Les proportions d'acide cérotique et de myricine varient considérablement dans la cire des abeilles : John, ainsi que Buchholz et Brandes, admettent que la cérine constitue les neuf dixièmes de la cire, tandis que, suivant MM. Boudet et Boissenot, elle n'en ferait que les sept dixièmes. Hess a examiné une cire composée aux neuf dixièmes de myricine, et M. Brodie a trouvé la cire de Ceylan entièrement exempte d'acide cérotique. D'après ce dernier chimiste, la cire du comté de Surrey, en Angleterre, renferme 22 p. c. d'acide cérotique.

Pour blanchir la cire jaune, on la réduit en rubans ou en nappes minces qu'on expose, sur des châssis, pendant plusieurs jours, au soleil et à la fraîcheur des nuits. On arrive encore plus vite à la blanchir, en l'exposant à l'action de l'oxygène pur. M. Solly a proposé de décolorer la cire, en l'agitant, pendant qu'elle est en fusion avec une petite quantité d'acide sulfurique étendu de 2 p. d'eau, et quelques fragments de nitrate de soude, qui développent assez d'acide nitrique pour détruire la matière colorante de la cire. L'emploi du chlore ou du chlorure de chaux pour le blanchiment de la cire présente l'inconvénient de donner lieu à des produits chlorés solides, qui restent mélangés à la cire et donnent naissance à de l'acide chlorhydrique dans la combustion des bougies.

Plusieurs chimistes ont déterminé les proportions de carbone et d'hydrogène contenues dans la cire non dédoublée en ses principes constituants : nous ne rapporterons à cet égard que les dernières déterminations de M. Lewy, afin qu'on puisse les comparer avec la composition des autres espèces de cire.

[1] Selon M. Lewy, la cire des abeilles contient de 4 à 5 p. c. d'une substance très-molle, fusible à 28°,5, très-soluble dans l'alcool et l'éther froids, acide au tournesol. Cette substance, à laquelle M. Lewy donne le nom de *céroléine,* s'obtient en traitant la cire par l'alcool bouillant, laissant déposer la cérine par le refroidissement de la liqueur, jetant le tout sur un filtre, et évaporant la solution alcoolique, qui laisse alors la céroléine.

Celle-ci renferme :

Carbone.	78,74
Hydrogène.	12,51
Oxygène.	8,75
	100,00

Il ne me paraît pas probable que cette céroléine soit une substance pure.

	Cire blanchie.		Cire non blanchie.		
Carbone. . . .	79,27	89,20	80,00	80,48	80,20
Hydrogène. . .	13,22	13,15	13,36	13,36	13,44
Oxygène. . . .	7,51	7,65	64,4	6,14	6,36
	100,00	100,00	100,00	100,00	100,00

D'après ces nombres, la cire blanchie renfermerait un peu plus d'oxygène que la cire non blanchie; mais il est à remarquer qu'elles renferment toutes deux la même cérine et la même myricine, de sorte qu'à la vérité cette légère différence de composition ne peut tenir qu'à l'altération du principe colorant ou d'une autre matière accidentellement contenue dans la cire.

La cire des abeilles est complétement insoluble dans l'eau, mais soluble en toutes proportions dans les huiles et les graisses, ainsi que dans les essences.

Soumise à la distillation, elle donne d'abord, en petite quantité, une eau acide contenant, suivant M. Poleck[1], de l'acide acétique et de l'acide propionique; ensuite il passe une matière grasse épaisse, qui se prend, par le refroidissement, en une masse butyreuse, composée, selon M. Ettling, d'un hydrocarbure solide (paraffine ou cérotène) et d'un mélange d'acides gras solides (margarique et palmitique); enfin il distille une huile composée d'hydrocarbures ayant la même composition que le gaz oléfiant, mais d'un point d'ébullition fort variable. La cornue ne retient qu'un faible résidu de charbon. Pendant toute la durée de la distillation, il se dégage de l'acide carbonique et du gaz hydrogène bicarboné. Il ne se produit, dans la distillation de la cire des abeilles, ni acroléine, ni acide sébacique; ce caractère permet de découvrir dans la cire les moindres additions de suif.

Bouillie avec de l'acide nitrique, la cire donne les mêmes produits, acide pimélique, acide adipique, acide succinique, etc., que l'acide stéarique dans ces circonstances (Gerhardt, Ronalds).

La potasse caustique saponifie complétement la cire.

On conçoit, d'ailleurs, que la cire des abeilles présente les réactions chimiques propres aux deux principes qui la composent.

Les emplois de la cire sont nombreux. On en consomme beaucoup pour la fabrication des bougies; la cire a sur le suif l'avantage de moins couler, de ne pas pénétrer les étoffes sur lesquelles

[1] Poleck, *Ann. der Chem. u. Pharm.*, LXVII, 174.

elle tombe, et de ne point répandre d'odeur désagréable. Les mo-
deleurs s'en servent pour façonner des objets d'art. Les pharmaciens l'utilisent pour la fabrication des emplâtres, des onguents et
des sondes : le *cérat* est un mélange de cire blanche, d'huile d'a-
mandes et d'eau de rose battu dans un mortier. C'est aussi avec
la cire qu'on prépare les pièces d'anatomie artificielles. Enfin on
compose l'*encaustique* dont on enduit les carreaux des appartements avant de les cirer, avec un mélange de cire jaune, de savon
blanc et de cendres gravelées (carbonate de potasse).

§ i3io. La *cire des andaquies* ressemble beaucoup à la cire des
abeilles. Elle est le produit d'un petit insecte très-commun à l'est
des Cordillères de la Nouvelle-Grenade, dans la vaste région boi-
sée sillonnée par les affluents de l'Orénoque et de l'Amazone. Elle
est particulièrement récoltée par les Indiens de la tribu des Ta-
mas, vivant sur les bords du Rio-Coqueto. L'espèce d'abeille qui
la fournit construit sur un même arbre un grand nombre de petites ruches qui ne donnent guère que 100 à 25o grammes de cire
jaune.

Purifiée par l'eau bouillante, la cire des andaquies fond à 77°, et
possède une densité de 0,917 à 0°.

Elle renferme :

	Lewy.	
Carbone. . . .	8i,65	8i,67
Hydrogène. . .	i3,6i	i3,5o
Oxygène. . . .	4,74	4,83
	100,00	100,00

Lorsqu'on la traite par l'alcool bouillant, on la décompose,
suivant M. Lewy, en trois substances particulières, savoir :

Cire de palmier (fusible à 72°) environ. .	5o pour 100
Cire de la canne à sucre (fusible à 82°).	45 » »
Matière huileuse	5 » »

§ i3ii. Plusieurs *cires végétales* présentent de la ressemblance
avec la cire des abeilles.

La *cire de palmier*[1] est produite par le *Ceroxylon Andicola*, qui
est très-abondant dans la Nouvelle-Grenade. Les Indiens se la procurent en râclant l'épiderme du palmier. Les râclures sont ensuite
mises à bouillir dans l'eau : la cire surnage sans fondre ; elle est

[1] BOUSSINGAULT, *Ann. de Chim. et de Phys.*, XXIX, 333. — LEWY, *loc. cit.* — TESCHE-
MACHER, *Ann. der Chem. u. Pharm.*, LX, 270.

II.

seulement amollie, et les impuretés qu'elle renferme se déposent. C'est avec cette substance (*cera de palma*), à laquelle on ajoute souvent une petite quantité de suif pour la rendre moins fragile, qu'on fait les pains de cire et les bougies qu'on trouve dans le commerce du pays.

A l'état brut, elle se présente sous la forme d'une poudre blanc grisâtre, qui recouvre l'épiderme du palmier. Purifiée par le traitement à l'eau et à l'alcool bouillants, elle est d'un blanc jaunâtre; elle est peu soluble dans l'alcool bouillant, et se précipite par le refroidissement. Son point de fusion est à 72°.

Elle a donné à l'analyse :

	Boussingault.	Lewy.	Teschemacher.
Carbone.	80,48	80,73	80,28
Hydrogène.	13,29	13,30	13,20
Oxygène.	6,23	5,97	6,52
	100,00	100,00	100,00

La *cire de carnauba* est produite par un palmier qui croît en abondance dans les provinces du nord du Brésil, particulièrement dans la province du Céara; elle forme une couche mince sur la surface des feuilles. Pour se la procurer, on coupe les feuilles, et on les fait sécher à l'ombre; bientôt il s'en détache des écailles d'une véritable cire, qui ensuite est fondue et employée à la fabrication des bougies.

La cire de carnauba est soluble dans l'alcool bouillant et dans l'éther; par le refroidissement, elle se prend en une masse cristalline. Elle fond à 83°,5; elle est fort cassante et se laisse aisément réduire en poudre.

M. Lewy y a trouvé :

Carbone.	80,36	80,29
Hydrogène.	13,07	13,07
Oxygène.	6,57	6,64
	100,00	100,00

§ 1312. La *cire de myrica* s'obtient en faisant bouillir dans l'eau les baies de plusieurs espèces de *Myrica*, notamment le *M. cerifera*, arbre très-commun dans la Louisiane et dans les régions tempérées des Indes. D'après M. Boussingault, ces baies rendent jusqu'à 25 p. c. de cire, et un arbuste peut produire annuellement environ 12 à 15 kilogr. de fruits.

La cire brute est verte, cassante. Suivant M. Chevreul, elle est saponifiable, et donne les acides stéarique, margarique et oléique, ainsi que de la glycérine.

Purifiée par des traitements à l'eau bouillante et à l'alcool froid, cette cire est d'un jaune verdâtre, et fond à 47°,5. Elle a donné à M. Lewy :

$$
\begin{array}{ll}
\text{Carbone.} & 74,23 \\
\text{Hydrogène.} & 12,07 \\
\text{Oxygène.} & \underline{13,70} \\
& 100,00
\end{array}
$$

§ 1313. La *cire d'ocuba* provient d'un *Myristica* très-répandu dans la province du Para, et qu'on rencontre également dans la Guyane française. L'arbuste qui la fournit est, suivant M. Adolphe Brongniart, soit le *M. ocoba*, Humb. et Bonpl., soit le *M. offici-nalis* Martius, soit enfin le *M. sebifera* Schwartz (*Virola sebifera* Aublet). Il donne un fruit de la forme et de la grosseur d'une balle de fusil, avec un noyau recouvert d'une pellicule épaisse cramoisie, qui teint l'eau en rouge en donnant une excellente couleur pourpre. Pour extraire la cire, on pile les noyaux, on les réduit en pulpe, et on les fait bouillir pendant quelque temps avec de l'eau; par ce moyen la cire vient surnager. On tire, de 16 kil. de semences, 3 kil. d'une cire qui, dans le pays, est employée à la fabrication des bougies.

Cette cire est d'un blanc jaunâtre, soluble dans l'alcool bouillant, et fusible à 36°,5. M. Lewy y a trouvé :

$$
\begin{array}{lll}
\text{Carbone.} & 73,90 & 74,09 \\
\text{Hydrogène.} & 11,40 & 11,30 \\
\text{Oxygène.} & \underline{14,70} & \underline{14,61} \\
& 100,00 & 100,00
\end{array}
$$

La *cire de bicuiba* est considérée par M. Adolphe Brogniart comme provenant du *Myristica bicuhyba*, Schott. Elle est d'une couleur blanc jaunâtre; elle se dissout dans l'alcool bouillant, et fond à 35°.

M. Lewy y a trouvé :

$$
\begin{array}{lll}
\text{Carbone.} & 74,37 & 74,39 \\
\text{Hydrogène.} & 11,10 & 11,13 \\
\text{Oxygène.} & \underline{14,53} & \underline{14,48} \\
& 100,00 & 100,00
\end{array}
$$

C'est à peu près la composition de la cire d'ocuba.

§ 1314. La *cérosie* ou *cire de la canne*[1] s'obtient en ràclant la surface de l'écorce des cannes à sucre, et particulièrement de la variété violette. Pour la purifier, on la fait dissoudre dans l'alcool bouillant, et on la laisse cristalliser par le réfroidissement. Elle se présente alors en fines lamelles nacrées, très-légères, qui ne graissent nullement le papier.

Elle a donné à l'analyse :

	Dumas.			Lewy.			Calcul.
Carbone.	81,4	81,2	81,0	81,4	81,6	81,7	81,8
Hydrogène. . . .	14,2	14,2	14,0	13,6	13,7	13,6	13,6
Oxygène.	"	"	"	"	"	"	4,6
							100,0

Les rapports $C^{48}H^{48}O^{2}$ ou $C^{96}H^{96}O^{4}$ présentent le plus de vraisemblance, et font de la cérosie une espèce d'aldéhyde ou d'éther.

La cérosie fond à 82°; elle est insoluble dans l'éther et l'alcool froids, très-soluble, au contraire, dans l'alcool bouillant. Elle est très-dure, et se laisse facilement réduire en poudre.

En traitant la cérosie par de la chaux potassée, M. Lewy a obtenu un acide blanc, cristallisé, très-peu soluble dans l'alcool et l'éther bouillants, aisément soluble dans l'huile de naphte, et fusible à 93°,5. M. Lewy a trouvé dans cet *acide cérosique* :

Carbone. . . .	80,11	80,15	80,06
Hydrogène. . .	13,25	13,44	"
Oxygène. . . .	"	"	"

M. Lewy représente ces résultats par les rapports $C^{96}H^{96}O^{6}$, qui manquent de contrôle.

§ 1315. La *cire de Chine* est constituée par du cérotate de céryle (§ 1319).

La *cire du Japon*[2] n'est autre chose que de la palmitine (§ 1237).

§ 1316. La *cire du liége*[3], appelée aussi *cérine*, peut s'extraire lorsqu'on soumet à l'action de l'éther le liége dépouillé de sa partie externe et divisé au moyen d'une lime.

L'alcool absolu extrait le même corps du liége ; si l'on chasse le

[1] AVEQUIN, *Ann. de Chim. et de Phys.*, LXXV, 218. — DUMAS, *ibid.*, LXXV, 222; — LEWY, *loc. cit.*

[2] OPPERMANN, *Ann. de Chim. et de phys.*, XLIX, 242. — BRANDES, *Archiv der Pharm.*, [2] XXVII, 288. — STHAMER ET MEYER, *Ann. der Chem. u. Pharm.*, XLIII, 335.

[3] CHEVREUL, *Ann. de Chim.* XCVI, 170. — DOEPPING, *Ann. der Chem. u. Pharm.*, XLV, 289.

solvant par la distillation, le corps cireux se dépose sous la forme
d'aiguilles jaunâtres, qu'on obtient incolores par de nouvelles cristallisations. Le liége renferme de 1,8 à 2,5 p. c. de matière cireuse.

M. Dœpping y a trouvé :

Carbone.	75,0	74,9
Hydrogène.	10,6	10,5
Oxygène.	14,4	14,6
	100,0	100,0

Ce chimiste déduit de ces résultats la formule $C^{50}H^{40}O^{6}$, qui
manque de contrôle.

La cire du liége se ramollit dans l'eau bouillante, et tombe au
fond. La potasse bouillante ne paraît pas l'attaquer. Jetée sur des
charbons ardents, elle se vaporise comme la cire d'abeilles, en répandant des fumées blanches. Soumise à la distillation sèche, elle
dégage un peu d'eau acide et une grande quantité d'une huile qui
se concrète par le refroidissement; elle ne laisse que peu de
charbon.

Lorsqu'on traite à chaud la matière cireuse du liége par l'acide
nitrique, elle se fluidifie peu à peu, en même temps qu'il se développe des vapeurs rouges. On purifie le produit en le lavant à l'eau
bouillante, dissolvant dans l'alcool, filtrant et évaporant la solution. Il se présente alors sous la forme d'une masse brun jaunâtre,
diaphane et cireuse, qui se ramollit déjà à une douce chaleur, et
qui fond au-dessous du point d'ébullition de l'eau. Il se dissout aisément dans les alcalis. Sous l'influence de la chaleur, il donne des
produits empyreumatiques. M. Dœpping appelle *acide cérique* le
produit de l'action de l'acide nitrique sur la matière cireuse du
liége; il y a trouvé :

Carbone. . . .	64,4	64,1
Hydrogène . .	8,7	8,8
Oxygène . . .	26,9	27,1
	100,0	100,0

Lorsqu'on mélange une solution d'acétate de plomb avec une solution alcoolique d'acide cérique, il se produit un précipité blanc,
contenant :

Carbone.	51,1	51,1
Hydrogène.	6,9	6,9
Oxyde de plomb. . .	19,2	19,2
Oxygène.	22,8	22,8
	100,0	100,0

Dans la formation de l'acide cérique par la cire du liége et l'acide nitrique, il se produit aussi de l'acide carbonique et de l'acide oxalique.

§ 1317. Les substances qui colorent les feuilles en jaune et en rouge, dans les plantes de nos climats, sont accompagnées d'une matière cireuse particulière, sur laquelle M. Mulder a fait quelques expériences [1].

Cette matière, extraite par l'éther des baies de sorbier, et purifiée autant que possible de matière colorante, ressemble entièrement à celle qu'on obtient avec l'écorce de pommier, dans l'extraction de la phlorizine. Suivant M. Mulder, il y a même identité entre ces deux produits, et leur composition peut se représenter par les rapports $C^{40}H^{32}O^{10}$:

	Cire d'écorce de pommier.		Cire de baies de sorbier.	
Carbone . . .	69,17	69,16	68,89	69,04
Hydrogène . .	8,91	8,85	9,22	9,32
Oxygène. . .	21,92	21,99	21,89	21,64
	100,00	100,00	100,00	100,00

Cette cire est insoluble dans l'eau, et moins soluble dans l'alcool que dans l'éther. Son point de fusion est à 83°. Les alcalis ne la saponifient qu'en partie, ce qui paraît indiquer qu'elle n'est qu'un mélange de plusieurs corps.

M. Mulder a fait aussi quelques expériences sur la matière cireuse contenue dans l'herbe des prairies. Elle fut extraite au moyen de l'éther, lavée à l'alcool froid, et redissoute dans l'alcool bouillant, à plusieurs reprises, jusqu'à ce qu'elle fût incolore.

Les feuilles de lilas et de vigne ont donné exactement le même produit, et, chose digne de remarque, cette cire végétale présente la composition de la cire des abeilles, ainsi que le prouvent les analyses suivantes :

	Cire d'herbe.	Cire de lilas.
Carbone	79,83	80,46
Hydrogène. . . .	13,33	13,28
Oxygène.	6,84	6,26
	100,00	100,00

[1] MULDER, *Journ. f. prakt. Chem.*, XXXII, 172.

Dérivés métalliques de l'acide cérotique. Cérotates.

§ 1318. L'acide cérotique est monobasique ; les cérotates neutres renferment :

$$C^{54}H^{53}MO^4 = C^{54}H^{53}O^3, MO.$$

Le *sel de plomb*, $C^{54}H^{53}PbO^4$, s'obtient sous la forme d'un précipité blanc et volumineux en mélangeant une solution d'acide cérotique dans l'alcool bouillant avec une solution alcoolique d'acétate de plomb.

Le *sel d'argent*, $C^{54}H^{53}AgO^4$, s'obtient en précipitant, à l'ébullition, une solution alcoolique et ammoniacale d'acide cérotique par du nitrate d'argent. Le cérotate d'argent a donné à l'analyse :

	Brodie.				Calcul.
Carbone.	62,04	62,45	»	»	62,66
Hydrogène. . . .	10,22	10,18	»	»	10,25
Argent	21,52	21,93	21,02	20,99	20,90

Dérivés méthyliques, éthyliques.... de l'acide cérotique.
Éthers cérotiques.

§ 1319. Les éthers cérotiques représentent des cérotates dans lesquels le métal est remplacé par du méthyle, de l'éthyle, ou leurs homologues.

Cérotate d'éthyle[1], $C^{58}H^{58}O^4 = C^{54}H^{53}(C^4H^5)O^4$. — On obtient aisément cet éther en dissolvant l'acide dans l'alcool absolu et en faisant passer dans la solution un courant de gaz chlorhydrique. Le cérotate d'éthyle a l'aspect de la cire d'abeilles, et fond à 59°— 60°.

Cérotate de céryle[2] ou cire de Chine, $C^{106}H^{108}O^4 = C^{54}H^{53}(C^{54}H^{55})O^4$. — On récolte en Chine une matière cireuse particulière qui est le produit d'une sécrétion déterminée sur certains arbres par la piqûre d'une espèce de *coccus*. Cette cire, qui ressemble au blanc de baleine, constitue le cérotate de céryle (Brodie). Elle est cristallisée, d'un blanc éclatant, et fond à 82°; elle est plus cassante et d'une texture plus fibreuse que le blanc de baleine. On la purifie en la faisant cristalliser dans un mélange d'alcool et de naphte. On

---

[1] BRODIE (1848), *loc. cit.*

[2] LEWY, *Ann. de Chim. et de Phys.*, [3] XIII, 445. — BRODIE, *loc. cit.* — HANBURY, *Journ. de Pharm.*, [2] XXIV, 136.

lave le produit à l'éther, on le traite à l'eau bouillante, et on le fait de nouveau cristalliser dans l'alcool absolu. Celui-ci ne le dissout qu'en petite quantité.

On peut faire bouillir la cire de Chine avec la potasse, sans qu'elle se saponifie sensiblement, mais elle se décompose aisément par la fusion avec de la potasse, en donnant du cérotate de potasse et de l'hydrate de céryle.

L'analyse de la cire de Chine a donné :

	Lewy.		Brodie.		Calcul.
Carbone. . . .	80,60	80,71	82,31	82,16	82,32
Hydrogène . .	13,13	13,49	13,57	13,58	13,71
Oxygène . . .	6,27	5,80	4,12	4,26	3,97
	100,00	100,00	100,00	100,00	100,00

A la distillation sèche, la cire de Chine donne de l'acide cérotique et un hydrocarbure solide (cérotène).

On emploie en Chine la presque totalité de la cire qui s'y récolte pour la fabrication des bougies. Les Chinois l'utilisent aussi comme médicament.

Dérivés chlorés de l'acide cérotique.

§ 1320. *Acide chlorocérotique*, $C^{54}H^{42}Cl^{12}O^4$. — Lorsqu'on fait fondre l'acide cérotique dans le chlore, il est aisément attaqué. On maintient l'action du gaz pendant quelques jours jusqu'à ce qu'on n'observe plus de vapeurs chlorhydriques. Le produit est entièrement transparent, d'un jaune pâle, et de la consistance d'une gomme épaisse.

Le *chlorocérotate de soude* est un sel presque insoluble dans l'eau.

Le *chlorocérotate d'éthyle*, $C^{58}H^{46}Cl^{12}O^4 = C^{54}H^{41}Cl^{12}(C^4H^5)O^4$, s'obtient par le même procédé que le cérotate d'éthyle ; il a l'aspect de l'acide chlorocérotique.

SÉRIE VINGT-SEPTIÈME.

§ 1321. On ne connaît, dans cette série, qu'un groupe homologue des groupes méthyliques, éthyliques, amyliques, cétyliques, etc.

GROUPE CÉRYLIQUE.

§ 1322. On y distingue un hydrocarbure homologue du gaz oléfiant, un hydrate homologue de l'alcool, et quelques dérivés de ces corps.

CÉROTÈNE.

Syn. : paraffine.

Composition : $C^{54}H^{54}$.

§ 1323. Ce corps s'obtient par la distillation sèche de la cire de Chine (cérotate de céryle). Le produit se compose de deux parties : d'acide cérotique qui passe le premier, et d'une substance inattaquable par la potasse et qu'on prive d'acide par la saponification. Cette dernière substance est solide ; elle est toujours imprégnée d'une certaine quantité de matière huileuse qu'on enlève au moyen de la presse. On la purifie en la faisant cristalliser d'abord dans un mélange d'alcool et de naphte, puis dans l'éther.

Le cérotène ainsi obtenu est cristallin et présente les caractères des matières qui ont été confondues sous le nom de *paraffine*. Il fond à 57° ou 58°.

Il a donné à l'analyse :

	Brodie.		Calcul.
Carbone. . . .	85,60	85,20	85,71
Hydrogène. . .	14,39	14,23	14,28
	99,99	99,43	99,99

Lorsqu'on distille le cérotène à plusieurs reprises, il se transforme entièrement en un mélange d'hydrocarbures liquides, dont le point d'ébullition varie de 75° à 260° et au-dessus.

Dérivés chlorés du cérotène.

§ 1324. Lorsqu'on fait passer du chlore humide sur du cérotène en fusion, celui-ci prend un aspect cireux, devient gommeux et finit par se convertir en une résine transparente. La substance durcit à mesure qu'elle absorbe plus de chlore. La réaction exige plusieurs semaines pour être complète.

M. Brodie a trouvé dans des produits analysés à différentes époques de la réaction :

$$C^{54}H^{36}Cl^{18},$$
$$C^{54}H^{33}Cl^{21},$$
$$C^{54}H^{32}Cl^{22}.$$

HYDRATE DE CÉRYLE.

Syn. : cérotine, alcool cérotique.

Composition : $C^{54}H^{56}O^2 = C^{54}H^{55}O,HO.$

§ 1325. Cet alcool s'obtient en faisant fondre avec de la potasse la cire de Chine (cérotate de céryle); la décomposition s'effectue le mieux dans un vase en fonte, par un feu modéré ou à l'aide d'une lampe à alcool. Le produit se dissout dans l'eau bouillante, et donne une solution laiteuse de cérotate de potasse, tenant en suspension l'hydrate de céryle; on la précipite par le chlorure de baryum, et l'on épuise le précipité par l'alcool, l'éther ou l'huile de naphte, qui en extraient l'hydrate de céryle.

Celui-ci, purifié par des cristallisations dans l'éther et l'alcool absolu, représente une matière cireuse fusible à 97°.

Il a donné à l'analyse :

	Brodie.			Calcul.
Carbone . . .	81,55	81,76	81,59	81,81
Hydrogène . .	14,08	14,25	14,26	14,14
Oxygène . . .	4,37	3,99	4,15	4,05
	100,00	100,00	100,00	100,00

Lorsqu'on le chauffe avec de la chaux potassée, il dégage de l'hydrogène, et se convertit en cérotate de potasse :

$$C^{54}H^{56}O^2 + KO,HO = C^{54}H^{53}KO^4 + 2H^2$$

Hyd. de céryle.   Cérot. de pot.

Soumis à l'action d'une très-haute température, l'hydrate de céryle distille en partie sans altération, en partie en se dédoublant en eau et en un hydrocarbure solide (cérotène).

L'acide sulfurique concentré attaque l'hydrate de céryle en produisant du sulfate de céryle (§ 1326).

L'action du chlore sur l'hydrate de céryle est semblable à celle que cet agent exerce sur l'hydrate d'éthyle (alcool vinique). Il se produit une substance transparente, d'un jaune pâle, semblable à une

---

[1] Brodie (1848), *Ann. der Chem. u. Pharm.*, LXVII, 201.

gomme-résine, et devenant électrique par le frottement. M. Brodie lui donne le nom de *chlorocérotal*.

La matière analysée contenait : carbone 37,62 — 37,89, hydrogène 4,76 — 4,70 ; chlore 55,11 — 55,07. Ces nombres correspondent aux rapports $C^{54}H^{40\ 3/4}Cl^{13\ 1/4}O^2$, qui prouvent que le chlore peut enlever de l'hydrogène sans le remplacer. L'action du chlore n'avait probablement pas été achevée.

Sulfate de céryle.

Composition : $2\ C^{54}H^{56}O^2, S^2O^6$ (?).

§ 1326. Pour obtenir cette matière[1], on met l'hydrate de céryle en digestion avec un excès d'acide sulfurique pendant quelques heures ; on jette ensuite la bouillie dans l'eau froide, et on lave sur un filtre ; tant que le liquide est acide, l'eau de lavage passe claire ; mais une fois que l'acide sulfurique est enlevé, le liquide qui filtre est un peu trouble. On dessèche ensuite le produit dans le vide et on le fait cristalliser dans l'éther ; ainsi purifié, il est entièrement soluble dans l'eau, et surtout dans l'eau additionné de la plus petite quantité d'alcool. Évaporée à une température basse, la solution laisse la substance sous la forme d'une cire molle.

Ce produit a donné à l'analyse :

	Brodie.		Calcul.
Carbone. . . .	74,67	74,20	74,31
Hydrogène. . .	13,06	12,95	12,84

SÉRIE MÉLISSIQUE.

§ 1327. Cette série ne comprend qu'un groupe homologue des groupes formique, acétique, propionique, stéarique, cérotique, etc.

GROUPE MÉLISSIQUE.

§ 1328. Il n'est encore constitué que par un acide et ses sels.

[1] BRODIE (1848), *loc. cit.*

ACIDE MÉLISSIQUE.

Composition : $C^{60}H^{60}O^4 = C^{60}H^{59}O^3, HO$.

§ 1329. Acide gras qu'on obtient en traitant l'hydrate de myricyle (§ 1334) par la chaux potassée. Il ressemble beaucoup à l'acide cérotique (§ 1308), mais son point de fusion est déjà à 88 ou 89°.

Il renferme :

	Brodie.				Calcul.
Carbone. . .	79,74	79,19	79,74	79,97	79,64
Hydrogène. .	13,00	13,32	13,63	13,40	13,27
Oxygène. . .	7,26	7,49	6,63	6,63	7,09
	100,00	100,00	100,00	100,00	100,00

Le *sel d'argent*, $C^{60}H^{59}AgO^4$, est un précipité blanc. On y a trouvé : 19,30 — 19,39 — 19,74 p. c. d'argent (calcul, 19,30).

SÉRIE TRENTIÈME.

§ 1330. Cette série renferme l'alcool le plus complexe qu'on connaisse; l'oxydation transforme cet alcool en acide mélissique.

GROUPE MYRICIQUE.

§ 1331. On peut admettre dans ce groupe, comme dans ses homologues, l'existence d'un radical hydrocarburé $C^{60}H^{61}$ (*myricyle*). On connaît aussi l'hydrocarbure (*mélène*) correspondant au gaz oléfiant.

MÉLÈNE.

Syn. : paraffine de la cire.

Composition : $C^{60}H^{60}$.

§ 1332. Cette substance [1] se produit par la distillation sèche de l'hydrate de myricyle et du palmitate de myricyle (§ 1239).

On peut l'obtenir tout simplement par la distillation sèche de la cire : on traite le produit par la potasse pour saponifier l'acide

---

[1] ETTLING, *Ann. der Chem. u. Pharm.*, II, 252. — LEWY, *Ann. de Chim. et de Phys.*, [3] V, 395. — BRODIE, *Ann. der Chem. u. Pharm.*, LXXI, 156.

gras qui s'est formé en même temps, et l'on décante du savon le
mélange de mélène et d'hydrocarbures huileux; ce mélange,
étant ensuite soumis à la distillation, dégage d'abord ces derniers;
le mélène ne passe qu'en dernier lieu, si l'on renforce beaucoup
le feu. On l'exprime, et on le fait cristalliser dans l'éther bouillant.
Ordinairement on est obligé, avant de le faire recristalliser, de le
rectifier sur de la potasse caustique, afin d'enlever une petite quantité d'une matière oxygénée dont il est encore imprégné.

Le mélène cristallise en écailles nacrées d'une blancheur parfaite, sans odeur ni saveur, d'une densité de 0,89. Il est insoluble dans l'eau; il ne se dissout pas davantage à froid dans l'alcool absolu, mais ce liquide le dissout à l'ébullition; l'éther, les
huiles grasses et les essences le dissolvent aisément. Il fond à 62°,
(Brodie; à 52°,5, Ettling; à 47°,8, Lewy), et se prend, par le refroidissement, en une masse cireuse. Son point d'ébullition paraît
compris entre 370° et 380°. Dans trois expériences, on a obtenu
pour sa densité de vapeur des nombres oscillant entre 10,0 et
11,8; mais une partie de la matière s'altère toujours à une température un peu supérieure à son point d'ébullition (Lewy).

Le mélène renferme :

	Ettling.		Lewy.		Brodie.	Calcul.
Carbone. . . .	84,02	84,40	84,75	85,00	85,31	85,71
Hydrogène. . .	14,93	14,89	14,91	14,80	14,44	14,28

Ni la potasse, ni la soude n'altèrent ce corps, même à l'ébullition.

L'acide sulfurique concentré ne l'attaque pas à froid; si l'on
chauffe la matière, elle se charbonne en partie, tandis qu'une
autre partie se sublime. L'acide nitrique bouillant l'attaque
très-peu.

Le chlore l'attaque, et donne, dans certaines circonstances, un
corps cristallisé contenant beaucoup de chlore.

§ 1333. M. Reichenbach[1] a décrit sous le nom de *paraffine*
(de *parum affinis*, pour rappeler son indifférence chimique) une
substance obtenue dans la distillation sèche du bois, et qui présente les caractères et la composition du mélène. Toutefois il y a
une différence dans le point de fusion des deux matières, car la
paraffine de M. Reichenbach fond déjà à 43°,5. Il est possible que

[1] Reichenbach, *Journ. f. Chem. u. Physik v. Schweigger*, LIX, 436; LXI, 273;
LXII, 129; en extrait, *Ann. de Chim. et de Phys.*, L, 69. — Jules Gay-Lussac, *Ann.
de Chim. et de Phys.*, L, 78.

cette différence tienne à l'état de pureté imparfaite de la paraffine.

M. Laurent[1] a extrait un produit semblable (fondant déjà à 33°) des huiles provenant de la distillation sèche des schistes bitumineux d'Autun.

Au mélène se rattachent aussi plusieurs minéraux qu'on comprend sous le nom de *suifs de montagne*, tels que l'*ozokérite*[2], la *schéererite*[3], la *fichtélite*[4], l'*hatchétine*[5], la *hartite*[6], la *koenlite*[7], l'*ixolyte*[8], etc. Ils se présentent sous la forme de petites masses ou de petites écailles lamelleuses ou grenues, de couleur très-claire, ordinairement blanc grisâtre, quelquefois jaune. Ces petites masses, tantôt transparentes, tantôt opaques, ont un éclat nacré; elles sont sans saveur ni odeur, très-fusibles et distillables; elles ne renferment que du carbone et de l'hydrogène, et présentent d'ailleurs la plupart des caractères du mélène ou de la paraffine.

HYDRATE DE MYRICYLE.

Syn. : mélissine, alcool mélissique.

Composition : $C^{60}H^{62}O^2 = C^{60}H^{61}O, HO.$

§ 1334. Ce corps[9] se produit par l'action de la potasse fondante sur la myricine (palmitate de myricyle, § 1239). On opère comme pour l'extraction de l'hydrate de céryle (§ 1325) : en dissolvant dans l'eau le produit de l'action de la potasse, on obtient une liqueur laiteuse contenant en suspension l'hydrate de myricyle; on le précipite par le chlorure de baryum, et l'on épuise le précipité par l'éther. La solution éthérée dépose alors l'hydrate de myricyle; on purifie ce dernier par de nouvelles cristallisations dans l'éther, jusqu'à ce que son point de fusion soit à 85°. On peut aussi, et avec plus d'avantage, épuiser le précipité par

[1] LAURENT, *Ann. de Chim. et de Phys.*, LIV, 392. — LEWY, *loc. cit.*

[2] MALAGUTI, *Ann. de Chim. et de Phys.*, LXIII, 390. — SCHROETTER, *Baumgartner's Zeitschrift*, IV, n° 2. — WALTER, *Ann. de Chim. et de Phys.*, LXXV, 214. — JOHNSTON, *Lond. and Edinb. Philos. Magaz.*, 1838, [3] XII, 389, et *Journ. f. prakt. Chem.*, XIV, 226.

[3] MACAIRE PRINCEP, *Ann. de Poggend.*, XV, 296.

[4] BROMEIS, *Ann. de Poggend.*, XLIII, 141. — TROMMSDORFF, *Ann. der Chem. u. Pharm.*, XXXVII, 304.

[5] JOHNSTON, *Journ. f. prakt. Chem.*, XIII, 438.

[6] HAIDINGER, *Ann. de Poggend.*, LIV, 261. — SCHROETTER, *ibid.*, LIX, 37.

[7] KRAUS, *Ann. de Poggend.*, XLIII, 141.

[8] HAIDINGER, *Ann. de Poggend.*, LVI, 345.

[9] BRODIE (1848), *Ann. der Chem. u. Pharm.*, LXXI, 144.

l'alcool bouillant, et reprendre par le naphte ou l'huile de houille rectifiée la matière qui se dépose par le refroidissement de la solution alcoolique[1].

L'hydrate de myricyle est une substance cristalline, d'un éclat soyeux.

Composition de l'hydrate de myricyle :

		Brodie.			Calcul.
Carbone. . . .	82,02	82,40	82,77	82,43	83,19
Hydrogène. . .	14,11	14,25	14,11	13,97	14,15
Oxygène. . . .	3,87	3,35	3,12	3,60	3,66
	100,00	100,00	100,0	1000,00	100,00

Soumis à la distillation sèche, l'hydrate de myricyle passe en partie sans altération, en partie en se décomposant en eau et en un hydrocarbure solide.

Chauffé avec de la chaux potassée, il se transforme en mélissate, avec dégagement d'hydrogène :

$$C^{60}H^{62}O^2 + KO, HO = C^{60}H^{59}KO^4 + 2 H^2.$$

Hydr. de myricyle.   Méliss. de potas.

L'acide sulfurique concentré se combine avec lui dans les mêmes conditions qu'avec l'hydrate de céryle.

Le chlore le convertit en une matière résineuse (*chloromélal*); le produit de la réaction a donné à l'analyse les rapports $C^{60}H^{45,5}Cl^{14,5}O^2$.

---

[1] Le naphte ou l'huile de houille qui a déposé l'hydrate de myricyle retient en dissolution une petite quantité d'une autre substance fusible à 72°, et donnant à l'analyse sensiblement les mêmes nombres que l'hydrate de myricyle. M. Brodie suppose qu'elle constitue un alcool semblable. Elle donne, par la chaux potassée, un acide contenant $C^{49}H^{49}O^4$ (?).

ADDITIONS.

Tome I.

Page 169.

§ 102. *Acide sulfocarbonique.* — M. A. Vogel[1] utilise, pour la découverte de petites quantités de sulfure de carbone, la propriété que ce corps possède de se transformer en éthyl-disulfocarbonate en présence d'une solution alcoolique de potasse caustique. C'est que l'éthyl-disulfocarbonate de potasse donne un précipité jaune citronné très-volumineux, lorsqu'on y ajoute une solution d'acétate ou de sulfate de cuivre; cette réaction se manifeste même avec de petites quantités de matière, et devient surtout sensible si on laisse évaporer, sur un verre de montre à la température ordinaire, le mélange de la solution alcoolique de potasse et du liquide contenant le sulfure de carbone, et qu'on ajoute ensuite le sel de cuivre au résidu; comme le précipité jaune est presque insoluble à froid dans l'ammoniaque caustique, cet alcali peut servir à redissoudre l'hydrate de cuivre précipité en même temps par l'excès de potasse.

Voici une autre réaction encore plus sensible, qui permet de découvrir les moindres traces de sulfure de carbone : lorsqu'on fait bouillir une solution alcoolique de sulfure de carbone avec de la potasse caustique, il se produit du sulfure de potassium, qui donne un précipité noir par l'addition du nitrate de plomb. Si l'on fait bouillir le nitrate de plomb avec de la potasse et qu'on y ajoute pendant l'ébullition une solution extrêmement diluée de sulfure de carbone dans l'eau (ce liquide le dissout à peine), le précipité noir de sulfure de plomb se produit immédiatement.

Page 211.

§ 124. L'*éthyl-carbamate d'éthyle*[2] ou éthyluréthane, $C^{10}H^{11}NO^4$ = $C^6H^6(C^4H^5)NO^4$, se produit lorsqu'on expose un mélange de cyanate d'éthyle et d'alcool, dans un tube fermé, à la chaleur d'un

---

[1] A. Vogel, *Ann. der Chem. u. Pharm.*, LXXXVI, 369.

[2] Wurtz, (1858) *Compt. rend. de l'Acad.*, XXXVII, 182, et *Communicat. particulière.*

bain-marie; les deux liquides réagissent sans qu'il se dégage de
l'acide carbonique :

$$C^2(C^4H^5)NO^2 + C^4H^6O^2 = C^{10}H^{11}NO^4.$$

Cyan. d'éthyle.   Alcool.   Éthyl-carb. d'éthyle.

L'éthyl-carbamate d'éthyle est un liquide de consistance un peu
oléagineuse, doué d'une odeur analogue à celle de l'éther carbonique. Il bout à 174 ou 172°.

Il se décompose, par la potasse, en alcool, éthylamine et acide
carbonique :

$$C^{10}H^{11}NO^4 + 2(KO,HO) = 2(CO^2,KO) + C^4H^7N + C^4H^6O^2.$$

Éthyl-carb. d'éth.   Carb. de potas.   Éthylamine.   Alcool.

Il se mêle avec l'acide sulfurique concentré sans se décomposer
à froid; si l'on chauffe le mélange, il se forme de l'acide carbonique, du sulfate d'éthylamine et probablement aussi de l'acide
éthyl-sulfurique.

Page 211.

§ 125. *Acide phényl-carbamique.* — L'acide qu'on obtient par
l'action de la potasse sur la phényl-urée n'est qu'un isomère de
l'acide phényl-carbamique (*acide benzamique,* § 1531).

Les *phényl-carbamates de méthyle* et *d'éthyle* paraissent être
aussi que des isomères des éthers phényl-carbamiques non encore
décrits.

Suivant M. Gerland[1], l'acide phényl-carbamique (anthranilique)
se combine aisément avec l'acide sulfurique et l'acide nitrique, en
donnant des acides doubles semblables à ceux qu'on obtient avec
l'acide benzamique. A chaud, l'acide sulfurique concentré dégage
de l'acide carbonique par son action sur l'acide phényl-carbamique, en donnant probablement de l'acide phényl-sulfamique
(sulfanilique).

Page 223.

§ 131. *Acide glycollique.* — Cet acide se forme aussi par l'hy-
dratation de la *glycollide*[2], substance qui a été obtenue par
M. Dessaignes en soumettant à l'action de la chaleur l'acide $C^6H^6O^{10}$
(*acide tartronique*), qui prend naissance par la décomposition spon-

[1] GERLAND, *Ann. der Chem. u. Pharm.,* LXXXVI, 143.
[2] DESSAIGNES, *Compt. rend. de l'Acad.,* XXXVIII, 44.

tanée de l'acide nitrotartrique au sein de l'eau. Chauffé à 160°, l'acide tartronique fond et dégage une grande quantité d'acide carbonique, accompagné d'une odeur acide particulière. Si l'on élève la température à 180°, et qu'on la maintienne à ce degré jusqu'à ce que le dégagement de gaz ait presque cessé, il reste dans la cornue une matière visqueuse peu colorée qui se solidifie et devient cassante après deux ou trois jours. C'est la glycollide. Si on la dissout dans une solution chaude de potasse jusqu'à neutralisation, on obtient du glycollate de potasse qui précipite, par le nitrate d'argent, du glycollate d'argent. Celui-ci, décomposé par l'acide chlorhydrique, donne l'acide glycollique, dont on évapore ensuite la solution dans le vide.

On l'obtient ainsi sous la forme de lames dont la surface est marquée de stries quelquefois courbes. Les cristaux sont déliquescents.

M. Dessaignes est d'avis que l'acide obtenu par MM. Strecker et Socoloff a dû être impur, pour avoir refusé de cristalliser.

Le même chimiste présume aussi que l'acide homolactique (§ 132) n'est que de l'acide glycollique impur. Il lui est arrivé une fois d'obtenir le glycollate argentique sous la forme de lames flexibles, semblables à l'homolactate d'argent anhydre; mais ces lames sont devenues opaques, et ont reproduit le sel d'argent hydraté en cristaux grenus.

Glycollide, $C^4H^2O^4$, ou probablement $C^8H^4O^8$. — Ce corps est à l'acide glycollique ce que le lactide (§ 454) est à l'acide lactique, homologue de l'acide glycollique. Il est le produit de l'action de la chaleur sur l'acide tartronique :

$$C^6H^4O^{10} = C^2O^4 + C^4H^2O^4 + 2HO.$$
Ac. tartronique.   Glycollide.

On lave ce produit, et on le dessèche dans le vide. Il se présente alors sous la forme d'une poudre blanche, presque sans saveur, insoluble dans l'eau froide, très-peu soluble dans l'eau chaude. Il fond vers 180°, en ne perdant pas d'eau. Il s'hydrate entièrement par un très-long séjour dans l'eau chaude; on obtient ainsi un acide incristallisable, qui, neutralisé par un alcali et précipité à chaud par le nitrate d'argent, donne des cristaux de glycollate argentique; ceux-ci donnent, par l'acide chlorhydrique, de l'acide glycollique cristallisable. Il se transforme par l'ammoniaque en glycollamide.

Glycollamide, $C^4H^5NO^4$ ou plutôt $C^8H^{10}N^2O^8$. — Lorsqu'on chauffe au bain d'huile le bitartronate d'ammoniaque, il fond vers 150°, et dégage en bouillonnant une grande quantité d'acide carbonique. Si l'on arrête l'opération quand le dégagement de gaz a cessé, on a un sirop incolore épais et déliquescent, qui est probablement du glycollate d'ammoniaque. Si, au contraire, on continue de chauffer pendant une heure ou deux, le col de la cornue se tapisse de cristaux de carbonate d'ammoniaque, et le résidu se prend alors, par le refroidissement, en une masse cristalline un peu brune. On purifie celle-ci par des cristallisations réitérées. On peut aussi obtenir la glycollamide en dissolvant le glycollide dans l'ammoniaque, à l'aide de la chaleur :

$$C^4H^2O^4 + NH^3 = C^4H^5NO^4.$$

Glycollide.   Glycollamide.

La glycollamide se présente sous la forme de beaux cristaux incolores, très-solubles dans l'eau, peu solubles dans l'alcool, d'une saveur fade et légèrement douce. Sa solution ne précipite aucun sel métallique. Elle est légèrement acide aux papiers. La potasse bouillante en dégage de l'ammoniaque, en produisant du glycollate de potasse.

Elle présente la même composition que le sucre de gélatine, mais le poids de sa molécule est probablement double.

Page 304.

§ 169. *Dosage des cyanures.* — Beaucoup de cyanures, notamment de cyanures doubles, ne se décomposent entièrement qu'avec difficulté par l'acide sulfurique concentré ou par l'eau régale, ce qui présente un grand inconvénient pour le dosage des métaux contenus dans ces combinaisons. M. Bolley[1] propose, en conséquence, de calciner ces cyanures après les avoir intimement mélangés avec un sel d'ammoniaque, de manière à chasser tout leur cyanogène à l'état de cyanhydrate. Le sel le plus avantageux pour cette opération consiste en un mélange de 3 p. de sulfate d'ammoniaque et de 1 p. de nitrate d'ammoniaque.

On fait la calcination, à l'aide d'une lampe à alcool, dans une petite cornue tubulée et munie d'un récipient, pour arrêter les parcelles projetées par la réaction. On reprend le résidu par

<hr>

[1] Bolley, *Ann. der Chem. u. Pharm.*, LXXXVII, 254.

l'eau et l'acide nitrique, et l'on dose les métaux par les méthodes usuelles.

Page 311.

§ 173. *Cyanure de cadmium.* — Ces indications contradictoires s'expliquent, suivant M. Schüler[1], en ce qu'il suffit d'une très-petite quantité d'acide libre pour empêcher la précipitation des sels de cadmium par le cyanure de potassium. On n'obtient un précipité blanc et amorphe de cyanure de cadmium, $Cy\,Cd$, qu'en mélangeant des solutions neutres, suffisamment concentrées. Ce précipité a la même composition que les cristaux de M. Rammelsberg. Il ne s'altère pas au contact de l'air; lorsqu'on le calcine, il devient brun et finalement noir, en donnant un enduit d'oxyde de cadmium. — Voy. ci-après *Cyanures de cuivre et de cadmium.*

Page 317.

§ 176. *Cyanure de cuivre et d'ammonium,* $Cy\,Cu,Cy(NH^4)$. — Ce sel se produit, suivant M. Amédée Dufau[2], lorsqu'on fait passer un excès d'acide cyanhydrique dans de l'oxyde de cuivre en suspension dans l'ammoniaque; il se forme d'abord des aiguilles vertes de cyanure de cuprammonium, qui se redissolvent entièrement par un excès d'acide cyanhydrique, en même temps que la liqueur se décolore. Celle-ci laisse déposer, par la concentration, de belles aiguilles prismatiques de cyanure de cuivre et d'ammonium. Ce sel est peu soluble dans l'eau, et se décompose par une longue ébullition dans ce liquide. Chauffé à 100°, il perd du cyanure d'ammonium; une température un peu supérieure suffit pour le transformer rapidement en cyanure cuivreux pur.

Cyanures de cuivre et de cadmium. — M. Schüler[3] en a décrit deux :

α. $Cy\,Cu$, $2\,Cy\,Cd$ (cyanure cuivroso-cadmique). Récemment précipité, l'hydrate de cadmium ne se dissout qu'avec difficulté, même dans un grand excès d'acide cyanhydrique; mais, si l'on ajoute au mélange du carbonate de cuivre récemment précipité, il s'établit aussitôt un vif dégagement de cyanogène et d'acide carbonique,

<hr>

[1] Schuler, *Ann. der Chem. u. Pharm.*, LXXXVII, 48.
[2] A. Dufau, *Compt. rend. de l'Acad.*, XXXVI, 1099.
[3] Schuler, *loc. cit.*

et l'hydrate de cadmium se dissout à mesure que l'on continue l'addition du sel de cuivre. Si l'on arrête cette addition avant que l'hydrate de cadmium soit entièrement dissous, on obtient une matière bleue qui se dissout en partie dans l'eau bouillante, en laissant de l'oxyde de cadmium; la solution se trouble promptement, en déposant une matière visqueuse qui devient entièrement cristalline par le refroidissement. Ce produit paraît être un mélange de deux sels.

Si l'on ajoute assez de carbonate de cuivre pour que tout l'oxyde de cadmium se dissolve, on obtient une liqueur limpide et incolore; celle-ci se colore peu à peu en rouge pourpre, surtout à chaud, en déposant des cristaux brunâtres. Ces cristaux sont très-peu solubles dans l'eau froide; repris avec un peu d'eau bouillante, ils donnent une solution rose qui dépose une matière visqueuse de même couleur, laquelle se prend peu à peu en une masse de cristaux. On les purifie par une nouvelle cristallisation dans beaucoup d'eau bouillante.

Les cristaux du cyanure de cuivre et de cadmium forment des prismes rhomboïdaux obliques', avec des modifications sur les arêtes de la base. Ils sont d'une couleur rose et d'un éclat vitreux; ils se conservent sans altération jusqu'à la température de 150°; à une température plus élevée, ils fondent en un liquide brun, et se décomposent.

Ils ne se dissolvent dans l'acide chlorhydrique qu'à chaud; l'eau trouble la solution, et la potasse en précipite une partie du cuivre à l'état de deutoxyde hydraté.

L'ammoniaque ni les sels ammoniacaux ne dissolvent le sel.

La potasse concentrée n'y agit pas non plus.

Une solution aqueuse de sulfate de cuivre produit dans la solution du sel un précipité jaune verdâtre, qui se redissout en partie dans un excès de sulfate de cuivre avec une belle couleur verte. Le perchlorure de fer donne un précipité rouge brun entièrement soluble dans un excès de réactif. Le bichlorure de mercure occasionne un précipité blanc, également soluble dans un excès de bichlorure de mercure.

β. $\overline{Cy}Cu$, 2 $\overline{Cy}Cd$ + x aq. (cyanure cuivrico-cadmique). On l'obtient en faisant dissoudre ensemble de l'hydrate de cadmium et de l'hydrate de cuivre dans l'acide cyanhydrique; si on laisse lentement évaporer la solution incolore au contact de l'air, sans la chauffer, il s'y dépose, au bout de quelque temps, des prismes rhomboïdaux obliques, incolores et d'un vif éclat. Ce sel est fort peu stable. Si on le chauffe à 100°, il perd 18, 4 p. c. de son poids, et se réduit en une poudre cristalline. Les acides le décomposent aisément.

Cyanures de cuivre et de cuivre (cyanures cuivroso-cuivriques). — M. Dufau[1] distingue deux combinaisons de ce genre ; elles sont assez instables, et se transforment, soit spontanément, soit sous l'influence de la plus légère élévation de température, et surtout en présence d'un excès d'acide cyanhydrique, en cyanure cuivreux avec dégagement de cyanogène.

α. $Cy\,Cu$, $Cy\,Cu$ + aq. Pour préparer ce composé, il faut verser dans la solution assez étendue d'un sel de cuivre une solution également étendue de cyanure de potassium ou d'acide cyanhydrique, de manière à laisser dans la liqueur un assez grand excès de sel de cuivre non décomposé.

On peut également l'obtenir en faisant passer un courant d'acide cyanhydrique dans de l'hydrate de cuivre tenu en suspension dans l'eau; il se produit dans ces réactions un précipité d'abord jaune, mais qui passe rapidement au vert, en même temps qu'il se dégage beaucoup de cyanogène.

Le précipité vert qu'on obtient ainsi a un aspect légèrement cristallin, et présente la composition indiquée. Il perd son eau à 100° sans se décomposer; une température supérieure le transforme, avec dégagement de cyanogène, en cyanure cuivreux. Il se dissout aisément, avec dégagement de cyanogène, dans le cyanure de potassium, en donnant du cyanure de cuivre et de potassium.

Les acides en séparent du cyanure cuivreux blanc, avec dégagement d'acide cyanhydrique. La potasse caustique le transforme en deutoxyde de cuivre et en cyanure de cuivre et de potassium.

L'ammoniaque le dissout très-bien, en formant une liqueur bleue qui laisse déposer, par l'évaporation spontanée, de belles aiguilles vertes d'un *cyanure de cuprammonium*, $Cy\,(NH^3Cu)$, $Cy\,(NH^3Cu)$ = $Cy\,Cu$, $Cy\,Cu$, $2\,NH^3$; ce sel est inaltérable à l'air et insoluble dans l'eau. Il s'obtient d'une manière plus commode si l'on fait passer un courant d'acide cyanhydrique dans de l'oxyde

[1] A. Dufau, *loc. cit.*

de cuivre tenu en suspension dans l'ammoniaque ; l'oxyde se dissout d'abord, puis on voit apparaître dans la liqueur de petites aiguilles vertes dont la quantité augmente rapidement. Enfin le même cyanure de cuprammonium se produit encore lorsqu'on abandonne au contact de l'air une solution du cyanure cuivreux dans l'ammoniaque.

Le cyanure de cuprammonium se dissout très-bien à chaud dans l'ammoniaque. Lorsqu'on opère cette dissolution en maintenant toujours dans la liqueur un excès d'ammoniaque au moyen d'un courant de gaz, on obtient par le refroidissement des prismes ou des paillettes d'un beau bleu, contenant un atome d'ammoniaque de plus que les aiguilles vertes, savoir : $Cy\ Cu,\ Cy\ Cu,\ 3\ NH^3$. Abandonné à l'air, ce sel perd de l'ammoniaque et devient vert.

Un excès d'acide cyanhydrique transforme le cyanure de cuprammonium en cyanure de cuivre et d'ammonium.

β. $2\ Cy\ Cu,\ Cy\ Cu + aq$. On obtient ce sel lorsqu'on opère la précipitation d'un sel de cuivre par une dissolution moyennement concentrée de cyanure de potassium, employée en quantité suffisante pour précipiter la presque totalité du cuivre. Il se produit ainsi une poudre amorphe d'un jaune olive, en même temps qu'il se dégage beaucoup de cyanogène. Un excès d'acide cyanhydrique convertit le sel en cyanure cuivreux, avec dégagement de cyanogène.

Si, dans la précipitation du sel de cuivre, on subtitue le cyanure d'ammonium au cyanure de potassium, il se produit également un abondant dégagement de cyanogène, mais le précipité d'un vert bleuâtre qu'on obtient ainsi, renferme toujours de l'ammoniaque en combinaison (suivant M. Dufau, $Cy\ Cu,\ Cy\ Cu,\ NH^3 + aq$.); il est amorphe, légèrement soluble dans l'eau, qu'il colore faiblement en bleu; bouilli dans ce liquide, il se transforme, avec dégagement d'ammoniaque, en cyanure de cuivre et d'ammonium, qui reste en dissolution, et en cyanure cuivreux qui se précipite. Il est inaltérable à l'air; mais, à 100°, il perd de l'eau et de l'ammoniaque, et une chaleur plus élevée le transforme rapidement en cyanure cuivreux.

Page 323.

§ 178. *Acide ferrocyanhydrique.* — Lorsqu'on mélânge par

petites portions une solution de ferrocyanure de potassium, saturée à froid avec son volume d'acide chlorhydrique fumant, il se produit, suivant M. Liebig[1], un précipité d'acide ferrocyanhydrique, entièrement blanc et pur, si l'acide chlorhydrique employé est exempt de fer. On peut le laver avec de l'acide chlorhydrique sans éprouver beaucoup de perte. Séché sur de la brique, l'acide ferrocyanhydrique ainsi préparé se dissout entièrement dans l'alcool, et peut s'obtenir en beaux cristaux, si l'on abandonne la solution alcoolique après y avoir versé de l'éther.

Page 338.

§ 193. *Ferricyanure de potassium.* — Ce sel se rencontrant souvent dans le commerce à l'état pulvérulent, et n'étant pas toujours d'une grande pureté, il importe d'avoir des moyens prompts d'en déterminer la valeur. M. Francis Lieshing[2] propose pour cela l'emploi d'une solution étendue de monosulfure de sodium, contenant un grand excès d'alcali ; cette liqueur est titrée. Lorsqu'on la verse dans une solution de ferricyanure de potassium, il se produit un précipité qui rend la liqueur laiteuse et lui donne une teinte de plus en plus blanche jusqu'au point de saturation, c'est-à-dire jusqu'à ce que tout le ferricyanure rouge soit ramené à l'état de ferrocyanure jaune. Pour fixer ce terme avec plus de rigueur, on peut introduire dans le liquide une bande de papier sans colle, imprégnée d'acétate de plomb ; le papier reste blanc tant qu'il reste dans le liquide du ferricyanure rouge non converti.

Un autre réactif, plus avantageux pour ce genre d'essais, c'est une dissolution alcaline de sulfarséniate de soude ; celle-ci, étant ajoutée au ferricyanure, donne un trouble laiteux de soufre, en même temps qu'il se produit du ferrocyanure jaune et de l'acide arsénieux, qui restent en dissolution ; on reconnaît le terme de la réaction en ajoutant à la liqueur quelques gouttes d'une décoction de cochenille, qui perd sa couleur tant qu'il y a du ferricyanure rouge non décomposé, et qui la reprend à l'instant même où tout est converti.

Bien entendu, avant d'essayer le ferricyanure par les liqueurs

[1] LIEBIG, *Ann. der Chem. u. Pharm.*, LXXX VII, 127.
[2] F. LIESHING, *Journ. de Pharm.*, [3] XXIV, 279.

titrées qu'on vient d'indiquer, il faut s'être assuré de l'absence, dans le sel, de substances étrangères susceptibles d'altérer ces liqueurs.

Page 359.

§ 192. Le *cyanure de cadmium* forme avec le cyanure de mercure une combinaison[1] contenant 3 Cy Hg, 2 Cd Cy. On l'obtient en faisant dissoudre ensemble de l'hydrate de cadmium et de l'oxyde de mercure dans l'acide cyanhydrique. Elle forme des prismes rectangulaires, striés parallèlement à l'axe vertical, anhydres, fort solubles dans l'eau froide. Les acides étendus la décomposent entièrement. La plupart des solutions métalliques ne la précipitent pas. Lorsqu'on la fait bouillir avec de la potasse caustique très-concentrée, elle se décompose, en donnant un dépôt de mercure métallique.

Page 381.

§ 206. *Cyanure de phényle.* — Voy. le même corps, tome III, § 1455 [a].

Page 397.

§ 218. *Cyanate d'éthyle*[2]. — Lorsqu'on mélange le cyanate d'éthyle avec de l'acide acétique cristallisable, il se dégage de l'acide carbonique, et il se produit de l'éthyl-acétamide; avec l'acide acétique anhydre, on obtient l'éthyl-diacétamide :

$$C^4H^4O^4 + C^6H^5NO^2 = C^2O^4 + C^8H^9NO^2.$$

Ac. acétiq.   Cyan. d'éthyle.   Éthyl-acétamide.

$$C^8H^6O^6 + C^6H^5NO^2 = C^2O^4 + C^{12}H^{11}NO^2.$$

Ac. acét. anhyd. Cyan. d'éthyle.   Éthyl-diacétamide.

Le cyanate d'éthyle et l'alcool se combinent directement en produisant de l'éthyl-carbamate d'éthyle. (Voy. p. 929). L'éther ordinaire ne réagit pas ou ne réagit que très-difficilement sur le cyanate d'éthyle, en vase clos et à une température très-élevée.

Page 410.

§ 226. *Chlorhydrate d'urée.* — M. Dessaignes[3] a obtenu un

---

[1] Schuler, *Ann. der Chem. u.* LXXXVII, 54.
[2] Wurtz, *Compt. rend. de l'Acad.*, XXXVII, 180.
[3] Dessaignes, *Journ. de Pharm.*, [3] XXV, 31.

sous-chlorhydrate d'urée, 2 $C^2H^4N^2O^2$, HCl, en ajoutant un atome
d'acide chlorhydrique à deux atomes d'urée, et en abandonnant la
solution sous une cloche avec de la chaux. C'est un beau sel, cristallisant en longues lames parallèles et accolées; il est peu déliquescent.

Par le même procédé, on n'obtient pas de sous-nitrate; l'urée
et le nitrate neutre cristallisent séparément.

Page 453.

§ 254. *Chlorure de cyanogène gazeux.* — Un procédé de préparation fort simple consiste, suivant MM. Cahours et Cloëz[1], à introduire dans un flacon d'une capacité d'environ 6 litres, 100 grammes de cyanure de mercure avec quatre litres d'eau qu'on sature
de chlore à 0°. Il se produit alors une assez grande quantité d'hydrate de chlore qui réagit entièrement, dans l'espace de 24 heures,
sur le cyanure qu'il convertit en chlorure de mercure et en chlorure
de cyanogène qui reste dissous. Si l'on introduit la liqueur saturée
de chlorure de cyanogène dans un ballon qu'on chauffe à l'aide de
deux ou trois charbons, le gaz se dégage, entraînant avec lui le
plus souvent une petite quantité de chlore, dont on le débarrasse
en le faisant passer sur de la tournure de cuivre, qui absorbe entièrement le chlore à la température ordinaire, sans toucher au chlorure de cyanogène, qu'on fait arriver ensuite sur du chlorure de
calcium pour le dessécher entièrement.

Page 463.

§ 262. *Cyanamide*[2]. — La méthylamine, l'éthylamine, la diéthylamine, la méthyléthylamine, l'amylamine et la diamylamine se
comportent comme l'ammoniaque avec le chlorure de cyanogène,
et donnent la *méthyl-cyanamide*, *l'éthyl-cyanamide*, la *diéthyl-
cyanamide*, la *méthyléthyl-cyanamide*, *l'amyl-cyanamide*, et la
diamyl-cyanamide. Ces composés sont des bases faibles, capables
de s'unir aux acides concentrés, en formant des combinaisons qu'un
excès d'eau décompose. La phénylamine ou aniline donne la *phé-
nyl-cyanamide* (voy. § 1437 *a*).

[1] CAHOURS ET CLOEZ, *Compt. rend. de l'Acad.*, XXXVIII, 358.
[2] CAHOURS ET CLOEZ, *Compt. rend. de l'Acad.*, XXXVIII, 354.

La chaleur décompose d'une manière semblable la méthyl-cyanamide, l'éthyl-cyanamide et l'amyl-cyanamide·

Lorsqu'on distille avec ménagement au bain d'huile l'éthyl-cyanamide, il se manifeste vers 180° une réaction très-vive : il passe à la distillation une quantité abondante d'un liquide incolore très-limpide, doué d'une odeur cyanique particulière, tandis qu'il reste dans la cornue une matière visqueuse de couleur ambrée, qui se concrète entièrement par le refroidissement, et qui peut distiller elle-même sans altération à une température supérieure à 300°. Les deux substances paraissent se former en quantité à peu près égales. Le produit volatil n'est autre que la diéthyl-cyanamide. La substance solide constitue une base faible $C^8H^8N^4$, susceptible de former avec l'acide chlorhydrique une combinaison cristallisable; ce chlorhydrate donne avec le bichlorure de platine un sel à peine soluble dans l'eau, très-soluble dans l'alcool, surtout à chaud, et qui se dépose par le refroidissement, sous la forme de belles écailles d'un jaune légèrement orangé.

Cette transformation de l'éthyl-cyanamide s'explique par l'équation suivante :

$$3\,(C^6H^6N^2) = C^8H^8N^4 + C^{10}H^{10}N^2.$$

Éthyl-cyanamide.   Alcali.   Diéthyl-cyanamide.

Si l'éthyl-cyanamide et la diéthyl-cyanamide dérivent d'une molécule d'ammoniaque NH^3 dans laquelle l'hydrogène est remplacé par son équivalent d'éthyle et de cyanogène, l'alcali formé par la décomposition de l'éthyl-cyanamide doit dériver de deux molécules d'ammoniaque N^2H^6, car on a :

$$3\,N \begin{Bmatrix} C^4H^5 \\ Cy \\ H \end{Bmatrix} = N^2 \begin{Bmatrix} C^4H^5 \\ Cy \\ Cy \\ H \\ H \\ H \end{Bmatrix} + N \begin{Bmatrix} C^4H^5 \\ C^4H^5 \\ Cy \end{Bmatrix}$$

Éthyl-cyanamide.   Alcali.   Diéthyl-cyanamide.

La *diéthyl-cyanamide* s'obtient aussi en faisant passer un courant de chlore gazeux jusqu'à refus au sein d'une solution de diéthylamine dans l'éther anhydre. Elle constitue un liquide bouillant régulièrement à 190°. Elle ne paraît pas susceptible de former des combinaisons définies avec les acides. Elle se dédouble sous l'influence de ces agents, ainsi que sous celle des bases alcalines, en acide carbonique, ammoniaque et diéthylamine :

$$C^{10}H^{10}N^2 + 2 (KO,HO) + 2 HO = 2 (CO^2,KO) + NH^3 + C^8H^{11}N.$$

Diéthyl-cyanamide.   Diéthyla-mine.

La *méthyléthyl-cyanamide* est un liquide bouillant à 175° ou 176°, et s'obtient par le chlorure de cyanogène et la méthyléthyla-mine.

Page 489.

§ 274. *Acide urique.* — La formule que nous avons attribuée à la combinaison de l'acide urique avec l'acide sulfurique avait été donnée par M. Fritzsche[1]. M. Dessaignes[2] ne la trouve pas exacte, et la remplace par les rapports $C^{10}H^4N^4O^6$, 6 (SO^3,HO).

Ce dernier chimiste prescrit d'opérer de la manière suivante : Dans un tube éprouvette, fermé par un bouchon et contenant de l'acide sulfurique chauffé à 100° environ, on ajoute peu à peu de l'acide urique, jusqu'à ce qu'il cesse de se dissoudre. On bouche le tube, et on le laisse refroidir lentement dans un bain d'eau chaude. Il se forme ainsi une masse cristalline au-dessus de laquelle se trouve une eau-mère brune. On décante celle-ci, et on la remplace par un même volume de nouvel acide sulfurique. On chauffe doucement jusqu'à dissolution des cristaux, et l'on fait refroidir lentement; on obtient alors des cristaux limpides, incolores et assez souvent isolés. On décante l'eau-mère, on détache les cristaux des tubes, et on les met rapidement dans le vide entre deux plaques poreuses. Au bout de douze heures, ils sont prêts pour l'analyse. Ils renferment :

	Moy. de 2 analys. concord.	Calcul.
Acide urique.	36,99	36,36
SO^3,HO.	62,88	63,64
	99,87	100,00

Page 503.

§ 283. *Alloxane.* — Cette substance paraît, dans certaines circonstances, éprouver une décomposition spontanée. M. Gregory[3], ayant abandonné dans un flacon, pendant deux à trois ans, de grandes quantités d'alloxane, en cristaux rhomboédriques (conte-

[1] FRITZSCHE, *Journ. f. prakt. Chem.*, XIV, 243.
[2] DESSAIGNES, *Journ. de Pharm.*, [3] XXV; 31.
[3] GREGORY, *Ann. der Chem. u. Pharm.* LXXXVII, 126.

nant 9 atomes d'eau, au lieu de 8, comme les cristaux ordinaires), les vit se transformer pendant l'été en un liquide et en de nouveaux cristaux, contenant de l'alloxantine, une autre substance cristallisable et une troisième substance plus soluble et fort acide.

Page 525.

§ 299. *Allantoïne.* — Une solution d'allantoïne, étant mélangée avec de la levûre de bière et abandonnée à une température de 30°, devient très-ammoniacale au bout de quelques jours, et ne renferme alors plus d'allantoïne : on n'y trouve plus que de l'urée et les sels ammoniacaux de l'acide oxalique, de l'acide carbonique, et d'un acide sirupeux particulier [1].

L'allantoïne forme plusieurs *combinaisons métalliques* [2].

Le *sel de zinc*, 2 $C^8H^5ZnN^4O^6$, 2 ZnO, s'obtient en faisant bouillir l'allantoïne avec l'oxyde de zinc; la liqueur filtrée donne des cristaux d'allantoïne, et une eau-mère sirupeuse qui précipite par l'alcool absolu. Le précipité séché à 100° contient 36,5 p. c. d'oxyde de zinc (calcul, 35 p. c.).

Le *sel de cadmium*, $C^8H^5CdN^4O^6$, s'obtient sous la forme d'une masse sirupeuse qui se précipite, par l'alcool absolu, à l'état d'une poudre blanche et cristalline, contenant 28,04 p. c. d'oxyde de cadmium (calcul, 30 p. c). Cette poudre ne se redissout plus entièrement dans l'eau bouillante, mais elle en est transformée en une combinaison contenant plus de cadmium.

Le *sel de cuivre* paraît contenir $C^8H^5CuN^4O^6$, 2 $C^8H^6N^4O^6$. A l'ébullition, la solution d'allantoïne dissout beaucoup d'oxyde de cuivre; la liqueur se colore en bleu, et dépose par l'évaporation des cristaux verts contenant 7, 23 — 7, 36 p. c. d'oxyde de cuivre (calcul, 7,9 p. c.)

Le *sel de plomb*, 4 $C^8H^5PbN^4O^6$, 2 PbO, s'obtient en faisant dissoudre du massicot dans l'allantoïne; par l'évaporation la solution dépose des croûtes contenant 52,5 — 52,8 p. c. d'oxyde de plomb (calcul, 52, 9 p. c.)

Les *sels de mercure* se produisent dans des circonstances semblables à celles qui donnent lieu aux combinaisons de l'urée avec l'oxyde de mercure. Lorsqu'on fait bouillir une solution aqueuse d'allan-

[1] WOEHLER, *Ann. der Chem. u. Pharm.*, LXXXVIII, 100.
[2] LIMPRICHT, *ibid.*, 94.

toïne avec un excès d'oxyde de mercure, l'oxyde se dissout en partie, et l'on obtient particulièrement deux combinaisons : α se dépose par le refroidissement de la liqueur filtrée bouillante ; β s'obtient par l'évaporation de l'eau-mère.

α. 3 $C^8H^5HgN^4O^6$, 2 HgO. La solution de l'oxyde de mercure dans l'allantoïne devient laiteuse par le refroidissement en déposant peu à peu une poudre blanche, non cristalline, insoluble dans l'eau et l'alcool, un peu soluble dans l'eau bouillante, fort soluble dans les acides chlorhydrique, nitrique et sulfurique. Elle fond par la chaleur en se boursouflant. Elle renferme :

	Limpricht.			Calcul.
Carbone.	14,28	14,40	14,12	14,51
Hydrogène.	1,65	1,59	1,48	1,51
Ox. de mercure. . . .	54,84	54,19	55,30	54,93

β. Lorsque l'on concentre au bain-marie[1] la liqueur séparée par le filtre de la combinaison précédente, elle dépose ensuite par le repos une substance épaisse, semblable à de la térébenthine, et contenant moins d'oxyde de mercure que la combinaison α. Cette substance n'a pas pu être analysée d'une manière exacte, parce qu'elle se décompose au contact de l'eau en devenant blanche et pulvérulente ; l'eau dissout ainsi de l'allantoïne.

Si l'on abandonne à l'évaporation spontanée la liqueur séparée par le filtre de la combinaison α, il s'en sépare des croûtes cristallines dont la composition n'est pas constante. Elles renferment en général moins d'oxyde de mercure que les combinaisons précédentes. Dans une expérience, on n'en a trouvé que 15 p. c.

γ. $C^8H^5HgN^4O^6$, 2 HgO(?). Une solution aqueuse d'allantoïne n'est pas précipitée par le bichlorure de mercure, mais, fort étendue même, elle donne un volumineux précipité amorphe avec le nitrate mercurique. Séché à 100°, ce précipité renferme :

	Limpricht.			Calcul.
Carbone.	11,14	11,30	11,29	10,24
Hydrogène.	1,07	1,03	1,14	1,05
Azote.	12,95	»	»	11,84
Oxyde de mercure. .	65,17	64,66	63,97	68,49

[1] Si on l'évaporait à feu nu, la liqueur déposerait des globules de mercure métallique.

Page 582.

§ 346. *Sulfure de méthyle.* — Il se combine[1] avec le bichlorure de mercure et avec le bichlorure de platine, comme son homologue, le sulfure d'éthyle (§ 795^a).

Le *composé mercuriel* $C^4H^6S^2$, 2 HgCl, est blanc, cristallin et d'une odeur désagréable; il fond à 150° en un liquide visqueux qui se prend en cristaux par le refroidissement; par une forte chaleur, il donne un abondant sublimé blanc et des vapeurs fétides. L'alcool, l'éther et l'esprit-de-vin le dissolvent à chaud, et le déposent, par le refroidissement, à l'état de petites aiguilles. Il perd du sulfure de méthyle par le séjour à l'air ou sous une cloche sur de l'acide sulfurique.

Le *composé platinique*, $C^4H^6S^2$, $PtCl^2$, cristallise en aiguilles d'un jaune orangé et légèrement odorantes. Il est soluble dans l'alcool bouillant.

Page 788.

§ 530. *Acide malique.* — Suivant M. Dessaignes[2], la livèche (*Ligusticum levisticum*) offre une source abondante d'acide malique, très-facile à purifier. La plante ayant été distillée, à l'époque de la floraison, pour l'extraction de l'huile essentielle, le liquide baignant la plante dans l'alambic a donné, par l'acétate de plomb, un précipité peu coloré, qui en peu de jours s'est converti en cristaux à peu près blancs de malate de plomb.

En opérant sur la rhubarbe du Pont (*Rheum raponticum*), le même chimiste n'a obtenu que 7 grammes de malate acide de chaux par litre de suc. Le *Rheum compactum* n'en a fourni que 15 grammes. Le suc de la rose d'Inde (*Tagetes erecta*) contient des quantités à peu près égales d'acide citrique et d'acide malique. Les baies du *Mahonia aquifolia*, arbuste de la famille des berbéridées, contiennent un mélange d'acide malique et d'acide tartrique.

Page 805.

§ 541^a. *Malamide*, $C^8H^8N^2O^6$. — Ce corps[3], isomère de l'aspa-

[1] Loir (1853), *Journ. de Pharm.*, XXIV, 251.
[2] Dessaignes, *Journ. de Pharm.*, [3] XXV, 23.
[3] Demondésir (1853), *Ann. de Chim. et de Phys.*, [3] XXXVIII, 457.—Pasteur, *ibid.*

ragine desséchée, s'obtient aisément à l'aide de l'éther malamique ou de l'éther malique. Si l'on fait passer jusqu'à refus un courant de gaz ammoniaque sec dans l'éther malique, préparé suivant la méthode de M. Demondésir, le liquide s'échauffe en absorbant le gaz, et le lendemain il est pris en une masse cristalline et radiée. On laisse égoutter les cristaux sur un entonnoir, et on les lave avec de l'éther ordinaire. C'est l'éther malamique pur (malamate d'é-thyle). Ces cristaux, redissous dans l'alcool et traités de nouveau par le gaz ammoniaque, laissent déposer, après quelques jours de repos, des grains mamelonnés de malamide pure.

On peut obtenir la malamide avec plus d'avantage en ajoutant de l'alcool concentré à l'éther malique, faisant passer un courant de gaz ammoniaque sec, et abandonnant le liquide à lui-même.

Redissoute dans l'eau, la malamide cristallise assez bien par une évaporation lente dans le vide : elle s'obtient sous la forme de prismes droits rectangulaires, avec un biseau aux extrémités. Combinaison observée, $\infty \breve{P} \infty. \infty P \infty. \breve{P} \infty. n \breve{P} \infty$. Valeur des angles, $\breve{P} \infty : \breve{P} \infty = 92°,50$; $n \breve{P} \infty : \breve{P} \infty = 178°,15$; $\breve{P} \infty : \infty \bar{P} \infty = 136°,22$; $\infty \bar{P} \infty : \infty \breve{P} \infty = 90°$.

La malamide diffère de l'asparagine cristallisée par sa forme, sa composition, ses propriétés chimiques. Son pouvoir rotatoire est aussi différent ; $[\alpha]_j = -47°,5$, vers la gauche.

La malamide active se combine équivalent à équivalent avec la tartramide gauche et avec la tartramide droite. (Voy. *Tartramide*.)

Page 824.

§ 558. *Acide fumarique.* — M. Wicke[1] l'a trouvé en abondance dans le suc des feuilles de la corydale à racine solide (*Corydalis bulbosa*, Dec.).

[1] WICKE, *Ann. der Chem. u. Pharm.*, LXXXVII, 225.

TOME II.

Page 18.

§ 587. *Tartrates d'ammoniaque.* — Suivant M. Pasteur[1], la forme du sel acide appartient au système monoclinique, et non au système rhombique, mais l'obliquité du prisme est très-faible. En laissant cristalliser le sel dans l'acide nitrique, on obtient des cristaux présentant la combinaison ∞ P. oP. $\pm$ P. Valeur des angles, $+$ P : oP $= 117°,6'$; $-$ P : oP $= 115°,30$; $-$ P : $+$ P $= 102°,30'$; $+$ P : $+$ P $= 103°$. Le sel cristallisé dans l'eau pure, et tel qu'il a été décrit par M. de la Provostaye, a un aspect différent, et présente, à un degré très-marqué, la symétrie des modifications et les allures d'une forme appartenant au système rhombique ; mais M. Pasteur s'est assuré, par la comparaison des deux formes, que les angles correspondants sont les mêmes. La grande diagonale du prisme droit de M. de la Provostaye est l'axe principal du prisme oblique de M. Pasteur ; les faces octaédriques P du premier deviennent $\pm$ P dans le second ; ∞ P ∞ du premier est la base oP du second.

Page 61.

§ 617. M. Dessaignes donne le nom d'*acide tartronique* à la substance produite par la métamorphose de l'acide nitrotartrique au sein de l'eau.

Chauffé à 180°, cet acide tartronique se convertit en glycollide. (Voy. t. II, p. 930.)

Page 62.

§ 618. *Acide tartramique.* — Lorsqu'on l'extrait de son sel de chaux, on peut l'obtenir en cristaux d'une beauté remarquable. Ces cristaux appartiennent au système rhombique. Combinaison observée[2], ∞ P. $\breve{P} \infty$. $\dot{P} \infty$. P. Angles mesurés, ∞ P : ∞ P $= 107°,34'$; $\breve{P} \infty$: $\breve{P} \infty = 107,°54'$; $\dot{P} \infty$: $\dot{P} \infty = 53°,25'$; P : ∞ P $= 157°,56'$; P : $\breve{P} \infty = 148°,11$. Les cristaux sont hémièdres. L'acide droit et l'acide gauche ont exactement la même forme et les mêmes angles,

---

[1] Pasteur, *Ann. de Chim. et de Phys.*, [3] XXXVIII, 445.
[2] Pasteur, *ibid.*, [3] XXXVIII, 451

seulement l'hémiédrie est accusée par des tétraèdres $\frac{P}{2}$ inversement placés.

Tartramide. — C'est un des plus beaux produits de la chimie organique. Les cristaux appartiennent au système rhombique. Combinaison observée, ∞ P. ∞ Pn. $\breve{P}$ ∞. P. Angles mesurés, ∞ P : ∞ P $= 101°,6'$; ∞ P : ∞ P$n = 162°,36'$: ∞ Pn : ∞ P$n = 135°,15'$; P : ∞ P $= 122°$; P : $\breve{P}$ $\infty = 155°,26'$; $\breve{P}$ ∞ : $\breve{P}$ $\infty = 136°,21'$. Les cristaux déposés dans l'eau pure ne sont pas hémièdres; mais ils le deviennent par la cristallisation dans de l'eau un peu ammoniacale. La tartramide droite et la tartramide gauche ont la même forme, la même solubilité, le même éclat, la même facilité de cristallisation, seulement le tétraèdre $\frac{P}{2}$ qui accuse l'hémiédrie est inversement placé dans les deux modifications.

Paratartramide. — On la prépare au moyen du paratartrate d'éthyle. On l'obtient fort bien cristallisée, tantôt anhydre, tantôt hydratée et efflorescente.

La paratartramide anhydre, de même composition que la tartramide, n'a ni la même solubilité ni la même forme que celle-ci.

Les formes cristallines de la paratartramide anhydre et de la paratartramide hydratée dérivent toutes deux d'un prisme monoclinique. Combinaison observée pour l'amide anhydre, ∞ P. oP. [P ∞]. [nP ∞]. Angles mesurés, oP : ∞ P $= 94°,12'$; ∞ P : ∞ P $= 93°,22'$; oP : [P ∞] $= 131°,14'$; [P ∞] : [nP ∞] $= 162°,22'$; oP : [nP ∞] $= 113°,36'$. Les cristaux de l'amide hydratée sont souvent hémitropes.

Page 66.

§ 624. *Pyrotartrates d'ammoniaque.* — Le *sel neutre*[1] s'obtient de la manière suivante : on dissout de l'acide pyrotartrique dans l'alcool de 0,80, et on dirige dans la solution un courant de gaz ammoniaque; la liqueur se prend ainsi peu à peu en une bouillie de pyrotartrate d'ammoniaque acide, dont on détermine la séparation complète en y ajoutant de l'alcool saturé d'ammoniaque; on y fait encore passer ce gaz de manière à le dissoudre, et à précipiter ensuite, quand l'ammoniaque est en excès, une poudre cristalline de pyrotartrate d'ammoniaque neutre. Ce sel est extrêmement soluble dans l'eau, peu soluble dans l'alcool froid; si on le traite par

---

[1] Arppe, *Ann. der Chem. u. Pharm.*, LXXXVII, 228.

l'alcool bouillant, il se décompose en ammoniaque et en sel acide.
Il éprouve la même transformation si on le chauffe, à l'état sec,
vers 100°. Soumis à la distillation sèche, il donne une eau ammoniacale, et de la pyrotartrimide, ainsi qu'un résidu de charbon.

Page 71.

§ 625[a]. *Pyrotartrimide*[1], ou bipyrotartramide, $C^{10}H^7NO^4$. — Ce
corps se produit par l'action de la chaleur sur le pyrotartrate d'ammoniaque acide :

$$C^{10}H^7(NH^4)O^8 = C^{10}H^7NO^4 + 4\,HO.$$
Bipyrotart. d'amm.   Pyrotartrimide.

Pour l'obtenir à l'état pur, on exprime le produit de la distillation
de ce sel, et on le fait cristalliser dans une petite quantité d'eau.

Il constitue de petites aiguilles ou des tables hexagones appartenant au système rhombique. Combinaison observée, oP. $\infty \ddot{P} \infty$.
∞ P. Inclinaison des faces, ∞ P : ∞ P = 92°,30'; ∞ P : $\infty \ddot{P} \infty$ =
133°. Clivage parallèle à ∞ P et à oP.

Ce corps est anhydre, fort soluble dans l'eau, l'alcool, l'éther,
les acides et les alcalis ordinaires. Il possède une saveur fraîche,
légèrement amère et acide; sa solution aqueuse rougit le tournesol, mais ne donne pas de combinaison avec l'ammoniaque.

Il fond à 66°, et se prend, par le refroidissement, en une matière
cristalline, grasse au toucher, et d'une cassure feuilletée. Il se vaporise déjà au bain-marie, mais il ne bout que vers 280°, en s'altérant en partie.

Bouilli avec de la potasse concentrée, il dégage de l'ammoniaque.

Il dissout l'*oxyde de plomb* en donnant une combinaison très-
alcaline qui se dessèche en une masse gommeuse contenant 67,23
p. c. d'oxyde de plomb et 5,47 p. c. d'eau; cette combinaison se détruit en partie par l'eau, en mettant de l'hydrate de plomb en liberté. Elle est fort alcaline, et sa solution attaque le papier par lequel on la filtre, en le rendant visqueux ou gélatineux.

On ne parvient pas à combiner la pyrotartrimide avec l'oxyde
d'argent.

Page 86.

§ 634. *Acide citrique.* — M. Dessaignes[2] a signalé l'existence de

---

[1] ARPPE (1853), *loc. cit.*
[2] DESSAIGNES, *Journ. de Pharm.*, [3] XXV, 24

l'acide citrique, accompagné de très-peu d'acide malique, dans le fruit de la tomate.

Page 163.

§ 699. *Furfurine.* — Suivant M. Bertagnini [1], on obtient aisément cet alcali en faisant passer de l'ammoniaque sèche dans du furfurol chauffé à 110 ou 120°; le furfurol brunit, et au bout d'une demi-heure ou d'une heure la transformation est complète.

Page 369.

§ 851[a]. *Arséniures d'éthyle.* — D'après les expériences de M. Landolt [2], l'arséniure de sodium réagit sur l'iodure d'éthyle en produisant deux arséniures d'éthyle, savoir l'*éthyl-cacodyle* ou arsénio-diéthyle, $As(C^4H^5)^2, As(C^4H^5)^2$, et l'*arsénéthyle* ou arsénio-triéthyle, $As(C^4H^5)^3$.

La première de ces combinaisons est l'homologue du cacodyle (§ 395), dans le groupe méthylique; la seconde a une composition semblable à celle du stibéthyle ou antimoniure d'éthyle (§ 854).

Les deux arséniures d'éthyle se comportent comme des métaux organiques.

L'arsénéthyle $As(C^4H^5)^3$ possède aussi la propriété de se combiner avec l'iodure d'éthyle, et de produire ainsi l'iodure d'un nouveau radical, *l'arsénéthylium*, semblable au tétréthyl-ammonium et au stibéthylium.

Les combinaisons isolées jusqu'à présent par M. Landolt sont les suivantes :

α. *Combinaisons d'éthyl-cacodyle.*

$$\text{Éthyl-cacodyle} \dots \dots C^{16}H^{20}As^2 = \left.\begin{array}{l} As(C^4H^5)^2 \\ As(C^4H^5)^2 \end{array}\right\}$$

$$\text{Iodure d'éthyl-cacodyle} \dots C^8H^{10}AsI = \left.\begin{array}{l} As(C^4H^5)^2 \\ I \end{array}\right\}$$

β. *Combinaisons d'arsénéthyle.*

$$\text{Arsénéthyle} \dots \dots C^{12}H^{15}As = As(C^4H^5)^3.$$
$$\text{Oxyde d'arsénéthyle} \dots C^{12}H^{15}As,O^2.$$
$$\text{Sulfure d'arséthyle} \dots C^{12}H^{15}As,S^2.$$
$$\text{Iodure d'arsénéthyle} \dots C^{12}H^{15}As,I^2.$$

[1] BERTAGNINI, *Ann. der Chem. u. Pharm.*, LXXXVIII, 128.
[2] LANDOLT (1853), *Journ. f. prakt. Chem.*, LX, 386.

γ. *Combinaisons d'arsénéthylium.*

Chlorure d'arsénéthylium. $C^{16}H^{20}AsCl = \left.\begin{array}{l} As(C^4H^5)^4 \\ Cl \end{array}\right\}$

Iodure d'arsénéthylium. . . $C^{16}H^{20}AsI = \left.\begin{array}{l} As(C^4H^5)^4 \\ I \end{array}\right\}$

Sulfate d'arsénéthylium. $C^{16}H^{21}AsS^2O^8 = \left.\begin{array}{l} As(C^4H^5).O \\ HO \end{array}\right\}S^2O^6.$

Pour préparer les arséniures d'éthyle, on fait réagir, dans un ballon, de l'iodure d'éthyle sur un mélange d'arséniure de sodium et de sable quartzeux; quand la réaction est terminée, on soumet la masse à la distillation, comme dans la préparation de l'anti-moniure d'éthyle, ou bien on la traite par l'éther qui s'empare des arséniures d'éthyle.

§ 851^b. *Éthyl-cacodyle*, $C^{16}H^{20}As^2 = As(C^4H^5)^2, As(C^4H^5)^2$. — On prépare ce corps en reprenant par l'éther le produit de la réaction de l'arséniure de sodium et d'un excès d'iodure d'éthyle; on ajoute de l'alcool absolu à l'extrait éthéré, et l'on enlève l'éther par la distillation. Si l'on ajoute ensuite de l'eau à la solution alcoolique, l'éthyl-cacodyle se précipite, tandis que la liqueur retient en so-lution de l'iodure d'arsénéthylium, produit par la combinaison de l'arsénéthyle et de l'excès d'iodure d'éthyle.

L'éthyl-cacodyle se présente sous la forme d'un liquide légère-ment jaunâtre, très-réfringent, d'une odeur alliacée, pénétrante et fort désagréable. Il tombe au fond de l'eau sans s'y mêler, mais il se dissout en toutes proportions dans l'alcool et l'éther. Il bout entre 185° et 190°.

Il absorbe l'oxygène de l'air et s'enflamme ordinairement, en ré-pandant des vapeurs d'acide arsénieux. (Ce caractère s'observe sur-tout avec l'éthyl-cacodyle obtenu par distillation, lorsqu'on en fait tomber une goutte sur du bois ou du papier; l'éthyl-cacodyle, précipité par l'eau de sa solution alcoolique, ne s'enflamme que si on le chauffe à 180°.)

Il se distingue de l'arsénéthyle en ce que, par une combustion incomplète ou par l'oxydation avec l'acide nitrique faible, il donne toujours une substance rouge ou brune, arsénicale, semblable à l'érytrarsine de M. Bunsen, insoluble dans l'eau, l'alcool et l'éther. Un autre caractère par lequel l'éthyl-cacodyle diffère de l'arséné-thyle, c'est qu'il réduit immédiatement le nitrate d'argent, les sels mercuriques, etc

Il se combine directement, en s'échauffant, avec les éléments halogènes, ainsi qu'avec le soufre.

L'acide nitrique concentré l'oxyde avec ignition. L'acide sulfurique dilué n'y agit pas ; l'acide sulfurique concentré dégage à chaud de l'acide sulfureux.

Les *combinaisons de l'éthyl-cacodyle* présentent la même composition que celles de son homologue méthylique. Elles sont en général liquides, et se distinguent par une odeur fort nauséabonde, très-persistante, irritant vivement les yeux, et causant à la longue des maux de tête.

L'*iodure d'éthyl-cacodyle*, $As(C^4H^5)^2I$, s'obtient en saturant, par une solution éthérée d'iode une solution éthérée d'éthyl-cacodyle. Après l'évaporation de l'éther, on obtient une huile jaune, fort soluble dans l'alcool et l'éther, insoluble dans l'eau. L'acide nitrique et l'acide sulfurique la décomposent en mettant de l'iode en liberté. Sa solution alcoolique précipite immédiatement par le nitrate d'argent.

§ 851^c. *Arsénéthyle*, $C^{12}H^{15}As = As(C^4H^5)^3$. — Ce composé s'obtient en plus grande quantité que l'éthyl-cacodyle, dans la réaction de l'iodure d'éthyle et de l'arséniure de sodium. Pour le préparer, on n'a qu'à soumettre à la distillation le produit de cette réaction, et purifier le liquide distillé par la rectification, dans un courant de gaz carbonique. L'arsénéthyle passe entre 140° et 180°.

L'arsénéthyle constitue un liquide incolore très-réfringent, fort mobile, doué d'une odeur désagréable qui rappelle celle de l'hydrogène arsénié ; sa densité est égale à 1,151. Il est insoluble dans l'eau, mais il se dissout aisément dans l'alcool et dans l'éther. Il commence à bouillir à 140°, sous la pression de 736^{mm} ; mais ce point d'ébullition s'élève peu à peu à 180°, en même temps qu'il se sépare un peu d'arsenic. La densité de sa vapeur (corrections faites) a été trouvée égale à 5,2783 ; le calcul pour 4 volumes exigerait le nombre 5,6276.

Il fume au contact de l'air, cependant il ne s'enflamme ordinairement que si on le chauffe. Cette oxydation aisée empêche de le conserver longtemps sans altération, même sous l'eau.

Lorsqu'on verse de l'acide nitrique concentré sur l'arsénéthyle, ce corps s'oxyde avec ignition. L'acide nitrique étendu d'eau le dissout lentement, avec dégagement de bioxyde d'azote et production de nitrate d'arsénéthyle. L'acide sulfurique concentré se mélange avec l'arsénéthyle, et dégage à chaud de l'acide sulfureux.

La solution alcoolique de l'arsénéthyle ne réduit pas le nitrate d'argent à l'état métallique.

L'oxyde d'arsénéthyle, As $(C^4H^5)^3O^2$, s'obtient à l'état impur lorsqu'on abandonne au contact de l'air une solution d'arsénéthyle dans l'éther. Il se produit aisément, et en plus grande quantité, si l'on traite d'abord par l'éther, puis par l'alcool, le produit de la réaction de l'iodure d'éthyle et de l'arséniure du sodium, qu'on évapore l'extrait alcoolique, et qu'on le soumette ensuite à la distillation. C'est un liquide huileux, plus pesant que l'eau et insoluble dans ce liquide, fort soluble dans l'alcool et l'éther, d'une légère odeur alliacée. Il ne fume ni ne s'enflamme à l'air; néanmoins il s'oxyde davantage en se troublant. Sa solution alcoolique n'a aucune action sur le tournesol, et ne précipite pas le nitrate d'argent.

Il se dissout aisément dans l'acide nitrique étendu, mais il ne se dissout ni dans l'acide chlorhydrique ni dans l'acide sulfurique dilués.

Lorsqu'on l'abandonne pendant quelques semaines, dans un flacon mal bouché, il se convertit peu à peu en une matière cristallisée en belles tables. Ce produit est sans odeur, soluble dans l'alcool et l'éther; il se liquéfie au contact de l'air humide, ou par une douce chaleur. On n'en connaît pas la nature chimique.

Le *sulfure d'arsénéthyle*, As $(C^4H^5)^3S^2$, s'obtient lorsqu'on fait bouillir une solution éthérée d'arsénéthyle avec de la fleur de soufre; il forme de beaux prismes qu'on purifie par de nouvelles cristallisations dans l'eau ou l'alcool. Il est fort soluble dans l'alcool, l'eau chaude et l'éther bouillant, mais il est presque insoluble dans l'éther froid. Il a une saveur amère, mais il ne possède aucune odeur. Il ne s'altère pas au contact de l'air.

L'acide nitrique concentré y agit vivement, en l'oxydant. L'acide chlorhydrique étendu en dégage un peu d'hydrogène sulfuré, en produisant une petite quantité de chlorure d'arsénéthyle, reconnaissable à son odeur pénétrante.

Il n'est pas décomposé par l'ébullition avec de la potasse caustique.

Il fond un peu au-dessus de 100°, et se décompose à une température élevée, en dégageant des vapeurs qui s'enflamment à l'air.

Sa solution aqueuse se comporte avec les solutions métalliques comme un sulfure alcalin.

Le *chlorure d'arsénéthyle* n'a pas encore pu être obtenu en quantité appréciable. Si l'on traite une solution alcoolique d'oxyde d'arsénéthyle par l'acide chlorhydrique concentré, et qu'on y ajoute ensuite de l'eau, la plus grande partie de l'oxyde se reprécipite sans altération, mais en même temps il acquiert une odeur insupportable, attaquant vivement les yeux, et qui paraît n'appartenir qu'au chlorure d'arsénéthyle.

L'*iodure d'arsénéthyle* renferme $As(C^4H^5)^3I^2$. Lorsqu'on ajoute une solution éthérée d'iode à une solution éthérée d'arsénéthyle, l'iodure d'arsénéthyle se précipite sous la forme de flocons d'un jaune de soufre. Ce composé est fort instable; il brunit et se liquéfie promptement au contact de l'air. Il est fort soluble dans l'eau et l'alcool, peu soluble dans l'éther.

Le *nitrate* s'obtient par l'oxydation de l'arsénéthyle au moyen de l'acide nitrique faible. Si l'on concentre le produit par l'évaporation, on obtient un sirop épais qui dépose à la longue des cristaux; mais, au contact de l'air, ceux-ci tombent rapidement en déliquescence.

§ 851^d. *Combinaisons d'arsénéthylium.* — Par la réaction de l'iodure d'éthyle et de l'arsénéthyle, on obtient de l'iodure d'arsénéthylium, avec lequel on peut produire d'autres combinaisons par double décomposition.

Elles sont généralement cristallisables, fort stables, sans odeur, et fort solubles dans l'eau. Elles sont amères, et ne paraissent pas être vénéneuses.

L'*oxyde d'arsénéthylium* s'obtient en traitant une solution d'iodure d'arsénéthylium par l'oxyde d'argent récemment précipité. La liqueur filtrée étant évaporée, on obtient une masse blanche, d'une réaction très-alcaline, qui attire vivement l'humidité et l'acide carbonique. Ce produit déplace l'ammoniaque de ses sels, déjà à froid, comme les autres alcalis. Il précipite les solutions métalliques.

Le *chlorure d'arsénéthylium*, $As(C^4H^5)^4Cl + 8$ aq., s'obtient en saturant l'oxyde par l'acide chlorhydrique. Il constitue des cristaux fort solubles dans l'eau et l'alcool, insolubles dans l'éther. Il forme avec le bichlorure de mercure un sel double, insoluble.

L'*iodure d'arsénéthylium*, $As(C^4H^5)^4I$, se produit par le contact de l'arsénéthyle avec l'iodure d'éthyle; il se forme mieux à froid qu'à chaud, dans l'espace de quelques heures. Il cristallise en longues aiguilles incolores, qui se colorent un peu à la longue. Il est fort soluble dans l'eau et l'alcool, et insoluble dans l'éther. Lorsqu'on le chauffe, il dégage des vapeurs blanches qui s'enflamment à l'air, ainsi que de l'arsenic métallique.

Sa solution aqueuse se comporte avec les solutions métalliques comme celle d'un iodure alcalin.

Le *bisulfate d'arsénéthylium*, $As(C^4H^5)^4O,HO,S^2O^6$, s'obtient en précipitant l'iodure d'arsénéthylium par une solution de sulfate d'argent, contenant un excès d'acide sulfurique. On filtre et on concentre par l'évaporation. Le sel se dépose alors sous la forme de grains cristallins, fort solubles dans l'eau et l'alcool, peu solubles dans l'éther.

Page 370.

§ 854. *Antimoniure d'éthyle.* — La substance à laquelle on a donné le nom d'*acide stibéthylique* n'est qu'une combinaison d'oxyde d'antimoine (acide antimonieux) et d'oxyde de stibéthyle[1].

Cet *antimonite de stibéthyle*, $Sb(C^4H^5)^3O^2, 2\,SbO^3$, s'obtient lorsqu'on abandonne à l'évaporation spontanée une solution de stibéthyle dans l'éther, et en reprenant le résidu par un mélange d'alcool et d'éther qui ne dissout pas l'antimonite. Celui-ci a donné à l'analyse :

	Lœwig.			Calcul.
Carbone. . . .	12,58	12,67	»	13,38
Hydrogène. . .	2,70	2,77	»	2,78
Antimoine. . .	68,33	69,04	69,66	71,92

L'antimonite de stibéthyle est soluble dans l'eau et l'alcool. Sa solution aqueuse, étant chauffée, a la propriété singulière de devenir épaisse comme de l'empois d'amidon.

Si l'on ajoute de l'acide chlorhydrique concentré à la solution alcoolique de l'antimonite de stibéthyle, il se précipite immédiatement du chlorure de stibéthyle, en même temps que du chlorure d'antimoine reste en dissolution.

Le *sulfantimonite de stibéthyle*, $Sb(C^4H^5)^3S^2, 2\,SbS^3$, se précipite par l'addition de l'hydrogène sulfuré à la solution aqueuse de l'antimonite de stibéthyle. Desséché sur de l'acide sulfurique, il se présente sous la forme d'une poudre jaune clair, qui brunit au

---

[1] Lœwig. *Journ. f. prakt. Chem*, LX, 352.

bain-marie. On peut obtenir le même corps en traitant du kermès récemment précipité par un excès de sulfure de stibéthyle.

Il a donné à l'analyse :

	Lœwig.		Calcul.
Carbone. . . .	11,68	»	11,96
Hydrogène. . .	2,59	»	2,49
Soufre.	20,70	20,78	21,27

Soumis à la distillation, le sulfantimonite de stibéthyle dégage une huile qui présente les caractères du sulfure d'éthyle.

L'acide nitrique fumant l'attaque violemment et avec ignition.

L'acide sulfurique dilué le décompose en produisant de l'hydrogène sulfuré, du kermès et du sulfate de stibéthyle.

Page 393.

§ 869[b]. *Plombures d'éthyle.* —Lorsque, suivant les expériences de M. Loewig [1], on fait agir de l'iodure d'éthyle sur un alliage composé de 1 p. de sodium et de 1 p. de plomb, il s'effectue, au bout de quelque temps, une réaction très-vive. Si l'on traite le produit par l'éther, on obtient une solution qui laisse, par l'évaporation, un mélange de plusieurs plombéthyles, dont on ne réussit pas à opérer la séparation. Ce mélange est incolore, assez fluide, volatil, sans odeur bien forte, entièrement insoluble dans l'eau, fort soluble dans l'alcool et l'éther. Il ne fume pas à l'air, mais, si on y met le feu, il brûle en répandant des vapeurs d'oxyde de plomb. Il explosionne avec violence par le contact de l'iode et surtout du brome. Il s'enflamme par l'acide nitrique concentré.

Lorsqu'on laisse évaporer à l'air la solution alcoolique ou éthérée de ce mélange de plombéthyles, il se sépare une poudre blanche, amorphe, insoluble dans l'eau, l'alcool et l'éther, et formant avec les acides des sels cristallisables, tandis qu'il reste en solution de l'oxyde de plombéthyle.

L'*hydrate de plombéthyle* est une base alcaline très-énergique. On l'obtient en ajoutant une solution alcoolique de nitrate d'argent à la solution alcoolique du mélange des plombéthyles, jusqu'à ce qu'il ne se précipite plus d'argent métallique ; la liqueur filtrée contient alors du nitrate de plombéthyle. Pour en extraire l'oxyde de plombéthyle, on agite la solution de ce nitrate d'abord

---

[1] Loewig (1853), *Journ. f. prakt. Chem.*, LX, 304.

avec une solution alcoolique de potasse, puis avec de l'éther.
La solution éthérée ayant été évaporée dans un appareil distillatoire, l'hydrate de plombéthyle se dépose dans le résidu sous la
forme d'une liqueur épaisse qui se prend au bout de quelque temps
en une masse cristalline.

Cette substance est fort soluble dans l'alcool et l'éther ; elle se
dissout aussi en petite quantité dans l'eau. Elle est volatile, et occasionne des nuages blancs, si on l'approche d'une baguette humectée d'acide chlorhydrique. Lorsqu'on la chauffe, elle répand
des vapeurs blanches qui déterminent de violents éternûments.

Sa solution possède une réaction fort alcaline, ainsi qu'une saveur âcre et caustique, désagréable. Elle est savonneuse au toucher,
comme la potasse caustique, et attire vivement l'acide carbonique
de l'air.

Le *chlorure de plombéthyle*, $Pb^2(C^4H^5)^3Cl$, s'obtient en précipitant, par le chlorure de baryum, la solution alcoolique du sulfate
de plombéthyle, additionnée d'acide chlorhydrique ; on agite
ensuite le mélange avec de l'éther, et avec de l'eau. Par l'évaporation spontanée, la solution éthérée dépose le chlorure de plombéthyle sous la forme d'aiguilles très-brillantes, fort solubles
dans l'alcool et l'éther. Chauffé doucement, ce sel répand une
forte odeur qui rappelle celle de la moutarde ; lorsqu'on le chauffe
dans un petit tube, il se décompose brusquement, déjà à une
température assez basse, en produisant du chlorure de plomb et du
plomb métallique.

Il a donné à l'analyse :

	Lœwig.		Calcul.
Carbone	21,68	21,51	21,78
Hydrogène	4,85	4,71	4,56
Chlore	10,54	10,58	10,73
Plomb	62,66	62,74	62,93
			100,00

Le *bromure de plombéthyle*, $Pb^2(C^4H^5)^3Br$, s'obtient comme le
chlorure. Il cristallise en longues aiguilles.

L'*iodure de plombéthyle* n'a pas été obtenu à l'état de pureté.

Le *sulfate*, $(Pb^2(C^4H^5)^3O)^2,S^2O^6$, s'obtient à l'état de pureté si l'on
ajoute goutte à goutte de l'acide sulfurique étendu à une solution
alcoolique d'hydrate de plombéthyle, de manière à maintenir cet
alcali en excès. Il se produit ainsi un précipité cristallin entière-

ment blanc, qu'on lave avec de l'alcool et de l'éther. Ce sel est presque insoluble dans l'eau, l'alcool absolu et l'éther; mais il se dissout aisément dans l'eau additionnée de quelques gouttes d'acide chlorhydrique ou sulfurique. Il cristallise, dans une liqueur acide, sous la forme d'octaèdres durs, brillants et assez gros.

Il a donné à l'analyse :

	Lœwig.		Calcul.
Carbone . . .	20,30	20,33	20,90
Hydrogène . .	4,48	4,60	4,30
Ac. sulfuriq. .	11,74	11,67	11,66
Plomb. . . .	61,40	60,30	60,60

Le *nitrate de plombéthyle*, $Pb^2(C^4H^5)^3O,NO^5$, s'obtient par le nitrate d'argent et une solution alcoolique du plombéthyle brut. Il se présente sous la forme d'une liqueur épaisse, douée d'une odeur butyreuse, et qui se prend au bout de quelque temps en une masse cristalline, grasse au toucher. Celle-ci est fort soluble dans l'alcool et l'éther; elle se décompose par la chaleur avec une légère explosion.

Le *carbonate de plombéthyle*, $(Pb^2(C^4H^5)^3O)^2, C^2O^4$, s'obtient sous la forme de petits cristaux durs et brillants, lorsqu'on laisse lentement évaporer à l'air la solution alcoolique de l'hydrate de plombéthyle. Il est presque insoluble dans l'eau, l'alcool et l'éther. Il a donné à l'analyse :

	Lœwig.		Calcul.
Carbone. . .	23,93	23,40	24,00
Hydrogène. .	4,74	5,00	4,62
Plomb. . . .	63,87	63,74	64,00

Page 455.

§ 924. *Acide succinique.* — Cet acide se produit aussi par la fermentation[1] de l'émulsion des amandes douces, des pois, des noisettes, des graines de soleil et des glands. Sa formation est probablement liée à la présence, dans ces parties végétales, de l'acide malique ou de l'asparagine.

§ 939[a]. *Trisuccinamide*[2], ou azoture de succinyle, $C^{24}H^{12}N^2O^{12}$ $= N^2(C^8H^4O^4)^3$. — Pour obtenir ce corps on fait réagir une molécule de chlorure de succinyle, dissous dans le double de son volume

---

[1] DESSAIGNES, *Compt. rend. de l'Acad.*, XXX, 432. *Journ. de Pharm.*, [3] XXV, 27.
[2] GERHARDT et CHIOZZA (1854), *Expériences inédites.*

d'éther anhydre, sur 2 molécules de succinimide argentique (azoture de succinyle et d'argent); la réaction s'effectue immédiatement, et dégage assez de chaleur pour volatiliser l'éther :

$$C^8H^4O^4 \brace Cl^2 \; + \; 2 \; N \begin{cases} C^8H^4O^4 \\ Ag \end{cases}$$

Chlor. de succin.   Azot. de succin.
                               et d'argent.

$$= \; 2 \; {Ag \brace Cl} \; + \; N^3 \begin{cases} C^8H^4O^4 \\ C^8H^4O^4 \\ C^8H^4O^4 \end{cases}$$

Chlor. d'argent.   Diazot. de succinyle.

La trisuccinamide cristallise dans l'éther en petites lames triangulaires ou en prismes allongés, quelquefois entre-croisés régulièrement et doués de beaucoup d'éclat. Elle fond à environ 83°. Elle
est peu soluble dans l'éther. L'alcool aqueux la dissout aisément
en l'acidifiant et en produisant de la succinimide.

[Voy. SÉRIE BENZOÏQUE, § 1406, *l'azoture de sulfophényle et
de succinyle*, et *le diazoture de sulfophényle, de benzoïle et de succinyle.*]

Page 523.

§ 973. *Saccharimétrie.* — Les indications de M. Reich, relatives
à l'emploi du bichromate de potasse, comme moyen de distinguer le glucose et le sucre, me paraissent erronées. Je me suis
assuré que les deux substances se comportent de la même manière
avec ce réactif, et que celui-ci les attaque à peine quand leur solution est exempte d'acide. Probablement M. Reich a eu entre les
mains un sirop de sucre devenu acide par une altération partielle,
pour avoir pu remarquer cette attaque énergique dont il parle : en
effet les deux matières sucrées réduisent promptement le bichromate, si l'on ajoute à leur solution quelques gouttes d'acide chlorhydrique.

Page 547.

§ 986. *Glucosate de baryte.* — La formule du sel pur est probablement $C^{12}H^{11}BaO^{12}$. M. Mayer[1] a obtenu en effet :

[1] MAYER, *Ann. der Chem. u. Pharm.*, LXXXIII, 138. Le sel *a* a été fait avec du
glucose provenant du dédoublement de l'acide rhodéotinolique (résine de jalap); le
sel *b* a été obtenu en mélangeant une solution de baryte dans l'alcool faible avec une
solution alcoolique de glucose cristallisé, lavant le précipité avec de l'alcool et desséchant dans le vide sur l'acide sulfurique.

	Expérience.			Calcul.
	a	*a*	*b*	
Carbone. . . .	28,74	28,92	»	29,09
Hydrogène. . .	4,63	4,79	»	4,44
Baryte. . . .	31,05	»	31,04	30,91

Desséchée dans le vide, cette combinaison se présente sous la forme d'une poudre très-légèrement jaunâtre, volumineuse, très-soluble dans l'eau, et d'une saveur caustique.

Glucosate de plomb. — La formule de cette combinaison paraît être celle d'un sous-sel, $C^{12}H^{11}PbO^{12}, 2\,PbO$:

	Péligot.		Calcul.
Carbone.	14,1	»	17,7
Hydrogène. . . .	2,1	»	2,1
Oxyde de plomb.	66,0	66,4	66,2

Il y a eu peut-être une perte sur le carbone dans l'analyse de M. Péligot; on remarque, en effet, que l'hydrogène et le plomb trouvés cadrent parfaitement avec les chiffres exigés par le calcul.

Page 552.

§ 988. *Congénères du glucose.* — Plusieurs espèces d'*Eucalyptus* qui viennent dans l'île de Van-Diemen, exsudent une matière sucrée, semblable à la manne, d'où M. Johnston [1] a extrait un principe cristallisable, ayant la même composition que le glucose, $C^{12}H^{12}O^{12} + 2\,aq. = C^{12}H^{14}O^{14}$ ou $C^{24}H^{28}O^{28}$.

Cette manne se présente en petites masses sphériques, peu cohérentes; l'éther n'en extrait qu'une très-petite quantité de matière cireuse; l'alcool la dissout en ne laissant qu'une légère proportion de substance gommeuse; l'eau la dissout sans laisser de résidu sensible.

Sa solution aqueuse cristallise par la concentration sous la forme d'aiguilles ou de prismes radiés. Cette substance se dissout dans l'alcool bouillant, et s'y dépose en grande partie, par le refroidissement, à l'état de tout petits cristaux.

M. Johnston ne cite pas les analyses sur lesquelles il base la formule de ce corps.

Chauffé brusquement à 93° ou 100°, le sucre d'eucalyptus fond

[1] JOHNSTON, *Philos. Magaz.*, juillet 1843, p. 14., et *Journ. f. prakt. Chem.*, XXIX, 485.

en perdant 11,23 p. c. d'eau. Si on le chauffe doucement et qu'on le maintienne pendant quelques heures à 82°, il dégage, sans fondre, 15,88 p. c. d'eau. Cette perte d'eau ne peut pas être dépassée, lors même qu'on chauffe ensuite le corps jusqu'à 150°. M. Johnston admet que le corps desséché se représente par $C^{24}H^{21}H^{21}$ (?); il attire dans cet état l'humidité de l'air, et cristallise peu à peu de nouveau.

Le sucre d'eucalyptus donne avec la baryte caustique un précipité brunâtre et avec le sous-acétate de plomb ammoniacal un précipité blanc.

Page 582.

§ 1006. *Quercite.* — Dans la préparation de ce corps, il y a de l'avantage, suivant M. Dessaignes[1], à faire fermenter avec de la levûre de bière l'infusion de glands préalablement privée de tannin par la chaux. On détruit ainsi beaucoup de sucre fermentescible qui entrave la cristallisation de la quercite.

[1] Dessaignes, *Journ. de Pharm.*, [3] XXV, 30.

FIN DU DEUXIÈME VOLUME.

TABLE DES MATIÈRES

CONTENUES DANS CE VOLUME.

DEUXIÈME PARTIE.

SÉRIE ACÉTIQUE.

V.

GROUPE TARTRIQUE.

VI.

GROUPE CITRIQUE.

VII.

GROUPE MUCIQUE.

VIII.

GROUPE MÉCONIQUE.

SÉRIE PROPIONIQUE.

I.

GROUPE ÉTHYLIQUE.

II.

GROUPE ALLYLIQUE.

VI.

GROUPE GLUCIQUE.

SÉRIE BUTYRIQUE.

I.

GROUPE TRITYLIQUE.

II.

GROUPE VALÉRIQUE.

III.

GROUPE ADIPIQUE.

SÉRIE CAPROÏQUE.

I.

GROUPE AMYLIQUE.

II.

GROUPE CAPROÏQUE.

III.

GROUPE PIMÉLIQUE.

SÉRIE ŒNANTHYLIQUE.

I.

GROUPE HEXYLIQUE.

II.

GROUPE ŒNANTHYLIQUE.

III.

GROUPE SUBÉRIQUE.

SÉRIE CAPRYLIQUE.

I.

GROUPE HEPTYLIQUE.

II.

GROUPE CAPRYLIQUE.

SÉRIE RUTIQUE.

I.

GROUPE NONYLIQUE.

II.

GROUPE RUTIQUE.

SÉRIE ONZIÈME.

SÉRIE LAURIQUE.

GROUPE LAURIQUE.

SÉRIE TREIZIÈME.

GROUPE COCINIQUE.

SÉRIE MYRISTIQUE.

GROUPE MYRISTIQUE.

SÉRIE QUINZIÈME.

SÉRIE PALMITIQUE.

I.

GROUPE PALMITIQUE.

II.

GROUPE OLÉIQUE.

SÉRIE DIX-SEPTIÈME.

I.

GROUPE CÉTYLIQUE.

II.

GROUPE MARGARIQUE.

SÉRIE STÉARIQUE.

GROUPE STÉARIQUE.

ADDITIONS.

ERRATA.

Tome I.

Page 316 , ligne 10 d'en bas, *lisez : cobalticyanure de potassium* , *au lieu de :* cobalticyanure de cobalt.

— 351 , ligne 20 d'en bas, *lisez :* sulfure d'argent, *au lieu de :* sulfure de plomb.

— 355, ligne 1 d'en bas, *lisez :* p. 163 , *au lieu de :* p 250.

— 387 , ligne 5 d'en bas, *lisez :* l'acide cyanilique saturé par l'ammoniaque donne avec
le nitrate d'argent un précipité blanc, etc.

— 399, ligne 16 d'en haut, *lisez :* on ne peut pas, par une simple distillation, purifier
le cyanate de phényle de la matière solide qu'il renferme en dissolution, les points
d'ébullition des deux corps étant trop rapprochés. Le meilleur procédé de purification consiste à refroidir le mélange, de manière à précipiter la matière solide, à filtrer
à travers un papier buvard, et à soumettre à la rectification le liquide filtré.

— 407, ligne 1 d'en haut, *lisez :* l'acide chlorhydrique, *au lieu de :* l'acide chlorique.

— 427, ligne 7 d'en bas, *lisez :* elle se produit par la réaction de l'ammoniaque et du
cyanate d'amyle. Elle donne avec l'acide nitrique une combinaison, etc.

— 466, ligne 4 d'en bas, *lisez :* p. 465, *au lieu de :* p. 445.

— 473 , ligne 7 d'en haut, *lisez :* C^4HN^3, *au lieu de :* C^4HN^2.

— 474, ligne 1 d'en haut, *lisez :* cyanate d'ammonium, *au lieu de :* cyanure d'ammonium.

— 609 , ligne 2 d'en haut, *lisez :* § 380, *au lieu de :* § 480.

— 610, ligne 3 d'en bas, *lisez :* 2 HO , *au lieu de :* H^2O.

— 611, ligne 14 d'en bas, *lisez :* $C^4H^{12}N$, *au lieu de :* $C^2H^{12}N$

— 648, ligne 8 d'en haut, *lisez :* § 417, *au lieu de :* § 487.

— 652 , ligne 11 d'en haut, *lisez :* pôle positif, *au lieu de :* pôle négatif.

— 652, ligne 12 d'en haut, *lisez :* pôle négatif, *au lieu de :* pôle positif.

— 652, ligne 14 d'en haut, *lisez :* pôle négatif, *au lieu de :* pôle positif.

— 683 , ligne 9 d'en haut, *lisez :* ou des substances , *au lieu de :* avec des substances

— 697 , ligne 15 d'en haut, *lisez :* mercure, *au lieu de :* cuivre.

— 719 , dans la table, *lisez :* acide acétique cristallisable 26 , densité 1,035.

— 731, ligne 12 d'en bas, *lisez :* $C^4H^3CuO^4$, *au lieu de* $C^4H^4CuO^4$.

— 739 , ligne 14 d'en bas , *lisez :* vers, *au lieu de :* vert.

— 758 , ligne 11 d'en haut, *lisez :* $\left.\begin{array}{l}HO\\C^4H^5O\end{array}\right\}$, hydrate d'éthyle.

— 797 , ligne 2 d'en haut, *lisez :* strontiane, *au lieu de :* baryte.

— 829, ligne 1 d'en bas, *lisez :* 5,62 p. c.

— 833, ligne 1 d'en haut, *lisez :* à mêler la solution d'un acétate, *au lieu de :* à mêler
une solution d'acétate de plomb.

— 837 , ligne, d'en bas, *supprimez*, il est insoluble dans l'eau.

Tome II.

Page 242 , ligne 15 d'en bas, *lisez :* préparations, *au lieu de :* péroations.

— 480 , ligne 10 d'en haut, *lisez :* sucre de canne, $C^{24}H^{22}O^{22}$.

— 522, ligne 19 d'en haut, *lisez :* lorsqu'on mélange du sirop de sucre avec un tiers, etc.
Voyez aussi l'addition p. 958.

Librairie de Firmin Didot Frères, Imprimeurs de l'Institut,
RUE JACOB, 56, A PARIS.

ÉLÉMENTS

DE MÉCANIQUE,

PAR H. RESAL,

ANCIEN ÉLÈVE DE L'ÉCOLE POLYTECHNIQUE.

In-8° de 153 pages, avec 3 planches sur cuivre, 1851.

PRIX : 4 FR. 50 C.

Ces Éléments sont rédigés en conformité des nouveaux programmes d'admission pour l'École Polytechnique. Ils contiennent, sous un cadre resserré, tout ce qui est indispensable pour subir les examens de cette École. En prenant pour guide les écrits et les leçons de M. Poncelet, l'auteur a eu principalement pour but d'initier les jeunes gens aux principes qui servent de base à la science des moteurs et des machines, enseignée à l'École Polytechnique et dans les différentes Écoles de services publics.

Paris. — Typographie de Firmin Didot Frères, rue Jacob, 56.